"十二五"普通高等教育本科国家级规划教材

iCourse · 教材

LILUN LIXUE

理论力学

第3版

主　编　武清玺　徐　鉴

副主编　陆晓敏　温建明

高等教育出版社·北京

内容提要

本书为"十二五"普通高等教育本科国家级规划教材,是在 2010 年 7 月第 2 版的基础上修订而成的。本书保持了前两版的特色,全书以土木、水利等工程实际为背景,注重物理概念的阐述和力学建模能力的培养,通过课程内容与体系的改革,做到理论与应用并重;例题、习题丰富,能达到熟练掌握基本理论、基本方法和计算技能的教学要求;注意与相关课程的贯通和融合,突出土木、水利类专业特色。

全书共 5 篇,分别为静力学、运动学、动力学、分析力学基础和动力学应用专题。内容包括基本概念及基本原理,力系的简化,约束及物体受力分析,力系的平衡,静力学应用专题(包括静定桁架、悬索、摩擦等),点的运动与刚体的基本运动,点的合成运动,刚体的平面运动,质点动力学,质点系的动量定理、动量矩定理和动能定理,达朗贝尔原理,虚位移原理,动力学普遍方程和拉格朗日方程,线性振动的基本理论,碰撞等。

本书是与爱课程网上理论力学课程配套的教材,该课程的网址是 http://www.icourses.cn/coursestatic/course_2875.html。

本书适用于高等学校土木、水利类专业和工科其他专业的本科生使用,也可供相关专业的工程技术人员参考。

图书在版编目(CIP)数据

理论力学 / 武清玺,徐鉴主编.--3 版.--北京:高等教育出版社,2016.9(2022.8 重印)

iCourse·教材

ISBN 978-7-04-046018-6

Ⅰ.①理… Ⅱ.①武… ②徐… Ⅲ.①理论力学-高等学校-教材 Ⅳ.①O31

中国版本图书馆 CIP 数据核字(2016)第 173787 号

策划编辑	黄 强	责任编辑	赵向东	封面设计	王 鹏	版式设计	杜微言
插图绘制	杜晓丹	责任校对	陈旭颖	责任印制	耿 轩		

出版发行	高等教育出版社		网 址	http://www.hep.edu.cn
社 址	北京市西城区德外大街 4 号			http://www.hep.com.cn
邮政编码	100120		网上订购	http://www.hepmall.com.cn
印 刷	固安县铭成印刷有限公司			http://www.hepmall.com
				http://www.hepmall.cn
开 本	787mm×960mm 1/16			
印 张	33.25		版 次	2003 年 8 月第 1 版
字 数	610 千字			2016 年 9 月第 3 版
购书热线	010-58581118		印 次	2022 年 8 月第 3 次印刷
咨询电话	400-810-0598		定 价	53.00 元

本书如有缺页、倒页、脱页等质量问题,请到所购图书销售部门联系调换

版权所有 侵权必究

物 料 号 46018-00

与本书配套的数字课程资源使用说明

与本书配套的数字课程资源发布在高等教育出版社易课程网站，请登录网站后开始课程学习。

一、 网站登录

1. 访问 http://abook.hep.com.cn/1206305，点击“注册”。在注册页面输入用户名、密码及常用的邮箱进行注册。已注册的用户直接输入用户名和密码登录即可进入“我的课程”界面。

2. 点击“我的课程”页面右上方“绑定课程”，按网站提示输入教材封底防伪标签上的数字，点击“确定”完成课程绑定。

3. 在“正在学习”列表中选择已绑定的课程，点击“进入课程”即可浏览或下载与本书配套的课程资源。刚绑定的课程请在“申请学习”列表中选择相应课程并点击“进入课程”。

账号自登录之日起一年内有效，过期作废。

二、 资源使用

与本书配套的易课程数字课程资源包含新增的例题和习题的解答，并以二维码的形式在书中出现，扫描后即可查看。

第3版前言

本书是参照教育部高等学校力学教学指导委员会2008年10月制订的《理论力学课程教学基本要求(试行)》,在第1、2版的基础上修改、补充而成的。本书保持了第1、2版的特色,并在内容上作了如下修改:

(1) 全书内容体系保持不变,仅对部分章节作了适当修改。

(2) 利用现代科学技术拓展教学空间,在不增加教材篇幅的前提下,通过二维码标识引导学生自主学习,深入探讨,提高研究能力。

(3) 通过二维码增加了30%左右的例题,以拓宽教学内容,使教师选讲更自如,学生学习更灵活。

(4) 考虑学生需求和教学需要,通过二维码新增了部分习题(约占习题的30%)的解答。

本书是与爱课程网上理论力学课程配套的教材,该课程的网址是

http://www.icourses.cn/coursestatic/course_2875.html

本书由武清玺、徐鉴主编。绪论、第一章和第五章由武清玺修订,第二、三、四、六章由陆晓敏修订,第七、八章由赵引修订,第九至十二章由孙杰修订,第十三至十七章由温建明修订,附录A、B分别由武清玺、温建明修订。

本书的修订工作得到理论力学国家精品课程建设项目、工程力学江苏省品牌专业建设重点项目和河海大学的资助,在此表示衷心的感谢。

北京航空航天大学王琪教授详细审阅了本书,提出了许多宝贵意见和建议,在此深表感谢。

限于编者水平,书中难免疏漏与不妥之处,欢迎读者指正。

编　者

2016年4月

第 2 版前言

本版是参照教育部力学基础课程教学指导分委员会最新制订的《理论力学课程教学基本要求(A 类)》,在第 1 版的基础上修改、补充而成的。本书保持了第 1 版的特色,并在内容上作了如下修改:

(1) 静力学部分将约束与物体受力分析的内容独立为一章,使体系更加顺畅。自由度与广义坐标的概念放在运动学开始时介绍,使后续内容的阐述更为简捷、清晰。动力学部分调整了动量定理一章的内容体系,加强了功的计算与分析,增加了碰撞问题的实例等,使动力学部分内容更完整,体系更合理。

(2) 将点的运动和刚体的基本运动两章压缩为一章,精练了这部分内容。动量矩定理一章突出基本内容,删除了关于质点系对动点的动量矩部分。

(3) 对部分例题、习题和思考题作了补充和修改,使教学更为方便。

本书由武清玺、徐鉴主编。其中绪论与第一、五章由武清玺修订,第二、三、四、六章由陆晓敏修订,第七、八章由赵引修订,第九至十二章由温建明修订,第十三至十七章由王斌耀修订。附录 A、B 分别由武清玺、温建明修订。

本书的修订工作得到理论力学国家精品课程建设项目、江苏省精品教材建设重点项目和河海大学的资助,在此表示衷心的感谢。

本书承蒙清华大学贾书惠教授详细审阅,提出了许多宝贵意见和建议,编者深表感谢。

限于编者水平,书中难免有疏漏与不妥之处,欢迎读者指正。

编　者

2010 年 2 月

第1版前言

理论力学是高等学校工科各专业的技术基础课，主要研究物体机械运动的一般规律及其在工程实际中的应用，同时也是后续力学课程和某些专业课程的理论基础。长期以来，这门课程的基础课性质普遍受到重视，而其实用性则受到的重视不够。本书力图结合土建、水利类专业特点，在重视理论力学基本概念、理论和方法的同时，突出其专业特色，实现与相关课程的融合和贯通。

随着科学技术的发展，特别是材料科学的发展，土建、水利工程已进入轻型化，大型化阶段，作为技术基础课程的理论力学，其内容、体系也必须进行相应地调整，以适应经济建设的需要。为达此目的，本书在编写过程中作了以下考虑：

1. 提高起点，在删除与大学物理的重复部分的同时，增加反映现代科技的知识点；精练内容，以适应当前学时有所减少的状况。

2. 以工程实际为背景，加深物理概念的阐述和工程建模能力的培养。

3. 突出土建、水利类专业特色。除了在这一领域挑选较多的例题、习题和思考题外，还增加了悬索的内容，并在线性振动一章中突出了工程背景和应用。

4. 加强与相关课程的融合与贯通。增加了工程构件的概念，增加了杆件内力和变形的阐述，力求使质点、质点系、刚体和变形体物理概念的叙述更加完整和统一。

5. 在编写过程中，本书继承了这门课程理论严密、逻辑性强的优点，同时附有大量的例题和习题供教师选用和学生练习，设置的思考题可启发思维、培养创新精神。

本书部分内容标有 * 号，属于加深和拓展部分，非基本要求，可根据需要选用。

本书由武清玺、冯奇主编。其中绪论、第一章和第四章由武清玺编写，第二章和第三章由陆晓敏编写，第五章至第八章由赵引编写，第九章至第十二章以及第十七章由周松鹤编写，第十三章至第十六章由王斌耀编写。附录A、B分别由武清玺、周松鹤编写。

本书的编写，主要参考了华东水利学院（现为河海大学）工程力学教研室理论力学编写组编写的《理论力学》上、下册（高等教育出版社，1984年9月）和同济大学理论力学教研室编写的《理论力学》（同济大学出版社，1995年），同时还参阅了国内外有关教材，吸取了它们的许多长处。

在教材编写过程中得到各方面的关心和支持。清华大学贾书惠教授审阅了书稿并提出许多宝贵的意见，河海大学陈定圻教授为本书的编写提出了许多有益的建议，在此深表感谢。限于编者水平，本书难免有疏漏与不妥之处，欢迎读者指正。

编　者

2002年12月

目　录

第二篇　运　动　学

第三篇 动 力 学

第四篇　分析力学基础

第五篇　动力学应用专题

绪　　论

§0-1　理论力学的内容、任务和研究方法

1. 理论力学的内容

理论力学是研究物体机械运动一般规律的一门学科。

按照辩证唯物主义的观点，运动是物质存在的形式，是物质的固有属性，它包括宇宙中发生的一切现象和过程——从简单的位置变化到人的思维活动。机械运动则是所有运动形式中最简单的一种，指的是物体在空间的位置随时间的变化。例如，车辆的行驶，机器的运转，空气和水的流动，人造卫星和宇宙飞船的运行，建筑物的振动，等等，都是机械运动。

平衡（如物体相对于地球处于静止的状态）是机械运动的特殊情形，也包括在理论力学研究内容之中。

理论力学研究的内容是运动速度远小于光速的宏观物体的机械运动，它以伽利略和牛顿总结的基本定律为基础，属于古典力学的范畴。至于速度接近于光速的物体和基本粒子的运动，则必须用相对论和量子力学的观点才能完善地予以解释。这固然说明古典力学有局限性，但是长期的实践证明，不仅在一般工程中，就是在一些尖端科学技术（如火箭、宇宙航行等）中，所考察的物体都是宏观物体，运动速度也都远远小于光速，用古典力学来解决，不仅方便，而且能够保证足够的精确性，所以古典力学至今仍有很大的实用意义，并且还在不断地发展。

研究物体机械运动的普遍规律有两种基本方法，从而形成理论力学的两大体系，一是用矢量的方法研究物体机械运动的普遍规律，称为矢量力学；二是用数学分析的方法进行研究，称为分析力学。本书以矢量的方法研究为主。

本书内容分为静力学、运动学、动力学、分析力学基础和动力学应用专题五篇，每篇的研究对象、研究方法及其在工程中的应用将在后文中分别说明。

2. 理论力学的任务

理论力学是一门理论性较强的技术基础课，学习理论力学有下述任务：

(1) 土木、水利、机械等工程专业一般都要接触机械运动的问题。有些工程实际问题可以直接应用理论力学的基本理论去解决，如土木、水利工程中的平衡问题；传动机械的运动学分析；机器和机械设计中的平衡问题、振动问题和动反

力问题等。至于一些比较复杂的工程实际问题，则需要用本书中的理论和其他专门知识共同来解决，如土木、水利工程中动力荷载的影响及建筑物的抗震设计等。在许多尖端科学技术中，如人造地球卫星和宇宙火箭的发射、运行等，更包含着许多动力学问题。虽然我们不可能在理论力学中讨论这些专门问题，但理论力学的基本理论，却是研究这些问题的必备基础。由此可见，掌握理论力学知识至为重要。

(2) 理论力学研究力学中最普遍、最基本的规律。很多工程专业的课程，如材料力学、结构力学、流体力学、振动理论、机械原理等课程，都要用到理论力学的知识，所以理论力学是学习一系列后续课程的基础。

现代科学技术的发展，还使理论力学的研究内容渗透到其他科学领域，形成了一些新的边缘学科。例如：理论力学用于研究人体的运动而形成运动力学；理论力学与固体力学、流体力学结合用来研究人体内骨骼的强度，血液流动的规律，人体的力学模型，以及植物中营养的输送问题等，形成了生物力学；此外，还有爆炸力学、电磁流体力学，等等。总之，为了探索新的科学领域，必须打下坚实的理论力学基础。

(3) 理论力学的理论来源于实践又服务于实践，既抽象而又紧密结合实际，研究的问题涉及面广，而且系统性和逻辑性很强。这些特点，对培养辩证唯物主义世界观，培养逻辑思维和分析问题、解决问题的能力，也起着重要作用。

3. 理论力学的研究方法

科学研究的过程，就是认识客观世界的过程，任何正确的科学研究方法，一定要符合辩证唯物主义的认识论。理论力学的研究和发展也必须遵循这个正确的认识规律。

(1) 通过观察生活和生产实践中的各种现象，进行大量的科学实验，经过分析、综合和归纳，总结出力学最基本的概念和定律。如“力”和“力矩”的概念，“加速度”的概念，摩擦定律，以及动力学三定律等都是在大量实践和实验的基础上经分析、综合和归纳得到的。

(2) 在对事物观察和实验的基础上，通过抽象化建立力学模型。客观事物总是复杂多样的，当拥有大量来自实践的资料之后，必须根据所研究的问题的性质，抓住主要的、起决定作用的因素，撇开次要的、偶然的因素，深入事物的本质，了解其内部联系，这就是力学中普遍采用的抽象化方法。例如，在某些问题中忽略实际物体受力后的变形，得到刚体的模型；在另一些问题中则忽略物体的大小和形状，得到质点的模型，等等。一个物体究竟应该作为质点还是作为刚体看待，主要决定于所讨论问题的性质，而不决定于物体本身的大小和形状。如机器上的零件，尽管尺寸不大，当要考虑它的转动时，就须作为刚体看待。一列火车的长度虽然以百米计，当将列车作为一个整体来考察它沿铁道线路运行的距离、速度和加速度时，却可以作为一个点来看待。即使同一个物体，在不同的问题里，随着问题性质的不同，有时可作为质点，有时则要作为刚体。如地球半径为6 370 km，但当研究它在绕太阳公转的轨道上的运行规律时，可以看作质点，而当考察它的自转时，却必须看作刚体。

（3）在建立力学模型的基础上，从基本定律出发，用数学演绎和逻辑推理的方法，得出正确的具有物理意义和实用价值的定理和结论，在更高的水平上指导实践，推动生产的发展。

从实践到理论，再由理论回到实践，通过实践进一步补充和发展理论，然后再回到实践，如此循环往复，每一个循环都在原来的基础上提高一步。和所有的科学一样，理论力学也是沿着这条道路不断向前发展的。

§0-2　工程实际问题的简化方法及力学模型的建立

在工程实际问题中，所考察的物体复杂多样，即使是同一类型的问题，其受力状况也不尽相同。为便于研究，须将工程实际问题进行简化，以得到合理的力学模型，再在此基础上作进一步的计算和分析。将一个实际问题抽象成为力学模型并不是很容易的事，需要在实践中锻炼和不断提高这方面的能力，一般来说，需从三方面加以简化：物体的几何尺寸、物体承受的荷载（力）和受到的约束。

在简化过程中，因为要略去一些次要因素，必然包含着某种近似性。例如，某些尺寸远比其他有关尺寸为小则可忽略不计，因而在微小面积上的力可看作集中力，接触面很光滑或经过充分润滑时可不计摩擦，等等。究竟哪些因素可以看作次要因素而略去，与所需的资料及其精确度有关。例如，在研究一般抛射运动时，把抛射体作为质点看待，且只计重力而不计空气阻力，得到的结果已属可用，但在研究远射程炮弹的运动时，如果作同样的假设，则炮弹可能偏离射击目标。另一方面，如果对实际存在的一些因素，不分主次，全都计入，看起来似乎是很符合实际，而结果可能使问题无法求解，或者虽能求解，但困难极大，费时费力，而实际工作中并不需要这样高的精确度。所以，对一个具体问题，在抽象成为力学模型时，可作哪些近似的假设，可忽略哪些因素，必须深入分析，力求合理，既要满足实际要求，又必须在数学计算上既方便且可行。

有关工程实际问题的简化方法将在后面章节中进一步叙述，下面介绍由实际问题抽象而得到的质点、刚体和质点系三种力学模型。

1. 质点

如果一个物体的大小和形状对所讨论的问题无关紧要,可以忽略不计,而只需计及其质量,就可将物体作为只有质量但没有大小的点,称为质点。

2. 刚体

刚体是指这样一种物体:它的大小和形状对所讨论的问题来说,不能忽略;但它受到力的作用时,大小和形状都保持不变,即不发生变形。事实上,刚体当然是不存在的,因为任何物体受力后都将或多或少地发生变形。但在许多情况下,在研究物体的平衡或运动时,变形只是次要因素,可以忽略不计,因而可将物体视为刚体。

3. 质点系

质点系是相互间有一定联系的有限或无限多质点的总称。刚体可以认为是不变形的质点系。由若干个刚体组成的系统称为刚体系统,有时也称为物体系统。

上述几种理想的力学模型,都是客观存在的实际物体的科学抽象,它们并不特指某些具体物体,而是概括了各种物体。不论物体是金属的、木质的、混凝土的或其他材料的,也不论是土建、水利工程中的建筑物构件或机械的零、部件,在研究它们的平衡或运动时,都可作为上述几种模型之一来加以考察(需要考虑变形者除外)。这是人们认识深化的结果,也表明了理论的普遍意义。

§0-3　工程中的构件与分类

在工程实际中,各种机械与结构得到广泛应用。组成机械与结构的零、部件,统称为构件。工程实际中的构件,形状多种多样,按照其几何特征,可分为三类:杆件、板和壳、块体。

1. 杆件

一个方向的尺寸比其他两个方向的尺寸大得多的构件称为杆件或杆,如图 0-1a 所示。杆的几何形状可用一根中心轴线和与中心轴线正交的横截面表示。根据轴线的形状,可分为直杆和曲杆;根据横截面沿轴线变化的情况,可分为等截面杆和变截面杆。如组成屋架的杆多为等截面直杆,而起重用的吊钩为变截面曲杆。

2. 板和壳

一个方向的尺寸(厚度)比其他两个方向的尺寸小得多的构件称为板或壳。平分厚度的面称为中面。当中面为平面时,该构件称为板(或平板),如图 0-1b

所示；当中面为曲面时，该构件称为壳（或壳体），如图 0-1c 所示。如楼板为平板，有些建筑物的屋顶为壳体。

3. 块体

三个方向的尺寸相差不很大的构件称为块体。如图 0-1d 所示的挡水坝即为块体。

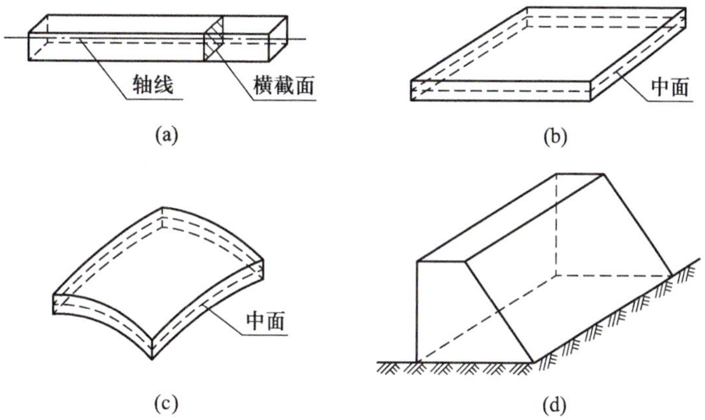

图 0-1　工程中的构件类型

第一篇　静力学

静力学主要研究物体在力的作用下的平衡问题。

平衡是机械运动的一种特殊情形，是指物体相对于惯性坐标系①处于静止或作匀速直线运动的状态。在一般工程问题中，所谓平衡则是指相对于地球的平衡，特别是指相对于地球的静止。

通常，作用于物体的力都不止一个，而是若干个，这若干个力总称为力系。作用线位于同一平面内的力系称为平面力系，否则称为空间力系。如果一个力系作用于某一物体而使它保持平衡，则该力系称为平衡力系。一个力系必须满足某些条件才能成为平衡力系，这些条件称为平衡条件。有时作用于物体上的一个力系可以用另一个力系来代替，而不改变原力系对物体作用的效应，则这两个力系称为等效力系。如果一个力与一个力系等效，则该力称为此力系的合力，而此力系的各力称为该力的分力。

作用于物体的力系往往较为复杂，在研究物体的平衡或运动问题时，需要对物体进行受力分析，并将复杂的力系加以简化，然后再讨论物体的平衡或运动规律。因此，静力学主要研究下列问题：

(1) 物体的受力分析与力系的等效简化；

(2) 力系的平衡条件及其应用。

在各种工程中都有大量的静力学问题。例如，在土建和水利工程中，用移动式吊车起吊重物时，必须根据平衡条件确定起重量不超过某一值而吊车才不致翻倒；设计屋架时，必须将所受的重力、风雪压力等加以简化，再根据平衡条件求出各杆所受的力，据以确定各杆截面的尺寸。其他如闸、坝、桥梁等建筑，设计时都需进行受力分析，以便得到既安全又经济的设计方案，而静力学理论则是进行受力分析的基础。在机械工程中，进行机械设计时，也往往要应用静力学理论分析机械零、部件的受力情况，作为强度计算的依据。对于运转速度缓慢或速度变化不大的零、部件的受力分析，通常都可简化为平衡问题来处理。除此以外，静力学中关于力系简化的理论，将直接应用于动力学中；而且动力学问题也可在形式上变换成为平衡问题，而应用静力学理论求解。可见，静力学理论在生产实践中应用很广，在力学理论上也是很重要的。

---

① 惯性坐标系是指适用牛顿定律的坐标系，在动力学里将详细说明。

第一章　基本概念及基本原理

力与力偶是力学中两个基本物理量，力与力偶使物体产生的运动效应和变形效应是力学分析的基础知识。本章主要阐述力与力偶的概念、性质及几个基本原理。

§1-1　力的概念

力是物体间的相互机械作用，这种作用使物体的运动状态发生改变，或使物体产生变形。力使物体改变运动状态的效应称为力的**运动效应**，使物体产生变形的效应称为力的**变形效应**，力的变形效应将在研究变形体力学的课程中讨论，在理论力学中只讨论力的运动效应。

如果所考察的是质点，作用于其上的力所产生的效应在于使其产生加速度。如果考察的是刚体，则作用于其上的力，有使刚体的移动状态和转动状态发生改变的效应，并分别称为力的移动效应和转动效应。

力对物体作用的效应取决于**力的三要素**，即力的大小、方向和作用点。

度量力的大小通常采用国际单位制(SI)，力的单位用 N(牛)或 kN(千牛)。

力的方向包含方位和指向两个意思，如铅直向下、水平向右等。

作用点指的是力在物体上的作用位置。一般说来，力的作用位置并不是一个点而是一定的面积。但是，当作用面积小到可以不计其大小时，就抽象成为一个点，这个点就是力的作用点；而这种作用于一点的力则称为**集中力**。

力是一个有大小和方向的量，所以**力是矢量**(也称向量)。过力的作用点沿力矢量方位画出的直线，称为**力的作用线**。

在图 1-1 中，矢量 $\overrightarrow{AB}$ 表示力 $\boldsymbol{F}$，F 代表 $\boldsymbol{F}$ 的大小①，而 A 是 $\boldsymbol{F}$ 的作用点，KL 则是 $\boldsymbol{F}$ 的作用线。

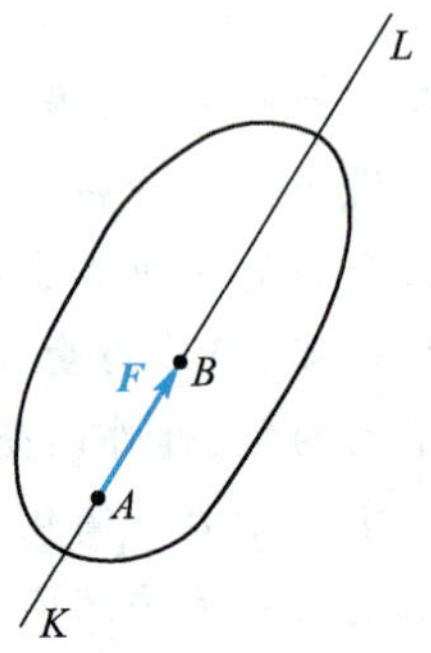

图 1-1　力的作用线

① 今后黑体字母均表示矢量，对应的白体字母表示该矢量的模。

实践经验表明，作用于刚体的力可沿其作用线移动而不致改变其对刚体的运动效应（既不改变移动效应，也不改变转动效应）。例如，用小车运送物品时（图 1-2），不论在车后 A 点用力 $\boldsymbol{F}$ 推车，还是在车前同一直线上的 B 点用力 $\boldsymbol{F}$ 拉车，效果都是一样。力的这种性质称为力的可传性。由此可见，就力对于刚体的运动效应来说，若已知力的作用线，则力的作用点将不再是重要因素，也就是说，只需知道力的作用线，至于作用线上的哪一点是力的作用点，则无关紧要。

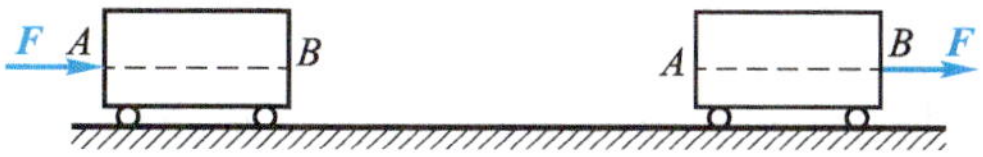

图 1-2　力的可传性

由于作用于刚体上的力具有可传性，所以力是滑移矢量。

§1-2　静力学基本原理

牛顿运动定律是研究物体机械运动一般规律的基础，自然也是研究机械运动的特殊情形——平衡问题的基础。但这里不全面讲述牛顿运动定律，而只提出静力学中用到的几个原理。这几个原理，有的就是牛顿定律本身的内容，有的则是可由牛顿定律导出的结论，不过在这里将不加证明，而只作为由实践验证的原理提出来。下面就讲述这几个原理。

1. 力的平行四边形法则

作用于物体上同一点的两个力，可以合成为一个合力。合力的作用点也在该点，合力的大小和方向，由这两个力为边构成的平行四边形的对角线确定（图 1-3a）。

用数学式子表示，就是

$$\boldsymbol{F}_R=\boldsymbol{F}_1+\boldsymbol{F}_2$$

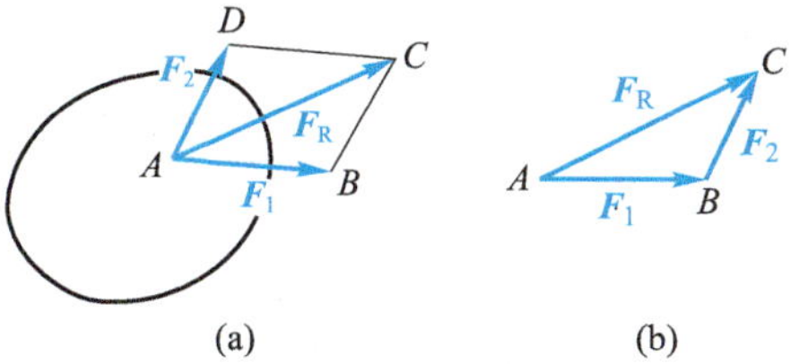

图 1-3　两个共点力的合成

有时，不用力的平行四边形法则而用力的三角形法则求合力的大小和方向：在图 1-3b 中，作矢量$\overrightarrow{AB}$代表力 $\boldsymbol{F}_1$，再从 $\boldsymbol{F}_1$ 的终点 B 作矢量$\overrightarrow{BC}$代表力 $\boldsymbol{F}_2$，最后从 $\boldsymbol{F}_1$ 的起点 A 向 $\boldsymbol{F}_2$ 的终点 C 作矢量$\overrightarrow{AC}$，则$\overrightarrow{AC}$即为合力 $\boldsymbol{F}_R$。但应注意，力三角形只表明力的大小和方向，而不表示力的作用点或作用线。

力的平行四边形法则是力系简化的主要依据。

2. 二力平衡原理

作用于同一刚体的两个力，使刚体平衡的必要与充分条件是：两个力的作用线相同，大小相等，方向相反。

例如，在一根静止刚杆的两端沿着同一直线 AB 施加两个拉力（图 1-4a）或压力（图 1-4b）$\boldsymbol{F}_1$ 及 $\boldsymbol{F}_2$，使 $\boldsymbol{F}_1=-\boldsymbol{F}_2$，由经验可知，刚杆将保持静止，既不会移动，也不会转动，所以 $\boldsymbol{F}_1$ 与 $\boldsymbol{F}_2$ 两个力成平衡。反之，如果 $\boldsymbol{F}_1$ 与 $\boldsymbol{F}_2$ 不满足上述条件，即或者它们的作用线不同，或者 $\boldsymbol{F}_1\neq-\boldsymbol{F}_2$，则刚体将从静止开始运动，就是说，两个力不能平衡。

图 1-4　二力平衡杆件

在土建结构及机械中，常有一些只在两端各受一力作用的直杆，如图 1-4 中的杆 AB，这种杆件通常称为二力杆。根据二力平衡原理，二力杆平衡时，作用于杆两端的力必满足作用线相同、大小相等、方向相反的条件。

3. 加减平衡力系原理

在任一力系中加上或者减去任何一个平衡力系，并不改变原力系对刚体的运动效应。

这个原理的正确性是显而易见的。因为一个平衡力系不会改变刚体的运动状态，所以，在原来作用于刚体的力系中加上一个平衡力系，或从其中减去一个平衡力系，不致使刚体运动状态发生附加的改变。

应用上面两个原理，可从理论上证明力的可传性（请读者自行推证）。

4. 作用与反作用定律

两物体间相互作用的力（作用力与反作用力）同时存在，大小相等，作用线相同而指向相反。

这一定律就是牛顿第三定律，不论物体是静止的或运动着，这一定律都成立。应该注意，虽然作用力与反作用力大小相等，方向相反，沿同一条直线作用，但它们并不是平衡力，因为作用力与反作用力不是作用在同一个物体上。在研究某一物体的运动或平衡时，只应考虑它所受到的别的物体对它作用的力，而不应考虑它作用于别的物体的力。例如，在图 1-5 中，甲对乙作用一个力 $\boldsymbol{F}'$，则乙对甲必同时作用一个力 $\boldsymbol{F}$，它们的作用线相同，而且 $\boldsymbol{F}'=-\boldsymbol{F}$。力 $\boldsymbol{F}$ 与 $\boldsymbol{F}'$ 互为作用力与反作用力。当研究甲的运动或平衡时，只应考虑 $\boldsymbol{F}$，不应考虑 $\boldsymbol{F}'$；而当研究乙的运动或平衡时，则只应考虑 $\boldsymbol{F}'$，不应考虑 $\boldsymbol{F}$。

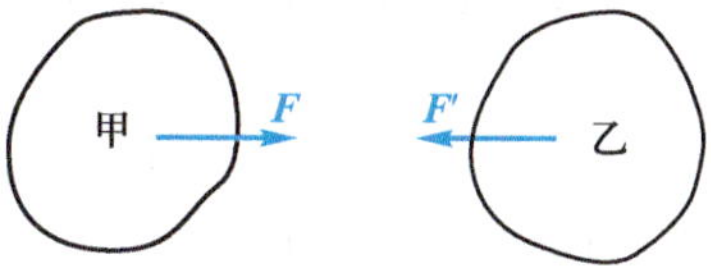

图 1-5　作用力与反作用力

5. 刚化原理

如果变形体在某一力系的作用下处于平衡，若将此变形体刚化为刚体，其平衡状态不变。

此原理建立了刚体的平衡条件和变形体的平衡条件之间的联系，它说明了变形体平衡时，作用在其上的力系必须满足把变形体刚化为刚体后的平衡条件。这样，就能把刚体的平衡条件应用到变形体的平衡问题中去，从而扩大了刚体静力学的应用范围，这在弹性体静力学和流体静力学中有重要的意义。

应该指出，刚体的平衡条件对于变形体来说，只是必要的，而非充分的。因此，要研究变形体是否平衡，仅有刚体平衡条件是不够的，还需附加变形条件。

§ 1-3　力的分解与力的投影

按照矢量的运算规则，可将一个力分解成两个或两个以上的分力。最常用的是将一个力分解成为沿直角坐标轴 x、y、z 的分力。设有力 $\boldsymbol{F}$，根据矢量分解公式有

$$\boldsymbol{F} = F_x\boldsymbol{i} + F_y\boldsymbol{j} + F_z\boldsymbol{k} \tag{1-1}$$

其中 $\boldsymbol{i}$、$\boldsymbol{j}$、$\boldsymbol{k}$ 是沿坐标轴正向的单位矢量（图 1-6）；F_x、F_y、F_z 分别是力 $\boldsymbol{F}$ 在 x、y、z 轴上的投影。如果已知 $\boldsymbol{F}$ 与坐标轴正向的夹角 α、β、γ，则

$$F_x = F\cos\alpha,\quad F_y = F\cos\beta,\quad F_z = F\cos\gamma \tag{1-2}$$

式中的角 α、β、γ 可以是锐角，也可以是钝角，由夹角余弦的符号即可知力的投影为正或负。有时也可根据观察判断投影的符号。

式(1-2)也可写成

$$F_x = \boldsymbol{F}\cdot\boldsymbol{i},\quad F_y = \boldsymbol{F}\cdot\boldsymbol{j},\quad F_z = \boldsymbol{F}\cdot\boldsymbol{k} \tag{1-3}$$

就是说，一个力在某一轴上的投影，等于该力与沿该轴方向的单位矢量之标积。此结论不仅适用于力在直角坐标轴上的投影，也适用于在任何一轴上的投影。

例如,设有一轴 ξ,沿该轴正向的单位矢量为 $\boldsymbol{n}$,则力 $\boldsymbol{F}$ 在 ξ 轴上的投影为 $F_\xi=\boldsymbol{F}\cdot\boldsymbol{n}$。设 $\boldsymbol{n}$ 在坐标系 $Oxyz$ 中的方向余弦为 l_1、l_2、l_3,则

$$F_\xi = F_x l_1 + F_y l_2 + F_z l_3 \tag{1-4}$$

有时,已知的是 $\boldsymbol{F}$ 与某一坐标轴(取为 z)的夹角 γ,以及 $\boldsymbol{F}$ 在平行于 xy 平面上的投影 $\boldsymbol{F}'$①与另一轴(如 x)的夹角(即平面 $AA'B'B$ 与坐标面 xz 的夹角)θ,如图 1-7 所示,则

$$\left.\begin{aligned} F_x &= F'\cos\theta = F\sin\gamma\cos\theta \\ F_y &= F'\sin\theta = F\sin\gamma\sin\theta \\ F_z &= F\cos\gamma \end{aligned}\right\} \tag{1-5}$$

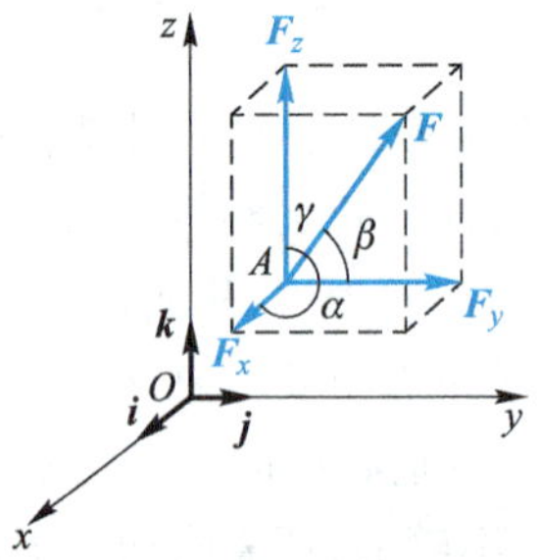

图 1-6　力沿坐标轴的分解

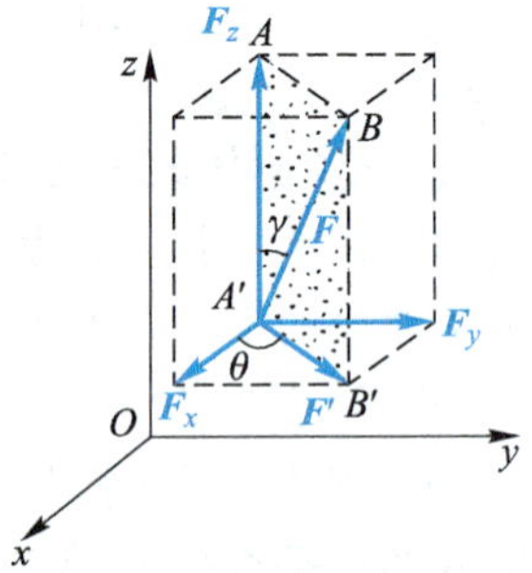

图 1-7　力在坐标轴上的投影

这种方法在实际计算时应用很多,必须熟悉。但要注意,上式是一个解析表达式,θ、γ 是力与坐标轴正向的夹角,它决定着投影的正负值。

若已知 $\boldsymbol{F}$ 在 x、y、z 轴上的投影 F_x、F_y、F_z,则可求得 $\boldsymbol{F}$ 的大小及方向余弦

$$\left.\begin{aligned} &F = \sqrt{F_x^2 + F_y^2 + F_z^2} \\ &\cos\alpha = \frac{F_x}{F},\quad \cos\beta = \frac{F_y}{F},\quad \cos\gamma = \frac{F_z}{F} \end{aligned}\right\} \tag{1-6}$$

如果 $\boldsymbol{F}$ 位于某一坐标平面内,将该平面取为 xy 面,则 $F_z=0$,而 F_x 和 F_y 可用式(1-2)或式(1-3)中的前两式求得。

§1-4　力　　矩

1. 力对一点的矩

一般来说,作用于物体的力有使物体产生移动和转动的效应。力的转动效

① 矢量在平面上的投影仍是矢量,其起点和终点分别是原矢量的起点和终点在平面上的垂足。

应是用力矩来度量的。

设有一作用于物体的力 $\boldsymbol{F}$ 及一点 O（图 1-8，物体未画出），点 O 至力 $\boldsymbol{F}$ 的作用线的垂直距离为 a，用 $M_O(\boldsymbol{F})$ 代表力 $\boldsymbol{F}$ 对 O 点的矩的大小，则

$$M_O(\boldsymbol{F}) = Fa \qquad (1-7)$$

这里的 O 点称为力矩中心，简称矩心，a 称为力臂。

力矩的单位是 N · m（牛 · 米）或 kN · m（千牛 · 米）等。

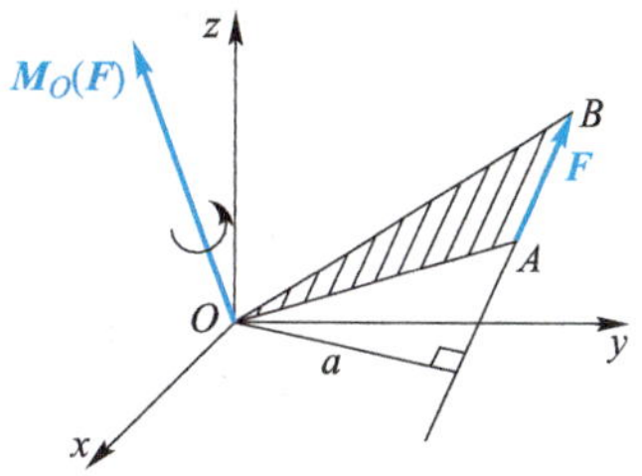

图 1-8 力 $\boldsymbol{F}$ 对点 O 的矩

在平面力系问题里，力对一点的矩被作为代数量，习惯上规定：如果力使静止物体绕矩心转动的方向是逆时针向，则取正号；反之，取负号。

在空间力系问题里，力对一点的矩应作为矢量。因为，在空间力系问题里，各个力分别和矩心构成不同的平面，各力对于物体绕矩心的转动的效应，不仅与各力矩的大小及其在各自平面内的转向有关，而且与各力和矩心所构成的平面的方位有关。也就是说，为了表明力对于物体绕矩心的转动的效应，需要表示出三个因素：力矩的大小，力和矩心所构成的平面，以及在该平面内力矩的转向。这三个因素，不可能用一个代数量表示出来，而需用一个矢量来表示。在图 1-8 中，自矩心 O 作矢量 $\boldsymbol{M}_O(\boldsymbol{F})$ 表示力 $\boldsymbol{F}$ 对于 O 点的矩。矩矢 $\boldsymbol{M}_O(\boldsymbol{F})$ 的模（即力矩的大小）为 Fa；$\boldsymbol{M}_O(\boldsymbol{F})$ 垂直于 O 点与力 $\boldsymbol{F}$ 所决定的平面；至于 $\boldsymbol{M}_O(\boldsymbol{F})$ 的指向，则按右手螺旋法则决定：如以力矩的转向为右手螺旋的转向，则螺旋前进的方向就代表矩矢 $\boldsymbol{M}_O(\boldsymbol{F})$ 的指向，或者说，从矩矢 $\boldsymbol{M}_O(\boldsymbol{F})$ 的末端向其始端看去，力矩的转向是逆时针向。

必须注意，力矩 $\boldsymbol{M}_O(\boldsymbol{F})$ 既然与矩心位置有关，因而矩矢 $\boldsymbol{M}_O(\boldsymbol{F})$ 只能画在矩心 O 处，而不能画在别处，所以矩矢是定位矢量。

由力对一点的矩的定义可知，将力 $\boldsymbol{F}$ 沿其作用线移动时，由于 $\boldsymbol{F}$ 的大小、方向及由 O 点到力作用线的距离都不变，力 $\boldsymbol{F}$ 与矩心 O 构成的平面的方位也不变，因而力对于 O 点的矩也不变。也就是说，力对于一点的矩不因为沿其作用线移动而改变。

2. 力对一点的矩的矢积表示及解析表示

由上面关于矩矢 $\boldsymbol{M}_O(\boldsymbol{F})$ 的规定不难看出，如果从矩心 O 作矢量 $\overrightarrow{OA}$，称为力作用点 A 对于 O 点的径矢或位置矢，用 $\boldsymbol{r}$ 表示（图 1-9），则力 $\boldsymbol{F}$ 对于 O 点的矩 $\boldsymbol{M}_O(\boldsymbol{F})$ 可用矢积 $\boldsymbol{r}\times\boldsymbol{F}$ 来表示。根据矢积的定义，$\boldsymbol{r}\times\boldsymbol{F}$ 是一个矢量，它的模恰好与 $\boldsymbol{M}_O(\boldsymbol{F})$ 的模相等，它的方向

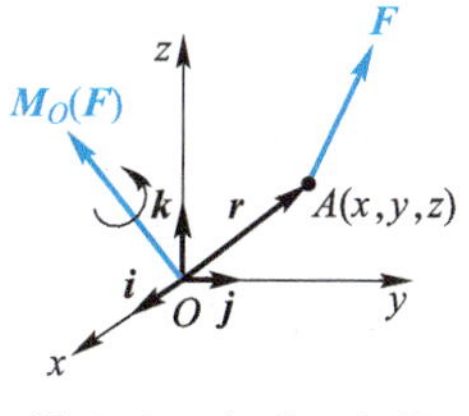

图 1-9 力对一点的矩的矢积表示

也与$\boldsymbol{M}_O(\boldsymbol{F})$相同。因而

$$\boldsymbol{M}_O(\boldsymbol{F})=\boldsymbol{r}\times\boldsymbol{F} \tag{1-8}$$

就是说,一个力对于任一点的矩等于该力作用点对于矩心的径矢与该力的矢积。

过矩心 O 取直角坐标系 $Oxyz$,并设力 $\boldsymbol{F}$ 的作用点 A 的坐标为(x,y,z),如图 1-9 所示,则式(1-8)可表示为

$$\begin{aligned}\boldsymbol{M}_O(\boldsymbol{F})&=\boldsymbol{r}\times\boldsymbol{F}=(x\boldsymbol{i}+y\boldsymbol{j}+z\boldsymbol{k})\times(F_x\boldsymbol{i}+F_y\boldsymbol{j}+F_z\boldsymbol{k})\\&=(yF_z-zF_y)\boldsymbol{i}+(zF_x-xF_z)\boldsymbol{j}+(xF_y-yF_x)\boldsymbol{k}\end{aligned} \tag{1-9}$$

或者用行列式表示为

$$\boldsymbol{M}_O(\boldsymbol{F})=\begin{vmatrix}\boldsymbol{i}&\boldsymbol{j}&\boldsymbol{k}\\x&y&z\\F_x&F_y&F_z\end{vmatrix} \tag{1-10}$$

对于平面力系问题,若取各力所在平面为 xy 面,则任一力的作用点坐标 $z=0$,力在 z 轴上的投影 $F_z=0$,于是公式(1-9)、(1-10)简化成为只与 $\boldsymbol{k}$ 相关的一项。这时,可将 $\boldsymbol{F}$ 对 O 点的矩作为代数量,得到

$$M_O(\boldsymbol{F})=xF_y-yF_x,\quad 或\quad M_O(\boldsymbol{F})=\begin{vmatrix}x&y\\F_x&F_y\end{vmatrix} \tag{1-11}$$

利用式(1-9)或式(1-10),可由一个力的作用点的坐标及该力的投影计算其对 O 点的矩,而无需量取 O 点到力作用线的距离。

由于坐标的选取是任意的,式(1-11)、(1-9)表明,计算一个力对一点的矩时,可将该力分解成为两个或三个适当的相互垂直的分力,分别计算其对该点的矩,再求代数和或矢量和即可。

3. 力对轴的矩

除力对一点的矩外,力学中还用到力对轴的矩这一概念,它表示的是力使物体绕轴转动的效应。

一个力对于某一轴的矩等于这个力在垂直于该轴的平面上的投影对于该轴与该平面的交点的矩。

例如,在图 1-10 中,设有一力 $\boldsymbol{F}=\overrightarrow{AB}$及一轴 z。任取一平面 N 垂直于 z 轴,并令 z 轴与平面 N 的交点为 O。将力 $\boldsymbol{F}$ 投影到平面 N 上,得 $\boldsymbol{F}'=\overrightarrow{A'B'}$。以 a 代表从点 O 至 $\boldsymbol{F}'$的垂直距离,则力 $\boldsymbol{F}$ 对于 z 轴的矩等于 $\boldsymbol{F}'$ 对于 O 的矩,即,如令 M_z[有时也写作 $M_z(\boldsymbol{F})$]代表 $\boldsymbol{F}$ 对于 z 轴的矩,则 $M_z=M_O(\boldsymbol{F}')$,即

$$M_z=\pm F'a \tag{1-12}$$

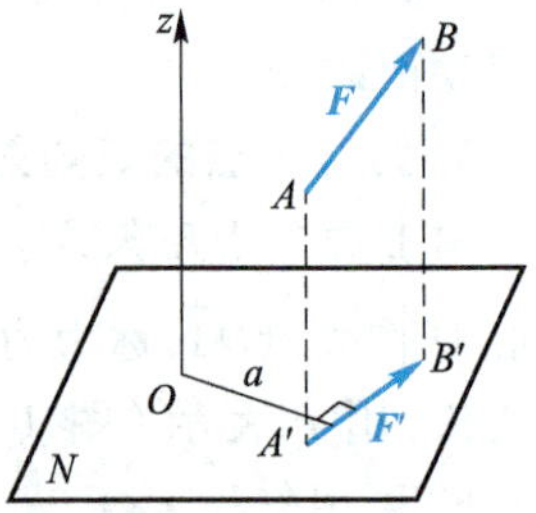

图 1-10　力对某一轴的矩

z 轴常称为矩轴。

式(1-12)中的符号表明力使静止物体绕 z 轴转动的方向,或者简单地说,表明力矩的转向,符号的规定仍是依照右手螺旋法则:令力矩的转向为右手螺旋转动的方向,若螺旋前进方向与 z 轴正方向一致,如图 1-10 所示的情况,则取正号;反之,取负号。

力对轴的矩的单位也是 N·m(牛·米)或 kN·m(千牛·米)等。

从定义可知,在下面两种情况下,力对轴的矩等于零:

(1) 力与矩轴平行(这时 $F'=0$);

(2) 力与矩轴相交(这时 $a=0$)。

这两种情况,也可以用一个条件来表示:力与矩轴在同一平面内。

在许多问题中,直接根据定义,由力在垂直于一轴的平面上的投影计算力对轴的矩,往往很不方便。因此,常利用力在直角坐标轴上的投影及其作用点的坐标来计算力对轴的矩。

设有一力 $\boldsymbol{F}$ 及任一轴 z。为了求力 $\boldsymbol{F}$ 对于 z 轴的矩,以 z 轴上一点 O 为原点,作直角坐标系 $Oxyz$,如图 1-11 所示。设力 $\boldsymbol{F}$ 的作用点 A 的坐标为 $A(x,y,z)$,而力 $\boldsymbol{F}$ 在坐标轴上的投影为 F_x、F_y、F_z。将 $\boldsymbol{F}$ 投影到垂直于 z 轴的平面即 xy 平面上得 $\boldsymbol{F}'$。显然 $\boldsymbol{F}'$在坐标轴 x、y 上的投影就是 F_x、F_y,而 A' 的坐标就是 x、y。据定义,$\boldsymbol{F}$ 对于 z 轴的矩等于 $\boldsymbol{F}'$对于 O 点的矩,即 $M_z(\boldsymbol{F})=M_O(\boldsymbol{F}')$;而 $\boldsymbol{F}'$ 对于 O 点的矩由式(1-11)求得为 $M_O(\boldsymbol{F}')=xF_y-yF_x$,因而有

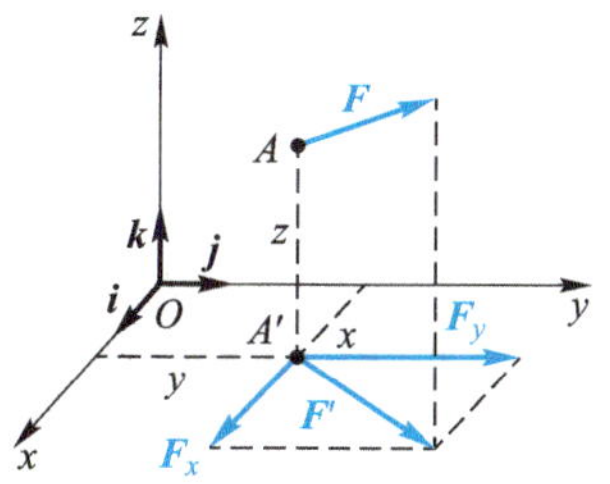

图 1-11 力对坐标轴的矩

$$M_z(\boldsymbol{F})=xF_y-yF_x$$

用相似方法可求得 $\boldsymbol{F}$ 对 x 轴的及对 y 轴的矩。这样就得到

$$M_x(\boldsymbol{F})=yF_z-zF_y,\quad M_y(\boldsymbol{F})=zF_x-xF_z,\quad M_z(\boldsymbol{F})=xF_y-yF_x \tag{1-13}$$

用这一组式子计算力对轴的矩,往往比直接根据定义计算方便。

4. 力对点的矩与对轴的矩的关系

力对一点的矩与对轴的矩两者既有差别,又有联系。将式(1-9)与式(1-13)两式对比,可见式(1-9)中各单位矢量前面的系数分别等于 $\boldsymbol{F}$ 对于 x、y、z 轴的矩。但根据矢量分解的公式,各单位矢量前面的系数也就是 $\boldsymbol{M}_O(\boldsymbol{F})$ 在各轴上的投影。这就表明,$\boldsymbol{M}_O(\boldsymbol{F})$ 在各轴上的投影分别等于 $\boldsymbol{F}$ 对于各轴的矩。因为坐标轴 x、y、z 是任取的,于是可得定理如下:

一个力对于一点的矩在经过该点的任一轴上的投影等于该力对于该轴的矩。

根据这一定理，不难求出一个力 F 对于除坐标轴以外的任一轴的矩。例如，设有通过坐标原点 O 的任一轴 ξ，沿该轴的单位矢量 $\boldsymbol{n}$ 在坐标系 $Oxyz$ 中的方向余弦为 l_1、l_2、l_3，则

$$M_\xi(\boldsymbol{F}) = \boldsymbol{n}\cdot\boldsymbol{M}_O(\boldsymbol{F}) = M_x(\boldsymbol{F})l_1 + M_y(\boldsymbol{F})l_2 + M_z(\boldsymbol{F})l_3 \tag{1-14}$$

或者写成

$$M_\xi(\boldsymbol{F}) = \boldsymbol{n}\cdot(\boldsymbol{r}\times\boldsymbol{F}) = \begin{vmatrix} l_1 & l_2 & l_3 \\ x & y & z \\ F_x & F_y & F_z \end{vmatrix} \tag{1-15}$$

例 1-1　在轴 OA 的手柄 AB 的 B 端作用一力 $\boldsymbol{F}$，如图 1-12 所示。已知 $F=50$ N，$OA=200$ mm，$AB=180$ mm，$\alpha=45°$，$\beta=60°$，试求力 $\boldsymbol{F}$ 对于 x、y、z 轴的矩。

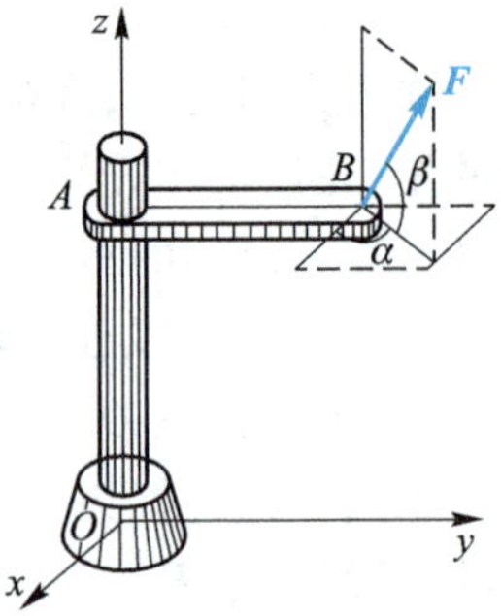

图 1-12

解　计算力 $\boldsymbol{F}$ 在坐标轴上的投影为 $F_x = F\cos\beta\cos\alpha = 17.7$ N，$F_y = F\cos\beta\sin\alpha = 17.7$ N，$F_z = F\sin\beta = 43.3$ N。力 $\boldsymbol{F}$ 的作用点 B 的坐标为 $x=0$，$y=AB=180$ mm，$z=OA=200$ mm。于是由式(1-13)得

$$M_x = yF_z - zF_y = 180\ \text{mm}\times 43.3\ \text{N} - 200\ \text{mm}\times 17.7\ \text{N} = 4\ 260\ \text{N}\cdot\text{mm} = 4.26\ \text{N}\cdot\text{m}$$

$$M_y = zF_x - xF_z = 200\ \text{mm}\times 17.7\ \text{N} = 3\ 540\ \text{N}\cdot\text{mm} = 3.54\ \text{N}\cdot\text{m}$$

$$M_z = xF_y - yF_x = -180\ \text{mm}\times 17.7\ \text{N} = -3\ 180\ \text{N}\cdot\text{mm} = -3.18\ \text{N}\cdot\text{m}$$

例 1-2　试求图1-13a 中力 $\boldsymbol{F}$ 对 z 轴的矩 $M_z(\boldsymbol{F})$ 及对 O 点的矩 $\boldsymbol{M}_O(\boldsymbol{F})$，已知 $F=20$ N，尺寸如图所示。

解　先求$M_z(\boldsymbol{F})$，按基本定义，将 $\boldsymbol{F}$ 投影到 xy 平面上成为 $\boldsymbol{F}'$(图1-13b)，计算 $\boldsymbol{F}'$对 O 点的矩，即得 $\boldsymbol{F}$ 对 z 轴的矩。显然，$F'=F\cos 60°=10$ N，于是

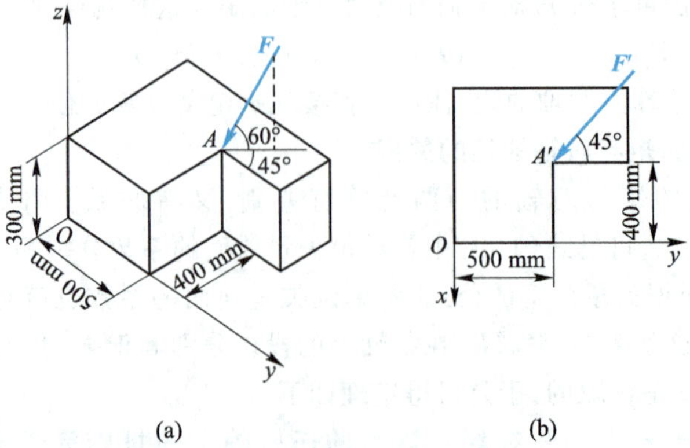

图 1-13

$$M_z(\boldsymbol{F}) = M_O(\boldsymbol{F}') = (-F'\cos 45°) \times (-0.4\ \text{m}) - F'\sin 45° \times 0.5\ \text{m}$$
$$= -0.71\ \text{N} \cdot \text{m}$$

或者先算出 $\boldsymbol{F}$ 在坐标轴上的投影，再按式(1-13)计算。则

$$F_x = F\cos 60°\sin 45° = \sqrt{2}F/4$$
$$F_y = -F\cos 60°\cos 45° = -\sqrt{2}F/4$$
$$F_z = -F\sin 60° = -\sqrt{3}F/2$$
$$x = -0.4\ \text{m},\quad y = 0.5\ \text{m},\quad z = 0.3\ \text{m}$$

则

$$M_z(\boldsymbol{F}) = xF_y - yF_x = -0.71\ \text{N} \cdot \text{m}$$

再求 $\boldsymbol{M}_O(\boldsymbol{F})$，将 F_x、F_y、F_z 及 x、y、z 之值代入式(1-10)得

$$\boldsymbol{M}_O(\boldsymbol{F}) = (-6.54\boldsymbol{i} - 4.81\boldsymbol{j} - 0.71\boldsymbol{k})\ \text{N} \cdot \text{m}$$

§ 1-5　力偶与力偶矩

设有大小相等、方向相反、作用线不相同的两个力 $\boldsymbol{F}$ 及 $\boldsymbol{F}'$（图 1-14）。显然，它们的矢量和等于零，表明不可能将它们合成为一个合力；另一方面，它们又不满足二力平衡条件（因作用线不同），所以不能平衡。力学上把大小相等、方向相反、作用线不同的两个力作为一个整体来考虑，称为力偶。两力所构成的平面称为力偶作用面。两力作用线之间的距离 a 称为力偶臂。通常用记号 $(\boldsymbol{F}, \boldsymbol{F}')$ 表示力偶。

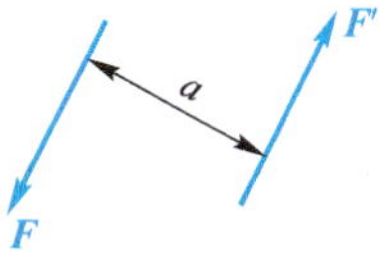

图 1-14　力偶

力偶具有一些独特的性质，这些性质在力学理论上和实践上常加以利用。下面就对力偶的这些性质分别加以说明。

首先，如上所述，力偶没有合力，即不能用一个力代替，因而也不能和一个力平衡。

力偶既然不能用一个力代替，可见它对于物体的效应与一个力对于物体的效应不同。一个力对于物体有移动和转动两种效应；而一个力偶对于物体却只有转动效应，没有移动效应。怎样量度力偶的转动效应呢？前面讲过，力对物体绕一点转动的效应是用力矩来表示的，力偶对物体绕某点的转动的效应则用力偶的两个力对该点的矩之和来量度。现在计算组成力偶的两个力对于任一点的矩之和。

设在平面 P 内有一力偶 $(\boldsymbol{F}, \boldsymbol{F}')$，如图 1-15a 所示。任取一点 O，令 $\boldsymbol{F}$ 及 $\boldsymbol{F}'$ 的作用点 A 及 B 对于点 O 的径矢为 $\boldsymbol{r}_A$ 及 $\boldsymbol{r}_B$，而 B 点相对于 A 点的径矢为 $\boldsymbol{r}_{AB}$。

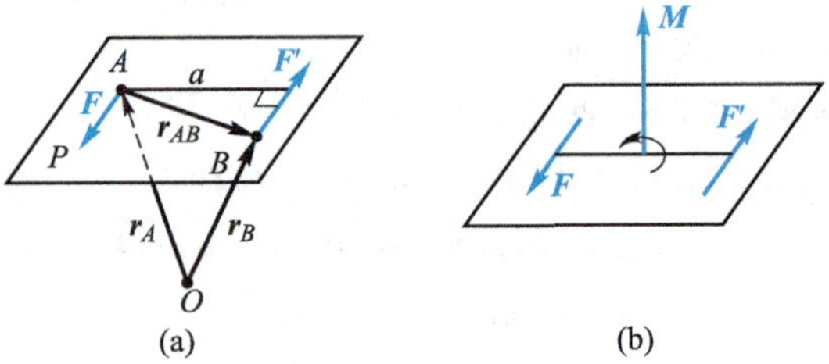

图 1-15　力偶矩矢量

由图可见，$\boldsymbol{r}_B = \boldsymbol{r}_A + \boldsymbol{r}_{AB}$。于是，力偶的两个力对于点 O 的矩之和为

$$\boldsymbol{M}_O(\boldsymbol{F},\boldsymbol{F}') = \boldsymbol{r}_A \times \boldsymbol{F} + \boldsymbol{r}_B \times \boldsymbol{F}' = \boldsymbol{r}_A \times \boldsymbol{F} + (\boldsymbol{r}_A + \boldsymbol{r}_{AB}) \times \boldsymbol{F}'$$

但 $\boldsymbol{F} = -\boldsymbol{F}'$，因此

$$\boldsymbol{M}_O(\boldsymbol{F},\boldsymbol{F}') = \boldsymbol{r}_{AB} \times \boldsymbol{F}' \tag{1-16a}$$

矢积 $\boldsymbol{r}_{AB} \times \boldsymbol{F}'$ 是一个矢量，称为**力偶矩**。用矢量 $\boldsymbol{M}$ 代表力偶矩（以后，在空间问题里，凡是讲力偶矩，都指矢量 $\boldsymbol{M}$），则

$$\boldsymbol{M} = \boldsymbol{r}_{AB} \times \boldsymbol{F}' \tag{1-16b}$$

由图可见，力偶矩 $\boldsymbol{M}$ 的模等于 $F'a$，即力偶矩的大小等于力偶的力与力偶臂之乘积；$\boldsymbol{M}$ 垂直于 A 点与 $\boldsymbol{F}'$ 所构成的平面，即垂直于力偶作用面；$\boldsymbol{M}$ 的指向与力偶在其作用面内的转向符合右手螺旋法则。力偶矩 $\boldsymbol{M}$ 的表示如图 1-15b 所示。

力偶矩的单位与力矩的单位相同，也是 N · m（牛 · 米）等。

利用式（1-16b），式（1-16a）就可写成

$$\boldsymbol{M}_O(\boldsymbol{F},\boldsymbol{F}') = \boldsymbol{M}$$

因为 O 点是任取的，于是可得力偶的第二个性质：**力偶对于任一点的矩就等于力偶矩，而与矩心的位置无关**。于是可知，力偶对物体的转动效应完全决定于力偶矩。

既然力偶无合力，没有移动效应，其转动效应又完全决定于力偶矩，于是可知：**力偶矩相等的两力偶等效**。据此，又可推论出力偶的如下两个性质：

（1）**只要力偶矩保持不变，力偶可在空间内任意搬移而不改变其对物体的效应**。由此可见，只要不改变力偶矩 $\boldsymbol{M}$ 的模和方向，不论将 $\boldsymbol{M}$ 画在物体上的什么地方都一样，即力偶是**自由矢量**。

（2）**只要力偶矩保持不变，可将力偶的力和臂作相应的改变而不致改变其对物体的效应**。既然力偶的力和臂可相应改变，在研究有关力偶的问题时，就只需考虑力偶的矩，而不必论究其力之大小、臂之长短。正因为如此，在力学中和工程上常常在力偶所在的平面内以↺ M 或↻ M 来表示力偶，其中箭头表示力偶

在平面内的转向，M 则表示力偶矩的大小。

应当注意，上面两个结论只是在研究力偶的运动效应时才成立，不适用于变形效应的研究。例如，在图 1-16a 中，梁 AB 的一端 B 作用一力偶，将使梁弯曲；如将力偶移到 A 点，对梁的平衡没有影响，但却不能使梁弯曲。在图 1-16b 中，如将力偶$(\boldsymbol{F}_1,\boldsymbol{F}_1')$变换成为力偶矩相等的力偶$(\boldsymbol{F}_2,\boldsymbol{F}_2')$，尽管运动效应相同，对梁的变形效应却不一样。

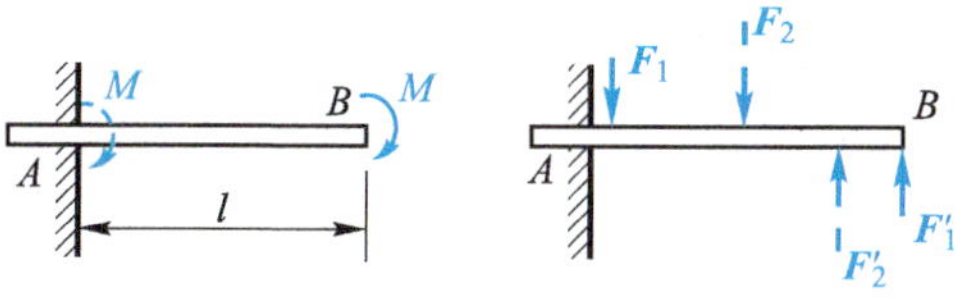

(a) (b)

图 1-16 力偶的作用效应

思考题

1-1 力沿某轴的分力与在该轴上的投影两者有何区别？力沿某轴的分力的大小是否总是等于力在该轴上的投影的绝对值？

1-2 设有两力 $\boldsymbol{F}_1$、$\boldsymbol{F}_2$，已知 $\boldsymbol{F}_1\cdot\boldsymbol{n}=\boldsymbol{F}_2\cdot\boldsymbol{n}$（$\boldsymbol{n}$ 为沿某一轴的单位矢量），试问由上式是否可得 $F_1=F_2$？

1-3 试述力偶矩与力矩的区别与联系。

习题

1-1 支座受力 $\boldsymbol{F}$，已知 $F=10$ kN，方向如图所示，试求力 $\boldsymbol{F}$ 沿 x、y 轴及沿 x'、y'轴分解的结果，并求力 $\boldsymbol{F}$ 在各轴上的投影。

1-2 已知 $F_1=100$ N，$F_2=50$ N，$F_3=60$ N，$F_4=80$ N，各力方向如图所示，试分别求各个力在 x、y 轴上的投影。

1-3 试计算图中 $\boldsymbol{F}_1$、$\boldsymbol{F}_2$、$\boldsymbol{F}_3$ 三个力分别在 x、y、z 轴上的投影。已知 $F_1=2$ kN，$F_2=1$ kN，$F_3=3$ kN。

1-4 如图，已知 $F_T=10$ kN，试求 $\boldsymbol{F}_T$ 分别在 x、y、z 轴上的投影。

1-5 如图，力 $\boldsymbol{F}$ 沿正六面体的对顶线 AB 作用，$F=100$ N，试求 $\boldsymbol{F}$ 在 ON 上的投影。

1-6 已知 $F=10$ N，其作用线通过 $A(4,2,0)$、$B(1,4,3)$ 两点，如图所示。试求力 $\boldsymbol{F}$ 在沿 CB 的 T 轴上的投影。

文档：习题 1-6 题解

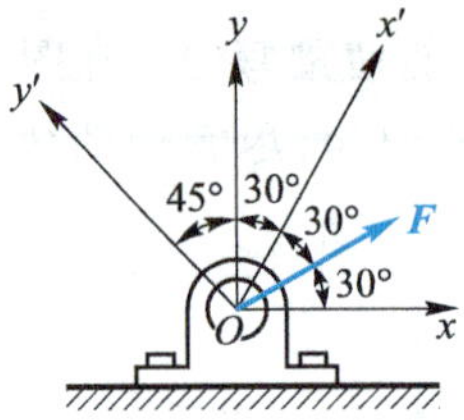

题 1-1 图

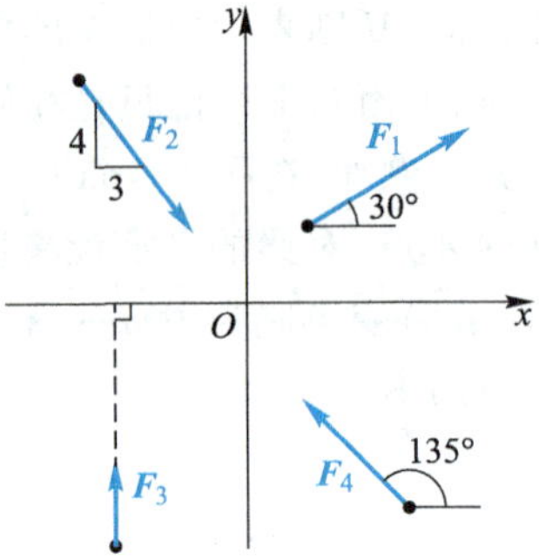

题 1-2 图

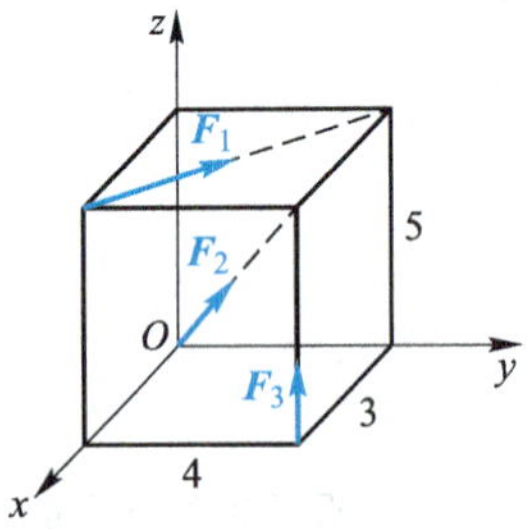

题 1-3 图

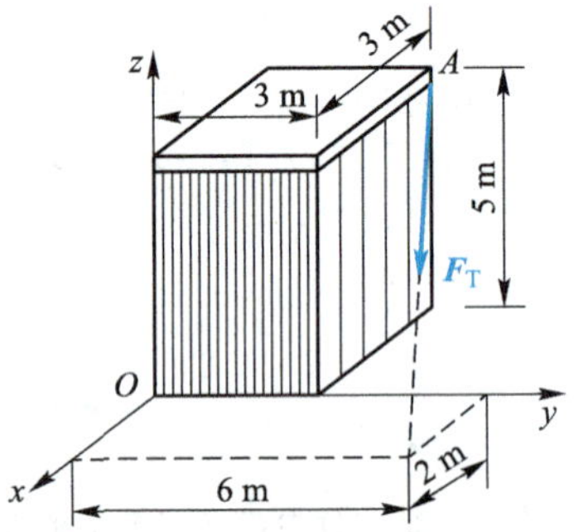

题 1-4 图

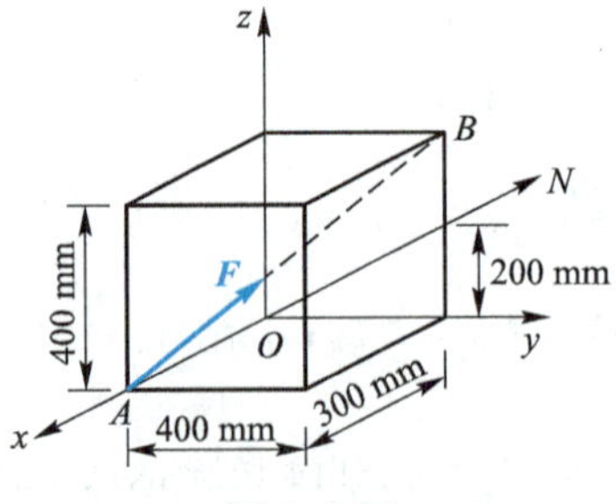

题 1-5 图

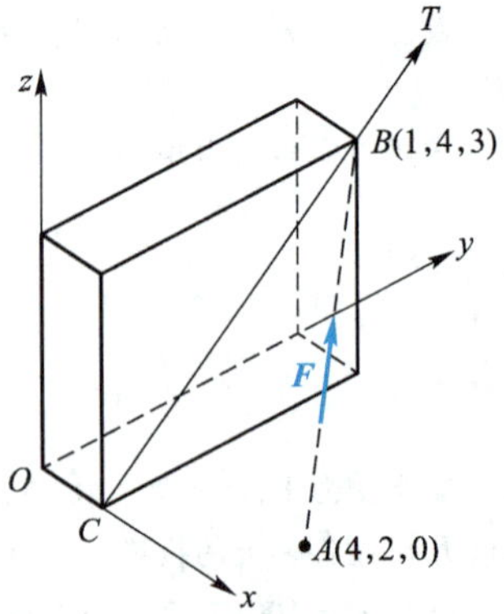

题 1-6 图

文档：习题 1-10 题解

1-7　图中的圆轮在力 $\boldsymbol{F}$ 和矩为 M 的力偶作用下保持平衡，这是否说明一个力可与一个力偶平衡？

1-8　试求如图所示的力 $\boldsymbol{F}$ 对 A 点的矩，已知 $r_1=0.2$ m，$r_2=0.5$ m，$F=300$ N。

1-9　试求如图所示绳子张力 $\boldsymbol{F}_\mathrm{T}$ 对 A 点及对 B 点的矩。已知 $F_\mathrm{T}=10$ kN，$l=2$ m，$R=0.5$ m，$\alpha=30°$。

1-10　如图所示，力 $\boldsymbol{F}$ 在 yz 平面内，且 $F=3$ kN。试求：

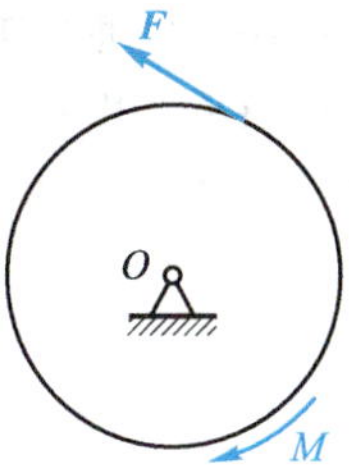

题 1-7 图

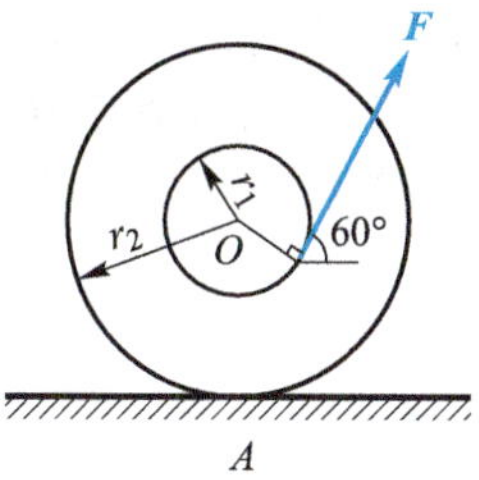

题 1-8 图

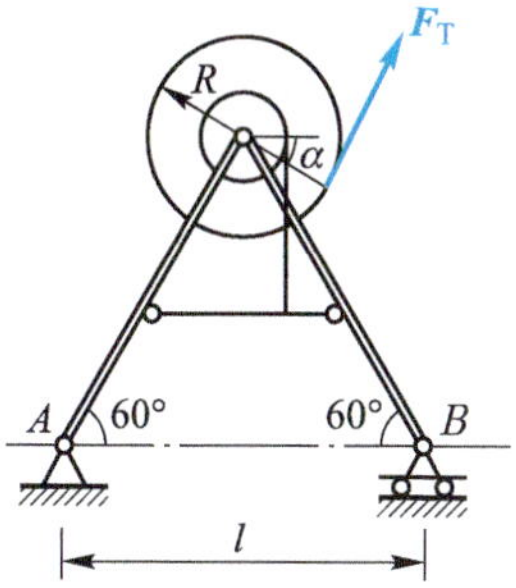

题 1-9 图

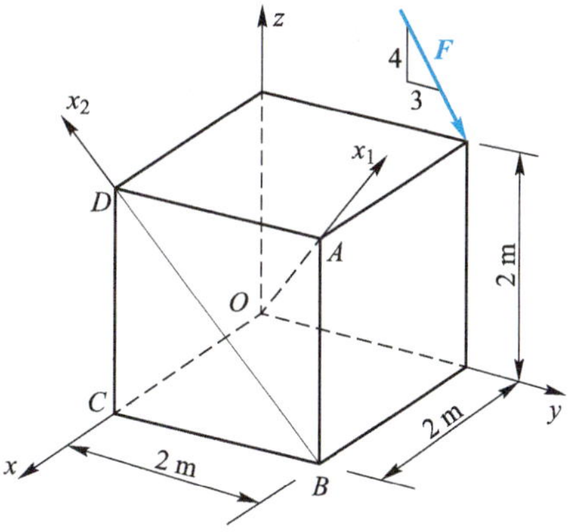

题 1-10 图

（1）$\boldsymbol{F}$ 对轴 x_1 的矩。

（2）$\boldsymbol{F}$ 对轴 x_2 的矩。

1-11　已知图示正六面体的边长为 l_1、l_2、l_3，沿 AC 作用一力 $\boldsymbol{F}$，试求力 $\boldsymbol{F}$ 对 O 点的矩的矢量表达式。

1-12　如图，钢缆 AB 中的张力 $F_T=10$ kN。试写出该张力 $\boldsymbol{F}_T$ 对 O 点的矩的矢量表达式。

1-13　如图，已知力 $\boldsymbol{F}=2\boldsymbol{i}-3\boldsymbol{j}+\boldsymbol{k}$，其作用点 A 的位置矢 $\boldsymbol{r}_A=3\boldsymbol{i}+2\boldsymbol{j}+4\boldsymbol{k}$，试求力 $\boldsymbol{F}$ 对位置矢为 $\boldsymbol{r}_B=\boldsymbol{i}+\boldsymbol{j}+\boldsymbol{k}$ 的一点 B 的矩（力以 N 计，长度以 m 计）。

文档：习题 1-12 题解

文档：习题 1-13 题解

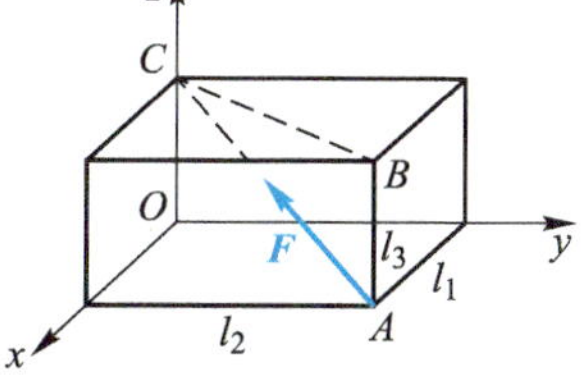

题 1-11 图

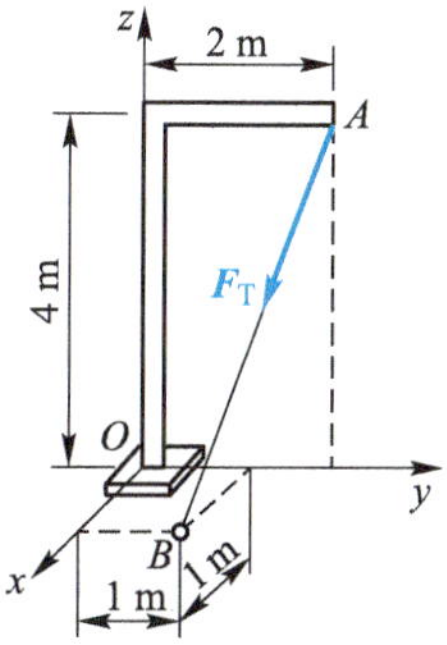

题 1-12 图

1-14　工人启闭闸门时，为了省力，常常用一根杆子插入手轮中，并在杆的一端 C 施力，以转动手轮，如图所示。设手轮直径 $AB=0.6\ \mathrm{m}$，杆长 $l=1.2\ \mathrm{m}$，在 C 端用 $F_C=100\ \mathrm{N}$ 的力能将闸门开启，若不借用杆子而直接在手轮 A、B 处施加力偶 $(\boldsymbol{F},\boldsymbol{F}')$，试问 F 至少应为多大才能开启闸门？

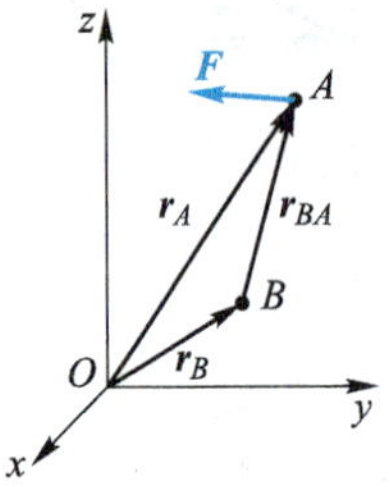

题 1-13 图

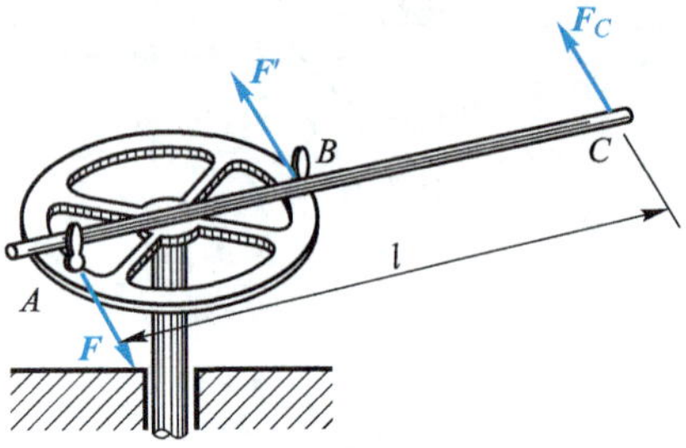

题 1-14 图

第二章　力系的简化

实际工程中的物体受力较为复杂，为分析它的平衡规律，需将力系进行简化，从而得到力系的平衡条件。本章先对力系进行分类，然后讨论力系的简化，如汇交力系、力偶系和任意力系等。另外，对平行分布力系的简化和重心的概念也作简要叙述。

§2-1　力系的分类

根据力系中各力的分布情况，把力系进行分类，以便于分析研究。

1. 汇交力系

作用于物体上的若干个力组成的力系，若各力的作用线汇交于一点，则称为汇交力系。根据力的可传性，各力作用线的汇交点可以看作各力的公共作用点，所以汇交力系有时也称为共点力系。显然，如果考察的是质点，则作用于其上的力系必是汇交力系。

如果一个汇交力系的各力的作用线都位于同一平面内，则该汇交力系称为平面汇交力系；否则，就称为空间汇交力系。

在实际工程中，有不少汇交力系的实例。如起重机起吊重物时（图 2-1a），作用于吊钩 C 的力有：钢绳拉力 $\boldsymbol{F}_T$ 及绳 AC 和 BC 的拉力 $\boldsymbol{F}_1$ 及 $\boldsymbol{F}_2$（图 2-1b），它们都在同一铅直平面内并汇交于 C 点，组成一平面汇交力系。图 2-2b 为图 2-2a 所示的屋架的一部分，其中各杆所受的力 $\boldsymbol{F}_1$、$\boldsymbol{F}_2$、$\boldsymbol{F}_3$、$\boldsymbol{F}_4$ 在同一平面内并

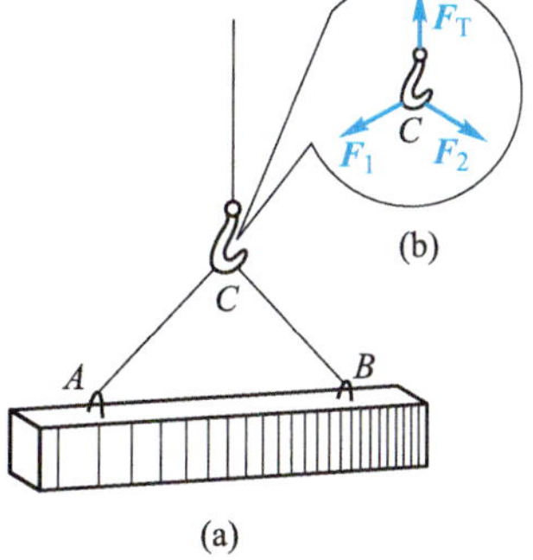

图 2-1　吊钩受力图

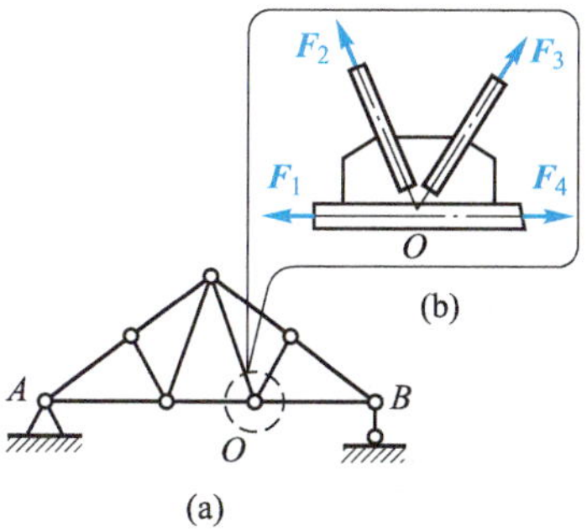

图 2-2　节点 O 受力图

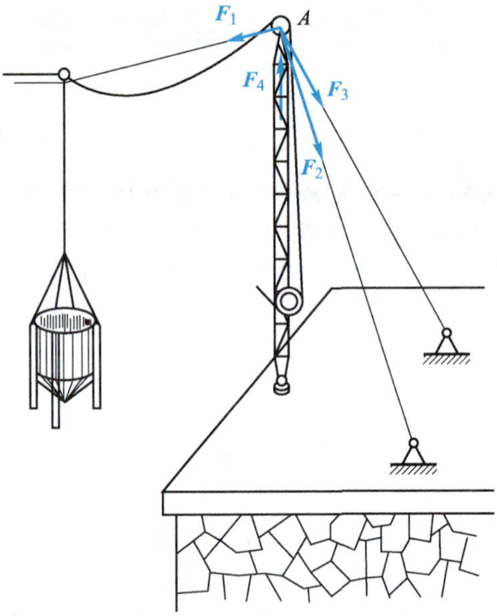

图 2-3　滑轮 A 受力图

汇交于一点，也组成一平面汇交力系。图 2-3 是一索道运输设备的示意图，其中钢绳及立柱作用于滑轮 A 上的力 $\boldsymbol{F}_1$、$\boldsymbol{F}_2$、$\boldsymbol{F}_3$ 及 $\boldsymbol{F}_4$ 都通过轮的中心，但不在同一平面内，组成一空间汇交力系。

2. 力偶系

作用在刚体上的若干个力偶组成的力系称为**力偶系**。若力偶系中的各力偶都位于同一平面内（或作用面都平行），则为**平面力偶系**；否则为**空间力偶系**。图 2-4 和图 2-5 分别给出了平面力偶系和空间力偶系的示例。

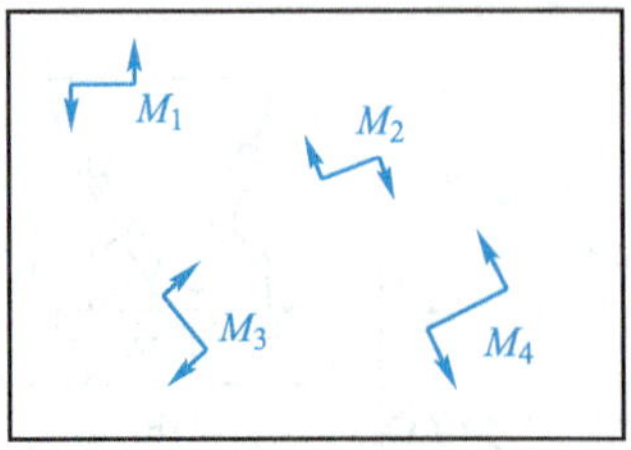

图 2-4　平面力偶系

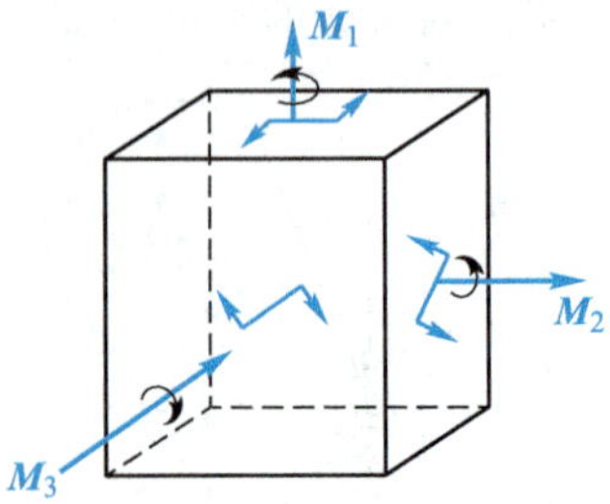

图 2-5　空间力偶系

3. 任意力系

任意力系是指力系中各力的作用线既不汇交于一点，又不全部相互平行的力系。若任意力系中各力作用线位于同一平面内，则称为**平面任意力系**，简称平面力系；否则称为空间任意力系，简称空间力系。

空间力系是物体受力的最一般的情况。在工程中，有许多问题都属于这种情况。例如，图 2-6a 为某些船闸上采用的人字形闸门的示意图，当上下游水位略有差别而开启闸门时，左边一扇门的受力情况如图 2-6b 所示，其中 $\boldsymbol{G}$ 是闸门所受的重力，$\boldsymbol{F}_{\mathrm{P}}$ 是由于上下游水位差产生的静水压力与开门时的阻力简化而成的等效力，$\boldsymbol{F}_{\mathrm{T}}$ 是推拉杆作用在门上的力，其余各力则是约束力，所有这些力组成一空间任意力系。

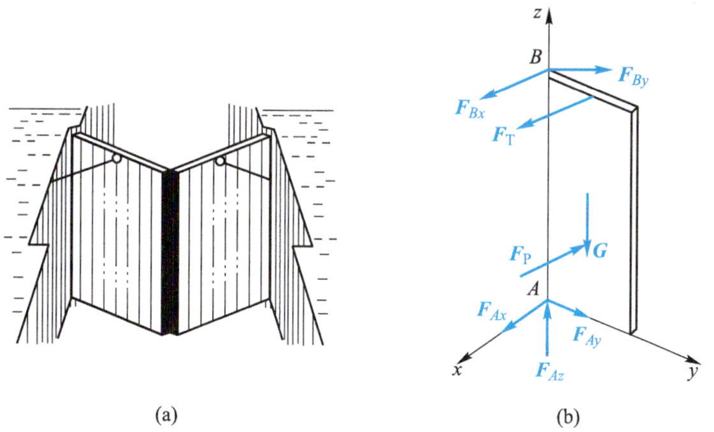

图 2-6　人字形闸门及其受力图

平面力系是工程上最常见的一种力系，很多实际问题都可简化成为平面力系问题来处理。例如，厂房建筑中常采用刚架结构，取其中一个刚架来考察（图 2-7a），作用于其上的力可简化成如图 2-7b 所示，其中作用于顶上的是屋面荷载及横梁自重，每单位长度上的大小为 q_1；作用在左右两侧的是风压力和由风所引起的负压力，每单位长度上的大小分别为 q_2 及 q_3；$\boldsymbol{F}_{\mathrm{P1}}$及 $\boldsymbol{F}_{\mathrm{P2}}$是吊车梁作用于牛腿 A_1 及 B_1 的力；$\boldsymbol{F}_{Ax}$、$\boldsymbol{F}_{Ay}$、$\boldsymbol{F}_{Bx}$、$\boldsymbol{F}_{By}$及力偶矩 M_A、M_B 是 A、B 两处基础对立柱的约束力。所有这些力和力偶组成一平面力系。水利工程上常见的重力坝（图2-8a），在对其进行力学分析时，往往取单位长度（如1 m）的坝段来考察，而将坝段所受的力简化成为作用于坝段中央平面内的平面力系，如图 2-8b 所示。带拖车的汽车沿水平直线道路行驶时，由于对称，汽车所受的力也可简化为作用于其中央平面内的一些力（图 2-9），其中 $\boldsymbol{F}_{\mathrm{P}}$ 及 $\boldsymbol{F}_{\mathrm{R}}$ 是拖车作用于汽车的力，$\boldsymbol{G}$ 是汽车所受重力，$\boldsymbol{F}_{\mathrm{N1}}$、$\boldsymbol{F}_{\mathrm{N2}}$是地面对车轮的法向作用力，$\boldsymbol{F}_1$、$\boldsymbol{F}_2$ 是地面作用于车轮的摩擦力。这些力也组成一平面力系。

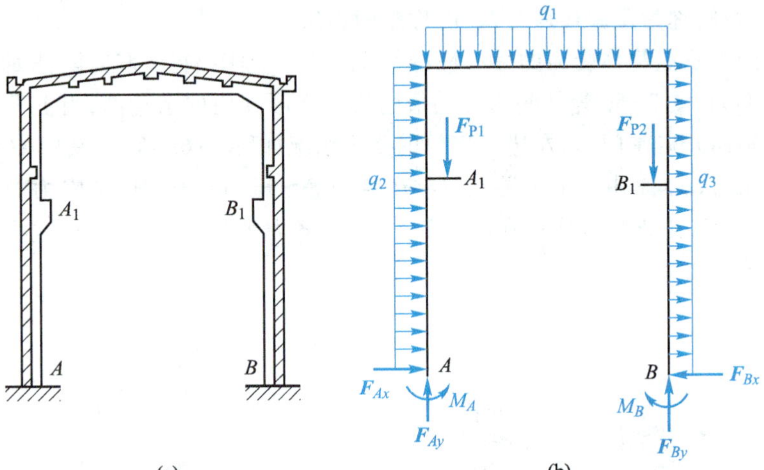

(a)　　　　(b)

图 2-7　刚架结构及其受力图

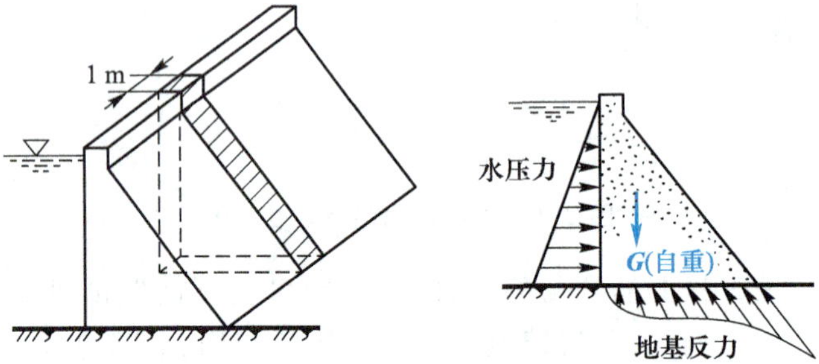

(a)　　　　(b)

图 2-8　重力坝及断面受力图

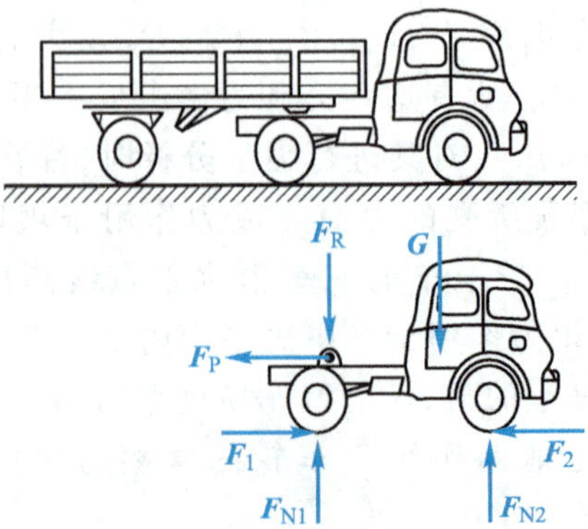

图 2-9　汽车受力图

在实际工程中，还会遇到一些特殊的力系。如它们并不是作用在某一点，而是作用在某一面积或某一体积上，即所谓的分布力系。这些力系将在后面作简要讨论。

§ 2-2 力的平移定理

为了讨论任意力系的简化，需要介绍力的平移定理。

设一力 $\boldsymbol{F}_A$ 作用在刚体上的 A 点(图 2-10a)，现在要把它等效地平移到刚体上的任一点 B。为此，可以在 B 点加上大小相等、方向相反且与 $\boldsymbol{F}_A$ 平行的一对平衡力 $\boldsymbol{F}_B$ 和 $\boldsymbol{F}'_B$，并使 $\boldsymbol{F}_A=\boldsymbol{F}_B=-\boldsymbol{F}'_B$。根据加减平衡力系原理，力 $\boldsymbol{F}_A$ 与三个力 $\boldsymbol{F}_A$、$\boldsymbol{F}_B$ 和 $\boldsymbol{F}'_B$ 等效。显然，$\boldsymbol{F}'_B$ 和 $\boldsymbol{F}_A$ 组成一个力偶，称为附加力偶，设其力偶臂为 d。可见，作用于 A 点的力 $\boldsymbol{F}_A$，可由作用在 B 点的力 $\boldsymbol{F}_B$ 和一个附加力偶 $(\boldsymbol{F}_A,\boldsymbol{F}'_B)$ 来代替。也就是说，作用在 A 点的力 $\boldsymbol{F}_A$ 可以平移到刚体上任一指定点 B，但必须同时附加一个力偶。该力偶的力偶矩大小为

$$M=F_A d=M_B(\boldsymbol{F}_A) \tag{2-1}$$

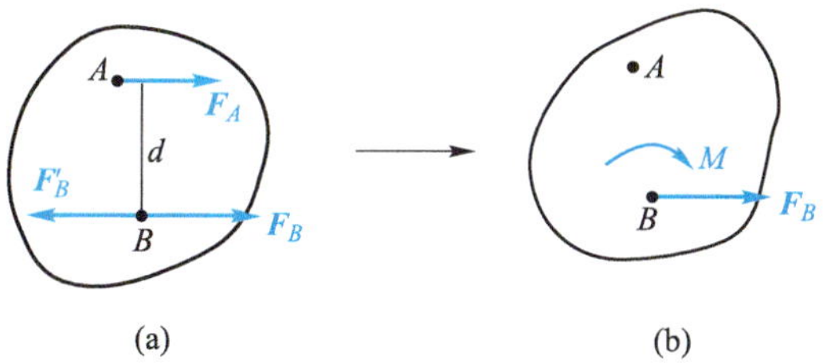

图 2-10 力的平行移动

其作用面为力 $\boldsymbol{F}_A$ 与 B 点所确定的平面。

由此可得力的平移定理：**作用在刚体上的力，可以等效地平移到刚体上任一指定点，但必须在该力与指定点所确定的平面内附加一个力偶，附加力偶的力偶矩等于原力对指定点的力矩。**

图 2-10b 所示的一个力 $\boldsymbol{F}_B$ 和一个力偶 M，常称为是共面的一个力和一个力偶。根据上述力的平移定理的逆过程，可以得知共面的一个力和一个力偶可以合成为一个力，此力的大小和方向与原力相同，但它们的作用线却要相距一定的距离。

工程上有时也将力平行移动，以便了解其效应。例如，作用于立柱上 A 点的偏心力 $\boldsymbol{F}$(图 2-11a)，可平移至立柱轴线上成为 $\boldsymbol{F}'$，并附加一力偶矩为 $M=$

$M_O(\boldsymbol{F})$的力偶(图 2-11b),这样并不改变力 $\boldsymbol{F}$ 的总效应,但却容易看出,轴向力 $\boldsymbol{F}'$将使立柱压缩,而力偶矩 $\boldsymbol{M}$ 将使短柱弯曲。不过应当注意,一般说来,在研究变形体问题时,力一般不能移动(材料力学里有详细说明)。例如,图 2-12 所示的梁 A 端受一力 $\boldsymbol{F}$,读者试想:如将 $\boldsymbol{F}$ 平行移动至 O 点成为 $\boldsymbol{F}'$并附加一力偶矩 $\boldsymbol{M}$,其变形效果将如何?

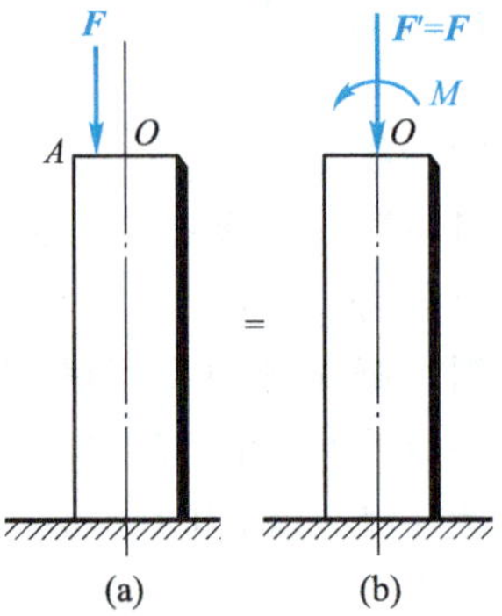

图 2-11　立柱

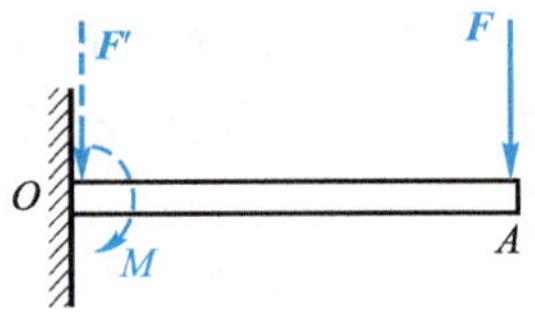

图 2-12　悬臂梁

§2-3　力系的简化

1. 汇交力系的简化

(1) 汇交力系合成的几何法

如图 2-13a 所示,设有汇交力系($\boldsymbol{F}_1,\boldsymbol{F}_2,\boldsymbol{F}_3,\boldsymbol{F}_4$)作用于刚体上的 A 点,试求其简化结果。前面讲过,共点的两个力可以利用平行四边形法则或三角形法则合成为一个合力,合力等于两个分力的矢量和,并作用于两分力的公共作用点。所以,此汇交力系的简化只需连续应用三角形法则将各力依次合成即可。如图 2-13a 所示:先将力 $\boldsymbol{F}_1$、$\boldsymbol{F}_2$ 合成为力 $\boldsymbol{F}_{R1}$,然后将力 $\boldsymbol{F}_{R1}$与 $\boldsymbol{F}_3$ 合成为力 $\boldsymbol{F}_{R2}$,最后把力 $\boldsymbol{F}_{R2}$与 $\boldsymbol{F}_4$ 合成为 $\boldsymbol{F}_R$。力 $\boldsymbol{F}_R$ 就是 $\boldsymbol{F}_1$、$\boldsymbol{F}_2$、$\boldsymbol{F}_3$、$\boldsymbol{F}_4$ 四个力的合力,合力 $\boldsymbol{F}_R$ 的作用线通过 A 点。实际上,作图时力 $\boldsymbol{F}_{R1}$和 $\boldsymbol{F}_{R2}$可不必画,同样能够得到合力 $\boldsymbol{F}_R$,所得多边形 $Aabcd$ 称为力多边形(图 2-13b)。用力多边形求合力的方法称为**力多边形法则**。

上述方法可以推广到汇交力系有 n 个力的情况,则可得结论:**汇交力系简化(合成)的结果是一个合力,它等于原力系各力的矢量和,合力作用线通过力系汇交点**。以 $\boldsymbol{F}_R$ 表示汇交力系的合力,则

$$\boldsymbol{F}_R=\boldsymbol{F}_1+\boldsymbol{F}_2+\cdots+\boldsymbol{F}_n=\sum\boldsymbol{F}_i \tag{2-2}$$

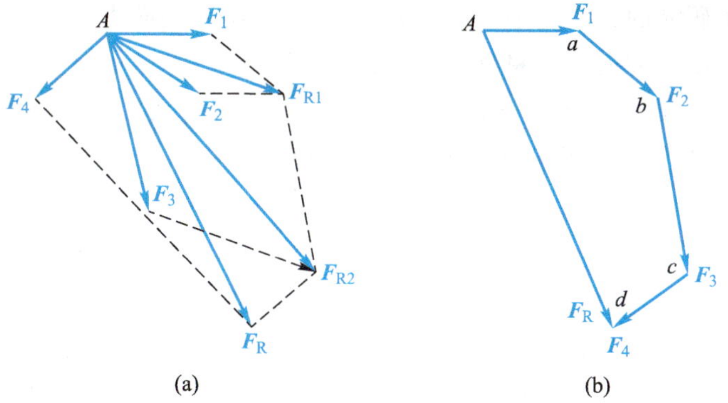

图 2-13　汇交力系

对平面汇交力系,有时用几何法求合力较为方便,而对空间汇交力系则不然,此时常用解析法求其合力。

(2) 汇交力系合成的解析计算

任取一直角坐标系 $Oxyz$(常把坐标原点 O 放在汇交点),把各力用解析式表示

$$\boldsymbol{F}_i=F_{ix}\boldsymbol{i}+F_{iy}\boldsymbol{j}+F_{iz}\boldsymbol{k}\quad(i=1,2,\cdots,n)$$

代入式(2-2)可得

$$\boldsymbol{F}_{\mathrm{R}}=\left(\sum F_{ix}\right)\boldsymbol{i}+\left(\sum F_{iy}\right)\boldsymbol{j}+\left(\sum F_{iz}\right)\boldsymbol{k}$$

单位矢量 $\boldsymbol{i}$、$\boldsymbol{j}$、$\boldsymbol{k}$ 前面的系数就是合力 $\boldsymbol{F}_{\mathrm{R}}$ 在三个坐标轴上的投影,即

$$\left.\begin{aligned}F_{\mathrm{R}x}&=\sum F_{ix}\\F_{\mathrm{R}y}&=\sum F_{iy}\\F_{\mathrm{R}z}&=\sum F_{iz}\end{aligned}\right\}\tag{2-3}$$

这表明,合力 $\boldsymbol{F}_{\mathrm{R}}$ 在任一轴上的投影,等于各分力在同一轴上投影的代数和。这一关系对任何矢量都能成立,称为**矢量投影定理**,**即合矢量在任一轴上的投影,等于各分矢量在同一轴上投影的代数和**。

由合力的投影,可求其大小和方向余弦

$$\left.\begin{aligned}F_{\mathrm{R}}&=\sqrt{F_{\mathrm{R}x}^2+F_{\mathrm{R}y}^2+F_{\mathrm{R}z}^2}\\\cos(\boldsymbol{F}_{\mathrm{R}},x)&=\frac{F_{\mathrm{R}x}}{F_{\mathrm{R}}}\\\cos(\boldsymbol{F}_{\mathrm{R}},y)&=\frac{F_{\mathrm{R}y}}{F_{\mathrm{R}}}\\\cos(\boldsymbol{F}_{\mathrm{R}},z)&=\frac{F_{\mathrm{R}z}}{F_{\mathrm{R}}}\end{aligned}\right\}\tag{2-4}$$

如果所研究的力系是平面汇交力系，取力系所在平面为 xy 平面，则该力系的合力的大小和方向只需将 $F_{Rz}=\sum F_{iz}\equiv 0$ 代入式(2-3)和式(2-4)中便可求得。

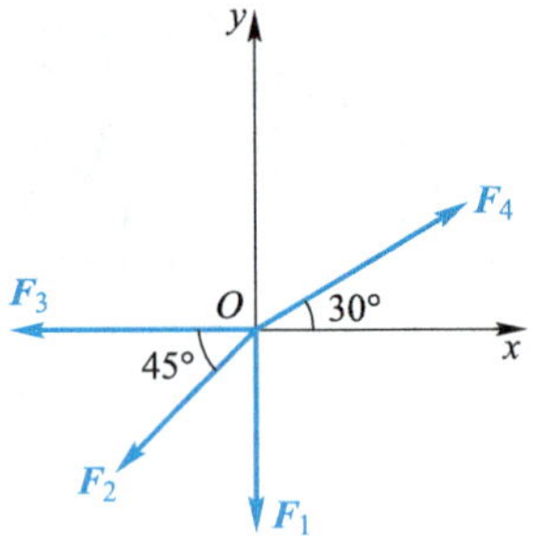

图 2-14　例 2-1 图

例 2-1　用解析法求图 2-14 所示平面汇交力系的合力。已知 $F_1=500$ N，$F_2=1\ 000$ N，$F_3=600$ N，$F_4=2\ 000$ N。

解　合力 $\boldsymbol{F}_R$ 在 x、y 轴上的投影为

$$F_{Rx}=\sum F_{ix}=0-F_2\cos 45°-F_3+F_4\cos 30°=424.94\ \text{N}$$

$$F_{Ry}=\sum F_{iy}=-F_1-F_2\sin 45°+0+F_4\sin 30°=-207.11\ \text{N}$$

再求合力 $\boldsymbol{F}_R$ 的大小及方向余弦

$$F_R=\sqrt{F_{Rx}^2+F_{Ry}^2}=472.72\ \text{N}$$

$$\cos(\boldsymbol{F}_R,x)=\cos\alpha=\frac{424.94\ \text{N}}{472.72\ \text{N}}=0.899$$

$$\cos(\boldsymbol{F}_R,y)=\cos\beta=\frac{-207.11\ \text{N}}{472.72\ \text{N}}=-0.438$$

所以 $\alpha=26°$，$\beta=116°$。

2. 力偶系的简化

先讨论空间两个力偶 $\boldsymbol{M}_1$ 和 $\boldsymbol{M}_2$ 的合成。

设在平面Ⅰ内有一力偶，其矩的大小为 M_1；在平面Ⅱ内有一力偶，其矩的大小为 M_2(图 2-15a)；两个力偶在各自平面内的转向如图中带箭头的虚线段所示。在两平面的交线上取一线段 AB。以 AB 作为两力偶的力偶臂，令两力偶的力分别为 $\boldsymbol{F}_1$、$\boldsymbol{F}_1'$ 及 $\boldsymbol{F}_2$、$\boldsymbol{F}_2'$，并使其中两个力 $\boldsymbol{F}_1$、$\boldsymbol{F}_2$ 作用于 A 点，另两个力 $\boldsymbol{F}_1'$、$\boldsymbol{F}_2'$ 作用于 B 点，则两力偶的矩应为 $\boldsymbol{M}_1=\boldsymbol{r}_{BA}\times\boldsymbol{F}_1$ 及 $\boldsymbol{M}_2=\boldsymbol{r}_{BA}\times\boldsymbol{F}_2$。将作用于 A 点的两个力合成为 $\boldsymbol{F}$，作用于 B 点的两个力合成为 $\boldsymbol{F}'$，则

$$\boldsymbol{F}=\boldsymbol{F}_1+\boldsymbol{F}_2,\qquad \boldsymbol{F}'=\boldsymbol{F}_1'+\boldsymbol{F}_2'$$

但 $\boldsymbol{F}_1'=-\boldsymbol{F}_1$，$\boldsymbol{F}_2'=-\boldsymbol{F}_2$，因此

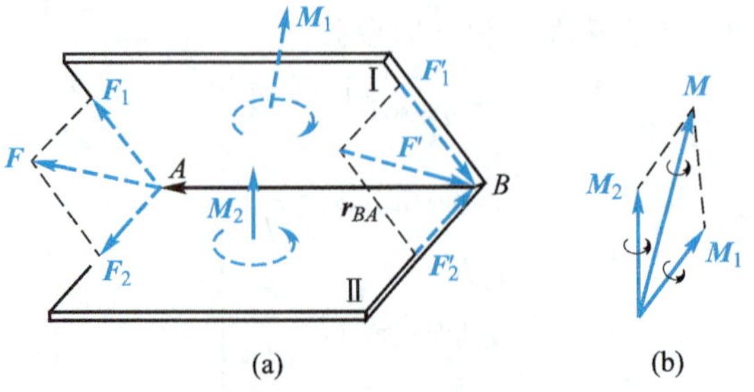

图 2-15　两力偶的合成

$$\boldsymbol{F}'=-\boldsymbol{F}$$

这就表明，$\boldsymbol{F}$ 和 $\boldsymbol{F}'$组成一新力偶$(\boldsymbol{F},\boldsymbol{F}')$，该力偶的矩为

$$\boldsymbol{M}=\boldsymbol{r}_{BA}\times\boldsymbol{F}=\boldsymbol{r}_{BA}\times(\boldsymbol{F}_1+\boldsymbol{F}_2)=\boldsymbol{M}_1+\boldsymbol{M}_2$$

可见，原来的两个力偶可合成为一合力偶，其矩等于原来两个力偶矩的矢量和（图 2-15b）。

若有更多的力偶，显然可以同样处理，最后得

$$\boldsymbol{M}=\boldsymbol{M}_1+\boldsymbol{M}_2+\cdots+\boldsymbol{M}_n=\sum\boldsymbol{M}_i \tag{2-5}$$

即空间力偶系合成的结果是一个合力偶，合力偶矩等于原各力偶矩的矢量和。

为了计算合力偶矩的大小和方向，可取一直角坐标 $Oxyz$，先计算力偶矩的投影。利用矢量分解的公式

$$\boldsymbol{M}=M_x\boldsymbol{i}+M_y\boldsymbol{j}+M_z\boldsymbol{k}=\sum M_{ix}\boldsymbol{i}+\sum M_{iy}\boldsymbol{j}+\sum M_{iz}\boldsymbol{k}$$

其中 M_x、M_y、M_z 及 M_{ix}、M_{iy}、M_{iz}分别是 $\boldsymbol{M}$ 及 $\boldsymbol{M}_i$ 在 x、y、z 轴上的投影。于是

$$M_x=\sum M_{ix},\quad M_y=\sum M_{iy},\quad M_z=\sum M_{iz} \tag{2-6}$$

而合力偶的大小及方向余弦为

$$\left.\begin{aligned}&M=\sqrt{M_x^2+M_y^2+M_z^2}\\&\cos\alpha=\frac{M_x}{M},\quad\cos\beta=\frac{M_y}{M},\quad\cos\gamma=\frac{M_z}{M}\end{aligned}\right\} \tag{2-7}$$

对于平面力偶系，由于各力偶矩矢量 $\boldsymbol{M}_1$、$\boldsymbol{M}_2$、…、$\boldsymbol{M}_n$ 成为平行矢量，求它们的矢量和就简化成为求代数和。这表明，对于平面力偶系问题，可将力偶矩作为代数量。这时，矢量方程(2-5)成为代数方程

$$M=M_1+M_2+\cdots+M_n=\sum M_i \tag{2-8}$$

式(2-8)表明：平面力偶系合成的结果是在同平面内的一个力偶，合力偶矩等于原来各力偶矩的代数和。在平面力偶系中关于力偶矩符号的规定是：若力偶在平面内的转向是逆时针的，取正号；反之则取负号。

例 2-2　有三个力偶，其作用面及转向如图 2-16 所示，设 $M_1=100\ \text{kN}\cdot\text{m}$，$M_2=300\ \text{kN}\cdot\text{m}$，$M_3=200\ \text{kN}\cdot\text{m}$，试求其合力偶矩。

解　将各力偶矩用矩矢表示如图 2-16 所示。合力偶矩的投影为

$$M_x=M_3\cos 30^\circ=100\sqrt{3}\ \text{kN}\cdot\text{m}=173.21\ \text{kN}\cdot\text{m}$$

$$M_y=M_2-M_3\sin 30^\circ=200\ \text{kN}\cdot\text{m}$$

$$M_z=M_1=100\ \text{kN}\cdot\text{m}$$

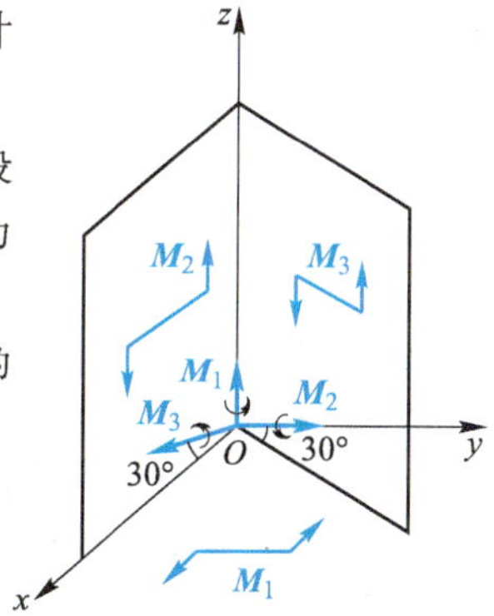

图 2-16　例 2-2 图

则

$$M=\sqrt{M_x^2+M_y^2+M_z^2}=282.85\ \text{kN}\cdot\text{m}$$

合力偶矩的方向余弦为

$$\cos\alpha=\frac{M_x}{M}=\frac{173.21\ \text{kN}\cdot\text{m}}{282.85\ \text{kN}\cdot\text{m}}=0.612$$

$$\cos\beta=\frac{M_y}{M}=\frac{200\ \text{kN}\cdot\text{m}}{282.85\ \text{kN}\cdot\text{m}}=0.707$$

$$\cos\gamma=\frac{M_z}{M}=\frac{100\ \text{kN}\cdot\text{m}}{282.85\ \text{kN}\cdot\text{m}}=0.353$$

3. 任意力系的简化

(1) 空间任意力系向一点简化

设有空间任意力系($\boldsymbol{F}_1,\boldsymbol{F}_2,\cdots,\boldsymbol{F}_n$),各力分别作用于 A_1、A_2、…、A_n 各点,如图 2-17 所示。为了简化这个力系,可任取一点 O 作简化中心,将各力平行移至 O 点,并各附加一力偶,于是得到一个作用于 O 点的汇交力系($\boldsymbol{F}_1',\boldsymbol{F}_2',\cdots,\boldsymbol{F}_n'$)(其中 $\boldsymbol{F}_1'=\boldsymbol{F}_1$、$\boldsymbol{F}_2'=\boldsymbol{F}_2$、…、$\boldsymbol{F}_n'=\boldsymbol{F}_n$)和一个附加力偶系。各附加力偶矩应作为矢量,分别垂直于相应的力与 O 点所决定的平面,并分别等于相应的力对于 O 点的矩,即 $\boldsymbol{M}_1=\boldsymbol{M}_{O1}$、$\boldsymbol{M}_2=\boldsymbol{M}_{O2}$、…、$\boldsymbol{M}_n=\boldsymbol{M}_{On}$。

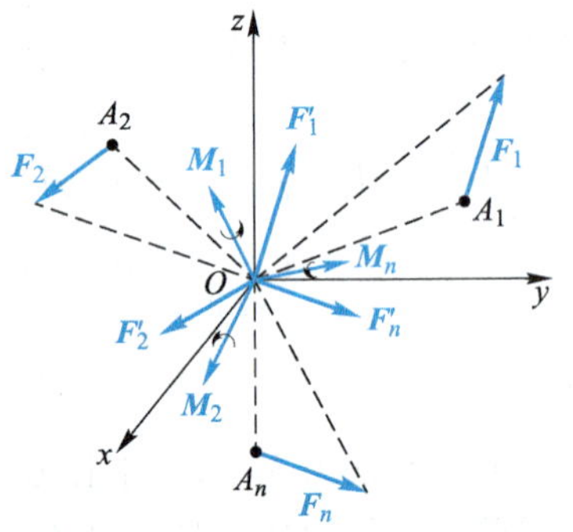

图 2-17　空间任意力系向 O 点简化

汇交力系($\boldsymbol{F}_1',\boldsymbol{F}_2',\cdots,\boldsymbol{F}_n'$)可合成为一个力 $\boldsymbol{F}_{\mathrm{R}}$,等于各力的矢量和,即 $\boldsymbol{F}_{\mathrm{R}}=\boldsymbol{F}'+\boldsymbol{F}_1'+\cdots+\boldsymbol{F}_n'$,即

$$\boldsymbol{F}_{\mathrm{R}}=\boldsymbol{F}_1+\boldsymbol{F}_2+\cdots+\boldsymbol{F}_n=\sum\boldsymbol{F}_i \tag{2-9}$$

附加力偶系可合成为一个力偶,力偶矩 $\boldsymbol{M}$ 等于各附加力偶矩的矢量和,即 $\boldsymbol{M}=\boldsymbol{M}_1+\boldsymbol{M}_2+\cdots+\boldsymbol{M}_n$,即等于原力系中各力对于简化中心的矩的矢量和

$$\begin{aligned}\boldsymbol{M}&=\boldsymbol{M}_{O1}+\boldsymbol{M}_{O2}+\cdots+\boldsymbol{M}_{On}\\&=\sum\boldsymbol{M}_{Oi}=\sum\boldsymbol{r}_i\times\boldsymbol{F}_i=\boldsymbol{M}_O\text{①}\end{aligned} \tag{2-10}$$

其中 $\boldsymbol{r}_i$ 是 $\boldsymbol{F}_i$ 的作用点相对于 O 点的径矢。

矢量和 $\sum\boldsymbol{F}_i=\boldsymbol{F}_{\mathrm{R}}$ 称为原力系的**主矢**,$\sum\boldsymbol{M}_{Oi}=\boldsymbol{M}_O$ 称为原力系对于简化中心 O 的**主矩**。于是可知,**空间力系向一点(简化中心)简化的结果一般是一个力和一个力偶,这个力作用于简化中心,等于原力系中所有各力的矢量和,即等于原力系的主矢;这个力偶的矩等于原力系中所有各力对于简化中心的矩的矢量和,**

① 为了简化记号,在以后的讨论中,将用主矩 $\boldsymbol{M}_O$ 代表力偶矩 $\boldsymbol{M}$。

即等于原力系对于简化中心的主矩。

如果选取不同的简化中心，主矢并不改变，因为原力系中各力的大小及方向一定，它们的矢量和也是一定的。所以，一个力系的主矢是一常量，与简化中心位置无关。但是，力系中各力对于不同的简化中心的矩是不同的，因而它们的和一般说来也不相等。所以，主矩一般将随简化中心位置不同而改变。对于不同的两个简化中心 O_1 及 O_2 来说，力系对于它们的主矩之间存在如下的关系：

$$\boldsymbol{M}_2=\boldsymbol{M}_1+\boldsymbol{r}\times\boldsymbol{F}_{\mathrm{R}}=\boldsymbol{M}_1+\boldsymbol{M}_{O2}(\boldsymbol{F}_{\mathrm{R}}) \tag{2-11}$$

其中 $\boldsymbol{M}_1$ 及 $\boldsymbol{M}_2$ 分别是力系对于 O_1 及 O_2 的主矩，$\boldsymbol{r}$ 是由 O_2 引向 O_1 的径矢，而 $\boldsymbol{M}_{O2}(\boldsymbol{F}_{\mathrm{R}})$ 是作用于 O_1 的力 $\boldsymbol{F}_{\mathrm{R}}$ 对于 O_2 的矩。可见，力系对于第二简化中心的主矩，等于力系对于第一简化中心的主矩与作用于第一简化中心的力 $\boldsymbol{F}_{\mathrm{R}}$（等于力系的主矢）对第二简化中心的矩之矢量和。并由此可知，当简化中心沿 $\boldsymbol{F}_{\mathrm{R}}$ 的作用线变动时，主矩将保持不变。

为了计算主矢和主矩，可过简化中心取直角坐标系 $Oxyz$，因 $\boldsymbol{F}_{\mathrm{R}}=\sum\boldsymbol{F}_i$，于是，如令 $F_{\mathrm{R}x}$、$F_{\mathrm{R}y}$、$F_{\mathrm{R}z}$ 及 F_{ix}、F_{iy}、F_{iz} 分别代表 $\boldsymbol{F}_{\mathrm{R}}$ 及 $\boldsymbol{F}_i$ 在坐标轴上的投影，则式(2-9)可写成

$$\boldsymbol{F}_{\mathrm{R}}=F_{\mathrm{R}x}\boldsymbol{i}+F_{\mathrm{R}y}\boldsymbol{j}+F_{\mathrm{R}z}\boldsymbol{k}=\sum F_{ix}\boldsymbol{i}+\sum F_{iy}\boldsymbol{j}+\sum F_{iz}\boldsymbol{k} \tag{2-12}$$

于是有

$$F_{\mathrm{R}x}=\sum F_{ix},\quad F_{\mathrm{R}y}=\sum F_{iy},\quad F_{\mathrm{R}z}=\sum F_{iz} \tag{2-13}$$

而 $\boldsymbol{F}$ 的大小及方向余弦为

$$\left.\begin{aligned}
&F_{\mathrm{R}}=\sqrt{F_{\mathrm{R}x}^2+F_{\mathrm{R}y}^2+F_{\mathrm{R}z}^2}\\
&\cos(\boldsymbol{F}_{\mathrm{R}},x)=\frac{F_{\mathrm{R}x}}{F_{\mathrm{R}}}\\
&\cos(\boldsymbol{F}_{\mathrm{R}},y)=\frac{F_{\mathrm{R}y}}{F_{\mathrm{R}}}\\
&\cos(\boldsymbol{F}_{\mathrm{R}},z)=\frac{F_{\mathrm{R}z}}{F_{\mathrm{R}}}
\end{aligned}\right\} \tag{2-14}$$

相似地，令主矩 $\boldsymbol{M}_O$ 在坐标轴上的投影为 M_x、M_y、M_z，则由式(2-10)，M_x、M_y、M_z 应分别等于各力对 O 点的矩在对应轴上的投影之和，即等于各力对于对应轴的矩之和，即

$$M_x=\sum M_{ix},\quad M_y=\sum M_{iy},\quad M_z=\sum M_{iz} \tag{2-15}$$

用式(1-13)，还可将上式写成

$$\left.\begin{aligned}M_x&=\sum(y_iF_{iz}-z_iF_{iy})\\M_y&=\sum(z_iF_{ix}-x_iF_{iz})\\M_z&=\sum(x_iF_{iy}-y_iF_{ix})\end{aligned}\right\}\qquad(2-16)$$

已知主矩 $\boldsymbol{M}_O$ 的投影，则可求得 $\boldsymbol{M}_O$ 的大小及方向余弦为

$$\left.\begin{aligned}M_O&=\sqrt{M_x^2+M_y^2+M_z^2}\\\cos(\boldsymbol{M}_O,x)&=\frac{M_x}{M_O}\\\cos(\boldsymbol{M}_O,y)&=\frac{M_y}{M_O}\\\cos(\boldsymbol{M}_O,z)&=\frac{M_z}{M_O}\end{aligned}\right\}\qquad(2-17)$$

（2）特殊力系简化的结果

作为空间任意力系的特殊情形，空间平行力系、平面任意力系和平面平行力系向一点简化的结果也是一个力（等于力系的主矢）和一个力偶（力偶矩等于力系的主矩），只是计算较简单。

a. 空间平行力系。取 z 轴平行于各力作用线，则在式（2-13）至式（2-17）中，$F_{Rx}\equiv0$，$F_{Ry}\equiv0$，$M_z\equiv0$，而各式成为

$$\left.\begin{aligned}&F_{Rz}=\sum F_{iz},\quad F_R=|F_{Rz}|\\&\cos(\boldsymbol{F}_R,z)=\pm1,\quad\cos(\boldsymbol{F}_R,x)=\cos(\boldsymbol{F}_R,y)=0\\&M_x=\sum M_{ix}=\sum y_iF_{iz},\quad M_y=\sum M_{iy}=-\sum x_iF_{iz}\\&M_O=\sqrt{M_x^2+M_y^2}\\&\cos(\boldsymbol{M}_O,x)=\frac{M_x}{M_O}\\&\cos(\boldsymbol{M}_O,y)=\frac{M_y}{M_O}\\&\cos(\boldsymbol{M}_O,z)=0\end{aligned}\right\}\qquad(2-18)$$

可见，$\boldsymbol{F}_R$ 必平行于 z 轴（即与原来各力平行），而 $\boldsymbol{M}_O$ 必垂直于 z 轴。所以 $\boldsymbol{F}_R$ 与 $\boldsymbol{M}_O$ 互相垂直。

b. 平面任意力系。取力系所在平面为 xy 平面，则在式（2-13）至式（2-17）中，$F_{Rz}\equiv0$，$M_x\equiv0$，$M_y\equiv0$，而各公式成为

$$\left.\begin{aligned}&F_{Rx}=\sum F_{ix},\quad F_{Ry}=\sum F_{iy}\\&F_R=\sqrt{F_{Rx}^2+F_{Ry}^2}\\&\cos(\boldsymbol{F}_R,x)=\frac{F_{Rx}}{F_R},\quad \cos(\boldsymbol{F}_R,y)=\frac{F_{Ry}}{F_R},\quad \cos(\boldsymbol{F}_R,z)=0\\&M_O=|M_z|=\left|\sum M_{iz}\right|\\&\cos(\boldsymbol{M}_O,z)=\pm1,\quad \cos(\boldsymbol{M}_O,x)=\cos(\boldsymbol{M}_O,y)=0\end{aligned}\right\}\tag{2-19}$$

可见，$\boldsymbol{F}_R$ 位于 xy 平面内，即原力系所在的平面内，而 $\boldsymbol{M}_O$ 垂直于该平面，$\boldsymbol{F}_R$ 与 $\boldsymbol{M}_O$ 互相垂直。

事实上，根据力对轴的矩的定义，任一力 $\boldsymbol{F}_i$ 对 z 轴的矩就等于该力对 O 点的矩。因此，对平面任意力系问题，如将 $\boldsymbol{F}_i$ 对 O 点的矩作为代数量，则 $M_{iz}=M_{Oi}$，而力系的主矩可用代数式表示为

$$M_O=\sum M_{Oi}\tag{2-20}$$

c. 平面平行力系。取力系所在平面为 xy 平面，y 轴平行于各力作用线，则 $F_{Rx}\equiv0, F_{Rz}\equiv0, M_x\equiv0, M_y\equiv0$，于是

$$\left.\begin{aligned}&F_{Ry}=\sum F_{iy},\quad F_R=|F_{Ry}|\\&\cos(\boldsymbol{F}_R,y)=\pm1,\quad \cos(\boldsymbol{F}_R,x)=\cos(\boldsymbol{F}_R,z)=0\\&M_O=|M_z|=\left|\sum M_{zi}\right|\\&\cos(\boldsymbol{M}_O,z)=\pm1,\quad \cos(\boldsymbol{M}_O,x)=\cos(\boldsymbol{M}_O,y)=0\end{aligned}\right\}\tag{2-21}$$

可见，$\boldsymbol{F}_R$ 位于力系所在平面内并与力系中各力平行，$\boldsymbol{M}_O$ 与 $\boldsymbol{F}_R$ 互相垂直。与平面任意力系一样，也可以令 $M_{Oi}=M_{iz}$，而 $M_O=\sum M_{Oi}$。

(3) 任意力系简化结果讨论

空间任意力系向任一点简化，一般结果是一个力和一个力偶，但这并不是最后的或最简单的结果，还可区别几种可能的情形，作进一步的探讨。

a. 若 $\boldsymbol{F}_R=\boldsymbol{0}, \boldsymbol{M}_O\neq\boldsymbol{0}$，则原力系简化为一个力偶，力偶矩等于原力系对于简化中心的主矩。在这种情况下，主矩（即力偶矩）将不因简化中心位置的不同而改变。此时 $\boldsymbol{M}_O$ 即为原力系的合力偶。

b. 若 $\boldsymbol{F}_R\neq\boldsymbol{0}, \boldsymbol{M}_O\neq\boldsymbol{0}$，而 $\boldsymbol{M}_O\perp\boldsymbol{F}_R$，表明 $\boldsymbol{M}_O$ 所代表的力偶与 $\boldsymbol{F}_R$ 在同一平面内（图 2-18）。令力偶的两个力为 $\boldsymbol{F}'_R$ 与 $\boldsymbol{F}''_R$，使 $\boldsymbol{F}'_R=-\boldsymbol{F}''_R=\boldsymbol{F}_R$，并使 $\boldsymbol{F}''_R$ 与 $\boldsymbol{F}_R$ 位于同一直线上。这时，$\boldsymbol{F}_R$ 与 $\boldsymbol{F}''_R$ 组成一平衡力系，可以去掉。于是只剩下作用于 O' 的力 $\boldsymbol{F}'_R$ 与原力系等

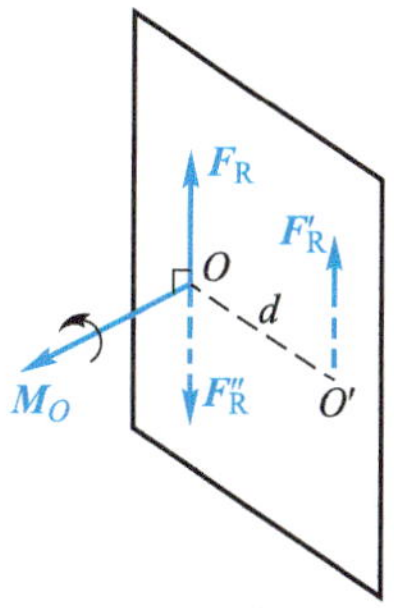

图 2-18 主矢与主矩垂直时的简化示意图

效。$\boldsymbol{F}'_R$ 称为原力系的合力。距离 $d=M_O/F_R$。如果 $\boldsymbol{M}_O=\boldsymbol{0}$，则作用于简化中心 O 的力 $\boldsymbol{F}_R$ 即为原力系的合力。

当空间任意力系可简化为一合力时，合力 $\boldsymbol{F}'_R$ 对任一点 O（或轴 x）的矩与各分力对同一点（或轴）的矩之间存在关系

$$\boldsymbol{M}_O(\boldsymbol{F}'_R)=\sum\boldsymbol{M}_{Oi} \tag{2-22}$$

$$M_x(\boldsymbol{F}'_R)=\sum M_{ix} \tag{2-23}$$

证明如下：

设某空间力系可简化成为作用于 O' 点的一个合力。现在任取一点 O，由式（2-11）应有

$$\boldsymbol{M}_O=\boldsymbol{M}_{O'}+\boldsymbol{M}_O(\boldsymbol{F}'_R)$$

但 $\boldsymbol{M}_O=\sum\boldsymbol{M}_{Oi}$，而 $\boldsymbol{M}_{O'}=\boldsymbol{0}$（因 O' 是合力作用点），于是上式化为式（2-22）。过 O 点任取一轴 x，将式（2-22）两边投影到 x 轴上，并注意 $\boldsymbol{M}_O(\boldsymbol{F}'_R)$ 及 $\boldsymbol{M}_{Oi}$ 在 x 轴上的投影分别等于 $\boldsymbol{F}'_R$ 及 $\boldsymbol{F}_i$ 对 x 轴的矩，这样就得到式（2-23）。

式（2-22）及式（2-23）表明：**若空间任意力系可简化为一个合力，则合力对任一点（或轴）的矩等于原力系各力对同一点（或轴）的矩的矢量和（或代数和）**。此结论称为**合力矩定理**。

利用此定理，还可以来确定合力作用线的位置。如假设合力作用线与 xy 平面交点的坐标为 $(x,y,0)$，则由式（2-23）可以导出

$$x=-\frac{\sum M_{iy}}{F_{Rz}},\quad y=\frac{\sum M_{ix}}{F_{Rz}} \tag{2-24}$$

（请读者考虑当 $F_{Rz}=0$ 时如何确定合力作用线位置。）

由前面讨论可知，对于空间平行力系、平面任意力系和平面平行力系，当 $\boldsymbol{F}_R$ 和 $\boldsymbol{M}_O$ 都不等于零时，$\boldsymbol{M}_O$ 总是垂直于 $\boldsymbol{F}_R$，所以必能简化为一个合力，合力矩定理也必定成立，且由合力矩定理可以确定合力作用线位置。如对平面任意力系，以简化中心 O 为坐标原点，力系所在平面为 xy 平面，设合力 $\boldsymbol{F}'_R$ 与 x 轴交点的坐标为 x，则由合力矩定理

$$M_O(\boldsymbol{F}'_R)=x\times F_{Ry}-0\times F_{Rx}=x\times F_{Ry}$$

得

$$x=\frac{M_O}{F_{Ry}} \tag{2-25}$$

（请读者考虑 $F_{Ry}=0$ 时合力作用线位置如何确定。另外，对平行力系，合力作用线位置如何确定。）

c. 若 $\boldsymbol{F}_R\neq\boldsymbol{0}$，$\boldsymbol{M}_O\neq\boldsymbol{0}$，且 $\boldsymbol{M}_O$ 与 $\boldsymbol{F}_R$ 不相垂直（图 2-19a），则可用下述方法进一步简化。将 $\boldsymbol{M}_O$ 分解成垂直于 $\boldsymbol{F}_R$ 的 $\boldsymbol{M}_1$ 和平行于 $\boldsymbol{F}_R$ 的 $\boldsymbol{M}_R$。因 $\boldsymbol{M}_1$ 所代表

的力偶与力 $\boldsymbol{F}_R$ 位于同一平面 $V(V\perp\boldsymbol{M}_1)$ 内，可合成为作用于平面 V 内的另一点 O' 的一个力 $\boldsymbol{F}'_R$。再将 $\boldsymbol{M}_R$ 平移到 O' 与 $\boldsymbol{F}'_R$ 重合，如图 2-19b 所示。这时，$\boldsymbol{M}_R$ 所代表的力偶位于与 $\boldsymbol{F}'_R$ 垂直的平面 H 内，成为如图 2-19c 所示的情况。这样的一个力和一个力偶称为**力螺旋**，而且，在与力 $\boldsymbol{F}'_R$ 作用线相重合的直线 $O'P$ 上的所有各点，主矢和主矩都是 $\boldsymbol{F}'_R$ 和 $\boldsymbol{M}_R$。直线 $O'P$ 称为原力系的**中心轴**。如 $\boldsymbol{M}_R$ 与 $\boldsymbol{F}'_R$ 同方向，如图 2-19b 所示，则称为右手螺旋；如 $\boldsymbol{M}_R$ 与 $\boldsymbol{F}'_R$ 方向相反，则称为左手螺旋。

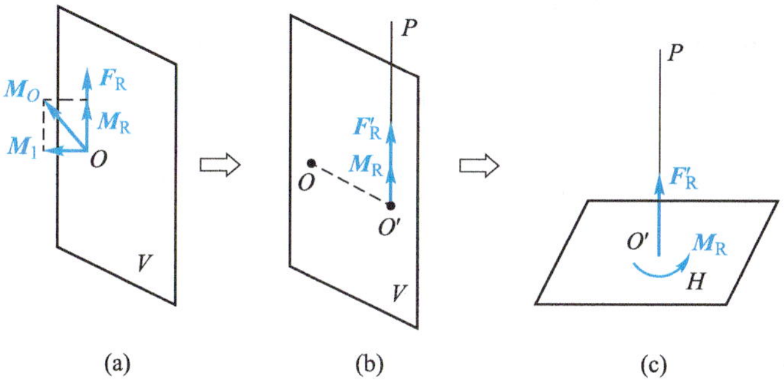

图 2-19　力螺旋

在生产实践中有不少应用力螺旋的实例，最简单的例子是用力拧紧螺钉，作用于螺钉的力组成一个力螺旋，使螺钉一边旋转一边前进。有一种矿山用的潜孔钻，钻杆由马达带动旋转，同时受一冲击力使其向前钻进，马达的驱动力矩与冲击力也组成一力螺旋。

力螺旋是空间力系简化在一般情况下可能得到的最简单形式，而且，对于一定的空间力系，组成力螺旋的力和力偶矩是一定的，力螺旋的中心轴的位置也是一定的，$\boldsymbol{M}_R$ 是力系的最小主矩。

例 2-3　图 2-20 是某重力坝段中央平面的受力情况，其中 $\boldsymbol{F}_1$ 是上游水压力，$\boldsymbol{F}_2$ 是泥沙压力，$\boldsymbol{G}$ 是坝段所受重力。已知 $F_1=8\ 000\ \text{kN}$，$F_2=150\ \text{kN}$，$G=14\ 000\ \text{kN}$，试将三力向 O 点简化，并求出简化的最后结果。图中长度单位为 m。

解　先求主矢量。取坐标如图所示，则

$$F_{Rx}=F_1+F_2=8\ 150\ \text{kN}$$

$$F_{Ry}=-G=-14\ 000\ \text{kN}$$

$$F_R=\sqrt{F_{Rx}^2+F_{Ry}^2}=16\ 199.5\ \text{kN}$$

$$\cos\alpha=\frac{F_{Rx}}{F_R}=0.503\ 1$$

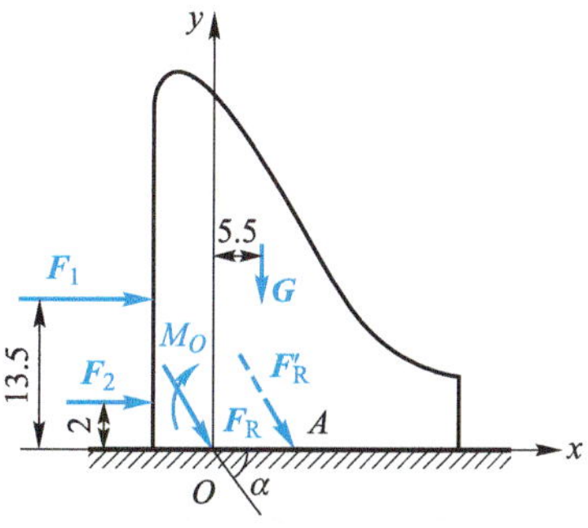

图 2-20　例 2-3 图

$$\cos\beta=\frac{F_{Ry}}{F_R}=-0.864\ 2$$

$$\alpha=59°48'$$

再求对 O 点的主矩

$$M_O=-150\ \text{kN}\times 2\ \text{m}-8\ 000\ \text{kN}\times 13.5\ \text{m}-14\ 000\ \text{kN}\times 5.5\ \text{m}$$
$$=-185\ 300\ \text{kN}\cdot\text{m}$$

负号表示 M_O 的转向是顺时针向，如图所示。

主矢 $\boldsymbol{F}_R$ 不等于零，原力系可简化为一合力 $\boldsymbol{F}'_R$，而 $\boldsymbol{F}'_R=\boldsymbol{F}_R$。设 $\boldsymbol{F}'_R$ 的作用线与 x 轴交于 A 点。A 点的坐标可利用合力矩定理求得

$$x=M_O/F_{Ry}$$
$$=-185\ 300\ \text{kN}\cdot\text{m}/(-14\ 000\ \text{kN})$$
$$=13.24\ \text{m}$$

例 2-4　试将图2-21所示的力系向 O 点简化。已知 $F_1=50\ \text{N}$，$F_2=100\ \text{N}$，$F_3=200\ \text{N}$。图中长度单位为 m。

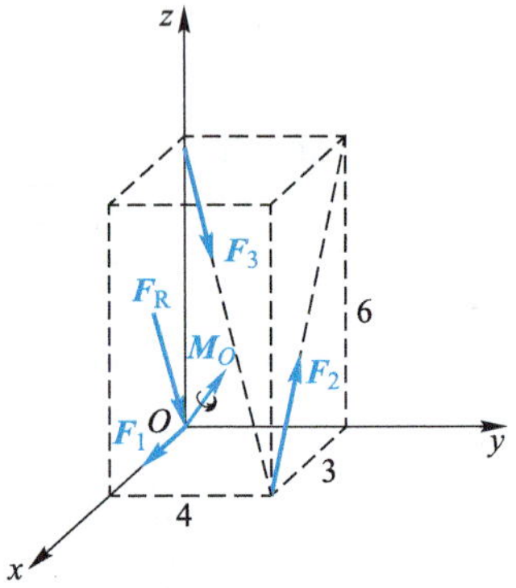

图 2-21　例 2-4 图

解　为了下面计算方便，先将各力沿坐标轴分解：

$$\boldsymbol{F}_1=(50\boldsymbol{i})\ \text{N}$$

$$\boldsymbol{F}_2=[(-3/\sqrt{45})\times 100\boldsymbol{i}+(6/\sqrt{45})\times 100\boldsymbol{k}]\ \text{N}$$
$$=(-44.7\boldsymbol{i}+89.4\boldsymbol{k})\ \text{N}$$

$$\boldsymbol{F}_3=[(3/\sqrt{61})\times 200\boldsymbol{i}+(4/\sqrt{61})\times 200\boldsymbol{j}-(6/\sqrt{61})\times 200\boldsymbol{k}]\ \text{N}$$
$$=(76.8\boldsymbol{i}+102.4\boldsymbol{j}-153.6\boldsymbol{k})\ \text{N}$$

于是

$$F_{Rx}=(50-44.7+76.8)\ \text{N}=82.1\ \text{N},\quad F_{Ry}=102.4\ \text{N}$$

$$F_{Rz}=(89.4-153.6)\ \text{N}=-64.2\ \text{N}$$

$$F_R=146.1\ \text{N},\quad \cos\alpha=0.561\ 9,\quad \cos\beta=0.700\ 9,\quad \cos\gamma=-0.439\ 4$$

$$M_x=(4\times 89.4-6\times 102.4)\ \text{N}\cdot\text{m}=-256.8\ \text{N}\cdot\text{m}$$

$$M_y=(-3\times 89.4+6\times 76.8)\ \text{N}\cdot\text{m}=192.6\ \text{N}\cdot\text{m}$$

$$M_z=(4\times 44.7)\ \text{N}\cdot\text{m}=178.8\ \text{N}\cdot\text{m}$$

$$M_O=367.5\ \text{N}\cdot\text{m},\quad \cos\alpha=-0.698\ 8,\quad \cos\beta=0.524\ 1,\quad \cos\gamma=0.486\ 5$$

§2-4　重心、质心和形心

重心的位置对于物体的平衡和运动，都有很大关系。在工程上，设计挡土墙、重力坝等建筑物时，重心位置直接关系到建筑物的抗倾稳定性及其内部受力

的分布。机械的转动部分，有的(如偏心轮)应使其重心离开转动轴一定的距离，以便利用由于偏心而产生的效果；有的(特别是高速转动者)却必须使其重心尽可能不偏离转动轴，以避免产生不良影响。所以，如何确定物体重心的位置，在实践上有着重要意义。现在来导出确定物体重心位置的一般公式，及介绍相关质心和形心的概念。

1. 重心的基本公式

一个物体可看作由许多微小部分所组成，每一微小部分都受到一个重力作用。设其中某一微小部分 M_i 所受的重力为 $\Delta \boldsymbol{F}_{Pi}$(图 2-22)，所有各力 $\Delta \boldsymbol{F}_{Pi}$ 的合力 $\boldsymbol{F}_P$ 就是整个物体所受的重力。$\Delta \boldsymbol{F}_{Pi}$的大小 ΔF_{Pi}是 M_i 的重量，$\boldsymbol{F}_P$ 的大小 F_P 则是整个物体的重量。不论物体在空中取什么样的位置，合力 $\boldsymbol{F}_P$ 的作用线，相对于物体而言，必通过某一确定点 C，这一点就称为物体的**重心**。由于所有各 $\Delta \boldsymbol{F}_{Pi}$都指向地心附近，因此，严格地说，各 $\Delta \boldsymbol{F}_{Pi}$并不平行。但是，工程上的物体都远较地球为小，离地心又很远，所以各 $\Delta \boldsymbol{F}_{Pi}$可以看作平行力而足够精确①。这样，合力 $\boldsymbol{F}_P$ 的大小(即整个物体的重量)就是 $F_P=\sum \Delta F_{Pi}$，而物体重心位置则可利用合力矩定理求得。使物体固定于坐标系 $Oxyz$ 内。令 M_i 及 C 相对于 O 点的径矢为$\boldsymbol{r}_i$ 及 $\boldsymbol{r}_C$，由合力矩定理有

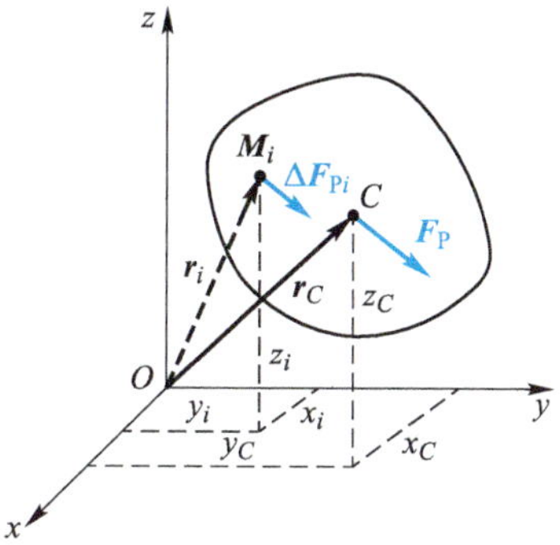

图 2-22　物体及重心示意图

$$\boldsymbol{r}_C \times \boldsymbol{F}_P = \sum \boldsymbol{r}_i \times \Delta \boldsymbol{F}_{Pi}$$

$\Delta \boldsymbol{F}_{Pi}$与 $\boldsymbol{F}_P$ 方向一致，令其方向的单位矢量为 $\boldsymbol{n}$，则有 $\Delta \boldsymbol{F}_{Pi}=\Delta F_{Pi}\boldsymbol{n}$，$\Delta \boldsymbol{F}_P=F_P\boldsymbol{n}$。将其代入上式可得

$$F_P \boldsymbol{r}_C \times \boldsymbol{n} = \sum \Delta F_{Pi} \boldsymbol{r}_i \times \boldsymbol{n}$$

由于 $\boldsymbol{n}$ 是不为零的常矢量，且与坐标系的选取无关，故必有

$$F_P \boldsymbol{r}_C = \sum \Delta F_{Pi} \boldsymbol{r}_i$$

从而

$$\boldsymbol{r}_C = \frac{\sum \Delta F_{Pi} \boldsymbol{r}_i}{F_P} \tag{2-26}$$

① 在地球表面，相距 31 m 的两点，两重力之间的夹角不过 1″。

将上式两边投影到 x、y、z 轴上，得

$$x_C=\frac{\sum x_i\Delta F_{\mathrm{P}i}}{F_{\mathrm{P}}},\quad y_C=\frac{\sum y_i\Delta F_{\mathrm{P}i}}{F_{\mathrm{P}}},\quad z_C=\frac{\sum z_i\Delta F_{\mathrm{P}i}}{F_{\mathrm{P}}}\tag{2-27}$$

其中 x_i、y_i、z_i 及 x_C、y_C、z_C 分别是 M_i 及重心 C 的位置坐标。

如微小部分 M_i 的质量为 Δm_i，物体的质量为 m，重力加速度为 g，则 $\Delta F_{\mathrm{P}i}=\Delta m_i g$，$F_{\mathrm{P}}=mg$。由式(2-26)可得

$$\boldsymbol{r}_C=\frac{\sum \Delta m_i\boldsymbol{r}_i}{m}\tag{2-28}$$

由式(2-28)所确定的 C 点称为物体的质心。将式(2-27)中的重力替换为相应的质量，可得计算质心坐标的公式

$$x_C=\frac{\sum x_i\Delta m_i}{m},\quad y_C=\frac{\sum y_i\Delta m_i}{m},\quad z_C=\frac{\sum z_i\Delta m_i}{m}\tag{2-29}$$

2. 形心的基本公式

如果物体是均质的，即质量密度 ρ 是常量，则每单位体积的重力 γ 也为常数，设 M_i 的体积为 ΔV_i，整个物体的体积为 $V=\sum\Delta V_i$，则 $\Delta m_i=\rho\Delta V_i$、$\Delta F_{\mathrm{P}i}=\gamma\Delta V_i$，而 $m=\sum\Delta m_i=\rho\sum\Delta V_i=\rho V$、$F_{\mathrm{P}}=\sum\Delta F_{\mathrm{P}i}=\gamma\sum\Delta V_i=\gamma V$，代入式(2-27)或式(2-29)，就得到

$$x_C=\frac{\sum x_i\Delta V_i}{V},\quad y_C=\frac{\sum y_i\Delta V_i}{V},\quad z_C=\frac{\sum z_i\Delta V_i}{V}\tag{2-30}$$

由式(2-30)可见，均质物体的质心和重心位置，完全决定于物体的几何形状。因此，由式(2-30)所确定的 C 点也往往称为几何形体的形心。

对于曲面或曲线，只需在式(2-30)中分别将 ΔV_i 改为微小面积 ΔA_i 或微小长度 ΔL_i，V 改为总面积 A 或总长度 L，即可得相应的形心坐标公式。

对于平面图形或平面曲线，如取所在的平面为 xy 面，则显然 $z_C=0$，而 x_C 及 y_C 可由式(2-27)中的前两式求得。

在式(2-30)中，如令 ΔV_i 趋近于零而取和式的极限，则各式成为积分公式

$$x_C=\frac{\int x\mathrm{d}V}{V},\quad y_C=\frac{\int y\mathrm{d}V}{V},\quad z_C=\frac{\int z\mathrm{d}V}{V}\tag{2-31}$$

不难证明，凡具有对称面、对称轴或对称中心的均质物体（或几何形体），其质心和重心（或形心）必定在对称面、对称轴或对称中心上。于是可知，平行四边形、圆环、圆面、椭圆面等的形心与它们的几何中心重合。圆柱体、圆锥体的形心都在它们的中心轴上。现将一些常见的简单形体的形心位置列于表 2-1 中，以供参考。

表 2-1　简单形体的形心

图形	形心坐标	图形	形心坐标
圆弧 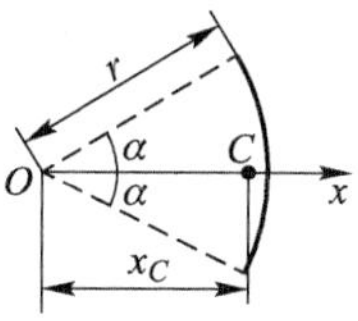	$x=\frac{r\sin\alpha}{\alpha}$ （α 以 rad 计，下同） 半圆弧 $\alpha=\frac{\pi}{2}$ $x_C=\frac{2r}{\pi}$	椭圆形面积 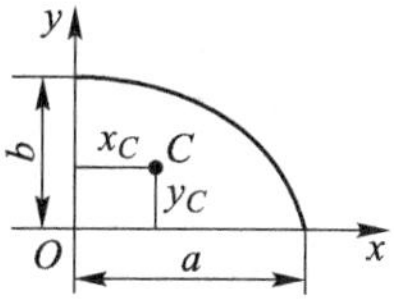	$x_C=\frac{4a}{3\pi}$ $y_C=\frac{4b}{3\pi}$ $\left(A=\frac{1}{4}\pi ab\right)$
三角形面积 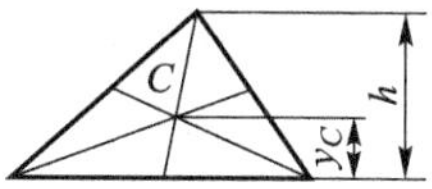	在中线交点 $y_C=\frac{1}{3}h$	抛物线形面积 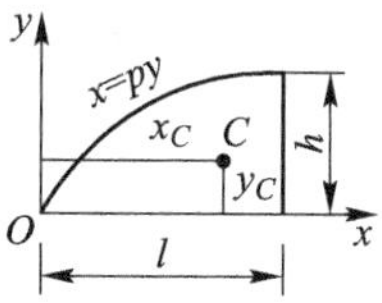	$x_C=\frac{n+1}{2n+1}l$ $y_C=\frac{n+1}{2(n+2)}h$ $\left(A=\frac{n}{n+1}lh\right)$ 当 $n=2$ 时 $x_C=\frac{3}{5}l$ $y_C=\frac{3}{8}h$
梯形面积 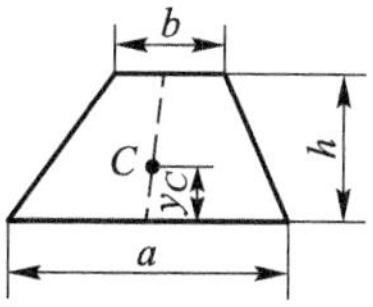	在上、下底中点的连线上 $y_C=\frac{h(a+2b)}{3(a+b)}$	半球体 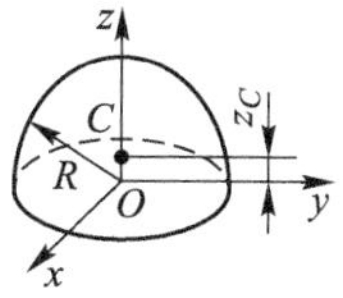	$z_C=\frac{3}{8}R$ $\left(V=\frac{2}{3}\pi R^3\right)$
扇形面积 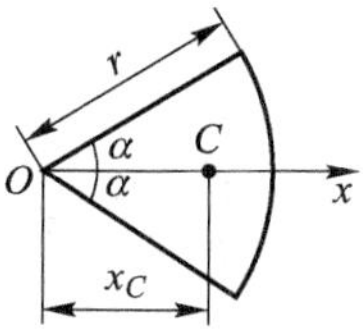	$x_C=\frac{2r\sin\alpha}{3\alpha}$（$A=r^2\alpha$） 半圆面积： $\alpha=\frac{\pi}{2}$，$x_C=\frac{4r}{3\pi}$	锥体 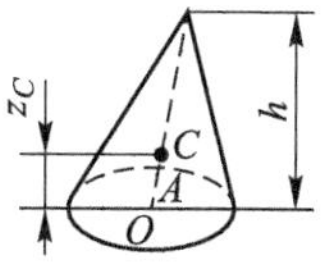	在顶点与底面中心 O 的连线上 $z_C=\frac{1}{4}h$ $\left(V=\frac{1}{3}Ah\right.$，$A$ 是底面积$\left.\right)$

3. 组合形体的形心

较复杂的形体，往往可以看作几个简单形体的组合。设已知各简单形体的体积 V_i(或面积 A_i、或长度 L_i)及其形心位置，只要用 V_i(或 A_i、或 L_i)代换以上各式中的 ΔV_i(或 ΔA_i、或 ΔL_i)，用各简单形体的形心的坐标 x_{Ci} 代替 x_i，就可求得整个形体的形心的位置。如果一个复杂的形体不能分成简单形体，又不能求积分，就只能用近似方法或用实验方法来分析。

例 2-5　试求圆弧 AB 的形心坐标(图 2-23)。

解　取坐标如图所示。由于图形对称于 x 轴，因而 $y_C=0$。为了求 x_C，取微小弧段 $\mathrm{d}s=r\mathrm{d}\theta$，其坐标为 $x=r\cos\theta$，于是

$$x_C=\frac{\int x\mathrm{d}s}{\int \mathrm{d}s}=\frac{2\int_0^{\alpha} r^2\cos\theta\mathrm{d}\theta}{2\int_0^{\alpha} r\mathrm{d}\theta}=\frac{r\sin\alpha}{\alpha}$$

利用这一结果，很容易求出扇形面积 OAB 的形心位置(图 2-24)。

将扇形面积分成许多微小三角形，如图中阴影线所示，每一三角形的形心位于距顶点 $2r/3$ 处，因而求扇形面积的形心相当于求半径为 $2r/3$ 的圆弧 DE 的形心，于是立即可以得到

$$x_C=\frac{2r\sin\alpha}{3\alpha}$$

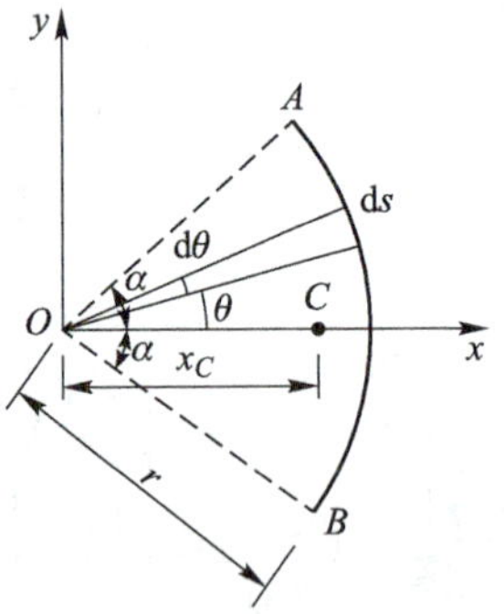

图 2-23　例 2-5 图

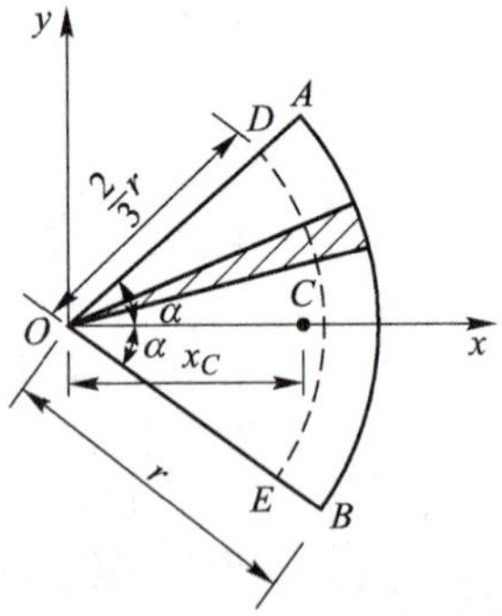

图 2-24　例 2-5 图

例 2-6　在均质圆板内挖去一部分面积，如图2-25所示。已知 $R=300$ mm，$r_1=250$ mm，$r_2=100$ mm，试求板的重心位置。

解　取坐标轴如图 2-25 所示。因 x 轴为板的对称轴，重心必在对称轴上，即 $y_C=0$，所以，只需求重心的 x 坐标 x_C。将板看成为：在半径为 R 的圆面积上挖去一半径为 r_1 而圆心角为 $2\alpha=60°$ 的扇形面积，再加上一半径为 r_2 而圆心角为 $2\alpha=60°$ 的扇形面积。各部分面积分别用 A_1、A_2、A_3 表示。因 A_2 为挖去的面积，应取为负值(这种方法也称**负面积法**)。各部分面积及其重心坐标 x_1、x_2、x_3 可根据表 2-1 中公式得

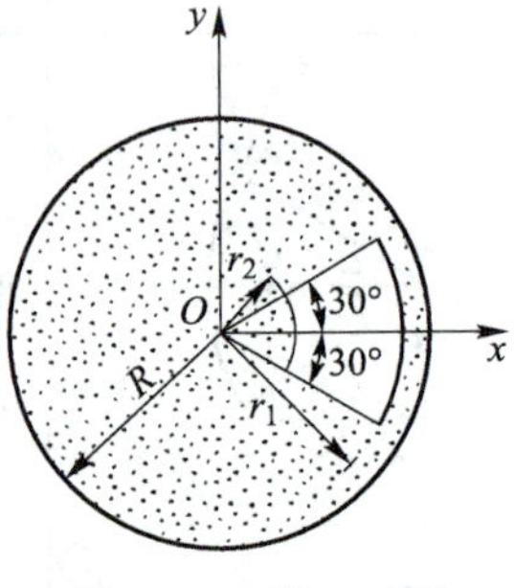

图 2-25　例 2-6 图

$$A_1=\pi R^2=90\ 000\ \pi\ \text{mm}^2$$

$$A_2=-\frac{\pi}{6}r_1^2=-\frac{62\ 500}{6}\ \pi\ \text{mm}^2$$

$$A_3=\frac{\pi}{6}r_2^2=\frac{10\ 000}{6}\ \pi\ \text{mm}^2$$

$$x_1=0$$

$$x_2=\frac{2r_1\sin\ \alpha}{3\alpha}=\frac{2\times 250\ \text{mm}\times 1/2}{3\times\pi/6}=\frac{500}{\pi}\ \text{mm}$$

$$x_3=\frac{2r_2\sin\ \alpha}{3\alpha}=\frac{2\times 100\ \text{mm}\times 1/2}{3\times\pi/6}=\frac{200}{\pi}\ \text{mm}$$

于是

$$x_C=\frac{A_1x_1+A_2x_2+A_3x_3}{A_1+A_2+A_3}$$
$$=-60/\pi\ \text{mm}=-19.1\ \text{mm}$$

§ 2-5 平行分布力的简化

在许多工程问题里，物体所受的力，往往是分布作用于物体体积内（如重力）或物体表面上（如水压力）的，前者称为体力，后者称为面力。体力和面力都是分布力。如分布力的作用线彼此平行，则称为平行分布力。现在讨论求平行分布力的合力的问题。

对于平行分布的体力，求其合力的大小及作用线位置的方法，与求物体的重量及重心的方法相同，不再赘述。这里只介绍求平行分布面力的合力的方法。

面力是分布在一定面积上的，在许多工程问题里，力可能沿着狭长面积分布（如梁上的力），这种力可简化成为沿着一条线分布的力，称为线分布力或线分布荷载。

表示力的分布情况的图形称为荷载图。某一单位长度或单位面积上所受的力，称为分布力在该处的集度。如果分布力的集度处处相同，则称为均布力或均布荷载；否则，就称为非均布力或非均布荷载。线分布力集度的单位是 N/m、kN/m 等，面力集度的单位是 N/m^2、kN/m^2 等。

下面分为线分布力和面力两种情况来讨论。

(1) 线分布力

设力沿平面曲线 AB 分布（图 2-26），则荷载图成为一曲面。取直角坐标系

的 z 轴平行于分布力，曲线 AB 位于 xy 平面内。令坐标为 x、y 处的荷载集度为 q，则在该处微小长度 Δs 上的力的大小为 $\Delta F = q\Delta s$，亦即等于 Δs 上荷载图的面积 ΔA。于是，线段 AB 上所受的力的合力大小等于 $F = \sum \Delta F = \sum q\Delta s = \sum \Delta A =$ 线段 AB 上荷载图的面积。

合力 $\boldsymbol{F}$ 的作用线位置可用合力矩定理求得。分别对 y 轴及 x 轴求矩有

$$x_C F = \sum xq\Delta s = \sum x\Delta A$$

$$-y_C F = -\sum yq\Delta s = -\sum y\Delta A$$

由此得

$$x_C = \frac{\sum x\Delta A}{\sum \Delta A},\quad y_C = \frac{\sum y\Delta A}{\sum \Delta A} \tag{2-32}$$

这就是荷载图面积的形心的 x 坐标和 y 坐标。

可见，**沿平面曲线分布的平行分布力的合力的大小等于荷载图的面积，合力通过荷载图面积的形心**。如力沿直线分布，结论也一样。

(2) 面力

设图 2-27 为面积 A 上的荷载图，取直角坐标系的 z 轴平行于分布力，荷载作用面为 xy 面。在面积 A 内坐标为 (x,y) 处取微小面积 ΔA，若该处荷载集度为 p，则微小面积 ΔA 上所受的力的大小为 $\Delta F = p\Delta A$，亦即等于 ΔA 上荷载图的体积 ΔV。于是，面积 A 上所受的力的合力大小等于

$$F = \sum \Delta F = \sum p\Delta A = \sum \Delta V$$
$$= \text{面积 } A \text{ 上的荷载图的体积}$$

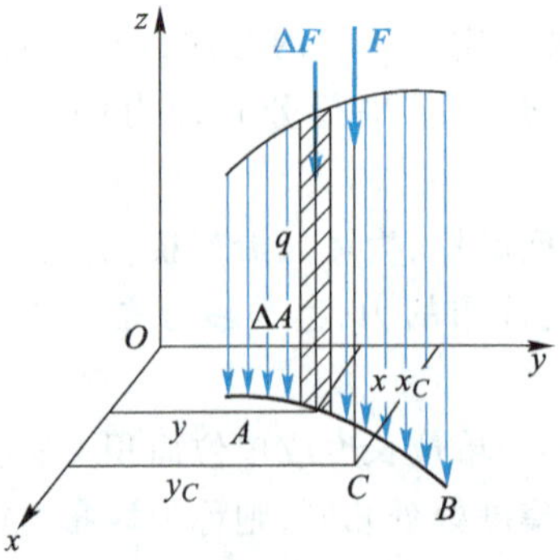

图 2-26　平面曲线 AB 上的分布力

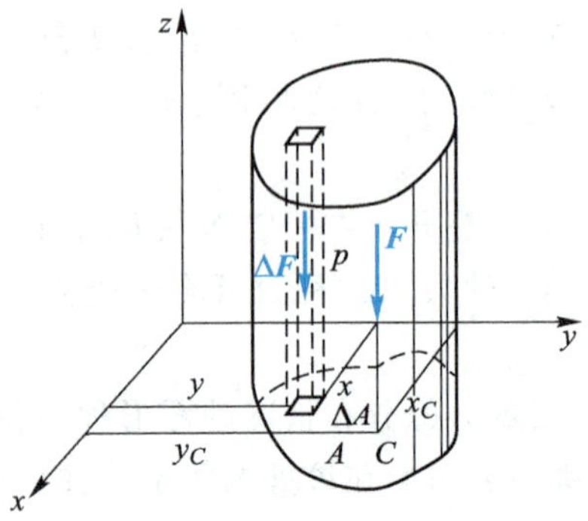

图 2-27　面积 A 上的分布力

合力作用线的位置仍用合力矩定理求得，对 y 轴及 x 轴求矩有

$$x_C F = \sum xp\Delta A = \sum x\Delta V$$

$$-y_C F = -\sum yp\Delta A = -\sum y\Delta V$$

由此得

$$x_C=\frac{\sum x\Delta V}{\sum \Delta V},\quad y_C=\frac{\sum y\Delta V}{\sum \Delta V}\tag{2-33}$$

与式(2-30)相比较，可见 x_C 及 y_C 就是荷载图体积的形心的坐标。综上所述，可知**平行分布的面力的合力的大小等于荷载图的体积，合力通过荷载图体积的形心**。

无论线分布力或面力，如果荷载图的图形虽较为复杂，但可分成几个简单的图形，则可分别求每一简单图形所代表的分布力的合力，然后再按几个集中力进行计算。除了需要求总的合力外，一般不需合成为一个力。如果荷载图不能分作简单图形，但分布力的集度是连续变化的，则可用积分法求合力。

例 2-7　一沿直线 AB 分布的平行分布力系，如图 2-28 所示。已知 $AB=20\ \text{m}$，B 点集度 $q_B=8\ \text{kN/m}$。试求此力系的简化结果。

解　此平行分布力系简化的结果是一合力，合力大小等于荷载图的面积。

$$F=\frac{1}{2}\times AB\times q_B=80\ \text{kN}$$

合力作用线过荷载图的形心，由表 2-1 可知

$$BC=\frac{1}{3}\times AB=\frac{20}{3}\ \text{m}=6.67\ \text{m}$$

例 2-8　水平半圆形(半径 R)梁上受铅直分布荷载，其集度按 $q=q_0\sin\theta$ 变化，如图2-29所示。试求分布荷载的合力的大小及作用线位置。

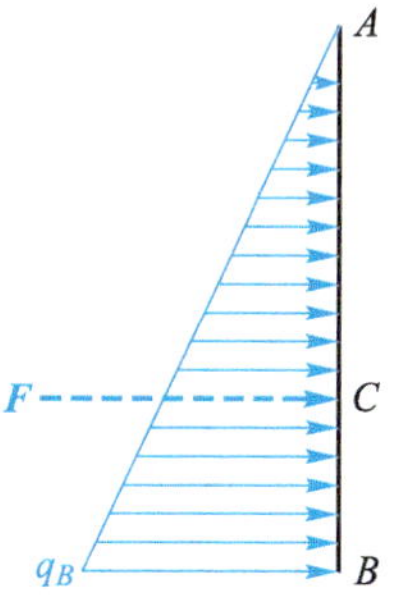

图 2-28　例 2-7 图

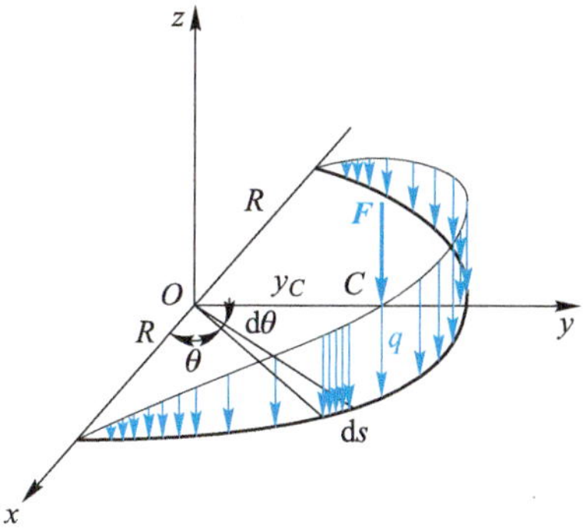

图 2-29　例 2-8 图

解　首先求合力 $\boldsymbol{F}$ 的大小。

在 θ 处，长 $\text{d}s=R\text{d}\theta$ 的梁上所受的力 $\text{d}F=qR\text{d}\theta=Rq_0\sin\theta\text{d}\theta$，所以整个梁上所受荷载的合力的大小为

$$F=\int_0^{\pi}Rq_0\sin\theta\text{d}\theta$$

$$=-Rq_0\cos\theta\Big|_0^{\pi}$$

$$= 2Rq_0$$

再求 $\boldsymbol{F}$ 的作用线位置。设作用线与 xy 平面的交点为 C。由于对称，C 必位于 y 轴上，即 $x_C=0$，只需求 y_C。由此有

$$y_C F = \int R\sin\theta \mathrm{d}F = \int_0^{\pi} R^2 q_0 \sin^2\theta \mathrm{d}\theta$$

$$= R^2 q_0\left(\frac{\theta}{2}-\frac{1}{4}\sin(2\theta)\right)\Bigg|_0^{\pi} = \frac{\pi R^2 q_0}{2}$$

于是得到

$$y_C = \frac{\pi R^2 q_0}{2}\Big/F = \frac{\pi R}{4}$$

文档：
例 2-9
题解

例 2-9　图 2-30 所示均质板 $OABCDE$ 置于水平面内，板内作用有荷载 $F=10$ kN，力偶 $M=36$ kN·m，均布力 $q=4$ kN/m^2。板单位面积重 $\gamma=0.8$ kN/m^2。试求板所受荷载向板角点 O 的简化结果。

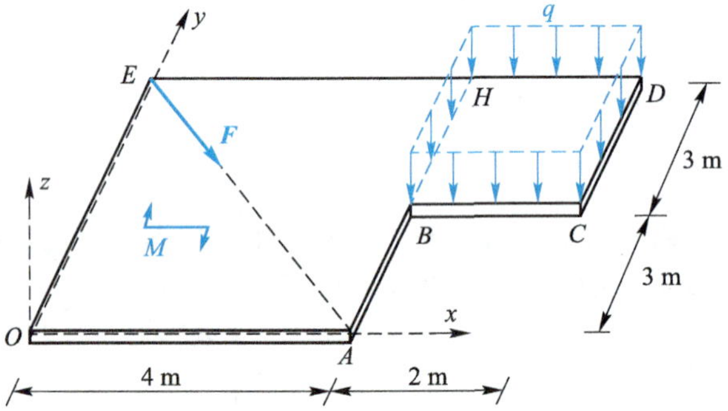

图 2-30　例 2-9 图

思　考　题

2-1　一个力和一个力偶能否用一个力来等效？能否用两个力来等效？

2-2　将两个等效的空间力系分别向 A_1、A_2 两点简化得 $\boldsymbol{F}_{R1}$、$\boldsymbol{M}_1$ 和 $\boldsymbol{F}_{R2}$、$\boldsymbol{M}_2$。因两力系等效，故有 $\boldsymbol{F}_{R1}=\boldsymbol{F}_{R2}$，$\boldsymbol{M}_1=\boldsymbol{M}_2$。此结论对吗？

2-3　如图，空间力系向 O 点简化，其主矩 $\boldsymbol{M}_O$ 沿 y 轴，试问该力系中各力对 x 轴的矩的代数和是否等于零？对平行于 x 轴的另一轴 x' 的矩的代数和是否也为零？说明理由？

2-4　一空间力系，如各力对不在同一平面的三个平行轴的矩的代数和分别为零（$\sum M_{ix1}=0$，$\sum M_{ix2}=0$，$\sum M_{ix3}=0$），试问该力系简化结果可能有哪几种情况？并说明理由。

2-5　如图，在三铰钢架的 D 处作用一水平力 $\boldsymbol{F}$，求 B 支座反力时，水平力是否可沿作用线移至 E 点？为什么？

2-6　如图，在三铰刚架的 G、H 处各作用一铅直力 $\boldsymbol{F}$，求 A、B 支座反力时，是否可将两铅

直力合成，以作用于 C 点而大小为 $2F$ 的一个铅直力来代替？为什么？是否可将 G 点的力 $\boldsymbol{F}$ 平移至 C 点并附加一个 $M=Fa$ 的力偶？

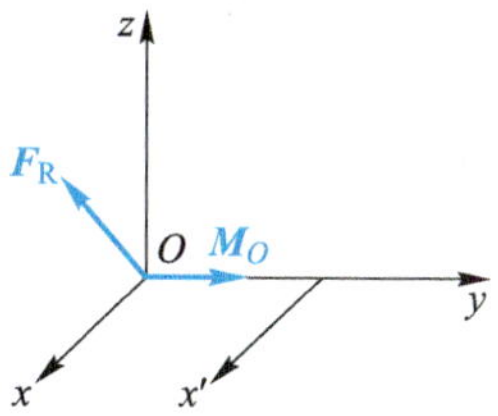

思考题 2-3 图

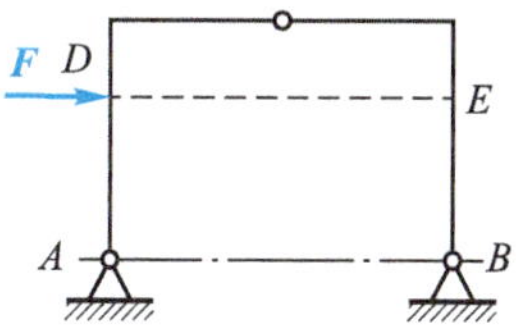

思考题 2-5 图

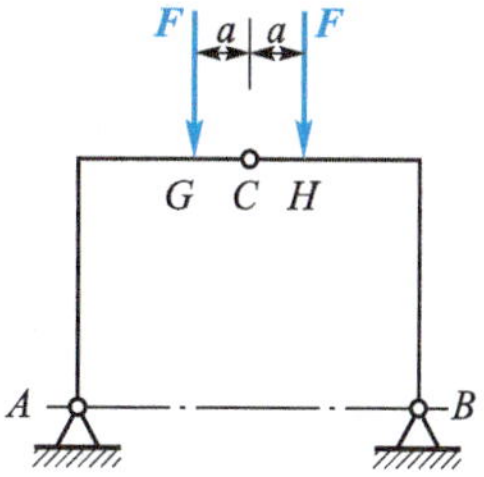

思考题 2-6 图

习　　题

2-1　一钢结构节点，在沿 OA、OB、OC 的方向受到三个力的作用，如图所示，已知 $F_1=1$ kN，$F_2=1.41$ kN，$F_3=2$ kN，试求这三个力的合力。

2-2　图示圆环受三个径向作用的力，其大小 $F_1=40$ N，$F_2=60$ N，$F_3=20$ N。试求此力系的合力大小及作用的方向。

文档：习题 2-2 题解

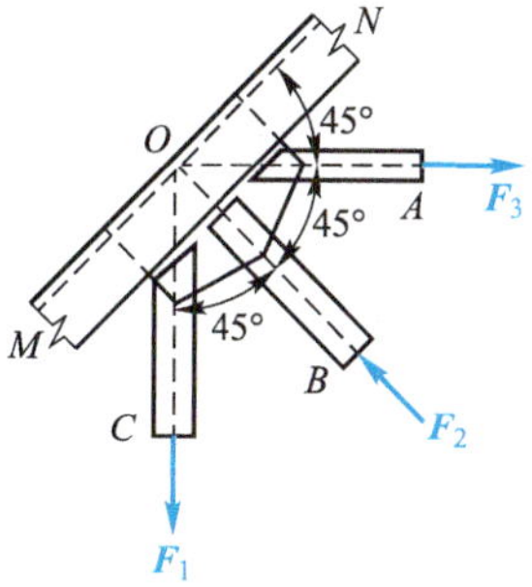

题 2-1 图

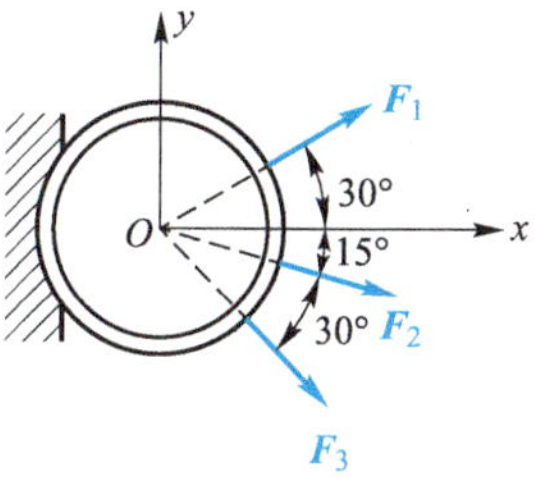

题 2-2 图

2-3　试计算图中 $\boldsymbol{F}_1$、$\boldsymbol{F}_2$、$\boldsymbol{F}_3$ 三个力分别在 x、y、z 轴上的投影。已知 $F_1=2$ kN，$F_2=1$ kN，$F_3=3$ kN。

2-4　如图，已知 $F_1=2\sqrt{6}$ N，$F_2=2\sqrt{3}$ N，$F_3=1$ N，$F_4=4\sqrt{2}$ N，$F_5=7$ N，试求五个力合成的结果（提示：不必开根号，可使计算简化）。

2-5　沿正六面体的三棱边作用着三个力，在平面 $OABC$ 内作用一个力偶，如图所示。已知 $F_1=20$ N，$F_2=30$ N，$F_3=50$ N，$M=1$ N · m。试求力偶与三个力合成的结果。

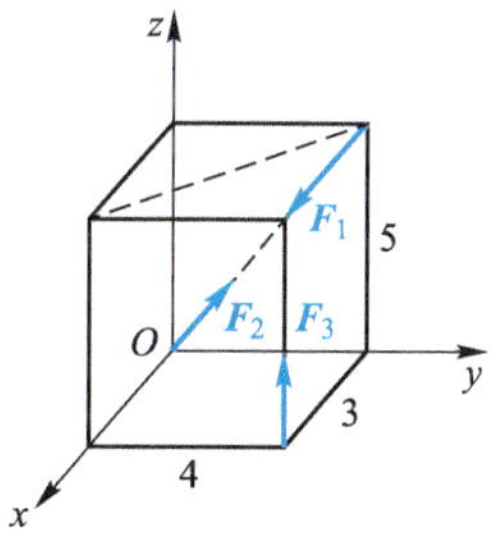

题 2-3 图

文档：习题 2-4 题解

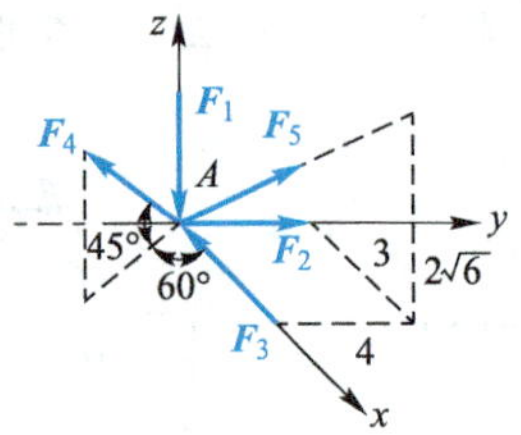

题 2-4 图

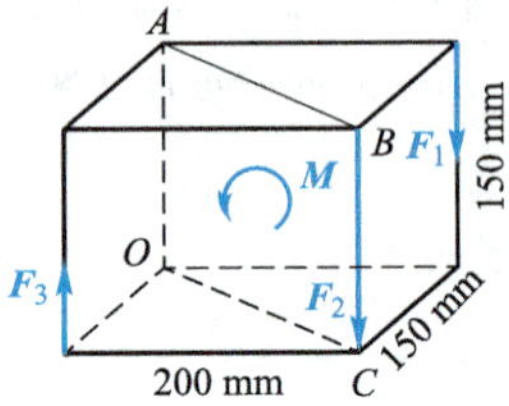

题 2-5 图

2-6　图示一长方体上作用着三个力偶($\boldsymbol{F}_1$,$\boldsymbol{F}'_1$)、($\boldsymbol{F}_2$,$\boldsymbol{F}'_2$)、($\boldsymbol{F}_3$,$\boldsymbol{F}'_3$)。已知 $F_1=F'_1=10$ N,$F_2=F'_2=16$ N,$F_3=F'_3=20$ N,$a=0.1$ m,试求三个力偶的合成结果。

2-7　试求图示诸力合成的结果。

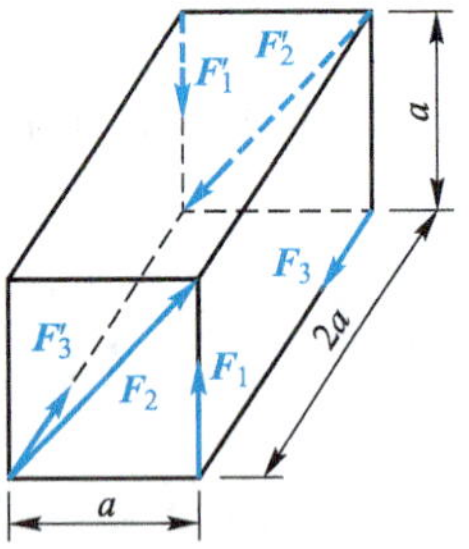

题 2-6 图

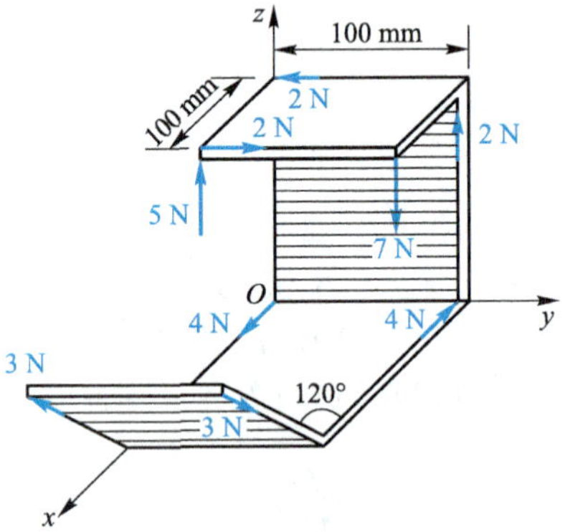

题 2-7 图

2-8　柱上作用着 $\boldsymbol{F}_1$、$\boldsymbol{F}_2$、$\boldsymbol{F}_3$ 三个铅直力,已知 $F_1=80$ kN,$F_2=60$ kN,$F_3=50$ kN,三力位置如图所示。图中长度单位为 mm,试求将该力系向 O 点简化的结果。

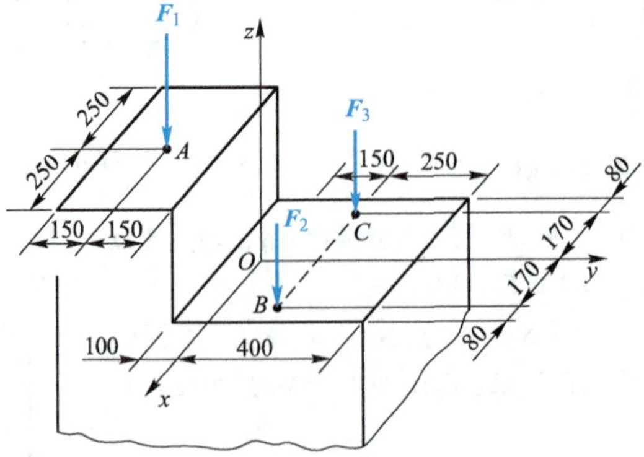

题 2-8 图

2-9　试求图示平行力系合成的结果(小方格边长为 100 mm)。

2-10　平板 $OABD$ 上作用空间平行力系如图所示,试问 x、y 应等于多少才能使该力系合

力作用线过板中心 C。

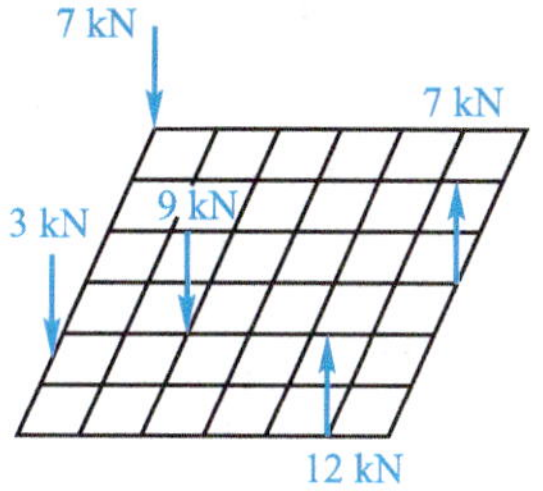

题 2-9 图

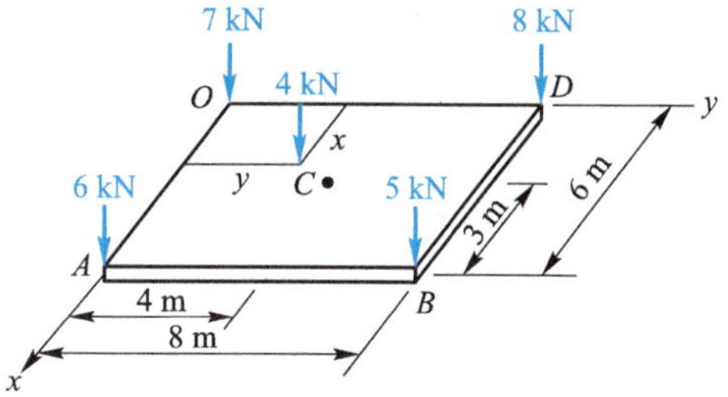

题 2-10 图

2-11 图示一力系由四个力组成。已知 $F_1=60\ \text{N}$，$F_2=400\ \text{N}$，$F_3=500\ \text{N}$，$F_4=200\ \text{N}$，试将该力系向 A 点简化。

文档：习题 2-11 题解

2-12 一力系由三个力组成，各力大小、作用线位置和方向如图所示。已知将该力系向 A 简化所得的主矩最小，试求简化中心 A 的坐标及主矩之值（图中力的单位为 N，长度单位为 mm）。

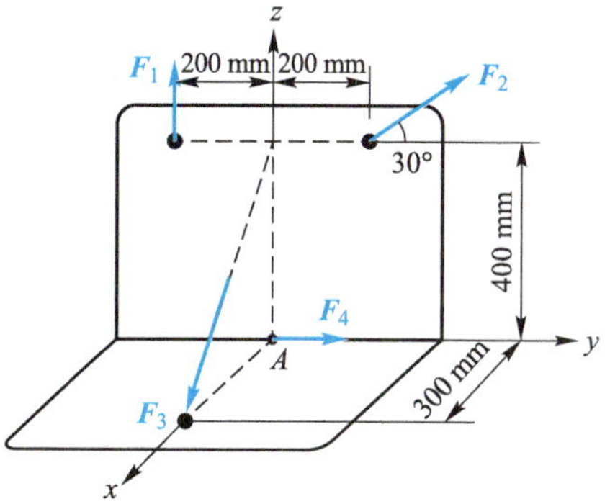

题 2-11 图

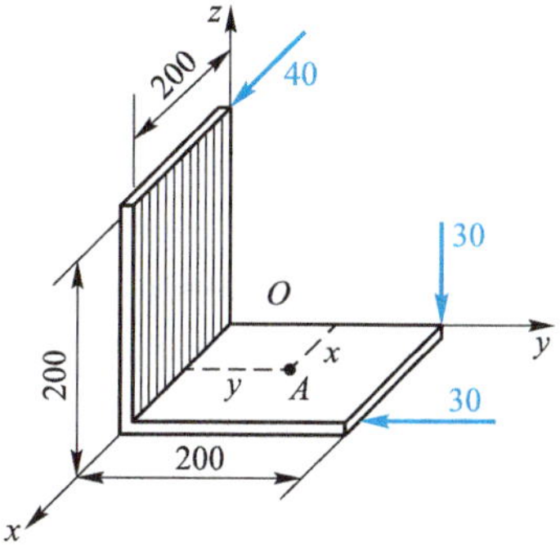

题 2-12 图

2-13 图示立方体，顶面对角线受均布荷载 $q=10\ \text{kN/m}$，侧面对角线 BE 受力 $F=20\ \text{kN}$，前侧面内受力偶 $M=28\ \text{kN}\cdot\text{m}$ 作用。立方体的边长为 2 m。试求此力系向 O 点简化的结果。

文档：习题 2-13 题解

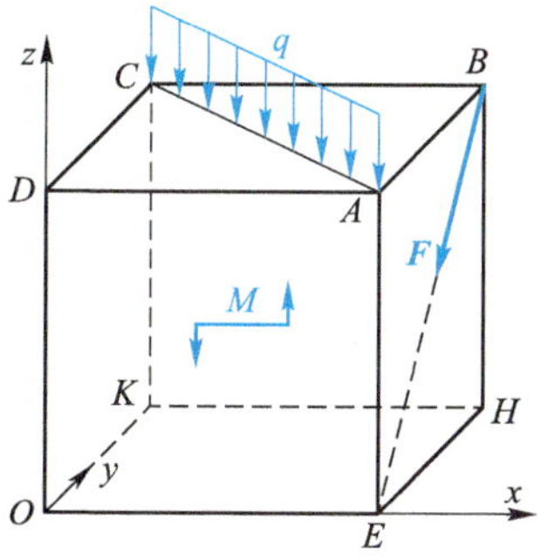

题 2-13 图

2-14　x 轴与 y 轴斜交成 α 角如图所示。设一力系在 xy 平面内，对 y 轴和 x 轴上的 A、B 两点有 $\sum M_{iA}=0$，$\sum M_{iB}=0$，且 $\sum F_{iy}=0$，但 $\sum F_{ix}\neq 0$。已知 $OA=a$，试求 B 点在 x 轴上的位置。

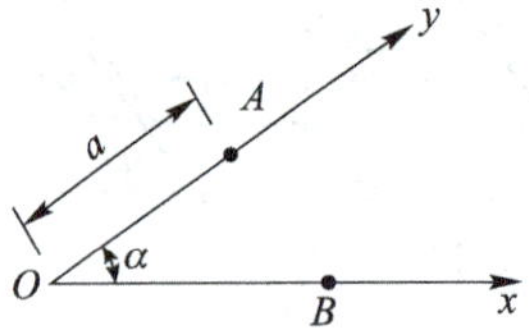

题 2-14 图

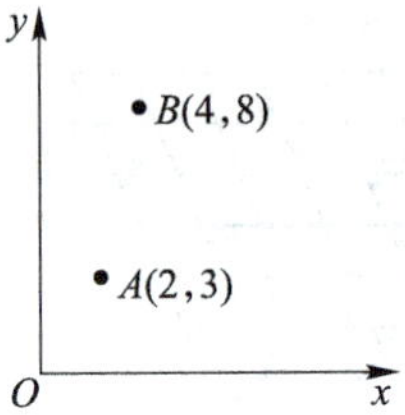

题 2-15 图

2-15　一平面力系（在 Oxy 平面内）中的各力在 x 轴上投影之代数和等于零，对 A、B 两点的主矩分别为 $M_A=12\ \text{N}\cdot\text{m}$，$M_B=15\ \text{N}\cdot\text{m}$，$A$、$B$ 两点的坐标分别为(2,3)、(4,8)，如图所示，试求该力系的合力（坐标值的单位为 m）。

2-16　某厂房排架的柱子，承受吊车传来的力 $F_P=250$ kN，屋顶传来的力 $F_Q=30$ kN，试将该两力向底面中心 O 简化。图中长度单位是 mm。

文档：
习题 2-17
题解

2-17　如图，已知挡土墙自重 $G=400$ kN，土压力 $F=320$ kN，水压力 $F_P=176$ kN，试求这些力向底面中心 O 简化的结果；如能简化为一合力，试求出合力作用线的位置。

2-18　某桥墩顶部受到两边桥梁传来的铅直力 $F_1=1\ 940$ kN，$F_2=800$ kN 及制动力 $F_T=193$ kN。桥墩自重 $G=5\ 280$ kN，风力 $F_P=140$ kN。各力作用线位置如图所示。试求将这些力向基底截面中心 O 简化的结果；如能简化为一合力，试求出合力作用线的位置。

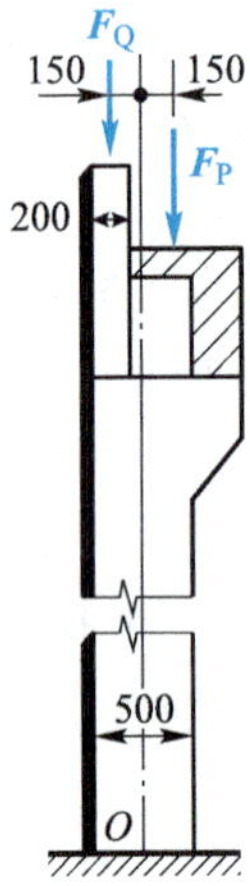

题 2-16 图

2-19　图示一平面力系，已知 $F_1=200$ N，$F_2=100$ N，$M=300\ \text{N}\cdot\text{m}$。欲使力系的合力通过 O 点，试问水平力 $\boldsymbol{F}$ 之值应为多少？

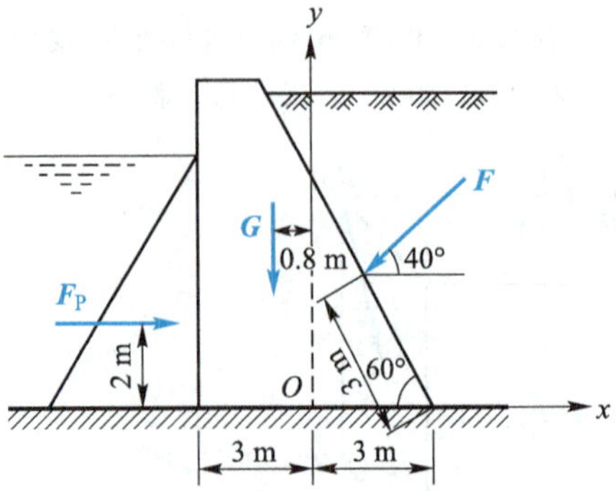

题 2-17 图

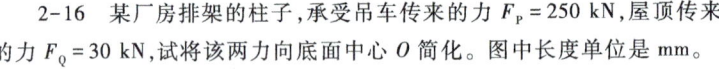

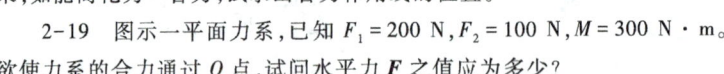

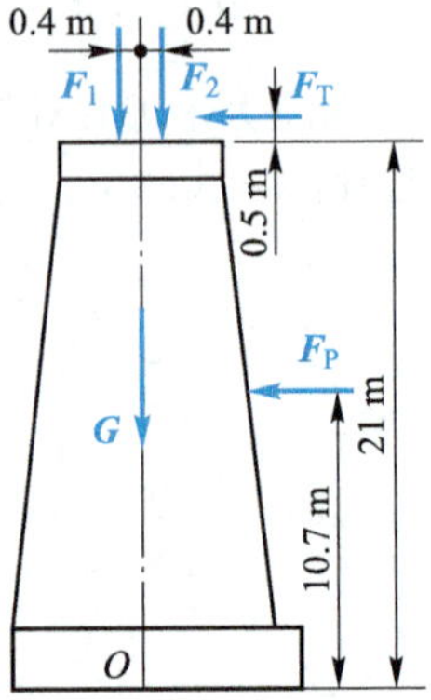

题 2-18 图

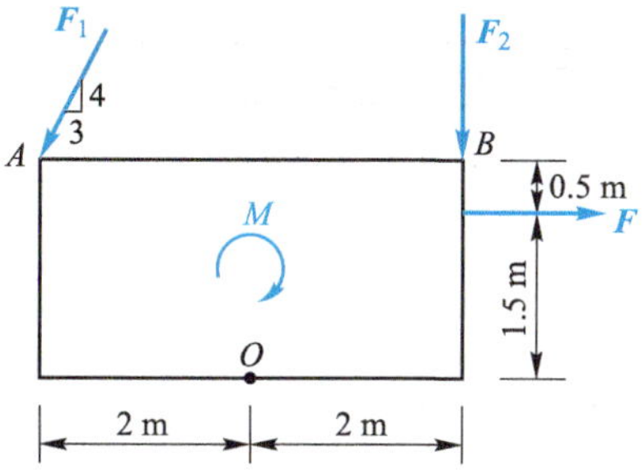

题 2-19 图

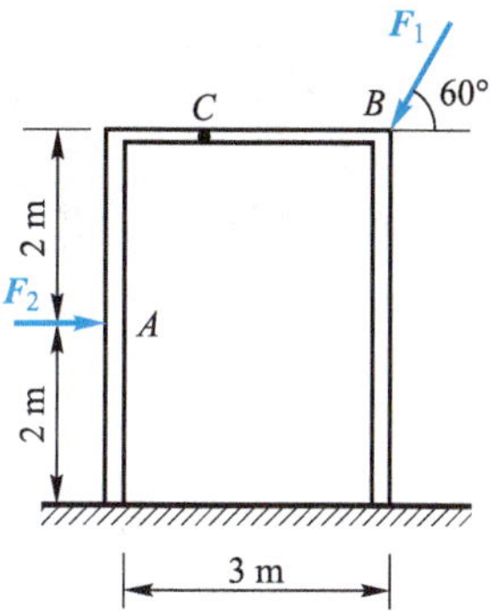

题 2-20 图

2-20　如图，在刚架的 A、B 两点分别作用 $\boldsymbol{F}_2$、$\boldsymbol{F}_1$ 两力，已知 $F_1=F_2=10$ kN。欲以过 C 点的一个力 $\boldsymbol{F}$ 代替 $\boldsymbol{F}_1$、$\boldsymbol{F}_2$，试求 $\boldsymbol{F}$ 的大小及 B、C 间的距离。

文档：习题 2-21 题解

2-21　图示悬臂折杆受均布荷载 $q_1=12$ kN/m、线性分布荷载 $q_2=26$ kN/m(最大集度)、集中力 $F=30$ kN 作用，$OA=AB=2$ m。试求折杆所受荷载向 O 点简化的结果，并求最简单的结果。

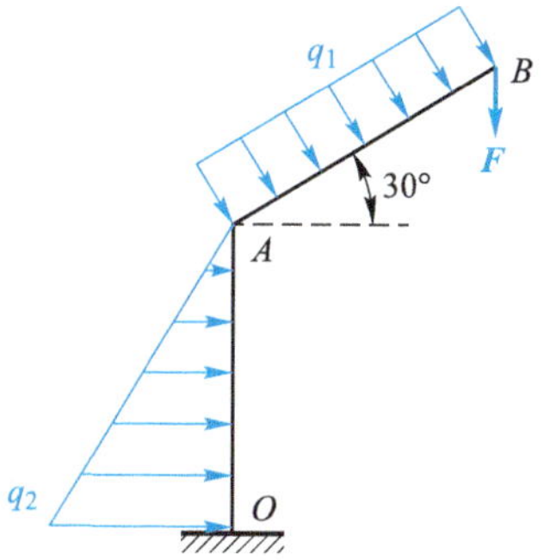

题 2-21 图

2-22　试求下列面积的形心。a、b 两图长度单位为 mm；c、d、e、f 各图长度单位为 m。

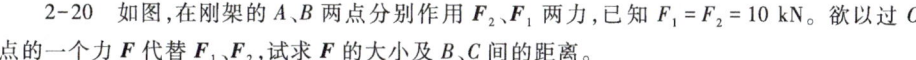

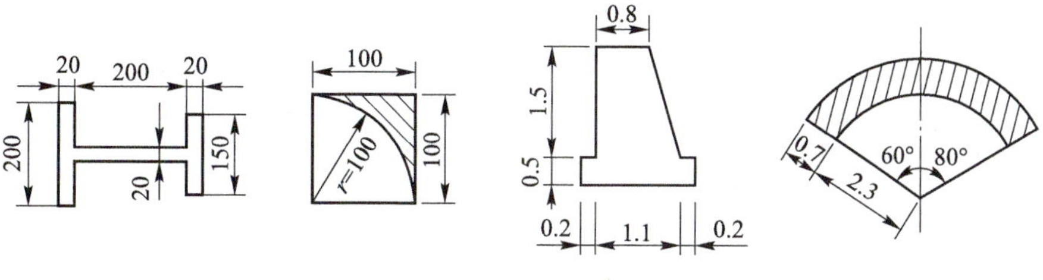

(a)　(b)　(c)　(d)

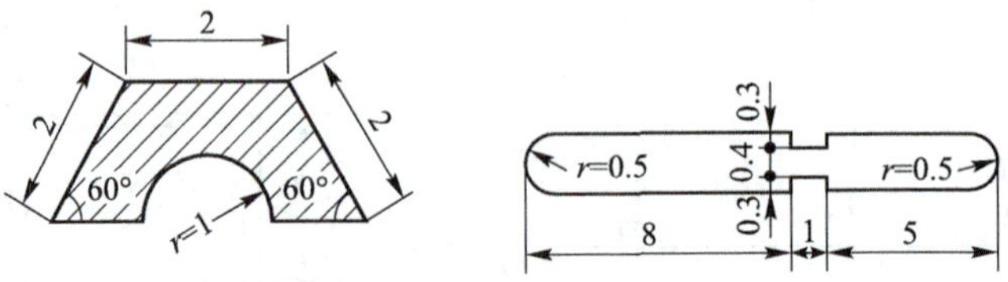

(e)　　(f)

题 2-22 图

2-23　振动打桩机偏心块如图所示，已知 $R=100$ mm，$r_1=17$ mm，$r_2=30$ mm。试求其重心位置。

2-24　一圆板上钻了半径为 r 的三个圆孔，其位置如图所示。为使重心仍在圆板中心 O 处，需在半径为 R 的圆周线上再钻一个孔，试确定该孔的位置及孔的半径。

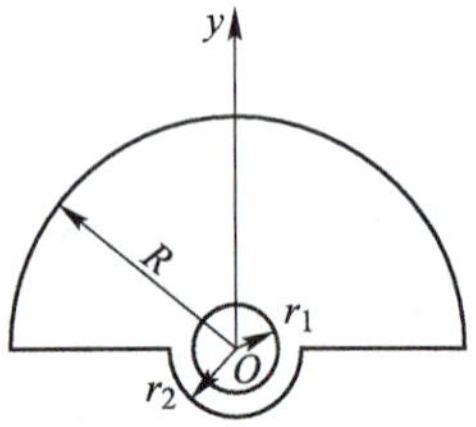

题 2-23 图

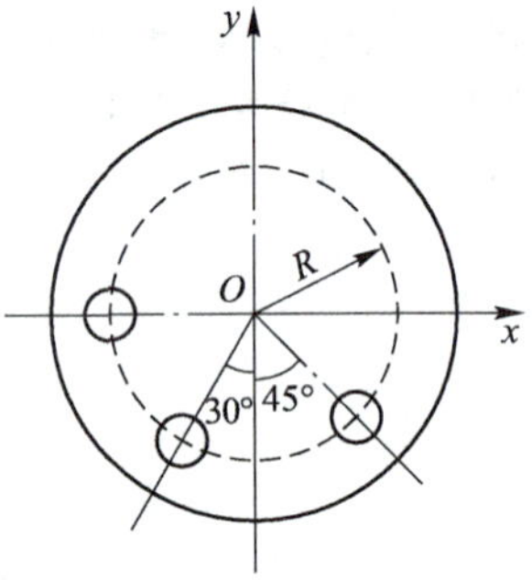

题 2-24 图

2-25　试用积分法求表 2-1 中椭圆形面积及抛物线形面积的形心位置。

2-26　两混凝土基础尺寸如图所示，试分别求其重心的位置坐标。图中长度单位为 m。

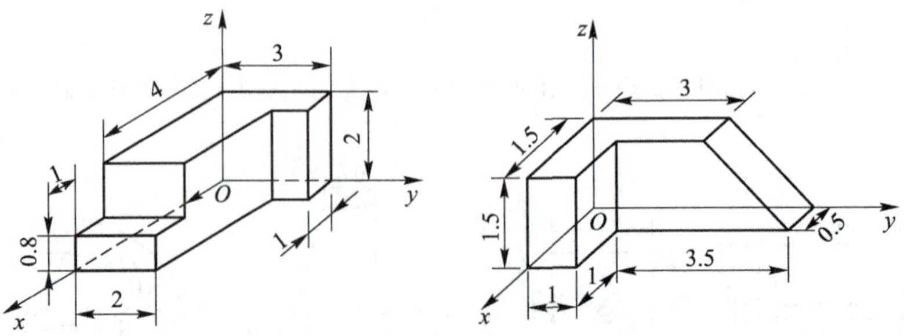

(a)　　(b)

题 2-26 图

文档：
习题 2-27
题解

2-27　图示一悬臂圈梁，其轴线为 $r=4$ m 的 1/4 圆弧。梁上作用着垂直均布荷载，$q=2$ kN/m。试求该均布荷载的合力及其作用线位置。

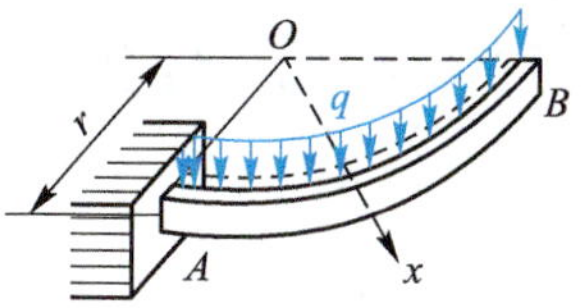

题 2-27 图

2-28 试求图示线分布荷载的合力大小及作用线位置。图 a 分布荷载为线性分布，图 b 为抛物线分布，抛物线方程为 $y=3x^2/10$。

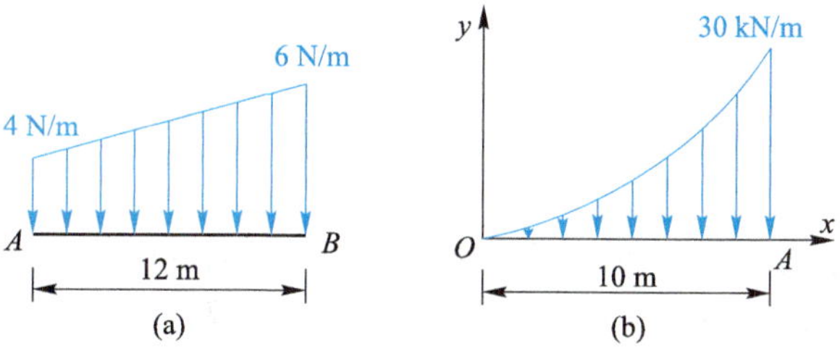

题 2-28 图

第三章　约束·受力分析与示力图

本章将介绍静力学中有关约束的概念及工程中常见的几种约束，重点讨论如何进行受力分析并画示力图。受力分析是进行力学分析的基础，是决定计算结果是否符合实际情况的一个前提条件，读者应深刻理解和熟练掌握。

§3-1　约束与约束力

力学里考察的物体，有的不受其他物体的限制而自由运动，如在空中可以自由飞行的飞机，称为**自由体**；有的则受到其他物体的限制而使其沿某些方向的运动成为不可能，如用绳子悬挂而不能下落的重物、支承于墙上而静止不动的屋架等，称为**非自由体**或**受约束体**。限制物体运动的其他物体则称为**约束**。约束是以物体相互接触的方式构成的，上述绳索对于所悬挂的重物和墙对于所支承的屋架都构成了约束。

约束对于物体的作用力称为**约束力**或**约束反力**，也常简称为**反力**。与约束力相对应，有些力主动地使物体运动或使物体有运动趋势，这种力称为**主动力**。如重力、水压力、土压力等都是主动力，工程上也常称作**荷载**。

主动力一般是已知的，而约束力则是未知的。但是，某些约束的约束力的作用点、方位或方向，却可根据约束本身的性质加以确定，确定的原则是：**约束力的方向总是与约束所能阻止的运动方向相反**。下面是工程中常见的几种约束的实例、简化记号及对应的约束力的表示法。对于指向不定的约束力，图中的指向是假设的。

1. 柔索

绳索、链条、胶带等属于柔索类约束。由于柔索只能承受拉力，所以**柔索给予所系物体的约束力作用于接触点，方向沿柔索中心线而背离物体**（图 3-1）。

2. 光滑接触面

当两物体接触面上的摩擦力可以忽略时，即可看作**光滑接触面**。这时，不论接触面形状如何，只能阻止接触点沿着通过该点的公法线趋向接触面的运动。所以，**光滑接触面的约束力通过接触点，沿接触面在该点的公法线，并为压力（指向被约束物体内部）**，如图 3-2 所示。

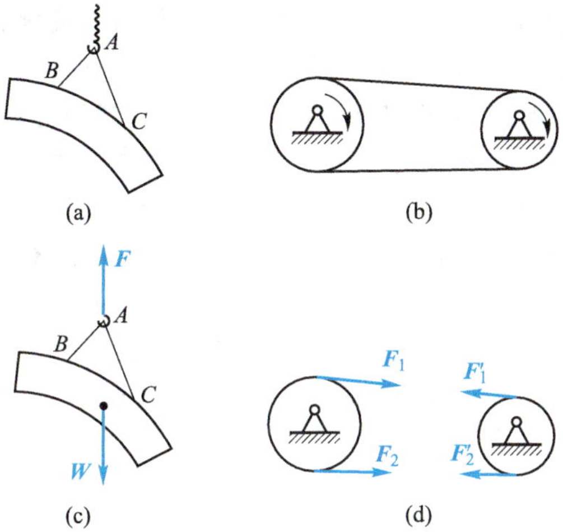

图 3-1　柔索类约束

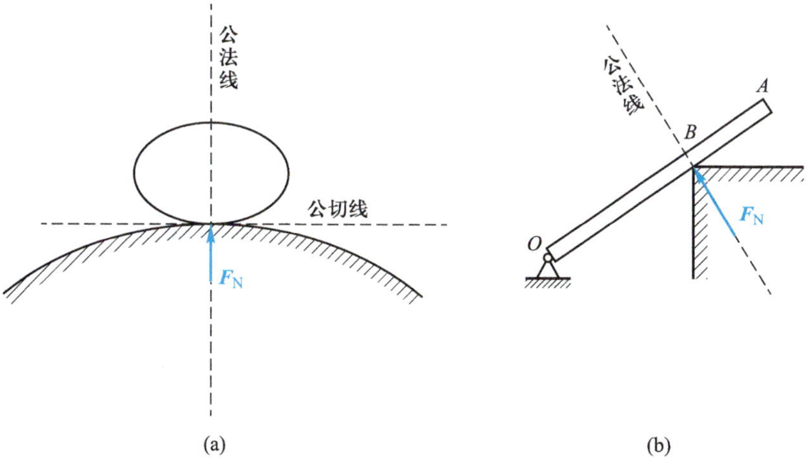

图 3-2　光滑面约束

3. 固定铰支座与铰连接

(1) 固定铰支座

工程上常用一种叫做**支座**的部件，将一个构件支承于基础或另一静止的构件上。如将构件用圆柱形光滑销钉与固定支座连接，该支座就成为**固定铰支座**，简称**铰支座**。图 3-3a 是构件与支座连接示意图，销钉不能阻止构件转动，也不能阻止构件沿销钉轴线移动，而只能阻止构件在垂直于销钉轴线的平面内的移动。当构件有运动趋势时，构件与销钉可沿任一母线（在图上为一点 A）接触。

又因假设销钉是光滑圆柱形的,故可知约束力必作用于接触点 A 并通过销钉中心,如图 3-3b 中的 $\boldsymbol{F}_A$,但接触点 A 不能预先确定,$\boldsymbol{F}_A$ 的方向实际是未知的。可见,**铰支座的约束力在垂直于销钉轴线的平面内,通过销钉中心,方向不定。** 图 3-3c、d 是铰支座的常用简化表示法。铰支座的约束力可表示为一个未知的角度和一个未知大小的力,如图 3-3e 所示,但这种表示法在解析计算中不常采用。常用的方法是将约束力表示为两个互相垂直的力,如图 3-3f 所示。

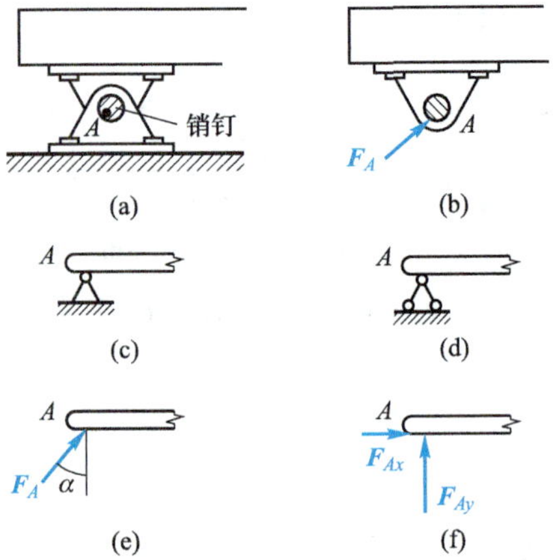

图 3-3 固定铰支座

(2) 铰连接

两个构件用圆柱形光滑销钉连接起来,这种约束称为**铰连接**(图 3-4a),简称为**铰接**,并把连接件(光滑销钉)称为**铰**,图 3-4b 是铰连接的表示法。销钉对构件的约束与铰支座的销钉对构件的约束相同,其约束力通常也表示为两个互相垂直的力。图 3-4c 表示的是左边构件通过销钉作用于右边构件的约束力。

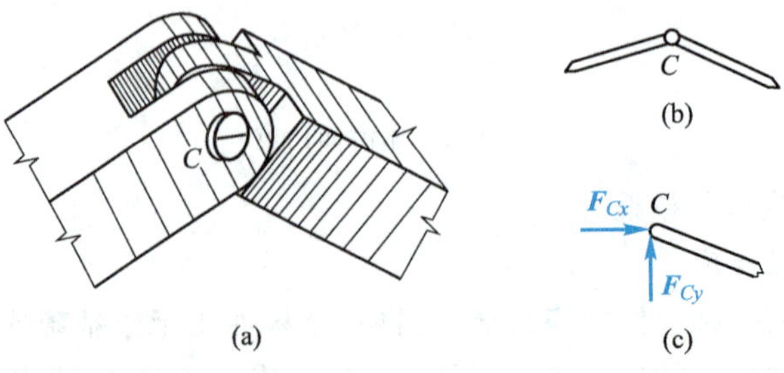

图 3-4 铰链连接

如用光滑销钉使一个构件直接与固定物体连接,也叫铰连接。这时铰的作用与固定铰支座相同。

(3) 活动铰支座(辊轴支座)

将构件用销钉与支座连接，而支座可以沿着支承面运动，就成为活动铰支座或辊轴支座。图 3-5a 是辊轴支座的示意图，图 3-5b、c、d 是辊轴支座的常用简化表示法。假设支承面是光滑的，辊轴支座就不能阻止沿着支承面的运动，而只能阻止物体与支座连接处向着支承面或离开支承面的运动。所以，**辊轴支座的约束力垂直于支承面，通过销钉中心，指向不定（即可能是压力或拉力）**。图 3-5e 是辊轴支座约束力的表示法。

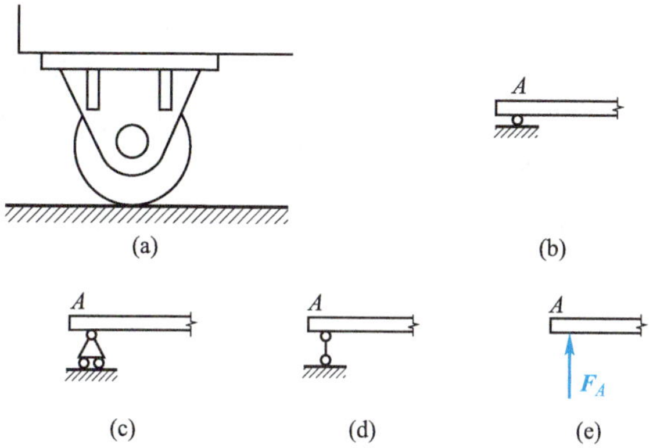

图 3-5　活动铰支座

4. 连杆

连杆是两端用光滑销钉与物体相连而中间不受力的直杆。图 3-6a 是推土机刀架的简化图，推土机刀架的 *AB* 杆可简化为连杆。连杆只能阻止物体上与连杆连接的一点（如 *A*）沿着连杆中心线趋向或离开连杆的运动。所以，连杆的

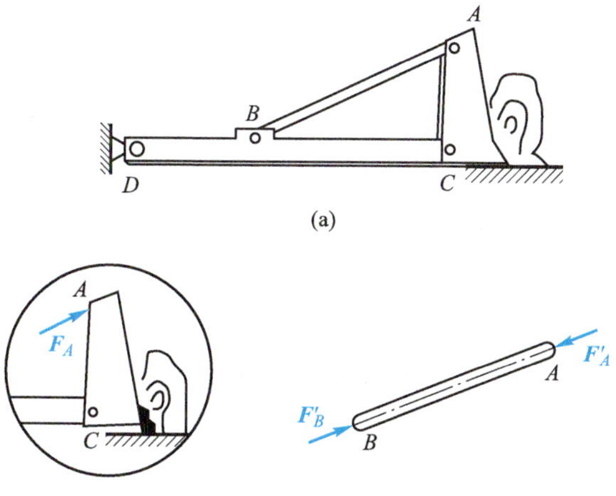

图 3-6　连杆约束

约束力沿着连杆中心线,但指向不定。图 3-6b 中的 $\boldsymbol{F}_A$ 为连杆 AB 作用于推土刀的约束力(指向是假设的)。图 3-6c 是连杆 AB 的受力情况,其中 $\boldsymbol{F}_A'$($\boldsymbol{F}_A'=-\boldsymbol{F}_A$)是推土刀作用于连杆的力,$\boldsymbol{F}_B'$是杆 DC 作用于连杆的力。因为连杆只在两端各受一力,是二力杆。所以,杆 AB 的两端所受的力 $\boldsymbol{F}_A'$及 $\boldsymbol{F}_B'$必定沿 AB 线作用,并且 $\boldsymbol{F}_B'=-\boldsymbol{F}_A'$。

5. 球形铰支座

物体的一端做成球形,固定的支座做成一球窝,将物体的球形端置入支座的球窝内,则构成球形铰支座,简称球铰(图 3-7a)。汽车变速箱的操纵杆就是用球形铰支座固定的;简易起重机中桅杆或把杆的支座也相当于球形铰支座。球形铰支座的示意简图如图 3-7b 所示。若接触面是光滑的,则球形铰支座只能限制物体离开球心的任何方向的运动,而不能限制物体绕球心的转动。因此,它的约束力必通过球心,但可取空间任何方向。这种约束力可用三个相互垂直的分力 $\boldsymbol{F}_x$、$\boldsymbol{F}_y$、$\boldsymbol{F}_z$ 来表示(图 3-7c)。

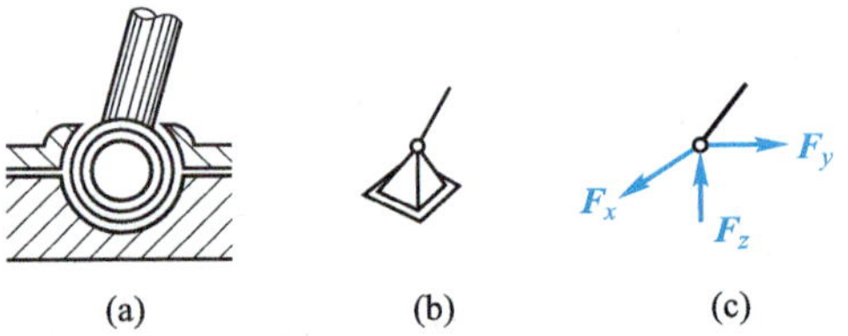

图 3-7　球形铰支座

6. 径向轴承与止推轴承

(1) 径向轴承

机器中的径向轴承是转轴的约束,它允许转轴转动,但限制转轴在垂直于轴线的平面内的任何方向的运动(图 3-8a)。径向轴承的简化表示如图 3-8b 所示,其约束力可用垂直于轴线的两个相互垂直的分力 $\boldsymbol{F}_x$ 和 $\boldsymbol{F}_z$ 来表示(图3-8c)。

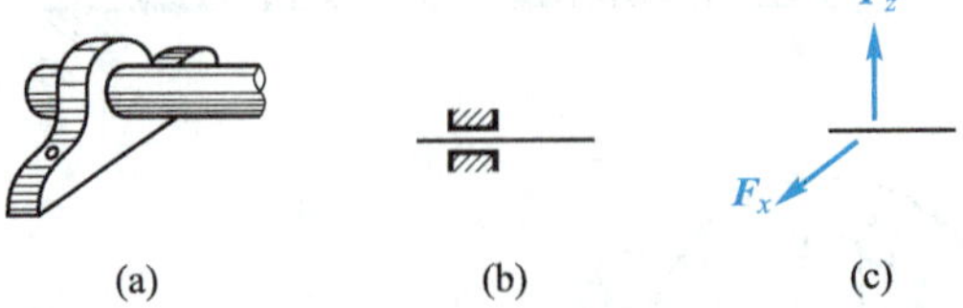

图 3-8　径向轴承

(2) 止推轴承

止推轴承也是机器中常见的约束,与径向轴承不同之处是它还能限制转轴沿轴线方向的运动(图 3-9a)。止推轴承的简化表示如图 3-9b 所示,其约束力增加了沿轴线方向的分力(图 3-9c)。

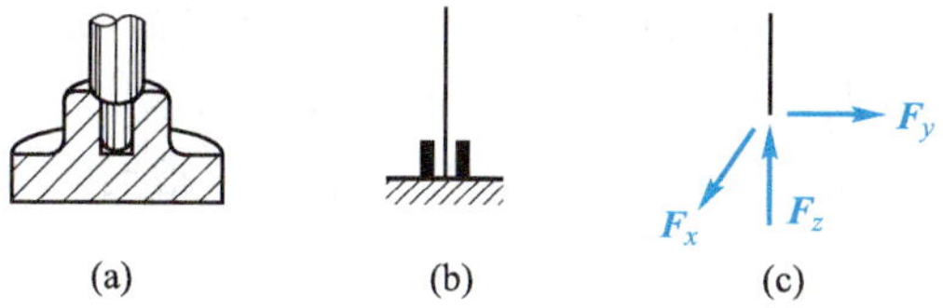

图 3-9　止推轴承

7. 固定支座

将物体的一端牢固地插入基础或固定在其他静止的物体上，如图3-10a、c所示，就构成固定支座，有时也称为固定端。图 3-10a 为平面固定支座，图 3-10c 为空间固定支座，它们的简化表示如图 3-10b、d 所示。

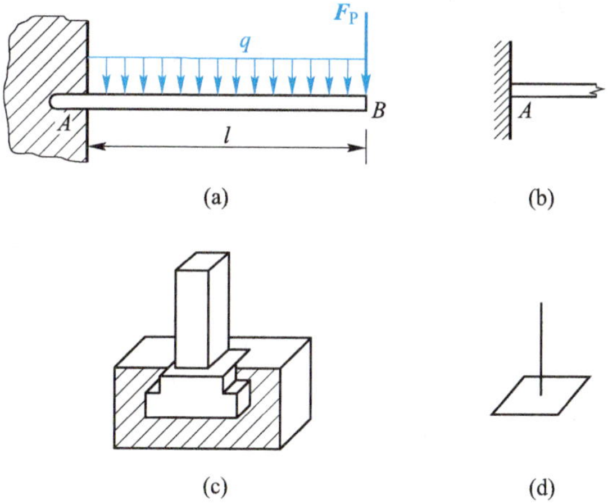

图 3-10　固定支座

从约束对构件的运动限制来说，平面固定支座既能阻止杆端在该平面内的任何移动，也能阻止杆端转动，因而其约束力必为一个方向未定的力和一个力偶。平面固定支座的约束力表示如图 3-11a 所示，其中力的指向及力偶的转向都是假设的。

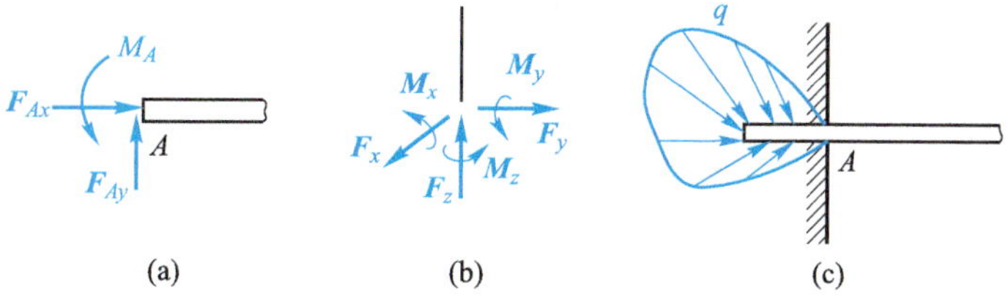

图 3-11　固定支座约束力

空间固定支座能阻止杆端在空间内任一方向的移动和绕任一轴的转动，所以其约束力必为空间内一个方向未定的力和方向未定的力偶矩矢量。空间固定支座的约束力表示如图 3-11b 所示，图中力的指向及力偶的转向都是假设的。

其实作用在杆件固定端处的约束力是一个分布力系。图 3-11c 为平面固定端处约束力系的示意图，可将该力系向固定端 A 处简化，得到主矢和主矩。图 3-11a 中的力 $\boldsymbol{F}_{Ax}$ 和 $\boldsymbol{F}_{Ay}$ 就是主矢的两个分力，力偶矩 M_A 即为主矩。同理，空间固定端处的约束力系将是一个空间分布力系，其简化后的结果如图 3-11b 所示。

事实上，有些工程上的约束并不一定与上述理想的形式完全一样。但是，根据问题的性质及约束在讨论的问题中所起的作用，抓住主要矛盾，略去次要因素，常可将实际约束近似地简化为上述几种类型之一。例如，图 3-12a 所示厂房建筑中的钢筋混凝土构架，其 A、B 两柱脚与基础（工程上称为“杯口”）之间填以沥青麻丝。杯口可以阻止柱脚向下的和水平的移动，但沥青麻丝填料不能阻止柱身作微小的转动，因此 A、B 两处都可简化为铰支座。两构件 AC、BC 在 C 处外伸的钢筋头要先搭接或点焊，再用混凝土浇筑，C 点的连接可以阻止两构件在该处的相对移动，但不能阻止在该处作微小转动，所以 C 点的连接可简化为铰接。整个结构可简化为如图 3-12b 所示的简图，这种结构称为三铰刚架。又如，小型桥梁的桥身直接搁置在桥台上（图 3-13a），桥台可以阻止桥身两端向下运动，但不能阻止微小转动。此外，为了使桥身在不同温度条件下可以自由伸缩变形，通常在桥身与桥台之间预留一定间隙。当桥身受到向右的冲击时，B 端与桥台突高部分接触，从而阻止桥身水平运动，而 A 端却不能阻止桥身的水平运动（略去摩擦）。因此，B 端约束可简化为铰支座，而 A 端约束则简化为辊轴支座，如图 3-13b 所示；在冲击方向相反的情况下，自然应将 A 端简化为铰支座，而 B 端为辊轴支座。

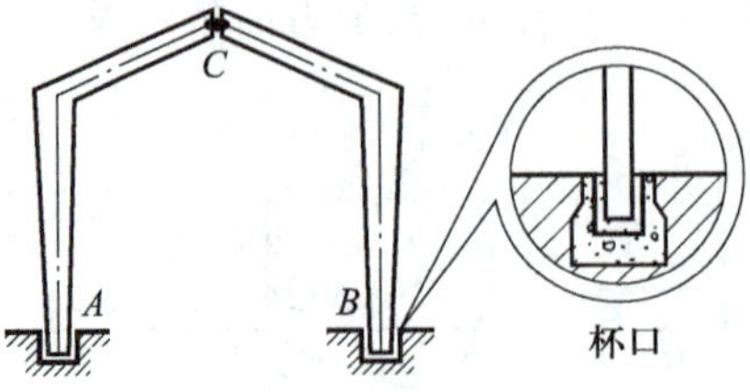

(a)

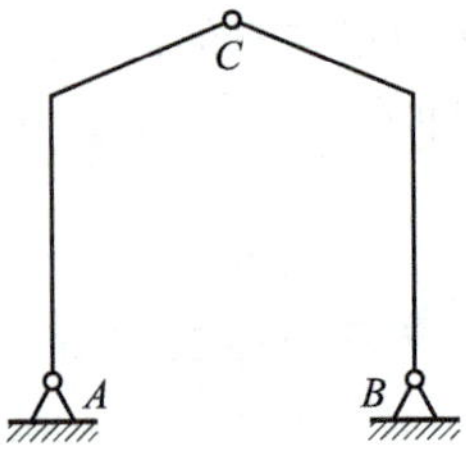

(b)

图 3-12 三铰刚架

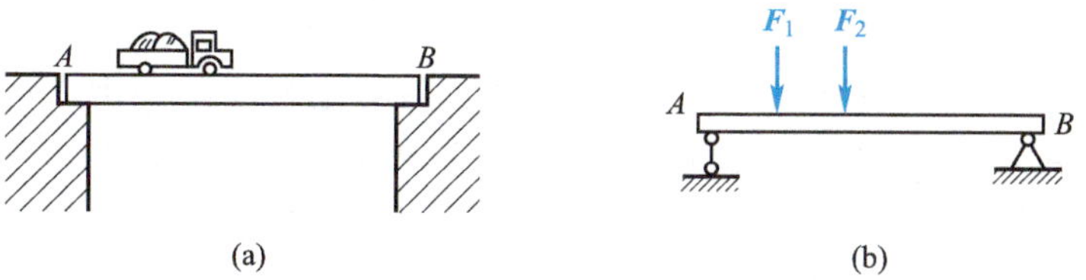

图 3-13 小型桥梁

§3-2 受力分析与示力图

1. 计算简图

工程上的结构物或机械，一般都是很复杂的，在进行力学（无论是静力学或动力学）分析时，需要根据问题的要求，适当加以简化，以抽象成为合理的力学模型。将此力学模型用图形表示出来，所得图形就叫做**计算简图**。

对于任何一个实际问题，在抽象成为力学模型，作成计算简图时，一般须从三方面加以简化：尺寸、荷载（力）和约束。例如，图 3-14a 为房屋建筑中屋顶结构的草图，在对屋架（工程上称为桁架①）进行力学分析时，考虑到屋架各杆件断面的尺寸远比其长度为小，因而可用杆件轴线代表杆件；各相交杆件之间可能用榫接、铆接或其他形式连接，但在分析时，可近似地将杆件之间的连接看作铰接；屋顶的荷载由桁条传至檩子，再由檩子传至屋架，非常接近于集中力，其大小等于两桁架之间和两檩子之间屋顶的荷载；屋架一般用螺栓固定（或直接搁置）于支承墙上，但在计算时，与§3-1 中关于桥梁支承的简化相似，一端可简化为铰支座，一端可简化为辊轴支座，最后就得到如图 3-14b 所示的屋架的计算简图。

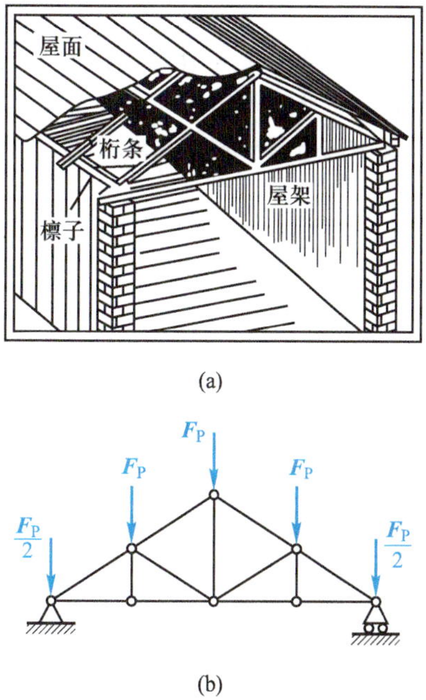

图 3-14 屋架

① 关于桁架，第五章中将进一步讨论。

2. 示力图

有了计算简图之后,无论是静力学问题还是动力学问题,还需进一步分析物体的受力情况,据以求得所需的数据。为了清晰和方便,首先要**确定考察的对象,把它单独画出来,并画上别的物体作用于所考察对象上的力(包括主动力和约束力)**。这样构成的图形称为**示力图**,有时也叫**受力图**。

作示力图是解答力学问题的第一步工作,也是很重要的一步工作,不能省略,更不容许有任何错误。正确作出示力图,可以清楚表明物体受力情况和必需的几何关系,有助于问题的分析和所需数学方程的建立,因而也是求解力学问题的一种有效的手段。如果不画示力图,求解将会发生困难,乃至无从着手。如果示力图错误,必将导致错误结果,在实际工作中就会造成生产建设的损失。因此,在学习力学时,必须一开始就养成良好习惯,认真地、一丝不苟地作示力图,再据以作进一步的分析计算。

本书中绝大部分问题给出的都是简化后的计算简图,读者只需据此作示力图和进行计算;只有极少数问题给出的是结构物或机械的原始图形,要求读者首先将原结(机)构抽象成为力学模型,构成计算简图,再作示力图和计算。

下面是几个关于计算简图和示力图的例子。

例 3-1　升船机连同船体共重 G,用钢绳拉动沿导轨上升,如图 3-15a 所示。试以升船机连同船体为考察对象,作示力图。升船机与导轨之间假设是光滑接触;升船机与船体的重心在 C 点。

解　升船机与船体所受的力有:重力 $\boldsymbol{G}$,作用线通过重心 C,铅直向下;钢绳拉力 $\boldsymbol{F}_{\mathrm{T}}$,沿钢绳中心线;导轨对升船机轮子的约束力 $\boldsymbol{F}_{NA}$ 及 $\boldsymbol{F}_{NB}$,垂直于导轨,指向升船机(即为压力)。示力图如图 3-15b 所示。

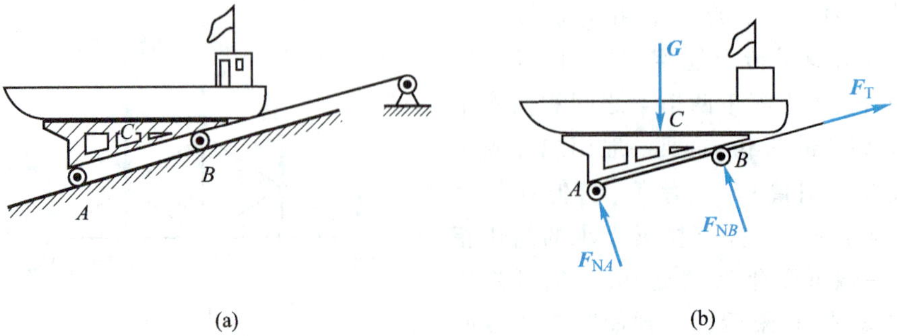

图 3-15　例 3-1 图

例 3-2　考察自卸载重汽车翻斗的受力情况。

解　首先,由于翻斗对称,故可简化为平面图形。其次,翻斗可绕与底盘连接处转动,故该处可简化为铰连接；油压举升缸筒则可简化为连杆。于是，得翻斗的计算简图如图 3-16a 所示。假设翻斗重 G。现在作翻斗的示力图。翻斗除受重力 $\boldsymbol{G}$ 外，并在 A、B 两点受铰及连杆的约束力(图 3-16b)：铰 A 处的约束力用 $\boldsymbol{F}_{Ax}$、$\boldsymbol{F}_{Ay}$ 表示，连杆的约束力用 $\boldsymbol{F}_{NB}$ 表示，各约束力的指向都是假设的。

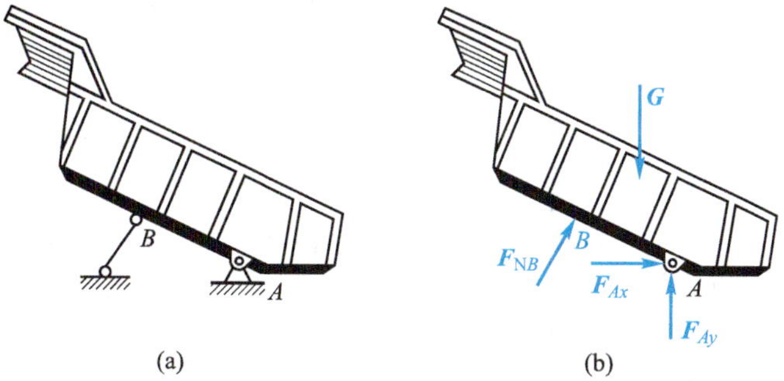

图 3-16 例 3-2 图

例 3-3 重量为 G 的管子用板 AB 及绳 BC 支承，图 3-17a 是简化后的平面图形。试分别画出管子及板 AB 的示力图。接触点 D、E 两处的摩擦及板重都不计。

解 首先作管子的示力图(图 3-17b)。管子受重力 $\boldsymbol{G}$，通过中心 O。因 D、E 两处为光滑接触，管子在这两处分别受到墙壁及板 AB 作用的力 $\boldsymbol{F}_{ND}$ 及 $\boldsymbol{F}_{NE}$，分别垂直于墙壁及板 AB，且都通过管子中心 O，并为压力。

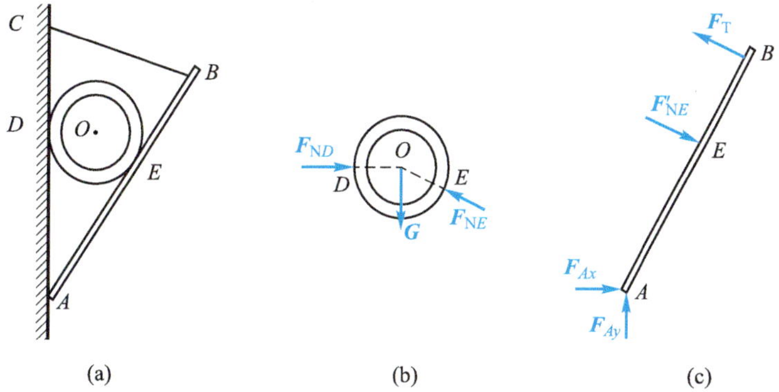

图 3-17 例 3-3 图

再作板 AB 的示力图，如图 3-17c 所示。A 点是铰连接，约束力用 $\boldsymbol{F}_{Ax}$、$\boldsymbol{F}_{Ay}$ 表示，指向假设如图 3-17c 所示。B 点受绳子拉力 $\boldsymbol{F}_{T}$，由 B 指向 C。E 点受到管子作用的力 $\boldsymbol{F}'_{NE}$，$\boldsymbol{F}'_{NE}$ 与 $\boldsymbol{F}_{NE}$ 互为作用力与反作用力，所以 $\boldsymbol{F}'_{NE}$ 的方向必与 $\boldsymbol{F}_{NE}$ 的方向相反。

例 3-4 图 3-18a 为一桥梁的示意图，试画其示力图。

解 C、D 两点的约束可分别简化为铰支座及辊轴支座。图 3-18b 是桥梁的简化图；

图 3-18c、d、e、f 分别是整个桥梁及各部分的示力图。图 3-18e 中的 $\boldsymbol{F}'_{Cx}$、$\boldsymbol{F}'_{Cy}$及 $\boldsymbol{F}'_{RD}$ 与图 3-18d 中的 $\boldsymbol{F}_{Cx}$、$\boldsymbol{F}_{Cy}$及图 3-18f 中的 $\boldsymbol{F}_{RD}$互为作用力与反作用力。

（请考虑：在图 3-18c 中为什么不画 C、D 两点的约束力？）

再次强调指出，进行受力分析并作示力图时，约束力必须根据约束的性质判定，切忌随意。有些约束力的方向，根据约束的性质就可以确定；对于无法确定方向的约束力，其指向可以假设，实际的方向由平衡分析确定。对于分布荷载，作示力图时一般不作简化，否则有可能导致错误。

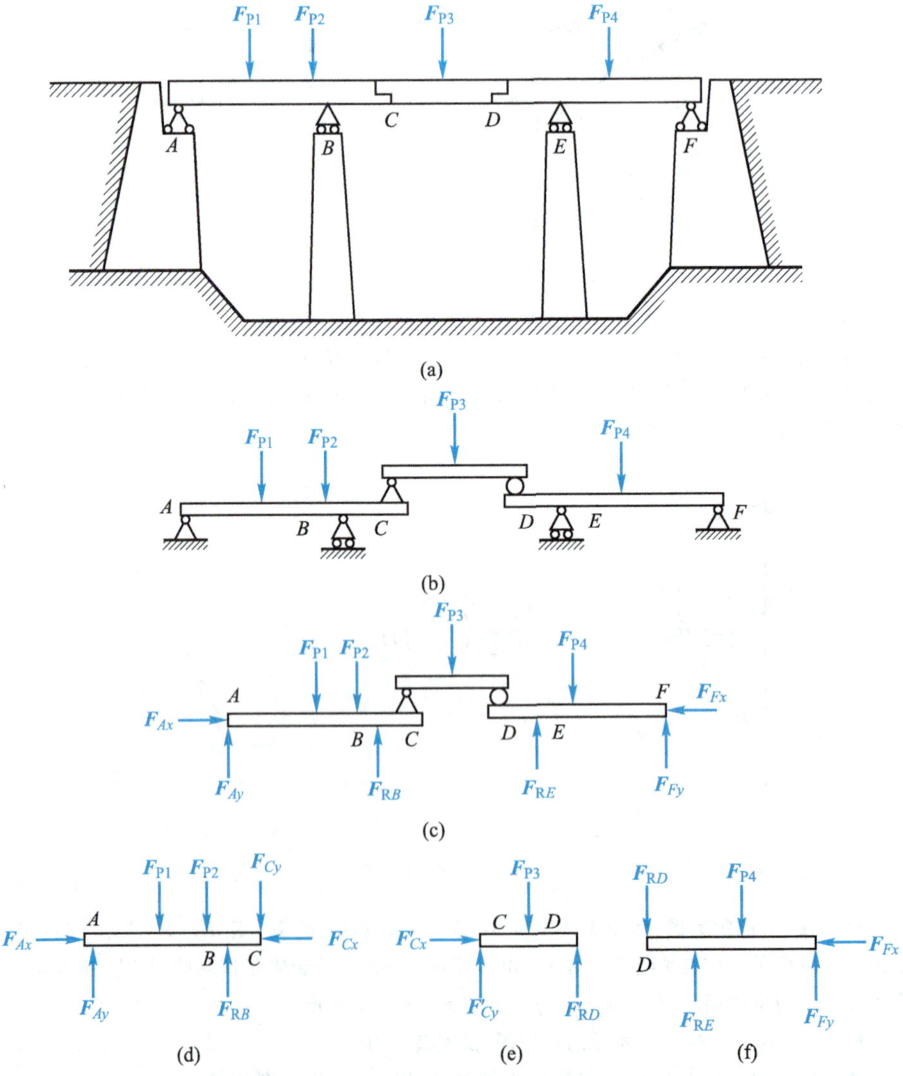

图 3-18　例 3-4 图

例 3-5 分析图 3-19 所示结构的受力，并作整体和单个构件的受力图。

文档：例 3-5 题解

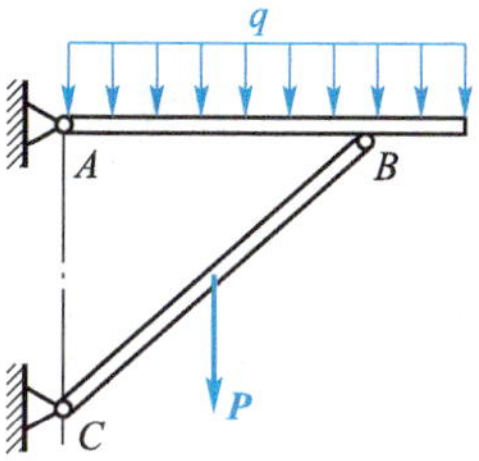

图 3-19 例 3-5 图

思 考 题

怎样将实际工程结构简化为合理的力学模型？一般应从哪几个方面进行简化？试举例说明。

习 题

3-1 试作下列指定物体的示力图。物体重量，除图上已注明者外，均略去不计。假设接触处都是光滑的。

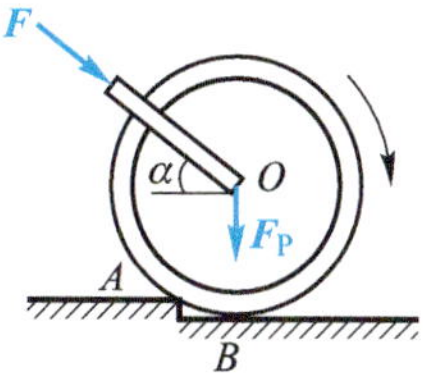

(a)

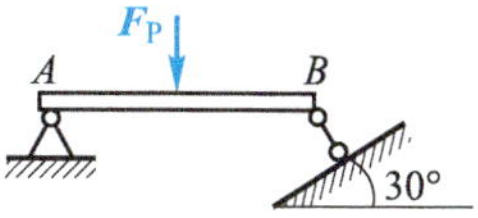

(b) 梁 AB

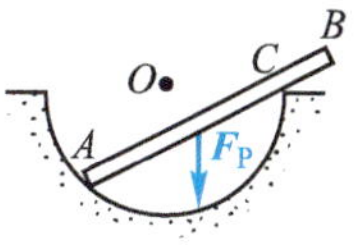

(c) 杆 AB

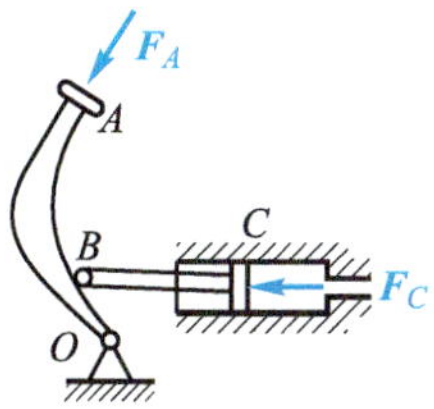

(d) 曲杆 AO

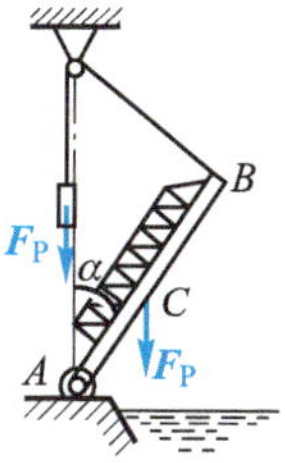

(e) 吊桥 AB

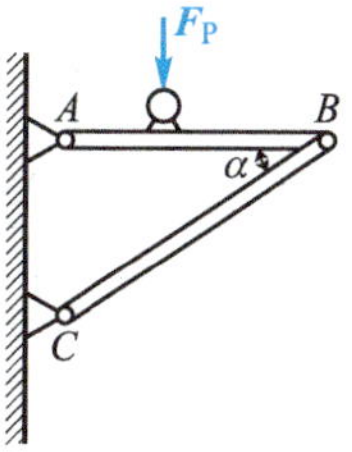

(f) 梁 AB

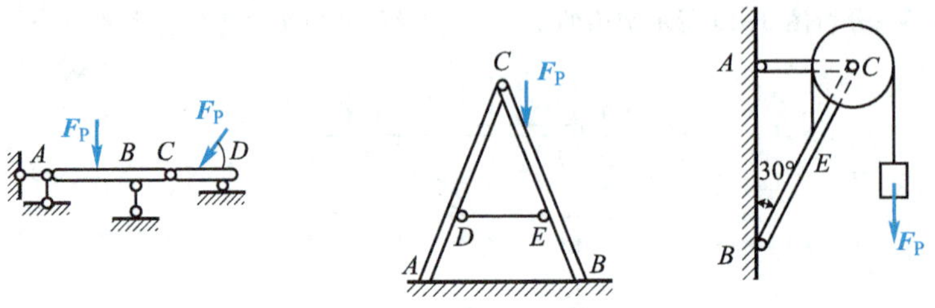

(g) 梁AB、CD及联合梁整体　(h) AC、BC及人字梯整体　(i) 杆BC及轮C

题 3-1 图

3-2　试改正图示示力图中存在的错误（各物体的重量除注明者外均略去不计，并假设接触处都是光滑的）。

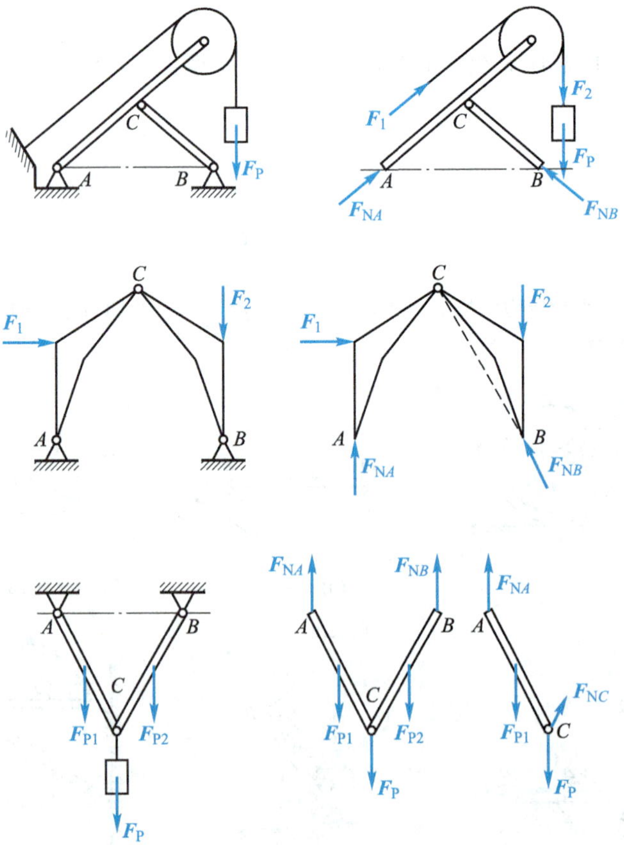

题 3-2 图

3-3　试作图示刚架整体及 ACB 部分的示力图。

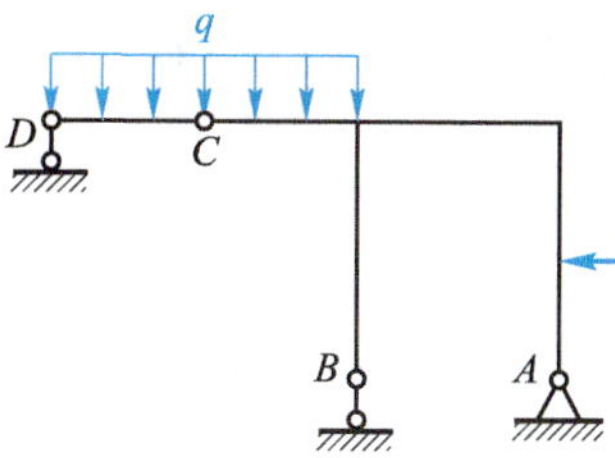

题 3-3 图

3-4 作图示物体系统及单个物体的示力图。假设接触处均为光滑。

文档：
习题 3-4
题解

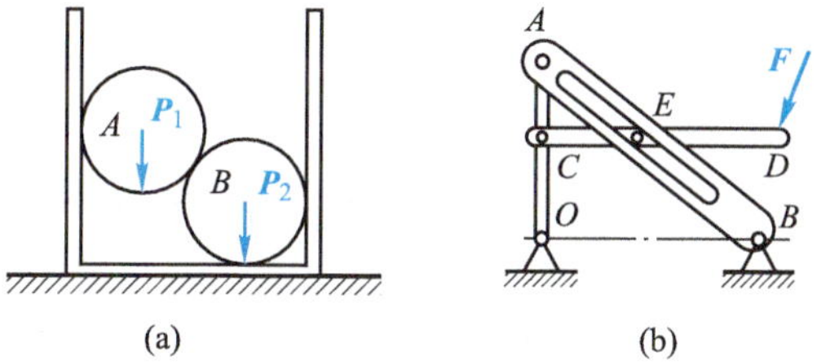

题 3-4 图

3-5 折杆 *ABC* 受力及约束如图所示，试对其作受力分析并作示力图。

文档：
习题 3-5
题解

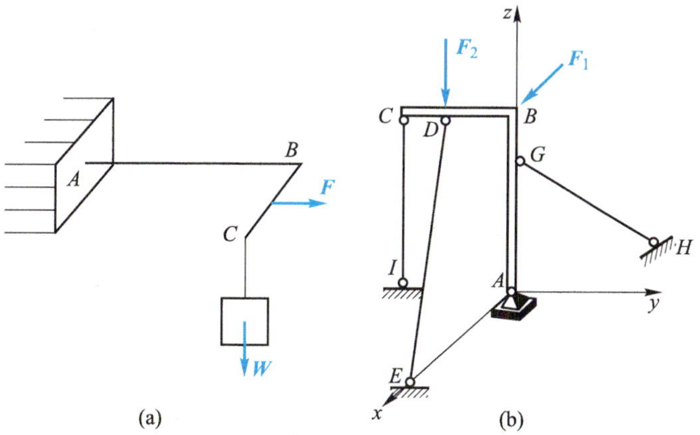

题 3-5 图

第四章　力系的平衡

本章将依据第二章力系简化的结果，给出各力系平衡的充要条件及平衡方程，重点讨论汇交力系、力偶系和任意力系的平衡条件及平衡方程，并全面介绍平衡方程的应用。在物体系统的平衡分析中，给出了静定与超静定的概念，总结了物体系统平衡问题的求解过程和步骤。本章讲述的内容既是学习后续课程的理论基础，又可直接应用于工程实际问题的求解。

§4-1　汇交力系的平衡

如果一个汇交力系（不论平面汇交力系或空间汇交力系）的合力等于零，则该力系成为平衡力系。反过来说，如果一个汇交力系成平衡，其合力必为零。所以，汇交力系平衡的必要与充分条件是：力系的合力等于零，即 $\boldsymbol{F}_{\mathrm{R}}=\mathbf{0}$，或

$$\sum \boldsymbol{F}_i=\boldsymbol{F}_1+\boldsymbol{F}_2+\cdots+\boldsymbol{F}_n=\mathbf{0} \tag{4-1}$$

要使汇交力系的合力 $\boldsymbol{F}_{\mathrm{R}}$ 等于零，必须且只需要 $F_{\mathrm{R}x}=0$，$F_{\mathrm{R}y}=0$，$F_{\mathrm{R}z}=0$，所以据式(2-3)，$\boldsymbol{F}_{\mathrm{R}}=\mathbf{0}$ 等价于三个代数方程

$$\sum F_{ix}=0,\quad \sum F_{iy}=0,\quad \sum F_{iz}=0 \tag{4-2}$$

即力系中各力在 x、y、z 三轴中的每一轴上的投影之代数和均等于零。这几个方程称为汇交力系的平衡方程。

如果所考虑的力系是平面汇交力系，取力系所在的平面为 xy 面，则各力在 z 轴上的投影 F_{iz} 均等于零，于是平衡方程退化为

$$\sum F_{ix}=0,\quad \sum F_{iy}=0 \tag{4-3}$$

可见，对于空间汇交力系，有三个独立平衡方程，可用来求解三个未知数；而平面汇交力系只有两个独立平衡方程，可以求解两个未知数。

需要说明，式(4-2)虽然是由直角坐标系导出的，但在实际运算中，并不一定要用直角坐标，只需取互不平行且不都在同一平面内的三轴为投影轴即可。根据具体情况，适当选取投影轴，往往可以简化计算。[为什么可以按上述规定任取投影轴，请读者自行思考；并请证明，无论怎样选取投影轴，独立平衡方程的数目不会超过三个。对于平面汇交力系，利用式(4-3)时，投影轴有何限制？请自己考虑。]

解答平衡问题时，未知力的指向可以任意假设，如求解结果为正值，表示假设的指向就是实际的指向；如结果为负值，表示实际的指向与假设的指向相反。

式(4-1)表明,如用作图法将 $\boldsymbol{F}_1$、…、$\boldsymbol{F}_n$ 相加,得到的将是闭合的力多边形(各力矢首尾相接)。就是说,汇交力系平衡的图解条件是力多边形闭合。有些简单的平面汇交力系平衡问题,利用此条件,很容易得到所需要的结果,而无需写平衡方程。

对于不平行的三个力成平衡,可以得到如下结论:若不平行的三个力成平衡,则三力作用线必共面且汇交于一点。这就是所谓的三力平衡定理。

例 4-1 梁 AB 支承和受力情况如图 4-1a 所示,试求支座 A、B 的反力。

解 考虑梁的平衡,作示力图如图 4-1b 所示。根据铰支座的性质,$\boldsymbol{F}_A$ 的方向本属未定,但因梁只受三个力,而 $\boldsymbol{F}_P$ 与 $\boldsymbol{F}_B$ 交于 C,故 $\boldsymbol{F}_A$ 必沿 AC 作用,并由几何关系知 $\boldsymbol{F}_A$ 与水平线成 30°。假设 $\boldsymbol{F}_A$ 与 $\boldsymbol{F}_B$ 的指向如图 4-1b 所示。取 x、y 轴如图所示,由平衡方程有

$$\sum F_{ix}=0,\quad F_A\cos 30°-F_B\cos 60°-F_P\cos 60°=0$$

$$\sum F_{iy}=0,\quad F_A\sin 30°+F_B\sin 60°-F_P\sin 60°=0$$

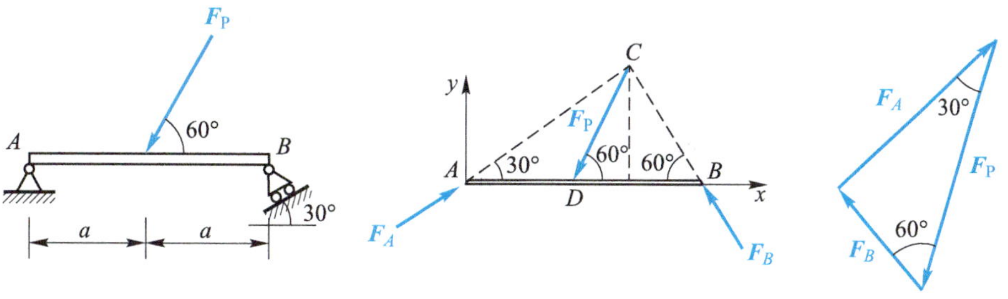

(a) (b) (c)

图 4-1 例 4-1 图

联立解得

$$F_A=\sqrt{3}F_P/2,\quad F_B=F_P/2$$

结果为正,表明假设的 $\boldsymbol{F}_A$ 与 $\boldsymbol{F}_B$ 的指向是正确的。(请考虑,怎样选取投影轴,可以避免解联立方程?)

如以 $\boldsymbol{F}_P$、$\boldsymbol{F}_A$、$\boldsymbol{F}_B$ 为边作闭合多边形如图 4-1c 所示,立即可以决定 $\boldsymbol{F}_A$、$\boldsymbol{F}_B$ 的指向应如图所示,而它们的大小可由 $F_P : F_A : F_B = 2 : \sqrt{3} : 1$ 求得。

例 4-2 如图 4-2 所示液压夹紧机构中,D 为固定铰链,B,C,E 为活动铰链。已知力 $\boldsymbol{F}$,机构平衡时角度 $\theta=30°$,试求此时工件 H 所受的压紧力。

文档:例 4-2 题解

例 4-3 用三根不计重量的连杆 $AD=BD$ 和 CD 支承一滑轮 D,构成简易起重架(图 4-3),将缆绳绕过滑轮 D 以起吊重 G 的物体。当缓缓吊起重物时,试求各连杆所受的力。滑轮大小及轮轴处摩擦不计。

解 以滑轮为考察对象。设连杆作用于滑轮的力为 $\boldsymbol{F}_1$、$\boldsymbol{F}_2$ 及 $\boldsymbol{F}_3$(相反方向的力即连杆所受的力)。起吊时,$\boldsymbol{F}_1$、$\boldsymbol{F}_2$、$\boldsymbol{F}_3$ 与重力 $\boldsymbol{G}$(通过缆绳作用于滑轮)和缆绳拉力 $\boldsymbol{F}_T$ 应为一平衡力系。注意 $F_T=G$(绕过滑轮的柔索,当不计轮轴处的摩擦时,两边柔索的拉力相等。请自己

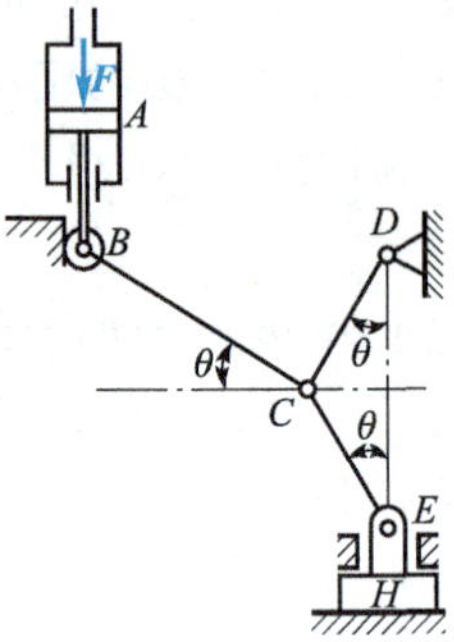

图 4-2　例 4-2 图

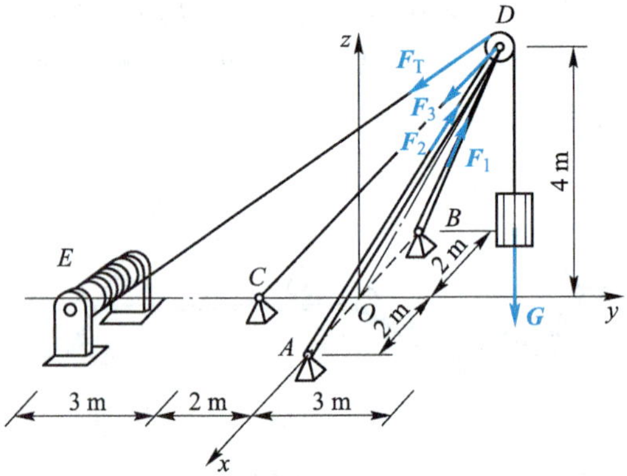

图 4-3　例 4-3 图

证明)；而且，不计滑轮大小，作用于滑轮的力为一汇交力系(实际上，不论滑轮大小如何，只要三连杆汇交于滑轮中心，就可化成汇交力系。请自己考虑其理由)。

取坐标系如图 4-3 所示。除 $\boldsymbol{G}$ 外，其余各力与坐标轴之间的夹角都未给定，可以直接根据有关的长度来计算力的投影，而无需计算角度。为此，先根据几何关系计算出几个必需的长度：$OD=5\ \text{m}$，$AD=BD=\sqrt{29}\ \text{m}$，$CD=\sqrt{41}\ \text{m}$，$DE=4\sqrt{5}\ \text{m}$。

现在建立平衡方程求解

$$\sum F_{ix}=0,\quad F_1\times\frac{2\ \text{m}}{\sqrt{29}\ \text{m}}-F_2\times\frac{2\ \text{m}}{\sqrt{29}\ \text{m}}=0$$

故　$F_1=F_2$

$$\sum F_{iy}=0,\quad F_1\times\frac{5\ \text{m}}{\sqrt{29}\ \text{m}}\times0.6+F_2\times\frac{5\ \text{m}}{\sqrt{29}\ \text{m}}\times0.6-F_3\times\frac{5\ \text{m}}{\sqrt{41}\ \text{m}}-F_T\times\frac{8\ \text{m}}{4\sqrt{5}\ \text{m}}=0$$

$$\sum F_{iz}=0,\quad F_1\times\frac{5\ \text{m}}{\sqrt{29}\ \text{m}}\times0.8+F_2\times\frac{5\ \text{m}}{\sqrt{29}\ \text{m}}\times0.8-F_3\times\frac{4\ \text{m}}{\sqrt{41}\ \text{m}}-F_T\times\frac{4\ \text{m}}{4\sqrt{5}\ \text{m}}-G=0$$

将 $F_T=G$ 代入，解得

$$F_1=F_2=1.23G,\quad F_3=0.611G$$

§ 4-2 力偶系的平衡

如果力偶系的合力偶矩等于零,则该力偶系必成平衡;反之,如一力偶系处于平衡,则该力偶系的合力偶矩必等于零。于是可知,空间力偶系平衡的必要与充分条件是:合力偶矩等于零,即力偶系中所有力偶矩的矢量和等于零,亦即

$$\boldsymbol{M}=\boldsymbol{M}_1+\boldsymbol{M}_2+\cdots+\boldsymbol{M}_n=\sum \boldsymbol{M}_i=\boldsymbol{0} \tag{4-4}$$

将此条件表示为代数方程,得

$$\sum M_{ix}=0,\quad \sum M_{iy}=0,\quad \sum M_{iz}=0 \tag{4-5}$$

即力偶系中各力偶矩在 x、y、z 三轴中的每一轴上的投影的代数和均等于零。

对于平面力偶系,取力偶所在平面为 xy 平面,则 $M_{ix}\equiv 0, M_{iy}\equiv 0, M_{iz}\equiv M_i$,而方程(4-5)退化为

$$\sum M_i=0 \tag{4-6}$$

例 4-4 三铰拱的左半部 AC 上作用一力偶(图 4-4),其矩为 M,转向如图所示,试求铰 A 和 B 处的反力。

解 铰 A 和 B 处的反力 $\boldsymbol{F}_A$ 和 $\boldsymbol{F}_B$ 的方向都是未知的。但右边部分只在 B、C 两处受力,故可知 $\boldsymbol{F}_B$ 必沿 BC 作用,指向假设如图所示。

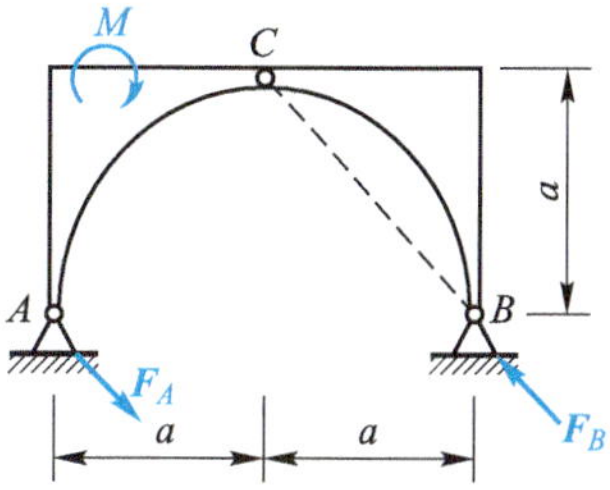

图 4-4 例 4-4 图

现在考虑整个三铰拱的平衡。因整个拱所受的主动力只有一个力偶,$\boldsymbol{F}_A$ 与 $\boldsymbol{F}_B$ 应组成一力偶才能与之平衡。从而可知 $\boldsymbol{F}_A=-\boldsymbol{F}_B$,而力偶臂为 $2a\cos 45°$。于是平衡方程为

$$\sum M_i=0,\quad F_A\times 2a\cos 45°-M=0$$

故

$$F_A=F_B=M/(\sqrt{2}a)$$

请考虑:如将力偶移到右边部分 BC 上,结果将如何?这是否与力偶可在其所在平面内任意移动的性质矛盾?

§ 4-3 任意力系的平衡

1. 空间任意力系的平衡

如果空间任意力系的主矢及对于任意简化中心的主矩同时等于零,则该力系为平衡力系。因为,主矢等于零,表明作用于简化中心的汇交力系处于平衡;

主矩等于零，表明附加力偶系亦处于平衡。两者都等于零，则原力系必成平衡。反之，如空间任意力系平衡，其主矢与对于任一简化中心的主矩必分别等于零，否则该力系最后将简化为一个力或一个力偶。因此，**空间任意力系成平衡的必要与充分条件是力系的主矢与力系对于任一点的主矩都等于零**，即

$$\boldsymbol{F}_{\mathrm{R}}=\mathbf{0},\qquad \boldsymbol{M}_O=\mathbf{0} \tag{4-7}$$

上述条件可用代数方程表示为

$$\left.\begin{aligned}&\sum F_{ix}=0,\quad \sum F_{iy}=0,\quad \sum F_{iz}=0\\&\sum M_{ix}=0,\quad \sum M_{iy}=0,\quad \sum M_{iz}=0\end{aligned}\right\} \tag{4-8}$$

这六个方程就是**空间任意力系的平衡方程**。它们表示：**力系中所有的力在三个直角坐标轴中的每一轴上的投影的代数和等于零，所有的力对于每一轴的矩的代数和等于零**。

对于空间平行力系，令 z 轴平行于各力，则 $\sum F_{ix}\equiv 0$，$\sum F_{iy}\equiv 0$，$\sum M_{iz}\equiv 0$。因而空间平行力系的平衡方程成为

$$\sum F_{iz}=0,\quad \sum M_{ix}=0,\quad \sum M_{iy}=0 \tag{4-9}$$

还需说明，式(4-8)虽然是由直角坐标系导出的，但在解答具体问题时，不一定使三个投影轴或矩轴相互垂直，也没有必要使矩轴和投影轴重合，而可以分别选取适宜轴线为投影轴或矩轴，使每一平衡方程中包含的未知数量最少，以简化计算。此外，有时为了方便，也可减少平衡方程中的投影方程，而增加力矩方程。如取二个投影方程和四个力矩方程（四力矩形式），或取一个投影方程和五个力矩方程（五力矩形式），或全部取六个力矩方程（六力矩形式），而式(4-8)称为平衡方程的基本形式。但不管采用何种平衡方程的形式，它最多只能有六个独立的平衡方程且与空间任意力系平衡的充分与必要条件等价（读者可自己证明）。但要注意，不同平衡方程形式中投影轴与矩轴需满足一定的条件，才能保证方程是相互独立的。（请读者自己思考，以资练习）。

例 4-5　三轮卡车自重（包括车轮重）$G_1=8$ kN，载重 $G_2=10$ kN，作用点位置如图 4-5 所示，试求静止时地面作用于三个轮子的反力。图中长度单位为 m。

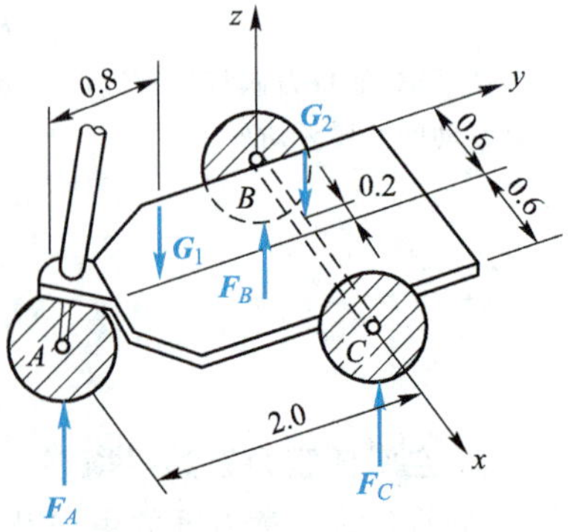

图 4-5　例 4-5 图

解　作三轮卡车的示力图，$\boldsymbol{G}_1$、$\boldsymbol{G}_2$ 及地面对轮子的铅直反力 $\boldsymbol{F}_A$、$\boldsymbol{F}_B$、$\boldsymbol{F}_C$ 组成一平衡的空间平行力系。取坐标轴如图 4-5 所示，写出平衡方程求解各未知量

$$\sum M_{ix}=0,\quad G_1\times 1.2\ \mathrm{m}-F_A\times 2\ \mathrm{m}=0$$

解得

$$F_A=0.6\times G_1=4.8\ \text{kN}$$

$$\sum M_{iy}=0,\quad G_1\times0.6\ \text{m}+G_2\times0.4\ \text{m}-F_A\times0.6\ \text{m}-F_C\times1.2\ \text{m}=0$$

将 $\boldsymbol{G}_1$、$\boldsymbol{G}_2$ 及 $\boldsymbol{F}_A$ 之值代入，解得

$$F_C=4.93\ \text{kN}$$

$$\sum F_{iz}=0,\quad F_A+F_B+F_C-G_2-G_1=0$$

解得

$$F_B=8.27\ \text{kN}$$

例 4-6 重 $G=100$ N 的均质矩形板 $ABCD$，在 A 点用球铰，B 点用普通铰链（约束力在垂直于铰链轴的平面内），并用绳 DE 系于水平位置（图 4-6）。力 $\boldsymbol{F}_\text{P}$ 作用在过 C 点的铅直面内。设力 $\boldsymbol{F}_\text{P}$ 的大小为 200 N，$a=1$ m，$b=0.4$ m，$\alpha=45°$，试求 A、B 两处的约束力及绳 DE 的拉力。

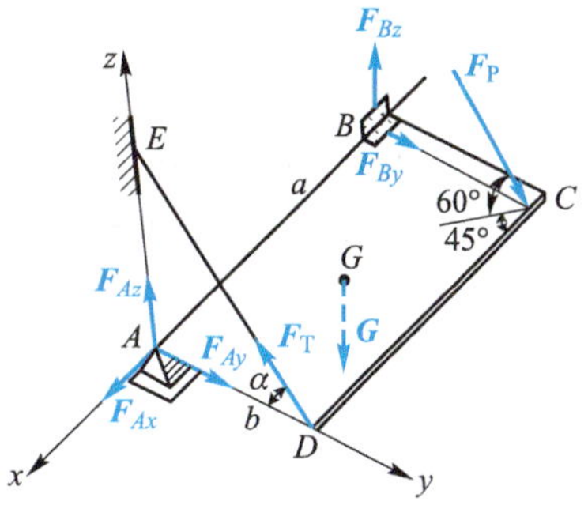

图 4-6 例 4-6 图

解 考虑矩形板的平衡。球铰和铰链的约束力，用它们的分量表示如图所示，并设绳子的拉力为 $\boldsymbol{F}_\text{T}$。取坐标系如图所示，列平衡方程

$$\sum F_{ix}=0,\quad F_{Ax}-F_\text{P}\cos 60°\cos 45°=0 \tag{a}$$

$$\sum F_{iy}=0,\quad F_{Ay}+F_{By}-F_\text{T}\cos\alpha+F_\text{P}\cos 60°\sin 45°=0 \tag{b}$$

$$\sum F_{iz}=0,\quad F_{Az}+F_{Bz}+F_\text{T}\sin\alpha-G-F_\text{P}\sin 60°=0 \tag{c}$$

$$\sum M_{ix}=0,\quad F_\text{T}\sin\alpha\times b-G\times b/2-F_\text{P}\sin 60°\times b=0 \tag{d}$$

$$\sum M_{iy}=0,\quad F_{Bz}\times a-G\times a/2-F_\text{P}\sin 60°\times a=0 \tag{e}$$

$$\sum M_{iz}=0,\quad -F_{By}\times a+F_\text{P}\cos 60°\cos 45°\times b-F_\text{P}\cos 60°\sin 45°\times a=0 \tag{f}$$

将各已知数据代入，并依(a)、(d)、(e)、(f)、(b)、(c)的次序求解（这样可以每次求得一个未知量），得

$$F_{Ax}=70.7\ \text{N},\qquad F_\text{T}=315.7\ \text{N},\qquad F_{Bz}=223.2\ \text{N}$$

$$F_{By}=-42.4\ \text{N},\qquad F_{Ay}=194.9\ \text{N},\qquad F_{Az}=-173.2\ \text{N}$$

例 4-7 某厂房支承屋架和吊车梁的柱子（图 4-7）下端固定。柱顶承受屋架传来的力 $\boldsymbol{F}_{\text{P}1}$，牛腿上承受吊车梁传来的铅直力 $\boldsymbol{F}_{\text{P}2}$ 及水平制动力 $\boldsymbol{F}_\text{T}$。如以柱脚中心为坐标原点 O，铅直轴为 z 轴，x、y 轴分别平行于柱脚的两边，如图 4-7 所示，则力 $\boldsymbol{F}_{\text{P}1}$ 及 $\boldsymbol{F}_{\text{P}2}$ 均在 yz 平面内，与 z 轴距离分别为 $e_1=0.1$ m，$e_2=0.34$ m，制动力 $\boldsymbol{F}_\text{T}$ 平行于 x 轴。已知 $F_{\text{P}1}=120$ kN，$F_{\text{P}2}=300$ kN，$F_\text{T}=25$ kN，$h=6$ m，柱所受重力 $\boldsymbol{G}$ 可认为沿 z 轴作用，且 $G=40$ kN。试求基础对柱作用的约束力及力偶矩。

解 柱子下端在任意方向既不能移动又不能转动，这种约束常称为固定端约束。其约束力是空间任意方向的一个力和一个力偶，分别用三个分量 F_{Ox}、F_{Oy}、F_{Oz} 和 M_{Ox}、M_{Oy}、M_{Oz} 表示，如图 4-7 所示。事实上，固定端的约束力是作用在柱端表面的一个分布力，向 O 点简化后就得到上面的结果。按以下次序列六个平衡方程

$$\sum F_{ix}=0,\quad F_{Ox}-F_T=0$$
$$\sum F_{iy}=0,\quad F_{Oy}=0$$
$$\sum F_{iz}=0,\quad F_{Oz}-F_{P1}-F_{P2}-G=0$$
$$\sum M_{ix}=0,\quad M_{Ox}+F_{P1}e_1-F_{P2}e_2=0$$
$$\sum M_{iy}=0,\quad M_{Oy}-F_Th=0$$
$$\sum M_{iz}=0,\quad M_{Oz}+F_Te_2=0$$

将已知值代入,解得

$$F_{Ox}=25\ \text{kN},\quad F_{Oy}=0,\quad F_{Oz}=460\ \text{kN}$$
$$M_{Ox}=90\ \text{kN}\cdot\text{m},\quad M_{Oy}=150\ \text{kN}\cdot\text{m},$$
$$M_{Oz}=-8.5\ \text{kN}\cdot\text{m}$$

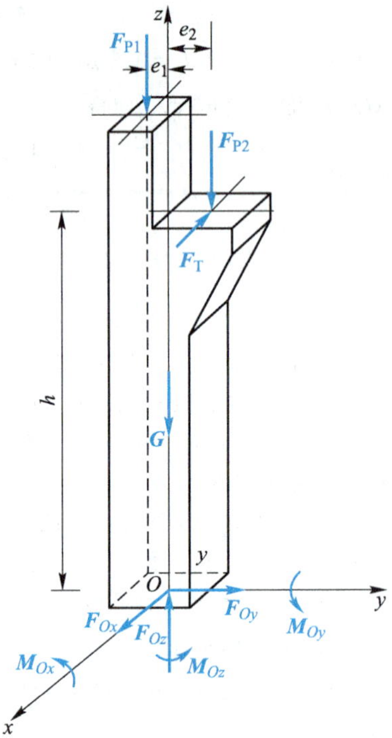

图 4-7　例 4-7 图

2. 平面任意力系的平衡

平面任意力系平衡的充分与必要条件是力系的主矢和力系对任一点的主矩都等于零,即

$$\boldsymbol{F}_R=\boldsymbol{0},\quad \boldsymbol{M}_O=\boldsymbol{0}$$

如果力系所在平面为 xy 平面,坐标原点 O 为矩心,平衡方程可简化为

$$\sum F_{ix}=0,\quad \sum F_{iy}=0,\quad \sum M_{iO}=0 \tag{4-10}$$

即力系中各力在两个直角坐标轴中的每一轴上的投影的代数和都等于零,所有各力对于任一点的矩的代数和等于零。

式(4-10)称为平面任意力系的平衡方程,其中前两个称为投影方程,后一个称为力矩方程。这一组方程虽然是根据直角坐标系导出来的,但在写投影方程时,可以任取两个不相平行的轴作为投影轴,而不一定要使两轴互相垂直,写力矩方程时,矩心也可以任意选取,而不一定取在两投影轴的交点(为什么?请自己思考)。

式(4-10)是平面任意力系平衡方程的基本形式,除了这种形式外,同样还可将平衡方程表示为二力矩形式或三力矩形式。

二力矩形式的平衡方程是一个投影方程和两个力矩方程,即任取两点 A、B 为矩心,另取一轴 x 为投影轴,建立平衡方程

$$\sum F_{ix}=0,\quad \sum M_{iA}=0,\quad \sum M_{iB}=0 \tag{4-11}$$

但 A、B 的连线应不垂直于 x 轴。

三力矩形式的平衡方程是任取不在一直线上的三点 A、B、C 为矩心而得到的力矩平衡方程

$$\sum M_{iA}=0,\quad \sum M_{iB}=0,\quad \sum M_{iC}=0 \tag{4-12}$$

现在说明二力矩形式的方程(4-11)是平面任意力系成平衡的必要与充分条件。设一平面任意力系满足方程$\sum M_{iA}=0$,则由力偶对于任一点的矩是常量(等于力偶矩)这一性质可知,该力系不可能简化成为一个力偶,而只可能简化成为一个通过A点的力或者平衡。如果该力系又满足方程$\sum M_{iB}=0$,则该力系或者有一沿着AB作用的合力,或者成平衡。如果再满足$\sum F_{ix}=0$,则力系必成平衡。因为,该力系如有合力,则前两个方程要求合力沿着AB作用,$\sum F_{ix}=0$却要求合力垂直于x轴,但AB不垂直于x轴,所以两个要求不能同时满足,可见原力系不可能有合力,而必然成平衡。[关于三力矩形式的方程(4-12),读者可以自行推证。为什么不可能写出三个投影形式平衡方程,也请读者自己思考。]

尽管平衡方程可以写成不同的形式,对投影轴和矩心的选择,除了上面提出的条件外,也别无限制,但是,平面任意力系的独立平衡方程只有三个,而不可能有四个。因为,一个平面任意力系只要满足三个独立平衡方程,就必成平衡,其他方程都是力系平衡的必然结果,不再是独立的。于是可知,对于平面任意力系来说,利用平衡方程,只能求解三个未知数。

至于平面平行力系,如取y轴平行于各力,则在式(4-10)中,$\sum F_{ix}\equiv 0$,因而平面平行力系的平衡成为

$$\sum F_{iy}=0,\quad \sum M_{iO}=0 \tag{4-13}$$

或者,由式(4-11),写成

$$\sum M_{iA}=0,\quad \sum M_{iB}=0 \tag{4-14}$$

可见,对于平面平行力系,利用平衡方程可求解两个未知数(请考虑用二力矩形式时对矩心的选取有何限制)。

在解答实际问题时,可以根据具体情况,采用不同形式的平衡方程,并适当选取投影轴和矩心,以便简化计算。

例 4-8 梁的一端为固定端,另一端悬空,如图 4-8a 所示。这样的梁称为**悬臂梁**。设梁上受最大集度为q的分布荷载,并在B端受一集中力$\boldsymbol{F}_{\mathrm{P}}$。试求$A$端的约束力。

解 作梁AB的示力图如图 4-8b 所示。为了计算方便,首先将梁上分布荷载合成为一个合力$\boldsymbol{F}_{\mathrm{Q}}$,$\boldsymbol{F}_{\mathrm{Q}}$的大小为$F_{\mathrm{Q}}=ql/2$,方向与分布荷载方向相同,作用点在距$A$点$l/3$处。由梁的平衡条件得到三个平衡方程

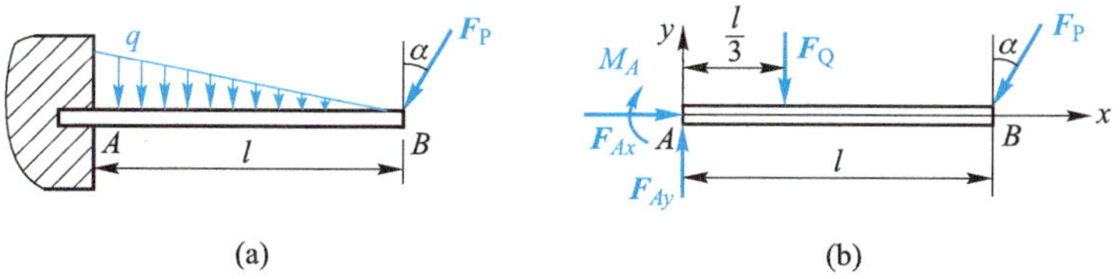

图 4-8 例 4-8 图

$$\sum F_{ix}=0,\quad F_{Ax}-F_P\sin\alpha=0$$

$$\sum F_{iy}=0,\quad F_{Ay}-F_P\cos\alpha-F_Q=0$$

$$\sum M_{iA}=0,\quad -M_A-F_Ql/3-F_Pl\cos\alpha=0$$

将 $F_Q=ql/2$ 代入，依次解得

$$F_{Ax}=F_P\sin\alpha,\quad F_{Ay}=ql/2+F_P\cos\alpha,\quad M_A=-ql^2/6-F_Pl\cos\alpha$$

例 4-9　梁 AB 支承及荷载如图 4-9 所示。已知 $F_P=15$ kN，$M=20$ kN · m，试求各约束力。图中长度单位是 m。

解　考虑梁的平衡，作示力图如图 4-9b 所示，图中约束力的指向都是假设的。从示力图可以看出，如果首先用投影方程，则不论怎样选取投影轴，每个平衡方程中将至少包含两个未知量。为了使每个平衡方程中的未知量最少，便于求解，首先取 $\boldsymbol{F}_C$ 与 $\boldsymbol{F}_A$ 的交点 D' 为矩心，由 $\sum M_{iD'}=0$ 可直接求得 F_B，然后由 $\sum F_{ix}=0$ 与 $\sum F_{iy}=0$ 分别求出 F_C 与 F_A，这样就避免了解联立方程。

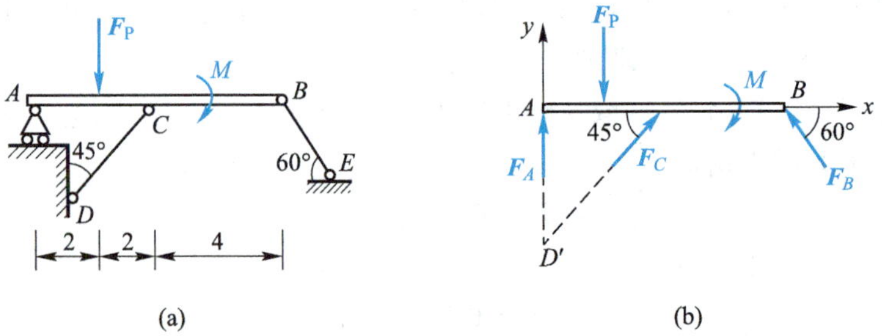

图 4-9　例 4-9 图

在写力矩方程时，为求某些力的矩，可应用合力矩定理，将其分解成为两个力，分别求其对所选矩心的矩，使计算简化。此外，荷载中的力偶对任一点的矩都等于力偶矩 M，而写投影方程时可不考虑力偶。

现在根据上面的分析建立方程，进行计算，有

$$\sum M_{iD'}=0,\quad F_B\sin 60°\times 8\text{ m}+F_B\cos 60°\times 4\text{ m}-F_P\times 2\text{ m}-M=0$$

将 F_P 与 M 代入，解得

$$F_B=5.6\text{ kN}$$

$$\sum F_{ix}=0,\quad F_C\sin 45°-F_B\cos 60°=0$$

解得

$$F_C=3.96\text{ kN}$$

$$\sum F_{iy}=0,\quad F_A+F_C\cos 45°+F_B\sin 60°-F_P=0$$

将 F_P 及 F_B、F_C 代入，解得

$$F_A=7.35\text{ kN}$$

也可以 F_A 与 F_B 的交点为矩心，由力矩方程求 F_C，以 F_C 与 F_B 的交点为矩心，由力矩方程求 F_A，但都需先确定矩心位置，不如上面的方法简捷。读者不妨试做，以资校核。

文档：例 4-10 题解

例 4-10　如图 4-10 所示，行动式起重机不计平衡锤的重量为 $P=500$ kN，其重心在离右轨 1.5 m 处。起重机的起重力为 $P_1=250$ kN，突臂伸出离右轨 10 m。跑车本身重力略去不计，欲使跑车满载和空载时起重机均不致翻倒，试求平衡锤的最小重量 P_2 及平衡锤到左轨的最大距离 x。

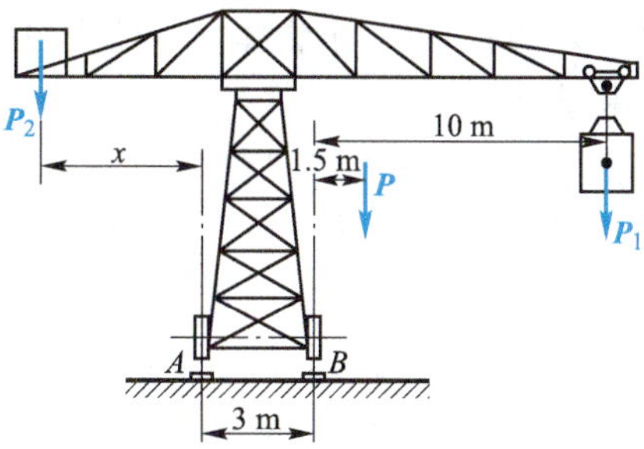

图 4-10　例 4-10 图

§ 4-4　静定与超静定问题 · 物体系统的平衡问题

1. 静定与超静定问题

从前面的讨论已经知道，对每一类型的力系来说，独立平衡方程的数目是一定的，能求解的未知数的数目也是一定的。如果所考察的问题的未知约束力数目恰好等于独立的平衡方程的数目，那些未知数就可全部由平衡方程求得，这类问题称为静定问题；如果所考察的问题的未知数数目多于独立平衡方程的数目，仅仅用平衡方程就不可能完全求得那些未知数，这类问题称为超静定问题或静不定问题。

图 4-11 是超静定平面问题的几个例子。在图 4-11a 及图 4-11b 中，物体所受的力分别为平面汇交力系和平面平行力系（图 4-11b 中的 F_A 为什么是铅直的，请自己考虑），平衡方程都是 2 个。而未知反力是 3 个，任何一个未知力都不能由平衡方程解得。在图 4-11c 中，两铰拱所受的力是平面任意力系，平衡方程是 3 个，而未知反力是 4 个，虽然可以利用 $\sum M_{iA}=0$ 求出 F_{By}，再利用 $\sum M_{iB}=0$ 或 $\sum F_{iy}=0$ 求出 F_{Ay}，但 F_{Ax} 及 F_{Bx} 却无法求得，所以仍是超静定的。

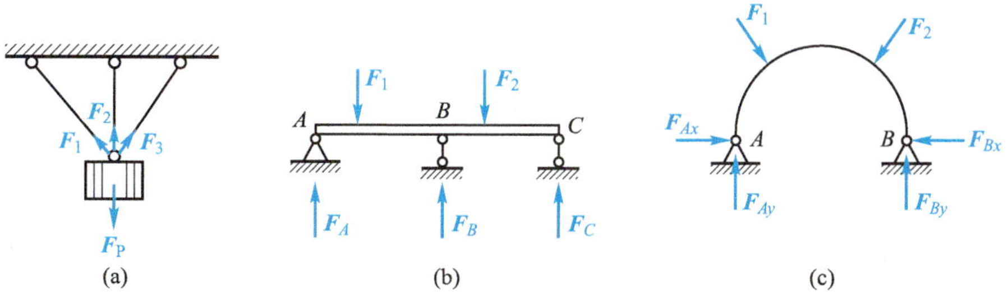

图 4-11　超静定问题的例子

一般说来，如果一个物体所受的力组成平面任意力系，则约束力超过 3 个时是超静定的；如果一个物体所受的力组成空间任意力系，则约束力超过 6 个时即成为超静定的。

需要说明，超静定问题并不是不能解决的问题，而只是不能仅用平衡方程来解决的问题。问题之所以成为超静定的，是因为静力学中把物体抽象成为刚体，略去了物体的变形；如果考虑到物体受力后的变形，在平衡方程之外，再列出某些补充方程，问题也就可以解决。这些内容将在后继课程，如材料力学中讨论。对于工程结构，无论是静定结构还是超静定结构，它们在受到荷载作用时，若不计变形，其几何形状和位置是保持不变的，因此称它们为几何不变体系。关于结构体系的几何组成分析的内容将在“结构力学”课程中详细讨论。

2. 物体系统的平衡

我们所研究的对象往往不止一个物体，而是由若干个物体组成的物体系统，各物体之间以一定的方式联系着，整个系统又以适当方式与其他物体相联系。各物体之间的联系构成为内约束。而系统与其他物体的联系则构成为外约束。当系统受到主动力作用时，各内约束处及外约束处一般都将产生约束力。内约束处的约束力是系统内部物体之间相互作用的力，对整个系统来说，这些力是内约束力（有时简称为内力）；而主动力和外约束处的约束力则是其他物体作用于系统的力，是外力。例如，土建工程上常用的三铰刚架（图 4-12），由 AC、BC 两部分组成，连接两部分的铰 C 是内约束，而铰 A 及铰 B 则是外约束。对整个刚架来说，铰 C 处的约束力是内力，而主动力及 A、B 处的约束力则是外力。

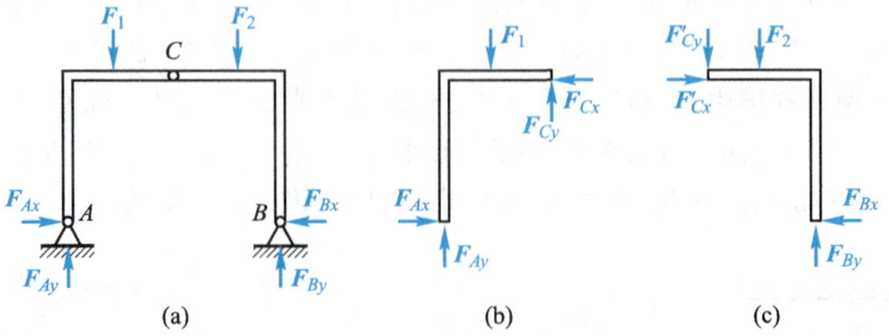

图 4-12　三铰刚架

应当注意：外力和内力是相对的概念，是对一定的考察对象而言的。如果不是取整个三铰刚架而是分别取 AC 或 BC 为考察对象，则铰 C 对 AC 或 BC 作用的力就成为外力了。

静力学里考察的物体系统都是在主动力和约束力作用下保持平衡的。为了求出未知的力，可取系统中的任一物体作为考察对象。对于平面力系问题而言，根据一个物体的平衡，一般可以写出三个独立的平衡方程。如果该系统共有 n 个物体，则共有 $3n$ 个独立的平衡方程，可以求解 $3n$ 个未知数。要是整个系统中未知数的数目超过 $3n$ 个，则成为超静定问题。例如，图 4-12 所示的三铰刚架，由两个物体（AC 及 BC）组成，独立平衡方程数目是 6，铰 A、B、C 三处约束的未知力数目也是 6，所以是静定的。又如，图 4-13 所示的厂房构架，由 3 个物体组成，独立平衡方程的数目是 9，约束力的未知数的数目也是 9（A、B、C、D 处各为 2，E 处为 1），所以是静定的。但如将 E 处的辊轴支座换成铰支座，则约束力未知数的数目为 10，便成为超静定的了（请考虑：如果约束力数目少于 $3n$ 个，结果将会怎样）。

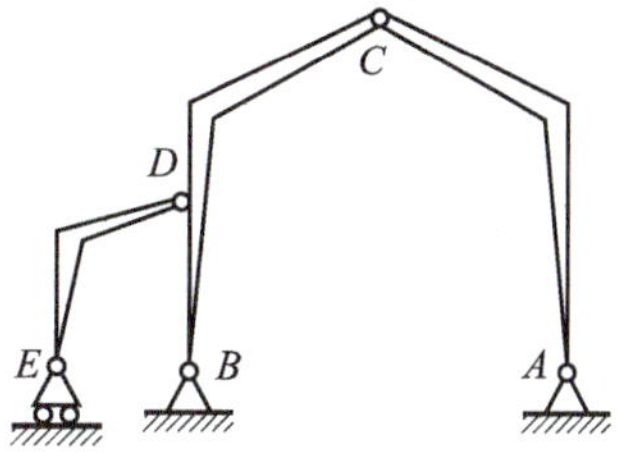

图 4-13 厂房构架简图

在解答物体系统的平衡问题时，也可将整个系统或其中某几个物体的结合作为考察对象，以建立平衡方程。但是，**对于一个受平面任意力系作用的物体系统来说，不论是就整个系统或其中几个物体的组合或个别物体写出的平衡方程总共只有 $3n$ 个是独立的**。因为，作用于系统的力满足 $3n$ 个平衡方程之后，整个系统或其中的任何一部分必成平衡，因而，多余的方程只是系统成为平衡的必然结果，而不再是独立的方程。至于究竟以整个系统或者其中的一部分作为考察对象，则应根据具体问题决定，总以平衡方程中包含的未知数最少、便于求解为原则。这里所谓 $3n$ 个独立平衡方程，是就每一个物体所受的力都是平面任意力系的情况得出的结论，如果某一物体所受的力是平面汇交力系或平面平行力系，则平衡方程的数目也将相应减少；如受的力是空间力系，则平衡方程的数目要增加。

还应指出，如所取的考察对象中包含几个物体，由于各物体之间相互作用的力（内力）总是成对出现的，所以在研究该考察对象的平衡时，不必考虑这些内力。

下面举例说明如何求解物体系统的平衡问题。

例 4-11 联合梁支承及荷载情况如图 4-14a 所示。已知 $F_{P1}=10\ \text{kN}$，$F_{P2}=20\ \text{kN}$，试求约束力。图中长度单位是 m。

解 联合梁由两个物体组成，作用于每一物体的力系都是平面任意力系，共有 6 个独立的平衡方程；而约束力的未知数也是 6（A、C 两处各 2 个，B、D 两处各 1 个），所以是静定的。首先以整个梁作考察对象，示力图如图 4-14b 所示。由 $\sum F_{ix}=0$ 有

$$F_{Ax}-F_{P2}\cos 60^\circ=0$$

由此得

$$F_{Ax}=F_{P2}\cos 60^\circ=10\ \text{kN}$$

其余三个未知数 F_{Ay}、F_D 及 F_B，不论怎样选取投影轴和矩心，都无法求得其中任何一个，

因此必须将 AC、BC 两部分分开考虑。现在取 BC 作为考察对象,作示力图如图 4-14c 所示。则有

$$\sum F_{ix}=0,\quad F_{Cx}-F_{P2}\cos 60°=0$$

$$F_{Cx}=F_{P2}\cos 60°=10\ \text{kN}$$

$$\sum M_{Ci}=0,\quad F_B\times 3\ \text{m}-F_{P2}\sin 60°\times 1.5\ \text{m}=0$$

$$F_B=8.66\ \text{kN}$$

$$\sum F_{iy}=0,\quad F_B+F_{Cy}-F_{P2}\sin 60°=0$$

$$F_{Cy}=8.66\ \text{kN}$$

再回到示力图 4-14b。这时,F_{Ax} 及 F_B 均已求出,只有 F_{Ay}、F_D 两个未知数,可以写出两个平衡方程求解

$$\sum M_{iA}=0,\quad F_D\times 4\ \text{m}+F_B\times 9\ \text{m}-F_{P1}\times 2\ \text{m}-F_{P2}\sin 60°\times 7.5\ \text{m}=0$$

将 F_{P1}、F_{P2} 及 F_B 代入,解得 $F_D=18\ \text{kN}$。

$$\sum F_{iy}=0,\quad F_{Ay}+F_D+F_B-F_{P1}-F_{P2}\sin 60°=0$$

将各已知值代入,即得 $F_{Ay}=0.66\ \text{kN}$。

本题也可一开始就将 AC 与 BC 分开,由两部分的平衡直接求解各未知数,而用整体的平衡方程进行校核。

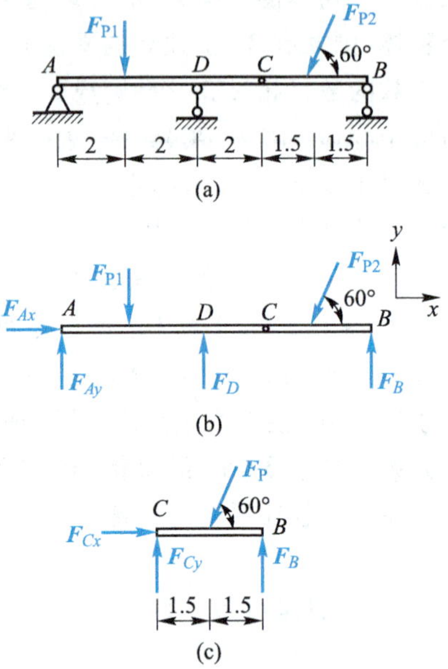

图 4-14　例 4-11 图

例 4-12　某厂厂房三铰刚架,由于地形限制,铰 A 及 B 位于不同高程,如图 4-15a 所示。刚架上的荷载已简化为两个集中力 $\boldsymbol{F}_{P1}$ 及 $\boldsymbol{F}_{P2}$。试求 A、B、C 三处的反力。

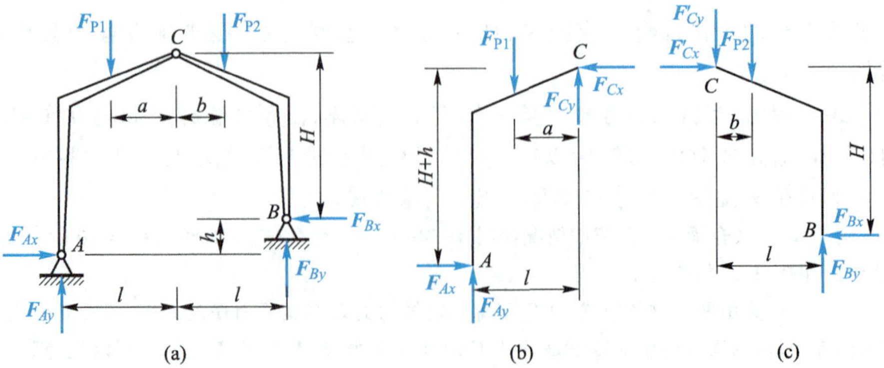

图 4-15　例 4-12 图

解　本题是静定问题,但如以整个刚架作为考察对象(图 4-15a),不论怎样选取投影轴和矩心,每一平衡方程中至少包含两个未知数,而且不可能联立求解(读者可自己写出平衡方程,进行分析)。即使用另外的方式表示 A、B 处的反力,例如,将 A、B 处的反力分别用沿着

AB 线和垂直于 AB 线的分力来表示，这样可以由 $\sum M_{Ai}=0$ 及 $\sum M_{Bi}=0$ 分别求出垂直于 AB 线的两个分力，但对进一步的计算并不方便。因此，将 AC 及 BC 两部分分开考察，作示力图如图 4-15b、c 所示。虽然就每一部分来说，也不能求得四个未知数中的任何一个，但联合考察两部分，分别以 A 及 B 为矩心，写出力矩方程，则两方程中只有 $F_{Cx}(F_{Cx}=F'_{Cx})$ 及 $F_{Cy}(F_{Cy}=F'_{Cy})$ 两个未知数，因而可以联立求解。现在根据上面的分析来写出平衡方程。

据图 4-15b 有

$$\sum M_{Ai}=0,\quad F_{Cx}(H+h)+F_{Cy}l-F_{P1}(l-a)=0 \tag{a}$$

据图 4-15c 有

$$\sum M_{Bi}=0,\quad -F'_{Cx}H+F'_{Cy}l+F_{P2}(l-b)=0 \tag{b}$$

联立求解式(a)及式(b)，可得

$$F_{Cx}=F'_{Cx}=\frac{F_{P1}(l-a)+F_{P2}(l-b)}{2H+h}$$

$$F_{Cy}=F'_{Cy}=\frac{F_{P1}(l-a)H-F_{P2}(l-b)(H+h)}{l(2H+h)}$$

其余各未知反力，请读者自己计算并进行校核。

如果只需求 A、B 两处的反力而不需求 C 处的反力，请考虑怎样用最少数目的平衡方程求解。

如果 A、B 两点高程相同($h=0$)，又怎样求解最为简便？

例 4-13　在图 4-16a 所示悬臂平台结构中，已知荷载 $M=60\ \mathrm{kN\cdot m}$，$q=24\ \mathrm{kN/m}$，各杆件自重不计。试求杆 BD 的内力。

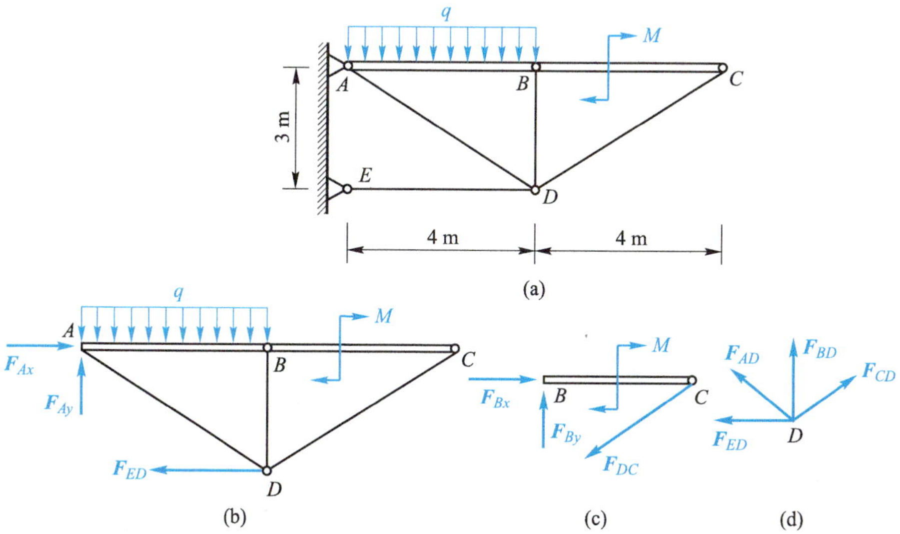

图 4-16　例 4-13 图

解　这是一个混合结构，求系统内力时必须将系统拆开，取脱离体，使所求的力出现在示力图中。具体过程分为三步，首先取 ACD 部分，示力图如图4-16b所示，有

$$\sum M_{Ai}=0,\quad F_{ED}\times 3\ \text{m}+M+4\ \text{m}\times q\times 2\ \text{m}=0$$

$$F_{ED}=-84\ \text{kN}$$

然后取 BC 分析，示力图如图 4-16c 所示，有

$$\sum M_{Bi}=0,\quad 0.6F_{DC}\times 4\ \text{m}+M=0$$

$$F_{DC}=-25\ \text{kN}$$

最后取铰 D 分析，示力图如图 4-16d 所示，平衡方程为

$$\sum F_{ix}=0,\quad 0.8F_{CD}-F_{ED}-0.8F_{AD}=0$$

$$\sum F_{iy}=0,\quad 0.6F_{AD}+F_{BD}+0.6F_{CD}=0$$

解得

$$F_{AD}=80\ \text{kN},\quad F_{BD}=-33\ \text{kN}$$

请读者考虑以上求解过程是否最简单，如先分析 BC 的平衡，再取 AB 分析，是否可求解 BD 杆的内力。

例 4-14　一种工具钳，手施加的力 $F=35$ N，试分析被夹物体 M 所受的力。几何尺寸如图 4-17a 所示。

解　这是一个物体系统平衡问题。按以下取脱离体的次序分析较为方便。

(1) 取杠杆 ABG 分析，示力图如图 4-17b 所示。

平衡方程为

$$\sum M_{Bi}=0,\quad F_{EA}\times 25\ \text{mm}-F\times 100\ \text{mm}=0$$

求得

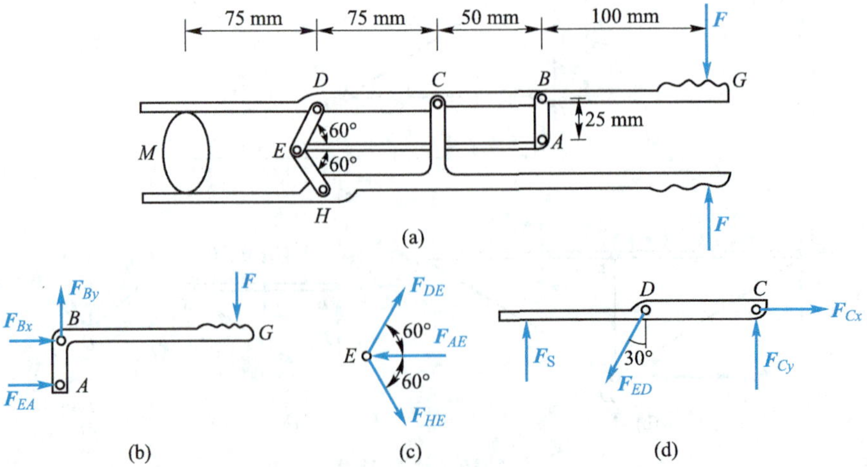

图 4-17　例 4-14 图

$$F_{EA}=4F=140\ \text{N}$$

（2）取销钉 E 分析，示力图如图 4-17c 所示，由平衡方程有

$$\sum F_{ix}=0,\quad F_{DE}\cos 60^\circ+F_{HE}\cos 60^\circ-F_{EA}=0$$

$$\sum F_{iy}=0,\quad F_{DE}\sin 60^\circ-F_{HE}\sin 60^\circ=0$$

求得

$$F_{DE}=140\ \text{N}$$

（3）取钳臂 DC 分析，示力图如图 4-17d 所示，由平衡方程有

$$\sum M_{Ci}=0,\quad F_S\times 150\ \text{mm}-F_{ED}\cos 30^\circ\times 75\ \text{mm}=0$$

求得

$$F_S=60.62\ \text{N}$$

由此平衡问题可见，通过适当的机构可以把手施加的力在作用过程中变大。

从上面几个例子的分析可见，求解物体系统的平衡问题，一般须先判别是否是静定的。若是静定的，再选取适当的考察对象——可以是整个系统或其中的一部分，分析其受力情况，正确作出示力图，据此建立必要的平衡方程求解。通常总是首先观察一下，以整个系统为考察对象看是否能求出某些未知量；如不能，就需分别选取其中一部分来考察。建立平衡方程时，应注意投影轴和矩心的选择，能避免解联立方程就尽量避免；不能避免时也应力求方程简单。选取不同的考察对象，建立不同形式的平衡方程，可能使求解过程的繁简程度大不一样，希望读者用心体察，务求灵活掌握。

在实际工程应用中，由于计算机技术的发展，人们已经把重点转移到如何用计算机来分析这些力学平衡问题，以上静定问题的平衡分析都可通过编制计算机程序来求解，且结果正确可靠，速度快。

思考题

4-1 请比较各力系的平衡条件及平衡方程的形式。

4-2 汇交力系的平衡方程能否用力矩平衡方程来表示？为什么？使用条件是什么？

4-3 请总结物体系统平衡问题分析的步骤和方法。

4-4 如果一个结构包含的未知量个数恰好等于此结构所能建立的独立平衡方程的个数，则此结构是静定结构。此说法是否正确？

4-5 求图 a 所示弧形闸门上水压力的合力时，可直接对作用在闸门上的水压力进行简化，如图 b 所示，计算过程较为繁琐，但也可以取一水体通过平衡分析来求此合力，如图 c 所示，请读者思考并完成。

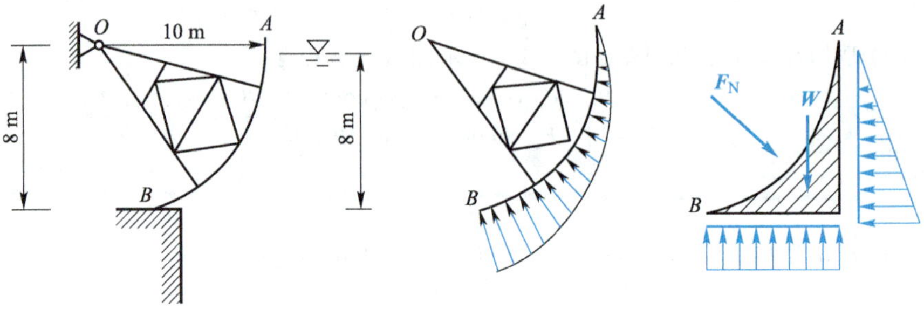

(a)　　(b)　　(c)

思考题 4-5 图

习　　题

4-1　图示三铰拱受铅直力 $\boldsymbol{F}_P$ 作用，如拱的重量不计，试求 A、B 处支座反力。

4-2　图示弧形闸门自重 $G=150$ kN，试求提起闸门所需的拉力 $\boldsymbol{F}_T$ 和铰支座 A 处的反力。

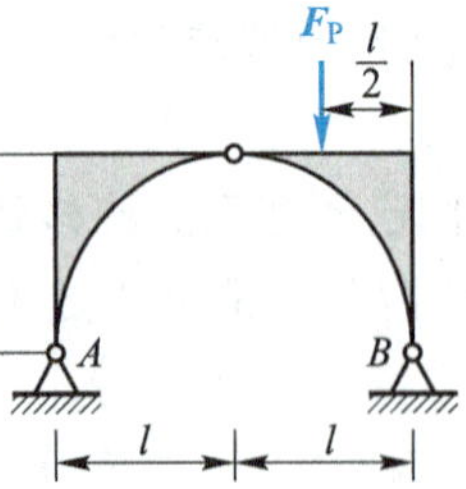

题 4-1 图

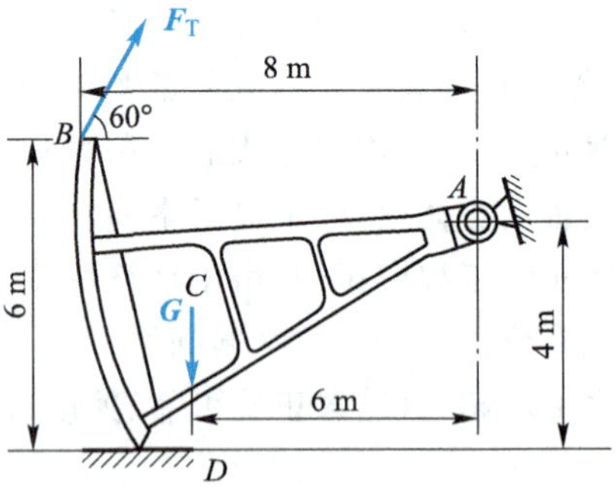

题 4-2 图

4-3　如图，已知 $F=10$ kN，杆 AC、BC 及滑轮重量均不计，试求杆 AC、BC 对轮的约束力。

4-4　如图，直径相等的两均质混凝土圆柱放在斜面 AB 与 BC 之间，柱重 $G_1=G_2=40$ kN。设圆柱与斜面接触处是光滑的，试用作图法求圆柱对斜面 D、E、G 处的压力。

4-5　图示一履带式起重机，起吊重量 $G=100$ kN，在图示位置平衡。如不计吊臂 AB 自重及滑轮半径和摩擦，试求吊臂 AB 及缆绳 AC 所受的力。

4-6　图示压路机碾子重 $G=20$ kN，半径 $R=400$ mm，若用水平力 $\boldsymbol{F}$ 拉碾子越过高 $h=80$ mm 的石坎，试问 F 应多大？若要使 F 为最小，力 $\boldsymbol{F}$ 与水平线的夹角 α 应为多大？此时 F 等于多少？

4-7　长 $2l$ 的杆 AB，重 G，搁置在宽 a 的槽内，如图所示。A、D 接触处都是光滑的，试求平衡时杆 AB 与水平线所成的角 α。设 $l>a$。

4-8　图示结构上作用一水平力 $\boldsymbol{F}$，试求 A、C、E 三处的支座反力。

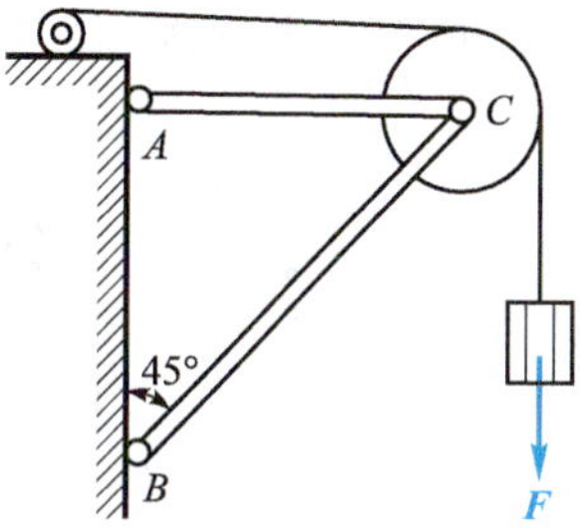

题 4-3 图

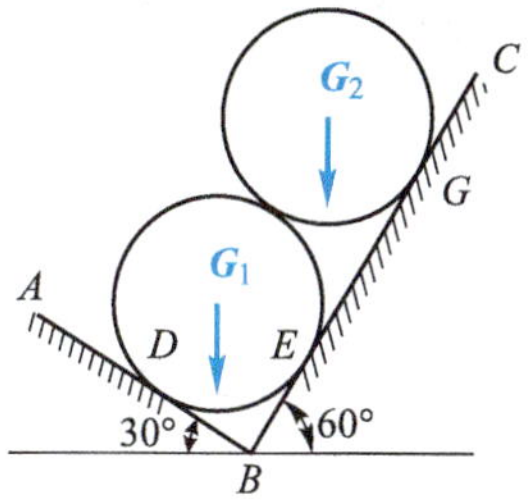

题 4-4 图

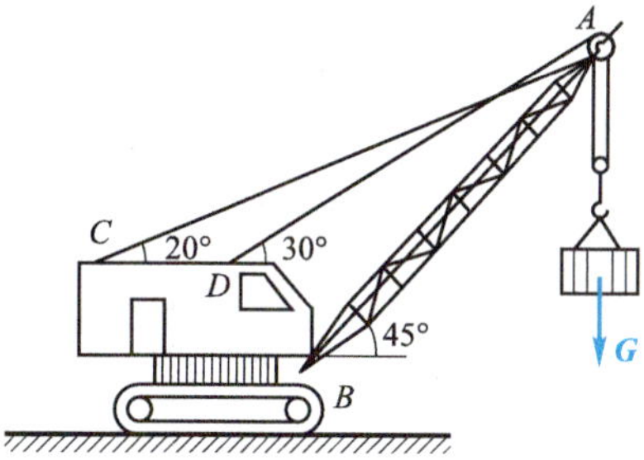

题 4-5 图

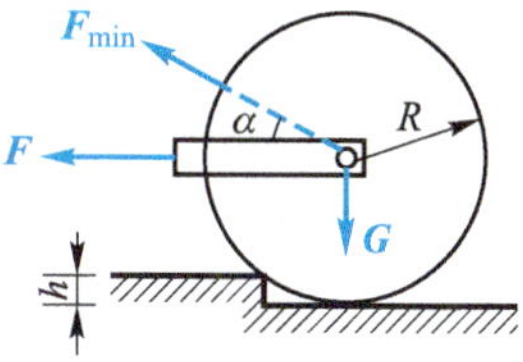

题 4-6 图

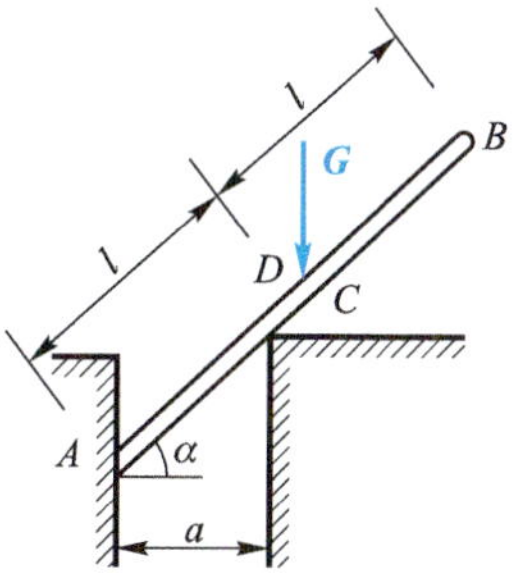

题 4-7 图

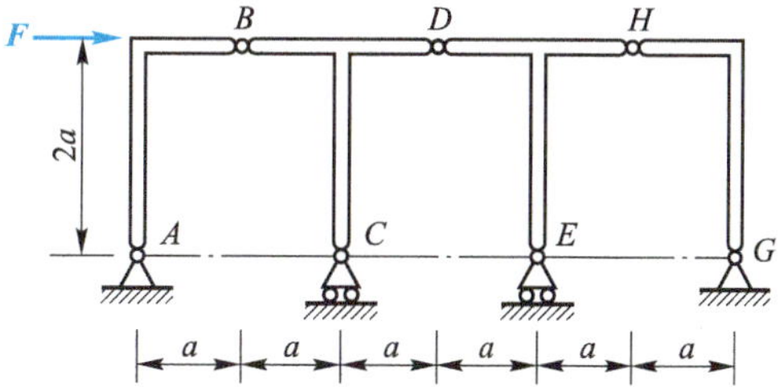

题 4-8 图

4-9　图示为一拔桩装置。在木桩的顶端 A 上系一绳，将绳的另一端固定在点 C，在绳的点 B 系另一绳 BE，将它的另一端固定在点 E。然后在绳的点 D 用力向下拉，使绳的 BD 段水平，AB 段铅直，DE 段与水平线、CB 段与铅直线间成等角 $\theta=0.1$ rad（当 θ 很小时，$\tan\theta\approx\theta$）。如向下的拉力 $F=800$ N，试求绳 AB 作用于桩上的拉力。

文档：习题 4-9 题解

4-10　AB、AC、AD 三连杆支承一重物如图所示。已知 $G=10$ kN，$AB=4$ m，$AC=3$ m，且 $ABEC$ 在同一水平面内，试求三连杆所受的力。

4-11　图示立柱 AB 用三根绳索固定，已知一根绳索在铅直平面 ABE 内，其张力 $F_T=100$ kN，立柱自重 $G=20$ kN，试求另外两根绳索 AC、AD 的张力及立柱在 B 处受到的约束力。

文档：习题 4-12 题解

4-12　三连杆 AB、AC、AD 铰连接如图所示。杆 AB 水平，绳 AEG 上悬挂重物 $G=10$ kN。

在图示位置,系统保持平衡,试求 G 处绳的张力 $\boldsymbol{F}_{\mathrm{T}}$ 及 AB、AC、AD 三杆的约束力。xy 平面为水平面。

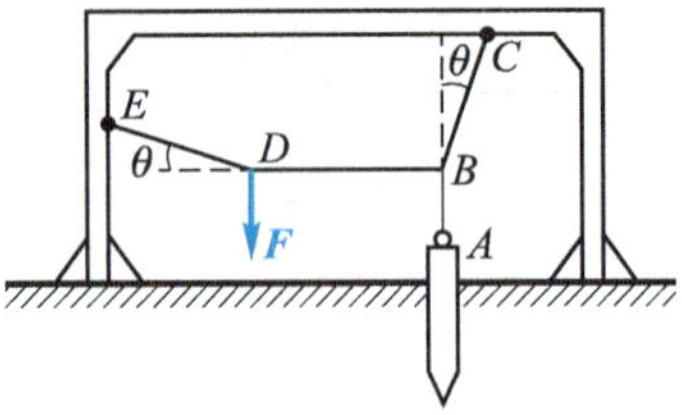

题 4-9 图

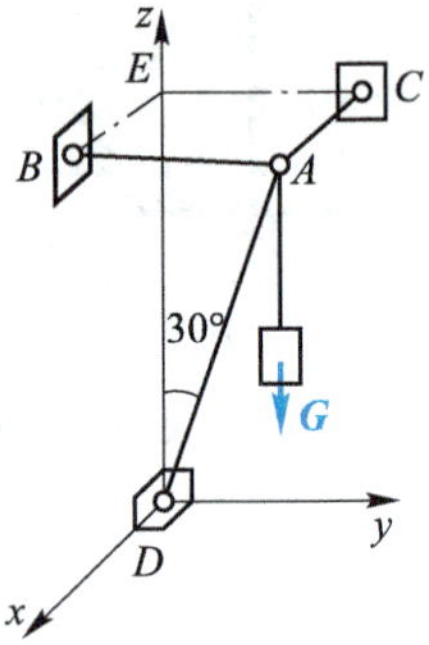

题 4-10 图

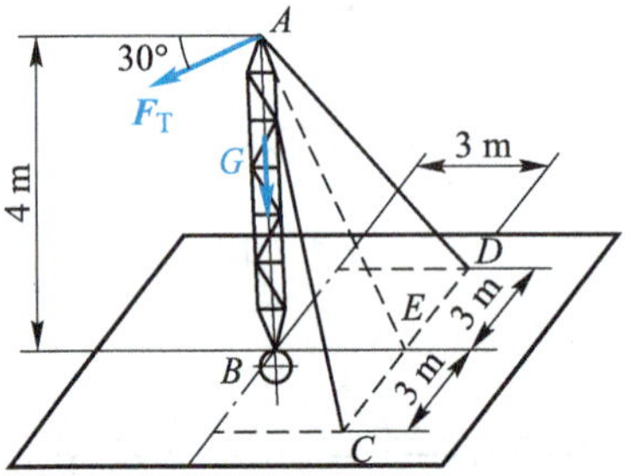

题 4-11 图

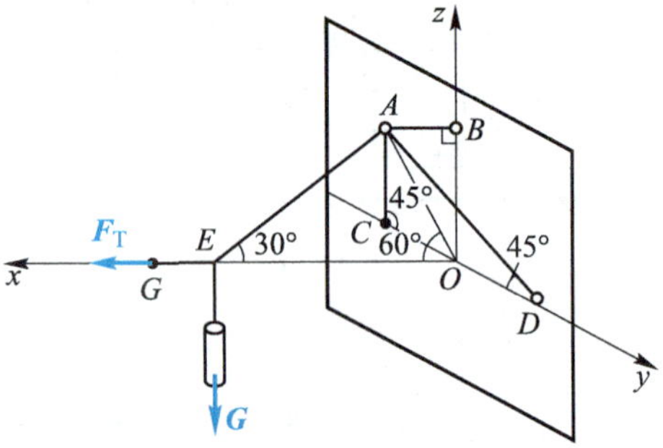

题 4-12 图

文档:习题 4-13 题解

4-13　在图示起重机中,已知 $AB=BC=AD=AE$,点 A,B,D 和 E 等均为球铰链连接,如三角形 ABC 的投影为 AF 线,AF 与 y 轴夹角为 θ。试求铅直支柱和各斜杆的内力。

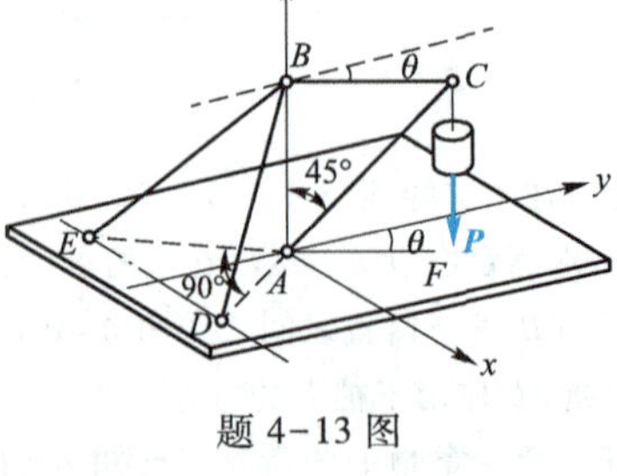

题 4-13 图

文档:习题 4-15 题解

4-14　图示水平圆轮的直径 AD 上作用着垂直于直径 AD、大小均为 100 N 的四个力,该四力与作用于 E、H 的力 $\boldsymbol{F}$、$\boldsymbol{F}'$ 成平衡,已知 $\boldsymbol{F}=-\boldsymbol{F}'$,试求 $\boldsymbol{F}$ 的大小。

4-15　滑道摇杆机构受两力偶作用,在图示位置平衡。已知 $OO_1=OA=0.2$ m,$M_1=200$ N·m,试求另一力偶矩 M_2 及 O、O_1 两处的约束力(摩擦不计)。

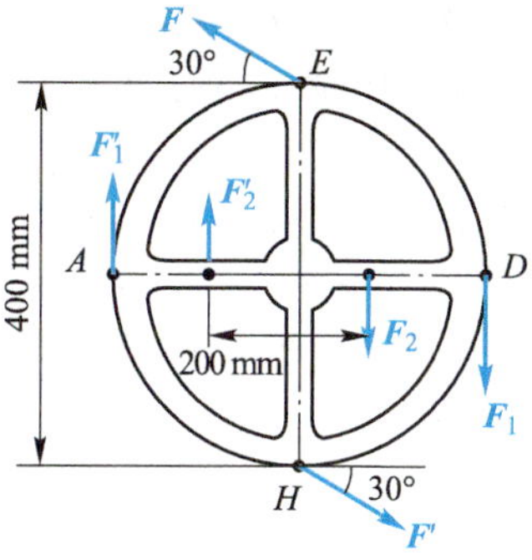

题 4-14 图

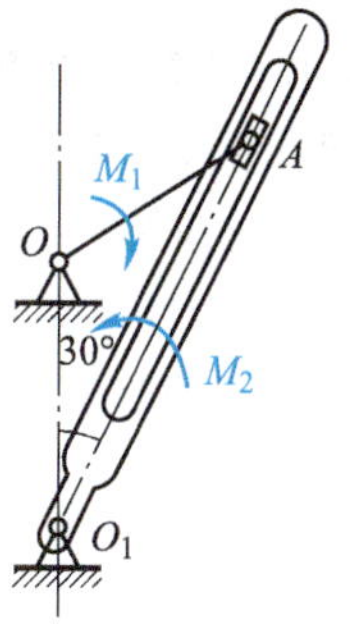

题 4-15 图

4-16　一力与一力偶的作用位置如图所示。已知 $F=200$ N，$M=100$ N·m，在 C 点加一个力使与 $\boldsymbol{F}$ 和 M 成平衡，试求该力及 x 的值。

4-17　在图示结构中，各构件的自重略去不计，在构件 BC 上作用一力偶矩为 M 的力偶。试求支座 A 的约束力。

文档：习题 4-17 题解

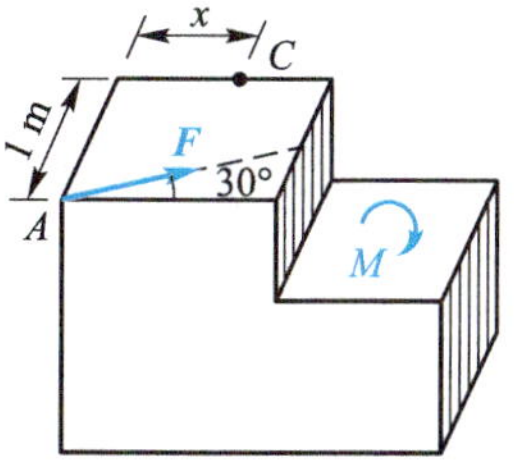

题 4-16 图

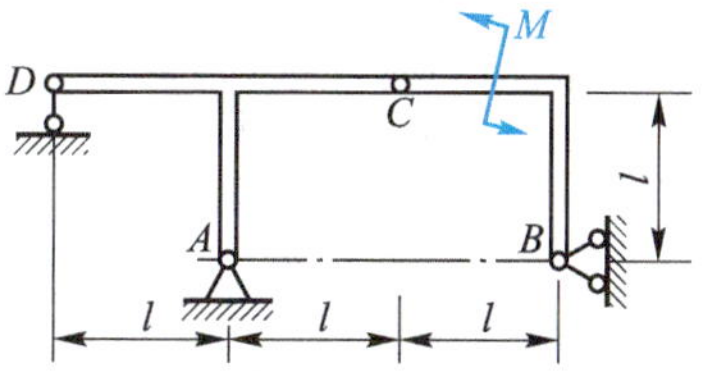

题 4-17 图

4-18　图示杆件 AB 固定在物体 D 上，两扳钳水平地夹住 AB，并受铅直力 $\boldsymbol{F}$、$\boldsymbol{F}'$ 作用。设 $F=F'=200$ N，试求 D 对杆 AB 的约束力。重量不计。

4-19　起重机如图所示。已知 $AD=DB=1$ m，$CD=1.5$ m，$CM=1$ m；机身与平衡锤 E 共重 $G_1=100$ kN，重力作用线在平面 LMN 内，到机身轴线 MN 的距离为 0.5 m；起重量 $G_2=30$ kN。试求当平面 LMN 平行于 AB 时，车轮对轨道的压力。

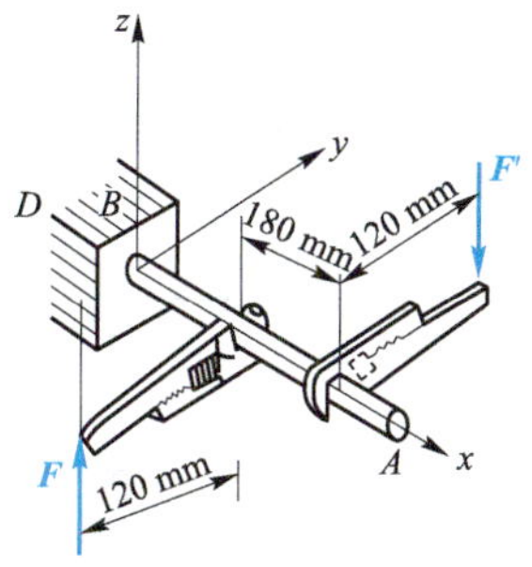

题 4-18 图

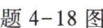

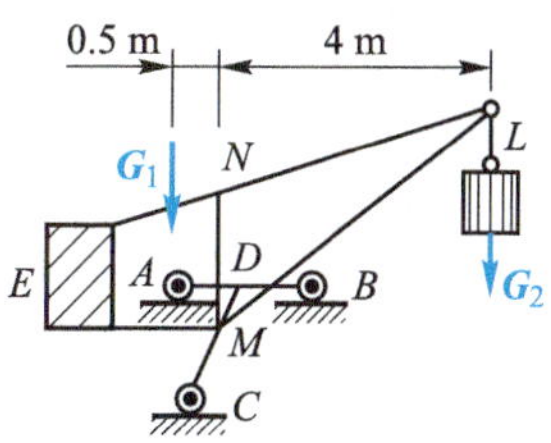

题 4-19 图

4-20　有一均质等厚的板，重 200 N，铰 A 用球铰，另一铰 B 用铰链与墙壁相连，再用一索 EC 维持于水平位置，如图所示。若 $\angle ECA=\angle BAC=30°$，试求索的拉力及 A、B 两处的反力（注意：铰链 B 沿 y 方向无约束力）。

4-21　图示手摇钻由支点 B、钻头 A 和一个弯曲手柄组成。当在 B 处施力 $\boldsymbol{F}_B$ 并在手柄上加力 $\boldsymbol{F}$ 时，手柄恰可以带动钻头绕 AB 转动（支点 B 不动）。已知：$\boldsymbol{F}_B$ 的铅直分量 $F_{Bz}=50$ N，$F=150$ N。试求：(1) 材料阻抗力偶 M 为多大？(2) 材料对钻头作用的力 $\boldsymbol{F}_{Ax}$、$\boldsymbol{F}_{Ay}$、$\boldsymbol{F}_{Az}$ 为多大？(3) 力 $\boldsymbol{F}_B$ 在 x、y 方向的分力 $\boldsymbol{F}_{Bx}$、$\boldsymbol{F}_{By}$ 为多大？

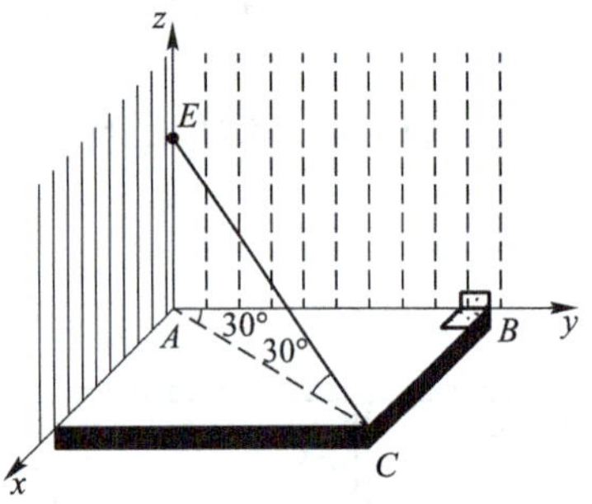

题 4-20 图

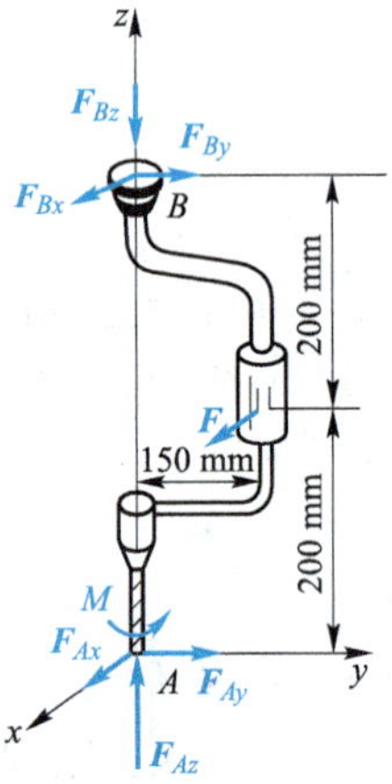

题 4-21 图

4-22　图示矩形板 $ABCD$ 固结在一柱子上，柱子下端固定。板上作用两集中力 $\boldsymbol{F}_1$、$\boldsymbol{F}_2$ 和集度为 q 的分布力。已知 $F_1=2$ kN，$F_2=4$ kN，$q=400$ N/m。试求固定端 O 的约束力。

4-23　图示板 $ABCD$ 的 A 处用球铰支承，B 铰用铰链与墙相连（x 向无约束力），CD 中点 E 系一绳，使板在水平位置成平衡，GE 平行于 z 轴。已知板重 $F_1=8$ kN，$F_2=2$ kN，试求 A、B 两处的约束力及绳子的张力。

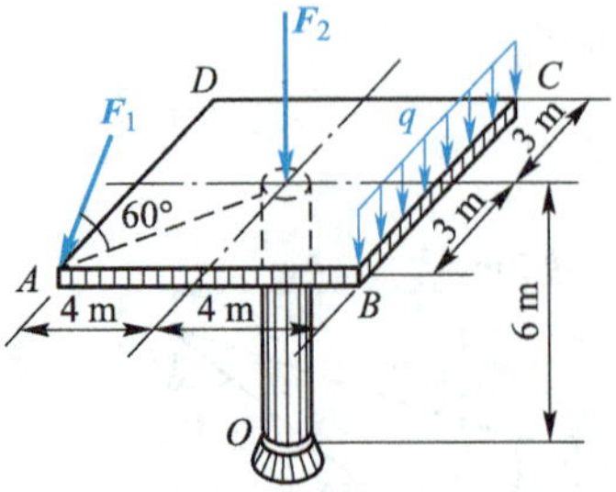

题 4-22 图

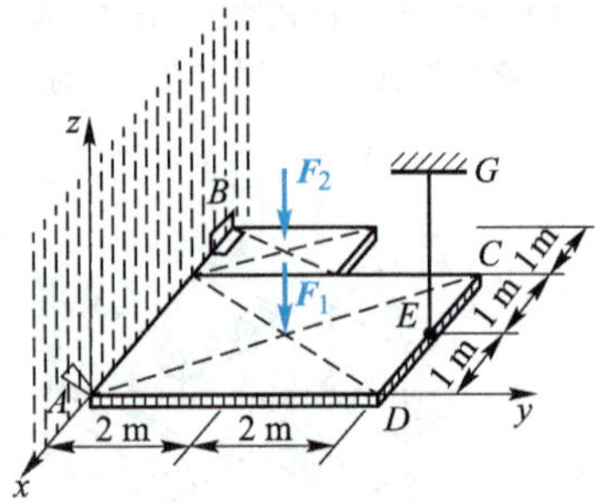

题 4-23 图

4-24　图示均质杆 AB，重 G，长 l，A 端靠在光滑墙面上并用一绳 AC 系住，AC 平行于 x 轴，B 端用球铰连于水平面上。试求杆 A、B 两端所受的力。

4-25 扒杆如图所示，竖柱 AB 用两绳拉住，并在 A 点用球铰约束。试求两绳中的拉力和 A 处的约束力。竖柱 AB 及梁 CD 重量不计。

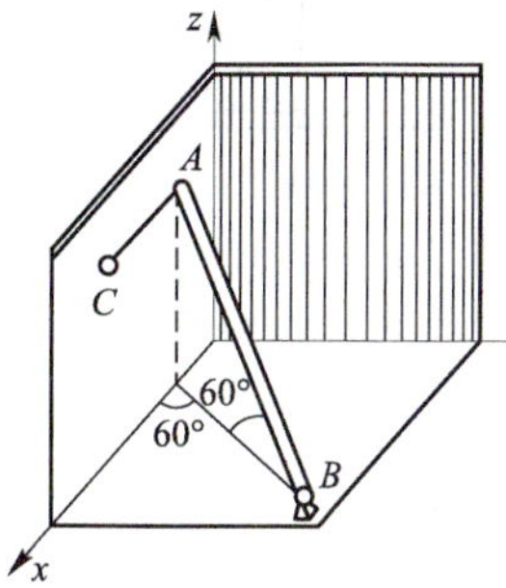

题 4-24 图

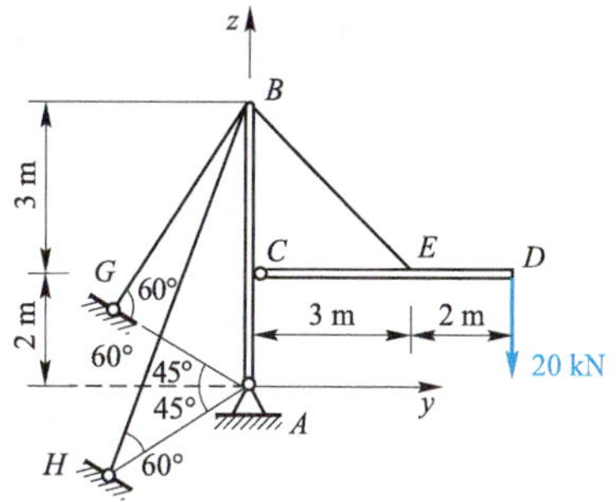

题 4-25 图

4-26 正方形板 $ABCD$ 由六根连杆支承如图所示。在 A 点沿 AD 边作用水平力 $\boldsymbol{F}$。试求各杆的内力。板自重不计。

4-27 曲杆 ABC 用球铰 A 及连杆 CI、DE、GH 支承如图所示，在其上作用两个力 $\boldsymbol{F}_1$、$\boldsymbol{F}_2$。力 $\boldsymbol{F}_1$ 与 x 轴平行，$\boldsymbol{F}_2$ 铅直向下。已知 $F_1=300$ N，$F_2=600$ N。试求所有的约束力。

文档：习题 4-27 题解

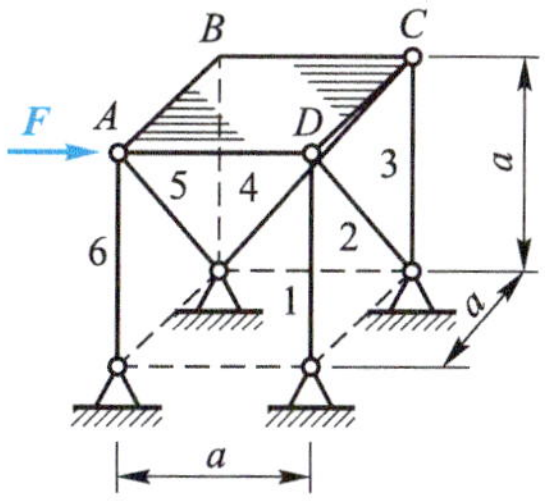

题 4-26 图

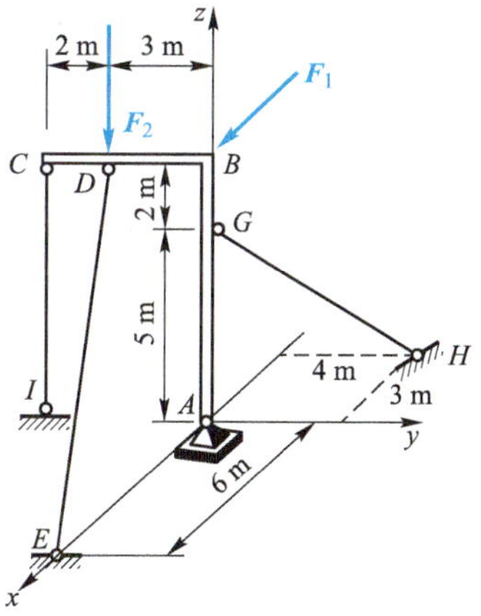

题 4-27 图

4-28 两个均质杆 AB 和 BC 分别重 $\boldsymbol{P}_1$ 和 $\boldsymbol{P}_2$，其端点 A 和 C 用球铰固定在水平面上，另一端 B 由球铰链相连接，靠在光滑的铅直墙上，墙面与 AC 平行，如图所示。如 AB 与水平线交角为 45°，$\angle BAC=90°$。试求 A 和 C 的支座约束力及墙上点 B 所受的压力。

文档：习题 4-28 题解

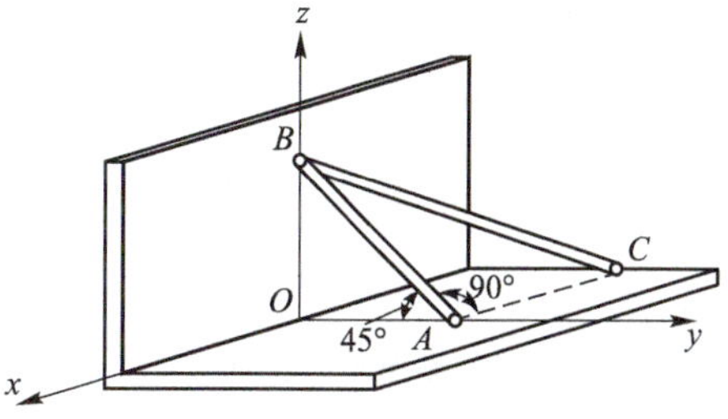

题 4-28 图

4-29 试判断图示各结构是静定的还是超静定的？

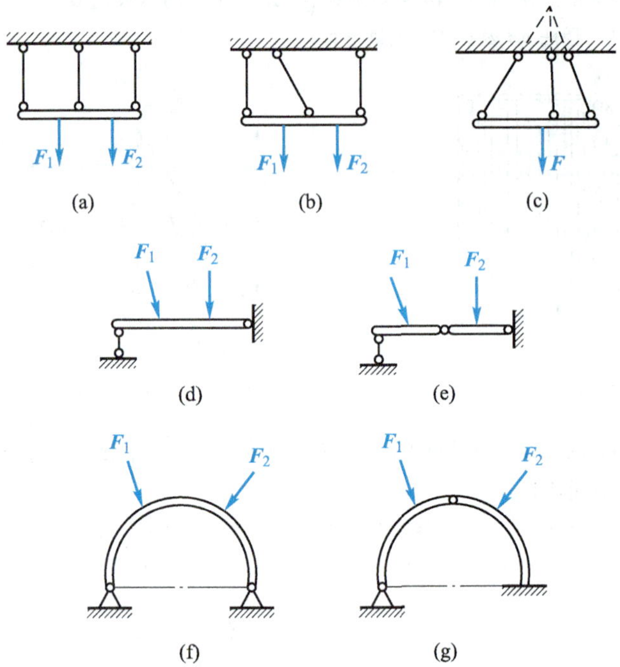

题 4-29 图

4-30　图示外伸梁 AC 受集中力 $\boldsymbol{F}_{\mathrm{P}}$ 及力偶($\boldsymbol{F},\boldsymbol{F}'$)的作用。已知 $F_{\mathrm{P}}=2$ kN,力偶矩 $M=1.5$ kN · m,试求支座 A、B 的反力。

4-31　试求图示刚架支座 A、B 的反力,已知:图 a 中 $M=2.5$ kN · m,$F=5$ kN;图 b 中 $q=1$ kN/m,$F=3$ kN。

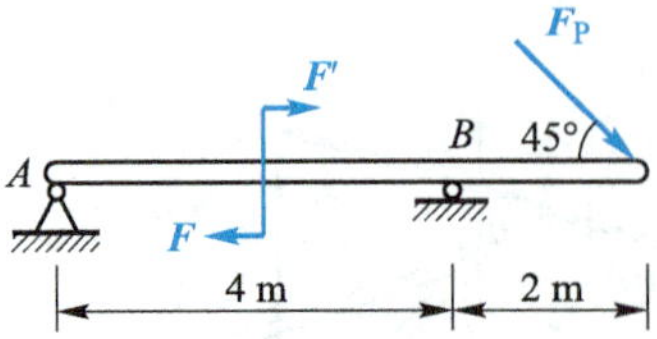

题 4-30 图

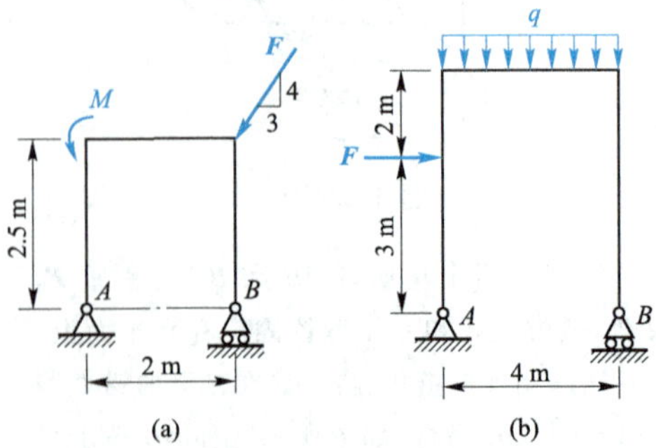

题 4-31 图

4-32　图示弧形闸门自重 $G=150$ kN,水压力 $F_{\mathrm{P}}=3\ 000$ kN,铰 A 处摩擦力偶的矩 $M=60$ kN · m。试求开启闸门时的拉力 $\boldsymbol{F}_{\mathrm{T}}$ 及铰 A 的反力。

4-33　图示为一矩形进水闸门的计算简图。设闸门宽(垂直于纸面)为 1 m,$AB=$

2 m，重 $G=15$ kN，上端用铰 A 支承。若水面与 A 齐平且门后无水，试求开启闸门时绳的张力 $\boldsymbol{F}_T$。

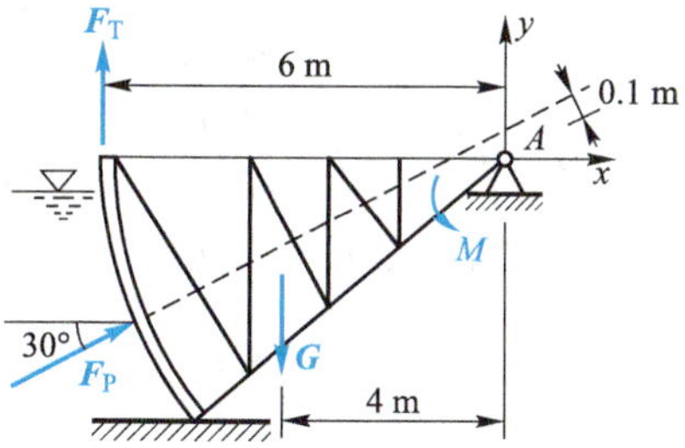

题 4-32 图

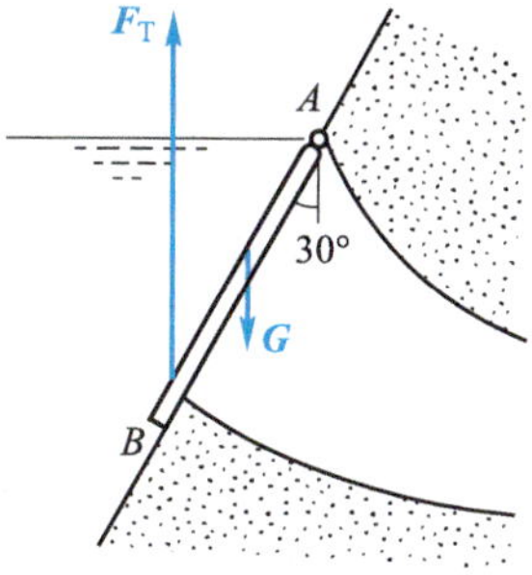

题 4-33 图

4-34 图示拱形桁架的一端 A 为铰支座，另一端 B 为辊轴支座，其支承面与水平面成倾角 30°。桁架重量 G 为 100 kN，风压力的合力 F_Q 为 20 kN，其方向平行于 AB。试求支座反力。

4-35 悬臂刚架受力如图所示。已知 $q=4$ kN/m，$F_2=5$ kN，$F_1=4$ kN，试求固定端 A 的约束力。

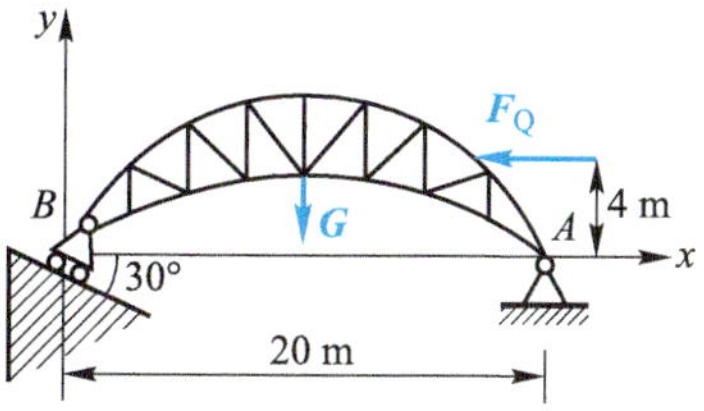

题 4-34 图

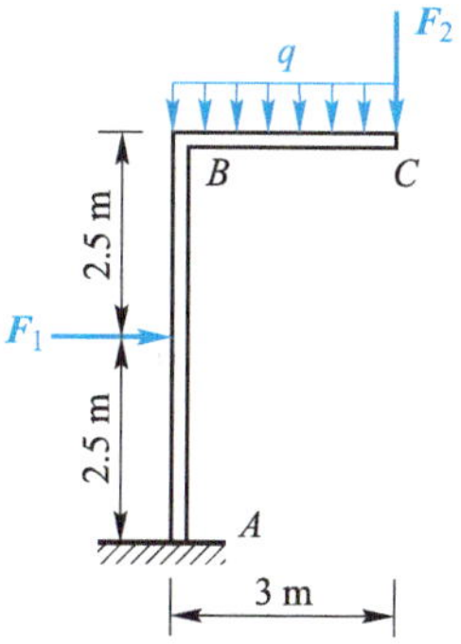

题 4-35 图

4-36 汽车前轮荷载为 10 kN，后轮荷载为 40 kN，前后轮间的距离为 2.5 m，行驶在长 10 m 的桥上，如图所示。试求：(1) 当汽车后轮处在桥中点时，支座 A、B 的反力；(2) 支座 A、B 的反力相等时，后轮到支座 A 的距离。

4-37 汽车起重机在图示位置保持平衡。已知起重量 $G_1=10$ kN，起重机自重 $G_2=70$ kN。试求 A、B 两处地面的反力。起重机在此位置的最大起重量为多少？

4-38 图示基础梁 AB 上作用集中力 $\boldsymbol{F}_1$、$\boldsymbol{F}_2$，已知 $F_1=200$ kN，$F_2=400$ kN。假设梁下的地基反力呈直线变化，试求 A、B 两端分布力的集度 q_A、q_B。

4-39 将水箱的支承简化如图所示。已知水箱与水共重 $G=320$ kN，侧面的风压力 $F=20$ kN，试求三杆对水箱的约束力。

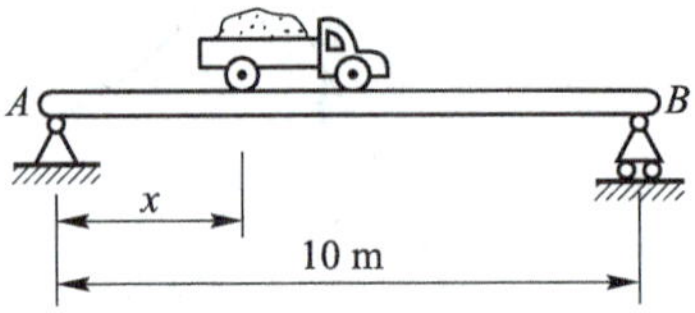

题 4-36 图

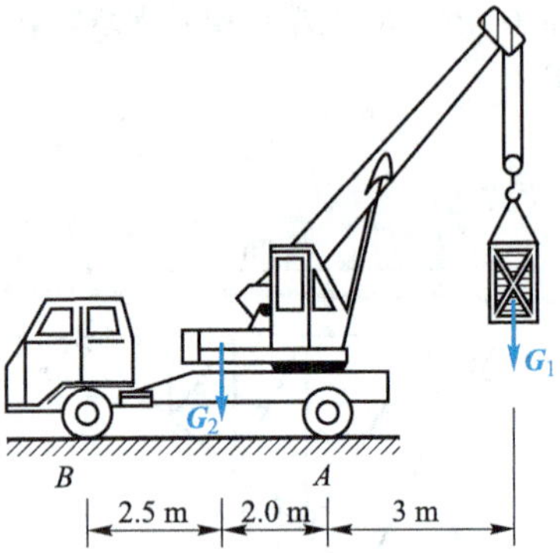

题 4-37 图

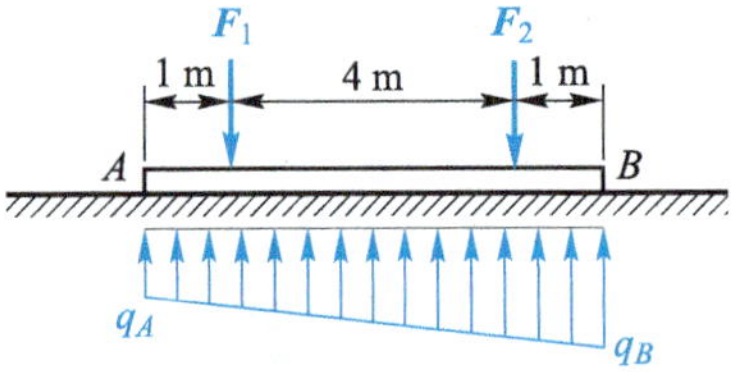

题 4-38 图

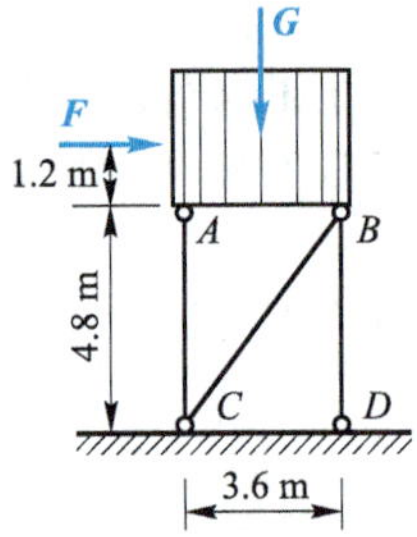

题 4-39 图

4-40　图示冲压机构，设曲柄 OA 长 r，连杆 AB 长 l，平衡时 OA 与铅直线成 α 角，试求冲压力 $\boldsymbol{F}_{\mathrm{P}}$ 与作用在曲柄上的力偶 M 之间的关系。

4-41　图中半径为 R 的扇形齿轮，可借助于轮 O_1 上的销钉 A 而绕 O_2 转动，从而带动齿条 BC 在水平槽内运动。已知 $O_1A=r, O_1O_2=\sqrt{3}r$。在图示位置 O_1A 水平（O_1O_2 铅直）。今在圆轮上作用一力偶 M，齿条 BC 上作用一水平力 $\boldsymbol{F}$，使机构平衡，试求力偶 M 与水平力 $\boldsymbol{F}$ 之间的关系。设机构各部件自重不计，摩擦不计。

题 4-40 图

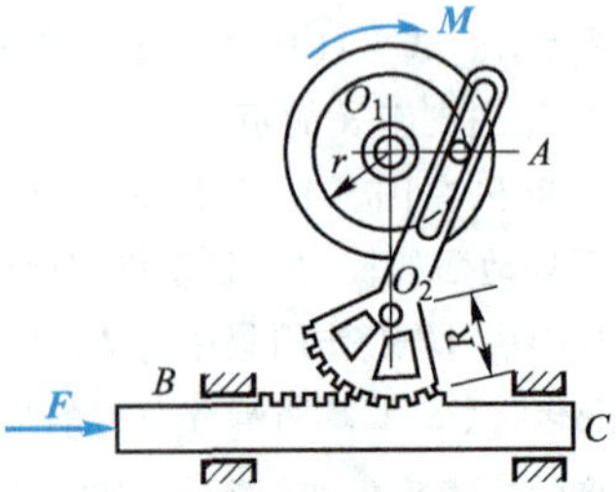

题 4-41 图

4-42 图示一台秤。空载时,台秤及其支架 BCE 的重量与杠杆 AB 的重量恰好平衡;当秤台上有重物时,在 AO 上加一秤锤,设秤锤重量为 G_1, $OB=a$,试求 AO 上的刻度 x 与重量 G_2 之间的关系。

4-43 三铰拱桥,每一半拱自重 $G_2=40$ kN,其重心分别在 D 和 E 点,桥上有荷载 $G_1=20$ kN,位置如图所示。试求铰 A、B、C 三处的约束力。图中长度单位为 m。

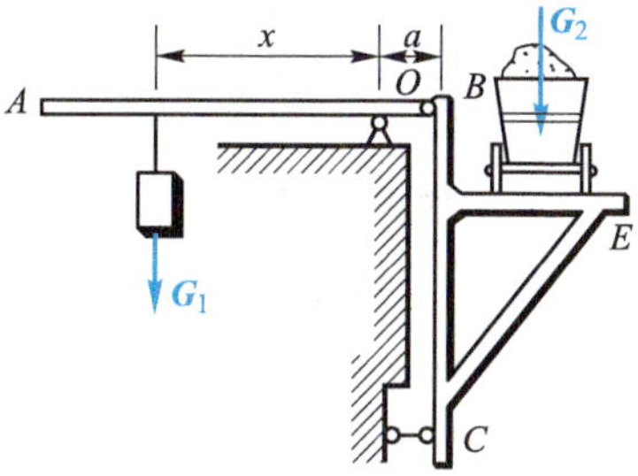

题 4-42 图

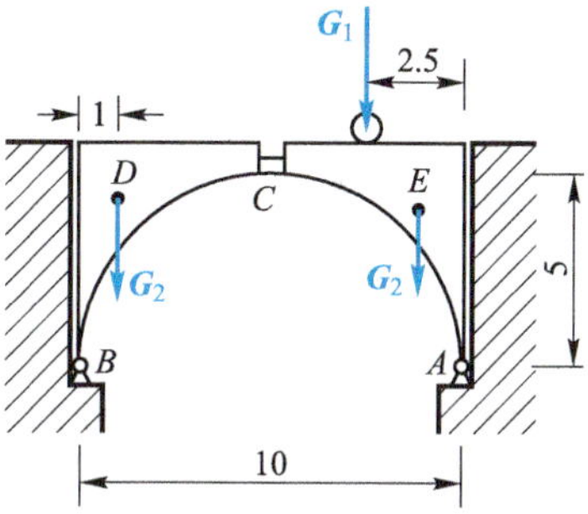

题 4-43 图

4-44 三铰拱式组合屋架如图所示,已知 $q=5$ kN/m,试求铰 C 处的约束力及拉杆 AB 所受的力。

4-45 剪钢筋用的设备如图所示。欲使钢筋受力 12 kN,试问加于 A 点的力应多大?图中长度单位为 mm。

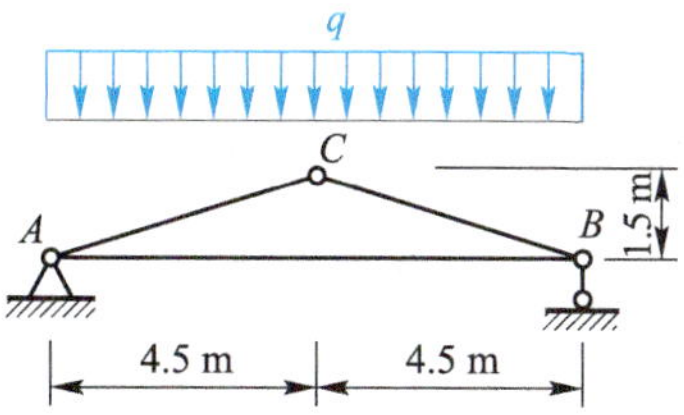

题 4-44 图

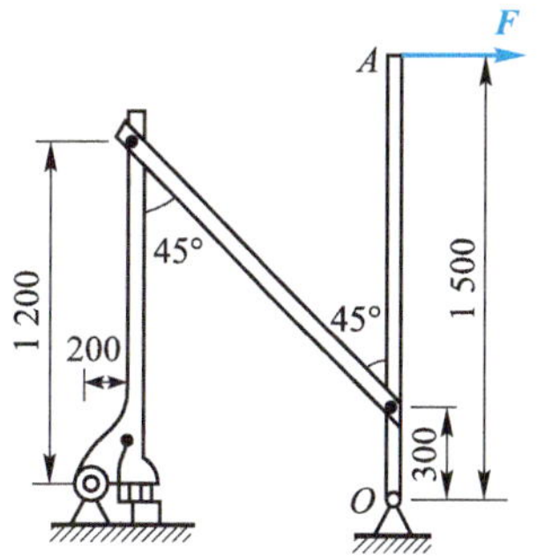

题 4-45 图

4-46 图为某绳鼓式闸门启闭设备传动系统的简图。已知各齿轮半径分别为 r_1、r_2、r_3、r_4,绳鼓半径 r,闸门重 G,试求最小的启门力矩 M。设整个设备的机械效率为 η(即 M 的有效部分与 M 之比)。

4-47 图为一种气动夹具的简图,压缩空气推动活塞 E 向上,通过连杆 BC 推动曲臂 AOB,使其绕 O 点转动,从而在 A 点将工件压紧。在图示位置,$\alpha=20°$,已知活塞所受总压力 $F=3$ kN,试求工件受的压力。所有构件的重量和各铰处的摩擦都不计。图中长度单位是 mm。

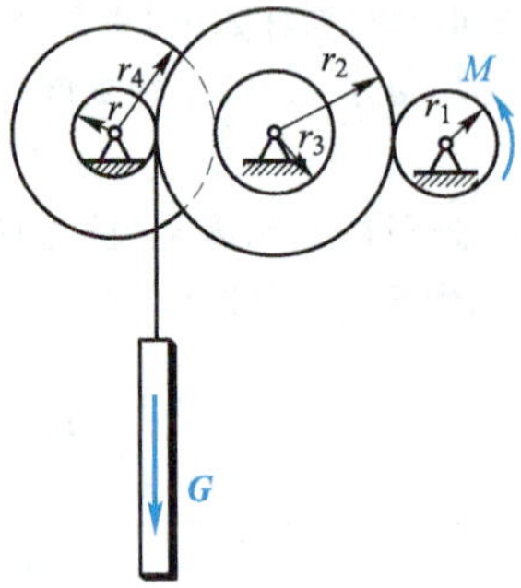

题 4-46 图

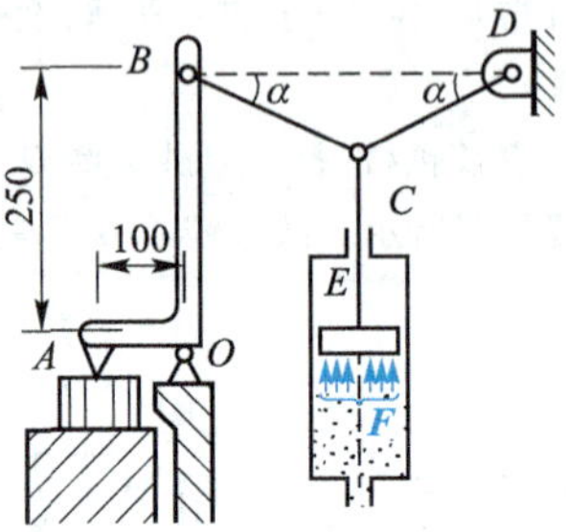

题 4-47 图

4-48　图示水平梁由 AC、BC 两部分组成，A 端插入墙内，B 端搁在辊轴支座上，C 处用铰连接，受 $\boldsymbol{F}$、$\boldsymbol{M}$ 作用。已知 $F=4\ \mathrm{kN}$，$M=6\ \mathrm{kN\cdot m}$，试求 A、B 两处的反力。

4-49　钢架 ABC 和梁 CD，支承与荷载如图所示。已知 $F=5\ \mathrm{kN}$，$q=200\ \mathrm{N/m}$，$q_0=300\ \mathrm{N/m}$，试求支座 A、B 的反力。

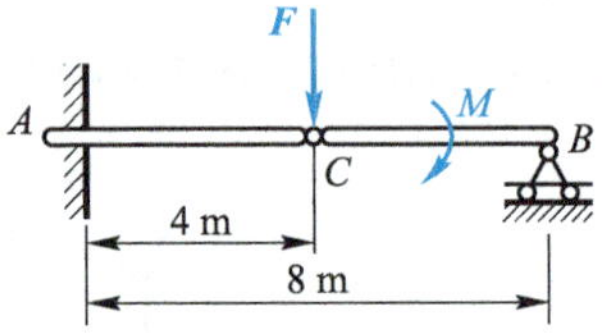

题 4-48 图

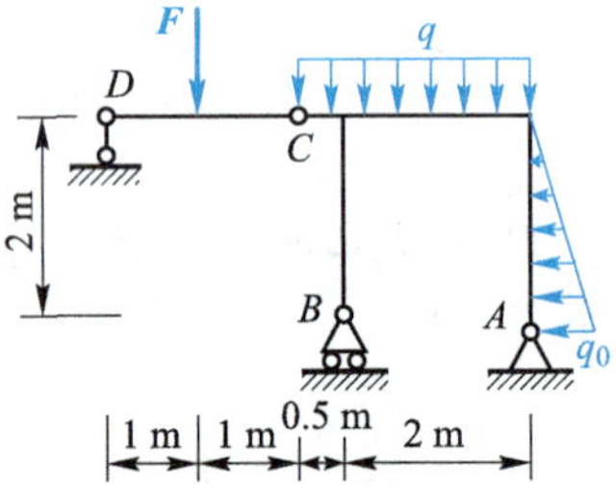

题 4-49 图

4-50　组合结构如图所示，已知 $q=2\ \mathrm{kN/m}$，试求 AD、CD、BD 三杆的内力。

4-51　在图示结构计算简图中，已知 $q=15\ \mathrm{kN/m}$，试求 A、B、C 处的约束力。

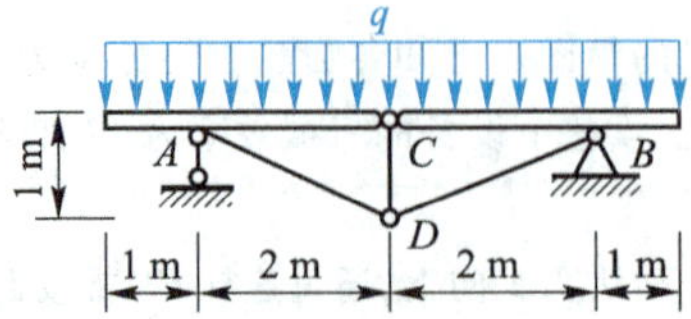

题 4-50 图

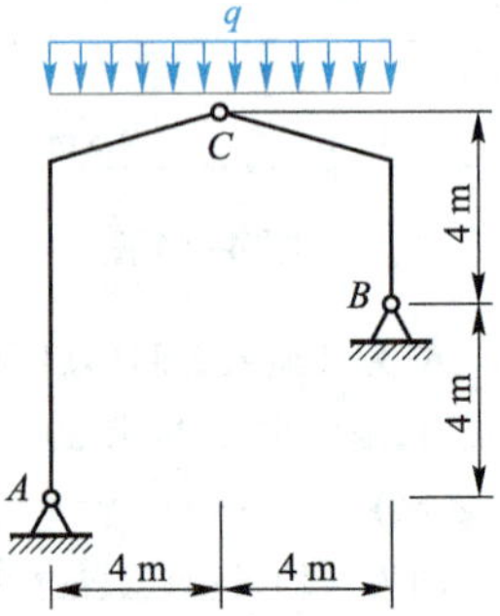

题 4-51 图

文档：
习题 4-53
题解

4-52　静定刚架如图所示。均布荷载 $q_1=1\ \mathrm{kN/m}$，$q_2=4\ \mathrm{kN/m}$，试求 A、B、E 三支座处的约束力。

4-53　一组合结构，尺寸及荷载如图所示，试求杆 1、2、3 所受的力。

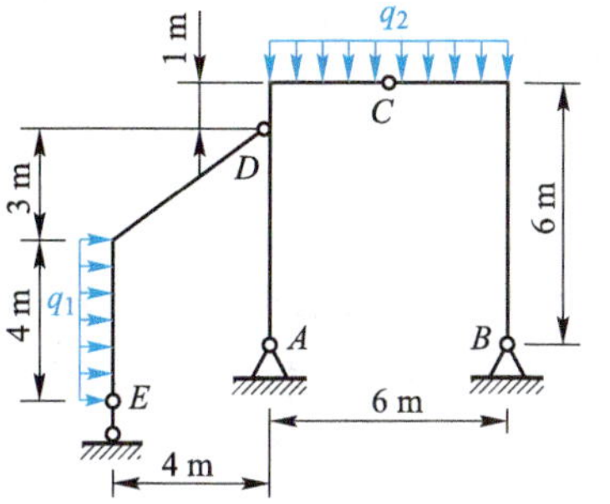

题 4-52 图

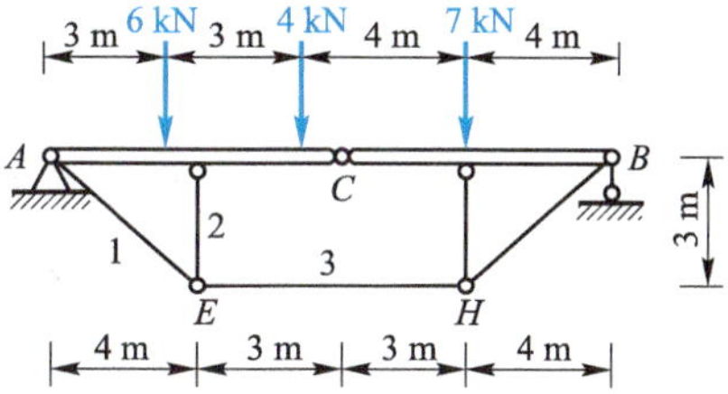

题 4-53 图

4-54　图示用三铰拱 ABC 支承的四跨静定梁，受有均布荷载 q，试用最简便的方法求出 A、B 的约束力（只需作出必要的示力图，并说明需列哪些平衡方程求解）。

4-55　在图示的结构计算简图中，已知 $F=F'=12$ kN，$F_D=10\sqrt{2}$ kN，试求 A、B、C 三处的约束力（要求方程数目最少而且不需解联立方程）。

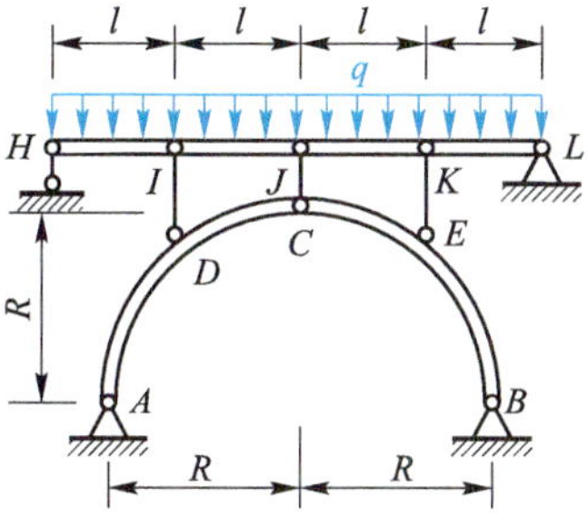

题 4-54 图

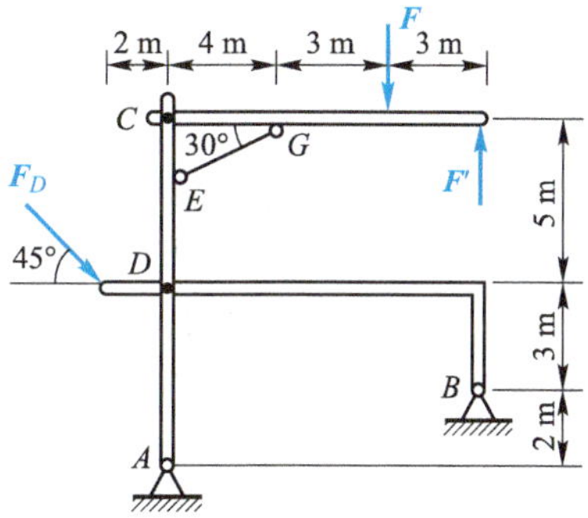

题 4-55 图

4-56　构架尺寸如图所示（尺寸单位为 m），不计各杆的自重，载荷 $F=60$ kN。试求铰链 A，E 的约束力和杆 BD，BC 的内力。

4-57　构架由杆 AB，AC 和 DF 铰接而成，如图所示，在杆 DEF 上作用一力偶矩为 M 的力偶。各杆重力不计，试求杆 AB 上铰链 A，D 和 B 的受力。

文档：习题 4-56 题解

文档：习题 4-57 题解

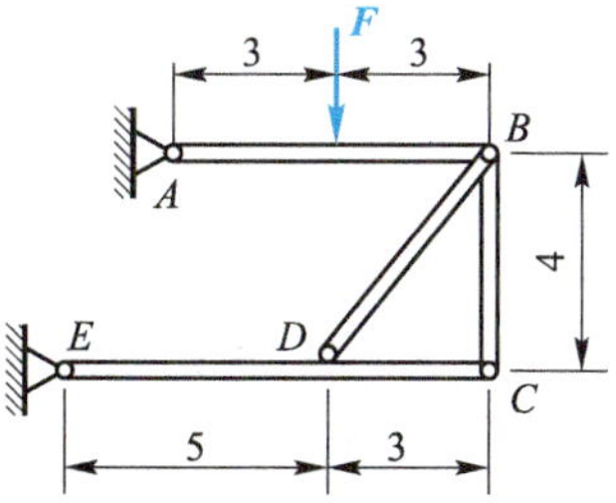

题 4-56 图

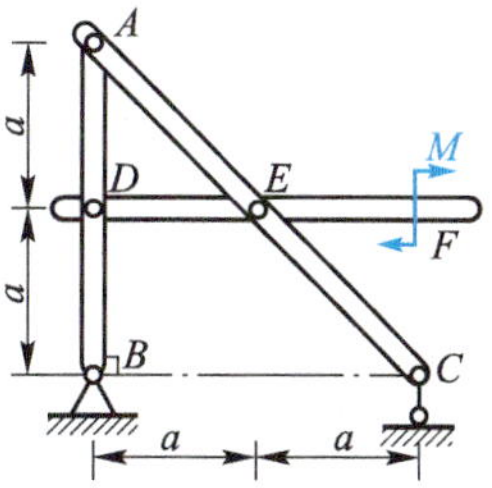

题 4-57 图

第五章　静力学应用专题

前面已经说明，静力学不仅是学习后续课程的基础，而且有很多具体应用。本章主要介绍三个应用专题：桁架、悬索和有摩擦的平衡问题，这些内容既是平衡条件的具体应用，又在研究解决实际问题中得到深化和发展。如静定桁架部分研究了杆件内力的分析与计算；悬索一节的内容讨论了简单柔性结构的平衡；有摩擦的平衡问题则取消了光滑支承面的假设，研究摩擦力的性质、规律及此类问题的求解方法。通过本章学习，可以进一步掌握有关平衡问题的分析研究方法。

§5-1　桁　　架

1. 概述

桁架是由许多直杆按适当方式分别在两端连接而成的几何形状不变的结构。这种形式的结构在工程上应用很广。房屋和桥梁上一般多采用桁架结构；水利工程上的闸门及起重机、高压输电线塔等，采用桁架结构的也很多。图 5-1 是某桥梁的结构图，其两侧的结构就是桁架。图 5-2 所示房屋结构中的三角形屋架也是桁架。

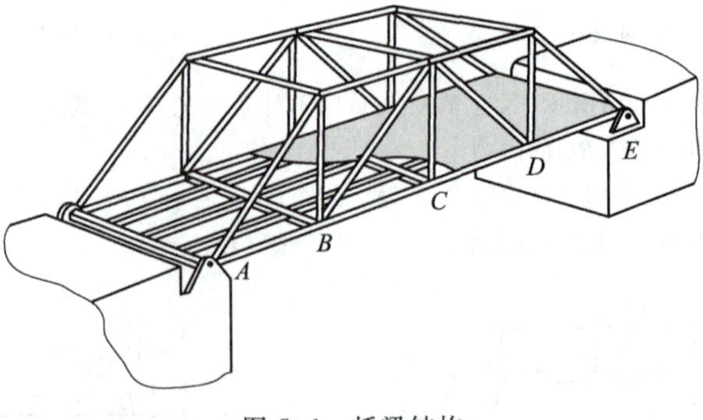

图 5-1　桥梁结构

桁架中杆件与杆件的连接点，称为**结点**或**节点**。所有杆件的轴线（中心线）都在同一平面内的桁架，称为**平面桁架**；杆件轴线不在同一平面内的桁架，则称为**空间桁架**。图 5-1 中桥梁两侧的结构及图 5-2 中的三角形屋架结构都是平面桁架，而高压输电线塔一般是空间桁架。

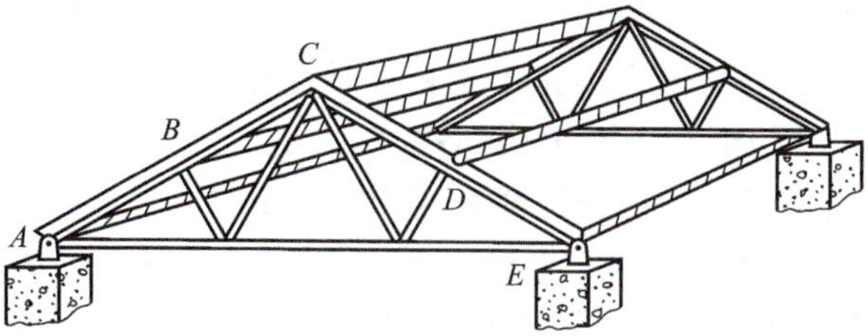

图 5-2 房屋结构

设计桁架时，必须首先根据作用于桁架的荷载，确定各杆件所受的力——内力。杆件内力可用静力学平衡方程求得的桁架，称为静定桁架。

实际桁架的构造和受力情况一般是较复杂的，作为初步分析，为了简化计算，通常采用如下的基本假设：

(1) 杆端用光滑铰连接，铰的中心就是节点的位置。各杆的轴线都通过节点（以后图上表示的都是杆轴线和节点的位置）。

(2) 所有外力（包括荷载和支座反力）都集中作用于节点。如需计及杆件自重，亦将杆件自重平均分配到两端节点上。对于平面桁架，还假设所有荷载都在各杆轴线所在的中央平面内。

对于图 5-1 中桥梁结构的桁架，简化后如图 5-3 所示。因为假设所有外力都作用于节点，而且假设铰是光滑的，所以每一杆件只在两端受力，是二力杆。

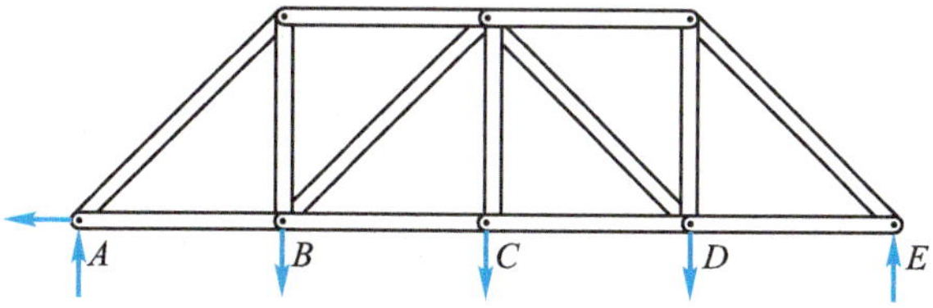

图 5-3 桥梁桁架

根据杆件的平衡可知，作用于杆件两端的两个力必定沿着两端点的连线，亦即沿着杆件的轴线作用。这种力称为轴向力，它们只在杆件内引起拉力或压力。试考察桁架中的任一杆件 AB，如图 5-4a 所示。该杆两端 A、B 各受力 $\boldsymbol{F}_1$ 及 $\boldsymbol{F}_2$；由杆 AB 的平衡可知，$\boldsymbol{F}_1$ 及 $\boldsymbol{F}_2$ 必须大小相等，方向相反，并沿轴线 AB 作用。现在假想在任一处 M 将杆截断，则由左边部分 AM 的平衡可知，横截

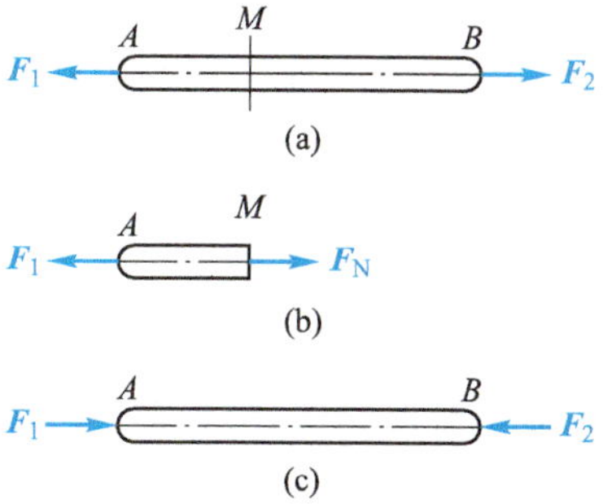

图 5-4 桁架杆件

面 M 上必受到右边部分的作用力 $\boldsymbol{F}_N$(图 5-4b),而且 $\boldsymbol{F}_N=-\boldsymbol{F}_1$,力 $\boldsymbol{F}_N$ 就是杆 AB 的内力。由此可见,杆件的内力是沿着杆件轴线作用的拉力(图 5-4a)或压力(图 5-4c),而且,对于同一杆件来说,各横截面上的内力是相同的。因此,进行计算时,总是假想在任一处将杆件截断,求出它的内力。

桁架的所有杆件都只受轴向拉力或压力,这是桁架的基本特征,也是它的优点。因为受轴向拉压的杆件,横截面上受力均匀(在材料力学里对此将有详细说明),可以比较充分地发挥材料的作用,达到节约材料、减轻结构重量的目的。特别是对于大跨度结构,桁架更能显示出优越性。这也是工程上常采用这种结构形式的原因。

但应注意,上述结论是根据前面讲的两个假设得到的。而这两个假设是实际桁架的简化结果,与实际情况并不完全相符。首先,杆件的连接方法多半不是铰接,而是榫接(木材)或铆接、焊接(钢材)或刚性连接(钢筋混凝土);即使采用铰接,铰与杆件之间也总有些摩擦。其次,使外力集中于节点也并不完全可能。例如,杆件本身的重量就无法使其集中于两端。再次,使杆件的轴线准确地通过节点,在施工上也有困难。此外,在以上讨论中,都没有考虑杆件的变形。事实上,杆件并非刚体,受力后必将发生变形。所有这些因素,都在不同程度上影响分析结果的精确性。但是,实践结果和进一步的分析表明,对于一般结构物用的桁架来说,不考虑杆件变形,并根据前述假设进行分析计算,所得结果已能满足设计要求。至于重要结构物用的桁架,用这里讲述的方法得到的结果,则可作为初步设计的依据,待完成初步设计后再作进一步的分析。所以,尽管这里讲述的方法有不足之处,却并不失其在生产实践上的实用价值。

一般来说,实际结构中的杆件受力情况比较复杂,除了杆端不是光滑铰连接以外,所受外力沿杆轴线的变化也各不相同。计算杆件横截面上的内力,常采用截面法,即用一假想截面在需求内力的截面处将杆件切断,考虑其中任一部分的平衡,求出该截面上的内力。若取杆件左边部分考察,右边部分将对其有作用力,无论杆件横截面上的内力分布如何复杂,根据力系简化的理论,总可以向该截面某一简化中心简化,得到一主矢和一主矩,分别称为**内力主矢**和**内力主矩**。图 5-5 为向截面形心 O 点简化得到的主矢 $\boldsymbol{F}_R$ 和主矩 $\boldsymbol{M}_O$。根据工程上的需要,也为了便于计算,常将主矢 $\boldsymbol{F}_R$ 和主矩 $\boldsymbol{M}_O$ 沿直角坐标轴分解得到内力分量。为此,过 O 点作直角坐标系 $Oxyz$,使横截面位于 yz 平面内,x 轴沿杆轴线,其正向与截面的外法线一致,可得 $\boldsymbol{F}_R$ 的三个分量为 F_x、F_y、F_z,$\boldsymbol{M}_O$ 的三个分量为 M_x、M_y、M_z,如图 5-6 所示。力 $\boldsymbol{F}_x$ 垂直于截面,称为**轴力**;力 $\boldsymbol{F}_y$、$\boldsymbol{F}_z$ 平行于截面,称为**剪力**;力偶 $\boldsymbol{M}_x$ 有使截面绕杆轴线转动的趋势,称为**扭矩**;力偶 $\boldsymbol{M}_y$、$\boldsymbol{M}_z$ 分别有

使截面绕 y 轴和 z 轴转动（使杆产生弯曲）的趋势，称为**弯矩**。考察这一部分的平衡，即可求出该截面上的全部内力分量。有关杆件内力的进一步分析，属于“材料力学”课程的内容。

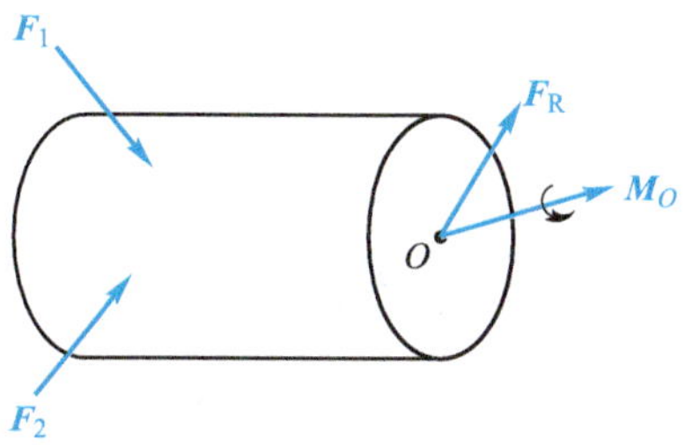

图 5-5 内力主矢、主矩

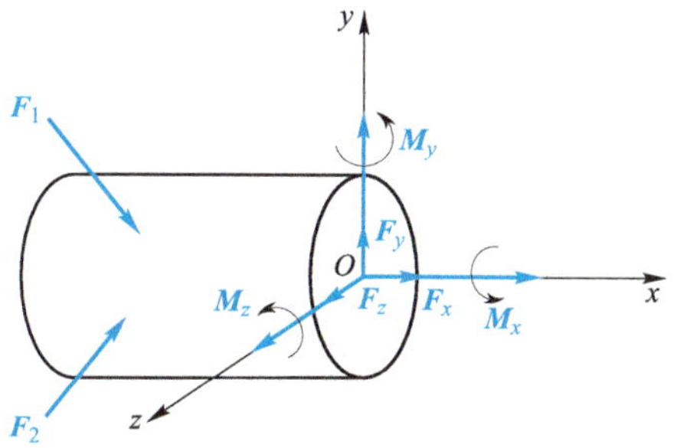

图 5-6 内力分量

2. 桁架内力分析的节点法

桁架受到外力（荷载及支座反力）作用时，整个桁架保持平衡，如截取桁架的任一部分来考察，该部分也必然处于平衡状态。**节点法**就是假想将某一节点周围的杆件截断，取该节点（包括被截断的杆件）作为考察对象，则节点在外力和被截断的那些杆件的内力作用下保持平衡。因为这些外力和杆件内力组成一平衡的汇交力系（对于平面桁架，为平面汇交力系；对于空间桁架，则为空间汇交力系），所以可由平衡条件求出未知的杆件内力。对桁架的所有节点逐个进行考察，便可求得所有杆件的内力。因为平面汇交力系只有两个独立的平衡方程，所以，对于平面桁架，在选取节点时应使汇交于所考察节点的未知力不超过两个（在特殊情况下可以多于两个。例如，虽然有三个未知力，但其中有两个共线，如以垂直于该两力的方向为投影轴，可以求得第三个未知力）。至于空间桁架，因空间汇交力系有三个独立的平衡方程，所以汇交于所考察节点的未知力，一般不应超过三个。

计算内力时，习惯上总是假设每一杆件都受拉力（力的指向背离所考察的节点）；如果某一杆件的内力计算结果是负值，就表示杆件的内力是压力。由于杆件承受拉力的能力与承受压力的能力不同，设计时对受压杆件的考虑与对受拉杆件的考虑大不一样，因此，对杆件内力的性质（拉力或压力）必须十分重视。

例 5-1 试求图 5-7a 所示桁架中各杆的内力（为简便，已将支座的约束力注于图中，后类同）。

解 首先考虑整个桁架的平衡，求约束力。因为所有荷载及 H 点的约束力 $\boldsymbol{F}_{RH}$ 都是铅直的，所以 A 点的约束力也必定是铅直的。于是有

$$\sum M_{Hi}=0,\quad F_{P}\times a+F_{P}\times 2a+F_{P}\times 3a+\frac{F_{P}}{2}\times 4a-F_{RA}\times 4a=0$$

解得

$$F_{RA}=2F_{P}$$

$$\sum F_{iy}=0,\quad F_{RA}+F_{RH}-4F_{P}=0$$

解得

$$F_{RH}=2F_{P}$$

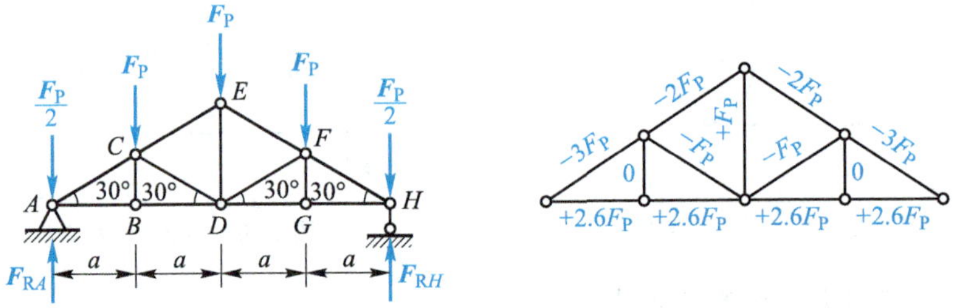

(a)　　　　(b)

图 5-7　例 5-1 图

既然桁架结构及所受外力(包括荷载和约束力)都对称于中线 ED,对称杆件中的内力必定相同,所以只需计算右边(或左边)各杆的内力。现列表 5-1 计算如下:

表 5-1　杆件内力计算

节点	示力图	平衡方程 ($\sum F_{ix}=0,\sum F_{iy}=0$)	杆件内力
H	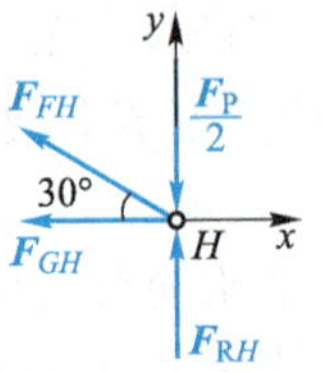	$-F_{GH}-F_{FH}\cos 30°=0$ $F_{RH}-\frac{F_{P}}{2}+F_{FH}\sin 30°=0$	$F_{FH}=-3F_{P}$ $F_{GH}=+2.6F_{P}$
G	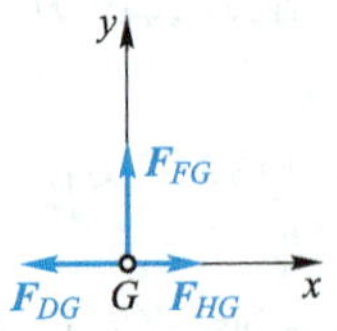	$F_{HG}-F_{DG}=0$ $F_{FG}=0$	$F_{DG}=+2.6F_{P}$ $F_{FG}=0$

续表

节点	示力图	平衡方程 $(\sum F_{ix}=0, \sum F_{iy}=0)$	杆件内力
F	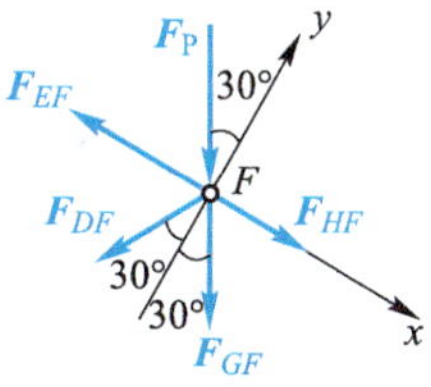	$F_{HF}-F_{EF}-F_{DF}\sin 30°+$ $F_{GF}\sin 30°+F_P\sin 30°=0$ $-F_{DF}\cos 30°-F_{GF}\cos 30°-$ $F_P\cos 30°=0$	$F_{DF}=-F_P$ $F_{EF}=-2F_P$
E	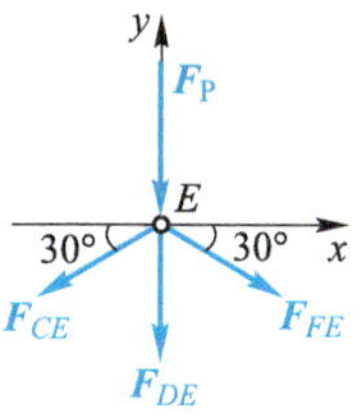	$F_{FE}\cos 30°-F_{CE}\cos 30°=0$ $-F_P-F_{DE}-F_{FE}\sin 30°-$ $F_{CE}\sin 30°=0$	$F_{CE}=F_{FE}=-2F_P$ $F_{DE}=+F_P$

注:如果根据某一节点的平衡,算得某杆件内力为负值(即为压力),在考察该杆件另一端的节点时,仍将该杆内力当作拉力来建立平衡方程,并在计算时连同负号一起代入。

在实际工作中,为了清楚起见,常将计算结果用图 5-7b 的形式表示出来。

本例中有两根杆件 BC 及 FG 的内力是零。在结构上内力为零的杆件称为零杆。通常,无需计算,根据观察即可判定哪些杆件是零杆。本例中的 FG,因垂直于 DG 及 GH,而在 G 点又无外力作用,考虑节点 G,由 $\sum F_{iy}=0$ 立即得到 $F_{GF}=0$,由此可得判断平面桁架零杆的准则:如果某一节点有三根杆件相交,其中两根在一直线上,且该节点不受外力作用,则第三根杆件(不必一定与另两根杆件垂直)必为零杆。找出零杆之后,在计算其他杆件内力时,完全可以不考虑零杆,就像没有该杆一样,这样常能省却一些计算工作。如本例中的 FG 为零杆,于是可以直接得到 $F_{GD}=F'_{HG}$ 而不需另作计算;考察节点 F 时,也无需计及 FG 杆。自然,如一节点只有两根不共线的杆件,又别无外力,该两杆件必然都是零杆。

例 5-2 一空间桁架如图 5-8a 所示。已知 $\triangle ABC$ 与 $\triangle DEF$ 为全等等边三角形,AD、BE、CF 三杆等长并垂直于水平面,杆 1、2、3 与铅直线的夹角均等于 30°。试求杆 1、2、3、4、5、6 的内力。

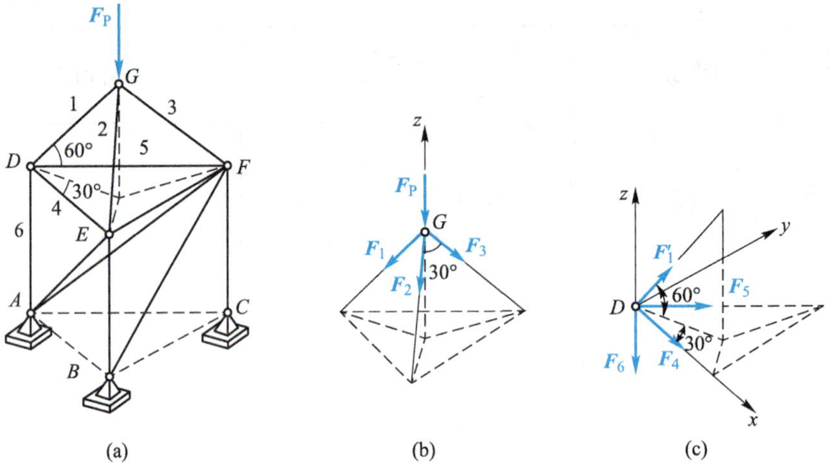

图 5-8　例 5-2 图

解　首先考虑节点 G 的平衡，如图 5-8b 所示。由对称条件可知 $F_1=F_2=F_3$。又由

$$\sum F_{iz}=0,\quad -F_P-(F_1+F_2+F_3)\cos 30°=0$$

$$F_1=F_2=F_3=-\frac{F_P}{3\cos 30°}=-\frac{2F_P}{3\sqrt{3}}$$

再考虑节点 D 的平衡，如图 5-8c 所示。取直角坐标系 $Dxyz$ 如图，列出平衡方程

$$\sum F_{iz}=0,\quad F_1'\sin 60°-F_6=0$$

$$\sum F_{iy}=0,\quad F_1'\cos 60°\cos 60°+F_5\cos 30°=0$$

$$\sum F_{ix}=0,\quad F_1'\cos 60°\cos 30°+F_5\cos 60°+F_4=0$$

将 $F_1'=F_1=-2F_P/(3\sqrt{3})$ 代入，解得

$$F_6=-\frac{F_P}{3},\quad F_5=\frac{F_P}{9},\quad F_4=\frac{F_P}{9}$$

空间桁架有时也会出现零杆。判断零杆的准则是：汇交于一节点的各杆中，除某一杆外，其余各杆都在同一平面内，且该节点不受外力，或者外力也与其余各杆共面，则不共面的那一杆件必为零杆；如果一节点只有不共面的三根杆件，又别无外力，该三杆都是零杆（其理由请读者自己考虑）。

3. 平面桁架内力分析的截面法

对平面桁架内力的分析，常常应用截面法。用适宜的截面，假想将桁架的某些杆件截断，取出桁架的一部分作为考察对象。取出的这一部分在外力和被截断的杆件的内力作用下保持平衡。这些力组成一平衡的任意力系，故可利用任意力系的平衡方程，求解被截断的杆件中的未知内力。

因为平面任意力系只有三个独立的平衡方程，所以被截断的杆件的未知内力一般不应超过三个。但在特殊情况下可以多于三个。例如，若在被截断的杆件中，除某一杆件外，其余杆件都交于一点，则不与各杆相交的杆件的内力，可用力矩方程（以其余各杆的交点为矩心）直接求得（见例5-4）。

应用截面法时，必须注意截面的选取。截面形状并无任何限制，可以是平面，也可以是曲面，但必须合乎上述原则，才能求解。

截面法适用于只需求出某几根杆件的内力的情况（抽查验算时往往如此）。因为，在这种情况下，如用节点法，可能需要考察若干节点才能得到结果，而用截面法，则只要截取的部分包含着需求其内力的杆件，即可直接求解，简捷得多。对某些较复杂的桁架，有时则需要联合应用截面法与节点法，才能较方便地求出各杆内力。

例 5-3 试求图5-9a所示桁架中1、2、3杆的内力。

解 首先考虑整个桁架的平衡，求出支座反力 $F_A=\frac{4}{5}F_P$，$F_K=\frac{1}{5}F_P$。然后用截面 $m-m$ 将桁架分截成两部分，而取右边部分来考察其平衡，如图5-9b所示。这部分桁架在反力 $\boldsymbol{F}_K$ 及内力 $\boldsymbol{F}_1$、$\boldsymbol{F}_2$、$\boldsymbol{F}_3$ 作用下保持平衡。以铅直轴为 y 轴，由 $\sum F_{iy}=0$ 得

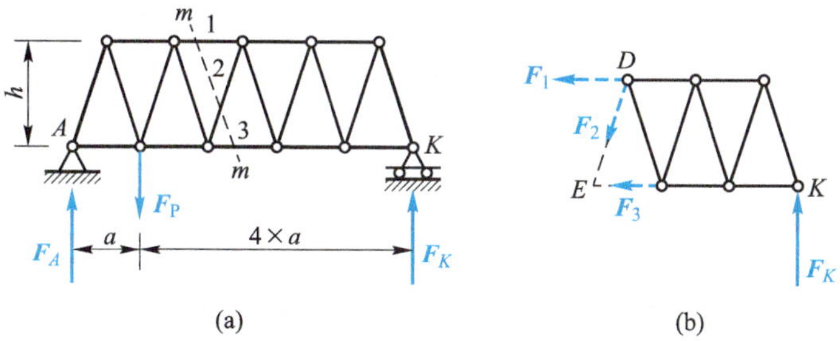

图5-9 例5-3图

$$F_K-\frac{h}{\sqrt{h^2+\left(\frac{a}{2}\right)^2}}F_2=0$$

于是

$$F_2=\frac{F_P\sqrt{4h^2+a^2}}{10h}$$

由 $\sum M_{Ei}=0$ 有

$$F_K\times3a+F_1h=0,\quad F_1=-\frac{3a}{h}F_K=-\frac{3aF_P}{5h}$$

由 $\sum M_{Di}=0$ 有

$$F_K\times\frac{5}{2}a-F_3h=0,\quad F_3=\frac{5a}{2h}F_K=\frac{aF_P}{2h}$$

例 5-4　试求图 5-10a 所示的悬臂桁架中杆 DG 的内力。

解　对于这一特殊形式的桁架，不必先求反力，而可以用截面 $n-n$ 将 DG 及 FG、FH、EH 各杆截断，取右边部分作为考察对象，如图 5-10b 所示。在这里，虽然出现 4 个未知内力，但 F_{GF}、F_{HF}、F_{HE} 相交于 H 点。因此，以 H 点为矩心，由 $\sum M_{Hi}=0$ 可直接求得 F_{GD}。于是有

$$4F_{GD}-6F_{P}=0$$

$$F_{GD}=1.5F_{P}$$

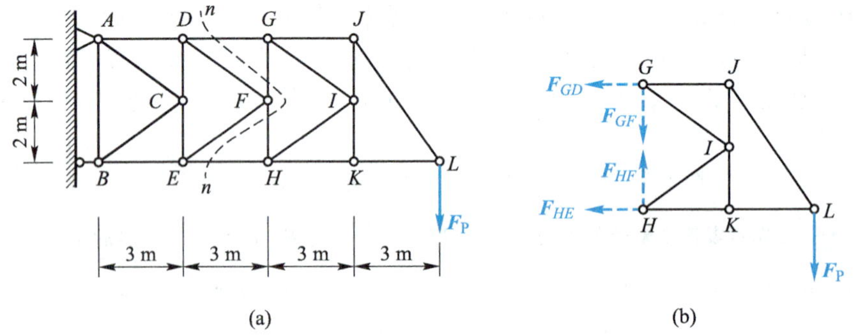

图 5-10　例 5-4 图

例 5-5　试求例 5-4 悬臂桁架中 DF 及 EF 两杆的内力。

解　如用节点法，从节点 L 开始，依 $L-K-J-I-\cdots$ 的次序考虑各节点，必能求得 DF 及 EF 的内力，但计算太多，过于麻烦。如用截面将 DF、EF 两杆截断，则同时被截断的杆件将在 4 根以上，而又不同于上例讨论的情形，也不能直接求得。当然，如果已用上例中的方法求得 F_{GD}，这里就只有三个未知量，不难求解。现在看看，如不用例 5-4 的结果，怎样直接求 F_{FD} 及 F_{FE}。较为简便的方法是，联合应用节点法与截面法。先考虑节点 F，如图 5-11a 所示，由 $\sum F_{ix}=0$ 有

$$-\frac{3}{\sqrt{13}}F_{FD}-\frac{3}{\sqrt{13}}F_{FE}=0$$

$$F_{FD}=-F_{FE}$$

然后再用截面将 DG、DF、EF、EH 各杆截断，取右边为考察对象，如图 5-11b 所示。因只需要求 F_{FD}、F_{FE}，为避免 F_{GD} 和 F_{HE} 出现在方程中，取 y 轴铅直，而由 $\sum F_{iy}=0$ 得

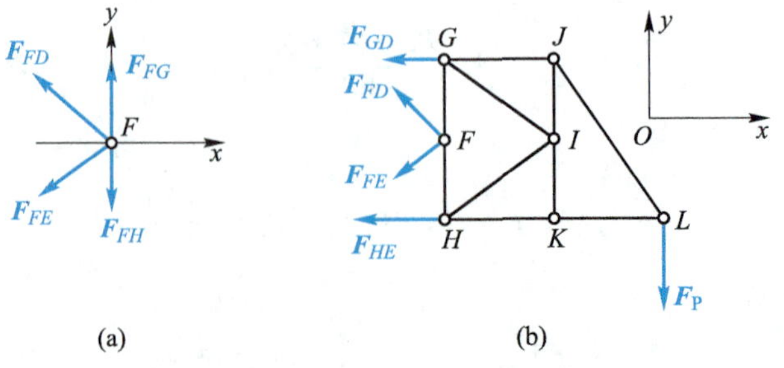

图 5-11　例 5-5 图

$$\frac{2}{\sqrt{13}}F_{FD}-\frac{2}{\sqrt{13}}F_{FE}-F_{P}=0$$

将 $F_{FD}=-F_{FE}$代入,解得

$$F_{FD}=-F_{FE}=\frac{\sqrt{13}}{4}F_{P}$$

§5-2 悬 索

1. 概述

悬索在工程实际中有着日益广泛的应用,如悬索桥(图 5-12)、输电线及高空缆车索道等。

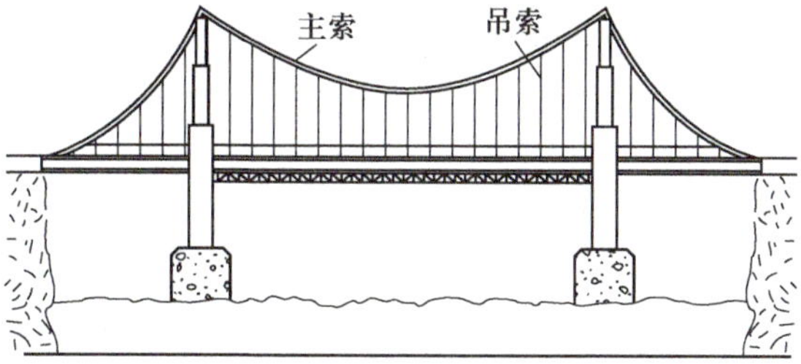

图 5-12 悬索桥

悬索承受荷载而平衡时,该索必将挠曲,其内部产生拉力。进行悬索设计时,需要知道悬索挠曲后的形状如何?两悬挂点之间的索长多少?索内各点的拉力多少?当然,这些问题都与悬索本身的性质及荷载情况有关。在对悬索进行分析时,总是假设悬索是完全柔软的,因而只能承受拉力,并且每一点的拉力都是沿着悬索在该点的切线方向。这一假设并不完全符合实际情况,但根据这一假设得到的结果,已能满足工程上的要求。至于悬索承受的荷载,这里讨论三种情况:(1) 集中荷载,如匀速运行中的缆车作用于索道的荷载;(2) 沿水平跨度分布的铅直荷载,如悬索桥桥面荷载通过密布的吊索传到主索,主索所受的荷载近似于沿水平跨度均匀分布;(3) 沿索长分布的铅直荷载,如输电线在自重作用下即属于这种情况。不论哪种荷载情况,根据悬索的平衡,并进行一些简单的数学运算,即可求得前面所述问题的解答。下面对三种荷载分布情况,分别进行讨论。

2. 集中荷载情况

设悬索自身的重量可以忽略不计,仅在某些点处受到集中荷载作用,这时悬

索曲线为一折线，且每一直线段的内力（拉力）为一常量。现考虑图 5-13 所示的悬索，两悬挂点 A、B 的高度差为 h，受有集中荷载 $\boldsymbol{F}_{P1}$、$\boldsymbol{F}_{P2}$，两力作用线的位置由 L_1、L_2、L_3 确定。若分别考虑 A、B、C、D 点的平衡，可列出 8 个独立的平衡方程，而这里却有 9 个要求的未知量，即：3 段悬索的内力，A、B 两点的 4 个约束力，以及 C、D 两点的垂度 y_C、y_D。若要求出全部未知量，需要增补一个关于悬索的几何条件，例如，若悬索的总长度 L 已知，则通过三段索长及 h、y_C、y_D 与总长 L 的关系建立一个补充方程，即可求出全部未知量。对这类问题的求解，手工计算颇感繁琐。如果垂度 y_C 或 y_D 已知，计算就方便多了，列出的平衡方程足以求出所有的未知力和另一点的垂度，至于索的总长度，可由简单的几何关系求出。下面通过例子说明这种平衡问题的计算过程。

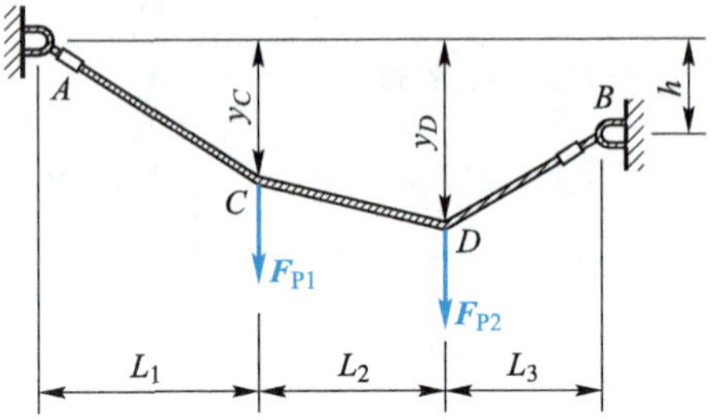

图 5-13　受集中荷载的悬索

例 5-6　某悬索的支承及受力情况如图5-14a 所示，试计算各段悬索的内力。

解　本题包含 A、E 两处的 4 个约束力，各段悬索的拉力，以及 B、D 两点的垂度，共 10 个未知量。分别考察点 A、B、C、D、E 的平衡，可列出 10 个独立的平衡方程，求出全部未知量。

首先考察悬索整体的平衡，如图 5-14b 所示，则有

$$\sum F_{ix}=0,\quad -F_{Ax}+F_{Ex}=0$$

$$\sum M_{Ei}=0,\quad -F_{Ay}\times 18\ \text{m}+4\ \text{kN}\times 15\ \text{m}+15\ \text{kN}\times 10\ \text{m}+3\ \text{kN}\times 2\ \text{m}=0$$

$$F_{Ay}=12\ \text{kN}$$

$$\sum F_{iy}=0,\quad 12\ \text{kN}-4\ \text{kN}-15\ \text{kN}-3\ \text{kN}+F_{Ey}=0$$

$$F_{Ey}=10\ \text{kN}$$

其次，截断悬索 BC，考察左边部分的平衡，如图 5-14c 所示，则有

$$\sum M_{Ci}=0,\quad F_{Ax}\times 12\ \text{m}-12\ \text{kN}\times 8\ \text{m}+4\ \text{kN}\times 5\ \text{m}=0$$

$$F_{Ax}=F_{Ex}=6.33\ \text{kN}$$

$$\sum F_{ix}=0,\quad F_{BC}\cos\theta_{BC}-6.33\ \text{kN}=0$$

$$\sum F_{iy}=0,\quad 12\ \text{kN}-4\ \text{kN}-F_{BC}\sin\theta_{BC}=0$$

$$\theta_{BC}=51.6°,\quad F_{BC}=10.2\ \text{kN}$$

然后分别考察点 A、C、E 的平衡，如图 5-14d、e、f 所示，则有

对点 A：　$\sum F_{ix}=0,\quad F_{AB}\cos\theta_{AB}-6.33\ \text{kN}=0$

$\sum F_{iy}=0,\quad -F_{AB}\sin\theta_{AB}+12\ \text{kN}=0$

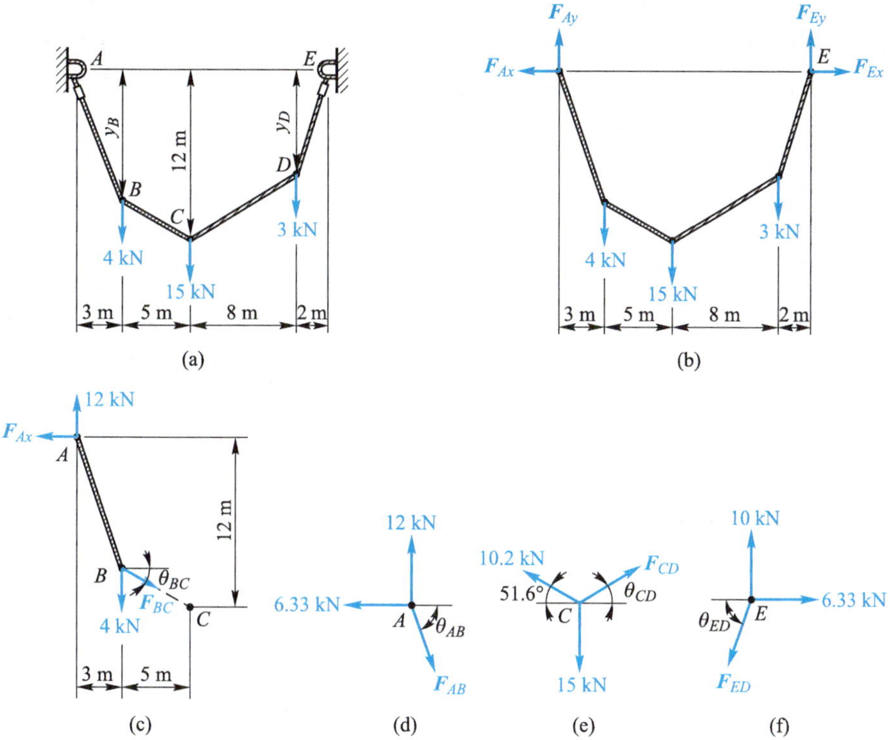

图 5-14 例 5-6 图

$\theta_{AB}=62.2°$

$F_{AB}=13.6\ \text{kN}$

对点 C：$\sum F_{ix}=0,\quad F_{CD}\cos\theta_{CD}-10.2\times\cos 51.6°\ \text{kN}=0$

$\sum F_{iy}=0,\quad F_{CD}\sin\theta_{CD}+10.2\times\sin 51.6°\ \text{kN}-15\ \text{kN}=0$

$\theta_{CD}=47.9°$

$F_{CD}=9.44\ \text{kN}$

对点 E：$\sum F_{ix}=0,\quad 6.33\ \text{kN}-F_{ED}\cos\theta_{ED}=0$

$\sum F_{iy}=0,\quad 10\ \text{kN}-F_{ED}\sin\theta_{ED}=0$

$\theta_{ED}=57.7°$

$F_{ED}=11.8\ \text{kN}$

比较计算结果可见，索内的最大拉力发生在 AB 段(13.6 kN)，这是因为该段悬索具有最大的倾角 θ(请进一步说明理由)。既然各段悬索的倾角已经求出，垂度 y_B、y_D 及悬索总长就不难求得了(请读者自己完成)。

3. 荷载沿水平跨度分布的情况

设悬索受到沿水平跨度分布的荷载 $G(x)$，而自身的重量可忽略不计，如

图 5-15a 所示。在坐标为 x 处取一微段 Δs 来考察，受力分析如图 5-15b 所示，由于索内拉力沿索长是连续变化的，所以在 $x+\Delta x$ 断面上，索内拉力为 $\boldsymbol{F}_{\mathrm{T}}+\Delta\boldsymbol{F}_{\mathrm{T}}$，而作用在该段上的分布荷载的合力为 $G(x)\Delta x$，作用线到 O 点的距离为 $k\Delta x$ $(0<k<1)$。考虑微段悬索的平衡，得到

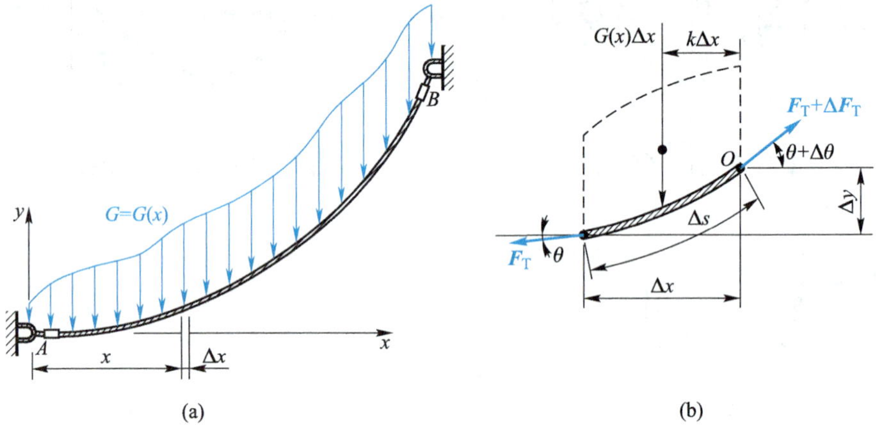

图 5-15　荷载沿水平线分布的悬索

$$\sum F_{ix}=0,\ -F_{\mathrm{T}}\cos\theta+(F_{\mathrm{T}}+\Delta F_{\mathrm{T}})\cos(\theta+\Delta\theta)=0$$

$$\sum F_{iy}=0,\ -F_{\mathrm{T}}\sin\theta-G(x)\Delta x+(F_{\mathrm{T}}+\Delta F_{\mathrm{T}})\sin(\theta+\Delta\theta)=0$$

$$\sum M_{Oi}=0,\quad G(x)\Delta xk\Delta x-F_{\mathrm{T}}\cos\theta\Delta y+F_{\mathrm{T}}\sin\theta\Delta x=0$$

方程的两边除以 Δx，并取 $\Delta x\to 0$ 时的极限（注意到 $\Delta y\to 0,\Delta\theta\to 0,\Delta F_{\mathrm{T}}\to 0$），得到

$$\frac{\mathrm{d}(F_{\mathrm{T}}\cos\theta)}{\mathrm{d}x}=0 \tag{5-1}$$

$$\frac{\mathrm{d}(F_{\mathrm{T}}\sin\theta)}{\mathrm{d}x}-G(x)=0 \tag{5-2}$$

$$\frac{\mathrm{d}y}{\mathrm{d}x}=\tan\theta \tag{5-3}$$

对式（5-1）积分，得

$$F_{\mathrm{T}}\cos\theta=\text{常数}=F_{\mathrm{H}} \tag{5-4}$$

式中 F_{H} 为索内任一点的拉力在水平方向的分量。对式（5-2）积分，得

$$F_{\mathrm{T}}\sin\theta=\int G(x)\,\mathrm{d}x \tag{5-5}$$

将式（5-5）除以式（5-4），并应用式（5-3），可得

$$\tan\theta=\frac{\mathrm{d}y}{\mathrm{d}x}=\frac{1}{F_{\mathrm{H}}}\int G(x)\,\mathrm{d}x$$

对上式积分得到

$$y=\frac{1}{F_{\mathrm{H}}}\int\left(\int G(x)\,\mathrm{d}x\right)\mathrm{d}x \tag{5-6}$$

这就是用于确定悬索曲线形状 $y=f(x)$ 的方程。对式(5-6)积分产生的常数 C_1、C_2 及索内拉力的水平分量 F_{H} 可由悬索的边界条件确定。

例 5-7 某悬索桥如图5-16所示，在桥柱 A、B 之间的桥面荷载通过吊索传至主索，荷载按沿水平跨度均匀分布 G_0 计算，试求悬索 AB 内的最大拉力和所需的索长。设跨度 l 和垂度 h 已知。

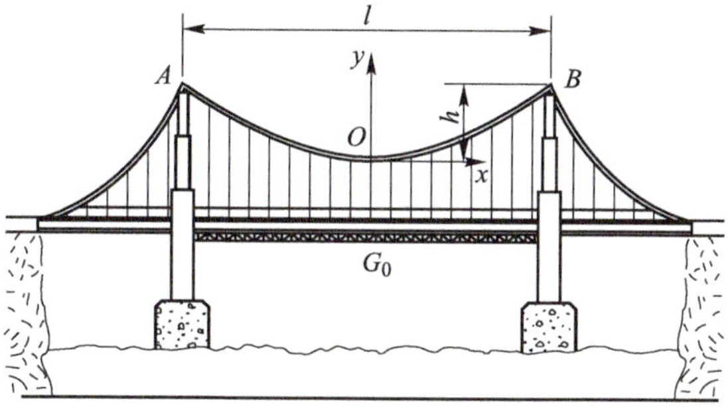

图 5-16 例 5-7 图

解 首先确定悬索曲线的形状。根据对称性，取悬索的中点 O 为坐标原点，应用式(5-6)，得

$$y=\frac{1}{F_{\mathrm{H}}}\int\left(\int G_0\,\mathrm{d}x\right)\mathrm{d}x$$

对上式积分两次，有

$$y=\frac{1}{F_{\mathrm{H}}}\left(\frac{G_0x^2}{2}+C_1x+C_2\right) \tag{a}$$

把悬索的边界条件：$y\Big|_{x=0}=0$，$\dfrac{\mathrm{d}y}{\mathrm{d}x}\Big|_{x=0}=0$，代入式(a)得到 $C_1=0$，$C_2=0$。所以悬索曲线为

$$y=\frac{G_0}{2F_{\mathrm{H}}}x^2 \tag{b}$$

可见悬索曲线为抛物线。再应用边界条件 $y\Big|_{x=\frac{l}{2}}=h$，可以确定常数 F_{H} 为

$$F_{\mathrm{H}}=\frac{G_0l^2}{8h} \tag{c}$$

于是式(b)成为

$$y=\frac{4h}{l^2}x^2 \tag{d}$$

由式(5-4)，$F_{\mathrm{T}}\cos\theta=F_{\mathrm{H}}\left(0\leqslant\theta\leqslant\dfrac{\pi}{2}\right)$，在 B 点 θ 取得最大值，索内的拉力达到最大。由式(b)

得 B 点的斜率为

$$\left.\frac{\mathrm{d}y}{\mathrm{d}x}\right|_{x=\frac{l}{2}}=\tan\theta_{\max}=\left.\frac{G_0}{F_{\mathrm{H}}}x\right|_{x=\frac{l}{2}}$$

即
$$\theta_{\max}=\arctan\frac{G_0 l}{2F_{\mathrm{H}}}\tag{e}$$

所以
$$F_{\mathrm{Tmax}}=\frac{F_{\mathrm{H}}}{\cos\theta_{\max}}\tag{f}$$

式(f)可变换为

$$F_{\mathrm{Tmax}}=\frac{\sqrt{4F_{\mathrm{H}}^2+G_0^2l^2}}{2}$$

再将式(c)代入上式,得

$$F_{\mathrm{Tmax}}=\frac{G_0 l}{2}\sqrt{1+\left(\frac{l}{4h}\right)^2}$$

下面再求索长。考虑微段悬索 $\mathrm{d}s$,有

$$\mathrm{d}s=\sqrt{(\mathrm{d}x)^2+(\mathrm{d}y)^2}=\sqrt{1+\left(\frac{\mathrm{d}y}{\mathrm{d}x}\right)^2}\,\mathrm{d}x$$

悬索的总长 L 可由下式积分得到

$$L=\int\mathrm{d}s=2\int_0^{l/2}\sqrt{1+\left(\frac{\mathrm{d}y}{\mathrm{d}x}\right)^2}\,\mathrm{d}x\tag{g}$$

将式(d)代入式(g)并积分,得索的总长为

$$L=\frac{l}{2}\left[\sqrt{1+\left(\frac{4h}{l}\right)^2}+\frac{l}{4h}\operatorname{arcsinh}\frac{4h}{l}\right]$$

4. 荷载沿索长分布的情况

当需要考虑悬索自身的重量时,悬索受到沿索长 s 分布的荷载 $G(s)$,如图 5-17a所示。取一微段 Δs 考察,如图 5-17b 所示,根据力系的平衡条件,可得到与式(5-1)~式(5-5)类似的式子,即

$$F_{\mathrm{T}}\cos\theta=F_{\mathrm{H}}\tag{5-7}$$

$$F_{\mathrm{T}}\sin\theta=\int G(s)\,\mathrm{d}s\tag{5-8}$$

$$\frac{\mathrm{d}y}{\mathrm{d}x}=\frac{1}{F_{\mathrm{H}}}\int G(s)\,\mathrm{d}s\tag{5-9}$$

为了对式(5-9)积分,作如下变换:

由
$$\mathrm{d}s=\sqrt{(\mathrm{d}x)^2+(\mathrm{d}y)^2}$$

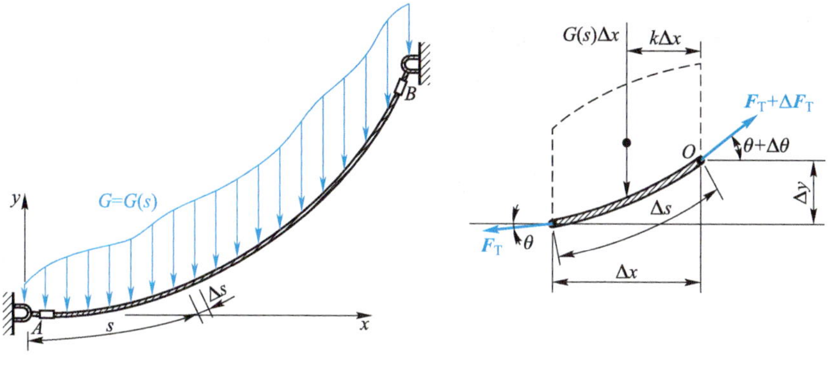

图 5-17 荷载沿索长分布的悬索

得
$$\frac{\mathrm{d}y}{\mathrm{d}x}=\sqrt{\left(\frac{\mathrm{d}s}{\mathrm{d}x}\right)^2-1}$$

于是有

$$\frac{\mathrm{d}s}{\mathrm{d}x}=\left[1+\frac{1}{F_{\mathrm{H}}^2}\left(\int G(s)\,\mathrm{d}s\right)^2\right]^{1/2}$$

分离变量并进行积分，得

$$x=\int\frac{\mathrm{d}s}{\left[1+\frac{1}{F_{\mathrm{H}}^2}\left(\int G(s)\,\mathrm{d}s\right)^2\right]^{1/2}} \tag{5-10}$$

应用悬索的边界条件，可以确定上式的两个积分常数 C_1 和 C_2。

例 5-8 某悬索如图 5-18 所示，试求悬索曲线、索的长度以及索内最大拉力。设索重 $G(s)=G_0=5\ \mathrm{N/m}$。

解 由于悬索对称，取其中点为坐标原点。首先确定索曲线$y=f(x)$，由式(5-10)得

$$x=\int\frac{\mathrm{d}s}{\left[1+\left(\frac{1}{F_{\mathrm{H}}^2}\right)\left(\int G_0\,\mathrm{d}s\right)^2\right]^{1/2}}$$

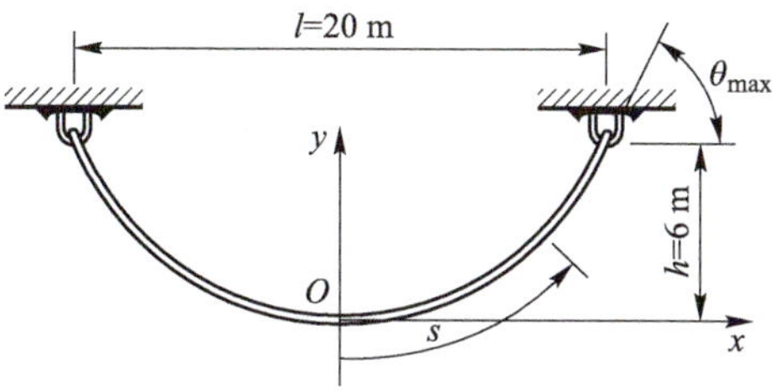

图 5-18 例 5-8 图

令 $\frac{1}{F_H}\int G_0 ds = \frac{1}{F_H}(G_0 s + C_1) = u$,则 $du = \frac{G_0}{F_H}ds$, 对上式积分可得

$$x=\frac{F_H}{G_0}(\operatorname{arcsinh} u+C_2)$$

或
$$x=\frac{F_H}{G_0}\left\{\operatorname{arcsinh}\left[\frac{1}{F_H}(G_0 s+C_1)\right]+C_2\right\} \tag{a}$$

下面应用边界条件定出两个常数的值,根据式(5-9)

$$\frac{dy}{dx}=\frac{1}{F_H}\int G_0 ds=\frac{1}{F_H}(G_0 s+C_1)$$

由 $\left.\frac{dy}{dx}\right|_{s=0}=0$ 得 $C_1=0$,于是

$$\frac{dy}{dx}=\frac{G_0 s}{F_H} \tag{b}$$

再考虑式(a),当 $x=0$ 时,$s=0$,得 $C_2=0$。为了得到索曲线,由式(a)解出 s,有

$$s=\frac{F_H}{G_0}\sinh\left(\frac{G_0}{F_H}x\right) \tag{c}$$

将式(c)代入式(b),得

$$\frac{dy}{dx}=\sinh\left(\frac{G_0}{F_H}x\right)$$

对上式积分,得

$$y=\frac{F_H}{G_0}\cosh\left(\frac{G_0}{F_H}x\right)+C_3 \tag{d}$$

由边界条件 $y\Big|_{x=0}=0$,得 $C_3=-\frac{F_H}{G_0}$,则索曲线方程为

$$y=\frac{F_H}{G_0}\left[\cosh\left(\frac{G_0}{F_H}x\right)-1\right] \tag{e}$$

于是可知,当悬索受沿索长均匀分布的荷载时,悬索曲线为一悬链线。

常量 F_H 可由边界条件 $y\Big|_{x=\frac{l}{2}}=h$ 确定,即

$$h=\frac{F_H}{G_0}\left[\cosh\left(\frac{G_0 l}{2F_H}\right)-1\right] \tag{f}$$

将已知条件 $G_0=5\ \text{N/m}$,$h=6\ \text{m}$,$l=20\ \text{m}$ 代入得

$$6\ \text{m}=\frac{F_H}{5\ \text{N/m}}\left[\cosh\left(\frac{50\ \text{N}}{F_H}\right)-1\right] \tag{g}$$

对于式(g),可用试算法求出 F_H,结果为

$$F_H=45.8\ \text{N}$$

再将已知条件代入式(e),可得索曲线为

$$y=9.16[\cosh(0.109x)-1]$$

下面求索的长度，对于式(c)，当 $x=10$ m 时，半索长为

$$\frac{l}{2}=\frac{45.5\ \mathrm{N}}{5\ \mathrm{N/m}}\sinh\left[\frac{5\ \mathrm{N/m}}{45.8\ \mathrm{N}}(10\ \mathrm{m})\right]=12.1\ \mathrm{m}$$

所以，索的长度为

$$l=24.2\ \mathrm{m}$$

因为索内拉力 $F_T=F_H/\cos\theta$[见式(5-7)]，可见当 θ 取最大值(即 $s=\frac{l}{2}=12.1$ m)时，索内拉力最大，根据式(b)，有

$$\left.\frac{\mathrm{d}y}{\mathrm{d}x}\right|_{s=12.1\ \mathrm{m}}=\tan\theta_{max}=\frac{5\ \mathrm{N/m}\times 12.1\ \mathrm{m}}{45.8\ \mathrm{N}}=1.32$$

$$\theta_{max}=52.9°$$

于是得到索内的最大拉力为

$$F_{Tmax}=\frac{F_H}{\cos\theta_{max}}=\frac{45.8\ \mathrm{N}}{\cos 52.9°}=75.9\ \mathrm{N}$$

§5-3　摩擦及有摩擦的平衡问题

1. 概述

在前面的章节中，两物体间的接触面(或点)都假设是完全光滑的。但实际上，这种完全光滑的接触是不存在的，两物体的接触面之间一般都有摩擦。只是在有些问题中，摩擦力很小，对所研究的问题属于次要因素，可以忽略不计，因而也就可以把接触面看作是光滑的。但是，对于另外一些实际问题，如重力坝与挡土墙的滑动稳定问题、胶带轮和摩擦轮的传动等，摩擦却是重要的甚至是决定性的因素，必须加以考虑。

按照接触物体之间相对运动的情况分类，摩擦可分为滑动摩擦与滚动摩擦两类。当两物体接触处有相对滑动或有相对滑动趋势时，在接触处的公切面内所受到的阻碍称为滑动摩擦。如活塞在汽缸中滑动，轴在滑动轴承中转动，都有滑动摩擦。当两物体有相对滚动或有相对滚动趋势时，物体间产生的对滚动的阻碍称为滚动摩擦。如车轮在地面上滚动，滚动轴承中的滚珠在轴承中滚动，都有滚动摩擦。

摩擦在工程上和日常生活中都很重要。重力坝依靠摩擦防止在水压力作用下可能产生的滑动；桥梁与码头基础中的摩擦桩依靠摩擦承受荷载；胶带轮和摩擦轮的传动，车辆的起动与制动，都要靠摩擦。要是没有摩擦，连走路也不可能，人们的生活将不可想象。这些都是摩擦的有利的一面。摩擦也有其有害的一面。如摩擦将消耗能量，损坏机件。为了提高机械效率，保护机件，又要设法减

小摩擦，如在机件接触面加润滑油或改善接触面状况（如增加光洁度）等。长期以来，人们在摩擦的理论和实验方面做了很多工作，目的就是为了认识有关摩擦的规律，以便设法减少或避免它的有害的一面，而利用它的有利的一面来为生产和生活服务。

2. 滑动摩擦

（1）滑动摩擦与摩擦定律

当两物体接触处沿着接触点的公切面有相对滑动或有相对滑动趋势时，彼此作用着阻碍相对滑动的力，称为**滑动摩擦力**，简称**摩擦力**，由于摩擦力阻碍两物体相对滑动，所以**它的方向必与物体相对滑动方向或相对滑动趋势的方向相反**。下面讨论摩擦力的变化规律。

设将重 W 的物体放在水平面上，并施加一水平力 $\boldsymbol{F}_T$，如图 5-19 所示。根据经验可知，当 $\boldsymbol{F}_T$ 的大小不超过某一数值时，物体虽有滑动的趋势，但仍可保持静止。这就表明，水平面对物体除了有法向反力 $\boldsymbol{F}_N$ 外，还有一摩擦力 $\boldsymbol{F}$。这时的摩擦力 $\boldsymbol{F}$ 称为**静摩擦力**。根据物体的平衡条件，应有 $F=F_T$。如 $F_T=0$，则 $F=0$，即物体没有滑动趋势时，也就没有摩擦力；而当 F_T 增大时，静摩擦力 $\boldsymbol{F}$ 亦随之相应增大，并且 $F=F_T$。但当 F_T 增大到一定数值时，物体就将开始滑动。这说明摩擦力不能无限增大而有一极限值。当静摩擦力达到极限值时，物体处于将动未动的状态，即所谓临界状态，这时的摩擦力称为**极限摩擦力**或**最大静摩擦力**。

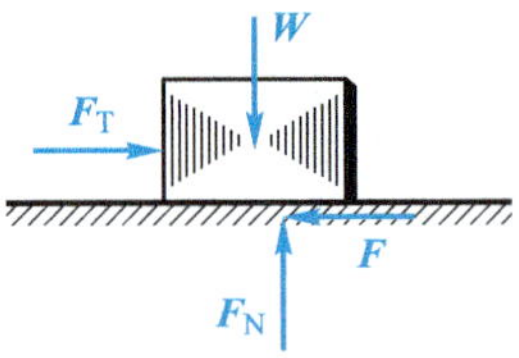

图 5-19　滑动摩擦力

综上所述，**静摩擦力的大小，系由平衡条件决定**，但必介于零与极限摩擦力的大小之间，如以 F_{max} 表示极限摩擦力 $\boldsymbol{F}_{max}$ 的大小，则静摩擦力 $\boldsymbol{F}$ 的大小的变化范围为

$$0 \leqslant F \leqslant F_{max}$$

根据大量实验结果，极限摩擦力的大小，可用如下的近似关系求得：**极限摩擦力的大小与接触面之间的正压力（即法向反力）F_N 成正比，而与接触面积的大小无关**，即

$$F_{max}=f_s F_N \tag{5-11}$$

这就是通常所说的**库仑摩擦定律**。式中比例常数 f_s 为量纲一的量，称为**静摩擦因数**。它的大小与接触体的材料及接触面状况（粗糙度、湿度、温度等）有关。各种材料在不同表面情况下的静摩擦因数是由实验测定的，这些值一般可在一些工程手册中查到。下面列举几种材料的静摩擦因数 f_s 的大约值，供参考（表 5-2）。

表 5-2 几种材料的摩擦因数

材料	摩擦因数	材料	摩擦因数
钢对钢	0.10～0.20	木材对土	0.30～0.70
钢对铸铁	0.20～0.30	混凝土对砖	0.70～0.80
皮革对铸铁	0.30～0.50	橡胶对铸铁	0.50～0.80
木材对木材	0.40～0.60	混凝土对土	0.30～0.40

必须指出，式(5-11)所表示的关系只是近似的，它并没有反映出摩擦现象的复杂性。但由于公式简单，应用方便，用它求得的结果，对于一般工程问题来说，已能满足要求，故目前仍被广泛采用。摩擦因数的数值对工程的安全与经济有着极为密切的关系。对于一些重要的工程，如采用式(5-11)，必须通过现场量测与试验精确地测定静摩擦因数的值，作为设计计算的依据。例如，某大型水坝与基础的摩擦因数的数值若提高 0.01，则维持该坝体滑动稳定所需的自重可相应地减少，从而可节约混凝土 $2\times10^4\ \mathrm{m}^3$。可见，精确地测定摩擦因数是一项十分重要的工作。

物体间有相对滑动时的摩擦力称为**动摩擦力**。动摩擦力与法向反力也有与式(5-11)相同的近似关系：**动摩擦力的大小与接触面之间的正压力(法向反力)成正比**。如以 F'代表动摩擦力的大小，则有

$$F' = f_d F_N \tag{5-12}$$

式中 f_d 也是一个量纲一的量，称为**动摩擦因数**。动摩擦因数 f_d 将随物体接触处相对滑动的速度而变，但由于它们间的关系复杂，通常，在一定速度范围内，可不考虑这种变化，而认为是只与接触面的材料和表面状况有关的常数。动摩擦因数一般比静摩擦因数略小。这就说明，为什么维持一个物体的运动比使其由静止进入运动要容易。

(2) 摩擦角与自锁现象

当有摩擦时，支承面对物体的约束力包括法向反力 $\boldsymbol{F}_N$ 与摩擦力 $\boldsymbol{F}$，这两个力的合力 $\boldsymbol{F}_R$ 就是支承面对物体作用的全约束力。当摩擦力 $\boldsymbol{F}$ 达到极限摩擦力 $\boldsymbol{F}_{max}$时，$\boldsymbol{F}_R$ 与 $\boldsymbol{F}_N$ 所成的角 φ_m(图 5-20)称为**摩擦角**。由于 $\boldsymbol{F}_{max}$是最大的静摩擦力，所以 φ_m 也是 $\boldsymbol{F}_R$ 与 $\boldsymbol{F}_N$ 之间的最大夹角。由图可见，$F_{max} = F_N \tan\varphi_m$。根据式(5-11)有 $F_{max} = f_s F_N$，因此

$$\tan\varphi_m = f_s \tag{5-13}$$

即摩擦角的正切等于静摩擦因数。摩擦角这一概念在工程上有较为广泛的应用，如螺杆的设计及土建工程中土压力的计算等都涉及这一概念。

如通过接触点在不同的方向作出在极限摩擦情况下的全约束力的作用线，则这些直线将形成一个锥面，称为**摩擦锥**。如沿接触面的各个方向的摩擦因数都相同，则摩擦锥是一个顶角为 $2\varphi_m$ 的圆锥，如图 5-21 所示。因为全约束力 $\boldsymbol{F}_R$ 与接触面法线所成的角不会大于 φ_m，也就是说 $\boldsymbol{F}_R$ 的作用线不可能在摩擦锥面之外，所以物体所受的主动力的合力 $\boldsymbol{F}_Q$ 的作用线只有在摩擦锥内，物体才不致滑动；而且只要 $\boldsymbol{F}_Q$ 的作用线在摩擦锥内，则不论 $\boldsymbol{F}_Q$ 多大，物体总能保持静止，这种现象称为“**自锁**”。另一方面，如果主动力的合力 $\boldsymbol{F}_Q$ 的作用线在摩擦锥之外，则不论其大小如何，物体都不可能保持平衡。

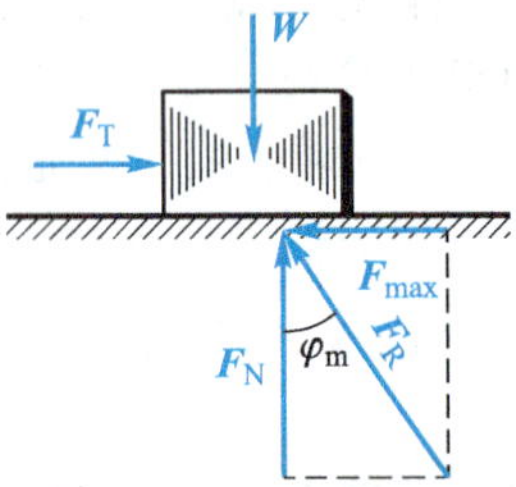

图 5-20　摩擦角

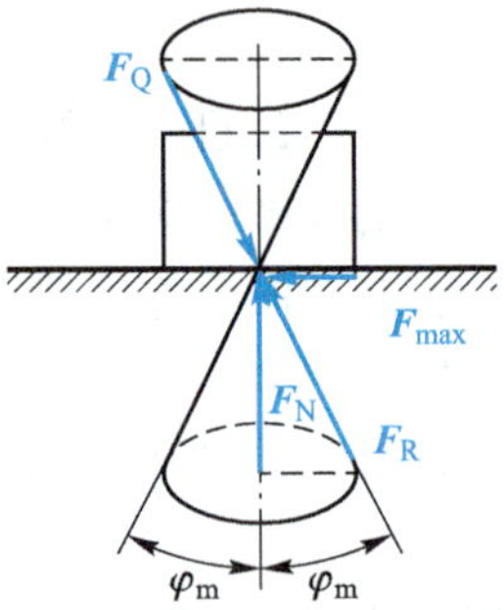

图 5-21　摩擦锥

工程上常利用“自锁”设计一些机构或夹具。如螺旋千斤顶举起重物后不会自行下落就是自锁现象。而在另一些问题中，则要设法避免产生自锁现象。例如，在水闸闸门启闭时，就应避免“自锁”，以防止闸门卡住。

（3）有摩擦的平衡问题

对于需要考虑摩擦的平衡问题，在加上摩擦力之后，就和求解没有摩擦的平衡问题一样。只是由于静摩擦力的大小可在零与极限值 F_{max} 之间变化，即 $0 \leqslant F \leqslant F_{max}$，所以相应地物体平衡位置或所受力的大小也有一个范围，这是不同于没有摩擦的平衡问题之处。

如何确定物体平衡位置或所受的力的范围？通常可以取物体将动而未动的临界状态进行分析，来确定平衡位置或受力大小的边界值。这个过程称为**临界状态分析法**。必须注意，这时极限摩擦力的方向总是与相对滑动趋势方向相反，不能任意假设。

另外一种情况，需要判定物体在某一位置或在某力作用下能否保持平衡。此时，可以把摩擦力看成是约束力，假设物体是平衡的，通过平衡方程求出摩擦力 F 和法向约束力 F_N，然后将 F 与极限摩擦力 F_{max}（f_sF_N）进行比较，如 $|F| \leqslant F_{max}$（注意，F 若为负值，表示实际的摩擦力与假设方向相反），则物体能

保持平衡；否则物体不能保持平衡。这个过程称为**假设状态分析法**。

例 5-9 重 G 的物块放在倾角 α 大于摩擦角 φ_m 的斜面上(图 5-22a)，另加一水平力 $\boldsymbol{F}_T$ 使物块保持静止。试求 F_T 的最小值与最大值。设摩擦因数为 f_s。

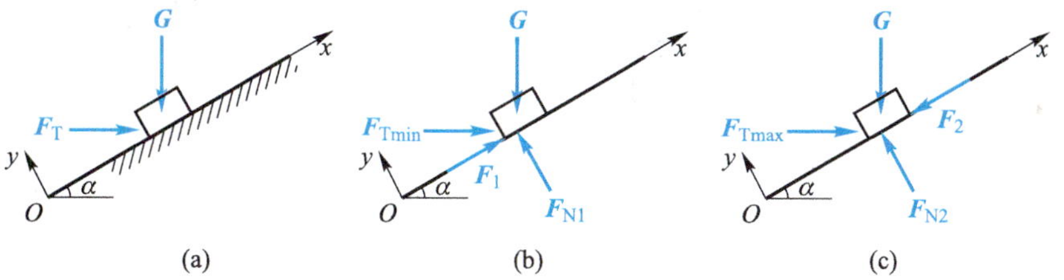

图 5-22 例 5-9 图

解 因 $\alpha>\varphi_m$，如 F_T 太小，则物块将下滑；如 F_T 过大，又将使物块上滑，所以需要分两种情形加以讨论。

先求恰能维持物块不致下滑所需的力 $\boldsymbol{F}_T$ 的最小值 F_{Tmin}。这时物块有下滑的趋势，所以摩擦力向上，如图 5-22b 所示。写出平衡方程

$$\sum F_x = 0,\quad F_{Tmin}\cos\alpha + F_1 - G\sin\alpha = 0 \tag{a}$$

$$\sum F_y = 0,\quad F_{N1} - F_{Tmin}\sin\alpha - G\cos\alpha = 0 \tag{b}$$

由式(b)有

$$F_{N1}=F_{Tmin}\sin\alpha+G\cos\alpha \tag{c}$$

将 $F_1=f_sF_{N1}$ 及式(c)代入式(a)，得

$$F_{Tmin} = \frac{\sin\alpha - f_s\cos\alpha}{\cos\alpha + f_s\sin\alpha}G$$

但 $f_s=\tan\varphi_m$，代入上式，得

$$F_{Tmin} = \frac{\sin\alpha - \tan\varphi_m\cos\alpha}{\cos\alpha + \tan\varphi_m\sin\alpha}G = G\tan(\alpha-\varphi_m) \tag{d}$$

其次，求不致使物块向上滑动的 $\boldsymbol{F}_T$ 的最大值 F_{Tmax}。这时摩擦力向下，如图 5-22c 所示。写出平衡方程

$$\sum F_x = 0,\quad F_{Tmax}\cos\alpha - F_2 - G\sin\alpha = 0 \tag{e}$$

$$\sum F_y = 0,\quad F_{N2} - F_{Tmax}\sin\alpha - G\cos\alpha = 0 \tag{f}$$

由式(e)、(f)及 $F_2=f_sF_{N2}=\tan\varphi_m F_{N2}$ 得

$$F_{Tmax} = \frac{\sin\alpha + f_s\cos\alpha}{\cos\alpha - f_s\sin\alpha}G = G\tan(\alpha+\varphi_m) \tag{g}$$

可见，要使物块在斜面上保持静止，力 $\boldsymbol{F}_T$ 必须满足以下条件

$$G\tan(\alpha-\varphi_m) \leqslant F_T \leqslant G\tan(\alpha+\varphi_m)$$

如利用摩擦角求解本题，则上面结果很容易得到。

当 $\boldsymbol{F}_T$ 有最小值时，物体受力如图 5-23a 所示，其中 $\boldsymbol{F}_R$ 是斜面对物块的全约束力。这时 $\boldsymbol{G}$、$\boldsymbol{F}_{Tmin}$ 及 $\boldsymbol{F}_R$ 三力成平衡，力三角形应闭合，如图 5-23b 所示。于是得到

$$F_{\text{Tmin}} = G\tan(\alpha - \varphi_{\text{m}})$$

当 $\boldsymbol{F}_{\text{T}}$ 有最大值时，物块受力如图 5-23c 所示，力三角形如图 5-23d 所示，于是有

$$F_{\text{Tmax}} = G\tan(\alpha + \varphi_{\text{m}})$$

应当注意，当力 $\boldsymbol{F}_{\text{T}}$ 在上述范围内而未达到极限值时，摩擦力不等于 $f_s F_{\text{N}}$，应由平衡条件决定，摩擦力的方向也由平衡条件决定。

从式(d)可以看出，如果 $\alpha=\varphi_{\text{m}}$，则 $F_{\text{Tmin}}=0$，就是说，无需施加力 $\boldsymbol{F}_{\text{T}}$，物块已能平衡。但这只是临界状态，只要 α 略为增加，物块即将下滑。在临界状态下的角 α 称为休止角，可用来测定摩擦因数。

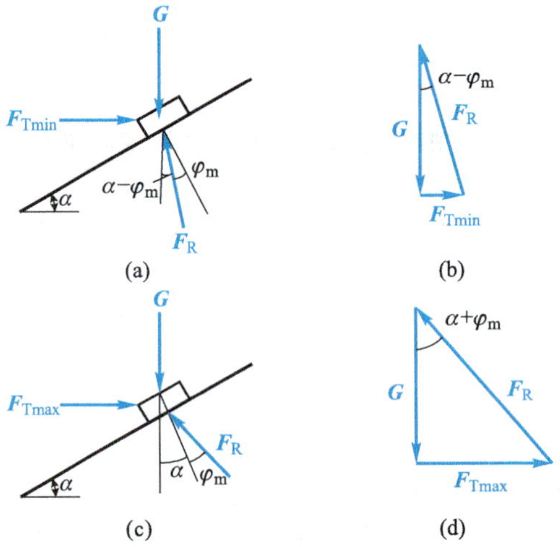

图 5-23　例 5-9 图

例 5-10　梯子 AB 长 l，一端支于地板，另一端靠在墙上，梯与地板成角 α(图5-24)。若梯与地板及墙壁之间的静摩擦角都等于 φ_{m}，不计梯重，试求重 G 的人沿梯上行而梯不致滑倒的距离。设墙壁与地板垂直。

解　当人上梯时，其重力 $\boldsymbol{G}$ 有使梯绕 O 逆时针方向转动的趋势，因此，A 点的摩擦力向左，而 B 点的摩擦力向上。当人上行的距离达到极限值 $x_{\max}$，梯子即将开始滑动时，A、B 两点的反力都与接触面的法线成角 φ_{m}，如图 5-24 所示。延长 $\boldsymbol{F}_{RA}$ 及 $\boldsymbol{F}_{RB}$ 的作用线交于 C 点，则重力 $\boldsymbol{G}$ 必须通过 C 点，三力才能平衡。这时，人所在位置就是极限位置。因设墙壁与地板垂直，所以 $AC \perp BC$。由直角三角形 ABC 及 BCD 中的几何关系可知

$$BC = l\cos(\alpha+\varphi_{\text{m}})$$

$$BD = BC\cos\varphi_{\text{m}}$$

$$= l\cos(\varphi_{\text{m}}+\alpha)\cos\varphi_{\text{m}}$$

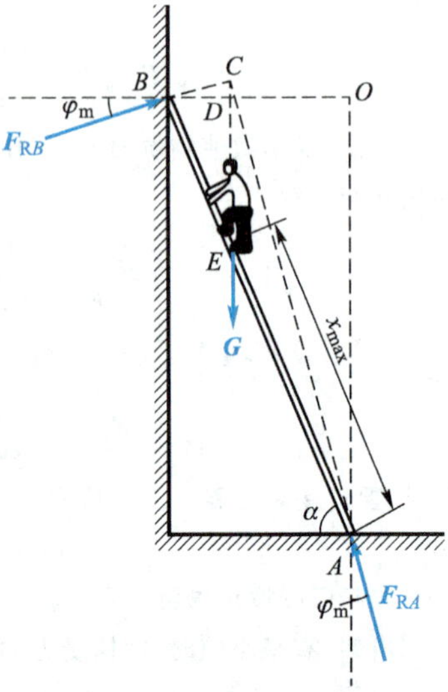

图 5-24　例 5-10 图

而

$$x_{\max} = l - BE = l - BD\sec\alpha$$
$$= l[1 - \cos(\alpha + \varphi_m)\cos\varphi_m\sec\alpha]$$

因此，要使梯不滑倒，人上行的距离应为 $x \leqslant x_{\max}$，即

$$x \leqslant l[1 - \cos(\alpha + \varphi_m)\cos\varphi_m\sec\alpha]$$

由此可见，当 α 有一定值时，人上行的最大距离决定于摩擦角，而与人重 G 无关。

请读者思考：(1) 欲使人沿梯上行至最高点 B 而梯不滑动，α 值应为多少？(2) 若人在 AE 之间，即 $0<x<x_{\max}$，A、B 两处约束力能求得吗？

例 5-11　一带传动装置采用摩擦制动器制动，各部分尺寸如图 5-25a 所示，已知 $l=1$ m，$a=0.4$ m，$R=0.3$ m，$r=0.15$ m，$r_1=0.2$ m，$b=0.02$ m。带轮Ⅱ与摩擦轮Ⅲ固结在一起并套在同一轴上。若已知作用在轮Ⅰ上的转动力矩 $M=60$ kN·m，闸块与摩擦轮Ⅲ之间的摩擦因数 $f_s=0.8$，制动力 $F_P=332$ kN，试问此时能否制动？

解　分别取轮Ⅰ、轮Ⅱ和轮Ⅲ及杆 AB 来考虑，各部分受力如图 5-25b、c、d 所示。

首先假设系统能保持平衡（即能制动），由图 5-25b 列平衡方程

$$\sum M_{O'}(\boldsymbol{F})=0,\quad M-F_1r_1+F_2r_2=0$$

解得

$$F_1 - F_2 = \frac{M}{r_1} \tag{a}$$

再由图 5-25c 列平衡方程

$$\sum M_O(\boldsymbol{F})=0,\quad F_1'R-F_2'R-Fr=0$$

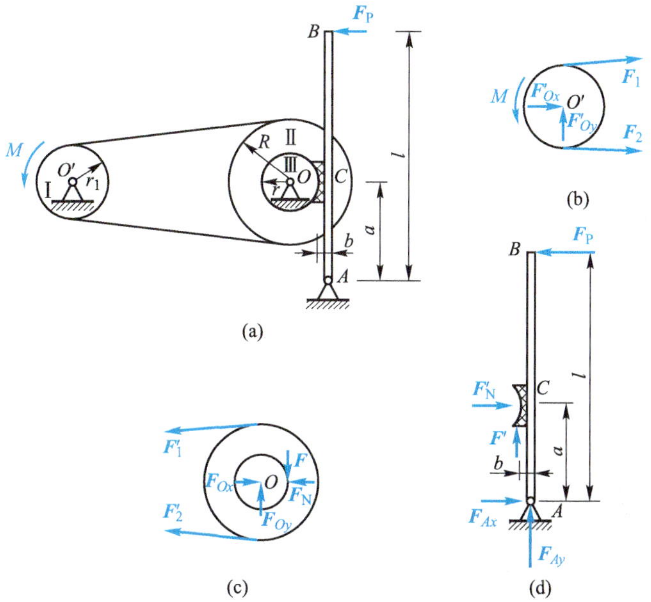

图 5-25　例 5-11 图

得

$$F_1' - F_2' = \frac{Fr}{R} \tag{b}$$

又因 $F_1=F_1'$，$F_2=F_2'$，于是由式(a)、(b)可得

$$F = \frac{MR}{rr_1} = \frac{60 \times 0.3}{0.15 \times 0.2}\ \text{kN} = 600\ \text{kN} \tag{c}$$

由图 5-25d 列平衡方程

$$\sum M_A(\boldsymbol{F})=0,\quad F_P l-F_N' a-F'b=0$$

考虑到 $F_N'=F_N$，$F'=F$，故求得

$$F_N = \frac{1}{a}(F_P l - Fb)$$

$$= \frac{1}{0.4}(332 \times 1 - 600 \times 0.02)\ \text{kN}$$

$$= 800\ \text{kN}$$

此时，闸块处所能产生的极限摩擦力大小 $F_{max}=f_s F_N=0.8\times800\ \text{kN}=640\ \text{kN}$，由于 $F=600\ \text{kN}<F_{max}$，所以在制动力 $F_P=332\ \text{kN}$ 作用下，系统能制动（平衡）。

例 5-12　图 5-26 表示一木制闸门。闸门自重 $G=2.6\ \text{kN}$，水压力的合力 $F_P=32\ \text{kN}$。设闸门与闸槽之间摩擦因数为 0.5，试求所需的启门力与闭门力（不计水的浮力）。

解　当开启闸门时，闸门上所受的力有：闸门重力 $\boldsymbol{G}$、水压力 $\boldsymbol{F}_P$、门槽反力 $\boldsymbol{F}_N$ 和向下的极限摩擦力 $\boldsymbol{F}_1$，如图 5-26c 所示。写出平衡方程

$$\sum F_x = 0,\quad F_P - F_N = 0 \tag{a}$$

$$\sum F_y = 0,\quad F_{T1} - G - F_1 = 0 \tag{b}$$

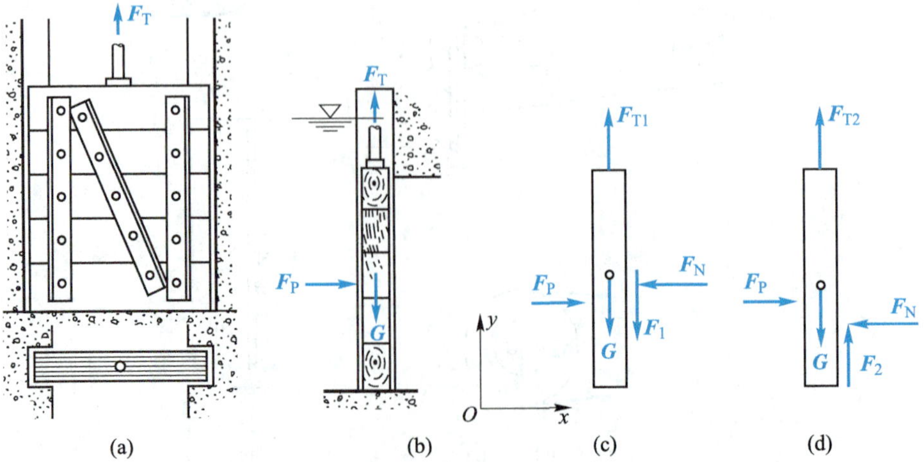

图 5-26

由式(a)得 $F_N=F_P$。因 $F_1=f_dF_N=f_dF_P$，代入(b)式得

$$F_{T1} = G + f_dF_P = 18.6\ \text{kN}$$

关闭闸门时，闸门向下滑动，故摩擦力向上，如图 5-26d 所示。由平衡方程可得

$$F_P = F_N \tag{c}$$

$$F_{T2} = G - F_2 \tag{d}$$

由式(c)、(d)及 $F_2=f_dF_N$，得闭门力为

$$F_{T2} = G - f_dF_P = -13.4\ \text{kN}$$

“-”号表示 F_{T2}的实际方向应与图示方向相反，即应向下。

可见，当启门时，启门力向上，为拉力；而在闭门时，闭门力应向下，即压力。也就是说门的自重小，依靠它本身重量还不能下降，必须外加向下的压力 13.4 kN才能使门关闭。故当闸门小而轻时，常采用螺杆式启闭机，因为通过螺杆既可施加拉力，也可施加压力。通常，为了减小摩擦，闸门和门槽上都镶有铜片或其他材料。

例 5-13　将重 G 的物块放在一斜面上，斜面与水平面所成的角为 α(图 5-27)。在平行于斜面的平面内加一力 $\boldsymbol{F}$，其作用线与最大坡度线 y 成角 β。若该物块在重力 $\boldsymbol{G}$ 及力 $\boldsymbol{F}$ 作用下恰可开始滑动，试求滑动方向。又若 $\beta=90°$，试求恰足以使物块滑动的力 $\boldsymbol{F}$ 的大小。假定静摩擦因数为 f_s，且 $\tan\alpha<f_s$。

文档：例 5-13 题解

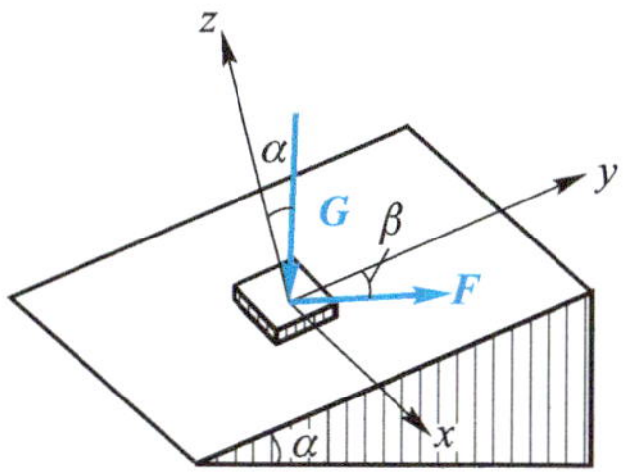

图 5-27　例 5-13 图

3. 滚动摩擦

将一半径为 r、重 G 的轮子放在水平面上，在轮心 O 加一水平力 $\boldsymbol{F}_T$(图 5-28a)，并假定接触处有足够的摩擦阻止轮子滑动。假如轮子与平面都是刚体，则两者接触于 I 点(实际上是通过 I 点的一条直线)；法向反力 $\boldsymbol{F}_N$ 和摩擦力 $\boldsymbol{F}$ 都作用于 I 点。显然水平力 $\boldsymbol{F}_T$ 将使轮子滚动。但由经验可知，当力 $\boldsymbol{F}_T$ 较小时，轮子并不滚动，可见必另有一个力偶阻碍轮子滚动，该力偶的矩应为 $M_f = F_Tr$ (图 5-28b)。这个阻碍轮子滚动的力偶称为滚动摩擦力偶。

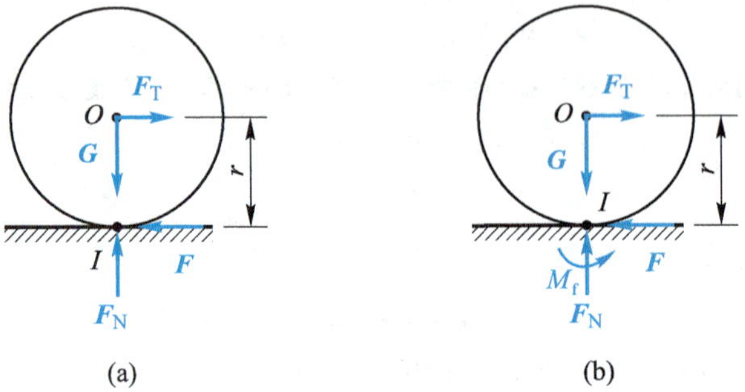

图 5-28 滚动摩擦

滚动摩擦力偶的产生，主要由于接触物体（轮子与水平面）并非刚体，受力后产生了微小变形，使接触处不是一直线，而是偏向轮子滚动前方的一小块面积，水平面对轮子作用的力就分布在这一小块面积上，如图 5-29a 所示（图中假设只是水平面变形）。将分布力合成为一个力 $\boldsymbol{F}_R$，则 $\boldsymbol{F}_R$ 的作用线也稍稍偏于轮子前方，再将 $\boldsymbol{F}_R$ 沿水平与铅直两个方向分解，则水平方向的分力即摩擦力 $\boldsymbol{F}$，铅直方向的分力即法向反力 $\boldsymbol{F}_N$，如图 5-29b 所示。可见 $\boldsymbol{F}_N$ 向轮子前方偏移了一小段距离 d，使 $\boldsymbol{F}_N$ 与 $\boldsymbol{G}$ 组成一个力偶，这个力偶就是滚动摩擦力偶。也可以不用图 5-29b 的表示法，而令 $\boldsymbol{F}_N$ 及 $\boldsymbol{F}$ 作用于 I 点（向 I 点简化），并附加一个力偶，如图 5-28b 所示，当然力偶矩 $M_f = F_N d$。

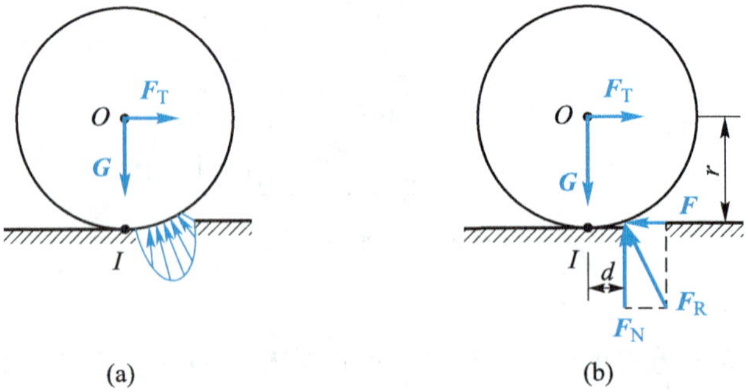

图 5-29 接触面变形

当 $\boldsymbol{F}_T$ 增大时，若轮子仍处于静止，显然滚动摩擦力偶矩也随着增大。但是滚动摩擦力偶矩不能无限增大，而有一最大值。当主动力偶的矩超过该最大值时，轮子就要开始滚动。滚动摩擦力偶矩的最大值称为**极限滚动摩擦力偶矩**。根据实验结果，**极限滚动摩擦力偶矩与法向反力成正比**。如用 M_{fmax} 代表极限滚动摩擦力偶矩，则

$$M_{\mathrm{fmax}}=\delta F_{\mathrm{N}} \tag{5-14}$$

式中 δ 称为**滚动摩擦系数**，是一个以长度为量纲的系数，常用的单位是 mm。显然 δ 起着力偶臂的作用，它是法向反力偏离轮子最低点的最大距离。滚动摩擦系数 δ 的大小与接触体材料性质有关，可由实验测定。某些材料的 δ 值也可在工程手册中查到。表 5-3 为几种材料的滚动摩擦系数的大约值。

表 5-3 几种材料的滚动摩擦系数

材料	滚动摩擦系数	材料	滚动摩擦系数
木对木	$\delta=0.5\sim0.8$ mm	木对钢	$\delta=0.3\sim0.4$ mm
软钢对软钢	$\delta=0.05$ mm	轮胎对路面	$\delta=2\sim10$ mm

轮子滚动后，滚动摩擦力偶仍存在。通常认为滚动后的滚动摩擦力偶矩与极限摩擦力偶矩的大小相等。

现在来讨论为什么使轮子滚动比滑动省力。如图 5-29b 所示，要使重为 G 的轮子滚动，所需的最小水平拉力为

$$F_{\mathrm{T1}}=F=\frac{\delta F_{\mathrm{N}}}{r}=\frac{\delta}{r}G$$

而使该轮子滑动，所需的最小水平拉力为

$$F_{\mathrm{T2}}=F_{\max}=f_{\mathrm{s}}F_{\mathrm{N}}=f_{\mathrm{s}}G$$

式中 f_{s} 为轮子与水平面间的静摩擦因数。通常 $\frac{\delta}{r}\ll f_{\mathrm{s}}$，所以

$$F_{\mathrm{T1}}\ll F_{\mathrm{T2}},\quad F\ll F_{\max}$$

可见，使轮子滚动比滑动省力。在生产实践中，为了省力常以滚动代替滑动，例如，在水利工程中，启闭水闸闸门以轮子在钢轨上的滚动代替滑动；在机器中以滚珠轴承代替滑动轴承，等等，就是这个道理。

例 5-14 在半径为 r、重为 G_1 的两个滚子上放一木板，木板上放一重物，板与重物共重 G_2（图 5-30a），在水平力 $\boldsymbol{F}$ 的作用下，木板与重物以匀速沿直线缓慢运动。设木板与滚子之间及滚子与地面之间的滚动摩擦系数分别为 δ' 及 δ，并且无相对滑动，试求力 $\boldsymbol{F}$ 的大小。

解 因为木板和重物以匀速沿直线缓慢运动，所以滚子以匀速缓慢滚动，因而作用在整个系统上的力必成平衡。由于接触处的变形，所有接触处的法向反力都向相对滚动的一边偏移一微小距离——等于滚动摩擦系数。

分别考虑木板和重物及两个滚子的平衡，作示力图如图 5-30b、c、d 所示（也可令 F_{NA}、F_{NB}、…作用于接触点，另加相应的滚动摩擦力偶）。

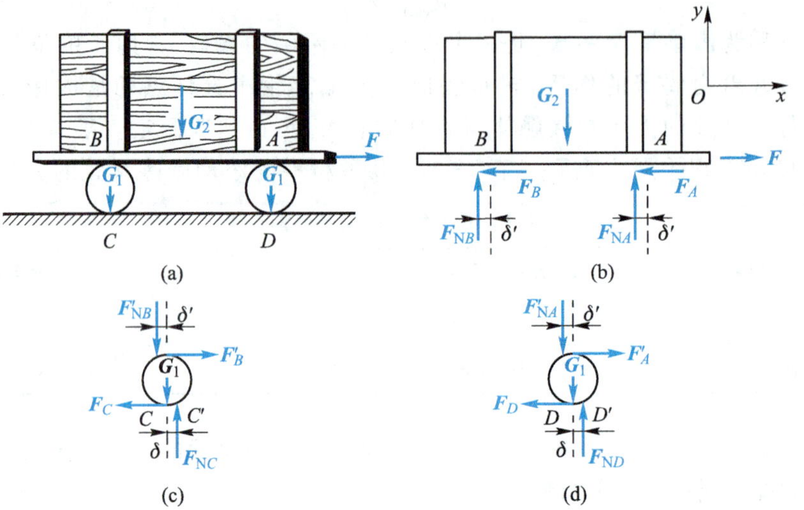

图 5-30　例 5-14 图

取 x 轴水平向右，y 轴铅直向上，由图 5-30b 有

$$\sum F_x = 0, \quad F - F_A - F_B = 0 \tag{a}$$

$$\sum F_y = 0, \quad F_{NA} + F_{NB} - G_2 = 0 \tag{b}$$

由图 5-30c 有

$$\sum M_{C'}(\boldsymbol{F}) = 0, \quad F'_{NB}(\delta + \delta') + G_1\delta - F'_B \times 2r = 0 \tag{c}$$

由图 5-30d 有

$$\sum M_{D'}(\boldsymbol{F}) = 0, \quad F'_{NA}(\delta + \delta') + G_1\delta - F'_A \times 2r = 0 \tag{d}$$

将式(c)、(d)相加，得

$$(F'_{NA}+F'_{NB})(\delta+\delta')+2G_1\delta-(F'_A+F'_B)2r=0 \tag{e}$$

因 $F'_{NA}=F_{NA}$，$F'_{NB}=F_{NB}$，$F'_A=F_A$，$F'_B=F_B$，由式(a)、(b)得 $F_A+F_B=F$，$F_{NA}+F_{NB}=G_2$，代入式(e)，则

$$G_2(\delta + \delta') + 2G_1\delta - 2rF = 0$$

解得

$$F = \frac{G_2(\delta + \delta') + 2G_1\delta}{2r}$$

当 G_1 远比 G_2 小时，可以略去不计，于是得

$$F = \frac{G_2(\delta + \delta')}{2r}$$

设 $G_2=10\ \text{kN}$，$r=30\ \text{mm}$，$\delta=0.3\ \text{mm}$，$\delta'=0.4\ \text{mm}$，滚子重 G_1 略去不计，代入上式，得

$$F = \frac{10 \times (0.3 + 0.4)}{2 \times 30}\ \text{kN} = \frac{7}{60}\ \text{kN} = 0.117\ \text{kN}$$

如将木板下的滚子移去，使木板与地面接触，设木板与地面的摩擦因数$f_s=0.6$，则刚能拖动木板和重物的水平力 $F'=f_sF_N$。因为 $F_N=G_2$，所以 $F'=f_sG_2=0.6\times10\ kN=6\ kN$。对比 F 与 F'的值，可知滚动所需的力仅为滑动所需力的 1.95%。

思　考　题

5-1　用节点法或截面法计算桁架杆件内力的步骤是什么？判断桁架零杆的准则是什么？

5-2　试用判断桁架零杆的准则直接找出图示桁架中内力为零的杆件。

5-3　物体所受滑动摩擦力的方向与物体运动的方向永远相反。此说法是否正确？举例说明。

5-4　物体保持静止时，滑动摩擦力可以作为约束力，在受力分析时其方向可以任意假定。此说法是否正确？

5-5　轮子一般是滚动容易滑动难，所以在平衡分析时，可以不考虑滑动摩擦力。此说法是否正确？

5-6　物块 A、B 放置如图所示。设 A、B 之间的极限摩擦力为 $\boldsymbol{F}_A$，物块 B 与水平面之间的极限摩擦力为 $\boldsymbol{F}_B$。在物块 A 上作用一水平力 $\boldsymbol{F}_P$。试判别在下列各种情况下，A、B 能否平衡：(1) $F_P>F_A>F_B$；(2) $F_P<F_A<F_B$；(3) $F_B<F_P<F_A$；(4) $F_B>F_P>F_A$；(5) $F_P>F_B>F_A$。

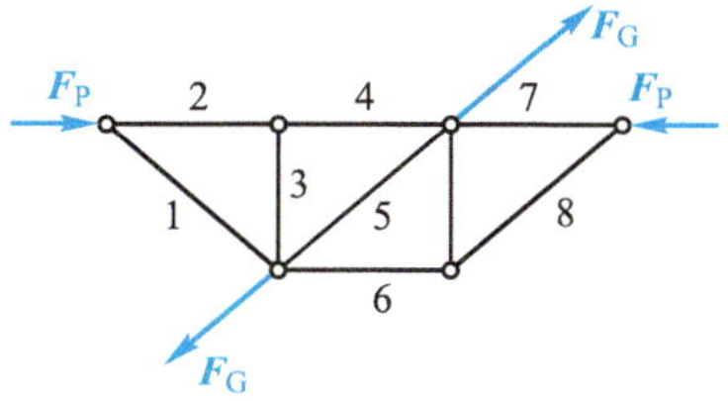

思考题 5-2 图

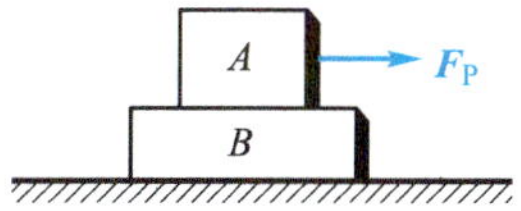

思考题 5-6 图

5-7　在所示三图中，已知物块 A、B 重分别为 F_A、F_B，物块 A 与墙之间用一连杆连接，各接触面之间的静摩擦因数均为 f_s。试判断在三种情况下，能使 B 滑动的水平力 $\boldsymbol{F}_1$、$\boldsymbol{F}_2$、$\boldsymbol{F}_3$ 之值，哪个最大？哪个最小？

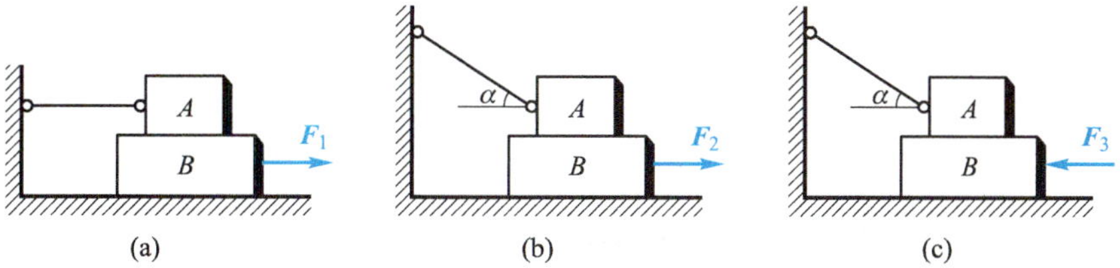

思考题 5-7 图

5-8　一边长为 a 的正方形均质物块，放在粗糙的斜面上，物块在重力 $\boldsymbol{G}$、拉力 $\boldsymbol{F}_T$、法向反力 $\boldsymbol{F}_N$ 及摩擦力 $\boldsymbol{F}$ 作用下在斜面上保持平衡，但在图中，$\sum M_C(\boldsymbol{F})\neq 0$，试问错在哪里？

5-9　骑自行车时，前后两轮的摩擦力各向什么方向？为什么？

5-10　轮子作纯滚动时滑动摩擦力是否等于 $f'F_N$（f'为动摩擦因数），怎样求轮子滚动时地面作用在轮子上的滑动摩擦力？

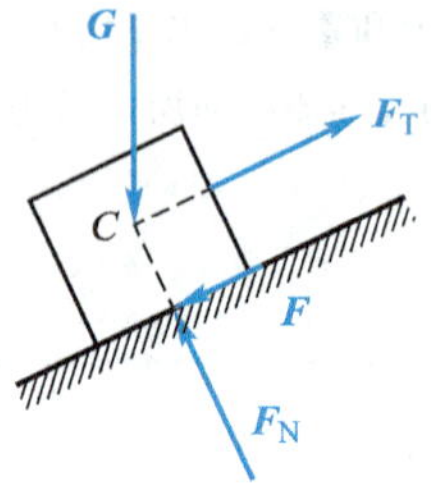

思考题 5-8 图

习　　题

5-1　试用节点法计算图示桁架各杆的内力。

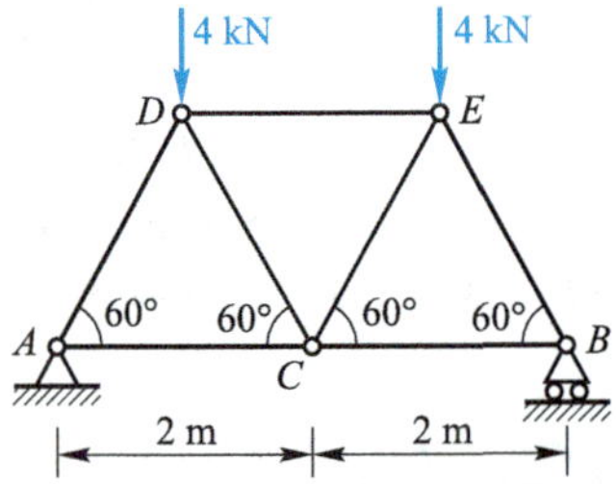

题 5-1 图

5-2　试用截面法求图示桁架指定杆件的内力。

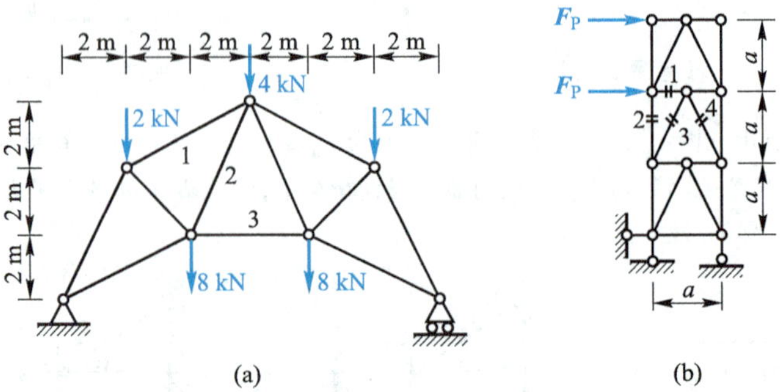

题 5-2 图

文档：
习题 5-5b
题解

5-3　试求图示桁架 1 杆的内力，并进行校核。

5-4　试计算图示桁架指定杆件的内力。图中长度单位为 m，力的单位为 kN。

5-5　试用最简捷的方法求图示桁架指定杆件的内力。

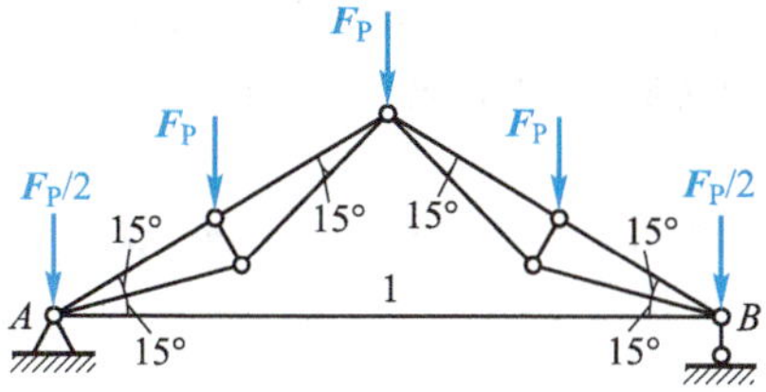

题 5-3 图

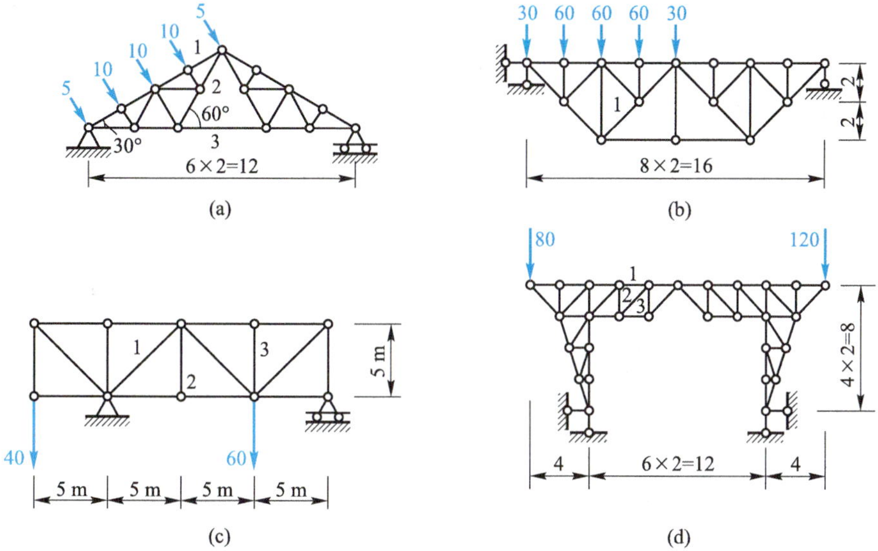

题 5-4 图

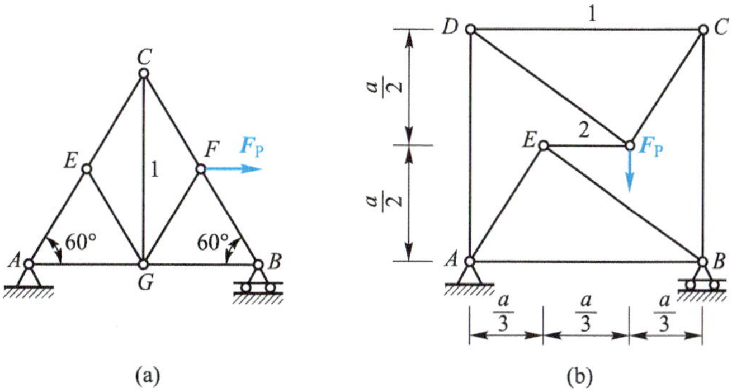

题 5-5 图

5-6　图示结构由等长构件 AE、EG、BD、DK 及杆 DE 铰接而成。C、H 分别为各等长构件的中点。已知载荷 $\boldsymbol{F}_P$。试问这是桁架结构吗？若要求杆 DE 受力，可否用图示的截面法求解？

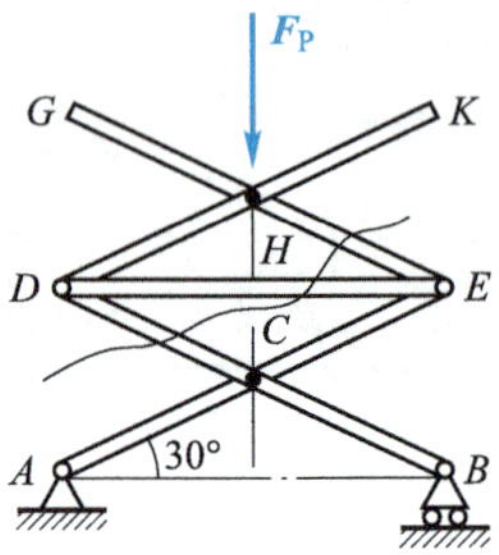

题 5-6 图

文档：习题 5-7 题解

5-7　闸门纵向桁架承受宽 2 m 的面板的水压力，设水深与闸门顶齐平，试求桁架各杆内力。

5-8　杆系铰接如图所示，沿杆 3 与杆 5 分别作用着力 $\boldsymbol{F}_{P1}$ 与 $\boldsymbol{F}_{P2}$，试求各杆内力。

文档：习题 5-9 题解

5-9　空间桁架如图所示，已知 $AB=CB=CA$，力 $\boldsymbol{F}_P$ 与杆 BC 平行，并且 $F_P=50$ kN，试求各杆内力。

5-10　空间桁架如图所示。已知在 A、B 节点上分别作用铅直力 $\boldsymbol{F}_{P1}$ 与水平力 $\boldsymbol{F}_{P2}$，试求各杆的内力。

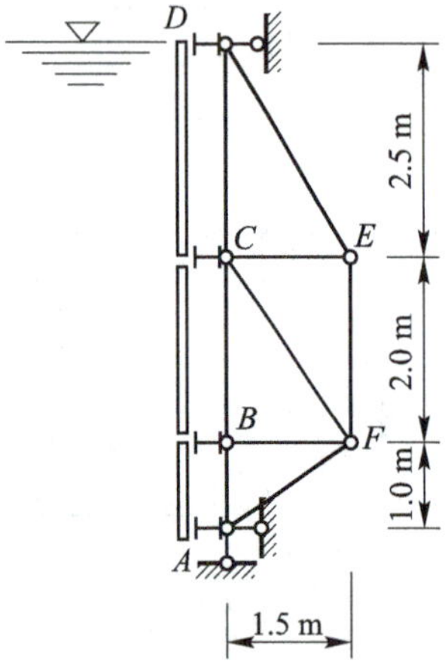

题 5-7 图

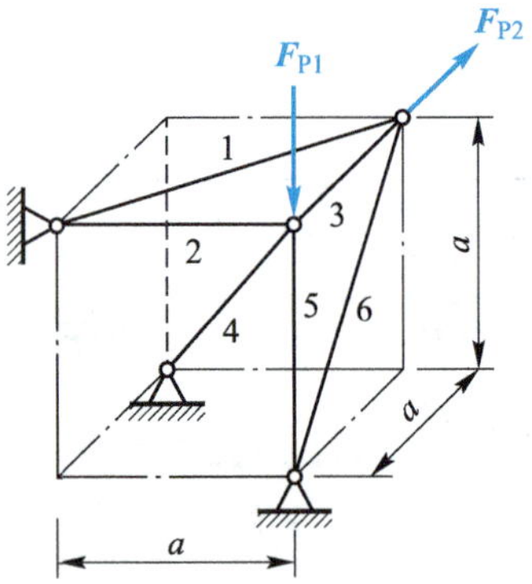

题 5-8 图

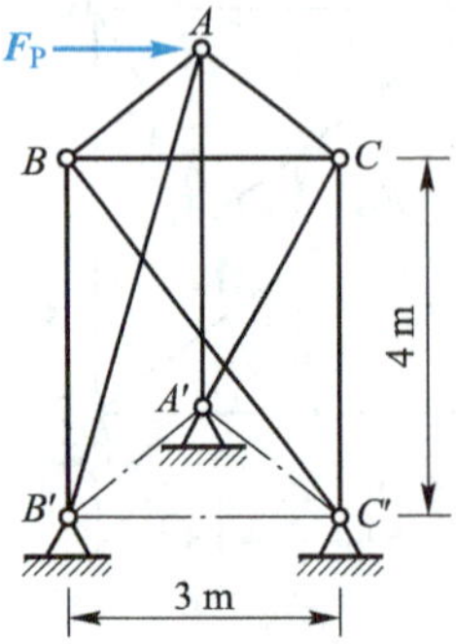

题 5-9 图

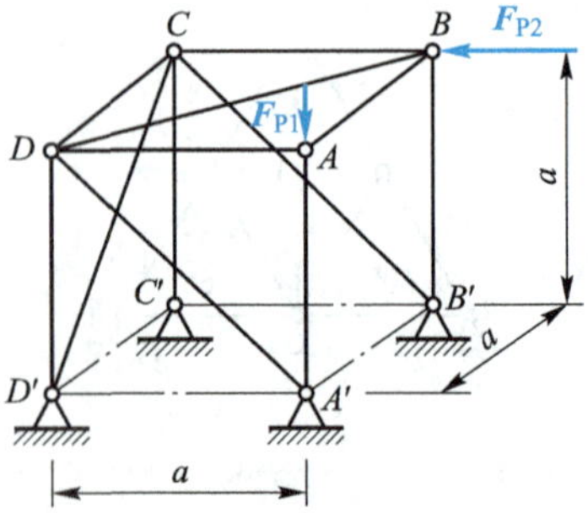

题 5-10 图

5-11　图示悬索桥跨度 200 m，设荷载沿水平跨度均匀分布。已知 $q=5$ kN/m，悬索在 A、B 两点的切线与铅直线成 45°角，试求垂度 f 及最大拉力。

5-12　图示输电线之两塔相距 120 m，塔顶高差 4 m，垂度$f=1$ m，电线每米重 40 N，并假定沿水平跨度均匀分布，试求最低点的水平拉力及最大拉力。

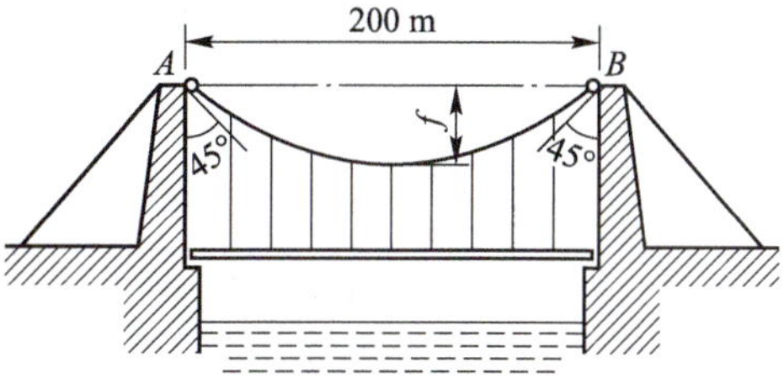

题 5-11 图

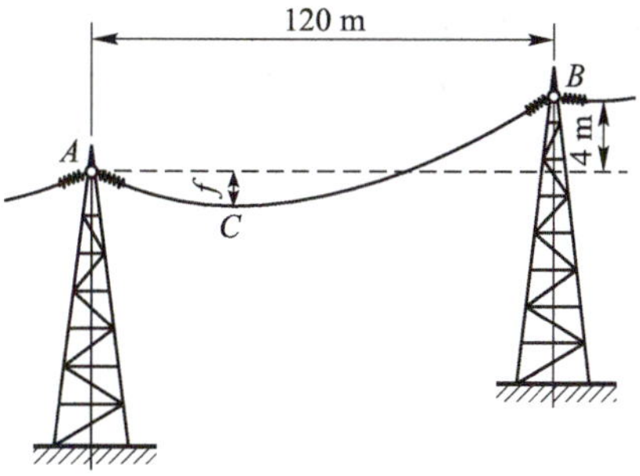

题 5-12 图

5-13　用绳 AB 悬吊一重为 400 kN 的管子，如图所示，A 处绳的斜率为零。绳重不计，试求绳 A、B 两端的张力。

5-14　系船钢缆每米重 120 N，悬挂如图所示，A 端与水平线相切，试求 A、B 两端的拉力。

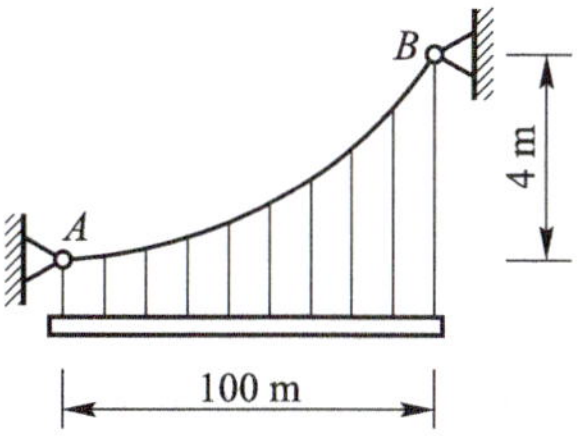

题 5-13 图

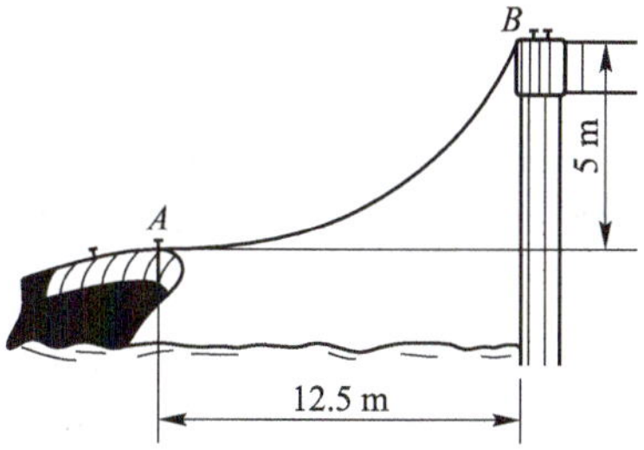

题 5-14 图

5-15　如图，物体 A 重 $G_1=10$ N，与斜面间摩擦因数 $f=0.4$。(1) 设物体 B 重 $G_2=5$ N，试求 A 与斜面间的摩擦力的大小。(2) 若物体 B 重 $G_2=8$ N，则物体与斜面间的摩擦力大小多少？

5-16　一混凝土锚锭如图所示。设混凝土墩重 400 kN，与土壤之间的静摩擦因数 $f_s=0.6$，钢索与水平线成角 $\alpha=20°$。试求不致使混凝土块滑动的最大拉力 $\boldsymbol{F}_T$。

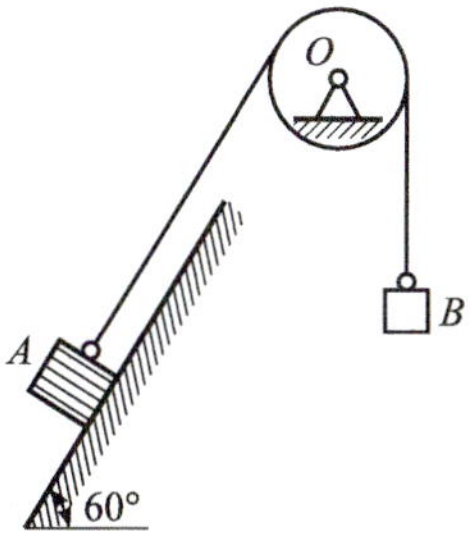

题 5-15 图

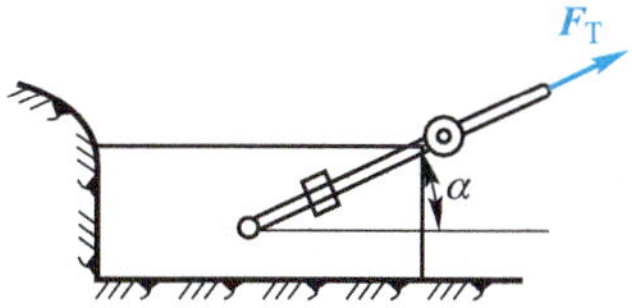

题 5-16 图

5-17 矩形平板闸门宽 6 m,重 150 kN。为了减少摩擦,门槽以瓷砖贴面,并在闸门上设置胶木滑块 A、B,位置如图所示。瓷砖与胶木的摩擦因数 $f_s=0.25$,水深 8 m。试求开启闸门时需要的启门力 $\boldsymbol{F}$。

5-18 图为运送混凝土的装置,料斗连同混凝土总重 25 kN,它与轨道面的动摩擦因数为 0.3,轨道与水平面的夹角为 70°,缆索和轨道平行。试求料斗匀速上升及料斗匀速下降时缆绳的拉力 $\boldsymbol{F}$。

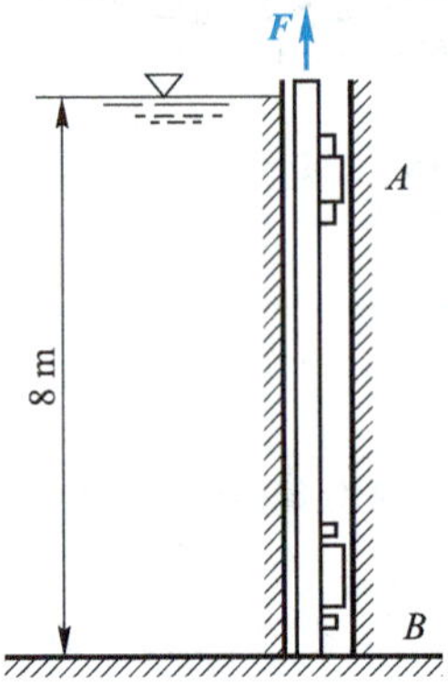

题 5-17 图

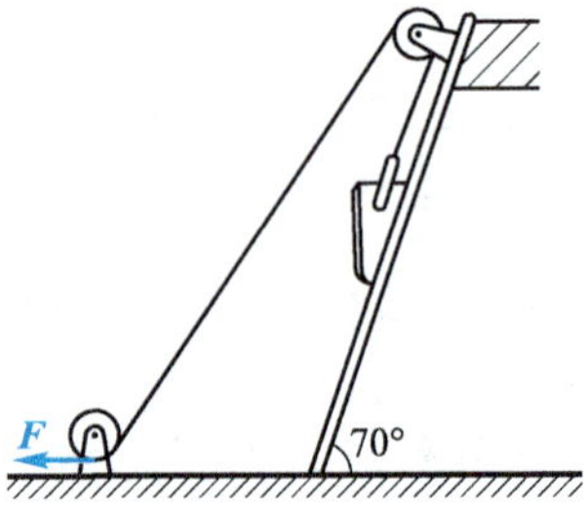

题 5-18 图

5-19 如图,切断钢锭的设备中的尖劈顶角为 30°。尖劈上作用力 $F=3\ 500$ kN,设钢锭与尖劈之间的摩擦因数为 0.15。试求作用在钢锭上的水平推力。

5-20 如图,轧钢机由直径为 d 的两个轧辊构成,两轧辊之间距离为 a,按相反方向转动,已知烧红的钢板与轧辊之间的摩擦因数为 f。试求在该轧钢机上能压延的钢板厚度 b(提示:作用在钢板 A、B 处的正压力和摩擦力的合力必须水平向右,才能把钢板带进两轧辊间隙中压延)。

文档:
习题 5-20
题解

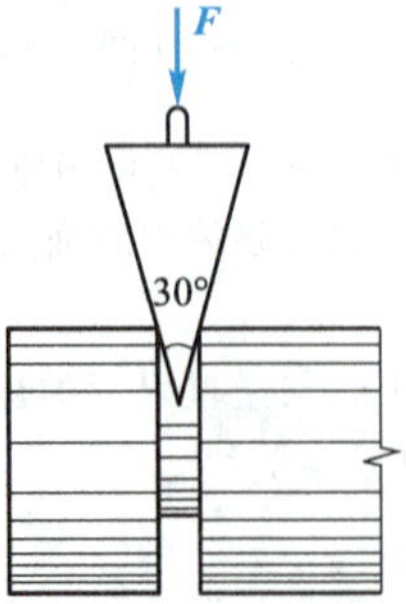

题 5-19 图

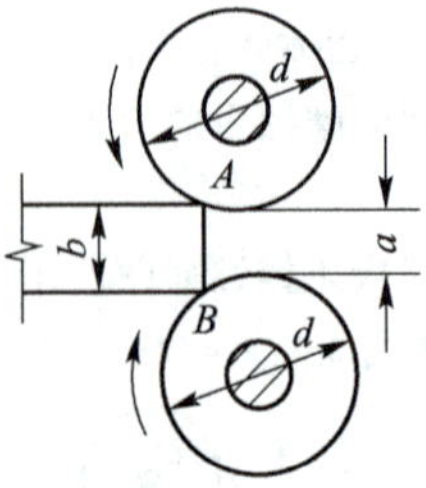

题 5-20 图

5-21 如图,板 AB 长 l,A、B 两端分别搁在倾角 $\alpha_1=50°$,$\alpha_2=30°$ 的两斜面上。已知板端与斜面之间的摩擦角 $\varphi_m=25°$。欲使物块 M 放在板上而板保持水平不动,试求物块放置的范围。板重不计。

5-22 攀登电线杆的脚套钩如图所示。设电线杆直径 $d=300$ mm,A、B 间的铅直距离 $b=100$ mm。若套钩与电线杆之间摩擦因数 $f_s=0.5$,试求工人操作时,为了安全,站在套钩上的最小距离 l 应为多大。

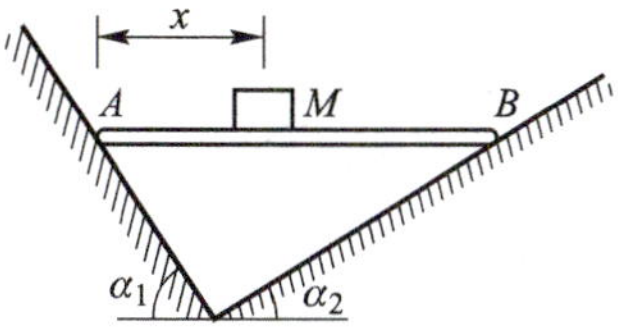

题 5-21 图

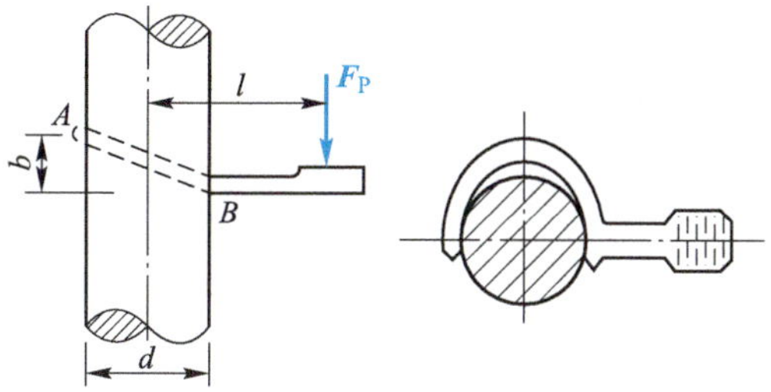

题 5-22 图

5-23　长 l 的杆 BC，在 B 端铰连着一套筒，套筒可在杆 OA 上滑动。杆 OA 上作用一力偶矩 M。在图示位置，套筒与杆 OA 恰好卡住。试求套筒与杆 OA 之间的摩擦因数 f 及 BC 所受的力。

5-24　图示两块钢板用两枚高强度螺栓连接，并受力 $F=F'=24$ kN，钢板接触面的摩擦因数 $f=0.2$。试问：欲使钢板不致错动，螺栓内必须产生多大的拉力（设螺栓周围留有空隙）？

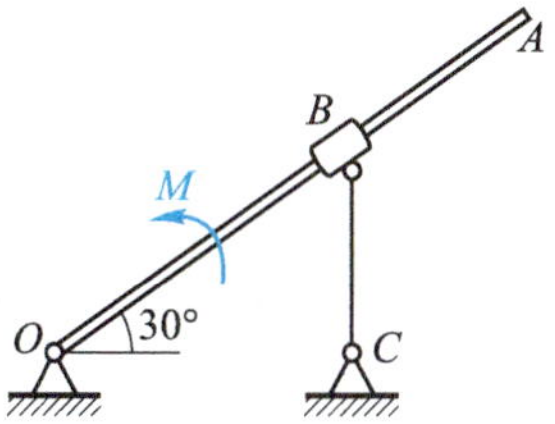

题 5-23 图

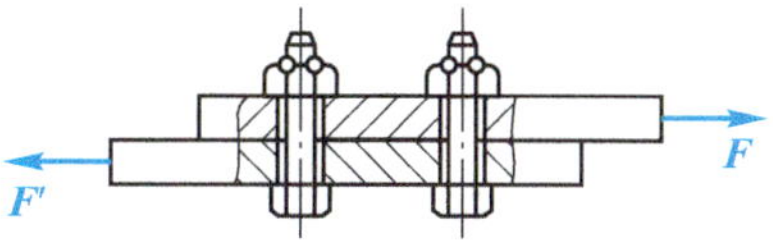

题 5-24 图

5-25　用尖劈顶起重物的装置如图所示。重物与尖劈间的摩擦因数为 f，其他有圆辊处为光滑接触，尖劈顶角为 α，且 $\tan\alpha>f$，被顶举的重量设为 G。试求：(1) 顶举重物上升所需的 F_P 值；(2) 顶住重物使不致下降所需的 F_P 值。

5-26　起重机的夹子（尺寸如图所示），要把重物 G 夹起，必须利用重物与夹子之间的摩擦力。设夹子对重物的压力的合力作用于与 C 点相距 150 mm 处的 A、B 两点，不计夹子重量。试问要把重物夹起，重物与夹子之间的摩擦因数 f_s 最小要多大？

5-27　如图，均质杆 OC 长 4 m，重 500 N；轮重 300 N，与杆 OC 及水平面接触处的摩擦因数分别为 $f_{sA}=0.4$，$f_{sB}=0.2$。设滚动摩擦不计，试求拉动圆轮所需的 $\boldsymbol{F}_T$ 的最小值。

5-28　如图，一重为 100 N 的物块 M 放在与水平面成 30°角的斜面上。设物块与斜面之间的摩擦因数 $f_s=0.6$，在平行于斜面的平面内施加一力 $\boldsymbol{F}_P$，使物块 M 沿 AB 匀速向上移动，试求力 $\boldsymbol{F}_P$ 的大小及方向角 β。

文档：
习题 5-28
题解

5-29　如图，一个半径为300 mm、重为 3 kN 的滚子放在水平面上。在过滚子重心 O 而垂直于滚子轴线的平面内加一力 $\boldsymbol{F}$，恰足以使滚子滚动。若滚动摩擦系数 $\delta=5$ mm，试求 $\boldsymbol{F}$ 的大小。

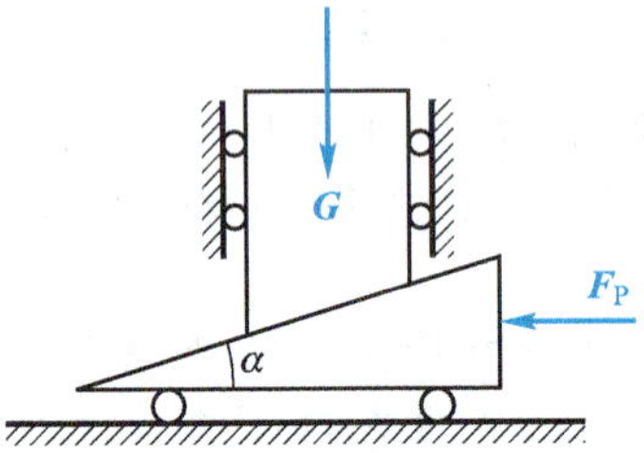

题 5-25 图

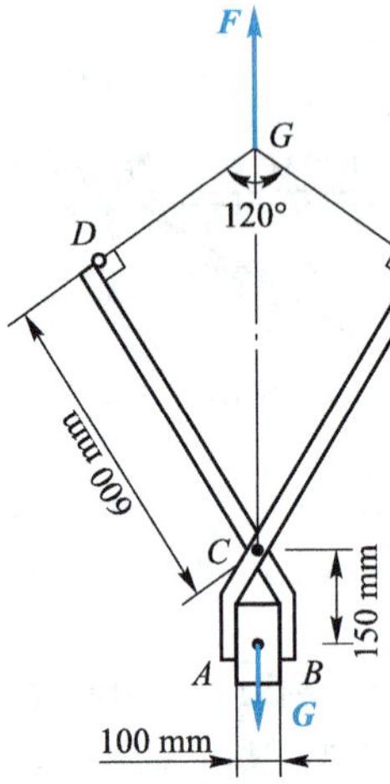

题 5-26 图

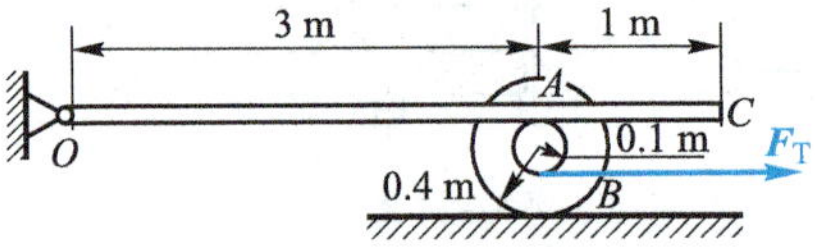

题 5-27 图

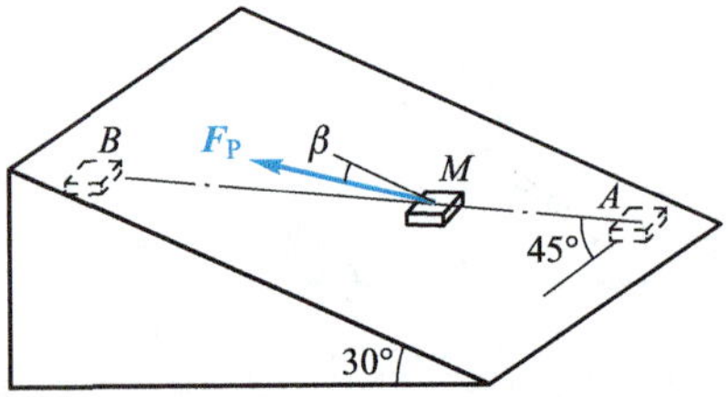

题 5-28 图

5-30　如图，为了在松软地面上移动一重1 kN 的木箱。在地面上铺以木板，并在木箱与木板之间放入直径为 50 mm 的钢管。设钢管与木板及与木箱之间的滚动摩擦系数均为 2.5 mm，试求推动木箱所需的水平力 $\boldsymbol{F}$。若不用钢管而使木箱直接在木板上移动，已知木箱与木板的摩擦因数为 0.4，试求推动木箱需要的水平力。

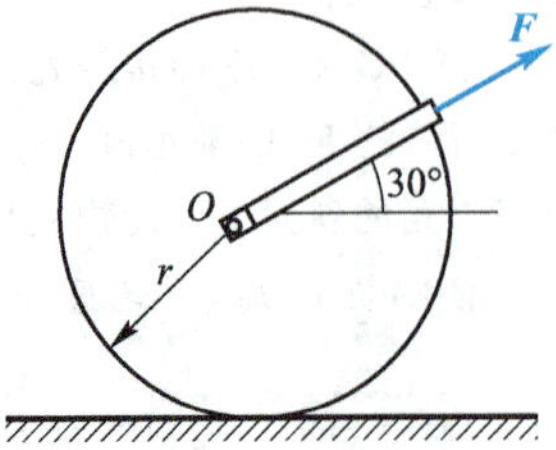

题 5-29 图

题 5-30 图

文档：
习题 5-31
题解

5-31　已知圆柱体重 W，半径为 R，轮与倾角为 α 的斜面之间的滑动摩擦因数为 f_s，滚动摩擦系数为 δ。试求使轮在斜面上保持静止的 G 值。

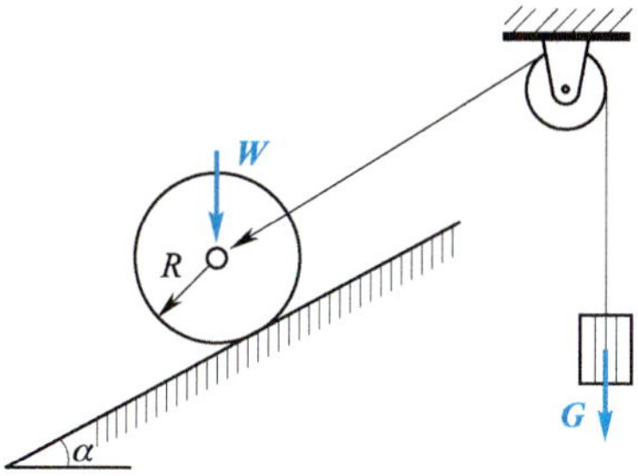

题 5-31 图

第二篇　运动学

运动学研究物体在空间的位置随时间的变化规律，而不涉及力和质量等与运动变化有关的物理因素。物体的运动与力和质量等物理量之间的关系将在动力学中研究。

运动学的研究方法分为解析法和几何法，本书将根据研究的内容选择适宜的方法，并简要阐述二者的关系。

本篇将所研究的物体抽象为质点和刚体两种力学模型，于是，运动学也分为点的运动学和刚体运动学两部分。在研究一个物体的运动时，必须选定另一物体作为参考体（系）。同一个物体，对于不同的参考系，其运动是不同的，也就是说运动具有相对性。因此，在描述物体的运动时，必须指明所取的参考系才有意义。

运动学中有两个与时间有关的概念：瞬时和时间间隔。瞬时是指某一时刻；时间间隔是指两瞬时之间的一段时间，有时也简称为时间。

运动学不仅是研究动力学的基础，而且也有其自身的独立应用。例如，在许多机构的设计中，需要对每个构件作详细的运动学分析，以保证其可靠的功能；对一些结构物有时也需要进行运动学分析，以确定整个结构是不是几何不变的。因此，运动学的知识，对学习动力学和分析解决工程实际问题，都具有重要的意义。

第六章　点的运动与刚体的基本运动

本章首先介绍自由度与广义坐标的概念，然后讨论点的运动及刚体基本运动。内容包括点的运动方程和速度、加速度分析，刚体平行移动的特征及分析方法，刚体定轴转动分析和角速度、角加速度的矢量表示等。这些内容既可以直接应用于某些工程实际问题，又是研究点和刚体更加复杂运动的基础。

§6-1　自由度与广义坐标

一个自由运动的点在空间的位置，需用3个独立的坐标（如直角坐标x、y、z）来确定，n个自由运动的点在空间的位置，则需$3n$个独立坐标确定。如果动点的运动受到某些限制，确定其空间位置的独立坐标的数目则相应地减少。

如图6-1所示由直杆和小球组成的单摆，可在平面xy内运动，由于杆AB对小球运动的限制，使得确定小球位置的坐标(x,y)不独立。又如图6-2所示的双锤摆（假设系统在xy平面内运动），由于小球A、B受杆OA和AB的作用，确定两小球位置的坐标(x_1,y_1,x_2,y_2)也不再相互独立。

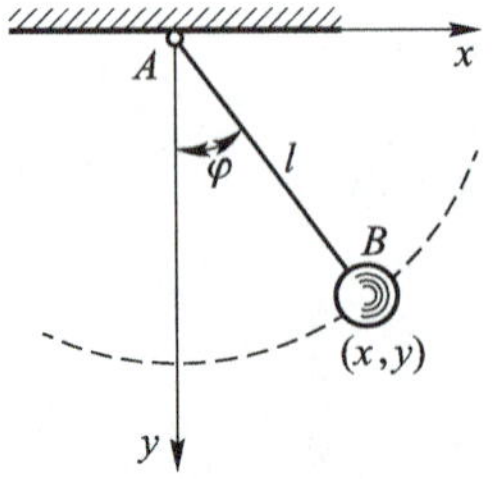

图6-1　单摆

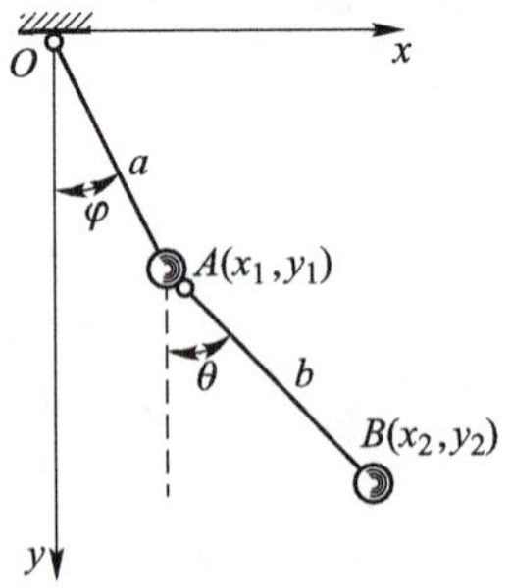

图6-2　双锤摆

确定一个系统位置所需的独立坐标的数目，称为该系统自由度的数目，简称为**自由度**（常用k来表示）。由此定义可知，图6-1所示的单摆有1个自由度；图6-2所示的双锤摆有2个自由度。

工程实际中所遇到的运动系统，通常受到的约束较多而自由度的数目较少。因此，为了确定系统的位置，用适当选取的k个独立参数，要比用$3n$个直角坐标并考虑其约束条件方便得多。用来确定系统位置的独立参数称为广义坐标。广义坐标的数目就等于自由度的数目。选定广义坐标后,系统中各质点的位置就可以由广义坐标来确定。

如图 6-1 所示的单摆,自由度 $k=1$,取 φ 角为广义坐标。则小球 B 的直角坐标可表示为

$$\left.\begin{aligned} x &= l\sin\varphi \\ y &= l\cos\varphi \end{aligned}\right\} \tag{6-1}$$

又如图 6-2 所示的双锤摆,自由度 $k=2$,取 φ 和 θ 角为广义坐标。则小球 A、B 的直角坐标可表示为

$$\left.\begin{aligned} x_1 &= a\sin\varphi \\ y_1 &= a\cos\varphi \\ x_2 &= a\sin\varphi + b\sin\theta \\ y_2 &= a\cos\varphi + b\cos\theta \end{aligned}\right\} \tag{6-2}$$

对于一个确定的系统,其自由度的数目是不变的,但广义坐标的选取不是唯一的,请读者考虑上述例子中广义坐标的不同选取方法,并进行比较。

§6-2　点的运动

1. 矢量表示法

设动点 M 在空间作曲线运动,如图 6-3 所示。选取参考系上某一确定点 O 为坐标原点,由点 O 向动点 M 作矢量 $\boldsymbol{r}$,$\boldsymbol{r}$ 称为动点对于原点 O 的位置矢或径矢。当动点 M 运动时,径矢 $\boldsymbol{r}$ 的大小和方向都随时间而变,并且是时间 t 的单值连续函数,即

$$\boldsymbol{r}=\boldsymbol{r}(t) \tag{6-3}$$

这是用矢量表示的点的运动方程。它表明了动点在空间的位置随时间变化的规律。

动点 M 运动时,其径矢 $\boldsymbol{r}$ 的末端描绘出的一条连续曲线,称为矢端曲线,显然,它就是动点 M 的运动轨迹,如图 6-3 所示。

设从瞬时 t 到瞬时 $t+\Delta t$,动点的位置由 M 改变到 M',其径矢分别为 $\boldsymbol{r}$ 和 $\boldsymbol{r}'$,如图 6-3 所示。在 Δt 时间内,径矢的改变量为 $\Delta\boldsymbol{r}=\boldsymbol{r}'-\boldsymbol{r}$,它表示动点在 Δt 时间内的位移。

比值$\dfrac{\Delta\boldsymbol{r}}{\Delta t}$称为动点在 Δt 时间内的平均速度 $\boldsymbol{v}^*$。当 $\Delta t\to 0$ 时,平均速度的极

限值称为动点在瞬时 t 的**速度** $\boldsymbol{v}$，即

$$\boldsymbol{v}=\lim_{\Delta t\to 0}\boldsymbol{v}^{*}=\lim_{\Delta t\to 0}\frac{\Delta \boldsymbol{r}}{\Delta t}=\frac{\mathrm{d}\boldsymbol{r}}{\mathrm{d}t}=\dot{\boldsymbol{r}} \tag{6-4}$$

这表明，**动点的速度等于它的径矢对于时间的一阶导数**。点的速度是一个矢量，它的方向沿径矢 $\boldsymbol{r}$ 的矢端曲线的切线，即沿动点运动轨迹的切线，并与动点运动的方向一致，如图 6-3 所示。速度的大小是 $|\boldsymbol{v}|=\left|\frac{\mathrm{d}\boldsymbol{r}}{\mathrm{d}t}\right|$，表明点运动的快慢，常称为**速率**。

速度的常用单位是 m/s，有时也用 km/h。

设在瞬时 t 和 $t+\Delta t$，动点分别位于 M 和 M' 点，它的速度为 $\boldsymbol{v}$ 和 $\boldsymbol{v}'$，如图6-4所示。速度的改变量为 $\Delta\boldsymbol{v}=\boldsymbol{v}'-\boldsymbol{v}$，比值$\frac{\Delta \boldsymbol{v}}{\Delta t}$称为 Δt 时间内的平均加速度 $\boldsymbol{a}^{*}$。当 $\Delta t\to 0$ 时，平均加速度的极限值称为动点在瞬时 t 的**加速度** $\boldsymbol{a}$，即

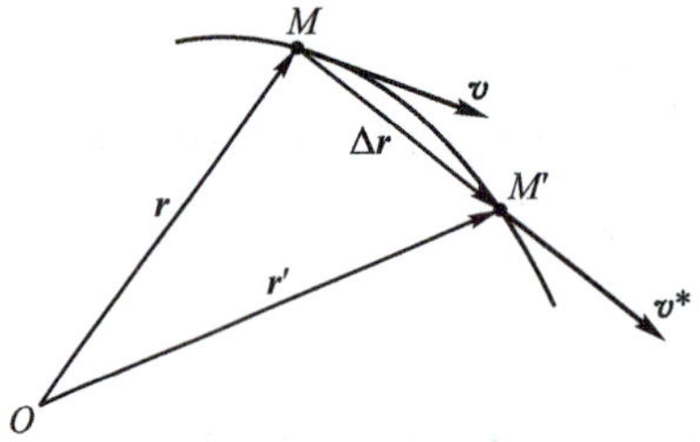

图 6-3　用矢量描述点的位置和速度

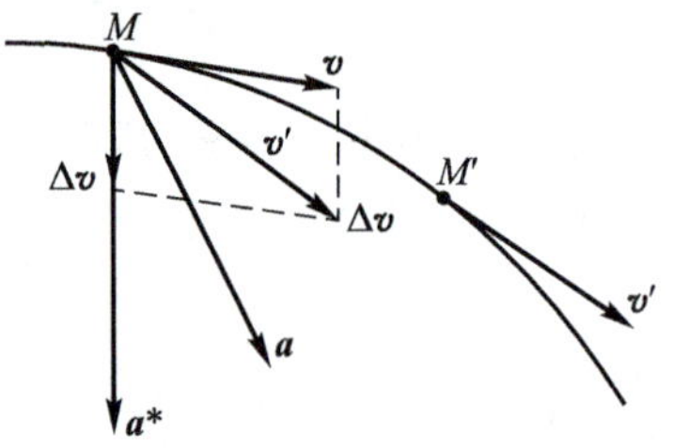

图 6-4　用矢量描述点的加速度

$$\boldsymbol{a}=\lim_{\Delta t\to 0}\boldsymbol{a}^{*}=\lim_{\Delta t\to 0}\frac{\Delta \boldsymbol{v}}{\Delta t}=\frac{\mathrm{d}\boldsymbol{v}}{\mathrm{d}t}=\frac{\mathrm{d}^{2}\boldsymbol{r}}{\mathrm{d}t^{2}}=\ddot{\boldsymbol{r}} \tag{6-5}$$

这表明，**动点的加速度等于它的速度对于时间的一阶导数，也等于它的径矢对于时间的二阶导数**。点的加速度也是一个矢量。如果把不同瞬时动点的速度矢量 $\boldsymbol{v}$ 的始端依次画在某一固定点 O' 上，这些速度矢的末端将描绘出一条连续的曲线，称为**速度矢端线**，如图 6-5 所示。可见，动点的加速度方向沿着速度矢端线的切线，并指向速度矢端运动的方向。加速度的大小是 $|\boldsymbol{a}|=\left|\frac{\mathrm{d}\boldsymbol{v}}{\mathrm{d}t}\right|$。

加速度常用的单位是 $\mathrm{m/s^2}$。

2. 直角坐标表示法

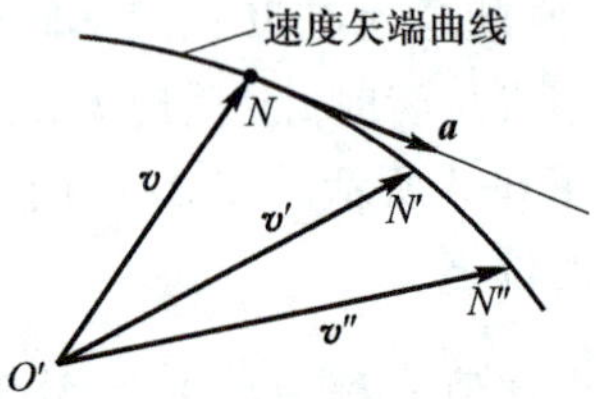

图 6-5　速度矢端曲线图

选取一直角坐标系 $Oxyz$，则动点 M 的位置不仅可用它相对于坐标原点 O 的径矢 $\boldsymbol{r}$ 表示，还可用它的三个直角坐标 x、y、z 来确定，如图 6-6 所示。M 点运动时，三个坐标随时间而变化，都是时

间 t 的单值连续函数,即

$$x=f_1(t),\quad y=f_2(t),\quad z=f_3(t) \tag{6-6}$$

这是用直角坐标表示的点的运动方程。实际上,它是以时间 t 为参变量的空间曲线方程。若从式(6-6)中消去 t,可得到点的轨迹方程

$$F_1(x,y)=0,\quad F_2(x,z)=0 \tag{6-7}$$

即点的轨迹为两个柱面的交线。

由图 6-6 可知

$$\boldsymbol{r}=x\boldsymbol{i}+y\boldsymbol{j}+z\boldsymbol{k} \tag{6-8}$$

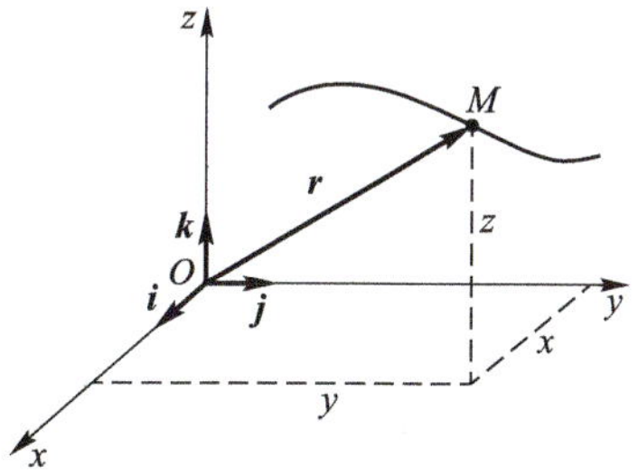

图 6-6　用直角坐标描述点的运动

利用此关系很容易由式(6-4)、(6-5)得到直角坐标表示的点的速度和加速度的计算公式。因为单位矢量 $\boldsymbol{i}$、$\boldsymbol{j}$、$\boldsymbol{k}$ 为常矢量,对时间 t 的导数均为零,于是

$$\boldsymbol{v}=\frac{\mathrm{d}\boldsymbol{r}}{\mathrm{d}t}=\frac{\mathrm{d}x}{\mathrm{d}t}\boldsymbol{i}+\frac{\mathrm{d}y}{\mathrm{d}t}\boldsymbol{j}+\frac{\mathrm{d}z}{\mathrm{d}t}\boldsymbol{k} \tag{6-9}$$

由此可得速度 $\boldsymbol{v}$ 在各坐标轴上的投影

$$\left.\begin{aligned} v_x&=\frac{\mathrm{d}x}{\mathrm{d}t}=\dot{x}\\ v_y&=\frac{\mathrm{d}y}{\mathrm{d}t}=\dot{y}\\ v_z&=\frac{\mathrm{d}z}{\mathrm{d}t}=\dot{z}\end{aligned}\right\} \tag{6-10}$$

即,点的速度在各坐标轴上的投影,等于点的相应坐标对时间的一阶导数。

由速度的投影可求出速度的大小

$$v=\sqrt{v_x^2+v_y^2+v_z^2} \tag{6-11}$$

速度的方向由其方向余弦确定

$$\left.\begin{aligned} \cos(\boldsymbol{v},x)&=\frac{v_x}{v}\\ \cos(\boldsymbol{v},y)&=\frac{v_y}{v}\\ \cos(\boldsymbol{v},z)&=\frac{v_z}{v}\end{aligned}\right\} \tag{6-12}$$

同理,设

$$\boldsymbol{a}=a_x\boldsymbol{i}+a_y\boldsymbol{j}+a_z\boldsymbol{k} \tag{6-13}$$

则有

$$\left.\begin{aligned} a_x &= \frac{\mathrm{d}v_x}{\mathrm{d}t} = \frac{\mathrm{d}^2 x}{\mathrm{d}t^2} = \ddot{x} \\ a_y &= \frac{\mathrm{d}v_y}{\mathrm{d}t} = \frac{\mathrm{d}^2 y}{\mathrm{d}t^2} = \ddot{y} \\ a_z &= \frac{\mathrm{d}v_z}{\mathrm{d}t} = \frac{\mathrm{d}^2 z}{\mathrm{d}t^2} = \ddot{z} \end{aligned}\right\} \tag{6-14}$$

即，**点的加速度在各坐标轴上的投影，等于点的速度在对应轴上的投影对时间的一阶导数，也等于点的对应坐标对时间的二阶导数**。

加速度的大小和方向余弦分别为

$$a = \sqrt{a_x^2 + a_y^2 + a_z^2} \tag{6-15}$$

$$\left.\begin{aligned} \cos(\boldsymbol{a}, x) &= \frac{a_x}{a} \\ \cos(\boldsymbol{a}, y) &= \frac{a_y}{a} \\ \cos(\boldsymbol{a}, z) &= \frac{a_z}{a} \end{aligned}\right\} \tag{6-16}$$

若点作平面曲线运动或点作直线运动，可将其视为作空间曲线运动的特殊情况，只需在式(6-6)中分别令 $x=f_1(t)=0$ 或 $y=f_2(t)=0$，$z=f_3(t)=0$，则有关速度和加速度的公式仍然适用。

由上述可见，已知动点的运动方程式(6-6)时，通过对时间求一阶、二阶导数，可求出动点的速度、加速度；反之，已知动点的加速度和运动的初始条件，通过积分可求出动点的速度方程、运动方程和轨迹方程。

例 6-1　在图 6-7 的曲柄连杆机构中，曲柄 OA 以匀角速度 ω 绕 O 轴转动，在连杆 AB 的带动下，滑块 B 沿直线导槽作往复直线运动。已知 $OA=r$，$AB=l$，且 $l>r$。试求滑块 B 的运动方程、速度及加速度。

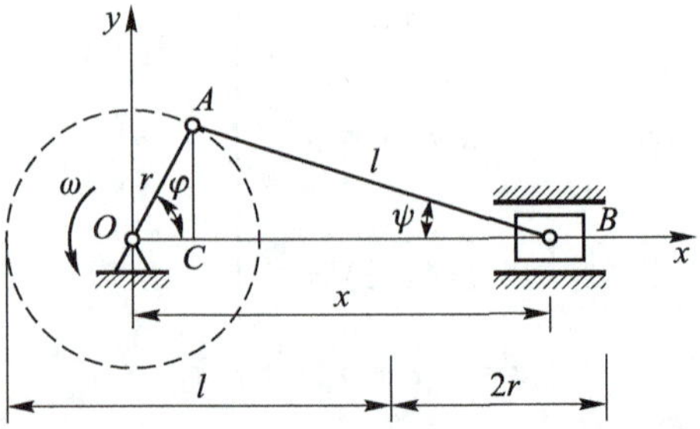

图 6-7　例 6-1 图

解　曲柄连杆机构在工程中有着广泛的应用。这种机构能将转动转换成直线平移，如压气机、往复式水泵、锻压机等；或将直线平移转换为转动，如蒸汽机、内燃机等。

此机构具有 1 个自由度，可以选 φ 角作为广义坐标来描述机构的运动。滑块 B 的运动是沿 OB 方向的往复直线运动，可用直角坐标法建立它的运动方程。取 O 为原点，建立坐标系 Oxy，由 A 点向 x 轴作垂线得交点 C，则滑块 B 在任一瞬时的位置为

$$x=OC+CB=r\cos\varphi+l\cos\psi$$

其中，$\varphi=\omega t$。在 $\triangle OAB$ 中，根据正弦定理

$$\frac{l}{\sin\varphi}=\frac{r}{\sin\psi}$$

所以

$$\sin\psi=\frac{r}{l}\sin\varphi=\lambda\sin\varphi$$

式中 $\lambda=r/l$，于是

$$\cos\psi=\sqrt{1-\sin^2\psi}=\sqrt{1-\lambda^2\sin^2\varphi}$$

因此，滑块 B 的运动方程为

$$x=r\cos\omega t+l\sqrt{1-\lambda^2\sin^2\varphi}\tag{a}$$

将式(a)对时间求一阶导数，得滑块 B 的速度

$$v=-r\omega\left[\sin\omega t+\lambda\sin 2\omega t(1-\lambda^2\sin^2\omega t)^{-0.5}\right]\tag{b}$$

同理，可求得滑块 B 的加速度

$$a=-r\omega^2\left[\cos\omega t+2\lambda\cos 2\omega t(1-\lambda^2\sin^2\omega t)^{-0.5}+\lambda^3\sin^2 2\omega t(1-\lambda^2\sin^2\omega t)^{-1.5}\right]\tag{c}$$

以上为滑块 B 的运动的精确解。

由已知条件 $l>r$，因此，$\lambda\sin\omega t$ 恒小于 1，于是，根据二项式定理

$$\sqrt{1-(\lambda\sin\varphi)^2}=1-\frac{1}{2}\lambda^2\sin^2\omega t-\frac{1}{8}\lambda^4\sin^4\omega t-\cdots$$

通常 $\lambda<\dfrac{1}{4}$，上式等号右侧第三项的因数

$$\frac{1}{8}\lambda^4<\frac{1}{2\,048}=4.88\times10^{-4}\ll 1$$

在一般的工程精度情况下，可以略去此项及其后的各项，由三角函数倍角公式并化简可得滑块 B 的运动方程

$$x=l\left(1-\frac{r^2}{4l^2}\right)+r\left(\cos\omega t+\frac{r}{4l}\cos 2\omega t\right)$$

滑块 B 的速度和加速度分别为

$$v=\frac{\mathrm{d}x}{\mathrm{d}t}=-r\omega\left(\sin\omega t+\frac{r}{2l}\sin 2\omega t\right)$$

$$a=\frac{\mathrm{d}v}{\mathrm{d}t}=-r\omega^2\left(\cos\omega t+\frac{r}{l}\cos 2\omega t\right)$$

例 6-2　半径为 r 的圆轮沿水平直线轨道滚动而不滑动，轮心 C 则在与轨道平行的直线上运动。设轮心 C 的速度为一常量 $\boldsymbol{v}_C$，试求轮缘上一点 M 的轨迹、速度和加速度。

解　为了求 M 点的轨迹、速度和加速度,需要建立 M 点的运动方程。以 M 点与轨道第一次接触的瞬时作为计算时间的起点(即在该瞬时 $t=0$),并以该瞬时轨道上与 M 接触的点为坐标原点 O,x 轴水平向右,y 轴铅直向上。轮子的运动只有 1 个自由度,可以选 φ 角为广义坐标。取 M 点在任一瞬时 t 的位置(图 6-8)来考察,M 点的直角坐标为

$$x=OB-AB=OB-MD=OB-r\sin\varphi \tag{a}$$

$$y=MA=CB-CD=r-r\cos\varphi \tag{b}$$

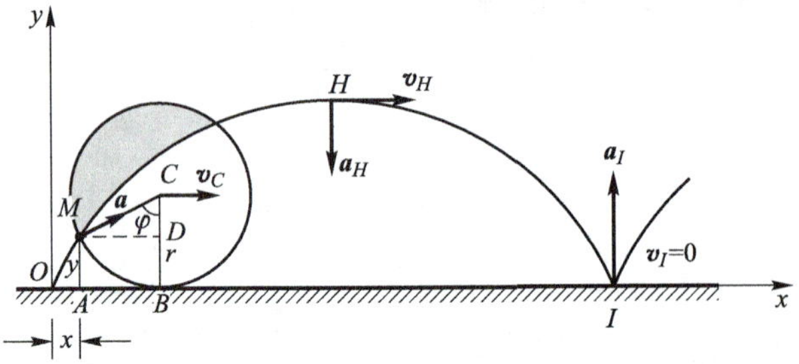

图 6-8　例 6-2 图

因圆心 C 以速度 $\boldsymbol{v}_C$ 作匀速直线运动,故

$$OB=v_Ct \tag{c}$$

又因轮子滚动而不滑动,故

$$OB=\overset{\frown}{MB}=r\varphi$$

由此可得

$$\varphi=\frac{OB}{r}=\frac{v_Ct}{r} \tag{d}$$

将式(c)、(d)代入式(a)、(b),得

$$x=v_Ct-r\sin\frac{v_Ct}{r} \tag{e}$$

$$y=r-r\cos\frac{v_Ct}{r} \tag{f}$$

这就是 M 点的运动方程,同时也是以时间 t 为参数的 M 点的轨迹方程①。根据这组方程可画出 M 点的轨迹曲线如图 6-8 中实线所示。此曲线称为旋轮线或摆线。

用微分法可求得速度方程

$$\dot{x}=v_C-v_C\cos\frac{v_Ct}{r} \tag{g}$$

$$\dot{y}=v_C\sin\frac{v_Ct}{r} \tag{h}$$

① 从式(e)、(f)中消去 t,可以得到用坐标 x、y 表示的轨迹方程,但其形式很繁,不如参数方程简洁,故未写出。读者若有兴趣,可自行推导,并与式(e)、(f)作比较。

任一瞬时，速度 $\boldsymbol{v}$ 的大小和方向为

$$v=\sqrt{\dot{x}^2+\dot{y}^2}=v_C\sqrt{\left(1-\cos\frac{v_Ct}{r}\right)^2+\sin^2\frac{v_Ct}{r}}$$

$$=v_C\sqrt{2\left(1-\cos\frac{v_Ct}{r}\right)}=v_C\sqrt{2(1-\cos\varphi)} \tag{i}$$

$$\left.\begin{aligned}\cos(\boldsymbol{v},x)&=\frac{\dot{x}}{v}=\frac{1-\cos\varphi}{\sqrt{2(1-\cos\varphi)}}\\ \cos(\boldsymbol{v},y)&=\frac{\dot{y}}{v}=\frac{\sin\varphi}{\sqrt{2(1-\cos\varphi)}}\end{aligned}\right\} \tag{j}$$

式中 $\varphi=v_Ct/r$。由(g)、(h)二式可进一步求得加速度方程为

$$\ddot{x}=\frac{v_C^2}{r}\sin\frac{v_Ct}{r},\qquad \ddot{y}=\frac{v_C^2}{r}\cos\frac{v_Ct}{r} \tag{k}$$

任一瞬时的加速度 $\boldsymbol{a}$ 的大小和方向则为

$$a=\sqrt{\ddot{x}^2+\ddot{y}^2}=\frac{v_C^2}{r} \tag{l}$$

$$\left.\begin{aligned}\cos(\boldsymbol{a},x)&=\frac{\ddot{x}}{a}=\sin\frac{v_Ct}{r}=\sin\varphi=\cos\left(\frac{\pi}{2}-\varphi\right)\\ \cos(\boldsymbol{a},y)&=\frac{\ddot{y}}{a}=\cos\frac{v_Ct}{r}=\cos\varphi\end{aligned}\right\} \tag{m}$$

由式(m)可见，$\boldsymbol{a}$ 与 x 轴的夹角等于 $\frac{\pi}{2}-\varphi$，即 $\angle CMD$；$\boldsymbol{a}$ 与 y 轴的夹角等于 φ，即 $\angle MCD$。故 $\boldsymbol{a}$ 指向轮心 C。

当 M 点到达最高位置 H 时，$y=2r$，$\varphi=\pi$、3π、5π、…，则

$$v_H=2v_C,\ \boldsymbol{v}_H \text{ 沿 } x \text{ 轴正向} \tag{n}$$

$$a_H=v_C^2/r,\ \boldsymbol{a}_H \text{ 沿 } y \text{ 轴负向} \tag{o}$$

当 M 点到达最低位置 I 时，$y=0$，$\varphi=0$、2π、4π、…，则

$$v_I=0 \tag{p}$$

$$a_I=v_C^2/r,\ \boldsymbol{a}_I \text{ 沿 } y \text{ 轴正向} \tag{q}$$

这表示，当轮子在轨道上作无滑动的滚动时，轮子与轨道接触点的速度等于零，沿轮子切线方向的加速度也等于零。

若轮心 C 按规律 $x_C=f(t)$（其中 $f(t)$ 为 t 的任一函数）运动，则当 M 点到达最高与最低位置时，同样可得到式(n)、(p)与式(q)所表示的结果，但式(o)不成立，请读者自行证明。

例 6-3　已知一点 M 的运动方程为

$$x=r\cos\omega t,\quad y=r\sin\omega t,\quad z=h\frac{\omega t}{2\pi} \tag{a}$$

其中 r、ω、h 都是常量，试分析该点的运动。

解　先求 M 点的轨迹。由式(a)中的前二式消去 t 得

$$x^2+y^2=r^2 \tag{b}$$

这表明，点 M 的轨迹在以 z 轴为中心轴、半径等于 r 的圆柱面上，如图 6-9 所示。在 $t=0$ 时，$x=r$，$y=z=0$，点 M 的位置在圆柱面与 x 轴的交点 M_0 处。设在任一瞬时 t，M 点在 Oxy 面上的投影为 M_1，则

$$\angle M_0OM_1=\omega t$$

将上式代入式(a)中的第三式得

$$z=\frac{h}{2\pi}\angle M_0OM_1$$

可见，M 点的 z 坐标与 $\angle M_0OM_1$ 成正比。当 $\angle M_0OM_1$ 每增加 2π 时，x、y 恢复原值，而 z 则增加 h，即点 M 上升一段高度 h。

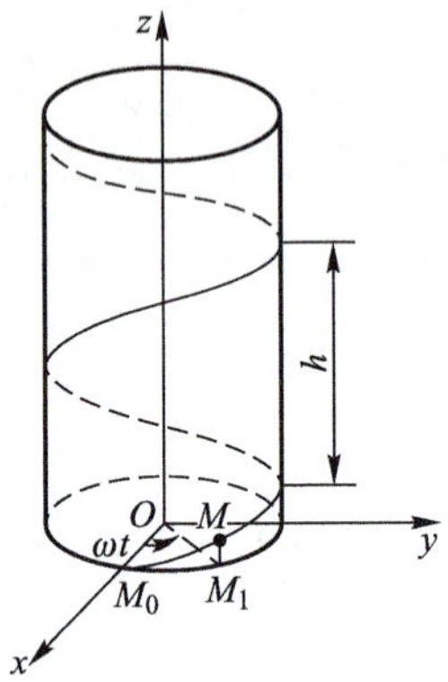

图 6-9　例 6-3 图

综上所述，可知点 M 的轨迹是一条螺距为 h 的螺旋线，如图 6-9 所示。

点 M 的速度 $\boldsymbol{v}$ 在 x、y、z 轴上的投影为

$$\left.\begin{aligned} v_x&=\dot{x}=-\omega r\sin\,\omega t\\ v_y&=\dot{y}=\omega r\cos\,\omega t\\ v_z&=\dot{z}=h\frac{\omega}{2\pi}\end{aligned}\right\} \tag{c}$$

速度的大小

$$v=\sqrt{v_x^2+v_y^2+v_z^2}=\frac{\omega}{2\pi}\sqrt{4\pi^2r^2+h^2} \tag{d}$$

可见，v 为一常量。而

$$\cos(\boldsymbol{v},z)=\frac{h}{\sqrt{4\pi^2r^2+h^2}} \tag{e}$$

可见，$\boldsymbol{v}$ 与 z 轴的夹角也为一常量。

点 M 的加速度 $\boldsymbol{a}$ 在 x、y、z 轴上的投影为

$$\left.\begin{aligned} a_x&=\dot{v}_x=-\omega^2r\cos\,\omega t=-\omega^2x\\ a_y&=\dot{v}_y=-\omega^2r\sin\,\omega t=-\omega^2y\\ a_z&=\dot{v}_z=0\end{aligned}\right\} \tag{f}$$

加速度的大小

$$a=\sqrt{a_x^2+a_y^2+a_z^2}=\omega^2r \tag{g}$$

由(g)、(f)二式容易看出加速度的大小不变，加速度的方向垂直于 z 轴并指向 z 轴。

例 6-4　图 6-10 所示一火箭沿直线飞行，它的加速度方程为 $a=c\mathrm{e}^{-\alpha t}$，其中 c 和 α 均为常数。设初速度为 v_0，初

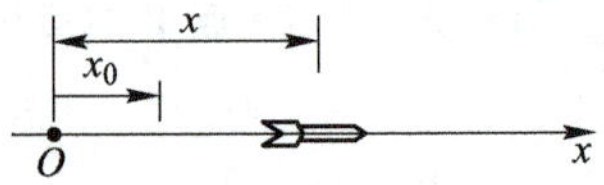

图 6-10　例 6-4 图

位置坐标为 x_0，试求火箭的速度方程和运动方程。

解　这是已知加速度方程和运动初始条件，要求速度方程和运动方程的问题，应用积分法。

由于火箭作直线运动

$$\mathrm{d}v = a\mathrm{d}t$$

$$v = v_0 + \int_0^t a\mathrm{d}t = v_0 + \int_0^t c\mathrm{e}^{-\alpha t}\mathrm{d}t$$

则

$$v = v_0 - \frac{c}{\alpha}(\mathrm{e}^{-\alpha t} - 1)$$

这就是所要求的速度方程。

又

$$\mathrm{d}x = v\mathrm{d}t$$

$$\begin{aligned} x &= x_0 + v_0 t + \int_0^t\int_0^t a\mathrm{d}t\mathrm{d}t = x_0 + v_0 t + \int_0^t \frac{c}{\alpha}(1 - \mathrm{e}^{-\alpha t})\mathrm{d}t \\ &= x_0 + v_0 t + \frac{c}{\alpha}\left(t + \frac{1}{\alpha}\mathrm{e}^{-\alpha t} - \frac{1}{\alpha}\right) \end{aligned}$$

这是火箭的运动方程。

3. 自然表示法

(1) 运动方程

在许多工程实际问题中，动点的运动轨迹往往是已知的。如火车运动的线路即为已知的轨迹。利用点的运动轨迹建立弧坐标及自然轴系，并用它们来描述和分析点的运动的方法称为自然表示法。

设动点 M 的轨迹为图 6-11 所示的曲线。由于轨迹已确定，动点只有 1 个自由度。在曲线上选定一点 O 为原点，从 O 点到动点的位置 M 量取弧长 s，并规定从 O 点向某一侧量取的 s 为正值，向另一侧量取的为负值，则动点的位置可以由 s 完全确定。广义坐标 s 称为动点的弧坐标。点运动时，弧坐标 s 随时间 t 而变化，是时间 t 的单值连续函数，可表示为

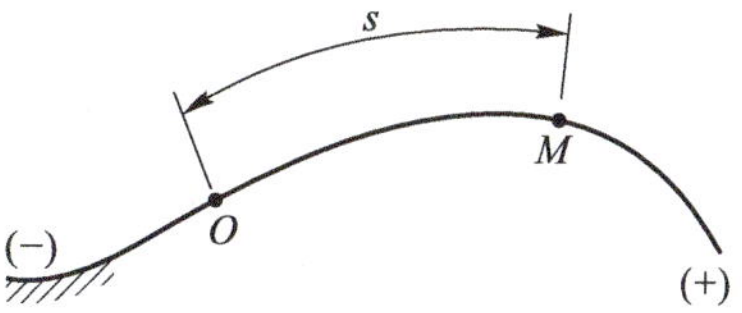

图 6-11　用弧坐标描述点的运动

$$s = s(t) \tag{6-17}$$

这是用自然法表示的点的运动方程。

用弧坐标法分析点的速度、加速度与轨迹曲线的几何性质有密切的关系，需先介绍自然轴系的概念。

(2) 自然轴系

曲线的弯曲程度常用曲率和曲率半径来度量。如图 6-12 所示，在一任意空间曲线上取相邻的两点 M 与 M'，分别作曲线在这两点的切线 MT 与 $M'T'$。

再过 M 点作直线 MQ 平行于 $M'T'$，则 MT 与 MQ 的夹角 $\Delta\theta$ 称为邻角，设 MM' 的弧长为 Δs，比值$\frac{\Delta\theta}{\Delta s}$称为曲线在 MM' 段的平均曲率 κ^*。当 $M'\to M$，即 $\Delta s\to 0$ 时，κ^* 的极限值称为曲线在 M 点的曲率，用 κ 表示，即

$$\kappa=\lim_{\Delta s\to 0}\kappa^*=\lim_{\Delta s\to 0}\frac{\Delta\theta}{\Delta s}\tag{6-18}$$

曲率 κ 的倒数称为曲线在 M 点的曲率半径，用 ρ 表示，即

$$\rho=\frac{1}{\kappa}\tag{6-19}$$

圆周的曲率半径处处相等，就等于圆周半径，直线的曲率半径为 ∞。

现在来建立自然轴系。图 6-12 中，直线 MQ 与 MT 构成一平面 P'，当 M' 向 M 趋近时，MT 不动，$M'T'$ 的方位则不断改变。相应地，MQ 的方位也不断改变，从而平面 P' 的方位也在变化，绕着 MT 不断地转动。当 M' 无限趋近于 M，平面 P' 趋近于一极限位置 P。在此极限位置的平面 P 称为曲线在 M 点的密切面。M 点附近的无限小微段可近似地看成是一条在密切面内的平面曲线，整个空间曲线则可近似地看成是由无限多条无限小的、在一系列密切面内的平面曲线段的组合。显然，对平面曲线而言，各点的密切面就是曲线所在的平面。

过 M 点并垂直于切线 MT 的平面称为曲线在 M 点的法面，如图 6-13 所示。在法面内，过 M 点的所有直线都是曲线在 M 点的法线。在密切面内的法线 MN 称为主法线；与密切面垂直的法线 MB 则称为副法线。M 点的切线、主法线与副法线构成了一组正交轴系。规定：切线的正向与弧坐标的正向一致，其单位矢量用 $\boldsymbol{e}_t$ 表示；主法线的正向指向曲线的凹处，其单位矢量用 $\boldsymbol{e}_n$ 表示；副法线的单位矢量用 $\boldsymbol{e}_b$ 表示，它与 $\boldsymbol{e}_t$、$\boldsymbol{e}_n$ 形成右手系，即

$$\boldsymbol{e}_t\times\boldsymbol{e}_n=\boldsymbol{e}_b$$

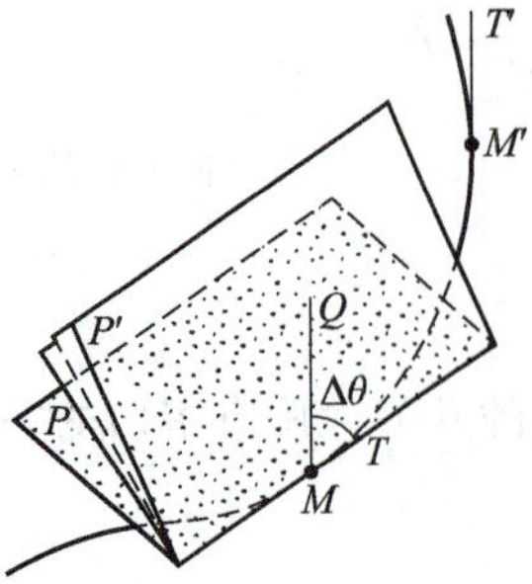

图 6-12　曲线上 M 点的密切面

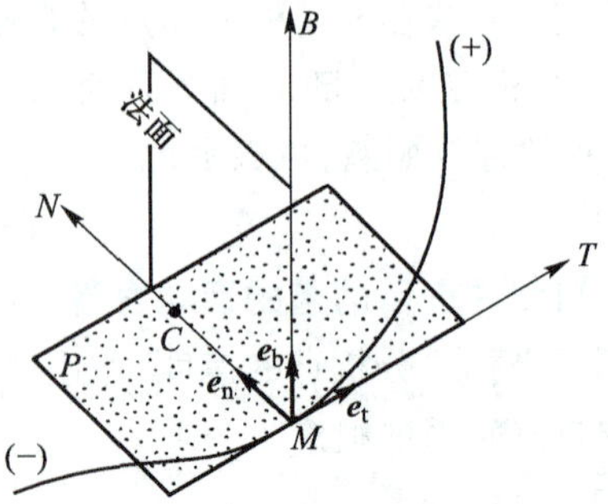

图 6-13　曲线上 M 点的自然轴系

这个以 $\boldsymbol{e}_t$、$\boldsymbol{e}_n$、$\boldsymbol{e}_b$ 确定的正交系称为**自然轴系**。

必须指出，自然轴系各轴的方向对曲线上的某一点来说，是确定的，但对于曲线上不同的点，则具有不同的方向，即 $\boldsymbol{e}_t$、$\boldsymbol{e}_n$、$\boldsymbol{e}_b$ 的方向是随着点的位置不同而不同的。

(3) 速度、加速度

建立了自然轴系后，速度的矢量表达式(6-4)可作如下变换

$$\boldsymbol{v}=\frac{\mathrm{d}\boldsymbol{r}}{\mathrm{d}t}=\frac{\mathrm{d}\boldsymbol{r}}{\mathrm{d}s}\frac{\mathrm{d}s}{\mathrm{d}t}$$

式中$\frac{\mathrm{d}\boldsymbol{r}}{\mathrm{d}s}$的大小为

$$\left|\frac{\mathrm{d}\boldsymbol{r}}{\mathrm{d}s}\right|=\lim_{\Delta t\to 0}\left|\frac{\Delta\boldsymbol{r}}{\Delta s}\right|=\lim_{\Delta s\to 0}\left|\frac{\Delta\boldsymbol{r}}{\Delta s}\right|=1$$

它的方向是当 $\Delta t\to 0$ 时，$\Delta\boldsymbol{r}$ 的极限方向，即沿轨迹在 M 点的切线方向，如图 6-14 所示，于是$\frac{\mathrm{d}\boldsymbol{r}}{\mathrm{d}s}=\boldsymbol{e}_t$，则

$$\boldsymbol{v}=\frac{\mathrm{d}s}{\mathrm{d}t}\boldsymbol{e}_t=v\boldsymbol{e}_t \tag{6-20}$$

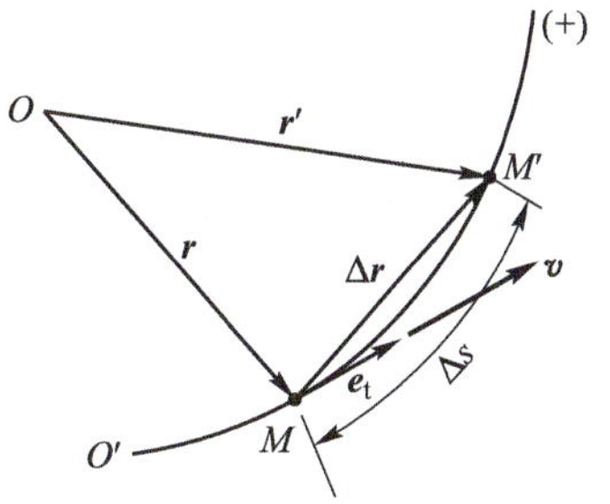

图 6-14　M 点的速度

由此可得结论：**动点的速度沿其轨迹的切线方向，其大小等于弧坐标对时间的一阶导数。** 当$\frac{\mathrm{d}s}{\mathrm{d}t}>0$ 时，表示 s 值随时间增大，动点沿弧坐标正向运动；当$\frac{\mathrm{d}s}{\mathrm{d}t}<0$ 时，则相反。于是 v 的绝对值表示速度的大小，其正负号表示点沿轨迹运动的方向。

将式(6-20)代入式(6-5)，有

$$\boldsymbol{a}=\frac{\mathrm{d}\boldsymbol{v}}{\mathrm{d}t}=\frac{\mathrm{d}(v\boldsymbol{e}_t)}{\mathrm{d}t}=\frac{\mathrm{d}v}{\mathrm{d}t}\boldsymbol{e}_t+v\frac{\mathrm{d}\boldsymbol{e}_t}{\mathrm{d}t} \tag{a}$$

这表明，加速度 $\boldsymbol{a}$ 由两个分量组成。第一个分量$\frac{\mathrm{d}v}{\mathrm{d}t}\boldsymbol{e}_t$ 是由于速度大小的改变而有的，其方向沿轨迹在 M 点的切线，称为**切向加速度**，用 $\boldsymbol{a}_t$ 表示，即

$$\boldsymbol{a}_t=\frac{\mathrm{d}v}{\mathrm{d}t}\boldsymbol{e}_t \tag{b}$$

第二个分量 $v\frac{\mathrm{d}\boldsymbol{e}_t}{\mathrm{d}t}$是由于速度方向的改变而有的，为了确定它的大小和方

向，先分析$\dfrac{\mathrm{d}\boldsymbol{e}_t}{\mathrm{d}t}$

$$\frac{\mathrm{d}\boldsymbol{e}_t}{\mathrm{d}t}=\frac{\mathrm{d}\boldsymbol{e}_t}{\mathrm{d}s}\frac{\mathrm{d}s}{\mathrm{d}t}=v\frac{\mathrm{d}\boldsymbol{e}_t}{\mathrm{d}s} \tag{c}$$

在图 6-15 中，设在 Δt 时间内动点由 M 沿弧坐标正向运动到 M'，对应位置的切向单位矢量为 $\boldsymbol{e}_t$ 和 $\boldsymbol{e}_t'$，两者的邻角为 $\Delta\varphi$，$\Delta\boldsymbol{e}_t=\boldsymbol{e}_t'-\boldsymbol{e}_t$，并且 $|\Delta\boldsymbol{e}_t|=\left|2\sin\dfrac{\Delta\varphi}{2}\right|$，于是

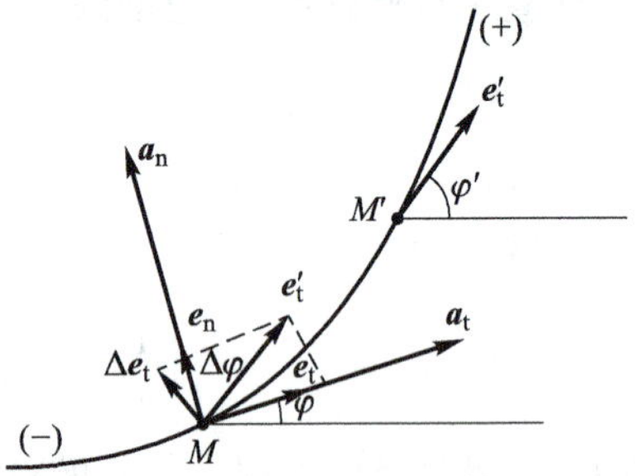

图 6-15　M 点的加速度分析

$$\left|\frac{\mathrm{d}\boldsymbol{e}_t}{\mathrm{d}s}\right|=\lim_{\Delta s\to 0}\left|\frac{\Delta\boldsymbol{e}_t}{\Delta s}\right|=\lim_{\Delta s\to 0}\left|\frac{\Delta\varphi}{\Delta s}\times\frac{\Delta\boldsymbol{e}_t}{\Delta\varphi}\right|$$

$$=\lim_{\Delta s\to 0}\left|\frac{\Delta\varphi}{\Delta s}\right|\times\lim_{\Delta\varphi\to 0}\left|\frac{\sin\dfrac{\Delta\varphi}{2}}{\dfrac{\Delta\varphi}{2}}\right|$$

$$=\lim_{\Delta s\to 0}\left|\frac{\Delta\varphi}{\Delta s}\right|=\kappa=\frac{1}{\rho} \tag{d}$$

而$\dfrac{\mathrm{d}\boldsymbol{e}_t}{\mathrm{d}s}$的方向显然是 $\Delta\boldsymbol{e}_t$ 的极限方向，当 $\Delta t\to 0$ 时，$\Delta\varphi\to 0$，$\Delta\boldsymbol{e}_t$ 在密切面内与 $\boldsymbol{e}_t$ 垂直，并指向曲线的凹方。于是，$\dfrac{\mathrm{d}\boldsymbol{e}_t}{\mathrm{d}s}$的方向沿主法线正向，则

$$\frac{\mathrm{d}\boldsymbol{e}_t}{\mathrm{d}s}=\frac{1}{\rho}\boldsymbol{e}_n \tag{e}$$

加速度 $\boldsymbol{a}$ 的第二个分量为

$$v\frac{\mathrm{d}\boldsymbol{e}_t}{\mathrm{d}t}=\frac{v^2}{\rho}\boldsymbol{e}_n \tag{f}$$

这个分量是由于点的速度方向的变化产生的，其方向总与 $\boldsymbol{e}_n$ 的方向一致，称为**法向加速度**，用 $\boldsymbol{a}_n$ 表示，即

$$\boldsymbol{a}_n=\frac{v^2}{\rho}\boldsymbol{e}_n \tag{g}$$

将式(b)、(g)代入式(a)，得动点的加速度的自然表示法公式

$$\boldsymbol{a}=\boldsymbol{a}_t+\boldsymbol{a}_n=\frac{\mathrm{d}v}{\mathrm{d}t}\boldsymbol{e}_t+\frac{v^2}{\rho}\boldsymbol{e}_n \tag{6-21}$$

点的加速度在自然轴上的投影为

$$\left.\begin{aligned} a_t &= \frac{dv}{dt} = \frac{d^2s}{dt^2} \\ a_n &= \frac{v^2}{\rho} \\ a_b &= 0 \end{aligned}\right\} \tag{6-22}$$

因此，动点的加速度在密切面内，并等于切向加速度与法向加速度的矢量和。

如图 6-16 所示，点的加速度的大小和方向可由下式确定：

$$\left.\begin{aligned} a &= \sqrt{a_t^2 + a_n^2} = \sqrt{\left(\frac{dv}{dt}\right)^2 + \left(\frac{v^2}{\rho}\right)^2} \\ \tan\theta &= \left|\frac{a_t}{a_n}\right| \end{aligned}\right\} \tag{6-23}$$

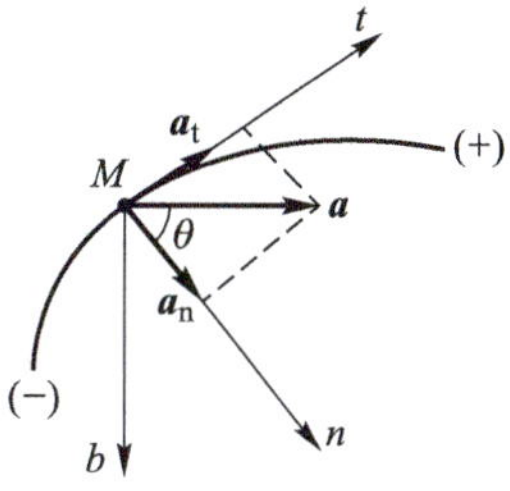

图 6-16　*M* 点的加速度

综上所述，运用弧坐标能方便地确定点在轨迹上的位置。但如要描述点的速度和加速度，就需引用自然轴系。自然轴系是与轨迹的几何特性联系在一起的参考系，这导致了点的速度、加速度在自然轴系中的各个分量有着明显的几何意义。当点的运动轨迹已知时，运用自然轴系比较简便；当点的运动轨迹未知时，运用直角坐标系则比较简便。

例 6-5　半径为 r 的轮子可绕水平轴 O 转动，轮缘上绕以不能伸缩的绳索，绳的下端悬挂一物体 A，如图 6-17 所示。设物体按 $x=\frac{1}{2}ct^2$ 的规律下落，其中 c 为一常量。试求轮缘上一点 M 的速度和加速度。

解　M 点的轨迹显然是半径为 r 的圆周。设物体在位置 A_0 时 M 点的位置在 M_0，以 M_0 为原点，则由于绳不能伸缩，可知弧坐标

$$s=\widehat{M_0M}=x=\frac{1}{2}ct^2 \tag{a}$$

这就是用自然法表示的 M 点的运动方程。于是可按自然法来求 M 点的速度和加速度。

由式(6-20)可求出 M 点的速度 $\boldsymbol{v}$ 的大小

$$v=\frac{ds}{dt}=ct \tag{b}$$

$\boldsymbol{v}$ 的方向沿轨迹的切线并朝向运动前进的一方，如图 6-17 所示。

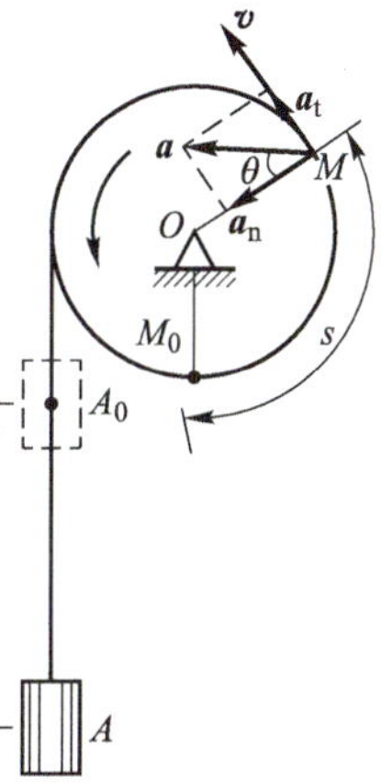

图 6-17　例 6-5 图

再由式(6-22)可求出 M 点的切向和法向加速度的大小分

别为

$$a_t=\frac{dv}{dt}=c,\quad a_n=\frac{v^2}{\rho}=\frac{(ct)^2}{r} \tag{c}$$

$\boldsymbol{a}_t$ 和 $\boldsymbol{a}_n$ 的方向如图 6-17 所示。加速度 $\boldsymbol{a}$ 的大小和方向可确定如下：

$$a=\sqrt{a_t^2+a_n^2}=\sqrt{c^2+\frac{c^4t^4}{r^2}}=c\sqrt{1+\frac{c^2t^4}{r^2}}$$

$$\tan\theta=\frac{a_t}{a_n}=\frac{c}{\frac{c^2t^2}{r}}=\frac{r}{ct^2}$$

例 6-6　汽车以匀速 36 km/h 经过一桥，如图 6-18 所示。设桥面形状为抛物线 $y=\frac{4f}{l^2}x(l-x)$，其中 x、y 均以 m 计，$f=1$ m，$l=32$ m。试求汽车经过桥面最高点 A 时的加速度。

解　汽车作匀速率曲线运动，且轨迹已知，所以可用自然法求解。汽车速度的大小

$$v=36\text{ km/h}=\frac{36\times1\ 000}{3\ 600}\text{m/s}=10\text{ m/s}$$

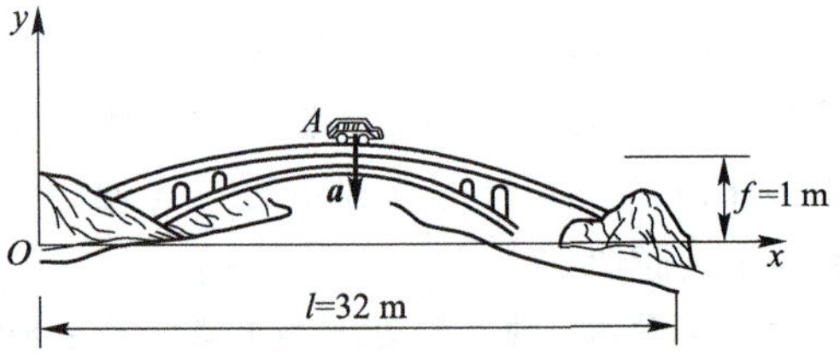

图 6-18　例 6-6 图

既然速度的大小不变，显然切向加速度 $a_t=\frac{dv}{dt}=0$，因而总加速度就等于法向加速度，即

$$a=a_n=\frac{v^2}{\rho}$$

根据高等数学公式

$$\rho=\frac{\left[1+\left(\frac{dy}{dx}\right)^2\right]^{3/2}}{\left|\frac{d^2y}{dx^2}\right|}$$

由已知，得

$$\frac{dy}{dx}=\frac{4f}{l^2}(l-2x),\qquad \frac{d^2y}{dx^2}=-\frac{8f}{l^2}$$

在最高点 A 处，$\frac{dy}{dx}=0$，因此

$$\rho=\frac{1}{\left|\frac{\mathrm{d}^2y}{\mathrm{d}x^2}\right|}=\frac{l^2}{8f}=\frac{32^2}{8\times1}\ \mathrm{m}=128\ \mathrm{m}$$

而

$$a=a_{\mathrm{n}}=\frac{10^2}{128}\mathrm{m/s^2}=0.78\ \mathrm{m/s^2}$$

$\boldsymbol{a}$ 的方向同 $\boldsymbol{a}_{\mathrm{n}}$ 的方向，向下。

例 6-7　列车沿曲线轨道（图 6-19）由 A 向 B 作匀变速运动，在 A、B 两点时的速率分别为 $v_A=18\ \mathrm{km/h}$ 和 $v_B=54\ \mathrm{km/h}$；轨迹曲线在 A、B 两点的曲率半径分别为 $\rho_A=600\ \mathrm{m}$ 和 $\rho_B=800\ \mathrm{m}$。A、B 两点之间的轨道长度为 1 000 m。试求列车在 A、B 两点时的总加速度，以及由 A 到 B 所经的时间。

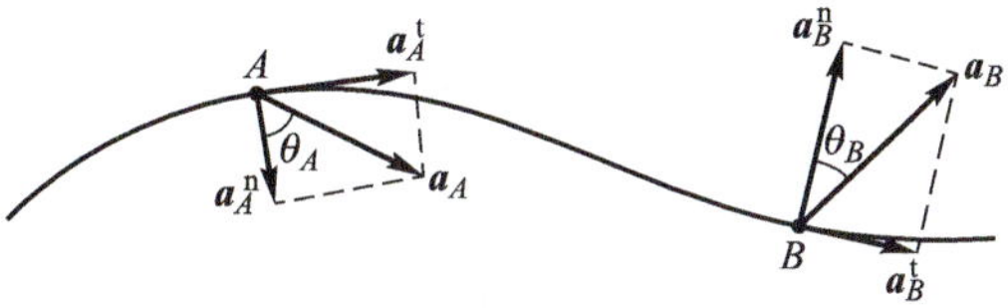

图 6-19　例 6-7 图

解　列车在已知的轨道上作匀变速曲线运动。现已知 $s-s_0=\overset{\frown}{AB}=1\ \mathrm{km}$，$v_0=v_A=18\ \mathrm{km/h}=5\ \mathrm{m/s}$，$v=v_B=54\ \mathrm{km/h}=15\ \mathrm{m/s}$，可由式（6-22）积分求出切向加速度

$$a_A^{\mathrm{t}}=a_B^{\mathrm{t}}=a_{\mathrm{t}0}=\frac{v^2-v_0^2}{2(s-s_0)}=\frac{15^2-5^2}{2\times1\ 000}\mathrm{m/s^2}=0.1\ \mathrm{m/s^2}$$

列车在 A、B 两点时的法向加速度分别为

$$a_A^{\mathrm{n}}=\frac{v_A^2}{\rho_A}=\frac{5^2}{600}\mathrm{m/s^2}=0.042\ \mathrm{m/s^2}$$

$$a_B^{\mathrm{n}}=\frac{v_B^2}{\rho_B}=\frac{15^2}{800}\mathrm{m/s^2}=0.282\ \mathrm{m/s^2}$$

由式（6-23），在 A、B 两点的总加速度分别为

$$a_A=\sqrt{(a_A^{\mathrm{t}})^2+(a_A^{\mathrm{n}})^2}=\sqrt{0.1^2+0.042^2}\ \mathrm{m/s^2}=0.108\ \mathrm{m/s^2}$$

$$\tan\theta_A=\frac{a_A^{\mathrm{t}}}{a_A^{\mathrm{n}}}=\frac{0.1}{0.042}=2.38,\quad \theta_A=67°24'$$

$$a_B=\sqrt{(a_B^{\mathrm{t}})^2+(a_B^{\mathrm{n}})^2}=\sqrt{0.1^2+0.282^2}\ \mathrm{m/s^2}=0.299\ \mathrm{m/s^2}$$

$$\tan\theta_B=\frac{a_B^{\mathrm{t}}}{a_B^{\mathrm{n}}}=\frac{0.1}{0.282}=0.355,\quad \theta_B=19°30'$$

求出所经时间为

$$t=\frac{v_B-v_A}{a_{\mathrm{t}0}}=\frac{15-5}{0.1}\ \mathrm{s}=100\ \mathrm{s}$$

例 6-8 已知点的运动方程为 $x=2\sin 4t, y=2\cos 4t, z=4t$。$x, y, z$ 以 m 计；t 以 s 计。试求点运动轨迹的曲率半径 ρ。

解 点的速度和加速度沿 x、y、z 轴的投影分别为

$$v_x=8\cos 4t, \qquad a_x=-32\sin 4t$$

$$v_y=-8\sin 4t, \qquad a_y=-32\cos 4t$$

$$v_z=4\ \text{m/s}, \qquad a_z=0$$

由式(6-11)、(6-15)，点的速度及加速度大小为

$$v=\sqrt{v_x^2+v_y^2+v_z^2}=\sqrt{80}\ \text{m/s}$$

$$a=\sqrt{a_x^2+a_y^2+a_z^2}=32\ \text{m/s}^2$$

由式(6-22)，点的切向加速度与法向加速度大小为

$$a_t=\frac{\mathrm{d}v}{\mathrm{d}t}=0, \quad a_n=\frac{v^2}{\rho}=\frac{80}{\rho}\ \text{m/s}^2$$

根据式(6-23)，有

$$a=\sqrt{a_t^2+a_n^2}=32\ \text{m/s}^2=a_n$$

所以

$$\rho=2.5\ \text{m}$$

*4. 极坐标表示法

如果点作平面曲线运动，除了上述三种运动描述形式外，有时用极坐标法描述点的运动也很方便。

在平面上选固定点 O 为**极点**，建立**极轴** Ox 如图 6-20 所示，动点 M 在任一瞬时的位置可用极坐标 r 和 φ（规定以逆时针方向为正）唯一地确定。动点运动时，r 和 φ 是时间 t 的单值连续函数，即

$$r=f_1(t), \quad \varphi=f_2(t) \tag{6-24}$$

这是**用极坐标表示的点的运动方程**。从中消去时间 t，可得到用极坐标表示的点的**轨迹方程**

$$F(r,\varphi)=0 \tag{6-25}$$

在径矢 $\boldsymbol{r}$ 上取**径向单位矢量** $\boldsymbol{e}_r$，将 $\boldsymbol{e}_r$ 沿逆时针方向转过 90°，得到**横向单位矢量** $\boldsymbol{e}_p$ 如图 6-20 所示。显然，$\boldsymbol{e}_r$、$\boldsymbol{e}_p$ 都是随动点的运动而不断改变其方向的极坐标单位矢量。

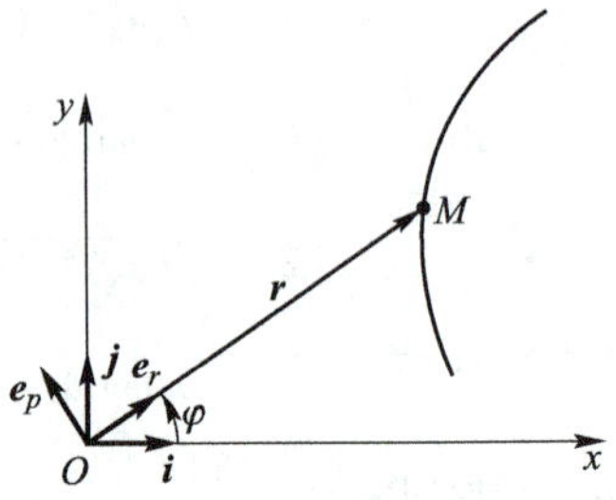

图 6-20 用极坐标描述点的运动

将 $\boldsymbol{e}_r$、$\boldsymbol{e}_p$ 用直角坐标系的单位矢量 $\boldsymbol{i}$、$\boldsymbol{j}$ 表示，由图 6-20 可知

$$\left.\begin{aligned}\boldsymbol{e}_r&=\cos\varphi\boldsymbol{i}+\sin\varphi\boldsymbol{j}\\ \boldsymbol{e}_p&=-\sin\varphi\boldsymbol{i}+\cos\varphi\boldsymbol{j}\end{aligned}\right\} \tag{6-26}$$

将式(6-26)对时间 t 求一阶导数，并注意到 $\boldsymbol{i}$、$\boldsymbol{j}$

是常矢量，得

$$\frac{d\boldsymbol{e}_r}{dt}=-\sin\varphi\times\dot{\varphi}\boldsymbol{i}+\cos\varphi\times\dot{\varphi}\boldsymbol{j}=\dot{\varphi}(-\sin\varphi\boldsymbol{i}+\cos\varphi\boldsymbol{j})$$

$$\frac{d\boldsymbol{e}_p}{dt}=-\cos\varphi\times\dot{\varphi}\boldsymbol{i}-\sin\varphi\times\dot{\varphi}\boldsymbol{j}=\dot{\varphi}(-\cos\varphi\boldsymbol{i}-\sin\varphi\boldsymbol{j})$$

将式(6-26)代入上式，有

$$\left.\begin{aligned}\frac{d\boldsymbol{e}_r}{dt}&=\dot{\varphi}\boldsymbol{e}_p\\ \frac{d\boldsymbol{e}_p}{dt}&=-\dot{\varphi}\boldsymbol{e}_r\end{aligned}\right\}\tag{6-27}$$

式(6-27)称为极坐标中单位矢量的导数公式。

将动点的径矢 $\boldsymbol{r}$ 用极坐标表示

$$\boldsymbol{r}=r\boldsymbol{e}_r\tag{6-28}$$

代入式(6-4)，于是动点的速度

$$\boldsymbol{v}=\frac{d\boldsymbol{r}}{dt}=\frac{dr}{dt}\boldsymbol{e}_r+r\frac{d\boldsymbol{e}_r}{dt}$$

式(6-27)代入上式，得极坐标表达的动点速度

$$\boldsymbol{v}=\dot{r}\boldsymbol{e}_r+r\dot{\varphi}\boldsymbol{e}_p\tag{6-29}$$

上式等号右边第一项是速度沿 $\boldsymbol{e}_r$ 方向的分量，称为径向速度，用 $\boldsymbol{v}_r$ 表示；第二项是速度沿 $\boldsymbol{e}_p$ 方向的分量，称为横向速度，用 $\boldsymbol{v}_\varphi$ 表示。由于 $\boldsymbol{v}_r$ 与 $\boldsymbol{v}_\varphi$ 互相垂直，因此速度 $\boldsymbol{v}$ 的大小等于

$$v=\sqrt{v_r^2+v_\varphi^2}=\sqrt{(\dot{r})^2+(r\dot{\varphi})^2}\tag{6-30}$$

由图 6-21 可见，$\boldsymbol{v}$ 与 $\boldsymbol{v}_r$ 的夹角

$$\theta=\arctan\frac{v_\varphi}{v_r}=\arctan\frac{r\dot{\varphi}}{\dot{r}}\tag{6-31}$$

将式(6-29)代入式(6-5)，得到用极坐标表示的动点的加速度

$$\boldsymbol{a}=\frac{d\boldsymbol{v}}{dt}=\ddot{r}\boldsymbol{e}_r+\dot{r}\dot{\boldsymbol{e}}_r+\dot{r}\dot{\varphi}\boldsymbol{e}_p+r\ddot{\varphi}\boldsymbol{e}_p+r\dot{\varphi}\dot{\boldsymbol{e}}_p$$

将式(6-27)代入上式，化简得

$$\boldsymbol{a}=(\ddot{r}-r\dot{\varphi}^2)\boldsymbol{e}_r+(r\ddot{\varphi}+2\dot{r}\dot{\varphi})\boldsymbol{e}_p\tag{6-32}$$

由上式可见，加速度 $\boldsymbol{a}$ 也有两个分量。径向分量称为径向加速度，用 $\boldsymbol{a}_r$ 表示，横向分量称为横向加速度，用 $\boldsymbol{a}_\varphi$ 表示，如图 6-22 所示。由这两个分量可求出加速度的大小和方向。

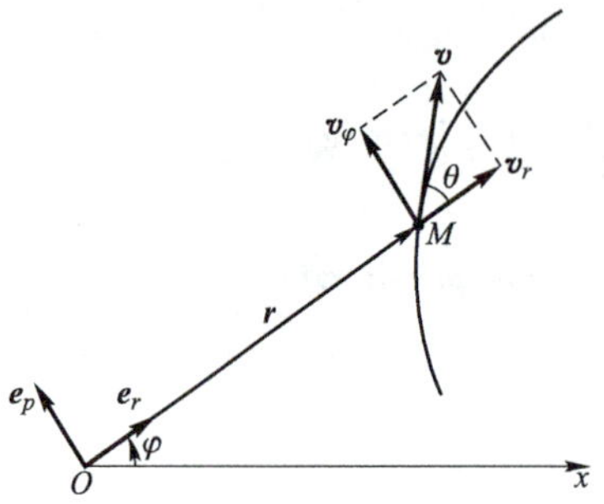

图 6-21　极坐标系下 M 点的速度

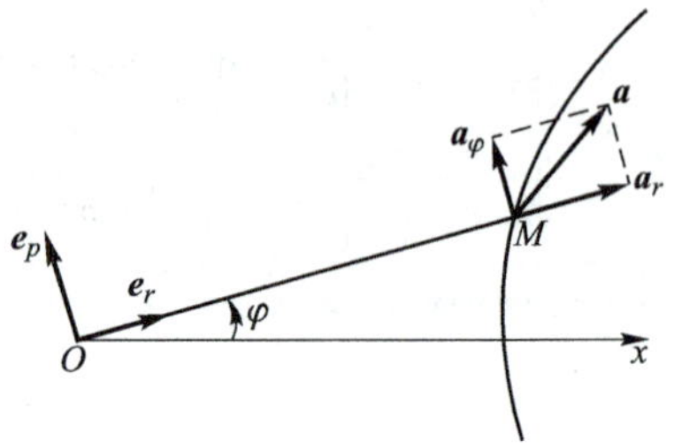

图 6-22　极坐标系下 M 点的加速度

例 6-9　圆盘按规律 $\theta=\alpha t^2$ 转动(图 6-23)。盘上刻有一通过盘心 O 的直槽。滑块 A 用弹簧系于 O 点,按规律 $s=a\sin\omega t$ 以 O'点为中心沿直槽作简谐运动。已知弹簧原长为 $OO'=b=100\ \mathrm{mm}$,$\alpha=\dfrac{\pi}{10}\mathrm{rad/s^2}$,$a=20\ \mathrm{mm}$,$\omega=\dfrac{\pi}{4}\mathrm{rad/s}$。试求当 $t=2\ \mathrm{s}$ 时滑块 A 的速度及加速度的大小。

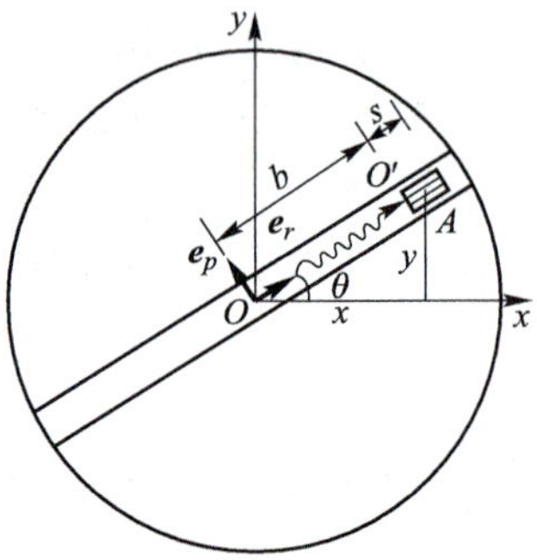

图 6-23　例 6-9 图

解　用极坐标表示法求解如下:

取 x 轴为极轴,并画出单位矢量 $\boldsymbol{e}_r$ 及 $\boldsymbol{e}_p$,如图 6-23 所示。在任一瞬时,有

$$r=b+s=b+a\sin\omega t,\quad \theta=\alpha t^2$$

故

$$\dot r=a\omega\cos\omega t,\quad \ddot r=-a\omega^2\sin\omega t$$

$$\dot\theta=2\alpha t,\quad \ddot\theta=2\alpha$$

将以上的 r、$\dot r$、$\ddot r$、$\dot\theta$ 及 $\ddot\theta$ 代入式(6-29)及式(6-32),得

$$\boldsymbol{v}=(a\omega\cos\omega t)\boldsymbol{e}_r+(b+a\sin\omega t)\times2\alpha t\boldsymbol{e}_p$$

$$\boldsymbol{a}=[-a\omega^2\sin\omega t-(b+a\sin\omega t)(2\alpha t)^2]\boldsymbol{e}_r+[(b+a\sin\omega t)\times2\alpha+2a\omega\times2\alpha t\cos\omega t]\boldsymbol{e}_p$$

再将 $t=2\ \mathrm{s}$,$a=20\ \mathrm{mm}$,$b=100\ \mathrm{mm}$,$\alpha=\dfrac{\pi}{10}\mathrm{rad/s^2}$ 及 $\omega=\dfrac{\pi}{4}\mathrm{rad/s}$ 代入,便得到

$$\boldsymbol{v}=v_r\boldsymbol{e}_r+v_\varphi\boldsymbol{e}_p=151\boldsymbol{e}_p\ \mathrm{mm/s}$$

$$\boldsymbol{a}=a_r\boldsymbol{e}_r+a_\varphi\boldsymbol{e}_p=-202\boldsymbol{e}_r\ \mathrm{mm/s^2}+75.4\boldsymbol{e}_p\ \mathrm{mm/s^2}$$

进而可求出

$$v=\sqrt{v_r^2+v_\varphi^2}=151\ \mathrm{mm/s}$$

$$a=\sqrt{a_r^2+a_\varphi^2}=215\ \mathrm{mm/s^2}$$

本题也可以用直角坐标表示法来求解,但比用极坐标法麻烦得多。读者可自行计算并加以比较。

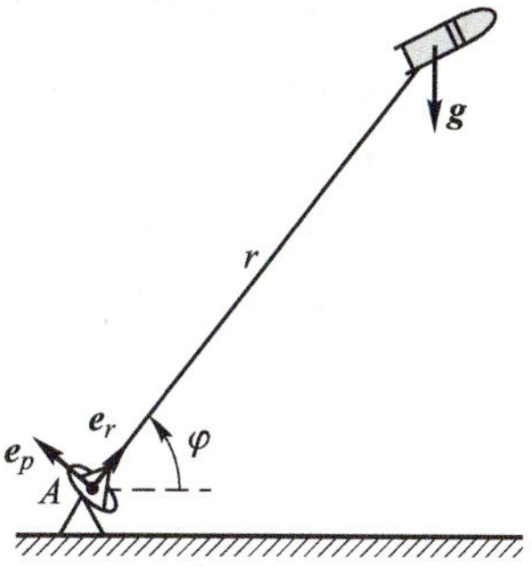

图 6-24　例 6-10 图

例 6-10　一火箭入轨后，用雷达进行追踪。设雷达与火箭轨道在同一铅直平面内，如图6-24所示。当 $\varphi=67.5°$ 时，测得 $r=28.2$ km，$\dot{r}=1.43$ km/s，$\dot{\varphi}=-0.013\ 3$ rad/s，而火箭的加速度为 $g=9.71$ m/s^2，方向铅直向下。试求在图示位置火箭速度的大小 v 及 $\ddot{r}$ 与 $\ddot{\varphi}$。

解　根据已知条件，本题宜用极坐标表示法求解。

按式(6-30)有

$$v=\sqrt{\dot{r}^2+(r\dot{\varphi})^2} \tag{a}$$

将 $r=28.2$ km、$\dot{r}=1.43$ km/s 及 $\dot{\varphi}=-0.013\ 3$ rad/s 代入式(a)，得

$$v=\sqrt{1.43^2+(-28.2\times0.013\ 3)^2}\ \text{km/s}=1.48\ \text{km/s}=1\ 480\ \text{m/s}$$

又由所给条件可求出

$$a_r=-g\cos(90°-\varphi)=-9.71\cos 22.5°\ \text{m/s}^2=-8.97\ \text{m/s}^2$$

$$a_\varphi=-g\cos\varphi=-9.71\cos 67.5°\ \text{m/s}^2=-3.72\ \text{m/s}^2$$

于是由式(6-32)可得

$$\ddot{r}-r\dot{\varphi}^2=-8.97\ \text{m/s}^2 \tag{b}$$

$$r\ddot{\varphi}+2\dot{r}\dot{\varphi}=-3.72\ \text{m/s}^2 \tag{c}$$

将 $r=28\ 200$ m，$\dot{r}=1\ 430$ m/s 及 $\dot{\varphi}=-0.013\ 3$ rad/s 代入以上两式，解得

$$\ddot{r}=-3.98\ \text{m/s}^2$$

$$\ddot{\varphi}=0.001\ 22\ \text{rad/s}^2$$

§6-3　刚体的基本运动

1. 刚体的平行移动

刚体运动时，如其上任一直线始终保持与其初始位置平行，则这种运动称为平行移动，简称为平移。如电梯的升降运动、桥式吊车梁的运动、在直线轨道上行驶列车的车厢的运动(图 6-25)以及图 6-26 所示的筛沙机中筛子 AB 的运动都具有以上的特征，都是平行移动。由于平移刚体上任一点的轨迹可以是直线(图 6-25)，也可以是曲线(图 6-26)，所以刚体的平移又分为直线平移和曲线平移两种。

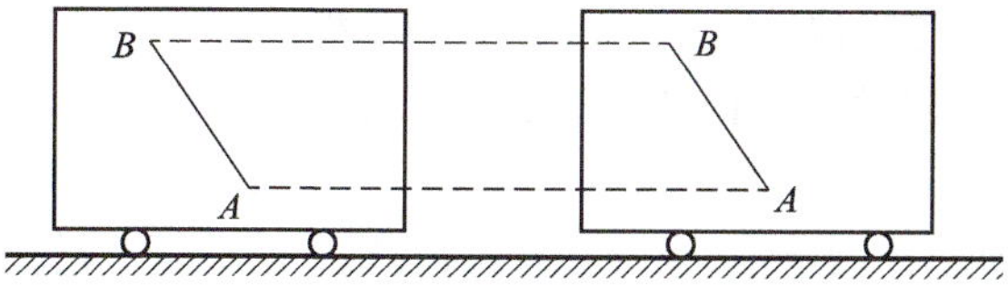

图 6-25　沿直线轨道行驶的车厢的运动

在平移刚体上任取两点 A 和 B，并作矢量 $\boldsymbol{r}_B$、$\boldsymbol{r}_A$ 和 $\boldsymbol{r}_{AB}$（图 6-27）。由于是刚体，A、B 两点的距离保持不变，即矢量 $\boldsymbol{r}_{AB}$ 的大小不变；又由于刚体作平行移动，矢量的方向也保持不变。所以，$\boldsymbol{r}_{AB}$ 为一常矢量。因此，在运动过程中，A、B 两点所描出的轨迹曲线形状完全相同（请读者自己作出严格的证明），也就是说，将 A 点的轨迹曲线沿 $\boldsymbol{r}_{AB}$ 方向平行移动一段距离 AB，将与 B 点的轨迹曲线完全重合，又由图 6-27 可知

$$\boldsymbol{r}_B=\boldsymbol{r}_A+\boldsymbol{r}_{AB} \tag{a}$$

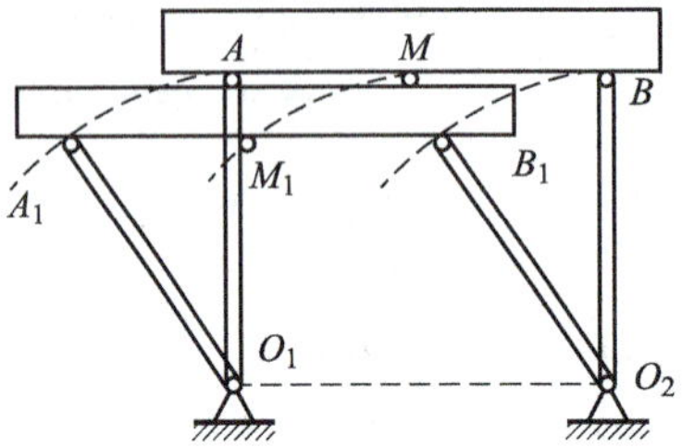

图 6-26　筛沙机中筛子 AB 的运动

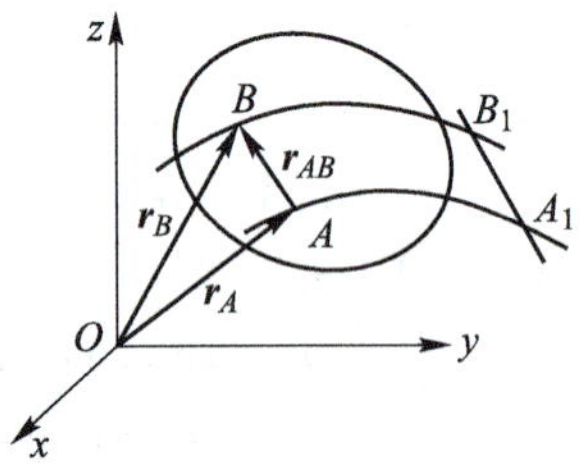

图 6-27　平移刚体上任意两点 A、B 的运动

将式（a）对时间 t 求导数，由于 $\boldsymbol{r}_{AB}$ 为常矢量，$\dfrac{\mathrm{d}\boldsymbol{r}_{AB}}{\mathrm{d}t}=\boldsymbol{0}$，故有

$$\frac{\mathrm{d}\boldsymbol{r}_A}{\mathrm{d}t}=\frac{\mathrm{d}\boldsymbol{r}_B}{\mathrm{d}t} \tag{b}$$

即

$$\boldsymbol{v}_A=\boldsymbol{v}_B \tag{6-33}$$

再将上式对时间求一次导数，得到

$$\boldsymbol{a}_A=\boldsymbol{a}_B \tag{6-34}$$

式（6-33）、（6-34）表明，在任何瞬时，A、B 两点的速度相同，加速度也相同。由于 A、B 是任取的两点，于是可推得如下的定理：

刚体平移时，体内所有各点的轨迹的形状相同，在同一瞬时，所有各点具有相同的速度和相同的加速度。

既然平移刚体上各点的运动规律相同，因此，只要知道其中任一点的运动就知道整个刚体的运动。所以，刚体平移的问题可以归结为点的运动问题来研究，刚体具有的自由度与刚体上任意一点的自由度相同。

2. 刚体的定轴转动及体内各点的速度、加速度

若**刚体运动时，体内或其扩展部分有一直线相对于参考系保持不动，这种运动就称为定轴转动**。该固定不动的直线称为**转轴**。转动是机器中最常见的一种运动，如门窗的开关、卷扬机的卷筒、机器的飞轮、电机的转子等的运动都是定轴转动。

（1）刚体的转动方程、角速度和角加速度

设有一刚体 T 相对于参考体绕固定轴 z 转动，如图 6-28 所示。为描述整个刚体的运动，首先要确定刚体在任一瞬时的位置。为此，通过固定轴 z 作一固定平面 Q，再选一与刚体固连的平面 P。由于刚体上各点相对于平面 P 的位置是一定的，因此，只要知道平面 P 的位置也就知道刚体上各点的位置，亦即知道整个刚体的位置。而平面 P 在任一瞬时 t 的位置可由它与固定平面 Q 的夹角 φ 来确定。角 φ 称为位置角或转角，以 rad（弧度）计。从平面 Q 量到平面 P，并规定：从 z 轴的正向朝负向看去，沿逆时针方向量取为正值，反之为负值。当刚体转动时，位置角 φ 随时间 t 变化，是时间 t 的单值连续函数，可表示为

$$\varphi=\varphi(t) \tag{6-35}$$

这就是刚体定轴转动的运动方程。

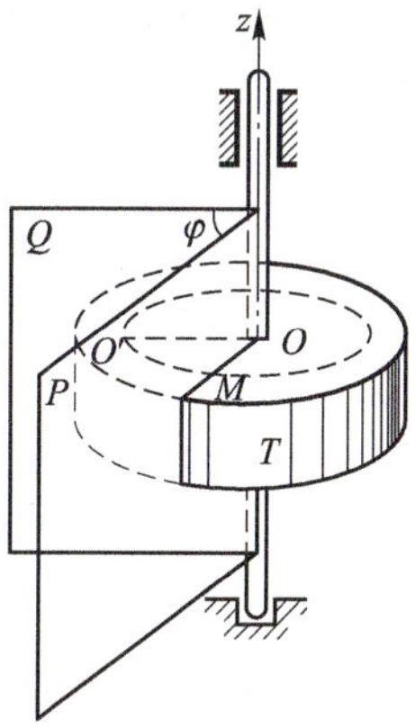

图 6-28　刚体 T 绕固定轴 z 转动

转角 φ 实际上是确定转动刚体位置的“角坐标”，也可作为广义坐标。

设由瞬时 t 到瞬时 $t+\Delta t$，位置角由 φ 改变到 $\varphi+\Delta\varphi$，位置角的增量 $\Delta\varphi$ 称为角位移。比值 $\dfrac{\Delta\varphi}{\Delta t}$ 称为在 Δt 时间内的平均角速度。当 $\Delta t\to0$ 时，$\dfrac{\Delta\varphi}{\Delta t}$ 的极限值称为刚体在瞬时 t 的角速度，以 ω 表示，则

$$\omega=\lim_{\Delta t\to0}\frac{\Delta\varphi}{\Delta t}=\frac{\mathrm{d}\varphi}{\mathrm{d}t}=\dot{\varphi} \tag{6-36}$$

即角速度等于位置角对于时间的一阶导数。

ω 是一个代数量。其大小表示刚体转动的快慢程度。当 ω 为正时，位置角 φ 的代数值随时间增大，从 z 轴的正向朝负向看，刚体作逆时针方向转动；反之，则作顺时针方向转动。

角速度的单位是 rad/s。在工程上还常用转速 n 来表示刚体转动的快慢。转速是每分钟的转数，其单位是 r/min（转/分）。角速度与转速之间的关系是

$$\{\omega\}_{\mathrm{rad/s}}=\frac{2\{n\}_{\mathrm{r/min}}\pi}{60}=\frac{\pi\{n\}_{\mathrm{r/min}}}{30} \tag{6-37}$$

角速度一般也是随时间变化的。设从瞬时 t 到瞬时 $t+\Delta t$，角速度由 ω 改变到 $\omega+\Delta\omega$，即在 Δt 时间内改变了 $\Delta\omega$。比值 $\dfrac{\Delta\omega}{\Delta t}$ 称为平均角加速度。当 $\Delta t\to0$ 时，$\dfrac{\Delta\omega}{\Delta t}$ 的极限称为刚体在瞬时 t 的角加速度，以 α 表示，则

$$\alpha = \lim_{\Delta t \to 0} \frac{\Delta \omega}{\Delta t} = \frac{d\omega}{dt} = \frac{d^2\varphi}{dt^2} = \ddot{\varphi} \tag{6-38}$$

由此可见，**角加速度等于角速度对于时间的一阶导数，也等于位置角对于时间的二阶导数**。

角加速度 α 也是一个代数量。其大小表示角速度瞬时变化率的大小。当 α 为正时，角速度 ω 的代数值随时间增大，反之减小。若 α 与 ω 符号相同，则 ω 的绝对值随时间而增大，刚体作加速转动；若相反，则刚体作减速转动。

角加速度的单位是 rad/s^2。

(2) 转动刚体内各点的速度、加速度

由以上讨论可知，转角、角速度和角加速度等都是描述刚体整体运动的特征量。当转动刚体的运动确定后，就可以求刚体内各点的速度和加速度。

当刚体作定轴转动时，体内各点都在垂直于转动轴的平面内作圆周运动，圆心就在转动轴上。在图 6-28 所示的转动刚体的平面 P 内任取一点 M 来考察。设 M 点到转动轴的距离为 ρ，则其轨迹是半径为 ρ 的一个圆，如图 6-29a 所示。取固定平面 Q 与该圆的交点 O' 为弧坐标的原点。由图 6-29a 可见，M 点的弧坐标 s 与位置角 φ 有如下的关系

$$s = \rho\varphi = \rho\varphi(t)$$

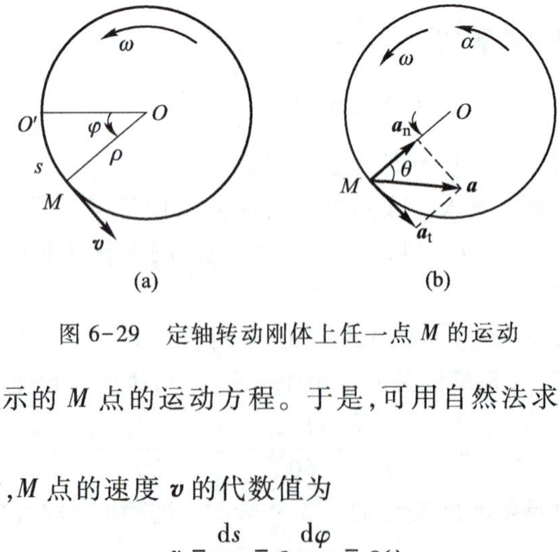

图 6-29　定轴转动刚体上任一点 M 的运动

这是用自然法表示的 M 点的运动方程。于是，可用自然法求 M 点的速度和加速度。

在任一瞬时，M 点的速度 $\boldsymbol{v}$ 的代数值为

$$v = \frac{ds}{dt} = \rho\frac{d\varphi}{dt} = \rho\omega \tag{6-39}$$

速度 $\boldsymbol{v}$ 沿轨迹的切线，即垂直于半径 OM，指向与 ω 转向一致。

在任一瞬时，M 点的切向加速度 $\boldsymbol{a}_t$ 的代数值为

$$a_t=\frac{dv}{dt}=\rho\frac{d\omega}{dt}=\rho\alpha \tag{6-40}$$

$\boldsymbol{a}_t$ 也垂直于 OM，指向则与 α 的转向一致，如图 6-29b 所示。M 点的法向加速度 $\boldsymbol{a}_n$ 的大小为

$$a_n=\frac{v^2}{\rho}=\frac{(\rho\omega)^2}{\rho}=\rho\omega^2 \tag{6-41}$$

$\boldsymbol{a}_n$ 的方向总是指向圆心 O，即指向转动轴。

M 点的总加速度 $\boldsymbol{a}$ 的大小为

$$a=\sqrt{a_t^2+a_n^2}=\sqrt{(\rho\alpha)^2+(\rho\omega^2)^2}=\rho\sqrt{\alpha^2+\omega^4} \tag{6-42}$$

用 θ 表示 $\boldsymbol{a}$ 与 OM（即 $\boldsymbol{a}_n$）之间的夹角，则

$$\tan\theta=\frac{|a_t|}{a_n}=\frac{\rho|\alpha|}{\rho\omega^2}=\frac{|\alpha|}{\omega^2} \tag{6-43}$$

由式(6-39)和式(6-42)可见，**在同一瞬时，刚体内各点的速度和加速度的大小与各点到转动轴的距离成正比**。又由式(6-43)可知，**在同一瞬时，刚体内所有各点的总加速度与其法向加速度的夹角相同**。据此，直径 MN 上各点的速度和加速度的分布如图 6-30a 和图 6-30b 所示。

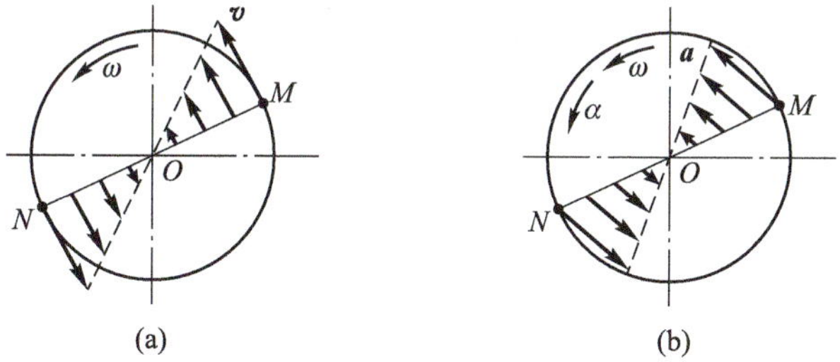

图 6-30　定轴转动刚体直径 MN 上各点的速度和加速度分布图

例 6-11　在图 6-31a 中，平行四连杆机构在图示平面内运动。$O_1A=O_2B=0.2$ m，$O_1O_2=AB=0.6$ m，$AM=0.2$ m，如 O_1A 按 $\varphi=\omega t$ 的规律转动，其中 $\omega=15\pi$ rad/s。试求 $t=0.8$ s 时，M 点的速度与加速度。

解　在运动过程中，AB 杆始终与 O_1O_2 平行。因此，AB 杆为平移，O_1A 为定轴转动。根据平移的特点，在同一瞬时，M、A 两点具有相同的速度和加速度。A 点作圆周运动，它的运动

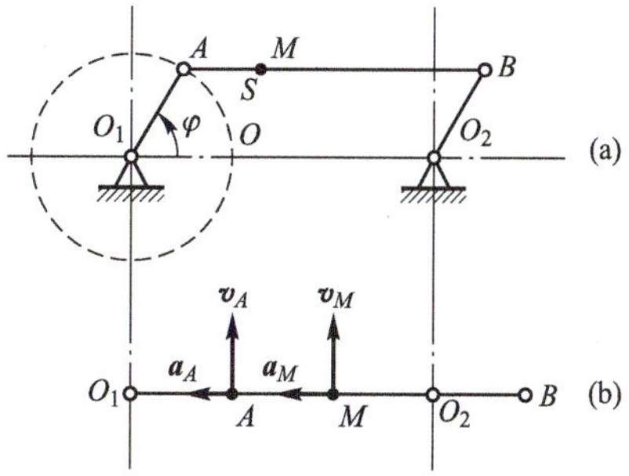

图 6-31　例 6-11 图

规律为

$$s=O_1A\varphi=O_1A\omega t$$

所以

$$v_A=\frac{\mathrm{d}s}{\mathrm{d}t}=O_1A\omega=3\pi\ \mathrm{m/s}$$

$$a_{tA}=\frac{\mathrm{d}v}{\mathrm{d}t}=0$$

$$a_{nA}=\frac{v_A^2}{O_1A}=\frac{9\pi^2}{0.2}\ \mathrm{m/s^2}=45\pi^2\ \mathrm{m/s^2}$$

为了表示 $\boldsymbol{v}_M$、$\boldsymbol{a}_M$ 的方向，需确定 $t=0.8$ s 时，AB 杆的瞬时位置。$t=0.8$ s 时，$s=2.4\pi$ m，$O_1A=0.2$ m，$\varphi=\dfrac{2.4\pi}{0.2}=12\pi$，$AB$ 杆正好第 6 次回到起始的水平位置 O 点处，$\boldsymbol{v}_M$、$\boldsymbol{a}_M$ 的方向如图 6-31b 所示。

例 6-12　有一抽水机，转轮的直径为 3.1 m，额定转速为 150 r/min。由静止开始加速到额定转速所需的时间为 15 s。设此起动过程为匀加速转动，试求转轮的角加速度和在此时间内转过的角度。在达到额定转速以后，转轮作匀速转动，试求转轮外缘上任一点 M 的速度和加速度。

解　因起动过程为匀加速转动，初角速度 $\omega_0=0$，末角速度 $\omega=150\ \mathrm{r/min}=150\times\dfrac{2\pi}{60}\ \mathrm{rad/s}=15.7\ \mathrm{rad/s}$，所经时间 $t=15$ s，由式(6-38)积分可求得角加速度

$$\alpha=\frac{\omega-\omega_0}{t}=\frac{15.7-0}{15}\ \mathrm{rad/s^2}=1.05\ \mathrm{rad/s^2}$$

转过的角度

$$\varphi-\varphi_0=\frac{\omega^2-\omega_0^2}{2\alpha}=\frac{15.7^2-0}{2\times1.05}\ \mathrm{rad}=117\ \mathrm{rad}$$

当转轮的转速达到额定转速以后，作匀速转动，$\omega=15.7$ rad/s，$\alpha=0$，根据式(6-39)，转轮外缘上任一点 M 的速度 $\boldsymbol{v}$ 的大小为

$$v=\rho\ \omega=\frac{3.1}{2}\times15.7\ \mathrm{m/s}=24.3\ \mathrm{m/s}$$

$\boldsymbol{v}$ 的方向沿转轮外缘的切线，指向与 ω 转向一致。

根据式(6-40)和式(6-41)，M 点的切向加速度和法向加速度分别为

$$a_t=\rho\alpha=0,\quad a_n=\rho\omega^2=\frac{3.1}{2}\times15.7^2\ \mathrm{m/s^2}=382\ \mathrm{m/s^2}$$

于是总加速度

$$a=a_n=382\ \mathrm{m/s^2}$$

方向指向转动轴。

例 6-13　圆柱齿轮传动是常用的轮系传动方式之一，可用来提高或降低转速，并可用来改变转向。图 6-32a、b 为外啮合情况；图 6-32c 为内啮合情况。两齿轮外啮合时，它们的转

向相反，而内啮合时则转向相同。设主动轮 A 和从动轮 B 的节圆的半径分别为 r_1 和 r_2，轮 A 的角速度为 ω_1（转速为 n_1），试求轮 B 的角速度 ω_2（转速 n_2）（在本例中，所有的角速度 ω_1、ω_2 及转速 n_1、n_2 均取绝对值）。

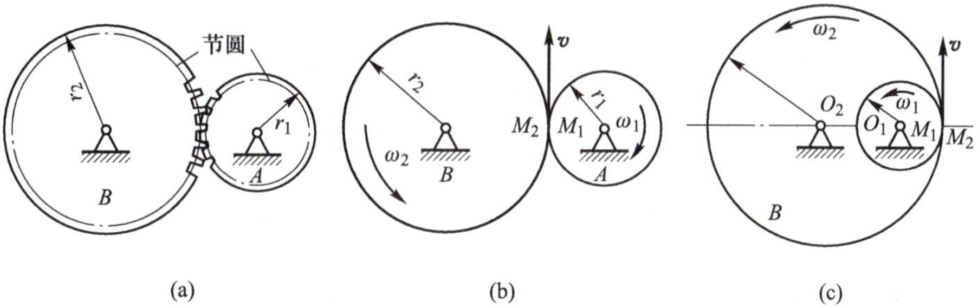

图 6-32　例 6-13 图

解　在齿轮传动中，因齿轮互相啮合，两齿轮的节圆接触点 M_1 和 M_2 无相对滑动，具有相同的速度 v，因而有

$$v=r_1\omega_1=2\pi n_1 r_1/60 \tag{a}$$

$$v=r_2\omega_2=2\pi n_2 r_2/60 \tag{b}$$

由式（a）、（b）可得

$$\omega_2=\frac{r_1}{r_2}\omega_1,\quad n_2=\frac{r_1}{r_2}n_1 \tag{c}$$

通常，称主动轮的角速度（或转速）与从动轮的角速度（或转速）之比 $\frac{\omega_1}{\omega_2}$ 或 $\frac{n_1}{n_2}$ 为传速比，设以 i_{12} 表示，于是，由式（c）可得

$$i_{12}=\frac{\omega_1}{\omega_2}=\frac{n_1}{n_2}=\frac{r_2}{r_1} \tag{d}$$

式（d）表明，**互相啮合的两个齿轮的角速度（或转速）与半径成反比。**

关系式（c）和式（d）对于锥齿轮传动（图 6-33）和带传动（图 6-34）同样适用。

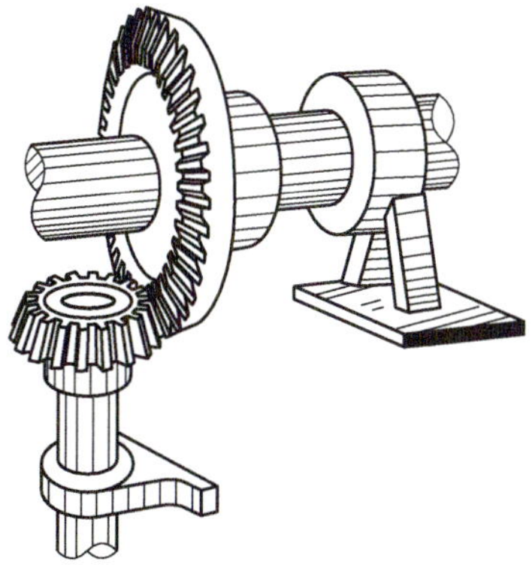

图 6-33

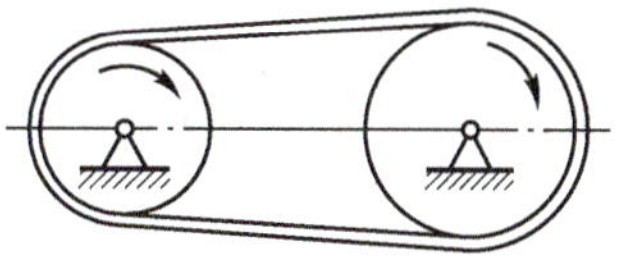

图 6-34

设齿轮 A、B 的齿数分别为 z_1、z_2，因能够互相啮合的两个齿轮的齿数与它们节圆的周长 $2\pi r_1$、$2\pi r_2$ 成正比，所以有

$$\frac{z_1}{z_2}=\frac{2\pi r_1}{2\pi r_2}=\frac{r_1}{r_2} \tag{e}$$

将式(e)代入式(d)可得

$$i_{12}=\frac{\omega_1}{\omega_2}=\frac{n_1}{n_2}=\frac{z_2}{z_1} \tag{f}$$

由此可见，**互相啮合的两齿轮的角速度(或转速)与齿数成反比**。

在一些复式轮系(如变速箱)中包含有几对齿轮，将每一对齿轮的传速比按式(d)或式(f)算出后，将它们连乘起来，便可以得到总的传速比。

例如，图 6-35 为一个二级传动减速器，由Ⅰ、Ⅱ、Ⅲ、Ⅳ四个齿轮组成。已知主动轮Ⅰ的齿数 $z_1=12$，其余三个轮的齿数分别为 $z_2=60$，$z_3=18$，$z_4=72$。试求总的传速比。

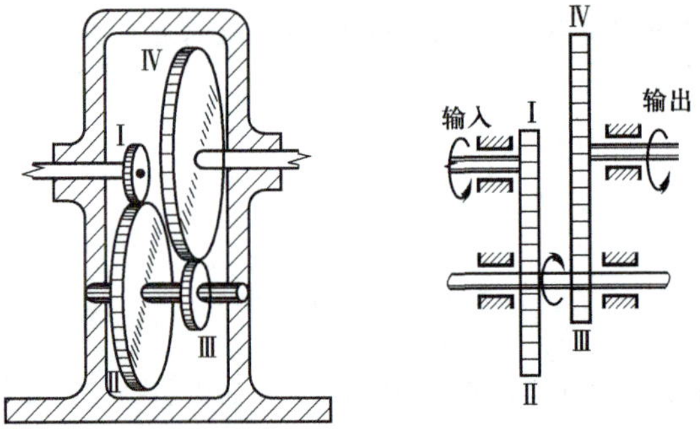

图 6-35

设四个轮的转速分别为 n_1、n_2、n_3 及 n_4。由式(f)可知，Ⅰ、Ⅱ这一对啮合齿轮的传速比为

$$i_{12}=\frac{n_1}{n_2}=\frac{z_2}{z_1}$$

故

$$n_2=\frac{z_1}{z_2}n_1$$

因为Ⅱ、Ⅲ两齿轮固结于同一轴上一起转动，因而有

$$n_2=n_3$$

所以

$$n_3=\frac{z_1}{z_2}n_1$$

同样，根据式(f)，Ⅲ、Ⅳ这一对啮合齿轮的传速比为

$$i_{34}=\frac{n_3}{n_4}=\frac{z_4}{z_3}$$

故

$$n_4 = \frac{z_3}{z_4}n_3 = \frac{z_1}{z_2}\frac{z_3}{z_4}n_1$$

而

$$i_{总} = \frac{n_1}{n_4} = \frac{z_2}{z_1}\frac{z_4}{z_3} = i_{12}i_{34}$$

此式表明，总的传速比等于两对齿轮传速比的乘积。

将数值代入后，得

$$i_{总} = \frac{60\times72}{12\times18} = 20$$

例 6-14　机构如图 6-36 所示，假定杆 AB 以匀速 $\boldsymbol{v}$ 运动，开始时 $\varphi=0$。试求当 $\varphi=\frac{1}{4}\pi$ 时，摇杆 OC 的角速度和角加速度。

文档：例 6-14 题解

3. 角速度与角加速度的矢量表示　以矢积表示点的速度和加速度

（1）角速度与角加速度的矢量表示

在上节中，角速度和角加速度都作为标量，然而在研究较为复杂问题时，把角速度和角加速度用矢量表示比较方便。

角速度矢量可以这样表示：设转轴为 z 轴，使 $\boldsymbol{\omega}$ 与 Oz 共线，其长度表示角速度的大小，箭头的指向由刚体的转向按右手法则确定，如图6-37所示。显然，当角速度的代数值为正时，$\boldsymbol{\omega}$ 的指向与 z 轴正向一致；为负时则相反。$\boldsymbol{\omega}$ 矢量的起点可在转轴上任一点画出，即 $\boldsymbol{\omega}$ 是一滑动矢量。设 $\boldsymbol{k}$ 为沿 z 轴正向的单位矢量，则

$$\boldsymbol{\omega} = \omega\boldsymbol{k} \tag{6-44}$$

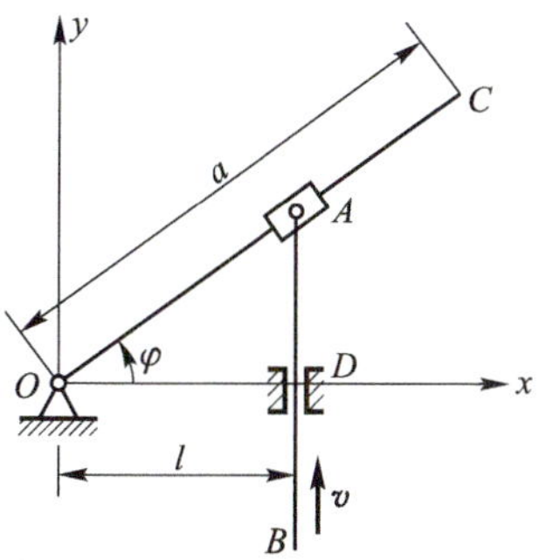

图 6-36　例 6-14 图

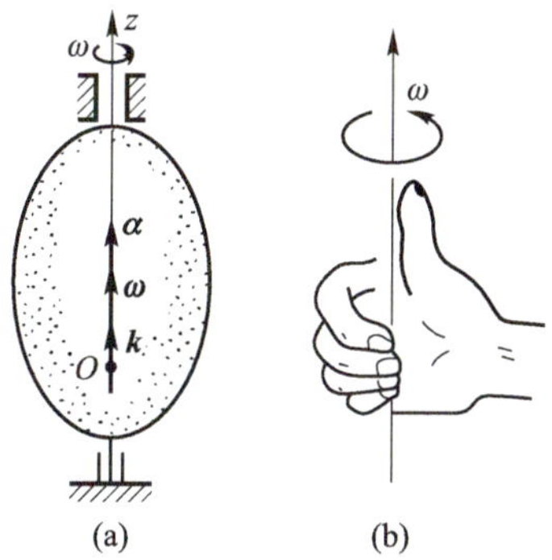

图 6-37　角速度与角加速度的矢量表示

角加速度矢量 $\boldsymbol{\alpha}$ 可定义为 $\boldsymbol{\omega}$ 对时间 t 的导数，注意到 $\boldsymbol{k}$ 为一常矢量，得

$$\boldsymbol{\alpha} = \frac{\mathrm{d}\boldsymbol{\omega}}{\mathrm{d}t} = \frac{\mathrm{d}\omega}{\mathrm{d}t}\boldsymbol{k} = \alpha\boldsymbol{k} \tag{6-45}$$

可见,$\boldsymbol{\alpha}$ 的方向也沿转轴 z,如图 6-37 所示。当刚体加速转动时,$\boldsymbol{\alpha}$ 与 $\boldsymbol{\omega}$ 同向;反之,则反向。

(2) 速度和加速度的矢积表达式

将角速度与角加速度用矢量 $\boldsymbol{\omega}$、$\boldsymbol{\alpha}$ 表示以后,转动刚体上任一点 M 的速度、切向加速度和法向加速度都可以用矢积来表示。为此,从转轴上的点 O 作 M 点的径矢 $\boldsymbol{r}=\overrightarrow{OM}$(图 6-38),并以 θ 表示 $\boldsymbol{r}$ 与 z 轴的夹角,C 点表示 M 点所画的圆周的圆心,ρ 表示该圆的半径。在转动过程中,$\boldsymbol{r}$ 的模不变,但其方向是不断改变的。

M 点的速度 $\boldsymbol{v}$ 的大小为

$$|v|=|\omega|\rho=|\omega r\sin\theta|=|\boldsymbol{\omega}\times\boldsymbol{r}|$$

且矢积 $\boldsymbol{\omega}\times\boldsymbol{r}$ 的方向,由右手法则知,正好与 $\boldsymbol{v}$ 的方向相同。根据两矢量的矢积定义,速度 $\boldsymbol{v}$ 可用角速度矢 $\boldsymbol{\omega}$ 与径矢 $\boldsymbol{r}$ 的矢积表示为

$$\boldsymbol{v}=\boldsymbol{\omega}\times\boldsymbol{r} \tag{6-46}$$

将上式代入点的加速度的矢量表示式 $\boldsymbol{a}=\dfrac{\mathrm{d}\boldsymbol{v}}{\mathrm{d}t}$中,可得 M 点的加速度为

$$\boldsymbol{a}=\frac{\mathrm{d}\boldsymbol{\omega}}{\mathrm{d}t}\times\boldsymbol{r}+\boldsymbol{\omega}\times\frac{\mathrm{d}\boldsymbol{r}}{\mathrm{d}t}=\boldsymbol{\alpha}\times\boldsymbol{r}+\boldsymbol{\omega}\times\boldsymbol{v} \tag{6-47}$$

矢积 $\boldsymbol{\alpha}\times\boldsymbol{r}$ 的模为

$$|\boldsymbol{\alpha}\times\boldsymbol{r}|=|\alpha r\sin\alpha|=|\alpha|\rho$$

即等于 M 点的切向加速度 $\boldsymbol{a}_t$ 的大小。又从图 6-39 中可以看出 $\boldsymbol{\alpha}\times\boldsymbol{r}$ 与 $\boldsymbol{a}_t$ 的方向一致。因此有

$$\boldsymbol{\alpha}\times\boldsymbol{r}=\boldsymbol{a}_t \tag{6-48}$$

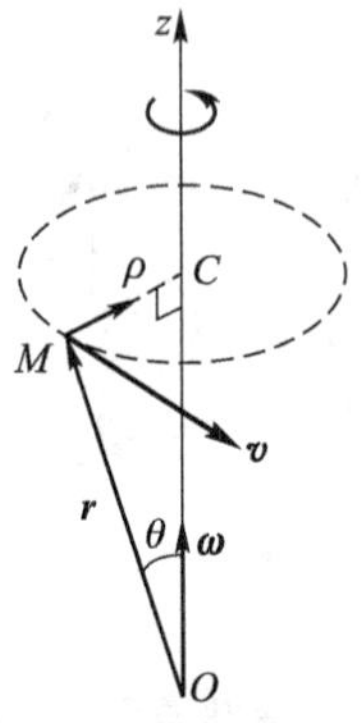

图 6-38　速度的矢积表示

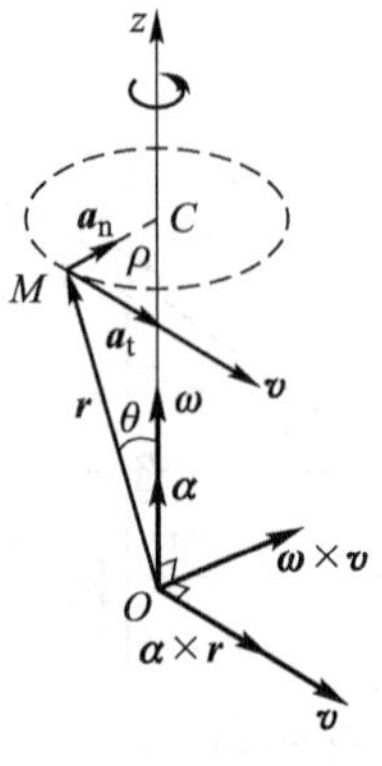

图 6-39　加速度的矢积表示

矢积 $\boldsymbol{\omega}\times\boldsymbol{v}$ 的模为

$$|\boldsymbol{\omega}\times\boldsymbol{v}|=|\omega v\sin 90^\circ|=|\omega v|=\rho\omega^2$$

即等于 M 点的法向加速度 $\boldsymbol{a}_n$ 的大小。从图 6-39 中可以看出 $\boldsymbol{\omega}\times\boldsymbol{v}$ 与 $\boldsymbol{a}_n$ 的方向

一致，因此有

$$\boldsymbol{\omega}\times\boldsymbol{v}=\boldsymbol{a}_{\mathrm{n}} \tag{6-49}$$

综上所述，刚体作定轴转动时，体内任一点的速度等于刚体的角速度矢量与该点径矢的矢积；任一点的切向加速度等于刚体的角加速度矢量与该点径矢的矢积；任一点的法向加速度等于刚体的角速度矢量与该点速度的矢积。

例 6-15　设有一组坐标系 $O'x'y'z'$ 固结在刚体 T 上，并随同该刚体绕固定轴 z 以角速度 ω 转动，如图 6-40 所示。试证明

$$\frac{\mathrm{d}\boldsymbol{i}'}{\mathrm{d}t}=\boldsymbol{\omega}\times\boldsymbol{i}',\quad\frac{\mathrm{d}\boldsymbol{j}'}{\mathrm{d}t}=\boldsymbol{\omega}\times\boldsymbol{j}',\quad\frac{\mathrm{d}\boldsymbol{k}'}{\mathrm{d}t}=\boldsymbol{\omega}\times\boldsymbol{k}'$$

其中 $\boldsymbol{i}'$、$\boldsymbol{j}'$、$\boldsymbol{k}'$ 为沿坐标轴 x'、y'、z' 正向的单位矢量。

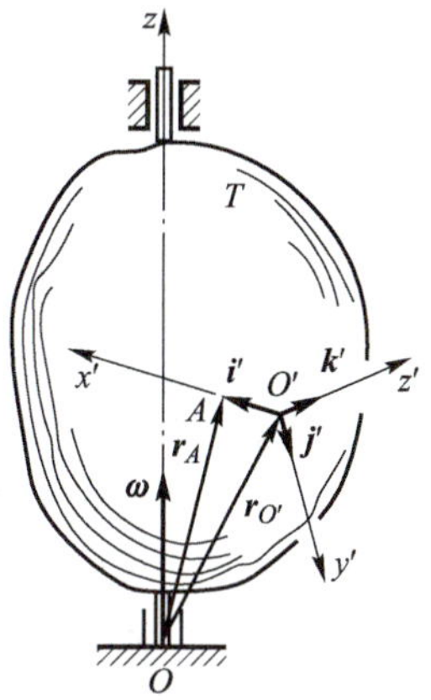

图 6-40　例 6-15 图

证明　从固定点 O 作到 O' 点和到 $\boldsymbol{i}'$ 端点 A 的径矢 $\boldsymbol{r}_{O'}$ 和 $\boldsymbol{r}_A$。由图可见

$$\boldsymbol{i}'=\boldsymbol{r}_A-\boldsymbol{r}_{O'} \tag{a}$$

于是

$$\frac{\mathrm{d}\boldsymbol{i}'}{\mathrm{d}t}=\frac{\mathrm{d}\boldsymbol{r}_A}{\mathrm{d}t}-\frac{\mathrm{d}\boldsymbol{r}_{O'}}{\mathrm{d}t}=\boldsymbol{v}_A-\boldsymbol{v}_{O'} \tag{b}$$

根据式(6-46)有

$$\boldsymbol{v}_A=\boldsymbol{\omega}\times\boldsymbol{r}_A,\quad\boldsymbol{v}_{O'}=\boldsymbol{\omega}\times\boldsymbol{r}_{O'} \tag{c}$$

将式(c)代入式(b)后并利用式(a)可得

$$\frac{\mathrm{d}\boldsymbol{i}'}{\mathrm{d}t}=\boldsymbol{\omega}\times\boldsymbol{r}_A-\boldsymbol{\omega}\times\boldsymbol{r}_{O'}=\boldsymbol{\omega}\times(\boldsymbol{r}_A-\boldsymbol{r}_{O'})=\boldsymbol{\omega}\times\boldsymbol{i}'$$

同样可证

$$\frac{\mathrm{d}\boldsymbol{j}'}{\mathrm{d}t}=\boldsymbol{\omega}\times\boldsymbol{j}',\frac{\mathrm{d}\boldsymbol{k}'}{\mathrm{d}t}=\boldsymbol{\omega}\times\boldsymbol{k}' \tag{6-50}$$

这一组公式称为泊松公式。

事实上，固结在转动刚体上的任一矢量 $\boldsymbol{b}$ 对时间的导数均为

$$\frac{\mathrm{d}\boldsymbol{b}}{\mathrm{d}t}=\boldsymbol{\omega}\times\boldsymbol{b} \tag{6-51}$$

请读者自己证明。

思　考　题

6-1　试确定图示系统的自由度并选择广义坐标。

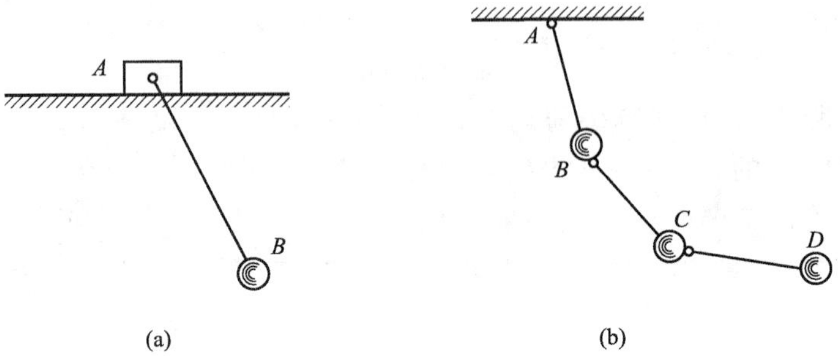

思考题 6-1 图

6-2 分析下列论述是否正确：

(1) 点作曲线运动时，加速度的大小等于速度的大小对时间的导数。

(2) 若点作匀速运动，则点的加速度等于零。

(3) 点作直线运动时，法向加速度等于零。因此，若已知某瞬时点的法向加速度等于零，则该点作直线运动。

(4) 点作匀速运动时，其切向加速度等于零。因此，若已知某瞬时点的切向加速度等于零，则该点作匀速运动。

(5) 在极坐标表示法中，$v_r=\frac{\mathrm{d}r}{\mathrm{d}t}$，$v_\varphi=r\frac{\mathrm{d}\varphi}{\mathrm{d}t}$，因此 $a_r=\frac{\mathrm{d}v_r}{\mathrm{d}t}=\frac{\mathrm{d}^2r}{\mathrm{d}t^2}$，$a_\varphi=\frac{\mathrm{d}v_\varphi}{\mathrm{d}t}=\frac{\mathrm{d}r}{\mathrm{d}t}\frac{\mathrm{d}\varphi}{\mathrm{d}t}+r\frac{\mathrm{d}^2\varphi}{\mathrm{d}t^2}$。

6-3 设点作曲线运动，试问图示的各种速度与加速度情形，哪几种是可能的，哪几种是不可能的？为什么？

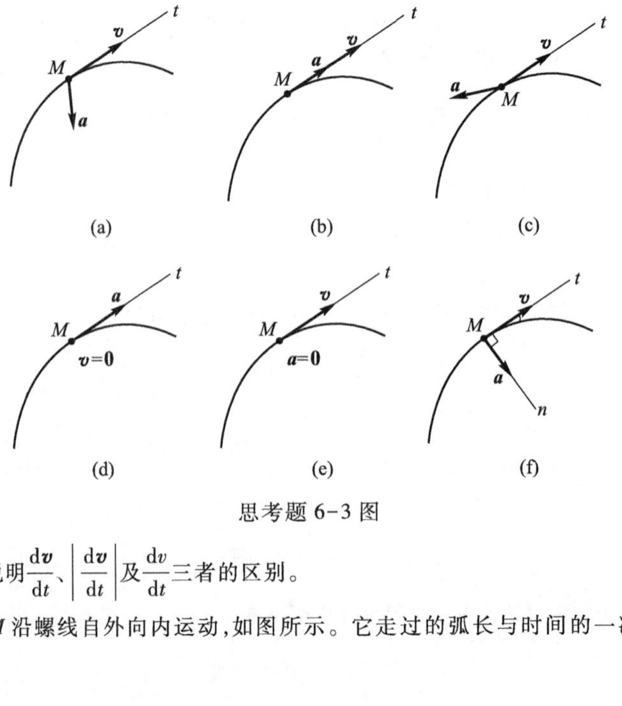

思考题 6-3 图

6-4 试说明$\frac{\mathrm{d}\boldsymbol{v}}{\mathrm{d}t}$、$\left|\frac{\mathrm{d}\boldsymbol{v}}{\mathrm{d}t}\right|$及$\frac{\mathrm{d}v}{\mathrm{d}t}$三者的区别。

6-5 点 M 沿螺线自外向内运动，如图所示。它走过的弧长与时间的一次方成正比，试问点的加速度是越来越大,还是越来越小?该点越跑越快,还是越跑越慢?

6-6　当点作曲线运动时,点的加速度 $\boldsymbol{a}$ 是恒矢量,如图所示。试问点是否作匀变速运动?

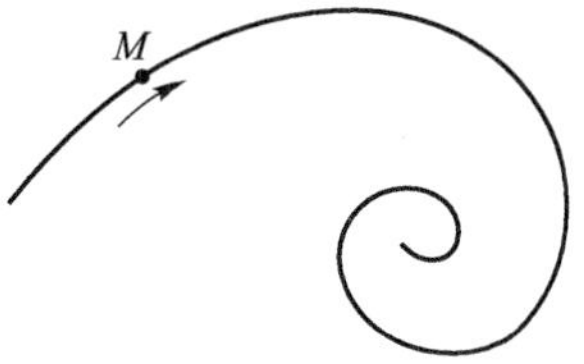

思考题 6-5 图

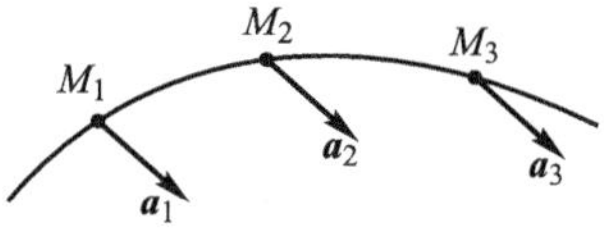

思考题 6-6 图

6-7　一点作曲线运动。已知:

(1) 在 $t=3$ s 时,加速度的大小 $a=4\ \mathrm{m/s^2}$;

(2) 加速度的大小 $a=4\ \mathrm{m/s^2}=$常量;

(3) 加速度的大小 $a=2t^2$(其中 a 以 $\mathrm{m/s^2}$ 计,t 以 s 计);

(4) 切向加速度的代数值 $a_t=2t^2$(其中 a_t 以 $\mathrm{m/s^2}$ 计,t 以 s 计)。

试问在上列几种条件下能否求出点的运动方程?若能,请列出必要的式子并写出最后结果;若不能,应说明理由。

6-8　杆 AB 放在圆弧槽内,并在圆弧槽平面内运动,如图 a 所示;杆 CD 用两根等长的连杆 CC' 和 DD' 挂在图 b 所示平面内运动,且 $C'D'=CD$。试问杆 AB 和 CD 各作什么运动?

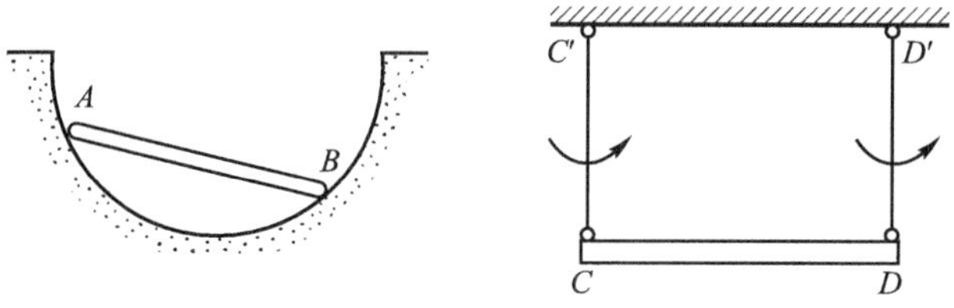

思考题 6-8 图

6-9　试分析图中 M 点的速度和加速度的大小和方向。

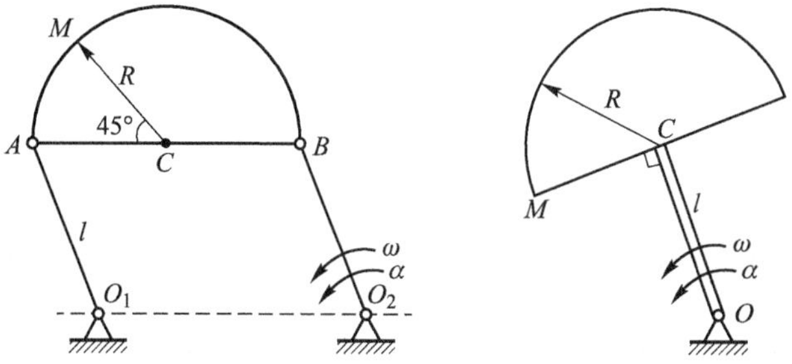

思考题 6-9 图

6-10　刚体绕定轴转动，已知刚体上任意两点的速度的方位，问能不能确定转轴的位置？

6-11　定轴转动刚体上哪些点的加速度大小相等？哪些点的加速度方向相同？哪些点的加速度大小、方向都相同？

6-12　一绳索绕在滑轮上，在其自由端挂一物块。若已知轮子转动的角速度 ω 与角加速度 α，试问绳子上的 A 点（与轮子刚要接触但尚未接触）与轮缘上的 B 点的速度和加速度是否相同？又绳子上的 C 点与轮缘上的 D 点的速度和加速度是否相同（不论相同与否，都要说明理由）？

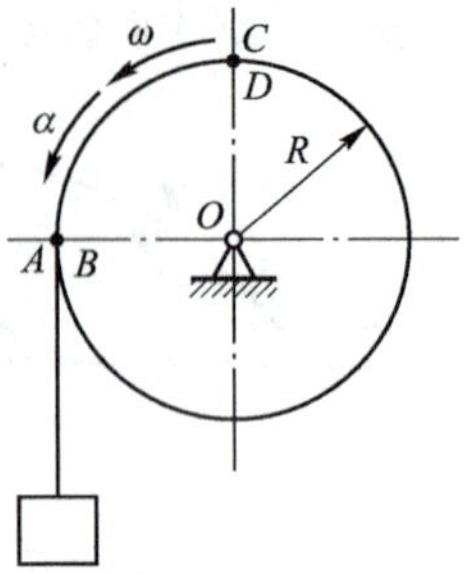

思考题 6-12 图

习　　题

6-1　一点按 $x=t^3-12t+2$ 的规律沿直线运动（其中 t 以 s 计，x 以 m 计）。试求：(1) 最初 3 s 内的位移；(2) 改变运动方向的时刻和所在位置；(3) 最初 3 s 内经过的路程；(4) $t=3$ s 时的速度和加速度；(5) 点在哪段时间作加速运动，哪段时间作减速运动？

6-2　已知图示机构中，$OA=AB=l$，$CM=DM=AC=AD=a$，试求出 $\varphi=\omega t$ 时，点 M 的运动方程和轨迹方程。

6-3　如图，跨过滑轮 C 的绳子一端挂有重物 B，另一端 A 被人拉着沿水平方向运动，其速度为 $v_0=1$ m/s，A 点到地面的距离保持常量 $h=1$ m。滑轮离地面的高度 $H=9$ m，其半径忽略不计。当运动开始时，重物在地面上 B_0 处，绳 AC 段在铅直位置 A_0C 处。试求重物 B 上升的运动方程和速度方程，以及重物 B 到达滑轮处所需的时间。

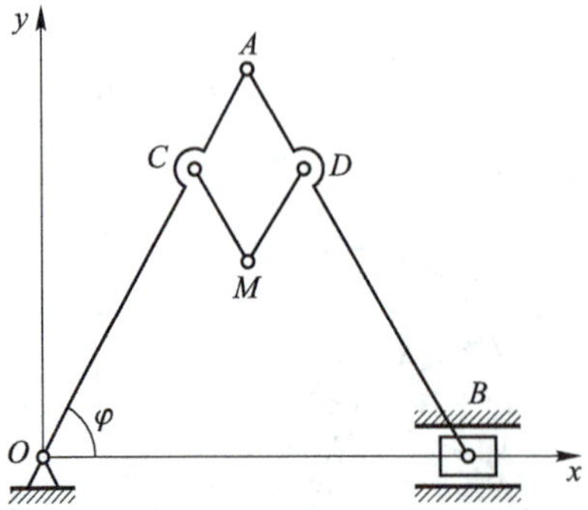

题 6-2 图

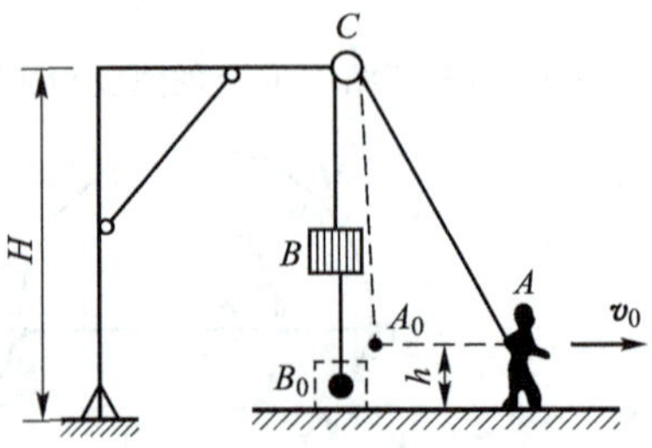

题 6-3 图

6-4　偏心轮半径为 r，转动轴到轮心的偏心距 $OC=d$，坐标轴 Ox 如图所示。试求杆 AB 的运动方程，已知 $\varphi=\omega t$，ω 为常量。

6-5　如图，半圆形凸轮以匀速 $v=10$ mm/s 沿水平方向向左运动，活塞杆 AB 长 l 沿铅直方向运动。当运动开始时，活塞杆 A 端在凸轮的最高点上。如凸轮的半径 $R=80$ mm，试求活塞 B 的运动方程和速度方程。

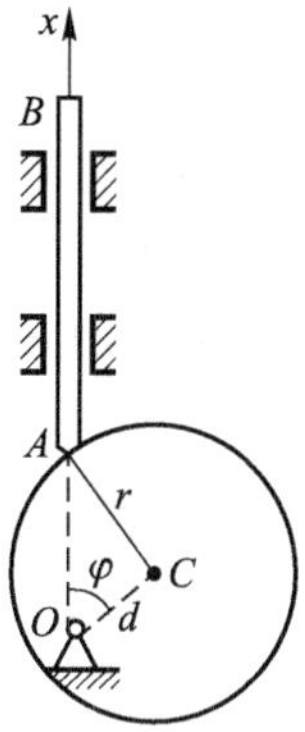

题 6-4 图

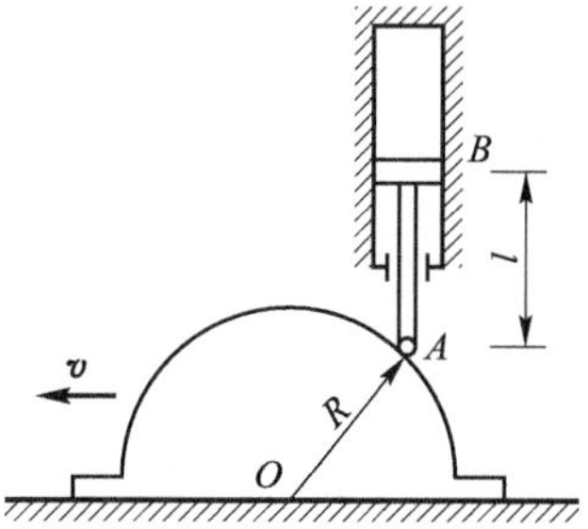

题 6-5 图

6-6 已知杆 OA 与铅直线夹角 $\varphi=\dfrac{\pi t}{6}$（φ 以 rad 计，t 以 s 计），小环 M 套在杆 OA、CD 上，如图所示。铰 O 至水平杆 CD 的距离 $h=400$ mm。试求 $t=1$ s 时小环 M 的速度及加速度。

6-7 滑道连杆机构如图所示，曲柄 OA 长 r，按规律 $\varphi=\varphi_0+\omega t$ 转动（φ 以 rad 计，t 以 s 计），ω 为一常量。试求滑道上 B 点的运动方程、速度及加速度方程。

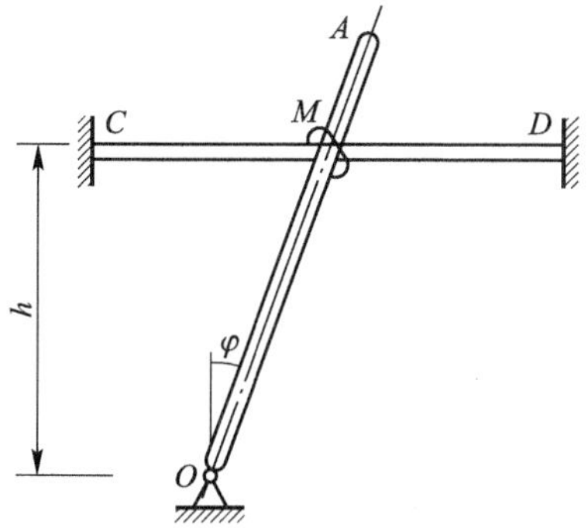

题 6-6 图

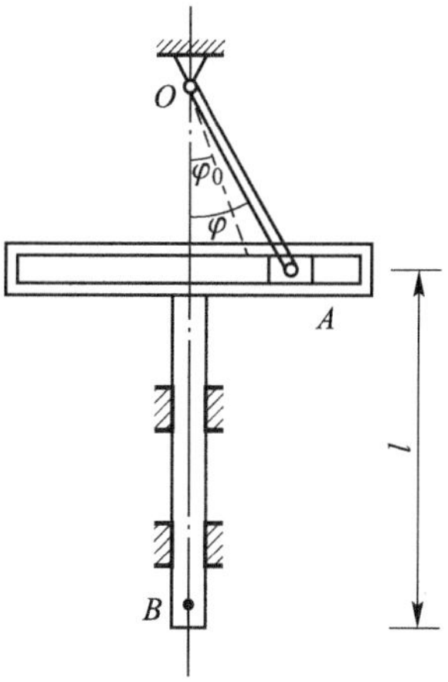

题 6-7 图

6-8 动点 A 和 B 在同一直角坐标系中的运动方程分别为

$$\begin{cases} x_A=t \\ y_A=2t^2 \end{cases},\quad \begin{cases} x_B=t^2 \\ y_B=2t^4 \end{cases}$$

其中 x、y 以 mm 计，t 以 s 计。

文档：
习题 6-9
题解

试求：(1) 两点的运动轨迹；(2) 两点相遇的时刻；(3) 两点相遇时刻它们各自的速度；(4) 两点相遇时刻它们各自的加速度。

6-9 如图，点 M 以匀速率 u 在直管 OA 内运动，直管 OA 又按 $\varphi=\omega t$ 规律绕 O 转动。当 $t=0$时，M 在 O 点，试求其在任一瞬时的速度及加速度的大小。

6-10 如图，一圆板在 Oxy 平面内运动。已知圆板中心 C 的运动方程为 $x_C=3-4t+2t^2$，$y_C=4+2t+t^2$，(其中 x_C、y_C 以 m 计，t 以 s 计)。板上一点 M 与 C 点的距离为 $l=0.4$ m，直线段 CM 与 x 轴的夹角 $\varphi=2t^2$(φ 以 rad 计，t 以 s 计)，试求 $t=1$ s 时点 M 的速度及加速度。

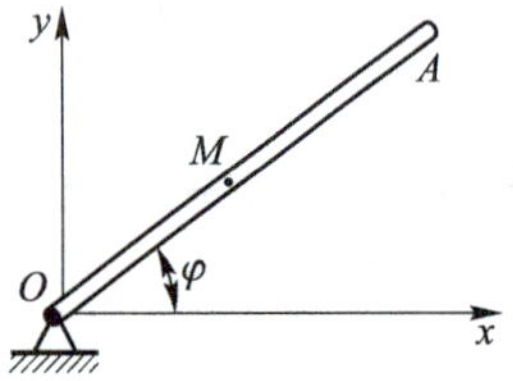

题 6-9 图

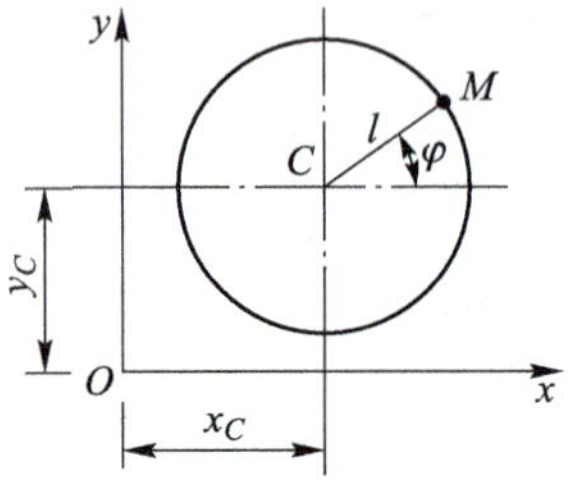

题 6-10 图

6-11 一段凹凸不平的路面可近似地用下列正弦曲线表示：$y=0.04\sin\dfrac{\pi x}{20}$，其中 x、y 均以 m 计。设有一汽车沿 x 方向的运动规律为 $x=20\,t$(x 以 m 计，t 以 s 计)。试问汽车经过该段路面时，在什么位置加速度的绝对值最大？最大的加速度值是多少？

6-12 一点作平面曲线运动，其速度方程为 $v_x=3$、$v_y=2\pi\sin 4\pi t$，其中 v_x、v_y 以 m/s 计，t 以 s 计。已知在初瞬时该点在坐标原点，试求该点的运动方程和轨迹方程。

6-13 一动点之加速度在直角坐标轴上的投影为：$a_x=-160\cos 2t$，$a_y=-200\sin 2t$。已知当 $t=0$ 时，$x=40$，$y=50$，$v_x=0$，$v_y=100$(长度以 mm 计，时间以 s 计)，试求其运动方程和轨迹方程。

6-14 定向爆破开山筑坝。爆破物从爆处 A 至散落处 B 的运动可以近似地作为抛射运动，设 A、B 两处高差为 H，水平距离为 L，初速 $\boldsymbol{v}_0$ 与水平线夹角为 α，试推证 $\boldsymbol{v}_0$ 的大小应为

$$v_0=\sqrt{\frac{gL}{\left(1+\dfrac{H}{L}\cot\alpha\right)\sin 2\alpha}}。$$

6-15 如图，重力坝溢流段用鼻坎挑流。鼻坎与下游水位高差为 H，设挑流角为 α，水流射出鼻坎的速度为 $\boldsymbol{v}$，试求射程 L。

6-16 如图，喷水枪的仰角 $\varphi=45°$，水流以 $v_0=20$ m/s 的速度射至倾角为 60°的斜坡上，欲使水流射到斜坡上的速度与斜面垂直，试求水流喷射在斜坡上的高度 h 及水枪放置的位置 O 与坡脚 A 的距离 s。

6-17 点沿曲线 AOB 运动。曲线由 AO、OB 两圆弧组成，AO 段曲率半径 $R_1=18$ m，OB 段曲率半径 $R_2=24$ m，取圆弧交接处 O 为原点，规定正负方向如图所示。已知点的运动方程：$s=3+4t-t^2$，t 以 s 计，s 以 m 计。试求：(1) 点由 $t=0$ 到 $t=5$ s 所经过的路程；(2) $t=5$ s 时的加速度。

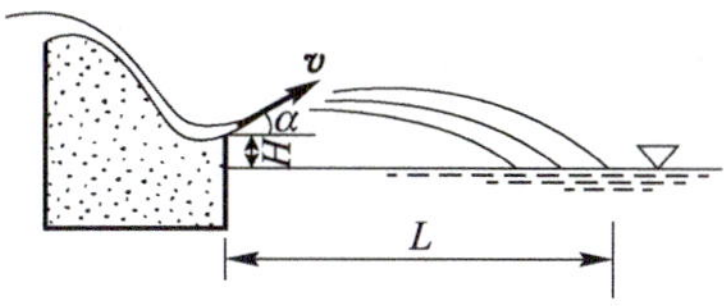

题 6-15 图

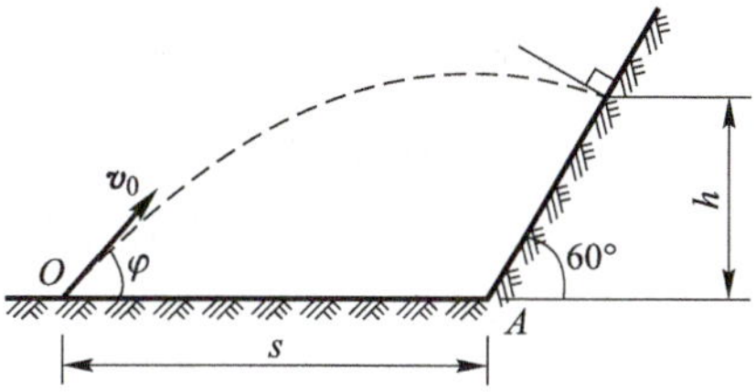

题 6-16 图

6-18 摇杆滑道机构如图所示。滑块 M 同时在固定圆弧槽 BC 中和在摇杆 OA 的滑道中滑动。BC 弧的半径为 R，摇杆 OA 的转轴在 BC 弧所在的圆周上。摇杆绕 O 轴以匀角速 ω 转动，当运动开始时，摇杆在水平位置。试分别用直角坐标法和自然坐标法求滑块 M 的运动方程，并求其速度及加速度。

文档：习题 6-18 题解

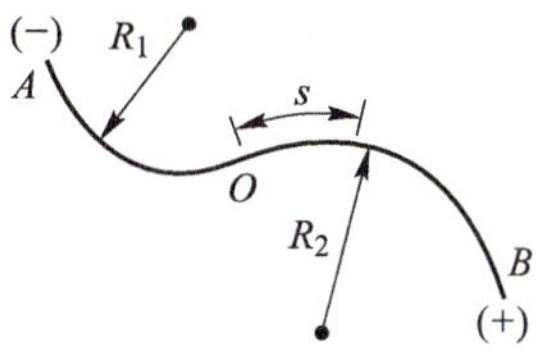

题 6-17 图

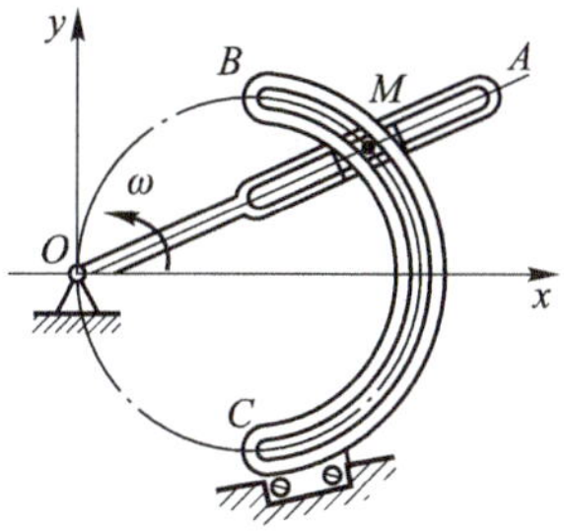

题 6-18 图

6-19 某点的运动方程为：$\begin{cases} x=75\cos 4t^2 \\ y=75\sin 4t^2 \end{cases}$，长度以 mm 计，时间以 s 计。试求它的速度、切向加速度与法向加速度。

6-20 已知动点的运动方程为：$\begin{cases} x=t^2-t \\ y=2t \end{cases}$，$x$ 及 y 的单位为 m，t 的单位为 s。试求其轨迹及 $t=1$ s 时的速度、加速度。并分别求切向加速度、法向加速度与曲率半径。

6-21 点 M 沿给定的抛物线 $y=0.2x^2$ 运动（其中 x、y 均以 m 计）。在 $x=5$ m 处时，速度 $v=4$ m/s，切向加速度 $a_t=3$ m/s^2。试求点在该位置时的加速度。

6-22 已知一点的加速度方程为 $a_x=-6$ m/s^2，$a_y=0$，当 $t=0$ 时，$x_0=y_0=0$，$v_{0x}=10$ m/s，$v_{0y}=3$ m/s，试求点的运动轨迹，并用简捷的方法求 $t=1$ s 时点所在处轨迹的曲率半径。

6-23 已知某动点用极坐标表示的运动方程为

$$\begin{cases} r=3+4t^2 \\ \varphi=1.5t^2 \end{cases}$$

试求 $\varphi=60°$时点的速度与加速度。r 的单位为 m，φ 的单位为 rad，t 的单位为 s。

6-24 试用极坐标表示法求题 6-18 的运动方程以及速度和加速度。

6-25 如图，杆 OA 绕 O 轴以匀角速 ω 转动，带动滑块 M 在半径为 R 的固定圆弧形槽内滑动。已知 $R=250\ \text{mm}$，$a=150\ \text{mm}$，试用极坐标表示法求 $\varphi=\dfrac{\pi}{2}$时 M 的速度和加速度。

6-26　如图，杆 OA 按规律 $\varphi=At$（φ 以 rad 计，t 以 s 计）绕 O 轴逆时针转动，同时套筒 M 按规律 $r=Bt^2$（r 以 m 计，t 以 s 计）沿杆运动。当 $t=1\ \text{s}$ 时，M 的速度 $v=2\sqrt{2}\ \text{m/s}$，切向加速度 $a_t=3\sqrt{2}\ \text{m/s}^2$。试确定常数 A、B，并求 M 的加速度。

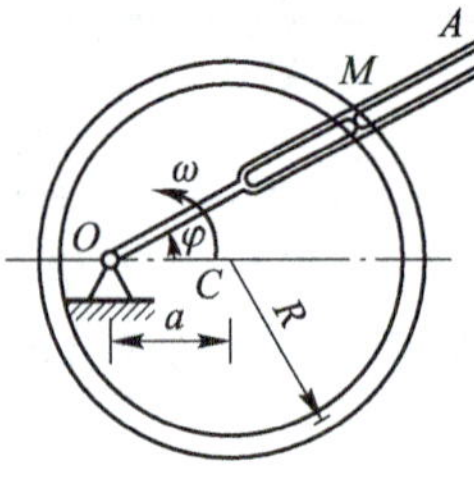

题 6-25 图

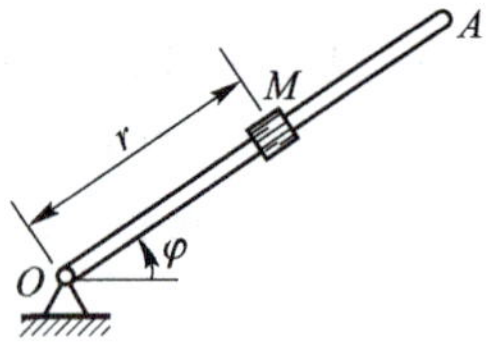

题 6-26 图

文档：习题 6-27 题解

文档：习题 6-28 题解

6-27　曲柄 OA 长 r，在平面内绕 O 轴转动，如图所示。杆 AB 通过固定于点 N 的套筒与曲柄 OA 铰接于点 A。设 $\varphi=\omega t$，杆 AB 长 $l=2r$，试求点 B 的运动方程、速度和加速度。

6-28　小环 M 由作平动的 T 形杆 ABC 带动，沿着图示曲线轨道运动。设杆 ABC 的速度 $v=$常量，曲线方程为 $y^2=2px$。试求环 M 的速度和加速度的大小（写成杆的位移 x 的函数）。

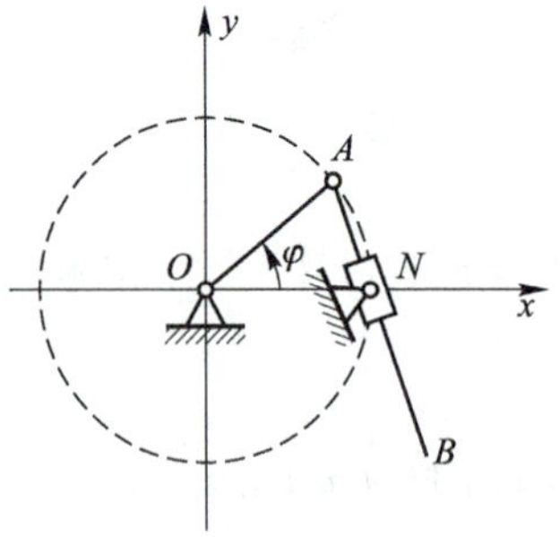

题 6-27 图

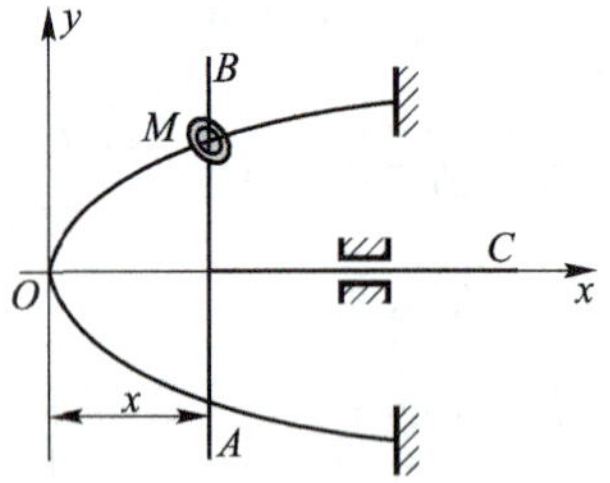

题 6-28 图

6-29　物体绕定轴转动的运动方程为 $\varphi=4t-3t^3$（φ 以 rad 计，t 以 s 计）。试求物体内与转动轴相距 $r=0.5\ \text{m}$ 的一点，在 $t_0=0$ 与 $t_1=1\ \text{s}$ 时的速度和加速度的大小，并问物体在什么时刻改变它的转向？

6-30　飞轮边缘上一点 M，以匀速 $v=10\ \text{m/s}$ 运动。后因刹车，该点以 $a_t=0.1\,t\ \text{m/s}^2$ 作减速运动。设轮半径 $R=0.4\ \text{m}$，试求 M 点在减速运动过程中的运动方程及 $t=2\ \text{s}$ 时的速度、切向加速度与法向加速度。

6-31　当起动陀螺罗盘时，其转子的角加速度从零开始与时间成正比地增大。经过 5 min后，转子的角速度为 $\omega=600\pi\ \text{rad/s}$。试求转子在这段时间内转过多少转？

6-32　图示为把工件送入干燥炉内的机构，叉杆 $OA=1.5\ \text{m}$，在铅垂面内转动，杆 $AB=0.8\ \text{m}$，A 端为铰链，B 端有放置工件的框架。在机构运动时，工件的速度恒为 $0.05\ \text{m/s}$，AB 杆始终铅垂。设运动开始时，角 $\varphi=0$。试求运动过程中角 φ 与时间的关系，并求点 B 的轨迹方程。

6-33 揉茶机的揉桶由三个曲柄支持，曲柄的支座 A、B、C 与支轴 a、b、c 都恰成等边三角形，如图所示。三个曲柄长度相等，均为 $l=150$ mm，并以相同的转速 $n=45$ r/min 分别绕其支座在图示平面内转动。试求揉桶中心点 O 的速度和加速度。

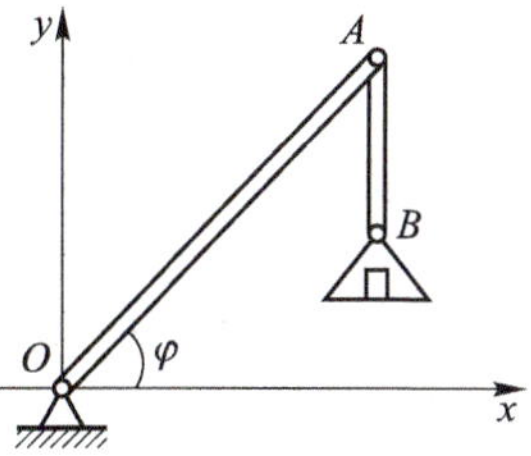

题 6-32 图

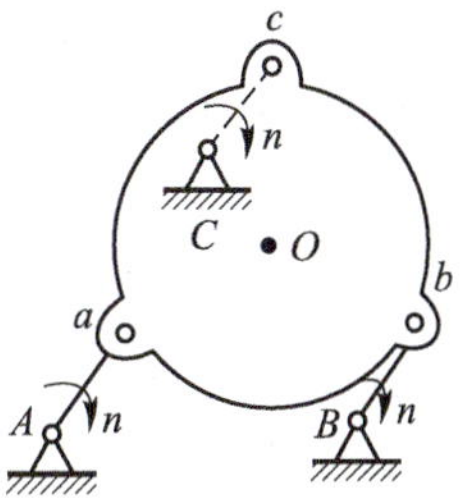

题 6-33 图

6-34 刨床上的曲柄连杆机构如图所示，曲柄 OA 以匀角速 ω_0 绕 O 轴转动，其转动方程为 $\varphi=\omega_0 t$。滑块 A 带动摇杆 O_1B 绕轴 O_1 转动。设 $OO_1=a$，$OA=r$。试求摇杆的转动方程。

6-35 图示槽杆 OA 可绕一端 O 转动，槽内嵌有刚连于方块 C 的销钉 B，方块 C 以匀速率 v_C 沿水平方向移动。设 $t=0$，OA 恰在铅直位置。试求槽杆 OA 的角速度与角加速度随时间 t 变化的规律。

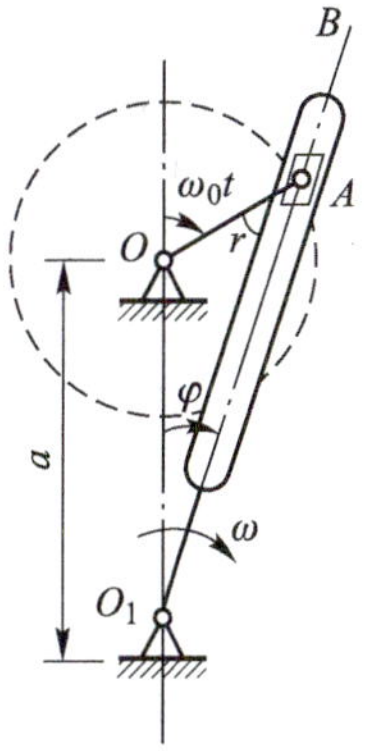

题 6-34 图

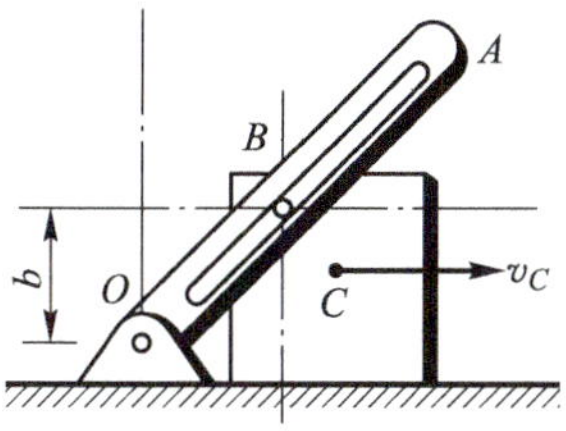

题 6-35 图

6-36 带传动系统如图所示，两轮的半径分别为 $r_1=750$ mm，$r_2=300$ mm，轮 B 由静止开始转动，其角加速度为 0.4π rad/s^2。设带轮与带间无滑动，试问经过多少秒后 A 轮转速为 300 r/min？

6-37 两轮 Ⅰ、Ⅱ，半径分别为 $r_1=100$ mm，$r_2=150$ mm，平板 AB 放置在两轮上，如图所示。已知轮 Ⅰ 在某瞬时的角速度 $\omega=2$ rad/s，角加速度 $\alpha=0.5$ rad/s^2，试求此时平板移动的速度和加速度以及轮 Ⅱ 边缘上一点 C 的速度和加速度（设两轮与板接触处均无滑动）。

文档：习题 6-37 题解

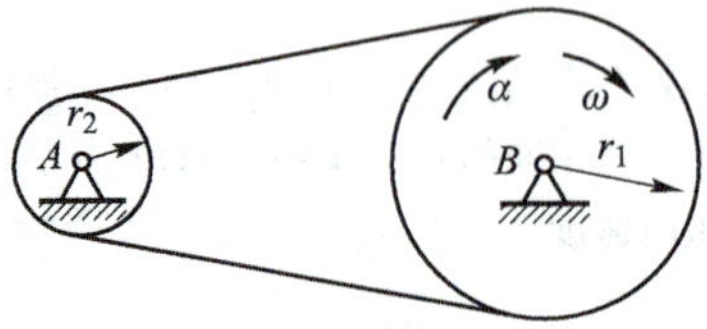

题 6-36 图

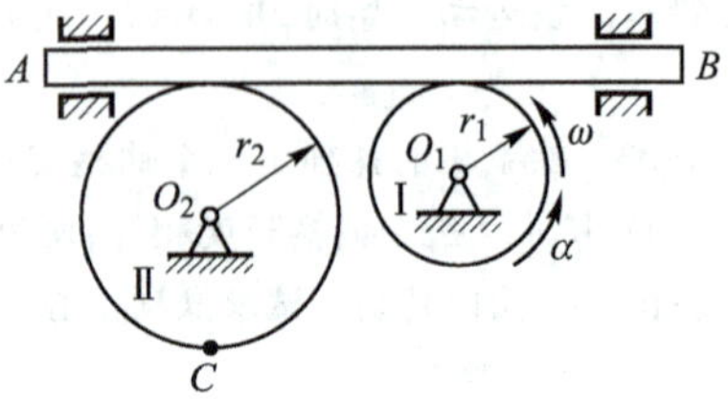

题 6-37 图

6-38　如图,电动绞车由带轮Ⅰ和Ⅱ及鼓轮Ⅲ组成,鼓轮Ⅲ和带轮Ⅱ刚连在同一轴上。各轮半径分别为 $r_1 = 300$ mm,$r_2 = 750$ mm,$r_3 = 400$ mm。轮Ⅰ的转速为 $n = 100$ r/min。设带轮与带之间无滑动,试求物块 M 上升的速度和带 AB、BC、CD、DA 各段上点的加速度的大小。

6-39　如图,摩擦传动的主动轮Ⅰ作 600 r/min 的转动,其与轮Ⅱ的接触点按箭头所示的方向移动,距离 d 按规律 $d = 100-5t$ 变化(d 以 mm 计,t 以 s 计)。试求:(1) 以距离 d 的函数表示轮Ⅱ的角加速度;(2) 当 $d = r$ 时,轮Ⅱ边缘上一点的总加速度。已知摩擦轮的半径 $r = 50$ mm,$R = 150$ mm。

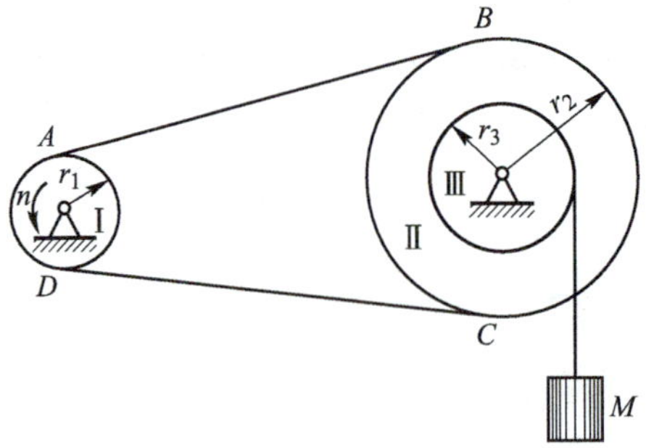

题 6-38 图

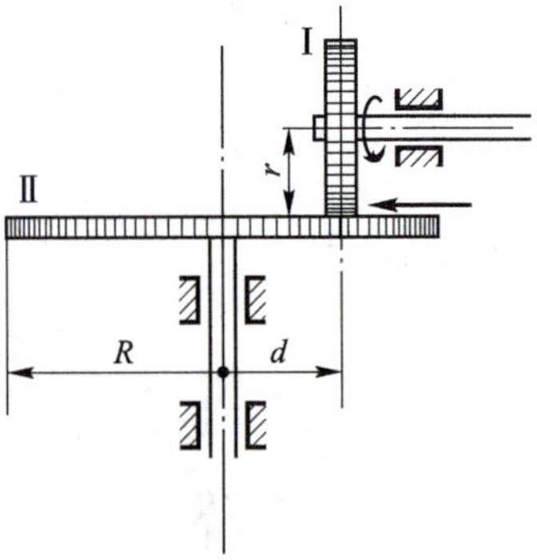

题 6-39 图

文档:
习题 6-40
题解

6-40　轮Ⅰ、Ⅱ,半径分别为 $r_1 = 150$ mm,$r_2 = 200$ mm,铰接于杆 AB 两端。两轮在半径 $R = 450$ mm的曲面上运动,在图示瞬时,A 点的加速度 $a_A = 1\ 200$ mm/s²,$\boldsymbol{a}_A$ 与 OA 成 60°角。试求:(1) AB 杆的角速度与角加速度;(2) B 点的加速度。

6-41　如图,以匀速 v 拉动胶片将电影胶卷解开。当胶卷半径减小时,胶卷转速增加。若胶片厚度为 δ,试证明当胶卷半径为 r 时,胶卷转动的角加速度 $\alpha = \dfrac{\delta v^2}{2\pi r^3}$。

6-42　刚体以匀角速 $\omega = 2$ rad/s 作定轴转动。沿转动轴的单位矢 $\boldsymbol{t} = 0.5\boldsymbol{i}+0.3316\boldsymbol{j}+0.8\boldsymbol{k}$,体内一点 M 在某瞬时的位置矢 $\boldsymbol{r} = 500\boldsymbol{i}+800\boldsymbol{j}+200\boldsymbol{k}$(长度以 mm 计)。试求该瞬时点 M 的速度与加速度。

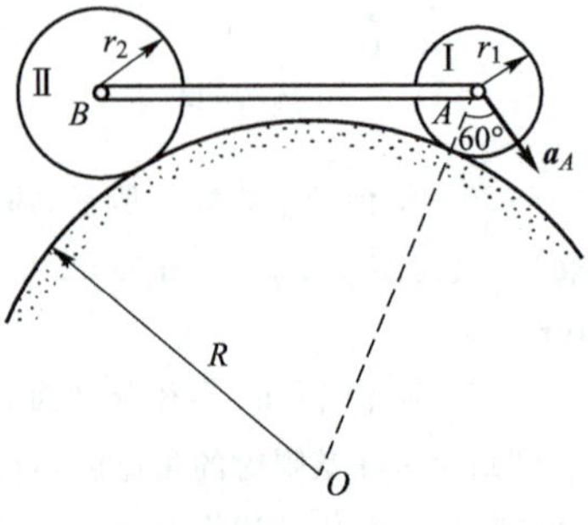

题 6-40 图

题 6-41 图

6-43　如图，刚体绕固定轴 $O\xi$ 按规定 $\omega=2\pi t$ 转动，$O\xi$ 轴与 x、y、z 轴的夹角分别为 60°、60°、45°。在 $t=2$ s 时，刚体上 M 点的坐标为（100 mm，100 mm，200 mm）。试求该瞬时 M 点的速度和加速度。

6-44　如图所示曲柄滑杆机构中，滑杆有一圆弧形滑道，其半径 $R=100$ mm，圆心 O_1 在导杆 BC 上。曲柄长 $OA=100$ mm，以等角速度 $\omega=4$ rad/s 绕轴 O 转动。试求导杆 BC 的运动规律以及当曲柄与水平线间的交角 φ 为 30°时，导杆 BC 的速度和加速度。

文档：习题 6-44 题解

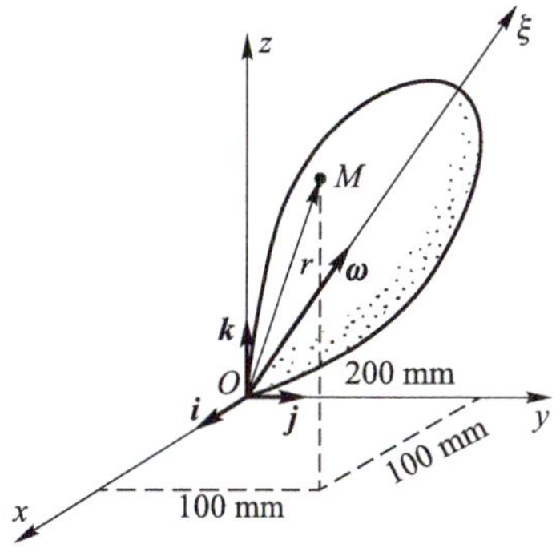

题 6-43 图

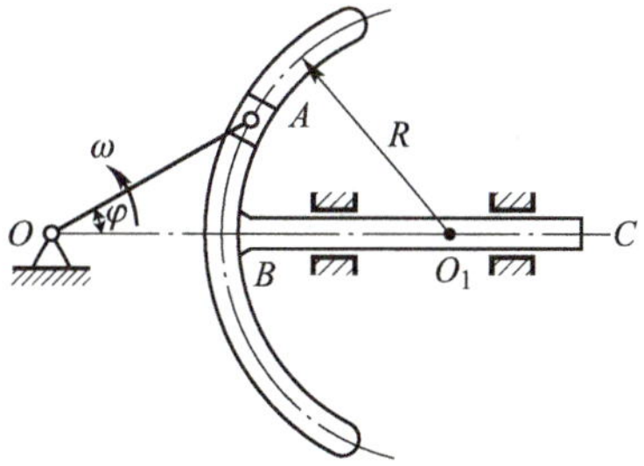

题 6-44 图

6-45　如图所示机构中，齿轮 1 紧固在杆 AC 上，$AB=O_1O_2$，齿轮 1 和半径为 $2r$ 的齿轮 2 啮合，齿轮 2 可绕 O_2 轴转动且和曲柄 O_2B 没有联系。设 $O_1A=O_2B=l$，$\varphi=b\sin\omega t$，试确定 $t=\pi/(2\omega)$ 时，轮 2 的角速度和角加速度。

文档：习题 6-45 题解

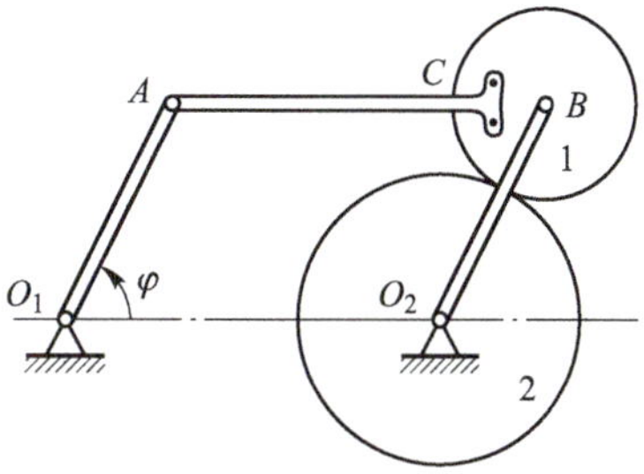

题 6-45 图

第七章　点的合成运动

在运动学引言中曾经指出，对物体运动特征的描述是相对于某一个参考系而言的，同一物体相对于不同的参考系，对其运动特征的描述是不同的。在日常生活和工程实际中常遇到这样一类问题：点相对于某一参考系运动，而此参考系又相对于另一参考系运动。点相对于第二参考系的运动可以作为上述两种运动的合成。例如，图 7-1 中，直升机匀速垂直下降时，主旋翼上的 A 点相对于机身（坐标系 $O'x'y'z'$）作圆周运动，机身相对于地面（坐标系 $Oxyz$）作直线平移，而 A 点相对于地面则沿一螺旋线运动。换句话说，动点 A 同时相对于 B、C 两个坐标系运动，而 B 坐标系又相对于 C 坐标系作某种运动。那么，这三种运动之间存在着什么联系呢？这就是本章将要研究的问题。

§7-1　合成运动的概念

当所研究的问题涉及两个参考系时，常常根据具体情况设某一坐标系为**静坐标系**，简称**静系**，将另一个相对静系有运动的坐标系作为**动坐标系**，简称**动系**。动点相对静系的运动称为**绝对运动**，动点相对动系的运动称为**相对运动**，而动系相对静系的运动则称为**牵连运动**。需要注意的是，绝对运动和相对运动都是描述点的运动，它可能是直线运动，也可能是曲线运动；而牵连运动则是描述刚体的运动，有平移、定轴转动及其他形式的运动。如图 7-1 所示，把固结在地面上的坐标系 $Oxyz$ 作为静系，把随机身一起运动的坐标系 $O'x'y'z'$ 作为动系，则主旋翼上的 A 点相对于地面的运动是绝对运动，A 点相对于机身的运动为相对运动，机身相对于地面的运动则为牵连运动。从该例子可以看到，如果没有牵连运动（机身对地面保持静止），则动点 A 的相对运动与绝对运动完全相同（圆周运动）；如果没有相对运动（主旋翼不转动），则动点 A 将随机身作直线运动。动点 A 的绝对运动（螺旋线运动）是相对运动（圆周运动）和牵连运动（直线平移）合成的结果，因而绝对运动也称**合成运动**。将一种复杂运动看成是由两种简单运动的合成，这种处理方法在理论和实践上都有重要意义，既可通过一些简单运动的合成，得到比较复杂的运动，同样也可将复杂运动分解为比较简单的运动。

动点在绝对运动中的轨迹、位移、速度和加速度，也就是站在静坐标系中的观察者所观测到的动点的轨迹、位移、速度和加速度，称为动点的**绝对轨迹、绝对位移、绝对速度**和**绝对加速度**。动点在相对运动中的轨迹、位移、速度和加速度，也就是站在动坐标系中的观察者所观测到的动点的轨迹、位移、速度和加速度，称为动点的**相对轨迹、相对位移、相对速度**和**相对加速度**。至于动点的牵连速度和牵连加速度，必须特别说明。由于动系的运动是刚体的运动，除动系作平移外，其上各点的运动都不尽相同。只有在该瞬时动系上与动点相重合的那一点的运动与动点的运动有一定的联系。通常，称该点为动点的**牵连点**。并将该瞬时动系上与动点相重合的那一点（牵连点）的速度和加速度定义为动点的**牵连速度**和**牵连加速度**。以后将用 $\boldsymbol{v}$ 和 $\boldsymbol{a}$ 代表绝对速度和绝对加速度；用 $\boldsymbol{v}_{\mathrm{r}}$ 和 $\boldsymbol{a}_{\mathrm{r}}$ 代表相对速度和相对加速度；用 $\boldsymbol{v}_{\mathrm{e}}$ 和 $\boldsymbol{a}_{\mathrm{e}}$ 代表牵连速度和牵连加速度。例如，在图 7-2 中，滑块 M 在转动着的圆盘上沿直槽由 O 向外滑动。选静系 Oxy 固结在地面上，动坐标轴 Ox'沿直槽，固结在圆盘上。滑块 M（动点）的相对轨迹为沿 x' 轴的直线，绝对轨迹如图中虚曲线所示。在 t_1 瞬时，滑块 M 位于圆盘上的 A 点，它的牵连速度 $\boldsymbol{v}_{\mathrm{e}}$和牵连加速度 $\boldsymbol{a}_{\mathrm{e}}$等于该瞬时 A 点的速度和加速度。设此时圆盘的角速度为 ω_1，角加速度为 α_1，则 $v_{\mathrm{e}}=OA\omega_1$，$a_{\mathrm{e}}^{\mathrm{t}}=OA\alpha_1$，$a_{\mathrm{e}}^{\mathrm{n}}=OA\omega_1^2$。$\boldsymbol{v}_{\mathrm{e}}$、$\boldsymbol{a}_{\mathrm{e}}^{\mathrm{t}}$ 及 $\boldsymbol{a}_{\mathrm{e}}^{\mathrm{n}}$ 的方向分别如图 7-2 所示。在 t_2 瞬时，滑块 M 在圆盘上的 B 点，它的牵连速度和牵连加速度则等于该瞬时 B 点的速度和加速度（请读者自己表出）。

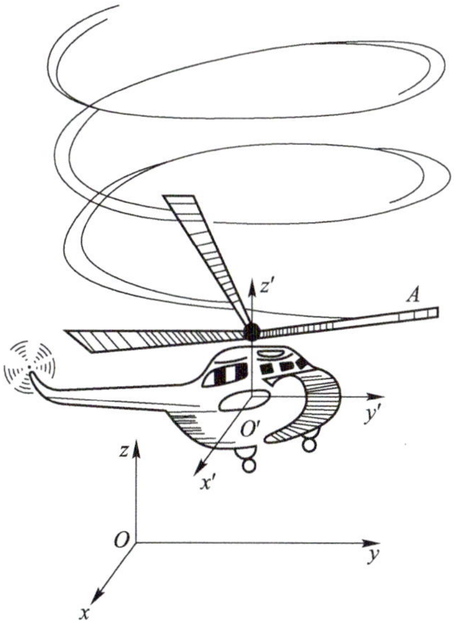

图 7-1 直升机垂直下降时主旋翼上 A 点的运动

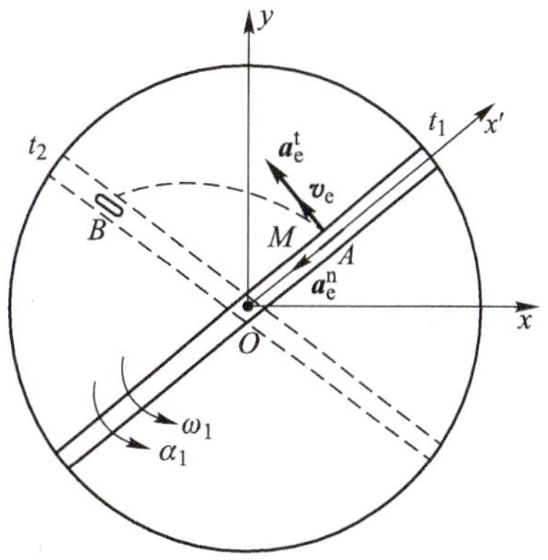

图 7-2 滑块 M 在转动的圆盘上沿直槽运动

一般来说，若已知动系运动的规律，即牵连运动的规律，则可以通过坐标变换来建立点在静系中的坐标（或径矢）与在动系中坐标（或径矢）的关系。例如，设坐标系 $O'x'y'$ 在静系的 Oxy 平面内运动，如图 7-3 所示。已知其运动规律（即牵连运动规律）为

$$x_{O'}=f_1(t)$$
$$y_{O'}=f_2(t)$$
$$\theta=f_3(t)$$

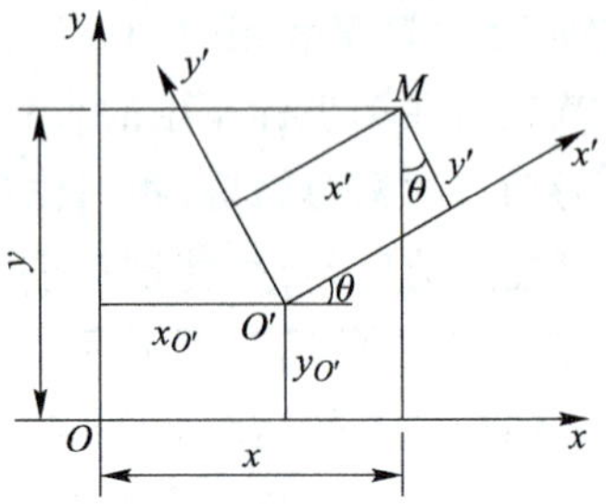

图 7-3　动系在静系平面内的运动

由图 7-3 容易看出动点 M 在动系中的坐标 (x',y') 与其在静系中的坐标 (x,y) 有如下的关系

$$\begin{aligned} x &= x_{O'} + x'\cos\theta - y'\sin\theta \\ &= f_1(t) + x'\cos f_3(t) - y'\sin f_3(t) \\ y &= y_{O'} + x'\sin\theta + y'\cos\theta \\ &= f_2(t) + x'\sin f_3(t) + y'\cos f_3(t) \end{aligned}$$

利用上述关系式，可由给定的牵连运动方程和相对运动方程[设为 $x'=g_1(t)$，$y'=g_2(t)$]求出绝对运动方程。反之，若给定牵连运动方程和绝对运动方程，则可求出相对运动方程。根据绝对运动方程和相对运动方程就可以确定动点的绝对轨迹和相对轨迹。

§7-2　点的速度合成

现在研究动点的相对速度、牵连速度和绝对速度三者之间的关系。

设有一动点相对于动坐标系运动，相对轨迹为曲线 C；同时曲线 C 又随同动坐标系一起相对于静坐标系 $Oxyz$ 运动，如图 7-4a 所示（动坐标系未画出）。曲线 C 随同动系的运动是牵连运动。设在瞬时 t，动点在位置 M，与曲线 C（即动坐标系）上的点 1 重合。经过一段时间 Δt 后，曲线 C 随同动系运动到另一位置（设以 C' 表示），动坐标系上的点 1 沿 $\overset{\frown}{MM_1}$ 运动到 1′，同时，动点沿相对轨迹由点 M_1 运动到 M'（与曲线 C' 上的点 2 重合）。动点相对于静系运动的绝对轨迹为 $\overset{\frown}{MM'}$。作矢量 $\overrightarrow{MM'}$、$\overrightarrow{MM_1}$ 和 $\overrightarrow{M_1M'}$。矢量 $\overrightarrow{MM'}$ 代表动点的绝对位移。矢量 $\overrightarrow{MM_1}$ 是在瞬时 t 动坐标系上与动点相重合的一点在 Δt 时间内的位移，约定称为牵连位移。矢量 $\overrightarrow{M_1M'}$ 则代表相对位移。由三角形 MM_1M' 可见

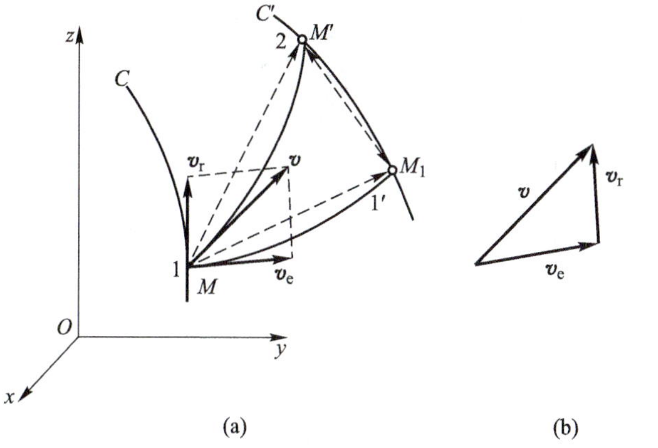

图 7-4 动点的速度合成

$$\overrightarrow{MM'}=\overrightarrow{MM_1}+\overrightarrow{M_1M'}$$

将上式各项同除以 Δt，并取 $\Delta t\to 0$ 时的极限，得

$$\lim_{\Delta t\to 0}\frac{\overrightarrow{MM'}}{\Delta t}=\lim_{\Delta t\to 0}\frac{\overrightarrow{MM_1}}{\Delta t}+\lim_{\Delta t\to 0}\frac{\overrightarrow{M_1M'}}{\Delta t}$$

矢量 $\lim\limits_{\Delta t\to 0}\dfrac{\overrightarrow{MM'}}{\Delta t}$ 就是动点在瞬时 t 的绝对速度 $\boldsymbol{v}$，它沿动点的绝对轨迹 $\overset{\frown}{MM'}$ 在 M 点的切线方向。矢量 $\lim\limits_{\Delta t\to 0}\dfrac{\overrightarrow{MM_1}}{\Delta t}$ 是在瞬时 t 动坐标系上与动点相重合的一点（即 1 点）的速度，即动点在瞬时 t 的牵连速度 $\boldsymbol{v}_e$，它沿曲线 $\overset{\frown}{MM_1}$ 在 M 点的切线方向。矢量 $\lim\limits_{\Delta t\to 0}\dfrac{\overrightarrow{M_1M'}}{\Delta t}$ 则是动点在瞬时 t 的相对速度 $\boldsymbol{v}_r$。因 $\Delta t\to 0$ 时曲线 C' 与曲线 C 重合、M_1 点与 M 点重合，所以 $\boldsymbol{v}_r$ 的方向沿曲线 C 在 M 点的切线方向。于是式(a)成为

$$\boldsymbol{v}=\boldsymbol{v}_e+\boldsymbol{v}_r \tag{7-1}$$

此式表明，在任一瞬时，动点的绝对速度等于牵连速度与相对速度的矢量和。此关系称为速度合成定理。

应指出的是，在上述定理推导过程中，对动坐标系的运动未作任何限制，因此该定理适用于牵连运动是任何运动的情况。

例 7-1 机器 A 连同基座 B 安装在弹性基础上（图 7-5），按规律 $y=d+\delta\cos\omega_0 t$ 沿铅直方向振动，式中 d、δ、ω_0 均为常量。机器中的飞轮 D 半径为 r，以匀角速 ω 转动。当 $t=\dfrac{\pi}{2\omega_0}$ 时，轮缘上 1、2 两点在图示位置。试求这两点在该瞬时相对于地面的速度。

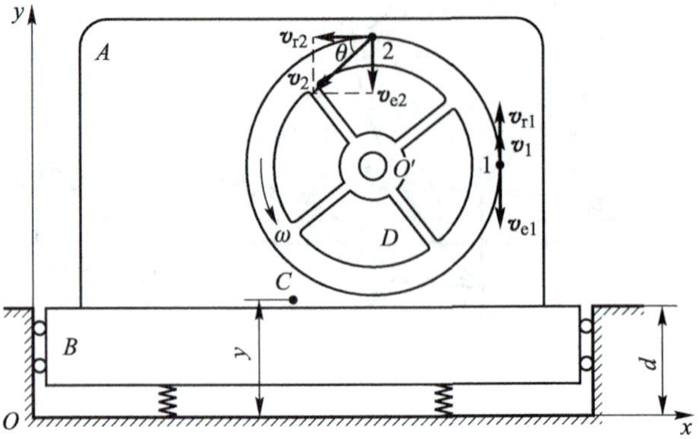

图 7-5　例 7-1 图

解　取 1、2 两点为动点，将动坐标系固结在机器上（未画出），静坐标系 Oxy 固结在地面上。1、2 两点的相对运动为圆周运动，机器沿铅直方向的振动为牵连运动。本题要求的是 1、2 两点的绝对速度 $\boldsymbol{v}_1$ 及 $\boldsymbol{v}_2$。

由题给出的条件可求出 1、2 两点的相对速度 $\boldsymbol{v}_{r1}$ 及 $\boldsymbol{v}_{r2}$

$\boldsymbol{v}_{r1}$ 的大小：$v_{r1}=r\omega$，方向朝上

$\boldsymbol{v}_{r2}$ 的大小：$v_{r2}=r\omega$，方向朝左

由于牵连运动是平移，机器上所有各点的速度都相同，因此，1、2 两点的牵连速度为

$$v_{e1}=v_{e2}=\frac{dy}{dt}=-\delta\omega_0\sin\omega_0 t$$

当 $t=\dfrac{\pi}{2\omega_0}$ 时

$$v_{e1}=v_{e2}=-\delta\omega_0$$

负号表示 $\boldsymbol{v}_{e1}$ 及 $\boldsymbol{v}_{e2}$ 沿 y 轴负向。

由速度合成定理式(7-1)，求出 $\boldsymbol{v}_1$ 及 $\boldsymbol{v}_2$

$$v_1=r\omega-\delta\omega_0$$

设 $r\omega>\delta\omega_0$，则 $\boldsymbol{v}_1$ 的方向与 $\boldsymbol{v}_{r1}$ 同。因 $\boldsymbol{v}_{r2}\perp\boldsymbol{v}_{e2}$，故

$$v_2=\sqrt{v_{e2}^2+v_{r2}^2}=\sqrt{(\delta\omega_0)^2+(r\omega)^2}$$

$\boldsymbol{v}_2$ 与 $\boldsymbol{v}_{r2}$ 的夹角设为 θ，则

$$\theta=\arctan\frac{|v_{e2}|}{v_{r2}}=\arctan\frac{\delta\omega_0}{r\omega}$$

例 7-2　图 7-6 中，偏心圆凸轮的偏心距 $OC=e$，半径 $r=\sqrt{3}e$，设凸轮以匀角速 ω_0 绕 O 轴转动，试求 OC 与 CA 垂直的瞬时，杆 AB 的速度。

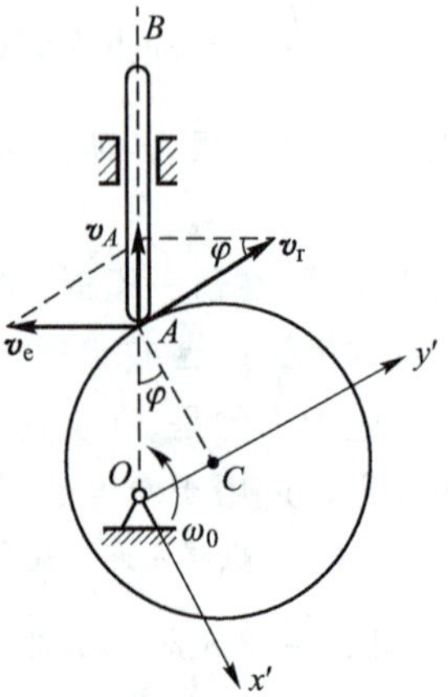

图 7-6　例 7-2 图

解　AB 杆与凸轮间有相对运动。选杆 AB 上点 A 为动点，动坐标系 $Ox'y'$ 固结在凸轮上，静坐标系固结于地面上。

则 A 点的绝对运动是直线运动；由于 A 点始终与凸轮接触，相对运动是以 C 为圆心的圆周运动；牵连运动是动坐标系绕 O 轴的转动，A 点的速度如图 7-6 所示。

应用式(7-1)，由于 $\boldsymbol{v}_A$、$\boldsymbol{v}_r$ 和 $\boldsymbol{v}_e$ 的方向已知，且 $\boldsymbol{v}_e$ 的大小 $v_e = OA\omega_0 = 2e\omega_0$，因而可求出 $\boldsymbol{v}_A$、$\boldsymbol{v}_r$ 的大小。

由图 7-6 可得

$$\tan\varphi = \frac{OC}{AC} = \frac{v_A}{v_e}$$

式中 $OC=e, AC=r=\sqrt{3}e$，于是

$$v_A = \frac{2}{\sqrt{3}}e\omega_0$$

这就是 AB 杆在此瞬时的速度大小，它的方向竖直向上。

本题中，选择 AB 杆的 A 点为动点，动坐标系与凸轮固结。因此，三种运动，特别是相对运动十分明确，使问题得以顺利解决。反之，若选凸轮上的点(如与 A 重合之点)为动点，动坐标系固结在 AB 杆上，则相对运动轨迹很复杂，相对速度的方向难以确定，这将使问题的求解更加困难。

例 7-3 已知水流入水轮机的入口速度(相对于地面)为 $\boldsymbol{v}_1$，与轮缘切线的夹角为 θ(图 7-7a)。设转轮半径为 r，转速为 n，试求入口处水流相对于转轮的速度。

解 选轮缘处的水点为动点，动坐标系固结于转轮上。水流入口速度 $\boldsymbol{v}_1$ 是绝对速度，它的大小和方向都是已知的。轮缘上与水点相重合的一点的速度为牵连速度 $\boldsymbol{v}_e$，它的大小是

$$v_e = r\omega = r\frac{2\pi n}{60} = \frac{\pi n r}{30}$$

$\boldsymbol{v}_e$ 的方向沿轮缘切线顺转轮转动的方向。所要求的是水点对于转轮的相对速度 $\boldsymbol{v}_r$ 的大小和方向。

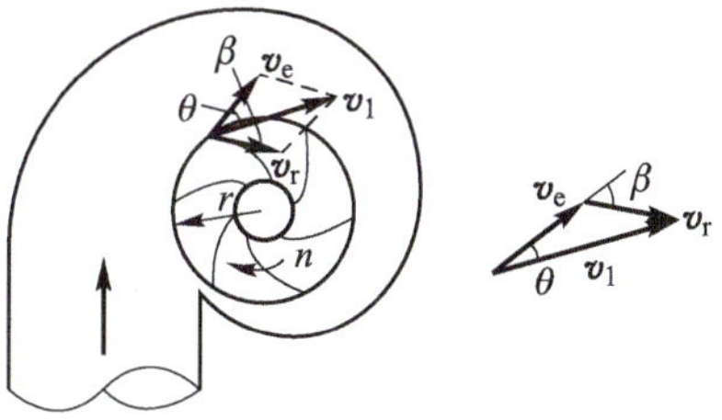

(a) (b)

图 7-7 例 7-3 图

根据 $\boldsymbol{v}=\boldsymbol{v}_e+\boldsymbol{v}_r$ 作速度三角形如图 7-7b 所示。由余弦定律可求出相对速度 $\boldsymbol{v}_r$ 的大小为

$$v_r = \sqrt{v_1^2+v_e^2-2v_1v_e\cos\theta}$$

设 $\boldsymbol{v}_r$ 与轮缘切线的夹角为 β，由正弦定律有

$$\frac{\sin(180° - \beta)}{\sin\theta} = \frac{v_1}{v_r}$$

即

$$\sin\beta = \frac{v_1}{v_r}\sin\theta$$

由此可求出 β。

§7-3　牵连运动为平移时点的加速度合成

我们知道,速度合成定理对于任何形式的牵连运动都是适用的。但是加速度合成问题则比较复杂,它与牵连运动的形式有关。首先讨论牵连运动为平移时,点的加速度合成问题。

设动点 M 相对于动系 $O'x'y'z'$ 运动,相对轨迹为曲线 C(图 7-8),而动系相对于静系 $Oxyz$ 作平移。现在求动点在任一瞬时的绝对加速度。

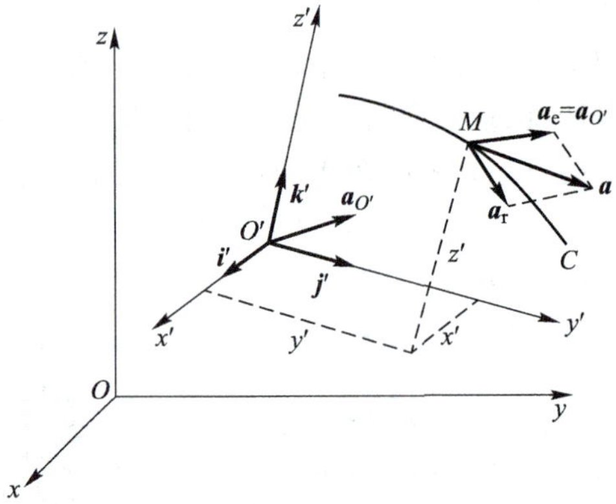

图 7-8　牵连运动为平移时动点的加速度合成

动点的相对速度 $\boldsymbol{v}_r$ 沿动系 $O'x'y'z'$ 三个轴分解的公式为

$$\boldsymbol{v}_r=\frac{\mathrm{d}x'}{\mathrm{d}t}\boldsymbol{i}'+\frac{\mathrm{d}y'}{\mathrm{d}t}\boldsymbol{j}'+\frac{\mathrm{d}z'}{\mathrm{d}t}\boldsymbol{k}' \tag{a}$$

其中 x'、y'、z' 为动点在动系中的坐标,$\boldsymbol{i}'$、$\boldsymbol{j}'$、$\boldsymbol{k}'$ 为沿动系三个轴正向的单位矢量。

动点的相对加速度 $\boldsymbol{a}_r$ 沿动系三个轴分解的公式则为

$$\boldsymbol{a}_r=\frac{\mathrm{d}^2x'}{\mathrm{d}t^2}\boldsymbol{i}'+\frac{\mathrm{d}^2y'}{\mathrm{d}t^2}\boldsymbol{j}'+\frac{\mathrm{d}^2z'}{\mathrm{d}t^2}\boldsymbol{k}' \tag{b}$$

由于动系作平移,在任一瞬时,动系上所有各点的速度都与原点 O' 的速度 $\boldsymbol{v}_{O'}$ 相同。因此,动点的牵连速度 $\boldsymbol{v}_e$ 也就等于 $\boldsymbol{v}_{O'}$,即

$$\boldsymbol{v}_e=\boldsymbol{v}_{O'} \tag{c}$$

将式(a)、(c)代入式(7-1),得动点的绝对速度为

$$\boldsymbol{v}=\boldsymbol{v}_e+\boldsymbol{v}_r=\boldsymbol{v}_{O'}+\frac{\mathrm{d}x'}{\mathrm{d}t}\boldsymbol{i}'+\frac{\mathrm{d}y'}{\mathrm{d}t}\boldsymbol{j}'+\frac{\mathrm{d}z'}{\mathrm{d}t}\boldsymbol{k}' \tag{d}$$

动点的绝对加速度 $\boldsymbol{a}=\dfrac{\mathrm{d}\boldsymbol{v}}{\mathrm{d}t}$。由于动系作平移，单位矢量 $\boldsymbol{i}'$、$\boldsymbol{j}'$、$\boldsymbol{k}'$方向不变，是常矢量，对时间 t 的导数为零，于是

$$\boldsymbol{a}=\frac{\mathrm{d}\boldsymbol{v}}{\mathrm{d}t}=\frac{\mathrm{d}\boldsymbol{v}_{O'}}{\mathrm{d}t}+\frac{\mathrm{d}^2x'}{\mathrm{d}t^2}\boldsymbol{i}'+\frac{\mathrm{d}^2y'}{\mathrm{d}t^2}\boldsymbol{j}'+\frac{\mathrm{d}^2z'}{\mathrm{d}t^2}\boldsymbol{k}' \tag{e}$$

其中$\dfrac{\mathrm{d}\boldsymbol{v}_{O'}}{\mathrm{d}t}=\boldsymbol{a}_{O'}$，是动系原点 O'的加速度。因动系作平移，动系上所有各点的加速度都等于 $\boldsymbol{a}_{O'}$，因而动点的牵连加速度 $\boldsymbol{a}_e$ 等于 $\boldsymbol{a}_{O'}$，即

$$\frac{\mathrm{d}\boldsymbol{v}_{O'}}{\mathrm{d}t}=\boldsymbol{a}_{O'}=\boldsymbol{a}_e \tag{f}$$

又由式(b)知，式(e)中的后三项等于动点的相对加速度，于是

$$\boldsymbol{a}=\boldsymbol{a}_e+\boldsymbol{a}_r \tag{7-2}$$

上式表示，**当牵连运动为平移时，在任一瞬时，动点的绝对加速度等于动点的牵连加速度与相对加速度的矢量和**。这就是**牵连运动为平移时的加速度合成定理**。

例 7-4 在例 7-1 中，当 $t=2\pi/\omega_0$ 时，轮缘上另外两点 3、4 恰好在图 7-9 所示位置，试求这两点在该瞬时相对于地面的加速度。

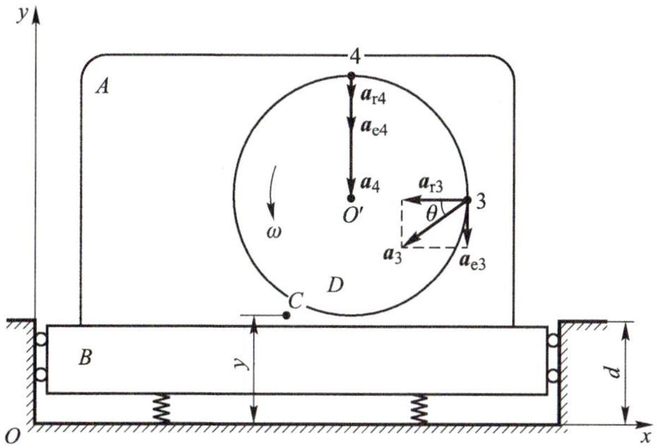

图 7-9 例 7-4 图

解 和例 7-1 一样取动系和静系，3、4 两点为动点，它们相对于动系均作匀速圆周运动，相对加速度分别为

$$a_{r3}=r\omega^2，\text{由 3 点指向 } O'$$

$$a_{r4}=r\omega^2，\text{由 4 点指向 } O'$$

机器沿铅直方向的振动为牵连运动，是平移，因此，3、4 两点的牵连加速度为

$$a_{e3}=a_{e4}=\frac{d^2y}{dt^2}=-\delta\omega_0^2\cos\ \omega_0 t$$

当 $t=\dfrac{2\pi}{\omega_0}$时，$a_{e3}=a_{e4}=-\delta\omega_0^2$，沿 y 轴负向。

因牵连运动为平移，根据加速度合成定理式（7-2），$\boldsymbol{a}_3$ 的大小为

$$a_3=\sqrt{a_{e3}^2+a_{r3}^2}=\sqrt{\delta^2\omega_0^4+r^2\omega^4}$$

$\boldsymbol{a}_3$ 与 $\boldsymbol{a}_{r3}$的夹角设为 θ

$$\tan\ \theta=\frac{|a_{e3}|}{a_{r3}}=\frac{\delta\omega_0^2}{r\omega^2}$$

$\boldsymbol{a}_4$ 的大小为

$$a_4=\delta\omega_0^2+r\omega^2$$

$\boldsymbol{a}_4$ 沿 y 轴负向。

例 7-5　曲柄滑道机构（图 7-10）中的曲柄 OA，长 $r=300$ mm，以匀角速 $\omega=2\pi$ rad/s 转动，并通过 A 端的滑块 A 带动滑道 BC 沿 x 轴往复运动。求当 OA 与 x 轴的夹角 $\varphi=40°$时，滑道 BC 的加速度。

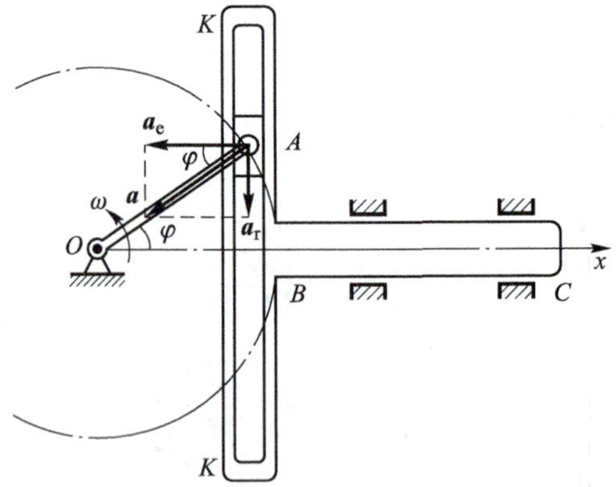

图 7-10　例 7-5 图

解　滑块 A 与滑道 BC 间有相对运动，由于滑块相对滑道的运动简单明确，故选滑块 A 为动点，将动系固结在滑道 BC 上。于是，A 点沿滑道 KK 的直线运动为相对运动，滑道的平移为牵连运动，而 A 点随同 OA 转动所作的圆周运动为绝对运动。

由已知，A 点的绝对加速度 $\boldsymbol{a}$ 的大小为

$$a=OA\omega^2=r\omega^2$$

$\boldsymbol{a}$ 的方向由 A 指向 O；A 点的牵连加速度 $\boldsymbol{a}_e$ 的方位与 x 轴平行，大小是要求的；A 点的相对加速度 $\boldsymbol{a}_r$ 的方位沿滑道 KK 的中心线，大小是未知的。

由于牵连运动为平移，应用公式 $\boldsymbol{a}=\boldsymbol{a}_e+\boldsymbol{a}_r$，由图可见

$$a_e=a\cos\ \varphi=r\omega^2\cos\ \varphi=300\times(2\pi)^2\cos\ 40°\text{mm/s}^2=9\ 070\ \text{mm/s}^2$$

这就是所要求的滑道 BC 的加速度。

（请考虑：在本题中可否取滑道上与 A 相重合的一点为动点，而将动系固结在曲柄 OA 上？）

由于本例题几何关系简单，若直接列出运动方程再通过求导，解出连杆的速度和加速度也不复杂。如图所示，取 O 为坐标原点，x 轴水平向右。滑道 KK 中点 D 的运动方程为

$$x = OD = r\cos\varphi \tag{a}$$

对时间求导

$$\frac{\mathrm{d}x}{\mathrm{d}t} = -r\sin\varphi\frac{\mathrm{d}\varphi}{\mathrm{d}t} = -r\omega\sin\varphi \tag{b}$$

再对时间求导，并考虑 ω 为常量

$$\frac{\mathrm{d}^2x}{\mathrm{d}t^2} = -r\omega\cos\varphi\frac{\mathrm{d}\varphi}{\mathrm{d}t} = -r\omega^2\cos\varphi \tag{c}$$

上述(b)、(c)两式分别为滑道连杆的速度和加速度。

一般来说，基于合成运动理论的几何法适合于求解特定位置或瞬时的速度与加速度，而通过建立点的运动方程进行求解的解析法则能研究运动的全过程。

例 7-6　如图 7-11 所示，三辆汽车 A、B、C 均以匀速行驶。已知车 C 在半径 $R=600$ m 的道路上速度 $v=54$ km/h，在车 C 上观察到车 B 的速度 $v_{BC}=54$ km/h，在车 B 上观察到车 A 的速度 $v_{AB}=46.76$ km/h。试求车 A 的速度及车 B 相对于车 C 的加速度。

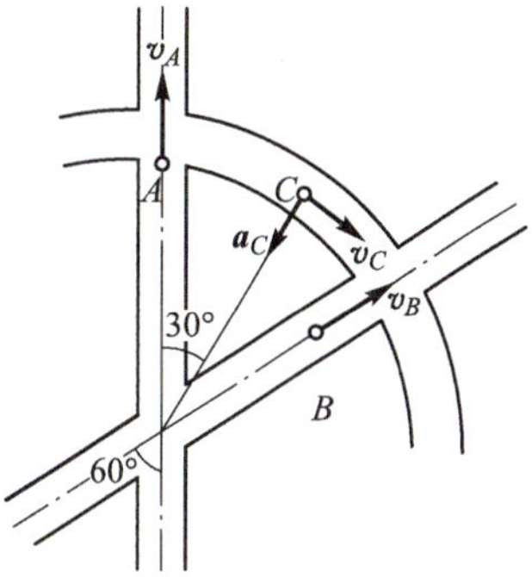

图 7-11　例 7-6 图

文档：例 7-6 题解

§ 7-4　牵连运动为定轴转动时点的加速度合成

当牵连运动为转动时，加速度合成定理与动系为平移时的情况是不同的。先看一简例。

设有一圆盘以匀角速 ω 绕垂直于盘面的 O 轴转动，动点 M 在圆盘上半径为 r 的圆槽内顺 ω 转向以匀速 v_r 相对于圆盘运动，如图 7-12 所示。试求 M 点的绝对加速度。

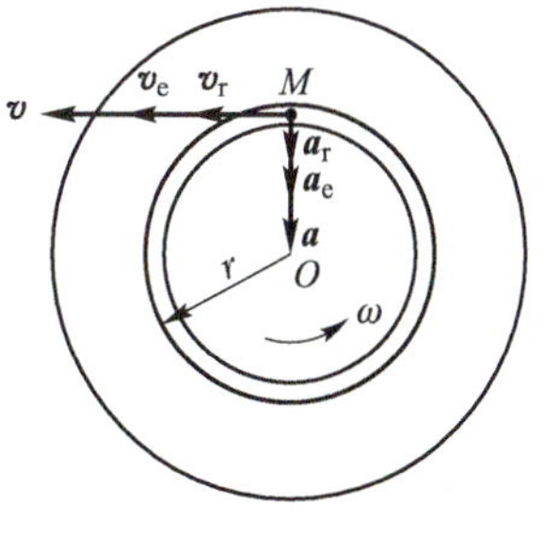

图 7-12　动点在转动的圆盘上沿圆槽运动

取动系固结于圆盘。由所给条件可见，点的相对轨迹和绝对轨迹是以 O 为圆心、r 为半径的同一个圆。在任一瞬时，M 点的牵连速度 $\boldsymbol{v}_e$ 的大

小 $v_e=r\omega$，方向与 $\boldsymbol{v}_r$ 相同。于是，M 点的绝对速度 $\boldsymbol{v}$ 的大小 $v=v_e+v_r=r\omega+v_r$，是一个常量。由此可见，M 点的绝对运动是匀速圆周运动。因此，M 点的绝对加速度 $\boldsymbol{a}$ 的大小是

$$a=\frac{v^2}{r}=\frac{(r\omega+v_r)^2}{r}=r\omega^2+2\omega v_r+\frac{v_r^2}{r}$$

$\boldsymbol{a}$ 的方向由 M 指向 O。上式右边第一项 $r\omega^2$ 和第三项 $\frac{v_r^2}{r}$ 分别是 M 点的牵连加速度 $\boldsymbol{a}_e$ 和相对加速度 $\boldsymbol{a}_r$ 的大小（$\boldsymbol{a}_e$ 和 $\boldsymbol{a}_r$ 的方向也都是由 M 指向 O）。可见，M 点的绝对加速度 a 中不只是包含 a_e 和 a_r，还附加了一项 $2\omega v_r$，式(7-2)不成立。这个例子表明，牵连运动为定轴转动时点的加速度合成结果与牵连运动为平移时的情况是不同的。

下面将就一般情况导出牵连运动为定轴转动时点的加速度合成定理。

设动点 M 相对于动系 $O'x'y'z'$ 运动，相对轨迹为曲线 C（图 7-13），而动系绕静系的 z 轴转动，其角速度以矢量 $\boldsymbol{\omega}$ 表示，角加速度以矢量 $\boldsymbol{\alpha}$ 表示。设动点 M 对于静系原点 O 的径矢为 $\boldsymbol{r}$，对于动系原点 O' 的径矢是 $\boldsymbol{r}'$，点 1 为动系上与动点 M 相重合的点，于是动点 M 的牵连速度及牵连加速度可按公式(6-46)及式(6-47)表示为

$$\boldsymbol{v}_e=\boldsymbol{\omega}\times\boldsymbol{r}' \tag{a}$$

$$\boldsymbol{a}_e=\boldsymbol{\alpha}\times\boldsymbol{r}'+\boldsymbol{\omega}\times\boldsymbol{v}_e \tag{b}$$

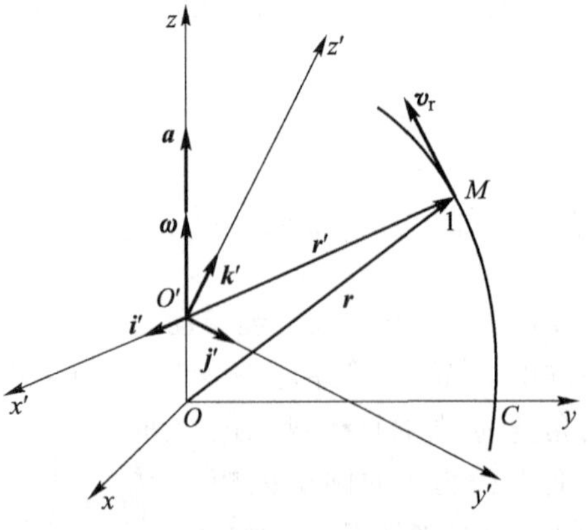

图 7-13　牵连运动为定轴转动时动点的加速度分析

动点 M 的相对速度和相对加速度，和上一节一样，可表示为

$$\boldsymbol{v}_r=\frac{\mathrm{d}x'}{\mathrm{d}t}\boldsymbol{i}'+\frac{\mathrm{d}y'}{\mathrm{d}t}\boldsymbol{j}'+\frac{\mathrm{d}z'}{\mathrm{d}t}\boldsymbol{k}' \tag{c}$$

$$\boldsymbol{a}_{\mathrm{r}}=\frac{\mathrm{d}^2x'}{\mathrm{d}t^2}\boldsymbol{i}'+\frac{\mathrm{d}^2y'}{\mathrm{d}t^2}\boldsymbol{j}'+\frac{\mathrm{d}^2z'}{\mathrm{d}t^2}\boldsymbol{k}' \tag{d}$$

另外，动点的绝对径矢 $\boldsymbol{r}$ 和相对径矢 $\boldsymbol{r}'$ 存在关系：$\boldsymbol{r}=\overrightarrow{OO'}+\boldsymbol{r}'$。将该式对时间 t 求导，得

$$\frac{\mathrm{d}\boldsymbol{r}}{\mathrm{d}t}=\frac{\mathrm{d}\,\overrightarrow{OO'}}{\mathrm{d}t}+\frac{\mathrm{d}\boldsymbol{r}'}{\mathrm{d}t} \tag{e}$$

注意 $\overrightarrow{OO'}$ 为常矢量，$\frac{\mathrm{d}\,\overrightarrow{OO'}}{\mathrm{d}t}=\boldsymbol{0}$，而 $\frac{\mathrm{d}\boldsymbol{r}}{\mathrm{d}t}=\boldsymbol{v}=\boldsymbol{v}_{\mathrm{e}}+\boldsymbol{v}_{\mathrm{r}}$，因此可得

$$\frac{\mathrm{d}\boldsymbol{r}'}{\mathrm{d}t}=\frac{\mathrm{d}\boldsymbol{r}}{\mathrm{d}t}=\boldsymbol{v}_{\mathrm{e}}+\boldsymbol{v}_{\mathrm{r}} \tag{f}$$

根据速度合成定理，并对时间 t 求导，动点 M 的绝对加速度为

$$\boldsymbol{a}=\frac{\mathrm{d}\boldsymbol{v}}{\mathrm{d}t}=\frac{\mathrm{d}\boldsymbol{v}_{\mathrm{e}}}{\mathrm{d}t}+\frac{\mathrm{d}\boldsymbol{v}_{\mathrm{r}}}{\mathrm{d}t} \tag{g}$$

现在来分别研究上式右边的两项。

由式(a)有

$$\frac{\mathrm{d}\boldsymbol{v}_{\mathrm{e}}}{\mathrm{d}t}=\frac{\mathrm{d}}{\mathrm{d}t}(\boldsymbol{\omega}\times\boldsymbol{r}')=\frac{\mathrm{d}\boldsymbol{\omega}}{\mathrm{d}t}\times\boldsymbol{r}'+\boldsymbol{\omega}\times\frac{\mathrm{d}\boldsymbol{r}'}{\mathrm{d}t} \tag{h}$$

已知 $\frac{\mathrm{d}\boldsymbol{\omega}}{\mathrm{d}t}=\boldsymbol{\alpha}$，利用公式(f)，式(h)就成为

$$\frac{\mathrm{d}\boldsymbol{v}_{\mathrm{e}}}{\mathrm{d}t}=\boldsymbol{\alpha}\times\boldsymbol{r}'+\boldsymbol{\omega}\times\boldsymbol{v}_{\mathrm{e}}+\boldsymbol{\omega}\times\boldsymbol{v}_{\mathrm{r}}=\boldsymbol{a}_{\mathrm{e}}+\boldsymbol{\omega}\times\boldsymbol{v}_{\mathrm{r}} \tag{i}$$

上式最右端的第二项($\boldsymbol{\omega}\times\boldsymbol{v}_{\mathrm{r}}$)是由于相对运动引起牵连速度改变而有的。假若没有相对运动，即 $\boldsymbol{v}_{\mathrm{r}}=\boldsymbol{0}$，则这一项等于零。

由式(c)有

$$\begin{aligned}\frac{\mathrm{d}\boldsymbol{v}_{\mathrm{r}}}{\mathrm{d}t}&=\frac{\mathrm{d}}{\mathrm{d}t}\left(\frac{\mathrm{d}x'}{\mathrm{d}t}\boldsymbol{i}'+\frac{\mathrm{d}y'}{\mathrm{d}t}\boldsymbol{j}'+\frac{\mathrm{d}z'}{\mathrm{d}t}\boldsymbol{k}'\right)\\&=\frac{\mathrm{d}^2x'}{\mathrm{d}t^2}\boldsymbol{i}'+\frac{\mathrm{d}^2y'}{\mathrm{d}t^2}\boldsymbol{j}'+\frac{\mathrm{d}^2z'}{\mathrm{d}t^2}\boldsymbol{k}'+\frac{\mathrm{d}x'}{\mathrm{d}t}\frac{\mathrm{d}\boldsymbol{i}'}{\mathrm{d}t}+\frac{\mathrm{d}y'}{\mathrm{d}t}\frac{\mathrm{d}\boldsymbol{j}'}{\mathrm{d}t}+\frac{\mathrm{d}z'}{\mathrm{d}t}\frac{\mathrm{d}\boldsymbol{k}'}{\mathrm{d}t}\end{aligned} \tag{j}$$

式(j)右边前三项之和就是相对加速度 $\boldsymbol{a}_{\mathrm{r}}$；至于后三项，由于 $\boldsymbol{i}'$、$\boldsymbol{j}'$、$\boldsymbol{k}'$ 的方向随时间而变，不再是常矢量，根据泊松公式(6-50)得

$$\frac{\mathrm{d}\boldsymbol{i}'}{\mathrm{d}t}=\boldsymbol{\omega}\times\boldsymbol{i}',\quad\frac{\mathrm{d}\boldsymbol{j}'}{\mathrm{d}t}=\boldsymbol{\omega}\times\boldsymbol{j}',\quad\frac{\mathrm{d}\boldsymbol{k}'}{\mathrm{d}t}=\boldsymbol{\omega}\times\boldsymbol{k}'$$

因而

$$\frac{\mathrm{d}x'}{\mathrm{d}t}\frac{\mathrm{d}\boldsymbol{i}'}{\mathrm{d}t}+\frac{\mathrm{d}y'}{\mathrm{d}t}\frac{\mathrm{d}\boldsymbol{j}'}{\mathrm{d}t}+\frac{\mathrm{d}z'}{\mathrm{d}t}\frac{\mathrm{d}\boldsymbol{k}'}{\mathrm{d}t}$$

$$=\frac{\mathrm{d}x'}{\mathrm{d}t}(\boldsymbol{\omega}\times\boldsymbol{i}')+\frac{\mathrm{d}y'}{\mathrm{d}t}(\boldsymbol{\omega}\times\boldsymbol{j}')+\frac{\mathrm{d}z'}{\mathrm{d}t}(\boldsymbol{\omega}\times\boldsymbol{k}')$$

$$=\boldsymbol{\omega}\times\left(\frac{\mathrm{d}x'}{\mathrm{d}t}\boldsymbol{i}'+\frac{\mathrm{d}y'}{\mathrm{d}t}\boldsymbol{j}'+\frac{\mathrm{d}z'}{\mathrm{d}t}\boldsymbol{k}'\right)=\boldsymbol{\omega}\times\boldsymbol{v}_{\mathrm{r}}$$

于是式(j)成为

$$\frac{\mathrm{d}\boldsymbol{v}_{\mathrm{r}}}{\mathrm{d}t}=\boldsymbol{a}_{\mathrm{r}}+\boldsymbol{\omega}\times\boldsymbol{v}_{\mathrm{r}} \tag{k}$$

式中的 $\boldsymbol{\omega}\times\boldsymbol{v}_{\mathrm{r}}$ 这一项是由于牵连运动(转动)引起相对速度改变而有的。假如牵连运动是平移,而 $\boldsymbol{i}'$、$\boldsymbol{j}'$、$\boldsymbol{k}'$均为常矢量,$\frac{\mathrm{d}\boldsymbol{i}'}{\mathrm{d}t}$、$\frac{\mathrm{d}\boldsymbol{j}'}{\mathrm{d}t}$、$\frac{\mathrm{d}\boldsymbol{k}'}{\mathrm{d}t}$均为零,$\boldsymbol{\omega}\times\boldsymbol{v}_{\mathrm{r}}$ 这一项也就不存在了。

将(i)、(k)两式代入式(g),得

$$\boldsymbol{a}=\boldsymbol{a}_{\mathrm{e}}+\boldsymbol{a}_{\mathrm{r}}+2\boldsymbol{\omega}\times\boldsymbol{v}_{\mathrm{r}} \tag{l}$$

上式中的最后一项 $2\boldsymbol{\omega}\times\boldsymbol{v}_{\mathrm{r}}$ 是由$\frac{\mathrm{d}\boldsymbol{v}_{\mathrm{e}}}{\mathrm{d}t}$和$\frac{\mathrm{d}\boldsymbol{v}_{\mathrm{r}}}{\mathrm{d}t}$中的两个 $\boldsymbol{\omega}\times\boldsymbol{v}_{\mathrm{r}}$ 相加而成的,如上所述,它是牵连运动与相对运动相互影响而有的一个加速度,称为**科里奥利加速度(简称科氏加速度)**,并用 $\boldsymbol{a}_{\mathrm{C}}$ 表示,则有

$$\boldsymbol{a}_{\mathrm{C}}=2\boldsymbol{\omega}\times\boldsymbol{v}_{\mathrm{r}} \tag{7-3}$$

即**科氏加速度等于牵连运动的角速度与动点的相对速度的矢积的 2 倍**。将式(7-3)代入式(l),便得到动点的绝对加速度的表达式

$$\boldsymbol{a}=\boldsymbol{a}_{\mathrm{e}}+\boldsymbol{a}_{\mathrm{r}}+\boldsymbol{a}_{\mathrm{C}} \tag{7-4}$$

式(7-4)表明,**当牵连运动为转动时,在任一瞬时,动点的绝对加速度等于动点的牵连加速度、相对加速度与科氏加速度三者的矢量和**。这就是**牵连运动为转动时点的加速度合成定理**。可以证明,式(7-4)虽然是在牵连运动为定轴转动情况下导出的,但对任意形式的牵连运动都适用。

根据矢积的运算规则,$\boldsymbol{a}_{\mathrm{C}}$ 的大小为

$$a_{\mathrm{C}}=2\omega v_{\mathrm{r}}\sin\theta \tag{7-5}$$

其中 θ 为 $\boldsymbol{\omega}$ 与 $\boldsymbol{v}_{\mathrm{r}}$ 间的夹角(小于 π)。$\boldsymbol{a}_{\mathrm{C}}$ 的方位垂直于 $\boldsymbol{\omega}$ 与 $\boldsymbol{v}_{\mathrm{r}}$ 所构成的平面,指向按右手法则确定,如图 7-14 所示。

当然,也可利用矢积运算公式,将 $\boldsymbol{a}_{\mathrm{C}}$ 写成

$$a_C = 2\begin{vmatrix} i & j & k \\ \omega_x & \omega_y & \omega_z \\ v_{rx} & v_{ry} & v_{rz} \end{vmatrix} \tag{7-6}$$

在一些较简单的情况下，还可以用下述方法来确定 a_C 的大小和方向。将 v_r 投影到垂直于 ω（也就是垂直于转动轴 z）的平面上，得 v_r^n。由图 7-14 可见，$v_r^n = v_r\sin\theta$，所以

$$a_C = 2\omega v_r \sin\theta = 2\omega v_r^n \tag{7-7}$$

这就是说，**科氏加速度的大小，等于相对速度在垂直于转动轴的平面上的投影的大小 v_r^n 与牵连运动的角速度 ω 的乘积的 2 倍**。又由图 7-14 可见，**将 v_r^n 顺角速度 ω 的转向转 90°就是 a_C 的方向**。

下面说明两个特殊情况：

（1）如果 $v_r \perp \omega$，即 v_r 在垂直于 z 轴的平面内，则 $v_r^n = v_r$，在这种情况下 $a_C = 2\omega v_r$，且 v_r、ω、a_C 三者互相垂直，如图 7-15 所示。

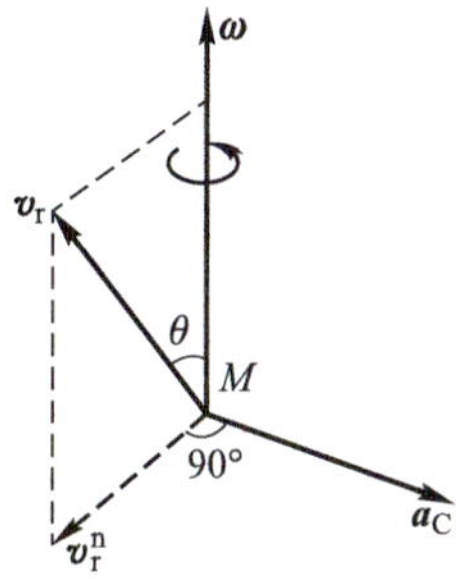

图 7-14　用右手法则判定 a_C 的方向

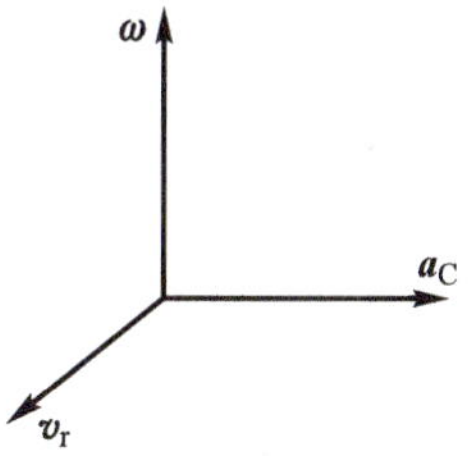

图 7-15　$v_r \perp \omega$ 时，a_C 的方向

（2）如果 $v_r /\!/ \omega$，即 v_r 与 z 轴平行，则 $v_r^n = 0$。在这种情况下，$a_C = 0$（请读者从物理意义上加以解释）。

例 7-7　滑块 M 在圆盘内沿直槽 AB 运动，圆盘绕垂直于盘面的轴转动，如图 7-16 所示。当 M 在 AB 中点时，其沿直槽运动的速度和加速度分别为 v_r 和 a_r，而圆盘转动的角速度和角加速度分别为 ω 和 α。试求该瞬时 M 对于地面的加速度。

解　取滑块 M 为动点，圆盘为动系。M 沿直槽 AB 的运动为相对运动，圆盘的转动为牵连运动，M 对地面的运动为绝对运动。所要求的是 M 的绝对加速度。因牵连运动为转动，故应用公式（7-4）

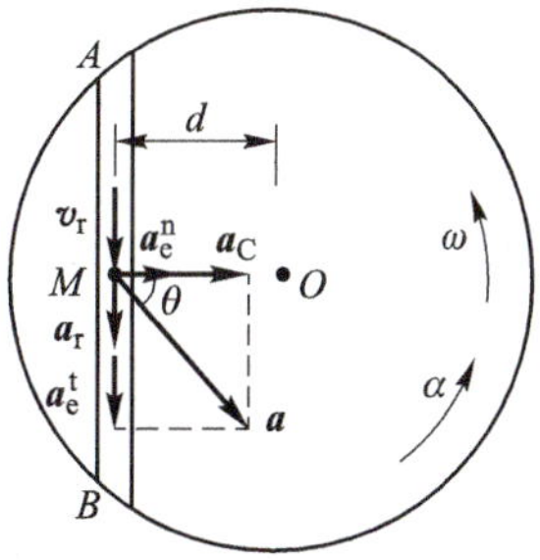

图 7-16　例 7-7 图

$$\boldsymbol{a}=\boldsymbol{a}_e+\boldsymbol{a}_r+\boldsymbol{a}_C$$

由所给条件，牵连加速度 $\boldsymbol{a}_e$ 有切向和法向两个分量 $\boldsymbol{a}_e^t$ 和 $\boldsymbol{a}_e^n$，它们的大小是

$$a_e^t=d\alpha,\qquad a_e^n=d\omega^2$$

方向分别如图 7-16 所示。

相对加速度 $\boldsymbol{a}_r$ 已知，且已画在图上。

还有一项科氏加速度 $\boldsymbol{a}_C$。因相对速度 $\boldsymbol{v}_r$ 在垂直于转动轴的平面内，所以 $\boldsymbol{a}_C$ 的大小为

$$a_C=2\omega v_r$$

$\boldsymbol{a}_C$ 的方向由 $\boldsymbol{v}_r$ 顺 ω 转向转 90°定出，如图 7-16 所示。

由图 7-16 可见，M 的绝对加速度 $\boldsymbol{a}$ 的大小为

$$a=\sqrt{(a_r+a_e^t)^2+(a_e^n+a_C)^2}=\sqrt{(a_r+d\alpha)^2+(d\omega^2+2\omega v_r)^2}$$

$\boldsymbol{a}$ 与 MO 的夹角

$$\theta=\arctan\frac{a_r+a_e^t}{a_e^n+a_C}=\arctan\frac{a_r+d\alpha}{d\omega^2+2\omega v_r}$$

例 7-8　试求例7-2中从动杆 AB 的加速度。

解　由例 7-2 中的运动分析，仍取杆 AB 上的点 A 为动点，动坐标系固结在凸轮上。

A 点的绝对运动是沿杆 AB 方向的直线运动，$\boldsymbol{a}_A$ 方位已知，沿 AB 方向；相对运动是以 C 点为圆心的圆周运动，$\boldsymbol{a}_r^n$ 的大小方向已知，$a_r^n=\dfrac{v_r^2}{r}=\dfrac{16e\omega_0^2}{3\sqrt{3}}$，方向沿 AC 指向 C 点，$\boldsymbol{a}_r^t$ 方位已知，垂直于 AC 方向；牵连运动是动坐标系绕定轴 O 转动，$\boldsymbol{a}_e^n$、$\boldsymbol{a}_e^t$ 已知，$a_e^n=OA\omega_0^2=2e\omega_0^2$，方向沿 AO 指向 O 点，$a_e^t=0$。

动点 A 的加速度分析图如图 7-17 所示。由于牵连运动为转动，因此有科氏加速度 $a_C=2\omega_0 v_r=\dfrac{8}{\sqrt{3}}e\omega_0^2$，方向如图所示。根据加速度合成定理

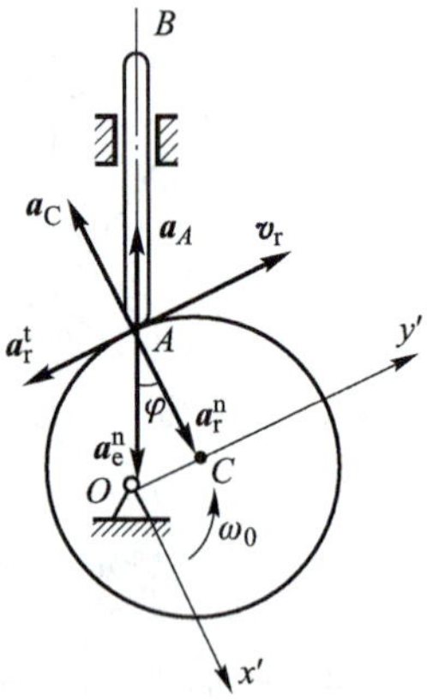

图 7-17　例 7-8 图

$$\boldsymbol{a}_A=\boldsymbol{a}_e^t+\boldsymbol{a}_e^n+\boldsymbol{a}_r^t+\boldsymbol{a}_r^n+\boldsymbol{a}_C$$

将此矢量方程向 Ox' 轴投影，有

$$-a_A\cos\varphi=a_e^n\cos\varphi+a_r^n-a_C$$

$$a_A=\frac{2}{\sqrt{3}}\left(-\frac{16e\omega_0^2}{3\sqrt{3}}-\sqrt{3}e\omega_0^2+\frac{8}{\sqrt{3}}e\omega_0^2\right)=-\frac{2}{9}e\omega_0^2$$

a_A 为负值，说明 $\boldsymbol{a}_A$ 的方向与图 7-17 假设的方向相反。在此瞬时，$\boldsymbol{a}_A$ 的实际方向铅直向下。

例 7-9　在北半球纬度 φ 处有一河流，河水沿着与正东成 ψ 角的方向流动，流速为 $\boldsymbol{v}_r$，如图 7-18a 所示。考虑地球自转的影响，试求河水的科氏加速度。

解　因为只考虑地球自转的影响，所以可取地心坐标系为静系，以地轴为 z 轴，x、y 轴由地心 O 分别指向两个遥远的恒星。因此，此坐标系不受地球自转影响。以水流所在处 O'为

原点，选动系 $O'x'y'z'$ 固结于地球上，轴 x'、y' 在水平面内，轴 x' 指向东，轴 y' 指向北，轴 z' 铅直向上（图 7-18a）。地球绕 z 轴自转的角速度以 ω 表示。为了便于求 $\boldsymbol{a}_C$，过 O' 点画出地球自转的角速度矢 $\boldsymbol{\omega}$（图7-18b）。

根据定义，科氏加速度

$$\boldsymbol{a}_C=2\boldsymbol{\omega}\times\boldsymbol{v}_r$$

由图 7-18 可见

$$\boldsymbol{\omega}=\omega\cos\varphi\boldsymbol{j}'+\omega\sin\varphi\boldsymbol{k}',\quad \boldsymbol{v}_r=v_r\cos\psi\boldsymbol{i}'+v_r\sin\psi\boldsymbol{j}'$$

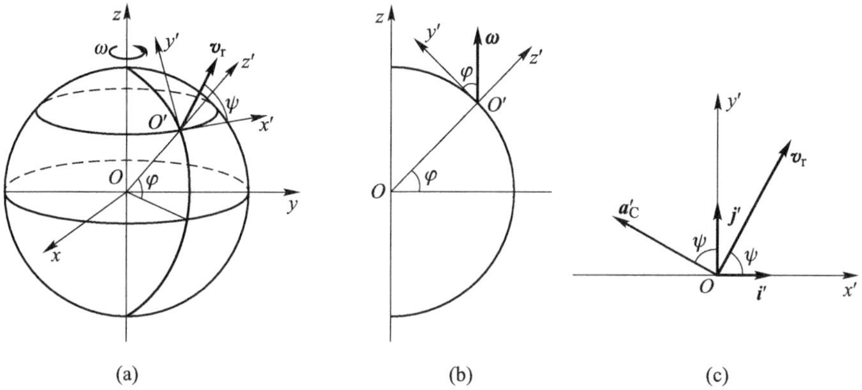

图 7-18 例 7-9 图

其中 $\boldsymbol{i}'$、$\boldsymbol{j}'$ 和 $\boldsymbol{k}'$ 为沿 x'、y' 和 z' 轴的单位矢量。于是

$$\begin{aligned}\boldsymbol{a}_C&=2\boldsymbol{\omega}\times\boldsymbol{v}_r\\&=2\omega v_r(-\sin\varphi\sin\psi\boldsymbol{i}'+\sin\varphi\cos\psi\boldsymbol{j}'-\cos\varphi\cos\psi\boldsymbol{k}')\end{aligned}\tag{a}$$

由此可得

$$\begin{aligned}a_C&=2\omega v_r\sqrt{\sin^2\varphi\sin^2\psi+\sin^2\varphi\cos^2\psi+\cos^2\varphi\cos^2\psi}\\&=2\omega v_r\sqrt{\sin^2\varphi+\cos^2\varphi\cos^2\psi}\end{aligned}\tag{b}$$

可见，当 $\psi=0°$ 或 $180°$，即水流向东或向西时，a_C 具有极大值 $2\omega v_r$；而当 $\psi=90°$ 或 $270°$，即水向北或向南流动时，a_C 具有极小值 $2\omega v_r\sin\varphi$。

现在求 $\boldsymbol{a}_C$ 在水平面 $O'x'y'$ 上的投影 $\boldsymbol{a}'_C$。这只需取式（a）右边的前两项，即

$$\begin{aligned}\boldsymbol{a}'_C&=2\omega v_r(-\sin\varphi\sin\psi\boldsymbol{i}'+\sin\varphi\cos\psi\boldsymbol{j}')\\&=2\omega v_r\sin\varphi[\cos(90°+\psi)\boldsymbol{i}'+\sin(90°+\psi)\boldsymbol{j}']\end{aligned}\tag{c}$$

由式（c）可得

$$a'_C=2\omega v_r\sin\varphi$$

上式表明，不论 ψ 为何值，即不论水流方向如何，科氏加速度在水平面上的投影都等于 $2\omega v_r\sin\varphi$。

至于 $\boldsymbol{a}'_C$ 的方向，由式（c）可知，$\boldsymbol{a}'_C$ 与 x' 轴成角 $90°+\psi$，即与 $\boldsymbol{v}_r$ 垂直。由图 7-18 可以看出，顺 $\boldsymbol{v}_r$ 方向看去，$\boldsymbol{a}'_C$ 是向左的。

由牛顿第二定律可知，水流有向左的科氏加速度是由于河的右岸对水流作用有向左

的力。根据作用与反作用定律，水流对右岸必有反作用力。这个力经常不断的作用使河的右岸受到冲刷。这就解释了在自然界观察到的一种现象：在北半球，河流冲刷右岸比较显著。

文档：例 7-10 题解

例 7-10　凸轮半径为 R。在图 7-19 所示瞬时，O、C 在一条铅直线上，θ、$\boldsymbol{v}$、$\boldsymbol{a}$ 已知。试求该瞬时 OA 杆的角速度和角加速度。

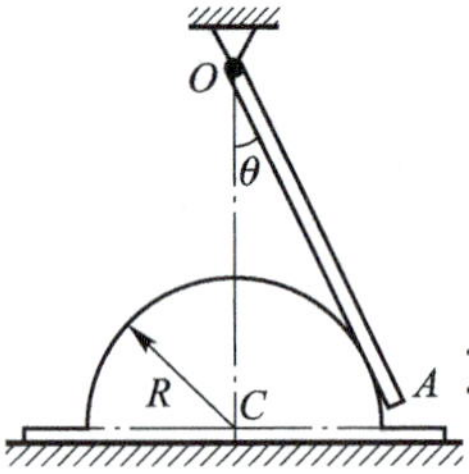

图 7-19　例 7-10 图

思　考　题

7-1　相对加速度是否等于相对速度 $\boldsymbol{v}_r$ 对时间的一阶导数？为什么？

7-2　牵连加速度是否等于牵连速度 $\boldsymbol{v}_e$ 对时间的一阶导数？为什么？

7-3　是否只要牵连运动为定轴转动，就必定有科氏加速度？

7-4　图示中的速度平行四边形有无错误？错在哪里？

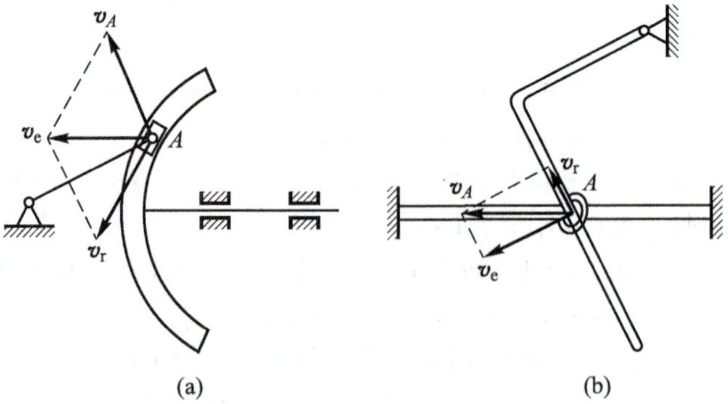

思考题 7-4 图

7-5　如下计算对不对？错在哪里？

(1) 图 a 中取动点为滑块 A，动坐标系为杆 OC，则 $v_e=\omega OA$，$v_A=v_e\cos\varphi$；

(2) 图 b 中 $v_{BC}=v_e=v_A\cos 60°$，而 $v_A=\omega r$，因为 $\omega=$ 常量，所以 $v_{BC}=$ 常量，$a_{BC}=\dfrac{\mathrm{d}v_{BC}}{\mathrm{d}t}=0$；

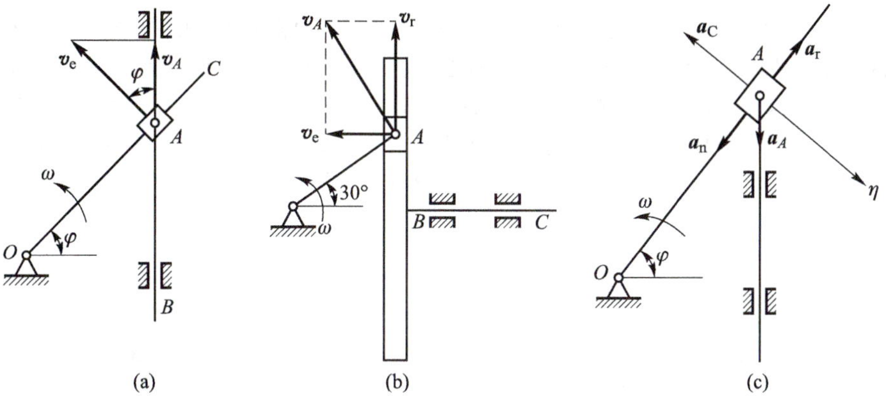

(a) (b) (c)

思考题 7-5 图

(3) 图 c 中为了求 a_A 的大小，取加速度在 η 轴上的投影式 $a_A\cos\varphi-a_C=0$，所以 $a_A=\dfrac{a_C}{\cos\varphi}$。

7-6 图示中曲柄 OA 以匀角速度转动，a、b 两图中哪一种分析为对？

(1) 如图 a 所示，以 OA 上的点 A 为动点，以 BC 为动坐标系；

(2) 如图 b 所示，以 BC 上的点 A 为动点，以 OA 为动坐标系。

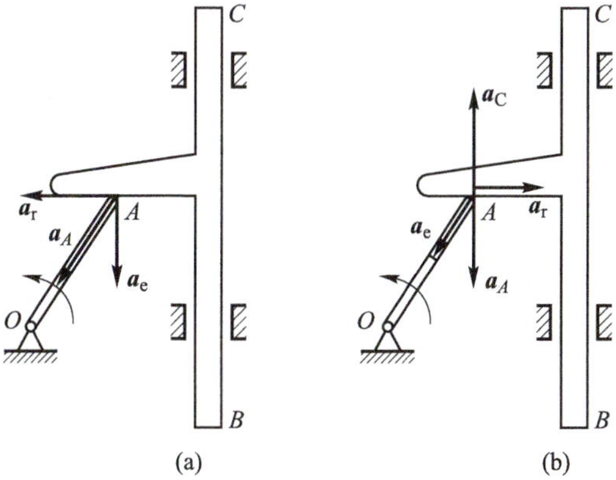

(a) (b)

思考题 7-6 图

习　　题

7-1 如图，汽车 A 以 $v_1=40$ km/h 沿直线道路行驶，汽车 B 以 $v_2=40\sqrt{2}$ km/h 沿另一岔

道行驶。试求在 B 车上观察到的 A 车的速度。

7-2　由西向东流的河，宽 1 000 m，流速为 0.5 m/s，小船自南岸某点出发渡至北岸，设小船相对于水流的划速为 1 m/s。试问：(1) 若划速保持与河岸垂直，船在北岸的何处靠岸？渡河时间多久？(2) 若欲使船在北岸上正对出发点处靠岸，划船时应取什么方向？渡河时间多久？

7-3　如图，播种机以匀速率 $v_1=1$ m/s 直线前进。种子脱离输种管时具有相对于输种管的速度 $v_2=2$ m/s。试求此时种子相对于地面的速度，及落至地面上的位置与离开输种管时的位置之间的水平距离。

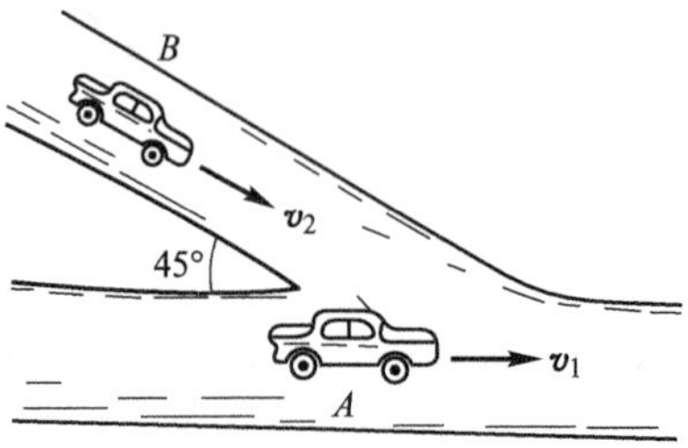

题 7-1 图

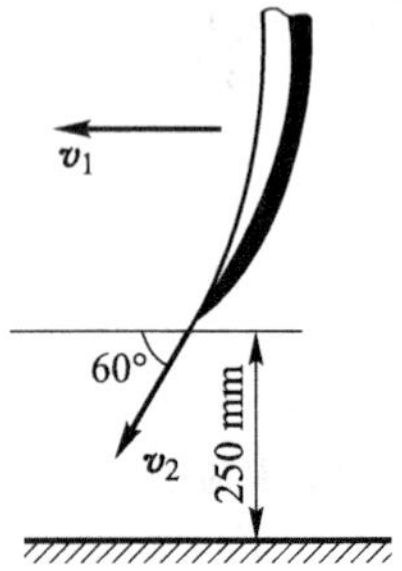

题 7-3 图

7-4　如图，砂石料从传送带 A 落到另一传送带 B 的绝对速度为 $v_1=4$ m/s，其方向与铅直线成 30°角。设传送带 B 与水平面成 15°角，其速度为 $v_2=2$ m/s，试求此时砂石料对于传送带 B 的相对速度。又当传送带 B 的速度多大时，砂石料的相对速度才能与带垂直。

7-5　如图，三角形凸轮沿水平方向运动，其斜边与水平线成 α 角。杆 AB 的 A 端搁置在斜面上，另一端活塞 B 在气缸内滑动，如某瞬时凸轮以速度 $\boldsymbol{v}$ 向右运动，试求活塞 B 的速度。

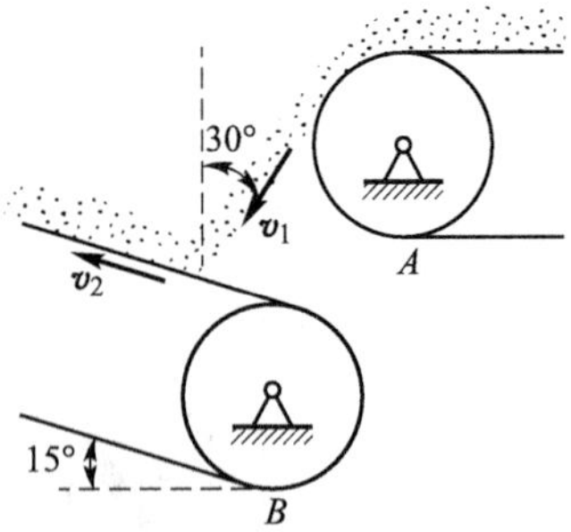

题 7-4 图

7-6　图示一曲柄滑道机构，长 $OA=r$ 的曲柄，以匀角速 ω 绕 O 轴转动。装在水平杆 CB 上的滑槽 DE 与水平线成 60°角。试求当曲柄与水平线的夹角 φ 分别为 0°、30°、60°时杆 BC 的速度。

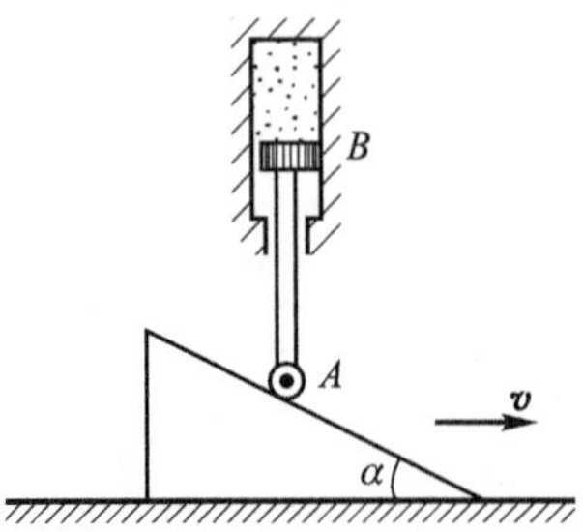

题 7-5 图

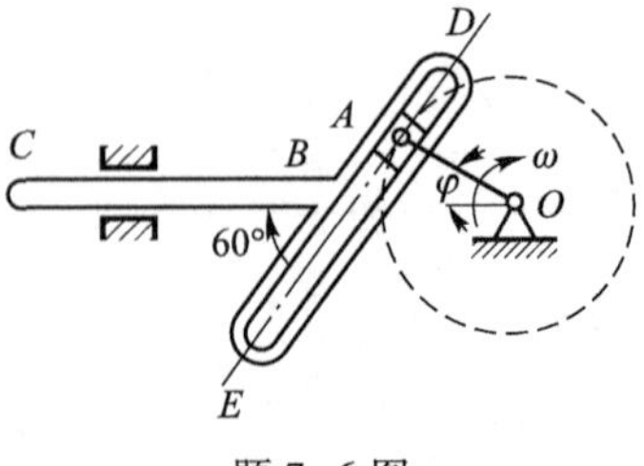

题 7-6 图

7-7 如图，摇杆 OC 带动齿条 AB 上下移动，齿条又带动直径为 100 mm 的齿轮绕 O_1 轴摆动。在图示瞬时，OC 的角速度 $\omega_0=0.5$ rad/s，试求这时齿轮的角速度。

7-8 摇杆滑道机构的曲柄 OA 长为 l，以匀角速度 ω_0 绕 O 轴转动。已知在图示位置 $OA\perp OO_1$，$AB=2l$，试求该瞬时 BC 杆的速度。

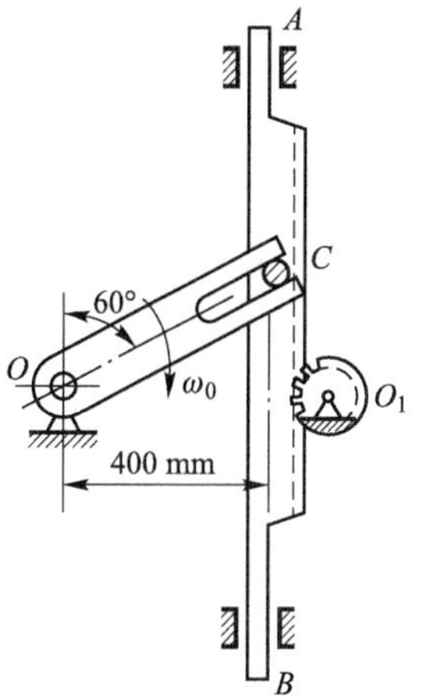

题 7-7 图

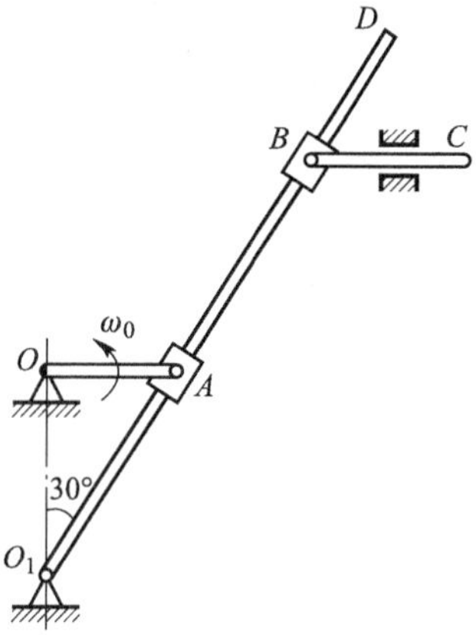

题 7-8 图

7-9 一外形为半圆弧的凸轮 A，半径 $r=300$ mm，沿水平方向向右作匀加速运动，其加速度 $a_A=800\ \text{mm/s}^2$。凸轮推动直杆 BC 沿铅直导槽上下运动。设在图示瞬时，$v_A=600$ mm/s，试问杆 BC 的速度及加速度各为多少？

7-10 图示铰接四边形机构中的 $O_1A=O_2B=100$ mm，$O_1O_2=AB$，杆 O_1A 以等角速度 $\omega=2$ rad/s绕 O_1 轴转动。AB 杆上有一套筒 C，此筒与 CD 杆相铰接，机构各部件都在同一铅直面内。试求当 $\varphi=60°$时 CD 杆的速度和加速度。

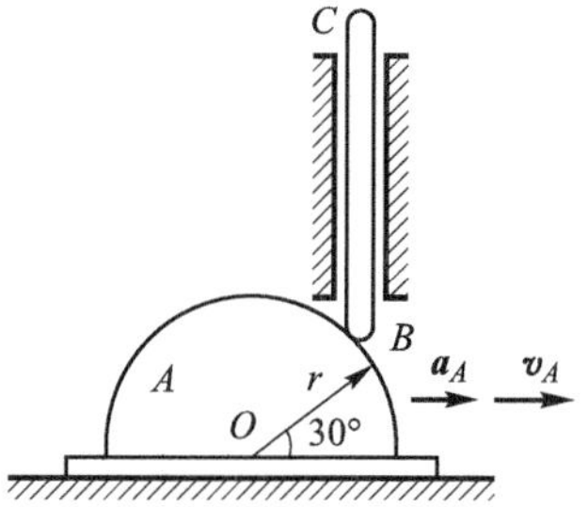

题 7-9 图

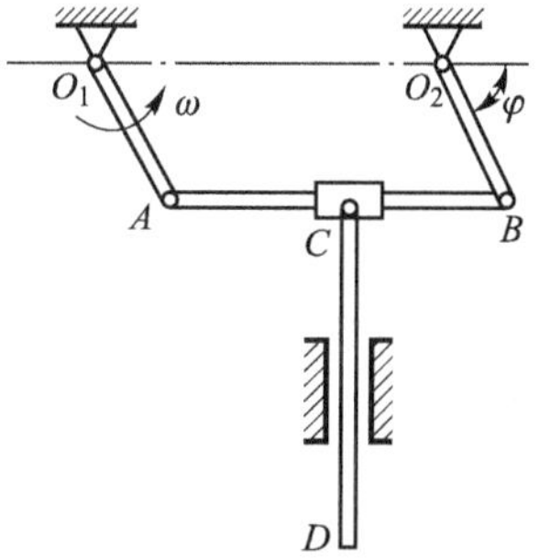

题 7-10 图

7-11 如图，具有圆弧形滑道的曲柄滑道机构，用来使滑道 CD 获得间歇往复运动。若已知曲柄 OA 作匀速转动，其转速为 $\omega=4\pi$ rad/s，又 $R=OA=100$ mm，试求当曲柄与水平轴成角 $\varphi=30°$时滑道 CD 的速度及加速度。

文档：
习题 7-12
题解

7-12 如图，销钉 M 可同时在槽 AB、CD 内滑动。已知某瞬时杆 AB 沿水平方向移动的速度 $v_1=80\ \text{mm/s}$，加速度 $a_1=10\ \text{mm/s}^2$；杆 CD 沿铅直方向移动的速度 $v_2=60\ \text{mm/s}$，加速度 $a_2=20\ \text{mm/s}^2$。试求该瞬时销钉 M 的速度及加速度。

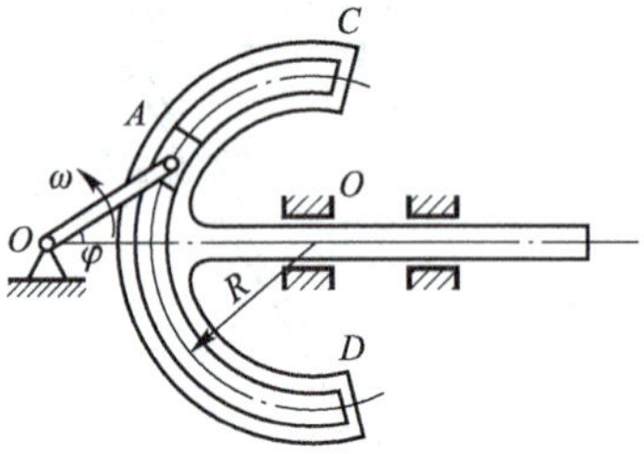

题 7-11 图

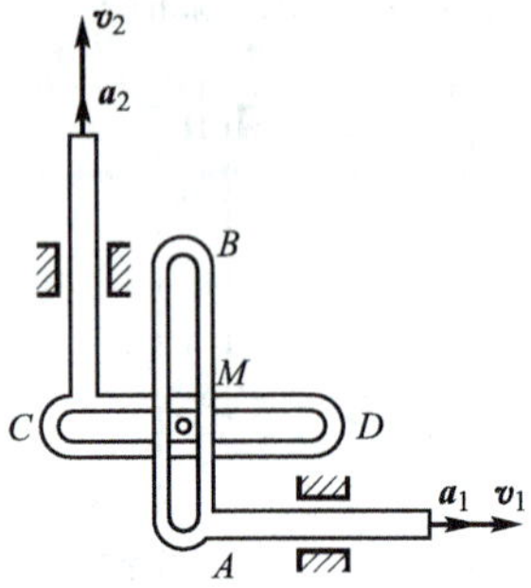

题 7-12 图

7-13 如图，水力采煤用的水枪可绕铅直轴转动。在某瞬时角速度为 ω，角加速度为零。设与转动轴相距 r 处的水点该瞬时具有相对于水枪的速度 v_1 及加速度 a_1，试求该水点的绝对速度及绝对加速度。

7-14 半径为 r 的圆盘可绕垂直于盘面且通过盘心 O 的铅直轴 z 转动。一小球 M 悬挂于盘边缘之上方。设在图示瞬时圆盘的角速度及角加速度分别为 ω 及 α，若以圆盘为动参考系，试求该瞬时小球的科氏加速度及相对加速度。

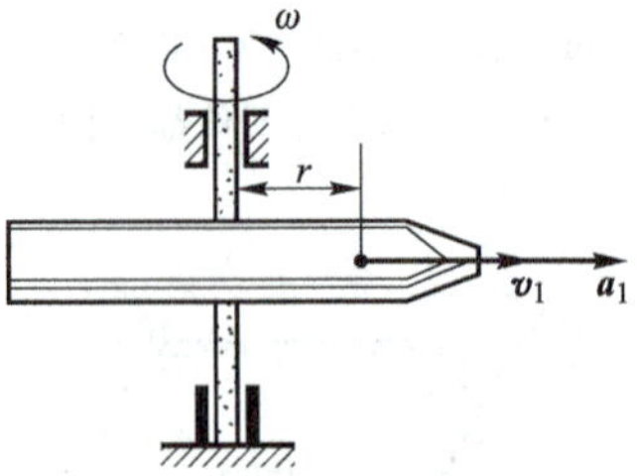

题 7-13 图

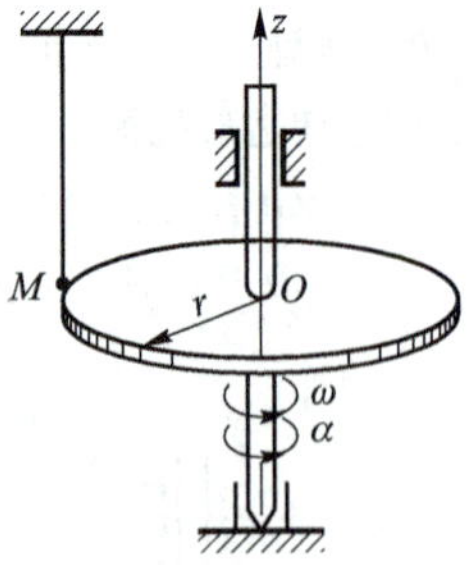

题 7-14 图

文档：
习题 7-15
题解

7-15 一半径 $r=200\ \text{mm}$ 的圆盘，绕通过 A 点垂直于图平面的轴转动。物块 M 以匀速率 $v_r=400\ \text{mm/s}$ 沿圆盘边缘运动。在图示位置，圆盘的角速度 $\omega=2\ \text{rad/s}$，角加速度 $\alpha=4\ \text{rad/s}^2$，试求物块 M 的绝对速度和绝对加速度。

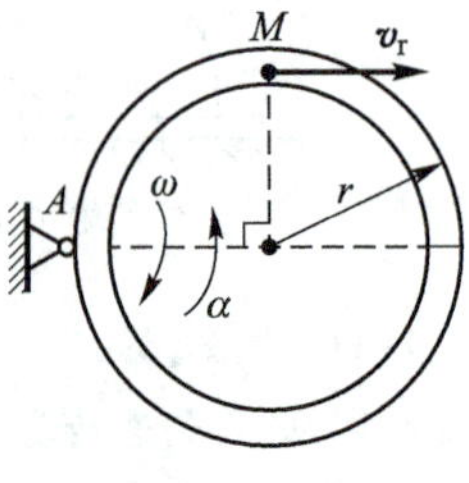

题 7-15 图

7-16 大圆环固定不动，其半径 $R=0.5\ \text{m}$，小圆环 M 套在杆 AB 及大圆环上如图所示。当 $\theta=30°$ 时，AB 杆转动的角速度 $\omega=2\ \text{rad/s}$，角加速度 $\alpha=2\ \text{rad/s}^2$，试求该瞬时：(1) M 沿大圆环滑动的速度；(2) M 沿 AB 杆滑动的速度；(3) M 的绝对加速度。

7-17　曲柄 OA，长为 $2r$，绕固定轴 O 转动。圆盘半径为 r，绕 A 轴转动。已知 $r=100$ mm，在图示位置，曲柄 OA 的角速度 $\omega_1=4$ rad/s，角加速度 $\alpha_1=3$ rad/s^2，圆盘相对于 OA 的角速度 $\omega_2=6$ rad/s，角加速度 $\alpha_2=4$ rad/s^2。试求圆盘上 M 点和 N 点的绝对速度和绝对加速度。

文档：
习题 7-17
题解

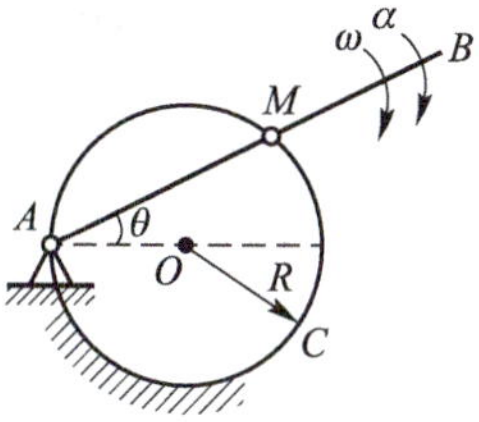

题 7-16 图

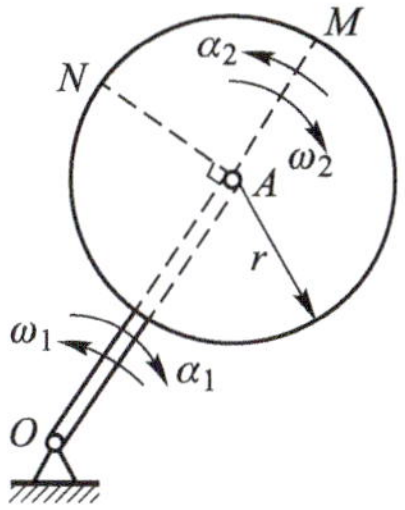

题 7-17 图

7-18　在图示机构中，已知 $AA'=BB'=r=0.25$ mm，且 $AB=A'B'$。连杆 AA' 以匀角速度 $\omega=2$ rad/s 绕 A' 转动，当 $\theta=60°$ 时，槽杆 CE 位置铅直。试求此时 CE 的角速度及角加速度。

7-19　销钉 M 可同时在 AB、CD 两滑道内运动，CD 为一圆弧形滑槽随同板以匀角速 $\omega_0=1$ rad/s 绕 O 转动。在图示瞬时，T 字杆平移的速度 $v=100$ mm/s，加速度 $a=120$ mm/s^2。试求该瞬时销钉 M 对板的速度与加速度。

文档：
习题 7-19
题解

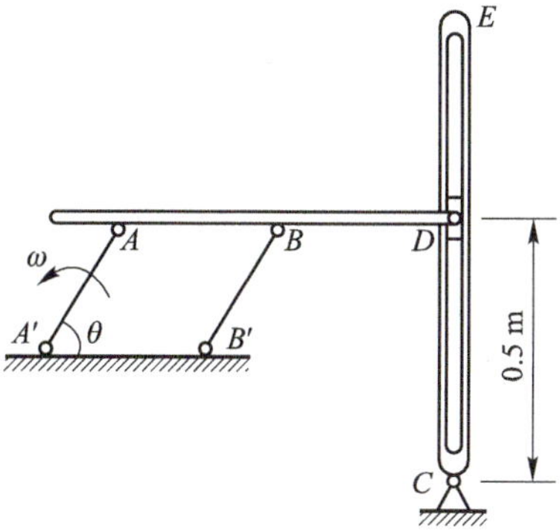

题 7-18 图

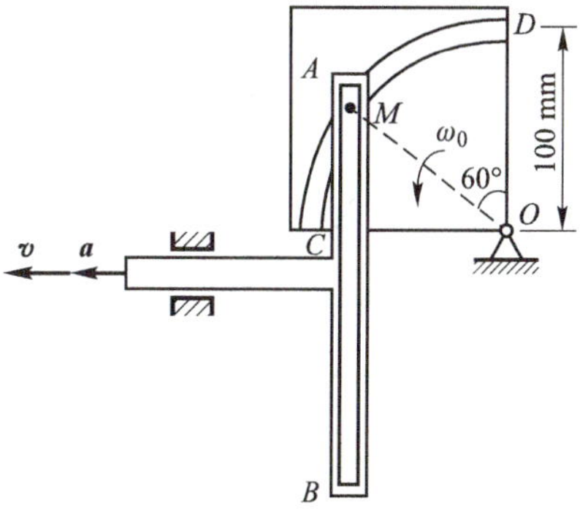

题 7-19 图

7-20　如图，已知点 M 在动坐标系 $O_1x_2y_2$ 平面内运动，其运动方程为 $x_2=3t^2+4t$，$y_2=4t^2-2t$，x_2 与 x_1（x_1 轴与 x 轴保持平行）轴的夹角 $\varphi=2t$，点 O_1 的运动规律为 $x_1=3t$，$y_1=4t-5t^2$。试用建立运动方程式及合成运动两种方法求点 M 的速度。

文档：
习题 7-20
题解

7-21　已知图示圆盘 C 半径 $r=2\sqrt{3}$ cm，角速度 $\omega=2$ rad/s 为常量，$AC=2r$。试求 $\theta=30°$ 时 AB 杆的角加速度。

7-22　如图，板 $ABCD$ 绕 z 轴以 $\omega=0.5t$（其中 ω 以 rad/s 计，t 以 s 计）的规律转动，小球 M 在半径 $r=100$ mm 的圆弧槽内相对于板按规律 $s=\dfrac{50}{3}\pi t$（s 以 mm 计，t 以 s 计）运动，试求 $t=2$ s 时，小球 M 的速度与加速度。

文档：
习题 7-21
题解

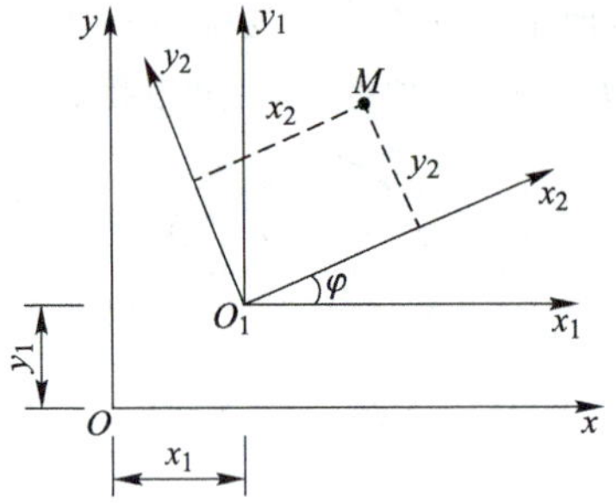

题 7-20 图

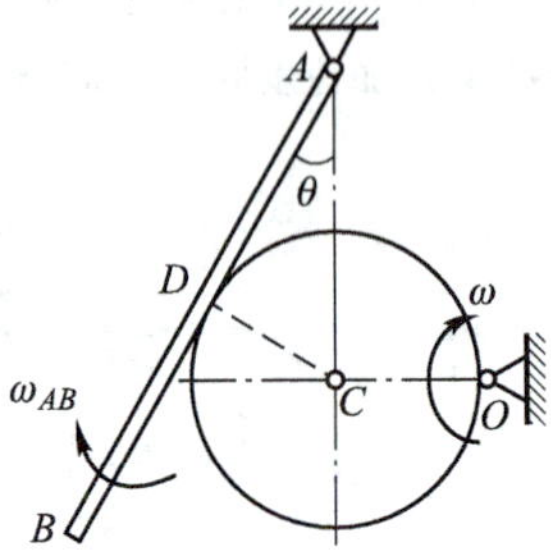

题 7-21 图

7-23 如图,半径为 r 的空心圆环刚连在 AB 轴上,AB 的轴线在圆环轴线平面内。圆环内充满液体,并依箭头方向以匀相对速度 $\boldsymbol{v}$ 在环内流动。AB 轴作顺时针方向转动(从 A 向 B 看),其转动的角速度 ω 为常数,试求 M 点处液体分子的绝对加速度。

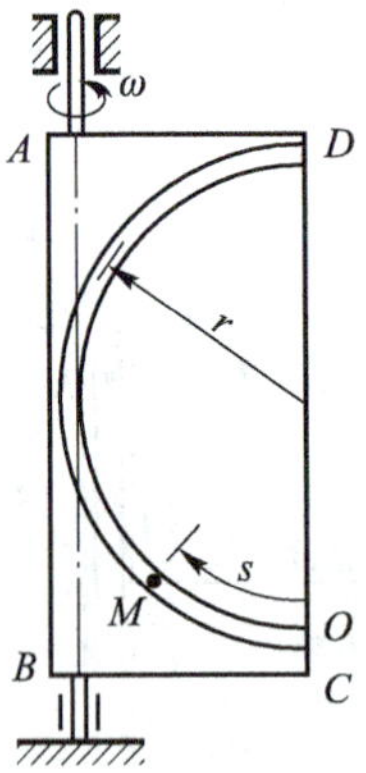

题 7-22 图

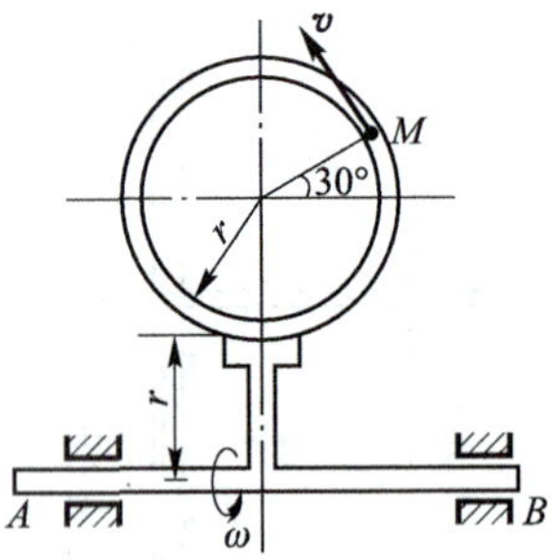

题 7-23 图

文档:习题 7-24 题解

7-24 如图,瓦特离心调速器在某瞬时以角速度 $\omega=0.5\pi$ rad/s、角加速度 $\alpha=1$ rad/s^2 绕其铅直轴转动,与此同时悬挂重球 A、B 的杆子以角速度 $\omega_1=0.5\pi$ rad/s、角加速度 $\alpha_1=0.4$ rad/s^2 绕悬挂点转动,使重球向外分开。设 $l=500$ mm,悬挂点间的距离 $2e=100$ mm,调速器的张角 $\theta=30°$,球的大小略去不计,作为质点看待,试求重球 A 的绝对速度和加速度。

7-25 如图,套筒 M 套在杆 OA 上,以 $x'=30+200\sin\dfrac{\pi}{2}t$ 沿杆轴线运动,x' 以 mm 计,t 以 s 计。杆 OA 绕 Oz 轴以 $n=60$ r/min 的转速转动,并与 Oz 轴的夹角保持为 30°。试求 $t=1$ s 时 M 的速度及加速度。

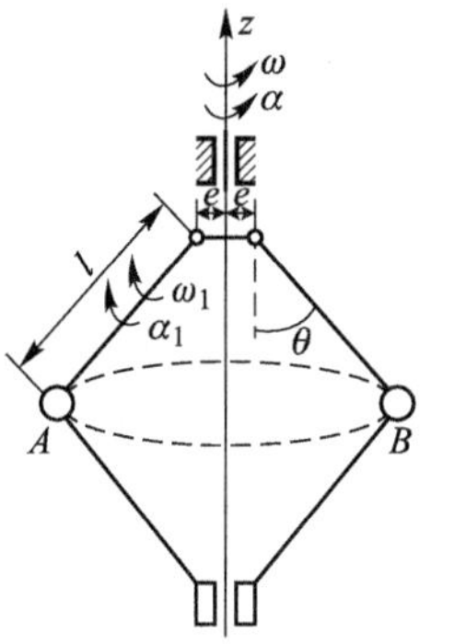

题 7-24 图

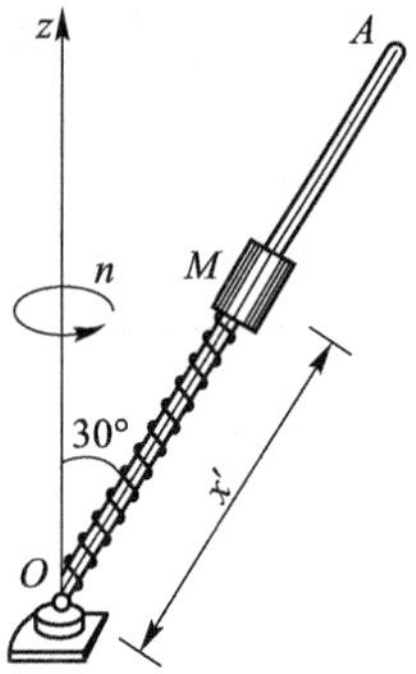

题 7-25 图

第八章　刚体的平面运动

刚体除了作平移和定轴转动这两种最简单、最基本的运动之外，还可以有更复杂的运动形式，如刚体的平面运动，刚体的空间运动等。其中，刚体的平面运动是工程实际中较为常见的一种运动。如车轮沿直线轨道的滚动（图 8-1），曲柄连杆机构中连杆 AB 的运动（图 8-2），行星齿轮 O_1 的运动（图 8-3）等，这些刚体的运动既不是平移，也不是定轴转动，但它们有一个共同的运动特点：**刚体在运动过程中，其上各点都始终保持在与某一固定平面相平行的平面内运动**，刚体的这种运动称为**平面平行运动**，简称**平面运动**。

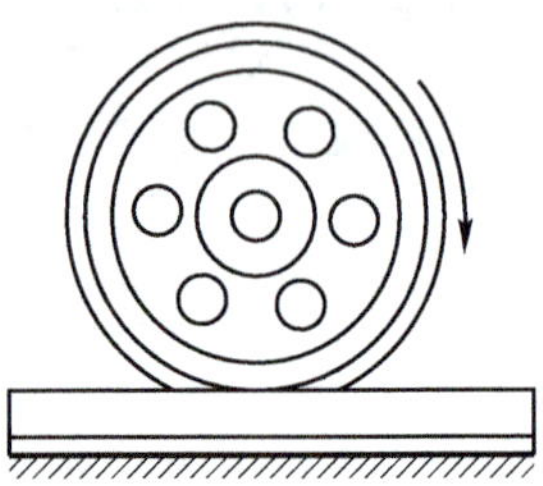

图 8-1　车轮沿直线轨道滚动

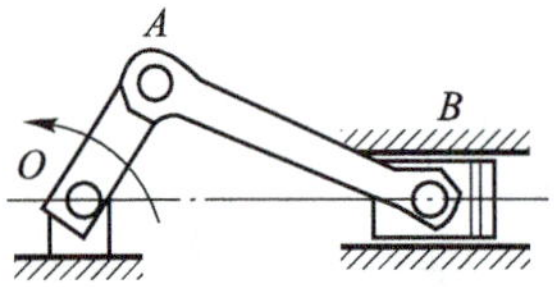

图 8-2　曲柄连杆机构

图 8-3　行星机构

机器和机械中有很多机构的构件都是作平面运动的，因此平面运动的理论对研究机构的运动具有很重要的意义。对土建工程中的平面结构进行机动分析时，也要以平面运动的理论为依据。

§8-1　刚体平面运动的运动方程

设有一刚体 T 作平面运动，体内每一点都在平行于固定平面 M 的平面内运动，如图 8-4 所示。另取一个与平面 M 平行的固定平面 N，它与刚体 T 相交截出一**平面图形** S。当刚体运动时，平面图形 S 将始终保持在平面 N 内，而刚体内与 S 垂直的任一条直线 $A'AA''$ 则作平移。于是，只要知道 $A'AA''$ 与 S 的交点 A 的运动，便可知道 $A'AA''$ 线上所有各点的运动。从而，只要知道平面图形 S 内各点的运动，就可以知道整个刚体的运动。由此可见，**刚体的平面运动可以简化为平**

面图形在固定平面内的运动来研究。以后将以平面图形 S 的运动来代表刚体的平面运动。

为了描述平面图形 S 在固定平面 N 内的运动，在该平面内取静坐标系 $O_1x_1y_1$，如图 8-5 所示。在图形 S 上任取一点 O，称为基点，并任取一线段 OP。由于 S 内各点相对于 OP 的位置是一定的，只要确定了 OP 的位置，S 的位置也就确定了。确定 OP 的位置需要 3 个独立参数，可选 O 点的坐标 x_0、y_0 及 OP 与 x_1 轴的夹角 φ 为广义坐标。当 S 运动时，x_0、y_0 及 φ 都随时间而改变，都是时间 t 的单值连续函数，可表示为

$$x_0=f_1(t),\quad y_0=f_2(t),\quad \varphi=f_3(t) \tag{8-1}$$

这是平面图形 S 的运动方程，也就是刚体平面运动的运动方程。

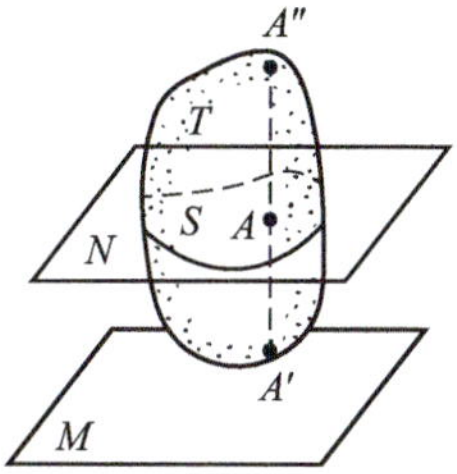

图 8-4 刚体 T 作平面运动

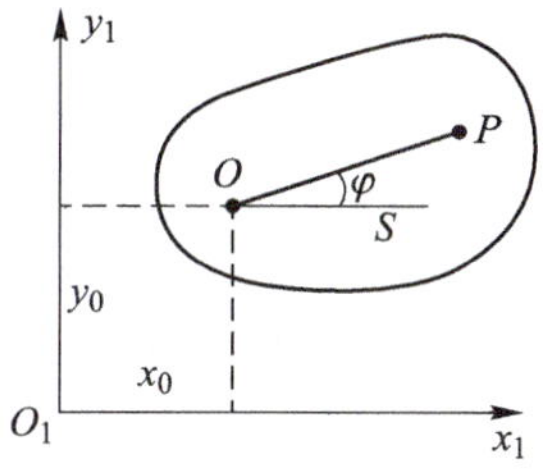

图 8-5 在平面上确定平面图形的位置

当平面图形 S 在 $O_1x_1y_1$ 平面内运动时，由式(8-1)可知，若 φ 保持不变，则刚体作平面平移；若 x_0 和 y_0 保持不变，即 O 点不动，则刚体绕 O 点作定轴转动。而一般情况是 x_0、y_0 和 φ 都随时间而变，可见平面图形在其平面内的运动是由平移和转动组合而成的。

设以基点 O 为原点，作一动坐标系 Oxy（图 8-6），它只在 O 点与图形 S 相连（可以设想动坐标系 Oxy 在 O 点用销钉与图形 S 相连接），在运动过程中，轴 x、y 分别与轴 x_1、y_1 保持平行，即动坐标系 Oxy 随同基点 O 作平移。当图形 S 运动时，它一方面随同动坐标系 Oxy（也可以说随同基点 O）作平移，同时，又绕 O 点相对于动坐标系 Oxy 作转动。于是，平面图形 S 在固定平面 $O_1x_1y_1$ 内的运动可以看成是随同动坐标系 Oxy（或者说，随同基点 O）的平移和绕基点 O 的转动的合成。

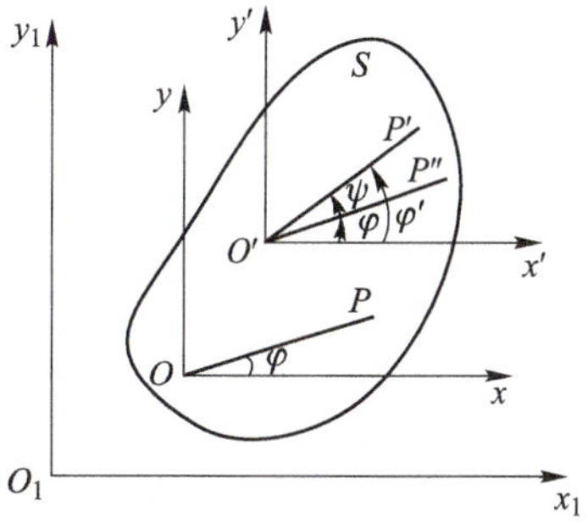

图 8-6 以不同点为基点时，平面图形的运动分析

以上在选取基点时未加任何限制条件，也就是说，基点是可以任意选择的。而平面

图形中各点的运动(包括轨迹、速度和加速度等)一般都是不相同的。因此,平面图形随同基点平移的速度和加速度随基点选取的不同而不同。至于绕基点转动的角速度和角加速度则与基点的选择无关。证明如下:

设以图 8-6 中平面图形 S 上另一条任意线段 $O'P'$ 的端点 O' 为基点,并以 O' 为原点作一坐标系 $O'x'y'$,使该坐标系在随同基点 O' 运动的过程中,轴 x' 和 y' 始终分别平行于轴 x_1 和 y_1,即 $O'x'y'$ 随同基点 O' 作平移。令 $O'P'$ 与轴 x' 的夹角为 φ'。过 O' 作 $O'P''/\!/OP$。因 S 为一刚体,$\angle P''O'P'=\psi=$常量。由图 8-6 可见

$$\varphi'=\varphi+\psi \tag{a}$$

这一关系在任何瞬时都成立。将式(a)对 t 求一阶和二阶导数,得

$$\dot{\varphi}'=\dot{\varphi},\quad \ddot{\varphi}'=\ddot{\varphi} \tag{b}$$

$\dot{\varphi}$ 和 $\dot{\varphi}'$ 分别为图形 S 绕基点 O 和 O' 转动的角速度,$\ddot{\varphi}$ 和 $\ddot{\varphi}'$ 分别为 S 绕 O 和 O' 转动的角加速度。故式(b)表明,在同一瞬时,图形对任取的两个基点转动的角速度相同,角加速度也相同,这就证明了转动的角速度和角加速度与基点的选取无关。既然不论取哪一点为基点,图形转动的角速度和角加速度都一样,以后就称它们为图形的角速度和角加速度,而无需指明是对哪个基点而言的。

§8-2　平面图形内各点的速度

由上节分析可知,平面图形的运动是由随基点的平移和绕基点的转动合成的,因此,可根据点的合成运动理论来分析平面图形上各点的速度,常用的方法有基点法、速度投影法和速度瞬心法。

1. 基点法(合成法)

选 Oxy 为静坐标系,某一瞬时平面图形 S 上某一点 A 的速度为 $\boldsymbol{v}_A$,图形的角速度为 ω(图 8-7)。设 A 为基点,固结于基点 A 的平移坐标系 $Ax'y'$ 为动坐标系,图形上任一点 B 为动点。则牵连运动为平移,相对运动为 B 点绕 A 点的圆周运动。这样就可用速度合成公式

$$\boldsymbol{v}_B=\boldsymbol{v}_e+\boldsymbol{v}_r \tag{a}$$

求 B 点的速度。

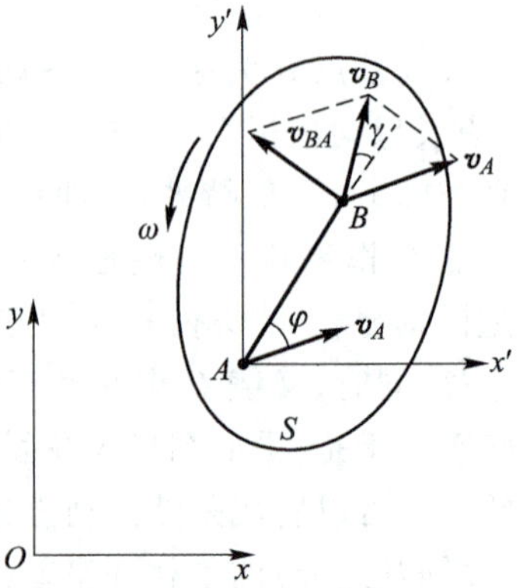

图 8-7　平面图形内任一点的速度

因为牵连运动为平移,所以 B 点的牵连速度 $\boldsymbol{v}_e$ 就等于基点 A 的速度 $\boldsymbol{v}_A$,即

$$\boldsymbol{v}_{e}=\boldsymbol{v}_{A} \tag{b}$$

B 点的相对速度就是平面图形绕基点 A 转动时点 B 的速度，设以 $\boldsymbol{v}_{BA}$ 表示，即有

$$\boldsymbol{v}_{r}=\boldsymbol{v}_{BA} \tag{c}$$

$\boldsymbol{v}_{BA}$ 的大小等于 $BA\omega$，其方位垂直于 BA，指向与 ω 的转向一致。

将式(b)、(c)代入式(a)，得点 B 的绝对速度为

$$\boldsymbol{v}_{B}=\boldsymbol{v}_{A}+\boldsymbol{v}_{BA} \tag{8-2}$$

于是可得结论：平面图形上任一点的速度等于基点的速度与该点随图形绕基点转动的速度的矢量和。由于图形上任一点都可作为基点，所以上式表明了平面图形上任意两点速度之间的关系，这种求平面图形上任一点速度的方法称为基点法(合成法)。

2. 速度投影法

如将式(8-2)投影到 A、B 两点的连线上，并注意到 $\boldsymbol{v}_{BA}$ 垂直于连线 AB，在 AB 上的投影为零，可得

$$[\boldsymbol{v}_{B}]_{AB}=[\boldsymbol{v}_{A}]_{AB}$$

即

$$v_{B}\cos\psi=v_{A}\cos\varphi \tag{8-3}$$

其中 φ、ψ 分别为速度 $\boldsymbol{v}_{A}$、$\boldsymbol{v}_{B}$ 与 AB 直线的夹角。因 A、B 两点都是任意的，于是可知，平面图形内任意两点的速度在该两点连线上的投影相等，这称为速度投影定理。

3. 速度瞬心法

在用基点法求平面图形上任一点 B 的速度时，假如在平面图形内或其延伸部分上能找到某瞬时速度为零的一个点，并以它为基点，则在计算其他各点的速度时，由于基点速度为零，就可避免速度矢量合成的麻烦。在某一瞬时，图形上速度为零的一点称为图形在该瞬时的瞬时速度中心，简称为速度瞬心。

下面来证明在一般情形下刚体作平面运动时速度瞬心确实是存在的，并且是唯一的。

设在某一瞬时，已知图形上一点 A 的速度 $\boldsymbol{v}_{A}$ 及图形的角速度 ω。沿 $\boldsymbol{v}_{A}$ 的方向作射线 AL，将 AL 顺 ω 的转向转过 90°而得射线 AL'，如图 8-8 所示。在射线 AL' 上所有各点的牵连速度均等于基点的速度 $\boldsymbol{v}_{A}$，而相对速度的大小正比于各点至基点的距离，方向与 $\boldsymbol{v}_{A}$ 相反。因此，在射线 AL' 上必有且仅有一点，其相对速度与牵连速度大小相等而方向相反，矢量和等于零。若以 I 表示该点，则

$$v_{IA}=IA\omega=v_{A}, \quad IA=\frac{v_{A}}{\omega}$$

$$v_{I}=0, \quad \boldsymbol{v}_{I}=\boldsymbol{v}_{A}+\boldsymbol{v}_{IA}=\boldsymbol{0}$$

由此可知，当平面图形在某一瞬时的角速度 $\omega \neq 0$ 时，在平面图形上或其扩展部分上总存在着唯一的速度瞬心 I，若以该点为基点，则根据式(8-2)，图形上任一点的速度就等于该点随图形绕 I 点转动的速度。据此，图 8-9 中 A、B 两点的速度分别为

$$\boldsymbol{v}_A = \boldsymbol{v}_I + \boldsymbol{v}_{AI} = \boldsymbol{v}_{AI}, \quad v_A = IA\omega, \quad \boldsymbol{v}_A \perp IA$$

$$\boldsymbol{v}_B = \boldsymbol{v}_I + \boldsymbol{v}_{BI} = \boldsymbol{v}_{BI}, \quad v_B = IB\omega, \quad \boldsymbol{v}_B \perp IB$$

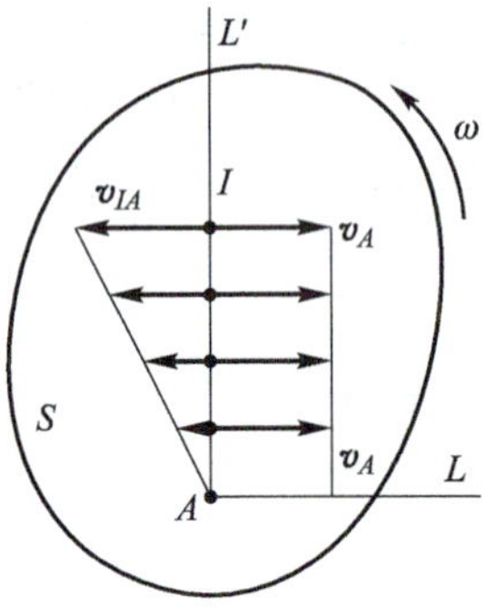

图 8-8 速度瞬心的位置

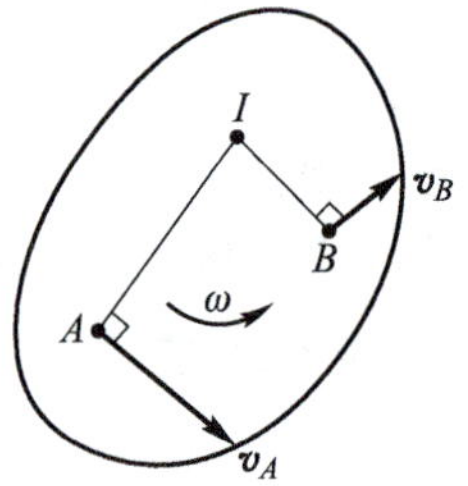

图 8-9 已知图形上两点的速度方位

$\boldsymbol{v}_A$ 及 $\boldsymbol{v}_B$ 的指向都与 ω 的转向一致。可见，图形内各点的速度垂直于各该点与速度瞬心的连线，各点速度大小与各该点到速度瞬心的距离成正比。以速度瞬心为基点来求作平面运动刚体的各点速度的方法常称为速度瞬心法。

应用瞬心法求平面图形上各点的速度时，必须先确定速度瞬心的位置，下面介绍几种情况下确定速度瞬心位置的方法。

(1) 已知图形上任意两点 A、B 的速度方位，如图 8-9 所示。此时只需从这两点分别作直线与该两点的速度方位垂直，这两直线的交点 I 就是速度瞬心。如同时知道其中一点(如 A 点)的速度的大小和指向，则可求出图形在该瞬时角速度 ω 的大小

$$\omega = \frac{v_A}{IA}$$

转向如图 8-9 所示。而图形上所有各点的速度也都可以根据它们到 I 点的距离按比例求得。

(2) 已知图形上 A、B 两点的速度平行，且垂直于该两点连线，但大小不等。这时，必须知道 v_A、v_B 的大小才能确定速度瞬心 I 的位置，确定的方法如图 8-10 所示。

(3) 已知图形上 A、B 两点速度平行，但 A、B 两点连线与速度方位不垂直，如图 8-11 所示。

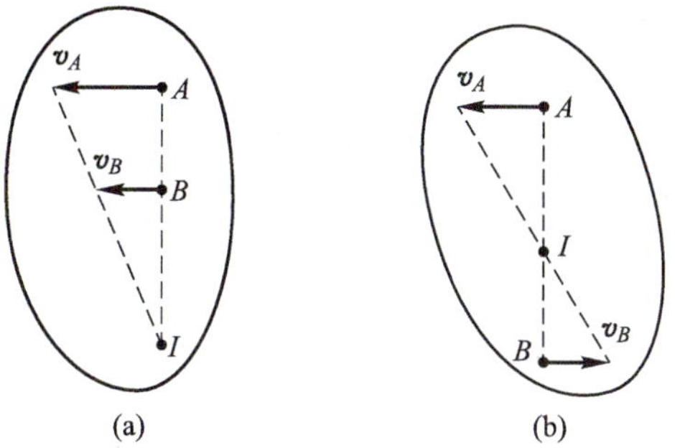

图 8-10　已知图形内两点的速度平行且垂直于两点连线

这时，过点 A 和点 B 所作的 $\boldsymbol{v}_A$ 和 $\boldsymbol{v}_B$ 的垂线平行且不相重合，可以认为速度瞬心在无穷远处。因此，在该瞬时图形的角速度等于零，图形上各点的速度都相等，该瞬时图形的运动状态称为瞬时平移。必须指出，瞬时平移和平移是不同的，图形作瞬时平移时，其上各点的速度相同，而各点的加速度一般并不相同。

（4）平面图形 S 沿某一固定面作纯滚动，如图 8-12 所示，则每一瞬时图形与固定面相接触的一点 I 的速度为零，此接触点就是该瞬时的速度瞬心。

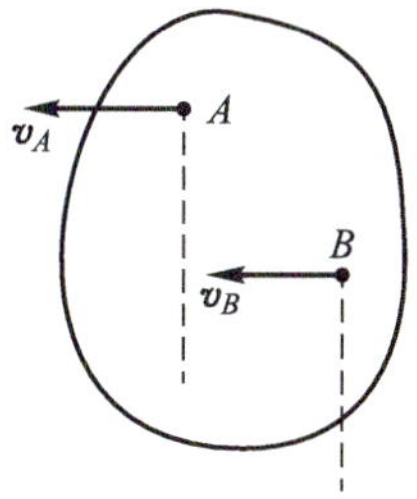

图 8-11　已知图形内两点速度平行，但不垂直于两点连线

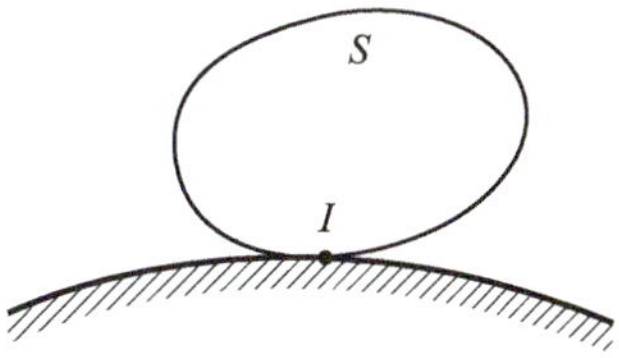

图 8-12　平面图形作纯滚动

以上说明了在几种不同的情况下速度瞬心的求法。还应强调指出，某一瞬时的速度瞬心只是在该瞬时它的速度为零，而它的加速度一般不为零，所以，在下一瞬时它的速度就不再为零了。因此，速度瞬心在图形本身上和在固定平面上的位置都是随时间而变的，在不同的瞬时，图形具有不同的速度瞬心。如图8-12中，图形上的 I 点，在它与地面接触时它的速度为零，但它的加速度并不为零。可见，在不同的瞬时，接触点在图形上的位置和在固定面上的位置都是不同的。

例 8-1　在图 8-13 所示的曲柄连杆机构中，已知曲柄 OA 长 0.2 m，连杆 AB 长 1 m，OA 以匀角速 $\omega = 10$ rad/s 绕 O 点转动。试求在图示位置滑块 B 的速度及 AB 杆的角速度。

解　AB 杆作平面运动，现要求杆上一点 B 的速度，可以用上面讲过的三种方法：

(1) 利用基本公式

AB 杆上的 A 点也是曲柄 OA 上的一点，由 OA 的转动可以求出 A 点速度 $\boldsymbol{v}_A$ 的大小为

$$v_A = OA\omega = 0.2\times10 \text{ m/s} = 2 \text{ m/s}$$

$\boldsymbol{v}_A$ 的方位垂直于 OA，指向与 ω 转向一致。$\boldsymbol{v}_A$ 既已知，可选 A 点为基点，用式(8-2)来求 B 点的速度

$$\boldsymbol{v}_B = \boldsymbol{v}_A + \boldsymbol{v}_{BA}$$

现已知 $\boldsymbol{v}_B$ 沿水平方向，而 $\boldsymbol{v}_{BA}$ 垂直于 AB，在 B 点处按上式作速度平行四边形。由图 8-13 可知

$$v_B = \frac{v_A}{\cos 45^\circ} = \frac{2}{0.707} \text{ m/s} = 2.83 \text{ m/s}$$

指向左边。

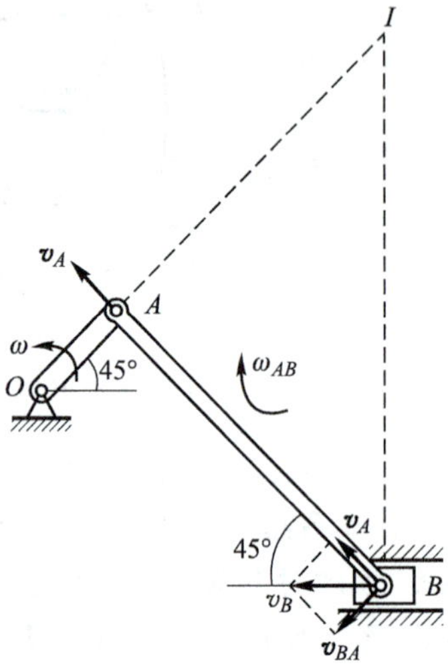

图 8-13　例 8-1 图

由图 8-13 还可知

$$v_{BA} = v_B \sin45^\circ = 2.83 \text{ m/s}\times0.707 = 2 \text{ m/s}$$

从而可求出杆 AB 的角速度

$$\omega_{AB} = \frac{v_{BA}}{AB} = \frac{2}{1} \text{ rad/s} = 2 \text{ rad/s}$$

转向是顺时针方向的。

(2) 利用速度投影关系

按式(8-3)有

$$[\boldsymbol{v}_B]_{AB} = [\boldsymbol{v}_A]_{AB}$$

即

$$v_B \cos 45^\circ = v_A$$

于是

$$v_B = \frac{v_A}{\cos 45^\circ} = \frac{2}{0.707} \text{ m/s} = 2.83 \text{ m/s}$$

与(1)中所得结果完全相同。

(3) 利用速度瞬心法

过 A 点和 B 点分别作 $AI \perp \boldsymbol{v}_A$ 和 $BI \perp \boldsymbol{v}_B$，$AI$ 和 BI 的交点 I 就是 AB 杆在图8-13所示瞬时的速度瞬心。因为

$$\frac{v_B}{BI} = \frac{v_A}{AI}$$

所以

$$v_B = \frac{BI}{AI} v_A = \frac{1}{\cos 45^\circ} v_A = 2.83 \text{ m/s}$$

根据 $\boldsymbol{v}_A$ 的方向可以确定 AB 杆绕 I 点的转动是顺时针方向的，所以 $\boldsymbol{v}_B$ 的指向是向左的。

AB 杆的角速度 ω_{AB} 可以确定如下

$$\omega_{AB}=\frac{v_A}{IA}=\frac{v_A}{AB}=\frac{2}{1}\ \text{rad/s}=2\ \text{rad/s}$$

转向如图所示。结果与前面的一致，说明平面图形的角速度与基点选择无关。

比较以上三种解法，可见在本例所给的条件下，求 $\boldsymbol{v}_B$ 以用速度投影关系较为方便。但若同时要求 ω_{AB}，则以速度瞬心法比较简捷。

例 8-2　车轮沿直线轨道滚动而不滑动，轮心 O 的速度（即车行速度）等于 $\boldsymbol{v}_O$，如图 8-14 所示。设车轮半径为 r，试求车轮的角速度和轮边上 A、B、C 诸点的速度。

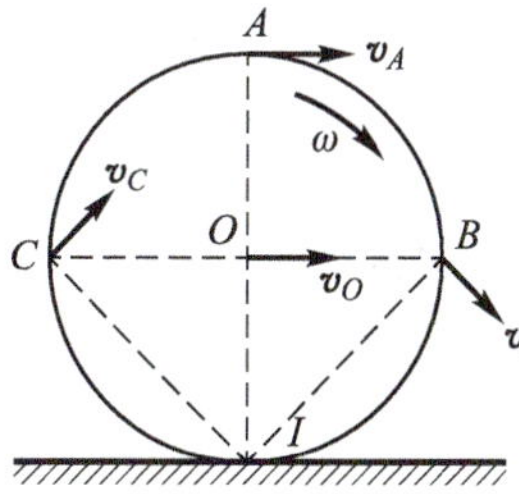

图 8-14　例 8-2 图

解　因为车轮沿轨道滚动而不滑动，所以车轮与轨道接触的一点就是速度瞬心 I。

设车轮的角速度为 ω，由于 $v_O=IO\omega$，因而

$$\omega=\frac{v_O}{IO}=\frac{v_O}{r}$$

转向为顺时针方向。

轮边上 A、B、C 点的速度分别等于绕速度瞬心 I 转动的速度

$$v_A=IA\omega=2r\frac{v_O}{r}=2v_O,\quad \boldsymbol{v}_A\perp IA$$

$$v_B=IB\omega=\sqrt{2}r\frac{v_O}{r}=\sqrt{2}v_O,\quad \boldsymbol{v}_B\perp IB$$

$$v_C=IC\omega=\sqrt{2}r\frac{v_O}{r}=\sqrt{2}v_O,\quad \boldsymbol{v}_C\perp IC$$

$\boldsymbol{v}_A$、$\boldsymbol{v}_B$、$\boldsymbol{v}_C$ 的指向都与 ω 的转向一致。

例 8-3　轧碎机的活动夹板 AB 长 0.6 m，由曲柄 OE 借助于杆 CE、CD 和 BC 带动而绕 A 轴摆动，如图 8-15 所示。曲柄 OE 长 0.1 m，以匀转速 100 r/min 转动。杆 BC 及 CD 各长 0.4 m。试求在图示位置夹板 AB 的角速度。

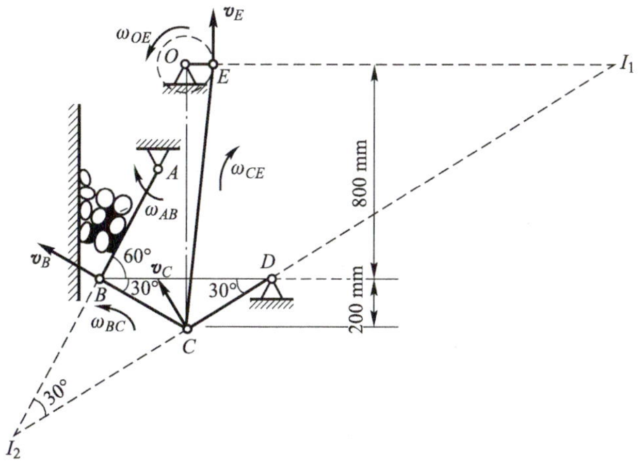

图 8-15　例 8-3 图

解　夹板 AB 绕 A 轴转动，要求它的角速度 ω_{AB}，应先求出 B 点的速度 $\boldsymbol{v}_B$。而 BC 杆作平面运动，要求 $\boldsymbol{v}_B$ 又应先求出 C 点的速度 $\boldsymbol{v}_C$。C 点是 CD 杆与 CE 杆共有的一点，根据 CD 杆绕 D 点转动，可以确定 $\boldsymbol{v}_C \perp CD$，而 $\boldsymbol{v}_C$ 的大小要根据 CE 杆的运动来确定。CE 杆作平面运动，其上 E 点的速度 $\boldsymbol{v}_E$ 可以由 OE 杆的转动来定出

$$v_E = OE\omega_{OE} = 0.1\times\frac{100\times2\pi}{60}\ \text{m/s} = 1.05\ \text{m/s}$$

$\boldsymbol{v}_E \perp OE$，指向与 ω_{OE} 转向一致。

过 C、E 两点分别作直线与 $\boldsymbol{v}_C$、$\boldsymbol{v}_E$ 垂直，相交于 I_1，I_1 就是 CE 杆在图 8-15 所示位置的速度瞬心。由直角三角形 OCI_1 可知

$$I_1C = \frac{OC}{\cos 60^\circ} = \frac{1\ \text{m}}{0.5} = 2\ \text{m}$$

又

$$I_1E = I_1O - OE = I_1C\cos 30^\circ - OE = (2\times0.866-0.1)\ \text{m} = 1.63\ \text{m}$$

于是

$$\omega_{CE} = \frac{v_E}{I_1E} = \frac{\pi}{3\times1.63}\ \text{rad/s} = 0.642\ \text{rad/s}$$

$$v_C = I_1C\times\omega_{CE} = 2\times0.642\ \text{m/s} = 1.28\ \text{m/s}$$

$\boldsymbol{v}_C$ 的指向如图 8-15 所示。

再根据 BC 杆的运动来求 $\boldsymbol{v}_B$。现 $\boldsymbol{v}_C$ 的大小和方向都已求出，$\boldsymbol{v}_B$ 的方位应垂直于 BA。过 C、B 两点分别作直线与 $\boldsymbol{v}_C$、$\boldsymbol{v}_B$ 垂直，相交于 I_2，I_2 即 BC 杆在所示位置的速度瞬心。因

$$\frac{v_B}{I_2B} = \frac{v_C}{I_2C}$$

所以

$$v_B = v_C\frac{I_2B}{I_2C} = v_C\cos 30^\circ = 1.28\times0.866\ \text{m/s} = 1.11\ \text{m/s}$$

于是

$$\omega_{AB} = \frac{v_B}{AB} = \frac{1.11}{0.6}\ \text{rad/s} = 1.85\ \text{rad/s}$$

转向为顺时针方向。

应该注意，当一个机构中有几个作平面运动的构件（如本例中的 BC 和 CE）时，每个构件各有其自身的速度瞬心与角速度，必须分别求出，不要相混。

例 8-4　外啮合行星机构如图 8-16 所示。已知固定齿轮Ⅰ的半径为 R_1，动齿轮Ⅱ的半径为 R_2，曲柄 OA 的角速度为 ω_0，试求图示瞬时齿轮Ⅱ轮缘上 B、D 两点的速度。

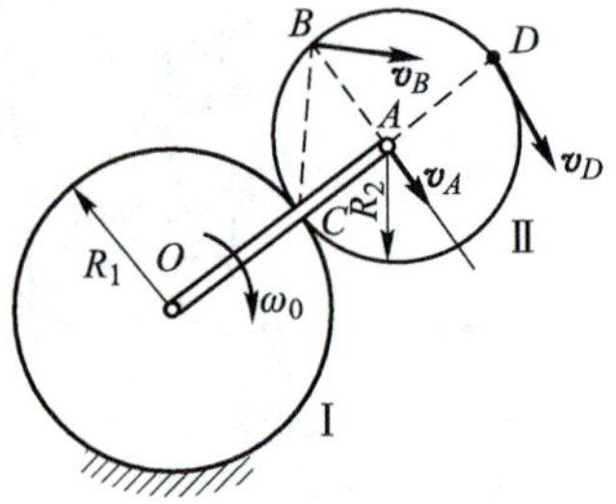

图 8-16　例 8-4 图

解　机构中的曲柄 OA 作定轴转动，动齿轮Ⅱ作平面运动。可用瞬心法求点 B 和点 D 的速度。

因为动齿轮Ⅱ的节圆沿固定齿轮Ⅰ的节圆作无滑动的滚动，故两齿轮节圆的接触点 C 就是动齿轮Ⅱ的速度瞬心。动齿轮Ⅱ和曲柄 OA 在 A 处铰接，因此，二者在公共点 A 处具有相同的速度

$$v_A = OA\omega_0 = (R_1+R_2)\omega_0$$

依据速度瞬心法，轮Ⅱ的角速度 ω 等于

$$\omega = v_A/AC = (R_1+R_2)\omega_0/R_2$$

由 C 点的位置与 $\boldsymbol{v}_A$ 的方向可判定 ω 是顺时针转向。于是可得点 B 和点 D 的速度为

$$v_B = BC\omega = \sqrt{2}R_2\times(R_1+R_2)\omega_0/R_2 = \sqrt{2}(R_1+R_2)\omega_0$$

$$v_D = DC\omega = 2R_2\times(R_1+R_2)\omega_0/R_2 = 2(R_1+R_2)\omega_0$$

$\boldsymbol{v}_B$ 和 $\boldsymbol{v}_D$ 的方向如图 8-16 所示。

例 8-5　设图 8-17 中刚架的支座 B 有一铅直向下的微小位移（沉陷）Δs_B，相应地，C、D、E 三点都将发生微小位移。试确定 C、D、E 三点的位移 Δs_C、Δs_D、Δs_E 的方向以及它们的大小与 Δs_B 的比值。

解　由于 $\Delta s = v\Delta t$，即微小位移与速度方向相同，而两者的大小成比例。所以，作平面运动的刚体上各点的微小位移也与各点的速度一样，可以用速度瞬心法来求。

当支座 B 发生向下的微小位移时，刚架各部分的位置都将有微小改变。根据所受的约束，AC 部分将绕 A 铰发生微小转动，C 点的位移 Δs_C（与 C 点的速度 $\boldsymbol{v}_C$ 的方向一致）应垂直于 AC。BC 部分将作平面运动。过 B、C 两点分别作垂直于 Δs_B 与 Δs_C（也就是垂直于 $\boldsymbol{v}_B$ 与 $\boldsymbol{v}_C$）的直线 BA、CA 相交于 A 点，A 就是 BC 部分的瞬时转动中心。由 Δs_B 的指向可知 BC 绕 A 点的转动是逆时针方向的，从而可以确定 Δs_C 的指向如图 8-17 所示。而

$$\frac{\Delta s_C}{\Delta s_B} = \frac{v_C\Delta t}{v_B\Delta t} = \frac{v_C}{v_B} = \frac{AC}{AB} = \frac{\sqrt{10^2+4^2}}{8} = 1.35$$

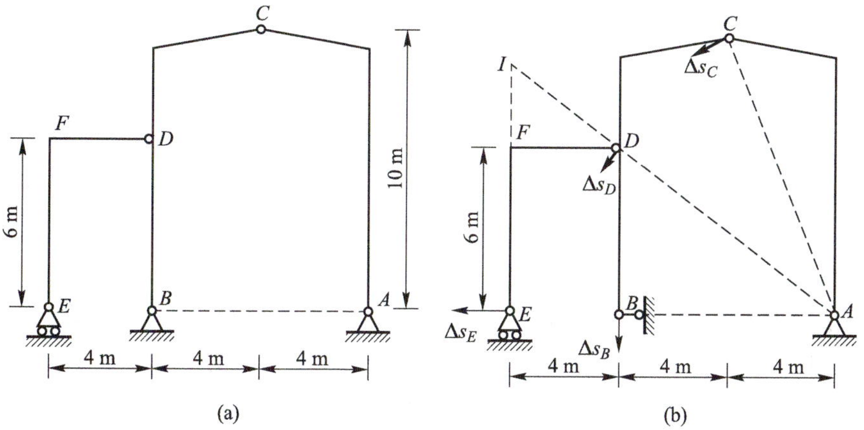

图 8-17　例 8-5 图

D 也是 BC 上的一点，其位移 Δs_D 应垂直 AD，指向如图所示。按与上述相同的计算方法可得

$$\frac{\Delta s_D}{\Delta s_B}=\frac{AD}{AB}=\frac{\sqrt{8^2+6^2}}{8}=1.25$$

DE 部分也是作平面运动。Δs_D 的方向已知，由 E 点所受的约束可知 Δs_E 的方位是水平的，于是可定出 DE 部分的瞬时转动中心 I。根据 Δs_D 的指向可知 DE 绕 I 点顺时针方向转动，所以 Δs_E 的指向应向左。利用 $\triangle IFD \backsim \triangle DBA$ 可算出 $ID=5\ \text{m}, IF=3\ \text{m}$。于是

$$\frac{\Delta s_E}{\Delta s_B}=\frac{\Delta s_E \Delta s_D}{\Delta s_D \Delta s_B}=\frac{IE}{ID}\times 1.25=\frac{3+6}{5}\times 1.25=2.25$$

§ 8-3　平面图形内各点的加速度

设已知在某一瞬时平面图形 S 内某一点 A 的加速度 $\boldsymbol{a}_A$，以及图形的角速度 ω 和角加速度 α（图 8-18），求图形内任一点 B 的加速度 $\boldsymbol{a}_B$。为此，取 A 点为基点，将固结于基点 A 的坐标系的平移看作牵连运动，B 点随同图形绕基点 A 的转动看作相对运动。于是，可用牵连运动为平移的加速度合成定理来求 B 点的加速度

$$\boldsymbol{a}_B=\boldsymbol{a}_e+\boldsymbol{a}_r \tag{a}$$

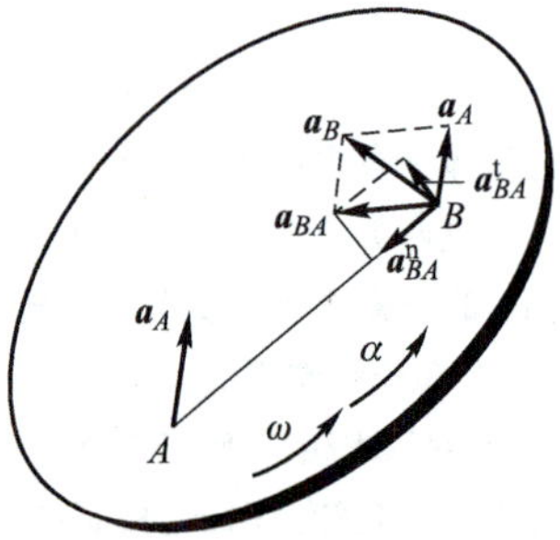

图 8-18　平面图形上任一点的加速度

由于牵连运动是随同基点 A 的平移，所以 B 点的牵连加速度 $\boldsymbol{a}_e$ 就等于基点 A 的加速度 $\boldsymbol{a}_A$，即

$$\boldsymbol{a}_e=\boldsymbol{a}_A \tag{b}$$

B 点的相对加速度 $\boldsymbol{a}_r$ 是由于平面图形绕基点 A 转动而有的加速度，即 B 点随图形绕基点转动的加速度，设以 $\boldsymbol{a}_{BA}$ 表示，则

$$\boldsymbol{a}_r=\boldsymbol{a}_{BA} \tag{c}$$

将式(b)、(c)代入式(a)得

$$\boldsymbol{a}_B=\boldsymbol{a}_A+\boldsymbol{a}_{BA} \tag{8-4}$$

这就是说，**平面图形内任一点的加速度，等于基点的加速度与该点随图形绕基点转动的加速度的矢量和。**

B 点随图形绕基点 A 转动的加速度 $\boldsymbol{a}_{BA}$ 由法向加速度 $\boldsymbol{a}^n_{BA}$ 与切向加速度 $\boldsymbol{a}^t_{BA}$，两个分量组成，即

$$\boldsymbol{a}_{BA}=\boldsymbol{a}^n_{BA}+\boldsymbol{a}^t_{BA} \tag{d}$$

其中，$\boldsymbol{a}^n_{BA}$ 的大小 $a^n_{BA}=AB\omega^2$，方向由 B 指向 A；$\boldsymbol{a}^t_{BA}$ 的大小 $a^t_{BA}=AB|\alpha|$，其方位与

AB 垂直,指向与 α 的转向一致。将式(d)代入式(8-4),得

$$\boldsymbol{a}_B=\boldsymbol{a}_A+\boldsymbol{a}_{BA}^{\mathrm{n}}+\boldsymbol{a}_{BA}^{\mathrm{t}} \tag{8-5}$$

式(8-4)及式(8-5)是求平面图形上任一点的加速度的基本公式。由于基点 A 是任意选取的,所以此两式表明了图形内任意两点的加速度之间的关系。

例 8-6　试求例 8-1 中的滑块 B 的加速度和杆 AB 的角加速度。

解　由于 OA 杆作匀速转动,故可求得 A 点的加速度 $\boldsymbol{a}_A$ 的大小为

$$a_A=OA\omega^2=0.2\times10^2\ \mathrm{m/s^2}=20\ \mathrm{m/s^2}$$

$\boldsymbol{a}_A$ 的方向由 A 指向 O,如图 8-19a 所示。

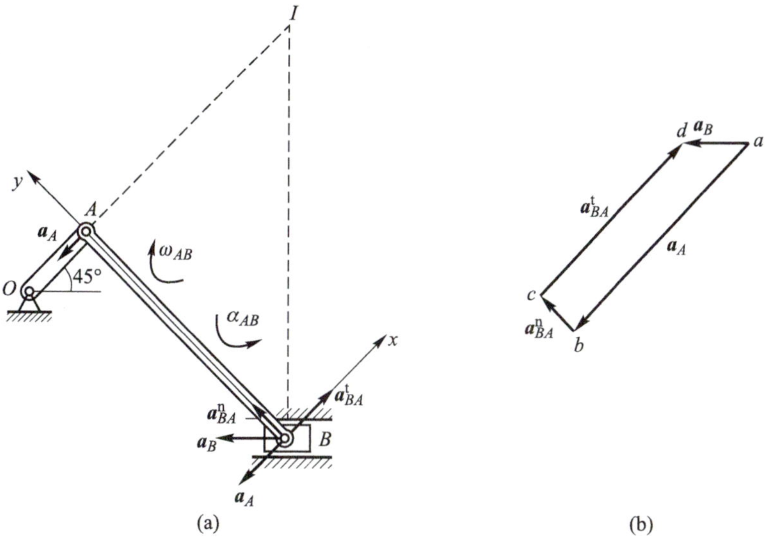

图 8-19　例 8-6 图

以 A 为基点求 B 点的加速度 $\boldsymbol{a}_B$。按式(8-5)有

$$\boldsymbol{a}_B=\boldsymbol{a}_A+\boldsymbol{a}_{BA}^{\mathrm{n}}+\boldsymbol{a}_{BA}^{\mathrm{t}} \tag{a}$$

其中,$\boldsymbol{a}_A$ 的大小和方向已知。在例 8-1 中已求出 $\omega_{AB}=2\ \mathrm{rad/s}$,所以 $\boldsymbol{a}_{BA}^{\mathrm{n}}$ 的大小 $a_{BA}^{\mathrm{n}}=AB\omega_{AB}^2=1\times2^2\ \mathrm{m/s^2}=4\ \mathrm{m/s^2}$,$\boldsymbol{a}_{BA}^{\mathrm{n}}$ 的方向由 B 指向 A。$\boldsymbol{a}_{BA}^{\mathrm{t}}$ 的大小未知,其方位垂直于 AB,指向假设如图 8-19a 所示。$\boldsymbol{a}_B$ 的方位沿滑槽中心线,指向假设向左。因此,在式(a)中只有 $\boldsymbol{a}_B$ 与 $\boldsymbol{a}_{BA}^{\mathrm{t}}$ 两个未知量,可以用投影法求出。

取投影轴 x、y 如图 8-19a 所示。将式(a)投影到 x、y 轴上得

$$-a_B\cos 45^\circ=-a_A+a_{BA}^{\mathrm{t}}=-20\ \mathrm{m/s^2}+a_{BA}^{\mathrm{t}} \tag{b}$$

$$a_B\sin 45^\circ=a_{BA}^{\mathrm{n}}=4\ \mathrm{m/s^2} \tag{c}$$

由(c)、(b)二式解得

$$a_B=5.66\ \mathrm{m/s^2}$$

$$a_{BA}^{\mathrm{t}}=16\ \mathrm{m/s^2}$$

所得结果都是正的,表示所假设的指向是正确的。

杆 AB 的角加速度 α_{AB} 可按下式求出

$$\alpha_{AB}=\frac{a_{BA}^{t}}{AB}=\frac{16\ \mathrm{m/s^2}}{1\ \mathrm{m}}=16\ \mathrm{rad/s^2}$$

α_{AB} 的转向应与 $\boldsymbol{a}_{BA}^{t}$ 的指向一致,是逆时针方向的。

还可用作图法求解。根据式(a),按适当的比例尺作图,如图 8-19b 所示。先依次画出 $\overrightarrow{ab}=\boldsymbol{a}_A$ 和 $\overrightarrow{bc}=\boldsymbol{a}_{BA}^{n}$,再分别从 a 和 c 作线与 $\boldsymbol{a}_B$ 和 $\boldsymbol{a}_{BA}^{t}$ 平行并相交于 d,则 $\overrightarrow{ad}=\boldsymbol{a}_B$,$\overrightarrow{cd}=\boldsymbol{a}_{BA}^{t}$,从图中可量出

$$a_B=5.66\ \mathrm{m/s^2}$$

$$a_{BA}^{t}=16\ \mathrm{m/s^2}$$

例 8-7 半径为 r 的车轮沿直线轨道滚动而不滑动(图 8-20)。设已知轮心的速度 $\boldsymbol{v}_O$ 及加速度 $\boldsymbol{a}_O$,试求车轮与轨道接触点 I 和轮边上 A 点的加速度。

解 在例 8-2 中已求出车轮的角速度 ω 为

$$\omega=\frac{v_O}{r}$$

此关系在任何瞬时都成立。由此可求得车轮的角加速度 α 为

$$\alpha=\frac{\mathrm{d}\omega}{\mathrm{d}t}=\frac{1}{r}\frac{\mathrm{d}v_O}{\mathrm{d}t}$$

因轮心 O 作直线运动,所以 $\frac{\mathrm{d}v_O}{\mathrm{d}t}=a_O$,因此

$$\alpha=\frac{a_O}{r}$$

转向如图 8-20 所示。

现以 O 点为基点求 I、A 两点的加速度。由式(8-5)有

$$\boldsymbol{a}_I=\boldsymbol{a}_O+\boldsymbol{a}_{IO}^{n}+\boldsymbol{a}_{IO}^{t}$$

$$\boldsymbol{a}_A=\boldsymbol{a}_O+\boldsymbol{a}_{AO}^{n}+\boldsymbol{a}_{AO}^{t}$$

现

$$a_{IO}^{n}=a_{AO}^{n}=r\omega^2=\frac{v_O^2}{r}$$

$$a_{IO}^{t}=a_{AO}^{t}=r\alpha=r\frac{a_O}{r}=a_O$$

$\boldsymbol{a}_{IO}^{n}$、$\boldsymbol{a}_{IO}^{t}$、$\boldsymbol{a}_{AO}^{n}$ 和 $\boldsymbol{a}_{AO}^{t}$ 的方向各如图 8-20 所示。

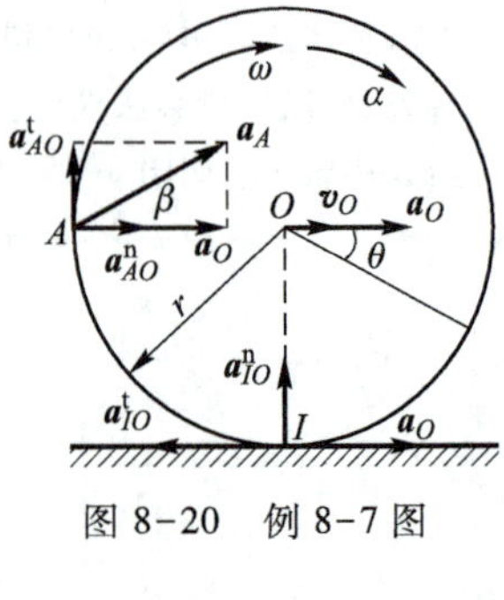

图 8-20 例 8-7 图

因 $\boldsymbol{a}_{IO}^{t}$ 与 $\boldsymbol{a}_O$ 大小相等、方向相反,互相抵消,所以

$$a_I=a_{IO}^{n}=r\omega^2=\frac{v_O^2}{r}$$

$\boldsymbol{a}_I$ 的方向与 $\boldsymbol{a}_{IO}^{n}$ 的方向相同,为法线方向,由 I 指向 O。

由图 8-20 可见

$$a_A=\sqrt{(a_O+a_{AO}^{\mathrm{n}})^2+(a_{AO}^{\mathrm{t}})^2}=\sqrt{(a_O+v_O^2/r)^2+a_O^2}$$

$$\tan\beta=\frac{a_{AO}^{\mathrm{t}}}{a_O+a_{AO}^{\mathrm{n}}}=\frac{a_O}{a_O+v_O^2/r}$$

由本例可以看出，速度瞬心 I 的加速度并不为零。因此，切不可将速度瞬心 I 作为加速度为零的一点来求图形内其他各点的加速度。

例 8-8　如图 8-21 所示，在外啮合行星齿轮机构中，杆 OA 长 l，以匀角速度 ω_1 绕 O 转动。大齿轮Ⅱ固定，行星轮Ⅰ半径为 r，在轮Ⅱ上只滚不滑。设 D 和 B 是轮缘上的两点，点 D 在 OA 的延长线上，而点 B 则在垂直于 OA 的半径上。试求点 D 和 B 的加速度。

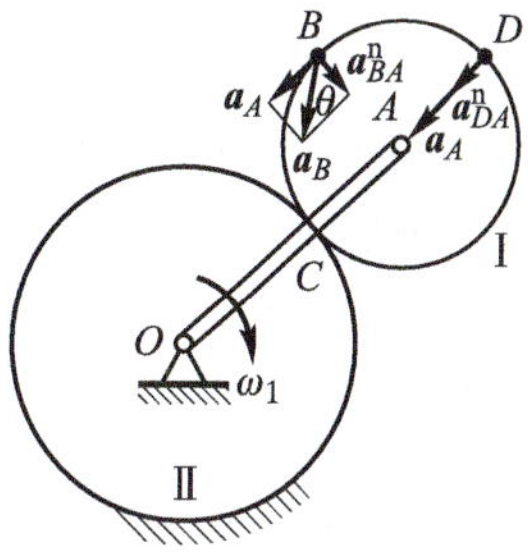

图 8-21　例 8-8 图

解　轮Ⅰ作平面运动，其中心 A 的速度和加速度分别为

$$v_A=l\omega_1$$

$$a_A=l\omega_1^2$$

选点 A 作为基点。由题意知，轮Ⅰ的瞬心在两轮的接触点 C 处。设轮Ⅰ的角速度为 ω，有

$$\omega=\frac{v_A}{r}=\frac{l}{r}\omega_1$$

因为 ω_1 为恒量，所以 ω 也是恒量，则轮Ⅰ的角加速度等于零，于是有

$$a_{DA}^{\mathrm{t}}=a_{BA}^{\mathrm{t}}=0$$

D、B 两点相对于基点 A 的法向加速度分别沿半径 AD 和 AB，指向中心 A，它们的大小为

$$a_{DA}^{\mathrm{n}}=a_{BA}^{\mathrm{n}}=r\omega^2=\frac{l^2}{r}\omega_1^2$$

按照式(8-5)计算 D、B 两点的加速度。由图 8-21 可见，点 D 的加速度的方向沿 AD，指向中心 A，它的大小为

$$a_D=a_A+a_{DA}^{\mathrm{n}}=l\omega_1^2+\frac{l^2}{r}\omega_1^2=l\omega_1^2\left(1+\frac{l}{r}\right)$$

点 B 的加速度大小为

$$a_B=\sqrt{a_A^2+(a_{BA}^{\mathrm{n}})^2}=l\omega_1^2\sqrt{1+\left(\frac{l}{r}\right)^2}$$

其方向与半径 AB 间的夹角为

$$\theta=\arctan\frac{a_A}{a_{BA}^{\mathrm{n}}}=\arctan\frac{l\omega_1^2}{\frac{l^2}{r}\omega_1^2}=\arctan\frac{r}{l}$$

例 8-9　平面四连杆机构的尺寸和位置如图 8-22 所示，如果杆 AB 以等角速度 $\omega=1$ rad/s绕 A 轴转动，试求图示瞬时 C 点的加速度。

文档：例 8-9 题解

例 8-10　已知曲柄 OA 角速度 ω 为常量，$OA=r$，$AB=4r$，轮 B 在曲面上只滚不滑。试求图 8-23 所示位置轮 B 的角速度 ω_B 及角加速度 α_B。

文档：例 8-10 题解

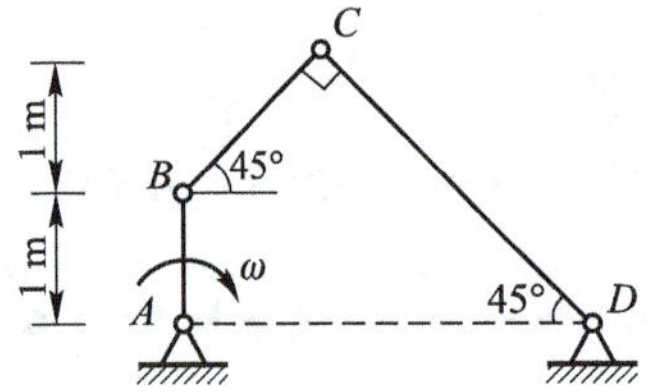

图 8-22 例 8-9 图

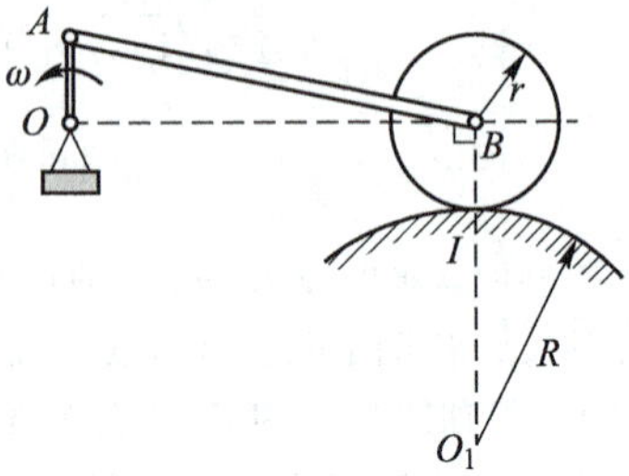

图 8-23 例 8-10 图

例 8-11 设将一几何形状保持不变的平面结构 P 用连杆支承在基础上，试就图 8-24 所示的三种情况分析该结构可能发生的运动。

解 在图 8-24a 中，平面结构 P 用在其平面内的不平行的两根连杆 AB 和 CD 支承。由图可见，B 点可以有垂直于 AB 方向的位移 BB'，D 点可以有垂直于 CD 方向的位移 DD'。将 AB、CD 延长相交于 I 点，I 就是 P 在所示位置的瞬时转动中心。P 在图示位置可绕 I 点转动，当转到新的位置以后，将不断绕新的瞬时转动中心继续转动。

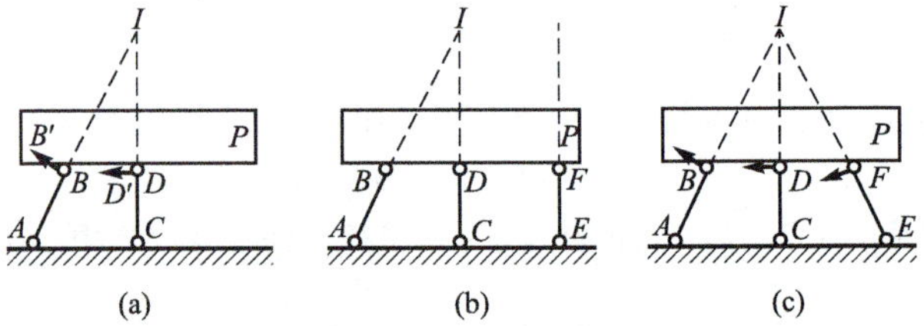

图 8-24 例 8-11 图

在图 8-24b 中，P 用在其平面内的三根连杆 AB、CD、EF 支承，AB、CD 延长相交于 I 点，EF 的延长线则不通过 I 点。在这种支承情况下，由于 F 点不可能有垂直于 IF 连线的位移，因此，与图 8-24a 中的情况不同，P 不再能绕 I 点转动而将保持不动。

图 8-24c 和图 8-24b 不同之处在于 EF 杆的延长线也通过 I 点。在这种情况下，B、D、F 三点都可以有绕 I 点作圆周运动的微小位移，I 点也是瞬时转动中心，但当 P 绕 I 点转过一微小角度以后，AB、CD、EF 三杆的延长线将不再相交于一点，于是 P 不能继续转动。这种结构称为**瞬变结构**。

以上讨论的是平面结构几何组成分析的问题，该问题在结构力学中还将详细研究。

思 考 题

8-1 试判别图示机构的各部分各作什么运动。

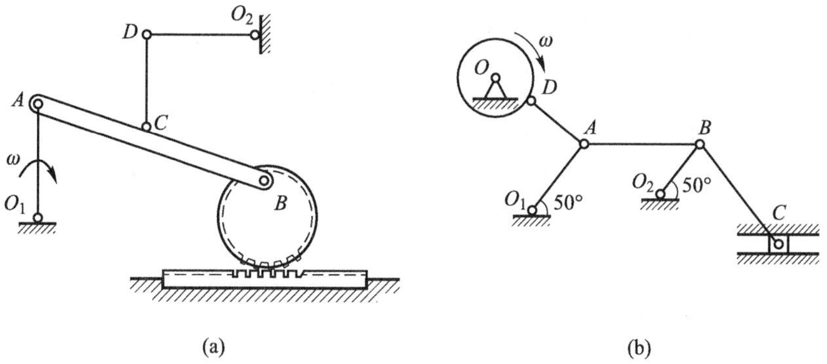

思考题 8-1 图

8-2　图示两机构，根据 A、B 两点的速度 $\boldsymbol{v}_A$、$\boldsymbol{v}_B$ 的方位可以定出作平面运动的构件的速度瞬心 I 的图示位置，对吗？

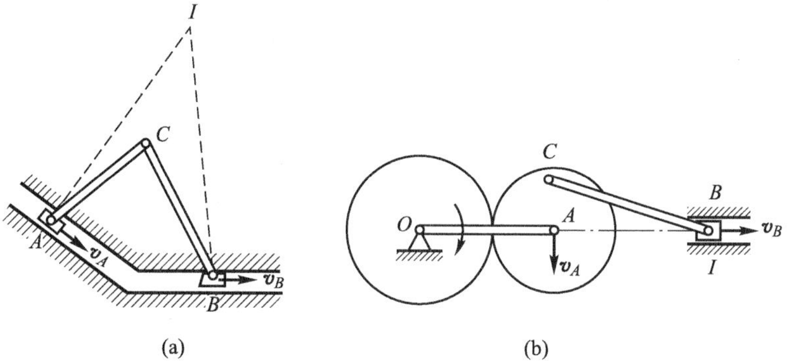

思考题 8-2 图

8-3　图示两轮半径均为 r，板 AB 搁置在轮Ⅰ上，并在 O 处与轮Ⅱ铰接。已知板的速度为 $\boldsymbol{v}$，试问两轮角速度是否相等？设各接触处均无相对滑动。

8-4　图示两个相同的绕线盘，用同一速度 $\boldsymbol{v}$ 拉动，设两轮在水平面上只滚不滑，试问哪种情况滚得快？

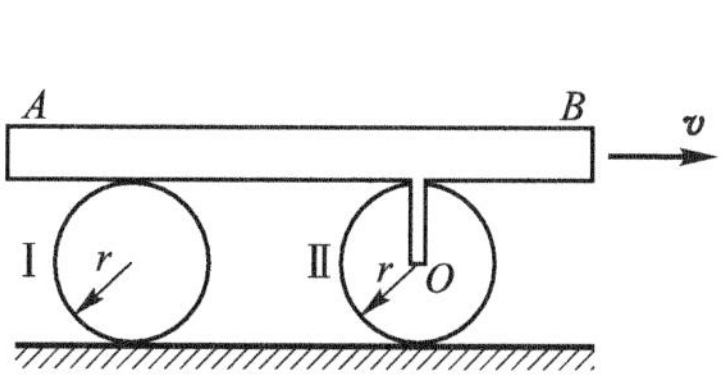

思考题 8-3 图

思考题 8-4 图

8-5　图 a、b 各表示一四连杆机构。在图 a 中 $O_1A=O_2B$，$AB=O_1O_2$；在图 b 中 $O_1A\neq O_2B$。若图 a、b 中的 O_1A 以匀角速 ω_0 转动，则 O_2B 也都以匀角速转动，对吗？

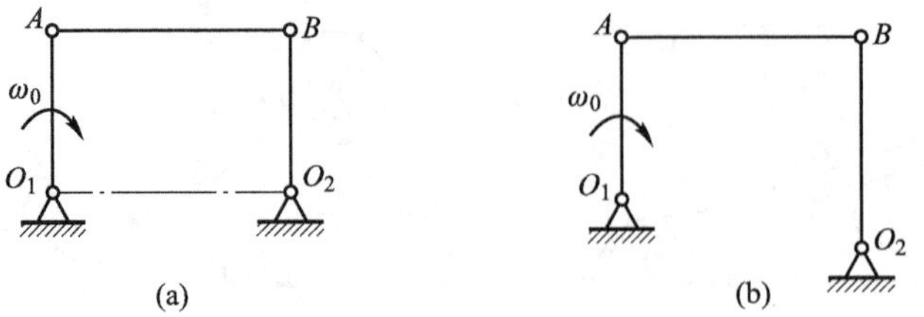

思考题 8-5 图

8-6　下列各小题的计算过程是否正确？为什么？

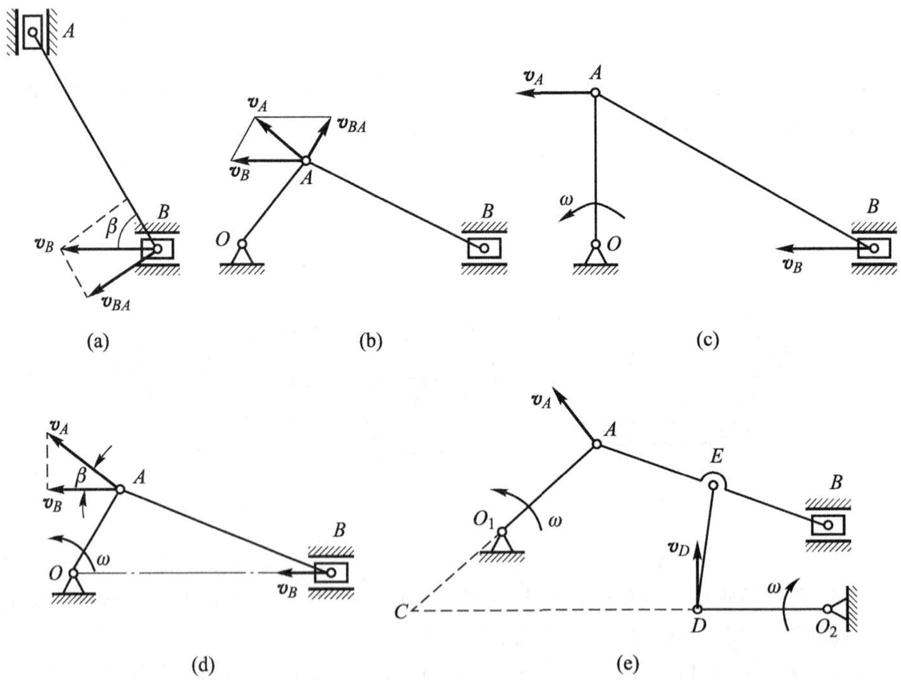

思考题 8-6 图

（1）如图 a 所示，已知 v_B，则

$$v_{BA}=v_B\sin\beta$$

所以

$$\omega_{AB}=\frac{v_{BA}}{AB}=\frac{v_B\sin\beta}{AB}$$

（2）如图 b 所示，已知

$$\boldsymbol{v}_B=\boldsymbol{v}_A+\boldsymbol{v}_{BA}$$

则速度平行四边形如图 b 所示。

（3）如图 c 所示，已知 $\omega=$ 常量，$OA=r$，$v_A=\omega r=$ 常量，在图示瞬时，$\boldsymbol{v}_A=\boldsymbol{v}_B$，即 $v_B=\omega r=$ 常量，所以

$$\boldsymbol{a}_B=\frac{\mathrm{d}\boldsymbol{v}_B}{\mathrm{d}t}=\boldsymbol{0}$$

（4）如图 d 所示，已知 $v_A=\omega OA$，所以

$$v_B=v_A\cos\beta$$

（5）如图 e 所示，已知 $v_A=\omega_1 O_1A$，方向如图 e 所示；$\boldsymbol{v}_D$ 垂直于 O_2D。于是可确定速度瞬心 C 的位置，求得

$$v_D=\frac{v_A}{AC}CD$$

$$\omega_2=\frac{v_D}{O_2D}=\frac{v_A}{AC}\frac{CD}{O_2D}$$

习　　题

8-1　图示椭圆规尺 AB 由曲柄 OC 带动，曲柄以匀角速度 ω_0 绕 O 轴匀速转动。如 $OC=BC=AC=r$，并取 C 为基点，试求椭圆规尺 AB 的平面运动方程。

8-2　图示半径为 r 的齿轮由曲柄 OA 带动，沿半径为 R 的固定齿轮滚动。如曲柄 OA 以匀角加速度 α 绕 O 轴转动，且当运动开始时，角速度 $\omega_0=0$，转角 $\varphi=0$，试求动齿轮以中心 A 为基点的平面运动方程。

文档：习题 8-2 题解

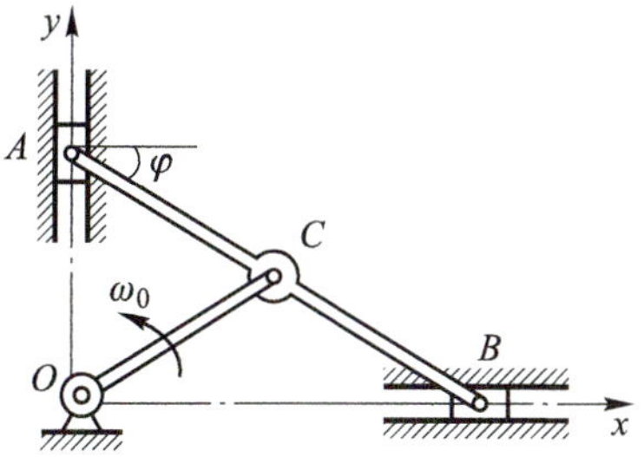

题 8-1 图

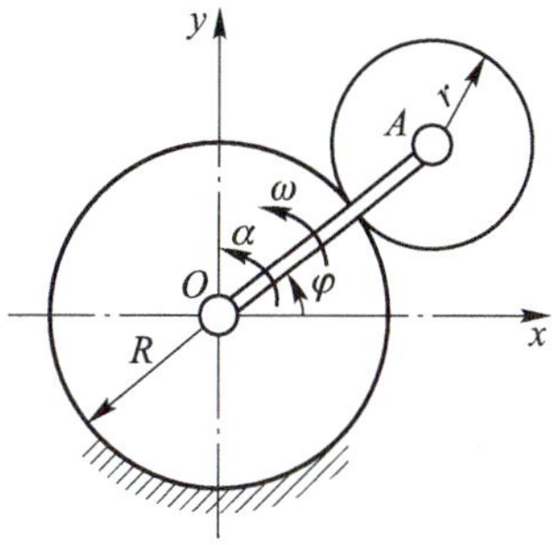

题 8-2 图

8-3　试证明：作平面运动的平面图形内任意两点的连线中点的速度等于该两点速度的矢量和的一半。

8-4　如图，两平行条沿相同的方向运动，速度大小不同：$v_1=6$ m/s，$v_2=2$ m/s。齿条之间夹有一半径 $r=0.5$ m 的齿轮，试求齿轮的角速度及其中心 O 的速度。

8-5　如图，用两个不同直径的鼓轮组成的绞车来提升一圆管，设 $BE\parallel CD$，轮轴的转速 $n=10$ r/min，$r=50$ mm，$R=150$ mm，试求圆管上升的速度。

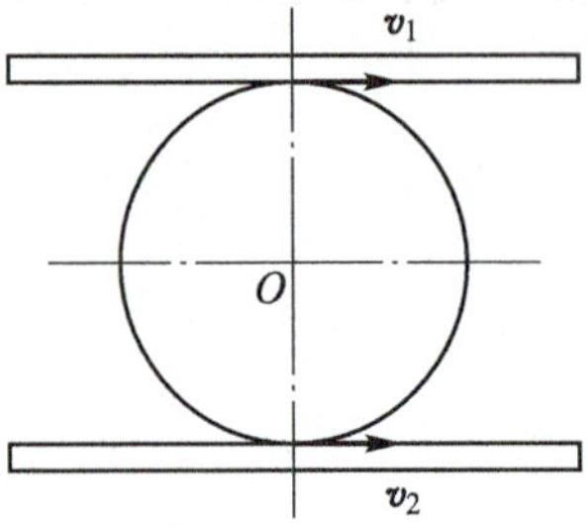

题 8-4 图

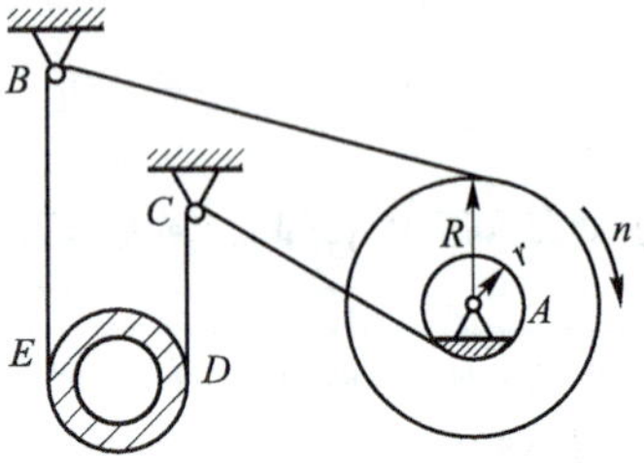

题 8-5 图

文档：习题 8-6 题解

8-6 两刚体 M、N 用铰 C 连接，作平面平行运动。已知 $AC=BC=600$ mm，在图示位置 $v_A=200$ mm/s，$v_B=100$ mm/s，方向如图所示。试求 C 点的速度。

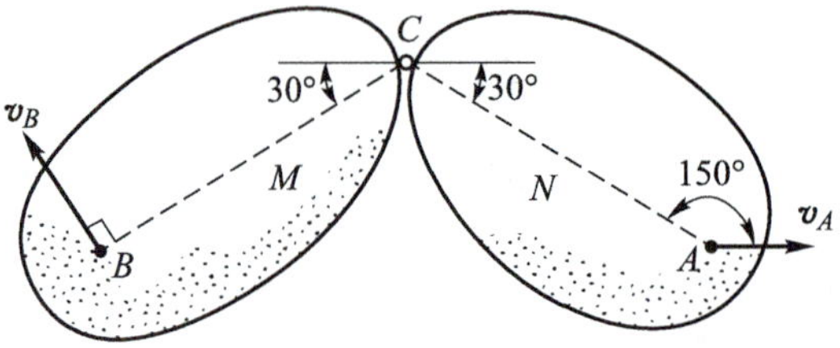

题 8-6 图

8-7 题 8-6 中若 $\boldsymbol{v}_B$ 与 BC 的夹角为 60°，其他条件相同，试求 C 点的速度。

8-8 图示杆 OB 以 $\omega=2$ rad/s 的匀角速度绕 O 转动，并带动杆 AD；杆 AD 上的 A 点沿水平轴 Ox 运动，C 点沿铅垂轴 Oy 运动。已知 $AB=OB=BC=DC=120$ mm，试求当 $\varphi=45°$ 时杆上 D 点的速度。

文档：习题 8-9 题解

8-9 图示一曲柄机构，曲柄 OA 可绕 O 轴转动，带动杆 AC 在套管 B 内滑动，套管 B 及与其刚连的 BD 杆又可绕通过 B 铰而与图平面垂直的水平轴运动。已知：$OA=BD=300$ mm，$OB=400$ mm，当 OA 转至铅直位置时，其角速度 $\omega_0=2$ rad/s，试求 D 点的速度。

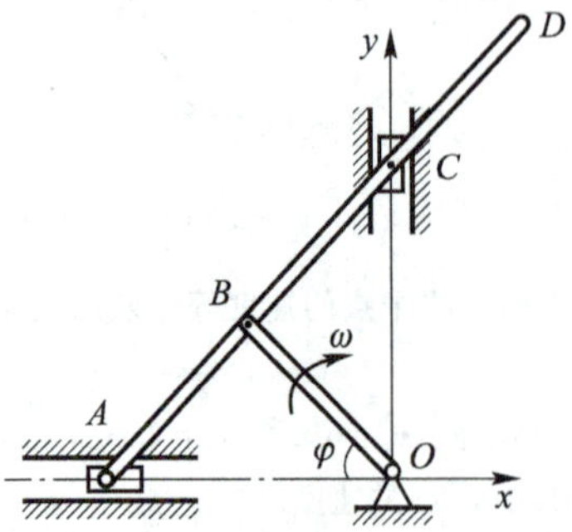

题 8-8 图

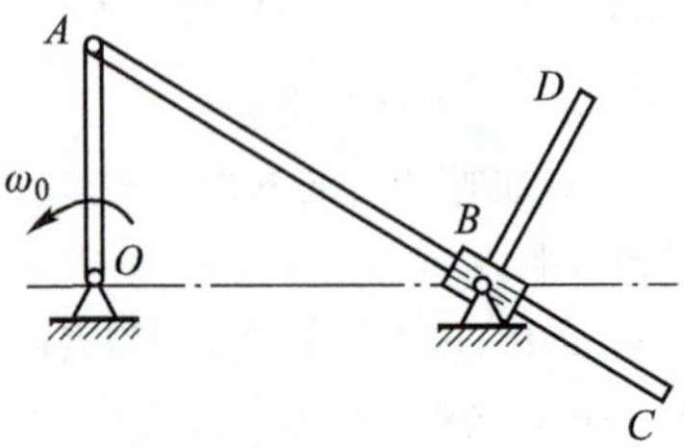

题 8-9 图

8-10　图示一传动机构，当 OA 往复摇摆时可使圆轮绕 O_1 轴转动。设 $OA=150$ mm，$O_1B=100$ mm，在图示位置，$\omega=2$ rad/s，试求圆轮转动的角速度。

8-11　如图，在瓦特行星传动机构中，杆 O_1A 绕 O_1 轴转动，并借杆 AB 带动曲柄 OB。而曲柄 OB 活动地装置在 O 轴上。在 O 轴上装有齿轮Ⅰ；齿轮Ⅱ的轴安装在杆 OB 的 B 端。已知：$r_1=r_2=300\sqrt{3}$ mm，$O_1A=750$ mm，$AB=1\ 500$ mm，又杆 O_1A 的角速度 $\omega_{O_1}=6$ rad/s，试求当 $\alpha=60°$ 与 $\beta=90°$ 时，曲柄 OB 及齿轮Ⅰ的角速度。

文档：习题 8-11 题解

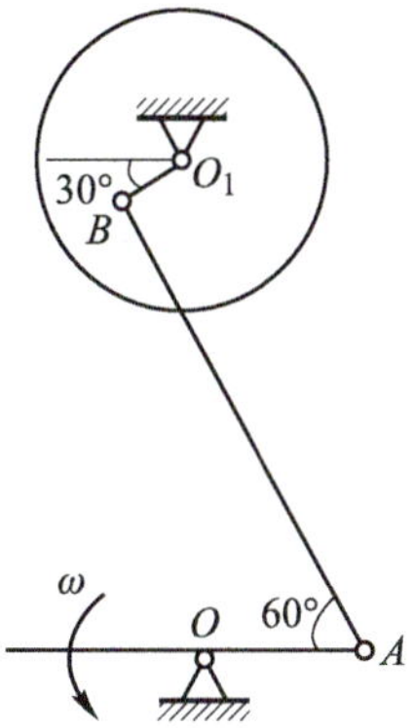

题 8-10 图

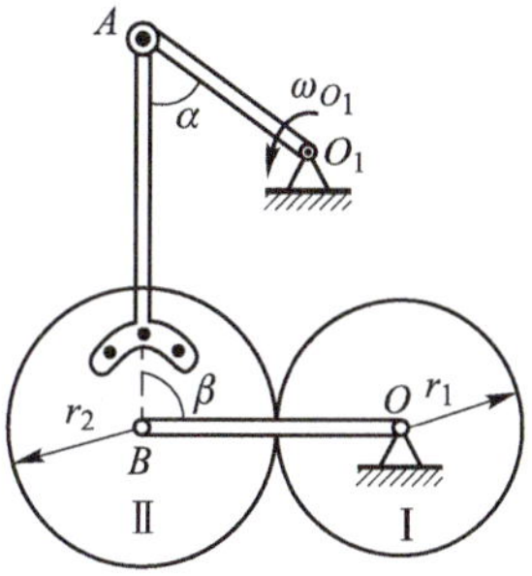

题 8-11 图

8-12　活塞 C 由绕固定轴 O' 转动的齿扇带动齿条而上下运动。在图示位置，曲柄 OA 的角速度 $\omega_0=3$ rad/s，已知 $r=200$ mm，$a=100$ mm，$b=200$ mm，试求活塞 C 的速度。

8-13　在图示机构中，杆 OC 可绕 O 转动。套筒 AB 可沿 OC 杆滑动。与套筒 AB 的 A 端相铰接的滑块可在水平直槽内滑动。已知 $\omega=2$ rad/s，$b=200$ mm，套筒长 $AB=200$ mm，试求 $\varphi=30°$ 时套筒 B 端的速度。

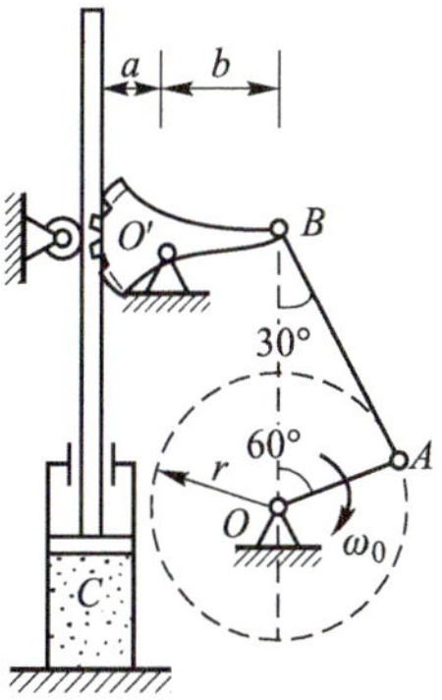

题 8-12 图

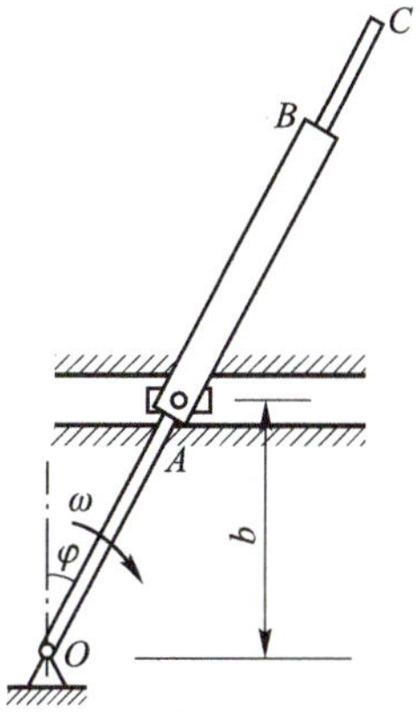

题 8-13 图

8-14　图示矩形板 $BDHF$ 用两根长 0.15 m 的连杆悬挂，已知图示瞬时连杆 AB 的角速度为 4 rad/s，其方向为顺时针。试求：(1) 板的角速度；(2) 板中心 G 的速度；(3) 板上 F 点的速度；(4) 找出板中速度等于或小于 0.15 m/s 的点。

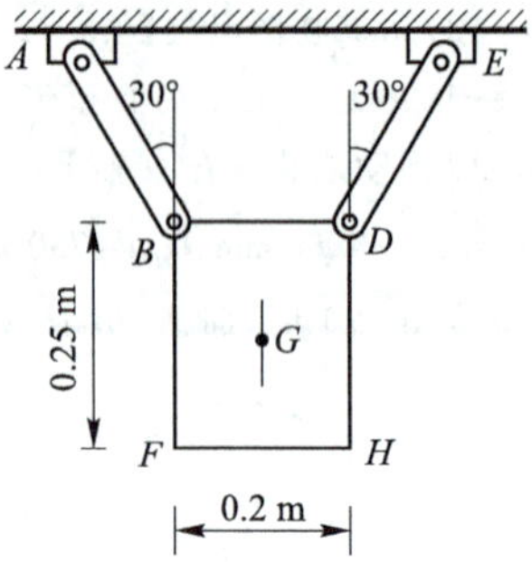

题 8-14 图

8-15　多跨梁尺寸如图所示。当固定端有一微小转角 $\Delta\theta$ 时，试确定 B、C 两点相应的微小位移 Δs_B、Δs_C 及 CE 杆的转角 $\Delta\varphi$ 与 $\Delta\theta$ 的关系。

文档：
习题 8-15
题解

8-16　图示一静定刚架，设 G 支座向下沉陷一微小距离，试求各部分的瞬时转动中心的位置及 H 与 G 点微小位移之间的关系。

文档：
习题 8-16
题解

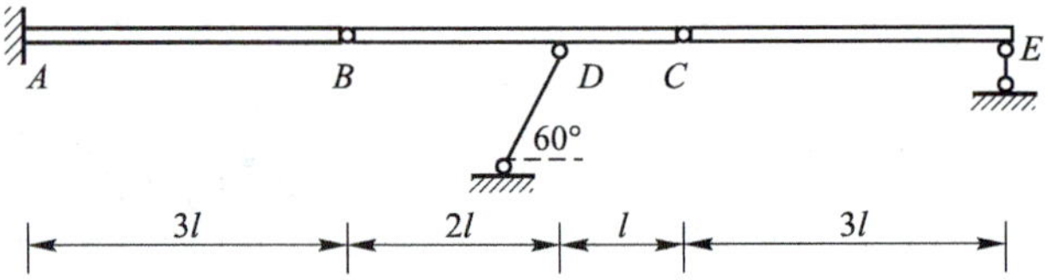

题 8-15 图

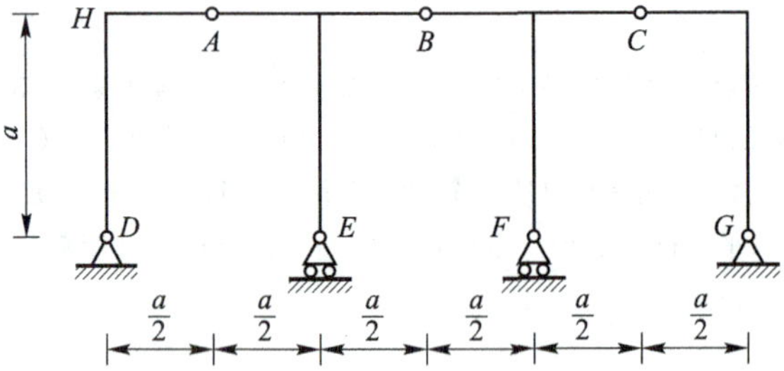

题 8-16 图

8-17　机构在图示位置时，曲柄 $O'A$ 垂直于 AB，AB 平行于 $O'O$，试求 A、D 两点微小位移之间的关系。已知 $CD=400$ mm，$BC=BO$。

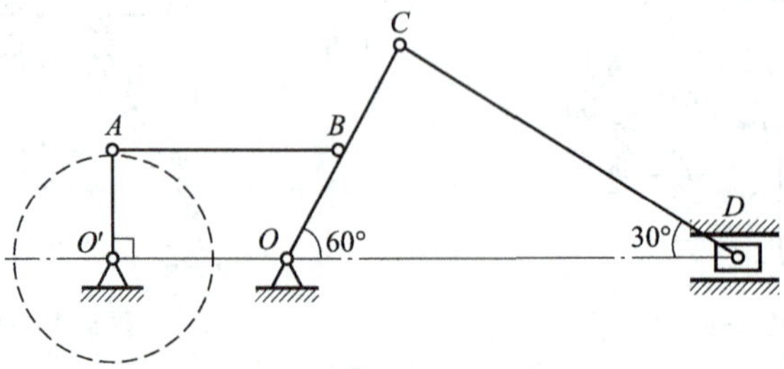

题 8-17 图

8-18　桥由三部分组成，支承情况如图所示。如：(1) 当B支座有一微小水平位移；(2) A支座向下沉陷一微小距离；(3) C处发生一微小水平位移，试分别绘出三种情况下桥各个部分的瞬时转动中心。

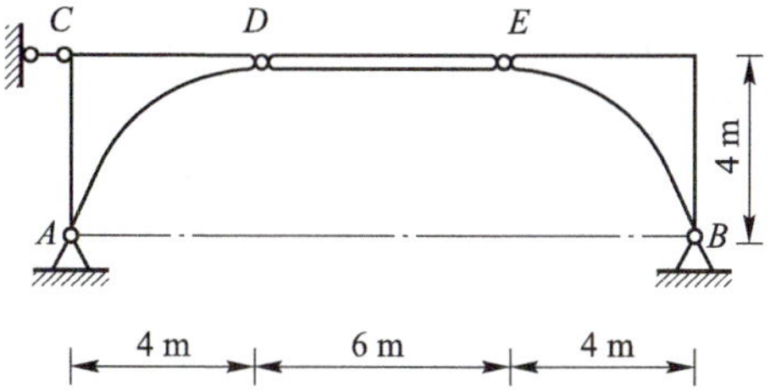

题 8-18 图

8-19　刚体作平面运动时，在什么情况下平面图形内任意两点的加速度在此两点连线上的投影相等？

8-20　如图，绕线轮沿水平面滚动而不滑动，轮的半径为R，在轮上有圆柱部分，其半径为r，线绕于圆柱上，线的B端以速度$\boldsymbol{u}$与加速度$\boldsymbol{a}$沿水平方向运动，试求绕线轮轴心O的速度和加速度。

8-21　在图示机构中，曲柄OA长l，以匀角速ω_0绕O转动，滑块B沿x轴滑动。已知$AB=AC=2l$，在图示瞬时，OA垂直于x轴，试求该瞬时C点的速度及加速度。

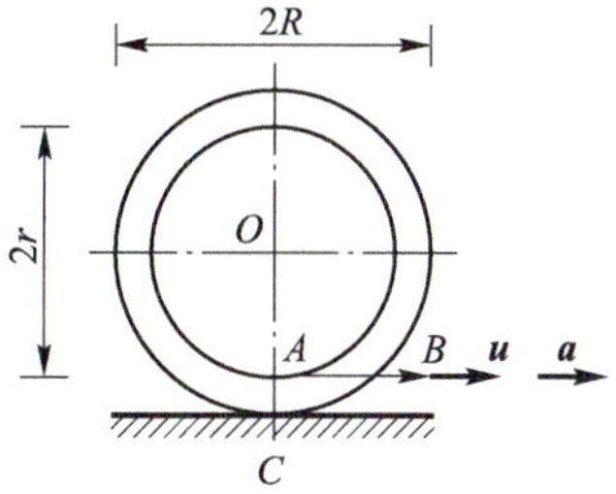

题 8-20 图

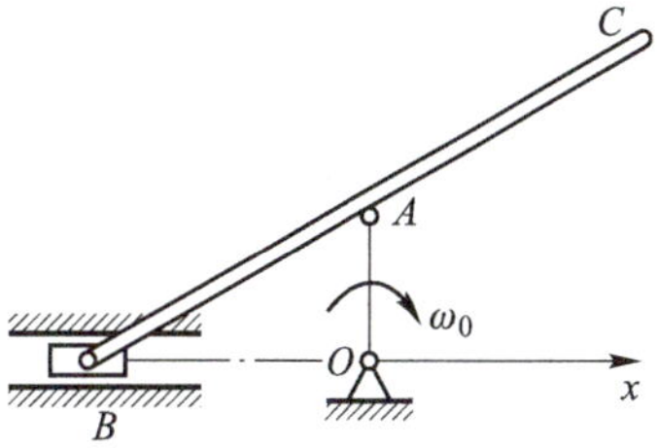

题 8-21 图

8-22　图为一机构的简图，已知轮的转速为一常量$n=60$ r/min，在图示位置$OA /\!/ BC$，$AC \perp BC$，试求齿板最下面一点D的速度和加速度。

8-23　在图示机构中，曲柄OA长r，绕O轴以匀角速度ω_0转动。在图示瞬时，$\alpha=60°$，$\beta=90°$，又$AB=6r$，$BC=3\sqrt{3}r$，试求滑块C的速度和加速度。

文档：习题 8-23 题解

8-24　如图，四连杆机构$OABO_1$中，$OO_1=OA=O_1B=100$ mm，OA以匀角速度$\omega=2$ rad/s转动，当$\varphi=90°$时，O_1B与OO_1在一直线上，试求此时：(1) AB及O_1B的角速度；(2) AB杆与O_1B杆的角加速度。

8-25　如图所示，轮O在水平面上滚动而不滑动，轮心以匀速$v_0=0.2$ m/s运动。轮缘上固连销钉B，此销钉在摇杆O_1A的槽内游动，并带动摇杆绕O_1轴转动。已知：轮的半径$R=0.5$ m，在图示位置时，AO_1是轮的切线，摇杆与水平面间的交角为60°。试求摇杆在该瞬时的角速度和角加速度。

文档：习题 8-25 题解

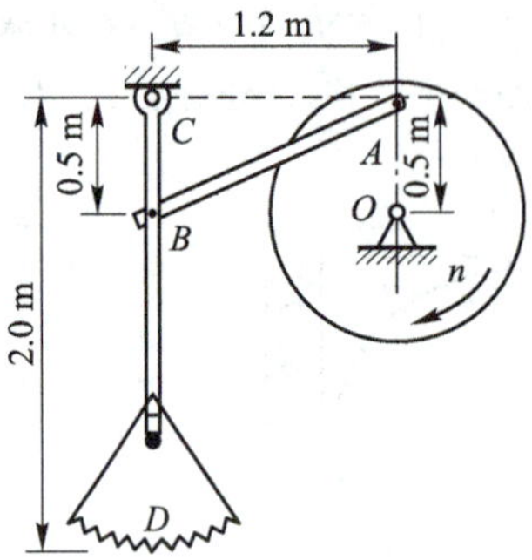

题 8-22 图

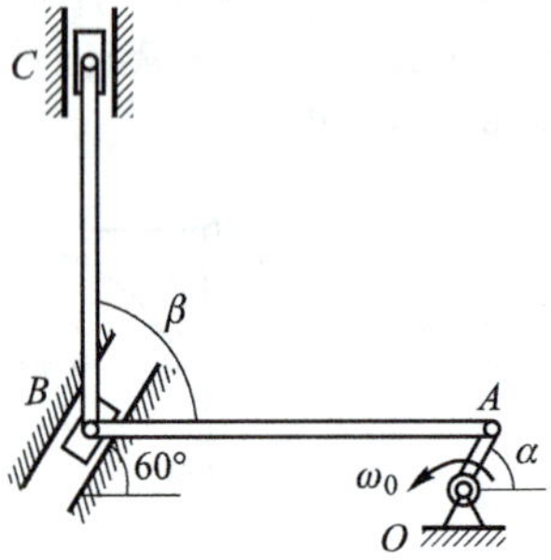

题 8-23 图

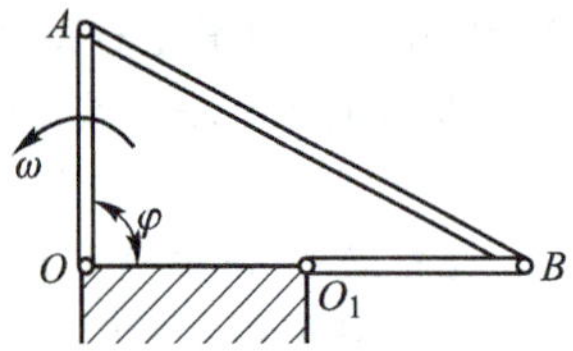

题 8-24 图

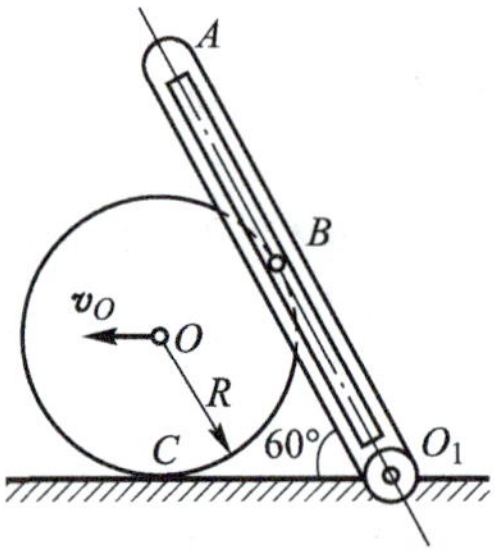

题 8-25 图

文档：
习题 8-26
题解

8-26　如图，等边三角板 ABC，边长 $l=400$ mm，在其所在平面内运动。已知某瞬时 A 点的速度 $v_A=800$ mm/s，加速度 $a_A=3\ 200$ mm/s^2，方向均沿 AC，B 点的速度大小 $v_B=400$ mm/s，加速度大小 $a_B=800$ mm/s^2。试求该瞬时 C 点的速度及加速度。

8-27　如图，反平行四边形机构中，$AB=CD=400$ mm，$BC=AD=200$ mm，曲柄 AB 以匀角速度 $\omega=3$ rad/s 绕 A 点转动，试求 CD 垂直于 AD 时 BC 杆的角速度及角加速度。

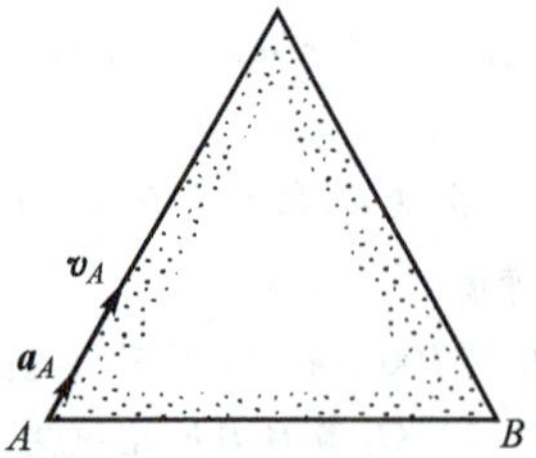

题 8-26 图

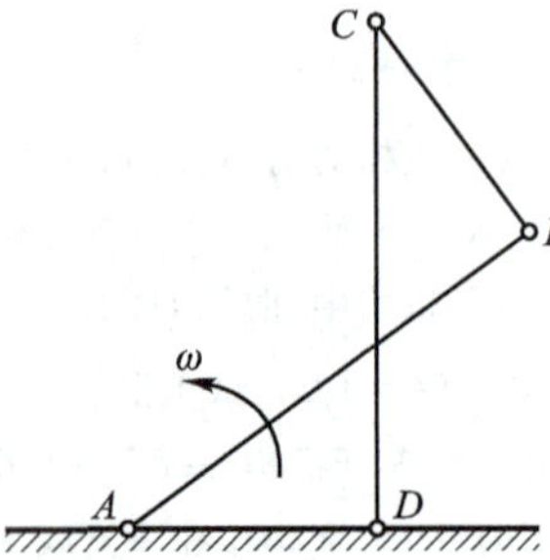

题 8-27 图

文档：
习题 8-28
题解

8-28　如图所示碾压机构。已知曲柄 OA 长 r，以匀角速 ω_0 绕 O 转动，连杆 AB 分别在 A、B 点与曲柄和碾子铰链，碾子 B 半径为 R，作纯滚动。试求图示瞬时碾子的角速度 ω 和角加速度 α。

8-29 深水泵机构如图所示，曲柄 O_2C 以匀角速 ω_0 转动。已知 $O_1O_2=O_2C=BE=l$，且在图示瞬时 $O_1C=BC$。试求：(1) 活塞 F 的速度；(2) 杆 O_1B 的角加速度及活塞 F 的加速度。

8-30 套筒 C 可沿杆 AB 滑动，且限制在半径 $R=200$ mm 的固定圆槽内运动。在图示瞬时，杆 AB 的 A 端沿水平直线运动的速度 $v_A=800$ m/s，杆 AB 转动的角速度 $\omega=2$ rad/s，试求套筒 C 在固定圆槽内运动的速度。

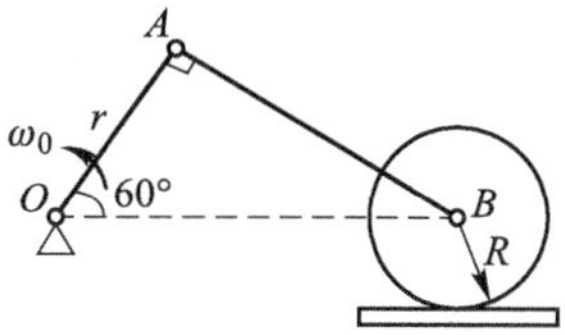

题 8-28 图

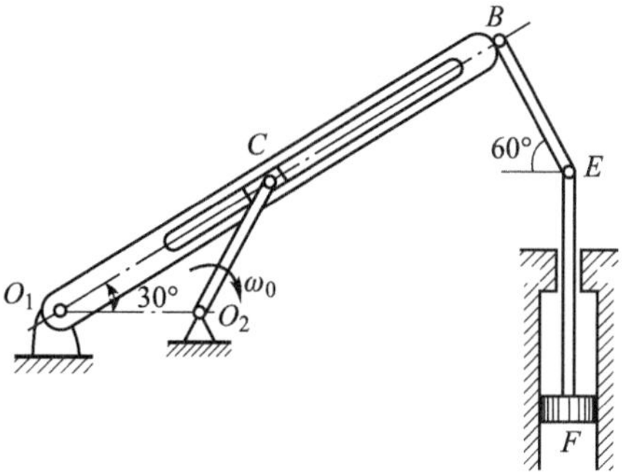

题 8-29 图

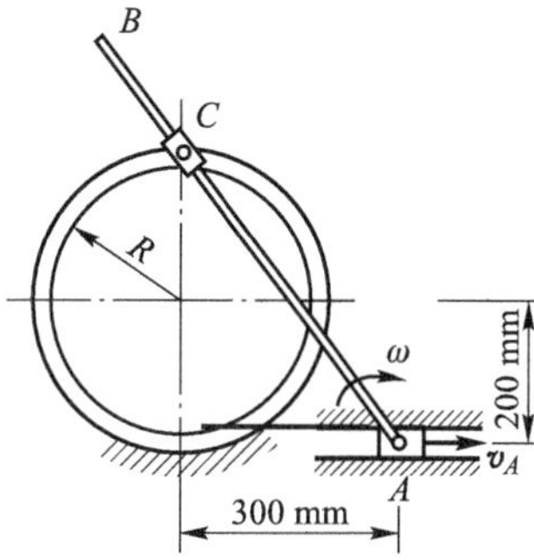

题 8-30 图

第三篇　动力学

在静力学中，只研究作用于物体上的力系的简化与平衡条件，不讨论力系在不满足平衡条件下物体将如何运动；在运动学中，只研究物体运动的几何特征，而不讨论产生这些运动的原因。动力学则研究物体的运动与物体所受的力之间的关系。

平衡是机械运动的特殊情形，因而静力学中研究的平衡问题，是动力学问题的特例。另一方面，静力学中关于力、力矩、力偶等基本概念及有关的理论，力系的简化等，又是学习动力学的必备知识。至于运动学，则更是学习动力学所不可缺少的基础。可以说，静力学和运动学都只研究物体机械运动的一个方面，而动力学则把两方面结合了起来。

随着科学技术的发展，在工程实际问题中涉及的动力学问题越来越多。如在土建、水利工程中，动力荷载的影响及结构的抗震设计等；在机械工程中，机械设计、机械振动等；在航天技术中，火箭、人造卫星的发射与运行等，都与动力学知识有关。如今，动力学的研究内容已经渗入到其他科学领域，形成了一些新的边缘学科，如运动力学、生物力学、爆炸力学、电磁流体力学等。因此掌握动力学基本理论，对于解决工程实际问题具有十分重要的意义。

第九章　质点动力学

当物体受到非平衡力系作用时，其运动状态将发生变化。动力学即研究作用于物体上的力与物体的运动变化之间的关系。动力学主要研究两类基本问题：(1) 已知物体的运动规律，求作用于物体上的力；(2) 已知作用于物体上的力，求物体的运动变化规律。

动力学基本定律是牛顿在其《自然哲学的数学原理》一书中提出的三个定律，称为牛顿运动定律，是全部动力学理论的基础。

§9-1　牛顿运动定律·惯性坐标系

第一定律　惯性定律

任何物体①，若不受外力作用，将永远保持静止或作匀速直线运动。

这一定律指出了力是改变物体运动状态的唯一外界因素。物体的这一属性称为“惯性”，惯性的概念是由伽利略首先提出的。物体的匀速直线运动也称为惯性运动。

第二定律　力与加速度关系定律

质点受到外力作用时，其加速度大小与所受力的大小成正比，而与质点的质量成反比，加速度方向与力的方向一致。这一定律的数学表达式为 $\boldsymbol{F}=m\boldsymbol{a}$。其中 m 为质点的质量，它是物体惯性的度量。

在许多物理量中，以某几个量作为基本量，其单位称为基本单位；其他量的单位则可由这些基本单位导出，称为导出单位，而那些量相应地称为导出量。在国际单位制中，使 1 kg 质量的质点产生 1 m/s^2 的加速度的力，定义为 1 N。在这里，质量、长度、时间单位为基本单位，力的单位为导出单位。即

$$1\ \text{N}=1\ \text{kg}\times 1\ \text{m/s}^2$$

表示某一物理量是由哪几个基本量按什么规律组成的式子，称为该物理量的量纲。

若将基本量质量、长度、时间的量纲分别用 M、L、T 表示，则其他导出量的量纲均可表示为这三个量的函数。如力的量纲是 MLT^{-2}，速度的量纲是 LT^{-1}，加速

① 牛顿定律中提到的物体均应理解为质点。

度的量纲是 LT^{-2}。在动力学或静力学问题中，以量纲校核的方法来检验力学方程的正确性，是一种简便、快捷的方法，虽然方程中各项的量纲正确并不能判定方程一定正确，但如果量纲不正确的话，则可以断定该方程必然是错误的。

某一物体的质量 m 与它的重量 G 之间的关系为

$$G=mg \quad 或 \quad m=\frac{G}{g}$$

其中 g 是重力加速度。g 的数值随纬度不同而改变，一般情况下，g 视为常量，取 $g=9.80\ \mathrm{m/s^2}$。

质量和重量是两个不同的概念。质量是物体惯性的度量，同一物体的质量是一个常量，而重量是物体所受重力的大小，它随物体在地面的位置变化而改变，即同一个物体在纬度不同的地方，其重量是不同的。

第三定律　作用与反作用定律

两物体间相互作用的力总是大小相等，方向相反，沿同一作用线，且同时分别作用于两个物体上。

这一定律给出了质点系中各质点相互作用的关系，既适用于静力学，也适用于动力学，对于研究质点系的动力学问题具有特别重要的意义。

运动学中的“静止”、“速度”、“加速度”等概念是相对于某一参考系而言的。对于不同的参考系，运动情况是不一样的。那么，牛顿运动定律中所述的这些运动学概念究竟是相对于哪一个参考系而言的呢？

牛顿在提出各定律前，引进了“绝对空间”和“绝对时间”的概念。牛顿假想宇宙间存在着与物体运动无关的空间与时间，所有的运动要素都是相对于一个所谓的“绝对静止”的参考系而言。并且在确定这些运动要素时，所采用的是“绝对时间”。实际上，脱离物质运动的“绝对空间”和“绝对时间”是不存在的，宇宙间找不到任何绝对静止的空间。但这并不能说牛顿运动定律没有应用价值。正如在人类对客观物质世界的认识过程中建立起来的真理都是相对真理一样，牛顿运动定律反映的只是机械运动在一定范围内的客观规律，是宏观物体作低速运动这一范围内的相对真理。实践证明，在日常生活及工程技术中的绝大多数问题，选用固结于地面的坐标系，运用牛顿运动定律所获得的计算结果是足够精确的。这样的坐标系称为**惯性坐标系**。

在有些问题中，可考虑另选惯性坐标系。如对需考虑地球自转影响的问题，可选取以地球中心为原点、三根轴分别指向三个恒星的坐标系为惯性坐标系（地心坐标系）；而在天文计算中，则选用太阳作为坐标原点，三根轴分别指向三个恒星的坐标系为惯性坐标系（日心坐标系）。此外，根据古典力学中伽利略的相对性原理，相对于地球作匀速直线运动的坐标系，也可作为惯性坐标系。但在实际问题中，如果没有特别说明，都以固结于地面的坐标系为惯性坐标系。

§9-2　质点运动微分方程

质量为 m 的质点 M 沿空间曲线运动，作用于质点上的合力 $\boldsymbol{F}=\sum \boldsymbol{F}_i$，如图 9-1 所示。质点的加速度为 $\boldsymbol{a}$，则

$$m\boldsymbol{a}=\boldsymbol{F} \tag{9-1}$$

由运动学知

$$\boldsymbol{a}=\frac{\mathrm{d}\boldsymbol{v}}{\mathrm{d}t}=\frac{\mathrm{d}^2\boldsymbol{r}}{\mathrm{d}t^2}$$

于是上式可表示为

$$m\frac{\mathrm{d}\boldsymbol{v}}{\mathrm{d}t}=\boldsymbol{F} \quad 或 \quad m\frac{\mathrm{d}^2\boldsymbol{r}}{\mathrm{d}t^2}=\boldsymbol{F} \tag{9-2}$$

这就是以矢量形式表示的质点运动微分方程。

将式(9-2)投影到直角坐标系的各坐标轴上，得

$$m\frac{\mathrm{d}^2x}{\mathrm{d}t^2}=F_x,\quad m\frac{\mathrm{d}^2y}{\mathrm{d}t^2}=F_y,\quad m\frac{\mathrm{d}^2z}{\mathrm{d}t^2}=F_z \tag{9-3}$$

其中 F_x、F_y、F_z 为作用于质点 M 的各力在 x、y、z 轴上的投影之和。这就是以直角坐标表示的质点运动微分方程。

若质点 M 的运动轨迹已知，将式(9-1)投影到自然坐标的各轴上(图9-2)，有

$$ma_{\mathrm{t}}=F_{\mathrm{t}},\quad ma_{\mathrm{n}}=F_{\mathrm{n}},\quad ma_{\mathrm{b}}=F_{\mathrm{b}}$$

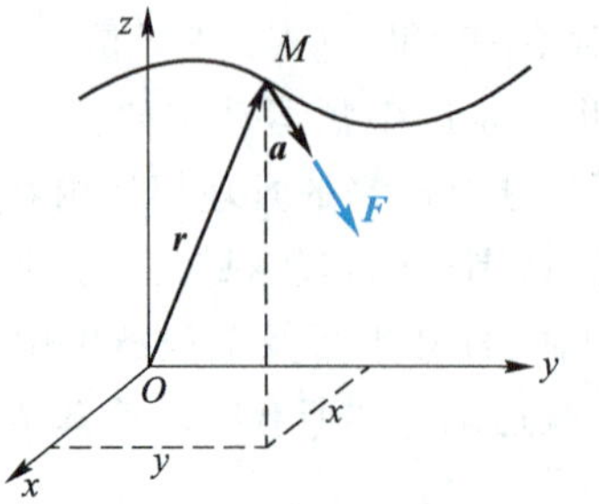

图 9-1　质点在惯性坐标系中的运动

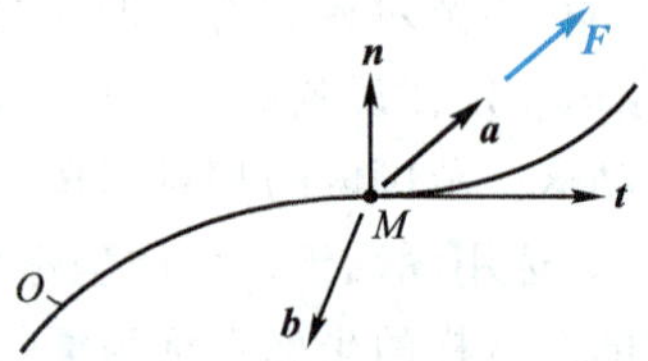

图 9-2　质点运动的自然坐标描述

其中

$$a_{\mathrm{t}}=\frac{\mathrm{d}^2s}{\mathrm{d}t^2},\quad a_{\mathrm{n}}=\frac{v^2}{\rho},\quad a_{\mathrm{b}}=0$$

于是

$$m\frac{d^2s}{dt^2}=F_t,\quad m\frac{v^2}{\rho}=F_n,\quad 0=F_b \tag{9-4}$$

这就是以自然坐标形式表示的质点运动微分方程。

当质点 M 在 Oxy 平面内作曲线运动时，如选用极坐标形式(图 9-3)，则质点的加速度为

$$\boldsymbol{a}=(\ddot{r}-r\dot{\varphi}^2)\boldsymbol{e}_r+(r\ddot{\varphi}+2\dot{r}\dot{\varphi})\boldsymbol{e}_p$$

其中 $\boldsymbol{e}_r$ 及 $\boldsymbol{e}_p$ 分别为沿径向及横向的单位矢量。

将式(9-1)投影到极坐标的径向及横向轴上，得

$$ma_r=m(\ddot{r}-r\dot{\varphi}^2)=F_r,\quad ma_p=m(r\ddot{\varphi}+2\dot{r}\dot{\varphi})=F_p \tag{9-5}$$

这就是以极坐标形式表示的质点运动微分方程。

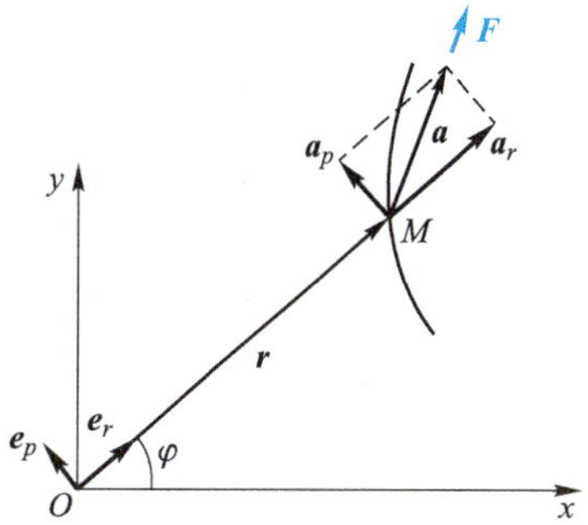

图 9-3 质点运动的极坐标描述

应用质点运动微分方程可求解质点动力学的两类基本问题。

第一类问题：已知质点的运动规律，求作用于质点上的力。这类问题可用微分的方法求得解答。

第二类问题：已知作用于质点上的力，求质点的运动规律。这类问题归结为求解运动的微分方程，属于积分问题。作用于质点上的力可以是常力或变力，当力是变力时，又可能是时间、质点的位置坐标、速度的函数，因此只有当这些函数关系较为简单时，才能求得微分方程的精确解。此外，因为是积分问题，为确定积分常数，还需给出运动的**初始条件**，即运动初瞬时质点的初位置和初速度，才能确定质点的运动。

例 9-1 如图 9-4a 所示，质点 M 质量为 1 kg，由 MA、MB 两根软绳维系，以 $v=2.5$ m/s 在水平面内作匀速圆周运动，$r=0.5$ m。MA、MB 与铅垂线的夹角分别为 45°和 60°。试求两绳的拉力 $\boldsymbol{F}_A$、$\boldsymbol{F}_B$。

解 本题已知运动求力，属动力学第一类问题。选质点 M 为研究对象，画出任意位置的受力图，并建立自然轴系如图 9-4b 所示。选用自然坐标形式的质点运动微分方程。由已知条件知

$$a_t=0,\quad a_n=\frac{v^2}{r}=12.5\ \text{m/s}^2$$

在切向上投影为恒等式，力与加速度均为零。在主法线方向上投影

$$ma_n=F_n=F_A\sin 45°+F_B\cos 60° \tag{a}$$

在次法线方向上投影

$$0=F_b=-mg+F_A\sin 45°+F_B\cos 60° \tag{b}$$

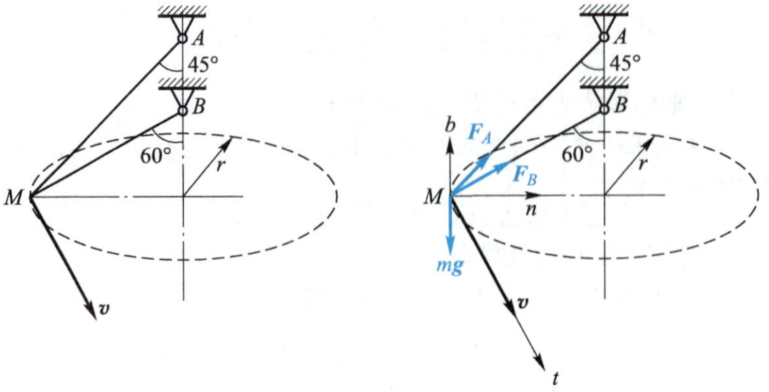

图 9-4　例 9-1 图

联立式(a)、(b)，得

$$F_A = 8.65\ \text{N},\quad F_B = 7.38\ \text{N}$$

例 9-2　起重机起吊重物时，钢丝绳偏离铅垂线 30°(图 9-5)。起吊后货物沿以 O 为圆心、半径为 l 的圆弧摆动。已知货物质量为 m，试求摆动到任一位置时货物的速度，并求钢丝绳的最大拉力。

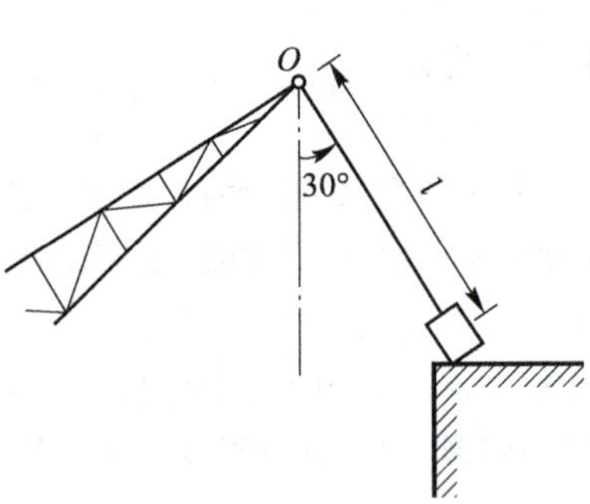

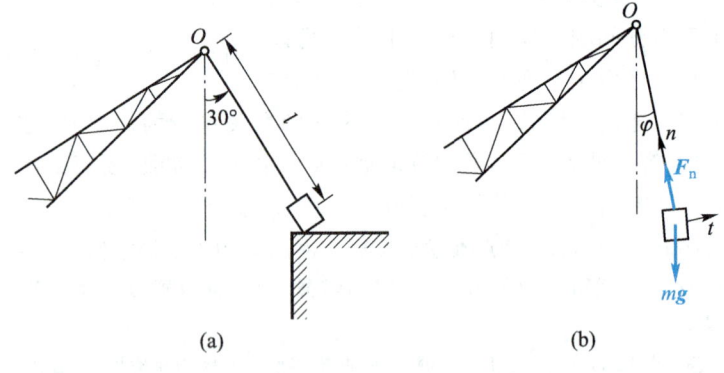

图 9-5　例 9-2 图

解　本题属于动力学第一类问题和第二类问题的综合。以 φ 表示“任意位置”，并选自然坐标系如图所示，则有

$$ma_{\mathrm{t}} = m\frac{\mathrm{d}^2 s}{\mathrm{d}t^2} = -mg\sin\varphi \tag{a}$$

$$ma_{\mathrm{n}} = m\frac{v^2}{l} = F_{\mathrm{n}} - mg\cos\varphi \tag{b}$$

将式(a)改写为

$$m\frac{\mathrm{d}v}{\mathrm{d}\varphi}\frac{\mathrm{d}\varphi}{\mathrm{d}t} = -mg\sin\varphi$$

$$m\frac{\mathrm{d}v}{\mathrm{d}\varphi}\frac{v}{l}=-mg\sin\varphi$$

$$\frac{v}{gl}\mathrm{d}v=-\sin\varphi\mathrm{d}\varphi$$

当 $t=0$ 时，$v_0=0$，$\varphi_0=30°$。故

$$\int_0^v\frac{1}{gl}v\mathrm{d}v=-\int_{30°}^{\varphi}\sin\varphi\mathrm{d}\varphi$$

积分后得

$$v^2=2gl\left(\cos\varphi-\frac{\sqrt{3}}{2}\right)$$

代入式(b)，得

$$F_\mathrm{n}=mg\cos\varphi+m\frac{2gl\left(\cos\varphi-\dfrac{\sqrt{3}}{2}\right)}{l}=3mg\cos\varphi-\sqrt{3}mg$$

当 $\varphi=0$ 时

$$F_\mathrm{n}=F_{\mathrm{nmax}}=1.27mg$$

例 9-3　如图9-6所示，物块重 G，水平截面面积为 A，放置于密度为 ρ 的水中，水的黏滞阻力不计，假定物块从其平衡位置下沉一微小距离 x_0，此时 $v_0=0$，试求此后该物块的运动。

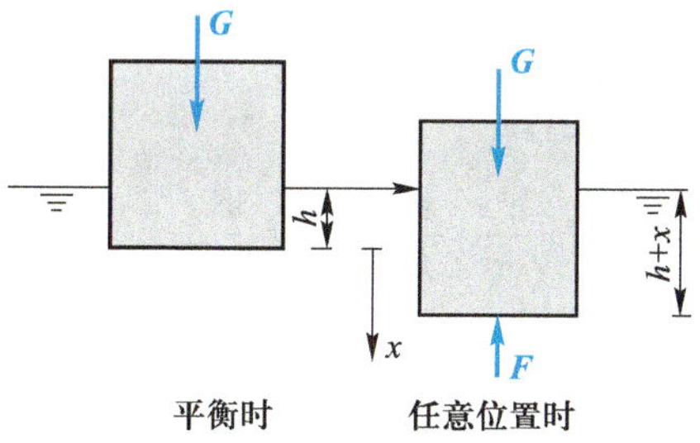

图 9-6　例 9-3 图

解　此题为质点动力学第二类问题，力是位置坐标的函数，有

$$\frac{G}{g}\frac{\mathrm{d}^2x}{\mathrm{d}t^2}=G-F=G-\rho A(h+x)$$
$$=G-\rho Ah-\rho Ax$$

平衡时有

$$G=\rho Ah$$

所以

$$\frac{G}{g}\frac{\mathrm{d}^2x}{\mathrm{d}t^2}=-\rho Ax,\quad \frac{\mathrm{d}v}{\mathrm{d}x}\frac{\mathrm{d}x}{\mathrm{d}t}=-\frac{\rho Ag}{G}x,\quad \int_0^v v\mathrm{d}v=-\int_{x_0}^{x}\frac{\rho Ag}{G}x\mathrm{d}x$$

$$\frac{1}{2}v^2=-\frac{\rho Ag}{2G}(x^2-x_0^2),\quad v=\frac{\mathrm{d}x}{\mathrm{d}t}=\sqrt{\frac{\rho Ag}{G}}\sqrt{x_0^2-x^2}$$

再积分

$$\int_{x_0}^{x}\frac{\mathrm{d}x}{\sqrt{x_0^2-x^2}}=\int_0^t\sqrt{\frac{\rho Ag}{G}}\mathrm{d}t$$

令

$$\sqrt{\frac{\rho Ag}{G}}=\omega_0$$

得

$$x=x_0\cos\omega_0 t$$

可见，物块作简谐振动，其振幅为 x_0，周期 T 为 $2\pi\sqrt{\frac{G}{\rho Ag}}$。

例 9-4　质量为 m 的质点从静止状态开始作直线运动，作用于质点上的力 $\boldsymbol{F}$ 随时间按图 9-7 所示规律变化。试求质点的运动方程。a、b 均为具有正号的常数。

解　此题为质点动力学第二类问题，力是时间 t 的函数。当 $0<t<b$ 时

$$F=\frac{a}{b}t$$

当 $t\geqslant b$ 时

$$F=a$$

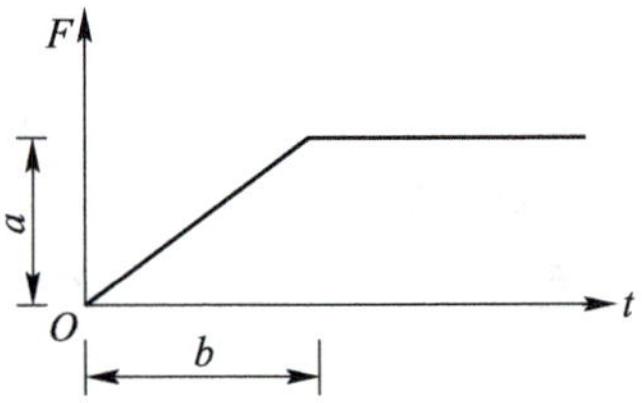

图 9-7　例 9-4 图

当 $0<t<b$ 时

$$m\frac{\mathrm{d}^2x}{\mathrm{d}t^2}=\frac{a}{b}t,\quad mv=\frac{a}{2b}t^2+c_1$$

当 $t=0$ 时，$v_0=0$，所以 $c_1=0$，即

$$mv=\frac{a}{2b}t^2$$

$$m\frac{\mathrm{d}x}{\mathrm{d}t}=\frac{a}{2b}t^2,\quad \mathrm{d}x=\frac{a}{2bm}t^2\mathrm{d}t,\quad x=\frac{a}{6bm}t^3+c_2$$

当 $t=0$ 时，$x_0=0$，所以 $c_2=0$，即

$$x=\frac{a}{6bm}t^3\qquad(t<b)\tag{a}$$

当 $t\geqslant b$ 时，质点的运动微分方程为

$$m\frac{\mathrm{d}^2x}{\mathrm{d}t^2}=F=a\tag{b}$$

当 $t=b$ 时，x 值可由式(a)求得

$$x\Big|_{t=b}=\frac{ab^2}{6m}\tag{c}$$

由式(a)得

$$\frac{\mathrm{d}x}{\mathrm{d}t}=\frac{a}{2bm}t^2$$

当 $t=b$ 时

$$\left.\frac{\mathrm{d}x}{\mathrm{d}t}\right|_{t=b}=\frac{ab}{2m} \tag{d}$$

由式(b)积分

$$\frac{\mathrm{d}v}{\mathrm{d}t}=\frac{a}{m},\quad v=\frac{a}{m}t+c_3$$

将式(d)代入得

$$\frac{ab}{2m}=\frac{ab}{m}+c_3$$

所以

$$c_3=-\frac{ab}{2m}$$

$$v=\frac{a}{m}t-\frac{ab}{2m}\quad,\quad x=\frac{a}{2m}t^2-\frac{ab}{2m}t+c_4$$

将式(c)代入得

$$\frac{ab^2}{6m}=\frac{a}{2m}b^2-\frac{ab^2}{2m}+c_4$$

所以

$$c_4=\frac{ab^2}{6m}$$

即

$$x=\frac{a}{2m}t^2-\frac{ab}{2m}t+\frac{ab^2}{6m}\qquad(t\geqslant b)$$

例 9-5　如图 9-8 所示，卷扬机使质量为 m 的重物 M 以匀速 v 下降。若钢索的弹性刚度系数为 k，试求当卷筒突然刹车时，钢索的最大伸长量。

文档：例 9-5 题解

例 9-6　如图 9-9 所示，质量 $m=0.5$ kg 的套筒 M 沿半径 $r=500$ mm 的光滑曲杆运动。弹簧一端固定，另一端与套筒相连，弹簧刚度系数 $k=20$ N/m，弹簧原长为500 mm。开始时套筒在曲杆顶端 A 处，并具有水平向左的初速度 $v_0=10$ m/s。试求当 $\angle AOB=60°$ 时，套筒的速度及曲杆对套筒的约束力。

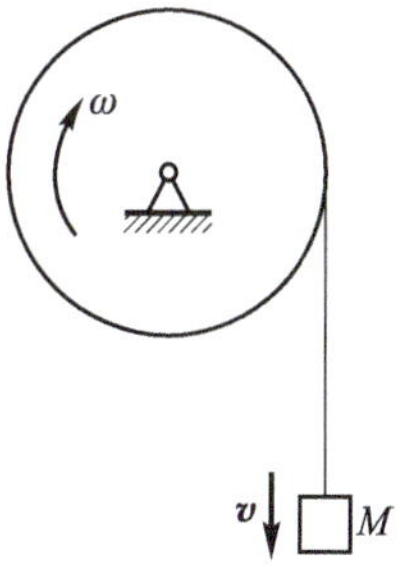

图 9-8　例 9-5 图

文档：例 9-6 题解

例 9-7　如图 9-10a 所示，质量为 m 的质点 M 自 O 点抛出，其初速度 v_0 与水平线的夹角为 φ，设空气阻力 $\boldsymbol{F}_{\mathrm{R}}$ 的大小为 mkv（k 为一常数），方向与质点 M 的速度 $\boldsymbol{v}$ 方向相反。试求该质点 M 的运动方程。

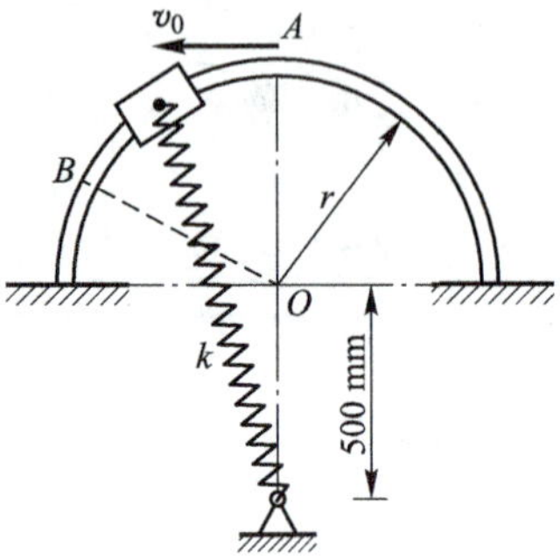

图 9-9　例 9-6 图

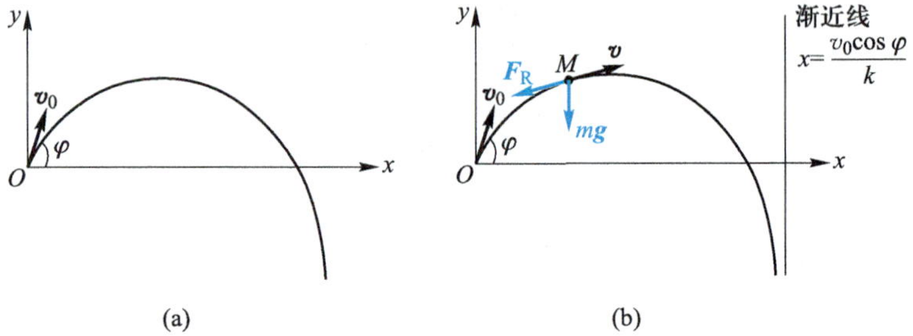

图 9-10　例 9-7 图

解　本题属质点动力学的第二类问题，力是速度 $\boldsymbol{v}$ 的函数。过 O 点作 Oxy 坐标如图 9-10b 所示。应用质点运动微分方程的直角坐标形式

$$m\frac{\mathrm{d}^2x}{\mathrm{d}t^2}=-mkv_x,\quad m\frac{\mathrm{d}^2y}{\mathrm{d}t^2}=-mg-mkv_y$$

即

$$\frac{\mathrm{d}v_x}{\mathrm{d}t}=-kv_x \tag{a}$$

$$\frac{\mathrm{d}v_y}{\mathrm{d}t}=-g-kv_y \tag{b}$$

初瞬时 $t=0$ 时，质点的起始位置坐标为 $x_0=0, y_0=0$，而初速度在 x、y 轴投影分别为

$$v_{0x}=v_0\cos\varphi,\quad v_{0y}=v_0\sin\varphi$$

积分式(a)、(b)，有

$$\int_{v_0\cos\varphi}^{v_x}\frac{\mathrm{d}v_x}{v_x}=-\int_0^t k\mathrm{d}t,\quad v_x=(v_0\cos\varphi)\mathrm{e}^{-kx} \tag{c}$$

$$\int_{v_0\sin\varphi}^{v_y}\frac{k\mathrm{d}v_y}{g+kv_y}=-\int_0^t k\mathrm{d}t,\quad v_y=\left(v_0\sin\varphi+\frac{g}{k}\right)\mathrm{e}^{-kt}-\frac{g}{k} \tag{d}$$

再积分一次，得

$$\int_0^x \mathrm{d}x = \int_0^t (v_0\cos\varphi)\mathrm{e}^{-kt}\mathrm{d}t$$

$$\int_0^y \mathrm{d}y = \int_0^t \left[\left(v_0\sin\varphi + \frac{g}{k}\right)\mathrm{e}^{-kt} - \frac{g}{k}\right]\mathrm{d}t$$

求得

$$x = \frac{v_0\cos\varphi}{k}(1-\mathrm{e}^{-kt}) \tag{e}$$

$$y = \left(\frac{v_0\sin\varphi}{k} + \frac{g}{k^2}\right)(1-\mathrm{e}^{-kt}) - \frac{g}{k}t \tag{f}$$

这就是所求的质点运动方程。从式(e)、(f)中消去 t，得轨迹方程为

$$y = \left(\tan\varphi + \frac{g}{kv_0\cos\varphi}\right)x + \frac{g}{k^2}\ln\left(1 - \frac{k}{v_0\cos\varphi}\right)$$

其轨迹曲线如图 9-10b 所示。由式(e)、(f)、(c)、(d)可见，当 $t\to\infty$ 时，$x\to\dfrac{v_0\cos\varphi}{k}$，$y\to-\infty$，$v_x\to0$，$v_y\to-\dfrac{g}{k}=v_y^*$，$v_y^*$ 称为极限速度，这时质点 M 以匀速 v_y^* 铅垂下降。

§ 9-3　质点在非惯性坐标系中的运动

如前所述，牛顿运动定律只适用于惯性坐标系，那么，在非惯性坐标系中（如在加速运动着的飞机中运动的质点），物体的运动规律又应该是怎样的呢？

设质量为 m 的质点 M，在合力 $\boldsymbol{F}=\sum\boldsymbol{F}_i$ 的作用下相对于动坐标系 $O'x'y'z'$ 运动，而该动坐标系又相对于静坐标系（惯性坐标系）$Oxyz$ 运动，如图 9-11 所示，由运动学的加速度合成定理知

$$\boldsymbol{a} = \boldsymbol{a}_\mathrm{r} + \boldsymbol{a}_\mathrm{e} + \boldsymbol{a}_\mathrm{C}$$

其中 $\boldsymbol{a}$ 是 M 的绝对加速度，$\boldsymbol{a}_\mathrm{r}$、$\boldsymbol{a}_\mathrm{e}$、$\boldsymbol{a}_\mathrm{C}$ 分别为相对加速度、牵连加速度和科氏加速度。这样，牛顿第二定律可表示为

$$\boldsymbol{F} = m\boldsymbol{a} = m(\boldsymbol{a}_\mathrm{r} + \boldsymbol{a}_\mathrm{e} + \boldsymbol{a}_\mathrm{C})$$

于是，质点 M 相对于动坐标系 $O'x'y'z'$ 的运动规律为

$$m\boldsymbol{a}_\mathrm{r} = \boldsymbol{F} - m\boldsymbol{a}_\mathrm{e} - m\boldsymbol{a}_\mathrm{C}$$

令　　$\boldsymbol{F}_\mathrm{Ie} = -m\boldsymbol{a}_\mathrm{e}$，　$\boldsymbol{F}_\mathrm{IC} = -m\boldsymbol{a}_\mathrm{C}$

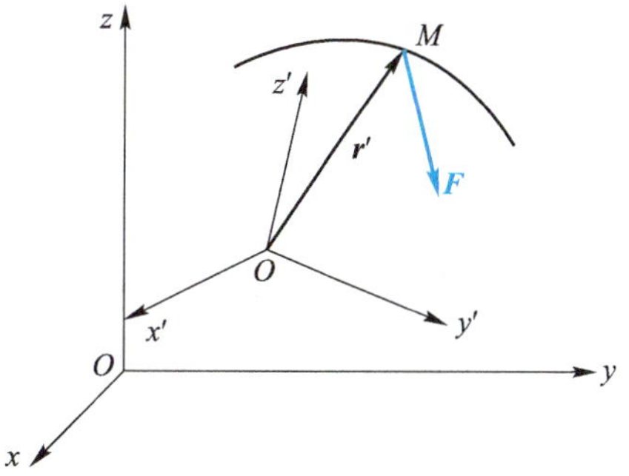

图 9-11　质点在非惯性坐标系中的运动

则
$$m\boldsymbol{a}_r=\boldsymbol{F}+\boldsymbol{F}_{Ie}+\boldsymbol{F}_{IC} \tag{9-6}$$
$\boldsymbol{F}_{Ie}$、$\boldsymbol{F}_{IC}$都具有力的量纲，分别称为**牵连惯性力**和**科里奥利惯性力**（简称科氏惯性力）。

式(9-6)称为质点相对运动的动力学方程。将式(9-6)与式(9-1)比较可见，除了质点实际所受的力 $\boldsymbol{F}$ 之外，还要假想地加上牵连惯性力 $\boldsymbol{F}_{Ie}$和科氏惯性力 $\boldsymbol{F}_{IC}$。作了这样的修正以后，牛顿第二定律可推广应用于非惯性坐标系。式(9-6)表明，在非惯性坐标系中所观察到的质点的加速度，不仅仅决定于作用在质点上的力，而且与参考系本身的运动有关。

在解决实际问题时，可根据给定的条件，分别选用直角坐标、自然坐标或极坐标形式，即将式(9-6)投影到相应的轴上，再求积分。

式(9-6)是指动坐标系作任意运动时质点的相对运动动力学方程。当动坐标系的运动有所限定时，有如下几种特殊情况：

1. 动坐标系作平移时质点的相对运动

当动坐标系 $O'x'y'z'$相对于静坐标系 $Oxyz$ 作平移时，科氏加速度 $\boldsymbol{a}_C=\boldsymbol{0}$，因而科氏惯性力 $\boldsymbol{F}_{IC}=\boldsymbol{0}$，式(9-6)成为
$$m\boldsymbol{a}_r=\boldsymbol{F}+\boldsymbol{F}_{Ie} \tag{9-7}$$
这表示，当动坐标系作平移时，除了实际作用于质点上的力之外，只需加上牵连惯性力，则质点相对运动动力学方程与质点在绝对运动中的动力学方程具有相同的形式。

若动坐标系作匀速直线平移时，牵连加速度 $\boldsymbol{a}_e$ 和科氏加速度 $\boldsymbol{a}_C$ 均等于零，所以 $\boldsymbol{F}_{Ie}=\boldsymbol{0}$，$\boldsymbol{F}_{IC}=\boldsymbol{0}$，于是有
$$m\boldsymbol{a}_r=\boldsymbol{F} \tag{9-8}$$
可见，质点的相对运动动力学方程与绝对运动动力学方程完全相同。这就是说，质点在静坐标系中和在作匀速直线运动的坐标系中的运动规律是相同的。例如，在作匀速直线运动的车厢中向上抛出的物体，仍沿铅垂线下落，与在静止的车厢中的情况相同，不会因车厢的运动而偏斜。

因此，可以得出结论：**在一个系统内部所做的任何力学试验，都不能确定这一系统是静止的还是在作匀速直线平移**。这一结论称为**古典力学的相对性原理**，也称为**伽利略-牛顿相对性原理**。

2. 质点的相对平衡与相对静止

当质点相对于动坐标系作匀速直线运动时，质点的相对加速度 $\boldsymbol{a}_r=\boldsymbol{0}$，于是由式(9-6)得
$$\boldsymbol{F}+\boldsymbol{F}_{Ie}+\boldsymbol{F}_{IC}=\boldsymbol{0} \tag{9-9}$$
此时，称质点处于相对平衡状态。上式表明，**当质点处于相对平衡状态时，作用**

于质点上的力 $\boldsymbol{F}$ 与牵连惯性力 $\boldsymbol{F}_{Ie}$ 及科氏惯性力 $\boldsymbol{F}_{IC}$ 成平衡。

当质点相对于动坐标系静止不动，则不仅质点的相对加速度 $\boldsymbol{a}_r$ 等于零，而且质点的相对速度 $\boldsymbol{v}_r$ 也等于零，因此有 $\boldsymbol{F}_{IC}=-m\boldsymbol{a}_C=-2m\boldsymbol{\omega}\times\boldsymbol{v}_r=\boldsymbol{0}$，式(9-9)成为

$$\boldsymbol{F}+\boldsymbol{F}_{Ie}=\boldsymbol{0} \tag{9-10}$$

上式表明，当质点保持相对静止状态时，作用于质点上的力 $\boldsymbol{F}$ 与牵连惯性力 $\boldsymbol{F}_{Ie}$ 成平衡。

例 9-8　如图 9-12a 所示，水平圆盘以匀角速度 ω 绕轴转动，盘上有一光滑直槽，离原点的距离为 h，试求槽中小球 M 的运动和槽对小球的作用力。

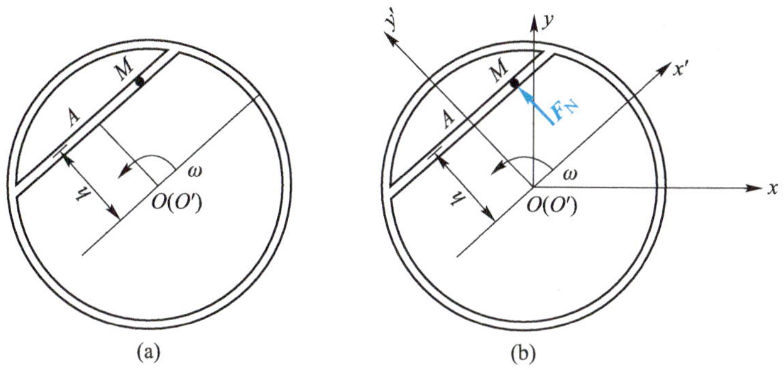

图 9-12　例 9-8 图

解　如图 9-12b 所示，选定坐标系 Oxy，动坐标系 $O'x'y'$ 与圆盘固连，O' 与 O 点重合。实际上，槽中小球 M 的运动即为小球 M 相对于动系 $O'x'y'$ 的运动，有

$$\boldsymbol{a}_e=-\omega^2x'\boldsymbol{i}'-\omega^2h\boldsymbol{j}'$$

因此，牵连惯性力为

$$\boldsymbol{F}_{Ie}=m\omega^2x'\boldsymbol{i}'+m\omega^2h\boldsymbol{j}'$$

科氏惯性力为

$$\boldsymbol{F}_{IC}=-2m(\omega\boldsymbol{k}')\times(\dot{x}'\boldsymbol{i}')=-2m\omega\dot{x}'\boldsymbol{j}'$$

设槽对小球的作用力为 $\boldsymbol{F}_N=F_N\boldsymbol{j}'$。将质点相对运动动力学方程(9-6)在动坐标系 x'、y' 轴方向投影，得

$$m\ddot{x}'=m\omega^2x' \tag{a}$$

$$0=m\omega^2h-2m\omega\dot{x}'+F_N \tag{b}$$

得

$$\ddot{x}'-\omega^2x'=0$$

$$F_N=-m\omega^2h+2m\omega\dot{x}'$$

设 $t=0$ 时，$x'(0)=x_0'$，$\dot{x}'(0)=v_0'$，可得

$$x'=x_0'\cosh\omega t+\frac{v_0'}{\omega}\sinh\omega t \tag{c}$$

$$F_N=-m\omega^2h+2m\omega^2x_0'\sinh\omega t+2mv_0'\omega\cosh\omega t \tag{d}$$

从式(c)看，当 $x_0'=0,v_0'=0$ 时，则 $x'(t)\equiv0$。即质点 M 停留在槽的中点 A 不动，这是一种相对平衡状态。但这种平衡是不稳定的，如有干扰，就有 $x_0'\neq0,v_0'\neq0$，于是当 $t\to\infty$ 时，质点 M 将无限远离这一平衡位置。

例 9-9　AB 直管与铅垂轴 CD 成45°角，并以匀角速度 ω 绕此轴转动。AB 管内小球 M 由相对静止状态开始运动，如小球的起始位置到 O 点的距离为 l，忽略摩擦，试求小球沿直管的运动方程。

解　选取小球 M 为研究对象，其受力如图 9-13b 所示，其中牵连惯性力 $F_{Ie}=\frac{\sqrt{2}}{2}mx'\omega^2$。科氏惯性力 $\boldsymbol{F}_{IC}$ 垂直于图示平面向里，与 $\boldsymbol{F}_{IC}$ 相反方向的约束力均未在图中表示。质点 M 的相对运动动力学方程在 x' 方向的投影式为

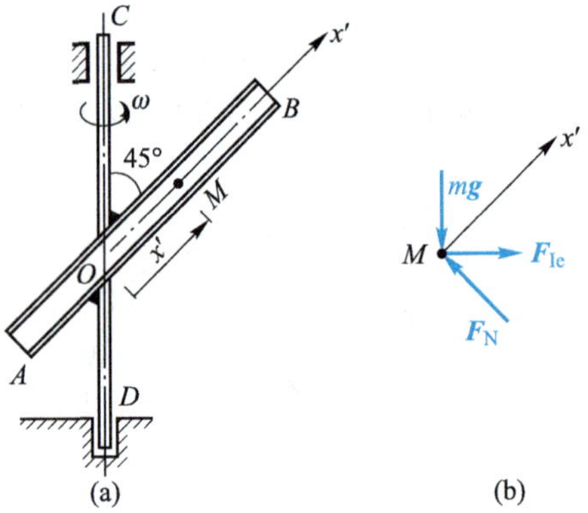

图 9-13　例 9-9 图

$$m\ddot{x}'=-\frac{\sqrt{2}}{2}mg+\frac{\sqrt{2}}{2}F_{Ie}=-\frac{\sqrt{2}}{2}mg+\frac{1}{2}x'm\omega^2$$

得

$$\ddot{x}'-\frac{\omega^2}{2}x'=-\frac{g}{\sqrt{2}} \tag{a}$$

上式的齐次方程为

$$\ddot{x}'-\frac{\omega^2}{2}x'=0$$

其特征方程为

$$r^2-\frac{\omega^2}{2}=0$$

得

$$r=\pm\frac{\omega}{\sqrt{2}}$$

对应的解为

$$x_1'=c_1\mathrm{e}^{-\frac{\omega t}{\sqrt{2}}}+c_2\mathrm{e}^{\frac{\omega t}{\sqrt{2}}}$$

对应于非齐次方程的特解为

$$x_2'=\frac{g}{\sqrt{2}}\ \frac{2}{\omega^2}=\frac{\sqrt{2}g}{\omega^2}$$

方程(a)的全解

$$x'=x_1'+x_2'=c_1\mathrm{e}^{-\frac{\omega t}{\sqrt{2}}}+c_2\mathrm{e}^{\frac{\omega t}{\sqrt{2}}}+\frac{\sqrt{2}g}{\omega^2} \tag{b}$$

由初始条件：$t=0$ 时，$x_0'=l,\dot{x}_0'=0$，得

$$x_0'=l=c_1+c_2+\frac{\sqrt{2}g}{\omega^2} \tag{c}$$

$$\dot{x}_0'=0=-\frac{\omega}{\sqrt{2}}c_1+\frac{\omega}{\sqrt{2}}c_2 \tag{d}$$

由式(d)得

$$c_1=c_2$$

代入式(c),得

$$c_1=c_2=\frac{1}{2}\left(l-\frac{\sqrt{2}g}{\omega^2}\right)$$

代入式(b),得

$$x'=\frac{1}{2}\left(l-\frac{\sqrt{2}g}{\omega^2}\right)\left(e^{-\frac{\omega}{\sqrt{2}}t}+e^{\frac{\omega}{\sqrt{2}}t}\right)+\frac{\sqrt{2}g}{\omega^2}$$

上述方程给出了小球在直管内的运动形式。试分析当小球的起始位置到 O 点的距离 l 发生改变时,其运动形式是否会改变?

例 9-10　如图 9-14 所示,质量为 2 kg 的滑块 M 在力 $\boldsymbol{F}$ 作用下沿杆 AB 运动,杆 AB 在水平面内绕 A 点转动。已知 $\varphi=0.5t$,$s=t$(φ、s、t 的单位分别为 rad、m、s),滑块与杆 AB 之间的动摩擦因数为 0.1,试求 $t=2$ s 时力 $\boldsymbol{F}$ 的大小。

文档:例 9-10 题解

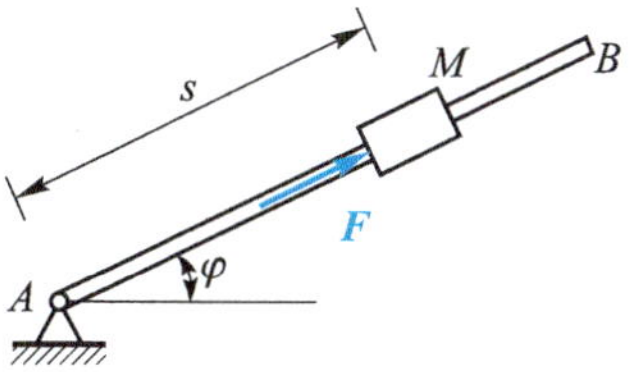

图 9-14　例 9-10 图

思　考　题

9-1　以下论述是否正确:

(1) 质点的速度越大,则其惯性越大,因而该质点所受合力也就越大。

(2) 质点的运动方向,就是质点上的所受合力的方向。

(3) 两个质点质量相同,在相同力 $\boldsymbol{F}$ 的作用下,则它们在任一瞬时的速度、加速度都相同。

9-2　汽车以匀速 $\boldsymbol{v}$ 通过图示路面上的 A、B、C 三点时,给路面的压力是否相同?

9-3　如图,当作用于质点上的力 $\boldsymbol{F}$ 为恒矢量时,质点 M 能否作匀速曲线运动?

思考题 9-2 图

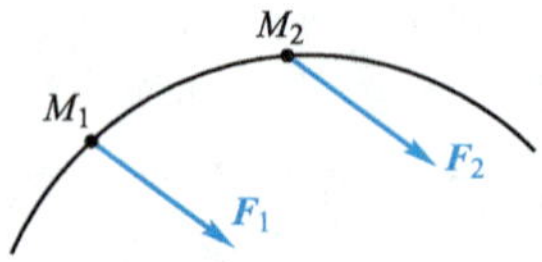

思考题 9-3 图

9-4　质点作曲线运动时,图中力 $\boldsymbol{F}$ 与加速度 $\boldsymbol{a}$ 的情形,哪几种是可能的,哪几种为不可能?

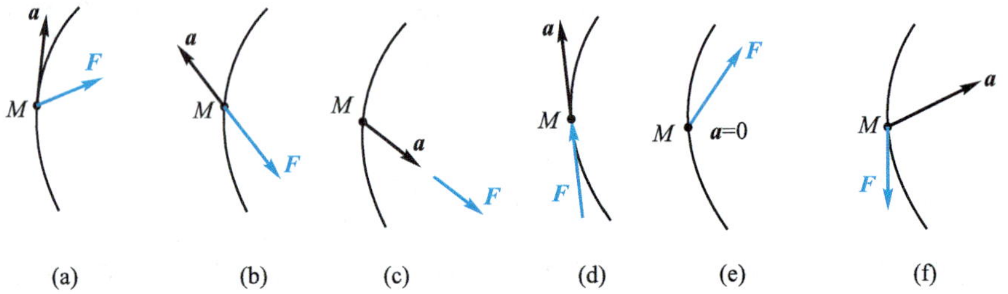

思考题 9-4 图

9-5　能否在密闭的车厢中正确判断列车是静止、作匀速直线运动、加速或减速直线运动、转弯?

9-6　科氏惯性力与哪些因素有关?在北半球与南半球,作用于自由落体上的惯性力方向是否相同?在什么情况下科氏惯性力为零?

9-7　不计滑轮质量,在图示两种情况下,重物Ⅱ的加速度是否相同?两根绳中的张力是否相同?

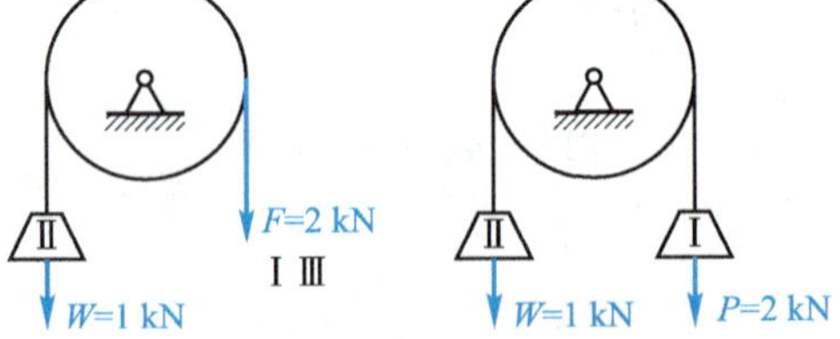

思考题 9-7 图

习　　题

9-1　质量为 $m=2$ kg 的质点沿空间曲线运动,其运动描述为:$x=4t^2-t^3$,$y=-5t$,$z=t^4-2$,式中 x,y,z 以 m 为单位,t 以 s 为单位。试求 $t=1$ s 时作用于该质点的力。

9-2　某质量为 5 kg 的质点在 $\boldsymbol{F}=-90\cos(2t)\boldsymbol{i}-100\sin(2t)\boldsymbol{j}$($F$ 以 N 计,t 以 s 计。)作用下运动,已知当 $t=0$ 时,$x_0=4$ cm,$y_0=5$ cm,$\dot{x}_0=0$,$\dot{y}_0=10$ cm/s。试求该质点的运动规律。

9-3 水管喷头从 1 m 高处以 13 m/s 的速度向外喷水，水管与水平线夹角为 30°。试求水能达到的最大高度 H 及水平距离 d。

9-4 通过光滑圆环 C 的绳索将物体 A 与 B 相连，已知 $m_A=7.5\ \text{kg}$，$m_B=6.0\ \text{kg}$，物体 A 与水平面的动摩擦因数 $f_d=0.6$，在图示瞬时物体 B 具有朝右上方的速度 $v_B=2\ \text{m/s}$。若在此时突然剪断墙与物体间的绳子，试求该瞬时物体 A 的加速度 $\boldsymbol{a}_A$。

9-5 如图，倾角为 30°的楔形斜面以 $a=4\ \text{m/s}^2$ 的加速度向右运动，质量为 $m=5\ \text{kg}$ 的小球 A 用软绳维系置于斜面上，试求绳子的拉力及斜面的压力，并求当斜面的加速度达到多大时绳子的拉力为零？

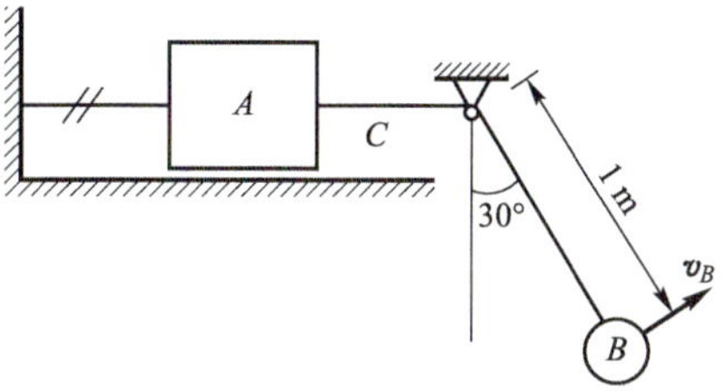

题 9-4 图

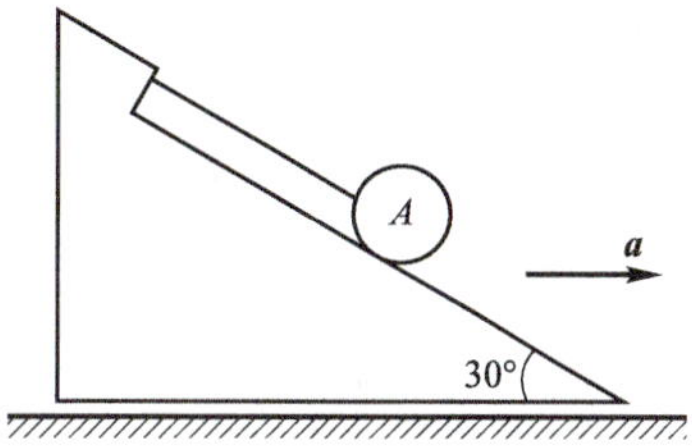

题 9-5 图

9-6 如图，水平转台以匀角加速度 α 从静止开始绕 z 轴转动，转台上与转轴距离为 r 处放置一质量为 m 的物块 A，物块与转台间的静摩擦因数为 f_s，试求经多少时间后，物块开始在转台上滑动。

9-7 如图，小球重 G，以两绳悬挂。若将绳 AB 突然剪断，试求：(1) 小球开始运动瞬时 AC 绳中的拉力；(2) 小球 A 运动到 AC 铅垂位置时，AC 绳中的拉力。

文档：习题 9-7 题解

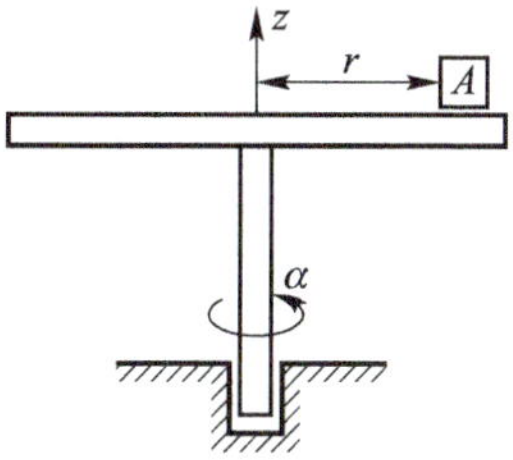

题 9-6 图

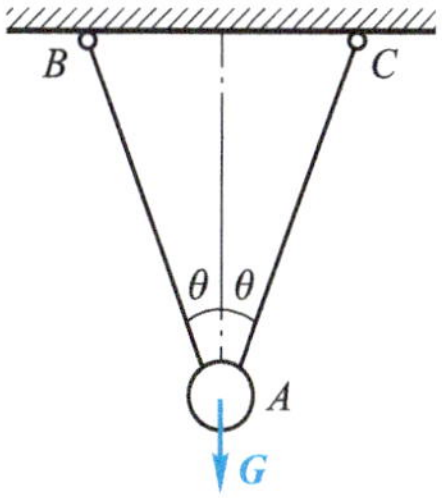

题 9-7 图

9-8 液压活塞系统位于水平面内，当滑块 B 位于图示位置时，液压活塞的推进速度为 $v=2\sqrt{3}\ \text{m/s}$，$m_B=2\ \text{kg}$，圆弧半径 $R=20\ \text{cm}$，试求为了能够实现这种运动而需要的力 $\boldsymbol{F}$（力 $\boldsymbol{F}$ 沿 AB 方向）。

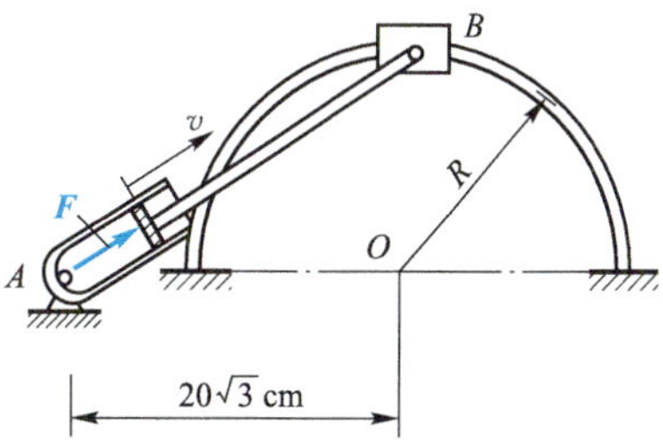

题 9-8 图

9-9 筛粉机如图所示。已知曲柄 OA 以匀角速度 ω 转动，$OA=AB=l$，石料与筛盘间的动摩擦因数为 f_d，为使碎石料在筛盘中来回运动，试求曲柄 OA 的角速度至少应多大？

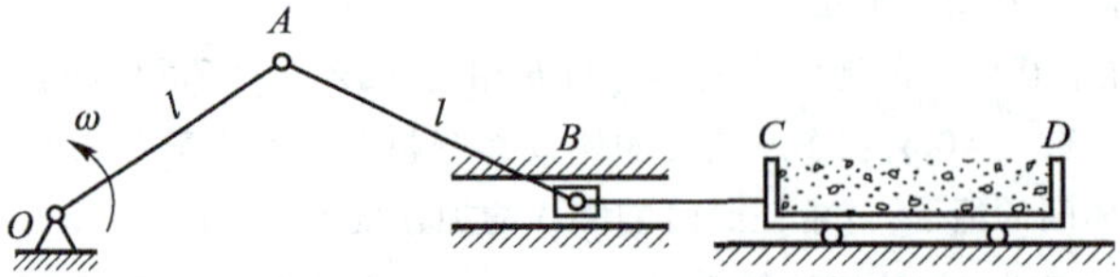

题 9-9 图

9-10 如图，质量 $m=3$ kg 的销钉 M 在一有铅直槽的 T 形杆推动下，沿一半径 $R=10$ cm 的圆弧槽运动，T 形杆 AB 以匀速 $v=2$ m/s 向右运动。试求在 $\theta=30°$ 时，每个槽作用在销钉上的法向约束力（不计摩擦）。

9-11 如图，小球 A 从光滑半圆柱的顶点无初速地下滑，试求小球脱离半圆柱时的位置角 φ。

文档：习题 9-11 题解

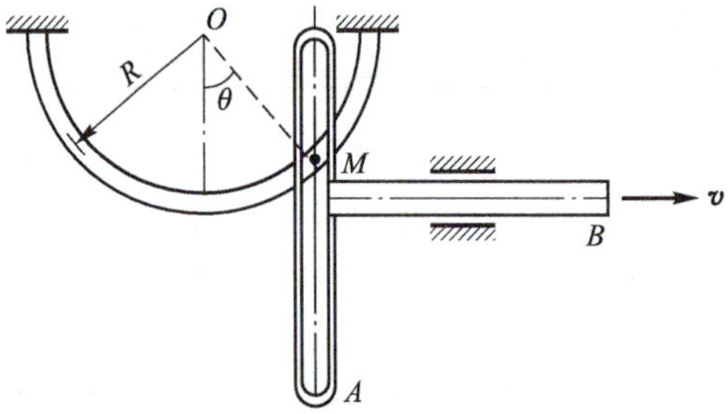

题 9-10 图

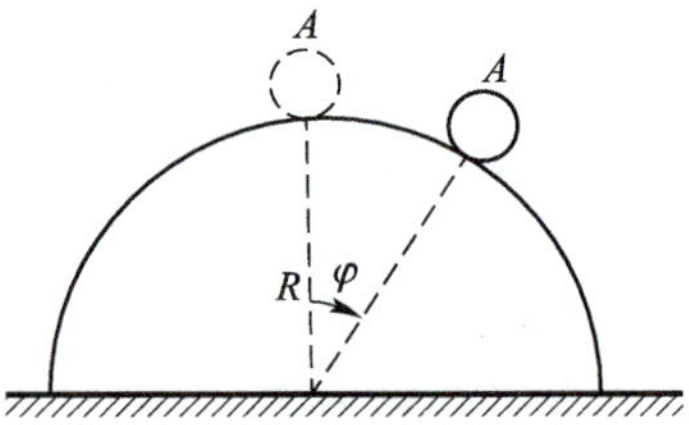

题 9-11 图

9-12 直升机重为 G，它竖直上升的螺旋桨的牵引力为 $1.5G$，空气阻力为 $F_R=kGv$，式中 k 为常数，试求直升机上升的极限速度。

9-13 质量为 m 的质点从静止状态开始作直线运动，作用于质点上的力 $\boldsymbol{F}$ 随时间按图示规律变化，a、b 均为常数。试求质点的运动规律。

9-14 如图，质量为 m 的质点 M 自高度 H 以速度 $\boldsymbol{v}_0$ 水平抛出，空气阻力为 $\boldsymbol{F}_R=-km\boldsymbol{v}$，其中 k 为常数。试求该质点的运动规律和轨迹。

文档：习题 9-14 题解

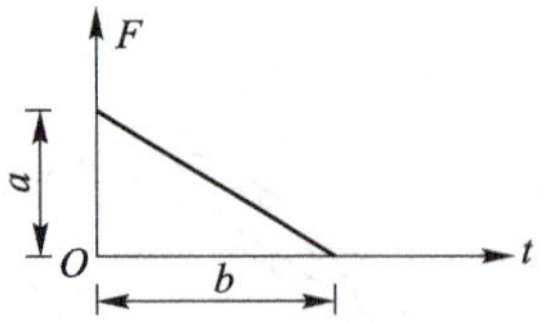

题 9-13 图

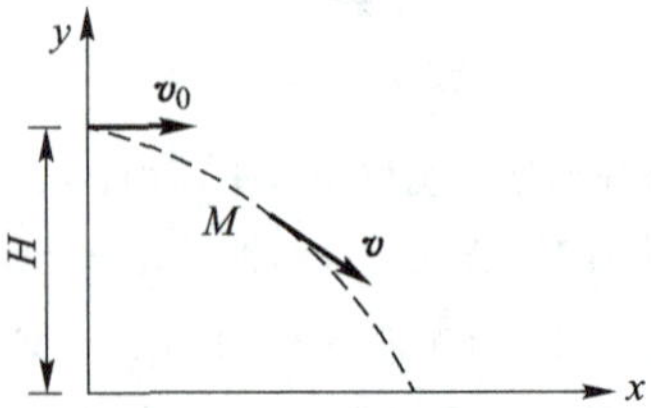

题 9-14 图

9-15 战斗机重 $G=29.4$ kN，引擎的推进力 $F_1=14.7$ kN，其起飞速度 $v=36.1$ m/s。空气阻力与速度的平方成正比，即 $F_R=kv^2$，单位为 N，阻力方向与速度方向相反，其中 $k=1.96\ \text{N}\cdot\text{m}^{-2}\cdot\text{s}^2$。为使战斗机能在舰船上起飞，采用弹射器以减少飞机的滑行路程，假定弹射器的附加推力

$F_2 = 4.9\ \text{kN}$，试问战斗机起飞跑道的长度可缩短多少？

9-16 如图，为使列车对铁轨的压力垂直于路基，在铁路的弯道部分，外轨要比内轨稍微提高。若弯道的曲率半径为 $\rho = 300\ \text{m}$，列车的速度 $v = 12\ \text{m/s}$，内外轨道间的距离为 $b = 1.6\ \text{m}$，试求外轨应高于内轨的高度 h。

9-17 如图，质量为 m 的质点 M，受指向原点的引力 $F = kr$ 作用，力与质点到点 O 的距离成正比。当 $t = 0$ 时，质点的参数为：$x = x_0, y = 0$；$\dot{x} = v_x = 0$，$\dot{y} = v_y = v_0$。试求此质点的轨迹。

文档：习题 9-17 题解

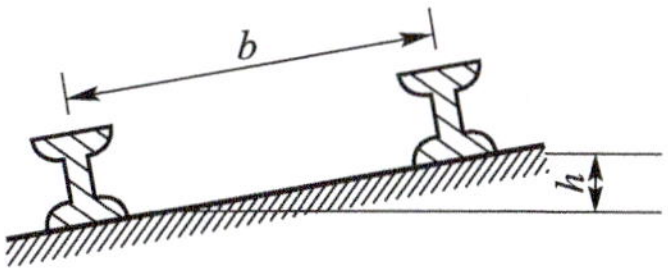

题 9-16 图

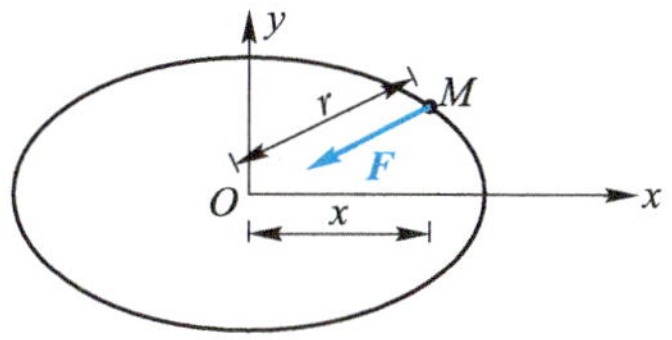

题 9-17 图

9-18 假设有一穿过地心的笔直隧道，已知当质点处在地球内部时受到的引力与它到地心的距离成正比，且此引力指向地心。现将小球自地面无初速地放入隧道，试求：(1) 小球的运动；(2) 小球到达地心时的速度；(3) 小球到达地心所需的时间（地球半径 $R = 6\ 370\ \text{km}$，$g = 9.8\ \text{m/s}^2$）。

9-19 所受浮力为 1×10^9 N 的轮船，以 $v_1 = 8\ \text{m/s}$ 的速度航行。水的阻力 F_R 与轮船速度平方成正比，在速度为 1 m/s 时为 3×10^5 N。当轮船关闭马达后速度降至 $v_2 = 4\ \text{m/s}$ 时，试求轮船航行了多少路程？需多少时间？

文档：习题 9-20 题解

9-20 图示某火箭在地球表面大气层中运动时 $\theta = kt$，k 为常量。设火箭重量 W 和推进力 $\boldsymbol{F}$ 均为常量，并取 $t = 0$ 时火箭的位置 $x = y = 0$；火箭铅直向上的分速度为 u。不计空气阻力，试求火箭的运动规律。

9-21 图示质量为 0.5 kg 的套筒，被一跨过滑车的绳子牵引，在铅直平面内沿光滑水平杆 AB 从右向左运动。若绳的拉力为一常量，套筒经过点 C 和点 D 时速度分别为 6 m/s 和 1 m/s，方向均向左。试求绳的拉力及套筒经过点 D 时杆的约束力。

文档：习题 9-21 题解

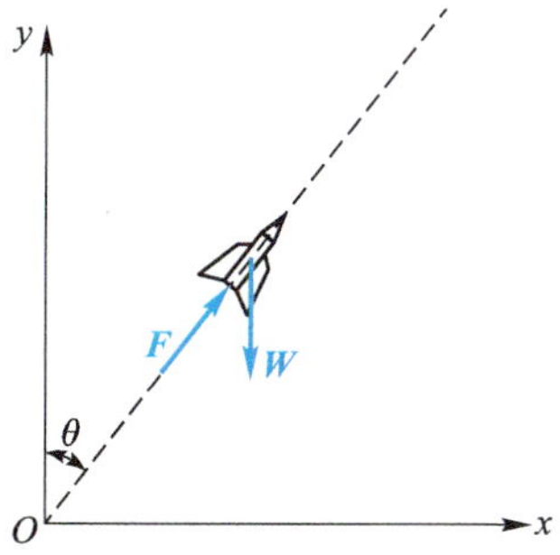

题 9-20 图

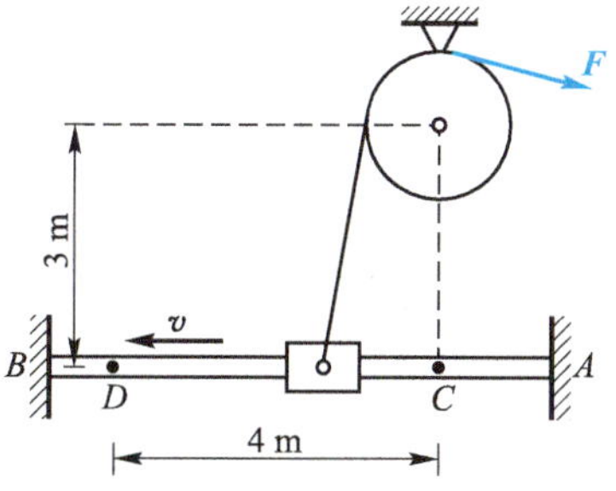

题 9-21 图

文档：习题 9-22 题解

9-22　质量为 m 的小环 M，套在一条光滑钢丝上。钢丝的方程为 $x^2=4ay$（其中 a 为常量），坐标系 Oxy 如图所示。试求小环自 $x=2a$ 处自由滑至钢丝的最低点 O 时的速度及小环此时所受的约束力。曲率：$k=\dfrac{\ddot{y}}{(1+\dot{y}^2)^{\frac{3}{2}}}$。

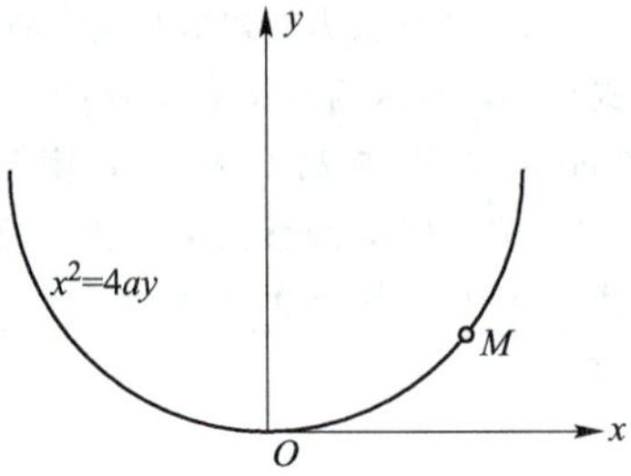

题 9-22 图

9-23　质量为 $m=2$ kg 的质点 M 在图示水平面 Oxy 内运动，质点在某瞬时 t 的位置可由方程 $r=t^2-\dfrac{t^2}{3}$ 及 $\theta=2t^2$ 确定。其中 r 以 m 计，t 以 s 计，θ 以 rad 计，当（1）$t=0$ 及（2）$t=1$ s 时，分别求质点 M 上所受的径向分力和横向分力。

9-24　半径为 r 的光滑圆圈，以匀加速度 $\boldsymbol{a}$ 在铅垂平面内向上运动。质量为 m 的小环套在圆圈上，相对于圆圈在 $\varphi=0$ 的位置由静止开始运动。试求小环在图示位置时的相对速度和对圆圈的压力。

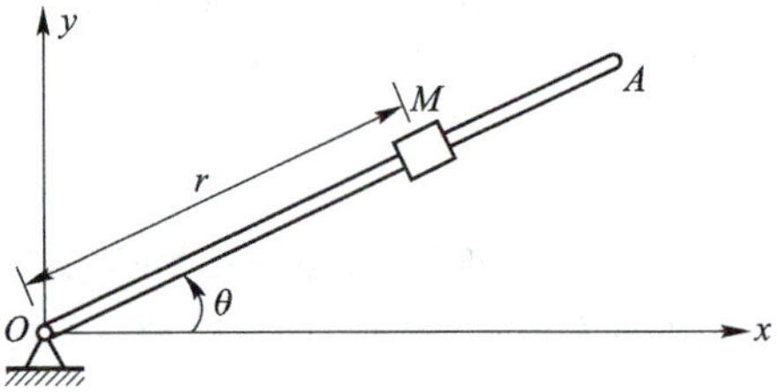

题 9-23 图

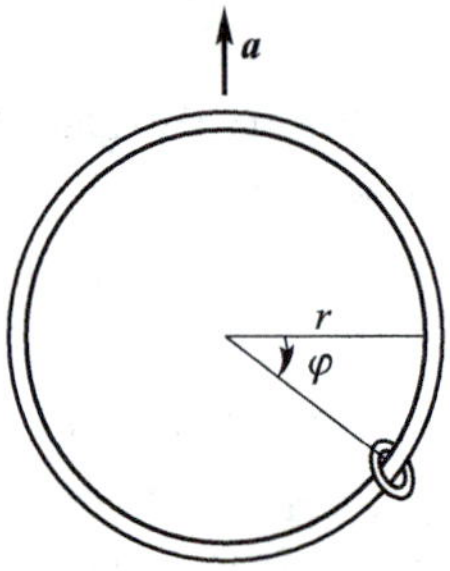

题 9-24 图

9-25　如图，单摆长为 l，摆锤重为 G，支点 B 具有水平的匀加速度 $\boldsymbol{a}$。如将摆在 $\theta=0$ 处释放，试将摆绳的张力 $\boldsymbol{F}$ 表示为 θ 的函数。

9-26　如图，倾斜导管 AB 以匀角速度 ω 绕铅垂轴转动，光滑小球在导管内有一相对平衡位置 C，这一位置离开导管的下端 A 的距离为 $l=\dfrac{g\cos\theta}{\omega^2\sin^2\theta}$。设小球的初位置在 C 的上面距离为 b 处，相对初速度为零，若设 x' 轴以相对平衡位置 C 为原点，沿导管向上为正。试证明小球在导管中的运动方程为 $x'=b\cosh(\omega t\sin\theta)$。

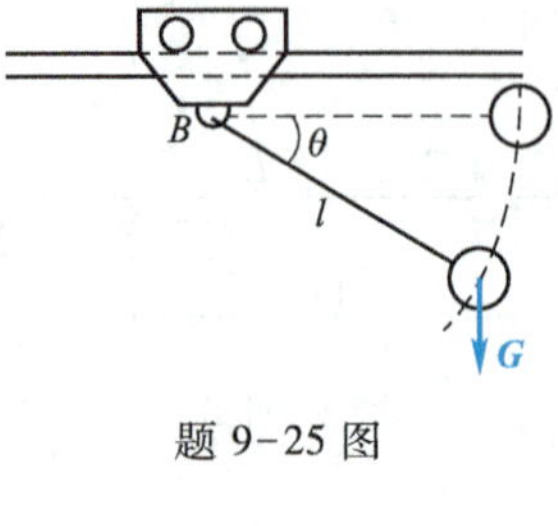

题 9-25 图

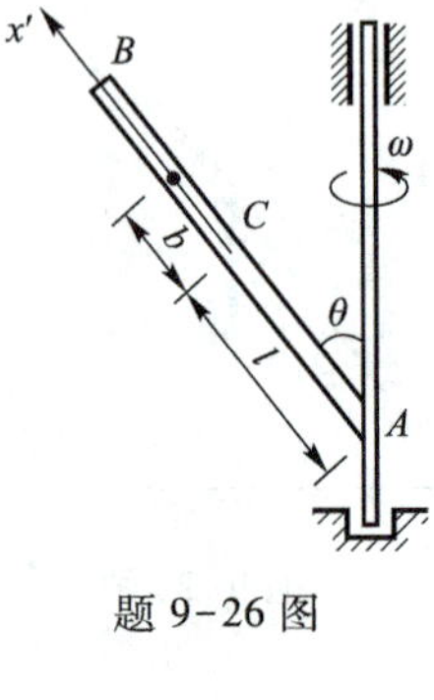

题 9-26 图

9-27　如图,质量为 m 的小环 M 沿半径为 R 的光滑圆环运动。圆环在自身平面(水平面)内以匀角速度 ω 绕通过 O 点的铅垂轴转动。在初瞬时,小环 M 在 M_0 处($\varphi_0=\pi/2$),且处于相对静止状态。试求小环 M 对圆环径向压力的最大值。

9-28　如图,半径为 R 的圆形导管以匀角速度 $\omega=\sqrt{\dfrac{4g}{3R}}$ 绕铅垂轴 AB 转动,内有一光滑小球 M,小球重 G。试求小球从最高点无初速地运动到 $\theta=60°$ 时相对于导管的速度以及此时导管对小球的约束力。

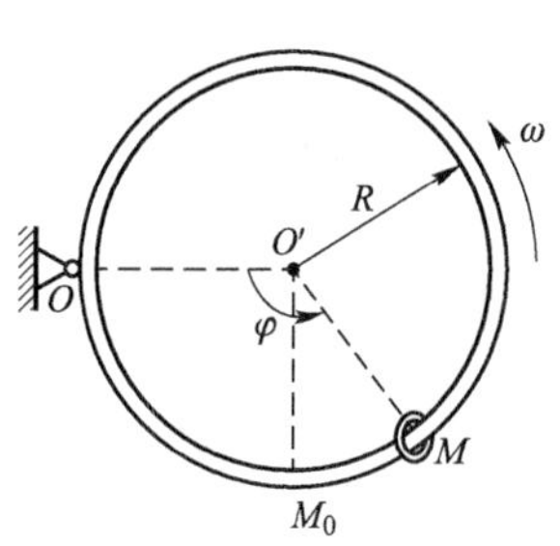

题 9-27 图

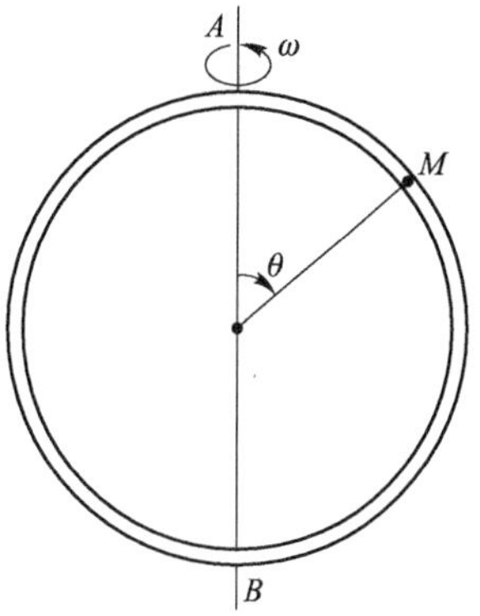

题 9-28 图

9-29　铁轨沿经线铺设,质量为 2×10^6 kg 的列车,以 15 m/s 的速度自南向北行驶,某瞬时经过北纬 60°。试求该瞬时列车对铁轨的侧向压力。

9-30　图示离心调速器的套筒 C 质量为 $2m$,小球 A、B 的质量均为 m,彼此铰接的四根杆长度均为 l,调速器的角速度 ω 为常量,不计摩擦。试求相对平衡时杆与转动轴之间的夹角 θ。

9-31　图示水平圆盘以匀角速度 ω 绕 O 轴转动。在圆盘上沿某直径有滑槽,一质量为 m 的质点 M 在光滑槽内运动。如质点在开始时离轴心的距离为 a,且无初速度。试求质点的相对运动方程和槽的水平约束力。

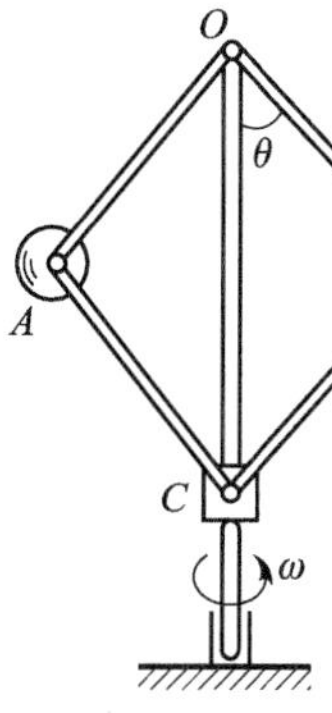

题 9-30 图

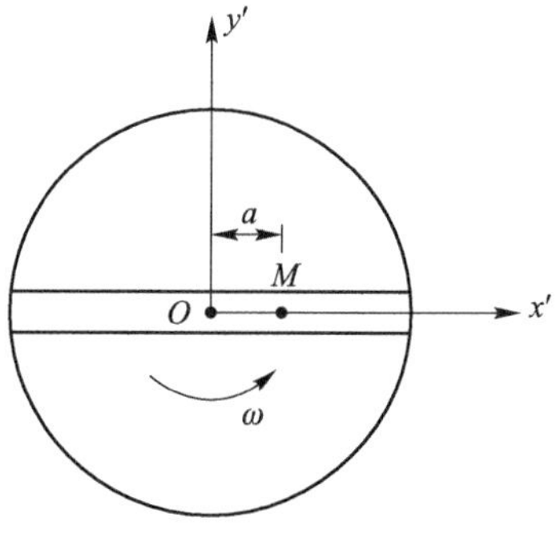

题 9-31 图

9-32　质量 $m=2$ kg 的滑块 A 通过销钉 M 由摇杆 OB 带动在倾角为 30°的斜面间运动。已知当摇杆 OB 在铅垂位置时，角速度 $\omega=2$ rad/s，角加速度 $\alpha=1$ rad/s^2，其转向如图所示，摩擦略去不计。试求斜面对滑块 A 及导槽对销钉 M 的约束力。

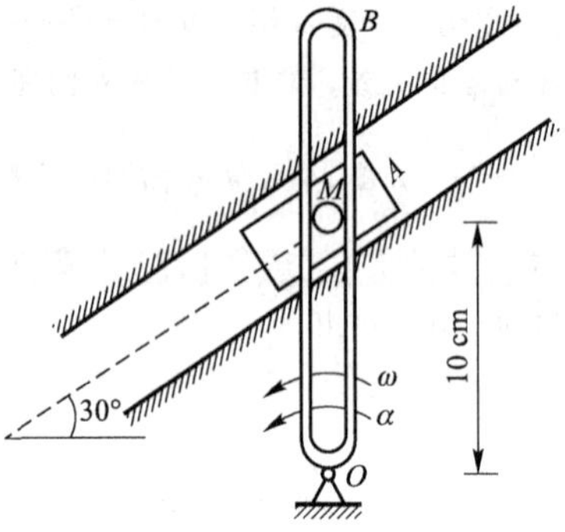

题 9-32 图

9-33　一质点在北半球自 $h=590$ m 的高度自由落到地面，若计入地球自转的影响，但略去空气阻力。试问质点落下时向东偏了多少？该处的地理纬度 $\varphi=60°$。又问此质点若在北极的极点和赤道上同一高度下落时，则偏移了多少（略去二阶微量 ω^2）？

第十章　动 量 定 理

在前一章，运用质点运动微分方程求解了质点的动力学问题。从理论上讲，这一方法也可以推广至质点系的动力学问题，在对质点系中的每一个质点建立质点的运动微分方程后，求解质点系的运动微分方程组，这一方法只能求解最简单的质点系动力学问题。在工程实际问题中，既无必要也不可能运用这种方法解题，这是因为：对于绝大部分实际问题，并不需要求出质点系中每个质点的运动规律，而只需知道表征整个质点系运动的某些特征量就够了；其次，求解质点系联立的微分方程组的积分问题，会遇到难以克服的数学上的困难。为了使运算过程简化，可以从运动微分方程出发推导出若干定理，运用这些定理求解质点系的问题，要比运用运动微分方程简单得多。在这些定理中，我们将某些与运动有关的物理量（动量、动量矩、动能）和作用于质点系上的与力有关的物理量（冲量、冲量矩、功）对应联系起来，建立它们之间数学上的关系。这些关系统称为动力学普遍定理，它包括动量定理、动量矩定理和动能定理。这些定理不仅仅是数学运算的简化，而且也有它的独立的物理意义。

这一章，将讨论由牛顿第二定理推导出的动量定理和质心运动定理。

§10-1　动量和冲量

1. 动量

我们知道，子弹质量虽小，但当其速度很大时便产生极大的杀伤力；轮船靠岸，尽管速度很小，但由于质量很大，如果不慎，也会撞坏码头。这说明物体运动的强弱，不仅与物体运动的速度有关，而且还与物体的质量有关。为了表示物体运动量的强弱，把物体的质量与它的速度矢的乘积称为物体的**动量**。

质点在瞬时 t 的动量就是质点的质量 m 与其在该瞬时的速度 $\boldsymbol{v}$ 的乘积，动量用 $\boldsymbol{p}$ 表示为

$$\boldsymbol{p}=m\boldsymbol{v} \tag{10-1}$$

动量是表征物体机械运动强弱的一个物理量。动量是矢量，与速度的方向一致。动量的单位是 kg · m/s。

质点系中所有质点的动量的矢量和，称为质点系的动量，表示为

$$\boldsymbol{p}=\sum m_i\boldsymbol{v}_i \tag{10-2}$$

对于质点系的运动，不仅与作用于质点系上的力及各质点质量的大小有关，而且与质点系的质量分布状况有关。质心就是反映质点系质量分布的一个特征量。质心的概念在质点系动力学中有很重要的意义。

设由 n 个质点 M_1、M_2、…、M_n 组成的质点系，各质点的质量分别为 m_1、m_2、…、m_n。若以 $m=\sum m_i$ 表示质点系总的质量，并以 $\boldsymbol{r}_1$、$\boldsymbol{r}_2$、…、$\boldsymbol{r}_n$ 表示各质点对任选的点 O 的径矢，如图 10-1 所示，则由下列公式

$$\boldsymbol{r}_C=\frac{\sum m_i\boldsymbol{r}_i}{m} \tag{10-3}$$

或

$$m\boldsymbol{r}_C=\sum m_i\boldsymbol{r}_i$$

确定的一点 C 称为该质点系的**质心**。

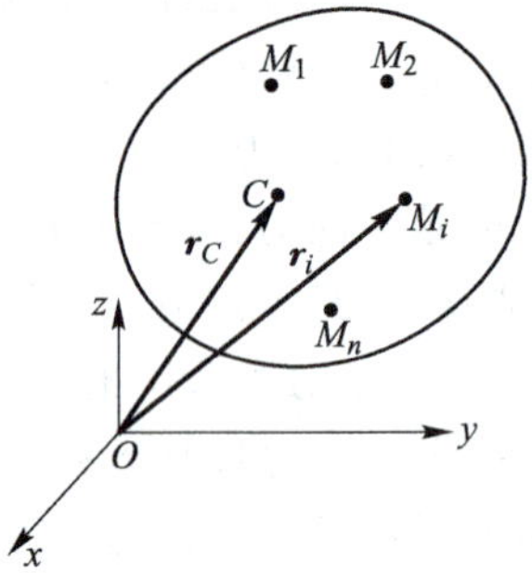

图 10-1　质点系的质心

在静坐标系中将式(10-3)两边对时间求导可得 $\boldsymbol{v}_C=\dfrac{\sum m_i\boldsymbol{v}_i}{m}$，再次对时间求导可得 $\boldsymbol{a}_C=\dfrac{\sum m_i\boldsymbol{a}_i}{m}$。所以，质点系的动量又可以表示为

$$\boldsymbol{p}=m\boldsymbol{v}_C \tag{10-4}$$

即**质点系的动量等于质点系的质量与其质心的速度的乘积**。公式(10-4)为刚体的动量计算提供了便捷的方法。

对于刚体系统，设第 i 个刚体的质心 C_i 的速度为 $\boldsymbol{v}_{Ci}$，则整个刚体系统的动量可由下式计算：

$$\boldsymbol{p}=\sum m_i\boldsymbol{v}_{Ci} \tag{10-5}$$

动量是矢量，具体计算时，可利用速度的投影形式，即

$$\boldsymbol{p}=\sum m_iv_{ix}\boldsymbol{i}+\sum m_iv_{iy}\boldsymbol{j}+\sum m_iv_{iz}\boldsymbol{k}=mv_{Cx}\boldsymbol{i}+mv_{Cy}\boldsymbol{j}+mv_{Cz}\boldsymbol{k}$$

例 10-1　已知轮 A 质量为 m_1，均质杆 AB 质量为 m_2，杆长为 l，如图 10-2a 所示，在图示位置时轮心 A 的速度为 $\boldsymbol{v}$，AB 倾角为 45°。试求此瞬时系统的动量。

解　轮杆系统的自由度为 1，设 v 为运动学独立变量。因 I 为杆 AB 的瞬心，如图 10-2b 所示，则

$$\omega_{AB}=\frac{v}{AI}=\frac{\sqrt{2}v}{l},\quad v_C=IC\omega_{AB}=\frac{l}{2}\times\frac{\sqrt{2}v}{l}=\frac{\sqrt{2}}{2}v$$

$$p_x=m_1v+m_2v_C\cos 45^\circ=\frac{2m_1+m_2}{2}v$$

$$p_y=m_2v_C\sin 45^\circ=\frac{m_2}{2}v$$

$$\boldsymbol{p}=\frac{2m_1+m_2}{2}v\boldsymbol{i}+\frac{m_2}{2}v\boldsymbol{j}$$

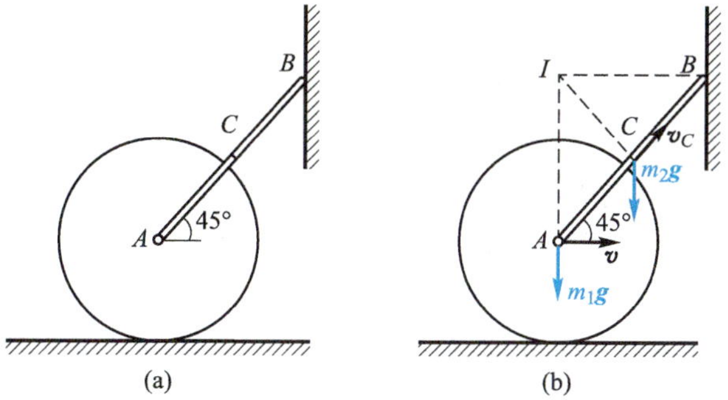

图 10-2 例 10-1 图

2. 冲量

根据经验知道,作用于物体上的力所引起的物体运动状态变化的程度,不仅取决于作用力的大小,而且还与该力的作用时间长短有关。把力在某一时间段里的累积效应称为力的冲量,以 $\boldsymbol{I}$ 表示,即

$$\boldsymbol{I}=\int_{t_1}^{t_2}\boldsymbol{F}\mathrm{d}t \tag{10-6}$$

其中 $\boldsymbol{F}\mathrm{d}t$ 是力 $\boldsymbol{F}$ 在 $\mathrm{d}t$ 时间内的元冲量,表示为

$$\mathrm{d}\boldsymbol{I}=\boldsymbol{F}\mathrm{d}t \tag{10-7}$$

冲量是矢量,其方向与力 $\boldsymbol{F}$ 的方向一致。冲量的单位为 N · s,或 kg · m/s,与动量的单位一致,将式(10-6)投影至直角坐标轴上,得冲量 $\boldsymbol{I}$ 在三个直角坐标轴上的投影

$$I_x=\int_{t_1}^{t_2}F_x\mathrm{d}t,\quad I_y=\int_{t_1}^{t_2}F_y\mathrm{d}t,\quad I_z=\int_{t_1}^{t_2}F_z\mathrm{d}t \tag{10-8}$$

若式(10-6)中的 $\boldsymbol{F}$ 为若干个分力的合力:$\boldsymbol{F}=\boldsymbol{F}_1+\boldsymbol{F}_2+\cdots+\boldsymbol{F}_n=\sum\boldsymbol{F}_i$,则

$$\begin{aligned}\boldsymbol{I}&=\int_{t_1}^{t_2}\boldsymbol{F}\mathrm{d}t=\int_{t_1}^{t_2}(\boldsymbol{F}_1+\boldsymbol{F}_2+\cdots+\boldsymbol{F}_n)\mathrm{d}t\\&=\int_{t_1}^{t_2}\boldsymbol{F}_1\mathrm{d}t+\int_{t_1}^{t_2}\boldsymbol{F}_2\mathrm{d}t+\cdots+\int_{t_1}^{t_2}\boldsymbol{F}_n\mathrm{d}t=\boldsymbol{I}_1+\boldsymbol{I}_2+\cdots+\boldsymbol{I}_n\end{aligned} \tag{10-9}$$

式(10-9)说明,合力的冲量等于各分力冲量的矢量和。

例 10-2 力 $\boldsymbol{F}$ 作用在一沿直线轨迹运动的质点上,此力的作用线始终与轨迹重合,力的大小和指向随时间变化,如图 10-3 所示,试求力在下述时间间隔内的冲量:

(1) 最初 1 s;(2) 最初 2 s。

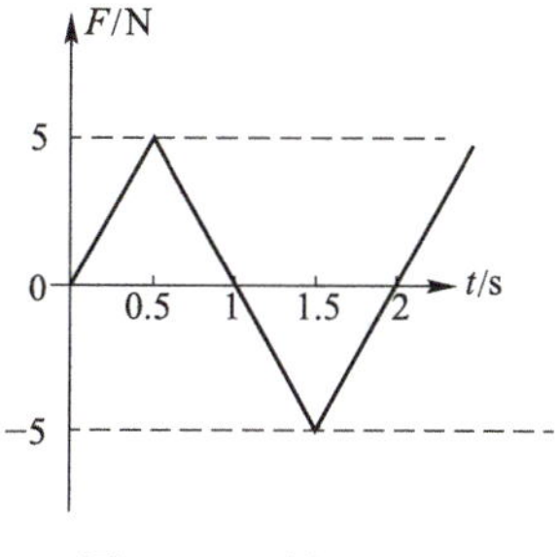

图 10-3 例 10-2 图

文档:例 10-2 题解

§10-2　动 量 定 理

质点系中任一质点所受到的力可以分为两类:一类是质点系以外的物体对它的作用力,称为外力,以 $\boldsymbol{F}_i^{\mathrm{E}}$ 表示;另一类是质点系中质点间相互作用的力,称为内力,以 $\boldsymbol{F}_i^{\mathrm{I}}$ 表示。要确定某个力是“内力”还是“外力”,取决于被观察的质点系的范围,外力与内力的区分是相对的。既然内力是质点系中各质点间的相互作用力,根据作用力与反作用力定律,内力必定是成对出现的。因此,对整个质点系而言,内力系的矢量之和等于零,内力系对任一点或任一轴(x 轴)之矩的和也等于零,即

$$\sum \boldsymbol{F}_i^{\mathrm{I}}=\boldsymbol{0},\quad \sum \boldsymbol{M}_O(\boldsymbol{F}_i^{\mathrm{I}})=\boldsymbol{0},\quad \sum M_x(\boldsymbol{F}_i^{\mathrm{I}})=0$$

由 n 个质点组成的质点系,其中任一质点的质量为 m_i,它在任一瞬时的速度为 $\boldsymbol{v}_i$,而作用在该质点上的力有内力 $\boldsymbol{F}_i^{\mathrm{I}}$ 和外力 $\boldsymbol{F}_i^{\mathrm{E}}$,根据质点的动力学方程,得

$$m_i\frac{\mathrm{d}\boldsymbol{v}_i}{\mathrm{d}t}=\boldsymbol{F}_{\mathrm{i}}^{\mathrm{E}}+\boldsymbol{F}_i^{\mathrm{I}}$$

或

$$\frac{\mathrm{d}(m_i\boldsymbol{v}_i)}{\mathrm{d}t}=\boldsymbol{F}_i^{\mathrm{E}}+\boldsymbol{F}_i^{\mathrm{I}}$$

对于整个质点系而言,共可写出 n 个这样的方程,然后将它们叠加,应有

$$\sum\frac{\mathrm{d}(m_i\boldsymbol{v}_i)}{\mathrm{d}t}=\sum\boldsymbol{F}_i^{\mathrm{E}}+\sum\boldsymbol{F}_i^{\mathrm{I}}$$

或

$$\frac{\mathrm{d}(\sum m_i\boldsymbol{v}_i)}{\mathrm{d}t}=\sum\boldsymbol{F}_i^{\mathrm{E}}+\sum\boldsymbol{F}_i^{\mathrm{I}}$$

考虑到 $\sum \boldsymbol{m}_i\boldsymbol{v}_i$ 为整个质点系的动量 $\boldsymbol{p}$,并且对质点系而言,内力之和为零,即 $\sum\boldsymbol{F}_i^{\mathrm{I}}=\boldsymbol{0}$。所以有

$$\frac{\mathrm{d}\boldsymbol{p}}{\mathrm{d}t}=\sum\boldsymbol{F}_i^{\mathrm{E}}\tag{10-10}$$

即,质点系的动量对时间的导数,等于作用于质点系的所有外力的矢量和。这就是质点系的动量定理。

质点系动量定理在直角坐标轴上的投影形式为

$$\frac{\mathrm{d}p_x}{\mathrm{d}t}=\sum F_{ix}^{\mathrm{E}},\quad \frac{\mathrm{d}p_y}{\mathrm{d}t}=\sum F_{iy}^{\mathrm{E}},\quad \frac{\mathrm{d}p_z}{\mathrm{d}t}=\sum F_{iz}^{\mathrm{E}}\tag{10-11}$$

其中 p_x、p_y、p_z 分别为质点系动量 $\boldsymbol{p}$ 在直角坐标轴上的投影，它们分别为

$$p_x=\sum m_i v_{ix}, \quad p_y=\sum m_i v_{iy}, \quad p_z=\sum m_i v_{iz}$$

式(10-11)表明，质点系的动量在任一固定轴上的投影对于时间的导数，等于各外力在同一轴上的投影的代数和。

将式(10-10)两边同乘 $\mathrm{d}t$，得 $\mathrm{d}\boldsymbol{p}=\sum \boldsymbol{F}_i^{\mathrm{E}}\mathrm{d}t$，两边积分

$$\int_{p_1}^{p_2}\mathrm{d}\boldsymbol{p}=\int_{t_1}^{t_2}\sum \boldsymbol{F}_i^{\mathrm{E}}\mathrm{d}t$$

即

$$\boldsymbol{p}_2-\boldsymbol{p}_1=\sum \boldsymbol{I}_i^{\mathrm{E}} \tag{10-12}$$

这就是质点系动量定理的积分形式，也称为质点系的冲量定理。

式(10-12)表明，质点系的动量在任一段时间内的改变量，等于作用于质点系的所有外力在同一段时间内的冲量的矢量和。

式(10-12)在直角坐标轴上的投影形式为

$$p_{2x}-p_{1x}=\sum I_{ix}^{\mathrm{E}}, \quad p_{2y}-p_{1y}=\sum I_{iy}^{\mathrm{E}}, \quad p_{2z}-p_{1z}=\sum I_{iz}^{\mathrm{E}} \tag{10-13}$$

即，在任一时间段内，质点系的动量在任一固定轴上的投影的改变量，等于各外力的冲量在同一轴上投影的代数和。

若 $\sum \boldsymbol{F}_i^{\mathrm{E}}=\boldsymbol{0}$，由式(10-10)知，质点系的动量 $\boldsymbol{p}$ 应为常矢量

$$\boldsymbol{p}=\sum m_i \boldsymbol{v}_i=m\boldsymbol{v}_C=\text{常矢量} \tag{10-14}$$

这一结论称为质点系动量守恒定理，表述为：若作用于质点系的所有外力的矢量和恒等于零，则质点系的动量保持为常量。

若作用于质点系的所有外力在某一固定轴上的投影的代数和恒等于零，则质点系的动量在该轴上的投影保持为常量。即若式(10-11)中 $\sum F_{ix}^{\mathrm{E}}=0$，则

$$p_x=\sum m_i v_{ix}=mv_{Cx}=\text{常量} \tag{10-15}$$

质点系的动量守恒定理在工程技术中有非常广泛的应用，是自然界普遍规律之一。发射枪弹或炮弹时的反坐现象，火箭、喷气式飞机等现代飞行器的反推作用等都是质点系动量守恒的实际应用。

例 10-3 滑块 A 的质量为 m_A，下面悬挂一摆，摆锤质量为 m_B，摆长为 l，摆杆不计自重(图 10-4a)。摆按规律 $\varphi=\varphi_0\cos\omega t$ 摆动，试求滑块 A 的运动描述(初始时系统静止)和地面对滑块 A 的作用力。

解 建立坐标系 Oxy，分析所有外力，如图 10-4b 所示。本题中系统的自由度为 2，以 v_A 和 $\dot{\varphi}$ 为独立运动变量。因 $\sum F_{ix}^{\mathrm{E}}=0$，故 x 方向的动量为常数；又因初始时系统静止，故有

$$m_A v_A+m_B v_{Bx}=0$$

即

$$m_A v_A+m_B(v_A+l\dot{\varphi}\cos\varphi)=0$$

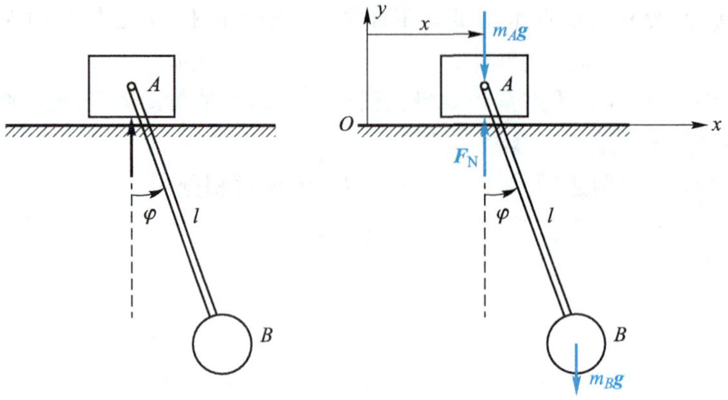

图 10-4　例 10-3 图

$$v_A=\frac{m_Bl\varphi_0\omega\sin(\omega t)\cos\varphi}{m_A+m_B}$$

$$\frac{\mathrm{d}x_A}{\mathrm{d}t}=\frac{m_Bl\varphi_0\omega\sin(\omega t)\cos\varphi}{m_A+m_B}$$

两边积分,得

$$\int_0^x\mathrm{d}x_A=\frac{m_Bl}{m_A+m_B}\int_0^t\varphi_0\omega\sin(\omega t)\cos\varphi\,\mathrm{d}t$$

$$x=C-\frac{m_Bl\sin(\varphi_0\cos\omega t)}{m_A+m_B}$$

这就是滑块 A 的运动描述,其中常量 C 为初始时滑块 A 的 x 坐标位置。

y 方向因有外力,根据$\frac{\mathrm{d}p_y}{\mathrm{d}t}=\sum F_{iy}^{\mathrm{E}}$计算,系统 y 方向总的动量为

$$p_y=m_A\times0+m_B\times v_{By}=m_Bl\dot{\varphi}\sin\varphi=-m_Bl\omega\varphi_0\sin(\omega t)\sin\varphi$$

$$\frac{\mathrm{d}p_y}{\mathrm{d}t}=-m_Bl\omega^2\varphi_0\cos(\omega t)\sin\varphi+m_Bl\omega^2\varphi_0^2\sin^2(\omega t)\cos\varphi=F_{\mathrm{N}}-m_Ag-m_Bg$$

所以

$$F_{\mathrm{N}}=(m_A+m_B)g+m_Bl\omega^2\varphi_0[-\cos(\omega t)\sin\varphi+\varphi_0\sin^2(\omega t)\cos\varphi]$$

例 10-4　电动机质量为 m_1,外壳用螺栓固定在基础上(图 10-5a)。另有一均质杆,长为 l,质量为 m_2,一端固连在电动机轴上,并与机轴垂直,另一端则连一质量为 m_3 的小球。设电动机轴以匀角速度 ω 转动,试求螺栓和基础作用于电动机的最大总水平力及铅直力。

解　以整体(电动机、均质杆、小球)为分析对象,分析所有的外力,取静坐标系 Oxy 固结于机身,如图 10-5b 所示。本题中系统的自由度为 1,以 ω 为独立运动变量。在任一瞬时 t,均质杆与 y 轴的夹角为 ωt。因机身固定,故任意时刻电机的速度 $v_1=0$,均质杆质心的速度为 $v_2=\frac{1}{2}\omega$,小球的速度 $v_3=l\omega$,方向如图 10-5c 所示。整个质点系的动量为

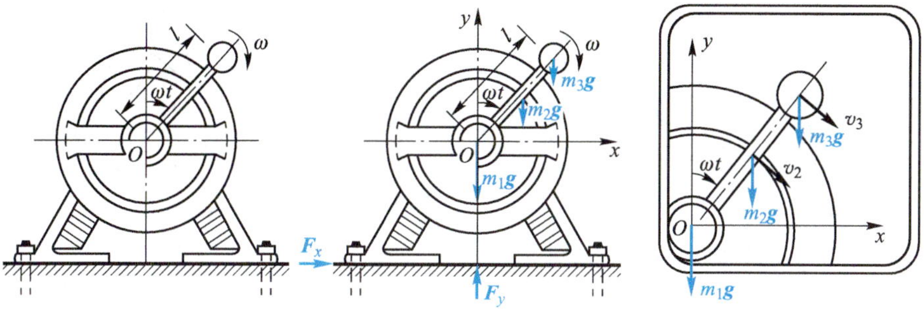

(a)　(b)　(c)

图 10-5　例 10-4 图

$$\boldsymbol{p}=[m_2v_2\cos(\omega t)+m_3v_3\cos(\omega t)]\boldsymbol{i}-[m_2v_2\sin(\omega t)+m_3v_3\sin(\omega t)]\boldsymbol{j}$$
$$=\left(\frac{m_2}{2}+m_3\right)l\omega\cos(\omega t)\boldsymbol{i}-\left(\frac{m_2}{2}+m_3\right)l\omega\sin(\omega t)\boldsymbol{j}$$

代入动量定理有

$$\frac{\mathrm{d}\boldsymbol{p}}{\mathrm{d}t}=F_x\boldsymbol{i}+(F_y-m_1g-m_2g-m_3g)\boldsymbol{j}$$

即

$$-\left(\frac{m_2}{2}+m_3\right)l\omega^2\sin(\omega t)\boldsymbol{i}-\left(\frac{m_2}{2}+m_3\right)l\omega^2\cos(\omega t)\boldsymbol{j}=F_x\boldsymbol{i}+(F_y-m_1g-m_2g-m_3g)\boldsymbol{j}$$

于是

$$F_x=-\left(\frac{m_2}{2}+m_3\right)l\omega^2\sin(\omega t),\quad F_y=m_1g+m_2g+m_3g-\left(\frac{m_2}{2}+m_3\right)l\omega^2\cos(\omega t)$$

水平力 F_x 的最大值

$$F_{x\max}=-\frac{m_2+2m_3}{2}l\omega^2 \tag{a}$$

铅直力 F_y 的最大值

$$F_{y\max}=m_1g+m_2g+m_3g+\left(\frac{m_2}{2}+m_3\right)l\omega^2 \tag{b}$$

计算结果式(a)和式(b)中,与 ω 有关的那部分,是由于质点系质心的运动而引起的约束力,这部分约束力称为动约束力。式(a)中 F_x 完全是由动约束力组成。而式(b)中的 F_y 则由静约束力($m_1g+m_2g+m_3g$)和动约束力 $-\dfrac{(m_2+2m_3)l\omega^2}{2}\cos\omega t$ 两部分组成,称为全约束力。

例 10-5　动量定理在流体力学中有广泛应用。例如,在水流流过弯管时,将对弯管产生压力。设在 AB、CD 两断面处的平均流速分别为 $\boldsymbol{v}_1$ 和 $\boldsymbol{v}_2$。如图 10-6a 所示,图中 $\boldsymbol{F}_1$、$\boldsymbol{F}_2$ 分别是前后水体对于 AB、CD 两断面处的总的压力,m 为 $ABCD$ 段水体的质量。假设水体是稳定流,即管内各处的流速不随时间的变化而变化,而且在单位时间内流经各截面的水体流量 Q 为常量。水的单位体积的质量为 ρ。试求水对管道的动压力。

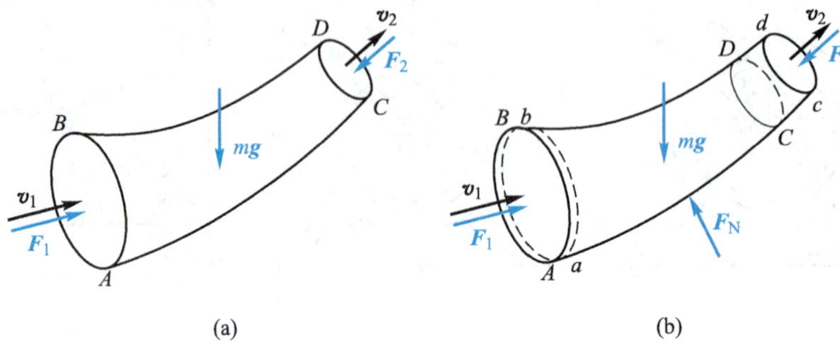

图 10-6　例 10-5 图

解　选取 $ABCD$ 水体部分为质点系，如图 10-6b 所示，其中 $\boldsymbol{F}_N$ 为管道对水体的约束力。设经过 dt 时间后，水体由原来的 $ABCD$ 位置位移到新的位置 $abcd$，则质点系在 dt 时间内流过截面的质量为 $dm=\rho Q dt$，而在 dt 时间内质点系动量的改变量为

$$\boldsymbol{p}_2-\boldsymbol{p}_1=\boldsymbol{p}_{abcd}-\boldsymbol{p}_{ABCD}=[(\boldsymbol{p}_{abCD})_2+\boldsymbol{p}_{CDcd}]-[\boldsymbol{p}_{ABab}+(\boldsymbol{p}_{abCD})_1]$$

因水流情况不随时间而变，所以 $abCD$ 部分流体在两瞬时的动量相等，即

$$(\boldsymbol{p}_{abCD})_2=(\boldsymbol{p}_{abCD})_1$$

故

$$\boldsymbol{p}_2-\boldsymbol{p}_1=\boldsymbol{p}_{CDcd}-\boldsymbol{p}_{ABab}=\rho Q dt(\boldsymbol{v}_2-\boldsymbol{v}_1)$$

根据动量定理有

$$\rho Q dt(\boldsymbol{v}_2-\boldsymbol{v}_1)=(m\boldsymbol{g}+\boldsymbol{F}_1+\boldsymbol{F}_2+\boldsymbol{F}_N)dt$$

即

$$\boldsymbol{F}_N=-(m\boldsymbol{g}+\boldsymbol{F}_1+\boldsymbol{F}_2)+\rho Q(\boldsymbol{v}_2-\boldsymbol{v}_1)$$

于是，为使流体改变方向，管壁作用于流体的力应为

$$\boldsymbol{F}_N=\rho Q(\boldsymbol{v}_2-\boldsymbol{v}_1) \tag{10-16}$$

这部分力是由水体的流动而产生的附加动约束力。

本题所得的结论式(10-16)，可作为公式直接应用于同类问题的计算，而无需再从头进行推导。例如，在本例题中，如图 10-7 所示，若 $\boldsymbol{v}_1$ 方向水平，$\boldsymbol{v}_2$ 与水平线成 45°夹角，$v_1=v_2=2.547$ m/s，$Q=0.5$ m³/s，水的密度为 1 000 kg/m³，则管壁对水体的附加动约束力为

$$F_{Nx}=-\rho Q(v_2\cos 45°-v_1)=0.37\text{ kN}$$
$$F_{Ny}=\rho Q(v_2\sin 45°-0)=0.9\text{ kN}$$

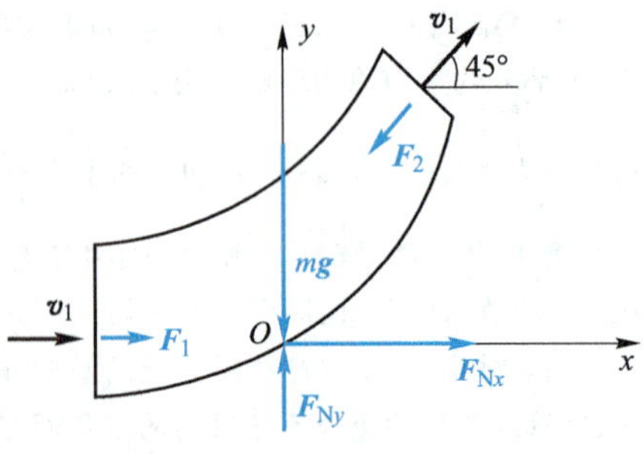

图 10-7

要注意的是，公式(10-16)是以水体为受力对象而推得的结果，若要求管道所受到的动压力，或者求作用于镇墩(支座)上的力时，则应与力 $\boldsymbol{F}$ 的方向相反。此外，在运用公式(10-16)计算时，要注意画好受力图并确定坐标。

文档：例 10-6 题解

例 10-6　如图 10-8 所示等截面弯管。稳定流动的水流从管口 A 流入弯管，自管口 B 流出灌

溉农田。已知管的内径 $d=0.4$ m,水平连杆 a 的最大承载能力为 4 kN。试问水流进入弯管的最大速度 $v_{1\max}$ 只能为多少?

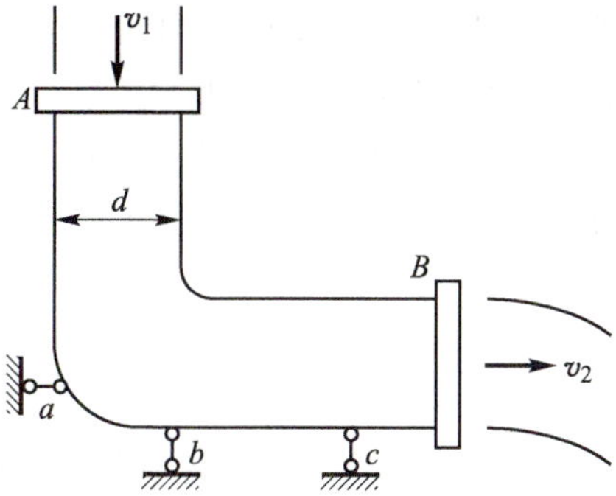

图 10-8 例 10-6 图

§ 10-3 质心运动定理

将质点系的动量表达式 $\boldsymbol{p}=m\boldsymbol{v}_C$ 代入质点系动量定理式(10-10),可得

$$\frac{\mathrm{d}}{\mathrm{d}t}(m\boldsymbol{v}_C)=\sum \boldsymbol{F}_i^{\mathrm{E}}$$

引入 $\dfrac{\mathrm{d}\boldsymbol{v}_C}{\mathrm{d}t}=\boldsymbol{a}_C$,则上式可写成

$$m\boldsymbol{a}_C=\sum \boldsymbol{F}_i^{\mathrm{E}} \tag{10-17}$$

上式表明,质点系的质量与质心加速度的乘积等于作用于质点系上的外力的矢量和。

将式(10-17)与牛顿第二定律的 $m\boldsymbol{a}=\boldsymbol{F}$ 相比较,可见它们的形式是完全相同的。因此,可以理解为,质点系的质心的运动可以看成为一个质点的运动,假想在这个质点上集中了质点系的全部质量,并在其上作用了全部作用在质点系上的外力。这就是质心运动定理。

将式(10-17)投影到直角坐标轴上,得

$$m\frac{\mathrm{d}^2x_C}{\mathrm{d}t^2}=\sum F_{ix}^{\mathrm{E}},\quad m\frac{\mathrm{d}^2y_C}{\mathrm{d}t^2}=\sum F_{iy}^{\mathrm{E}},\quad m\frac{\mathrm{d}^2z_C}{\mathrm{d}t^2}=\sum F_{iz}^{\mathrm{E}} \tag{10-18}$$

对于刚体系统,考虑到 $m\boldsymbol{a}_C=\sum m_i\boldsymbol{a}_{Ci}$,质心运动定理还有另一种表达形式

$$\sum m_i \boldsymbol{a}_{Ci} = \sum \boldsymbol{F}_i^{\mathrm{E}} \tag{10-19}$$

式(10-19)中的 $\boldsymbol{a}_{Ci}$ 表示刚体系统中各刚体质心的加速度。

从质心运动定理可以看到,质点系运动时,其质心的加速度完全决定于系统上的外力主矢。即质心的加速度只决定于外力的大小、方向,而与外力作用的位置无关,同时,也不受系统内力的影响。如停在光滑冰面上的汽车,无论如何加大油门,都不能使汽车前进,这是因为发动机汽缸内的燃气压力对汽车整体而言是内力,不能改变汽车质心的运动。唯有当地面与轮子间的摩擦力达到足够大时,汽车才能前进。

质心运动定理在质点系动力学中具有重要意义。当作用于质点系的外力已知时,根据这一定理可以确定质心的运动规律。在很多实际问题中,质心的运动往往是问题的主要方面。而且,由刚体运动学的知识可知,一旦质心的运动规律掌握,可将质心选为基点,将刚体的运动分解为随着质心的平移和相对于质心的转动两部分,进而求出刚体上任一点的运动规律。而当刚体相对于质心的转动部分成为一个次要因素时,那么该刚体的运动就完全决定于质心的运动了,如研究卫星的运行轨迹、炮弹的弹道问题等。

如果质点系不受外力作用,或者作用于质点系的外力的主矢 $\sum \boldsymbol{F}_i^{\mathrm{E}} = \boldsymbol{0}$ 时,则 $\boldsymbol{a}_C = \boldsymbol{0}$,于是有

$$\boldsymbol{v}_C = 常矢量 \tag{10-20}$$

这就是说,当质点系外力的主矢恒等于零时,质点系的质心将作匀速直线运动;如果质心原来是静止的,则它将在原处不动。

如果质点系外力主矢在某一轴上的投影等于零时,如在 x 轴上的投影为零,$\sum F_{ix}^{\mathrm{E}} = 0$,则 $m\dfrac{\mathrm{d}^2 x_C}{\mathrm{d}t} = 0$,于是

$$v_{Cx} = \frac{\mathrm{d}x_C}{\mathrm{d}t} = 常量 \tag{10-21}$$

在这种情况下,质心的速度在该轴上的投影保持为常量;如果质心的速度在该轴上的投影原来就等于零,则质心在该轴上的坐标不变。

上述两种情况称为**质心运动守恒定理**。

例 10-7　等腰直角三角形 ABD 的斜边 AB 长为 12 cm,今将此三角形如图 10-9a 所示放置,AB 铅垂,水平面光滑,然后让平板在重力作用下自由倒下,试求 BD 边的中点 M 的轨迹(设在整个运动过程中,顶点 A 始终都保持在水平面内)。

解　板在平面内运动,受到地面约束,如图 10-9b 所示,因 $\sum F_{ix}^{\mathrm{E}} = 0$,所以 $\ddot{x}_C = 0$,$v_{Cx} =$ 常量;又因为初始时静止,即 $v_{Cx_0} = 0$,故 $x_C =$ 常量。因此板的自由度为 2,选 x_M、y_M 为广义坐标,则点 M 的轨迹为广义坐标的函数。

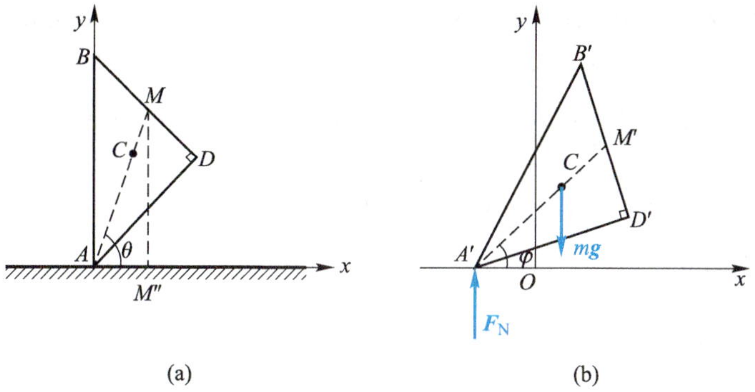

图 10-9　例 10-7 图

由已知条件：$AM=\sqrt{90}$ cm，$AC=\frac{2}{3}AM=\frac{2}{3}\sqrt{90}$ cm，M''为 M 到 x 轴的垂足，可求得

$$AM''=3\text{ cm},\quad MM''=\frac{3}{4}AB=9\text{ cm},\quad \cos\theta=\frac{AM''}{AM}=\frac{3}{\sqrt{90}}=\frac{1}{\sqrt{10}}$$

初始时，$x_C=AC\cos\theta=\frac{2}{3}\sqrt{90}\cos\theta\text{ cm}=2\text{ cm}$，板下落到任意位置，$M$ 点的位置为（x_M、y_M 均以 cm 计）

$$y_M=A'M'\sin\varphi=\sqrt{90}\sin\varphi,\quad x_M=x_C+CM'\cos\varphi=2+\frac{\sqrt{90}}{3}\sin\varphi$$

即

$$\frac{y_M}{\sqrt{90}}=\sin\varphi,\quad \frac{x_M-2}{\sqrt{10}}=\cos\varphi$$

消去 φ，得 $9(x_M-2)^2+y_M^2=90$，即为 M 点的轨迹。

例 10-8　试用质心运动定理求解例 10-4。

解　将电动机、均质杆、小球组成的质点系作为研究对象（图 10-10）。因电动机机身固

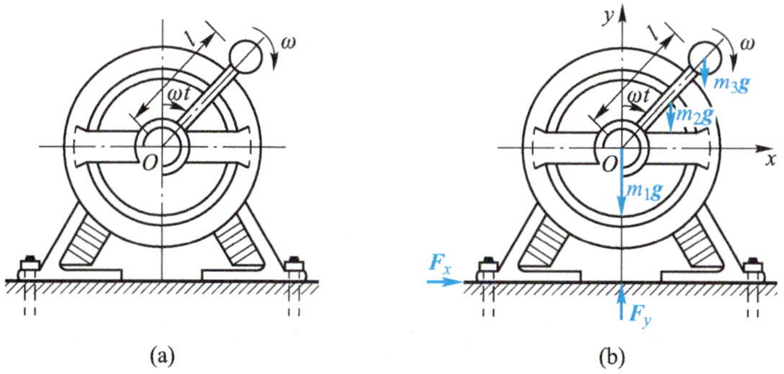

图 10-10　例 10-8 图

定不动,故取静坐标系 Oxy 固结于机身。本题中系统的自由度为1,以 ω 为独立运动变量。在任一瞬时 t,均质杆与 y 轴的夹角为 ωt,于是

$$a_{C1x}=0,\quad a_{C2x}=\frac{\mathrm{d}^2}{\mathrm{d}t^2}\left(\frac{l}{2}\sin\omega t\right)=-\frac{l}{2}\omega^2\sin\omega t,\quad a_{C3x}=\frac{\mathrm{d}^2}{\mathrm{d}t^2}(l\sin\omega t)=-l\omega^2\sin\omega t$$

$$a_{C1y}=0,\quad a_{C2y}=\frac{\mathrm{d}^2}{\mathrm{d}t^2}\left(\frac{l}{2}\cos\omega t\right)=-\frac{l}{2}\omega^2\cos\omega t,\quad a_{C3y}=\frac{\mathrm{d}^2}{\mathrm{d}t^2}(l\cos\omega t)=-l\omega^2\cos\omega t$$

代入式(10-18),有

$$-m_2\frac{l}{2}\omega^2\sin\omega t-m_3l\omega^2\sin\omega t=F_x$$

$$-m_2\frac{1}{2}\omega^2\cos\omega t-m_3l\omega^2\cos\omega t=F_y-m_1g-m_2g-m_3g$$

得

$$F_x=-\frac{m_2+2m_3}{2}l\omega^2\sin\omega t$$

$$F_y=m_1g+m_2g+m_3g-\left(\frac{m_2}{2}+m_3\right)l\omega^2\cos(\omega t)$$

水平力 F_x 的最大值为

$$F_{x\max}=-\frac{m_2+2m_3}{2}l\omega^2$$

铅直力 F_y 的最大值为

$$F_{y\max}=m_1g+m_2g+m_3g+\left(\frac{m_2}{2}+m_3\right)l\omega^2$$

由此可见,采用质心运动定理与动量定理求解结果一致。

思　考　题

10-1　分析下列陈述是否正确:

(1) 动量是一个瞬时量,相应地,冲量也是一个瞬时量。

(2) 质量为 m 的小球以匀速 $\boldsymbol{v}$ 在水平面内作圆周运动,则小球在任意瞬时的动量相等。

(3) 自行车在水平面上由静止出发开始前进,是因为人对自行车作用了一个向前的力,从而使自行车有向前的速度。

(4) 一个刚体,若动量为零,则该刚体一定处于静止状态。

(5) 一个质点系,若动量为零,则该系统每个质点均处于静止状态。

10-2　宇航员甲和乙原来在宇宙空间是静止的,两人各自用力拉绳子的一端,若不计绳子的质量,则两人相向运动的速度与什么有关?若甲的力气较大,则他能否把乙以更快的速度拉向自己?

10-3　炮弹在空中飞行时,若不计空气阻力,则其质心的轨迹为一抛物线。若炮弹在空

中爆炸后，其质心轨迹是否改变？又当部分弹片落地后，其质心轨迹是否改变？为什么？

10-4 图示质量为 m 的质点以匀速 $\boldsymbol{v}$ 作圆周运动。分别求解由位置 A 运动到位置 B、由位置 A 运动回到位置 A 的时间间隔内，作用在该质点上的合力的冲量。

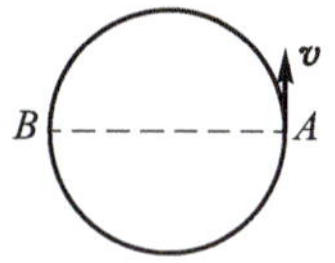

思考题 10-4 图

10-5 质点系动量守恒的条件是怎么样的？当质点系的动量守恒时，其中各质点的动量是否也必须守恒？

10-6 两物块 A 和 B 的质量分别为 m_A 和 m_B，如图所示放置，初始时静止，接触面均为光滑，若 A 沿斜面下滑的相对速度为 $\boldsymbol{v}_r$，B 向左的速度为 $\boldsymbol{v}$，根据动量守恒，等式 $m_A v_r \cos\theta = m_B v$ 是否成立？

10-7 两均质杆 AC 和 BC，长度相同。质量分别为 m_1 和 m_2，如图所示放置，设地面光滑，两杆被释放后将分开倒向地面，试问 m_1 和 m_2 相等或不相等时，C 点的运动轨迹是否相同？

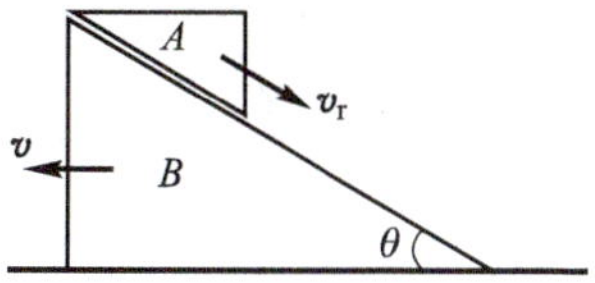

思考题 10-6 图

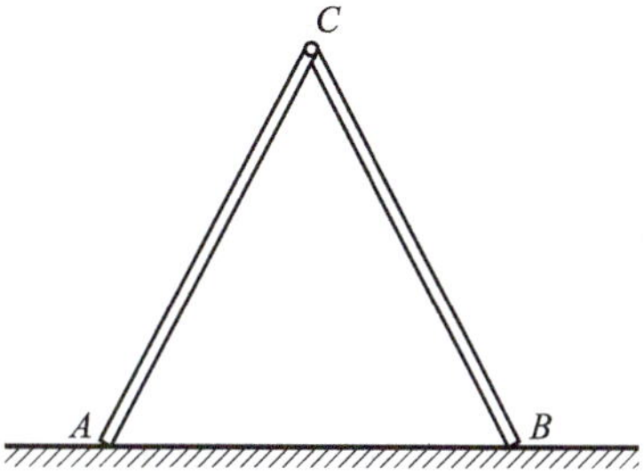

思考题 10-7 图

10-8 试求图示各均质物体的动量，设各物体的质量均为 m。

10-9 小车重 W，长为 l。重 P 的人站在小车的一端 A，开始时人与小车都不动，之后人从 A 端走到 B 端，若不计小车与地面间的摩擦，试问小车后退的距离 s 与人的行走方式是否有关（行走方式是指走、跑、跳或来回走动等）？为什么？

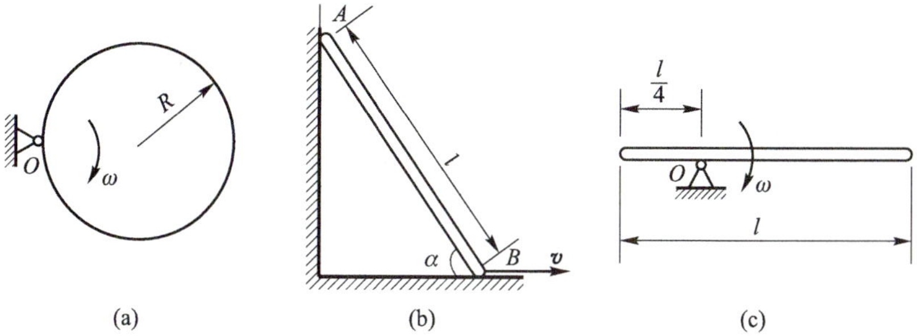

思考题 10-8 图

习　　题

10-1 如图，船 A、B 的重量分别为 $m_A g = 2.4$ kN 及 $m_B g = 1.3$ kN，两船原处于静止，间距

为6 m。设船 B 上有一人，重 $G=500$ N，用力拉动船 A，使两船靠拢。若不计水的阻力，试求当两船靠拢在一起时，船 B 移动的距离。

题 10-1 图

10-2　如图，电动机质量为 m_1，放置在光滑的水平面上，另有一均质杆，长为 $2l$，质量为 m_2，一端与电动机机轴相固结，并与机轴的轴线垂直，另一端则刚连一质量为 m_3 的物体，设机轴的角速度为 ω（ω 为常量），开始时杆处于铅垂位置并且系统静止。试求电动机的水平运动。

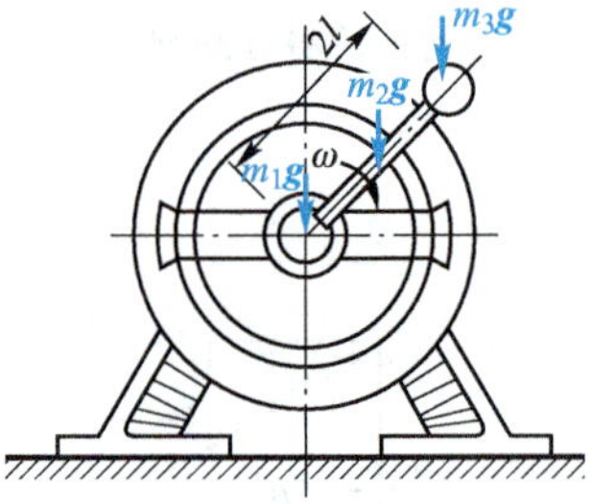

题 10-2 图

10-3　如图，浮动起重机起吊质量为 $m_1=2$ t 的重物，起重机质量为 $m_2=20$ t，杆长 $OA=8$ m，开始时杆与铅垂位置成 $60°$角，忽略水的阻力，杆重不计，当起重杆 OA 转到与铅垂位置成 $30°$角时，试求起重机的位移。

10-4　如图，均质圆盘绕偏心轴 O 以匀角速度 ω 转动。质量为 m_1 的夹板借右端弹簧推压而顶在圆盘上，当圆盘转动时，夹板作往复运动。设圆盘质量为 m_2，半径为 r，偏心距为 e，试求任一瞬时作用于基础和螺栓的动约束力。

文档：习题 10-5 题解

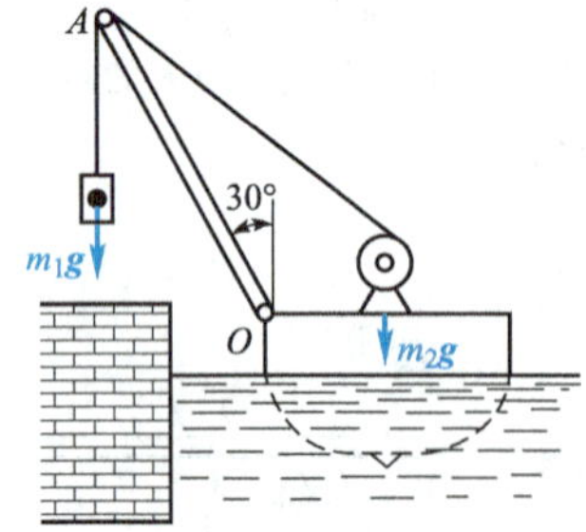

题 10-3 图

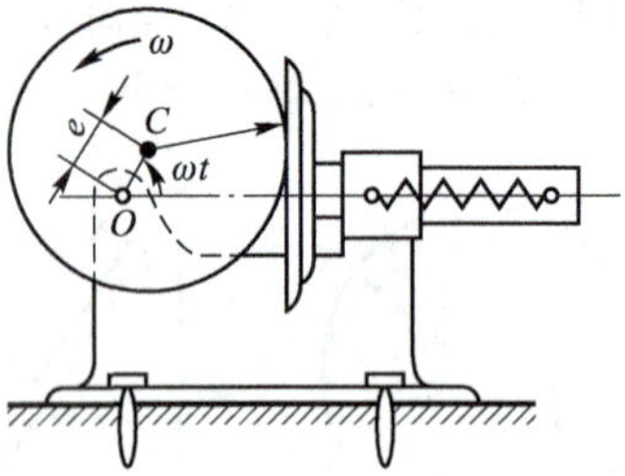

题 10-4 图

文档：习题 10-6 题解

10-5　大直角楔块 A 质量为 m_1，水平边长为 a，放置在光滑水平面上；小楔块 B 质量为 m_2，水平边长为 $b(a>b)$，如图所示放置在 A 上，当小楔块 B 完全下滑至图中虚线位置时，试求大楔块的位移。假设初始时系统静止。

10-6　图示均质杆 AB 长为 $2l$，其 B 端搁置于光滑水平面上，并与水平面成 φ_0 角，当杆由静止在铅垂平面内倒下时，试求杆端 A 点的轨迹方程。

文档：习题 10-7 题解

10-7　图示系统中 $m_A=4$ kg，$m_C=2$ kg，$\theta=30°$。设当 A 在斜面上无初速地向下滚过 40 cm时，斜面在光滑的水平轨道上移过 20 cm。试求 B 的质量。（定滑轮质量忽略不计。）

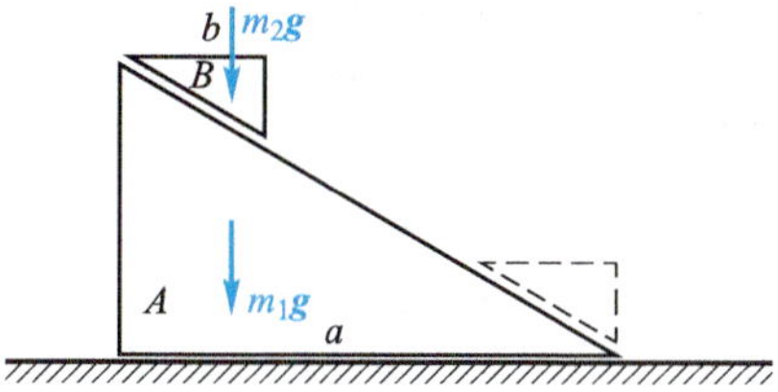

题 10-5 图

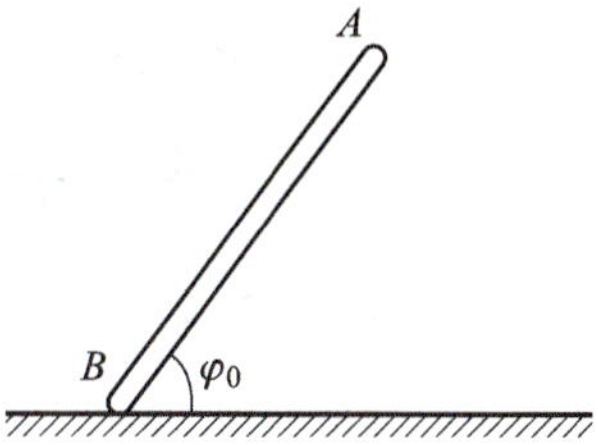

题 10-6 图

10-8　如图，质量为 m、半径为 R 的均质半圆板，受力偶 M 作用在铅垂面内绕 O 轴转动，转动的角速度为 ω，角加速度为 α。C 点为半圆板的质心，当 OC 与水平线成任意角 φ 时，试求此瞬时轴 O 的约束力$\left(OC=\dfrac{4R}{3\pi}\right)$。

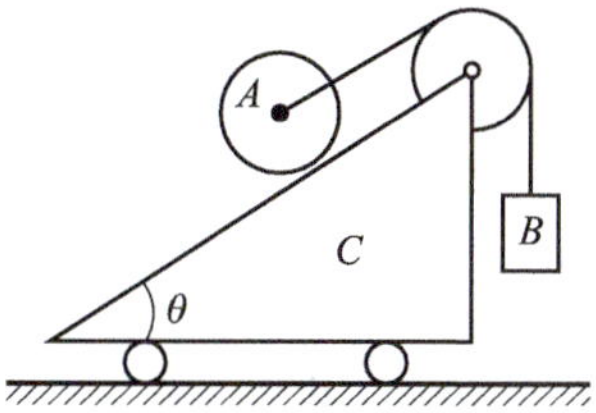

题 10-7 图

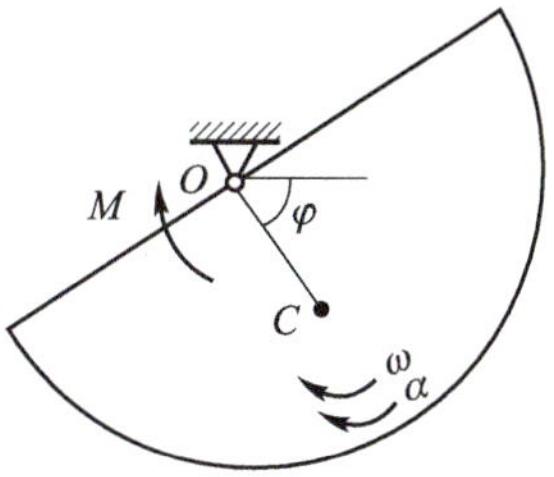

题 10-8 图

10-9　重 2 N 的物体以 5 m/s 的速度向右运动，受到按图示随时间变化的方向向左的力 $\boldsymbol{F}$ 作用。试求受此力作用后，物体速度变为多大。

10-10　如图，在物块 A 上作用一常力 $\boldsymbol{F}$，使其沿水平面移动，已知物块的质量为 10 kg，$\boldsymbol{F}$ 与水平面的夹角 $\theta=30°$。经过 5 s，物块的速度从 2 m/s 增至 4 m/s。已知动摩擦因数 $f_d=0.5$，试求力 $\boldsymbol{F}$ 的大小。

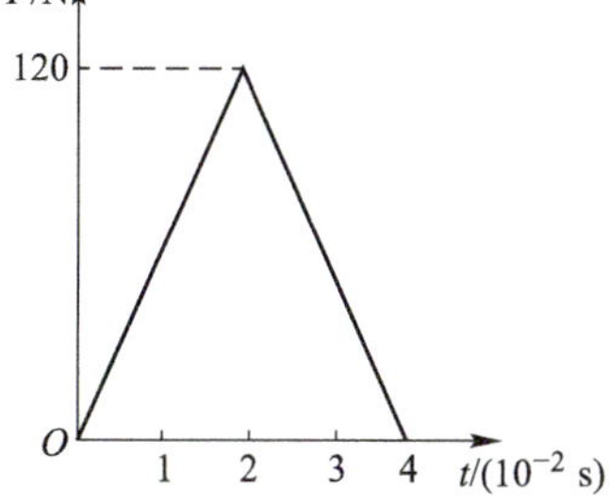

题 10-9 图

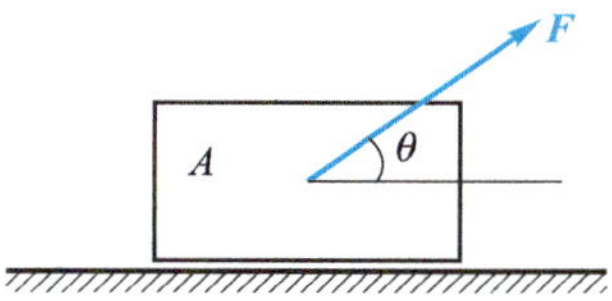

题 10-10 图

10-11　计算下列刚体在图示已知条件下的动量。

10-12　计算下列系统在图示已知条件下的动量。

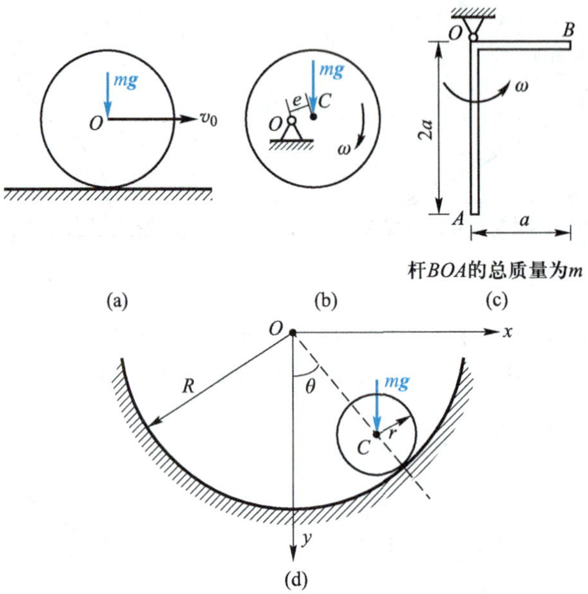

题 10-11 图

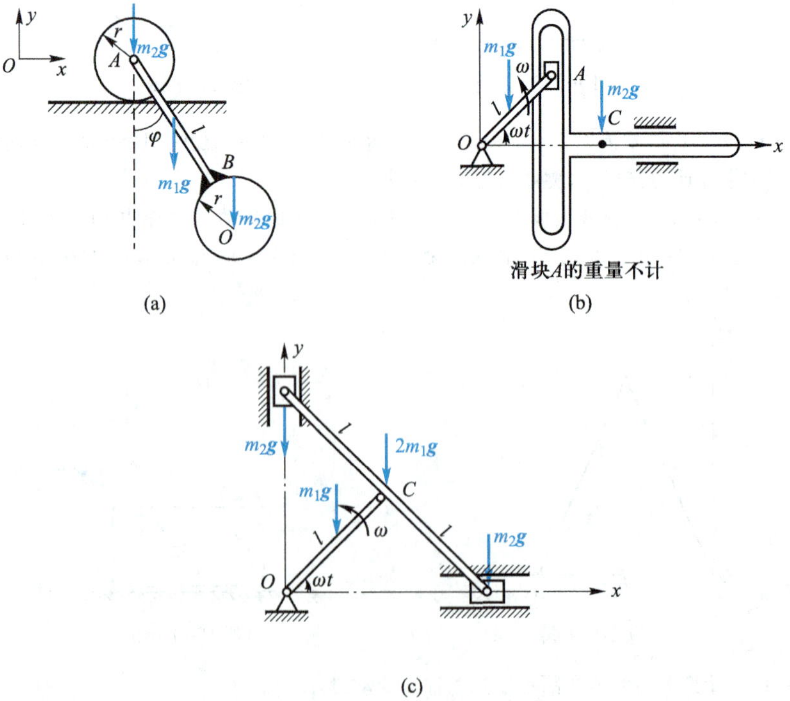

题 10-12 图

10-13　质量为 m_1 的子弹 A 以速度 $\boldsymbol{v}_A$ 射入同向运动的质量为 m_2、速度为 $\boldsymbol{v}_B$ 的物块 B 内，不计地面与物体之间的摩擦。试求：(1) 若子弹留在物块 B 内，则物块与子弹的共同速度 $\boldsymbol{v}'$；(2) 若子弹穿透物块并以速度 $\boldsymbol{v}'_A$ 继续前进，则物块的速度 $\boldsymbol{v}'_B$。

10-14　质量为 m_1 的战舰以速度 $\boldsymbol{v}_0$ 向前行驶。若舰上六门大炮向正前方同一目标齐射，仰角为 θ，每发炮弹的质量为 m_2，炮弹出口速度为 $\boldsymbol{v}$，不计水的阻力。试求经过一次齐射后，战舰的速度增量 $\Delta\boldsymbol{v}$。

10-15　两质量都等于 m_1 的小车停在光滑的水平直轨道上，一质量为 m_2 的人，自一车跳到另一车，并立刻自第二车跳回第一车。试求两车最后速度大小之比。

10-16　如图，两小车 A、B 的质量各为 $m_A = 600$ kg，$m_B = 800$ kg，在水平轨道上分别以匀速 $v_A = 1$ m/s，$v_B = 0.4$ m/s 运动。一质量为 40 kg 的重物 C 以俯角 30°、速度 $v_C = 2$ m/s 落入 A 车内，A 车与 B 车相碰后紧接在一起运动。若不计摩擦，试求两车共同的速度。

文档：习题10-16题解

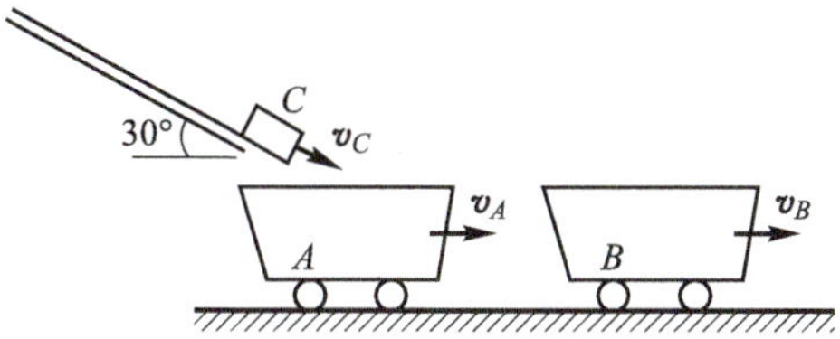

题 10-16 图

10-17　如图，卡车拉一拖车沿水平直线路面从静止开始加速运动，在 $t = 20$ s 末，速度达到 $v = 40$ km/h。已知卡车的质量为 $m_1 = 5\ 000$ kg，拖车的质量为 $m_2 = 15\ 000$ kg，卡车与拖车从动轮的摩擦力分别为 $F_{s1} = 500$ N 和 $F_{s2} = 1\ 000$ N。试求加速行驶时，卡车主动轮（后轮）产生的平均牵引力，及卡车作用于拖车的平均拉力。

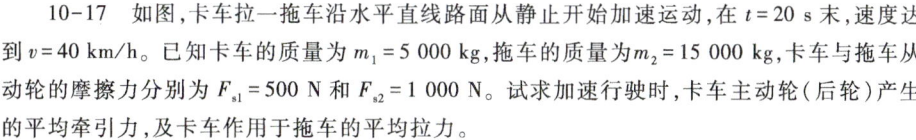

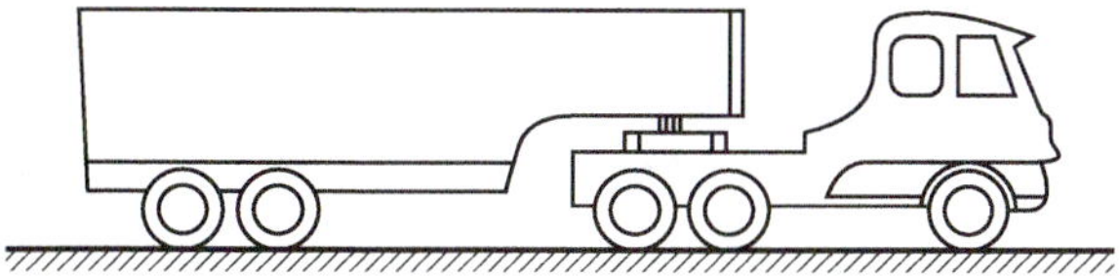

题 10-17 图

文档：习题10-18题解

10-18　如图所示，受重力 $W_1 = 10$ N 的物块 A 沿三棱体 D 的光滑斜面下降，同时借一绕过滑轮 C 的绳子使受重力 $W_2 = 3$ N 的物块 B 运动。三棱体 D 受重力 $W_3 = 15$ N，斜面与水平面成 $\theta = 30°$ 角，如略去绳子和滑轮的重量，试求三棱体 D 给凸出部分 E 的压力及给地面的压力（设三棱体与地面间没有摩擦）。

10-19　如图所示，单位长度质量为 ρ 的链条，两端在 A 和 C 处各成一堆。当释放时，链条绕过均质滑轮 B 面运动。略去轴承摩擦，试求能使链条匀速运动所需的初速度大小 $\boldsymbol{v}_0$。

文档：习题10-19题解

10-20　质量等于 10 g 的物体以速度 $v_0 = 10$ cm/s 运动，忽然受一打击，使它的速度变为 $v_1 = 20$ cm/s，并改变运动方向 45°，试求打击冲量的大小和方向。

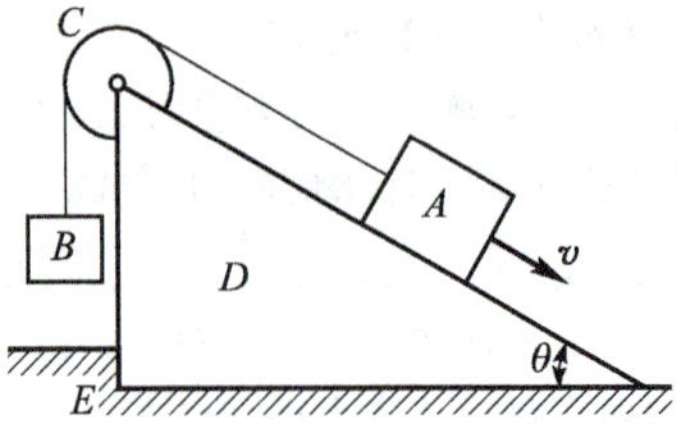

题 10-18 图

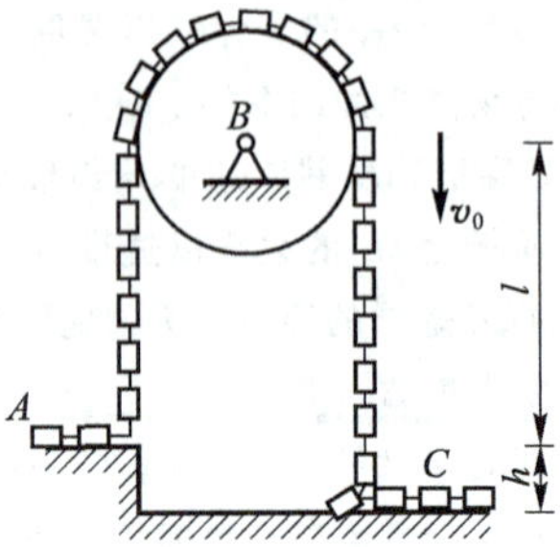

题 10-19 图

文档：
习题10-21
题解

10-21　如图所示，一载重卡车，质量 m_1 = 3 000 kg。车上载有一质量 m_2 = 2 000 kg 的集装箱。集装箱至卡车前挡板的距离 s = 1 m。卡车与地面的动滑动摩擦因数 f_{d1} = 0.2。集装箱与车厢间的静滑动摩擦因数为 f_{s2} = 0.15，动滑动摩擦因数 f_{d2} = 0.11。如果卡车以 v_0 = 10 m/s 的速度行驶时，前后轮同时紧急制动，空气阻力忽略不计。试求：(1) 卡车从开始制动到停止运动所需的时间；(2) 在这段时间内卡车运行的路程。

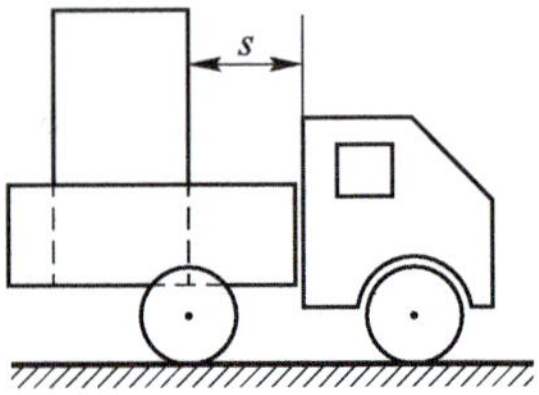

题 10-21 图

10-22　如图，水流入的速度 v_0 = 2 m/s，流出的速度 v_1 = 4 m/s，与水平的夹角为 30°，水道的截面面积自进口处逐渐改变，进口处截面面积为 A = 0.02 m^2。试求水道壁所受的动压力的水平分力。

10-23　如图，已知水的流量为 Q，密度为 ρ。水打在叶片上的速度 $\boldsymbol{v}_1$ 是水平的，水流出口速度 $\boldsymbol{v}_2$ 与水平成 θ 角。试求水柱对涡轮固定叶片的动压力的水平分力。

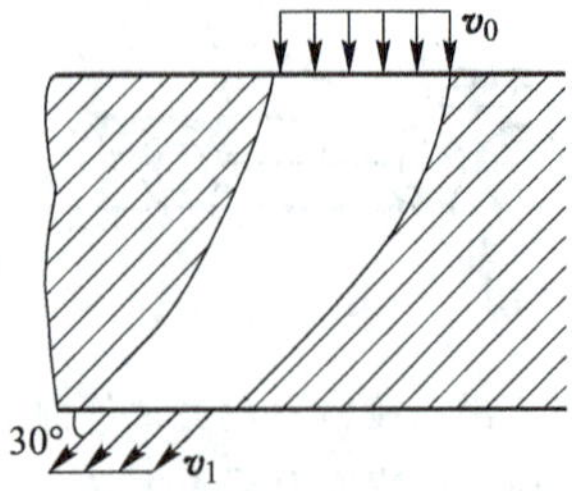

题 10-22 图

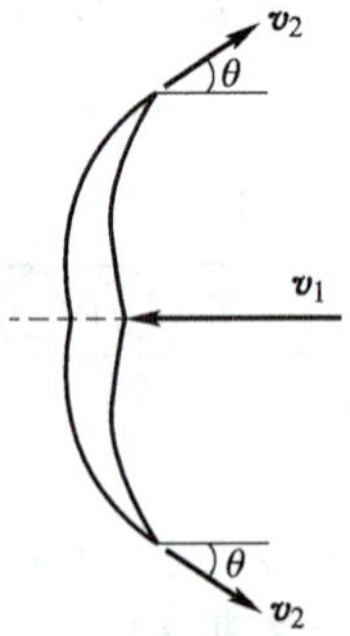

题 10-23 图

10-24　如图，施工中用喷枪浇筑混凝土衬砌。喷枪口的直径 D = 80 mm，喷射速度 v_1 = 50 m/s，混凝土密度 ρ = 2 160 kg/m^3，试求喷浆对铅直壁面的动压力。

10-25　如图，重物 A、B 的质量分别为 m_1、m_2，如重物 A 下降的加速度为 $\boldsymbol{a}$，不计滑轮的质量，试求支座 O 的约束力。

10-26　如图，一水泵的构架 D 与基础 E 质量共计 m_1，曲柄 OA 长为 a，其质量为 m_2，连杆

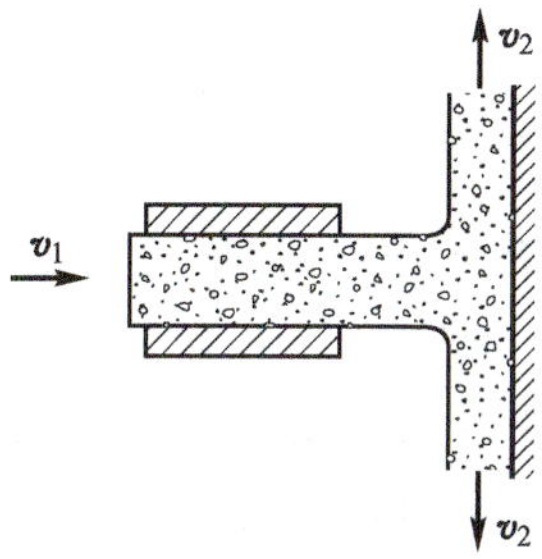

题 10-24 图

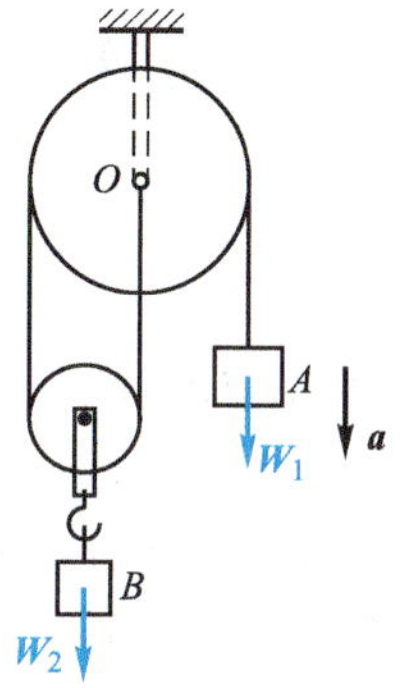

题 10-25 图

B 与活塞 C 质量共计 m_3，曲柄以匀角速度 ω 绕 O 轴转动，试求水泵在汲水时给地面的压力（曲杆可视为均质杆）。

10-27 压实土壤的振动器，由两个相同的偏心块和机座组成。机座质量为 m_1，每个偏心轮块质量为 m_2，偏心距为 e，两偏心块以相同的匀角速度 ω 反向转动，转动时两偏心块的位置对称于 y 轴。试求振动器在图示位置时对土壤的压力。

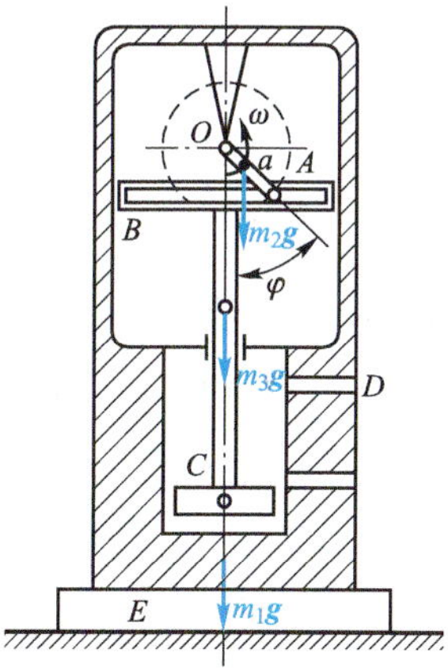

题 10-26 图

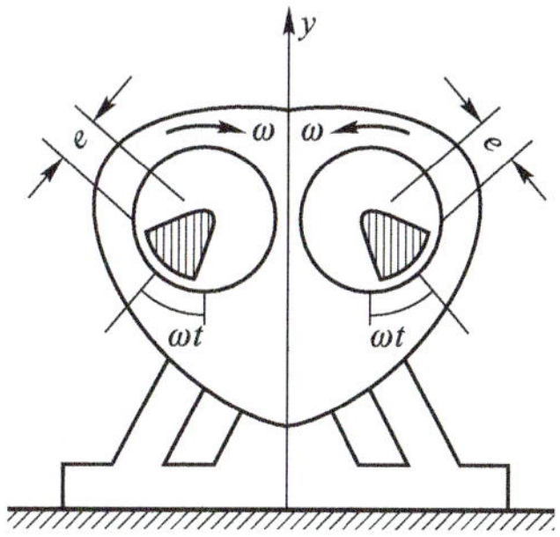

题 10-27 图

10-28 如图，机车以均匀速度 $\boldsymbol{v}$ 沿直线轨道行驶。平行均质杆 ABC 质量为 m，曲柄长 r，其质量不计；车轮半径为 R，在路轨上只滚不滑。试求由于平行运动而加于铁轨的动压力的最大值。

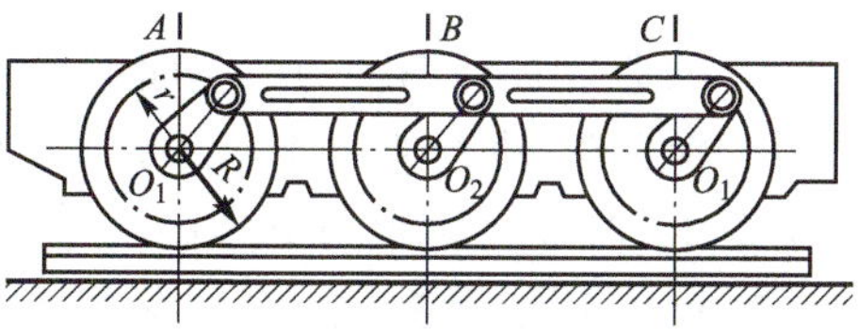

题 10-28 图

第十一章　动量矩定理

以运动学的观点看，刚体的运动具有两种基本形式：平移和转动。与其相对应，在动力学中，描述刚体运动的量是动量和动量矩。动量是描述刚体平移时的特征量，但是当刚体绕某点或某轴转动时，就不能仅用动量来度量刚体的运动。例如，刚体绕质心或过质心的轴转动时，无论转动快慢，刚体的动量都是零。可见，动量定理就不能说明这种运动的变化规律。对作一般运动的质点系（或刚体）而言，需将动量与动量矩结合起来，才能全面表征质点系（或刚体）的运动。在静力学里，我们得出力系简化结果是一个主矢和一个主矩的结论，上一章的动量定理建立了质点系动量的变化与外力系主矢之间的关系，那么，本章将要阐述的动量矩定理则是建立了质点系动量矩的变化与外力系主矩之间的关系，它从另一个侧面揭示了质点系相对于某一定点或质心的运动规律。

§11-1　质点系的动量矩

1. 质点系的动量矩

由 n 个质点组成的质点系如图 11-1 所示，其中任一质点 M_i 的质量为 m_i，其绝对速度为 $\boldsymbol{v}_i$，对于任选的点 O 的径矢为 $\boldsymbol{r}_i$，则在该瞬时，质点 M_i 的动量为 $m_i\boldsymbol{v}_i$，动量 $m_i\boldsymbol{v}_i$ 对 O 点的矩 $\boldsymbol{L}_{Oi}$定义为

$$\boldsymbol{L}_{Oi}=\boldsymbol{r}_i\times m_i\boldsymbol{v}_i$$

动量矩是矢量，它垂直于 $\boldsymbol{r}_i$ 与 $m_i\boldsymbol{v}_i$ 组成的平面。而质点系对 O 点的动量矩 $\boldsymbol{L}_O$ 定义为

$$\boldsymbol{L}_O=\sum \boldsymbol{L}_{Oi}=\sum \boldsymbol{r}_i\times m_i\boldsymbol{v}_i \qquad (11-1)$$

对于均质刚体可以表示为积分形式

$$\boldsymbol{L}_O=\int(\boldsymbol{r}\times\boldsymbol{v})\mathrm{d}m=\int\left(\boldsymbol{r}\times\frac{\mathrm{d}\boldsymbol{r}}{\mathrm{d}t}\right)\mathrm{d}m$$

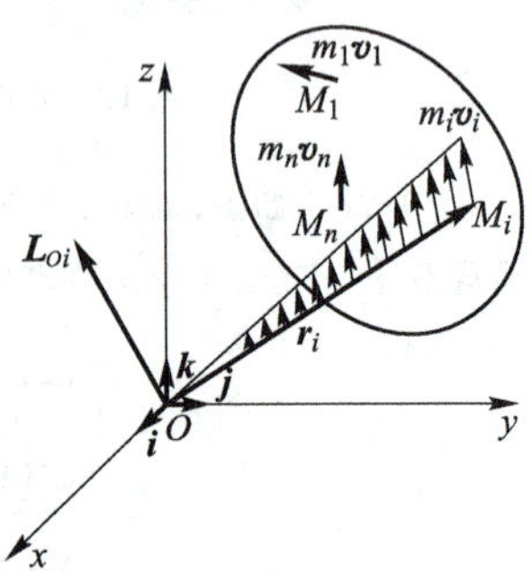

图 11-1　质点系对 O 点的动量矩

若将动力学中质点 M_i 的动量 $m_i\boldsymbol{v}_i$ 与静力学空间力系中的力 $\boldsymbol{F}_i$ 对应，则不难发现，动力学中 M_i 点的动量 $m_i\boldsymbol{v}_i$ 对 O 点的动量矩 $\boldsymbol{L}_{Oi}$与静力学中力 $\boldsymbol{F}_i$ 对 O 点的力矩 $\boldsymbol{M}_O(\boldsymbol{F}_i)$ 相对应，动量矩与参考点的选择有关。与力矩矢相似，动量矩矢也为定位矢量。

与静力学中的力对点之矩相似，质点的动量对于某一点的矩在经过该点的任一轴上的投影等于动量对于该轴的矩，以 z 轴为例，应有

$$[\boldsymbol{L}_O(m_i\boldsymbol{v}_i)]_z = L_z(m_i\boldsymbol{v}_i) \tag{11-2}$$

而质点系中所有各质点的动量对任一轴的矩的代数和称为质点系对该轴的动量矩，即

$$L_z = \sum L_{zi} \tag{11-3}$$

动量矩的单位为 kg · m²/s。

若质点系的质心为 C，则质点系相对于质心的动量矩定义为

$$\boldsymbol{L}_C = \sum \boldsymbol{r}_{Ci} \times m_i\boldsymbol{v}_i \tag{11-4}$$

其中，$\boldsymbol{r}_{Ci}$ 为质点 M_i 相对于质心的相对径矢。一般情况，用绝对速度计算质点系相对于质心的动量矩并不方便，通常建立一个随质心平移的坐标系 $Cx'y'z'$（图 11-2），用相对于动坐标系 $Cx'y'z'$ 的相对速度 $\boldsymbol{v}_{Ci}$ 进行计算。因动系随质心平移，由速度合成定理，有

$$\boldsymbol{v}_i = \boldsymbol{v}_C + \boldsymbol{v}_{Ci}$$

则

$$\boldsymbol{L}_C = \sum \boldsymbol{r}_{Ci} \times m_i(\boldsymbol{v}_C + \boldsymbol{v}_{Ci}) = \sum m\boldsymbol{r}_{Ci} \times \boldsymbol{v}_C + \sum \boldsymbol{r}_{Ci} \times m_i\boldsymbol{v}_{Ci}$$

由质心定义，有 $\sum m\boldsymbol{r}_{Ci} = m\boldsymbol{r}_C$，其中 $\boldsymbol{r}_C$ 为质心相对于随质心平移坐标系 $Cx'y'z'$ 的相对径矢，故有 $\boldsymbol{r}_C = \boldsymbol{0}$。因此，上式可以写成

$$\boldsymbol{L}_C = \sum \boldsymbol{r}_{Ci} \times m_i\boldsymbol{v}_{Ci} = \boldsymbol{L}_{Cr} \tag{11-5}$$

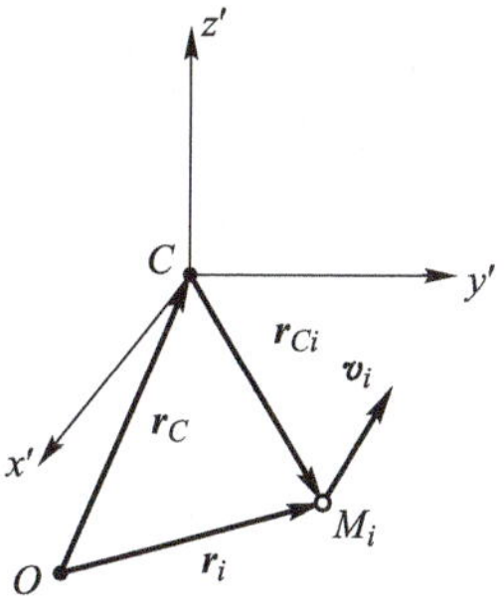

图 11-2 质点系相对于质心 C 的动量矩

其中，$\boldsymbol{L}_{Cr}$ 是在随质心作平移的动系中，质点系相对运动对质心的动量矩。由此可知，质点系相对于质心的动量矩既可以用各质点的绝对速度计算，也可用各质点在随质心平移的动坐标系中的相对速度来计算，其结果是一致的。

质点系相对于点 O 的动量矩为 $\boldsymbol{L}_O = \sum \boldsymbol{r}_i \times m_i\boldsymbol{v}_i$，由图 11-2 可知，$\boldsymbol{r}_i = \boldsymbol{r}_C + \boldsymbol{r}_{Ci}$，于是

$$\boldsymbol{L}_O = \sum (\boldsymbol{r}_C + \boldsymbol{r}_{Ci}) \times m_i\boldsymbol{v}_i = \boldsymbol{r}_C \times \sum m_i\boldsymbol{v}_i + \sum \boldsymbol{r}_{Ci} \times m_i\boldsymbol{v}_i = \boldsymbol{r}_C \times m\boldsymbol{v}_C + \boldsymbol{L}_C$$

可得

$$\boldsymbol{L}_O = \boldsymbol{r}_C \times m\boldsymbol{v}_C + \boldsymbol{L}_C \tag{11-6}$$

上式表明，质点系对任意一点 O 的动量矩，等于质点系对质心的动量矩与集中于质心的质点系动量对点 O 的动量矩的矢量和。

2. 运动刚体的动量矩

（1）平移刚体

平移刚体在运动过程中,各点的运动速度相同,利用式(11-4)并结合质心公式,计算对质心的动量矩为

$$\boldsymbol{L}_C=\sum \boldsymbol{r}_{Ci}\times m_i\boldsymbol{v}_i=\sum \boldsymbol{r}_{Ci}\times m_i\boldsymbol{v}=m\boldsymbol{r}_C\times\boldsymbol{v}=\boldsymbol{0}$$

可见,**平移刚体对质心的动量矩为零**。

因此,平移刚体对任一点 O 的动量矩为

$$\boldsymbol{L}_O=\boldsymbol{r}_C\times m\boldsymbol{v}_C$$

(2) 定轴转动刚体的动量矩

对于如图 11-3 所示的定轴转动刚体,对转动轴 z 的动量矩可以表示为

$$L_z=\sum r_i m_i v_i=\sum r_i^2 m_i\omega=J_z\omega \qquad (11-7)$$

即**作定轴转动的刚体对于转动轴 z 的动量矩,等于刚体对于转动轴的转动惯量与角速度的乘积**。

一般情况下,刚体作定轴转动不能化作平面问题来处理。当转动刚体具有质量对称平面,且转动轴垂直于该对称平面的刚体,如图 11-4 所示,这时可以将刚体简化为对称面内的平面刚体,如图 11-5 所示。若刚体绕质心轴 Cz 转动,如图 11-6 所示,对质心轴 Cz 的动量矩为

$$L_{Cz}=J_{Cz}\omega \qquad (11-8)$$

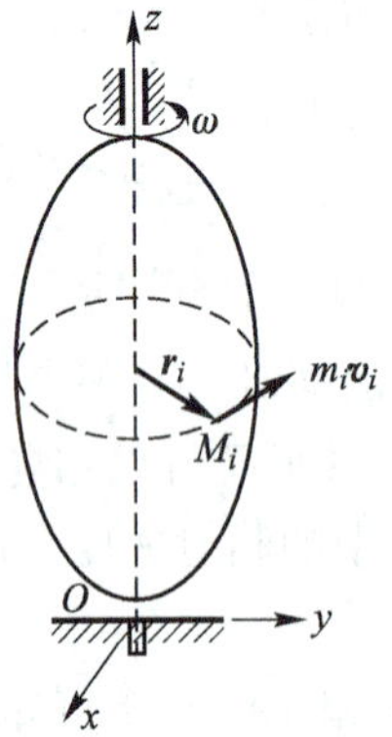

图 11-3　定轴转动刚体

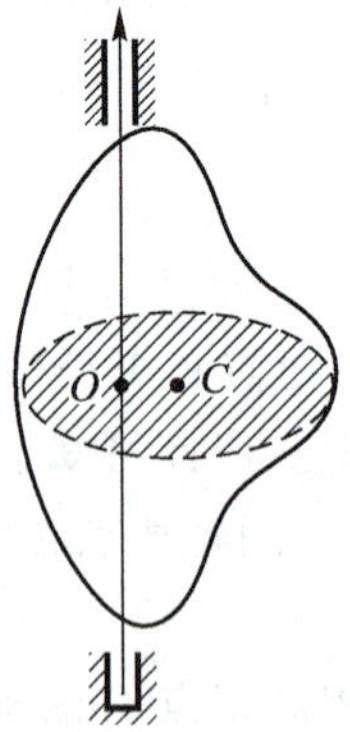

图 11-4　具有质量对称面的定轴转动刚体

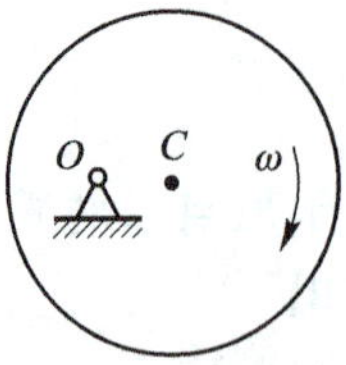

图 11-5　平面刚体

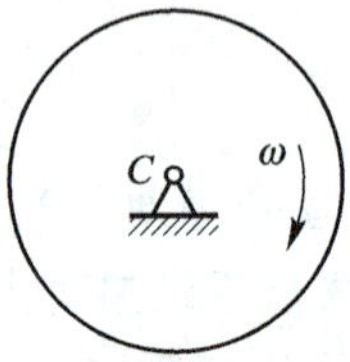

图 11-6　平面刚体绕质心轴转动

(3) 平面运动刚体的动量矩

从动力学的观点考虑，刚体平面运动应附加以下条件：① 作用于刚体的力系可简化为过质心的某个平面的平面力系；② 平面的法线方向与刚体的惯性主轴[①]之一重合；③ 起始时刚体作平行于该平面的平面运动。当上述条件都得到满足时，平面运动就有可能实现。在运动学中，刚体的平面运动被简化为平面图形在其自身平面的运动，并被分解为以平面内某点为基点的平移和绕基点的转动。在动力学中，规定此平面图形必须通过刚体的质心，并将质心确定为基点。于是根据公式(11-6)和式(11-8)，平面运动的刚体对任一点 O 的动量矩就应表示为

$$\boldsymbol{L}_O = \boldsymbol{L}_{Cz} + \boldsymbol{r}_C \times \boldsymbol{p} = J_{Cz}\boldsymbol{\omega} + \boldsymbol{r}_C \times \boldsymbol{p} \tag{11-9}$$

例 11-1　如图 11-7 所示，两球 C 和 D 重量均为 P，用直杆连接，并将杆在其中点 O 与铅垂轴 AB 固结，杆与轴的夹角为 θ。如果此杆绕 AB 以等角速度 ω 转动，试求在下列情况下质点系对轴 AB 的动量矩：(1) 杆重忽略不计；(2) 杆为均质且重量为 $2G$。

文档：例 11-1 题解

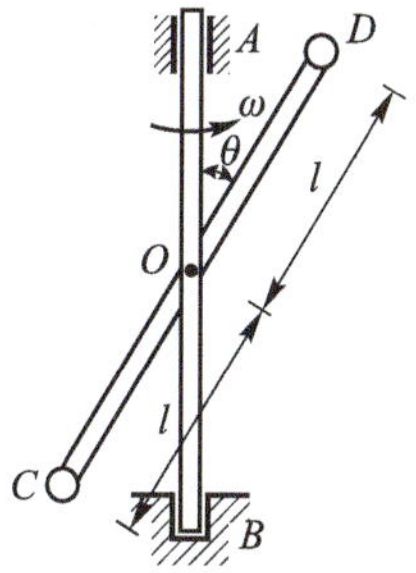

图 11-7　例 11-1 图

例 11-2　已知半径为 r 的均质轮，在半径为 R 的固定凹面上只滚不滑，轮质量为 m_1，均质杆 OC 质量为 m_2，杆长为 l，在图 11-8a 所示瞬时杆 OC 的角速度为 ω，试求系统在该瞬时对 O 点的动量矩。

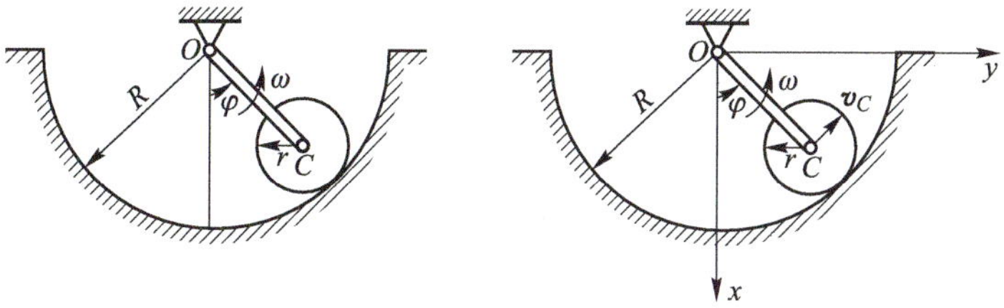

(a)　(b)

图 11-8　例 11-2 图

① 惯性主轴详见附录 B。

解 系统的自由度为 1,以 ω 为运动学独立变量。OC 杆作定轴转动,故 OC 杆对 O 点的动量矩为

$$(L_O)_{OC}=J_O\omega=\frac{1}{3}m_2l^2\omega$$

方向由右手法则确定,为垂直纸面向上。

轮 C 作平面运动,对 O 点的动量矩为

$$(L_O)_C=-J_C\omega_C+m_1v_C(R-r)=-\frac{1}{2}m_1r^2\frac{(R-r)\omega}{r}+m_1(R-r)^2\omega$$

$$=\frac{m_1}{2}(R-r)(2R-3r)\omega$$

上式中轮 C 的角速度 ω_C 因是顺时针方向,根据右手法则,应为垂直纸面向里,故有负号。

于是,整个系统对 O 点的动量矩为两部分之和

$$L_O=(L_O)_{OC}+(L_O)_C=\frac{m_1}{3}l^2\omega+\frac{m_1}{2}(R-r)(2R-3r)\omega$$

§11-2 质点系动量矩定理

1. 质点系对固定点 O 的动量矩定理

由 n 个质点组成的质点系如图 11-1 所示,其中任一质点 M_i 的质量为 m_i,由质点运动微分方程可得:$m_i\dfrac{\mathrm{d}\boldsymbol{v}_i}{\mathrm{d}t}=\boldsymbol{F}_i$,将常质量写入微分内有

$$\frac{\mathrm{d}}{\mathrm{d}t}(m_i\boldsymbol{v}_i)=\boldsymbol{F}_i$$

两边同时乘以径矢 $\boldsymbol{r}_i$,有 $\boldsymbol{r}_i\times\dfrac{\mathrm{d}}{\mathrm{d}t}(m_i\boldsymbol{v}_i)=\boldsymbol{M}_O(\boldsymbol{F}_i)$,对整个质点系求和

$$\sum\boldsymbol{r}_i\times\frac{\mathrm{d}}{\mathrm{d}t}(m_i\boldsymbol{v}_i)=\sum\boldsymbol{M}_O(\boldsymbol{F}_i)$$

因为

$$\sum\boldsymbol{r}_i\times\frac{\mathrm{d}}{\mathrm{d}t}(m_i\boldsymbol{v}_i)=\sum\left(\frac{\mathrm{d}}{\mathrm{d}t}(\boldsymbol{r}_i\times m_i\boldsymbol{v}_i)-\frac{\mathrm{d}\boldsymbol{r}_i}{\mathrm{d}t}\times m_i\boldsymbol{v}_i\right)=\frac{\mathrm{d}}{\mathrm{d}t}\left(\sum\boldsymbol{r}_i\times m_i\boldsymbol{v}_i\right)-\sum\frac{\mathrm{d}\boldsymbol{r}_i}{\mathrm{d}t}\times m_i\boldsymbol{v}_i$$

同时作用于质点上的力有内力和外力,而内力是成对出现的,则有

$$\sum\boldsymbol{M}_O(\boldsymbol{F}_i)=\sum\boldsymbol{M}_O(\boldsymbol{F}_i^{\mathrm{I}})+\sum\boldsymbol{M}_O(\boldsymbol{F}_i^{\mathrm{E}})=\sum\boldsymbol{M}_O(\boldsymbol{F}_i^{\mathrm{E}})$$

所以

$$\frac{\mathrm{d}\boldsymbol{L}_O}{\mathrm{d}t}-\sum\frac{\mathrm{d}\boldsymbol{r}_i}{\mathrm{d}t}\times m_i\boldsymbol{v}_i=\sum\boldsymbol{M}_O(\boldsymbol{F}_i^{\mathrm{E}})$$

如果点 O 为固定点，则有 $\frac{\mathrm{d}\boldsymbol{r}_i}{\mathrm{d}t}=\boldsymbol{v}_i$，$\sum\frac{\mathrm{d}\boldsymbol{r}_i}{\mathrm{d}t}\times m_i\boldsymbol{v}_i=\boldsymbol{0}$，此时有

$$\frac{\mathrm{d}\boldsymbol{L}_O}{\mathrm{d}t}=\sum\boldsymbol{M}_O(\boldsymbol{F}_i^{\mathrm{E}}) \tag{11-10}$$

这就是质点系对任一固定点 O 的**动量矩定理**，可表述为：**质点系对任一固定点的动量矩对时间的导数，等于作用于质点系的所有外力对于同一点之矩的矢量和**。

将公式(11-10)投影到固定坐标系 $Oxyz$ 的各轴上，得

$$\frac{\mathrm{d}L_x}{\mathrm{d}t}=\sum M_{xi}^{\mathrm{E}},\quad \frac{\mathrm{d}L_y}{\mathrm{d}t}=\sum M_{yi}^{\mathrm{E}},\quad \frac{\mathrm{d}L_z}{\mathrm{d}t}=\sum M_{zi}^{\mathrm{E}}$$

即**质点系对任一固定轴的动量矩对时间的导数，等于作用于质点系的所有外力对于同一轴的矩之和**。这是质点系动量矩定理的投影形式。

例 11-3　如图 11-9a 所示卷扬机鼓轮为均质圆盘，质量为 m_1，半径为 R，小车质量为 m_2，作用于鼓轮上的力矩为 M，轨道的倾角为 θ，绳的重量及摩擦均忽略不计，试求小车上升的加速度。

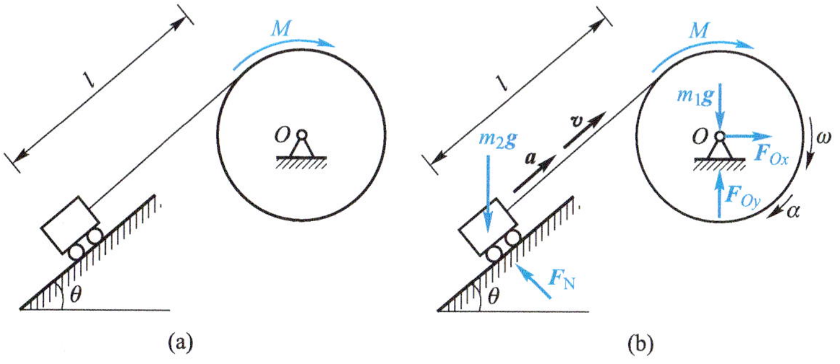

图 11-9　例 11-3 图

解　选鼓轮和小车为质点系，作用于该质点系上的外力有 M、$m_1\boldsymbol{g}$、$m_2\boldsymbol{g}$，约束力有 $\boldsymbol{F}_{Ox}$、$\boldsymbol{F}_{Oy}$ 及 $\boldsymbol{F}_{\mathrm{N}}$，如图 11-9b 所示。系统自由度为 1，选小车上升速度为 v 为独立运动变量，鼓轮的角速度为 ω。整个质点系对 Oz 轴的动量矩为

$$L_z=J_z\omega+m_2vR=\frac{1}{2}m_1R^2\omega+m_2vR=\frac{m_1+2m_2}{2}vR$$

所有外力对 Oz 轴的矩为

$$\sum M_{zi}^{\mathrm{E}}=M-m_2g\sin\theta\times R-m_2g\cos\theta\times l+F_{\mathrm{N}}l$$

由于 $F_{\mathrm{N}}=m_2g\cos\theta$ 故

$$\sum M_{zi}^{E}=M-m_2 g\sin\theta\times R$$

由动量矩定理$\frac{\mathrm{d}L_z}{\mathrm{d}t}=\sum M_{zi}^{E}$可得

$$\frac{m_1+2m_2}{2}R\times\frac{\mathrm{d}v}{\mathrm{d}t}=M-m_2 gR\sin\theta$$

所以小车上升的加速度

$$a=\frac{\mathrm{d}v}{\mathrm{d}t}=\frac{2(M-m_2 gR\sin\theta)}{(m_1 g+2m_2 g)R}g$$

由上式解得，唯有当 $M>m_2 gR\sin\theta$ 时，小车才能加速上升。

文档：例 11-4 题解

例 11-4　如图 11-10 所示，草地洒水器有沿圆周均匀分布的三个弯曲的喷水管，它们的直径 $d=5\ \mathrm{mm}$。从公共的软管引来的水流进洒水器中心并均匀分配给各喷水管，水的总流量 $Q=0.001\,2\ \mathrm{m^3/s}$。如忽略所有的阻力，试求喷水时洒水器绕铅直轴转动的角速度。

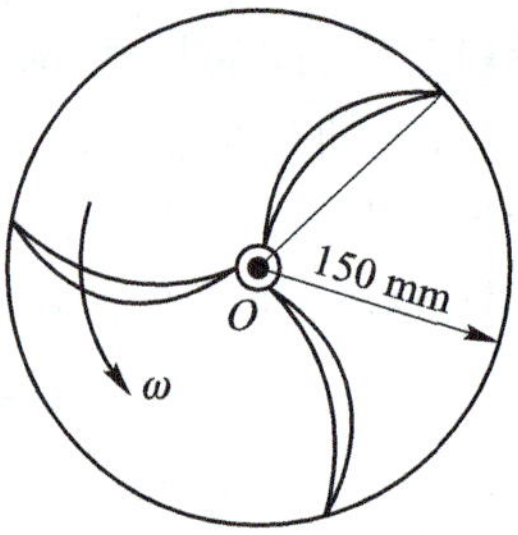

图 11-10　例 11-4 图

2. 质点系相对于质心的动量矩定理

若将质点系对点 O 的动量矩与对质心 C 的动量矩关系式(11-6)，代入质点系对固定点 O 的动量矩定理表达式(11-10)，并考虑到 $\boldsymbol{r}_i=\boldsymbol{r}_C+\boldsymbol{r}_{Ci}$，如图 11-2 所示，则有

$$\frac{\mathrm{d}\boldsymbol{L}_O}{\mathrm{d}t}=\frac{\mathrm{d}\boldsymbol{L}_C}{\mathrm{d}t}+\frac{\mathrm{d}\boldsymbol{r}_C}{\mathrm{d}t}\times\boldsymbol{p}+\boldsymbol{r}_C\times\frac{\mathrm{d}\boldsymbol{p}}{\mathrm{d}t}=\frac{\mathrm{d}\boldsymbol{L}_C}{\mathrm{d}t}+\boldsymbol{v}_C\times\boldsymbol{p}+\boldsymbol{r}_C\times\sum\boldsymbol{F}_i^{E}$$

考虑到 $\boldsymbol{v}_C\times\boldsymbol{p}=\boldsymbol{v}_C\times m\boldsymbol{v}_C=\boldsymbol{0}$，所以

$$\frac{\mathrm{d}\boldsymbol{L}_O}{\mathrm{d}t}=\frac{\mathrm{d}\boldsymbol{L}_C}{\mathrm{d}t}+\boldsymbol{r}_C\times\sum\boldsymbol{F}_i^{E}$$

而外力对 O 点之矩的矢量和为

$$\sum\boldsymbol{M}_O(\boldsymbol{F}_i^{E})=\sum\boldsymbol{r}_i\times\boldsymbol{F}_i^{E}=\sum(\boldsymbol{r}_C+\boldsymbol{r}_{Ci})\boldsymbol{F}_i^{E}=\boldsymbol{r}_C\times\sum\boldsymbol{F}_i^{E}+\sum\boldsymbol{r}_{Ci}\times\boldsymbol{F}_i^{E}$$

则有

$$\frac{\mathrm{d}\boldsymbol{L}_C}{\mathrm{d}t}=\sum\boldsymbol{r}_{Ci}\times\boldsymbol{F}_i^{E}$$

因 $\boldsymbol{r}_{Ci}$ 是从 C 出发引向任一质点 m_i 的径矢，故 $\sum \boldsymbol{r}_{Ci}\times\boldsymbol{F}_i^{\mathrm{E}}=\sum \boldsymbol{M}_{Ci}^{\mathrm{E}}$ 为质点系外力对质心之矩的矢量和，即外力系对质心 C 的主矩。于是，得

$$\frac{\mathrm{d}\boldsymbol{L}_C}{\mathrm{d}t}=\sum \boldsymbol{M}_{Ci}^{\mathrm{E}} \tag{11-11}$$

上式称为质点系相对于质心的动量矩定理。可表述为：质点系对质心的动量矩对时间的导数，等于作用于该质点系所有外力对质心之矩的矢量和。

将式(11-11)投影到随质心平移的坐标轴 x'、y'、z' 上，得到

$$\frac{\mathrm{d}L_{x'}}{\mathrm{d}t}=\sum M_{ix'}^{\mathrm{E}},\quad \frac{\mathrm{d}L_{y'}}{\mathrm{d}t}=\sum M_{iy'}^{\mathrm{E}},\quad \frac{\mathrm{d}L_{z'}}{\mathrm{d}t}=\sum M_{iz'}^{\mathrm{E}} \tag{11-12}$$

上式表明，质点系对随同质心平移的任一轴的动量矩对时间的导数，等于作用于该质点系的所有外力对同一轴之矩的代数和。

此外，我们不加证明地指出，如果某一动点的加速度恒等于零，或者在运动过程中某一动点的加速度方向恒指向质心（如作纯滚动的轮子的瞬心），那么，这样的点也可以选为动量矩的矩心，而动量矩定理同样具有如式(11-10)和式(11-11)那样简单的形式。

3. 质点系动量矩守恒定律

将式(11-10)改写为

$$\mathrm{d}\boldsymbol{L}_O=\sum \boldsymbol{M}_{Oi}^{\mathrm{E}}\mathrm{d}t$$

然后两边积分

$$\int_{L_{O_1}}^{L_{O_2}}\mathrm{d}\boldsymbol{L}_O=\int_{t_1}^{t_2}\sum \boldsymbol{M}_{Oi}^{\mathrm{E}}\mathrm{d}t$$

即

$$\boldsymbol{L}_{O_2}-\boldsymbol{L}_{O_1}=\sum\int_{t_1}^{t_2}\boldsymbol{M}_{Oi}^{\mathrm{E}}\mathrm{d}t \tag{11-13}$$

式(11-13)为动量矩定理的积分形式，式中 $\int_{t_1}^{t_2}\boldsymbol{M}_{Oi}^{\mathrm{E}}\mathrm{d}t$ 称为外力系对 O 点的冲量矩。式(11-13)表述为：质点系对固定点 $\boldsymbol{O}$ 的动量矩在一段时间内的增量，等于作用于质点系的外力在同一时间段内对 $\boldsymbol{O}$ 点的冲量矩之和。

式(11-13)在固定坐标轴 $Oxyz$ 上的投影形式为

$$L_{x_2}-L_{x_1}=\sum\int_{t_1}^{t_2}M_{xi}^{\mathrm{E}}\mathrm{d}t,\quad L_{y_2}-L_{y_1}=\sum\int_{t_1}^{t_2}M_{yi}^{\mathrm{E}}\mathrm{d}t,\quad L_{z_2}-L_{z_1}=\sum\int_{t_1}^{t_2}M_{zi}^{\mathrm{E}}\mathrm{d}t \tag{11-14}$$

由方程式(11-13)知，若 $\sum \boldsymbol{M}_{Oi}^{\mathrm{E}}=\boldsymbol{0}$，则 $\boldsymbol{L}_O=$ 常矢量。这就是说，如果质点系所受外力对某一固定点 O 的主矩始终等于零，则质点系对该点的动量矩为常矢量。这一结论称为质点系动量矩守恒定理。

同样，对于式(11-14)，质点系动量矩守恒定理的投影形式也成立，以 x 轴为例，即当 $\sum M_{xi}^{E}=0$ 时，$L_x=$ 常量。

动量矩守恒定理在科学技术上、在生产和日常生活中，都有着广泛的应用。

若力的作用线恒通过某一固定点，则这样的力称为有心力。如行星所受的太阳引力。如图 11-11 所示，行星 M 在有心力作用下，外力对固定点 O 的矩始终等于零，所以对 O 点的动量矩守恒

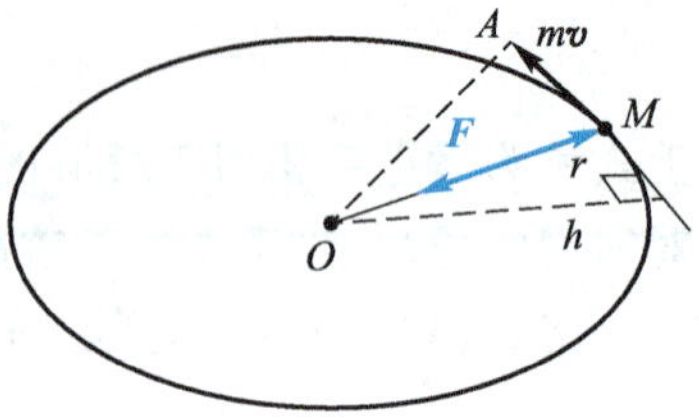

图 11-11　有心力

$$\boldsymbol{L}_O(m\boldsymbol{v})=\boldsymbol{r}\times m\boldsymbol{v}=\text{常矢量}$$

这表现为：

(1) 行星运行轨道必为一平面轨迹；

(2) $\boldsymbol{L}_O(m\boldsymbol{v})$ 的大小始终不变，为 $\triangle OMA$ 面积的 2 倍

$$|\boldsymbol{L}_O(m\boldsymbol{v})|=|\boldsymbol{r}\times m\boldsymbol{v}|=mvh$$

因为 $v=\dfrac{\mathrm{d}s}{\mathrm{d}t}$，所以 $mvh=m\dfrac{\mathrm{d}s}{\mathrm{d}t}h=$ 常量。而行星径矢 $\boldsymbol{r}$ 在 $\mathrm{d}t$ 时间内扫过的面积为

$$\mathrm{d}A=\frac{1}{2}\mathrm{d}s\times h \quad\Rightarrow\quad \frac{\mathrm{d}A}{\mathrm{d}t}=\frac{1}{2}\frac{\mathrm{d}s}{\mathrm{d}t}h=\text{常量}$$

上式的 $\dfrac{\mathrm{d}A}{\mathrm{d}t}$ 称为面积速度。

这就是开普勒第二定律：**从太阳到行星的径矢在单位时间内扫过的面积为一常数**。

例 11-5　人造地球卫星原来在位于离地面 $h=600\ \mathrm{km}$ 的圆形轨道上运行(图 11-12)，为使其进入 $r=10^4\ \mathrm{km}$ 的另一圆形轨迹，需开动火箭，使卫星在 A 点的速度于很短时间内增加 $0.646\ \mathrm{km/s}$，然后令其沿椭圆轨道(图中虚线)自由飞行到达远地点 B，再进入新的圆形轨道。试求：(1) 卫星在椭圆轨道的远地点 B 处时的速度为多少？(2) 为使卫星沿新的圆形轨道运行，当它到达 B 点时应如何调整其速度？太空阻力及其他星球的影响不计，地球半径 $R=6\ 370\ \mathrm{km}$。

解　卫星沿第一圆轨道运行时，只受到地球引力的作用，地球引力为 $F=\dfrac{mgR^2}{(R+h)^2}$，其中 m 为卫星的质量，R 为地球半径。因此有

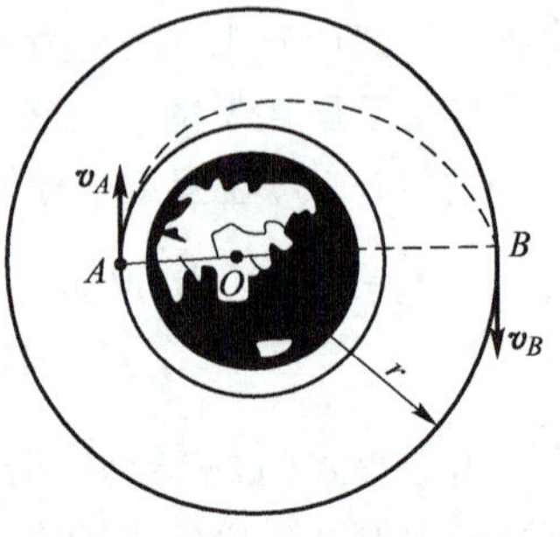

图 11-12　例 11-5 图

$$F=m\frac{v^2}{R+h}=mg\frac{R^2}{(R+h)^2} \tag{a}$$

即
$$v^2=\frac{gR^2}{R+h} \tag{b}$$

将数据代入，得卫星在第一个圆形轨道上运行的速度

$$v_1=7.553\ \text{km/s}$$

所以卫星在椭圆轨道上 A 点的速度为

$$v_A=v_1+\Delta v_A=(7.553+0.646)\ \text{km/s}=8.199\ \text{km/s}$$

当卫星在椭圆轨道上运行时，所受的引力始终指向地心，为有心力，所以卫星对地心 O 的动量矩保持为常量 $r_A m v_A=r_B m v_B$。所以

$$v_B=\frac{r_A v_A}{r_B}=\frac{(6\ 370+600)\times 8.199}{10^4}\ \text{km/s}=5.715\ \text{km/s}$$

设卫星沿新的圆形轨道运行所需的速度为 v_2，则由式(b)得

$$v_2=\sqrt{\frac{gR^2}{r}}=\sqrt{\frac{9.8\times10^{-3}\times 6\ 370^2}{10^4}}\ \text{km/s}=6.306\ \text{km/s}$$

可见，为使卫星沿着第二个圆形轨道运行，当它沿椭圆轨道到达 B 点时，应再开动火箭，使其速度有一个增量　$\Delta v_B=v_2-v_B=0.591\ \text{km/s}$。

顺便指出，在式(b)中令 $h\to 0$，就得到 $v=7.9\ \text{km/s}$，这就是为使卫星在离地面不远处作圆周运动所需的速度，称为第一宇宙速度。

例 11-6　如图 11-13 所示，沙袋垂直悬挂，已知 $l=1\ \text{m}$。质量为 50 g 的子弹以 500 m/s 的速度击中沙袋，且埋入沙袋，子弹射入后沙袋速度为 3.1 m/s，试求沙袋的重量。

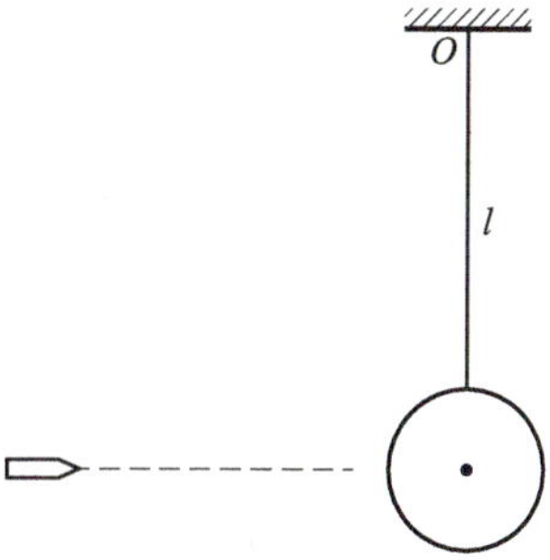

图 11-13　例 11-6 图

文档：例 11-6 题解

§ 11-3　刚体定轴转动微分方程

将 § 11-1 中得到的定轴转动刚体动量矩表达式(11-8)代入动量矩定理，得 $\frac{\mathrm{d}}{\mathrm{d}t}(J_z\omega)=\sum M_{zi}^{\mathrm{E}}$，即

$$J_z\alpha=\sum M_{zi}^{\mathrm{E}} \tag{11-15}$$

这就是刚体定轴转动微分方程。

将式(11-15)与质点动力学的基本方程 $m\boldsymbol{a}=\boldsymbol{F}$ 对比，可见它们有相似之处：角加速度与加速度相对应，力矩与力相对应，而转动惯量与质量相对应。质量是质点惯性的度量，那么转动惯量就是刚体转动时惯性的度量。

与质点动力学基本方程相似，应用式(11-15)也可以解决两类问题：(1) 已

知刚体的转动规律，求作用在刚体上的主动力矩；(2) 已知作用在刚体上的主动力矩，求刚体的转动规律。

例 11-7　振动记录仪如图 11-14a 所示。惯性块的质量为 m_1，指针质量为 m_2，质心在 C 点，可绕水平轴 O 作自由转动，转动惯量为 $m_2\rho^2$，$OB=b$，$OD=h$，弹簧刚度系数为 k_1、k_2。试求系统作微幅振动的运动微分方程。

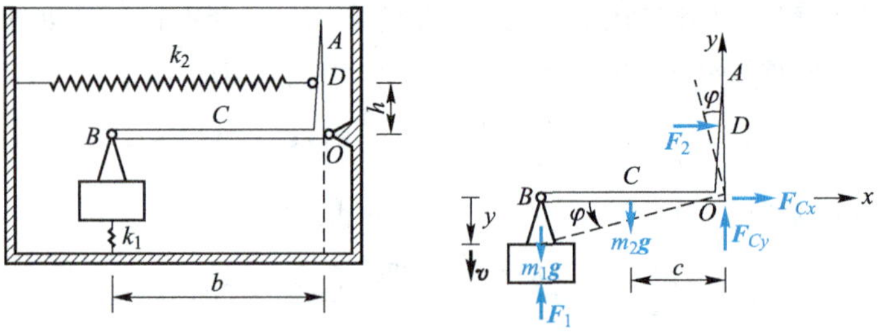

图 11-14　例 11-7 图

解　系统的自由度为 1，设 φ 为广义坐标。作 AOB 及惯性块的受力图，如图 11-14b 所示。设 $OC=c$，指针 OA 由铅垂位置逆时针转过 φ 角，则

$$y=b\varphi,\quad v=b\dot{\varphi}$$

平面内系统对 O 点的动量矩为

$$L_O = J\omega = (m_2\rho^2 + m_1b^2)\dot{\varphi}$$

上式中的 $(m_2\rho^2+m_1b^2)$ 可看作整个系统对于 O 点总的转动惯量。

考虑到微幅运动，$\sin\varphi\approx\varphi$，$\cos\varphi\approx1$，所有外力对 O 点的矩为

$$\sum M_{Oi}^{E} = m_1gb + m_2gc - F_1b - F_2h = m_1gb + m_2gc - k_1(\delta_{st_1} + b\varphi)b - k_2(\delta_{st_2} + h\varphi)h$$

在平衡位置时，有

$$\sum M_O(\boldsymbol{F}) = 0,\quad m_1gb + m_2gc - k_1\delta_{st_1}b - k_2\delta_{st_2}h = 0$$

所以在运动到任意位置时有

$$\sum M_{Oi}^{E} = -(k_1b^2 + k_2h^2)\varphi$$

代入式(11-20)得

$$(m_2\rho^2 + m_1b^2)\ddot{\varphi} = -(k_1b^2+k_2h^2)\varphi$$

$$\ddot{\varphi} + \frac{k_1b^2 + k_2h^2}{m_2\rho^2 + m_1b^2}\varphi = 0$$

上式即为系统微幅振动的运动微分方程。

例 11-8　将一刚体悬挂在水平轴 Oz 上，使其在重力作用下绕悬挂轴自由摆动，这种装置称为复摆，又称物理摆，如图 11-15 所示，刚体的质量为 m。现研究复摆的运动规律。假设空气阻力及转动轴处的摩擦忽略不计。

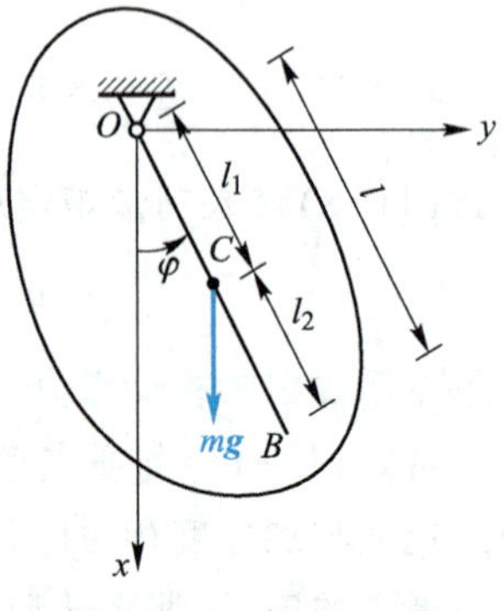

图 11-15　例 11-8 图

解　本题中系统的自由度为1，刚体在任一瞬时的位置可由OC与铅垂线所成的角φ来表示(角φ以逆时针为正)，以φ为广义坐标。则

$$J_O\ddot{\varphi}=-mgl_1\sin\varphi$$

即

$$\ddot{\varphi}+\frac{mgl_1}{J_O}\sin\varphi=0 \tag{a}$$

对于微幅振动，$\sin\varphi\approx\varphi$，并令$\frac{mgl_1}{J_O}=\omega_0^2$，则式(a)为

$$\ddot{\varphi}+\omega_0^2\varphi=0 \tag{b}$$

微分方程(b)的解为

$$\varphi=A\sin(\omega_0 t+\alpha) \tag{c}$$

上式中的A及α为积分常数，由初始条件决定。复摆的周期为

$$T=\frac{2\pi}{\omega_0}=2\pi\sqrt{\frac{J_O}{mgl_1}} \tag{d}$$

而已知长度为l的单摆的振动周期为$T=2\pi\sqrt{\frac{l}{g}}$。

现假设有一单摆，其摆长l满足

$$l=\frac{J_O}{ml_1} \tag{e}$$

这样，该单摆的振动周期与这里考察的复摆的振动周期相等。长度$l=\frac{J_O}{ml_1}$称为复摆的简化长度。

根据转动惯量的平行移轴定理①

$$J_O=J_C+ml_1^2$$

于是得复摆的简化长度为

$$l=l_1+\frac{J_C}{ml_1}$$

可见，复摆的简化长度$l>l_1$。现延长线段OC至B，并令

$$CB=l_2=\frac{J_C}{ml_1} \tag{f}$$

则$OB=l$，B点称为复摆的摆心，而O点称为复摆的悬点。

若以B点为悬点，则

$$J_B=J_C+ml_2^2$$

可知，此时复摆的简化长度l'为

① 见附录B。

$$l' = l_2 + \frac{J_C}{ml_2}$$

由式(f)得$\frac{J_C}{ml_2} = l_1$，所以

$$l' = l_1 + l_2 = l$$

可见，新的复摆的摆心就是原来复摆的悬点。即，复摆的悬点与摆心可以互换，而不改变其振动周期。对于非微幅摆动，振动周期与摆动的角度（振幅）有关，运动方程为非线性方程，需用椭圆积分的方法求得。

§11-4　刚体平面运动微分方程

设刚体在力系 $\boldsymbol{F}_1$、$\boldsymbol{F}_2$、…、$\boldsymbol{F}_n$ 作用下作平面运动，如图 11-16 所示，作一随质心平移的动坐标系 $Cx'y'$。由运动学可知，刚体的平面运动可分解为随质心的平移与相对于过质心而垂直于图平面的轴的转动的合成。于是，由质心运动定理及相对于质心的动量矩定理有

$$m\boldsymbol{a}_C = \sum \boldsymbol{F}_i^{\mathrm{E}}, \quad \frac{\mathrm{d}\boldsymbol{L}_C}{\mathrm{d}t} = \sum \boldsymbol{M}_{Ci}^{\mathrm{E}} \tag{11-16}$$

投影到坐标轴上，有

$$ma_{Cx} = \sum F_{xi}, \quad ma_{Cy} = \sum F_{yi}, \quad \frac{\mathrm{d}L_C}{\mathrm{d}t} = \sum M_i$$

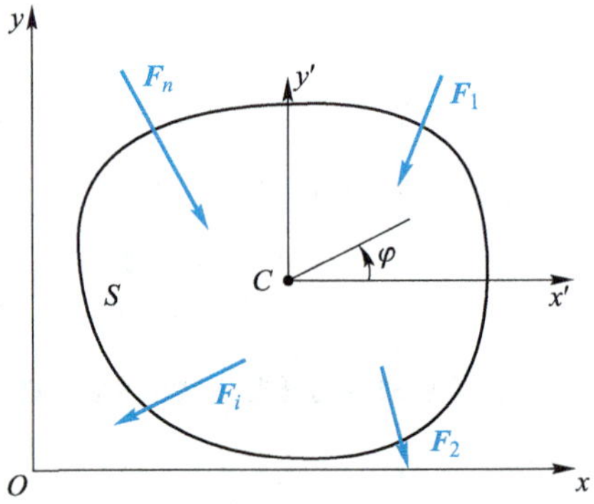

图 11-16　作平面运动的刚体

设刚体绕 z' 轴转动的角速度为 ω，则刚体对 z' 轴的动量矩为 $L_C = J_C\omega$，于是式(11-16)可以写为

$$ma_{Cx} = m\ddot{x}_C = \sum F_{xi}^{\mathrm{E}}, \quad ma_{Cy} = m\ddot{y}_C = \sum F_{yi}^{\mathrm{E}}, \quad J_C\alpha = J_C\ddot{\varphi} = \sum M_{Ci} \tag{11-17}$$

这就是**刚体平面运动微分方程**。运用该方程可求解作平面运动刚体的动力学两类问题。

当刚体相对于静坐标系 $Oxyz$ 保持静止或作匀速直线平移时，则 $\boldsymbol{a}_C = \boldsymbol{0}$，$\boldsymbol{L}_C = \boldsymbol{0}$，式(11-17)就成为静力学中平面任意力系的平衡方程。

此外，式(11-17)中各式均与作用于刚体上的力有关，而唯有第三式才与作用于刚体上的力偶有关，这说明力与力偶对刚体的运动效应不同，在一般情况下，力既能使刚体产生平移效应，又能使刚体产生转动效应，但力偶只能使刚体产生转动效应。

尽管方程(11-17)在这里只用来研究刚体平面运动,事实上,建立该方程式所蕴含的概念对于刚体以及质点系的任何运动都适用。如刚体系统的空间运动(空间飞行器等),都可以看作随同质心的平移和相对于质心的转动两者合成的结果,而前者可用质心运动定理求解,后者则可用相对于质心的动量矩定理求解,此时,方程(11-16)的投影形式扩展成六个。

例 11-9　重物 A 质量为 m_1,系在绳子上,绳子跨过不计质量的固定滑轮 D,并绕在鼓 C 上,如图 11-17a 所示,鼓轮短半径为 r,长半径为 R,质量为 m_2,其对水平轴 C 的回转半径为 ρ,在水平轨道作纯滚动。试求重物 A 下落的加速度。

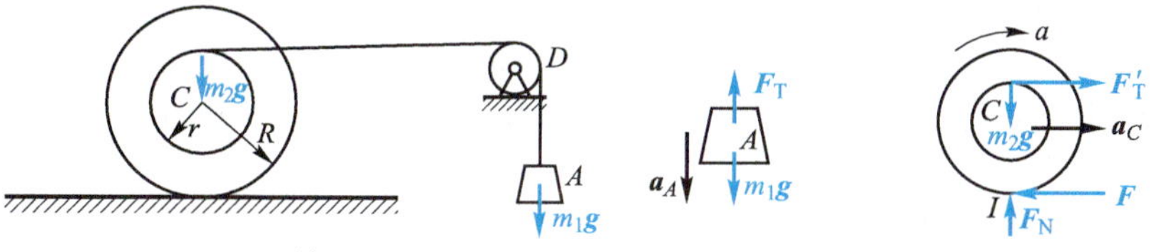

图 11-17　例 11-9 图

解　系统的自由度为 1,设 a_A 为广义坐标。分别选取重物 A 和鼓轮 C 为研究对象,受力分析与运动分析如图 11-17b、c 所示。对重物 A 有

$$m_1a_A=m_1g-F_T \tag{a}$$

轮 C 作平面运动,有

$$m_2a_C=F'_T-F \tag{b}$$

$$m_2\rho^2\alpha=F'_Tr+FR \tag{c}$$

$$F_T=F'_T$$

系统自由度为 1,由于轮子只滚不滑,故有

$$a_C=R\alpha,\quad a_A=(r+R)\alpha$$

联立式(a)、(b)、(c),并注意到轮子只滚不滑的运动关系,得

$$a_A=\frac{m_1g(r+R)^2}{m_1(R+r)^2+m_2(\rho^2+R^2)}$$

由于轮 C 的瞬心 I 的加速度恒指向质心,所以也可选 I 点为动量矩的矩心,此时,上式(c)可改写为 $J_I\alpha=F_T(r+R)$,其中 $J_I=m_2(\rho^2+R^2)$,也可得同样的结果。可请读者自行验算。

例 11-10　均质圆轮质量为 m,半径为 R,沿倾角为 θ 的斜面滚下,如图 11-18a 所示。设轮与斜面间的静摩擦因数为 f_s,动摩擦因数为 f_d,试求轮心 C 的加速度及斜面对于轮子的约束力。

解　取坐标系如图所示,并进行运动和受力分析,如图 11-18b 所示。考虑到 $\ddot{x}_C=a_C$,$\ddot{y}_C=0$,故轮子的运动微分方程为

$$ma_C=mg\sin\theta-F \tag{a}$$

$$0=mg\cos\theta-F_N \tag{b}$$

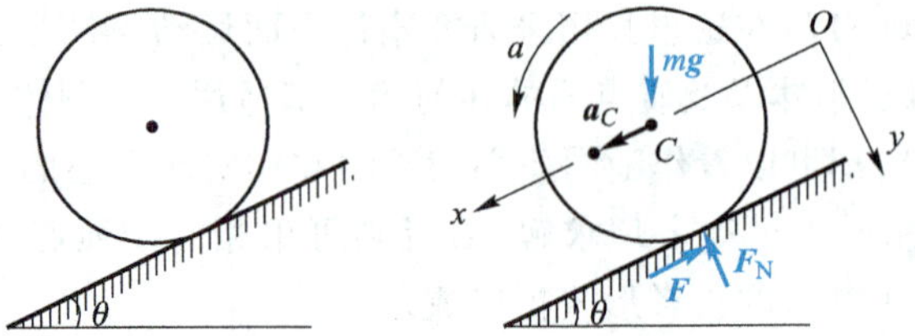

图 11-18　例 11-10 图

$$J_C\alpha = FR \tag{c}$$

由方程(b)可得

$$F_N = mg\cos\theta \tag{d}$$

而在其余两个方程(a)及(c)中，包含三个未知量 a_C、α 及 F，所以必须有一附加条件才能求解。

下面分两种情况来讨论：

(1) 假定轮子与斜面间无滑动，这时 $\boldsymbol{F}$ 是静摩擦力，大小、方向都未知，系统自由度为 1，以 α 为广义坐标，考虑到 $a_C = R\alpha$，于是，解方程(a)、(c)，并以 $J_C = \dfrac{mR^2}{2}$ 代入，得

$$a_C = \frac{2}{3}g\sin\theta,\quad \alpha = \frac{2g}{3R}\sin\theta,\quad F = \frac{1}{3}mg\sin\theta \tag{e}$$

F 为正值，表明其方向如图所示。

(2) 假定轮子与斜面间有滑动，这时 $\boldsymbol{F}$ 是动摩擦力，系统自由度为 2，以 α 和 a_C 为广义坐标。因轮子与斜面接触点向下滑动，故 $\boldsymbol{F}$ 向上，应为 $F = f_d F_N$，于是解方程(a)、(c)得

$$a_C = (\sin\theta - f_d\cos\theta)g,\quad \alpha = \frac{2f_d g\cos\theta}{R},\quad F = f_d mg\cos\theta \tag{f}$$

轮子有无滑动，需视摩擦力 F 之值是否达到极限值 $f_s F_N$。因为当轮子只滚不滑时，必须 $F \leqslant f_s F_N$，所以由式(e)得

$$\frac{1}{3}mg\cos\theta \leqslant f_s mg\cos\theta,\ 即\ \frac{1}{3}\tan\theta \leqslant f_s \tag{g}$$

满足式(g)，表示摩擦力未达极限值，轮子只滚不滑，则解式(e)适用；若 $\dfrac{1}{3}\tan\theta > f_s$，表示轮子既滚且滑，则解式(f)适用。

例 11-11　如图 11-19a 所示，平放在水平面内的行星齿轮机构的曲柄 OO_1 上受一不变的力偶 M 作用，绕固定轴转动；质量为 m_1 的齿轮 O_1 在固定齿轮 O 上作纯滚动。设曲柄 OO_1 长为 l，质量为 m_2。试求曲柄的角加速度 α 及两齿轮接触处沿切向的力 $\boldsymbol{F}_T$。

解　曲柄 OO_1 作定轴转动，齿轮 O_1 作平面运动，系统自由度为 1，以 OO_1 的角加速度 α 为广义坐标。现分别考虑，受力、运动分析图如图 11-19b、c 所示。对曲柄 OO_1，运用刚体定轴转动微分方程有

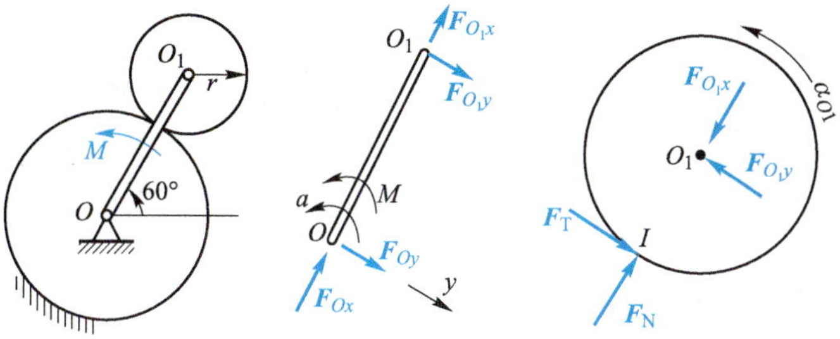

图 11-19　例 11-11 图

$$J_O\alpha = M - F_{O_1y}l \tag{a}$$

其中 $J_O=\dfrac{1}{3}m_2l^2$，齿轮 O_1 作平面运动，速度瞬心 I 的加速度恒指向质心，故可选 I 点为动量矩定理的矩心

$$J_I\alpha_{O_1} = F_{O_1y}r \tag{b}$$

其中　$J_I=\dfrac{1}{2}m_1r^2+m_1r^2=\dfrac{3}{2}m_1r^2$，又

$$r\alpha_{O_1} = l\alpha \tag{c}$$

联立式(a)、(b)、(c)，可求出

$$\alpha = \frac{6M}{(2m_2+9m_1)l^2}$$

为求 F_T，对齿轮 O_1 运用相对于质心的动量矩定理 $J_{O_1}\alpha_{O_1}=F_Tr$，得

$$F_T = \frac{3Mm_1}{(2m_2+9m_1)l}$$

思　考　题

11-1　如图，物块 A 重为 G_1，B 重为 $G_2(G_1>G_2)$，以质量不计的绳子连接并套在半径为 r 的滑轮上，不计轴承摩擦，试问：

(1) 如不考虑滑轮的质量，滑轮两边的绳子拉力是否相等？

(2) 如考虑滑轮的质量，滑轮两边的绳子拉力是否相等？

(3) 如考虑滑轮的质量，设滑轮对 O 轴的转动惯量为 J，是否可根据定轴转动微分方程建立如下的关系式：$J\alpha=p_1r-p_2r$？为什么？

11-2　图示两相同的均质轮各绕以细绳。图(a)中绳的末端挂一重为 G 的物块；图(b)中绳的末端作用一铅直向下的力 $\boldsymbol{F}$，设 $F=G$。试问两滑轮的角加速度 α 是否相同？为什么？

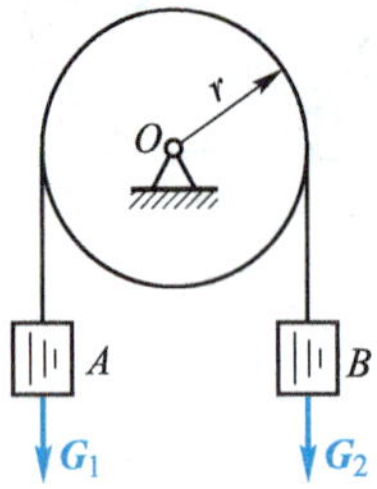

思考题 11-1 图

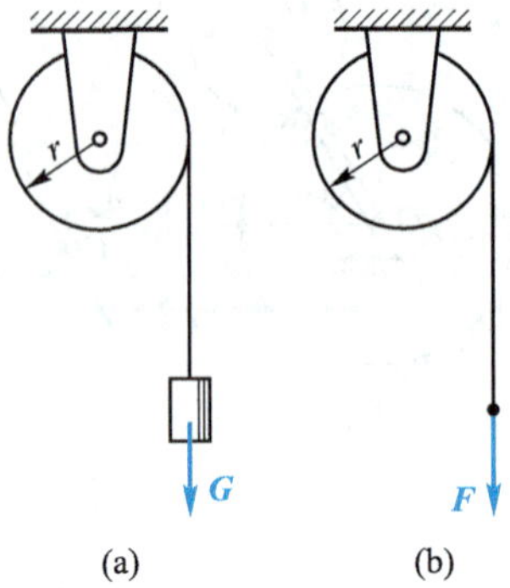

思考题 11-2 图

11-3　质量为 m 的均质圆盘，平放在光滑水平面上。若受力情况分别如图所示，试问圆盘各作什么运动？

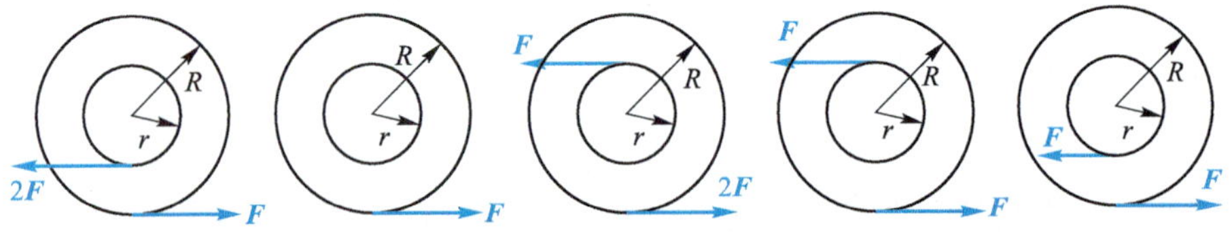

思考题 11-3 图

11-4　如图，转子 A 原来以角速度 ω_A 绕固定轴转动；转子 B 原来静止。现在离合器 C 将转子 A、B 突然连接在一起。已知转子 A、B 对转轴的转动惯量分别为 J_A、J_B，为什么两个转子连接在一起后的共同转动角速度比 ω_A 小？

11-5　图中均质杆 OA 重为 G_1，长为 l，圆盘 A 重为 G_2，半径为 r。在图(a)中，杆与圆盘固结，而在图(b)中，杆与圆盘在 A 点铰接，在图示瞬时，杆的角速度为 ω。试问：在计算系统对 O 点的动量矩时，这两种情况有什么不同？

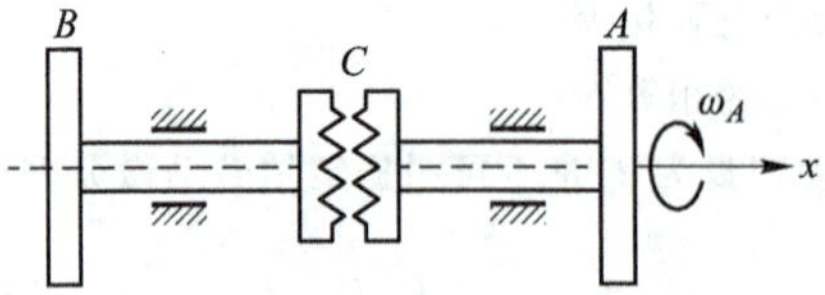

思考题 11-4 图

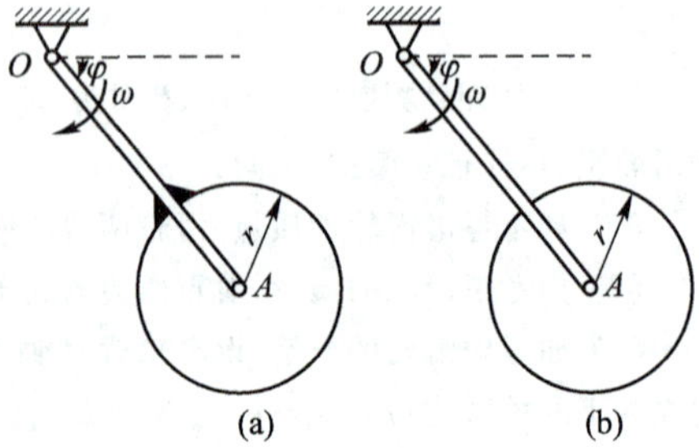

思考题 11-5 图

习 题

11-1 如图，刚体作平面运动。已知运动方程为 $x_C=3t^2$，$y_C=4t^2$，$\varphi=\dfrac{1}{2}t^3$，其中长度以 m 计，角度以 rad 计，时间以 s 计。设刚体质量为 10 kg，对于通过质心 C 且垂直于图平面的惯性半径 $\rho=0.5$ m，试求当 $t=2$ s 时刚体对坐标原点的动量矩。

11-2 如图，半径为 R、重为 G_1 的均质圆盘固结在长为 l、重为 G_2 的均质水平直杆 AB 的 B 端，绕铅垂轴 Oz 以角速度 ω 旋转，试求系统对转轴的动量矩。

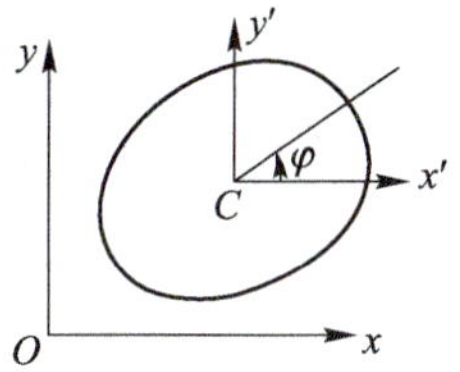

题 11-1 图

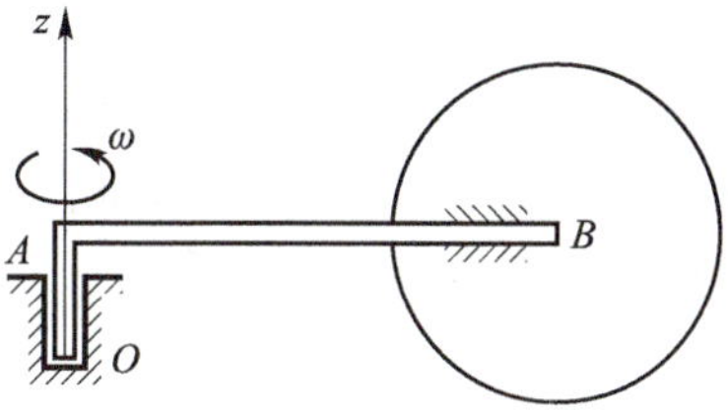

题 11-2 图

11-3 已知均质圆盘质量为 m，半径为 R，当它作图示四种运动时，对固定点 O_1 的动量矩分别为多大？图中 $O_1C=l$。

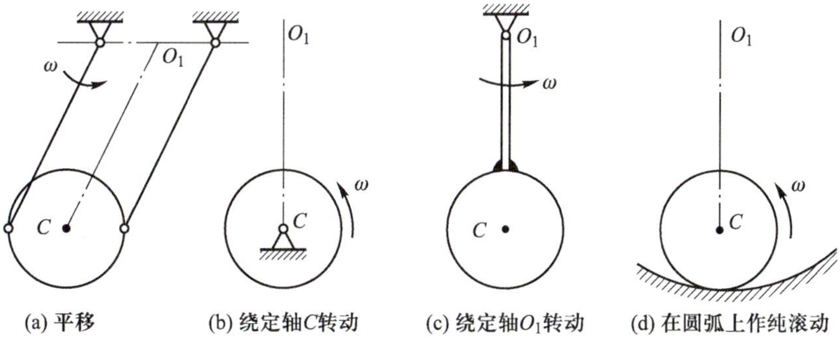

题 11-3 图

11-4 如图，均质直杆 AB 长为 l，质量为 m，A、B 两端分别沿水平和铅垂轨道滑动。试求该杆对质心 C 和对固定点 O 的动量矩 L_C 和 L_O（表示为 φ 和 $\dot{\varphi}$ 的函数）。

11-5 如图，均质杆 AB 长为 l、重为 G_1，B 端刚连一重为 G_2 的小球（小球可视为质点），杆上 D 点连一刚度系数为 k 的弹簧，使杆在水平位置保持平衡。设给小球 B 一微小初位移 δ_0 后无初速释放，试求 AB 杆的运动规律。

11-6 如图，两个重物 A、B 各自重为 G_1、G_2，分别系在两条绳上，此两绳又分别围绕着半

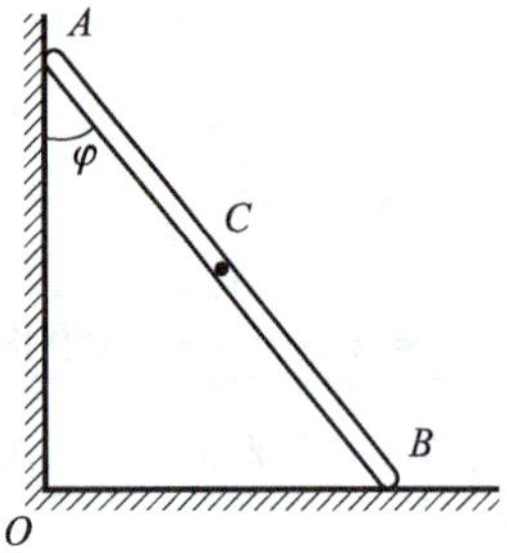

题 11-4 图

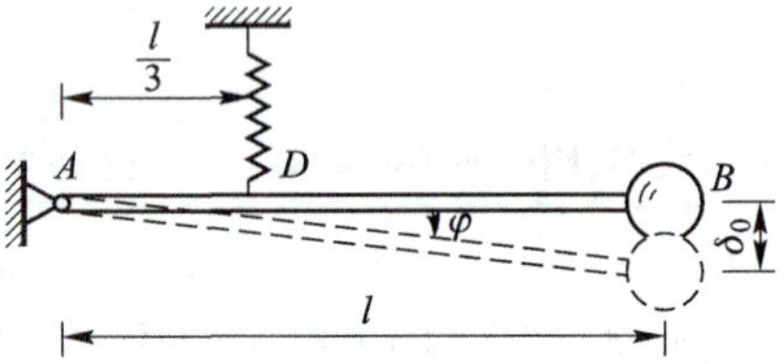

题 11-5 图

径为 r_1、r_2 的鼓轮上，重物受重力的影响而运动。试求鼓轮的角加速度 α。鼓轮和绳的质量均略去不计。

11-7　如图，一倒置的摆由两根相同的弹簧支持。设摆由圆球与直杆组成，球重为 G，半径为 r，杆重不计。弹簧的刚度系数为 k。试问当摆从平衡位置向左或向右有一微小偏移后，是否能够振动？写出能够发生振动的条件。

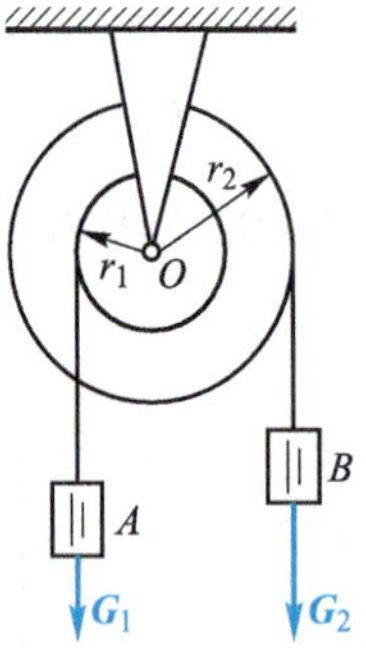

题 11-6 图

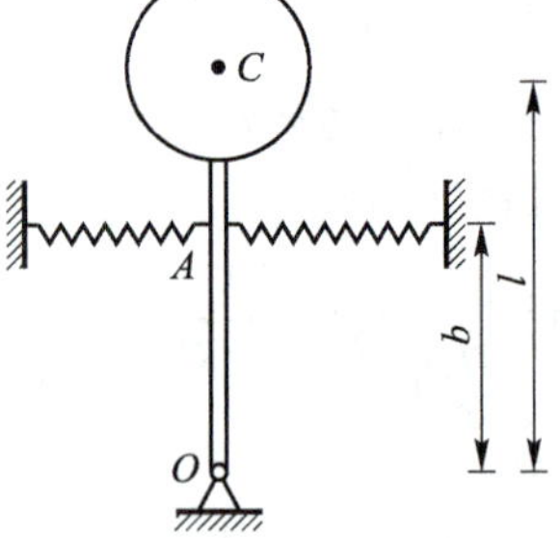

题 11-7 图

文档：习题 11-8 题解

11-8　如图，卷扬机的 B、C 轮半径分别为 R、r，对水平转动轴的转动惯量为 J_1、J_2，物体 A 重为 G。设在轮 C 上作用一常力矩 M，试求物体 A 上升的加速度。

11-9　如图，质量为 100 kg，半径为 1 m 的均质圆轮，以转速 $n=120$ r/min 绕 O 轴转动。设有一常力 $\boldsymbol{F}$ 作用于闸杆，轮经过 10 s 后停止转动。已知静摩擦因数 $f_s=0.1$，试求力 $\boldsymbol{F}$ 的大小。

文档：习题11-11 题解

11-10　如图，一半径为 r，重为 G_1 的均质水平圆形转台，可绕通过中心 O 并垂直于台面的铅直轴转动。重为 G_2 的人 A 沿圆台边缘以规律 $s=\dfrac{1}{2}at^2$ 走动，开始时，人与圆台静止，试求圆台在任一瞬时的角速度与角加速度。

11-11　如图所示均质圆盘，质量 $m=50$ kg，半径 $r=25$ cm，搁在 A、B 支座上，$\varphi=30°$。假设摩擦力可使 A 处不滑动，试求：(1) 移去 B 支座瞬时盘的角加速度；(2) 该瞬时 A 处的约束力。

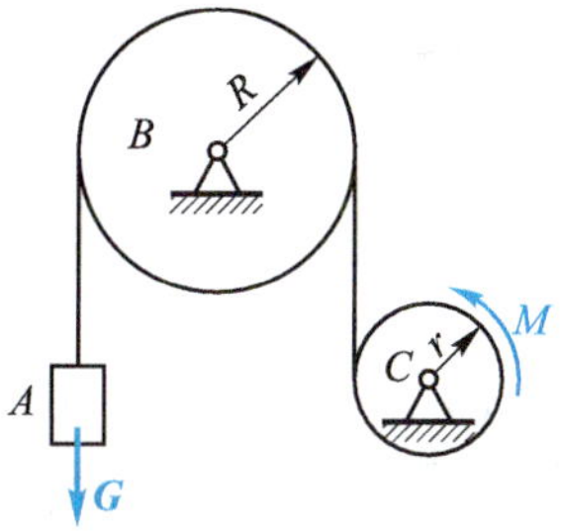

题 11-8 图

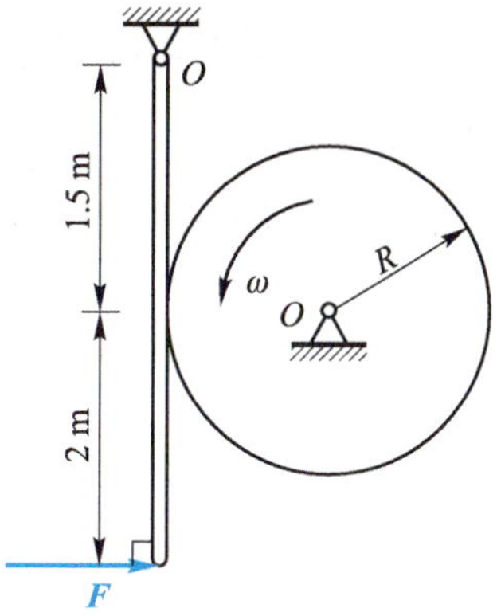

题 11-9 图

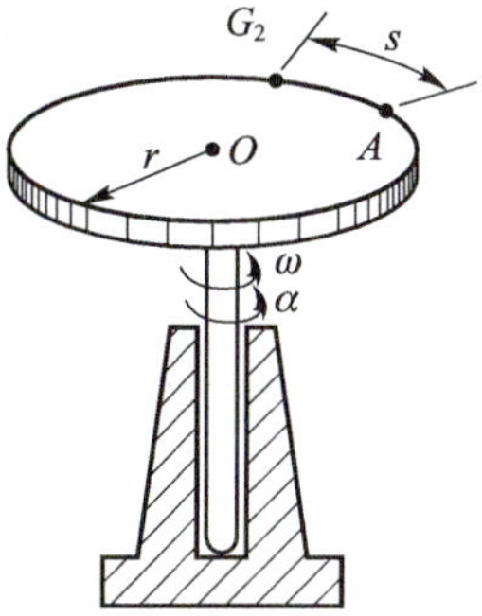

题 11-10 图

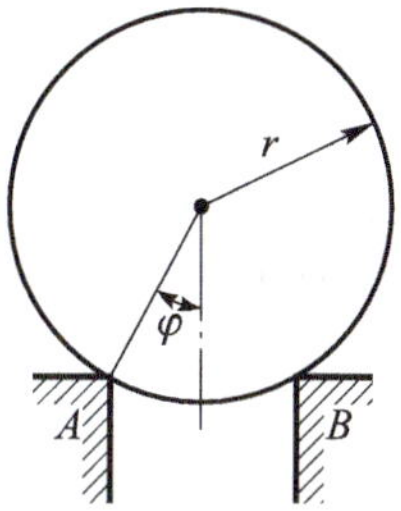

题 11-11 图

文档：习题11-12题解

11-12　如图，匀质细杆 OA 的质量为 m，可绕 O 轴在铅垂面内转动。在 A 端铰接一个边长 $h=\dfrac{1}{3}l$，质量也为 m 的正方形板。该板可绕其中心 A 点在铅垂面内转动。开始时将方形板托住，使 OA 杆处于水平位置，然后突然放开，则系统将自静止开始运动，不计轴承摩擦。试求在放开的瞬时：(1) 方板的角加速度；(2) 轴承 O 的约束力。

11-13　图示 A 为离合器，开始时轮 2 静止，轮 1 具有角速度 ω_0。当离合器接合后，依靠摩擦使轮 2 启动。已知轮 1 和轮 2 的转动惯量分别为 J_1 和 J_2。试求：(1) 当离合器接合后，两轮共同转动的角速度；(2) 若经过 7 s 两轮的转速相同，求离合器应有多大的摩擦力矩。

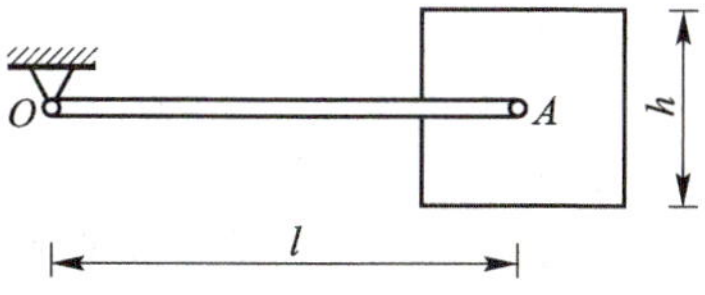

题 11-12 图

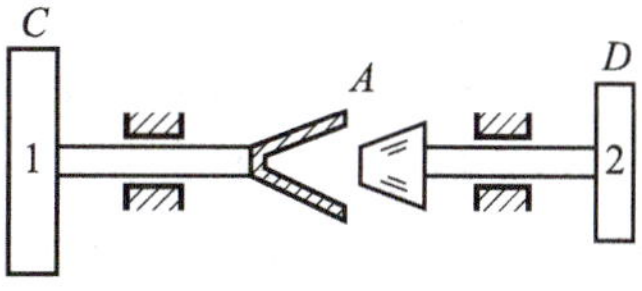

题 11-13 图

文档：习题11-14题解

11-14　如图，杆 AB 可在管 CD 内自由地滑动，当杆全部在管内时（$x=0$），组件的角速度为 ω_1。如杆 AB 与管 CD 的质量及长度均相等，可视为均质物体，忽略轴承摩擦。试求在 $x=\frac{l}{2}$ 时组件的角速度 ω_2。

11-15　均质细杆 OA、BC 的质量均为 8 kg，在 A 点处焊接。在图示瞬时位置，角速度 $\omega=4$ rad/s。试求在该瞬时支座 O 的反力。

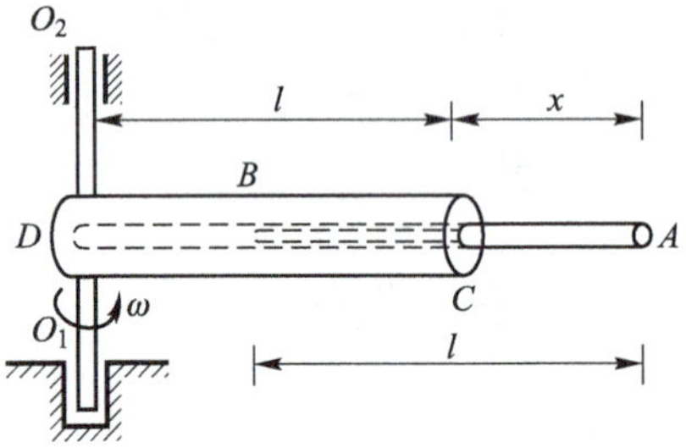

题 11-14 图

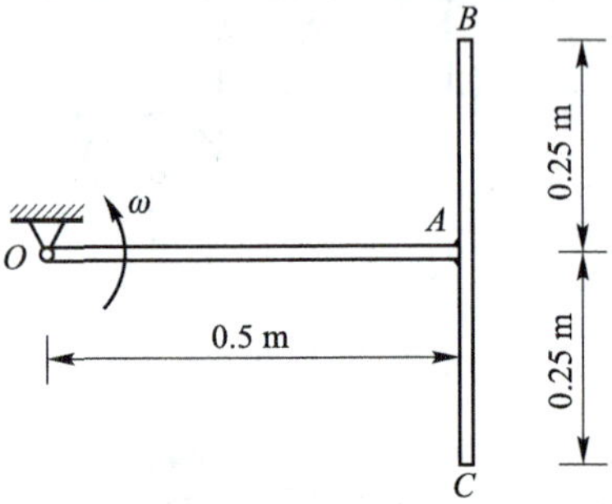

题 11-15 图

11-16　图示滑轮重 G，可视为均质圆盘，轮上绕以细绳，绳的一端固定于 A 点，试求滑轮下降时绳的拉力和轮心 C 的加速度。

文档：习题11-17题解

11-17　均质直杆 AB 重 G、长 l，在 A、B 处分别受到铰链支座、绳索的约束。若绳索突然被切断，试求：(1) 在图示瞬时位置时，支座 A 的反力；(2) 当杆 AB 转到铅垂位置时，支座 A 的反力。

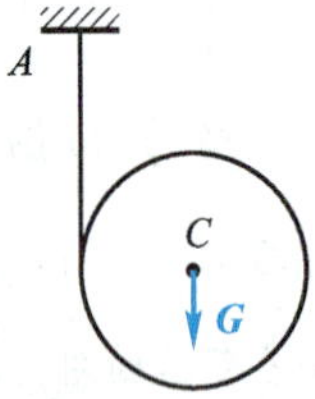

题 11-16 图

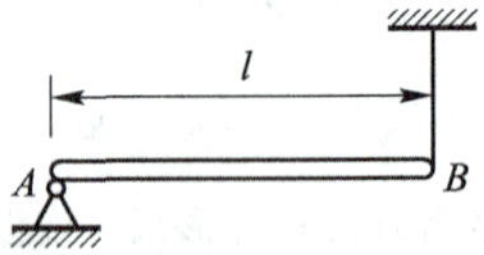

题 11-17 图

11-18　均质鼓轮由绕于其上的细绳拉动。已知轴的半径 $r=40$ mm，轮的半径 $R=80$ mm，轮重 $G=9.8$ N，对过轮心垂直于轮中心平面的轴的惯性半径 $\rho=60$ mm，拉力 $F=5$ N，轮与地面的摩擦因数 $f=0.2$。试分别求在图(a)、(b)两种情况下圆轮的角加速度及轮心的加速度。

11-19　图示均质圆柱体 A 和 B 重量均为 G，半径均为 r。一绳绕于可绕固定轴 O 转动的圆柱 A 上，绳的另一端绕在圆柱 B 上。试求 B 下落时质心 C 的加速度。不计摩擦。

11-20　如图，火箭的质量为 1.2×10^4 kg，两个引擎的推力 $F_1=F_2=140$ kN，假设其中一个引擎推力 F_1 忽然减到 50 kN，试求：火箭转动的角加速度多大？质心 C 的加速度改变了多少？阻力不计。火箭对通过质心 C 而垂直于 $\boldsymbol{F}_1$、$\boldsymbol{F}_2$ 作用平面的轴的惯性半径为 $\rho=5$ m。

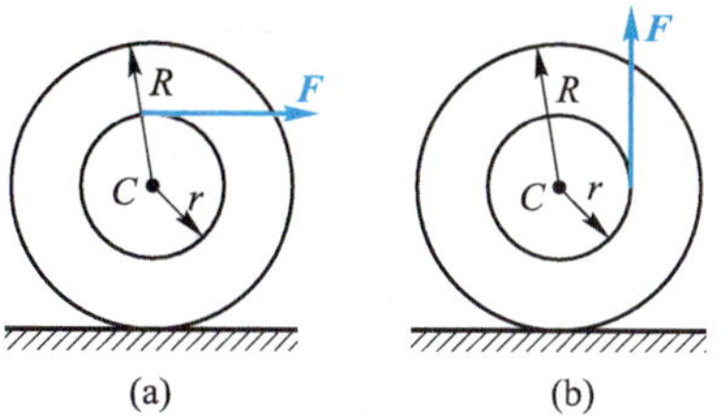

题 11-18 图

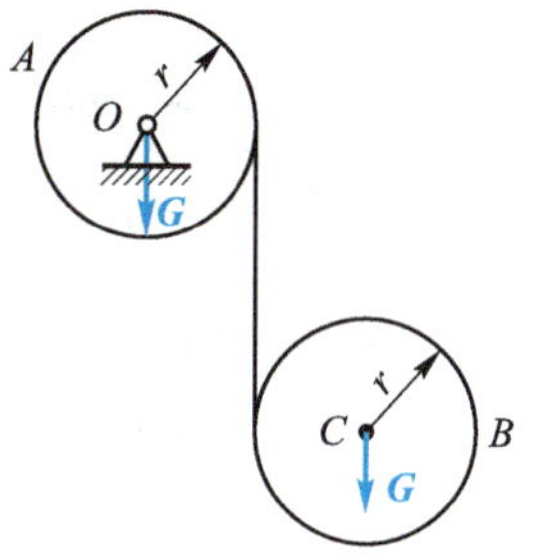

题 11-19 图

11-21 如图,半径为 r 的均质圆轮,在半径为 R 的圆弧上只滚不滑。初瞬时 $\varphi=\varphi_0$(为一微小角度),而 $\dot{\varphi}_0=0$,试求圆轮的运动规律。

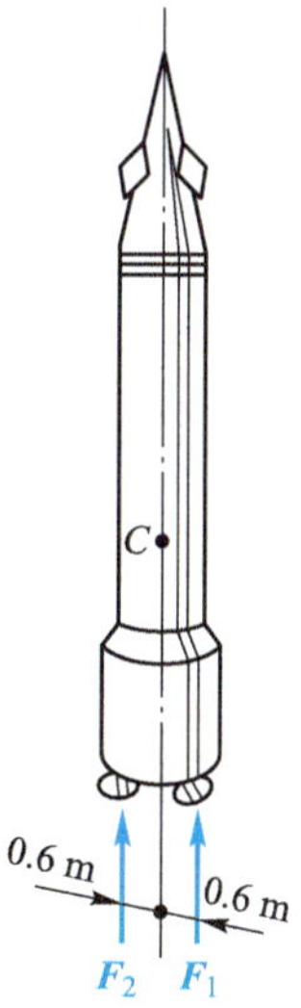

题 11-20 图

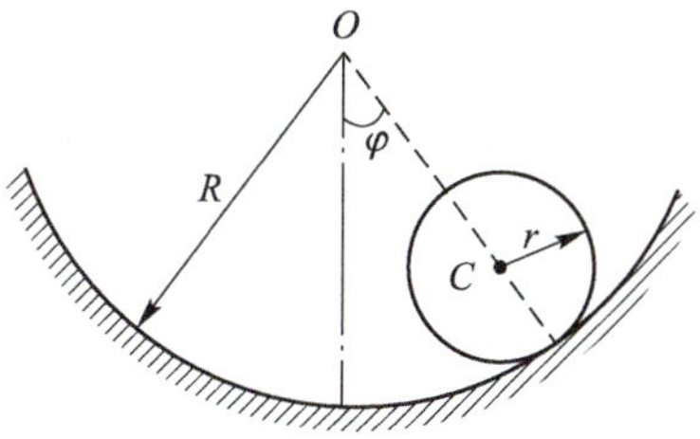

题 11-21 图

11-22 如图,半径为 r 的均质圆轮,在半径为 R 的圆弧面上只滚不滑。初瞬时 $\theta=\theta_0$,而 $\dot{\theta}=0$。试求圆弧面作用于圆轮上的法向反力(表示为 θ 的函数)。

11-23 如图,质量为 20 kg、半径为 25 cm 的均质半圆球放置在水平面上。在其边缘上作用 $F=130$ N 的铅垂力。已知 $OC=\dfrac{3}{8}r$,$J_C=\dfrac{83}{320}mr^2$,试问如果在作用的瞬时不发生滑动,接触处的摩擦因数至少应为多大?并求此时的角加速度。

11-24 鼓轮的大半径为 R,小半径为 r,放置于粗糙的水平面上。在轴上绕有软绳,绳的一端作用一与水平成 φ 角的力 $\boldsymbol{F}$ 如图所示。设鼓轮总重为 G,且 $G>F\sin\varphi$,对于其中心轴的回转半径为 ρ。试求轮心的加速度,并讨论其方向。

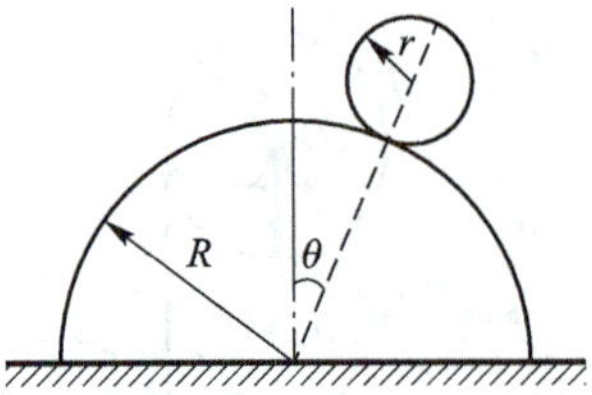

题 11-22 图

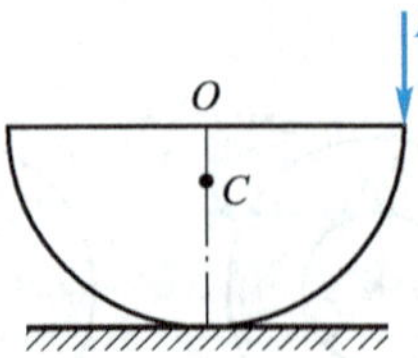

题 11-23 图

11-25　如图，长为 l、质量为 m 的均质杆 AB 与 BC 在 B 点刚连成直角后放置在光滑水平面上。试求在 A 端作用一与 AB 垂直的水平力 $\boldsymbol{F}$ 后 A 点的加速度。

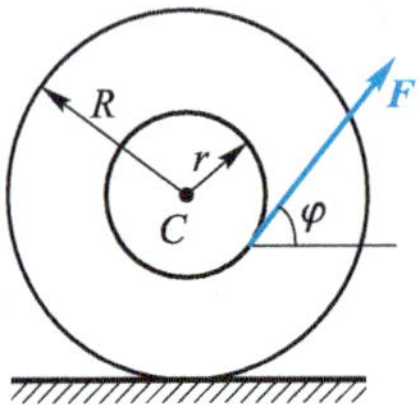

题 11-24 图

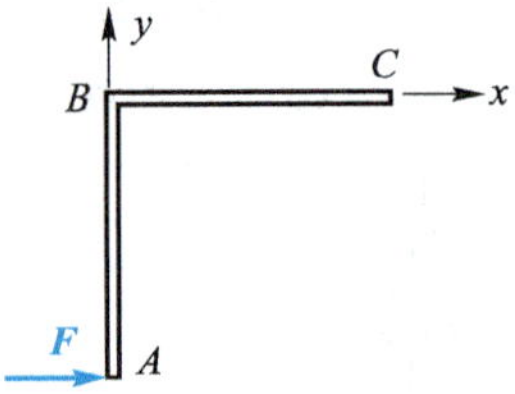

题 11-25 图

文档：
习题11-26
题解

11-26　在图示机构中，匀质杆 AB 长 $l = 0.98$ m，质量 $m = \dfrac{\sqrt{3}}{3}$ kg，在图示位置无初速开始运动。斜面倾角 $\theta = 30°$，如不计物块质量，不计斜面摩擦，试求此瞬时：(1) 杆 AB 的角加速度；(2) A 点的加速度；(3) 斜面的约束力。

文档：
习题11-27
题解

11-27　图示机构位于铅垂平面内，曲柄长 $OA = 0.4$ m，角速度 $\omega = 4.5$ rad/s(常数)。均质杆 AB 长 1 m，质量为 10 kg。在 A、B 端分别用铰链与曲柄、磙子 B 连接。如磙子 B 的质量不计，试求在图示瞬时位置时，地面对磙子的约束力。

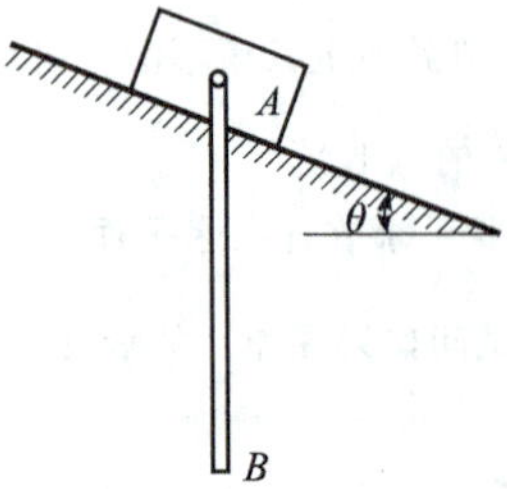

题 11-26 图

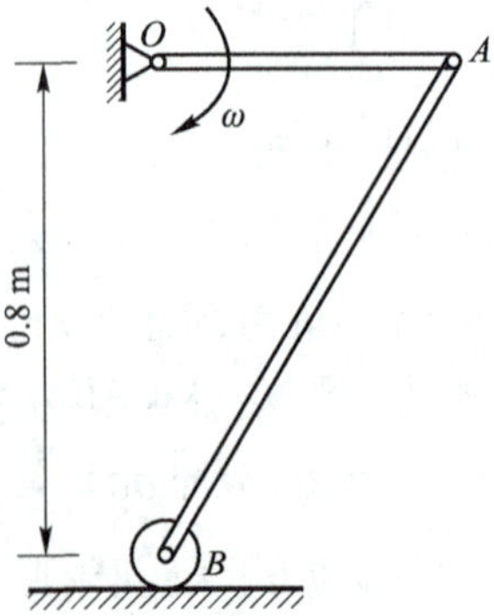

题 11-27 图

文档：
习题11-28
题解

11-28　长为 l，重 G 的均质杆 AB、BC 用铰链 B 连接，并用铰链 A 固定，位于平衡位置如图所示。今在 C 端作用一水平力 $\boldsymbol{F}$，试求此瞬时两杆的角加速度。

11-29 如图，宇宙航行器以速度 5 140 km/h 绕月球在半径为 2 400 km 的圆形轨道上运动，为了转换到另一半径为 2 000 km 的圆形轨道上运行，在 A 点点火使速度减少到 4 900 km/h 以进入椭圆轨道 AB。试求：(1) 在椭圆轨道上 B 点的速度；(2) 在 B 点速度应降低多少，才能使其进入较小的圆形轨道运行。

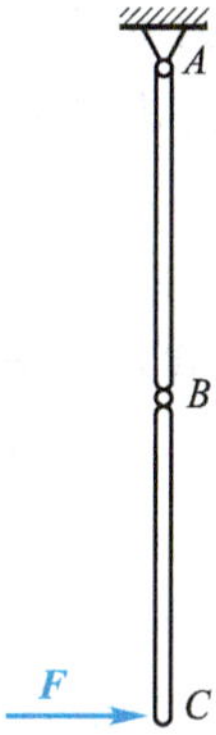

题 11-28 图

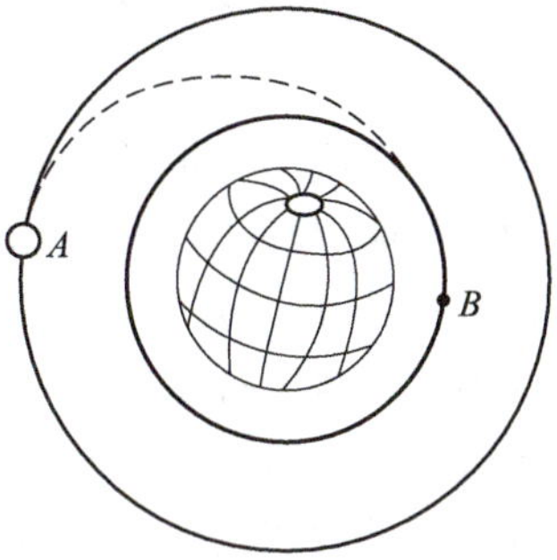

题 11-29 图

第十二章　动能定理

能量是物理学中最基本的概念之一。物体的机械运动量可以有不同的度量方法，动量和动量矩是物体机械运动量的一种量度，动能则是机械运动量的另一种量度。

自然界物质运动的形式是多种多样的，各种形式的运动都有与其相对应的能量，如机械能、电能、热能等。在一定条件下，各种运动形式可以互相转化，在转化过程中，一种形式的一定量的运动总是与另一种形式的一定量的运动相当，能量就是对这类运动量进行量度的物理量。

当物体作机械运动时所具有的能量，称为机械能，而动能是机械能的一部分。物体作机械运动时能量的变化，是用力的功来度量的。因此可以说，物体所具有的能量就是它所具有的作功的本领。功和能虽有密切的联系，但它们却是两个不同的概念：能是物质运动的度量，而功是能量变化的度量。利用功和能的关系来研究物体的机械运动，是理论力学最重要的方法之一。

§12-1　功与功率

设质点 M 的径矢为 $\boldsymbol{r}$，在力 $\boldsymbol{F}$ 的作用下有微小位移 $\mathrm{d}\boldsymbol{r}$（图 12-1），则力 $\boldsymbol{F}$ 对该质点所作的元功定义为

$$\mathrm{d}W=\boldsymbol{F}\cdot\mathrm{d}\boldsymbol{r} \tag{12-1}$$

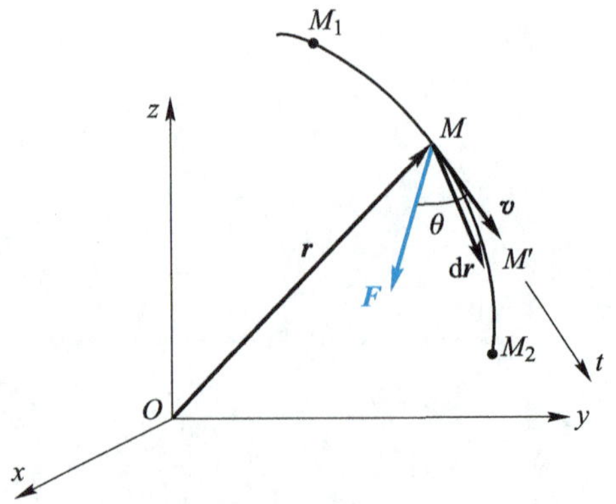

图 12-1　力的功

当质点 M 在力 $\boldsymbol{F}$ 作用下沿空间轨迹从 M_1 点运动到 M_2 点时，则力 $\boldsymbol{F}$ 所作的总功为

$$W=\int_{M_1}^{M_2}\boldsymbol{F}\cdot \mathrm{d}\boldsymbol{r} \tag{12-2}$$

因为功是标量，它的值与坐标系的选择无关。因此在具体计算时，可以任意选用方便的坐标系。通常选用直角坐标系和自然坐标系。功的直角坐标系形式为

$$\begin{aligned} W&=\int_{M_1}^{M_2}\boldsymbol{F}\cdot \mathrm{d}\boldsymbol{r}=\int_{M_1}^{M_2}(F_x\boldsymbol{i}+F_y\boldsymbol{j}+F_z\boldsymbol{k})\cdot(\mathrm{d}x\boldsymbol{i}+\mathrm{d}y\boldsymbol{j}+\mathrm{d}z\boldsymbol{k})\\ &=\int_{M_1}^{M_2}(F_x\mathrm{d}x+F_y\mathrm{d}y+F_z\mathrm{d}z) \end{aligned} \tag{12-3}$$

当选定为自然坐标形式时

$$W=\int_{M_1}^{M_2}\boldsymbol{F}\cdot \mathrm{d}\boldsymbol{r}=\int_{M_1}^{M_2}F\,|\mathrm{d}\boldsymbol{r}|\cos\theta$$

当时间增量趋近于零时，$|\mathrm{d}\boldsymbol{r}|=\mathrm{d}s$，且沿 M 点的切线方向，故有

$$W=\int_{M_1}^{M_2}F\cos(\boldsymbol{F},\boldsymbol{v})\,\mathrm{d}s=\int_{M_1}^{M_2}F_t\mathrm{d}s \tag{12-4}$$

当质点受到 n 个力 $\boldsymbol{F}_1$、$\boldsymbol{F}_2$、…、$\boldsymbol{F}_n$ 作用，而这 n 个力的合力为 $\boldsymbol{F}$，则质点在 $\boldsymbol{F}$ 作用下由 M_1 运动到 M_2 时，合力 $\boldsymbol{F}$ 所作的功为

$$\begin{aligned} W&=\int_{M_1}^{M_2}\boldsymbol{F}\cdot \mathrm{d}\boldsymbol{r}=\int_{M_1}^{M_2}(\boldsymbol{F}_1+\boldsymbol{F}_2+\cdots+\boldsymbol{F}_n)\cdot \mathrm{d}\boldsymbol{r}\\ &=\int_{M_1}^{M_2}\boldsymbol{F}_1\cdot \mathrm{d}\boldsymbol{r}+\int_{M_1}^{M_2}\boldsymbol{F}_2\cdot \mathrm{d}\boldsymbol{r}+\cdots+\int_{M_1}^{M_2}\boldsymbol{F}_n\cdot \mathrm{d}\boldsymbol{r}=W_1+W_2+\cdots+W_n=\sum W_i \end{aligned} \tag{12-5}$$

即合力在任一段路程中所作的功等于各分力在同一段路程中所作的功之和。

功的单位为 J（焦耳），$1\ \mathrm{J}=1\ \mathrm{N}\times 1\ \mathrm{m}=1\ \mathrm{N}\cdot\mathrm{m}=1\ \mathrm{kg}\cdot\mathrm{m}^2/\mathrm{s}^2$。

利用式（12-1）可导出如下几种常见力的功的计算公式。

1. 常力的功

若力 $\boldsymbol{F}$ 是常矢量，则从式（12-2）可积分得到

$$W=\boldsymbol{F}\cdot\int_{M_1}^{M_2}\mathrm{d}\boldsymbol{r}=\boldsymbol{F}\cdot(\boldsymbol{r}_2-\boldsymbol{r}_1) \tag{12-6}$$

因此常力的功只与力作用点的起点和终点的位置 $\boldsymbol{r}_1$ 和 $\boldsymbol{r}_2$ 有关，而与路径无关。重力属于最常见的常力。设 z 轴垂直向上，如图 12-2 所示，质点的重力 $\boldsymbol{G}=-mg\boldsymbol{k}$，由式（12-6）得到

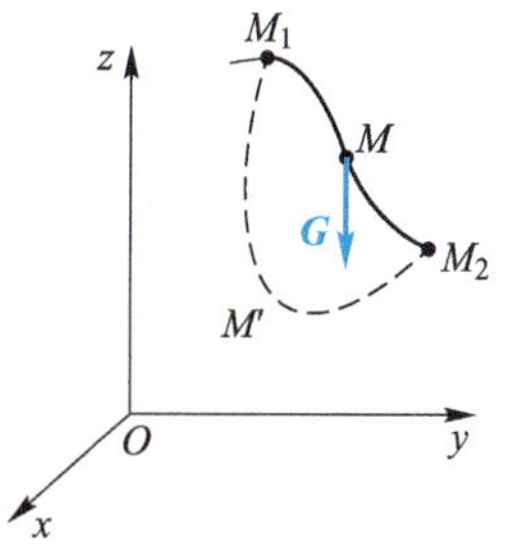

图 12-2　重力的功

$$W=-mg\boldsymbol{k}\cdot(\boldsymbol{r}_2-\boldsymbol{r}_1)=mg(z_1-z_2) \tag{12-7}$$

上式中(z_1-z_2)表示第一位置与第二位置的高度差，当$z_1>z_2$（质点M由高处运动到低处）时，重力作正功，反之，重力作负功。

式(12-7)表示，**重力功等于质点的重力与其起始位置与终了位置的高度差的乘积，而与质点运动路径无关**。即无论质点沿图中M_1MM_2路径还是沿$M_1M'M_2$路径运动，重力功是相同的。

质点系所受重力功，也可同样进行计算。当质点系从第一位置运动到第二位置时，其中任一质点M_i所受的重力$m_i\boldsymbol{g}$的功为$m_ig(z_{i1}-z_{i2})$，而整个质点系所受的重力的功为

$$W=\sum m_ig(z_{i1}-z_{i2})=(\sum m_igz_i)_1-(\sum m_igz_i)_2$$

即

$$W=mg(z_{C1}-z_{C2}) \tag{12-8}$$

式(12-8)中的m为整个质点系的质量：$m=\sum m_i$。而z_{C1}与z_{C2}分别为质点系重心C的起始位置和终了位置的纵坐标。即**质点系所受重力的功，等于质点系的重力与其重心的高度差之乘积**。

2. 成对力的功及内力的功

设任意运动的质点系内任意两个质点A和B之间的相互作用力为$\boldsymbol{F}$和$\boldsymbol{F}'$，微小位移分别为$\mathrm{d}\boldsymbol{r}_A$和$\mathrm{d}\boldsymbol{r}_B$，如图12-3所示，此二力的元功之和为

$$\mathrm{d}W=\boldsymbol{F}\cdot\mathrm{d}\boldsymbol{r}_A+\boldsymbol{F}'\cdot\mathrm{d}\boldsymbol{r}_B$$

由于$\boldsymbol{F}'=-\boldsymbol{F}$，因此

$$\begin{aligned}\mathrm{d}W&=\boldsymbol{F}'\cdot(\mathrm{d}\boldsymbol{r}_B-\mathrm{d}\boldsymbol{r}_A)=\boldsymbol{F}'\cdot\mathrm{d}(\boldsymbol{r}_B-\boldsymbol{r}_A)\\&=\boldsymbol{F}'\cdot\mathrm{d}\boldsymbol{r}_{AB}\end{aligned} \tag{12-9}$$

可以看出，质点系成对力或内力的功取决于质点之间的相对位移。最常见的内力有弹性力和万有引力。

(1) 弹性力

设弹簧刚度系数为k，原长为l_0，作用于任意两个质点A和B之间。根据胡克定律，弹性力的大小为

$$F=k(r_{AB}-l_0)$$

力$\boldsymbol{F}$沿AB的连线，以矢量表示为

$$\boldsymbol{F}=-k(r_{AB}-l_0)\frac{\boldsymbol{r}_{AB}}{r_{AB}}$$

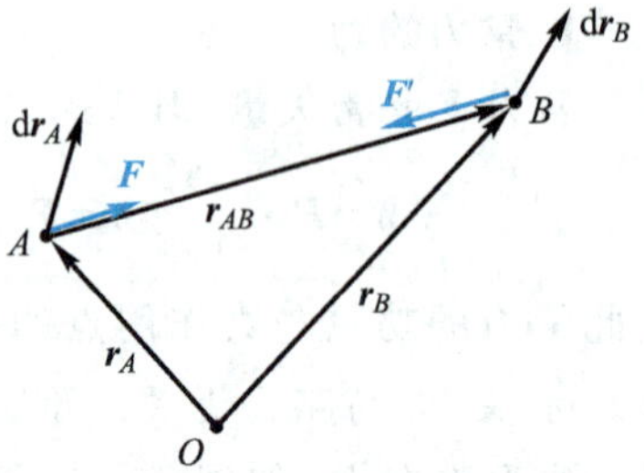

图12-3　内力的功

上式中的负号表示当$r_{AB}>l_0$时，弹性力$\boldsymbol{F}$与$\boldsymbol{r}_{AB}$的方向相反。而$\dfrac{\boldsymbol{r}_{AB}}{r_{AB}}$为径矢的单位矢量，表

示 $\boldsymbol{F}$ 的方向。则弹性力 $\boldsymbol{F}$ 的元功为

$$\mathrm{d}W=\boldsymbol{F}\cdot\mathrm{d}\boldsymbol{r}_{AB}=-k(r_{AB}-l_0)\frac{\boldsymbol{r}_{AB}}{r_{AB}}\cdot\mathrm{d}\boldsymbol{r}_{AB}=-k(r_{AB}-l_0)\frac{1}{r_{AB}}\mathrm{d}\left(\frac{\boldsymbol{r}_{AB}\cdot\boldsymbol{r}_{AB}}{2}\right)$$

$$=-k(r_{AB}-l_0)\frac{1}{r_{AB}}\mathrm{d}\left(\frac{r_{AB}^2}{2}\right)=-k(r_{AB}-l_0)\mathrm{d}r_{AB}$$

或

$$\mathrm{d}W=-\frac{k}{2}\mathrm{d}(r_{AB}-l_0)^2 \qquad (12-10)$$

当两质点由 A_1、B_1 位置运动到 A_2、B_2，相对径矢由 $\boldsymbol{r}_1$ 运动到 $\boldsymbol{r}_2$，如图 12-4 所示，弹性力的总功为

$$W=\int\mathrm{d}W=\int_{r_1}^{r_2}-\frac{k}{2}\mathrm{d}(r_{AB}-l_0)^2$$

$$=\frac{1}{2}k[(r_1-l_0)^2-(r_2-l_2)^2]$$

若以 $\delta_1=r_1-l_0$，$\delta_2=r_2-l_0$ 分别表示质点在第一位置和第二位置时弹簧的净变形，则上式表示为

$$W=\frac{k}{2}(\delta_1^2-\delta_2^2) \qquad (12-11)$$

可见，弹性力的功与弹簧的起始变形与终了变形有关，而与质点运动的路径无关。

(2) 万有引力的功

质量分别为 m_1 和 m_2 的质点 A 和 B，在引力作用下，由位置 A_1、B_1 位置运动到 A_2、B_2，如图 12-5 所示。引力 $\boldsymbol{F}$ 服从牛顿万有引力定律，其大小为

$$F=\frac{Gm_1m_2}{r_{AB}^2}$$

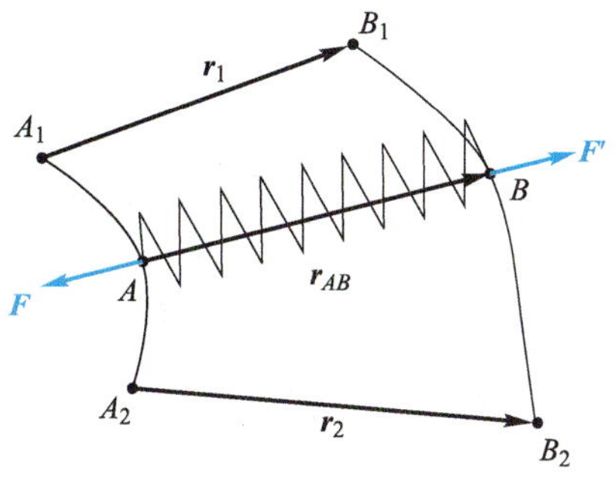

图 12-4　弹性力的功

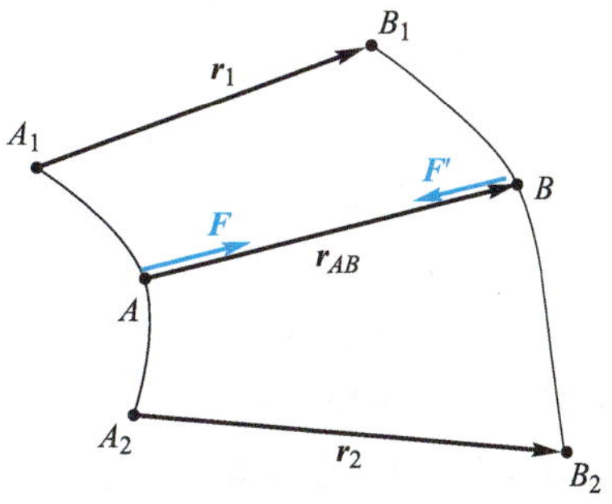

图 12-5　万有引力的功

其中 G 是引力常数。表示为矢量形式

$$\boldsymbol{F}=\frac{Gm_1m_2}{r_{AB}^2}\frac{\boldsymbol{r}_{AB}}{r_{AB}}=\frac{Gm_1m_2}{r_{AB}^3}\boldsymbol{r}_{AB}$$

$$\mathrm{d}W=\boldsymbol{F}'\cdot\mathrm{d}\boldsymbol{r}_{AB}=-\frac{Gm_1m_2}{r_{AB}^3}\boldsymbol{r}_{AB}\cdot\mathrm{d}\boldsymbol{r}_{AB}$$

$$=-\frac{Gm_1m_2}{r_{AB}^3}\mathrm{d}\left(\frac{\boldsymbol{r}_{AB}\cdot\boldsymbol{r}_{AB}}{2}\right)$$

$$=-\frac{Gm_1m_2}{r_{AB}^2}\mathrm{d}r_{AB}=Gm_1m_2\mathrm{d}\left(\frac{1}{r_{AB}}\right)$$

于是,万有引力的功为

$$W=\int\mathrm{d}W=\int_{r_1}^{r_2}Gm_1m_2\,\mathrm{d}\left(\frac{1}{r_{AB}}\right)$$

即

$$W=Gm_1m_2\left(\frac{1}{r_2}-\frac{1}{r_1}\right)\tag{12-12}$$

与弹性力的功相似,万有引力的功也只与质点的起始位置与终了位置有关,而与质点的运动路径无关。

(3) 内力对刚体的功

刚体是个质点之间的距离保持不变的特殊质点系,由于任意两点之间的距离始终保持不变。因此,$|\mathrm{d}\boldsymbol{r}_{AB}|=0$,所以

$$\mathrm{d}W=0$$

从而得出:刚体作任意运动时,其内力的总功等于零。

3. 外力对刚体的功

对于作任意运动的刚体(图 12-6),设刚体上有外力系 $\boldsymbol{F}_i(i=1,2,\cdots,n)$ 作用,其上任意一点 O' 的速度和转动角速度分别为 $\boldsymbol{v}_{O'}$ 和 $\boldsymbol{\omega}$。则刚体内任意一质点 m_i 的速度为

$$\dot{\boldsymbol{r}}_i=\boldsymbol{v}_i=\boldsymbol{v}_{O'}+\boldsymbol{\omega}\times\boldsymbol{\rho}_i$$

其中,$\boldsymbol{r}_i$ 和 $\boldsymbol{\rho}_i$ 为质点 m_i 相对于固定点 O 和点 O' 的径矢。将上式各项乘以 $\mathrm{d}t$,令 $\mathrm{d}\boldsymbol{r}_i=\dot{\boldsymbol{r}}_i\mathrm{d}t$ 为质点 M_i 的无限小位移,$\mathrm{d}\boldsymbol{r}_{O'}=\boldsymbol{v}_{O'}\mathrm{d}t$ 为点 O' 的无限小位移,并定义矢量 $\mathrm{d}\boldsymbol{\theta}=\boldsymbol{\omega}\mathrm{d}t$ 为刚体的瞬时角位移矢量,其大小等于刚体在无限小时间间隔 $\mathrm{d}t$ 内绕转动瞬时轴转过的角度,方向沿转动轴。得到

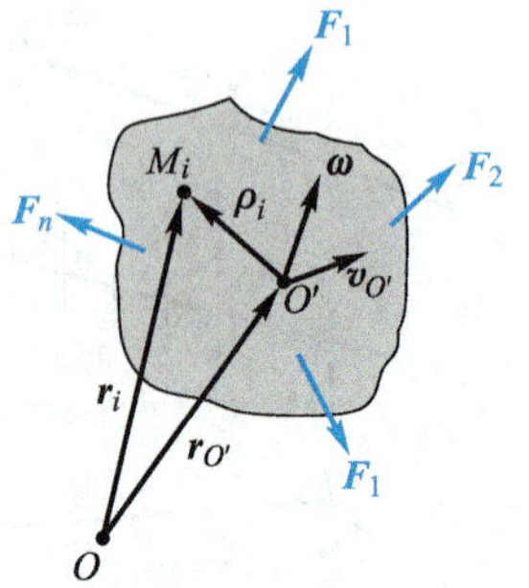

图 12-6　外力对刚体的功

$$\mathrm{d}\boldsymbol{r}_i=\mathrm{d}\boldsymbol{r}_{O'}+\mathrm{d}\boldsymbol{\theta}\times\boldsymbol{\rho}_i$$

外力对刚体的元功为

$$\mathrm{d}W=\sum\boldsymbol{F}_i\cdot(\mathrm{d}\boldsymbol{r}_{O'}+\mathrm{d}\boldsymbol{\theta}\times\boldsymbol{\rho}_i)=\sum\boldsymbol{F}_i\cdot\mathrm{d}\boldsymbol{r}_{O'}+\sum(\boldsymbol{\rho}_i\times\boldsymbol{F}_i)\cdot\mathrm{d}\boldsymbol{\theta}$$

令，$\boldsymbol{F}=\sum\boldsymbol{F}_i$，$\boldsymbol{M}_{O'}=\sum\boldsymbol{\rho}_i\times\boldsymbol{F}_i$，即为力系向点 O' 简化得到的等效力矢和附加力偶矩矢，于是得到

$$\mathrm{d}W=\boldsymbol{F}\cdot\mathrm{d}\boldsymbol{r}_{O'}+\boldsymbol{M}_{O'}\cdot\mathrm{d}\boldsymbol{\theta}\tag{12-13}$$

即：作用于刚体的外力的元功等于外力的主矢与任一点 O' 瞬时位移的点积及外力对点 O' 的主矩与瞬时角位移的点积之和。当点 O' 为质点的质心时，有

$$\mathrm{d}W=\boldsymbol{F}\cdot\mathrm{d}\boldsymbol{r}_C+\boldsymbol{M}_C\cdot\mathrm{d}\boldsymbol{\theta}$$

例 12-1　鼓轮重 G，半径为 R，轮轴上绕有软绳，轮轴半径为 r，绳上作用有常值力 $\boldsymbol{F}$，如图 12-7a 所示，试求轮心 O 运动距离 s 时，力 $\boldsymbol{F}$ 所作的功。

解　将力 $\boldsymbol{F}$ 向轮心简化，产生附加力偶 $M_O=Fr$，如图 12-7b 所示，轮转过的角度为 s/R，则力 $\boldsymbol{F}$ 所作的功为

$$W=F\cos\varphi\times s-M_O\frac{s}{R}=Fs\left(\cos\varphi-\frac{r}{R}\right)$$

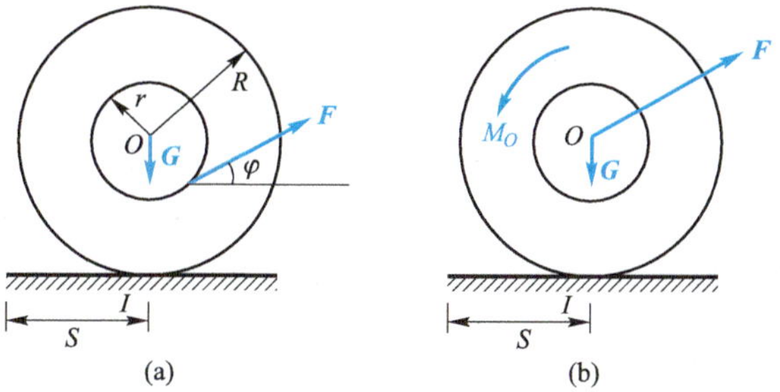

图 12-7　例 12-1 图

4. 理想约束力的功

理想约束力可以是质点系的外力，也可以是内力。对于定常的理想约束，如固定的理想光滑面约束，以及一端固定的柔索或二力杆约束，作为外力的约束力始终与被约束质点的位移垂直，因此它们的功必等于零。当系统内两个刚体相互接触且接触处理想光滑时，作为内力的约束力也始终与接触点处分属两个刚体的质点间的相对位移垂直，所作功之和也等于零。可以归纳为：质点系的定常理想约束在运动过程中所作的外力功和内力功之和等于零。（注：理想约束的严格定义与证明见第十四章。）

5. 摩擦力的功

当两刚体沿接触面有相对滑动时，摩擦力是作功的。一般情况下摩擦力方向与其作用点的相对运动方向相反，所以摩擦力作负功，其大小等于摩擦力与滑

动距离的乘积。如果摩擦力作用点没有位移，尽管有静滑动摩擦力存在，但静滑动摩擦力不作功（如轮子在地面上作只滚不滑运动的情形）。

6. 功率

为了表明作功的快慢，引入功率的概念。力在单位时间内所作的功，称为功率，以 P 表示。

根据定义，设力在 Δt 时间内作的功为 ΔW，则在这段时间内的平均功率为

$$P^* = \frac{\Delta W}{\Delta t}$$

而当 Δt 趋近于零时的瞬时功率（简称功率）为

$$P = \lim_{\Delta t \to 0} \frac{\Delta W}{\Delta t} = \frac{\mathrm{d}W}{\mathrm{d}t} = \frac{\boldsymbol{F} \cdot \mathrm{d}\boldsymbol{r}}{\mathrm{d}t} = \boldsymbol{F} \cdot \frac{\mathrm{d}\boldsymbol{r}}{\mathrm{d}t} = \boldsymbol{F} \cdot \boldsymbol{v} = F_t v \tag{12-14}$$

即功率等于力在速度方向上的投影与速度的乘积。

当作用于定轴转动刚体上的力矩为 M_z 时，根据力矩元功的表达式，功率为

$$P = M_z \frac{\mathrm{d}\varphi}{\mathrm{d}t} = M_z \omega \tag{12-15}$$

功率的单位为 W（瓦特），简称瓦，$1\ \mathrm{W} = 1\ \mathrm{J/s} = 1\ \mathrm{N \cdot m/s} = 1\ \mathrm{kg \cdot m^2/s^2}$。

工程上还采用马力作为功率的单位，即

$$1\ 马力 = 75 \times 9.8\ \mathrm{J/s} = 735.5\ \mathrm{W}$$

机器工作时，必须输入功率。输入功率中，一部分用于克服摩擦力之类的阻力而损耗掉，另一部分用于使机械作功，称为输出功率。输出功率与输入功率之比称为机器的机械效率，它是衡量机器质量的指标之一，用 η 表示：

$$\eta = \frac{输出功率}{输入功率} \tag{12-16}$$

§12-2　动　　能

动能是从运动的角度描述物体机械能的一种形式，也是物体作功能力的一种度量。

质点的动能定义为

$$T = \frac{1}{2} m v^2$$

质点系的动能应为各个质点动能的总和

$$T = \sum \frac{1}{2} m_i v_i^2 \tag{12-17}$$

对均质物体，式（12-17）表示为积分形式

$$T=\int_s \mathrm{d}T=\frac{1}{2}\int_s v^2\mathrm{d}m \tag{12-18}$$

动能恒为正标量,动能的单位与功的单位相同。

在某些问题里,可将质点系的运动看作随同质心的平移和相对于质心的转动的组合,据此计算质点系的动能,往往较为方便。

设质点系质心的速度为 $\boldsymbol{v}_C$,质点系内任一点 m_i 的速度 $\boldsymbol{v}_i$ 可由速度合成定理表示为 $\boldsymbol{v}_i=\boldsymbol{v}_C+\boldsymbol{v}_{ri}$。于是

$$v_i^2=\boldsymbol{v}_i\cdot\boldsymbol{v}_i=(\boldsymbol{v}_C+\boldsymbol{v}_{ri})\cdot(\boldsymbol{v}_C+\boldsymbol{v}_{ri})=v_C^2+2(\boldsymbol{v}_C\cdot\boldsymbol{v}_{ri})+v_{ri}^2$$

将上式代入式(12-17),得质点系的动能为

$$T=\sum\frac{1}{2}m_iv_i^2=\frac{1}{2}\sum m_iv_C^2+\frac{1}{2}\sum m_iv_{ri}^2+\sum m_i\boldsymbol{v}_C\cdot\boldsymbol{v}_{ri}=\frac{1}{2}mv_C^2+\frac{1}{2}\sum m_iv_{ri}^2+\boldsymbol{v}_C\cdot\sum m_i\boldsymbol{v}_{ri} \tag{a}$$

根据质点系动量的表示式 $m\boldsymbol{v}_C=\sum m_i\boldsymbol{v}_i$,上式第三项又可表示为

$$\boldsymbol{v}_C\cdot\sum m_i\boldsymbol{v}_{ri}=\boldsymbol{v}_C\cdot m\boldsymbol{v}_{rC}=0$$

这是因为,质心相对于其本身的速度 $\boldsymbol{v}_{rC}$ 恒等于零。

于是,式(a)表示为

$$T=\frac{1}{2}mv_C^2+\frac{1}{2}\sum m_iv_{ri}^2 \tag{12-19}$$

式(12-19)右边第一项是质点系随质心平移的动能;而第二项则是质点系相对于其质心运动的动能。于是,**质点系的动能等于随同其质心平移的动能与相对其质心运动的动能之和**。这一关系称为**柯尼希定理**。

对于刚体,可推导出更为简便实用的动能计算公式。

1. 平移刚体的动能

刚体平移时,在同一瞬时,刚体上各点的速度都相等,所以,平移刚体的动能为

$$T=\sum\frac{1}{2}m_iv_i^2=\sum\frac{1}{2}m_iv^2=\frac{1}{2}mv^2 \tag{12-20}$$

2. 定轴转动刚体的动能

设刚体绕 z 轴转动,角速度为 ω,与 z 轴相距 ρ_i 的质点的速度为 $v_i=\rho_i\omega$,则刚体的动能等于

$$T=\sum\frac{1}{2}m_iv_i^2=\frac{1}{2}\left(\sum m_i\rho_i^2\right)\omega^2=\frac{1}{2}J_z\omega^2 \tag{12-21}$$

3. 平面运动刚体的动能

刚体的平面运动可以看作随同质心的平移和绕质心的转动的合成。所以可运用柯尼希定理求其动能。设某瞬时刚体的质心速度为 $\boldsymbol{v}_C$,刚体的角速度为 ω,结合式(12-20)、(12-21),即得作平面运动刚体的动能为

$$T=\frac{1}{2}mv_C^2+\frac{1}{2}J_C\omega^2 \qquad (12-22)$$

上式中 J_C 是刚体对于通过质心 C 而垂直于运动平面的轴的转动惯量。

若平面运动刚体的瞬心为 I 点，根据转动惯量的平行移轴定理，刚体的动能还可表示为

$$T=\frac{1}{2}J_I\omega^2 \qquad (12-23)$$

上式中 J_I 是刚体对于通过瞬心 I 而垂直于运动平面的轴的转动惯量。

例 12-2　均质杆 AB 长为 l，质量为 m_1，两端分别与光滑铅垂槽内的滑块 B 和水平轨道上的均质圆柱的质心 A 铰接，滑块 B 的质量为 m，圆柱 A 的质量为 m_2，半径为 R。如图12-8a所示，在运动过程中 $\theta=\theta(t)$，试写出在 $\theta=45°$瞬时的系统动能。

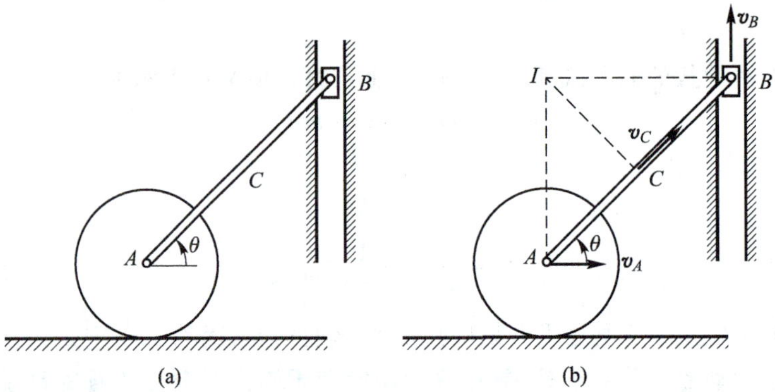

图 12-8　例 12-2 图

解　系统自由度为 1，广义坐标取为 $\dot{\theta}$，I 点为 AB 杆的瞬心，如图 12-8b 所示。则

$$v_A=\frac{\sqrt{2}}{2}l\dot{\theta},\quad v_C=\frac{l}{2}\dot{\theta},\quad v_B=\frac{\sqrt{2}}{2}l\dot{\theta}$$

所以，AB 杆的动能为

$$T_{AB}=\frac{1}{2}m_1v_C^2+\frac{1}{2}J_C\dot{\theta}^2$$

$$=\frac{1}{2}m_1\left(\frac{l}{2}\dot{\theta}\right)^2+\frac{1}{2}\times\frac{m_1l^2}{12}\dot{\theta}^2=\frac{1}{6}m_1l^2\dot{\theta}^2$$

滑块 B 的动能

$$T_B=\frac{1}{2}m_1v_B^2=\frac{1}{2}m_1\left(\frac{\sqrt{2}}{2}l\dot{\theta}\right)^2=\frac{1}{4}m_1l^2\dot{\theta}^2$$

圆柱 A 的动能

$$T_A=\frac{1}{2}m_2v_A^2+\frac{1}{2}J_A\omega_A^2=\frac{1}{2}m_2\left(\frac{\sqrt{2}}{2}l\dot{\theta}\right)^2+$$

$$\frac{1}{2}\left(\frac{1}{2}m_2R^2\right)\left(\frac{v_A}{R}\right)^2=\frac{3}{8}m_2l^2\dot{\theta}^2$$

系统总的动能

$$T=T_{AB}+T_B+T_A=\frac{5}{12}m_1l^2\dot{\theta}^2+\frac{3}{8}m_2l^2\dot{\theta}^2$$

例 12-3　在图 12-9 所示系统中，物块 A 的质量为 m_1，均质滑轮 B、C 的质量分别为 m_2、m_3，半径分别为 r、R。物块 A 与斜面之间的动摩擦因数为 f_d，弹簧的刚度系数为 k。设绳与滑轮间无相对滑动，绳的倾斜段与斜面平行。试求：(1) 重物 A 下滑速度为 $\boldsymbol{v}$ 时系统的动能；(2) 重物 A 下滑距离为 s 时，弹性力与摩擦力所作的功（初瞬时弹簧为原长）。

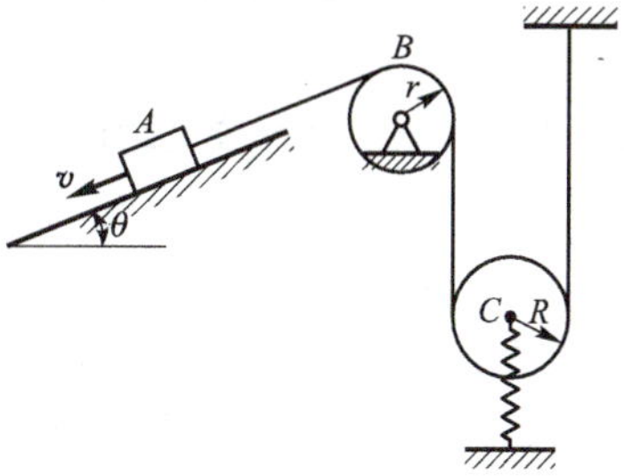

图 12-9　例 12-3 图

文档：
例 12-3
题解

§ 12-3　动能定理与功率方程

1. 质点系的动能定理

设质点系中第 i 个质点的质量为 m_i，速度为 $\boldsymbol{v}_i$，作用于该质点的力为 $\boldsymbol{F}_i$，由质点的动力学基本方程得

$$m_i\frac{\mathrm{d}\boldsymbol{v}_i}{\mathrm{d}t}=\boldsymbol{F}_i$$

上式两边分别乘以 $\boldsymbol{v}_i\mathrm{d}t=\mathrm{d}\boldsymbol{r}_i$，得

$$m_i\boldsymbol{v}_i\cdot\mathrm{d}\boldsymbol{v}_i=\boldsymbol{F}_i\cdot\mathrm{d}\boldsymbol{r}_i$$

即

$$\mathrm{d}\left(\frac{1}{2}m_iv_i^2\right)=\mathrm{d}W_i$$

每一个质点都可以写出这样一个方程，然后叠加，得

$$\sum\mathrm{d}\left(\frac{1}{2}m_iv_i^2\right)=\sum\mathrm{d}W_i$$

或者表示为

$$\mathrm{d}\left(\sum\frac{1}{2}m_iv_i^2\right)=\sum\mathrm{d}W_i$$

上式中 $\sum\frac{1}{2}m_iv_i^2$ 为整个质点系的动能 T，于是

$$\mathrm{d}T=\sum\mathrm{d}W_i\tag{12-24}$$

式(12-24)为质点系动能定理的微分形式,它表明:质点系动能的微分等于作用于质点系的力的元功之和。

将式(12-24)两边积分,积分的上下限对应于质点系的第二、第一位置,得

$$T_2 - T_1 = \sum W_i \tag{12-25}$$

即,当质点系从第一位置运动到第二位置时,质点系动能的改变等于作用于质点系的所有力所作功的总和。这是质点系动能定理的积分形式,即通常所说的动能定理。

质点系的内力虽然是成对出现的,但它们的功之和一般并不等于零。如内燃机汽缸中气体压力推动活塞作功,属内力功,而正是此内力功使机器不断运行;汽车刹车时闸块对轮子作用的摩擦力也是内力,正是此内力使汽车减速乃至停车。但是对刚体而言,由于刚体内任意两点间的距离始终保持不变,所以刚体内各质点相互作用的内力功之和恒等于零。

如将作用于质点系的力分为主动力与约束力,则式(12-25)中的$\sum W_i$应包括所有主动力和约束力的功。但对于如光滑接触、光滑铰支座、固定端、刚化了的柔体约束、光滑铰链、二力杆等,这些约束的作用力是不作功的。约束力作功等于零的约束称为理想约束。这样,对于具有理想约束的刚体系统,质点系的动能定理为

$$T_2 - T_1 = \sum W_i^{\mathrm{E}} \tag{12-26}$$

即具有理想约束的刚体系统动能的变化,等于作用于系统上所有主动力功之和。

例 12-4　在图 12-10 所示系统中,物块 M 和滑轮 A、B 的重量均为 G,滑轮可视为均质圆盘,弹簧的刚度系数为 k,不计轴承摩擦,绳与轮之间无滑动。当物块 M 离地面的距离为 h 时,系统平衡。若给物块 M 以向下的初速度 $\boldsymbol{v}_0$,使其恰能到达地面,试求物块 M 的初速度 $\boldsymbol{v}_0$。

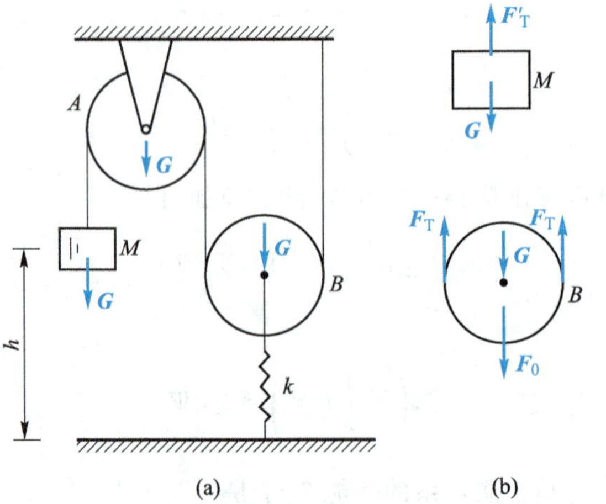

图 12-10　例 12-4 图

解 系统自由度为 1。对于整体，当系统处于平衡时，弹簧具有静变形 δ_{st}。并由物块 M 的受力情况知 $F_T'=G$，因此由图 12-10b 可得

$$G+F_0=2F_T=2G$$

所以

$$F_0=G$$

即

$$\delta_{st}=\frac{F_0}{k}=\frac{G}{k}$$

由动能定理 $T_2-T_1=\sum W_i$，因不计柔体的弹性，所以系统所有内力功之和为零。而外力功则有重物 M、轮 B 的重力 $\boldsymbol{G}$ 和弹性力作功。取初瞬时为 t_1，物块恰能到达地面时为 t_2，则 $T_2=0$，所以

$$0-\left[\frac{G}{2g}v_0^2+\frac{1}{2}\left(\frac{1}{2}\frac{G}{g}r_A^2\right)\omega_A^2+\frac{1}{2}\frac{G}{g}\left(\frac{v_0}{2}\right)^2+\frac{1}{2}\left(\frac{1}{2}\frac{G}{g}r_B^2\right)\omega_B^2\right]$$
$$=Gh-G\frac{h}{2}+\frac{k}{2}\left[\delta_{st}^2-\left(\delta_{st}+\frac{h}{2}\right)^2\right]$$

即

$$-\left(\frac{G}{2g}v_0^2+\frac{G}{4g}v_0^2+\frac{G}{8g}v_0^2+\frac{G}{16g}v_0^2\right)=G\times\frac{h}{2}+\frac{k}{2}\delta_{st}^2-\frac{k}{2}\left(\delta_{st}^2+\frac{h^2}{4}+\delta_{st}h\right)-\frac{15G}{16g}v_0^2$$
$$=G\times\frac{h}{2}-\frac{k}{8}h^2-\frac{k}{2}\delta_{st}h=-\frac{k}{8}h^2$$

$$v_0=h\sqrt{\frac{2kg}{15G}}$$

例 12-5 鼓轮重为 G，对轮心 O 的回转半径为 ρ，在常力 $\boldsymbol{F}_T$ 的拉动下从静止开始作纯滚动，如图 12-11a 所示。试求任意时刻轮心 O 的加速度 $\boldsymbol{a}$，并讨论运动方向。

解 系统自由度为 1，受力分析如图 12-11b 所示。若用刚体平面运动微分方程求解，将考虑摩擦力 $\boldsymbol{F}_f$ 和法向约束力 $\boldsymbol{F}_N$ 两个未知力，而用动能定理求解，$\boldsymbol{F}_f$ 和 $\boldsymbol{F}_N$ 均不作功。

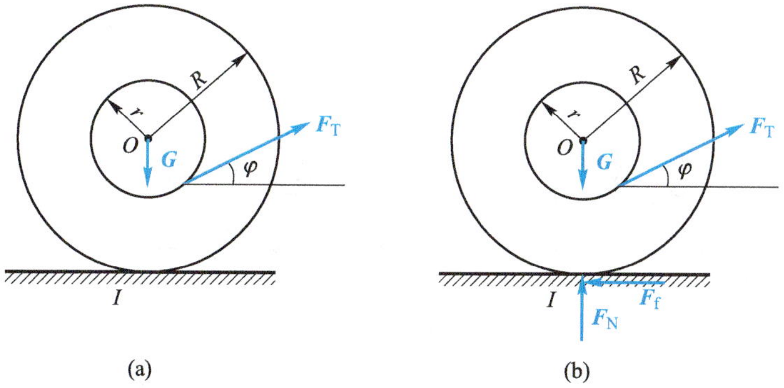

图 12-11 例 12-5 图

考虑 $\boldsymbol{F}_T$ 作功时，可将 $\boldsymbol{F}_T$ 视为向 O 点平移后的一个力 $\boldsymbol{F}_T$(作用于 O 点)和一个附加力偶 $F_T r$(逆时针方向)，因此，主动力的功为

$$W=F_T\cos\varphi\times s-F_T r\frac{s}{R}$$

其中 s 为鼓轮轮心 O 的位移。

$$T_1=0,\quad T_2=\frac{1}{2}\frac{G}{g}v^2+\frac{1}{2}J_O\omega^2=\frac{1}{2}\left(\frac{G}{g}+\frac{G\rho^2}{gR^2}\right)v^2$$

故有

$$\frac{1}{2}\left(\frac{G}{g}+\frac{G\rho^2}{gR^2}\right)v^2=F_T s\left(\cos\varphi-\frac{r}{R}\right)$$

两边对时间求导

$$\frac{1}{2}\left(\frac{G}{g}+\frac{G\rho^2}{gR^2}\right)2v\frac{\mathrm{d}v}{\mathrm{d}t}=F_T\left(\cos\varphi-\frac{r}{R}\right)\frac{\mathrm{d}s}{\mathrm{d}t}$$

因 $\dfrac{\mathrm{d}s}{\mathrm{d}t}=v$，$\dfrac{\mathrm{d}v}{\mathrm{d}t}=a$，因此得

$$a=\frac{F_T\left(\cos\varphi-\dfrac{r}{R}\right)}{\dfrac{G}{g}+\dfrac{G\rho^2}{gR^2}}$$

当 $\cos\varphi>\dfrac{r}{R}$ 时，$a>0$，轮向右运动；当 $\cos\varphi<\dfrac{r}{R}$ 时，$a<0$，轮向左运动；当 $\cos\varphi=\dfrac{r}{R}$ 时，$a=0$，此时 $\boldsymbol{F}_T$ 作用线过瞬心 I 点，轮不动。

例 12-6　如图 12-12a 所示，均质杆 AB 长为 l，质量为 m_1，上端 B 靠在光滑墙上，下端铰接于均质轮轮心 A，轮 A 质量为 m_2，半径为 R，在粗糙的水平面上作纯滚动。当 AB 杆与水平线的夹角 $\theta=45°$ 时，该系统由静止开始运动，试求此瞬时轮心 A 的加速度。

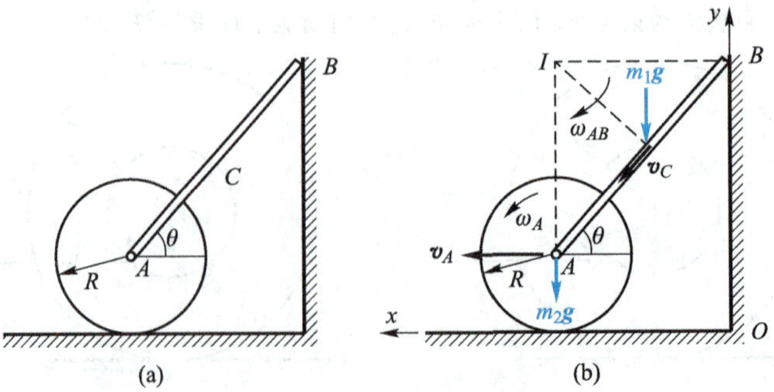

图 12-12　例 12-6 图

解　以整个系统为研究对象，自由度为 1，杆与均质轮作平面运动。如图12-12b所示，本题求 $\theta=45°$ 时系统启动瞬时的加速度，宜用动能定理的微分形式

$$dT=dW$$

系统动能

$$T=\frac{1}{2}m_1v_C^2+\frac{1}{2}J_C\omega_{AB}^2+\frac{1}{2}m_2v_A^2+\frac{1}{2}J_A\omega_A^2 \tag{a}$$

由

$$v_C=\frac{l}{2}\omega_{AB},\quad v_A=l\sin\theta\omega_{AB}$$

得

$$v_C=\frac{v_A}{2\sin\theta},\quad \omega_{AB}=\frac{v_A}{l\sin\theta}$$

代入式(a)得

$$T=\frac{1}{2}\left(\frac{3}{2}m_2+\frac{1}{3}m_1\frac{1}{\sin^2\theta}\right)v_A^2 \tag{b}$$

作用于系统上主动力的元功

$$dW=-m_1gdy_C \tag{c}$$

代入动能定理的微分形式得

$$d\left(\frac{3}{4}m_2v_A^2+\frac{1}{6}m_1v_A^2\frac{1}{\sin^2\theta}\right)=-m_1gdy_C$$

上式等号两边同除以 dt,并展开得

$$\left(\frac{3}{2}m_2+\frac{1}{3}m_1\frac{1}{\sin^2\theta}\right)v_A\frac{dv_A}{dt}+v_A^2\frac{d}{dt}\left(\frac{3}{4}m_2+\frac{1}{6}m_1\frac{1}{\sin^2\theta}\right)=-m_1g\frac{dy_C}{dt} \tag{d}$$

其中

$$\frac{dy_C}{dt}=-v_C\cos\theta=-\frac{v_A\cos\theta}{2\sin\theta}$$

代入式(d)并消去 v_A,得

$$\left(\frac{3}{2}m_2+\frac{1}{3}m_1\frac{1}{\sin^2\theta}\right)\frac{dv_A}{dt}+v_A\times\frac{d}{dt}\left(\frac{3}{4}m_2+\frac{1}{6}m_1\frac{1}{\sin^2\theta}\right)=m_1g\times\frac{1}{2}\cot\theta \tag{e}$$

初瞬时,有 $\theta=45°$,$v_A=0$,代入式(e),得

$$\frac{dv_A}{dt}=a_A=\frac{3m_1g}{4m_1+9m_2}$$

2. 功率方程

将动能定理的微分形式(12-24)改写为

$$dT=\sum dW=\sum \boldsymbol{F}_i\cdot d\boldsymbol{r}_i=\sum \boldsymbol{F}_i\cdot \boldsymbol{v}_i dt$$

两边同除以 dt,并注意到 $\boldsymbol{F}_i\cdot\boldsymbol{v}_i=P_i$,则

$$\frac{dT}{dt}=\sum P_i \tag{12-27}$$

上式称为**功率方程**。

在功率方程中,等式右边应包括所有作用于质点系的力的功率。对机器而言,

应包括:输入功率,即作用于机器的主动力的功率;输出功率,也称有用功率(如机床切削时工件对它的作用力的功率);损耗功率,也称无用功率(如摩擦力的功率)。后两者应取负号。若以 P_i、P_o、P_l 分别表示这三种功率,则式(12-27)可写成

$$\frac{dT}{dt}=P_i-P_o-P_l \tag{12-28}$$

这是机器的功率方程。它表明了机器动能的变化率与三种功率之间的关系:当机器起动或加速运转时$\frac{dT}{dt}>0$,故有 $P_i>P_o+P_l$;当机器匀速运转时,$\frac{dT}{dt}=0$,应有$P_i=P_o+P_l$;当机器停止工作,则 $P_i=0$,P_o 也为零,则机器在无用阻力作用下将逐渐停止运转。

例 12-7 载重汽车总重为 100 kN,在水平路面上直线行驶,空气阻力 $F=0.001v^2$(v 以 m/s 计,F 以 kN 计),其他阻力相当于车重的 0.016 倍。设机械的总效率为 $\eta=0.85$。试求此汽车以 54 km/h 的速度行驶时,发动机应输出的功率。

解 $v=15\ \text{m/s}$,$T=\frac{1}{2}mv^2=$常量,故$\frac{dT}{dt}=0$,由功率方程得

$$P_i-P_o-P_l=0$$

$$P_i-P_l=P_o=0.85P_i$$

$$0.85P_i=P_o=(0.001v^2+0.016\times100)\times10^3v=27.37\times10^3\ \text{W}$$

$$P_i=\frac{27.37}{0.85}\times10^3\ \text{W}=32.2\times10^3\ \text{W}=32.2\ \text{kW}$$

§12-4 势力场与势能

1. 势力场与有势力

若质点在空间任一位置所受到的力矢量完全取决于该质点的位置,即质点所受力矢量是位置的单值、有界且可微的函数,则这部分空间称为力场。例如,地面附近空间为重力场;远离地球的空间为万有引力场。

力场对质点的作用力称为场力。

如果质点在某力场中运行时,场力所作的功与质点运动的路径无关,而只决定于质点的起始位置与终了位置,则该力场称为**势力场**。这些力场的场力称为**有势力**。如重力、万有引力及弹性力都是有势力,而重力场、万有引力场、弹性力场都是势力场。

2. 势能

作用在位于势力场中某一给定位置 $M(x,y,z)$ 的质点的有势力,相对于任一选定的零位置 $M_0(x_0,y_0,z_0)$ 的作功能力,称为质点在给定位置 M 的**势能**,以 $V(x,y,z)$ 表示,它是位置坐标的单值连续函数,称为势能函数。因为零势能位置

$M_0(x_0,y_0,z_0)$是任意选定的，当质点位于某一确定位置时，对于不同的零势能位置，势能一般将不相同，所以，在讲到势能时，必须指明零位置才有意义。

根据势能的定义，当质点从某一位置 $M(x,y,z)$ 运动到零位置 $M_0(x_0,y_0,z_0)$ 时，有势力 $\boldsymbol{F}$ 所作的功即为质点在 M 位置的势能

$$V(x,y,z)=W_{M\to M_0}=\int_M^{M_0}\boldsymbol{F}\cdot\mathrm{d}\boldsymbol{r}=\int_M^{M_0}(F_x\mathrm{d}x+F_y\mathrm{d}y+F_z\mathrm{d}z)\tag{12-29}$$

这一积分是沿质点运动的路径曲线的积分。因有势力所作的功与质点运动路径无关，而又由高等数学知，当这一积分与曲线形状无关时，被积函数可表示为某一单值连续函数的全微分，即

$$F_x\mathrm{d}x+F_y\mathrm{d}y+F_z\mathrm{d}z=-\mathrm{d}V\tag{12-30}$$

而势能函数 V 全微分的数学表达式为

$$\mathrm{d}V=\frac{\partial V}{\partial x}\mathrm{d}x+\frac{\partial V}{\partial y}\mathrm{d}y+\frac{\partial V}{\partial z}\mathrm{d}z\tag{12-31}$$

比较式(12-31)与式(12-30)，有

$$F_x=-\frac{\partial V}{\partial x},\qquad F_y=-\frac{\partial V}{\partial y},\qquad F_z=-\frac{\partial V}{\partial z}$$

于是，有势力可表示为

$$\boldsymbol{F}=-\left(\frac{\partial V}{\partial x}\boldsymbol{i}+\frac{\partial V}{\partial y}\boldsymbol{j}+\frac{\partial V}{\partial z}\boldsymbol{k}\right)=-\mathrm{grad}V\tag{12-32}$$

上式表示，有势力 $\boldsymbol{F}$ 等于势能函数在该点的梯度。满足式(12-32)的力为有势力，也称为保守力。

下面计算质点或质点系在常见势力场中的势能。

(1) 重力场

任选一坐标原点，z 轴铅直向上，则 $G_x=0, G_y=0, G_z=-mg$。以 z_0 表示零势能位的坐标，则点 M 的势能为

$$V=\int_z^{z_0}-mg\ \mathrm{d}z=mg(z-z_0)\tag{12-33}$$

对于质点系，则有

$$V=mg(z_C-z_{C0})\tag{12-34}$$

式中 m 为整个质点系的质量。

(2) 弹性力场

选取弹簧自然长度的末端为零势能位，则由式(12-30)与式(12-10)，有 $-\mathrm{d}V=\mathrm{d}W=-\dfrac{k}{2}\mathrm{d}(r-l_0)^2$，积分

$$-\int_V^0\mathrm{d}V=\int_r^{l_0}-\frac{k}{2}\mathrm{d}(r-l_0)^2$$

得弹性力势能为

$$V=\frac{k}{2}(r-l_0)^2=\frac{k}{2}\delta^2 \tag{12-35}$$

$\delta=r-l_0$ 表示质点在该位置时弹簧的净变形。

(3) 万有引力场

当质点在万有引力场中时，若以引力中心为参照点，取无穷远处为零势能位，则

$$-\mathrm{d}V=\mathrm{d}W=Gm_0 m\mathrm{d}\left(\frac{1}{r}\right)$$

将上式积分

$$-\int_V^0 \mathrm{d}V=\int_r^{\infty} Gm_0\ m\mathrm{d}\left(\frac{1}{r}\right)$$

得

$$V=-\frac{Gm_0 m}{r} \tag{12-36}$$

例 12-8　图 12-13 所示质点系中 BC 杆重为 G_1，长为 l，重物 D 重为 G_2，弹簧的刚度系数为 k，当角 $\theta=0°$ 时，弹簧具有原长 $3l$。试求质点系运动到图示位置时的总势能。

解　分别计算该系统在重力场和弹性力场中的势能。

重力势能：以杆 BC 的水平位置为零势能位

$$V_1=-G_1\frac{l}{2}\cos\theta-G_2 l\cos\theta=-\left(\frac{G_1}{2}+G_2\right)l\cos\theta$$

弹性力势能：由于零势能位是任选的，在两个势力场中可以选取不同的零位置，所以选弹簧的原长处为势能的零位置。则

$$V_2=\frac{1}{2}k\delta^2$$

$$\begin{aligned}\delta&=3l-AB\\&=3l-\sqrt{(2l)^2+l^2-2\times2l\times l\times\cos(180°-\theta)}\\&=3l-l\sqrt{5+4\cos\theta}\end{aligned}$$

所以

$$V_2=\frac{1}{2}k(3-\sqrt{5+4\cos\theta})^2 l^2$$

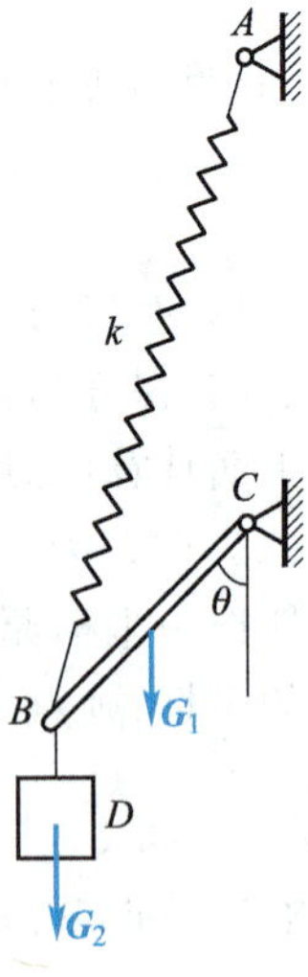

图 12-13　例 12-8 图

总势能

$$V=V_1+V_2=-\left(\frac{G_1}{2}+G_2\right)l\cos\theta+\frac{1}{2}kl^2(3-\sqrt{5+4\cos\theta})^2$$

§12-5　机械能守恒定律

若质点系在势力场中运动，在任意两位置 1 和 2 的动能分别为 T_1 和 T_2，势

能分别为 V_1 和 V_2。根据质点系动能定理的微分形式,有

$$\mathrm{d}W=\mathrm{d}T=-\mathrm{d}V$$

所以

$$\mathrm{d}T+\mathrm{d}V=0$$

$$\mathrm{d}(T+V)=0$$

$$T+V=\text{常量} \tag{12-37}$$

或表示为

$$T_1+V_1=T_2+V_2 \tag{12-38}$$

这一结论称为**机械能守恒定律**,可表述为:**质点系在势力场中运动时,动能与势能之和为常量**。

机械能守恒定律是普遍的能量守恒定律的一个特殊情况。它表明,质点系在势力场中运动时,动能与势能可以相互转换,动能的减少(或增加),必然伴随着势能的增加(或减少),而且减少和增加的量相等,总的机械能保持不变,这样的系统称为**保守系统**。

例 12-9　如图 12-14a 所示,重为 G、半径为 r 的圆柱体在一个半径为 R 的大圆槽内作纯滚动,如不计滚动摩擦力偶,试求圆柱在平衡位置附近作摆动的方程。

解　系统自由度为 1,圆柱体的受力如图 12-14b 所示,在这些力中,虽然摩擦力 $\boldsymbol{F}$ 属于非保守力,但由于 $\boldsymbol{F}$ 不作功($\boldsymbol{F}_{\mathrm{N}}$ 也不作功),仍可考虑运用机械能守恒定律。

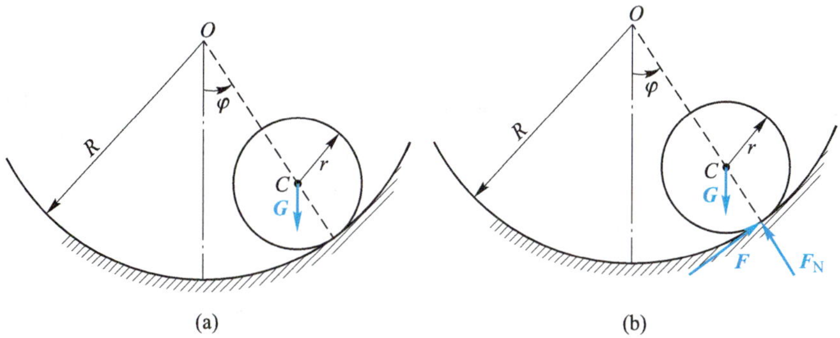

图 12-14　例 12-9 图

取自平衡位置起的任意角度 φ 为系统的一般位置。圆柱体作平面运动,其动能为

$$\begin{aligned}T&=\frac{1}{2}\frac{G}{g}v_C^2+\frac{1}{2}J_C\omega^2\\&=\frac{G}{2g}(R-r)\dot{\varphi}+\frac{1}{2}\frac{G}{2g}r^2\frac{(R-r)^2\dot{\varphi}^2}{r^2}\\&=\frac{3}{4}\frac{G}{g}(R-r)^2\dot{\varphi}^2\end{aligned}$$

选最低位置处为势能的零位置,势能为

$$V=Gz_C=G(R-r)(1-\cos\varphi)$$

根据机械能守恒定律，有

$$\frac{3G}{4g}(R-r)^2\dot{\varphi}^2+G(R-r)(1-\cos\varphi)=C$$

两边对时间求导

$$\frac{3G}{4g}(R-r)^2 2\dot{\varphi}\ddot{\varphi}+G(R-r)\sin\dot{\varphi}=0$$

$$\ddot{\varphi}+\frac{2g}{3(R-r)}\sin\varphi=0$$

小摆动时，可令 $\sin\varphi\approx\varphi$，得

$$\ddot{\varphi}+\frac{2g}{3(R-r)}\varphi=0$$

文档：
例 12-10
题解

例 12-10　如图 12-15 所示，均质直角杆 AOB 重 $3P$，且 $AD=DO=OB=l$，可绕水平固定轴 O 转动；弹簧刚度系数为 k，当 $\varphi=45°$时，弹簧位于铅直位置且系统处于平衡状态。欲使 OB 部分恰好能运动到水平位置，试问给杆 AOB 的初角速度 ω_0 应为多大？

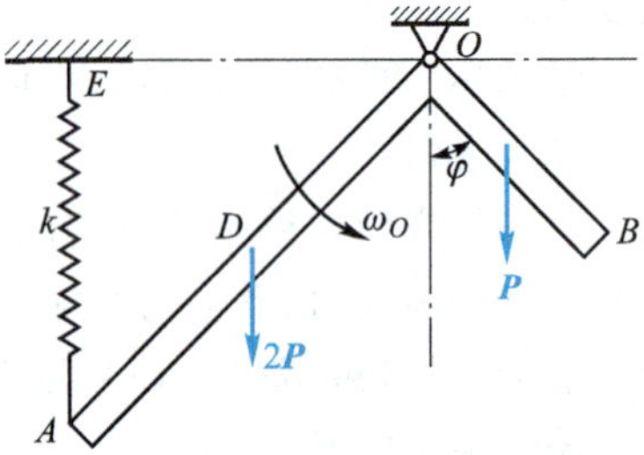

图 12-15　例 12-10 图

§ 12-6　动力学普遍定理的综合应用

动量定理、动量矩定理和动能定理通称为动力学普遍定理。这些定理都是从动力学基本方程推导得来的，它们建立了质点或质点系运动的变化与所受力之间的关系。但这些定理都只反映了力和运动之间规律的一个方面，既有共性，也各有其特殊性。例如，动量定理和动量矩定理是矢量形式，因此在其关系式中不仅反映了速度大小的变化，也反映了速度方向的变化；而动能定理呈标量形式，只反映了速度大小的变化。在所涉及的力方面，动量定理和动量矩定理涉及所有外力（包括外约束力），却与内力无关；而动能定理则涉及所有作功的力（不论是内力还是外力）。

动力学普遍定理中的各个定理都有一定的适用范围，有的问题只能用某一个定理求解，而有的问题则可用不同的定理求解，还有一些较复杂的问题，往往不能单独应用某一定理解决，而需要同时应用几个定理才能求解全部未知量。这就需要根据质点或质点系的运动及受力特点、给定的条件和要求的未知量，适当选择定理，灵活运用。

例 12-11　重为 $G_1=150$ N 的均质轮与重为 $G_2=60$ N、长为 $l=24$ cm 的均质杆 AB 在 B 处铰接。由图 12-16a 所示位置（$\varphi=30°$）无初速释放，试求系统通过最低位置时 B'点的速度及在初瞬时支座 A 的约束力。

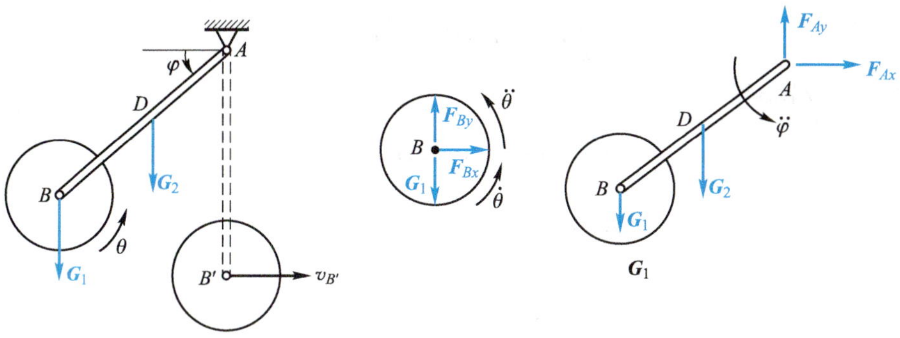

图 12-16　例 12-11 图

解　AB 杆作定轴转动，选 φ 为转动的坐标，并设均质轮相对 B 点的转动坐标为 θ，系统的自由度为 2。

本题单用动能定理无法求解，还需有其他定理作补充。

先取轮 B 为研究对象（图 12-16b），由对其质心 B 的动量矩定理得

$$J_B\ddot{\theta}=0,\quad 即\ \ddot{\theta}=0,\quad \dot{\theta}=常量$$

又由题给初始条件，$\dot{\theta}_0=0$，得 $\dot{\theta}=0$，$\theta=$常量，故 B 轮作平移。由此，对系统运用动能定理

$$T_2-T_1=\sum W_i$$

$$\frac{1}{2}J_A\dot{\varphi}^2+\frac{1}{2}\frac{G_1}{g}v_{B'}^2-0=G_2\frac{l}{2}(1-\sin\varphi_0)+G_1l(1-\sin\varphi_0)$$

其中 $J_A=\dfrac{1}{3}\dfrac{G_2}{g}l^2$，$\dot{\varphi}=\dfrac{v_{B'}}{l}$ 整理后得

$$v_{B'}=\sqrt{\frac{3(G_2+2G_1)l(1-\sin\varphi_0)}{G_2+3G_1}g}=1.578\ \mathrm{m/s}$$

要求初瞬时支座 A 处的约束力，首先需求出该瞬时的加速度。因 B 轮作平移，对 A 点运用动量矩定理

$$\frac{\mathrm{d}L_A}{\mathrm{d}t}=\sum M_A(\boldsymbol{F}_i^{\mathrm{E}})$$

$$\frac{\mathrm{d}}{\mathrm{d}t}\left(J_A\dot{\varphi}+\frac{G_1}{g}v_Bl\right)=G_2\frac{l}{2}\cos\varphi_0+G_1l\cos\varphi_0$$

其中 $v_B=\dot{\varphi}l$，代入上式得

$$\ddot{\varphi}=\frac{3(G_2+2G_1)}{2(G_2+3G_1)}\frac{g}{l}\cos\varphi_0=37.443\ \mathrm{rad/s^2}$$

求支座 A 处的约束力，对系统运用质心运动定理

$$\sum m_i\boldsymbol{a}_{Ci}=\boldsymbol{F}_{\mathrm{R}}$$

有
$$\frac{G_2}{g}\boldsymbol{a}_D+\frac{G_1}{g}\boldsymbol{a}_B=\boldsymbol{G}_1+\boldsymbol{G}_2+\boldsymbol{F}_{Ax}+\boldsymbol{F}_{Ay}$$

分别向 x、y 轴投影

$$\frac{G_2}{g}\frac{l}{2}\ddot{\varphi}\sin\varphi_0+\frac{G_1}{g}l\ddot{\varphi}\sin\varphi_0=F_{Ax}$$

$$\frac{G_2}{g}\times\frac{l}{2}\cos\varphi_0-\frac{G_1}{g}l\ddot{\varphi}\cos\varphi_0=-G_2-G_1+F_{Ay}$$

得

$$F_{Ax}=\left(\frac{G_2}{2}+G_1\right)\frac{l\ddot{\varphi}}{g}\sin\varphi_0=82.53\ \text{N}$$

$$F_{Ay}=G_2+G_1-\left(\frac{G_2}{2}+G_1\right)\frac{l\ddot{\varphi}}{g}\cos\varphi_0=67.06\ \text{N}$$

例 12-12 绞车在主动力偶 M 作用下拖动均质圆柱体沿斜面向上运动(图 12-17a),设圆柱只滚不滑,半径为 R,重为 G_1,斜面坡度为 θ,绞盘视为空心圆柱,半径为 r,重为 G_2,绳索 AC 平行于斜面。试求绳索的拉力和圆柱体与斜面间的摩擦力。

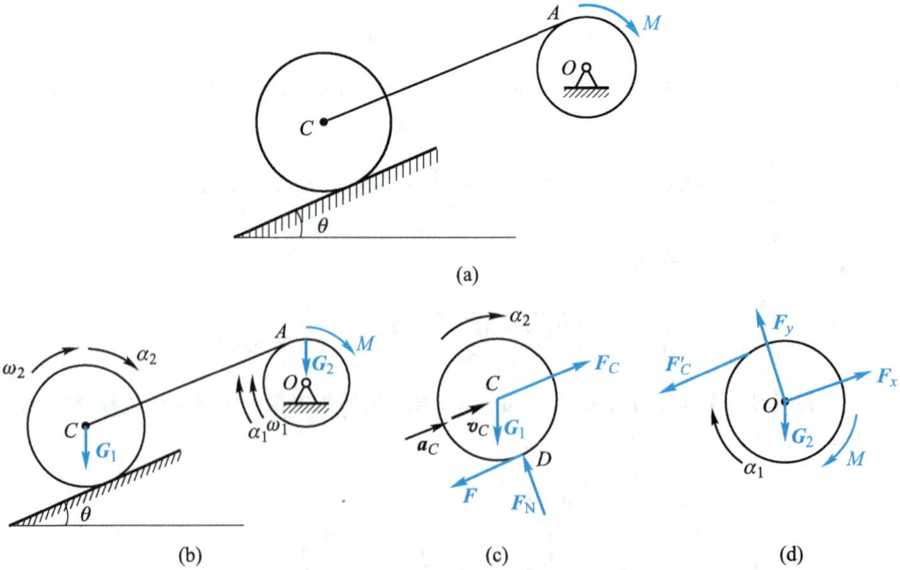

图 12-17 例 12-12 图

解 系统的自由度为 1,选用动能定理和刚体平面运动微分方程求解。各物体的运动之间具有一定的运动学关系

$$v_C=r\omega_1=R\omega_2,\quad \mathrm{d}s_C=r\mathrm{d}\varphi_1,\quad \frac{\omega_2}{\omega_1}=\frac{\alpha_2}{\alpha_1}=\frac{r}{R}$$

以系统整体为对象,由动能定理(注意到理想约束力不作功)得

$$\mathrm{d}\left(\frac{1}{2}J_O\omega_1^2+\frac{1}{2}J_C\omega_2^2+\frac{G_1}{2g}v_C^2\right)=M\mathrm{d}\varphi_1-G_1\sin\theta r\mathrm{d}\varphi_1$$

将 $J_O=\dfrac{G_2}{g}r^2$ 和 $J_C=\dfrac{G_1}{2g}R^2$ 代入上式，得

$$\mathrm{d}\left[\left(\frac{G_2}{2g}+\frac{3G_1}{4g}\right)r^2\omega_1^2\right]=M\mathrm{d}\varphi_1-G_1\sin\theta r\mathrm{d}\varphi_1$$

对上式微分，并在等号两边除以 dt 后得

$$\left(\frac{G_2}{g}+\frac{3G_1}{2g}\right)r^2\omega_1\alpha_1=(M-G_1r\sin\theta)\omega_1$$

于是求得角加速度为

$$\alpha_1=\frac{2g(M-G_1r\sin\theta)}{r^2(2G_2+3G_1)},\quad \alpha_2=\frac{2g(M-G_1r\sin\theta)}{rR(2G_2+3G_1)}$$

求斜面的摩擦力 $\boldsymbol{F}$ 和绳索的拉力 $\boldsymbol{F}_C$。先取 C 为研究对象（图 12-17b），由平面运动微分方程得

$$J_C\alpha_2=FR$$

$$F=\frac{G_1}{2g}R\alpha_2=\frac{G_1(M-G_1r\sin\theta)}{r(2G_2+3G_1)}$$

再选绞盘为分析对象（图 12-17d），得

$$J_O\alpha_1=M-F_C'r$$

$$F_C'=\frac{M}{r}-\frac{G_2}{g}r\alpha_1=\frac{G_1(3M+2G_2r\sin\theta)}{r(2G_2+3G_1)}$$

例 12-13　如图 12-18 所示，均质轮 A 的质量为 m，半径为 r，沿楔块的斜面向下滚而不滑，借绕过滑轮的绳使质量为 $\dfrac{m}{4}$、半径为 $\dfrac{r}{2}$ 的匀质轮 B 向上滚而不滑，斜面与水平面的倾角 $\theta=30°$，滑轮 C 的质量和各处的摩擦均略去不计。试求楔块作用于地板凸出部分 D 处的水平压力。

文档：例 12－13 题解

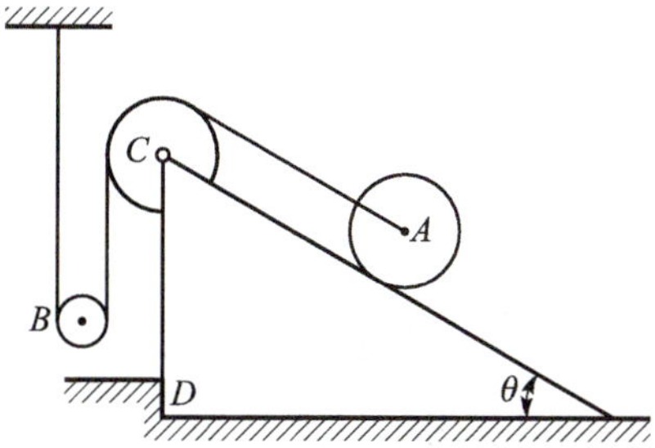

图 12-18　例 12-13 图

例 12-14 如图 12-19a 所示三角柱体 ABC 质量为 m_2，放置于光滑水平面上。质量为 m_1 的均质圆柱体沿斜面 AB 向下滚动而不滑动。若斜面倾角为 θ，试求三角柱体的加速度。

解 系统的自由度为 2，受力分析如图 12-19b 所示。

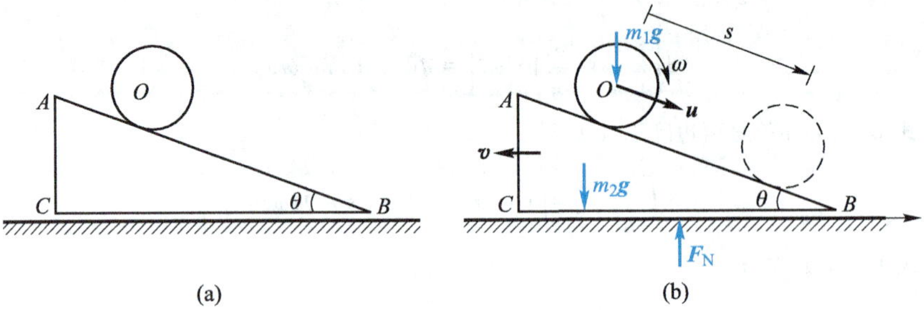

图 12-19 例 12-14 图

设圆柱体质心 O 相对三角柱的速度为 $\boldsymbol{u}$，三角柱体向左滑动的速度为 $\boldsymbol{v}$，并设系统开始时静止，根据动量守恒定理，有

$$p_x=-m_2v+m_1(u\cos\theta-v)=0$$

得

$$u=\frac{m_2+m_1}{m_1\cos\theta}v \tag{a}$$

系统的动能

$$T_1=0$$

$$T_2=\frac{1}{2}m_2v^2+\frac{1}{2}m_1(v^2+u^2-2vu\cos\theta)+\frac{1}{2}J_O\omega^2$$

其中 $J_O=\dfrac{1}{2}m_1r^2,\omega=\dfrac{u}{r}$，代入上式，得

$$T_2=\frac{1}{2}m_2v^2+\frac{1}{2}m_1(v^2+u^2-2vu\cos\theta)+\frac{1}{4}m_2u^2$$

在运动过程中，作用于系统的力只有重力 m_1g 作功，故

$$W=m_1gs\sin\theta$$

由动能定理，得

$$\frac{1}{2}m_2v^2+\frac{1}{2}m_1(v^2+u^2-2vu\cos\theta)+\frac{1}{4}m_1u^2=m_1gs\sin\theta \tag{b}$$

将式(a)代入式(b)，得

$$\frac{m_2+m_1}{4m\cos^2\theta}[3(m_2+m_1)-2m_1\cos^2\theta]v^2=m_1gs\sin\theta$$

将上式两边对时间 t 求导，并注意到 $\dfrac{\mathrm{d}v}{\mathrm{d}t}=a,\dfrac{\mathrm{d}s}{\mathrm{d}t}=u=\dfrac{m_2+m_1}{m_1\cos\theta}v$，可得三角柱体的加速度

$$a=\frac{m_1g\sin2\theta}{3m_2+m_1+2m_1\sin^2\theta}$$

思 考 题

12-1 如图,分析下述论点是否正确:

(1) 当轮子在地面作纯滚动时,滑动摩擦力作负功。

(2) 不论弹簧是伸长还是缩短,弹性力的功总等于$-\frac{k}{2}\delta^2$。

(3) 元功 $\mathrm{d}W=F_x\mathrm{d}x+F_y\mathrm{d}y+F_z\mathrm{d}z$ 在直角坐标 x、y、z 轴上的投影分别为 $F_x\mathrm{d}x$、$F_y\mathrm{d}y$、$F_z\mathrm{d}z$。

(4) 当质点作曲线运动时,沿切线及法线方向的分力都作功。

(5) 楔块 A 向右移动的速度为 $\boldsymbol{v}_1$,质量为 m 的物块 B 沿斜面下滑,相对于楔块的速度为 $\boldsymbol{v}_2$,故物块的动能为$\frac{1}{2}mv_1^2+\frac{1}{2}mv_2^2$。

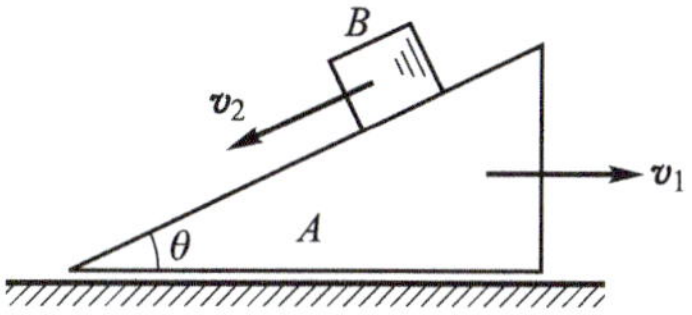

思考题 12-1(5)图

(6) 质点的动能愈大,表示作用于质点上的力所作的功愈大。

12-2 一人站在高塔顶上,以大小相同的初速度 v_0 分别沿水平、铅直向上、铅直向下抛出小球,当这些小球落到地面时,其速度的大小是否相等?(不计空气阻力)

12-3 作平面运动的刚体的动能,是否等于刚体随任意基点移动的动能与其绕通过基点且垂直于运动平面的轴转动的动能之和?

12-4 如图,长为 l 的软绳和刚杆下端各悬一小球,分别给予初速 $\boldsymbol{v}_{01}$、$\boldsymbol{v}_{02}$,如果要使小球能各自沿虚线所示的圆周运动。试问 $\boldsymbol{v}_{01}$、$\boldsymbol{v}_{02}$最小应为多少?两者的大小是否相等?为什么?不计绳、杆的质量。

12-5 图示均质圆盘绕通过圆盘的质心 O 而垂直于圆盘平面的轴转动,若在圆盘平面内作用一矩为 M 的力偶,试问圆盘的动量、动量矩、动能是否守恒?为什么?

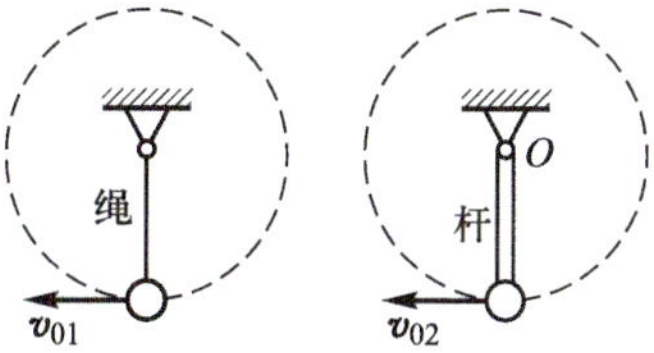

思考题 12-4 图

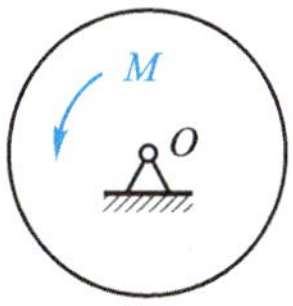

思考题 12-5 图

12-6 设质点系所受外力的主矢和主矩都等于零。试问该质点系的动量、动量矩、动能、质心的速度和位置会不会改变?质点系中各质点的速度和位置会不会改变?

12-7 运动员起跑时,什么力使运动员的质心加速运动?什么力使运动员的动能增加?产生加速度的力一定作功吗?

12-8 当某系统的机械能守恒时,作用在该系统上的力,是否全部都是有势力?

12-9　杆 AB 铰接于小滑轮中心，从图(a)、(b)所示的位置自静止开始运动。试判断：在(1) AB 垂直于斜面；(2) AB 杆铅垂两种情况下，杆 AB 作何种运动。小滑轮质量不计。

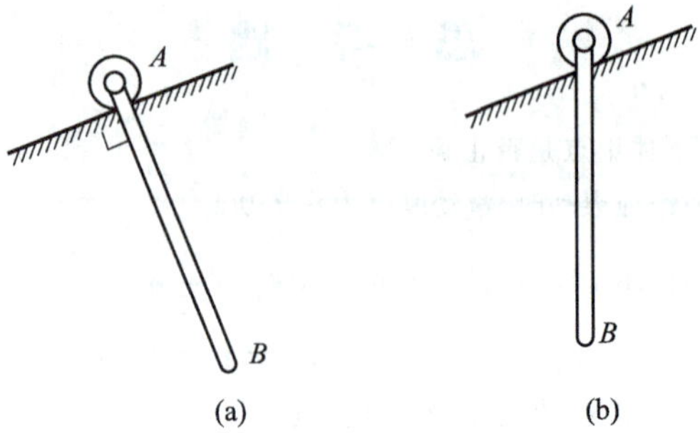

思考题 12-9 图

习　题

12-1　质点在常力 $\boldsymbol{F}=3\boldsymbol{i}+4\boldsymbol{j}+5\boldsymbol{k}$ 作用下运动，其运动方程为 $x=2+t+\frac{3}{4}t^2$，$y=t^2$，$z=t+\frac{5}{4}t^2$（F 以 N 计，x、y、z 以 m 计，t 以 s 计）。试求在 $t=0$ 至 $t=2$ s 时间内力 $\boldsymbol{F}$ 所作的功。

12-2　如图，弹簧原长为 OA，弹簧刚度系数为 k，O 端固定，A 端沿半径为 R 的圆弧运动，试求在由 A 到 B 及由 B 到 D 的过程中弹性力所作的功。

12-3　如图，用跨过滑轮的绳子牵引质量 $m=2$ kg 的滑块，沿倾角为 30° 的光滑斜槽运动。设绳子拉力 $F=20$ N。试计算滑块由位置 A 到位置 B 时，重力与拉力 $\boldsymbol{F}$ 所作的总功。

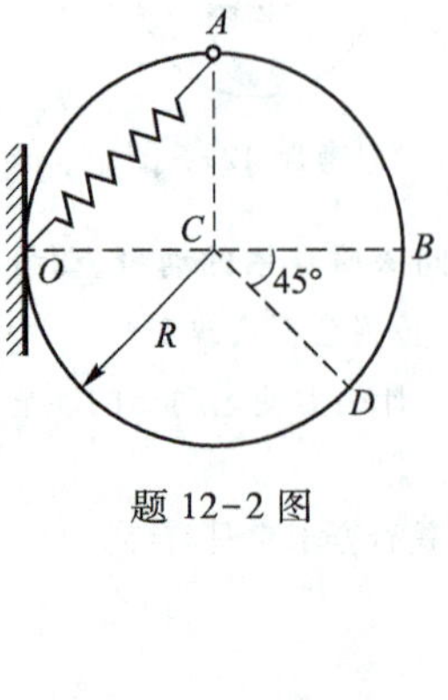

题 12-2 图

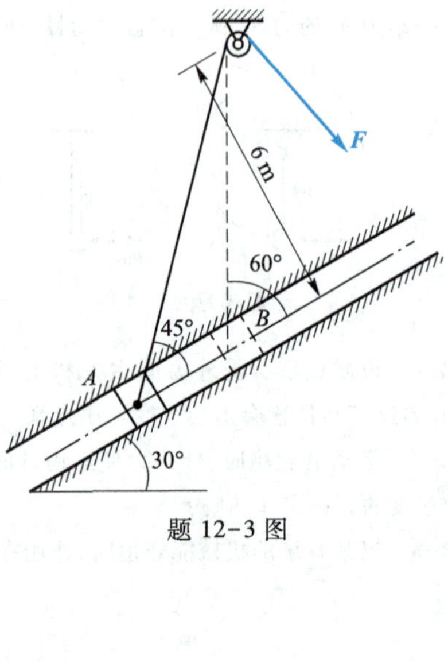

题 12-3 图

12-4　如图，翻斗车车厢装有 5 m^3 的砂石，砂石的单位体积重量为 23 kN/m^3，车厢装砂石后重心 B 与翻转轴 A 之水平距离为 1 m。如欲使车厢绕 A 轴翻转之角速度为 0.05 rad/s。试问所需的最大功率？

12-5　如图，AB 杆长 $l=80$ cm，质量 $m_2=2m$，其端点 B 沿与水平面成 $\varphi=30°$ 夹角的斜面运动；OA 杆长 $r=40$ cm，质量为 $m_1=m$，当 AB 杆水平时，$OA\perp AB$，杆 OA 的角速度为 $\omega=2\sqrt{3}$ rad/s。试求此时系统的动能。

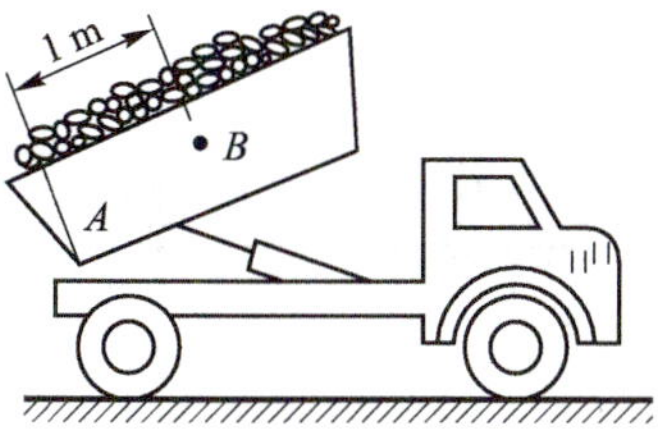

题 12-4 图

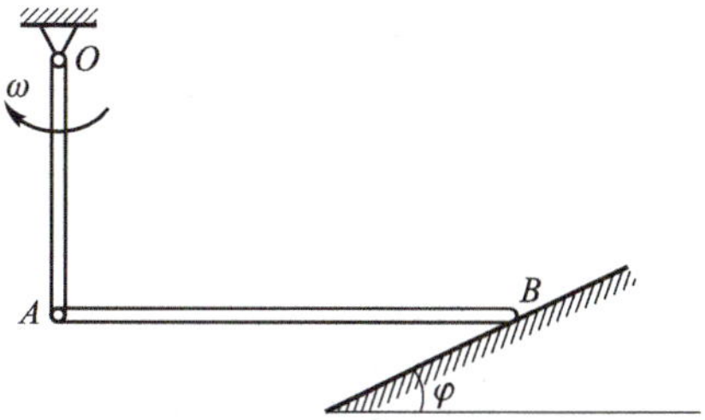

题 12-5 图

12-6　如图，滑块重为 G_1，在滑道内滑动，其上铰接一均质直杆 AB，杆 AB 长为 l，重为 G_2。当 AB 杆与铅垂线的夹角为 φ 时，滑块 A 的速度为 $\boldsymbol{v}_A$，杆 AB 的角速度为 ω。试求在该瞬时系统的动能。

12-7　如图，履带式推土机前进速度为 $\boldsymbol{v}$。已知车架总重为 G_1；两条履带各重为 G_2；四轮各重为 G_3，半径为 R。其惯性半径为 ρ。试求整个系统的动能。

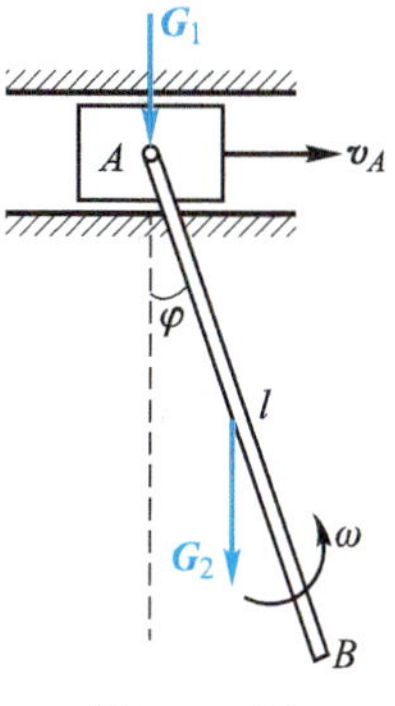

题 12-6 图

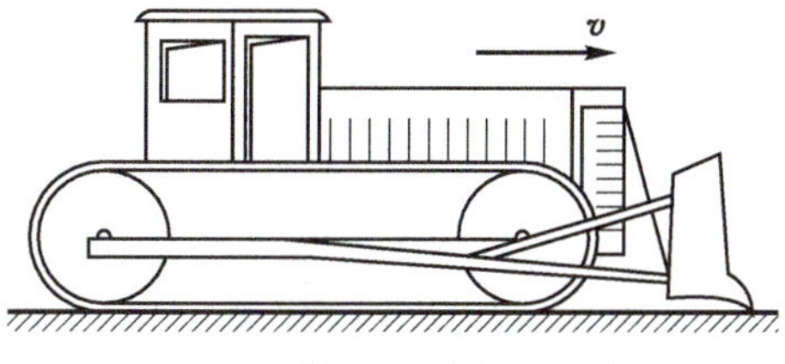

题 12-7 图

12-8　如图所示，两均质杆 AC、BC，长均为 l，重均为 P，用 C 铰连接，放在光滑的水平面上。两杆在铅直平面内下落，试写出系统在图示位置时的动能（表为 A 点速度与 C 点高度 h 的函数）。

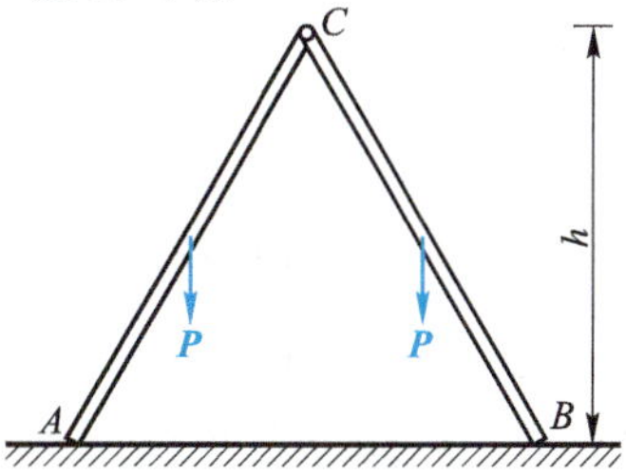

题 12-8 图

文档：习题 12-8 题解

12-9　梁的中部负有重物 G，其静止挠度 $\delta_{st}=2$ mm，略去梁的质量，试求在下列两种情况下梁的最大挠度：

(1) 重物放在未弯曲的梁上并释放之,其初速为零。

(2) 重物初速为零,在 10 cm 高度处落到梁的中部,然后与梁一起运动。

12-10　如图,机车速度 $v=0.2$ m/s,借助于两弹簧缓冲器 A、B 停下来。缓冲器 A 连于机车上,缓冲器 B 刚连于固定端,弹簧刚度系数分别为 $k_A=20$ kN/m,$k_B=40$ kN/m,设机车质量 $m=6\times10^4$ kg,试求机车停止时两缓冲器弹簧的最大压缩量(不计摩擦)。

12-11　如图,一单摆的支点固定在一水平移动的物体 A 上,A 与摆一起匀速运动,$v=2$ m/s,摆长 $l=0.5$ m。试求:(1) 当 A 突然停住时摆转过的角度 θ;(2) 如果要使摆在 A 突然停住后能绕过一圈,在停住前应有多大的速度。

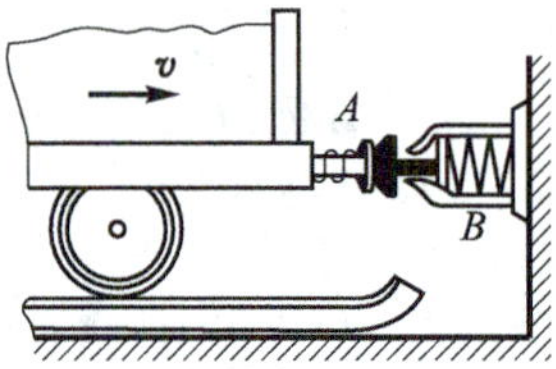

题 12-10 图

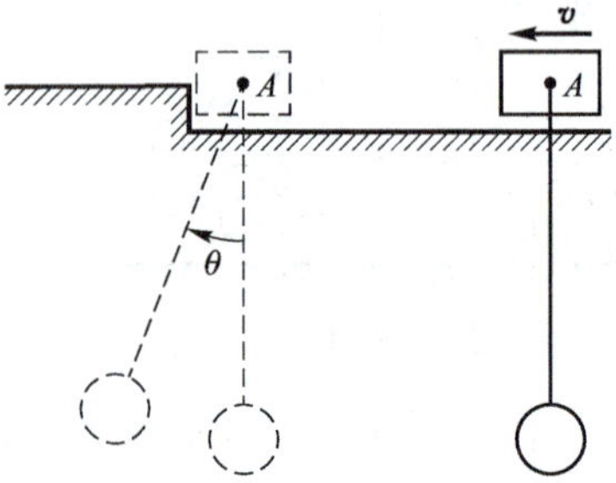

题 12-11 图

12-12　如图,滑块 A 的质量 $m=20$ kg,以弹簧与 O 点相连并套在一光滑直杆上。开始时 OA 在水平位置。已知 $OA=20$ cm,弹簧原长 $l_0=10$ cm,弹簧刚度系数 $k=39.2$ N/cm,试求当滑块无初速地落下 $h=15$ cm 时的速度。

12-13　如图,原长 $l_0=40$ cm,弹簧刚度系数 $k=20$ N/cm 的弹簧一端 O 固定,另一端与一重为 $P=100$ N、半径 $r=10$ cm 的均质圆盘的中心 A 相连接。圆盘在铅垂平面内沿一弧形轨道作纯滚动。开始时 OA 在水平位置,$OA=30$ cm,速度为零,试求弹簧运动到铅垂位置时轮心的速度,此时 O 与轮心的距离为 35 cm,弹簧的质量可以不计。

文档:
习题12-13
题解

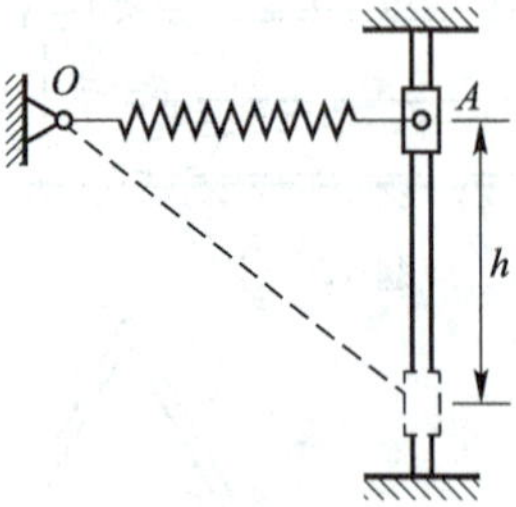

题 12-12 图

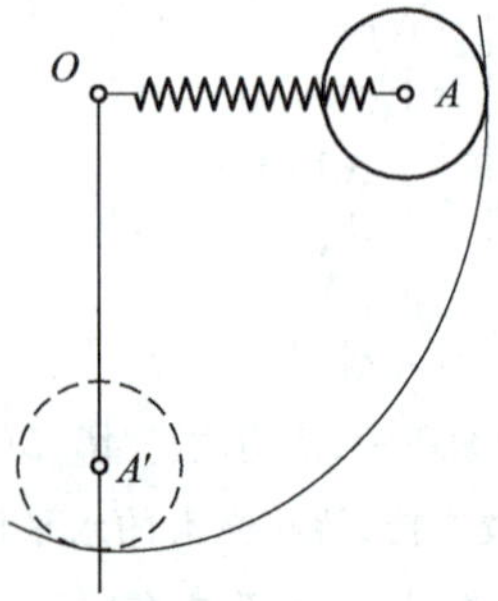

题 12-13 图

12-14　如图,重物 C 与均质杆 AB 的质量相等,滑块 B 的质量可以不计。开始时 AB 在水平位置,速度为零。试求当 AB 杆被拉到与水平成 30°角时重物 C 的加速度。不计所有摩擦力。

12-15　如图,升降机带轮 C 上作用一转矩 M;所提升的重物 A 的重量为 G_1,平衡锤 B 的

重量为 G_2,带轮 C 及 D 的半径为 r,重量各为 G_3,均为均质圆柱体;带的质量忽略不计。试求重物 A 的加速度。

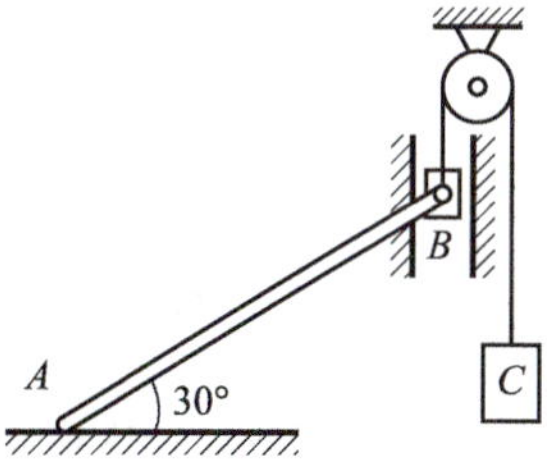

题 12-14 图

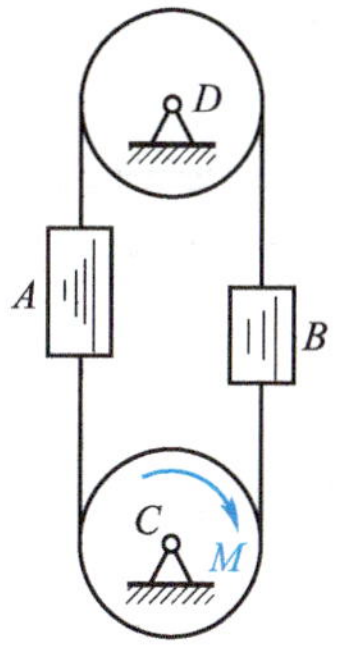

题 12-15 图

12-16 如图,质量 $m=50$ kg 的物块 M 在 $\varphi=0$ 时无初速地释放,这时弹簧具有原长。试求 $\varphi=90°$ 及 $\varphi=180°$ 时物块的速度。杆重及摩擦均不计。

12-17 如图,均质杆 OA 的质量 $m=30$ kg,杆在铅直位置时弹簧处于自然状态。设弹簧刚度系数 $k=3$ kN/m,为使杆能由铅直位置 OA 转到水平位置 OA',在铅直位置时的角速度至少应为多少?

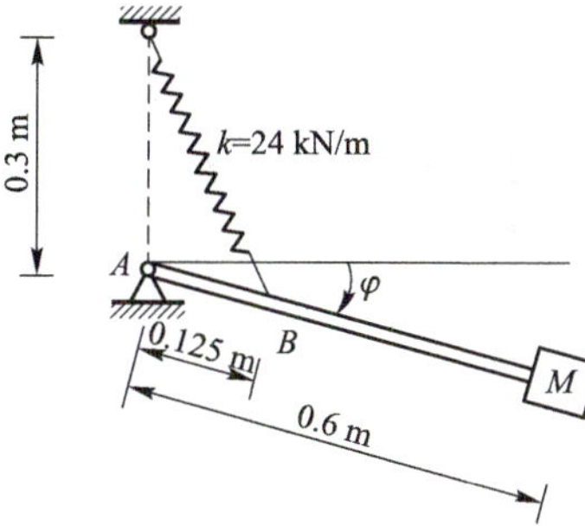

题 12-16 图

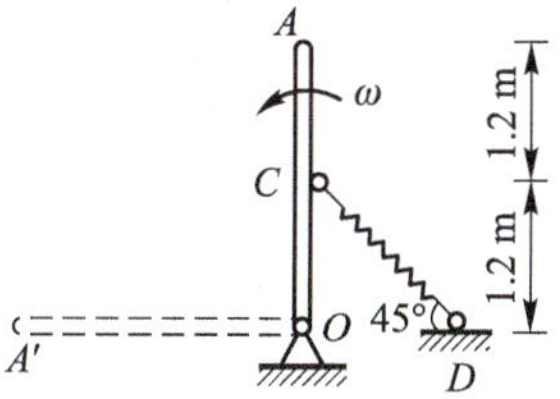

题 12-17 图

12-18 如图,在曲柄导杆机构的曲柄 OA 上,作用有大小不变的力偶矩 M。若初瞬时系统处于静止,且 $\angle AOB=\dfrac{\pi}{2}$,试问当曲柄转过一圈后,获得多大的角速度?设曲柄 OA 重为 G_1,长为 r 且为均质杆;导杆 BC 重为 G_2;导杆与滑道间的摩擦力可认为等于常值 F,不计滑块 A 的质量。机构位于水平面内。

12-19 如图,半径为 R、重为 G_1 的均质圆盘 A 放在水平面上。绳的一端系在圆盘中心 A。另一端绕过均质滑轮 C 后挂有重物 B。已知滑轮 C 的半径为 r,重为 G_2;重物 B 重 G_3。绳子不可伸长,质量略去不计。圆盘滚而不滑。系统从静止开始。不计滚动摩擦,试求重物 B 下落的距离为 x 时,圆盘中心 A 的速度和加速度。

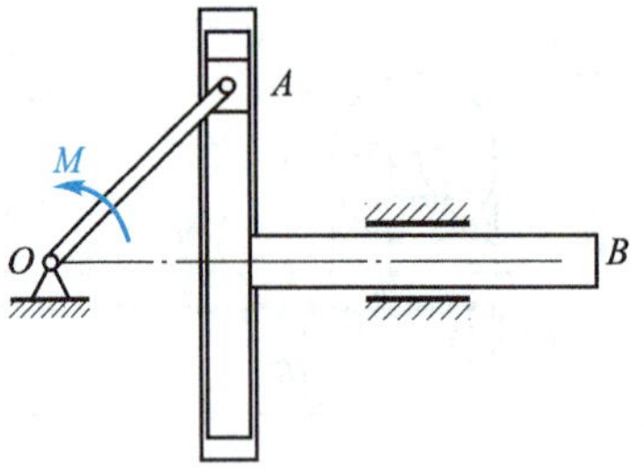

题 12-18 图

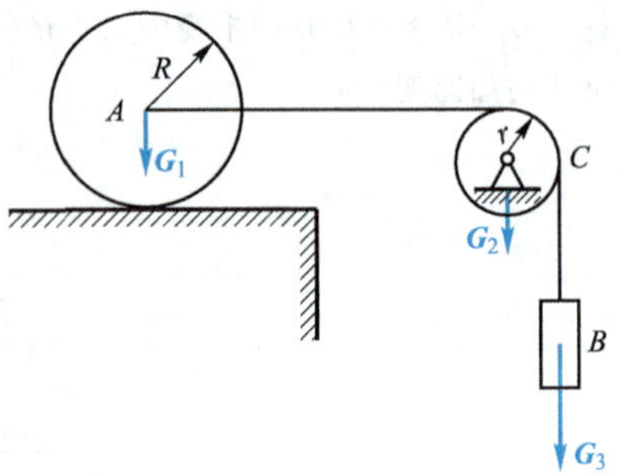

题 12-19 图

12-20　如图，一直角尺 ABC，$BC=2AB=2l$，在 B 处用铰固定，若在 $\theta=0$ 的位置无初速释放，试求运动时右支 BC 与铅直线夹角的最大值。

12-21　如图，在绞车的主动轴上作用一不变的力偶矩 M，以提升一重为 G 的物体。已知主动轴及从动轴连同安装在两轴上的齿轮和其他附属零件的转动惯量分别为 J_1 及 J_2；传速比 $\omega_1/\omega_2=k$，吊索绕在半径为 R 的鼓轮上。设轴承的摩擦及吊索的质量均略去不计，试求重物的加速度。

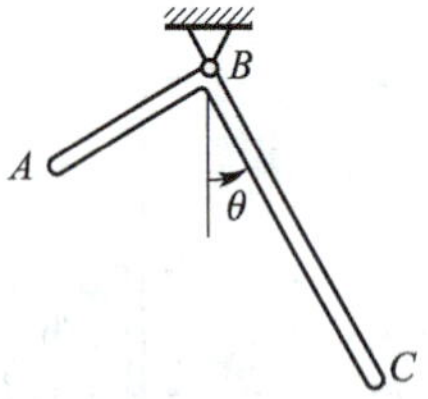

题 12-20 图

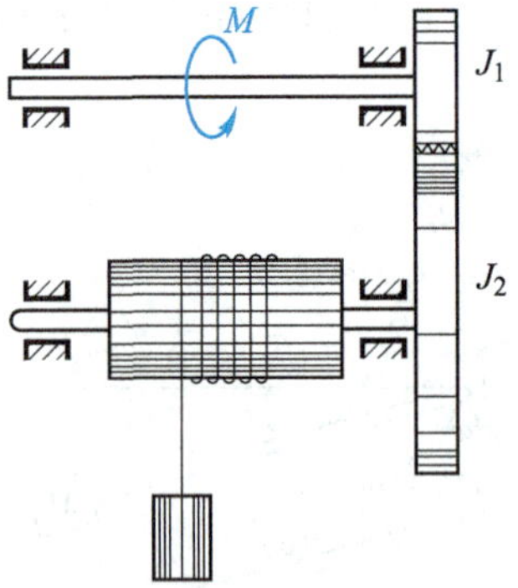

题 12-21 图

12-22　图(a)、(b)所示两种支持情况的均质正方形板，边长为 a，质量为 m，初始时均处于静止状态。受某干扰后均沿顺时针方向倒下，不计摩擦，试求当 OA 边处于水平位置时，两主板的角速度。

12-23　如图，带传动机的联动机构给滑轮 B 一不变转矩 M，使带传送机由静止开始运动。被提升物体 A 的重量为 G_1；滑轮 B、C 的半径是 r，重量为 G_2，且可看成均质圆柱。试求物体 A 移动一段距离 s 时的速度。设传送带与水平线所成夹角为 α，它的质量可略去不计，带与滑轮间没有滑动。

文档：习题12-24题解

12-24　如图，均质圆轮的质量为 m_1，半径为 r；一质量为 m_2 的小铁块固结在离圆心 e 的 A 处。若 A 稍稍偏离最高位置，使圆轮由静止开始滚动。试求当 A 运动至最低位置时圆轮滚动的角速度。设圆轮只滚不滑。

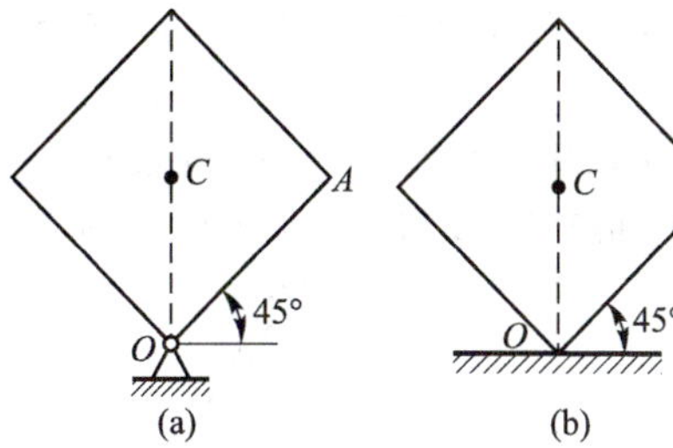

题 12-22 图

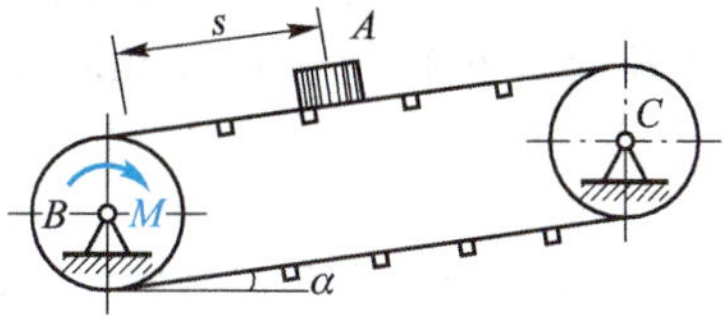

题 12-23 图

12-25 如图，两均质杆 AC 和 BC 各重为 G，长均为 l，在 C 处用铰链连接，放在光滑的水平面上，设 C 点的初始高度为 h，两杆由静止开始下落，试求铰链 C 到达地面时的速度。设两杆下落时，两杆轴线保持在铅直平面内。

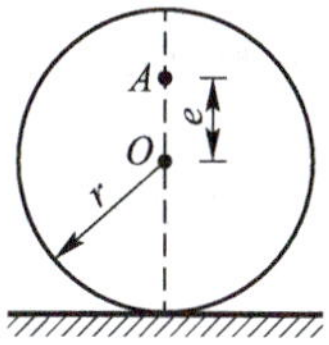

题 12-24 图

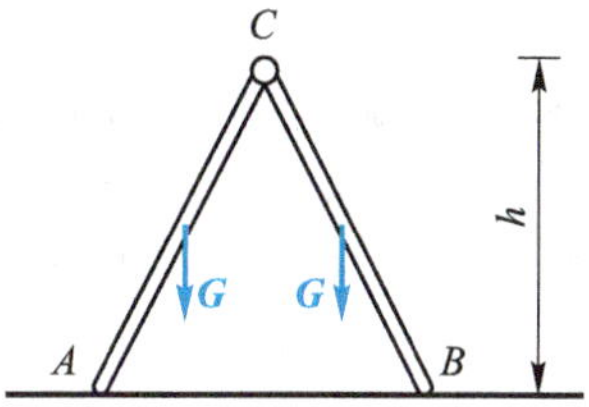

题 12-25 图

12-26 如图，质量为 m_1 的直杆 AB 可以自由地在固定铅垂套管中移动，杆的下端搁在质量为 m_2、倾角为 θ 的光滑楔块 C 上，而楔块放在光滑的水平面上。由于杆的压力，楔块向水平方向运动，因而杆下降，试求两物体的加速度。

文档：习题12-26题解

12-27 如图，行星轮机构放在水平面内。已知动齿轮半径为 r，重为 G_1，可看成均质圆盘；曲柄 OA 重为 G_2，可看成均质杆；定齿轮半径为 R。今在曲柄上作用一不变的力偶，其力偶矩为 M，使此机构由静止开始运动。试求曲柄的角速度与其转角 φ 的关系。

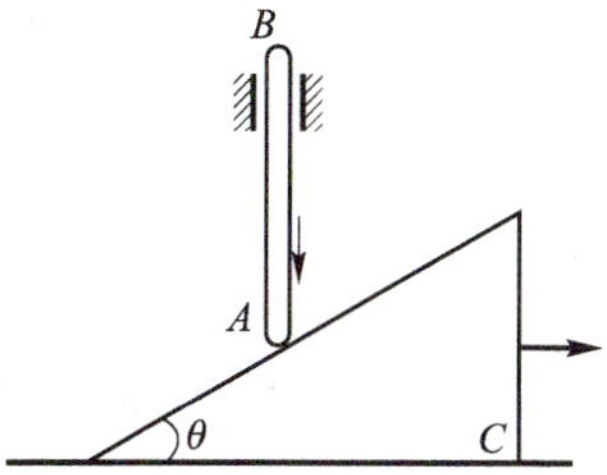

题 12-26 图

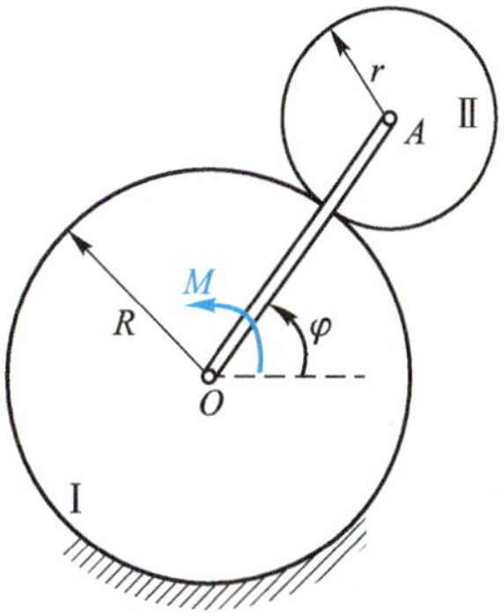

题 12-27 图

12-28 如图，重物 A 重为 G_1，连在一根无重量、不能伸长的绳子上，绳子绕过固定滑轮 D 并绕在鼓轮 B 上。由于重物下降，带动轮 C 沿水平轨道滚动而不滑动。鼓轮 B 的半径为

r,轮 C 的半径为 R,两者固连在一起,总重量为 G_2,对于水平轴 O 的惯性半径为 ρ。不计轮 D 的质量。试求重物 A 的加速度。

12-29　如图,均质杆 OA、AB 各长为 l,质量均为 m;均质圆轮的半径为 r,质量为 m_2。当 $\theta=60°$时,系统由静止开始运动,试求当 $\theta=30°$时轮心的速度。设轮在水平面上只滚不滑。

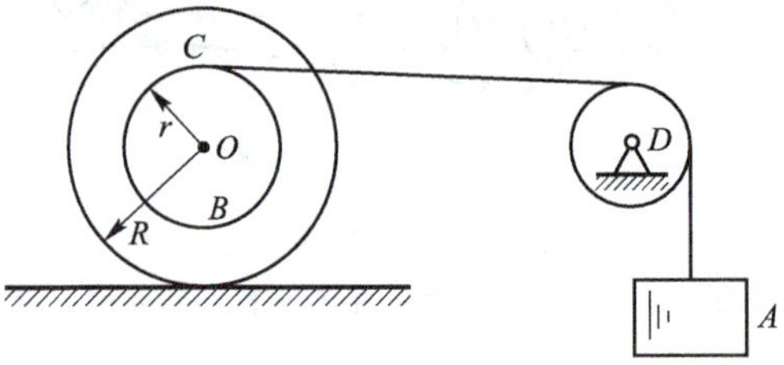

题 12-28 图

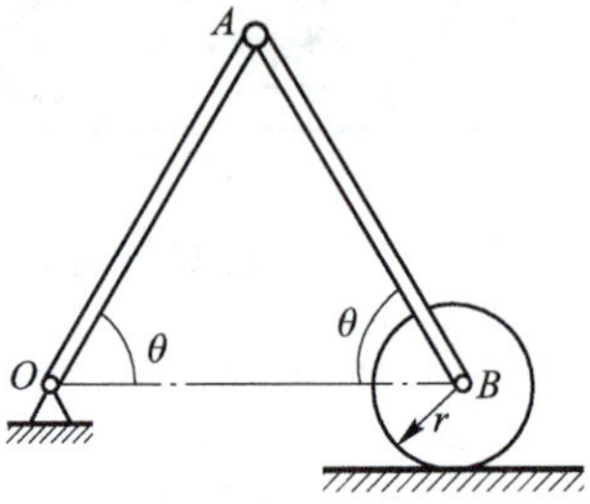

题 12-29 图

文档：习题12-30题解

12-30　如图,椭圆规尺位于水平面内,由柄 OC 带动。设曲柄与椭圆规尺都是均质杆,重量分别为 G 与 $2G$,且 $OC=AC=BC=l$,滑块 A 与 B 的重量均为 G_1。如作用在曲柄上的常力矩为 M,当 $\varphi=0$ 时,系统静止。不计摩擦,试求曲柄 OC 的角速度(表示为角 φ 的函数)及角加速度。

文档：习题12-31题解

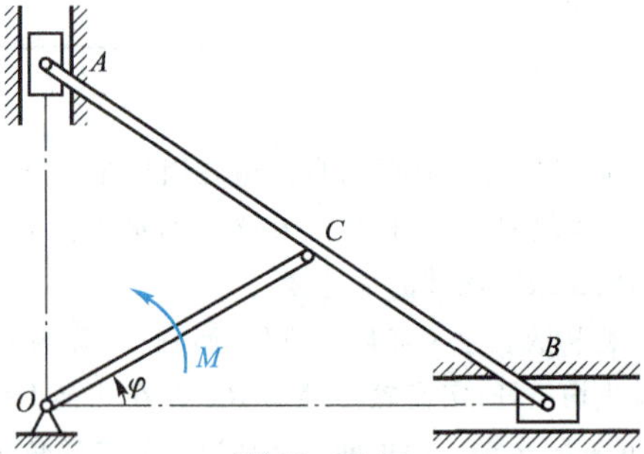

题 12-30 图

文档：习题12-32题解

12-31　如图,绳索的一端 E 固定,绕过动滑轮 D 与定滑轮 C 后,另一端与重物 B 连接。已知重物 A 和 B 的重量均为 G_1,滑轮 C 和 D 的重量均为 G_2,且均为均质圆盘,重物 B 与水平面间的动摩擦因数为 f_d。如重物 A 开始时向下的速度为 $\boldsymbol{v}_0$,试问重物 A 下落多大距离,其速度将增加一倍。(绳与轮之间无相对滑动。)

文档：习题12-33题解

12-32　均质杆 OA 的质量是均质杆 AB 质量的 2 倍,机构在图示位置从静止释放,不计各处摩擦。试求当 OA 杆转到铅垂位置时,AB 杆 B 端的速度。

12-33　如图所示,直角刚杆的 OA 部分可视为均质直杆,重 P_1;OB 部分亦为均质直杆,重 P_2;质点 A 重 G。尺寸 l_1,l_2,h 和刚度系数 k 均为已知,系统平衡时杆 OA 水平。若以平衡位置为零势能位置,试求当杆有微小偏角 φ 时系统的势能。

文档：习题12-34题解

12-34　图示三角块 B 重 G,放在光滑的水平面上,均质圆柱体重为 P,半径为 r,可在三角块斜面上只滚不滑,斜面与水平面的倾角为 30°。试求当圆柱体无初速地沿三角块斜面滚动两圈后,三角块 B 的速度。

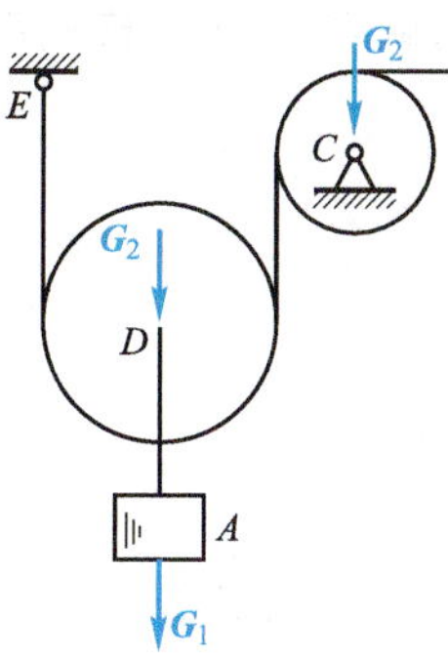

题 12-31 图

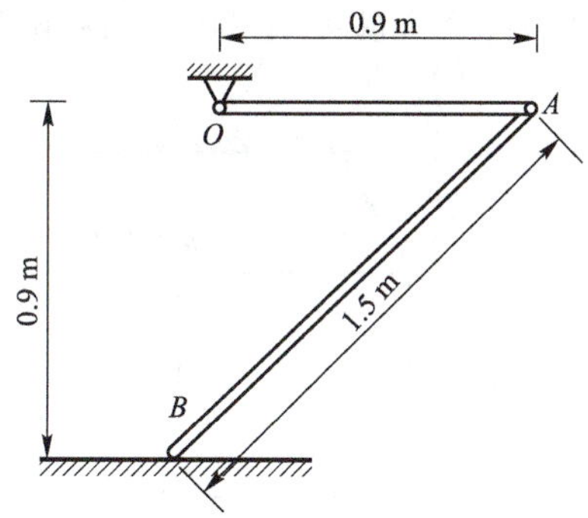

题 12-32 图

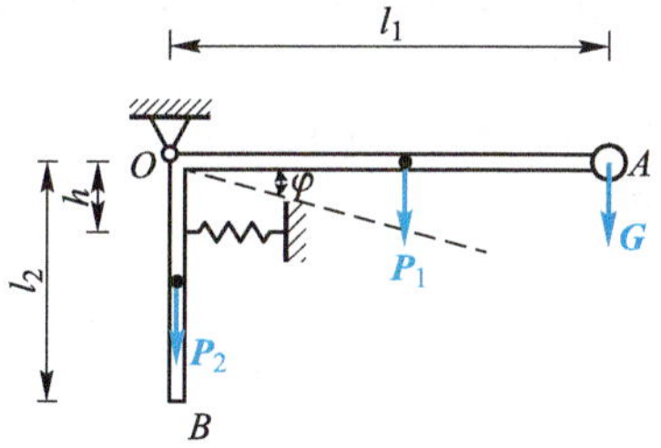

题 12-33 图

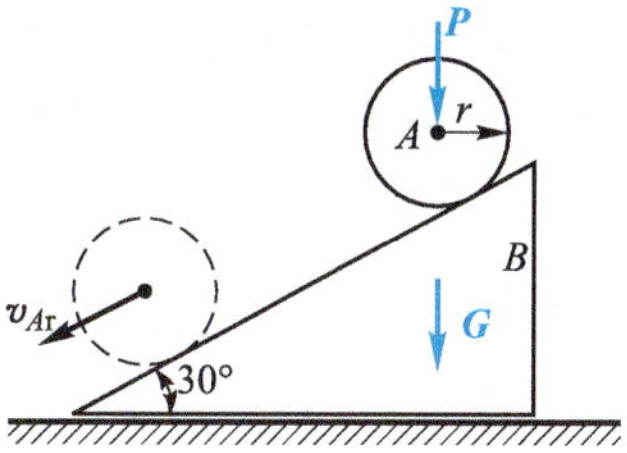

题 12-34 图

12-35　在图示系统中，均质杆 OA 重 $P=200$ N，长 l，小车重 $G=100$ N。开始时系统静止，杆在铅直位置，经微小扰动后杆向下倒。试求当 $\theta=60°$时杆的角速度及小车的速度。

12-36　如图，弹簧两端各与重物 A 和 B 连接，平放在光滑的平面上，其中重物 A 重为 G_1，重物 B 重为 G_2。弹簧原长为 l_0。其刚度系数为 k，先将弹簧拉长到 $l(l>l_0)$，然后无初速地释放，试问当弹簧回到原长时，A 和 B 两重物的速度各为多少？

文档：习题12-35题解

文档：习题12-36题解

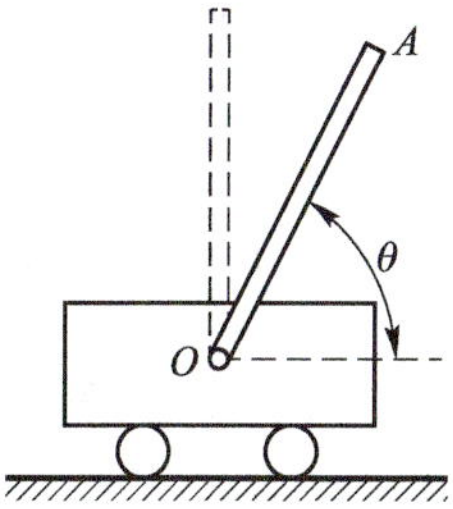

题 12-35 图

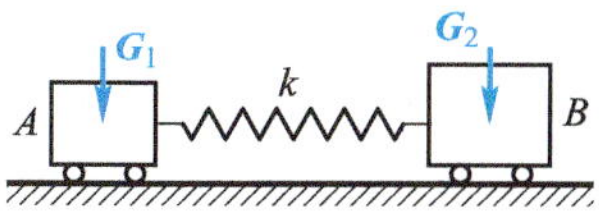

题 12-36 图

12-37　如图，正方形均质板的质量为 40 kg，在铅直面内以三根软绳拉住，板的边长 $b=100$ mm，试求：(1) 当软绳 FG 被剪断后，木板开始运动的加速度以及 AD 和 BE 两绳的张力；(2) 当 AD 和 BE 两绳位于铅直位置时，板中心 C 的加速度和两绳的张力。

12-38　如图，三棱柱 A 沿三棱柱 B 的光滑斜面滑动，A 和 B 的质量各为 m_1 与 m_2，三棱柱的斜面与水平面成 θ 角。如开始时物体系统静止，忽略摩擦，试求运动时三棱柱 B 的加速度。

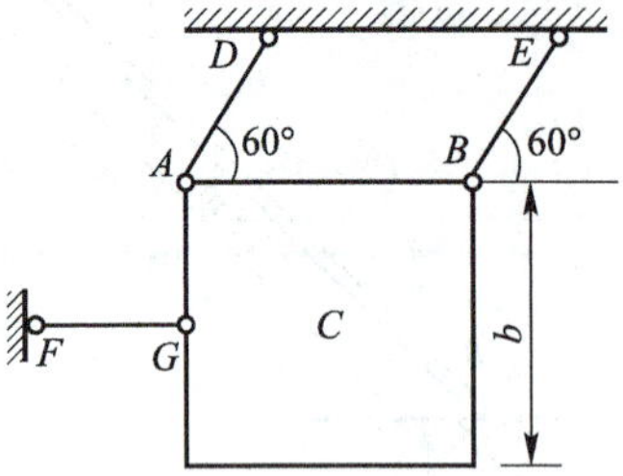

题 12-37 图

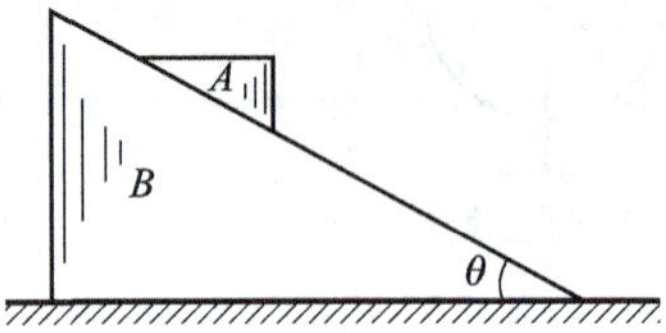

题 12-38 图

12-39 均质杆 AB 的质量 $m=1.5$ kg，长度 $l=0.9$ m，在图示水平位置时从静止释放，试求当杆 AB 经过铅垂位置时的角速度及支座 A 的约束力。

12-40 均质杆 AB 的质量 $m=4$ kg，其两端悬挂在两条平行绳上，杆处在图示水平位置。设其中一绳突然断了，试求此瞬时另一绳的张力 $\boldsymbol{F}$。

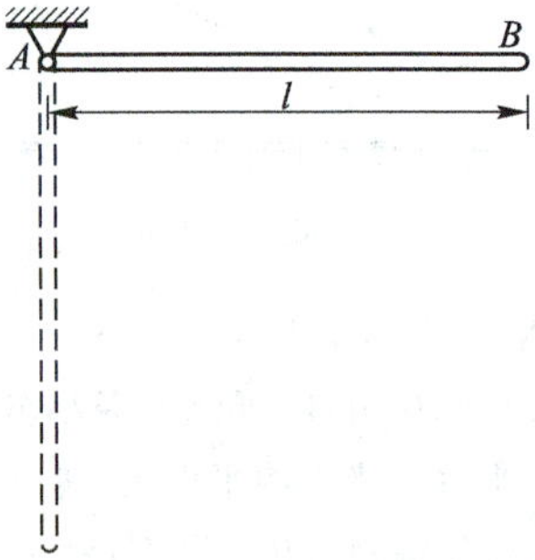

题 12-39 图

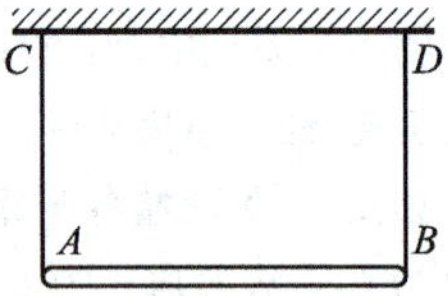

题 12-40 图

12-41 如图，均质杆 AB 长为 $2l$，质量为 m，初始时位于水平位置。如 A 端脱落，杆可绕通过 B 端的轴转动，当杆转到铅垂位置时，B 端也脱落了。不计各种阻力，试求该杆在 B 端脱落后的角速度及其质心的轨迹。

12-42 如图，均质细杆 OA 可绕水平轴 O 转动，另一端有一均质圆盘，圆盘可绕 A 在铅直面内自由旋转。已知杆 OA 长为 l，质量为 m_1；圆盘半径为 R，质量为 m_2。摩擦不计，初始时杆 OA 水平，杆和圆盘静止。试求杆与水平线成 θ 角的瞬时，杆的角速度和角加速度。

文档：
习题12-42
题解

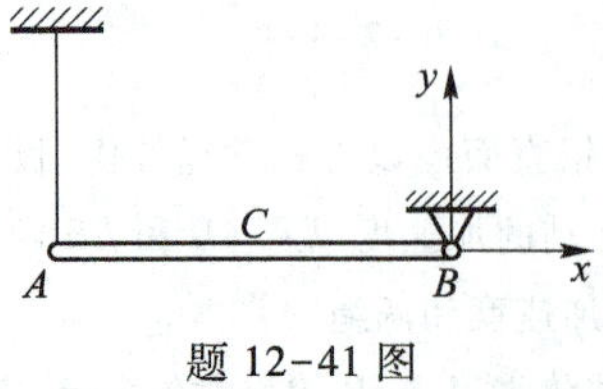

题 12-41 图

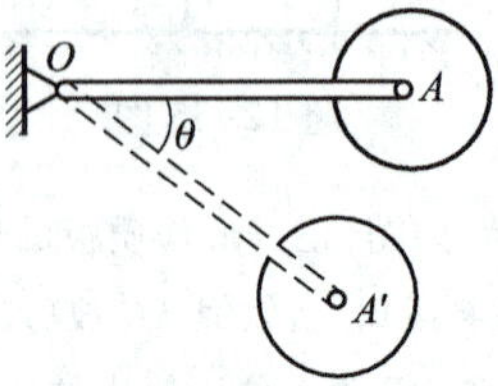

题 12-42 图

12-43 如图,质量为 m、半径为 r 的均质圆柱,开始时其质心位于与 OB 同一高度的点 C。设圆柱由静止开始沿斜面滚动而不滑动,当它滚到半径为 R 的圆弧 AB 上时,试求在任意位置上对圆弧的正压力和摩擦力。

12-44 如图,小球 M 的质量为 m,用线悬于固定点 O,线长为 l。起始时线与铅垂线成 θ 角,初速度为零。小球运动后,线 OM 碰到铁钉 O_1,其位置由 $OO_1=h$ 及 β 角确定。铁钉与小球的尺寸忽略不计。试问 θ 角至少应多大,小球可绕铁钉画过圆周轨迹。并求线 OM 碰到铁钉后和碰前瞬时张力的变化。

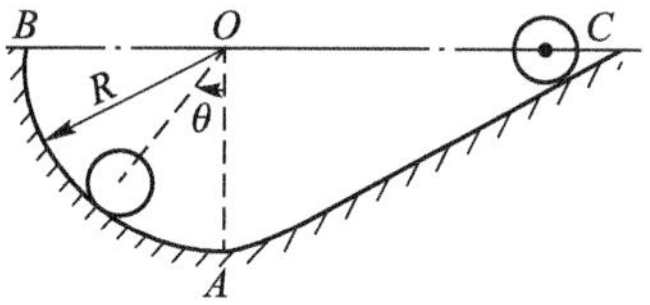

题 12-43 图

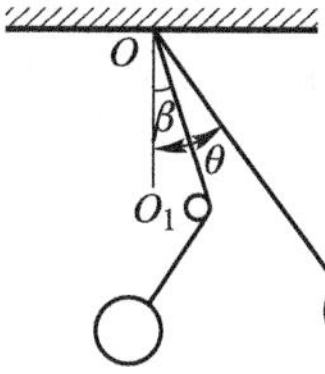

题 12-44 图

12-45 如图,一不可伸长的绳跨过滑轮 D,绳的一端系于均质轮 A 的圆心 C 处,另一端绕在均质圆柱体 B 上。轮 A 重为 G_1,半径为 R;圆柱 B 重为 G_2,半径为 r 斜面倾角为 α。试问:(1) 为使轮 A 沿斜面向下滚动而不滑动,轮 A 与斜面的摩擦因数应为何值?(2) G_1、G_2 应满足什么关系,轮 A 才会沿斜面滚下?(滑轮 D 的质量不计。)

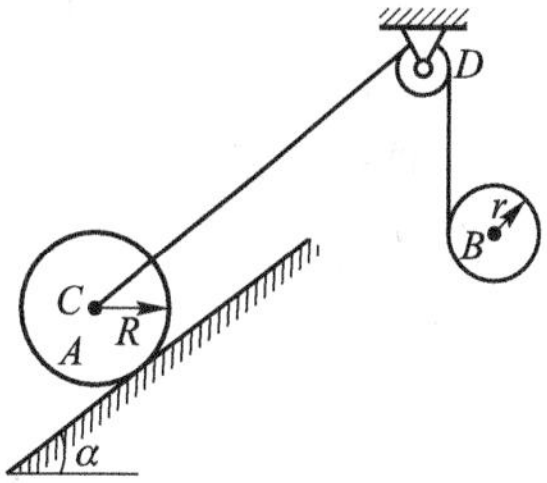

题 12-45 图

第十三章　达朗贝尔原理

达朗贝尔于 1743 年提出一个关于非自由质点动力学的原理，被称为**达朗贝尔原理**。这个原理的特点是，用静力学中研究平衡问题的方法来研究动力学问题，因此又被称为**动静法**。动静法在工程技术中得到广泛的应用，尤为适用于求动约束力和解决动强度等类问题。

§ 13-1　惯性力的概念

众所周知，有质量的物体的运动状态不会自行改变。开普勒最先提出："任何物体都将给予企图改变它运动状态的任何其他物体以阻力。"这种阻力就是**达朗贝尔惯性力**，简称为**惯性力**。

1. 惯性力的大小与方向

定义：惯性力的大小等于质量与加速度的乘积，方向与加速度反向。用记号 $\boldsymbol{F}_{\mathrm{I}}$ 表示。即

$$\boldsymbol{F}_{\mathrm{I}}=-m\boldsymbol{a} \tag{13-1}$$

2. 惯性力的作用物体

惯性力作为物体对改变其运动状态的一种抵抗力，它到底作用在哪个物体上？现以图 13-1a 为例来讨论：绳的一端连接一质量为 m 的小球，另一端用力拉住，使小球在光滑水平面上作匀速率圆周运动。

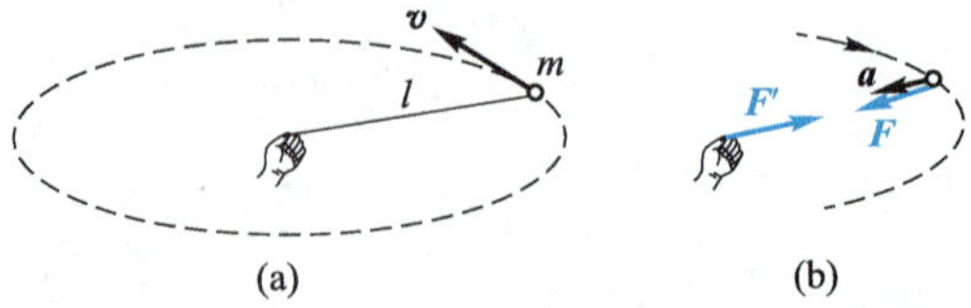

图 13-1　惯性力

小球在水平面内受到绳子拉力 $\boldsymbol{F}$ 的作用，迫使其改变运动状态，产生了法向加速度 $\boldsymbol{a}$；小球对绳的反作用力为 $\boldsymbol{F}'$（图 13-1b）。根据牛顿动力学基本定律，显然有 $\boldsymbol{F}'=-\boldsymbol{F}=-m\boldsymbol{a}$。对比式（13-1），可知 $\boldsymbol{F}_{\mathrm{I}}=\boldsymbol{F}'=-m\boldsymbol{a}$，因此小球的惯性力不是作用在小球上，而是作用在迫使小球产生加速度的绳子上。

由此得出惯性力的作用物体是施力物体的结论，即惯性力作用在施力物

体上。

引入了惯性力的概念,才能使动力学问题从形式上变成静力学问题。

§ 13-2 质点和质点系的达朗贝尔原理

1. 质点的达朗贝尔原理

设一质量为 m 的质点,在主动力 $\boldsymbol{F}$ 和约束力 $\boldsymbol{F}_N$ 的作用下作曲线运动(图 13-2),其加速度为 $\boldsymbol{a}$。根据质点动力学基本方程,有

$$m\boldsymbol{a}=\boldsymbol{F}+\boldsymbol{F}_N$$

即

$$\boldsymbol{F}+\boldsymbol{F}_N+(-m\boldsymbol{a})=\boldsymbol{0}$$

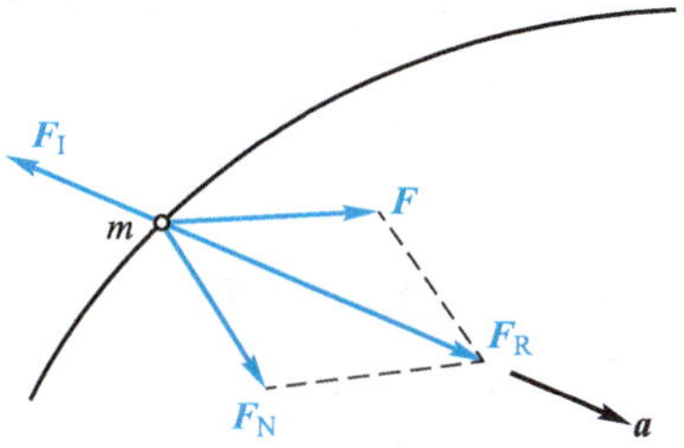

图 13-2 质点的惯性力

引入惯性力表达式(13-1)后,上式可改写成

$$\boldsymbol{F}+\boldsymbol{F}_N+\boldsymbol{F}_I=\boldsymbol{0} \qquad (13-2)$$

式(13-2)表明,当非自由质点运动时,如假想地把惯性力加在运动的质点上,则:作用在质点上的主动力、约束力与质点的惯性力形式上构成一平衡力系。这就是质点的达朗贝尔原理。

例 13-1 球磨机是一种破碎机械,在鼓室中装进物料和钢球(图 13-3a)。当鼓室绕水平对称轴转动时,钢球被鼓室带到一定高度,此后脱离壳壁而以抛物线落下,与物料碰撞而达到破碎的目的。已知鼓室的转速为 n (r/min),半径为 R。若钢球与壳壁间无滑动,试求钢球的脱离角 θ_{max}。

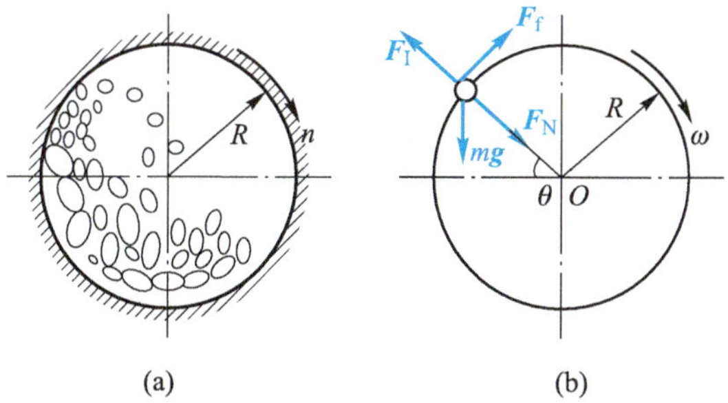

图 13-3 例 13-1 图

解 以钢球为研究体,在未脱离壳壁前,钢球可看作非自由质点。设钢球的质量为 m。为求出此时钢球的位置,应先求出钢球在任一位置时(以角 θ 表示)壳壁的约束力。钢球的

重力为 mg,受到法向约束力 $\boldsymbol{F}_N$、摩擦力 $\boldsymbol{F}_f$ 和假想的惯性力 $\boldsymbol{F}_I$(图 13-3b),构成一平衡力系。则有

$$\sum F_n=0,\quad F_N+mg\sin\theta-F_I=0$$

式中 F_I 的大小为

$$F_I=ma_n=m\omega^2R=m\left(\frac{n\pi}{30}\right)^2R$$

代入后求得

$$F_N=mg\left[\left(\frac{n\pi}{30}\right)^2\frac{R}{g}-\sin\theta\right]$$

这就是钢球在任一位置 θ 时所受的法向约束力。显然当钢球脱离壳壁时,$F_N=0$,由此可求出脱离角 θ_{max} 为

$$\theta_{max}=\arcsin\frac{n^2\pi^2R}{900g}$$

即脱离角 θ_{max} 与鼓室转速有关。

2. 质点系的达朗贝尔原理

设非自由质点系由 n 个质点 A_1、A_2、…、A_i、…、A_n 所组成,在 A_i 质点上,作用有主动力 $\boldsymbol{F}_i$、约束力 $\boldsymbol{F}_{Ni}$。若此瞬时,质点具有加速度 $\boldsymbol{a}_i$,则该质点的惯性力 $\boldsymbol{F}_{Ii}=-m_i\boldsymbol{a}_i$(图 13-4)。

根据质点的达朗贝尔原理,对每一质点均可写出其平衡方程,有

$$\boldsymbol{F}_i+\boldsymbol{F}_{Ni}+\boldsymbol{F}_{Ii}=\boldsymbol{0}\qquad(i=1,\cdots,n)\tag{13-3}$$

式(13-3)表明,**质点系中每个质点上真实作用的主动力、约束力和假想加上的惯性力,在形式上组成平衡力系**。这就是**质点系的达朗贝尔原理**。

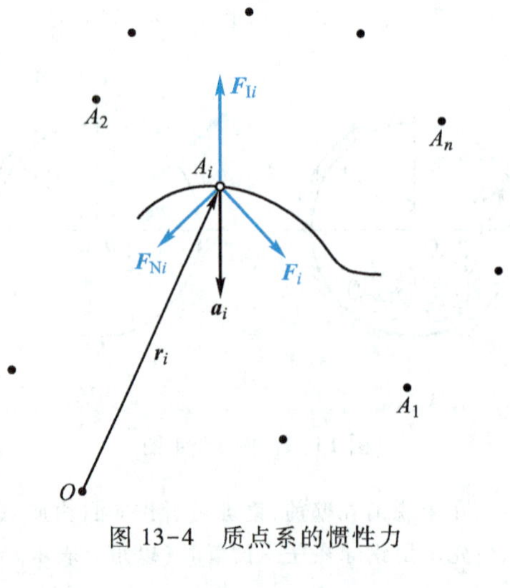

图 13-4 质点系的惯性力

由于质点系中每个质点都受这样的假想平衡力系作用，所以由 n 个质点组成的力系必定是一个平衡力系。

对于这样一个平衡力系，应用静力学中力系简化的方法，向任一点 O 简化，就可得到质点系形式上的平衡条件，为

$$\sum \boldsymbol{F}_i+\sum \boldsymbol{F}_{\mathrm{N}i}+\sum \boldsymbol{F}_{\mathrm{I}i}=\boldsymbol{0}$$

$$\sum \boldsymbol{M}_O(\boldsymbol{F}_i)+\sum \boldsymbol{M}_O(\boldsymbol{F}_{\mathrm{N}i})+\sum \boldsymbol{M}_O(\boldsymbol{F}_{\mathrm{I}i})=\boldsymbol{0}$$

考虑到质点系内力的成对性，上式又可写为

$$\sum \boldsymbol{F}_i^{\mathrm{E}}+\sum \boldsymbol{F}_{\mathrm{I}i}=\boldsymbol{0}$$

$$\sum \boldsymbol{M}_O(\boldsymbol{F}_i^{\mathrm{E}})+\sum \boldsymbol{M}_O(\boldsymbol{F}_{\mathrm{I}i})=\boldsymbol{0} \tag{13-4}$$

于是质点系的达朗贝尔原理又可表述为：**质点系运动的每一瞬时，各个质点的惯性力与作用于该质点系的外力组成平衡力系**。

实际应用这一定理时，同在静力学中一样，仍然是用投影方程，并可选取不同的考察对象来建立平衡方程求解。

例 13-2　长为 $l=l_1+l_2$、质量为 m 的均质杆 AB，受水平绳 DE 的约束与竖直线成 θ 角，并以匀角速度 ω 转动（图 13-5a）。试求绳的拉力和 A 处的约束力。

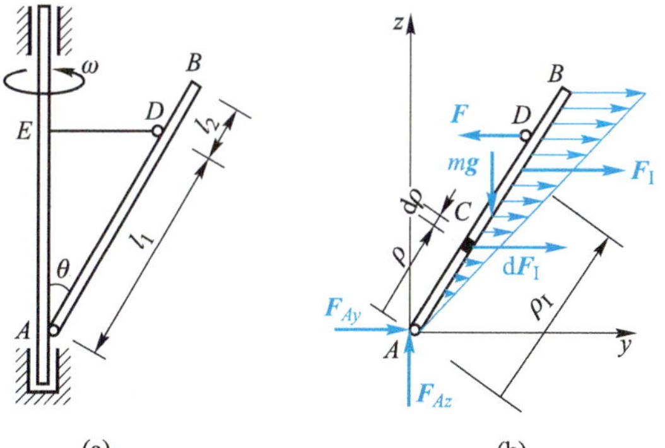

图 13-5　例 13-2 图

解　以均质杆 AB 为研究体，作用于杆上的外力有重力 $m\boldsymbol{g}$、绳的拉力 $\boldsymbol{F}$、铰链 A 的约束力 $\boldsymbol{F}_{Ay}$、$\boldsymbol{F}_{Az}$（设此瞬时杆在 Oyz 平面内）。由动静法可知，如在杆上加上所有质点的惯性力，则此惯性力系与作用于杆上所有外力形成一平衡力系。

现计算杆 AB 上所有质点的惯性力。因该杆绕 AE 轴以匀角速度 ω 转动，杆上各点均作匀速率圆周运动，所以杆中各质点的切向加速度为零，只有法向加速度。这样各质点就只有法向惯性力，其分布如图 13-5b 所示。在杆长 ρ 处，取微小段 $\mathrm{d}\rho$，它的惯性力的大小为

$$\mathrm{d}F_{\mathrm{I}}=\left(\frac{m}{l}\mathrm{d}\rho\right)\omega^2\rho\sin\theta$$

这些惯性力的合力为 $\boldsymbol{F}_{\mathrm{I}}$，其大小

$$F_{\mathrm{I}}=\int_0^l \frac{m}{l}\omega^2\rho\sin\theta\mathrm{d}\rho=\frac{ml\omega^2}{2}\sin\theta$$

$\boldsymbol{F}_{\mathrm{I}}$ 的作用点位置可根据合力矩定理求得，即

$$F_{\mathrm{I}}\rho_{\mathrm{I}}\cos\theta=\int_0^l \frac{m}{l}\omega^2\sin\theta\cos\theta\rho^2\mathrm{d}\rho=\frac{ml^2}{3}\omega^2\sin\theta\cos\theta$$

将 F_{I} 的值代入，解得

$$\rho_{\mathrm{I}}=\frac{2}{3}l$$

应用动静法，列出平衡方程

$$\sum M_A(\boldsymbol{F}_i)=0,\quad Fl_1\cos\theta-mg\frac{1}{2}\sin\theta-F_{\mathrm{I}}\rho_{\mathrm{I}}\cos\theta=0$$

得

$$F=\frac{ml\sin\theta}{6l_1}\left(2l\omega^2+\frac{3g}{\cos\theta}\right)$$

由

$$\sum F_{yi}=0,\quad F_{Ay}+F_{\mathrm{I}}-F=0$$

得

$$F_{Ay}=\frac{ml\sin\theta}{2l_1}\left[\frac{1}{3}(2l-3l_1)\omega^2+\frac{3g}{\cos\theta}\right]$$

由

$$\sum F_{zi}=0,\quad F_{Az}-mg=0$$

得

$$F_{Az}=mg$$

例 13-3 一均质圆环放置在以匀角速度 ω 旋转的圆平台中央，如图 13-6a 所示。已知圆环平均半径为 r，单位体积的质量为 ρ，圆环的截面面积为 A。试求圆环由于转动在截面上引起的动应力（单位面积的内力）。

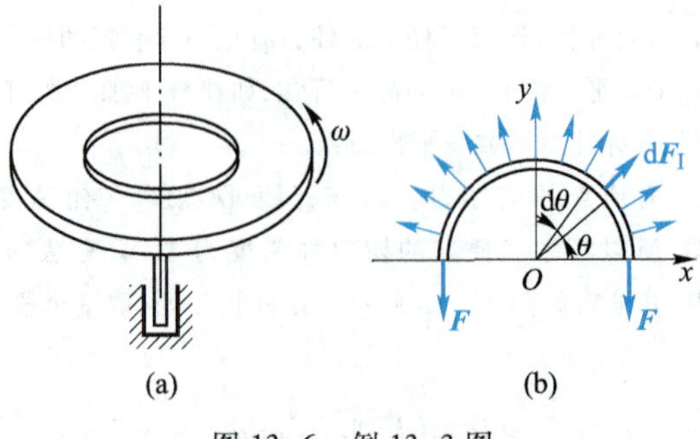

图 13-6 例 13-3 图

解　要计算圆环由于转动引起的动应力，首先必须计算圆环由于转动而产生的动内力。在计算动内力时，根据圆环的对称性，动内力在各径向截面均相等，故截取半个圆环为研究体。在半圆环的两个截面上，其内力用 $\boldsymbol{F}$ 表示；虽然圆台平面粗糙，但由于圆环放在圆台中央，当圆环与圆台以同一匀角速度转动时，圆环的质心没有运动趋势，所以圆环底部没有摩擦力；半圆环的惯性力系分布如图 13-6b 所示，对应于微小单元质量 dm 的惯性力可表示为

$$\mathrm{d}F_{\mathrm{I}}=r\omega^2\mathrm{d}m=r\omega^2(\rho Ar\mathrm{d}\theta)$$

应用质点系的动静法，这半圆环的拉力 $\boldsymbol{F}$ 和惯性力系组成一平衡力系。因此选取图示的投影轴 Oxy 后，由平衡方程有

$$\sum F_{iy}=0,\qquad \sum \mathrm{d}F_{\mathrm{I}y}-2F=0$$

式中 $\mathrm{d}F_{\mathrm{I}y}$表示微元的惯性力 $\mathrm{d}F_{\mathrm{I}}$ 在 y 轴上的投影，代入 $\mathrm{d}F_{\mathrm{I}}$ 的表达式后得

$$\int_0^{\pi}\rho Ar^2\omega^2\sin\theta\mathrm{d}\theta-2F=0$$

$$F=\frac{1}{2}\rho Ar^2\omega^2\int_0^{\pi}\sin\theta\mathrm{d}\theta=\rho Ar^2\omega^2=\rho Av^2$$

式中 v 为圆环边缘的线速度。设截面的拉应力为 σ_l，可视为均匀分布，则环缘的拉应力 σ_l 为

$$\sigma_l=\frac{F}{A}=\rho v^2$$

可以看出，环缘的拉应力与其线速度的平方成正比。

§ 13-3　质点系惯性力系的简化

应用达朗贝尔原理求解质点系动力学问题时，需对每一个质点加上惯性力，这些惯性力构成一惯性力系。对复杂的质点系而言，可采用静力学中力系简化的方法，先将惯性力系加以简化，再应用达朗贝尔原理求解就方便多了。

1. 一般质点系的惯性力系简化

在质点系每个质点上加上惯性力后，即构成一空间的惯性力系。将此空间惯性力系向固定点 O(简化中心)简化，得惯性力主矢与惯性力主矩。惯性力主矢为

$$\boldsymbol{F}_{\mathrm{I}}=\sum \boldsymbol{F}_{\mathrm{I}i}=-\sum m_i\boldsymbol{a}_i=-\frac{\mathrm{d}}{\mathrm{d}t}\sum m_i\boldsymbol{v}_i$$

因为

$$\boldsymbol{p}=\sum m_i\boldsymbol{v}_i=m\boldsymbol{v}_C$$

所以

$$\boldsymbol{F}_{\mathrm{I}}=-\frac{\mathrm{d}\boldsymbol{p}}{\mathrm{d}t}=-m\boldsymbol{a}_C \tag{13-5}$$

式中 $\boldsymbol{p}$ 是质点系的动量。可见，惯性力主矢与简化中心的选择无关。惯性力系对固定点 O 的主矩为

$$\boldsymbol{M}_{\mathrm{I}O}=\sum\boldsymbol{M}_O(\boldsymbol{F}_{\mathrm{I}i})=-\sum\boldsymbol{r}_i\times m_i\boldsymbol{a}_i$$

式中 $\boldsymbol{r}_i$ 为任一质点对 O 点的径矢，因为 $\boldsymbol{a}_i=\frac{\mathrm{d}\boldsymbol{v}_i}{\mathrm{d}t}$，而 $\boldsymbol{r}_i\times m_i\frac{\mathrm{d}\boldsymbol{v}_i}{\mathrm{d}t}=\frac{\mathrm{d}}{\mathrm{d}t}(\boldsymbol{r}_i\times m_i\boldsymbol{v}_i)$

所以

$$\boldsymbol{M}_O(\boldsymbol{F}_{\mathrm{I}})=-\frac{\mathrm{d}\boldsymbol{L}_O}{\mathrm{d}t} \tag{13-6}$$

式中 $\boldsymbol{L}_O=\sum\boldsymbol{r}_i\times m_i\boldsymbol{v}_i$ 是质点系对 O 点的动量矩。

若惯性力系向质点系质心 C 简化，也可得到方便的结果。由于惯性力主矢与简化中心选择无关，所以只需讨论惯性力主矩 $\boldsymbol{M}_{\mathrm{I}C}$，设 $\boldsymbol{\rho}_i$ 为质点系内任意质点相对质心 C 的径矢，则有

$$\begin{aligned}\boldsymbol{M}_C(\boldsymbol{F}_{\mathrm{I}})&=\sum\boldsymbol{M}_C(\boldsymbol{F}_{\mathrm{I}i})=-\sum\boldsymbol{\rho}_i\times m_i\boldsymbol{a}_i=-\sum\boldsymbol{\rho}_i\times m_i\frac{\mathrm{d}\boldsymbol{v}_i}{\mathrm{d}t}\\&=-\sum\left[\frac{\mathrm{d}}{\mathrm{d}t}(\boldsymbol{\rho}_i\times m_i\boldsymbol{v}_i)-\frac{\mathrm{d}\boldsymbol{\rho}_i}{\mathrm{d}t}\times m_i\boldsymbol{v}_i\right]\\&=-\frac{\mathrm{d}}{\mathrm{d}t}\sum(\boldsymbol{\rho}_i\times m_i\boldsymbol{v}_i)+\sum(\boldsymbol{v}_i-\boldsymbol{v}_C)\times m_i\boldsymbol{v}_i\end{aligned}$$

因为 $\sum\boldsymbol{v}_i\times m_i\boldsymbol{v}_i=\boldsymbol{0}$，$\boldsymbol{v}_C\times\sum m_i\boldsymbol{v}_i=\boldsymbol{v}_C\times m\boldsymbol{v}_C=\boldsymbol{0}$，而 $\sum\boldsymbol{\rho}_i\times m_i\boldsymbol{v}_i=\boldsymbol{L}_C$，于是得

$$\boldsymbol{M}_C(\boldsymbol{F}_{\mathrm{I}})=-\frac{\mathrm{d}\boldsymbol{L}_C}{\mathrm{d}t} \tag{13-7}$$

2. 几种常见运动刚体的惯性力系的简化

将一般质点系的简化结果用到特殊刚体上去，对不同运动的刚体，可选择不同的简化中心。

(1) 刚体作平移

惯性力系向质心 C 简化，其惯性力主矢

$$\boldsymbol{F}_{\mathrm{I}}=-m\boldsymbol{a}_C$$

惯性力主矩

$$\boldsymbol{M}_C(\boldsymbol{F}_{\mathrm{I}})=-\frac{\mathrm{d}\boldsymbol{L}_C}{\mathrm{d}t}=-J_C\boldsymbol{\alpha}$$

因为 $\boldsymbol{\alpha}=\boldsymbol{0}$，所以 $\boldsymbol{M}_C(\boldsymbol{F}_{\mathrm{I}})=\boldsymbol{0}$。可见刚体作平移时，惯性力系向质心 C 简化，得到

作用在质心上的一个合惯性力(图 13-7)。

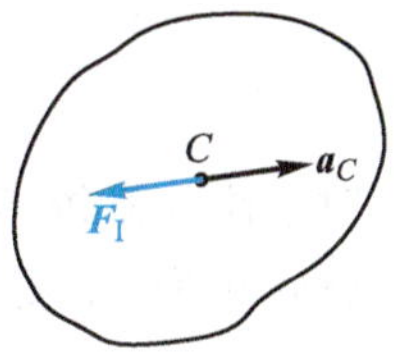

图 13-7　平移刚体的惯性力

(2) 刚体作定轴转动

这里仅讨论具有对称平面,且转动轴垂直于对称平面的刚体(图 13-8a),这时可将惯性力系先简化为在对称面内的平面力系,再向轴心 O 简化(图 13-8b)。其惯性力主矢

$$\boldsymbol{F}_{\mathrm{I}}=-m\boldsymbol{a}_C$$

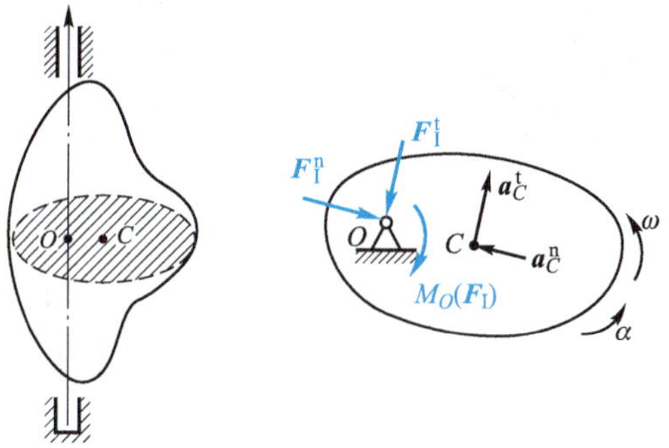

(a)　　(b)

图 13-8　定轴转动刚体的惯性力

惯性力主矩

$$M_O(\boldsymbol{F}_{\mathrm{I}})=-\frac{\mathrm{d}L_O}{\mathrm{d}t}=-J_O\alpha$$

简记为

$$M_{\mathrm{I}O}=-J_O\alpha$$

必须指出,惯性力主矢 $\boldsymbol{F}_{\mathrm{I}}$ 必须画在简化中心上,其惯性力主矩的下标必须与简化中心对应。

(3) 刚体作平面运动

对刚体具有对称平面,且刚体运动的平面平行于此对称平面的情况,则惯性力系先可简化为在对称平面内的平面力系。而后将惯性力系向质心 C 简化(图 13-9),其惯性力主矢

$$\boldsymbol{F}_{\mathrm{I}}=-m\boldsymbol{a}_C$$

惯性力主矩

$$M_C(\boldsymbol{F}_{\mathrm{I}})=-\frac{\mathrm{d}L_C}{\mathrm{d}t}=-J_C\alpha$$

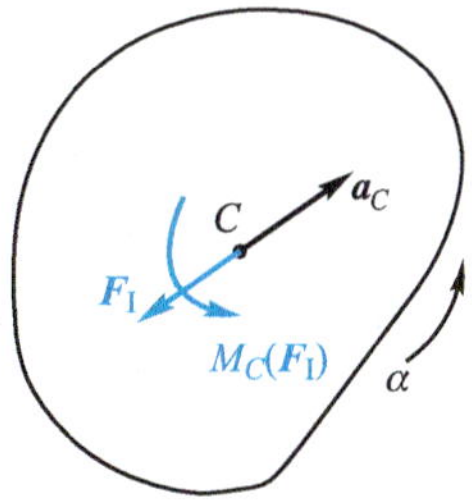

图 13-9　平面运动刚体的惯性力

简记为

$$M_{IC}=-J_C\alpha$$

对于刚体系统,若每一个刚体都加上简化后的惯性力系,则该刚体系统在形式上就转化为“平衡”问题,使问题的求解更加灵活与方便。

例 13-4　一电动卷扬机机构如图 13-10a 所示。已知起动时电动机的平均驱动力矩为 M,被提升重物的质量为 m_1,鼓轮质量为 m_2,半径为 r,对转轴的回转半径为 ρ_O。试求起动时重物的平均加速度 $\boldsymbol{a}$ 和此时轴承 O 处的约束力。

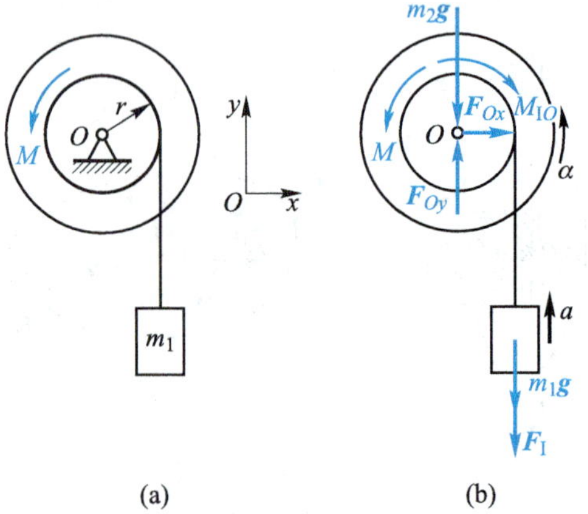

图 13-10　例 13-4 图

解　首先分析机构的运动和惯性力系的简化。本题为单自由度问题,因此鼓轮的角加速度 $\alpha=\dfrac{a}{r}$。被提升的重物作平移,惯性力系可简化为一通过质心的合力,其大小为

$$F_I=m_1a$$

方向与加速度 $\boldsymbol{a}$ 的方向相反。

鼓轮作定轴转动,因质心在转轴上,所以惯性力系向轴心简化,得一惯性力偶,其大小为

$$M_{IO}=J_O\alpha=m_2\rho_O^2\frac{a}{r}$$

其转向与角加速度 α 相反。

以整个系统为研究体,其上受到的主动力 M、$m_1\boldsymbol{g}$,约束力 $\boldsymbol{F}_{Ox}$、$\boldsymbol{F}_{Oy}$,惯性力 $\boldsymbol{F}_I$ 及惯性力偶矩 M_{IO}后,构成一平面“平衡”力系(图 13-10b)。应用动静法,由

$$\sum M_O(\boldsymbol{F}_i)=0$$

得

$$M-M_{IO}-m_1gr-F_Ir=0$$

由此解出

$$a=\frac{(M-m_1gr)r}{m_1r^2+m_2\rho_O^2}$$

由 $\sum F_{xi}=0$,得

$$F_{Ox}=0$$

由 $\sum F_{yi}=0$,得

$$F_{Oy}-m_1g-m_2g-F_1=0$$

求得

$$F_{Oy}=(m_1+m_2)g+m_1a=(m_1+m_2)g+\frac{m_1(M-m_1gr)r}{m_1r^2+m_2\rho_O^2}$$

上式为轴承处的约束力,其中 $(m_1+m_2)g$ 是**静约束力**,后一项 m_1a 是由惯性力引起,是**动约束力**。

例 13-5　用各长为 l 的两绳将长为 l、质量为 m 的均质杆 AB 悬挂在水平位置(图 13-11a)。若突然剪断绳 BO,试求刚剪断瞬时另一绳子 AO 的拉力及杆的角加速度。

解　取杆 AB 为研究体。在惯性力系简化前,先进行杆的运动分析。绳子 BO 被剪断后,杆 AB 在铅直面内作平面运动,自由度 $k=2$,以 a_A 和 α 为广义坐标。点 A 受绳 AO 约束,作半径为 l 的圆周运动。在初瞬时,杆 AB 的角速度为零,各点的速度也为零,但加速度不为零,杆 AB 的角加速度也不等于零。利用刚体作平面运动求加速度的基点法,以 A 为基点,则质心 C 的加速度可表示为(图 13-11b)

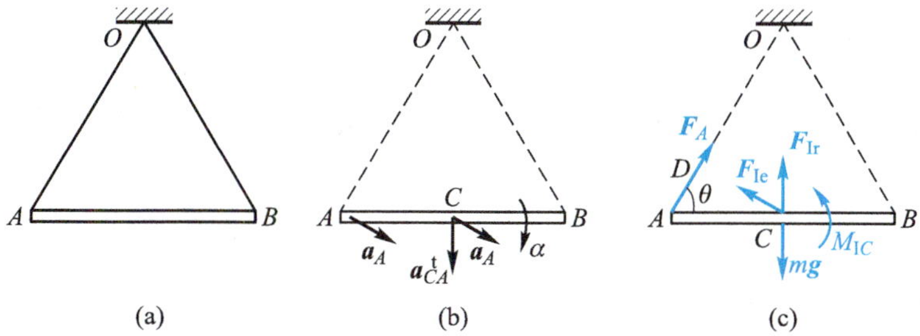

图 13-11　例 13-5 图

$$\boldsymbol{a}_C=\boldsymbol{a}_A+\boldsymbol{a}_{CA}^{t}$$

式中

$$a_{CA}^{t}=\alpha\times\frac{l}{2}$$

现在将惯性力系向质心 C 简化,得到作用在 C 的一个惯性力主矢和一个惯性力主矩。惯性力主矢的两个分量的大小为

$$F_{Ie}=ma_A,\qquad F_{Ir}=m\alpha\times\frac{l}{2}$$

惯性力主矩大小为

$$M_{IC}=J_C\alpha=\frac{1}{12}ml^2\alpha$$

杆 AB 受约束力 $\boldsymbol{F}_A$、主动力 $m\boldsymbol{g}$ 及惯性力系 $\boldsymbol{F}_{Ie}$、$\boldsymbol{F}_{Ir}$、M_{IC} 作用处于“平衡”。在这个力系中，基本的未知量为 F_A、a_A、α 三个，因此利用动静法，对此平面力系可建立三个独立的平衡方程，求出这三个未知量。

对 $\boldsymbol{F}_A$ 与 $\boldsymbol{F}_{Ir}$ 的交点 D 取矩，即

$$\sum M_D=0,\qquad -(mg-F_{Ir})\frac{l}{2}\sin^2\theta+M_{IC}=0$$

将 $\theta=60°$ 代入得

$$\alpha=\frac{18}{13}\frac{g}{l}$$

由 $\sum M_C=0,-F_A\sin\theta\dfrac{l}{2}+M_{IC}=0$，得

$$F_A=\frac{2\sqrt{3}}{13}mg$$

本题题意不要求求 $a_A(F_{Ie})$，故可选择适宜的方程，使这一未知量不出现在方程中。可见，用了动静法，求解时灵活性更大。

例 13-6　一质量为 m_2 的楔状物置于光滑水平面上，在该物的斜面上又放一质量为 m_2 的均质圆柱 C，如图 13-12 所示。设圆柱与斜面间的摩擦因数为 f_s，试求圆柱在斜面上作纯滚动时 f_s 应满足何条件？

文档：
例 13-6
题解

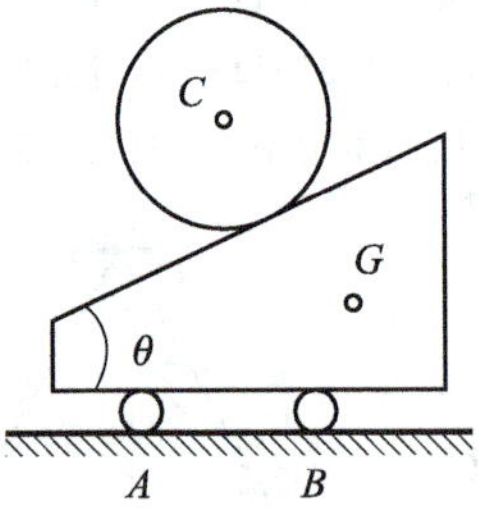

图 13-12　例 13-6 图

例 13-7　均质圆盘 O 的半径 $r=0.45$ m、质量 $m_1=20$ kg，均质杆长 $l=1.2$ m、质量 $m_2=10$ kg，其连接和约束如图 13-13a 所示。若在圆盘上作用一力偶矩 $M=20$ N·m，试求在运动开始（$\omega_0=0$、$\omega_{AB}=0$）时：(1) 圆盘和杆的角加速度；(2) 轴承 A 的约束力。

解　对系统进行运动分析，圆盘作定轴转动，杆 AB 作平面运动（相对圆盘作定轴转动），系统的自由度 $k=2$，以 α_1 和 α_2 为广义坐标，各刚体分别进行惯性力系的简化。

以 A 为基点分析 C（图 13-13b），则有

$$a_C=a_A+a_{CA}=\alpha_1 r+\alpha_2\times\frac{l}{2}$$

圆盘绕质心转动，将惯性力系向 O 点简化，得一惯性力偶，其力偶矩为

$$M_{IO}=J_O\alpha_1=\frac{1}{2}m_1r^2\alpha_1$$

将 AB 杆的惯性力系向质心 C 简化，得惯性力为

$$F_I=m_2a_C=m_2\left(\alpha_1 r+\alpha_2\frac{l}{2}\right)$$

惯性力偶矩为

$$M_{IC}=J_C\alpha_2=\frac{1}{12}m_2l^2\alpha_2$$

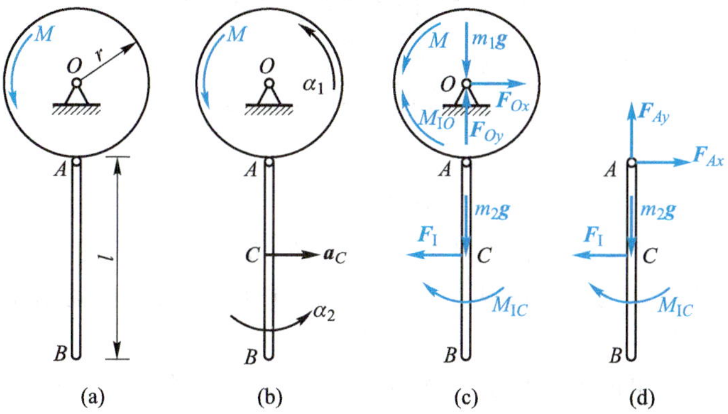

图 13-13　例 13-7 图

系统受主动力 M、$m_1\boldsymbol{g}$、$m_2\boldsymbol{g}$，约束力 $\boldsymbol{F}_{Ox}$、$\boldsymbol{F}_{Oy}$ 和惯性力系 M_{IO}、$\boldsymbol{F}_I$、M_{IC} 作用，构成平面“平衡”力系（图 13-13c）。在这个力系中，有未知量 F_{Ox}、F_{Oy}、α_1、α_2。考虑到本题不要求求 F_{Ox}、F_{Oy}，则

$$\sum M_O=0$$

$$M-M_{IO}-F_I\left(r+\frac{l}{2}\right)-M_{IC}=0$$

即

$$M-\left(\frac{1}{2}m_1r^2+m_2r^2+m_2r\times\frac{l}{2}\right)\alpha_1-\left(m_2r\times\frac{l}{2}+\frac{1}{3}m_2l^2\right)\alpha_2=0 \tag{a}$$

式(a)中有两个未知量，另取 AB 杆为研究对象（图 13-13d），在这力系中有未知量 F_{Ax}、F_{Ay}、α_1、α_2。虽然也有四个未知量，但连同整个系统一起考虑，α_1、α_2 不是新出现的未知量。现对 A 点取矩，即

$$\sum M_A=0,\qquad -M_I-F_I\times\frac{l}{2}=0$$

得

$$\alpha_1r+\alpha_2\times\frac{2}{3}l=0 \tag{b}$$

式(a)、(b)联立得

$$\alpha_1=\frac{4M}{(2m_1+m_2)r^2}=7.9\ \text{rad/s}^2,\qquad \alpha_2=\frac{6M}{(2m_1+m_2)rl}=-4.44\ \text{rad/s}^2$$

现可求连接点 A 处的约束力。由

$$\sum F_{xi}=0,\qquad F_{Ax}-F_I=0$$

得

$$F_{Ax}=F_1=m_2\left(\alpha_1 r+\alpha_2\times\frac{l}{2}\right)=8.91\ \mathrm{N}$$

由

$$\sum F_{yi}=0,\qquad F_{Ay}-m_2 g=0$$

得

$$F_{Ay}=m_2 g=98\ \mathrm{N}$$

本题若用平面运动微分方程求解,研究杆 AB 时,为了不让 F_{Ax}、F_{Ay} 出现,必须对任意动点 A 取动量矩定理,且必须考虑修正项。因此,本题用动静法求解,其优点非常明显。

对于多外约束的单自由度系统(即广义坐标为一个)求解任意运动瞬时的加速度和约束力的问题,可以与动能定理联合应用来求解。

文档:例 13-8 题解

例 13-8　匀质圆柱 O 的重力 $P_1=40$ N,沿倾角 $\theta=30°$的斜面作纯滚动。匀质杆 OA 长 $l=60$ cm,重力 $P_2=20$ N,保持水平方位,如图 13-14 所示。若不计杆端 A 处的摩擦,系统无初速地进入运动,试求 OA 杆两端的约束力。

例 13-9　机构如图 13-15a 所示。已知:滚轮 C 半径为 r_2,质量为 m_3,对质心 C 的回转半径为 ρ_C,半径为 r_1 的轴颈沿水平梁作无滑动的滚动。定滑轮 O 半径为 r、质量为 m_2、回转半径为 ρ,物块 A 质量为 m_1。试求:(1) 物块 A 的加速度;(2) 水平段绳的张力;(3) D 处的约束力。[(2)、(3)可表示成物块 A 的加速度的函数。]

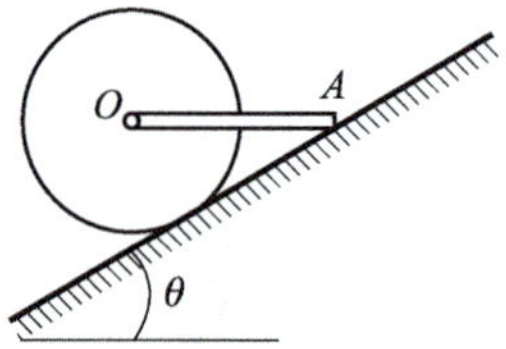

图 13-14　例 13-8 图

解　(1) 系统具有一个自由度(即广义坐标为一个),选物块下降高度 s 为广义坐标,则先由动能定理建立系统的运动与主动力之间的关系(图 13-15b),有

$$T_2=\frac{1}{2}m_1 v_A^2+\frac{1}{2}(m_2\rho^2)\omega_O^2+\frac{1}{2}m_3 v_C^2+\frac{1}{2}(m_3\rho_C^2)\omega_C^2$$

式中

$$\omega_O=\frac{v_A}{r},\quad v_C=\frac{r_1}{r_1+r_2}v_A,\quad \omega_C=\frac{v_C}{r_1}=\frac{v_A}{r_1+r_2}$$

代入上式得

$$T_2=\frac{1}{2}\left[m_1+m_2\frac{\rho^2}{r^2}+m_3\frac{r_1^2+\rho_C^2}{(r_1+r_2)^2}\right]v_A^2$$

$$T_1=\text{常量}$$

$$\sum W_i=m_1 g s$$

由动能定理 $T_2-T_1=\sum W_i$ 并两边对时间 t 求导数得

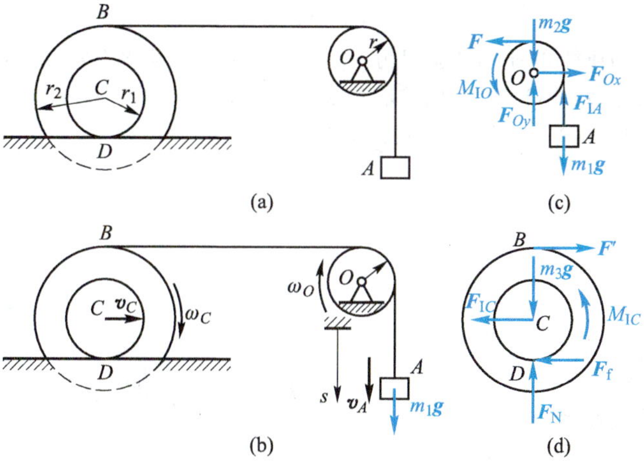

图 13-15 例 13-9 图

$$a_A = \frac{m_1}{m_1 + m_2 \dfrac{\rho^2}{r^2} + m_3 \dfrac{r_1^2 + \rho_C^2}{(r_1 + r_2)^2}} g$$

（2）以定滑轮 O 与物块 A 的组合为研究体（图 13-15c），物块 A 和滚轮 C 分别加上惯性力系后与主动力、约束力形成“平衡”。则

$$\sum M_O = 0, \quad Fr + M_{IC} + (F_{IA} - m_1 g) r = 0$$

式中

$$M_{IO} = J_O \alpha_O = m_2 \rho^2 \frac{a_A}{r}, \quad F_{IA} = m_1 a_A$$

代入得

$$F = m_1(g - a_A) + m_2 \frac{\rho^2}{r^2} a_A = m_1 g - \left(m_1 + m_2 \frac{\rho^2}{r^2} \right) a_A$$

（3）以滚轮为研究体（图 13-15d），加上惯性力系后，与主动力、约束力形成“平衡”。由

$$\sum M_B = 0, \quad -F_f(r_1 + r_2) - F_{IC} r_2 + M_{IC} = 0$$

式中

$$F_{IC} = m_3 a_C = m_3 \frac{r_1}{r_1 + r_2} a_A$$

$$M_{IC} = J_C \alpha_C = m_3 \rho_C^2 \frac{a_A}{r_1 + r_2}$$

代入得

$$F_f = m_3 \frac{\rho_C^2 - r_1 r_2}{(r_1 + r_2)^2} a_A$$

由　$\sum F_{yi}=0, F_N-m_3g=0$，得

$$F_N=m_3g$$

例 13-10　均质杆 AB 长为 l、质量为 m_1，质量为 m_2 的物块 B 在常力 $\boldsymbol{F}$ 作用下，由 $\theta_0=30°$ 无初速开始运动。不计物块 A 的质量（图 13-16a）。试求杆 AB 运动到铅直位置时：(1) 物块 B 的速度；(2) 滑道对系统的约束力。

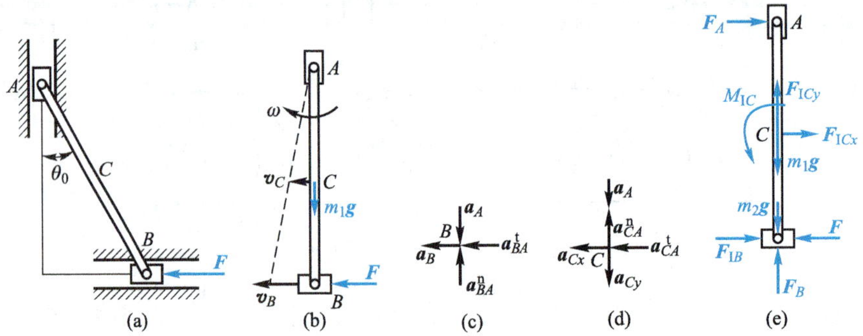

图 13-16　例 13-10 图

解　本题为单自由度问题，可先由动能定理来确定物块 B 的速度。

由题意知 $T_1=0$，当杆 AB 运动到铅直位置时，运动分析如图 13-16b 所示，A 为速度瞬心。则

$$T_2=\frac{1}{2}m_1v_C^2+\frac{1}{2}J_C\omega^2+\frac{1}{2}m_2v_B^2$$

式中

$$v_C=\frac{v_B}{2},\quad \omega=\frac{v_B}{l},\quad J_C=\frac{1}{12}m_1l^2$$

代入得

$$T_2=\frac{1}{2}\left(\frac{1}{3}m_1+m_2\right)v_B^2$$

系统具有理想约束，主动力的功为

$$\sum W_i=Fl\sin\theta_0-m_1g\frac{l}{2}(1-\cos\theta_0)=\frac{1}{2}Fl-\frac{1}{2}\left(1-\frac{\sqrt{3}}{2}\right)m_1gl$$

代入动能定理 $T_2-T_1=\sum W_i$ 得

$$v_B^2=\frac{Fl-\left(1-\frac{\sqrt{3}}{2}\right)m_1gl}{\frac{1}{3}m_1+m_2}=\frac{3}{2}\frac{2F-(2-\sqrt{3})m_1g}{m_1+3m_2}$$

设系统处于铅直位置时，杆中心 C 的加速度如图 13-16d 所示，角加速度设为顺时针转向，这样就有 a_{Cx}、a_{Cy}、α 三个未知量，由于系统为单自由度，则以 A 为基点研究 B 点，在 v_B 已知的条件下，$a_B=a_{BA}^{t}=\alpha l$，$a_A=a_{BA}^{n}=\dfrac{v_B^2}{l}$（图 13-16c）。再以 A 为基点研究 C 点，则

$$a_{Cx}=a_{CA}^{\mathrm{t}}=\frac{l}{2}\alpha,\ a_{Cy}=a_A-a_{CA}^{\mathrm{n}}=\frac{v_B^2}{l}-\frac{v_C^2}{l}=\frac{l}{2}\ \frac{v_B^2}{l}=\frac{3}{4}\times\frac{2F-(2-\sqrt{3})m_1g}{m_1+3m_2}$$

将杆与物块 B 的惯性力系分别简化，并画出全部已知力、约束力（图 13-16e），有

$$\sum M_A(\boldsymbol{F})=0,\quad -Fl+F_{\mathrm{I}B}l+F_{\mathrm{I}Cx}\frac{l}{2}+M_{\mathrm{I}C}=0$$

式中

$$F_{\mathrm{I}B}=m_2\alpha l,\quad F_{\mathrm{I}Cx}=m_1\alpha\frac{l}{2},\quad M_{\mathrm{I}C}=\frac{1}{12}m_1l^2\alpha$$

代入得

$$\alpha=\frac{3F}{(m_1+3m_2)l}$$

由

$$\sum M_B(\boldsymbol{F})=0,\quad -F_Al-F_{\mathrm{I}Cx}\frac{1}{2}+M_{\mathrm{I}C}=0$$

得

$$F_A=\frac{m_1}{2(m_1+3m_2)}F$$

由

$$\sum F_{yi}=0,\quad F_B+F_{\mathrm{I}Cy}-(m_1+m_2)g=0$$

式中

$$F_{\mathrm{I}Cy}=m_1a_{Cy}$$

代入得

$$F_B=(m_1+m_2)g-\frac{3}{4}\ \frac{2F-(2-\sqrt{3})m_1g}{m_1+3m_2}m_1$$

本例原可以用动能定理与平面运动微分方程联立求解，现用动能定理与动静法求解，在列写方程时更方便。同时必须指出，求解角加速度的方法不是唯一的，若将杆设置于任意角 θ 位置，利用动能定理对时间 t 求导数，也可求出角加速度。

*§ 13-4 一般定轴转动刚体的轴承动约束力

刚体作定轴转动时，由于转动刚体的质量不均匀性及制造和安装上的偏差，使惯性力系不能自成平衡力系，从而引起轴承的附加动约束力，以致缩短机器零件寿命或产生振动。因此，研究附加动约束力产生的原因及得到消除附加动约束力的条件，在工程中具有重要意义。

1. 转动刚体惯性力系的简化

设一转动刚体（无质量对称平面或质量对称平面不垂直转轴）绕 z 轴转动，

在任意瞬时，其角速度 $\boldsymbol{\omega}=\omega\boldsymbol{k}$，角加速度 $\boldsymbol{\alpha}=\alpha\boldsymbol{k}$，则刚体上任一点的加速度 $\boldsymbol{a}_i=\boldsymbol{\alpha}\times\boldsymbol{r}_i+\boldsymbol{\omega}\times\boldsymbol{v}_i$，将惯性力系向转轴上任一固定点 O 简化（图 13-17），其惯性力主矢、主矩分别为

$$\boldsymbol{F}_{\rm I}=-\sum m_i\boldsymbol{a}_i=-m\boldsymbol{a}_C$$
$$=-m(\boldsymbol{\alpha}\times\boldsymbol{r}_C+\boldsymbol{\omega}\times\boldsymbol{v}_C)$$
$$\boldsymbol{M}_{\rm IO}=\sum\boldsymbol{M}_O(\boldsymbol{F}_{\rm Ii})=-\sum\boldsymbol{r}_i\times m_i\boldsymbol{a}_i=-\sum\boldsymbol{r}_i\times m_i(\boldsymbol{\alpha}\times\boldsymbol{r}_i)-\sum\boldsymbol{r}_i\times m_i(\boldsymbol{\omega}\times\boldsymbol{v}_i)$$

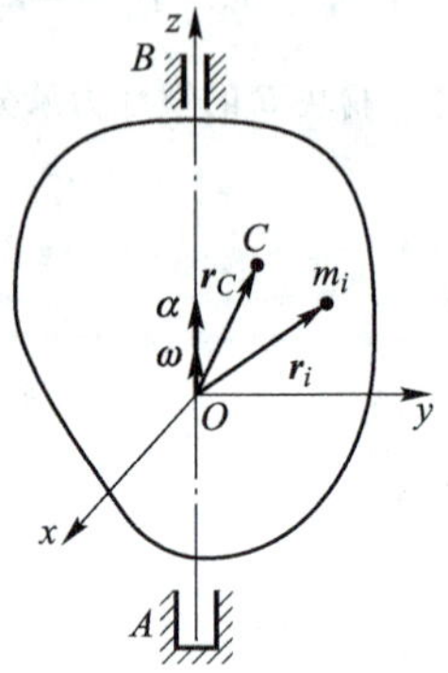

图 13-17　一般定轴转动刚体惯性力系的简化

式中　$\boldsymbol{r}_i=x_i\boldsymbol{i}+y_i\boldsymbol{j}+z_i\boldsymbol{k}$，$\boldsymbol{r}_C=x_C\boldsymbol{i}+y_C\boldsymbol{j}+z_C\boldsymbol{k}$

$$\boldsymbol{\alpha}\times\boldsymbol{r}_i=\alpha\boldsymbol{k}\times(x_i\boldsymbol{i}+y_i\boldsymbol{j}+z_i\boldsymbol{k})=\alpha(-y\boldsymbol{i}+x\boldsymbol{j})$$
$$\boldsymbol{v}_i=\boldsymbol{\omega}\times\boldsymbol{r}_i=\omega\boldsymbol{k}\times(x_i\boldsymbol{i}+y_i\boldsymbol{j}+z_i\boldsymbol{k})=\omega(-y\boldsymbol{i}+x\boldsymbol{j})$$
$$\boldsymbol{\omega}\times\boldsymbol{v}_i=\omega\boldsymbol{k}\times\omega(-y\boldsymbol{i}+x\boldsymbol{j})=-\omega^2(x\boldsymbol{i}+y\boldsymbol{j})$$

代入得

$$\boldsymbol{F}_{\rm I}=m(y_C\alpha+x_C\omega^2)\boldsymbol{i}+m(-x_C\alpha+y_C\omega^2)\boldsymbol{j}\qquad(13\text{-}8)$$

$$\boldsymbol{M}_{\rm IO}=-\sum(x_i\boldsymbol{i}+y_i\boldsymbol{j}+z_i\boldsymbol{k})\times m_i\alpha(-y\boldsymbol{i}+x\boldsymbol{j})+\sum(x_i\boldsymbol{i}+y_i\boldsymbol{j}+z_i\boldsymbol{k})\times m_i\omega^2(x\boldsymbol{i}+y\boldsymbol{j})$$
$$=-\alpha\sum m_i(-x_iz_i\boldsymbol{i}-y_iz_i\boldsymbol{j}+(x_i^2+y_i^2)\boldsymbol{k})+\omega^2\sum m_i(-y_iz_i\boldsymbol{i}+x_iz_i\boldsymbol{j})$$
$$=(\alpha\sum m_ix_iz_i-\omega^2\sum m_iy_iz_i)\boldsymbol{i}+(\alpha\sum m_iy_iz_i+\omega^2\sum m_ix_iz_i)\boldsymbol{j}-\alpha\sum m_i(x_i^2+y_i^2)\boldsymbol{k}$$

式中 $\sum m_i(x_i^2+y_i^2)=J_z$ 是刚体对 z 轴的转动惯量，$\sum m_ix_iz_i=J_{xz}$、$\sum m_iy_iz_i=J_{yz}$ 分别是刚体对 x、z 轴和对 y、z 轴的惯性积。于是

$$\boldsymbol{M}_{\rm IO}=(J_{xz}\alpha-J_{yz}\omega^2)\boldsymbol{i}+(J_{yz}\alpha+J_{xz}\omega^2)\boldsymbol{j}-J_z\alpha\boldsymbol{k}\qquad(13\text{-}9)$$

2. 转动刚体上的约束力

设转动刚体在主动力（$\boldsymbol{F}_1$、…、$\boldsymbol{F}_n$）、轴承 AB 处的约束力和假想地作用在刚体上的惯性力（图 13-18）作用下处于“平衡”，用动静法可写出下列方程

$$\sum F_{xi}=0,\quad \sum F_{xi}+F_{Ax}+F_{Bx}+F_{\rm Ix}=0$$
$$\sum F_{yi}=0,\quad \sum F_{yi}+F_{Ay}+F_{By}+F_{\rm Iy}=0$$
$$\sum F_{zi}=0,\quad \sum F_{zi}+F_{Az}=0$$
$$\sum M_{Ox}=0,\quad \sum M_{Ox}(\boldsymbol{F}_i)+F_{Ay}l_1-F_{By}l_2+M_{\rm IOx}=0$$
$$\sum M_{Oy}=0,\quad \sum M_{Oy}(\boldsymbol{F}_i)-F_{Ax}l_1+F_{Bx}l_2+M_{\rm IOy}=0$$
$$\sum M_{Oz}=0,\quad \sum M_{Oz}(\boldsymbol{F}_i)+M_{\rm IOz}=0$$

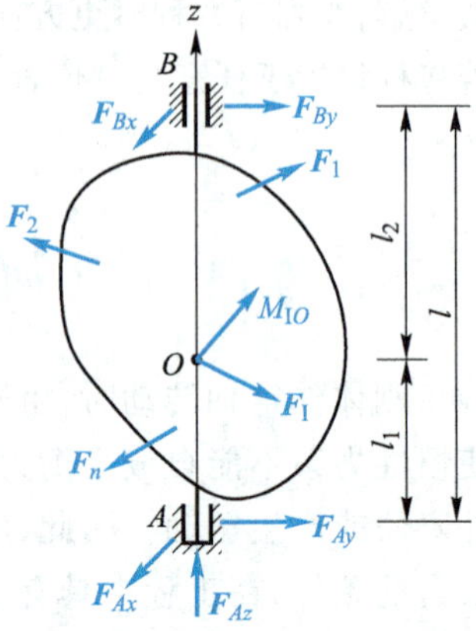

图 13-18　作用于一般定轴转动刚体上的惯性力

将惯性力系简化结果式（13-8）、式（13-9）中有关项代入，则上面第六式得到的是刚体定轴转动微分方程；由前五式得轴承约束力为

$$\left.\begin{aligned}
F_{Ax}&=-\frac{1}{l}\left[l_2\sum F_{xi}-\sum M_{Oy}(\boldsymbol{F}_i)+ml_2(x_C\omega^2+y_C\alpha)-J_{yz}\alpha-J_{xz}\omega^2\right]\\
F_{Ay}&=-\frac{1}{l}\left[l_2\sum F_{yi}-\sum M_{Ox}(\boldsymbol{F}_i)+ml_2(y_C\omega^2-x_C\alpha)+J_{xz}\alpha-J_{yz}\omega^2\right]\\
F_{Az}&=-\sum F_{zi}\\
F_{Bx}&=-\frac{1}{l}\left[l_1\sum F_{xi}-\sum M_{Oy}(\boldsymbol{F}_i)+ml_1(x_C\omega^2+y_C\alpha)-J_{yz}\alpha-J_{xz}\omega^2\right]\\
F_{By}&=-\frac{1}{l}\left[l_1\sum F_{yi}-\sum M_{Ox}(\boldsymbol{F}_i)+ml_1(y_C\omega^2-x_C\alpha)-J_{xz}\alpha+J_{yz}\omega^2\right]
\end{aligned}\right\}\quad(13-10)$$

在式(13-10)中,F_{Az}与运动无关,是一个静力平衡方程。其他约束力都由两部分组成:一部分是由主动力的静力作用所引起的,称为静约束力;另一部分是由转动刚体的惯性力引起的,称为动约束力。

3. 动平衡的概念

由式(13-10)表示的动约束力中与角速度有关的各项,都与 ω^2 成正比。对于高速转动的转子,产生的动约束力可能很大,应设法予以减小直至消除。

如何才能消除动约束力呢?刚体转动时,一般 $\omega\neq0,\alpha\neq0$,要使动约束力等于零,从式(13-10)可得出条件

$$x_C=y_C=0,\qquad J_{yz}=J_{xz}=0$$

前一条件要求转动轴通过刚体的质心,后一条件则要求转动轴是刚体的惯性主轴。也就是说,欲使动约束力为零,转动轴必须是刚体的中心惯性主轴(即通过质心的惯性主轴)。

刚体转动时不产生动约束力的这种状态称为动平衡。

例 13-11　涡轮轮盘由于轴孔不正,装在轴上时,轴与轮盘面的法线 $C\zeta$ 成夹角 $\theta=1°$(图 13-19a)。已知均质轮盘质量 $m=20$ kg,半径 $R=200$ mm,厚度 $h=20$ mm,质心 C 在转轴上,其到两端轴承的距离 $CA=CB=l=0.5$ m,轴作匀速转动,$n=12\ 000$ r/min。试求轴承的动约束力。

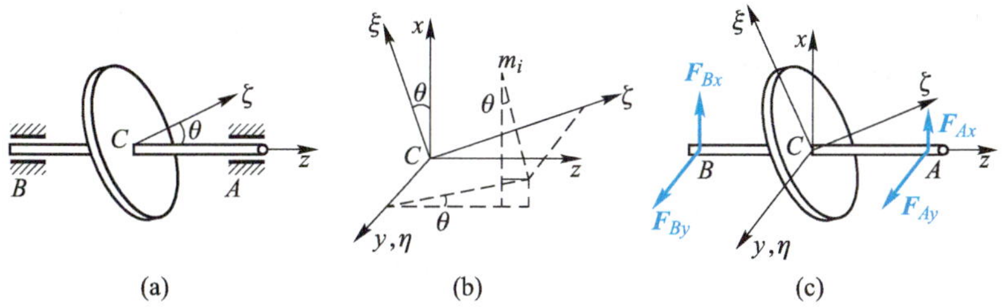

图 13-19　例 13-11 图

解　以涡轮及轴为研究体，在涡轮上设坐标系 $Cxyz$（与涡轮固结）。现求涡轮上惯性力系的简化结果。因为 $\boldsymbol{a}_C=\mathbf{0}$，所以 $\boldsymbol{F}_I=\mathbf{0}$，即惯性力系的主矢为零；由式(13-8)得惯性力系的主矩

$$M_{Ix}=-J_{yz}\omega^2,\quad M_{Iy}=J_{xz}\omega^2$$

因为 Cy 轴沿涡轮的直径，它是轮的对称轴之一，根据惯性主轴的概念知，此轴为涡轮的中心惯性主轴之一，所以 $J_{yz}=0$，即 $M_{Ix}=0$。

由于有偏角 $\theta=1°$，Cz 轴不是惯性主轴，因此需计算 J_{xz}。

为了计算 J_{xz}，在圆盘上作出中心惯性主轴 $C\zeta$ 及与之垂直的轴 $C\xi$、$C\eta$，并设在图示瞬时 η 轴与 y 轴重合（图 13-19b），于是盘上一点的坐标变换为

$$x_i=\xi_i\cos\theta+\zeta_i\sin\theta$$

$$z_i=-\xi_i\sin\theta+\zeta_i\cos\theta$$

$$J_{xz}=\sum m_ix_iz_i=\sum m_i(\xi_i\cos\theta+\zeta_i\sin\theta)(-\xi_i\sin\theta+\zeta_i\cos\theta)$$

$$=\sin\theta\cos\theta\sum m_i(\xi_i^2-\zeta_i^2)+(\cos^2\theta-\sin^2\theta)\sum m_i\zeta_i\xi_i$$

因 ζ 轴是轮盘的对称轴，有 $\sum m_i\zeta_i\xi_i=0$，则

$$J_{xz}=(J_\zeta-J_\xi)\sin\theta\cos\theta$$

式中 J_ζ 与 J_ξ 是圆盘分别对于 ζ 轴和 ξ 轴的转动惯量。由附录 B，有

$$J_\zeta=\frac{1}{2}mR^2$$

$$J_\xi=\frac{1}{12}m(3R^2+h^2)$$

于是

$$M_{Iy}=J_{xz}\omega^2=\sin\theta\cos\theta\left[\frac{1}{2}mR^2-\frac{1}{12}m(3R^2+h^2)\right]\left(\frac{n\pi}{30}\right)^2$$

$$=\frac{m}{24}(h^2-3R^2)\sin 2\theta\times\left(\frac{n\pi}{30}\right)^2$$

$$=\frac{20}{24}(0.02^2-3\times0.2^2)\sin 2°\times(400\pi)^2\ \text{N}\cdot\text{m}=-5\ 492.74\ \text{N}\cdot\text{m}$$

涡轮轴的受力如图 13-19c 所示，由式(13-10)，其 A、B 处的动约束力为

$$F_{Ax}=-\frac{M_{Iy}}{2l}\approx5\ 493\ \text{N}$$

$$F_{Bx}=\frac{M_{Iy}}{2l}\approx-5\ 493\ \text{N}$$

$$F_{Ay}=F_{By}=0$$

因轴承动约束力与角速度 ω 的平方成正比，当涡轮转速很高时，轴承动约束力就会很大，同时此动约束力的方向随同转轴的转动而形成周期性变化，从而引起轴承的振动。因此，在转子均衡时除减小偏心外，要尽量设法减小 J_{xz} 的值。本例中动约束力是静约束力(98 N)的 56 倍。

思　考　题

13-1　第九章中的牵连惯性力、科氏惯性力与本章达朗贝尔惯性力有何异同点？

13-2 质点系惯性力系的主矢和主矩分别与质点系的动量和动量矩有什么关系？惯性力系的主矢和主矩有何物理意义？

13-3 如图所示半径为 R、质量为 m 的均质圆盘沿直线轨道作纯滚动。在某瞬时圆盘具有角速度 ω、角加速度 α，试分析惯性力系向质心 C 和接触点 A 的简化结果。

13-4 如图，质量为 m、长为 l 的均质杆 OA 绕 O 轴在铅垂平面内作定轴转动。已知某瞬时圆盘具有角速度 ω、角加速度 α，试分别以质心 C 和转轴 O 为简化中心分析杆惯性力系的简化结果，并确定出惯性力系合力的大小、方向和作用线位置。

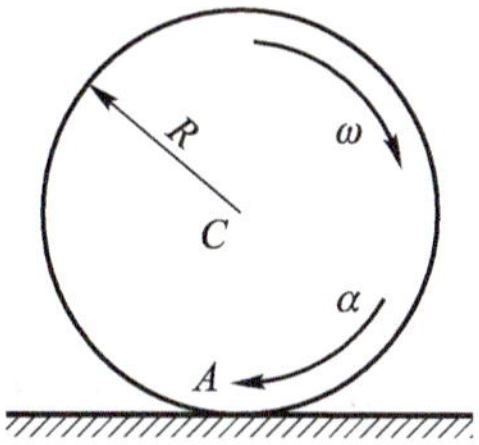

思考题 13-3 图

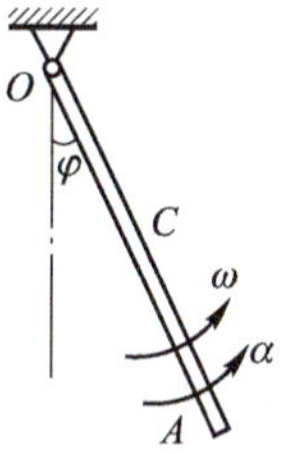

思考题 13-4 图

13-5 如图所示两相同的均质轮，但图(a)中用力 $\boldsymbol{F}$ 拉动，图(b)中挂一重为 F 的重物。试问两轮的角速度是否相同？为什么？

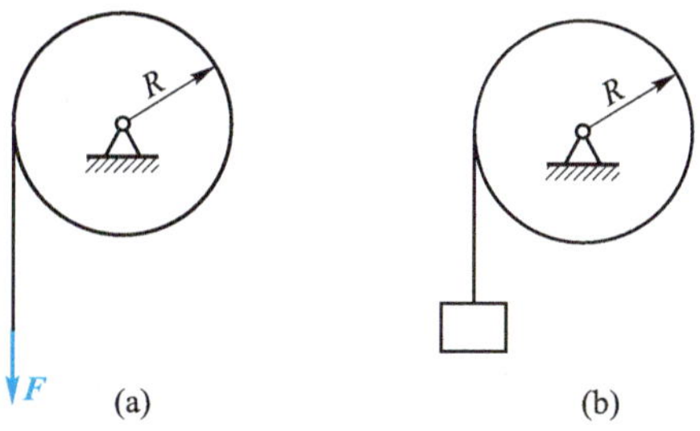

思考题 13-5 图

13-6 方形均质薄板固连于水平转轴，并绕此轴以匀角速度转动，C 为平板质心。其中图(a)中的轴沿平板对角线；图(b)中的轴通过质心但不垂直于平板；图(c)中的轴通过质心且垂直于平板；图(d)中的轴垂直于平板但不通过质心。试分析哪几种情况轴承受的动约束力为零。

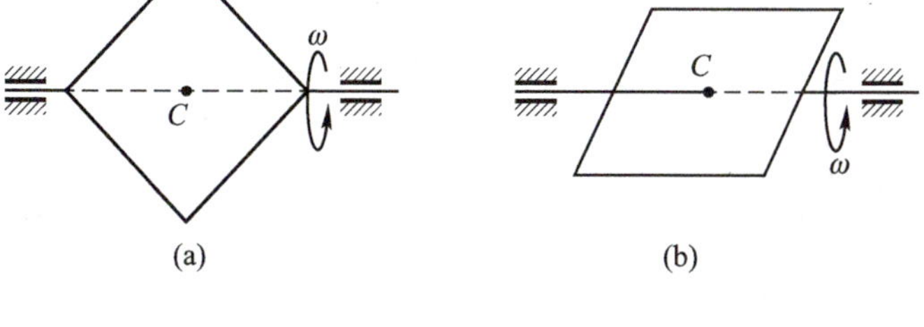

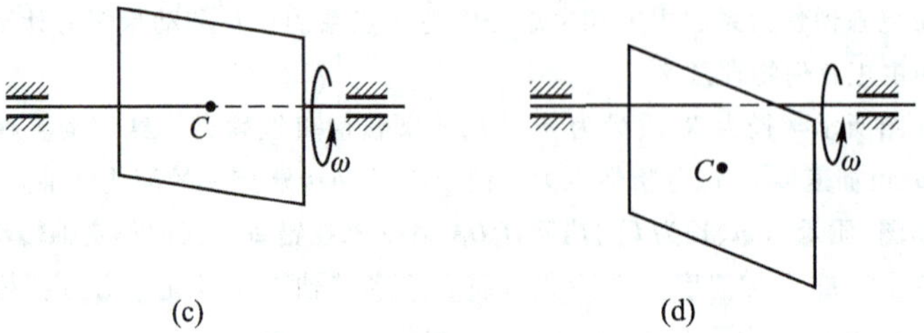

思考题 13-6 图

习　　题

13-1　如图,一卡车运载质量 $m = 1\ 000\ \text{kg}$的货物以速度 $v = 54\ \text{km/h}$ 行驶。设刹车时货车作匀减速运动,货物与板间的摩擦因数 $f_s = 0.3$。试求使货物既不倾倒又不滑动的刹车时间。

13-2　如图,放在光滑斜面上的物体 A,质量 $m_A = 40\ \text{kg}$,置于 A 上的物体 B,质量 $m_B = 15\ \text{kg}$;力 $F = 500\ \text{N}$,其作用线平行于斜面。为使 A、B 两物体不发生相对滑动,试求它们之间的静摩擦因数 f_s 的最小值。

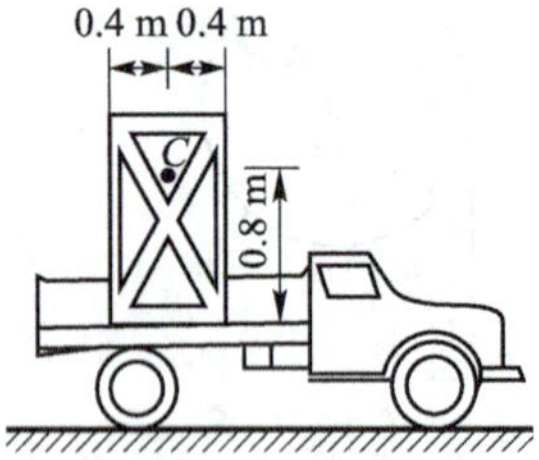

题 13-1 图

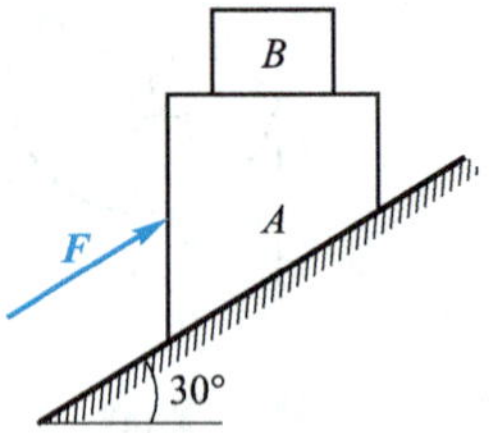

题 13-2 图

13-3　如图,均质杆 AB 的质量 $m = 4\ \text{kg}$,置于光滑的水平面上。在杆的 B 端作用一水平推力 $F = 60\ \text{N}$,使杆 AB 沿力 $\boldsymbol{F}$ 方向作直线平移。试求 AB 杆的加速度 $\boldsymbol{a}$ 和角 θ 的值。

13-4　如图,重为 G_1 的重物 A,沿光滑斜面 D 下降,同时借一绕过滑轮 C 的绳子而使重为G_2 的重物 B 运动,斜面与水平成 θ 角。试求斜面 D 给凸出部分 E 的水平压力。

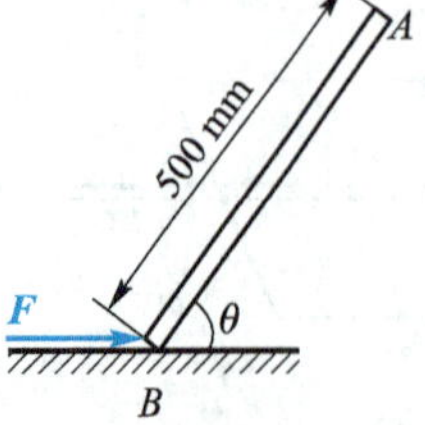

题 13-3 图

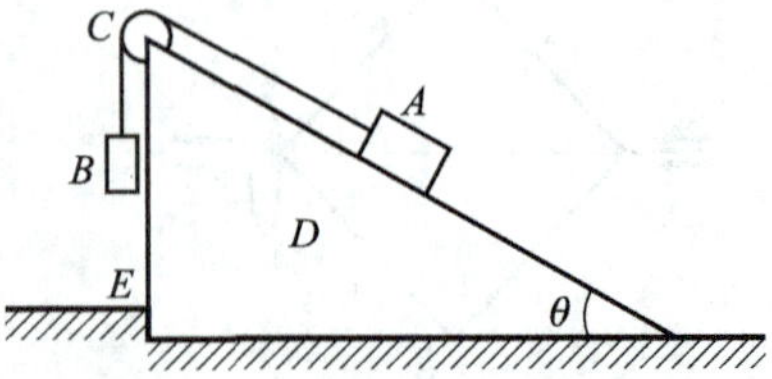

题 13-4 图

13-5　如图，均质杆 AB 长为 l，质量为 m，以匀角速度 ω 绕铅垂轴 z 转动。试求杆与铅垂线的夹角 θ 及铰链 A 的动约束力。又欲使 $\theta=0$，则 ω 的最大值为多少？

13-6　一均质圆盘可绕通过圆心 O 而垂直于盘面的轴转动（图 a），在 $R=100$ mm 的圆周上 A、B 处钻有 $r=20$ mm 的二孔（图 b）。设圆盘单位体积质量 $\gamma=7.959\times10^{-6}$ kg/mm^3。试求当圆盘以匀角速 $\omega=28\pi$ rad/s 转动时，轴承 D、E 处的动约束力。为了消除动约束力，在 $R=100$ mm圆周上再钻一孔，试求此孔的直径。

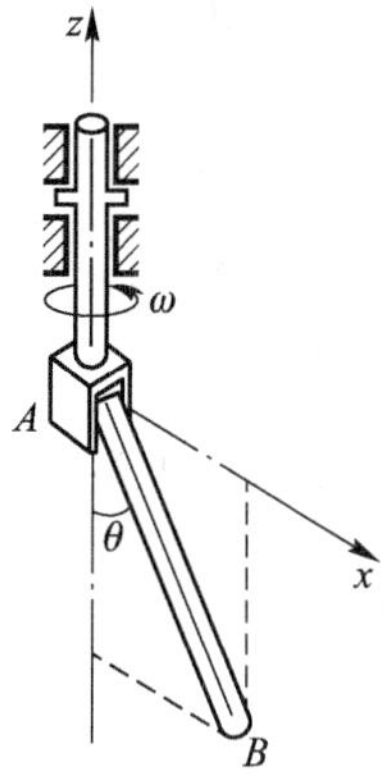

题 13-5 图

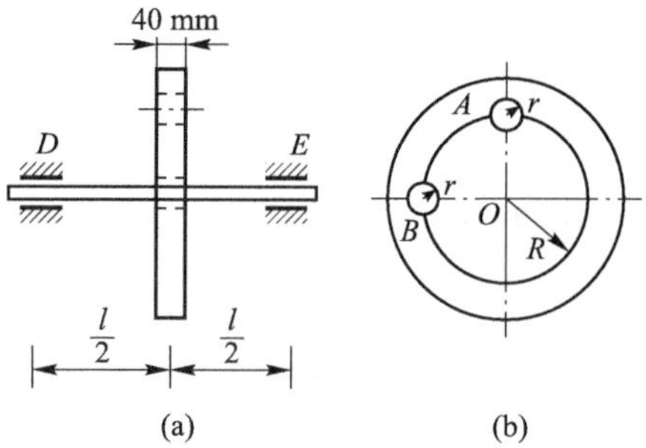

题 13-6 图

13-7　如图，一塔轮由三个圆轮组成，其质量分别为 $m_1=20$ kg，$m_2=16$ kg，$m_3=10$ kg，其中两轮的重心偏离轴线的距离为 $e_1=1$ mm，$e_3=1.2$ mm，三轮的重心 C_1、C_2、C_3 与转动轴均在同一平面内。若塔轮转速 $n=2\ 400$ r/min，试求轴承处的动约束力。

13-8　如图，铅直轴 AB 以匀角速 ω 转动，轴上刚连两根杆。杆 OE 与轴成角 φ，杆 OD 垂直于轴 AB 与杆 OE 所成的平面。已知 $OE=OD=l$，$AB=2b$。在两杆（质量不计）的杆端各连一小球 E 与 D，小球的质量各为 m。试求轴承 A、B 处的动约束力。

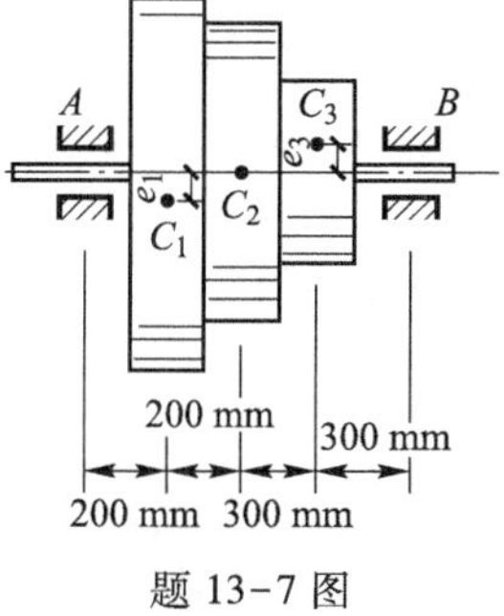

题 13-7 图

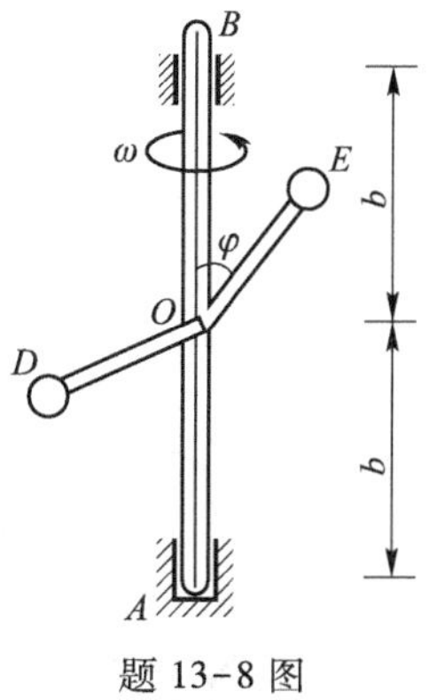

题 13-8 图

13-9　如图，均质杆长为 $2l$，重为 G，以匀角速度 ω 绕铅直轴转动，杆与轴夹角为 θ。试求轴承 A、B 处的动约束力。

13-10　图示系统由两杆铰接组成。已知两细杆均长 l，匀质杆 AB 的质量为 m。当 OA 杆水平、AB 杆铅直瞬时，杆 OA 的角速度为 ω、角加速度为零，且杆 AB 的角速度也为 ω，B 点的加速度 $\boldsymbol{a}_B$ 铅直向上。试求此瞬时杆 AB 惯性力系的简化结果。

文档：
习题13-10
题解

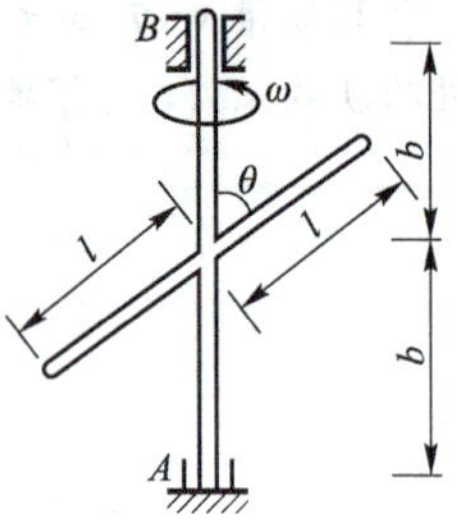

题 13-9 图

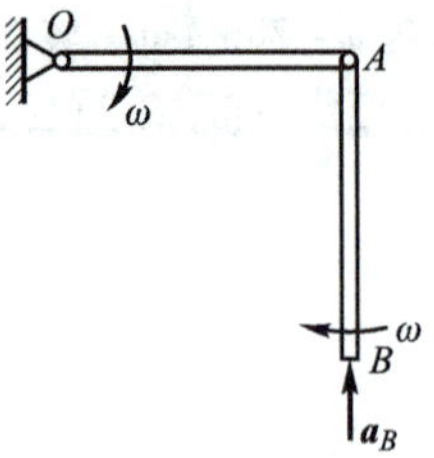

题 13-10 图

13-11　均质杆重为 G，长为 l，悬挂如图所示。试求一绳突然断开时，杆质心的加速度及另一绳的拉力。

13-12　两均质杆 AB 和 BC，质量各为 $m=3$ kg，焊接成直角的刚体，以绳 AE 和链杆 AD、BE 支撑如图所示。试求当绳 AE 切断时每一链杆所受的力。

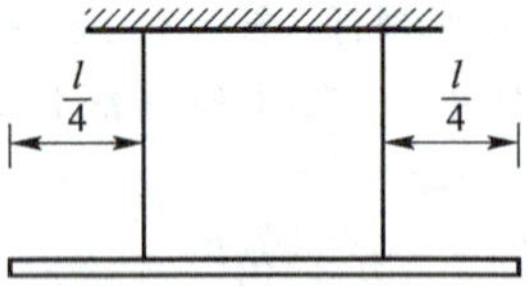

题 13-11 图

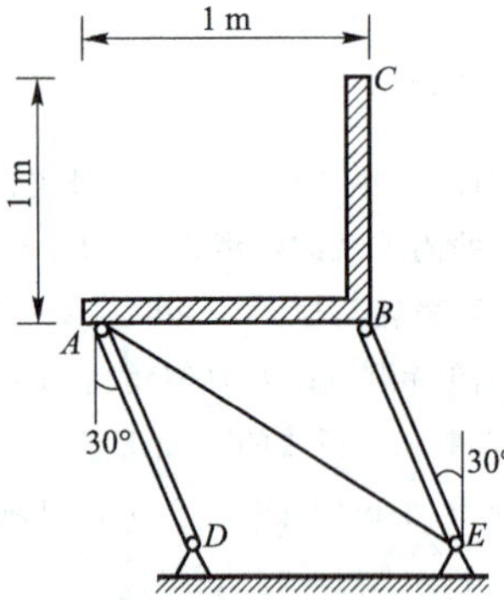

题 13-12 图

13-13　质量 $m=50$ kg、半径 $r=250$ mm 的管子放置如图所示。试求：(1) 支承 B 突然移去时，管子的角加速度；(2) 此瞬时 A 处的约束力（假设该瞬时接触处不发生相对滑动）。

13-14　长为 l、质量为 m 的匀质杆 AB 和 GD 以软绳 AG 与 BD 相连，并在 AB 的中点用铰链 O 固定，如图所示。试求当 BD 绳被剪断瞬间 B 与 D 两点的加速度。

文档：
习题13-14
题解

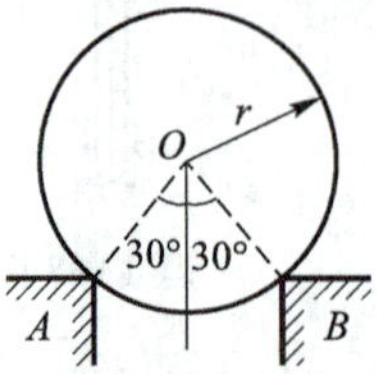

题 13-13 图

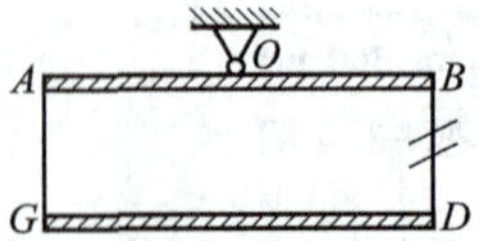

题 13-14 图

13-15　如图，均质梁 AB 重为 G，中点系一绕在均质圆柱体上的绳子，圆柱体质量为 m，质心沿铅垂线向下运动。试求支座 A、B 处的约束力。

13-16　如图，质量为 m 的轮与轴置于倾角为 θ 的斜面上，轮的半径为 R，轴的半径为 r，轮与轴对通过轮中心 C 的惯性半径为 ρ。今在轴上作用一力 $\boldsymbol{F}$，该力作用线与轴相切，并与水平线成 φ 角，使轮沿斜面向上运动。设轮与斜面间的摩擦因数为 f_s。试分别讨论轮与斜面接触无滑动及有滑动两种情况下轮心 C 的加速度。

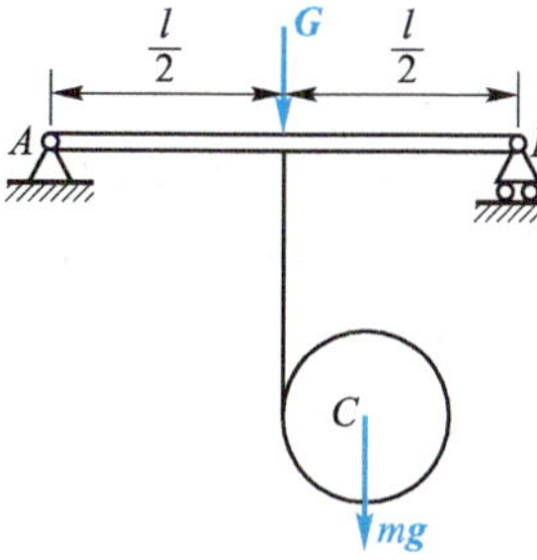

题 13-15 图

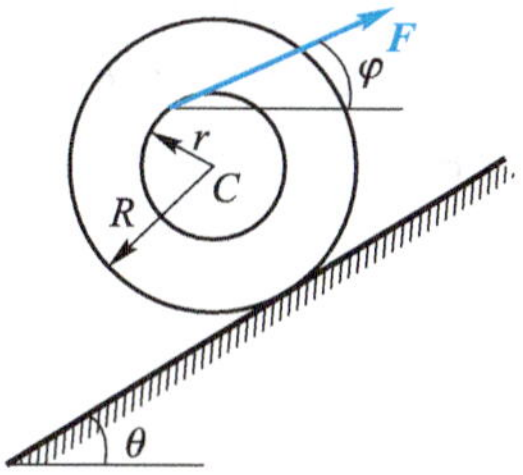

题 13-16 图

13-17　如图，质量 $m=45.4$ kg 的均质杆 AB，下端 A 搁在光滑水平面上，上端 B 用绳 BD 系在固定点 D 处，杆长 $l=3.05$ m，绳长 $h=1.22$ m，当绳铅垂时，$\theta=30°$，点 A 以 $v_A=2.44$ m/s 匀速开始向左运动。试求此瞬时：(1) 杆的角加速度；(2) 需加在 A 端的水平力 $\boldsymbol{F}_A$；(3) 绳的拉力 $\boldsymbol{F}_B$。

13-18　如图，均质杆 AB 重为 $G=10$ kN，由两鼓轮带动使其保持水平地匀速上升。若突然改变鼓轮的转速，使杆 A、B 两端分别具有加速度 $a_A=4\ \text{m/s}^2$、$a_B=8\ \text{m/s}^2$，试求此时两绳的拉力。

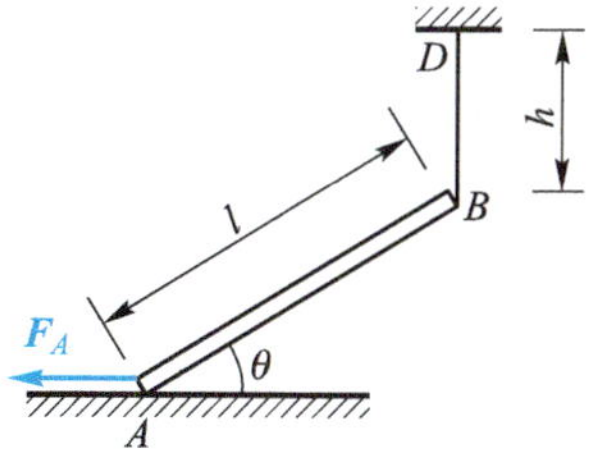

题 13-17 图

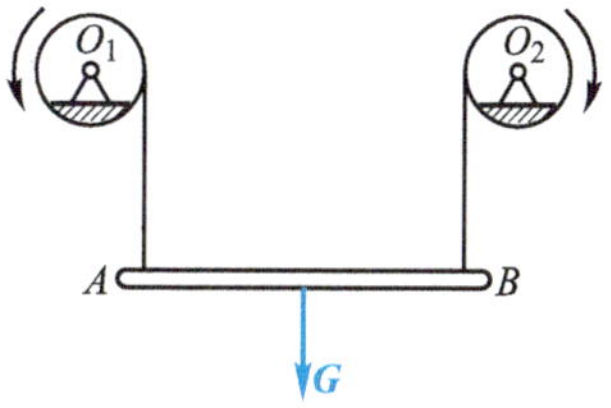

题 13-18 图

13-19　匀质悬臂梁 AB 重 $P=\dfrac{8}{3}mg$，长 $l=3r$，匀质圆柱半径为 r、质量为 m，如图所示，试求 A 支座的约束力。

13-20　如图，在光滑水平面上放置一个三棱柱 A，其质量为 m_1，一均质圆柱 B 质量为 m_2，沿三棱柱斜面只滚不滑。试求三棱柱的加速度。

13-21　如图，均质杆与均质圆盘质量均为 m，圆盘直径与杆长均为 l。设系统在铅垂面内可自由摆动。若在杆端点 B 处作用一水平力 $\boldsymbol{F}$，试求此时圆盘和杆的角加速度。

文档：习题13-17题解

文档：习题13-19题解

文档：习题13-20题解

文档：习题13-21题解

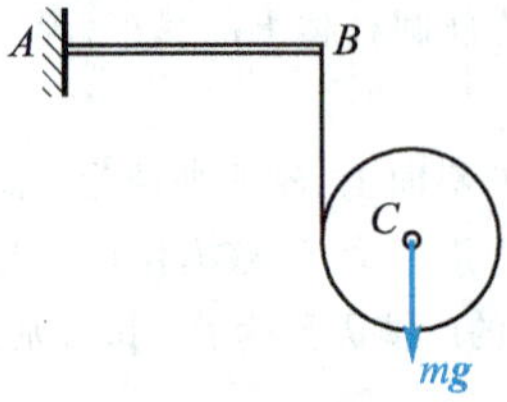

题 13-19 图

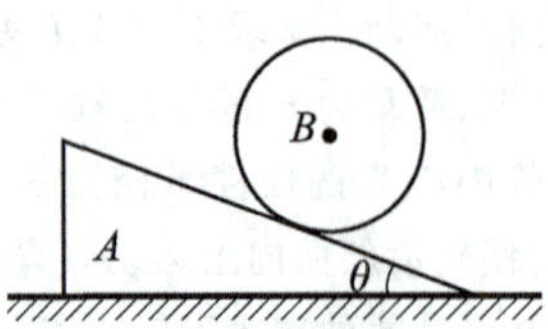

题 13-20 图

13-22 图示一打桩装置,支架重为 $G_1=20$ kN,重心在 C 点,底宽 $l=4$ m,高 $h=10$ m,又 $b=1$ m。桩锤重为 $G_2=7$ kN,绞车转筒的半径 $r=0.2$ m,重为 $G_3=5$ kN,对质心的惯性半径 $\rho=0.2$ m,拉索与水平线夹角 $\varphi=60°$。今在绞车转筒上作用一转矩 $M=2$ kN·m,试求支座 A、B 的约束力。

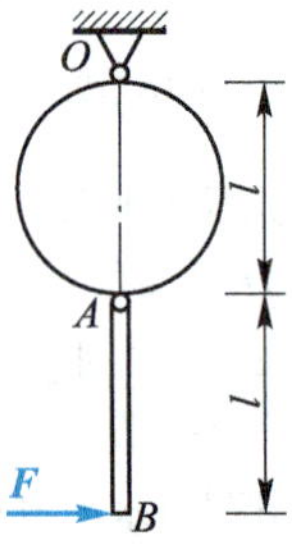

题 13-21 图

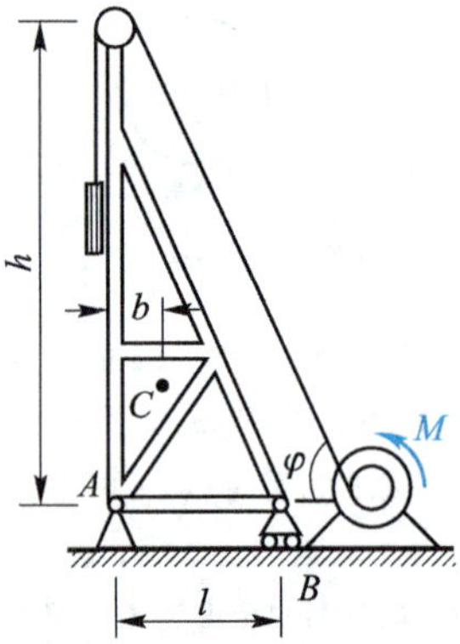

题 13-22 图

13-23 如图,均质细杆长为 l,重为 G,从水平位置无初速地转下。试求杆转过 φ 角时杆的角速度、角加速度以及 O 点的约束力。

13-24 如图,一重为 G 的均质圆柱体,沿与水平面夹角为 φ 的悬臂梁作纯滚动。试求当轮滚到距离 O 点为 s 时的固定端约束力。

文档:习题13-24题解

13-25 如图,一半径为 R,重为 G_2 的均质圆轮,与重为 G_1 的重物 A 用绳相连,不计滑轮 O 质量,轮 C 在水平面上只滚不滑。试求:(1) 轮心 C 的加速度;(2) 轮子与地面的摩擦力。

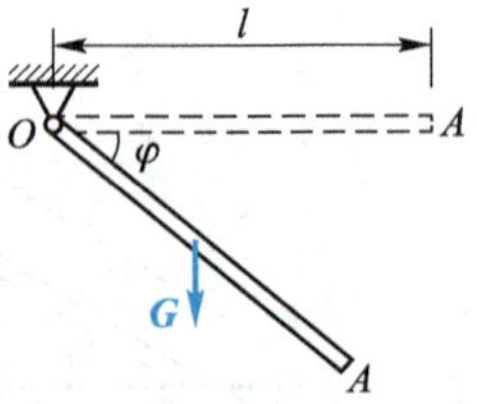

题 13-23 图

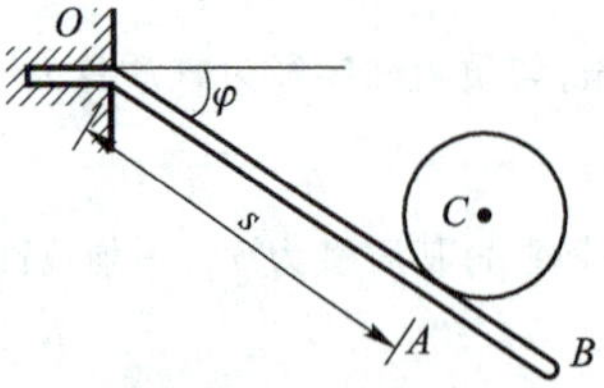

题 13-24 图

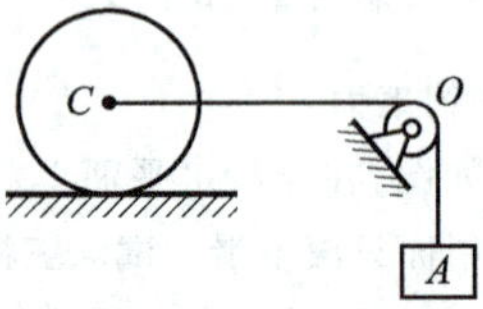

题 13-25 图

13-26　均质圆盘以等角速度 ω 绕通过盘心的铅垂轴转动，圆盘平面与转轴交成 θ 角如图所示。已知轴承 A、B 与圆盘中心相距为 l_1、l_2，圆盘半径为 R，质量为 m。试求轴承 A、B 处的动约束力。

文档：习题13-26题解

13-27　图示均质矩形板，其质量为 m，以匀角速度 ω 绕其对角线 AB 转动。已知薄板的边长为 l、b。设两轴承间的距离近似地等于矩形的对角线长，试求轴承 A、B 的动约束力。

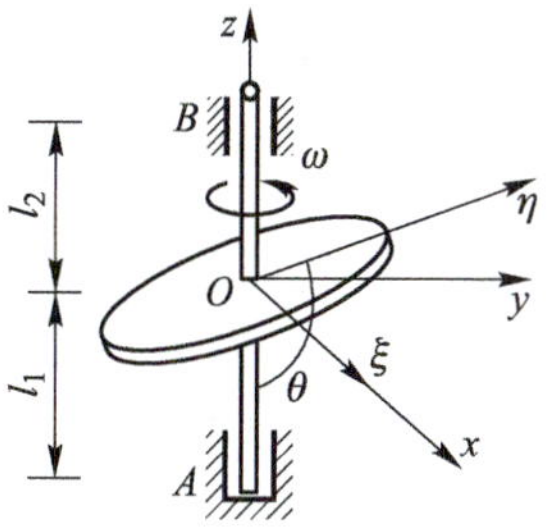

题 13-26 图

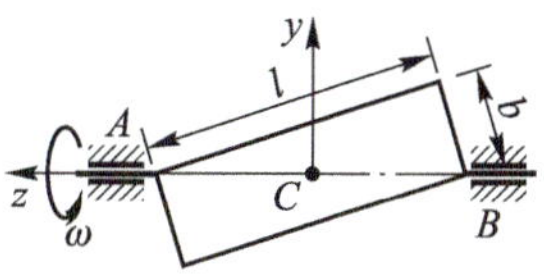

题 13-27 图

第四篇　分析力学基础

在牛顿基本定律基础上建立起来的力学体系，被称为矢量力学。矢量力学研究不受约束的自由体最为便利，但对于多约束的质点系，用矢量力学方法建立动力学方程，则不可避免地涉及约束力，从而增加了方程中未知变量的个数，使求解过程复杂化。

从 18 世纪开始，在力学发展史中又出现了与矢量力学并驾齐驱的另一种力学体系，被称为分析力学。作为分析力学的奠基人拉格朗日在 1788 年出版了专著《分析力学》。之后，哈密顿于 1834 年将拉格朗日方程变换为一种优美的正则形式，并将动力学的基本规律归纳为变分形式的哈密顿原理，从而建立了哈密顿力学。

分析力学体系的特点是以确定位形空间的广义坐标代替径矢，以能量和功的分析代替矢量的分析，然后利用微积分学和变分学的数学分析方法，得出力学问题统一的原理和公式，完全不涉及系统的理想约束力。

本篇介绍分析力学的基本概念，以及分析静力学、分析动力学的基本原理和基本方程，并讨论分析力学方法的具体应用。

第十四章　虚位移原理

在静力学中，主要研究了刚体和刚体系统的平衡问题，这部分内容称为刚体静力学。由刚体静力学建立的平衡条件，对于刚体的平衡是必要和充分的，但对于任意非自由质点系而言，就不一定总是充分的；而且应用这些平衡条件，在求解任意非自由质点系（如刚体系统）的某些平衡问题时，往往涉及多个约束力，求解显得不够简便。

本章叙述的虚位移原理是用分析的方法研究任意非自由质点系（包括刚体和刚体系）的平衡规律，称为分析静力学。虚位移原理给出的平衡条件，对于任意非自由质点系的平衡都是必要和充分的。它是求解静力平衡问题普遍适用的方法，而且对于受理想约束的复杂系统的平衡问题，应用虚位移原理求解时，不必考虑约束力，可使计算过程大为简化。

§14-1　约束和约束方程

非自由质点系在空间的位置和形状受到周围物体的限制，这种对质点系位形空间的限制条件称为约束，约束条件的数学表达式称为约束方程。

由 n 个质点组成的质点系，可能有 $s(s\leqslant 3n)$ 个约束条件。每个约束对质点系的限制都可能是位置、速度（位置函数对时间的导数）和时间的显函数，因此约束方程以直角坐标表示一般的形式为

$$f_r(x_1,y_1,z_1,\cdots,x_n,y_n,z_n;\dot{x}_1,\dot{y}_1,\dot{z}_1,\cdots,\dot{x}_n,\dot{y}_n,\dot{z}_n;t)\leqslant 0$$
$$(r=1,\cdots,s) \qquad (14-1)$$

如果约束方程中不显含 $\dot{x}_i$、$\dot{y}_i$、$\dot{z}_i(i=1,\cdots,n)$，即约束只对质点系几何位置起限制作用，这种约束称为几何约束或完整约束。

如果约束方程中不显含时间 t，即约束不随时间而变，这种约束称为定常约束，若显含时间 t，则称为非定常约束。如将绳穿过小环 O，一端系以小球，另一端以匀速率 $\boldsymbol{v}$ 拉动绳索（图 14-1），设初瞬时小球与环 O 的距离为 l_0，则在任意时刻 t 小球的约束方程为

$$x^2+y^2+z^2\leqslant(l_0-vt)^2 \qquad (a)$$

式(a)中显含时间 t，为非定常约束。

如果约束既能限制物体沿某一方向运动，又能限制其沿相反方向运动，则称

为双面约束。如用长为 l 的刚杆连接一小球(图 14-2),则任意时刻 t 小球的约束方程为

$$x^2+y^2+z^2=l^2 \tag{b}$$

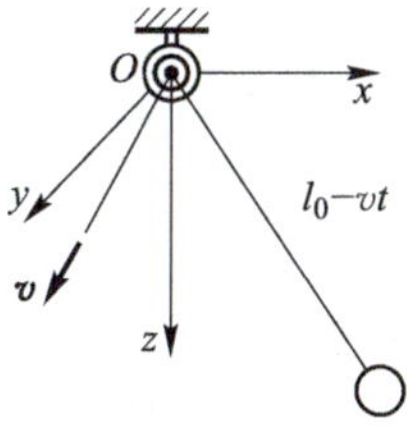

图 14-1　几何约束

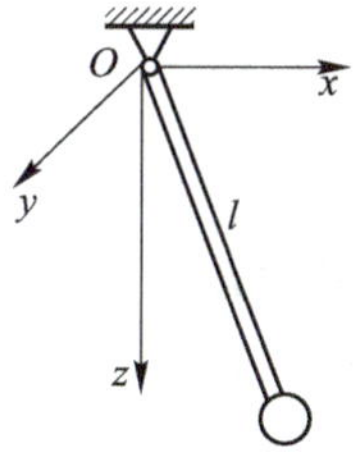

图 14-2　双面约束

可见双面约束的约束方程是等式。如果约束只能限制物体某一方向的运动,而不能限制相反方向的运动,则称为单面约束。如将图 14-2 中的刚杆改为绳子,因绳子不能限制小球沿着使绳子松弛的方向运动,所以就成了单面约束,其约束方程为

$$x^2+y^2+z^2\leqslant l^2 \tag{c}$$

可见单面约束的约束方程是不等式。需要指出的是,单面约束在特定的条件下可转化为双面约束。在上面例子中,若小球在运动过程中,绳子始终不松弛,则约束方程可用等式表示,这样单面约束就转化为双面约束了。

本章主要研究定常的、双面的完整(几何)约束。这种约束方程的一般形式为

$$f_r(x_1,y_1,z_1,\cdots,x_n,y_n,z_n)=0 \quad (r=1,\cdots,s) \tag{14-2}$$

由运动学得知,一个不受内、外约束的,由 n 个质点组成的质点系,其位形需用 $3n$ 个坐标来确定,这 $3n$ 个坐标是相互独立的坐标。一旦质点系受到 s 个完整约束,则 $3n$ 个坐标就不全独立,系统中独立坐标就减少为 $k=3n-s$ 个。

如位于平面内的两质点 A、B 由一不计质量的刚杆相连接(图 14-3)。两质点 A、B 若是自由质点,则需用 4 个坐标来确定位置,因两点间距离不变,即存在一个约束方程

$$(x_1-x_2)^2+(y_1-y_2)^2=l^2$$

所以此两质点系统的自由度 $k=2n-s=2\times2-1=3$。若取 x_1、y_1、φ 为广义坐标,则质点 B 的直角坐标可表示为广义坐标的函数

$$x_2=x_1+l\cos\varphi$$
$$y_2=y_1+l\sin\varphi$$

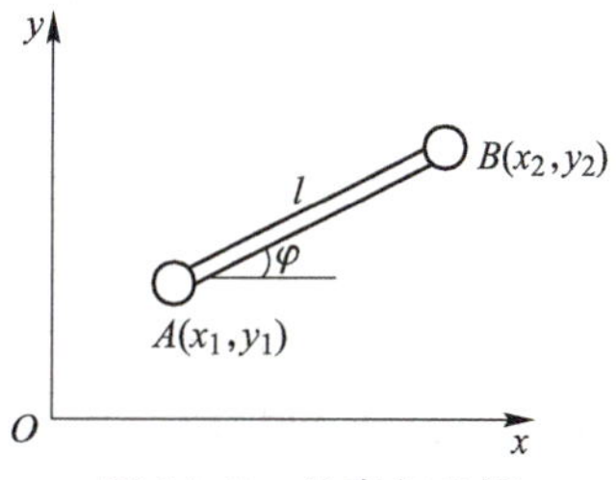

图 14-3　约束与坐标

一般地,由 n 个质点组成的质点系,受到 s 个完整、双面、定常约束,具有 $k=3n-s$个自由

度。若选 $q_1,q_2,\cdots,q_k$ 为广义坐标，那么各质点的位置径矢可表示为

$$\boldsymbol{r}_i=\boldsymbol{r}_i(q_1,q_2,\cdots,q_k)\quad(i=1,\cdots,n) \tag{14-3}$$

§14-2　虚位移的概念与分析方法

1. 虚位移的概念

在非自由质点系中，由于约束的作用，各质点的位移必须遵循约束所限定的条件，即各质点的位移必须是以不破坏约束为前提的任意微小位移。这个位移实际上并未发生，而是假想的，因此它并不需要经历时间。在这个意义上讲，这是一种虚设的位移。由此引出**虚位移**的定义：**质点或质点系在给定瞬时，为约束所容许的任何微小的位移，称为质点或质点系的虚位移或可能位移**。通常记作 $\delta\boldsymbol{r}$，δ 为变分符号，以区别于**实位移** $\mathrm{d}\boldsymbol{r}$。

如受固定曲面 S 约束的质点 A，在满足曲面约束的条件下，质点 A 在曲面该点的切面 T 上的任何方向上的微小位移 $\delta\boldsymbol{r}$（图 14-4），即为该质点的虚位移；而任何脱离此切面的位移，必定破坏了曲面对质点的约束条件，都不是虚位移。

又如杠杆 AB 受铰链 O 约束（图 14-5），设杆转过一微小角 $\delta\theta$，直杆上除 O 点外，均获得了相应的位移。考察杆上 M 点，经过一段弧长 $\widehat{MM'}$，到达 M' 点，因 $\delta\theta$ 是微小的，M 点的位移值 δr_M（即弦长 MM'）近似地等于弧长 $\widehat{MM'}$，方向垂直于 OM，即

$$\delta r_M=OM\delta\theta$$

同样 $\delta r_A=OA\delta\theta$，$\delta r_B=OB\delta\theta$，方向如图 14-5 所示。

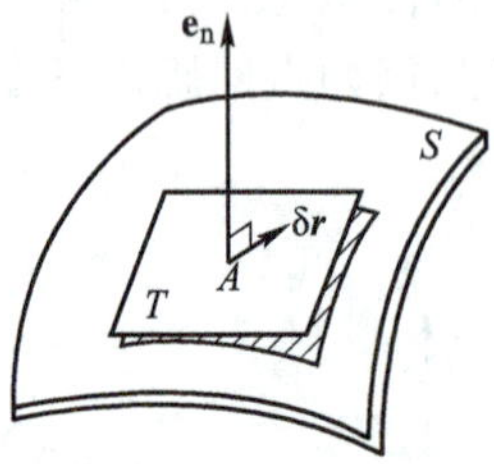

图 14-4　虚位移

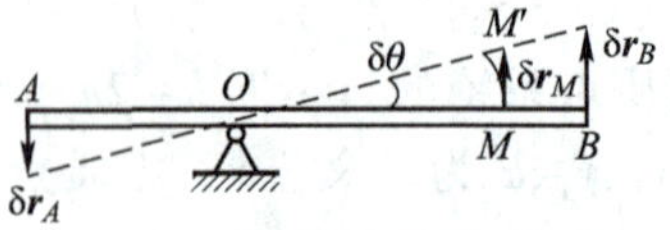

图 14-5　各点虚位移的关系

那么虚位移与实位移有何区别呢？首先，虚位移是可能位移，它是一个纯粹的几何概念，它仅依赖于约束条件；而实位移是真实发生的位移，它不仅取决于约束条件，还与时间和作用力有关。例如，一个静止质点可以有虚位移，但肯定

没有实位移。其次，虚位移是微小位移，而实位移可以是微小值，也可以是有限值。

虚位移与实位移的关系为：

（1）在定常约束系统中，微小的实位移是虚位移之一。如图 14-6a 所示，$d\boldsymbol{r}=\delta\boldsymbol{r}_1$。

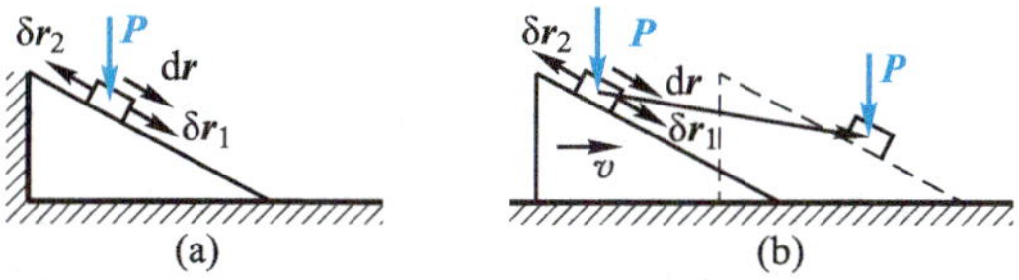

图 14-6 虚位移与实位移的区别

（2）在非定常约束系统中，微小的实位移不再成为虚位移之一。如图 14-6b所示滑块 A 搁在倾角为 θ 的斜面上，斜面以速度 $\boldsymbol{v}$ 沿水平方向运动。在任何时间滑块的虚位移（$\delta\boldsymbol{r}_1$、$\delta\boldsymbol{r}_2$）沿斜面，而在 Δt 时间内，滑块的实位移则为 $d\boldsymbol{r}$，它由沿斜面的相对位移与随三棱体运动的牵连位移合成而得。

2. 虚位移的分析方法

受约束质点系，为了不破坏约束条件，质点系内各质点的虚位移必须满足一定的关系，而且独立的虚位移个数等于质点系的自由度。下面介绍分析质点系虚位移关系的两种方法：

（1）几何法

在定常约束条件下，微小的实位移是虚位移之一。因此可以用质点间实位移的关系来给出质点间虚位移的关系。由运动学知，质点无限小实位移与该点的速度成正比 $d\boldsymbol{r}=\boldsymbol{v}dt$，所以可用分析速度的方法来建立质点间虚位移的关系。如在图 14-7 所示的机构中，当给以虚位移 $\delta\theta$ 时，直杆上各点的虚位移的分布规律都与速度的分布规律相同。于是 A、B 两点虚位移的大小关系可用速度瞬心法求得

$$\frac{\delta r_A}{\delta r_B}=\frac{IA\delta\varphi}{IB\delta\varphi}=\frac{IA}{IB}$$

（2）解析法

设由 n 个质点组成的质点系受到 s 个完整、双面和定常的约束，具有 $k=3n-s$ 个自由度。以 k 个广义坐标 $q_1,q_2,\cdots,q_k$ 来确定质点系的位置。当质点系发生一般虚位移时，各广义坐标分别有微小的变更（称为广义虚位移）

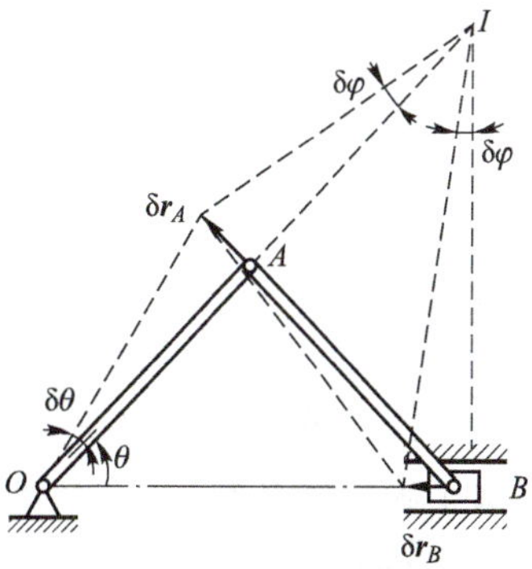

图 14-7 几何法求虚位移

$\delta q_1, \delta q_2, \cdots, \delta q_k$，任一质点的虚位移 $\delta \boldsymbol{r}_i$ 可表示为 k 个独立变分 $\delta q_1, \delta q_2, \cdots, \delta q_k$ 的函数。即对式(14-3)用类似求微分的方法得到其变分(虚位移)为

$$\begin{aligned} \delta \boldsymbol{r}_i &= \frac{\partial \boldsymbol{r}_i}{\partial q_1}\delta q_1 + \frac{\partial \boldsymbol{r}_i}{\partial q_2}\delta q_2 + \cdots + \frac{\partial \boldsymbol{r}_i}{\partial q_k}\delta q_k \\ &= \sum_{j=1}^{k} \frac{\partial \boldsymbol{r}_i}{\partial q_j}\delta q_j \quad (i = 1, \cdots, n) \end{aligned} \tag{14-4}$$

例如一双摆(图 14-8)，两质点 A、B 用两根相同长度的刚性杆连接，在铅垂面内绕 O 轴运动。此系统具有两个自由度，取广义坐标为 φ、θ，则 A、B 点的坐标可表示为广义坐标的函数

$$\left.\begin{aligned} x_A &= l\sin\varphi \\ y_A &= l\cos\varphi \\ x_B &= l\sin\varphi + l\sin\theta \\ y_B &= l\cos\varphi + l\cos\theta \end{aligned}\right\} \tag{a}$$

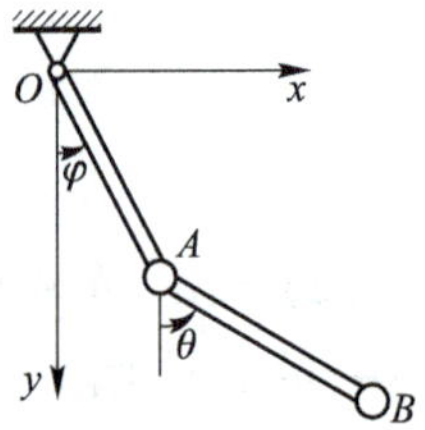

图 14-8　解析法求虚位移

对式(a)求变分，即得各点的虚位移表示为独立变分 $\delta\varphi$、$\delta\theta$ 的函数为

$$\left.\begin{aligned} \delta x_A &= \frac{\partial x_A}{\partial \varphi}\delta\varphi + \frac{\partial x_A}{\partial \theta}\delta\theta = l\cos\varphi\delta\varphi \\ \delta y_A &= \frac{\partial y_A}{\partial \varphi}\delta\varphi + \frac{\partial y_A}{\partial \theta}\delta\theta = -l\sin\varphi\delta\varphi \\ \delta x_B &= \frac{\partial x_B}{\partial \varphi}\delta\varphi + \frac{\partial x_B}{\partial \theta}\delta\theta = l\cos\varphi\delta\varphi + l\cos\theta\,\delta\theta \\ \delta y_B &= \frac{\partial y_B}{\partial \varphi}\delta\varphi + \frac{\partial y_B}{\partial \theta}\delta\theta = -l\sin\varphi\delta\varphi - l\sin\theta\,\delta\theta \end{aligned}\right\} \tag{b}$$

§ 14-3　虚位移原理的表述

在讲述虚位移原理之前，先引入虚功和理想约束的概念。

1. 虚功

作用于质点或质点系上的力在给定虚位移上所作的功称为虚功，记作 $\delta W = \boldsymbol{F} \cdot \delta \boldsymbol{r}$。虚功的计算与力在真实微小位移上所作元功的计算是一样的。但需指出，由于虚位移是假想的，不是真实发生的，故虚功也是假想的。

2. 理想约束

如果约束力在质点系的任何虚位移中所作元功之和等于零，则这种约束称

为理想约束。以 $\boldsymbol{F}_{Ni}$ 表示第 i 个质点受到的约束力合力，$\delta\boldsymbol{r}_i$ 表示该质点的虚位移，则质点系的理想约束条件为

$$\sum \boldsymbol{F}_{Ni}\cdot\delta\boldsymbol{r}_i=0 \tag{14-5}$$

能满足式(14-5)的理想约束有下列四种类型：

a. $\delta\boldsymbol{r}_i=\boldsymbol{0}$，即约束处无虚位移，如固定端约束、铰支座等；

b. $\boldsymbol{F}_{Ni}\perp\delta\boldsymbol{r}_i$，即约束力与虚位移相垂直，如光滑接触面约束等；

c. $\boldsymbol{F}_{Ni}=\boldsymbol{0}$，即约束点上约束力的合力为零，如铰链连接（销钉上受到的是一对大小相等、方向相反的力）等；

d. $\sum \boldsymbol{F}_{Ni}\cdot\delta\boldsymbol{r}_i=0$，即一个约束在一处约束力的虚功不为零，但若干处的虚功之和为零。如连接两质点的无重刚性杆（图 14-9a），此刚杆为二力杆，两端受力大小相等，方向相反，作用线沿杆轴；而 A、B 两点的虚位移分别为 $\delta\boldsymbol{r}_A$ 和 $\delta\boldsymbol{r}_B$，且 $|\delta\boldsymbol{r}_A|\neq|\delta\boldsymbol{r}_B|$，但在刚性杆约束下，两点虚位移沿杆轴的投影应相等，即

$$\delta r_A\cos\varphi_A=\delta r_B\cos\varphi_B$$

因此有

$$\sum_{i=1}^{2}\boldsymbol{F}_{Ni}\cdot\delta\boldsymbol{r}_i=F_A\delta r_A\cos\varphi_A-F_B\delta r_B\cos\varphi_B=0$$

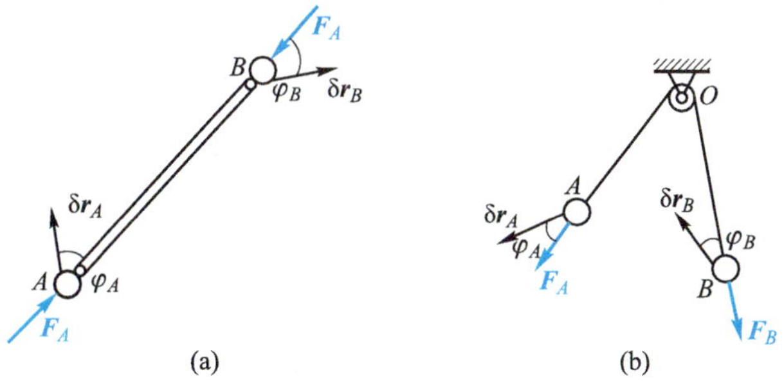

图 14-9　理想约束

再如，对于跨过滑轮的不可伸长的绳子，在力 $\boldsymbol{F}_A$ 与 $\boldsymbol{F}_B$ 作用下处于平衡（图 14-9b），则 $F_A=F_B$，虽然虚位移 $|\delta\boldsymbol{r}_A|\neq|\delta\boldsymbol{r}_B|$，但在绳子约束不失效的条件下，仍可建立与上述类似的关系式，并得到同样的结果。

和其他类型的约束一样，理想约束也是从实际约束中抽象出来的理想模型，它代表了相当多的实际约束的力学性质。

3. 虚位移原理（虚功原理）

虚位移原理（虚功原理）是伯努利在 1717 年提出的，可表述为：具有双面、定常、理想约束的质点系，在给定位置上保持平衡的必要与充分条件是：所有主动力在质点系的任何虚位移中的元功之和等于零。

以 $\boldsymbol{F}_i$ 表示作用于质点系中某质点上主动力的合力，$\delta\boldsymbol{r}_i$ 表示该质点的虚位移，则虚位移原理的矢量表达式为

$$\delta W=\sum \boldsymbol{F}_i\cdot\delta\boldsymbol{r}_i=0 \tag{14-6}$$

也可用解析式表示为

$$\delta W=\sum(F_{xi}\delta x_i+F_{yi}\delta y_i+F_{zi}\delta z_i)=0 \tag{14-7}$$

式中 F_{xi}、F_{yi}、F_{zi}和 δx_i、δx_i、δz_i 分别表示主动力 $\boldsymbol{F}_i$ 和虚位移 $\delta\boldsymbol{r}_i$ 在 x、y、z 轴上的投影。

现在证明虚位移原理。先证明必要性，再证明充分性。

(1) 必要性。命题：如质点系处于平衡，则式(14-6)成立。

当质点系平衡时，质点系中各质点均应平衡，因而作用于第 i 个质点上的主动力的合力 $\boldsymbol{F}_i$ 与约束力的合力 $\boldsymbol{F}_{Ni}$之和必为零，即

$$\boldsymbol{F}_i+\boldsymbol{F}_{Ni}=\boldsymbol{0}\qquad(i=1,2,\cdots,n)$$

令此质点具有任意虚位移 $\delta\boldsymbol{r}_i$，则 $\boldsymbol{F}_i$ 与 $\boldsymbol{F}_{Ni}$在虚位移上元功之和必等于零，有

$$(\boldsymbol{F}_i+\boldsymbol{F}_{Ni})\cdot\delta\boldsymbol{r}_i=0\qquad(i=1,2,\cdots,n)$$

将 n 个等式相加，得

$$\sum(\boldsymbol{F}_i+\boldsymbol{F}_{Ni})\cdot\delta\boldsymbol{r}_i=\sum\boldsymbol{F}_i\cdot\delta\boldsymbol{r}_i+\sum\boldsymbol{F}_{Ni}\cdot\delta\boldsymbol{r}_i=0$$

根据理想约束的条件 $\sum\boldsymbol{F}_{Ni}\cdot\delta\boldsymbol{r}_i=0$，故得

$$\sum\boldsymbol{F}_i\cdot\delta\boldsymbol{r}_i=0$$

(2) 充分性。命题：如式(14-6)成立，则质点系处于平衡（注意：分析静力学中的平衡概念，是指质点系内各个质点相对惯性系原来处于静止，在主动力系作用下仍然保持静止状态）。

采用反证法。设式(14-6)成立，而质点系不平衡；则在质点系中至少有 1 个质点将离开平衡位置从静止开始作加速运动，这时该质点在主动力、约束力的合力 $\boldsymbol{F}_{Ri}=\boldsymbol{F}_i+\boldsymbol{F}_{Ni}$作用下必有实位移 $\mathrm{d}\boldsymbol{r}_i$，且实位移方向与合力方向一致，于是 $\boldsymbol{F}_{Ri}$将作正功。在定常约束的情况下，实位移 $\mathrm{d}\boldsymbol{r}_i$ 必为虚位移之一，设为 $\delta\boldsymbol{r}_i$。于是有

$$\boldsymbol{F}_{Ri}\cdot\delta\boldsymbol{r}_i=(\boldsymbol{F}_i+\boldsymbol{F}_{Ni})\cdot\delta\boldsymbol{r}_i>0$$

对于每一个进入运动的质点，都可以写出这样类似的不等式，而对于平衡的质点仍可得到等式。将所有质点的表达式相加，必有

$$\sum(\boldsymbol{F}_i\cdot\delta\boldsymbol{r}_i+\boldsymbol{F}_{Ni}\cdot\delta\boldsymbol{r}_i)>0$$

由理想约束条件 $\sum\boldsymbol{F}_{Ni}\cdot\delta\boldsymbol{r}_i=0$，因此

$$\sum\boldsymbol{F}_i\cdot\delta\boldsymbol{r}_i>0$$

此结果与证明中所假设的条件矛盾。所以，质点系不可能进入运动，而必定成平衡。

虚位移原理是求解平衡问题的最一般的原理,对任何质点系均适用。对于受理想约束的复杂系统的平衡问题,由于不会出现约束力,从而避免了解联立方程,使计算过程大为简化。

应该指出,虽然应用虚位移原理的条件是质点系应具有理想约束,但也可以用于有摩擦的情况,只要把摩擦力当作主动力,在虚功方程中计入摩擦力所作的虚功即可。

例 14-1 在图 14-10a 所示平面机构中,已知两杆长均为 $b+h$,物块重为 G,弹簧的原长为 l,刚度系数为 k。试求机构的平衡位置(以 θ 表示)。

解 本机构的自由度为 1,取 θ 为广义坐标,建立如图 14-10b 所示的直角坐标。

由于机构处于一般位置,故可以利用解析式求解。先作主动力的投影。主动力有重力和一对弹性力,有

$$F_{By} = -G, \quad F_{Dx} = F, \quad F_{Ex} = -F' \tag{a}$$

对应力的投影,写出相应的坐标为

$$y_B = (b+h)\sin\theta, \quad x_D = h\cos\theta, \quad x_E = (h+2b)\cos\theta \tag{b}$$

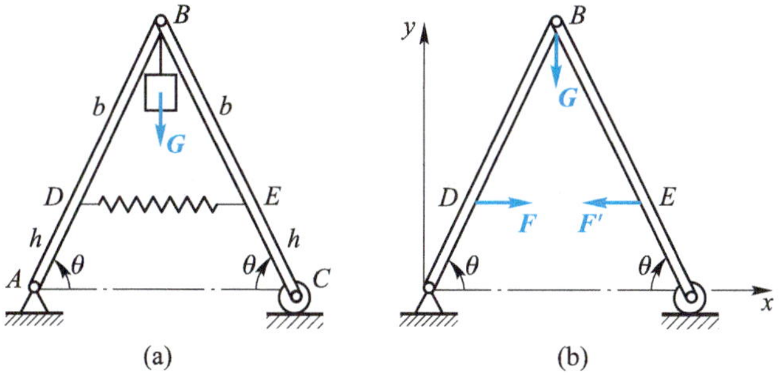

图 14-10 例 14-1 图

对式(b)进行变分,得

$$\delta y_B = (b+h)\cos\theta\delta\theta, \quad \delta x_D = -h\sin\theta\delta\theta, \quad \delta x_E = -(h+2b)\sin\theta\delta\theta \tag{c}$$

代入式(14-7),有

$$(-G)(b+h)\cos\theta\delta\theta + F(-h\sin\theta\delta\theta) + (-F')[-(h+2b)\sin\theta\delta\theta] = 0$$

注意到 $F=F'$,整理后得

$$[-G(b+h)\cos\theta + 2Fb\sin\theta]\delta\theta = 0$$

因 $\delta\theta\neq 0$,故

$$-G(b+h)\cos\theta + 2Fb\sin\theta = 0$$

式中弹性力 $F=k\delta=k(2b\cos\theta-l)$,代入上式得

$$\tan\theta = \frac{G(h+b)}{2kb(2b\cos\theta - l)}$$

上式中是关于 θ 的超越方程,由此可解出 θ 值,得到平衡位置。

文档：
例 14-2
题解

例 14-2 曲柄连杆滑块机构如图 14-11 所示。在图示位置(θ,φ 为已知)，曲柄 OA 长为 r，机构受到力偶 M 、铅垂力$\boldsymbol{F}_A$ 和水平力$\boldsymbol{F}_B$ 作用而平衡。试用虚位移原理求 M,F_A,F_B 的关系。

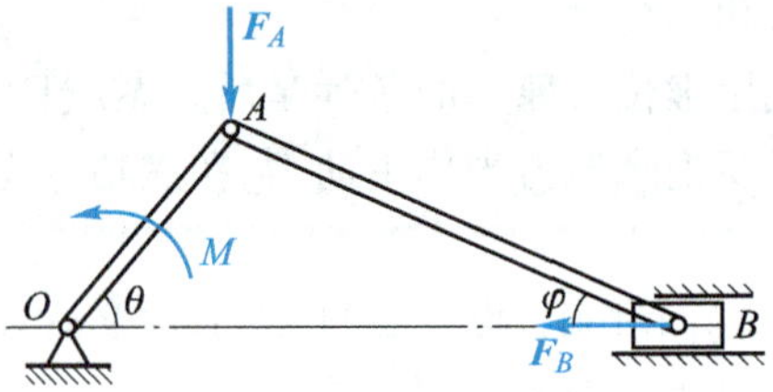

图 14-11 例 14-2 图

例 14-3 一多跨静定梁尺寸如图 14-12a 所示，已知：竖直力 $\boldsymbol{F}_1$、$\boldsymbol{F}_2$，力偶矩 M。试求支座 B 处的约束力。

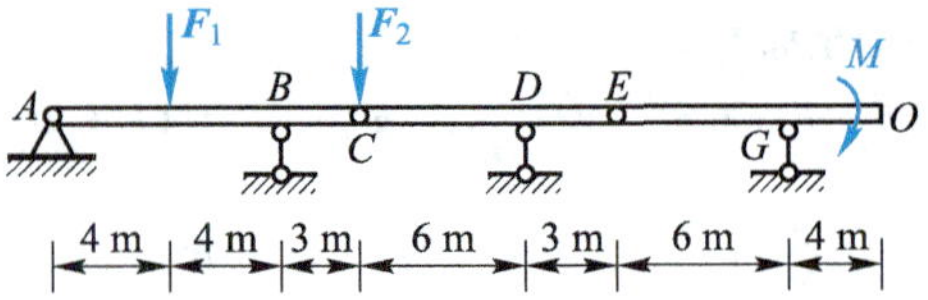

(a)

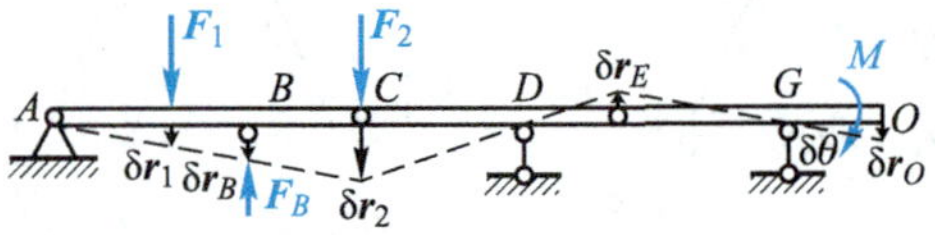

(b)

图 14-12 例 14-3 图

解 原结构受约束后无自由度，不可能发生位移。为了应用虚位移原理求支座 B 的约束力，可将支座 B 去除，代之以约束力 $\boldsymbol{F}_B$(将此力看作主动力)。这样，整个结构有了一个自由度。接着作运动分析，梁 AC 作定轴转动，梁 CE 和梁 EO 均作平面运动，画出虚位移如图 14-12b 所示。建立虚功方程为

$$F_1\delta r_1 - F_B\delta r_B + F_2\delta r_2 + M\delta\theta = 0 \tag{a}$$

由几何关系有

$$\left.\begin{aligned}&\frac{\delta r_1}{\delta r_B} = \frac{4}{8} = \frac{1}{2},\quad \frac{\delta r_2}{\delta r_B} = \frac{11}{8}\\&\frac{\delta\theta}{\delta r_B} = \frac{1}{\delta r_B}\frac{\delta r_O}{4\ \mathrm{m}} = \frac{1}{\delta r_B}\frac{\delta r_E}{6\ \mathrm{m}} = \frac{1}{6\ \mathrm{m}\times\delta r_B}\frac{3\delta r_2}{6} = \frac{1}{12\ \mathrm{m}}\times\frac{11}{8} = \frac{11}{96\ \mathrm{m}}\end{aligned}\right\} \tag{b}$$

代入式(a)有

$$\left(F_1 - F_B\times 2 + F_2\times\frac{11}{4} + M\times\frac{11}{48\ \mathrm{m}}\right)\delta r_1 = 0$$

因为 $\delta r_1\neq 0$，所以

$$F_1 - 2F_B + \frac{11}{4}F_2 + \frac{11}{48\ \text{m}}M = 0$$

得

$$F_B = \frac{1}{2}F_1 + \frac{11}{8}F_2 + \frac{11}{96\ \text{m}}M$$

从本例可知,用虚位移原理求解约束力,只需逐个释放对应约束力的约束,代之以力,使系统有一个自由度。这样虚功方程中只含一个未知力,使计算大为简化。

例 14-4　一刚架的尺寸如图 14-13a 所示。已知:水平力 $\boldsymbol{F}_1$,均布荷载 q。试求支座 A 处的水平约束力。

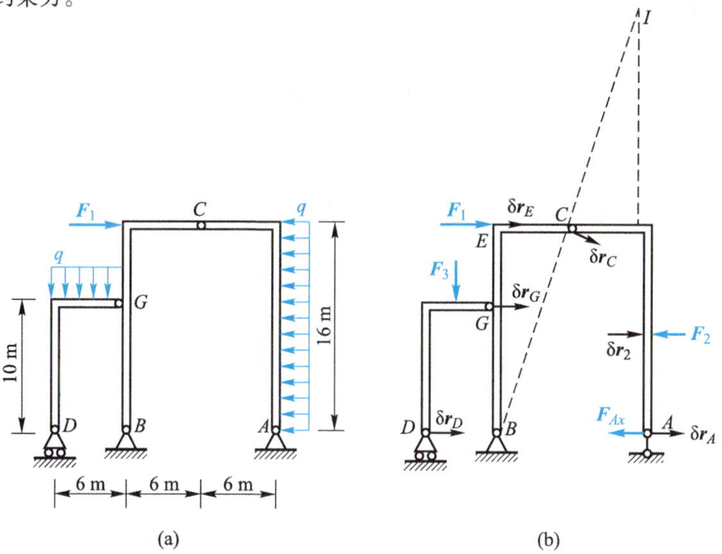

图 14-13　例 14-4 图

解　将 A 处的铰链支座用两根正交的链杆替代,随后去除水平链杆,代之以力 $\boldsymbol{F}_{Ax}$,并将该力作为主动力,系统就有了一个自由度。其虚位移分析先从运动能够直接判定的物体开始,即 BC 部分刚体作定轴转动,从而确定出 G、C 点虚位移,再从 DG 刚体定出其作瞬时平移,从 AC 刚体定出其作平面运动,并找出其速度瞬心 I 点(图 14-13b)。

根据虚位移原理有

$$F_1\delta r_E - F_2\delta r_2 - F_{Ax}\delta r_A = 0$$

式中$\dfrac{\delta r_A}{\delta r_C}=\dfrac{AI}{CI}$,$\dfrac{\delta r_E}{\delta r_C}=\dfrac{BE}{BC}$,因为 $BC=CI$,故

$$\frac{\delta r_E}{\delta r_A} = \frac{BE}{BC}\times\frac{CI}{AI} = \frac{BE}{AI} = \frac{1}{2}$$

又$\dfrac{\delta r_A}{\delta r_2}=\dfrac{CI}{\dfrac{3}{4}CI}=\dfrac{4}{3}$及 $\boldsymbol{F}_2$ 是刚体 AC 部分分布力的合力,$F_2=16\ \text{m}\times q$

代入得

$$\left(F_1 - 16\ \text{m} \times q \times \frac{3}{4} \times 2 - F_{Ax} \times 2\right)\delta r_E = 0$$

因 $\delta r_E \neq 0$，得

$$F_{Ax} = \frac{1}{2}F_1 - 12\ \text{m} \times q$$

例 14-5　一刚架尺寸及荷载如图 14-14a 所示。已知：$F_1 = 10\ \text{kN}$，$F_2 = 80\ \text{kN}$，$M = 200\ \text{kN}\cdot\text{m}$。试求固定端支座 A 的约束力。

解　为了便于计算，将 F_2 分解为

$$F_{2x} = F_2\cos 60° = 40\ \text{kN}$$

$$F_{2y} = F_2\sin 60° = 40\sqrt{3}\ \text{kN}$$

为求固定端 A 的约束力偶，将固定端用铰链支座及约束力偶 M_A（视为主动力偶矩）来替换。这样 AC 折杆可绕 A 点转动，系统具有一个自由度。CB 折杆作平面运动，其速度瞬心及各点的虚位移关系如图 14-14b 所示。则虚功方程为

$$M_A\delta\varphi - F_1 \times 3\ \text{m} \times \delta\varphi - F_{2x} \times 8\ \text{m} \times \delta\theta - F_{2y} \times 2\ \text{m} \times \delta\theta + M\delta\theta = 0$$

式中

$$\delta r_C = AC\delta\varphi = IC\delta\theta$$

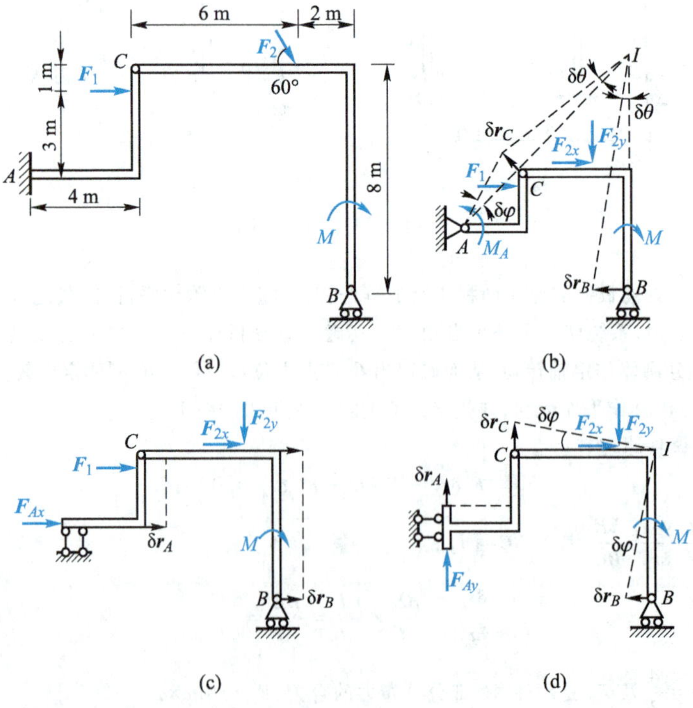

图 14-14　例 14-5 图

故

$$\delta\theta = \frac{AC}{IC}\delta\varphi = \frac{4\sqrt{2}}{8\sqrt{2}} = \frac{1}{2}\delta\varphi$$

代入得

$$\left(M_A - 3\ \mathrm{m} \times F_1 - 8\ \mathrm{m} \times F_{2x} \times \frac{1}{2} - 2\ \mathrm{m} \times F_{2y} \times \frac{1}{2} + M \times \frac{1}{2}\right)\delta\varphi = 0$$

因 $\delta r_\varphi \neq 0$,得

$$M_A = 3\ \mathrm{m} \times F_1 + 4\ \mathrm{m} \times F_{2x} + 1\ \mathrm{m} \times F_{2y} - \frac{1}{2}M = 159\ \mathrm{kN \cdot m}$$

为求固定端 A 的水平约束力,可设想 A 端不能转动与铅直移动,因此将固定端用双链杆支座(沿 y 向)及水平力 $\boldsymbol{F}_{Ax}$来替代,这样 AC 折杆只能作移动。系统具有一个自由度,BC 折杆作移动(图 14-14c)。根据虚功方程

$$F_{Ax}\delta r_A + F_1\delta r_A + F_{2x}\delta r_A = 0$$

因 $\delta r_A \neq 0$,故得

$$F_{Ax} = -F_1 - F_{2x} = -50\ \mathrm{kN}$$

为求固定端 A 的竖直约束力,可设想 A 端不能转动与水平移动,因此将固定端用双链杆支座(沿 x 向)及竖直力 $\boldsymbol{F}_{Ay}$来替代,这样 AC 折杆只能作移动。系统具有一个自由度,BC 折杆作平面运动,速度瞬心为 I(图 14-14d)。根据虚功方程

$$F_{Ay}\delta r_A - F_{2y} \times 2\ \mathrm{m} \times \delta\varphi + M\delta\varphi = 0$$

式中

$$\delta r_A = \delta r_C = 8\ \mathrm{m} \times \delta\varphi$$

即

$$(8\ \mathrm{m} \times F_{Ay} - 2\ \mathrm{m} \times F_{2y} + M)\delta\varphi = 0$$

因 $\delta\varphi \neq 0$,故得

$$F_{Ay} = \frac{1\ \mathrm{m}}{4}F_{2y} - \frac{1}{8}M = -7.68\ \mathrm{kN}$$

例 14-6　一屋架所受荷载及尺寸如图 14-15a 所示。试求上弦杆 CD 的力。

解　屋架的各杆件都是二力杆。为了求 CD 杆的力,则去除 CD 杆,代之以力 $\boldsymbol{F}_C$ 和 $\boldsymbol{F}_D$,并设为拉力。这样屋架具有一个自由度。CD 杆去除后,成为 Ⅰ 和 Ⅱ 两个相互运动的刚体(图 14-15b)。刚体 Ⅰ 绕 A 作定轴转动,刚体 Ⅱ 作平面运动,速度瞬心在 G 点。由虚功方程有

$$F_1 \times 2.5\ \mathrm{m} \times \delta\varphi + F_1 \times 5\ \mathrm{m} \times \delta\varphi + F_1 \times 7.5\ \mathrm{m} \times \delta\theta + F_1 \times 5\ \mathrm{m} \times \delta\theta +$$
$$F_1 \times 2.5\ \mathrm{m} \times \delta\theta + F_D h\delta\theta = 0$$

式中 $5\delta\varphi = 10\delta\theta$,$h$ 是瞬心 G 到力 $\boldsymbol{F}_D$ 作用线的垂直距离,由图中几何关系知

$$h = AG\sin\varphi = 15 \times \frac{3}{\sqrt{7.5^2 + 3^2}}\ \mathrm{m} = 5.57\ \mathrm{m}$$

代入得

$$7.5\ \mathrm{m} \times F_1\delta\varphi + (15\ \mathrm{m} \times F_1 + F_D h)\delta\theta = 0$$

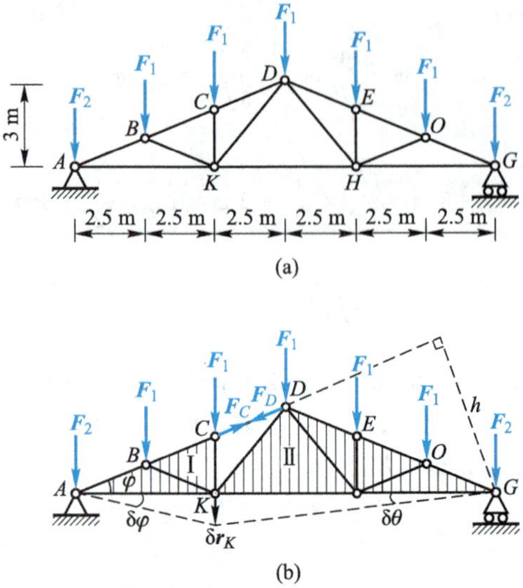

图 14-15　例 14-6 图

即

$$(15F_1+15F_1+5.57F_D)\delta\theta=0$$

因为 $\delta\theta\neq 0$,故得

$$F_D=-\frac{30F_1}{5.57}=-5.39F_1$$

所得结果为负值,表示 $\boldsymbol{F}_D$ 为压力。本题中 $\boldsymbol{F}_2$ 的作用点 A、G 均无位移,$\boldsymbol{F}_C$ 与 C 点虚位移垂直,故在虚功方程中均不出现。

例 14-7　在如图 14-16 所示桁架中,已知作用力 $\boldsymbol{F}$,尺寸 $l=3$ m。试用虚位移原理求杆件 1,2 的内力。

文档：
例 14-7
题解

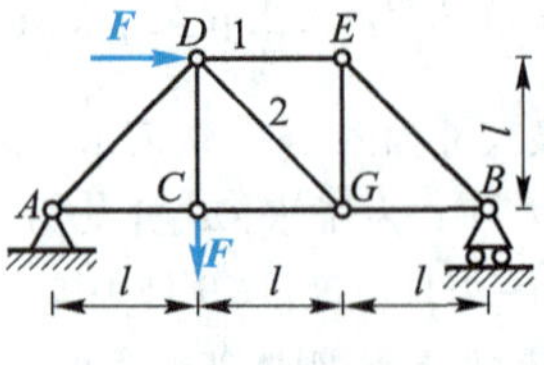

图 14-16　例 14-7 图

§ 14-4　以广义力表示的质点系平衡条件

1. 广义力

在受约束的质点系中,各质点的虚位移 $\delta\boldsymbol{r}_i$ 不一定是独立的虚位移,因此

在求解过程中，还要建立各质点之间不独立的虚位移关系。现直接用广义坐标的变分来表示各质点虚位移，则广义坐标的变分称为广义虚位移，各广义虚位移是相互独立的。用式(14-4)的虚位移来表达质点系主动力的虚功，有

$$\delta W = \sum \boldsymbol{F}_i \cdot \delta \boldsymbol{r}_i = \sum_{i=1}^{n} \boldsymbol{F}_i \cdot \sum_{j=1}^{k} \frac{\partial \boldsymbol{r}_i}{\partial q_j} \delta q_j$$

交换上式中 i 与 j 相加的次序，得

$$\delta W = \sum_{j=1}^{k} \left(\sum_{i=1}^{n} \boldsymbol{F}_i \cdot \frac{\partial \boldsymbol{r}_i}{\partial q_j} \right) \delta q_j$$

令

$$Q_j = \left(\sum_{i=1}^{n} \boldsymbol{F}_i \cdot \frac{\partial \boldsymbol{r}_i}{\partial q_j} \right) \qquad (j = 1, \cdots, k) \tag{14-8}$$

上式又可写成

$$\delta W = \sum_{j=1}^{k} Q_j \delta q_j \tag{14-9}$$

由式(14-8)所定义的 Q_j 称为对应于广义坐标 q_j 的**广义力**。据此可知，广义力的数目与广义坐标的数目相等。由于 $Q_j \delta q_j$ 具有功的量纲，因此广义力 Q_j 的量纲取决于广义坐标 q_j 的量纲。当 q_j 为长度时，Q_j 为力；当 q_j 为角度时，Q_j 为力偶。

广义力的解析表达式为

$$Q_j = \sum_{i=1}^{n} \left(F_{ix} \frac{\partial x_i}{\partial q_j} + F_{iy} \frac{\partial y_i}{\partial q_j} + F_{iz} \frac{\partial z_i}{\partial q_j} \right) \qquad (j = 1, \cdots, k) \tag{14-10}$$

2. 以广义力表示的质点系平衡条件

根据质点系的虚位移原理可知

$$\delta W = \sum_{j=1}^{k} Q_j \delta q_j = 0 \tag{14-11}$$

由于各广义虚位移是彼此独立的，所以式(14-11)成立，必有

$$Q_j = 0 \qquad (j = 1, \cdots, k) \tag{14-12}$$

于是，虚位移原理又可叙述为：**具有双面、定常、理想约束的质点系，在给定位置上保持平衡的必要与充分条件是：所有与广义坐标对应的广义力均等于零。这就是以广义力表示的质点系平衡条件。**

质点系的广义力有两种计算方法：

(1) 解析法

写出主动力在坐标系上的投影和主动力作用点的位置坐标(为广义坐标的函数),代入式(14-10),便可求出质点系的广义力。

(2) 几何法

对于有 k 个自由度的质点系,加上 $k-1$ 个“锁”,使质点系只有一个广义虚位移 δq_j 不等于零,这样质点系的虚功为

$$\delta W_j = Q_j \delta q_j$$

得

$$Q_j = \frac{\delta W_j}{\delta q_j}$$

即每次只给出一个对应于广义坐标的虚位移,就可以求出相应的广义力。

例 14-8　机构由两均质杆铰接而成(图 14-17a)。已知:杆 OA 长为 l_1,质量为 m_1,杆 AB 长为 l_2,质量为 m_2。在自由端 B 作用一水平力 $\boldsymbol{F}$。试求系统在铅垂平面内处于平衡时,杆 OA 和 AB 与铅垂线的夹角 θ_1 和 θ_2。

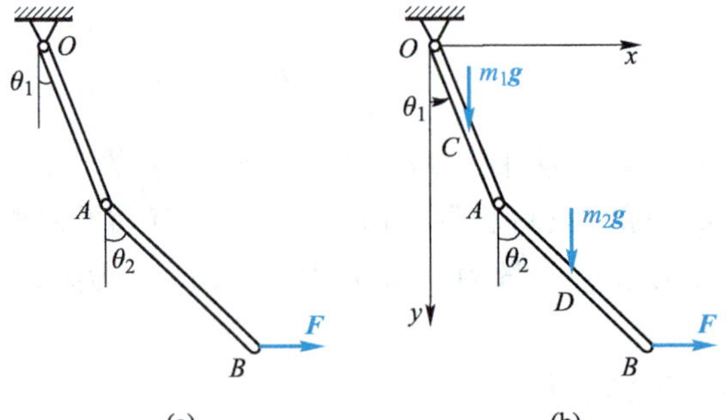

图 14-17　例 14-8 图

解　此质点系有两个自由度,选广义坐标为 θ_1 和 θ_2。

(1) 解析法

建立直角坐标如图 14-17b 所示,先写出各主动力的投影

$$F_{Cy} = m_1 g, \quad F_{Dy} = m_2 g, \quad F_{Bx} = F$$

再列写出与主动力相关的坐标,由图知

$$y_C = \frac{l_1}{2}\cos\theta_1$$

$$y_D = l_1\cos\theta_1 + \frac{l_2}{2}\cos\theta_2$$

$$x_B = l_1\sin\theta_1 + l_2\sin\theta_2$$

其对广义坐标的偏导数分别为

$$\frac{\partial y_C}{\partial \theta_1} = -\frac{l_1}{2}\sin\theta_1,\quad \frac{\partial y_C}{\partial \theta_2} = 0$$

$$\frac{\partial y_D}{\partial \theta_1} = -l_1\sin\theta_1,\quad \frac{\partial y_D}{\partial \theta_2} = -\frac{l_2}{2}\sin\theta_2$$

$$\frac{\partial x_B}{\partial \theta_1} = -l_1\cos\theta_1,\quad \frac{\partial x_B}{\partial \theta_2} = l_2\cos\theta_2$$

代入式(14-10),得对应于广义坐标 θ_1 和 θ_2 的广义力,为

$$Q_{\theta_1} = -\frac{1}{2}m_1 g l_1\sin\theta_1 - m_2 g l_1\sin\theta_1 + F l_1\cos\theta_1$$

$$Q_{\theta_2} = -\frac{1}{2}m_2 g l_2\sin\theta_2 + F l_2\cos\theta_2$$

根据平衡条件式(14-12),所有的广义力等于零。

由 $Q_{\theta_1}=0$,得

$$\theta_1 = \arctan\frac{2F}{(m_1+2m_2)g}$$

由 $Q_{\theta_2}=0$,得

$$\theta_2 = \arctan\frac{2F}{m_2 g}$$

(2) 几何法

令 $\delta\theta_2=0$,即锁住 θ_2,使 θ_2 不变,质点系只有 $\delta\theta_1$ 时,其各点虚位移如图14-18a所示,其虚功为

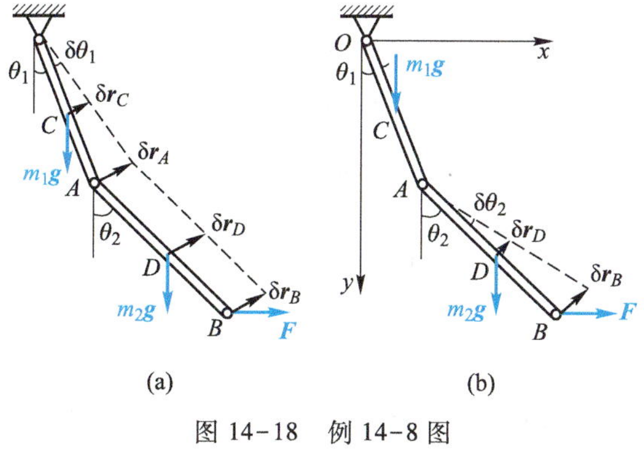

图 14-18　例 14-8 图

$$\delta W_{\theta_1} = -m_1 g\sin\theta_1\delta r_C - m_2 g\sin\theta_1\delta r_D + F\cos\theta_1\delta r_B = 0 \tag{a}$$

因

$$\delta r_B = \delta r_D = \delta r_A = 2\delta r_C = l_1\delta\theta_1$$

代入式(a)有

$$\delta W_{\theta_1} = \left(-\frac{1}{2}m_1 g\sin\theta_1 - m_2 g\sin\theta_1 + F\cos\theta_1\right) l_1\delta\theta_1$$

得广义力

$$Q_{\theta_1} = \frac{\delta W_{\theta_1}}{\delta\theta_1} = -\frac{1}{2}m_1 g l_1\sin\theta_1 - m_2 g l_1\sin\theta_1 + F l_1\cos\theta$$

再令 $\delta\theta_1=0$，即锁住 θ_1，使 θ_1 不变，质点系只有 $\delta\theta_2$ 时，其各点虚位移如图14-18b所示，其虚功为

$$\delta W_{\theta_2} = -m_2 g\sin\theta_2\delta r_D + F\cos\theta_2\delta r_B = 0 \tag{b}$$

因

$$\delta r_B = 2\delta r_D = l_2\delta\theta_2$$

代入式(b)有

$$\delta W_{\theta_2} = \left(-\frac{1}{2}m_2 g\sin\theta_2 + F\cos\theta_2\right) l_2\delta\theta_2$$

得广义力

$$Q_{\theta_2} = \frac{\delta W_{\theta_2}}{\delta\theta_2} = -\frac{1}{2}m_2 g l_2\sin\theta_2 + F l_2\cos\theta_2$$

两种方法得到的结果相同。

文档：例 14-9 题解

例 14-9　两物重力分别为 P_1 和 P_2，斜面的倾角分别为 θ 和 φ，在动滑轮的轴上挂一重力为 P_3 的重物如图 14-19 所示。不计各轮重量和摩擦。试求平衡时重力 P_1 和 P_2 的值。

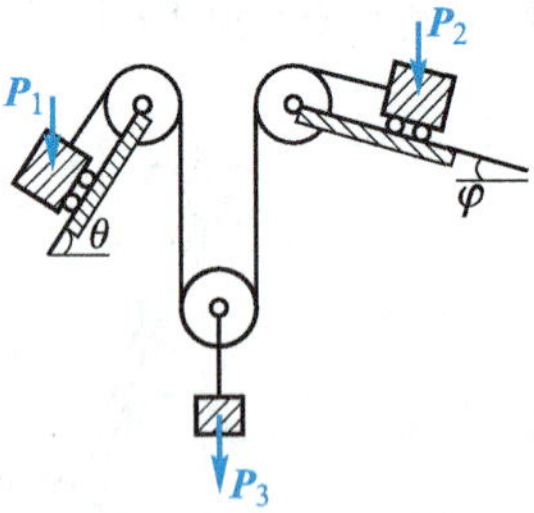

图 14-19　例 14-9 图

§ 14-5　势力场中质点系的平衡及其稳定性

1. 势力场中质点系的平衡条件

当主动力 $\boldsymbol{F}_i(i=1,\cdots,n)$ 均为有势力，由第十二章中有势力的概念知

$$F_{xi} = -\frac{\partial V}{\partial x_i},\quad F_{yi} = -\frac{\partial V}{\partial y_i},\quad F_{zi} = -\frac{\partial V}{\partial z_i}$$

则主动力系在虚位移中的元功之和可表示为

$$\begin{aligned}\delta W &= \sum \boldsymbol{F}_i \cdot \delta \boldsymbol{r}_i = \sum (F_{xi}\delta x_i + F_{yi}\delta y_i + F_{zi}\delta z_i) \\ &= -\sum\left(\frac{\partial V}{\partial x_i}\delta x_i + \frac{\partial V}{\partial y_i}\delta y_i + \frac{\partial V}{\partial z_i}\delta z_i\right) \\ &= -\delta V\end{aligned}$$

代入式(14-6),得

$$\delta V = 0$$

此式表明,**在势力场中质点系处于平衡时,势能具有驻值**。

若用广义坐标表示势能函数为

$$V = V(q_1, q_2, \cdots, q_k)$$

则

$$\delta V = \frac{\partial V}{\partial q_1}\delta q_1 + \frac{\partial V}{\partial q_2}\delta q_2 + \cdots + \frac{\partial V}{\partial q_k}\delta q_k = \sum_{j=1}^{k}\frac{\partial V}{\partial q_j}\delta q_j$$

因 $\delta W = -\delta V$,与式(14-9)的关系为

$$\sum_{j=1}^{k} Q_j \delta q_j = -\sum_{j=1}^{k}\frac{\partial V}{\partial q_j}\delta q_j$$

有

$$Q_j = -\frac{\partial V}{\partial q_j} \quad (j = 1, \cdots, k) \tag{14-13}$$

由式(14-12)可得质点系的平衡条件为

$$\frac{\partial V}{\partial q_j} = 0 \quad (j = 1, \cdots, k) \tag{14-14}$$

应用此公式求解具有理想约束的有势力系统的平衡问题时,选取合适的广义坐标,并将势能表示为广义坐标的函数,然后将此函数对广义坐标求偏导数,即可得所需的平衡方程。

例 14-10 在图 14-20 所示平面机构中,各杆长均为 l,在铰链 A 处挂一重为 G 的重物,在物块 B 上系以刚度系数为 k 的弹簧。当 $\varphi = \varphi_0$ 时,弹簧为原长。试求机构的平衡条件。

解 机构具有一个自由度,取广义坐标为 φ。作用在系统上的主动力均为有势力。

在图 14-20 所示任意位置($\varphi < \varphi_0$)时,重力 $\boldsymbol{G}$ 的势能(取水平轴 OB 为重力势能的零点)为

$$V_1 = Gl\sin\varphi$$

弹簧的净压缩 $\delta = 2l(\cos\varphi - \cos\varphi_0)$,则弹性力的势能(取弹簧原长为弹性势能的零点)为

$$V_2 = \frac{1}{2}k\delta^2 = 2kl^2(\cos\varphi - \cos\varphi_0)^2$$

因此系统的总势能为

$$V = V_1 + V_2 = Gl\sin\varphi + 2kl^2(\cos\varphi - \cos\varphi_0)^2$$

由式(14-14)得机构的平衡条件

$$\frac{\partial V}{\partial \varphi} = Gl\cos\varphi - 4kl^2(\cos\varphi - \cos\varphi_0)\sin\varphi = 0$$

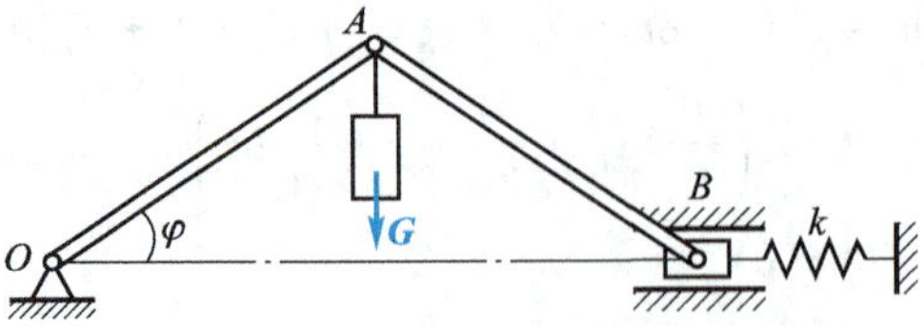

图 14-20　例 14-10 图

即

$$G = 4kl(\cos\varphi - \cos\varphi_0)\tan\varphi$$

例 14-11　重为 G 的平台，用三组相同的弹簧等距离地支承(图 14-21a)，每组弹簧的刚度系数为 k，平台长为 $2l$，台面中点为 D。如台面重心有一偏心距 e，试求台面的平衡位置。

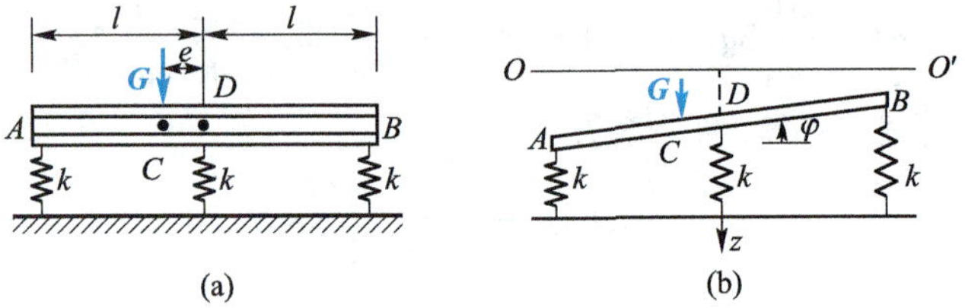

图 14-21　例 14-11 图

解　系统具有两个自由度，取 D 点的铅直坐标 z(z 从弹簧未变形的水平位置起算)和平台对水平线的转角 φ 为广义坐标(图 14-21b)。

若以弹簧未变形的位置 $O-O'$ 作为重力势能和弹性势能的零点，系统的总势能为

$$V = -Gz_C + \frac{1}{2}kz_A^2 + \frac{1}{2}kz^2 + \frac{1}{2}kz_B^2$$

式中

$$z_C = z + e\varphi,\quad z_A = z + l\varphi,\quad z_B = z - l\varphi$$

代入有

$$V = -G(z + e\varphi) + \frac{1}{2}k(z + l\varphi)^2 + \frac{1}{2}kz^2 + \frac{1}{2}k(z - l\varphi)^2$$

系统的平衡条件为

$$\frac{\partial V}{\partial z} = 0,\quad -G + k(z + l\varphi) + kz + k(z - l\varphi) = 0 \tag{a}$$

$$\frac{\partial V}{\partial \varphi} = 0,\quad -Ge + kl(z + l\varphi) - kl(z - l\varphi) = 0 \tag{b}$$

由式(a)、(b)得到平台的平衡位置为

$$z = \frac{G}{3k},\quad \varphi = \frac{Ge}{2kl^2}$$

2. 质点系在势力场中平衡的稳定性

质点系在势力场中运动时，其机械能守恒，该质点系是保守系统。若质点系

在某一位置处于平衡，却可能具有不同的平衡状态。例如，三个相同的均质小球放置在图 14-22 所示的波形曲面与平面上，A、B、C 三点均是平衡位置，却有不同的平衡状态。小球在下凹曲面的最低点 A 处的平衡，当小球受到某种微小扰动后，小球在重力作用下总能回到原平衡位置或在原位置附近运动，这种平衡状态称为**稳定平衡**；小球在上凸曲面的最高点 B 处的平衡，当小球被扰动后，小球在重力作用下，将远离其平衡位置，这种平衡状态称为**不稳定平衡**；小球在水平面上 C 处的平衡，当小球受到扰动后，能在任意位置继续保持平衡，这种平衡状态称为**随遇平衡**。

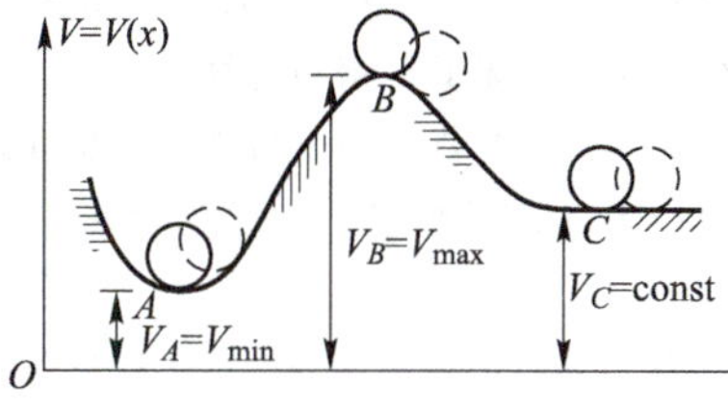

图 14-22　平衡的三种状态

研究平衡的稳定性具有很大的实际意义。一般情况下，工程结构要求在稳定平衡的状态下工作，这样就需要判别结构的平衡是否具有稳定性。

经过进一步地研究，拉格朗日-狄利克雷提出一个关于保守系统平衡稳定性的定理。即**质点系在平衡位置的势能具有极小值，则该平衡是稳定的；若势能为非极小值，则其平衡是不稳定的**。

下面仅讨论具有理想约束的单自由度保守系统的平衡稳定性。以 q 为广义坐标，系统的势能可表示为

$$V = V(q)$$

因为在平衡位置上势能 V 具有驻值，即

$$\frac{\mathrm{d}V}{\mathrm{d}q} = 0$$

由此式可求出平衡位置 $q = q_0$。

若
$$\left(\frac{\partial^2 V}{\partial q^2}\right)_{q=q_0} > 0$$

势能将具有极小值，平衡是稳定的；

若
$$\left(\frac{\partial^2 V}{\partial q^2}\right)_{q=q_0} < 0$$

则势能将具有极大值，平衡是不稳定的；

若
$$\left(\frac{\partial^2 V}{\partial q^2}\right)_{q=q_0} = 0$$

则要根据更高阶的导数来判断是否稳定。如果在各阶导数中，第一个非零导数是偶数阶的，并且为正值，则势能为极小，平衡是稳定的；若为负值，则势能为极大，平衡是不稳定的。如果所有各阶导数均为零，表明 V 是常量，平衡将是随遇的。

例 14-12 杆长为 l，在铰链支座 O 处系以螺线形弹簧（扭转弹簧）。在 A 端受有轴向力 $\boldsymbol{F}$（图 14-23）。已知螺线形弹簧扭转刚度系数为 k，当杆在铅垂位置时，螺线弹簧无变形。试讨论杆在铅垂位置的平衡稳定性。

解 本系统为具有一个自由度的保守系统。以 θ 为广义坐标。杆处于图示平面内任一位置 OA' 时，系统的势能是力 $\boldsymbol{F}$（看作重力）的势能与螺线形弹簧势能之和。

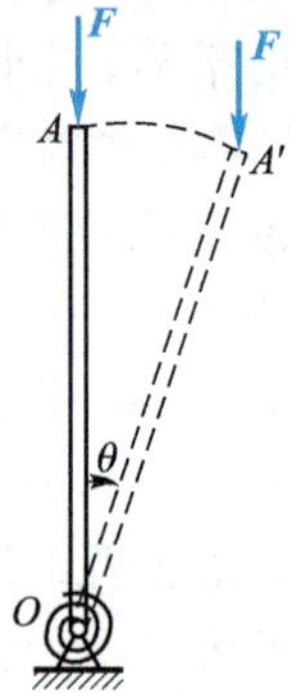

图 14-23
例 14-12 图

取 O 点为重力零势能位置，力 $\boldsymbol{F}$ 的势能为

$$V_1 = Fl\cos\theta$$

螺线形弹簧势能的计算与直线形弹簧相似。取 $\theta=0$ 的位置为弹簧的零势能位置，当杆转过 θ(rad) 时，螺线形弹簧的势能为

$$V_2 = \frac{l}{2}k\theta^2$$

于是系统的总势能为

$$V = Fl\cos\theta + \frac{l}{2}k\theta^2 \tag{a}$$

由 $\frac{\mathrm{d}V}{\mathrm{d}\theta}=0$ 找出平衡位置，即

$$-Fl\sin\theta + k\theta = 0 \tag{b}$$

显然，$\theta=0$ 为式(b)的一个根，即杆在铅垂位置是它的一个平衡位置。另外，对于满足式(b)的 $\theta>0$ 的解，也都是杆的平衡位置。这里仅讨论杆在铅垂位置的平衡稳定性。

由 $\frac{\mathrm{d}^2V}{\mathrm{d}\theta^2}=k-Fl\cos\theta$，将 $\theta=0$ 的平衡位置代入得

$$\frac{\mathrm{d}^2V}{\mathrm{d}\theta^2} = k - Fl$$

由判断平衡稳定性的条件可知：

(1) 当 $F<\frac{k}{l}$ 时，$\left(\frac{\mathrm{d}^2V}{\mathrm{d}\theta^2}\right)_{\theta=0}>0$，平衡是稳定的；

(2) 当 $F>\frac{k}{l}$ 时，$\left(\frac{\mathrm{d}^2V}{\mathrm{d}\theta^2}\right)_{\theta=0}<0$，平衡是不稳定的；

(3) 当 $F=\frac{k}{l}$ 时，$\left(\frac{\mathrm{d}^2V}{\mathrm{d}\theta^2}\right)_{\theta=0}=0$，是否稳定待定。

为了判定情况(3)压杆的稳定性，应考虑势能 V 的更高阶导数。

因

$$\left(\frac{\mathrm{d}^3V}{\mathrm{d}\theta^3}\right)_{\theta=0}=(Fl\sin\theta)_{\theta=0}=0$$

而

$$\left(\frac{\mathrm{d}^4V}{\mathrm{d}\theta^4}\right)_{\theta=0}=(Fl\cos\theta)_{\theta=0}=Fl>0$$

所以 $F=\dfrac{k}{l}$ 时，系统在 $\theta=0$ 的势能仍为极小值，平衡还是稳定的。

由此可见，$F\leqslant\dfrac{k}{l}$ 时，杆在 $\theta=0$ 的位置是稳定平衡；$F>\dfrac{k}{l}$ 时，杆在 $\theta=0$ 位置为不稳定平衡。

例 14-13　一长为 l、质量为 m 的均质杆，在 B 点系以刚度系数为 k 的弹簧，A 点搁在光滑的水平面上（图 14-24）。当杆 AB 直立时，弹簧无变形。已知：$mg\leqslant 2kl$。试求杆的平衡位置 φ 及其平衡的稳定性。

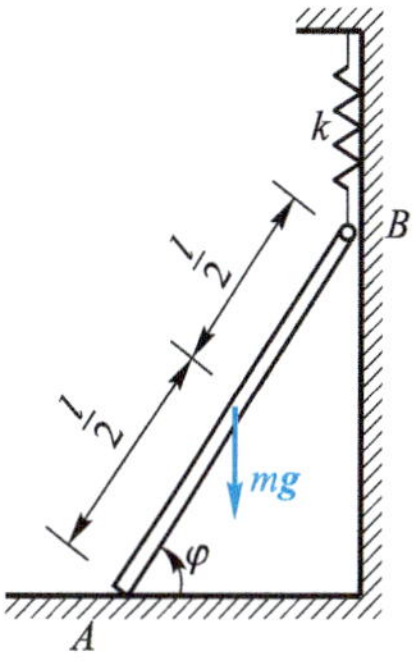

图 14-24　例 14-13 图

解　本例为一个自由度系统，取 φ 为广义坐标，以水平面为重力零势面，以弹簧原长处为弹性力的零势点，则系统的势能为

$$V=\frac{l}{2}mg\sin\varphi+\frac{1}{2}k(l-l\sin\varphi)^2 \tag{a}$$

势能 V 对广义坐标 φ 的一阶导数为

$$\frac{\mathrm{d}V}{\mathrm{d}\varphi}=\frac{l}{2}\cos\varphi[mg-2kl(1-\sin\varphi)] \tag{b}$$

令 $\dfrac{\mathrm{d}V}{\mathrm{d}\varphi}=0$，即得系统的平衡位置为

$$\cos\varphi=0 \tag{c}$$

$$mg-2kl(1-\sin\varphi)=0 \tag{d}$$

由式(c)得

$$\varphi_1=\frac{\pi}{2},\quad \varphi_2=-\frac{\pi}{2}$$

由式(d)得

$$\varphi_3=\arcsin\left(1-\frac{mg}{2kl}\right)$$

接下来确定这三个位置的平衡稳定性。由

$$\frac{\mathrm{d}^2V}{\mathrm{d}\varphi^2}=\frac{l}{2}[(2kl-mg)\sin\varphi+2kl\cos 2\varphi] \tag{e}$$

或

$$\frac{\mathrm{d}^2V}{\mathrm{d}\varphi^2}=\frac{l}{2}[(2kl-mg)\sin\varphi+2kl(1-2\sin^2\varphi)] \tag{e'}$$

当 $\varphi_1=\dfrac{\pi}{2}$ 时，由式(e)得

$$\left.\frac{\mathrm{d}^2V}{\mathrm{d}\varphi^2}\right|_{\varphi_1=\frac{\pi}{2}}=\frac{l}{2}\left[(2kl-mg)\sin\frac{\pi}{2}+2kl\cos\pi\right]=-\frac{l}{2}mg<0$$

因而在 $\varphi_1=\dfrac{\pi}{2}$ 位置，AB 杆的平衡是不稳定的。

当 $\varphi_2=-\dfrac{\pi}{2}$ 时，仍由式(e)得

$$\left.\frac{d^2V}{d\varphi^2}\right|_{\varphi_1=-\frac{\pi}{2}}=-\frac{l}{2}(4kl+mg)<0$$

即在 $\varphi_2=-\frac{\pi}{2}$ 位置，AB 杆的平衡也是不稳定的，但图示机构实际上不可能出现 φ_2 的情况。

当 $\varphi_3=\arcsin\left(1-\frac{mg}{2kl}\right)$ 时，由式(e′)得

$$\left.\frac{d^2V}{d\varphi^2}\right|_{\varphi=\varphi_3}=\frac{l}{2}\left\{(2kl-mg)\left(1-\frac{mg}{2kl}\right)+2kl\left[1-2\left(1-\frac{mg}{2kl}\right)^2\right]\right\}$$

$$=kl^2\left[1-\left(1-\frac{mg}{2kl}\right)^2\right]$$

当 $mg\leqslant 2kl$ 时，$\left.\frac{d^2V}{d\varphi^2}\right|_{\varphi=\varphi_3}>0$，即只要 φ_3 存在，AB 杆的平衡是必然稳定的。

思　考　题

14-1　试确定下列系统的自由度：

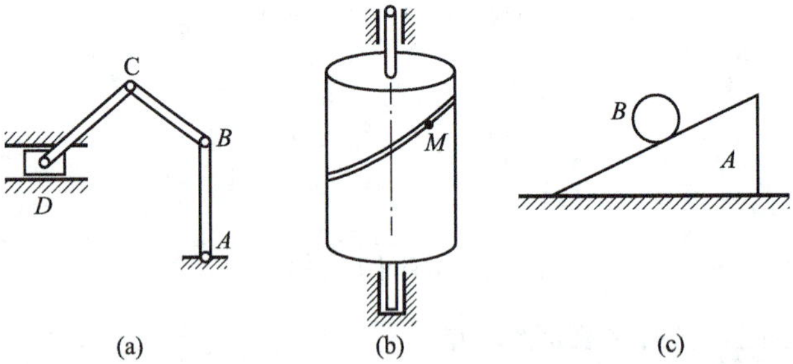

思考题 14-1 图

(1) 各链杆铰接，滑块 D 可在水平槽内运动(图 a)；

(2) 圆柱可绕固定铅直轴转动，小物块 M 可在圆柱表面的槽内运动(图 b)；

(3) 系统由楔块 A 及滚子 B 组成，A 可在水平面上运动(图 c)，分别讨论滚子 B 只滚动不滑动和又滚又滑两种情况。

14-2　滑轮组如图所示，试写出：(1) 系统的约束方程；(2) 系统的自由度；(3) A、B 两物体的虚位移关系。如果水平面是粗糙的，试问物块 A 所受的摩擦力方向是否与该物体的虚位移方向相反？为什么？

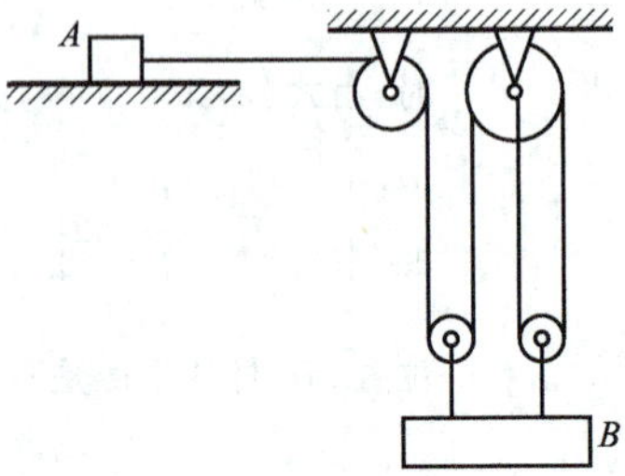

思考题 14-2 图

14-3 实位移是虚位移之一,这种说法是否正确?为什么?

14-4 在何种情况下,应用解析法求解平衡问题?

14-5 广义力与广义坐标有什么联系?计算广义力时,其相应的广义虚位移 δq 是否可任意选取?

14-6 如果物体仅受重力作用,物体平衡的稳定性与其重心的位置有何关系?

习题

14-1 一台秤的构造如题图所示。已知:$BC \parallel OD$,且 $BC=OD$,$BC=AB/10$。设秤锤重为 $G_1=10$ N,试求秤台上的物重 G_2。

14-2 图示一千斤顶机构。手柄长 $R=180$ mm,与齿轮 1 固结为一体。已知齿轮半径分别为 $r_1=30$ mm,$r_2=120$ mm,$r_3=40$ mm,$r_4=160$ mm,$r_5=30$ mm。试问在手柄 A 端沿垂直于手柄的方向作用力 $\boldsymbol{F}_1$ 多大时,才能使千斤顶的承台承受 $F_2=4.8$ kN 的压力?

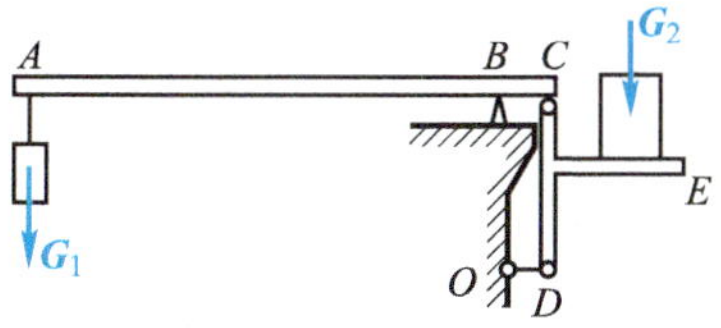

题 14-1 图

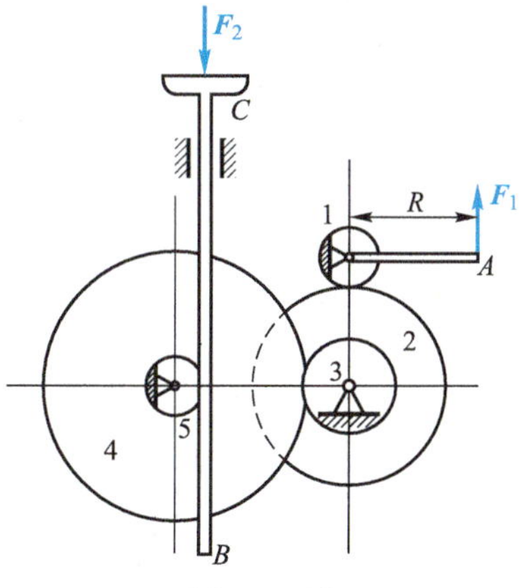

题 14-2 图

14-3 在螺旋压榨机上作用一矩为 M 的力偶,手轮与螺杆为一体,螺杆两端刻有螺距为 h 的相反螺纹,螺杆上套有两螺母,螺母与菱形框连接如图所示。试求当菱形顶角为 2φ 时的压榨力 $\boldsymbol{F}$。

14-4 在图示压榨机构的曲柄 OA 上作用一力偶,其矩 $M=50$ N·m,若 $OA=r=0.1$ m,$BD=DC=DE=l=0.3$ m,$\angle OAB=90°$,$\varphi=15°$。试求压榨力 $\boldsymbol{F}$ 的大小。

文档:习题 14-4 题解

14-5 在图示机构中,当曲柄 OC 绕水平轴 O 轴摆动时,滑块 A 可沿曲柄 OC 滑动,并带动一沿铅直导槽 K 运动的杆 AB。已知:$OC=R$,$OK=l$。试问在 C 点沿垂直于曲柄 OC 的方向应作用多大的力 $\boldsymbol{F}_1$,才能平衡沿杆 AB 作用并朝上的力 $\boldsymbol{F}_2$。

14-6 图示一折梯放在粗糙的水平地面上,AC 与 BC 可视为均质杆,梯子与地面间的静摩擦因数为 f_s。试求平衡时梯子与水平面所成的最小角度 φ。

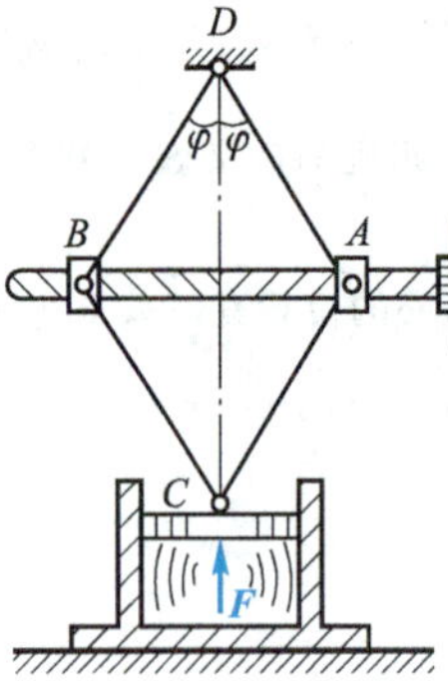

题 14-3 图

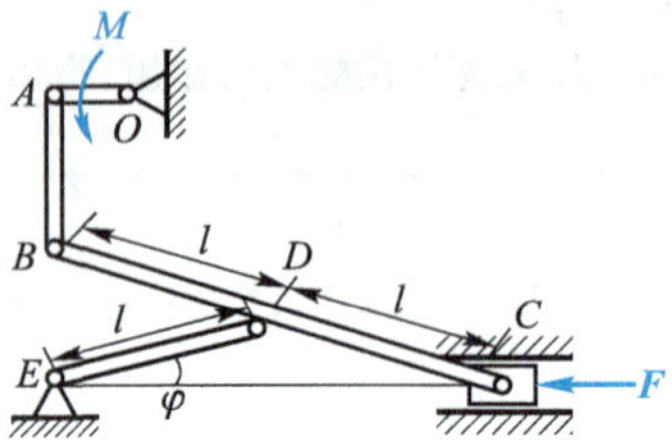

题 14-4 图

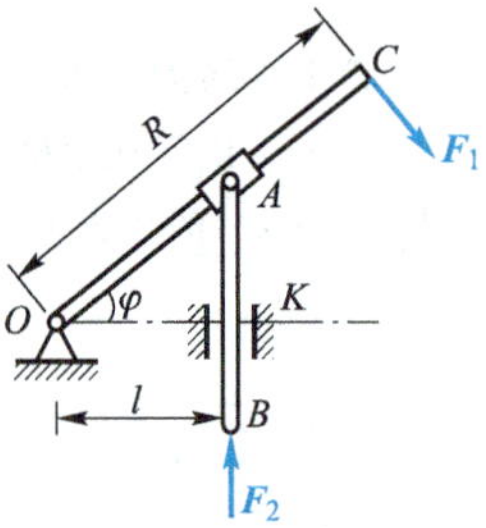

题 14-5 图

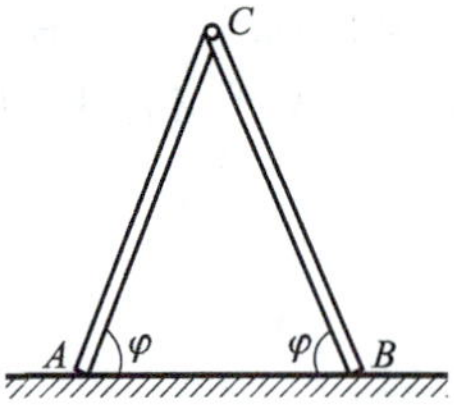

题 14-6 图

文档：
习题 14-7
题解

14-7　在图示机构中，连接 D、E 两点的弹簧之刚度系数为 k，$AB=BC=l$，$BD=BE=h$。当 $AC=b$ 时，弹簧拉力为零。设在 C 处作用一水平力 $\boldsymbol{F}$，使系统处于平衡，试求 A、C 间的距离 x。

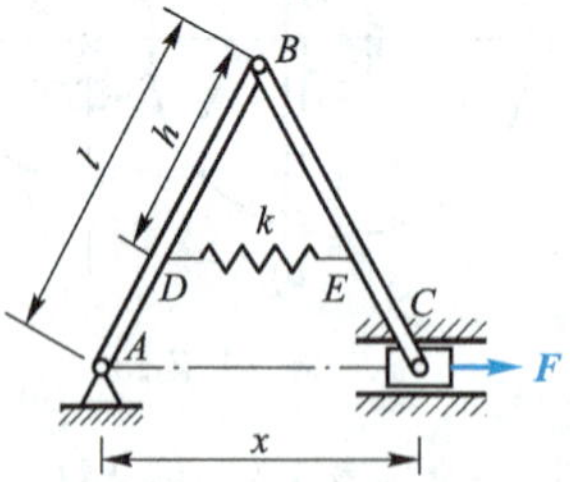

题 14-7 图

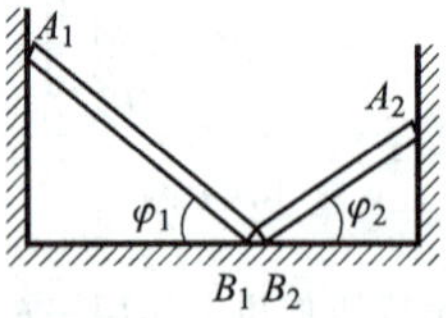

题 14-8 图

14-8　如图，两均质杆 A_1B_1 与 A_2B_2 各长为 l_1 与 l_2，各重为 G_1 与 G_2，两杆的一端分别靠在铅直墙上，另一端 B_1、B_2 搁在水平面的同一处。试求平衡时，两杆与水平面所成夹角 φ_1 与 φ_2 之间的关系。

14-9　在图示机构的 D 点作用水平力 $\boldsymbol{F}_2$，已知：$AC=BC=EC=GC=DE=DG=l$。试求保持机构平衡的竖直力 $\boldsymbol{F}_1$ 的大小。

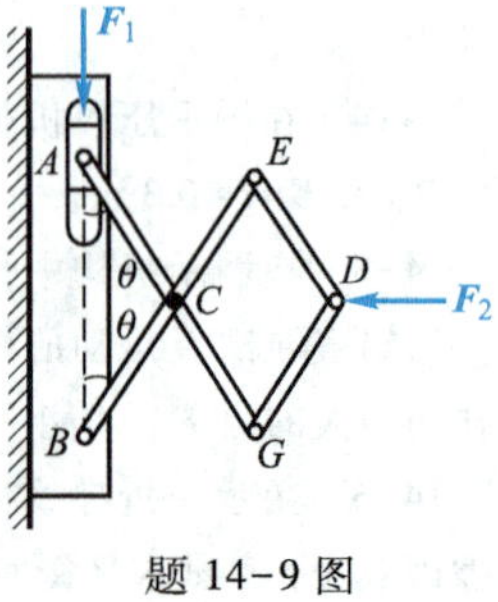

题 14-9 图

文档：
习题14-10
题解

14-10　在图示机构中，已知尺寸 $AD=DO=OB=20$ cm，$\varphi=30°$，$AB\perp AC$，$F_1=150$ N，弹簧的刚度系数 $k=150$ N/cm，在图示

位置已压缩变形 $\lambda_s = 2$ cm。试用虚位移原理求机构在图示位置平衡时，力 $\boldsymbol{F}_2$ 的大小。

14-11 在图示机构中，弹簧的刚度系数为 k，当 $\theta = 30°$ 时弹簧不受力，尺寸如图所示。试求平衡时悬挂物的重量 G 与角度 θ 之间的关系。

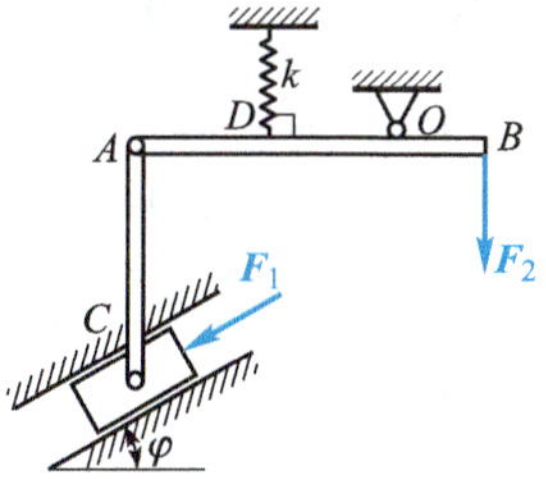

题 14-10 图

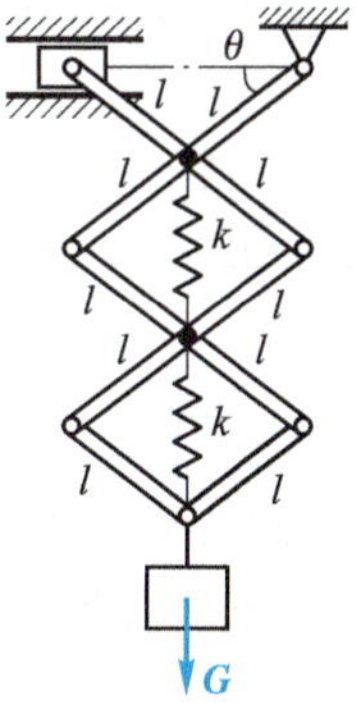

题 14-11 图

14-12 在图示结构中，$F_1 = 2$ kN，$F_2 = 3$ kN，尺寸如图所示，试求支座 C 处的约束力。

14-13 在图示静定刚架中，$F = 4$ kN，尺寸如图所示，试求支座 D 处的水平约束力。

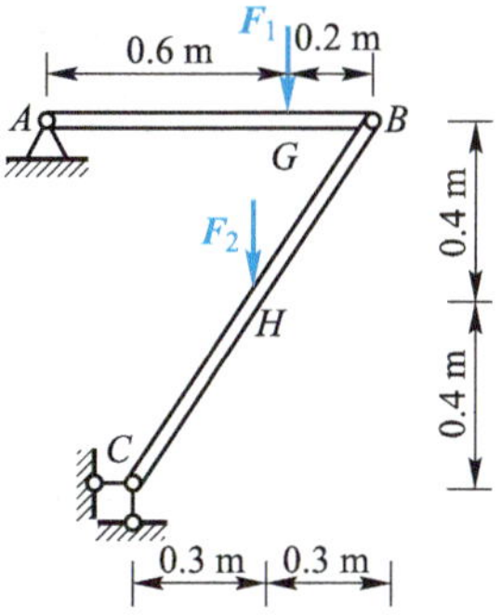

题 14-12 图

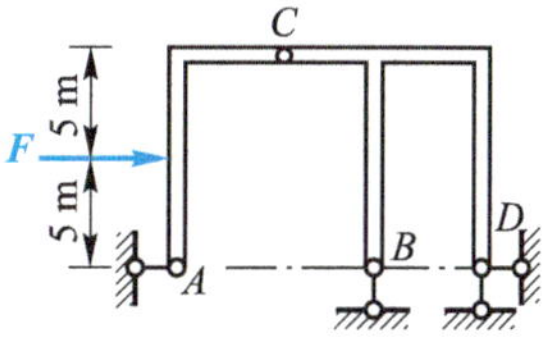

题 14-13 图

14-14 在图示多跨梁中，$F = 50$ kN，均布荷载 $q = 2.5$ kN/m，力偶矩 $M = 5$ kN · m，尺寸如图所示，试求支座 A、B 和 E 处的约束力。

14-15 在图示多跨梁中，均布荷载 $q = 1.5$ kN/m，$F = 4$ kN，$M = 2$ kN · m，尺寸如图所示，试求 A、B、C、E 四处的约束力。

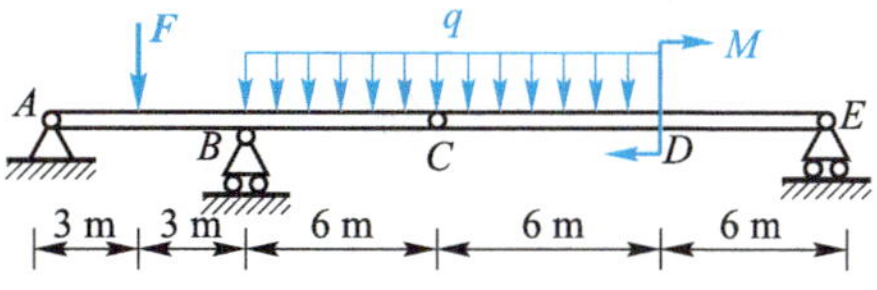

题 14-14 图

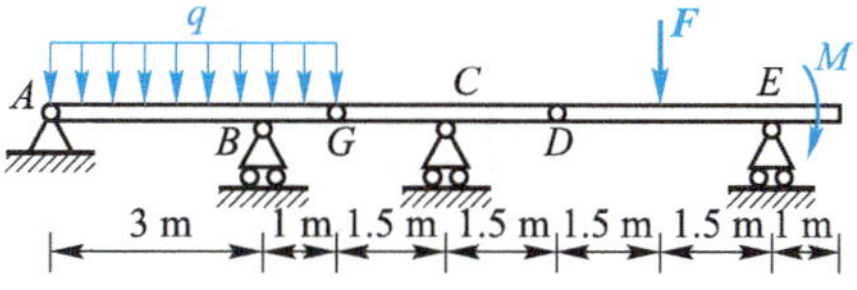

题 14-15 图

14-16　在图示多跨梁中，$F=1$ kN，$M=4$ kN·m，尺寸如图所示。试求杆 EO 和 CG 的力。

14-17　在图示多跨梁中，$F=5$ kN，均布荷载 $q=2$ kN/m，力偶矩 $M=12$ kN·m，尺寸如图所示。试求固定端 A 的约束力（包括约束力偶）。

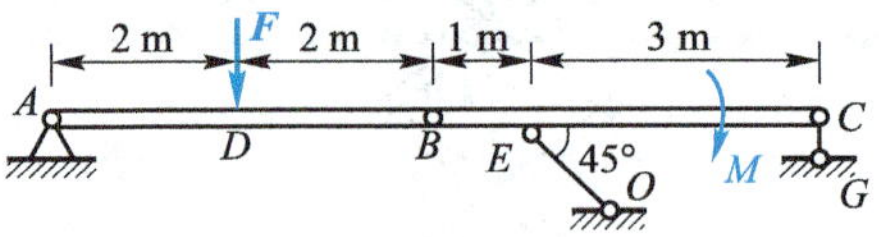

题 14-16 图

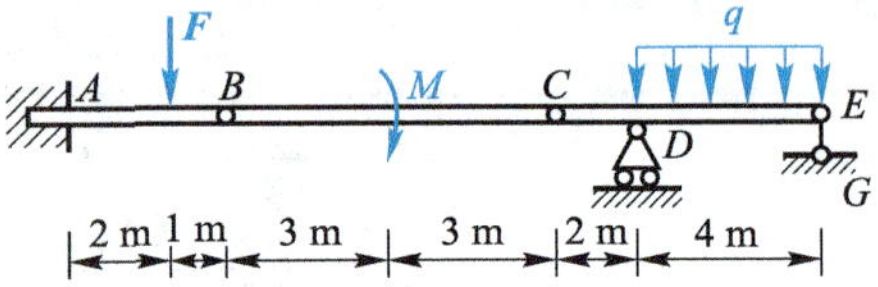

题 14-17 图

14-18　在图示刚架中，尺寸及荷载如图所示。试求支座 A、B 处的约束力。

14-19　由六个半拱组成的结构如图所示。已知尺寸 l，力 $F_1=F_2=F$。试求支座 B 处的约束力。

文档：
习题14-19
题解

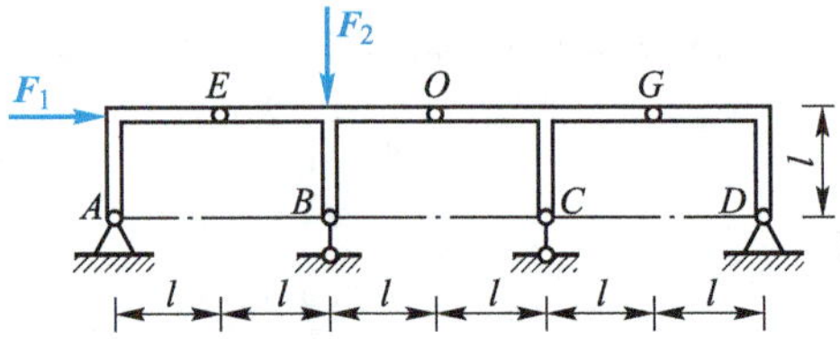

题 14-18 图

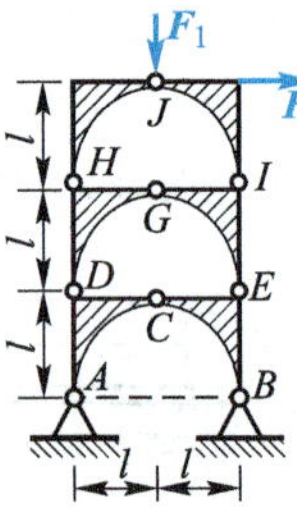

题 14-19 图

14-20　在图示组合结构中，已知 $F_1=4$ kN，$F_2=5$ kN，尺寸如图所示。试求杆 EG 的力。

14-21　图示桁架受水平力 $\boldsymbol{F}$ 作用，尺寸 b、h 如图所示。试求指定杆件的力。

14-22　图示桁架受力 $\boldsymbol{F}$ 作用，尺寸如图所示，试求指定杆件的力。

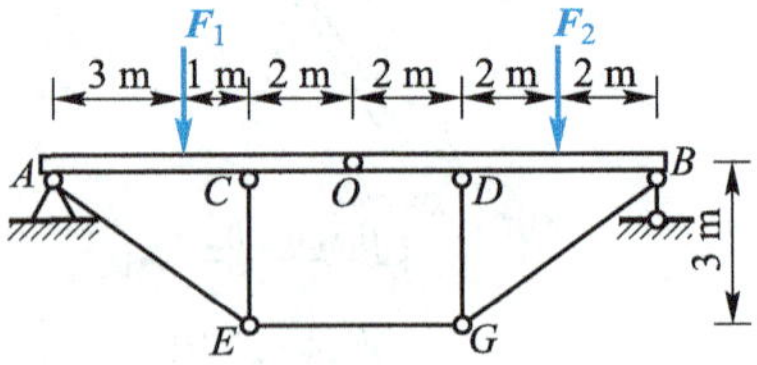

题 14-20 图

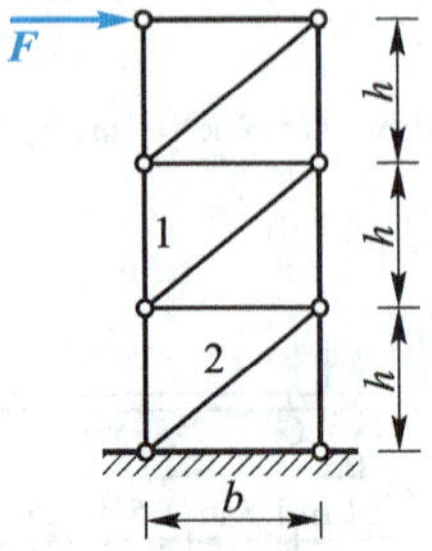

题 14-21 图

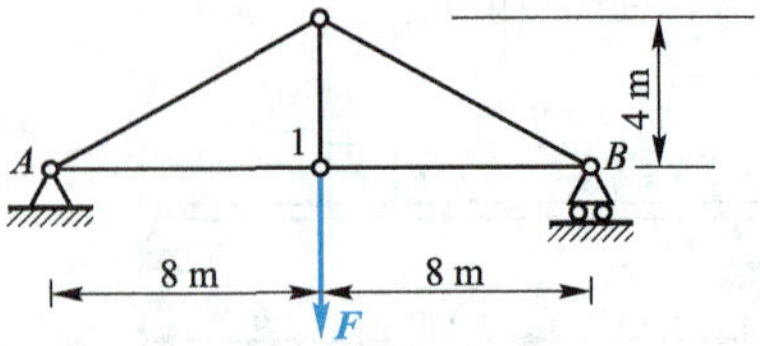

题 14-22 图

14-23 图示桁架均用长为 l 的杆件连接而成。已知 $\boldsymbol{F}$,试求指定杆件的力。

14-24 在图示机构中,已知角 θ ,杆长 $CA=AD=DB=BC=l$,各杆重不计,重物的重量为 G。试用虚位移原理求杆 AB 的内力。

文档:习题14-23题解

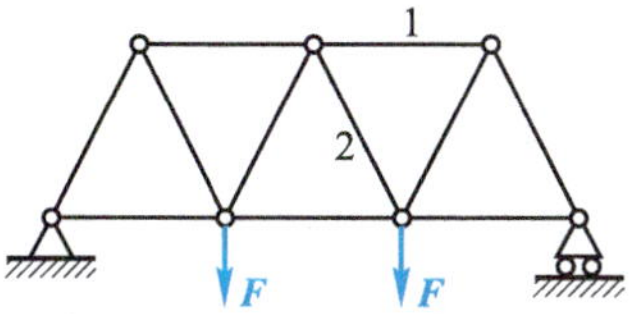

题 14-23 图

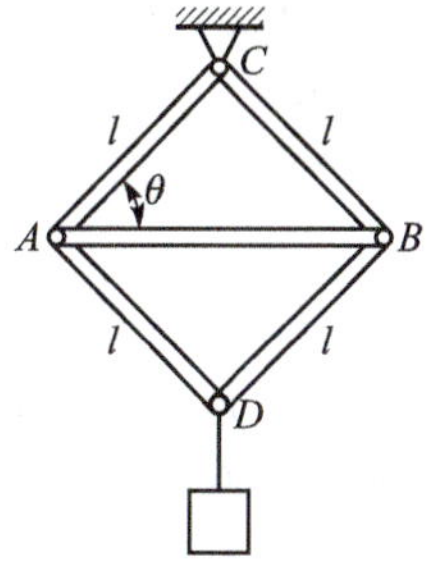

题 14-24 图

文档:习题14-24题解

14-25 均质杆 AB 长为 l,重为 G_1, B 端悬挂重为 G_2 的物块,放在宽为 b 的光滑矩形槽内如图所示。试求与广义坐标 θ 对应的广义力。

14-26 三根长均为 l 的杆件连接如图所示。在杆 AB 上作用矩为 M 的力偶,A、B 点有铅直力 $\boldsymbol{F}_1$、$\boldsymbol{F}_2$。试求对应于广义坐标 φ_1、φ_2 的广义力。

14-27 两相同的均质杆,长度均为 l,质量均为 m,作用两大小相同的力偶矩 M,如图所示。若系统处于平衡,试用广义坐标表示的平衡条件求杆与水平线之间的夹角 θ_1 与 θ_2。

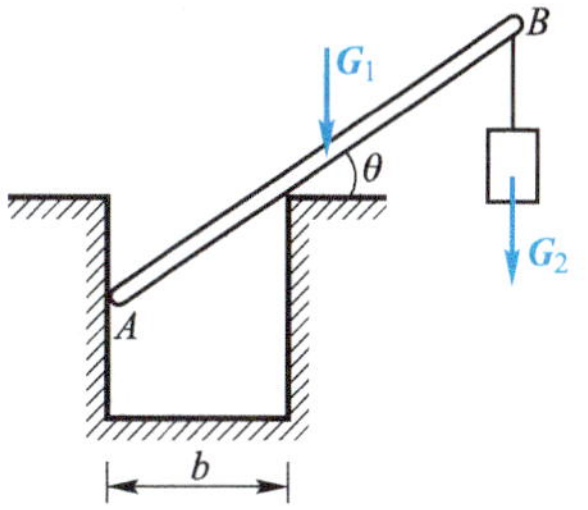

题 14-25 图

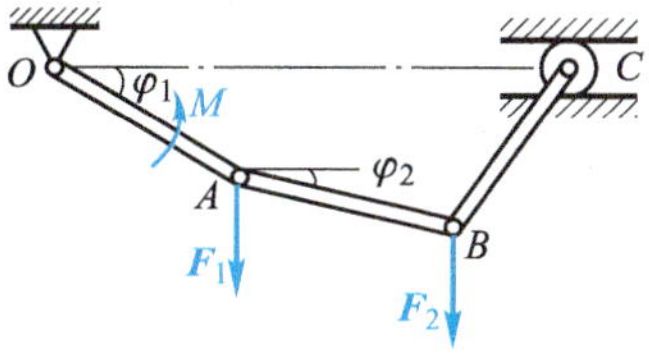

题 14-26 图

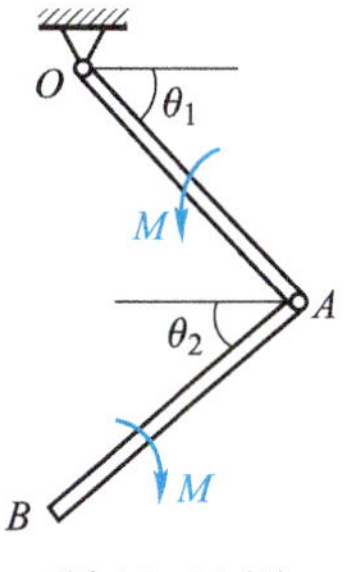

题 14-27 图

文档:习题14-28题解

14-28 如图,半径为 r 的磙子可沿粗糙水平导轨作有滑动的滚动,水平推力为 $\boldsymbol{F}$,滑道 B 光滑。当 $CD \perp BC$,$\angle ABC=\varphi$,$\angle ADC=90°-\varphi$ 时,系统处于平衡。试用广义坐标表示的平衡条件求力偶矩 M 的大小和磙子与导轨间的滑动摩擦力 $\boldsymbol{F}_s$。

14-29 系统如图所示。已知 $OB=BC=l$,$CD=DE$,$\angle OBC=\angle BCE=90°$。$E$ 处弹簧的刚度系数为 k_1,O 处的螺线形弹簧刚度系数为 k_2;在杆 OB 中点 A 作用竖直力 $\boldsymbol{F}$,在 BC 杆上作用水平向分布力,其最大集度为 q_m。试用广义坐标表示的平衡条件求水平弹簧的变形 λ 和螺线形弹簧的变形 φ。

文档:习题14-29题解

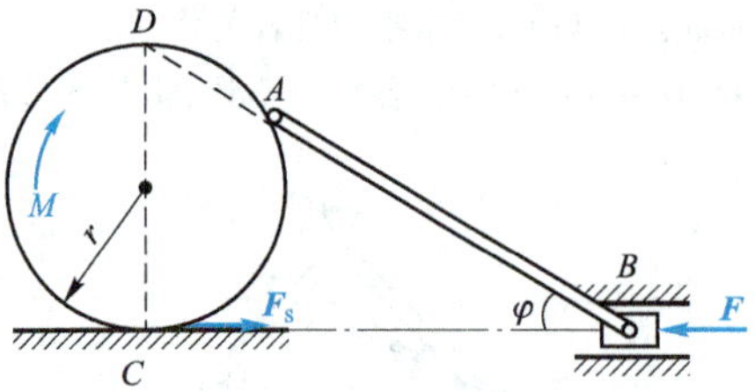

题 14-28 图

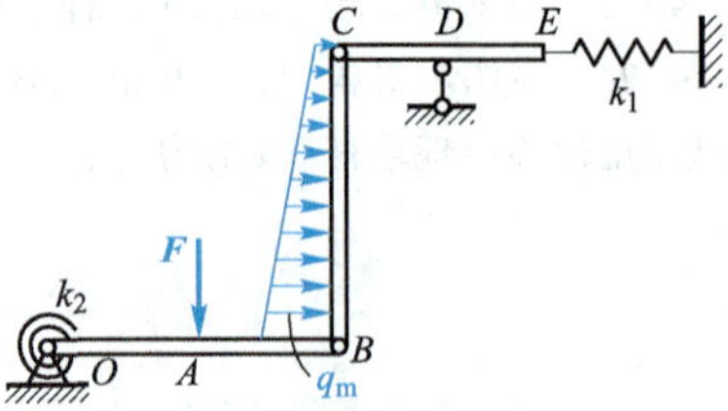

题 14-29 图

文档：习题14-30题解

14-30　系统如图所示，均质杆 OA 长 $l=3$ m，质量 $m=2$ kg，弹簧刚度系数 $k=4$ N/m，弹簧原长 $l_0=1.2$ m，$h=3.6$ m。试求平衡位置 θ，并讨论其平衡的稳定性。

14-31　地震仪杠杆 ACD 的 D 点固结一质量为 m 的重物。当 AC 处于水平位置时，刚度系数为 k 的两个弹簧均具有初压力 $\boldsymbol{F}_0$，尺寸 b、h 如图所示。试求当 BD 处于铅直位置且为稳定平衡时，弹簧的刚度系数 k。

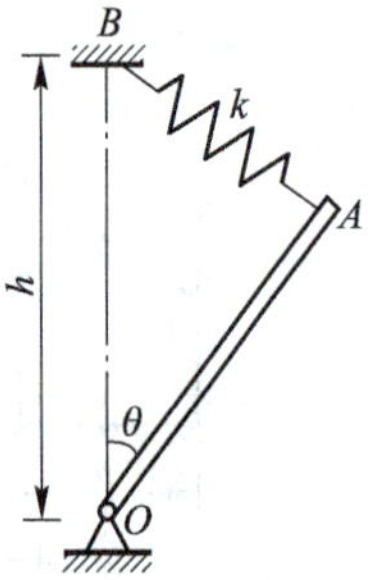

题 14-30 图

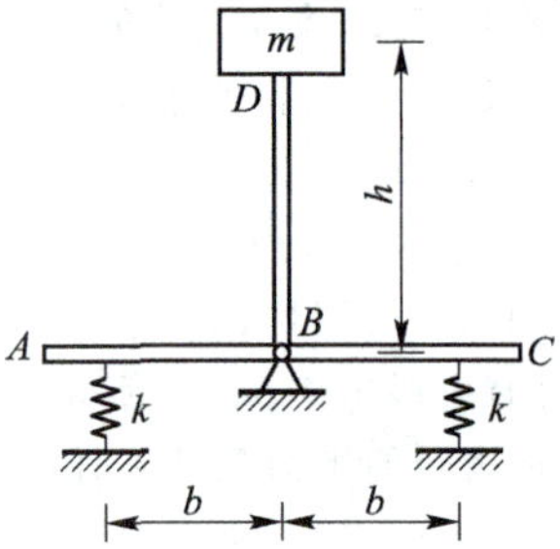

题 14-31 图

14-32　机构如图所示。已知 $G=1\ 764$ N，$l=200$ mm，$r=80$ mm，弹簧的刚度系数 $k=45$ kN/m，当 $\theta=0$ 时，弹簧为原长。试求系统的平衡位置，并讨论其稳定性。

14-33　半径为 r 的均质半圆柱体 A 置于另一半径为 R 的固定半圆柱体 B 的顶端如图所示。若 A 只滚不滑，试求稳定平衡时 R 必须满足的条件。

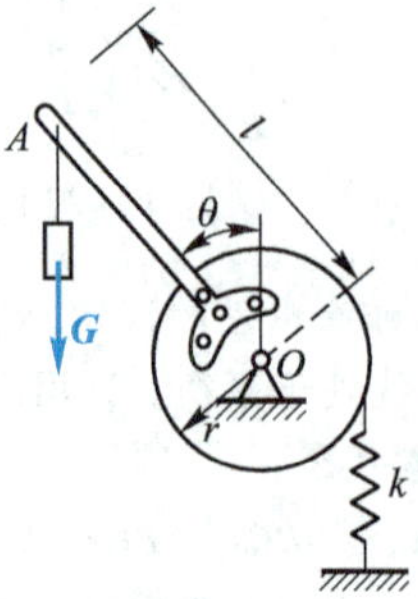

题 14-32 图

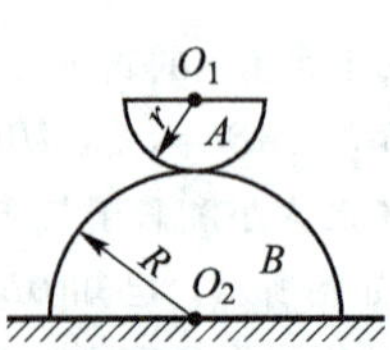

题 14-33 图

第十五章　动力学普遍方程和拉格朗日方程[①]

在动力学达朗贝尔原理一章中，讨论了动力学问题转化为静力学问题求解的方法。本章将达朗贝尔原理与虚位移原理相结合，导出**动力学普遍方程**和**拉格朗日方程**。

在动力学中，是用矢量（如力、位移、速度等）的方法研究动力学问题，故称为**矢量动力学**。本章则利用虚功、动能和势能的概念，用分析的方法求解动力学问题，所以这部分内容称为**分析动力学**。由于质点系的能量和功都是标量，采用的坐标又是广义坐标，所以，分析动力学是以一般的数学模型和数学分析方法研究动力学问题，得出统一的动力学方程，只要根据具体问题的情况进行代入和展开，就能得到针对该问题的具体结果。

§15-1　动力学普遍方程

应用达朗贝尔原理，可将动力学问题从形式上转化为静力学问题，而虚位移原理是解决静力学平衡问题的普遍原理。因此将达朗贝尔原理与虚位移原理相结合，就可以得出求解动力学问题普遍适用的方程——动力学普遍方程。

根据达朗贝尔原理，在质点系运动的任意瞬时，在每个质点上都假想地加上相应的惯性力 $\boldsymbol{F}_{\mathrm{I}i}=-m_i\boldsymbol{a}_i$，则作用于质点系的所有主动力、约束力与惯性力形式上构成一平衡力系。

给质点系一虚位移，由于约束是理想的，故所有约束力在任意虚位移中的元功之和为零。于是得到

$$\sum(\boldsymbol{F}_i+\boldsymbol{F}_{\mathrm{I}i})\cdot\delta\boldsymbol{r}_i=0 \tag{15-1a}$$

或

$$\sum(\boldsymbol{F}_i-m_i\boldsymbol{a}_i)\cdot\delta\boldsymbol{r}_i=0 \tag{15-1b}$$

也可写成解析形式为

$$\sum[(F_{xi}-m_i\ddot{x}_i)\delta x_i+(F_{yi}-m_i\ddot{y}_i)\delta y_i+(F_{zi}-m_i\ddot{z}_i)\delta z_i]=0 \tag{15-2}$$

这就是动力学普遍方程，也称作**达朗贝尔-拉格朗日原理**。该式表明，**任一瞬时，作用在受理想约束的质点系上的主动力与惯性力，在质点系任意虚位移中的元功之和等于零**。

---

① 这里实际指拉格朗日第二类方程。

动力学普遍方程是动力学中普遍而统一的方程，对于任一质点系，所列动力学方程数与系统的自由度相等。当涉及非定常约束时，由于质点系的虚位移是瞬时的，可将非定常约束在此瞬时“冻结”起来，和定常约束一样来应用虚位移原理。

例 15-1　一摆长按规律 $l=l_0-vt$（$v=$常量）而变化的单摆（图 15-1a），其质量为 m，试用动力学普遍方程建立此摆的运动微分方程。

解　(1) 运动分析

由于摆长的变化规律已知，故摆锤 A 的位置可由广义坐标 θ 确定，即系统是一个受非定常约束的单自由度系统。取直角坐标如图 15-1b 所示，摆锤 A 的加速度由解析法表示如下

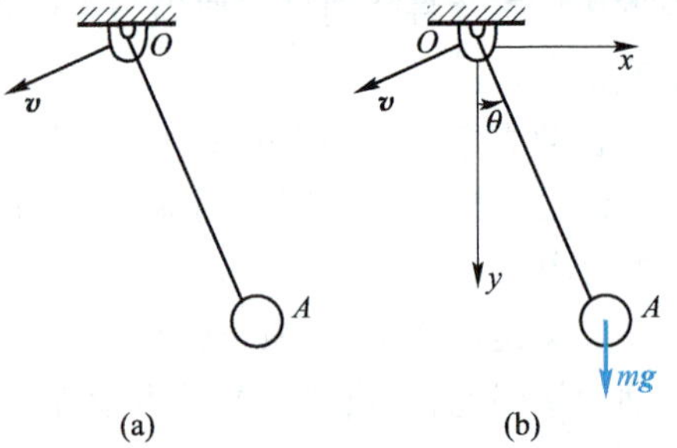

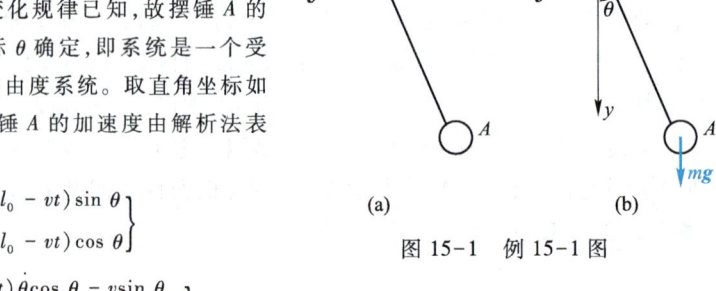

图 15-1　例 15-1 图

$$\left.\begin{aligned} x &= (l_0 - vt)\sin\theta \\ y &= (l_0 - vt)\cos\theta \end{aligned}\right\}$$

$$\left.\begin{aligned} \dot{x} &= (l_0 - vt)\dot{\theta}\cos\theta - v\sin\theta \\ \dot{y} &= -(l_0 - vt)\dot{\theta}\sin\theta - v\cos\theta \end{aligned}\right\}$$

$$\left.\begin{aligned} \ddot{x} &= (l_0 - vt)(\ddot{\theta}\cos\theta - \dot{\theta}^2\sin\theta) - 2v\dot{\theta}\cos\theta \\ \ddot{y} &= -(l_0 - vt)(\ddot{\theta}\sin\theta + \dot{\theta}^2\cos\theta) + 2v\dot{\theta}\sin\theta \end{aligned}\right\} \tag{a}$$

(2) 虚位移分析

摆锤 A 的虚位移也可用解析法计算，这时将 t 视为常量（时间冻结），即

$$\left.\begin{aligned} \delta x &= (l_0 - vt)\cos\theta\,\delta\theta \\ \delta y &= -(l_0 - vt)\sin\theta\,\delta\theta \end{aligned}\right\} \tag{b}$$

(3) 应用动力学普遍方程

运用动力学普遍方程式(15-2)，有

$$(0 - m\ddot{x})\delta x + (mg - m\ddot{y})\delta y = 0 \tag{c}$$

将式(a)和式(b)代入式(c)化简后可得

$$-m(l_0 - vt)^2\ddot{\theta}\delta\theta + 2m(l_0 - vt)v\dot{\theta}\delta\theta - mg(l_0 - vt)\sin\theta\delta\theta = 0$$

即

$$\ddot{\theta} - \frac{2v}{l_0 - vt}\dot{\theta} + \frac{g}{l_0 - vt}\sin\theta = 0$$

这就是变摆长单摆的运动微分方程。

例 15-2　一升降机的简图如图 15-2a 所示。已知被提升的物体 A 重为 G_1，平衡锤 B 重为 G_2，带轮 O 及 D 的半径为 r，重均为 G_3，可看作均质圆柱。若在带轮 O 上作用力偶矩 M，试用动力学普遍方程求物体 A 的加速度。

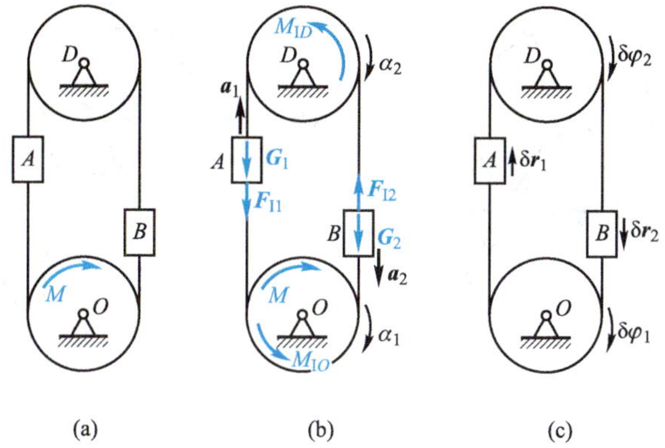

图 15-2 例 15-2 图

解 (1) 运动分析

显然,升降机构只有一个自由度,设物体 A 有向上的加速度,则物体 B 的加速度及轮 O、D 的角加速度如图 15-2b 所示,并且有

$$a_1 = a_2 = \alpha_1 r = \alpha_2 r$$

(2) 受力分析

升降机构物体 A、B 的重力,惯性力,轮 O、D 的惯性力偶如图 15-2b 所示,其中

$$\left.\begin{aligned}&F_{I1} = \frac{G_1}{g}a_1, \quad F_{I2} = \frac{G_2}{g}a_2\\&M_{IO} = J_O\alpha_1 = \frac{1}{2}\frac{G_3}{g}r^2\alpha_1, \quad M_{ID} = J_D\alpha_2 = \frac{1}{2}\frac{G_3}{g}r^2\alpha_2\end{aligned}\right\}$$

(3) 虚位移分析

升降机构的虚位移如图 15-2c 所示。其中

$$\delta r_1 = \delta r_2 = r\delta\varphi_1 = r\delta\varphi_2$$

(4) 应用动力学普遍方程

由式(15-1b)有

$$-(G_1 + F_{I1})\delta r_1 + (G_2 - F_{I2})\delta r_2 + (M - M_{IO})\delta\varphi_1 - M_{ID}\delta\varphi_2 = 0$$

即

$$\left(-G_1 - \frac{G_1}{g}a_1 + G_2 - \frac{G_2}{g}a_1\right)\delta r_1 + \left(M - 2\frac{G_3 r}{2g}a_1\right)\frac{\delta r_1}{r} = 0$$

因为 $\delta r_1 \neq 0$,所以有

$$a_1 = \frac{M + (G_2 - G_1)r}{(G_1 + G_2 + G_3)r}g$$

例 15-3 质量为 m_A、半径为 R 的均质圆柱,放在粗糙的水平面上作纯滚动(图 15-3a),一摆长为 l、摆锤的质量为 m_B 的单摆,铰接在圆柱的质心上。试用动力学普遍方程建立此质点系的运动微分方程。

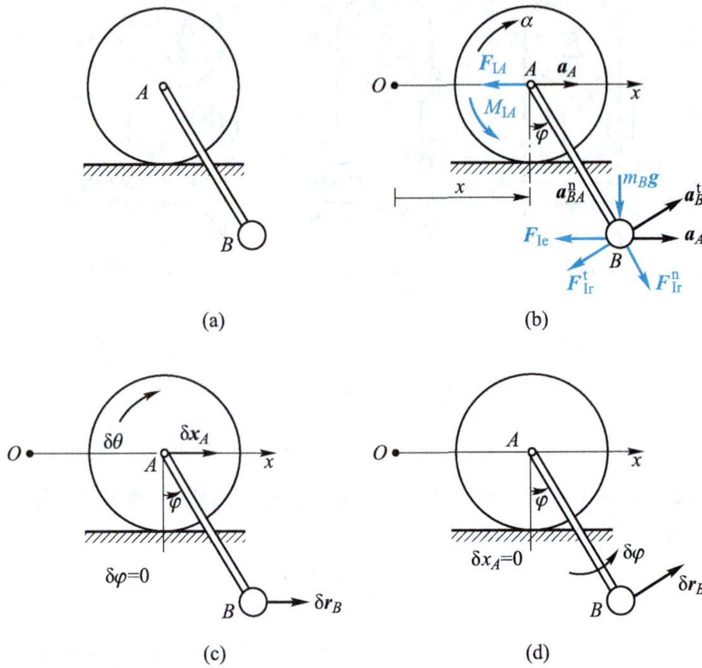

图 15-3 例 15-3 图

解 （1）运动分析

系统具有两个自由度，选取 x、φ 为广义坐标。圆柱的角加速度、圆柱质心的加速度及摆锤的各项加速度，均可通过广义速度 $\dot{\varphi}$ 和广义加速度 $\ddot{x}$、$\ddot{\varphi}$ 来表示（图 15-3b），其中

$$a_A = \ddot{x}, \quad \alpha = \frac{\ddot{x}}{R}, \quad a_{BA}^{n} = \dot{\varphi}^2 l, \quad a_{BA}^{t} = \ddot{\varphi} l \tag{a}$$

（2）受力分析

圆柱惯性力系的简化结果、摆锤的各项惯性力及圆柱和摆锤的重力如图 15-3b 所示，其中

$$\left.\begin{aligned} M_{IA} &= J_A \alpha = \frac{1}{2} m_A R^2 \alpha, \quad F_{IA} = m_A a_A \\ F_{Ie} &= m_B a_A, \quad F_{Ir}^{n} = m_B a_{BA}^{n}, \quad F_{Ir}^{t} = m_B a_{BA}^{t} \end{aligned}\right\} \tag{b}$$

（3）虚位移分析

先令 φ 保持不变，而给 x 一变分 δx_A，可得质点的虚位移如图 15-3c 所示，其中 $\delta\theta = \dfrac{\delta x_A}{R}$，$\delta r_B = \delta x_A$；再令 δx_A 保持不变，而给 φ 一变分 $\delta\varphi$，可得质点系的虚位移如图 15-3d 所示，式中 $\delta r_B = r\delta\varphi$。

这两个虚位移是彼此独立的，由动力学普遍方程可建立两个运动微分方程。

（4）应用动力学普遍方程

分别对虚位移 δx_A 和 $\delta\varphi$ 应用动力学普遍方程式(15-2)有

$$\left.\begin{aligned}&-M_{IA}\delta\theta-F_{IA}\delta x_A-F_{Ie}\delta r_B-F_{Ir}^{t}\cos\varphi\delta r_B+F_{Ir}^{n}\sin\varphi\delta r_B=0\\&-(F_{Ie}l\cos\varphi)\delta\varphi-(F_{Ir}^{t}l)\delta\varphi-(m_Bgl\sin\varphi)\delta\varphi=0\end{aligned}\right\}\tag{c}$$

将式(a)、(b)代入式(c)化简后可得

$$\left.\begin{aligned}&-\left(\frac{3}{2}m_A+m_B\right)\ddot{x}-m_Bl\ddot{\varphi}\cos\varphi+m_B\dot{\varphi}^2l\sin\varphi=0\\&\ddot{x}\cos\varphi+l\ddot{\varphi}+g\sin\varphi=0\end{aligned}\right\}$$

为两自由度系统的运动微分方程。

例 15-4　图 15-4 所示绞盘 O 的半径为 R,对轴 O 的转动惯量为 J,作用在其上的力矩为 M;在滑轮组上悬挂重物 A 和 B,其质量各为 m_1 和 m_2。定滑轮和动滑轮的质量不计,试用动力学普遍方程求绞盘的角加速度。

文档:例 15-4 题解

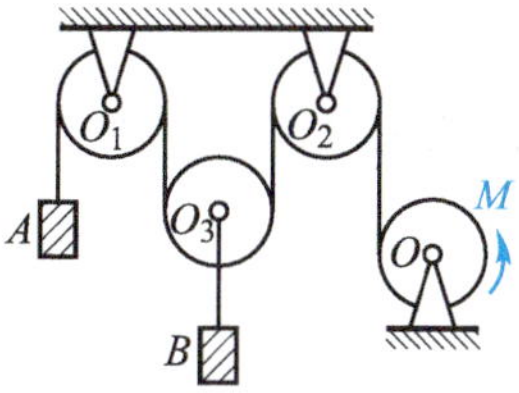

图 15-4　例 15-4 图

§ 15-2　拉格朗日方程(第二类)

在动力学普遍方程直角坐标形式中,由于各质点的坐标并不完全独立,所以各质点的虚位移也不独立,使得求解问题的过程不够简捷。如采用广义坐标,则可以得到与自由度相同的独立的运动微分方程。这种用广义坐标表示的动力学普遍方程称为**拉格朗日第二类方程**,简称为**拉格朗日方程**。

设一由 n 个质点组成的具有完整、理想约束的质点系,有 k 个自由度,以 k 个广义坐标 q_1、q_2、…、q_k 确定质点系的位置,则质点系中任一质点 m_i 的径矢为广义坐标与时间的矢量函数,即

$$\boldsymbol{r}_i=\boldsymbol{r}_i(q_1,q_2,\cdots,q_k;t)\qquad(i=1,2,\cdots,n)\tag{a}$$

质点 m_i 的虚位移为

$$\delta\boldsymbol{r}_i=\sum_{j=1}^{k}\frac{\partial\boldsymbol{r}_i}{\partial q_j}\delta q_j\qquad(i=1,2,\cdots,n)$$

将上式代入式(15-1b),可得

$$\sum_{i=1}^{n}(\boldsymbol{F}_i-m_i\boldsymbol{a}_i)\cdot\sum_{j=1}^{k}\frac{\partial\boldsymbol{r}_i}{\partial q_j}\delta q_j=0$$

即
$$\sum_{j=1}^{k}\left(\sum_{i=1}^{n}\boldsymbol{F}_i\cdot\frac{\partial\boldsymbol{r}_i}{\partial q_j}-\sum_{i=1}^{n}m_i\boldsymbol{a}_i\cdot\frac{\partial\boldsymbol{r}_i}{\partial q_j}\right)\delta q_j=0$$

这一式子又可简写为

$$\sum_{j=1}^{k}(Q_j+Q_{\mathrm{I}j})\delta q_j=0 \tag{b}$$

式中 $Q_j=\sum_{i=1}^{n}\boldsymbol{F}_i\cdot\frac{\partial\boldsymbol{r}_i}{\partial q_j}$ 为广义力，相应地，将 $Q_{\mathrm{I}j}$称为广义惯性力，即

$$Q_{\mathrm{I}j}=-\sum_{i=1}^{n}m_i\boldsymbol{a}_i\cdot\frac{\partial\boldsymbol{r}_i}{\partial q_j}=\sum_{i=1}^{n}\boldsymbol{F}_{\mathrm{I}i}\cdot\frac{\partial\boldsymbol{r}_i}{\partial q_j} \tag{c}$$

由于 δq_1、δq_2、…、δq_k 是彼此独立的，要使它们取任意值时方程(b)都能满足，必须有

$$Q_j+Q_{\mathrm{I}j}=0\qquad(j=1,2,\cdots,k) \tag{d}$$

广义惯性力 $Q_{\mathrm{I}j}$可由质点系的动能来表示。有

$$\begin{aligned}Q_{\mathrm{I}j}&=-\sum_{i=1}^{n}m_i\boldsymbol{a}_i\cdot\frac{\partial\boldsymbol{r}_i}{\partial q_j}=-\sum_{i=1}^{n}m_i\frac{\mathrm{d}\boldsymbol{v}_i}{\mathrm{d}t}\cdot\frac{\partial\boldsymbol{r}_i}{\partial q_j}\\&=-\frac{\mathrm{d}}{\mathrm{d}t}\left(\sum_{i=1}^{n}m_i\boldsymbol{v}_i\cdot\frac{\partial\boldsymbol{r}_i}{\partial q_j}\right)+\sum_{i=1}^{n}m_i\boldsymbol{v}_i\cdot\frac{\mathrm{d}}{\mathrm{d}t}\left(\frac{\partial\boldsymbol{r}_i}{\partial q_j}\right)\end{aligned} \tag{e}$$

为了简化式(e)，需要导出$\frac{\partial\boldsymbol{r}_i}{\partial q_j}$、$\frac{\mathrm{d}}{\mathrm{d}t}\left(\frac{\partial\boldsymbol{r}_i}{\partial q_j}\right)$与速度 $\boldsymbol{v}_i$ 的两个关系式。由式(a)对时间 t 求导为

$$\boldsymbol{v}_i=\frac{\mathrm{d}\boldsymbol{r}_i}{\mathrm{d}t}=\sum_{j=1}^{k}\frac{\partial\boldsymbol{r}_i}{\partial q_j}\dot{q}_j+\frac{\partial\boldsymbol{r}_i}{\partial t} \tag{f}$$

式中 $\dot{q}_j=\frac{\mathrm{d}q_j}{\mathrm{d}t}$为广义速度。将式(f)对 $\dot{q}_j$ 求偏导数得

$$\frac{\partial\boldsymbol{v}_i}{\partial\dot{q}_j}=\frac{\partial\boldsymbol{r}_i}{\partial q_j} \tag{g}$$

式(g)为第一个关系式。再将式(f)对任一广义坐标 q_l 求偏导数，有

$$\frac{\partial\boldsymbol{v}_i}{\partial q_l}=\sum_{j=1}^{k}\frac{\partial^2\boldsymbol{r}_i}{\partial q_l\partial q_j}\dot{q}_j+\frac{\partial^2\boldsymbol{r}_i}{\partial t\partial q_l} \tag{h}$$

另一方面，直接由径矢 $\boldsymbol{r}_i$ 对某个广义坐标 q_l 求偏导数后，再对时间 t 求

导,得

$$\frac{\mathrm{d}}{\mathrm{d}t}\left(\frac{\partial \boldsymbol{r}_i}{\partial q_l}\right)=\sum_{j=1}^{k}\frac{\partial}{\partial q_j}\left(\frac{\partial \boldsymbol{r}_i}{\partial q_l}\right)\dot{q}_j+\frac{\partial}{\partial t}\left(\frac{\partial \boldsymbol{r}_i}{\partial q_l}\right) \tag{i}$$

比较式(h)、式(i),可得

$$\frac{\partial \boldsymbol{v}_i}{\partial q_j}=\frac{\mathrm{d}}{\mathrm{d}t}\left(\frac{\partial \boldsymbol{r}_i}{\partial q_j}\right) \tag{j}$$

式(j)为第二个关系式。将式(g)、式(j)代入式(e),得

$$\begin{aligned}Q_{1j}&=-\frac{\mathrm{d}}{\mathrm{d}t}\left(\sum_{i=1}^{n}m_i\boldsymbol{v}_i\cdot\frac{\partial \boldsymbol{v}_i}{\partial \dot{q}_j}\right)+\sum_{i=1}^{n}m_i\boldsymbol{v}_i\cdot\frac{\partial \boldsymbol{v}_i}{\partial q_j}\\&=-\frac{\mathrm{d}}{\mathrm{d}t}\left[\frac{\partial}{\partial \dot{q}_j}\sum_{i=1}^{n}\left(\frac{1}{2}m_iv_i^2\right)\right]+\frac{\partial}{\partial q_j}\left[\sum_{i=1}^{n}\left(\frac{1}{2}m_iv_i^2\right)\right]\end{aligned}$$

注意到 $\sum_{i=1}^{n}\left(\frac{1}{2}m_iv_i^2\right)$ 是质点系的动能 T,便得到 Q_{1j}用动能 T 表示的关系式

$$Q_{1j}=-\frac{\mathrm{d}}{\mathrm{d}t}\left(\frac{\partial T}{\partial \dot{q}_j}\right)+\frac{\partial T}{\partial q_j} \tag{k}$$

将式(k)代入式(d),得

$$\frac{\mathrm{d}}{\mathrm{d}t}\left(\frac{\partial T}{\partial \dot{q}_j}\right)-\frac{\partial T}{\partial q_j}=Q_j \qquad (j=1,2,\cdots,k) \tag{15-3}$$

这是一组用广义坐标表示的二阶微分方程,也就是第二类拉格朗日方程。因为第二类拉格朗日方程采用动能和广义力来表示,所以,应用它就可以很简便地得到与系统的自由度相同数目的、相互独立的运动微分方程。

如果系统中的主动力均为有势力,则广义力可表达为

$$Q_j=-\frac{\partial V}{\partial q_j} \qquad (j=1,2,\cdots,k)$$

这时式(15-3)可写成

$$\frac{\mathrm{d}}{\mathrm{d}t}\left(\frac{\partial T}{\partial \dot{q}_j}\right)-\frac{\partial T}{\partial q_j}=-\frac{\partial V}{\partial q_j}$$

注意到势能函数 V 中不包含广义速度 $\dot{q}_j$,即 $\partial V/\partial \dot{q}_j=0$,于是有

$$\frac{\mathrm{d}}{\mathrm{d}t}\left[\frac{\partial}{\partial \dot{q}_j}(T-V)\right]-\frac{\partial}{\partial q_j}(T-V)=0 \qquad (j=1,2,\cdots,k)$$

或

$$\frac{\mathrm{d}}{\mathrm{d}t}\left(\frac{\partial L}{\partial \dot{q}_j}\right)-\frac{\partial L}{\partial q_j}=0 \qquad (j=1,2,\cdots,k) \tag{15-4}$$

式中

$$L=T-V \tag{15-5}$$

称为**拉格朗日函数**,又可称为动势。

拉格朗日方程是解决具有完整约束的质点系动力学问题的普遍方程,对离散质点系统和多自由度的刚体系统尤为适用。

例 15-5　半径为 r、质量为 m 的半圆柱体在粗糙水平面上作无滑动的滚动(图 15-5),试求其在平衡位置附近微幅摆动的周期。

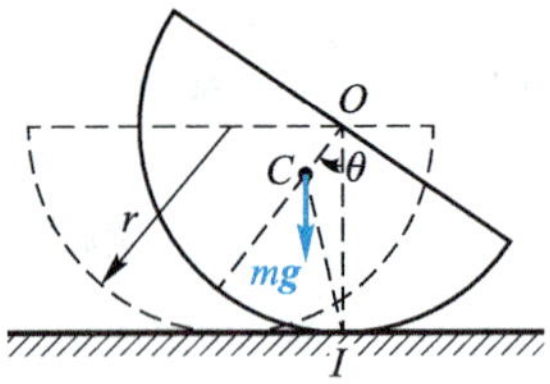

图 15-5　例 15-5 图

解　本题受到的约束是完整、理想的约束,因而可用第二类拉格朗日方程求解。

(1) 判定自由度和选取广义坐标

半圆柱体作纯滚动,自由度数为 1,取广义坐标为 θ。

(2) 列写质点系的动能 T(表示为广义速度的函数)

取 C 为半圆柱体的质心,可知 $OC=\dfrac{4r}{3\pi}$,半圆柱体对于速度瞬心 I 的转动惯量为

$$\begin{aligned}J_I &= J_O - m\,OC^2 + m\,CI^2\\&=\frac{1}{2}mr^2 - mOC^2 + m(OC^2 + r^2 - 2OC\,r\cos\theta)\\&=\frac{3}{2}mr^2 - \frac{8}{3\pi}mr^2\cos\theta\\&=\left(\frac{3}{2}-\frac{8\cos\theta}{3\pi}\right)mr^2\end{aligned}$$

半圆柱体的动能为

$$T=\frac{1}{2}J_I\dot{\theta}^2=\frac{1}{2}\left(\frac{3}{2}-\frac{8\cos\theta}{3\pi}\right)mr^2\dot{\theta}^2$$

(3) 列写出广义力 Q_j

由于主动力是重力,即为有势力,利用势能函数来列写,取通过点 O 的水平面为重力势能的零势面,则半圆柱体的重力势能为

$$V=-mgOC\cos\theta=-\frac{4r}{3\pi}mg\cos\theta$$

则广义力为

$$Q_\theta=-\frac{\partial V}{\partial\theta}=-\frac{4r}{3\pi}mg\sin\theta$$

(4) 将动能和广义力代入拉格朗日方程

$$\frac{\partial T}{\partial\dot{\theta}}=\left(\frac{3}{2}-\frac{8\cos\theta}{3\pi}\right)mr^2\dot{\theta}$$

$$\frac{\mathrm{d}}{\mathrm{d}t}\left(\frac{\partial T}{\partial\dot{\theta}}\right)=\left(\frac{3}{2}-\frac{8\cos\theta}{3\pi}\right)mr^2\ddot{\theta}+\frac{8\sin\theta}{3\pi}mr^2\dot{\theta}^2$$

$$\frac{\partial T}{\partial \theta}=\left(\frac{4\sin\theta}{3\pi}\right)mr^2\dot{\theta}^2$$

由$\dfrac{\mathrm{d}}{\mathrm{d}t}\left(\dfrac{\partial T}{\partial\dot{\theta}}\right)-\dfrac{\partial T}{\partial\theta}=Q_\theta$　可得

$$\left(\frac{3}{2}-\frac{8\cos\theta}{3\pi}\right)\ddot{\theta}+\frac{4\sin\theta}{3\pi}\dot{\theta}^2+\frac{4g\sin\theta}{3\pi r}=0$$

对于微幅摆动,θ 和 $\dot{\theta}$ 都很小,取 $\sin\theta\approx\theta,\cos\theta\approx1$,并略去高阶微量项,则

$$\left(\frac{3}{2}-\frac{8}{3\pi}\right)\ddot{\theta}+\frac{4g}{3\pi r}\theta=0$$

或

$$\ddot{\theta}+\frac{8g}{(9\pi-16)r}\theta=0$$

由此得出圆柱体作微幅摆动的周期为 $2\pi\sqrt{\dfrac{(9\pi-16)r}{8g}}$。

例 15-6　车的轮 1 滚动时没有滑动,而轮 2 有滑动。轮的半径均为 R,质量分别为 m_1 和 m_2。轮 1 作用一矩为 M 的力偶,轮 2 中心处作用一水平力 $\boldsymbol{F}$,轮与支承面间的动摩擦因数为 f_d;杆 3 的质量不计(图 15-6a)。试求杆 3 的加速度和轮 2 的角加速度。

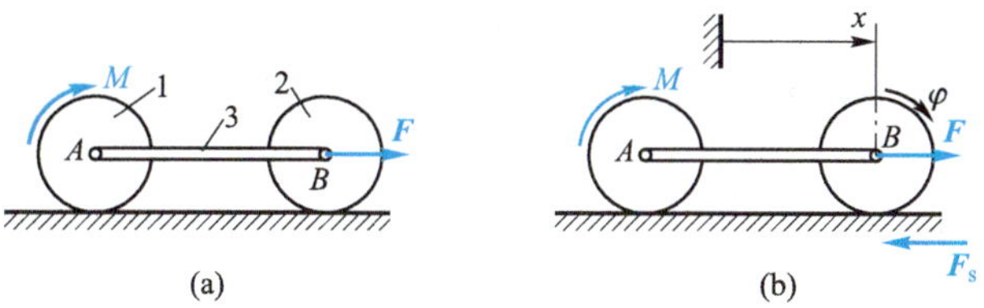

图 15-6　例 15-6 图

解　(1) 判定自由度和选取广义坐标

整个系统有两个自由度,取杆 3 的水平移动距离 x 和轮 2 的转角 φ 为广义坐标(图 15-6b)。

(2) 列写质点系的动能 T(表示为广义速度的函数)

两轮均作平面运动,动能为

$$T=\frac{1}{2}m_1\dot{x}^2+\frac{1}{2}J_A\left(\frac{\dot{x}}{R}\right)^2+\frac{1}{2}m_2\dot{x}^2+\frac{1}{2}J_B\dot{\varphi}^2$$

式中

$$J_A=\frac{1}{2}m_1R^2,\ J_B=\frac{1}{2}m_2R^2$$

代入得

$$T=\frac{1}{4}(3m_1+2m_2)\dot{x}^2+\frac{1}{4}m_2R^2\dot{\varphi}^2$$

(3) 列写出广义力 Q_j

设 $\delta x\neq0,\delta\varphi=0$,则

$$\delta W_x = M\frac{\delta x}{R} + F\delta x - F_s\delta x = \left(\frac{M}{R} + F - m_2 g f_d\right)\delta x$$

得

$$Q_x = \frac{\delta W_x}{\delta x} = \frac{M}{R} + F - m_2 g f_d$$

另设 $\delta x=0,\delta\varphi\neq 0$，则

$$\delta W_\varphi = F_s R\delta\varphi = m_2 g f_d \delta\varphi$$

得

$$Q_\varphi = \frac{\delta W_\varphi}{\delta\varphi} = m_2 g f_d$$

(4) 将动能和广义力代入拉氏方程

由 $\frac{\partial T}{\partial x}=0,\frac{\mathrm{d}}{\mathrm{d}t}\left(\frac{\partial T}{\partial \dot{x}}\right)=\frac{1}{2}(3m_1+2m_2)\ddot{x}$ 得

$$(3m_1 + 2m_2)\ddot{x} = 2\left(\frac{M}{R} + F - m_2 g f_d\right) \tag{a}$$

由 $\frac{\partial T}{\partial \varphi}=0,\frac{\mathrm{d}}{\mathrm{d}t}\left(\frac{\partial T}{\partial \dot{\varphi}}\right)=\frac{1}{2}m_2R^2\ddot{\varphi}$ 得

$$m_2 R^2\ddot{\varphi} = 2m_2 g f_d R \tag{b}$$

联立求解式(a)、(b)，得杆 3 的加速度 a_3 和轮 2 的角加速度 α_2 为

$$a_3 = \ddot{x} = \frac{2(M + FR - m_2 g R f_d)}{(3m_1 + 2m_2)R}$$

$$\alpha_2 = \ddot{\varphi} = \frac{2 g f_d}{R}$$

文档：例 15-7 题解

例 15-7　刚杆 AB 长为 l，质量不计，杆右端固连质量为 m 的物体 A，其下连接一刚度系数为 k 的弹簧，并挂有质量为 m 的物体 D，杆 AB 中点用刚度系数为 k 的弹簧系住，使杆在水平位置平衡，如图 15-7 所示。试用拉格朗日方程建立系统的运动微分方程。

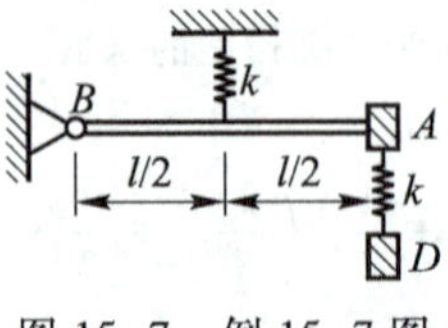

图 15-7　例 15-7 图

§ 15-3　拉格朗日方程的初积分

在一般情况下，由拉格朗日方程导出的非线性二阶常微分方程组，要求其积

分是很困难的。但在特殊情况下,可方便地得到其初积分,使微分方程得以降阶。

1. 广义能量积分

设质点系受完整、非定常、理想约束,其中任一质点的径矢及速度如 § 15-2 中式(a)、式(f)表示。现将质点系动能表示为广义速度的代数齐次结构形式为

$$
\begin{aligned}
T &= \frac{1}{2}\sum_{i=1}^{n} m_i \boldsymbol{v}_i \cdot \boldsymbol{v}_i \\
&= \frac{1}{2}\sum_{i=1}^{n} m_i \left(\sum_{j=1}^{k}\frac{\partial \boldsymbol{r}_i}{\partial q_j}\dot{q}_j + \frac{\partial \boldsymbol{r}_i}{\partial t}\right)\cdot\left(\sum_{l=1}^{k}\frac{\partial \boldsymbol{r}_i}{\partial q_l}\dot{q}_l + \frac{\partial \boldsymbol{r}_i}{\partial t}\right) \\
&= \frac{1}{2}\sum_{j=1}^{k}\sum_{l=1}^{k}\left(\sum_{i=1}^{n} m_i \frac{\partial \boldsymbol{r}_i}{\partial q_j}\cdot\frac{\partial \boldsymbol{r}_i}{\partial q_l}\right)\dot{q}_j\dot{q}_l + \sum_{j=1}^{k}\left(\sum_{i=1}^{n} m_i \frac{\partial \boldsymbol{r}_i}{\partial q_j}\cdot\frac{\partial \boldsymbol{r}_i}{\partial t}\right)\dot{q}_j + \\
&\quad \frac{1}{2}\sum_{i=1}^{n} m_i \frac{\partial \boldsymbol{r}_i}{\partial t}\cdot\frac{\partial \boldsymbol{r}_i}{\partial t}
\end{aligned}
$$

可以看出,在 T 的表达式中,不仅包含 $\dot{q}$,而且包含 q 及 t,亦即

$$T = T(q_1, q_2, \cdots, q_k; \dot{q}_1, \dot{q}_2, \cdots, \dot{q}_k; t)$$

还可以看出,$\dot{q}$ 的最高次数为 2。

令

$$
\left.
\begin{aligned}
A_{jl} &= \sum_{i=1}^{n} m_i \frac{\partial \boldsymbol{r}_i}{\partial q_j}\cdot\frac{\partial \boldsymbol{r}_i}{\partial q_l} \\
B_j &= \sum_{i=1}^{n} m_i \frac{\partial \boldsymbol{r}_i}{\partial q_j}\cdot\frac{\partial \boldsymbol{r}_i}{\partial t} \\
C &= \frac{1}{2}\sum_{i=1}^{n} m_i \frac{\partial \boldsymbol{r}_i}{\partial t}\cdot\frac{\partial \boldsymbol{r}_i}{\partial t}
\end{aligned}
\right\} \tag{15-6}
$$

质点系的动能可简化为

$$T = T_2 + T_1 + T_0 \tag{15-7}$$

式中

$$
\left.
\begin{aligned}
T_2 &= \frac{1}{2}\sum_{j=1}^{k}\sum_{l=1}^{k} A_{jl}\dot{q}_j\dot{q}_l \\
T_1 &= \sum_{j=1}^{k} B_j \dot{q}_j \\
T_0 &= C
\end{aligned}
\right\} \tag{15-8}
$$

显然,T_2 是 $\dot{q}$ 的二次齐次式,T_1 是 $\dot{q}$ 的一次齐次式,T_0 不含 $\dot{q}$ 的项,是 $\dot{q}$ 的零次齐次式。即 T 可看成由以上三种不同幂次的广义速度的代数齐次式构成。

如主动力为有势力,约束是非定常的,有

$$\frac{\mathrm{d}L}{\mathrm{d}t}=\sum_{j=1}^{k}\left(\frac{\partial L}{\partial q_j}\dot{q}_j+\frac{\partial L}{\partial \dot{q}_j}\ddot{q}_j\right)+\frac{\partial L}{\partial t} \tag{a}$$

式中 $\dfrac{\partial L}{\partial \dot{q}_j}\ddot{q}_j=\dfrac{\partial L}{\partial \dot{q}_j}\dfrac{\mathrm{d}\dot{q}_j}{\mathrm{d}t}=\dfrac{\mathrm{d}}{\mathrm{d}t}\left(\dfrac{\partial L}{\partial \dot{q}_j}\dot{q}_j\right)-\dot{q}_j\dfrac{\mathrm{d}}{\mathrm{d}t}\left(\dfrac{\partial L}{\partial \dot{q}_j}\right)$

将式(15-4)的 $\dfrac{\mathrm{d}}{\mathrm{d}t}\left(\dfrac{\partial L}{\partial \dot{q}_j}\right)=\dfrac{\partial L}{\partial q_j}$ 代入得到

$$\frac{\partial L}{\partial \dot{q}_j}\ddot{q}_j=\frac{\mathrm{d}}{\mathrm{d}t}\left(\frac{\partial L}{\partial \dot{q}_j}\dot{q}_j\right)-\frac{\partial L}{\partial q_j}\dot{q}_j \tag{b}$$

式(b)代入式(a)变为 $\dfrac{\mathrm{d}L}{\mathrm{d}t}=\displaystyle\sum_{j=1}^{k}\dfrac{\mathrm{d}}{\mathrm{d}t}\left(\dfrac{\partial L}{\partial \dot{q}_j}\dot{q}_j\right)+\dfrac{\partial L}{\partial t}$

当 L 中不显含时间 t，即

$$\frac{\partial L}{\partial t}=0 \tag{c}$$

得

$$\frac{\mathrm{d}L}{\mathrm{d}t}=\sum_{j=1}^{k}\frac{\mathrm{d}}{\mathrm{d}t}\left(\frac{\partial L}{\partial \dot{q}_j}\dot{q}_j\right)$$

将上式移项后得

$$\frac{\mathrm{d}}{\mathrm{d}t}\left(\sum_{j=1}^{k}\frac{\partial L}{\partial \dot{q}_j}\dot{q}_j-L\right)=0$$

因此

$$\sum_{j=1}^{k}\frac{\partial L}{\partial \dot{q}_j}\dot{q}_j-L=\text{常量} \tag{15-9}$$

注意到 $L=T-V=T_2+T_1+T_0-V$，而 T_2、T_1 分别是广义速度的齐二次、齐一次式，T_0 和 V 为广义速度的零次式。于是根据欧拉齐次函数定理

$$\sum_{j=1}^{k}\frac{\partial L}{\partial \dot{q}_j}\dot{q}_j=2T_2+T_1$$

代入式(15-9)得

$$2T_2+T_1-T_2-T_1-T_0+V=\text{常量}$$

即

$$T_2-T_0+V=\text{常量} \tag{15-10}$$

这就是广义能量积分。它表示由于约束是非定常的，系统的机械能不守恒，所以称为广义能量积分。

2. 能量积分

如果质点系的约束是定常的，则

$$T_1=T_0=0,\quad T=T_2$$

式(15-10)简化为

$$T+V=\text{常量} \tag{15-11}$$

这就是能量积分。它表示约束是定常、理想、主动力有势时,该质点系为保守系统,系统的机械能守恒。

3. 循环积分

在拉格朗日函数 L 中,如果不显含某一广义坐标 q_r,则该坐标称为循环坐标。当 q_r 为循环坐标时,$\dfrac{\partial L}{\partial q_r}=0$,于是拉格朗日方程(15-4)成为

$$\frac{\mathrm{d}}{\mathrm{d}t}\left(\frac{\partial L}{\partial \dot{q}_r}\right)=0$$

即

$$\frac{\partial L}{\partial \dot{q}_r}=\text{常量} \tag{15-12}$$

这就是循环积分。有几个循环坐标,就有几个循环积分。又因为 $L=T-V$,而 V 不含 $\dot{q}_r$,故

$$\frac{\partial L}{\partial \dot{q}_r}=\frac{\partial T}{\partial \dot{q}_r}=p_r=\text{常量}\qquad (r=1,2,\cdots,k) \tag{15-13}$$

p_r 称为广义动量。而循环积分表示的是对应于循环坐标的广义动量守恒。

例 15-8　矩形板在铅直平面内以匀角速 ω 绕铅直轴转动(图 15-8a),质量为 m 的小球 A(作为质点)沿着板上的直槽运动。试建立小球沿直槽运动的微分方程。

解　(1) 判定自由度和选取广义坐标

由于板的运动规律已知,则小球受直槽约束后的相对位置可用坐标 x 确定(图 15-8b),所以这是受非定常约束的单自由度系统。

(2) 列写系统的拉格朗日函数

小球的绝对速度为 $\boldsymbol{v}_A=\boldsymbol{v}_e+\boldsymbol{v}_r$,则动能为

$$T=\frac{1}{2}m(\dot{x}^2+x^2\omega^2\cos^2\varphi)$$

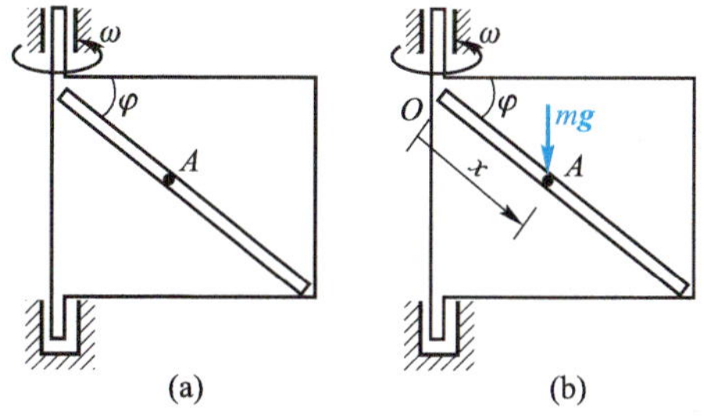

图 15-8　例 15-8 图

小球所受的主动力为重力，取过 O 处的水平面为零势面，则势能为

$$V = -mgx\sin\varphi$$

则拉格朗日函数 L 为

$$L = T - V = \frac{1}{2}m(\dot{x}^2 + x^2\omega^2\cos^2\varphi) + mgx\sin\varphi$$

(3) 拉格朗日方程的初积分

虽然是非定常约束，但 L 中却不显含时间 t，故有广义能量守恒。从拉格朗日函数可以看出

$$T_2 = \frac{1}{2}m\dot{x}^2,\quad T_0 = \frac{1}{2}mx^2\omega^2\cos^2\varphi$$

代入 $T_2-T_0+V=$常量，有

$$\frac{1}{2}m\dot{x}^2 - \frac{1}{2}mx^2\omega^2\cos^2\varphi - mgx\sin\varphi = \text{常量}$$

为一阶运动微分方程，常数由初条件来定。若上式对时间 t 求导，即得二阶运动微分方程，为

$$\ddot{x} - x\omega^2\cos^2\varphi = g\sin\varphi$$

与直接应用拉格朗日方程式(15-3)求解的结果相同。

文档：例 15-9 题解

例 15-9　在图 15-9 所示系统中，已知匀质圆球 A 的半径为 r，质量为 m_1，楔块 B 的质量为 m_2，置于光滑水平面上，斜面的倾角为 θ，圆球沿楔块斜面作纯滚动。试以 φ 和 x 为广义坐标，写出系统的第二类拉格朗日方程的初积分。

例 15-10　椭圆摆由物块 A 和摆锤 B 用长为 l 的直杆（质量不计）铰接而成（图 15-10a）。A 可沿光滑水平面滑动，摆杆则在铅直面内摆动。已知 A、B 的质量分别为 m_1、m_2，试建立系统的运动微分方程。

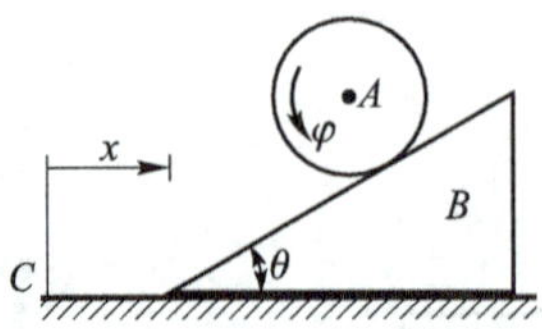

图 15-9　例 15-9 图

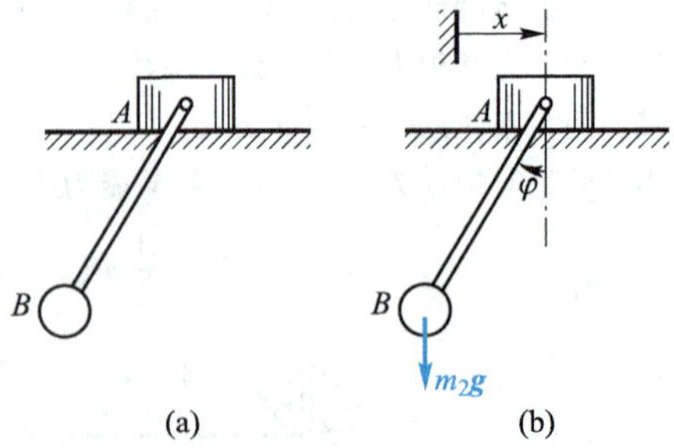

图 15-10　例 15-10 图

解　(1) 判定自由度和选取广义坐标

物块 A 作平移，摆锤 B 受杆约束，相对物块 A 作圆周运动，故系统具有两个自由度，取广义坐标为 x、φ（图 15-10b）。

(2) 列写系统的拉格朗日函数

$$T = \frac{1}{2}m_1\dot{x}^2 + \frac{1}{2}m_2v_B^2$$

式中 $v_{Bx}=\dot{x}-l\dot{\varphi}\cos\varphi, v_{By}=\dot{x}-l\dot{\varphi}\sin\varphi$

代入得

$$T=\frac{1}{2}(m_1+m_2)\dot{x}^2+\frac{1}{2}m_2l^2\dot{\varphi}^2-m_2l\dot{x}\dot{\varphi}\cos\varphi$$

主动力只有重力，是有势力，因而系统具有势能

$$V=-m_2gl\cos\varphi$$

则拉格朗日函数 L 为

$$L=T-V=\frac{1}{2}(m_1+m_2)\dot{x}^2+\frac{1}{2}m_2l^2\dot{\varphi}^2-m_2l\dot{x}\dot{\varphi}\cos\varphi+m_2gl\cos\varphi$$

(3) 拉格朗日方程的初积分

系统受定常约束，L 中不显含时间 t，故有能量积分 $T+V=$常量，即

$$\frac{1}{2}(m_1+m_2)\dot{x}^2+\frac{1}{2}m_2l^2\dot{\varphi}^2-m_2l\dot{x}\dot{\varphi}\cos\varphi-m_2gl\cos\varphi=c_1 \tag{a}$$

在 L 中不显含 x 广义坐标，故 x 为循环坐标，有 $\frac{\partial L}{\partial\dot{x}}=$ 常量，即

$$(m_1+m_2)\dot{x}-m_2l\dot{\varphi}\cos\varphi=c_2 \tag{b}$$

式(b)表示系统的动量在 x 方向守恒。式(a)、式(b)为系统一阶运动微分方程，常数由初条件来定。

若将式(a)对时间 t 求导得

$$(m_1+m_2)\dot{x}\ddot{x}+m_2l^2\dot{\varphi}\ddot{\varphi}-m_2l\ddot{x}\dot{\varphi}\cos\varphi-m_2l\dot{x}\ddot{\varphi}\cos\varphi+$$
$$m_2l\dot{x}\dot{\varphi}^2\sin\varphi+m_2gl\dot{\varphi}\sin\varphi=0$$

将式(b)代入，得

$$l^2\ddot{\varphi}-l\ddot{x}\cos\varphi=-gl\sin\varphi \tag{c}$$

若将式(b)对时间 t 求导，得

$$(m_1+m_2)\ddot{x}-m_2l\ddot{\varphi}\cos\varphi+m_2l\dot{\varphi}^2\sin\varphi=0 \tag{d}$$

式(c)、式(d)为系统的二阶运动微分方程，与应用有势力情形下拉格朗日方程式(15-4)求得的结果相同。

*§ 15-4 哈密顿原理

哈密顿原理也叫“哈密顿最小作用量原理”，是哈密顿于 1834 年建立的。哈密顿原理在数学上是求某个泛函的极值问题，或称为变分问题。

1. 变分知识

设有一个以时间 t 为基本变量的函数

$$q=q(t)$$

由于时间变化 $\mathrm{d}t$，引起运动坐标有一变化 $\mathrm{d}q$，称为函数 q 的微分，即

$$\mathrm{d}q = \dot{q}\mathrm{d}t$$

式中 $\dot{q}$ 是 q 对于 t 的一阶导数,它是真实运动对于时间的改变率。

现给函数 $q(t)$ 的形式作一个微小的改变,得到新的函数为

$$q_1(t) = q(t) + \varepsilon\eta(t)$$

式中 ε 是任意小的常量,$\eta(t)$ 是关于 t 的任意可微函数。可见,$q_1(t)$ 与 $q(t)$ 是不同的函数,将函数 $q_1(t)$ 对于 $q(t)$ 的改变量记为 δq,则

$$\delta q = q_1(t) - q(t) = \varepsilon\eta(t)$$

δq 是同一时刻 t 函数 $q_1(t)$ 与 $q(t)$ 的差别,所以称其为等时变更或等时变分。变分 δq 与微分 $\mathrm{d}q$ 的差别可以从图 15-11 中看出。

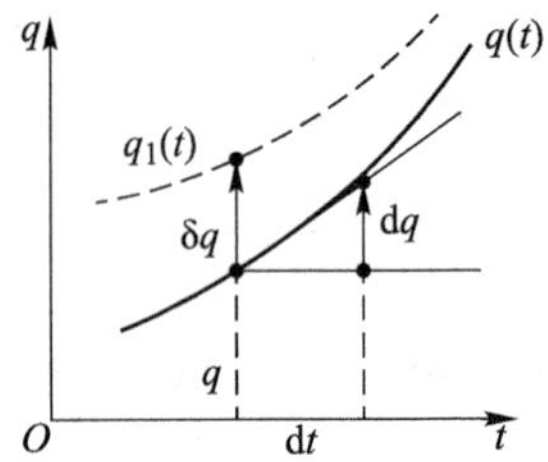

图 15-11　变分与微分的差别

变分 δq 与微分 $\mathrm{d}q$ 在概念上虽不同,其计算方法却是一样的。但必须指出,在计算变分时,基本变量是保持不变的。例如,设质点系中某一质点的 x 坐标是广义坐标和时间 t 的函数

$$x = x(q,t)$$

注意到式中 $q=q(t)$,t 是基本变量。于是,x 的微分为

$$\mathrm{d}x = \frac{\partial x}{\partial q}\mathrm{d}q + \frac{\partial x}{\partial t}\mathrm{d}t$$

而 x 的变分则为

$$\delta x = \frac{\partial x}{\partial q}\delta q$$

下面介绍关于变分运算的两个法则。

(1) 变分与微分的运算次序可以互换,即

$$\delta\dot{q} = \frac{\mathrm{d}}{\mathrm{d}t}\delta q \tag{15-14}$$

现证明如下:

$$\dot{q} = \lim_{\Delta t\to 0}\frac{q(t+\Delta t) - q(t)}{\Delta t}$$

$$\dot{q}_1 = \lim_{\Delta t\to 0}\frac{[q(t+\Delta t) + \varepsilon\eta(t+\Delta t)] - [q(t) + \varepsilon\eta(t)]}{\Delta t}$$

由此可得　$$\delta\dot{q} = \dot{q}_1 - \dot{q} = \lim_{\Delta t\to 0}\frac{\varepsilon\eta(t+\Delta t) - \varepsilon\eta(t)}{\Delta t} = \frac{\mathrm{d}}{\mathrm{d}t}\delta q$$

(2) 变分与积分的运算次序可以互换,即

$$\delta\int_{t_1}^{t_2} q\mathrm{d}t = \int_{t_1}^{t_2}\delta q\mathrm{d}t \tag{15-15}$$

现证明如下:

$$\int_{t_1}^{t_2} q\mathrm{d}t = \int_{t_1}^{t_2} q(t)\mathrm{d}t$$

$$\int_{t_1}^{t_2} q_1\mathrm{d}t = \int_{t_1}^{t_2} [q(t) + \varepsilon\eta(t)]\mathrm{d}t$$

得

$$\delta\int_{t_1}^{t_2} q\mathrm{d}t = \int_{t_1}^{t_2} q_1\mathrm{d}t - \int_{t_1}^{t_2} q\mathrm{d}t = \int_{t_1}^{t_2} \varepsilon\eta(t)\mathrm{d}t = \int_{t_1}^{t_2} \delta q\mathrm{d}t$$

2. 哈密顿原理

哈密顿原理是一种积分形式的变分原理。设一个系统具有完整、理想约束，在主动力的作用下，自 t_1 到 t_2 时刻，系统的真实运动轨迹为 ACB(图 15-12)，真实运动的轨迹称为正路，除了这正路之外，还可能有许多与正路非常接近的、为约束所容许的可能轨迹，如曲线 $AC'B$ 或 $AC''B$ 等，这些可能运动的轨迹，称为旁路。除 t_1 与 t_2 瞬时外，都存在旁路与正路的差异，即

$$\delta q_j = \varepsilon_j\eta_j(t) \qquad (j = 1,\cdots,k)$$

$$(\delta q_j)_{t=t_1} = 0, \quad (\delta q_j)_{t=t_2} = 0$$

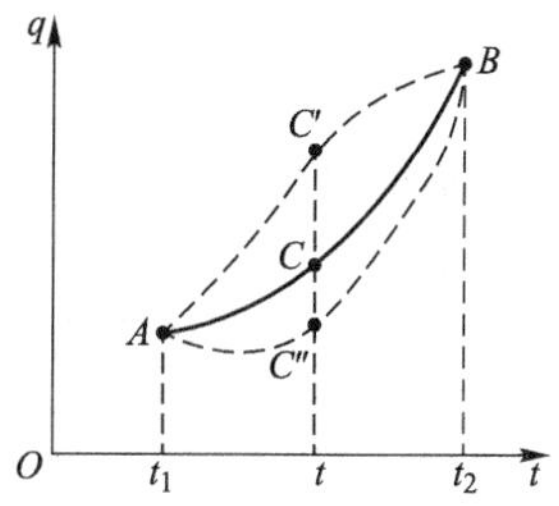

图 15-12 正路与旁路

哈密顿原理提供了一条区别真实运动和可能运动的准则，从而得到真实运动所必须遵循的规律。

下面从动力学普遍方程来推导哈密顿原理。

由

$$\sum_{i=1}^{n} (\boldsymbol{F}_i - m_i\boldsymbol{a}_i) \cdot \delta\boldsymbol{r}_i = 0$$

因为 $\sum_{i=1}^{n} \boldsymbol{F}_i \cdot \delta\boldsymbol{r}_i = \delta W$，将惯性力部分也写成虚功形式，即

$$\delta W_{\mathrm{I}} = \sum_{i=1}^{n} m_i\boldsymbol{a}_i \cdot \delta\boldsymbol{r}_i$$

于是有

$$\delta W = \delta W_{\mathrm{I}} \tag{a}$$

将 δW_{I} 变换为

$$\delta W_{\mathrm{I}} = \frac{\mathrm{d}}{\mathrm{d}t}\left(\sum_{i=1}^{n} m_i\boldsymbol{v}_i \cdot \delta\boldsymbol{r}_i\right) - \sum_{i=1}^{n} m_i\boldsymbol{v}_i \cdot \frac{\mathrm{d}}{\mathrm{d}t}\delta\boldsymbol{r}_i$$

根据式(15-14)，上式进一步改写为

$$\delta W_{\mathrm{I}} = \frac{\mathrm{d}}{\mathrm{d}t}\left(\sum_{i=1}^{n} m_i\boldsymbol{v}_i \cdot \delta\boldsymbol{r}_i\right) - \delta\left(\sum_{i=1}^{n} \frac{m_iv_i^2}{2}\right) = \frac{\mathrm{d}}{\mathrm{d}t}\left(\sum_{i=1}^{n} m_i\boldsymbol{v}_i \cdot \delta\boldsymbol{r}_i\right) - \delta T$$

式中 $T = \sum_{i=1}^{n}\left(\frac{1}{2}m_iv_i^2\right)$ 为系统的动能。将以上关系式代入式(a)有

$$\delta T+\delta W=\frac{\mathrm{d}}{\mathrm{d}t}\left(\sum_{i=1}^{n}m_i\boldsymbol{v}_i\cdot\delta\boldsymbol{r}_i\right) \tag{b}$$

为了在 t_2-t_1 时间内区分真实运动和可能运动，将式(b)两边同时乘以 $\mathrm{d}t$，并从 t_1 积分到 t_2，得

$$\int_{t_1}^{t_2}(\delta T+\delta W)\mathrm{d}t=\int_{t_1}^{t_2}\frac{\mathrm{d}}{\mathrm{d}t}\left(\sum_{i=1}^{n}m_i\boldsymbol{v}_i\cdot\delta\boldsymbol{r}_i\right)\mathrm{d}t=\sum_{i=1}^{n}m_i\boldsymbol{v}_i\cdot\delta\boldsymbol{r}_i\Big|_{t_1}^{t_2}$$

根据原假设，真实运动与可能运动在 t_1 与 t_2 瞬时具有相同的位置 A 与 B(参见图 15-12)，即 $\sum_{i=1}^{n}m_i\boldsymbol{v}_i\cdot\delta\boldsymbol{r}_i\Big|_{t_1}^{t_2}\equiv 0$，于是得

$$\int_{t_1}^{t_2}(\delta T+\delta W)\mathrm{d}t=0 \tag{15-16}$$

这就是真实运动区别于可能运动的准则。这个关系式是哈密顿原理在一般情况下的表达形式。

当系统上的主动力为有势力时，这时主动力的元功之和为

$$\begin{aligned}\delta W&=\sum_{i=1}^{n}\boldsymbol{F}_i\cdot\delta\boldsymbol{r}_i=\sum_{i=1}^{n}(F_{ix}\delta x_i+F_{iy}\delta y_i+F_{iz}\delta z_i)\\&=-\sum_{i=1}^{n}\left(\frac{\partial V}{\partial x_i}\delta x_i+\frac{\partial V}{\partial y_i}\delta y_i+\frac{\partial V}{\partial z_i}\delta z_i\right)=-\delta V\end{aligned}$$

再引入拉格朗日函数 $L=T-V$，于是式(15-16)可写成

$$\int_{t_1}^{t_2}\delta L\mathrm{d}t=0 \tag{c}$$

根据式(15-15)，式(c)又可写成

$$\delta\int_{t_1}^{t_2}L\mathrm{d}t=0 \tag{15-17}$$

令

$$S=\int_{t_1}^{t_2}L\mathrm{d}t \tag{15-18}$$

S 称为哈密顿作用量。于是式(15-17)成为

$$\delta S=0 \tag{15-19}$$

式(15-19)就是哈密顿原理的数学表达式。**哈密顿原理**可叙述为：**具有理想和完整约束的质点系在有势力作用下，它的真实运动与具有相同起止位置的可能运动相比，对于真实运动哈密顿作用量有驻值，即对正路哈密顿作用量的变分等于零。**

哈密顿原理既适用于离散的质点系统(见例 15-11)和多自由度的刚体系统，也适用于无限多自由度的连续系统(见例 15-12、例 15-13)。

例 15-11　在图 15-13a 所示的弹簧摆中，摆锤 A 的质量为 m，弹簧的刚度系数为 k，弹簧的原长为 r_0。试用哈密顿原理建立弹簧摆的运动微分方程。

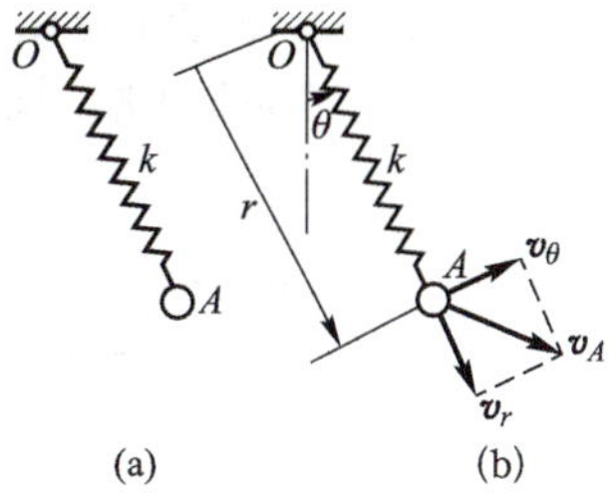

图 15-13　例 15-11 图

解　(1) 判定系统的自由度和选取广义坐标由于弹簧的变形，故系统具有两个自由度。取广义坐标为 r 和 θ（图 15-13b）。

(2) 列写系统的拉格朗日函数

系统的动能为

$$T=\frac{1}{2}mv_A^2=\frac{1}{2}m(v_r^2+v_\theta^2)=\frac{1}{2}m(\dot r^2+r^2\dot\theta^2)$$

摆锤 A 的势能为

$$V=\frac{1}{2}k(r-r_0)^2-mgr\cos\theta$$

于是摆锤 A 的拉格朗日函数为

$$L=T-V=\frac{1}{2}m(\dot r^2+r^2\dot\theta^2)-\frac{1}{2}k(r-r_0)^2+mgr\cos\theta \tag{a}$$

(3) 运用哈密顿原理

$$\delta\int_{t_1}^{t_2}L\mathrm{d}t=0$$

即

$$\int_{t_1}^{t_2}[m\dot r\delta\dot r+mr^2\dot\theta\delta\dot\theta+m\dot\theta^2r\delta r-k(r-r_0)\delta r+mg\cos\theta\delta r-mgr\sin\theta\delta\theta]\mathrm{d}t=0 \tag{b}$$

式中

$$\dot r\delta\dot r=\dot r\frac{\mathrm{d}}{\mathrm{d}t}\delta r=\frac{\mathrm{d}}{\mathrm{d}t}(\dot r\mathrm{d}r)-\ddot r\delta r \tag{c}$$

$$r^2\dot\theta\delta\dot\theta=r^2\dot\theta\frac{\mathrm{d}}{\mathrm{d}t}\delta\theta=\frac{\mathrm{d}}{\mathrm{d}t}(r^2\dot\theta\delta\theta)-\left[\frac{\mathrm{d}}{\mathrm{d}t}(r^2\dot\theta)\right]\delta\theta \tag{d}$$

将式(c)和式(d)代入式(b)，化简后可得

$$\int_{t_1}^{t_2}[-m\ddot r+m\dot\theta^2r-k(r-r_0)+mg\cos\theta]\delta r\mathrm{d}t+$$
$$\int_{t_1}^{t_2}[-mr^2\ddot\theta-2mr\dot r\dot\theta-mgr\sin\theta]\delta\theta\mathrm{d}t+$$
$$[m\dot r\delta r]_{t_1}^{t_2}+[mr^2\dot\theta\delta\theta]_{t_1}^{t_2}=0 \tag{e}$$

因为在 t_1 和 t_2 时，$\delta r=\delta\theta=0$，故式(e)的最后两项均等于零。又 δr 和 $\delta\theta$ 是彼此独立的，且积分的区间 t_1 和 t_2 是任意的，所以式(e)成立时，必有

$$\left.\begin{aligned}&-m\ddot r+m\dot\theta^2r-k(r-r_0)+mg\cos\theta=0\\&-mr^2\ddot\theta-2mr\dot r\dot\theta-mgr\sin\theta=0\end{aligned}\right\} \tag{f}$$

式(f)就是弹簧摆的运动微分方程。

例 15-12　一张紧的钢弦如图 15-14a 所示。设在振动过程中钢弦的张力 $\boldsymbol{F}$ 的数值保持不变，单位长度钢弦的质量为 m。试用哈密顿原理建立钢弦的横向振动微分方程。

解　(1) 判定系统的自由度和选取广义坐标

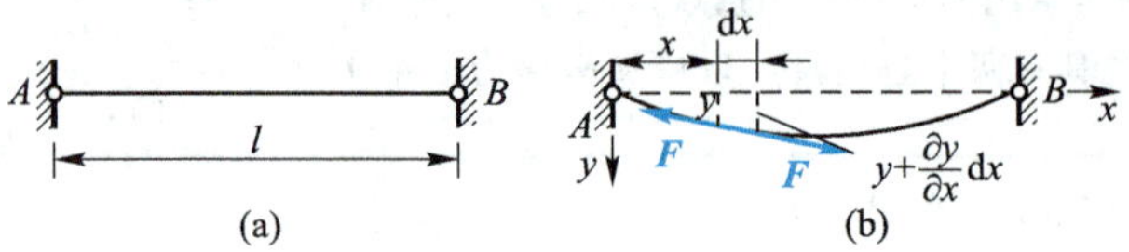

图 15-14　例 15-12 图

这是一个连续系统，具有无限多自由度。取坐标系 Axy 如图 15-14b 所示。设钢弦振动时，在 x 处从平衡位置起算的位移为 $y(x,t)$，并以此为广义坐标。

(2) 列写系统的拉格朗日函数

从钢弦上取长度为 $\mathrm{d}x$ 的微元，其动能为

$$\mathrm{d}T=\frac{1}{2}(m\mathrm{d}x)\left(\frac{\partial y}{\partial t}\right)^2$$

其变形势能为

$$\begin{aligned}\mathrm{d}V&=F\left[\sqrt{(\mathrm{d}x)^2+\left(\frac{\partial y}{\partial x}\mathrm{d}x\right)^2}-\mathrm{d}x\right]\\&\approx F\left[\mathrm{d}x+\frac{1}{2}\left(\frac{\partial y}{\partial x}\right)^2\mathrm{d}x-\mathrm{d}x\right]\\&=\frac{1}{2}F\left(\frac{\partial y}{\partial x}\right)^2\mathrm{d}x\end{aligned}$$

因而，整个钢弦的动能和变形能分别为

$$T=\int_0^l\frac{1}{2}m\left(\frac{\partial y}{\partial t}\right)^2\mathrm{d}x$$

$$V=\int_0^l\frac{1}{2}F\left(\frac{\partial y}{\partial x}\right)^2\mathrm{d}x$$

于是，钢弦的拉格朗日函数为

$$L=T-V=\int_0^l\frac{1}{2}\left[m\left(\frac{\partial y}{\partial t}\right)^2-F\left(\frac{\partial y}{\partial x}\right)^2\right]\mathrm{d}x \tag{a}$$

(3) 运用哈密顿原理

$$\delta\int_{t_1}^{t_2}L\mathrm{d}t=0$$

即

$$\int_{t_1}^{t_2}\int_0^l\left[m\frac{\partial y}{\partial t}\delta\left(\frac{\partial y}{\partial t}\right)-F\frac{\partial y}{\partial x}\delta\left(\frac{\partial y}{\partial x}\right)\right]\mathrm{d}x\mathrm{d}t=0 \tag{b}$$

式(b)的第一项对时间 t 作分部积分，并考虑到在 t_1 和 t_2 时 $\delta y=0$，则

$$\int_{t_1}^{t_2}m\frac{\partial y}{\partial t}\delta\left(\frac{\partial y}{\partial t}\right)\mathrm{d}t=\int_{t_1}^{t_2}m\frac{\partial y}{\partial t}\frac{\partial}{\partial t}(\delta y)\mathrm{d}t$$

$$= \left[m\frac{\partial y}{\partial t}\delta y\right]_{t_1}^{t_2} - \int_{t_1}^{t_2} m\frac{\partial^2 y}{\partial t^2}\delta y \mathrm{d}t$$

$$= -\int_{t_1}^{t_2} m\frac{\partial^2 y}{\partial t^2}\delta y \mathrm{d}t \tag{c}$$

式(b)的第二项对坐标 x 作分部积分，并考虑到 A 端和 B 端都是固定不动的，即在 $x=0$ 和 $x=l$ 处 $\delta y=0$，则

$$\int_0^l F\frac{\partial y}{\partial x}\delta\left(\frac{\partial y}{\partial x}\right)\mathrm{d}x = \int_0^l F\frac{\partial y}{\partial x}\frac{\partial}{\partial x}(\delta y)\mathrm{d}x$$

$$= \left[F\frac{\partial y}{\partial x}\delta y\right]_0^l - \int_0^l F\frac{\partial^2 y}{\partial x^2}\delta y \mathrm{d}x$$

$$= -\int_0^l F\frac{\partial^2 y}{\partial x^2}\delta y \mathrm{d}x \tag{d}$$

将式(c)和式(d)代入式(b)，可得

$$\int_{t_1}^{t_2}\int_0^l\left(F\frac{\partial^2 y}{\partial x^2} - m\frac{\partial^2 y}{\partial x^2}\right)\delta y \mathrm{d}x\mathrm{d}t = 0 \tag{e}$$

因为 $\delta y=\varepsilon\eta(x,t)$ 和积分区间 t_1 到 t_2 都是任意的，所以式(e)成立时必有

$$m\frac{\partial^2 y}{\partial t^2} = F\frac{\partial^2 y}{\partial x^2} \tag{f}$$

式(f)就是钢弦的横向振动微分方程。

例 15-13 一等刚度悬臂梁受均布荷载 q 如图 15-15a 所示，已知刚度为 EI，试求梁的挠度。

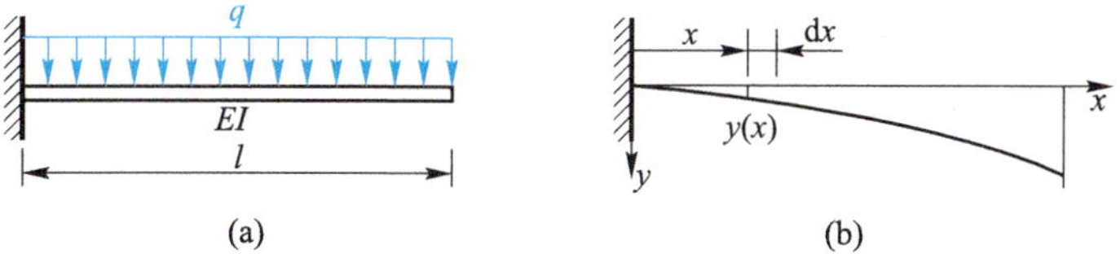

图 15-15 例 15-13 图

解 (1) 判定系统的自由度和选取广义坐标

这是一个连续系统，具有无限多自由度。取坐标系 Axy 如图 15-15b 所示。在 x 处从水平位置起算的位移为 $y(x)$，并以此为广义坐标。

(2) 列写系统的拉格朗日函数

此为静力学问题，因为动能 $T\equiv 0$，所以哈密顿原理变为

$$\delta\int_{t_1}^{t_2} L\mathrm{d}t = 0 \Rightarrow \delta\int_{t_1}^{t_2} V\mathrm{d}t = 0 \Rightarrow \int_{t_1}^{t_2}\delta V\mathrm{d}t = 0$$

又因为静力学问题与时间无关，则

$$\int_{t_1}^{t_2}\delta V\mathrm{d}t = 0 \Rightarrow \delta V = 0$$

即哈密顿原理退化为虚位移原理

梁的弹性势能为
$$V_1 = \frac{1}{2}\int_0^l EIy''^2(x)\,\mathrm{d}x$$

重力势能为
$$V_2 = -\int_0^l qy(x)\,\mathrm{d}x$$

系统的总势能
$$V = \int_0^l \frac{1}{2}[EIy''^2(x) - 2qy(x)]\,\mathrm{d}x \tag{a}$$

(3) 虚位移原理

$$\delta V=0$$

即

$$\int_0^l [-EI2y''(x)\delta y''(x) + q\delta y(x)]\,\mathrm{d}x = 0 \tag{b}$$

因为 $EIy''(x)\delta y''(x)=\frac{\partial}{\partial x}[EIy''(x)\delta y'(x)]-\frac{\partial}{\partial x}[EIy''(x)]\delta y'(x)$

又因为 $\frac{\partial}{\partial x}[EIy''(x)]\delta y'(x)=\frac{\partial}{\partial x}\left\{\frac{\partial}{\partial x}[EIy''(x)\delta y(x)]\right\}-\frac{\partial^2}{\partial x^2}[EIy''(x)]\delta y(x)$

将以上关系式代入式(b)得

$$\int_0^l \left\{\frac{\partial}{\partial x}[EIy''(x)\delta y'(x)] - \frac{\partial}{\partial x}\left\{\frac{\partial}{\partial x}[EIy''(x)]\delta y(x)\right\} + \frac{\partial^2}{\partial x^2}[EIy''(x)]\delta y(x) - q\delta y(x)\right\}\mathrm{d}x = 0$$

即

$$[EIy''(x)\delta y'(x)]_0^l-\left\{\frac{\partial}{\partial x}[EIy''(x)]\delta y(x)\right\}_0^l+\int_0^l\left[\frac{\partial^2}{\partial x^2}EIy''(x)-q\right]\delta y(x)\,\mathrm{d}x=0$$

根据悬臂梁的边界条件,有:

$x=0$,固定端处,几何边界条件为位移为零、转角为零,即

$$\delta y(x)=0,\quad \delta y'(x)=0$$

$x=0$,自由端处,力学边界条件为弯矩为零、剪力为零,即

$$EIy''(x)=0,\quad \frac{\partial}{\partial x}[EIy''(x)]=0$$

又因为 $\delta y(x)$ 的任意性,得

$$\frac{\partial^2}{\partial x^2}EIy''(x)=q,\quad 即\ EI\frac{\partial^4}{\partial x^4}y(x)=q \tag{c}$$

式(c)为悬臂梁在等刚度情况下的挠曲线微分方程。

思　考　题

15-1　在应用动力学普遍方程时,为什么可将非定常约束"冻结"而取在某一瞬时为约束所许可的虚位移?

15-2 动力学普遍方程中应包括内力的虚功吗？

15-3 若研究的系统中有摩擦力，如何应用拉格朗日方程？

15-4 当研究质点系在非惯性坐标系中的相对运动时，拉格朗日方程是否适用？

15-5 当主动力均为有势力，则此系统就是保守系统吗？适用广义能量积分的问题，其能量守恒吗？

15-6 哈密顿原理只能应用于主动力均为有势力的系统吗？

习 题

15-1 如图，一均质杆 AB 长为 l，两端可沿半径为 R 的光滑固定圆弧的表面滑动。设在运动过程中，杆 AB 始终位于铅垂面内。试用动力学普遍方程建立杆的运动微分方程。

15-2 在图示系统中，杆 AB 的质量为 m_1，楔块的质量为 m_2，楔块与水平面的夹角为 θ，不计各处摩擦。试用动力学普遍方程求杆与楔块的加速度。

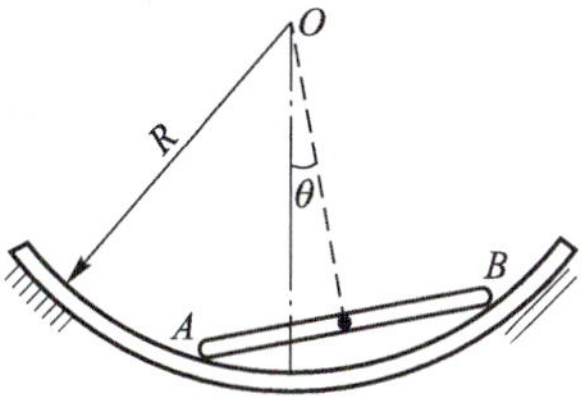

题 15-1 图

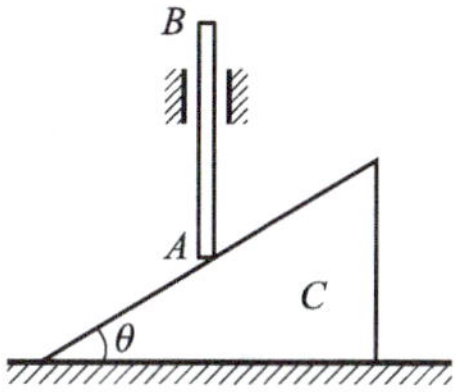

题 15-2 图

文档：习题 15-3 题解

15-3 在图示滑轮组中，已知物块 A、B、C 的质量分别为 m、$2m$、$4m$，各滑轮的质量不计。试用动力学普遍方程求各物块的加速度。

15-4 如图，质量为 m 的小球 A 用细绳系住，绳的另一端绕在一半径为 r 的圆柱体上，构成一变摆长的单摆。已知小球在铅垂平衡位置时，绳的下垂部分长为 l。试用拉格朗日方程建立摆的运动微分方程。

文档：习题 15-4 题解

15-5 两个匀质轮子 A 和 B，质量分别是 m_1 和 m_2，半径分别是 r_1 和 r_2，细绳的两边分别缠绕在两轮缘上，如图所示。轮 A 绕固定轴 O 转动，试求轮 B 下落时两个轮子的角加速度。细绳的质量和轴承摩擦不计。

文档：习题 15-5 题解

15-6 如图，质量为 m 的物块 A 可在光滑的水平面上运动，其两端分别用刚度系数为 k 的弹簧系在墙上。质量为 $\frac{m}{2}$、半径为 r 的均质圆盘 B 在物块 A 上作纯滚动；盘心 B 用刚度系数为 $2k$ 的弹簧系在物块 A 上。试用拉格朗日方程建立此系统的运动微分方程。

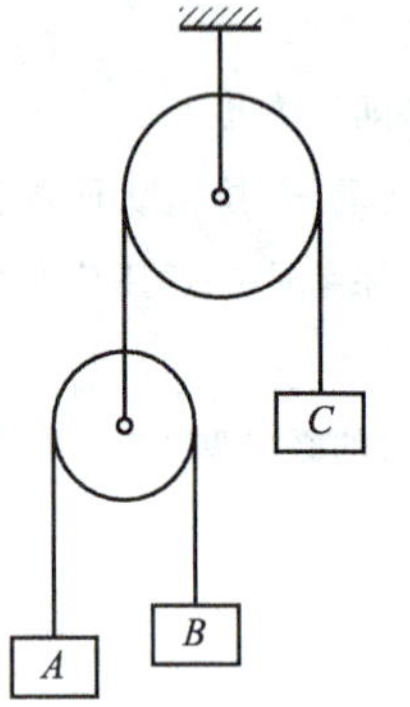

题 15-3 图

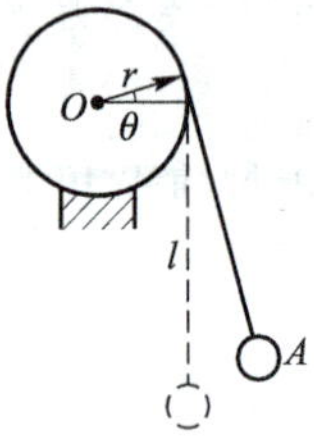

题 15-4 图

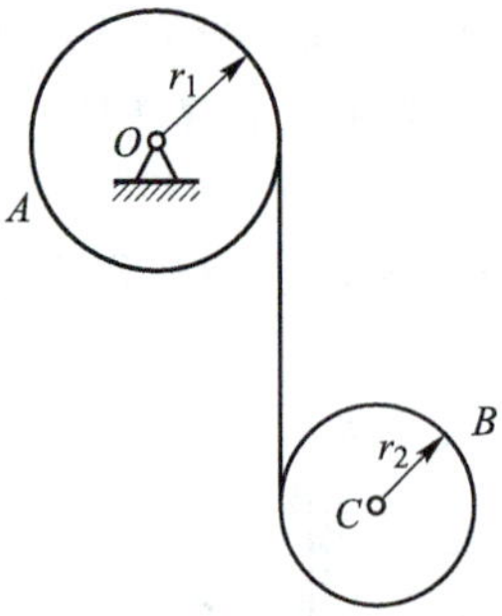

题 15-5 图

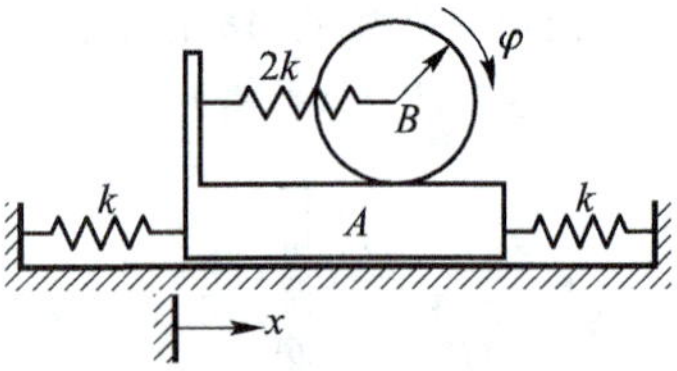

题 15-6 图

文档：习题 15-7 题解

15-7　如图，一质量为 m 的小球在半径为 r 的圆管内运动，此圆管以匀角速 ω 绕铅直轴 AB 转动。试用拉格朗日方程建立质点的运动微分方程，并求使圆管的转动角速度保持不变的转矩 M。

15-8　如图，三棱柱 A 的质量为 m，物块 B、C 的质量均为 $\frac{m}{2}$，不计滑轮 O 的质量和各处摩擦，三棱柱斜面倾角为 θ。试用拉格朗日方程求三棱柱的加速度及重物 B 的相对加速度。

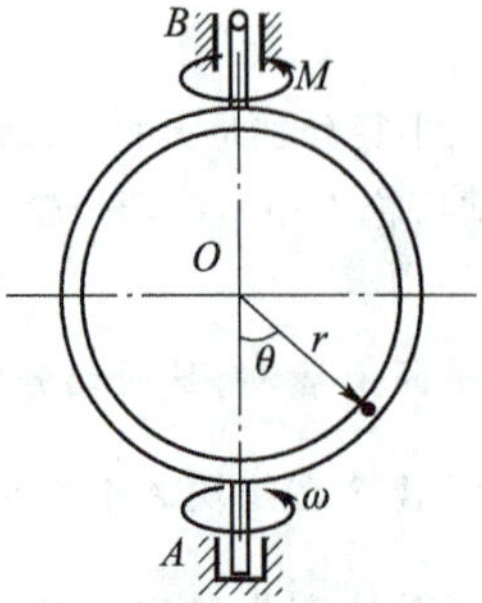

题 15-7 图

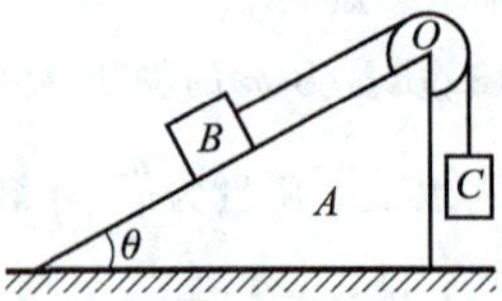

题 15-8 图

15-9 如图，绕通过 O 点的水平轴转动的均质杆 OA 长为 l，质量为 m_1，其上绕一弹簧，弹簧的一端固定于 O，一端连接一套于杆上的小环 B，小环的质量为 m_2，弹簧的刚度系数为 k，自然长度为 l_0。试用拉格朗日方程建立系统的运动微分方程。

15-10 半径均为 R 的两圆柱体 A、B，用一绳相连如图所示。B 为实心均质圆柱，其质量为 m_2；A 是均质空心圆柱，质量为 m_1。若 A 铅直下降，B 只沿水平面作纯滚动，试用拉格朗日方程求两圆柱的角加速度。

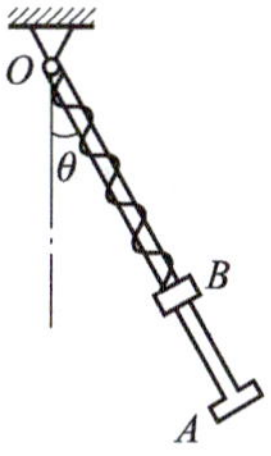

题 15-9 图

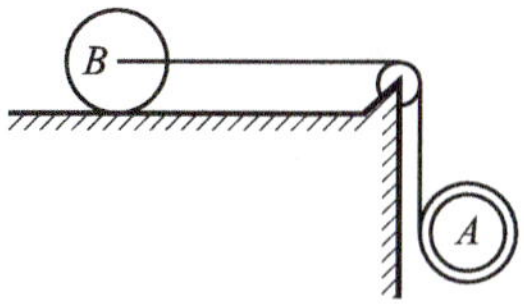

题 15-10 图

15-11 如图，质量为 m_1、半径为 R 的半圆槽放置在光滑的水平面上；半径为 r、质量为 m_2 的均质圆柱在半圆槽内滚动而不滑动，且滚动时其中心 B 与半圆槽中心 O 的连线偏离铅直线的夹角 θ 很小。试用拉格朗日方程建立系统的运动微分方程。

15-12 如图所示，质量为 m、半径为 $3r$ 的大圆环在粗糙的水平面上作纯滚动。另一质量也为 m、半径为 r 的小圆环在大圆环内壁作纯滚动，不计滚动摩阻，整个系统处于铅直平面内。初始时，C_1C_2 在水平线上，被无初速释放。试列写系统的运动微分方程和相应的初积分。

文档：习题15-12题解

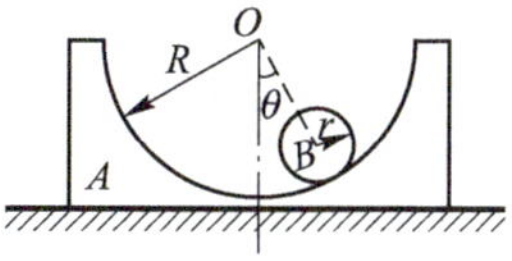

题 15-11 图

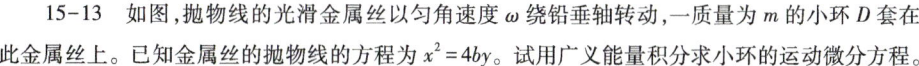

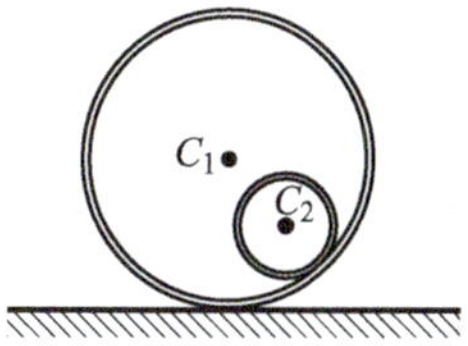

题 15-12 图

文档：习题15-13题解

15-13 如图，抛物线的光滑金属丝以匀角速度 ω 绕铅垂轴转动，一质量为 m 的小环 D 套在此金属丝上。已知金属丝的抛物线的方程为 $x^2=4by$。试用广义能量积分求小环的运动微分方程。

15-14 一水平转盘对中心轴 O 的转动惯量为 J_0，可以绕铅垂轴 O 自由转动，且转盘原处于静止。一只质量为 m 的小虫 D（视为质点）沿弦 AB 从点 A 走到点 B。已知距离 b、l 如图所示。试用循环积分求转盘转过的角度 θ。

15-15 在图示系统中，已知物块 A 质量为 m_1，置于光滑水平面上，匀质细杆 AB 的长为 $2b$，质量为 m_2。试以 x 和 q 为广义坐标，写出系统的第二类拉格朗日方程的初积分。

文档：习题15-15题解

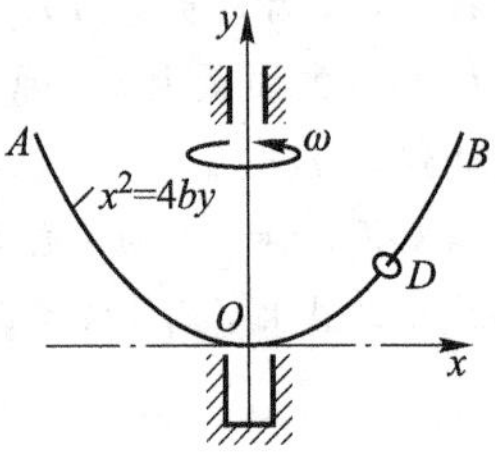

题 15-13 图

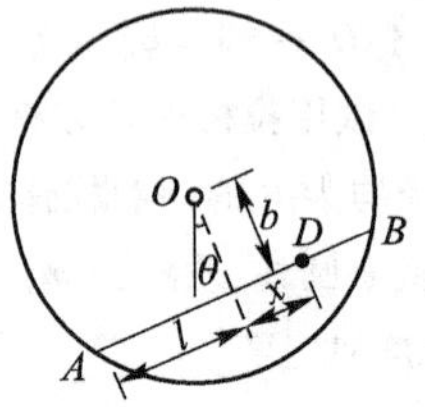

题 15-14 图

15-16 如图,质量为 $2m$、半径为 r 的大圆环可绕铅直轴 AB 自由转动,另有一质量为 m 的小环 D 套在大圆环上。取 θ 角和大圆环的转角 φ 为广义坐标,试写出拉格朗日方程的初积分。若设 $t=0$ 时,$\theta=\dfrac{\pi}{2}$、$\dot{\theta}=0$ 和 $\dot{\varphi}=2\sqrt{\dfrac{g}{r}}$,试求大圆环的最大角速度 $\dot{\varphi}_{\max}$。

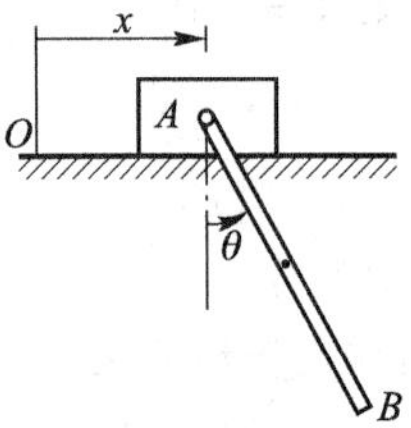

题 15-15 图

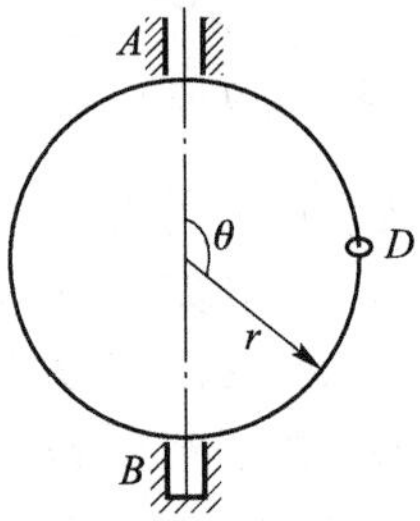

题 15-16 图

15-17 图示一单摆,摆锤 A 的质量为 m,摆长为 l。悬挂点 O 系以刚度系数为 $k/2$ 的两根弹簧,且可以沿水平方向移动。试用哈密顿原理建立此摆的运动微分方程。

15-18 如图,半径为 r、质量为 m_1 的均质圆柱体 A,绕以细绳后放在倾角为 θ 的光滑斜面上。细绳的另一端绕过定滑轮(质量不计)后吊有质量为 m_2 的物块 B。试用哈密顿原理求圆柱体 A 的角加速度和物块 B 的加速度。

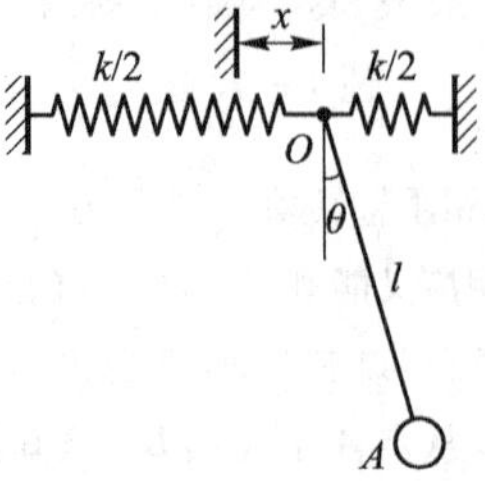

题 15-17 图

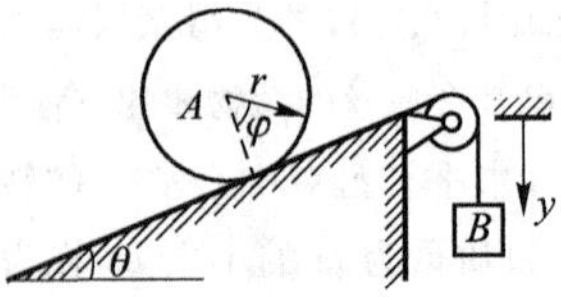

题 15-18 图

第五篇　动力学应用专题

在第三篇中，已经用动力学的几个定理研究了一些简单的动力学问题，但是实际的工程问题往往是很复杂的。研究具体工程问题时，除了进行认真细致的分析并抽象出合适的力学模型外，有时还需进一步作出假设，以建立一个便于分析计算的力学模型。本篇讨论振动和碰撞两个动力学专题。振动部分主要讨论单自由度系统的自由振动和受迫振动，以及两个自由度系统的无阻尼自由振动和无阻尼受迫振动，并分析了一些具体的工程问题。碰撞部分主要研究了两物体间的对心碰撞和偏心碰撞问题。通过这两个专题的讨论，可以进一步了解用动力学的理论分析研究具体工程问题的方法。

第十六章　线性振动的基本理论

所谓振动是指物体在平衡位置附近所作的往复运动。振动是自然界、工程上和日常生活中常见的现象之一。例如,车辆、机器、建筑物、桥梁、闸坝等具有弹性的质量系统,在受到激扰后,都会产生振动。

在不少情况下,振动会造成危害。如设备基础的振动,会影响产品的加工精度;管道的振动,会引起气体或液体的泄漏;严重的地震会使建筑物剧烈振动以致倒塌破坏,造成生命、财产的巨大损失。但当人们掌握了振动的规律以后,就可以设法避免或减轻振动所造成的危害,并可利用振动的特性制造各种机械或仪表来为我们的生产和生活服务,如混凝土振捣器、振动式压路机、振动筛、地震仪等。

当振动物体作微幅振动(简称微振动)时,它的位移和速度都很小,可认为弹性力、阻尼力(不包括干摩擦情况)分别是位移、速度的一次函数。这时振动可用常系数线性微分方程来描述,故称为线性振动。本章将介绍单自由度系统与两个自由度系统的线性振动的基本理论。

§16-1　单自由度系统的自由振动

1. 单自由度系统自由振动力学模型的建立

很多实际振动问题可以简化为单自由度系统的问题来研究。图 16-1a 表示一电动机连同基础支承于弹性地基上,当只考虑基础的铅垂向振动时,此系统

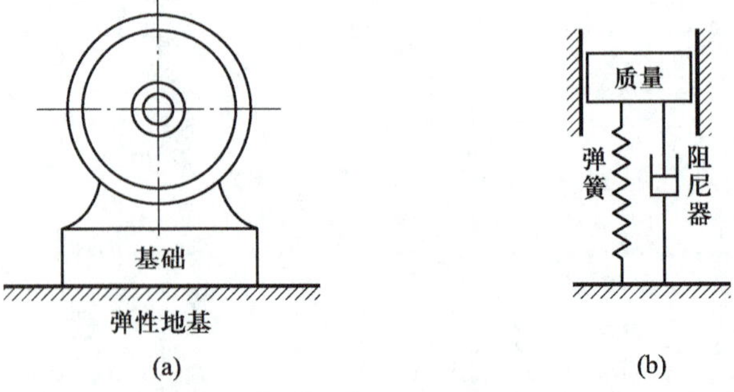

图 16-1　振动的力学模型 I

可以简化为一弹簧(代表弹性地基)支承的质量体(代表电动机连同基础),这就具备了振动系统的必要条件——弹簧与质量,并构成单自由度的振动系统,在一定的条件下,就会发生振动。一般情况下,这样的振动会受到气体或液体介质的阻力,或弹性材料中分子的内阻等,使振动逐渐消弭,系统受到的这些阻力可以简化为一阻尼器。于是这一系统就抽象成如图 16-1b 所示的力学模型。

可以抽象成图 16-1b 所示的力学模型的工程实际问题很多。如图 16-2a 所示的集中质量体安置在梁上,由于梁有弹性而相当于一个弹簧,若梁的质量比集中质量体的质量小得很多,则整个系统也可以近似地简化为图 16-1b 的力学模型;又如图 16-2b 所示的质量体在液体中漂浮,同样可以简化为图 16-1b 所示的力学模型。再如图 16-3a 中的水塔,上部水箱(包括其中装的水)的质量比下部支架的质量大得多,可以简化为图 16-3b 所示的单自由度系统,也可以等价地用图 16-3c 所示的模型来替代。

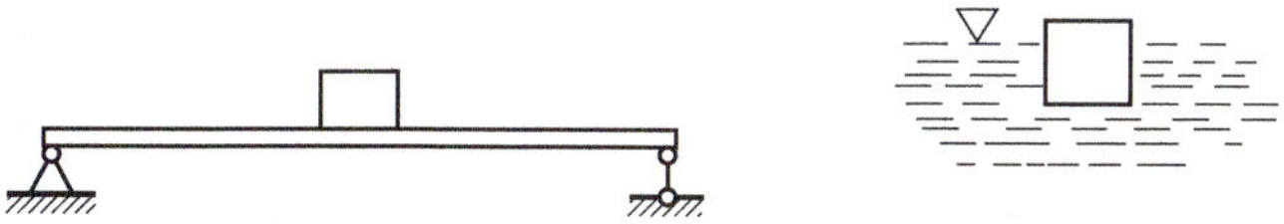

(a)　　(b)

图 16-2　工程实例

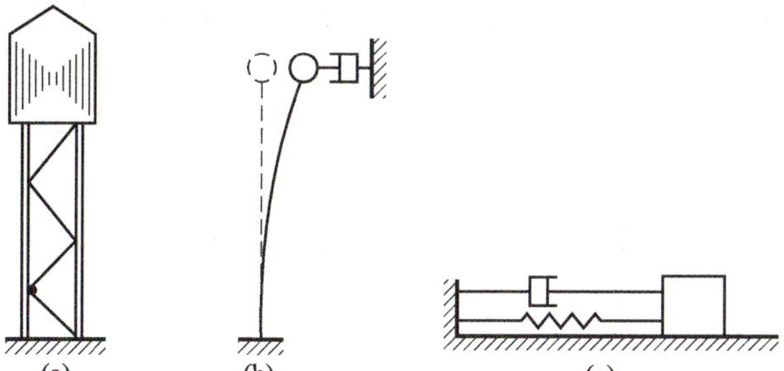

(a)　　(b)　　(c)

图 16-3　振动的力学模型Ⅱ

图 16-1b 与图 16-3c 所示的振动系统没有本质区别,属同一振动模型。

2. 线性恢复力与线性阻尼力

(1) 线性恢复力

一个物体(或系统)能够在其平衡位置附近振动,必须具备的条件之一是:当物体(或系统)受到外界激扰而偏离平衡位置时,就受到一个使其回到平衡位置的力的作用。这个力称为**恢复力**,恢复力恒指向平衡位置。

恢复力的形式有多种。对弹簧而言，若弹簧的变形保持在弹性范围之内，则弹性力 $\boldsymbol{F}$ 的大小与弹簧的伸长量(或缩短) $|q|$ 成正比，即

$$F=k|q| \tag{16-1}$$

式中 k 为弹簧的刚度系数。式(16-1)表明弹性力与弹簧的伸缩量成线性关系，这种恢复力称为线性恢复力。对物体在液体中漂浮的情况，当物体偏离平衡位置 q 时，物体的重力与液体的浮力不平衡，二力之差等于物体受到的合力 $\boldsymbol{F}$，可表示为

$$F=\rho gsq \tag{16-2}$$

式中 ρ 为液体的密度，s 为物体的水截面积。可见，ρgs 相当于刚度系数 k。对于图 16-3 所示系统，根据弹性梁挠曲线方程，可以得到等效的刚度系数

$$k=\frac{3EI}{l^3} \tag{16-3}$$

式中 EI 为梁的刚度，l 为梁(支架)长，恢复力可由式(16-1)得到。

其他形式的恢复力，如单摆微小摆动时的恢复力与扭摆微小摆动时的恢复力，也可以简化为线性恢复力，这些恢复力的表示将在后面的例子中给出。

(2) 线性阻尼力

空气、水、油等流体介质的阻尼及材料的分子内阻等，都可以抽象成黏滞性阻尼。如物体在流体介质中运动的情况，若速度不大，阻尼力近似地与速度的一次方成正比。这种阻尼称为线性阻尼，可表示为

$$\boldsymbol{F}_c=-c\boldsymbol{v} \tag{16-4}$$

式中负号表示阻尼力与速度的方向相反；c 为阻力系数，它与物体的形状、尺寸及阻尼介质的性质有关，单位是 N · s/m(牛 · 秒/米)。当物体运动的速度较大时，阻尼力将与速度的平方或高次方成正比，这种阻尼称为非线性阻尼。本章只讨论线性阻尼情况。

3. 单自由度系统自由振动微分方程的建立及其解

对于图 16-4a 所示的有阻尼的弹簧-质量系统。设弹簧原长为 l_0，刚度系数为 k。在重力 $m\boldsymbol{g}$ 的作用下，弹簧的静变形为 δ_{st}，并称这一位置为静平衡位置。平衡时重力与弹性力大小相等，于是

$$\delta_{st}=\frac{mg}{k} \tag{16-5}$$

为研究方便，取静平衡位置 O 为坐标原点，q 轴铅直向下。重物在任意位置 q 处受到的弹性力 $\boldsymbol{F}_k$ 在 q 轴上的投影为

$$F_{kq}=-k(\delta_{st}+q)$$

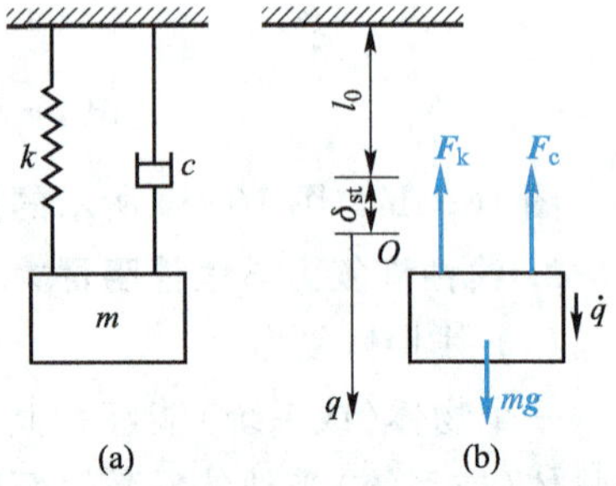

图 16-4　振动问题的力学分析

物体受到的阻尼力 F_c 在 q 轴上的投影为

$$F_{cq}=-c\dot{q}$$

物体的运动微分方程为

$$m\ddot{q}=mg-k(\delta_{st}+q)-c\dot{q}$$

考虑式(16-5),上式成为

$$m\ddot{q}=-kq-c\dot{q}$$

或写成

$$\ddot{q}+\frac{c}{m}\dot{q}+\frac{k}{m}q=0 \tag{16-6}$$

令 $2\delta=\frac{c}{m},\omega_n=\sqrt{\frac{k}{m}}$,则式(16-6)可写成

$$\ddot{q}+2\delta\dot{q}+\omega_n^2 q=0 \tag{16-7}$$

式中 δ 为阻尼系数。

式(16-7)是单自由度系统有阻尼自由振动微分方程的标准形式。它是一个二阶常系数线性齐次微分方程,其解可设为 $q=e^{rt}$,代入式(16-7)后得特征方程

$$r^2+2\delta r+\omega_n^2=0 \tag{a}$$

特征方程的两个根为

$$\left.\begin{aligned} r_1&=-\delta+\sqrt{\delta^2-\omega_n^2} \\ r_2&=-\delta-\sqrt{\delta^2-\omega_n^2} \end{aligned}\right\} \tag{b}$$

因此式(16-7)的通解为

$$q=c_1 e^{r_1 t}+c_2 e^{r_2 t} \tag{16-8}$$

上述解中,特征根为实数或复数时,运动规律有很大的不同。因此,下面按 $\delta>\omega_n$、$\delta=\omega_n$ 和 $\delta<\omega_n$ 三种不同情形分别进行讨论。

(1) 大阻尼情况

当 $\delta>\omega_n$ 时,称为大阻尼。这时特征方程的根为两个不等的实根,如式(b)所示,于是式(16-7)的解为

$$q=e^{-\delta t}(c_1 e^{\sqrt{\delta^2-\omega_n^2}t}+c_2 e^{-\sqrt{\delta^2-\omega_n^2}t}) \tag{16-9}$$

式中 c_1、c_2 为积分常数,由运动的起始条件来确定,运动规律如图 16-5 所示,可见系统的运动不具有振动的特性。

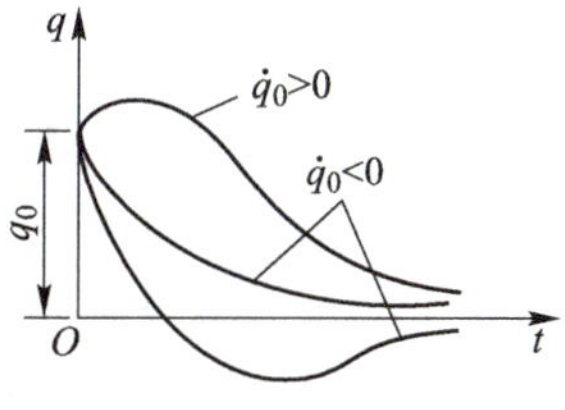

图 16-5　大阻尼时的运动图线

(2) 临界阻尼情况

当 $\delta=\omega_n$ 时，称为临界阻尼。这时特征方程的根为两个相等的实根，即为 $r_1=r_2=-\delta$，于是方程的解为

$$q=e^{-\delta t}(c_1+c_2t) \tag{16-10}$$

式中积分常数 c_1、c_2 由运动的起始条件决定，所表示的运动曲线类似于图 16-5，也不具有振动的特性。

(3) 小阻尼情况

当 $\delta<\omega_n$ 时，称为小阻尼。这时特征方程的两个根为共轭复根

$$\left.\begin{aligned} r_1&=-\delta+i\sqrt{\omega_n^2-\delta^2}\\ r_2&=-\delta-i\sqrt{\omega_n^2-\delta^2}\end{aligned}\right\} \tag{c}$$

于是式(16-7)的解为

$$q=Ae^{-\delta t}\sin(\omega_d t+\theta) \tag{16-11}$$

式中 $\omega_d=\sqrt{\omega_n^2-\delta^2}$，$A$ 和 θ 为积分常数。设在初瞬时（$t=0$ 时）物块的坐标为 $q=q_0$，速度为 $\dot{q}=\dot{q}_0$。为求 A 和 θ，现将式(16-11)两端对时间 t 求一阶导数，得物块的速度

$$\dot{q}=Ae^{-\delta t}[-\delta\sin(\omega_d t+\theta)+\omega_d\cos(\omega_d t+\theta)] \tag{d}$$

然后将初始条件代入式(16-11)和式(d)，得

$$q_0=A\sin\theta$$

$$\dot{q}_0=A(-\delta\sin\theta+\omega_d\cos\theta)$$

由上述两式解得

$$A=\sqrt{q_0^2+\frac{(\dot{q}_0+\delta q_0)^2}{\omega_n^2-\delta^2}} \tag{16-12}$$

$$\tan\theta=\frac{q_0\sqrt{\omega_n^2-\delta^2}}{\dot{q}_0+\delta q_0} \tag{16-13}$$

由式(16-11)画出的振动曲线如图 16-6 所示。

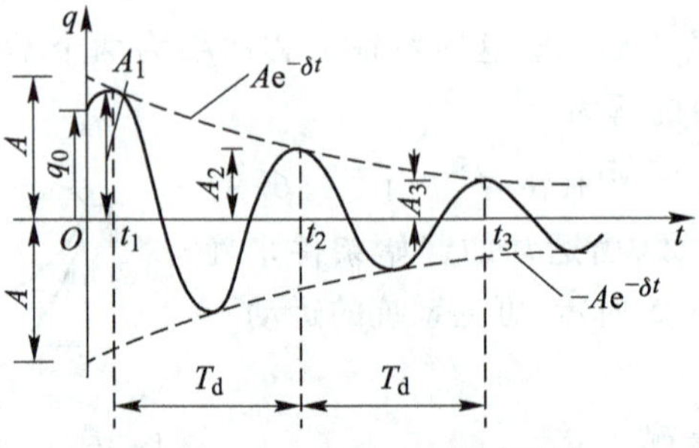

图 16-6 小阻尼时的运动图线

由图 16-6 可知，物体在其平衡位置附近作往复运动，但已不是作等幅的简谐运动了，而是按指数规律衰减，故称为衰减振动。

下面讨论小阻尼振动时的特点。

a. 周期与振动频率

随着时间 t 的增加，小阻尼自由振动将消失，所以其振动是瞬态的。在瞬态的振动过程中，若将质点从一个最大偏离位置到下一个最大偏离位置所需的时间称为衰减振动的周期，记为 T_d，则由式(16-11)可得

$$T_d=\frac{2\pi}{\omega_d}=\frac{2\pi}{\sqrt{\omega_n^2-\delta^2}} \tag{16-14}$$

衰减振动的振动频率 f_d 表示每秒振动的次数，它与周期的关系为

$$f_d=\frac{1}{T_d} \tag{16-15}$$

衰减振动的振动圆频率（即在 2π 时间内振动的次数）为

$$\omega_d=2\pi f_d=\sqrt{\omega_n^2-\delta^2} \tag{16-16}$$

b. 振幅的衰减

由于振幅在不断地衰减，所以现在讨论相邻两个振幅的比值。

设在某瞬时 t_i，振动达到的最大偏离值为 A_i，有

$$A_i=Ae^{-\delta t_i}\sin(\omega_d t_i+\theta)$$

经过一个周期 T_d 后，系统达到另一个比前者略小的最大偏离值 A_{i+1}，为

$$A_{i+1}=Ae^{-\delta(t_i+T_d)}\sin[\omega_d(t_i+T_d)+\theta]$$

于是相邻两个振幅之比为一常数，称为减缩因数，记为 i_d，即

$$i_d=\frac{A_i}{A_{i+1}}=e^{\delta T_d} \tag{16-17}$$

对式(16-17)的两边取自然对数得

$$\Lambda=\ln\frac{A_i}{A_{i+1}}=\delta T_d \tag{16-18}$$

Λ 称为对数减缩。

c. 相位与初相位

在小阻尼振动中，物体的运动具有周期性，并将 $(\omega_d t+\theta)$ 称为相位（或相位角），相位决定了物体在某瞬时 t 的位置，它具有角度的量纲，而 θ 称为初相位，它表示出物体运动的初始位置。

文档：例 16-1 题解

例 16-1　质量为 m 的物块 A 连在刚度系数为 k 的弹簧上处于静止状态。现有质量亦为 m 的物块 B 无初速度地突然放置在物块 A 上，如图 16-7 所示。试求：

(1) 物块 B 放置前及放置后系统自由振动的频率；

(2) 物块 B 放置后系统振动的振幅。

例 16-2　图 16-8a 所示为一弹性杆支持的圆盘，弹性杆扭转刚度为 k_t，圆盘对杆轴 z 的转动惯量为 J_z。若圆盘外缘受到与转动成正比的切向阻力，而圆盘衰减扭振的周期为 T_d。试求圆盘所受阻力偶矩与转动的角速度的关系。

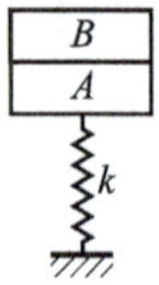

图 16-7　例 16-1 图

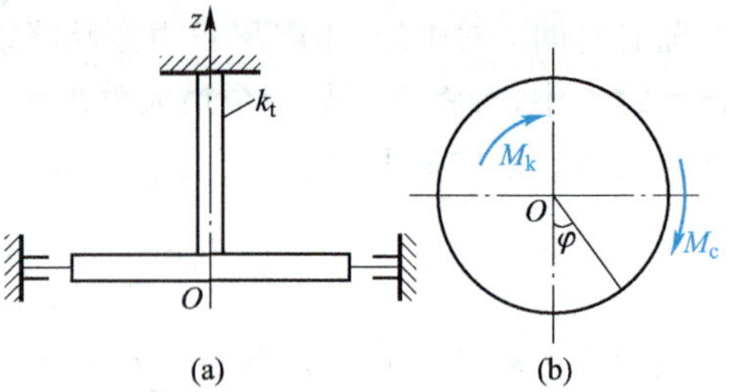

图 16-8　例 16-2 图

解　盘面上受到的外力系如图 16-8b 所示。对转轴 z 应用定轴转动微分方程为

$$J_z\ddot{\varphi}=-M_k-M_c$$

式中回复力偶矩 $M_k=k_t\varphi$；阻力偶矩 M_c 与转动角速度成正比，设 μ 为阻力偶系数，则 $M_c=\mu\omega=\mu\dot{\varphi}$，代入整理后得

$$\ddot{\varphi}+\frac{\mu}{J_z}\dot{\varphi}+\frac{k_t}{J_z}\varphi=0$$

由式(16-14)，可得衰减振动周期

$$T_d=\frac{2\pi}{\sqrt{\frac{k_t}{J_z}-\left(\frac{\mu}{2J_z}\right)^2}}$$

由此解得阻力偶系数

$$\mu=\frac{2}{T_d}\sqrt{T_d^2k_tJ_z-4\pi^2J_z^2}$$

例 16-3　在图 16-4 的阻尼系统中，已知物体的质量 $m=10$ kg，衰减振动周期 $T_d=0.29$ s。欲使物体的振幅在 10 个周期后降为原来振幅的$\frac{1}{100}$，试求阻力系数 c。

解　由本节知 $2\delta=\frac{c}{m}$，即 $c=2\delta m$，可知求 c 就是求 δ。

设在 $t=t_1$ 时的振幅为 A_1，$t=t+10T_d$ 时振幅为 A_{11}，将式(16-17)连乘 10 次，有

$$\frac{A_1}{A_{11}}=\frac{A_1}{A_2}\frac{A_2}{A_3}\cdots\frac{A_{10}}{A_{11}}=e^{10\delta T_d}$$

即

$$e^{10\delta T_d}=100$$

得

$$\delta=\frac{\ln 100}{10T_d}=1.59\ \mathrm{s}^{-1}$$

于是得阻力系数

$$c=2\delta m=2\times1.59\times10\ \mathrm{N\cdot s/m}=31.8\ \mathrm{N\cdot s/m}$$

4. 无阻尼自由振动和计算固有频率的能量法

(1) 无阻尼自由振动

当系统只考虑空气阻力时，由于阻尼系数极小，可将阻尼力略去不计，得到系统无阻尼自由振动的微分方程为

$$\ddot{q}+\omega_n^2 q=0 \tag{16-19}$$

其解为

$$q=A\sin(\omega_n t+\theta) \tag{16-20}$$

式中

$$A=\sqrt{q_0^2+\left(\frac{\dot{q}_0}{\omega_n}\right)^2} \tag{16-21}$$

$$\tan\theta=\frac{\omega_n q_0}{\dot{q}_0} \tag{16-22}$$

由式(16-20)画出的振动曲线如图 16-9 所示。

与有阻尼自由振动对比，差别表现在两个方面。

a. 周期缩短，频率增高

将无阻尼时周期用记号 T_n 表示，则由式(16-14)知

$$T_n=\frac{2\pi}{\omega_n} \tag{16-23}$$

可见 $T_n<T_d$，即周期缩短；将无阻尼振动的频率称为固有频率，记为 f_n，则 $f_n=\frac{1}{T_n}>f_d$，频率增高。其圆频率即为 ω_n。

当阻尼很小时，阻尼对振动的周期与频率影响不大，一般可以认为

$$\omega_d\approx\omega_n,\quad T_d\approx T_n$$

b. 振幅无衰减

从振动曲线图 16-9 看出，无阻尼振动的振幅无衰减，是等幅振动，式(16-21)表示的就是振幅。

例 16-4　一单摆，摆锤质量为 m，摆长为 l(图 16-10a)。试求其在平衡位置附近作微小摆动时的运动微分方程及固有圆频率。

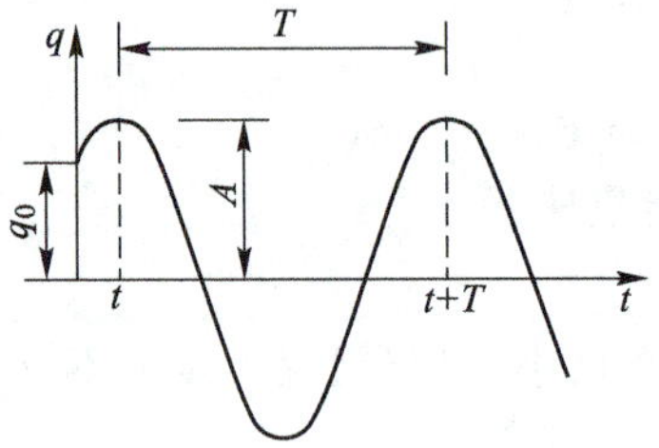

图 16-9　无阻尼时的运动图线

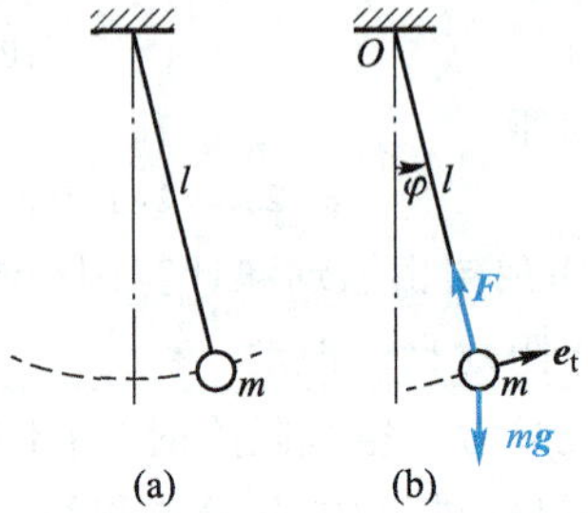

图 16-10　例 16-4 图

解　单摆的受力分析如图 16-10b 所示，取广义坐标为 φ，由于不计阻尼，为无阻尼自由振动。对 O 点用动量矩定理有

$$\frac{\mathrm{d}}{\mathrm{d}t}[m(\dot{\varphi}l)l]=-(mg\sin\varphi)l$$

$mg\sin\varphi$ 为恢复力，是重力在切向 $\boldsymbol{e}_{\mathrm{t}}$ 的分力，微幅摆动时，$\sin\varphi\approx\varphi$，则上式整理后写成

$$\ddot{\varphi}+\frac{g}{l}\varphi=0$$

上式与无阻尼自由振动标准形式(16-19)对比，即得固有圆频率为

$$\omega_{\mathrm{n}}=\sqrt{\frac{g}{l}}$$

例 16-5　一质量为 m 的重物自高度为 h 处无初速地自由落下，当重物与梁中点处接触后，重物将沿铅垂方向振动(图 16-11a)。已知在重物重力作用下梁中点的静挠度为 δ_{st}。若梁的质量忽略不计，重物与梁的碰撞为塑性碰撞，试求重物的振动方程。

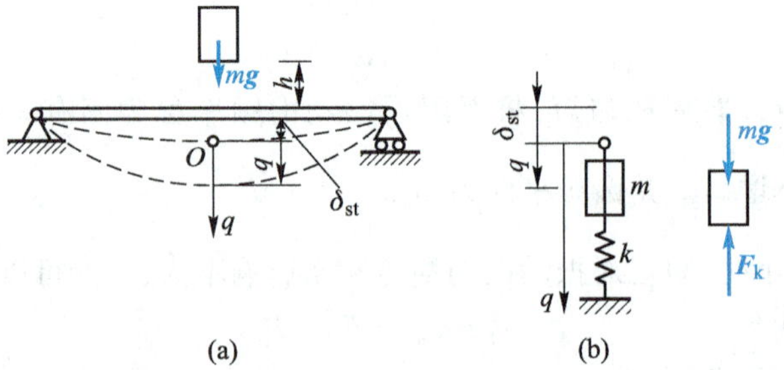

图 16-11　例 16-5 图

解　由于梁的质量略去不计，它对重物的作用相当于一弹簧，于是图 16-11a 的振动系统可以简化为单自由度系统(图 16-11b)，根据静挠度与弹簧的静变形相等，因此等效弹簧的刚度系数为

$$k=\frac{mg}{\delta_{\mathrm{st}}}$$

由于不计阻尼，系统为无阻尼自由振动系统。现取重物的平衡位置 O 为坐标原点，q 轴向下为正。在任一瞬时位置，重物所受的力有重力 $m\boldsymbol{g}$ 及弹性力 $\boldsymbol{F}_k$，弹性力 $\boldsymbol{F}_k$ 在 q 轴上的投影为

$$F_{kq}=-k(\delta_{st}+q)$$

于是重物的振动微分方程为

$$m\ddot{q}=mg-k(\delta_{st}+q)=-kq$$

即

$$\ddot{q}+\omega_n^2q=0$$

式中

$$\omega_n=\sqrt{\frac{k}{m}}=\sqrt{\frac{g}{\delta_{st}}}$$

由式(16-20)可知重物的自由振动方程为

$$q=A\sin(\omega_n t+\theta)$$

其中振幅 A 及初相位 θ 由式(16-21)、(16-22)分别求得

$$A=\sqrt{q_0^2+\left(\frac{\dot{q}_0}{\omega_n}\right)^2}=\sqrt{\delta_{st}^2+2h\delta_{st}}$$

$$\theta=\arctan\frac{\omega_n q_0}{\dot{q}_0}=\arctan\left(-\frac{\delta_{st}}{\sqrt{2h\delta_{st}}}\right)=\arctan\left(-\sqrt{\frac{\delta_{st}}{2h}}\right)$$

于是重物的自由振动微分方程最终表示为

$$q=\sqrt{\delta_{st}^2+2h\delta_{st}}\sin\left[\sqrt{\frac{g}{\delta_{st}}}t+\arctan\left(-\sqrt{\frac{\delta_{st}}{2h}}\right)\right]$$

例 16-6　已知质量为 m 的物块作平移，弹簧的刚度系数为 k_1 和 k_2。分别求并联(图 16-12a)弹簧与串联(图 16-12c)弹簧系统沿铅直线振动的固有频率。

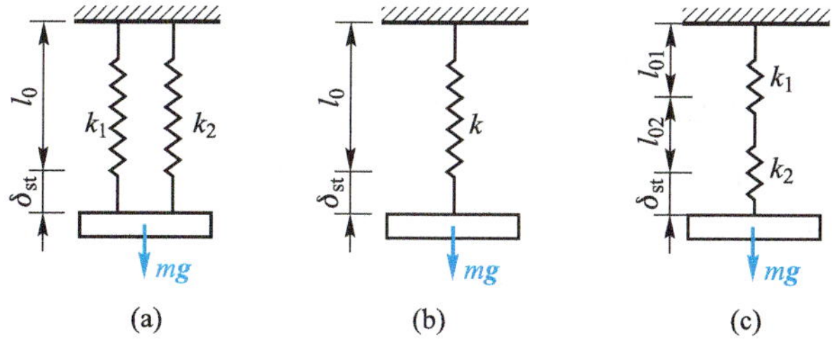

图 16-12　例 16-6 图

解　① 并联情况

如图 16-12a 所示，当物块在平衡位置时，两弹簧的静变形都是 δ_{st}，其弹性力分别为 $k_1\delta_{st}$ 和 $k_2\delta_{st}$，由物块的平衡条件，得

$$mg=(k_1+k_2)\delta_{st}$$

如果用一根刚度系数为 k 的弹簧来代替原来的两根弹簧，使该弹簧的静变形与原来两根弹簧所产生的静变形相等(图 16-12b)，则

$$mg = k\delta_{st}$$

所以

$$k = k_1 + k_2$$

上式表示并联弹簧可以用一个“等效弹簧”来代替，k 就是等效刚度系数。可见，并联后弹簧刚度系数变大了。

② 串联情况

如图 16-12c 所示，当物块在平衡位置时，它的静位移 δ_{st} 等于每根弹簧的静变形之和，即

$$\delta_{st} = \delta_{1st} + \delta_{2st}$$

因为弹簧是串联的，所以每根弹簧所受的拉力均等于重量 mg，于是

$$\delta_{1st} = \frac{mg}{k_1},\quad \delta_{2st} = \frac{mg}{k_2}$$

若用一根刚度系数为 k 的弹簧来替代原来两根弹簧，使该弹簧的静变形等于 δ_{st}（图 16-12b），则

$$\delta_{st} = \frac{mg}{k}$$

令

$$\frac{mg}{k} = \frac{mg}{k_1} + \frac{mg}{k_2}$$

得

$$\frac{1}{k} = \frac{1}{k_1} + \frac{1}{k_2}$$

即

$$k = \frac{k_1 k_2}{k_1 + k_2}$$

式中 k 为该串联弹簧的等效刚度系数。这一结果表明串联后弹簧刚度系数变小了。

（2）计算固有频率的能量法

在振动问题中，系统的固有频率是最为重要的物理量，它取决于系统本身的物理特性，而与振动的初始条件无关。对无阻尼自由振动问题，除了通过建立运动微分方程来确定系统的固有频率外，还可以用机械能守恒定律来求其固有频率，这就是所谓的**能量法**。

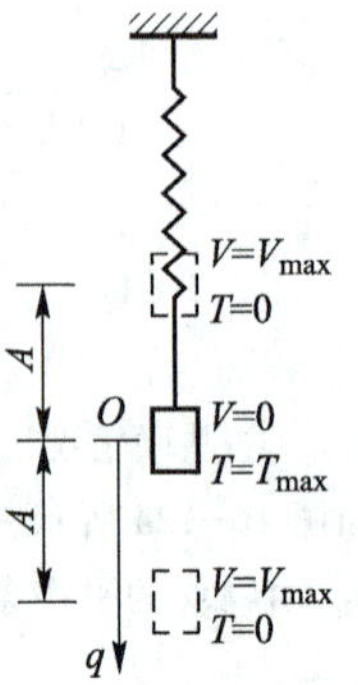

图 16-13　能量法计算固有频率

图 16-13 为一单自由度无阻尼自由振动系统，其运动规律为 $q = A\sin(\omega_n t + \theta)$。由于作用在系统上的力都是有势力，所以系统的机械能守恒，即

$$T + V = 常量$$

取系统的平衡位置 O 为势能的零位置，系统在任一位置时的动能和势能为

$$T=\frac{1}{2}m\dot{q}^{2}=\frac{1}{2}m[A\omega_{n}\cos(\omega_{n}t+\theta)]^{2}$$

$$V=-mgq+\frac{k}{2}[(\delta_{st}+q)^{2}-\delta_{st}^{2}]$$

$$=-mgq+k\delta_{st}q-\frac{k}{2}q^{2}=\frac{1}{2}kq^{2}=\frac{1}{2}k[A\sin(\omega_{n}t+\theta)]^{2}$$

当系统在平衡位置时，$q=0$，速度 $\dot{q}$ 达到最大值，于是系统的势能为零，而动能具有最大值 T_{max}。由于速度的最大值 $\dot{q}_{max}=\omega_{n}A$，所以

$$T_{max}=\frac{1}{2}m\omega_{n}^{2}A^{2}$$

当系统在最大偏离位置（$q_{max}=A$）时，速度为零，于是系统的动能为零，而势能具有最大值 V_{max}，为

$$V_{max}=\frac{1}{2}kA^{2}$$

根据机械能守恒定律，系统在以上两位置的机械能应相等，因而有

$$T_{max}=V_{max} \tag{16-24}$$

也即

$$\frac{1}{2}m\omega_{n}^{2}A^{2}=\frac{1}{2}kA^{2}$$

由此得

$$\omega_{n}=\sqrt{\frac{k}{m}}$$

与微分方程法所得结果相同。

例 16-7　图 16-14 所示的一质量为 m、半径为 r 的圆柱体，在一半径为 R 的固定圆弧槽上作无滑动的滚动。试求系统在平衡位置附近作微小振动的固有频率。

解　用能量法求解。取圆柱体中心与圆槽中心的连线 OO_1 与铅垂线 OA 的夹角 θ 为广义坐标。圆柱体中心 O_1 的速度 $v_{O_1}=(R-r)\dot{\theta}$，圆柱体作纯滚动，其角速度 $\omega=\frac{v_{O_1}}{r}=\frac{R-r}{r}\dot{\theta}$，因此系统的动能为

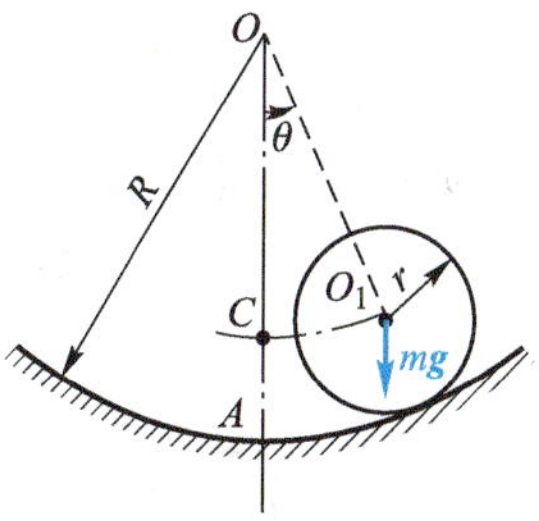

图 16-14　例 16-7 图

$$T=\frac{1}{2}mv_{O_1}^{2}+\frac{1}{2}J_{O_1}\omega^{2}$$

$$=\frac{1}{2}m[(R-r)\dot{\theta}]^{2}+\frac{1}{2}\left(\frac{mr^{2}}{2}\right)\left(\frac{R-r}{r}\dot{\theta}\right)^{2}$$

整理得

$$T=\frac{3}{4}m(R-r)^2\dot{\theta}^2$$

系统的势能即重力势能，圆柱在最低处平衡，取该处圆心位置 C 为零势能点，则系统的势能为

$$V=mg(R-r)(1-\cos\theta)=2mg(R-r)\sin^2\frac{\theta}{2}$$

当圆柱体作微振动时，可认为 $\sin\frac{\theta}{2}\approx\frac{\theta}{2}$，因此势能表达式可改写为

$$V=\frac{1}{2}mg(R-r)\theta^2$$

由于最大速度 $\dot{\theta}_{\max}=\omega_n A$，最大偏位 $\theta_{\max}=A$，则相应的最大动能

$$T_{\max}=\frac{1}{4}m(R-r)^2\omega_n^2A^2$$

最大势能

$$V_{\max}=\frac{1}{2}mg(R-r)A^2$$

根据式(16-24)，得系统的固有频率为

$$\omega_n=\sqrt{\frac{2g}{3(R-r)}}$$

§16-2 单自由度系统的受迫振动

由于阻尼的存在，工程中的自由振动都会逐渐衰减而达到停止。但是，若系统受到外界持续不断地激励，迫使系统产生振动，这种振动称为受迫振动。

外界对系统持续不断地激励的形式有各种各样。若以作用形式区分，可以分为外加激振力和外部支承的运动。如电动机由于转子偏心，在转动时会引起振动，图 16-15a 所示的混凝土平板振捣器就利用了这一原理；又如车辆在凹凸不平的路面上行驶时，其受迫振动最简单的形式可用图 16-15b 表示。若以激励力(或支承运动)的波形来区分，可以分为周期的激励与非周期的激励。若上述电动机的转速为常量，就可以得到图 16-16a 所示的谐扰力。具有不对称凸

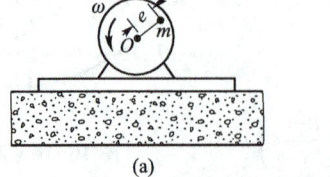

图 16-15 受迫振动的例子

轮的机器所产生的激励力(图 16-16b)虽具有周期性,但不是简谐的。地震引起的激励力不具有周期性(图 16-16c),爆炸气体的压力形成的激励力也不具有周期性(图 16-16d)。本章只研究简谐激励力(或简谐支承运动)的情况。

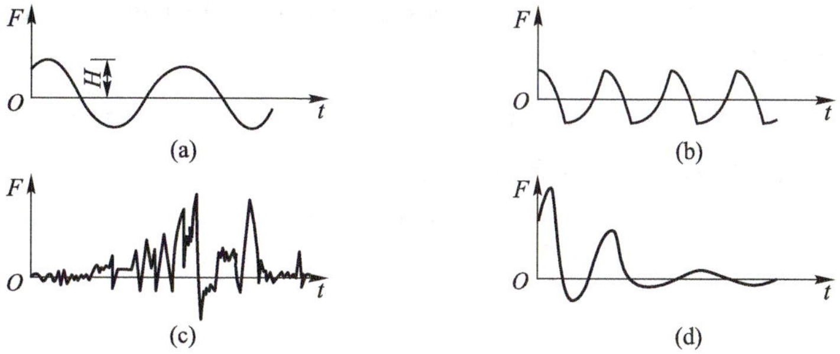

图 16-16 激励力的种类

设图 16-17 所示系统中除受弹性力 $\boldsymbol{F}_{\mathrm{k}}$ 和黏滞阻尼力 $\boldsymbol{F}_{\mathrm{c}}$ 作用外,还受到简谐激励力 $\boldsymbol{F}$ 的作用。已知

$$F=H\sin(\omega t+\varphi) \qquad (16-25)$$

式中 H 为激励力的力幅,即激励力的最大值,ω 是激励力的圆频率,φ 是激振力的初相位,它们都是定值。于是物体的运动微分方程为

$$m\ddot{q}=-kq-c\dot{q}+H\sin(\omega t+\varphi)$$

同样令 $\omega_{\mathrm{n}}=\sqrt{\dfrac{k}{m}}$,$2\delta=\dfrac{c}{m}$,再令 $h=\dfrac{H}{m}$,则上式可化为

$$\ddot{q}+2\delta\dot{q}+\omega_{\mathrm{n}}^{2}q=h\sin(\omega t+\varphi) \qquad (16-26)$$

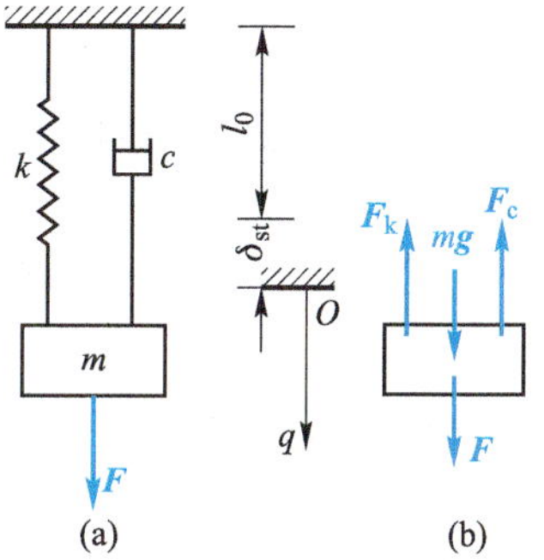

图 16-17 受迫振动的力学分析

这就是有阻尼受迫振动的微分方程。它是一个二阶常系数线性非齐次微分方程。它的解由两部分组成,即

$$q=q_1+q_2 \qquad (16-27)$$

其中 q_1 为对应于方程(16-26)的齐次方程的通解,根据阻尼的大小,分别为由式(16-9)、(16-10)表示的衰减运动,及由式(16-11)表示的周期性衰减运动。由上一节的讨论可知,q_1 只在振动开始后的短暂时间内有意义,随后便逐渐消失。因此,式(16-27)表示的解称为**瞬态解**。

q_2 为式(16-26)的特解。设特解的形式为

$$q_2=b\sin(\omega t+\varphi-\varepsilon) \qquad (16-28)$$

式中 b 和 ε 为待定常数,由满足式(16-26)的条件来确定。将式(16-28)代入式(16-26),得

$$-b\omega^2\sin(\omega t+\varphi-\varepsilon)+2\delta b\omega\cos(\omega t+\varphi-\varepsilon)+\omega_n^2 b\sin(\omega t+\varphi-\varepsilon)=h\sin(\omega t+\varphi)$$

将上式右端项改写成如下形式

$$\begin{aligned}h\sin(\omega t+\varphi)&=h\sin[(\omega t+\varphi-\varepsilon)+\varepsilon]\\&=h\cos\varepsilon\sin(\omega t+\varphi-\varepsilon)+h\sin\varepsilon\cos(\omega t+\varphi-\varepsilon)\end{aligned}$$

代入原式并整理得

$$[b(\omega_n^2-\omega^2)-h\cos\varepsilon]\sin(\omega t+\varphi-\varepsilon)+(2\delta b\omega-h\sin\varepsilon)\cos(\omega t+\varphi-\varepsilon)=0$$

对任意瞬时 t，上式都必须是恒等式，则有

$$b(\omega_n^2-\omega^2)-h\cos\varepsilon=0$$

$$2\delta b\omega-h\sin\varepsilon=0$$

由此可解出

$$b=\frac{h}{\sqrt{(\omega_n^2-\omega^2)^2+4\delta^2\omega^2}}\tag{16-29}$$

$$\tan\varepsilon=\frac{2\delta\omega}{\omega_n^2-\omega^2}\tag{16-30}$$

将 b 和 ε 代回式(16-28)，就得到方程(16-26)的特解 q_2。由式(16-28)可见，b 为有阻尼受迫振动的振幅，ε 为有阻尼受迫振动落后于激励力的相位角。q_2 的运动不会随时间而衰减，所以称为**稳态解**。通常所说的受迫振动就是指系统的这一稳态响应。

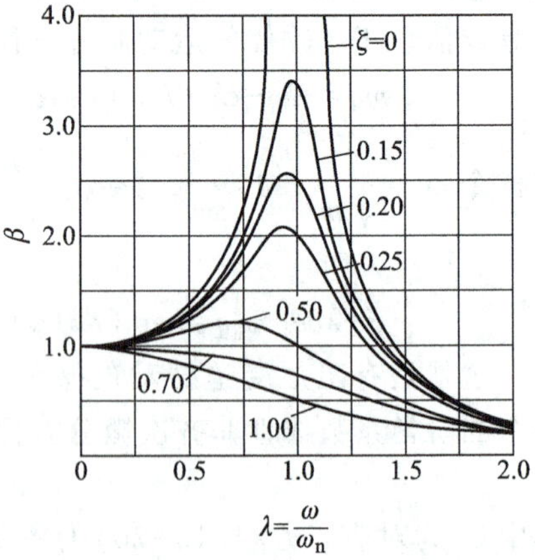

图 16-18　振幅-频率特征曲线

下面分析简谐激励力作用下受迫振动的一些特征。

(1) 由式(16-28)可知，受迫振动的圆频率与激励力的圆频率相同。

(2) 受迫振动的振幅 b 和相位差 ε 均与初条件无关，仅取决于振动系统本身的物理性质和激励力的特征。

(3) 激励力的频率和阻尼对受迫振动振幅的影响。将式(16-29)改写为

$$b=\frac{h}{\omega_n^2}\times\frac{1}{\sqrt{\left[1-\left(\frac{\omega}{\omega_n}\right)^2\right]^2+4\left(\frac{\delta}{\omega_n}\right)^2\left(\frac{\omega}{\omega_n}\right)^2}}$$

令 $b_0=\frac{h}{\omega_n^2}=\frac{H/m}{k/m}=\frac{H}{k}$，这是在激励力的最大值的静力作用下，物体偏离平衡位置

的距离。再令 $\beta=\dfrac{b}{b_0}$（振幅比），$\lambda=\dfrac{\omega}{\omega_n}$（频率比），$\zeta=\dfrac{\delta}{\omega_n}$（阻尼比），则由上式可得

$$\beta=\frac{1}{\sqrt{(1-\lambda^2)^2+4\zeta^2\lambda^2}} \tag{16-31}$$

β 表示受迫振动的振幅 b 与激励力最大值的静力作用下物体的静偏离 b_0 之比，通常称为**放大因数**或**动力因数**。以 β 为纵轴，λ 为横轴，绘出振幅-频率特征曲线如图 16-18 所示。

从图上可以看到：① 当 $\lambda\ll1$ 时，$\beta\approx1$，即激励力的圆频率远小于固有圆频率时，振幅接近于物体的静偏离；② 当 $\lambda\gg1$ 时，$\beta\approx0$，即当激励力的圆频率远大于固有圆频率时，振幅接近于零；③ 当 $\lambda\approx1$ 时，β 急剧增大，此时阻尼对振幅的影响非常大。下面对有阻尼与无阻尼两种情况分别讨论。

有阻尼时，由 $\dfrac{d\beta}{d\lambda}=0$，可得 β 为极大值时所对应的频率 $\omega=\omega_n\sqrt{1-2\zeta^2}$，此时振幅 b 达到最大值 b_{max}。这一现象称为**共振**，这时的频率称为**共振频率**。共振频率略小于系统的固有圆频率。共振时振幅的最大值为

$$b_{max}=\frac{h}{2\delta\sqrt{\omega_n^2-\delta^2}}$$

或

$$b_{max}=\frac{b_0}{2\zeta\sqrt{1-\zeta^2}}$$

共振频率附近的范围称为**共振区**。由图 16-18 可见，在共振区，阻尼对振幅有显著作用。当阻尼比 $\zeta>\dfrac{\sqrt{2}}{2}$ 时，振幅无极值；而当 $\zeta\ll1$ 时，共振的振幅为

$$b_{max}\approx\frac{b_0}{2\zeta}$$

无阻尼时，$\zeta=0$，当 $\omega=\omega_n$（即 $\lambda=1$）时，发生共振，此时振幅 b 为无限大。但是，应当注意，并非一开始就为无限大，而是随时间逐渐增大的。所以在共振区原特解式（16-28）已失去意义，应设特解如下：

$$q_2=Bt\cos(\omega_n t+\varphi) \tag{16-32}$$

将此式代回式（16-26）中，得

$$B=-\frac{h}{2\omega_n}$$

故共振时受迫振动的规律为

$$q_2=-\frac{h}{2\omega_n}t\cos(\omega_n t+\varphi) \tag{16-33}$$

它的振幅为

$$b=\frac{h}{2\omega_{n}}t$$

由此可见，无阻尼受迫振动共振时的振幅随时间 t 的增大无限地增大，其运动图线如图 16-19 所示。

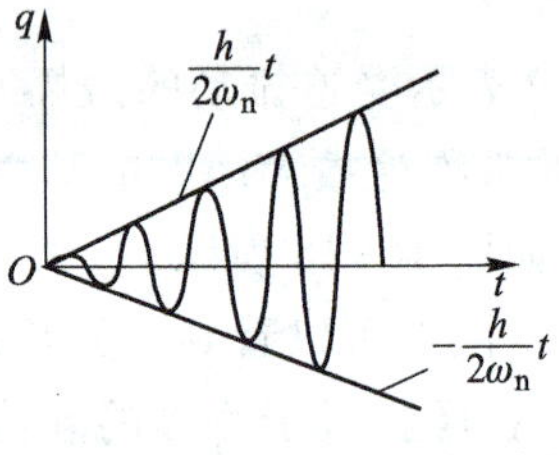

图 16-19　无阻尼受迫振动的共振特征

在无阻尼时，微分方程的通解还应以式(16-27)表达，式中 q_1 部分不会衰减，也就不再有暂态情况出现。

(4) 阻尼对相位差 ε 的影响。与上述讨论类似，可将式(16-30)改写为

$$\varepsilon=\arctan\frac{2\zeta\lambda}{1-\lambda^{2}} \tag{16-34}$$

以 λ 为横轴，ε 为纵轴，根据上式可画出相位差-频率特征曲线(图 16-20)。

从图上可以看出：① $\lambda \ll 1$ 时，$\varepsilon\approx 0$，这时受迫振动与激励力是同相的；② $\lambda \gg 1$ 时，ε 随 λ 的增加而增加，并趋向于 π，这时受迫振动与激励力趋于反相；③ 在 $\lambda\approx 1$ 附近，ε 的变化最为激烈。当 $\lambda\approx 1$ 时，不论阻尼比如何，$\varepsilon=\pi/2$，表明受迫振动与激励力相比，相位滞后 $\pi/2$。

例 16-8　质量为 m 的物体挂在刚度系数为 k 的弹簧一端，弹簧的另一端 A 沿铅直线按规律 $q_e=d\sin\omega t$ 作简谐运动(图 16-21a)，物体还受到阻力系数为 c 的黏滞性阻尼力的作用。试求物体受迫振动的运动规律。

解　取 $q_e=0$ 时系统的平衡位置 O 为坐标原点，q 轴铅直向下。物体的受力如图 16-21b 所示。其微分方程为

$$\begin{aligned} m\ddot{q}&=mg-k(\delta_{st}+q-q_e)-c\dot{q}\\ &=-kq+kq_e-c\dot{q}\end{aligned}$$

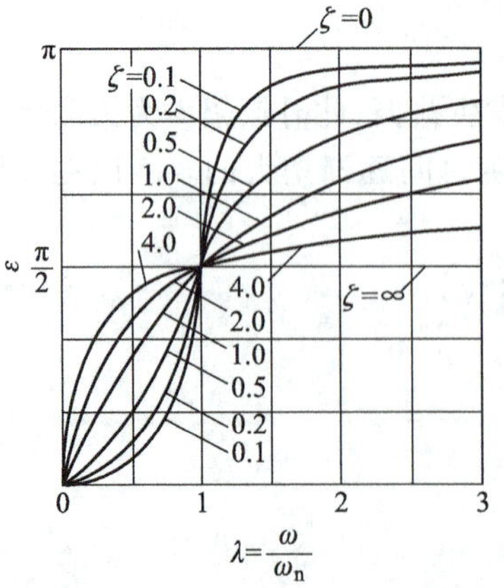

图 16-20　相位差-频率特征曲线

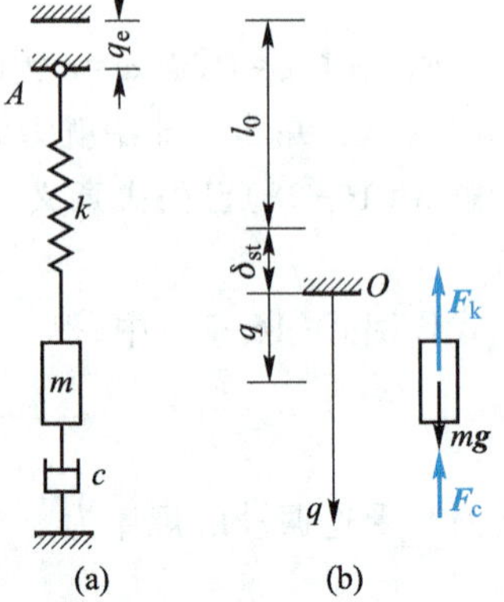

图 16-21　例 16-8 图

可写成

$$\ddot{q}+\frac{c}{m}\dot{q}+\frac{k}{m}q=\frac{kd}{m}\sin\omega t$$

至此,持续的支承运动,通过弹性力转化为激励力。

如令 $2\delta=\frac{c}{m},\omega_n=\sqrt{\frac{k}{m}},h=\frac{kd}{m}$,就转化成微分方程的标准形式。其解

$$q_2=b\sin(\omega t+\varphi-\varepsilon)$$

对比激励力项,知 $\varphi=0$,其中 b 与 ε 可由式(16-29)、(16-30)分别求出。

例 16-9 总质量为 m 的电动机安装在简支梁的中央(图 16-22a)。由于转子不均衡,相当于在与转动轴相距 e 处有一质量为 m_0 的偏心物块 A。已知梁在电机重量下的静挠度为 δ_{st},阻力系数为 c。若电机转子以匀角速 ω 转动,试求电机受迫振动的微分方程。

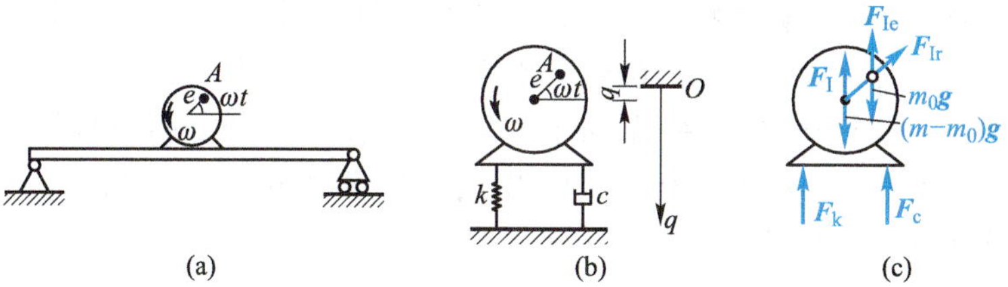

图 16-22 例 16-9 图

解 系统的力学模型简化如图 16-22b 所示。以电机在平衡位置时中心 O 为原点,q 轴铅直向下,其受力分析如图 16-22c 所示。则用动静法有

$$(m-m_0)g+m_0g-F_k-F_c-F_{Ir}\sin\omega t-F_{Ie}-F_I=0$$

式中

$$F_k=k(\delta_{st}+q),\quad k\delta_{st}=mg,\quad F_c=c\dot{q}$$

$$F_{Ir}=m_0e\omega^2,\quad F_{Ie}=m_0\ddot{q},\quad F_I=(m-m_0)\ddot{q}$$

代入得

$$m\ddot{q}+c\dot{q}+kq=-m_0e\omega^2\sin\omega t$$

可改写成

$$\ddot{q}+\frac{c}{m}\dot{q}+\frac{k}{m}q=\frac{m_0}{m}e\omega^2\sin(\omega t+\varphi)$$

上式中的 φ 为激励力的初位相,由正弦函数的性质,可知 $\varphi=-\pi$。

例 16-10 在图 16-23 所示振动系统中,刚杆 OA 的质量不计,杆中点的集中质量为 m。

文档:例 16-10 题解

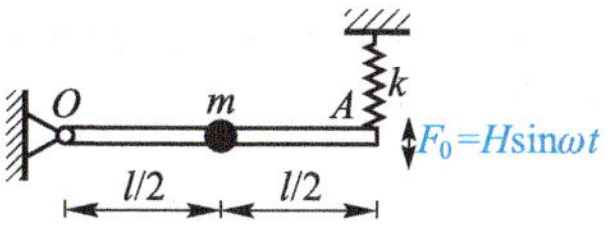

图 16-23 例 16-10 图

图 16-23a 中点 A 受激振力 $F_0 = H\sin\omega t$;图 16-23b 中支承位移 $y = d\sin\omega t$。如刚杆质量不计,试求两种情况的稳态强迫振动规律。

§16-3　振动的隔离

振动可以加以控制,利用振动,消除振害,是控制振动的目标。工程上,在振源不能消除的情况下,可将振源阻断,以减少对周围物体的影响。将振源阻断的措施,称为**隔振**。隔振又可分为**积极隔振**(将振源隔离)和**消极隔振**(将精密仪器设备隔离,以免受外界振动的影响)。

积极隔振是防止振源将激励力直接传出;消极隔振是防止振源将激励位移直接传入。为此,都是在机器与地基之间设置隔振器(由金属弹簧或橡胶或软木等制成)。对同一个振动系统,不论采用何种隔振,只要设置相同的隔振器,得到的隔振效果是相同的。现以积极隔振为例,设振源未隔振前,其传给地基的力就是激励力 $\boldsymbol{F}$(图 16-24a),于是得

$$F_N = F = H\sin\omega t$$

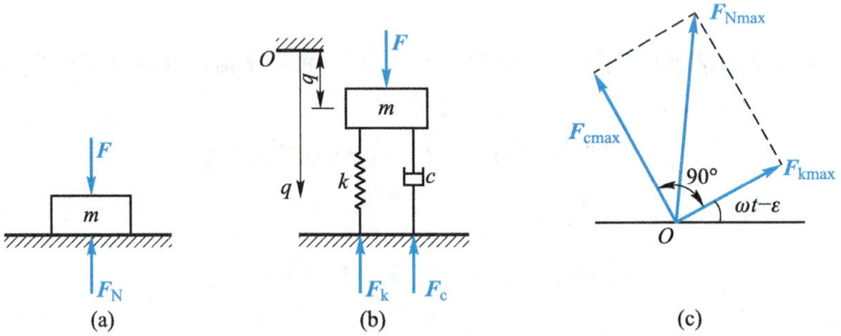

图 16-24　积极隔振的力学分析

其最大值

$$F_{N\max} = H$$

采取隔振措施后(图 16-24b),机器的受迫振动方程为

$$q = b\sin(\omega t - \varepsilon)$$

传给地基的弹性力为

$$F_k = kq = kb\sin(\omega t - \varepsilon) = F_{k\max}\sin(\omega t - \varepsilon)$$

式中 $F_{k\max} = kb$。传给地基的阻尼力为

$$F_c = c\dot{q} = cb\omega\cos(\omega t - \varepsilon) = F_{c\max}\cos(\omega t - \varepsilon)$$

式中 $F_{c\max} = cb\omega$。这两部分的相位差为$\dfrac{\pi}{2}$,而频率相同,其合成(图 16-24c)结果

为

$$F'_{Nmax}=\sqrt{F_{kmax}^2+F_{cmax}^2}=b\sqrt{k^2+(c\omega)^2}=kb\sqrt{1+4\zeta^2\lambda^2}$$

F'_{Nmax}与F_{Nmax}的比值称为隔振因数，以η表示，则

$$\eta=\frac{F'_{Nmax}}{F_{Nmax}}=\frac{kb\sqrt{1+4\zeta^2\lambda^2}}{H}$$

注意到$\frac{H}{k}=b_0$，而$\frac{b}{b_0}=\beta$，故有$\frac{kb}{H}=\beta$，将β代入得

$$\eta=\frac{\sqrt{1+4\zeta^2\lambda^2}}{\sqrt{(1+\lambda^2)^2+4\zeta^2\lambda^2}} \tag{16-35}$$

对于不同的阻尼比，η随λ的变化曲线如图16-25所示。从图上看出，只有当$\lambda>\sqrt{2}$时隔振才会有效果（此时$\eta<1$）。因此，选择刚度系数小的弹簧作隔振弹簧，以降低系统的固有频率，才能获得好的隔振效果。而增大阻尼只有在共振区才会有明显的作用。

对于消极隔振，隔振因数以i'表示，$i'=\frac{q'_{max}}{q_{max}}$，$q'_{max}$为隔振后的振幅，$q_{max}$为隔振前的振幅。可得$i'=i$。

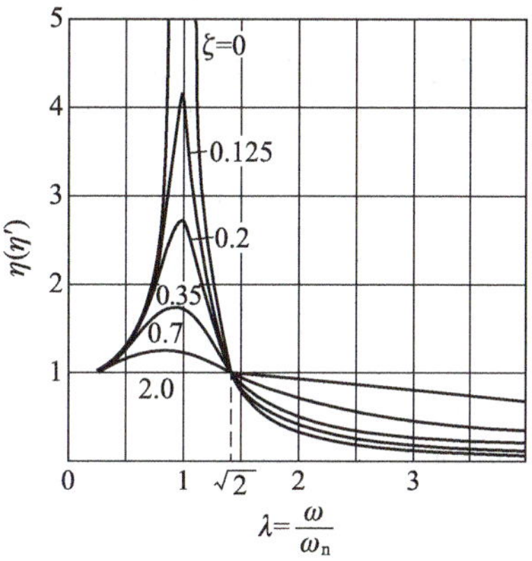

图16-25 隔振的效果

§16-4 两个自由度系统的无阻尼自由振动

多自由度系统的振动问题在工程中很普遍，而两个自由度系统的振动问题与多自由度系统振动问题的研究方法相同。

工程中可简化为两个自由度系统的振动问题很多，如图16-26a所示的汽车的车身（视为刚体）随质心上下垂直振动和绕横轴的俯仰摆动，可简化为两个自由度的振动问题（图16-26b）；又如图16-26c所示的两层刚架，假定两个横梁均为有质量的刚体，柱子均为不计质量的弹性体，考虑刚架水平振动时，也可简化为两个自由度的振动问题（图16-26d）。

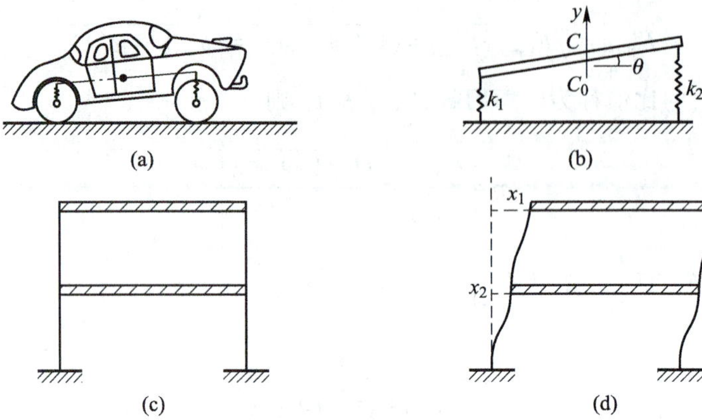

图 16-26　两自由度振动系统的力学模型

现以图 16-27a 所示的力学模型来建立两个自由度系统无阻尼自由振动的微分方程。

取广义坐标 q_1、q_2，两个物体的受力分析如图 16-27b 所示。于是系统的运动微分方程为

$$m_1\ddot{q}_1=-k_1q_1+k_2(q_2-q_1)=-(k_1+k_2)q_1+k_2q_2$$

$$m_2\ddot{q}_2=-k_2(q_2-q_1)-k_3q_2=k_2q_1-(k_2+k_3)q_2$$

可改写为

$$\left.\begin{aligned}\ddot{q}_1+\frac{k_1+k_2}{m_1}q_1-\frac{k_2}{m_1}q_2=0\\\ddot{q}_2-\frac{k_2}{m_2}q_1+\frac{k_2+k_3}{m_2}q_2=0\end{aligned}\right\}\tag{16-36}$$

为简化上式，令

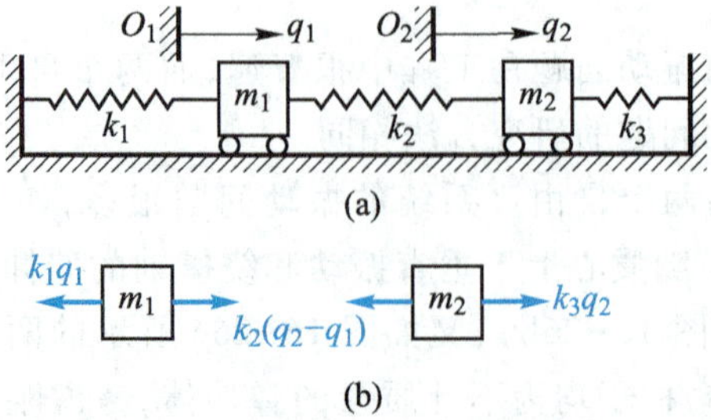

图 16-27　两自由度系统的振动分析

$$C_1=\frac{k_1+k_2}{m_1},\ C_2=\frac{k_2}{m_1},\ C_3=\frac{k_2}{m_2},\ C_4=\frac{k_2+k_3}{m_2}$$

于是上式成为

$$\left.\begin{array}{l}\ddot{q}_1+C_1q_1-C_2q_2=0\\ \ddot{q}_2-C_3q_1+C_4q_2=0\end{array}\right\}\tag{16-36'}$$

这是二阶常系数线性齐次微分方程组，设其特解为

$$\left.\begin{array}{l}q_1=A_1\sin(\omega_n t+\theta)\\ q_2=A_2\sin(\omega_n t+\theta)\end{array}\right\}\tag{16-37}$$

其中 A_1、A_2 是振幅，ω_n 是固有圆频率，θ 是初相位。
将式（16-37）代回式（16-36′），得代数方程组

$$\left.\begin{array}{l}(C_1-\omega_n^2)A_1-C_2A_2=0\\ -C_3A_1+(C_4-\omega_n^2)A_2=0\end{array}\right\}\tag{16-38}$$

上式是振幅 A_1、A_2 的二元一次齐次代数方程组。如果下列行列式等于零，则上式有解。即

$$\begin{vmatrix}C_1-\omega_n^2 & -C_2\\ -C_3 & C_4-\omega_n^2\end{vmatrix}=0\tag{16-39}$$

或

$$\omega_n^4-(C_1+C_4)\omega_n^2+(C_1C_4-C_2C_3)=0\tag{16-39'}$$

此式称为**频率方程**，此方程的两个根为

$$\omega_{n1,2}^2=\frac{C_1+C_4}{2}\mp\sqrt{\left(\frac{C_1+C_4}{2}\right)^2-(C_1C_4-C_2C_3)}\tag{16-40}$$

或改写为

$$\omega_{n1,2}^2=\frac{C_1+C_4}{2}\mp\sqrt{\left(\frac{C_1-C_4}{2}\right)^2+C_2C_3}\tag{16-40'}$$

由以上二式可见，ω_n^2 的两个根都是实数，而且都是正数。其中第一个根 ω_{n1} 较小，称为第一固有圆频率，也称为**基频**；第二个根较大，称为第二固有圆频率。由此可见，具有两个自由度的振动系统有两个固有频率，这两个固有频率只与系统的质量和刚度等物理参数有关，而与振动的初始条件无关。

将 ω_{n1}^2、ω_{n2}^2 分别代入齐次方程（16-38），可得到 A_2 与 A_1 的两个比值

$$\left.\begin{aligned}\frac{A_{21}}{A_{11}}&=\frac{C_1-\omega_{n1}^2}{C_2}=\frac{C_3}{C_4-\omega_{n1}^2}=\gamma_1\\\frac{A_{22}}{A_{12}}&=\frac{C_1-\omega_{n2}^2}{C_2}=\frac{C_3}{C_4-\omega_{n2}^2}=\gamma_2\end{aligned}\right\}\tag{16-41}$$

式中 γ_1 和 γ_2 为比例常数，A_{ij}的第二个脚标 j 表示对应的频率。这两个常数也只与系统的质量、刚度等参数有关，与运动的初始条件无关。

对应于第一固有圆频率 ω_{n1} 的振动称为**第一主振动**，其运动规律为

$$\left.\begin{aligned}q_1^{(1)}&=A_{11}\sin(\omega_{n1}t+\theta_1)\\q_2^{(1)}&=\gamma_1A_{21}\sin(\omega_{n1}t+\theta_1)\end{aligned}\right\}\tag{16-42}$$

对应于第二固有圆频率 ω_{n2} 的振动称为**第二主振动**，其运动规律为

$$\left.\begin{aligned}q_1^{(2)}&=A_{12}\sin(\omega_{n2}t+\theta_2)\\q_2^{(2)}&=\gamma_2A_{12}\sin(\omega_{n2}t+\theta_2)\end{aligned}\right\}\tag{16-43}$$

注意到振幅比

$$\gamma_1=\frac{A_{21}}{A_{11}}=\frac{C_1-\omega_{n1}^2}{C_2}=\frac{1}{C_2}\left[\frac{C_1-C_4}{2}+\sqrt{\left(\frac{C_1-C_4}{2}\right)^2+C_2C_3}\right]>0$$

$$\gamma_2=\frac{A_{22}}{A_{12}}=\frac{C_1-\omega_{n2}^2}{C_2}=\frac{1}{C_2}\left[\frac{C_1-C_4}{2}-\sqrt{\left(\frac{C_1-C_4}{2}\right)^2+C_2C_3}\right]<0$$

可见当系统作第一主振动时，两物体在振动中同相；当系统作第二主振动时，两物体在振动中反相，即相位差为 π rad。

主振动的形式称为**主振型**。图 16-28a、b 分别表示图 16-27 所示振动系统的两个主振型（或称为基振型及第二主振型）。

将代表系统主振动的特解（16-42）、（16-43）叠加起来，就得到式（16-36′）的通解，为

$$\left.\begin{aligned}q_1&=A_{11}\sin(\omega_{n1}t+\theta_1)+A_{12}\sin(\omega_{n2}t+\theta_2)\\q_2&=\gamma_1A_{11}\sin(\omega_{n1}t+\theta_1)+\gamma_2A_{12}\sin(\omega_{n2}t+\theta_2)\end{aligned}\right\}\tag{16-44}$$

这就是两个自由度系统的自由振动方程，其中四个积分常数 A_{11}、A_{12}、θ_1、θ_2 取决于系统运动的初始条件，即两个物体的初始位置和初始速度。

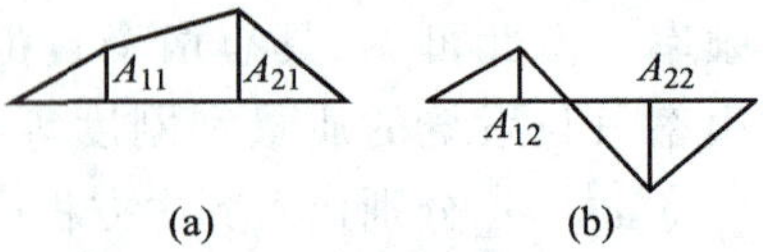

图 16-28　振型图

需要指出的是，式（16-44）表示的振动是两个不同频率的简谐振动的合成振动，当 ω_{n1} 与 ω_{n2} 可通约时，为周期振动，反

之为拟周期振动。

例 16-11　图 16-29 所示振动系统中，单摆的质量为 m，摆长为 l，其支点 A 由两弹簧支住，且只能在 x 方向运动，两弹簧的刚度系数均为 $k/2$。

(1) 试求系统的运动微分方程；

(2) 试证明系统作微振动时，此摆的振动周期与长 $(l+mg/k)$、支点固定的单摆的周期相同。

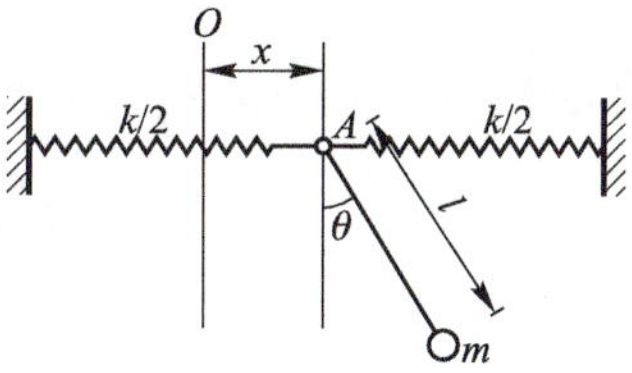

图 16-29　例 16-11 图

文档：例 16-11 题解

例 16-12　不计摆柄质量的两个质量均为 m 的摆，用刚度系数为 k 的弹簧连接如图 16-30a 所示，可在同一铅垂平面内摆动。今使其中左边一个摆离开图中虚线表示的平衡位置，而有一微小偏角 φ_0，两个摆的初始速度均为零。已知两个摆的长度均为 l，弹簧离悬挂点均为 l_0，试求这两个摆的运动规律。

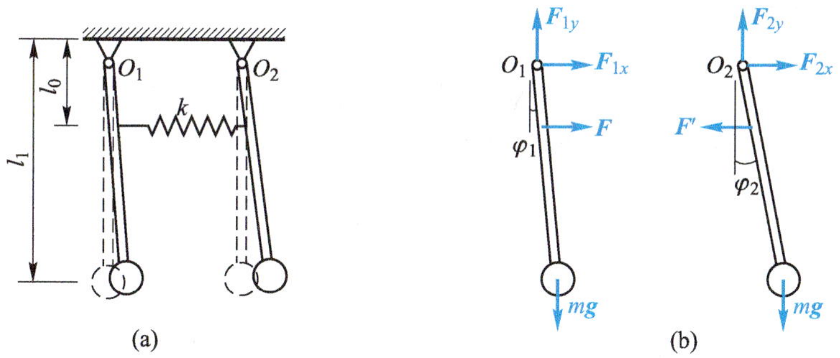

图 16-30　例 16-12 图

解　两个摆所组成的系统，其位置可由两个摆柄中心线与铅直线夹角 φ_1、φ_2 来确定，所以是两个自由度。分别作两个摆的示力图(图 16-30b)，根据刚体定轴转动微分方程，并注意 φ_1、φ_2 都是微小角度，可写出

$$ml^2\ddot{\varphi}_1 = Fl_0 - mgl\varphi_1$$

$$ml^2\ddot{\varphi}_2 = -F'l_0 - mgl\varphi_2$$

因 $F=F'=k(l_0\varphi_2-l_0\varphi_1)$，故上两式成为

$$ml^2\ddot{\varphi}_1 = kl_0^2(\varphi_2-\varphi_1) - mgl\varphi_1$$

$$ml^2\ddot{\varphi}_2 = -kl_0^2(\varphi_2-\varphi_1) - mgl\varphi_2 \tag{a}$$

或

$$\left.\begin{aligned}\ddot{\varphi}_1+\frac{kl_0^2+mgl}{ml^2}\varphi_1-\frac{kl_0^2}{ml^2}\varphi_2=0\\ \ddot{\varphi}_2-\frac{kl_0^2}{ml^2}\varphi_1+\frac{kl_0^2+mgl}{ml^2}\varphi_2=0\end{aligned}\right\} \tag{b}$$

取特解的形式为

$$\varphi_1=A_1\sin(\omega_n t+\theta)$$
$$\varphi_2=A_2\sin(\omega_n t+\theta)$$

代回式(b)中，消去 $\sin(\omega_n t+\theta)$ 后，得

$$\left.\begin{aligned}&\left(\frac{kl_0^2+mgl}{ml^2}-\omega_n^2\right)A_1-\frac{kl_0^2}{ml^2}A_2=0\\&-\frac{kl_0^2}{ml^2}A_1+\left(\frac{kl_0^2+mgl}{ml^2}-\omega_n^2\right)A_2=0\end{aligned}\right\}\tag{c}$$

由此得频率方程

$$\left(\frac{kl_0^2+mgl}{ml^2}-\omega_n^2\right)^2-\left(\frac{kl_0^2}{ml^2}\right)^2=0$$

解出两个主频率为

$$\omega_{n1}=\sqrt{\frac{g}{l}},\ \omega_{n2}=\sqrt{\frac{2kl_0^2}{ml^2}+\frac{g}{l}}$$

将 ω_{n1} 及 ω_{n2} 先后代入式(c)，得两个振幅比

$$\gamma_1=\frac{A_{21}}{A_{11}}=1,\ \gamma_2=\frac{A_{22}}{A_{12}}=-1$$

对应的两个振型如图 16-31a、b 所示。

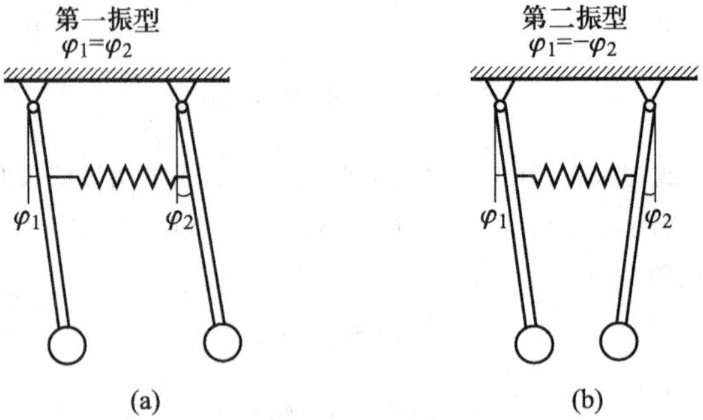

图 16-31　例 16-12 图

微分方程(b)的通解为

$$\varphi_1=A_{11}\sin(\omega_{n1}t+\theta_1)+A_{12}\sin(\omega_{n2}t+\theta_2)$$
$$\varphi_2=\gamma_1 A_{11}\sin(\omega_{n1}t+\theta_1)+\gamma_2 A_{12}\sin(\omega_{n2}t+\theta_2)$$

应用初条件：$t=0$ 时，$\varphi_1=\varphi_0,\varphi_2=0,\dot\varphi_1=\dot\varphi_2=0$，可得

$$\varphi_0=A_{11}\sin\theta_1+A_{12}\sin\theta_2$$
$$0=A_{11}\sin\theta_1-A_{12}\sin\theta_2$$
$$0=A_{11}\omega_{n1}\cos\theta_1+A_{12}\omega_{n2}\cos\theta_2$$
$$0=A_{11}\omega_{n1}\cos\theta_1-A_{12}\omega_{n2}\cos\theta_2$$

由这一组方程解出

$$\theta_1=\theta_2=\frac{\pi}{2},\ A_{11}=A_{12}=\frac{\varphi_0}{2}$$

于是,系统的运动方程为

$$\varphi_1=\frac{\varphi_0}{2}(\cos\omega_{n1}t+\cos\omega_{n2}t)$$

$$\varphi_2=\frac{\varphi_0}{2}(\cos\omega_{n1}t-\cos\omega_{n2}t)$$

在本题中,若初条件为 $t=0$ 时,$\varphi_1=\varphi_2=\varphi_0$,$\dot\varphi_1=\dot\varphi_2=0$,则 $\theta_1=\theta_2=\frac{\pi}{2}$,$A_{11}=\varphi$,$A_{12}=0$,系统的运动方程是

$$\varphi_1=\varphi_0\cos\omega_{n1}t,\ \varphi_2=\varphi_0\cos\omega_{n1}t$$

即系统按第一主振型振动。

若初条件为:$t=0$ 时,$\varphi_1=\varphi_0$,$\varphi_2=-\varphi_0$,$\dot\varphi_1=\dot\varphi_2=0$,则 $\theta_1=\theta_2=\frac{\pi}{2}$,$A_{11}=0$,$A_{12}=\varphi_0$,系统的运动方程是

$$\varphi_1=\varphi_0\cos\omega_{n2}t,\ \varphi_2=-\varphi_0\cos\omega_{n2}t$$

即系统按第二主振型振动。

例 16-13　在一悬臂梁的中点与自由端分别载有质量为 m_1 和 m_2 的集中质体(图 16-32a)。若梁是等截面的,其质量可以不计,试求该系统的固有频率及振型。

解　由于梁的质量不计,而两个集中质体的位置可以用它们偏离平衡位置的坐标 y_1 和 y_2 来确定。所以系统是两个自由度系统。

对于此种系统,可以通过建立“位移方程”来得到频率方程以及求振幅比的表达式,具体说明如下:

当在悬臂梁的中点(1 点)作用一铅直向下的单位力时,1 点与自由端(2 点)的静力挠度(即位移)分别以 δ_{11} 及 δ_{21} 来表示(图 16-32b)。当在 2 点作用一铅直向下的单位力时,1 点与 2 点的静力挠度(即位移)分别以 δ_{12} 及 δ_{22} 来表示(图 16-32c)。

以 $\ddot y_1$ 及 $\ddot y_2$ 表示梁振动时 1、2 两点的加速度,则两质体的惯性力分别为 $-m_1\ddot y_1$ 及 $-m_2\ddot y_2$。将这两个惯性力分别加在两质体上(图 16-32a),在这两个惯性力的作用下,梁 1、2 两点的位移(位移方程)应为

$$\left.\begin{aligned}y_1&=-m_1\ddot y_1\delta_{11}-m_2\ddot y_2\delta_{12}\\y_2&=-m_1\ddot y_1\delta_{21}-m_2\ddot y_2\delta_{22}\end{aligned}\right\}\qquad(a)$$

这是一组二阶常系数线性微分方程,取其解为

$$y_1=A_1\sin(\omega_n t+\theta)$$

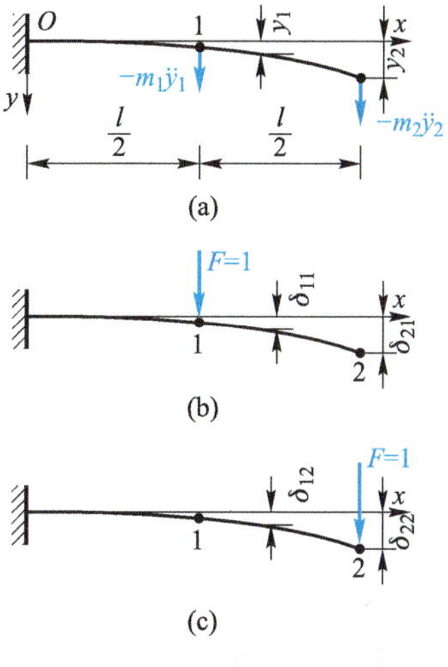

图 16-32　例 16-13 图

$$y_2 = A_2 \sin(\omega_n t+\theta)$$

代入式(a)后，消去 $\sin(\omega_n t+\theta)$ 并整理得

$$\left.\begin{aligned}(1-m_1\omega_n^2\delta_{11})A_1-m_2\omega_n^2\delta_{12}A_2=0\\ -m_1\omega_n^2\delta_{21}A_1+(1-m_2\omega_n^2\delta_{22})A_2=0\end{aligned}\right\}\quad(\mathrm{b})$$

用 ω_n^2 遍除以上两式，并令 $\tau^2=\dfrac{1}{\omega_n^2}$，则可改写为

$$(\tau^2-m_1\delta_{11})A_1-m_2\delta_{12}A_2=0$$

$$-m_1\delta_{21}A_1+(\tau^2-m_2\delta_{22})A_2=0$$

因系统振动时，A_1、A_2 不等于零，由此可得频率方程

$$(\tau^2-m_1\delta_{11})(\tau^2-m_2\delta_{22})-m_1m_2\delta_{12}\delta_{21}=0$$

即

$$(\tau^2)^2-(m_1\delta_{11}+m_2\delta_{22})\tau^2+m_1m_2(\delta_{11}\delta_{22}-\delta_{12}\delta_{21})=0\quad(\mathrm{c})$$

解方程求出 τ，从而可求出频率 ω_n。再将 ω_n 代入式(b)便可求出振幅比，也就可知振型。若设

$$m_1=m_2=m\quad(\mathrm{d})$$

又从材料力学知

$$\delta_{11}=\frac{l^3}{24EI},\ \delta_{21}=\frac{5l^3}{48EI},\ \delta_{12}=\frac{5l^3}{48EI},\ \delta_{22}=\frac{l^3}{3EI}\quad(\mathrm{e})$$

其中 EI 为梁的抗弯刚度。

将式(d)、(e)代入式(c)解出

$$\tau_1^2=0.366\frac{ml^3}{EI},\ \tau_2^2=0.008\ 33\frac{ml^3}{EI}$$

而

$$\omega_{n1}^2=\frac{1}{\tau_1^2}=2.73\frac{EI}{ml^3},\ \omega_{n2}^2=\frac{1}{\tau_{21}^2}=120\frac{EI}{ml^3}$$

代入式(16-41)，可求出两个主振动的振幅比为

$$\frac{A_{21}}{A_{11}}=3.12,\ \frac{A_{22}}{A_{12}}=-0.32$$

对应的两个振型如图 16-33 所示。

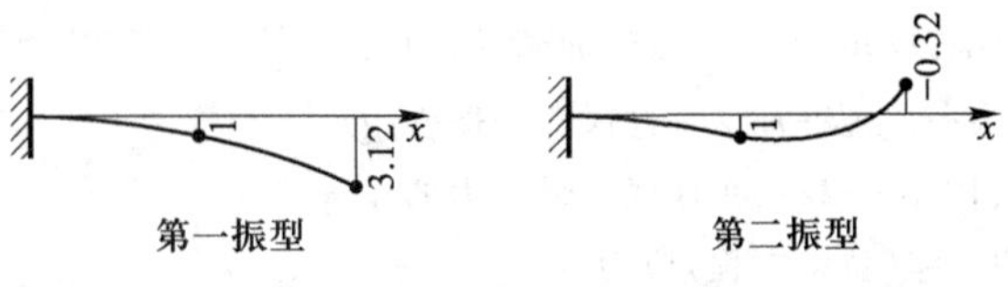

图 16-33　例 16-13 图

由图可见，在第二振型中，梁上有一点的位移始终为零，即该点保持不动，这样的点称为节点。在第一振型中则没有节点。当用试验方法来测定两个自由度系统的振型时，节点的无与有，可以帮助我们判别是第一振型还是第二振型。

例 16-14　为了减小由于锤头冲击引起的锻锤基础振动对周围精密的仪表设备和厂房结构的不利影响，对锻锤基础采取隔振措施，将弹性垫层（如弹簧、橡胶或软木等）放置在基础和基础箱之间（图 16-34a）。如将砧块与基础视为一物体 m_2，基础箱为另一物体 m_1，则得到一个两个自由度系统（图 16-34b）。当锤头与砧块发生冲击后，此系统作自由振动。已知锤头的质量 $m_3=3.15\times10^3$ kg，在冲击开始时的动能（称为打击能量）$T=7.8\times10^4$ J，两物体的质量分别为 $m_1=1.5\times10^5$ kg 和 $m_2=3.6\times10^5$ kg，弹性垫层的当量刚度系数 $k_2=3.62\times10^5$ kN/m，地基的当量刚度系数 $k_1=5.48\times10^6$ kN/m，锤头与砧块碰撞时的恢复因数 $e=0.5$。试求系统自由振动方程。

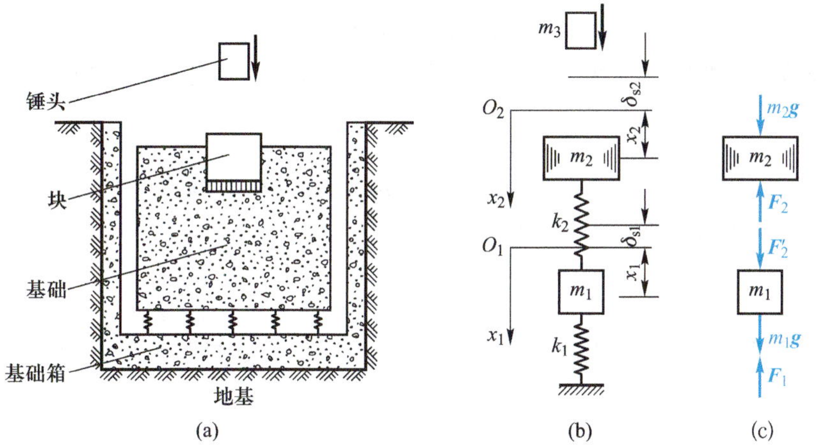

图 16-34　例 16-14 图

解　根据系统的受力情况（图 16-34c），系统的运动微分方程为

$$\left.\begin{aligned}m_1\ddot{x}_1&=m_1g+F_2'-F_1=k_2(x_2-x_1)-k_1x_1\\m_2\ddot{x}_2&=m_2g-F_2=-k_2(x_2-x_1)\end{aligned}\right\}\tag{a}$$

令

$$\frac{k_1+k_2}{m_1}=C_1,\ \frac{k_2}{m_1}=C_2,\ \frac{k_2}{m_2}=C_3=C_4$$

则上式可化为

$$\left.\begin{aligned}\ddot{x}_1+C_1x_1-C_2x_2=0\\\ddot{x}_2-C_3x_1+C_3x_2=0\end{aligned}\right\}\tag{b}$$

上式与式（16-36′）相符，直接套用式（16-40′），代入数据有

$$\omega_{n1}^2=\frac{C_1+C_4}{2}-\sqrt{\left(\frac{C_1-C_4}{2}\right)^2+C_2C_3}=0.94\times10^3\ \text{rad}^2/\text{s}^2$$

$$\omega_{n2}^2=\frac{C_1+C_4}{2}+\sqrt{\left(\frac{C_1-C_4}{2}\right)^2+C_2C_3}=38.96\times10^3\ \text{rad}^2/\text{s}^2$$

因此系统的两个主频率为

$$\omega_{n1}=30.7\ \text{rad/s},\ \omega_{n2}=197\ \text{rad/s}$$

由式(16-41)得两个振幅的比值

$$\gamma_1=\frac{A_{21}}{A_{11}}=\frac{C_1-\omega_{n1}^2}{C_2}=15.7$$

$$\gamma_2=\frac{A_{22}}{A_{12}}=\frac{C_1-\omega_{n2}^2}{C_2}=-0.025$$

系统的自由振动方程为

$$\left.\begin{aligned}x_1&=A_{11}\sin(\omega_{n1}t+\theta_1)+A_{12}\sin(\omega_{n2}t+\theta_2)\\x_2&=\gamma_1A_{11}\sin(\omega_{n1}t+\theta_1)+\gamma_2A_{12}\sin(\omega_{n2}t+\theta_2)\end{aligned}\right\}\tag{c}$$

现根据系统运动的起始条件来确定四个积分常数 A_{11}、A_{12} 和 θ_1、θ_2。将式(c)对时间求一阶导数,得

$$\left.\begin{aligned}\dot{x}_1&=A_{11}\omega_{n1}\cos(\omega_{n1}t+\theta_1)+A_{12}\omega_{n2}\cos(\omega_{n2}t+\theta_2)\\\dot{x}_2&=\gamma_1A_{11}\omega_{n1}\cos(\omega_{n1}t+\theta_1)+\gamma_2A_{12}\omega_{n2}\cos(\omega_{n2}t+\theta_2)\end{aligned}\right\}\tag{d}$$

依题意可知系统运动的初始条件为

$$t=0\ 时,x_1=0,x_2=0,\ \dot{x}_1=0,\ \dot{x}_2=v_2'\tag{e}$$

其中 v_2' 为砧块受锤头冲击结束时所获得的速度,即砧块开始振动时的速度。

设 v_2 为砧块在冲击开始时的速度,依题意可知 $v_2=0$;而 v_3 为锤头在冲击开始时的速度,其值由

$$T=\frac{1}{2}m_3v_3^2$$

得

$$v_3=\sqrt{\frac{2T}{m_3}}=7.05\ \text{m/s}$$

再设 v_3' 为碰后锤头的速度,若令 v_3、v_2'、v_3' 指向均铅直向下,则由动量定理及碰撞的恢复因数公式①,得

$$m_3v_3=m_3v_3'+m_2v_2'$$

$$e=\frac{v_3'-v_2'}{0-v_3}$$

两式联立得

$$v_2'=(1+e)\frac{m_3v_3}{m_2+m_3}=0.09\ \text{m/s}\tag{f}$$

将式(e)和(f)代回式(c)和(d),得

$$\left.\begin{aligned}A_{11}\sin\theta_1+A_{12}\sin\theta_2&=0\\\gamma_1A_{11}\sin\theta_1+\gamma_2A_{12}\sin\theta_2&=0\end{aligned}\right\}\tag{g}$$

---

① 碰撞的恢复因数公式见式(17-2)。

$$\left.\begin{array}{l}A_{11}\omega_{n1}\cos\theta_1+A_{12}\omega_{n2}\cos\theta_2=0\\ \gamma_1A_{11}\omega_{n1}\cos\theta_1+\gamma_2A_{12}\omega_{n2}\cos\theta_2=v_2'\end{array}\right\}\tag{h}$$

由式(g)解得

$$\theta_1=\theta_2=0\tag{i}$$

由式(h)解得

$$\left.\begin{array}{l}A_{11}=\dfrac{v_2'}{(\gamma_1-\gamma_2)\omega_{n1}}\\ A_{12}=\dfrac{v_2'}{(\gamma_2-\gamma_1)\omega_{n2}}\end{array}\right\}\tag{j}$$

将 γ_1、γ_2、ω_{n1}、ω_{n2}和 v_2'值代入式(j),得

$$A_{11}=0.187\ \text{mm},\quad A_{12}=-0.029\ \text{mm}$$

又

$$\gamma_1A_{11}=2.94\ \text{mm},\quad \gamma_2A_{12}=0.000\ 7\ \text{mm}$$

因此,系统的自由振动方程为

$$x_1=0.187\ \text{mm}\times\sin(30.7\ \text{rad}\cdot\text{s}^{-1}\times t)-0.029\ \text{mm}\times\sin(197\ \text{rad}\cdot\text{s}^{-1}\times t)$$

$$x_2=2.97\ \text{mm}\times\sin(30.7\ \text{rad}\cdot\text{s}^{-1}\times t)+0.000\ 7\ \text{mm}\times\sin(197\ \text{rad}\cdot\text{s}^{-1}\times t)$$

如果不计各式的第二项,在实用上已够准确。由此可见,基础或基础箱的振幅都是很微小的。

§16-5　两个自由度系统的无阻尼受迫振动

对图 16-27a 所示的无阻尼系统,若在质体 m_1 上加上简谐激励力 $F=H\sin\omega t$(图 16-35),则系统的运动微分方程为

$$\left.\begin{array}{l}m_1\ddot{q}_1=-(k_1+k_2)q_1+k_2q_2+H\sin\omega t\\ m_2\ddot{q}_2=k_2q_1-(k_2+k_3)q_2\end{array}\right\}\tag{16-45}$$

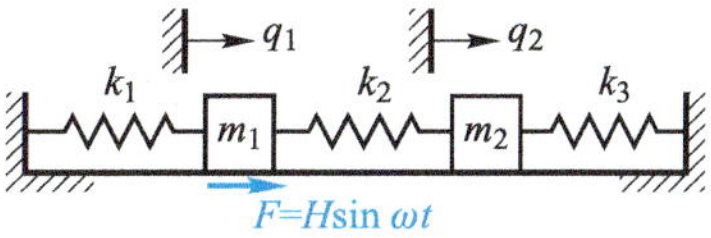

图 16-35　两个自由度的受迫振动

令

$$C_1=\frac{k_1+k_2}{m_1},\quad C_2=\frac{k_2}{m_1},\quad C_3=\frac{k_2}{m_2},\quad C_4=\frac{k_2+k_3}{m_2},\quad h=\frac{H}{m_1}$$

则式(16-45)可简化为

$$\left.\begin{array}{l}\ddot{q}_1+C_1q_1-C_2q_2=h\sin\omega t\\ \ddot{q}_2-C_3q_1+C_4q_2=0\end{array}\right\}\tag{16-46}$$

这是二阶常系数线性非齐次微分方程组,其通解是相应的齐次微分方程组的通解与其特解之和;前者在上一节已讨论,在此只需讨论其特解。

由于激励力是谐变的，与单自由度情况相类似，系统的受迫振动也是简谐运动。因此可设微分方程组(16-46)的特解为

$$\left.\begin{aligned}q_1^*&=b_1\sin\omega t\\q_2^*&=b_2\sin\omega t\end{aligned}\right\}\tag{16-47}$$

其中 b_1 和 b_2 为待定常数。将式(16-47)代入式(16-46)，得

$$\left.\begin{aligned}b_1(C_1-\omega^2)-b_2C_2&=h\\-b_1C_3+b_2(C_4-\omega^2)&=0\end{aligned}\right\}$$

由上式解得

$$\left.\begin{aligned}b_1&=\frac{h(C_4-\omega^2)}{(C_1-\omega^2)(C_4-\omega^2)-C_2C_3}\\b_2&=\frac{hC_3}{(C_1-\omega^2)(C_4-\omega^2)-C_2C_3}\end{aligned}\right\}\tag{16-48}$$

将式(16-48)代入式(16-47)，便得到所要求的特解。此特解对应于系统的受迫振动。由以上所得结果可见，在简谐激励力的作用下，系统中两物体的受迫振动都是简谐振动，其频率与激励力的频率相同，其振幅 b_1、b_2 取决于系统本身的物理特性和激励力的频率及幅值，与运动初条件无关。

下面分析受迫振动的振幅与激励力频率之间的关系。

(1) 当激励力的圆频率 ω 很小，ω^2 可略去不计时，由式(16-48)可知，振幅

$$\left.\begin{aligned}b_1&=\frac{hC_4}{C_1C_4-C_2C_3}=\frac{H}{\dfrac{(k_1+k_2)(k_2+k_3)-k_2^2}{k_2+k_3}}\\b_2&=\frac{hC_3}{C_1C_4-C_2C_3}=\frac{H}{\dfrac{(k_1+k_2)(k_2+k_3)-k_2^2}{k_2}}\end{aligned}\right\}$$

若令等效刚度

$$\left.\begin{aligned}k_1^*&=\frac{(k_1+k_2)(k_2+k_3)-k_2^2}{k_2+k_3}\\k_2^*&=\frac{(k_1+k_2)(k_2+k_3)-k_2^2}{k_2}\end{aligned}\right\}$$

则

$$\left.\begin{aligned} b_1 &= \frac{H}{k_1^*} \\ b_2 &= \frac{H}{k_2^*} \end{aligned}\right\} \tag{16-49}$$

表示振幅 b_1 与 b_2 就是在激励力力幅 H 静力作用下的位移。若 $k_3=0$，有 $k_1^*=k_2^*$，即 $b_1=b_2=\frac{H}{k_1}$，两物体永远有相同的位移，弹簧 k_2 保持一定的长度。

(2) 当激励力的圆频率等于系统的主频率之一时，由式(16-48)可知 b_1 或 b_2 的分母为

$$(C_1-\omega^2)(C_4-\omega^2)-C_2C_3=\omega^4-(C_1+C_4)\omega^2+(C_1C_4-C_2C_3)$$

将上式与系统的频率方程(16-39′)比较，可知此时振幅 b_1 和 b_2 的分母为零，b_1 和 b_2 将趋于无限大，系统将发生共振现象。可见两个自由度系统有两个共振频率。

由式(16-48)可得振幅 b_1 和 b_2 的比值为

$$\frac{b_1}{b_2}=\frac{C_4-\omega^2}{C_3}$$

将上式与式(16-41)比较，可知当 $\omega=\omega_{n1}$ 或 $\omega=\omega_{n2}$ 时，$\frac{b_1}{b_2}=\frac{A_{11}}{A_{21}}$ 或 $\frac{b_1}{b_2}=\frac{A_{12}}{A_{22}}$。这说明在任一共振情况下，受迫振动将按照相应的主振型振动。

(3) 下面以一特例来具体说明受迫振动的振幅随激励力频率的变化情况。

设 $m_1=2m, m_2=m, k_1=k_2=k, k_3=0$，则有

$$C_1=C_3=C_4=\frac{k}{m},\quad C_2=\frac{k}{2m}$$

若令 $\omega_0=\sqrt{\frac{k}{2m}}$，则

$$C_1=C_3=C_4=2\omega_0^2,\quad C_2=\omega_0^2$$

式中 ω_0 为物体 m_1 和弹簧 k_1 组成单自由度系统时的固有圆频率。由式(16-40′)可求出两个共振频率为

$$\omega_1^2=\omega_{n1}^2=0.586\omega_0^2,\ \omega_2^2=\omega_{n2}^2=3.414\omega_0^2$$

由式(16-48)和式(16-29)可得比例因数为

$$\left.\begin{aligned}\alpha&=\frac{b_1}{b_0}=\frac{1-\dfrac{\omega^2}{2\omega_0^2}}{2\left(1-\dfrac{\omega^2}{2\omega_0^2}\right)-1}\\\beta&=\frac{b_2}{b_0}=\frac{1}{2\left(1-\dfrac{\omega^2}{2\omega_0^2}\right)-1}\end{aligned}\right\}\tag{16-50}$$

α 和 β 称为放大因数。上式说明放大因数 α 和 β 决定于比值 $\dfrac{\omega}{\omega_0}$。根据上式可画出系统的振幅-频率特征曲线(图 16-36)。

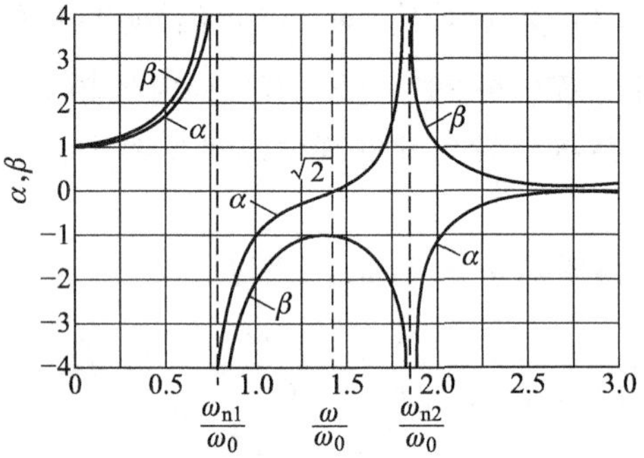

图 16-36　振幅-频率特征曲线

由图 16-36 可知:

① 当 $\omega=0$ 时,$\alpha=\beta=1$,即 $b_1=b_2=b_0$,也即在激励力力幅为 H 的静力作用下,两物体均自平衡位置发生位移 b_0。

② 当 $0<\omega<\omega_{n1}$ 时,α 和 β 随 ω 增大而增大,且均为正值,这表示两物体的振动均与激励力同相。

③ 当 $\omega=\omega_{n1}$ 时,α 和 β 均趋向无限大,系统发生共振。

④ ω 比 ω_{n1} 略大一点时,α 和 β 仍很大,但均为负值,这表示两物体的振动是同相的,但均与激励力反相。若 ω 继续增大,α 和 β 仍为负值,但其绝对值却减小。一直到 $\omega=\sqrt{2}\,\omega_0$ 时,$\alpha=0$,$\beta=-1$,即 $b_1=0$,$b_2=b_0$,但与激励力反相。当 $\omega>\sqrt{2}\,\omega_0$ 时,$\alpha>0$,而 $\beta<0$,这表示两物体反相,但物体 m_1 与激励力同相。

⑤ 当 $\omega=\omega_{n2}$ 时,α 和 β 均又趋向无限大,系统又发生共振。

⑥ 当 $\omega>\omega_{n2}$ 时,随 ω 增大,$\alpha<0$,而 $\beta>0$,这表示两物体仍反相,而物体 m_2

与激励力同相，但两物体的振幅均逐渐减小。当 ω 远大于 ω_{n2} 时，α 和 β 均趋于零。

从上述分析得到，当 $\omega=\sqrt{2}\omega_0=\sqrt{\dfrac{k_2}{m_2}}=\sqrt{C_3}$ 时，$\alpha=0$。即当激励力的圆频率等于由物体 m_2 和弹簧 k_2 所组成的单自由度系统的固有圆频率时，物体 m_1 虽受激励力的作用，但其振幅为零。这一特征具有重要的实际意义，可以利用这一特性达到动力消振的目的。

如一质量为 m_1 的机器安装在不计质量的梁上(图 16-37a)。设机器的质量为 m_1，梁的刚度系数为 k_1，由于机器转子不均衡，将产生频率为 ω 的激励力，从而发生受迫振动。为消除受迫振动所引起的不利影响，可在梁上用刚度系数为 k_2 的弹簧悬挂一质量为 m_2 的物块(图 16-37b)。于是原来的单自由度系统变成了两个自由度系统。若使 $\sqrt{\dfrac{k_2}{m_2}}=\omega$，则由上面的理论可知，机器的受迫振动振幅为零，即机器振动消失。这样附加的 k_2-m_2 系统就是一个简单的消振装置，称为**动力消振器**。

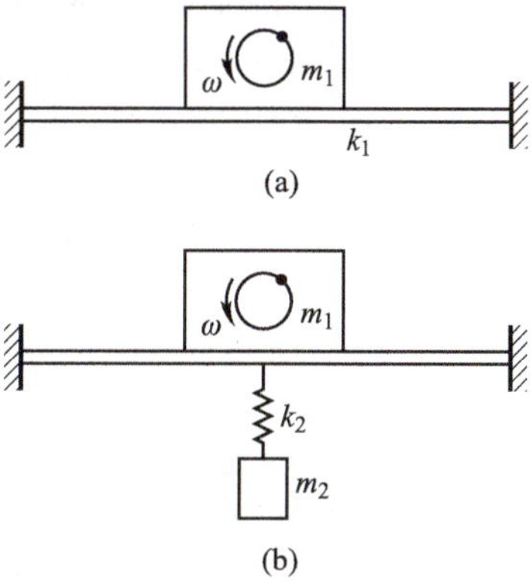

图 16-37　动力消振器

必须指出的是，只有当激励力的圆频率与动力消振器的固有圆频率相等时，动力消振器才有消振功效。当机器的转速比改变了，相应地激励力频率也发生了变化，则这种消振器不再能消振。对于频率可变的激励力所产生的受迫振动，可采用阻尼消振器来消振。

例 16-15　为消除支架顶端的质量块 m_1 的振动，采用如图 16-38 所示的摆式消振器(看作摆杆质量不计的单摆)。作用于 m_1 上的水平激励力 $F=H\sin\omega t$，支架的平均抗弯刚度为 EI。试求当 m_1 的振幅为零时，摆长应为多少？

解　根据动力消振器的原理，消振器本身的固有圆频率应等于 ω，消振器为一单摆，其固有圆频率为 $\omega_n=\sqrt{\dfrac{g}{l_1}}$，得 $l_1=\dfrac{g}{\omega_n^2}=\dfrac{g}{\omega^2}$。

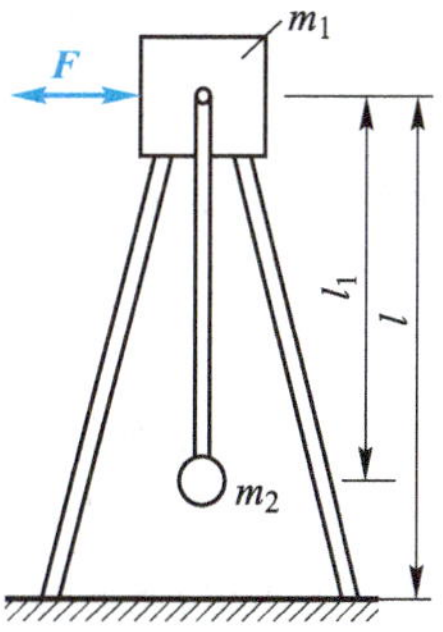

图 16-38　例 16-15 图

思　考　题

16-1　如图,如何决定物体的平衡位置？设物体的质量为 m,弹簧的原长为 l_0,刚度系数为 k,光滑斜面的倾角为 φ,试求此物体平衡位置。

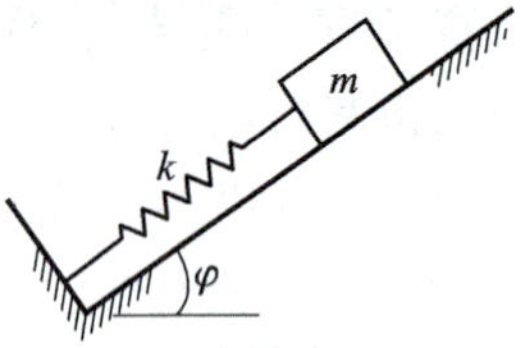

思考题 16-1 图

16-2　自由振动的固有频率由哪些因素决定？要提高或降低固有频率有什么方法？

16-3　有阻尼自由振动的振幅就是式(16-12)表示的 A 吗？

16-4　临界阻尼系数与什么因素有关？要调整临界阻尼系数有什么办法？

16-5　有阻尼受迫振动中,什么是稳态过程？与刚开始的一段运动有什么不同？

16-6　减振可以采用什么方法？

16-7　什么是主振动？两个主振动合成的结果是否为简谐振动？

16-8　两个自由度振动系统在什么条件下按第一主振型或第二主振型振动？

16-9　动力消振器消振作用是根据什么原理？

16-10　试比较单自由度系统与两个自由度系统的无阻尼自由振动与无阻尼受迫振动的异同点。

习　　题

文档：习题 16-1 题解

16-1　刚度系数为 k 的弹簧,上端固定,下端悬挂着质量各为 m_1 和 m_2 的两个物体 D_1 和 D_2,如图所示。当系统静止时,突然去掉物体 D_2,试求此后物体 D_1 的运动规律。

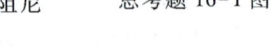

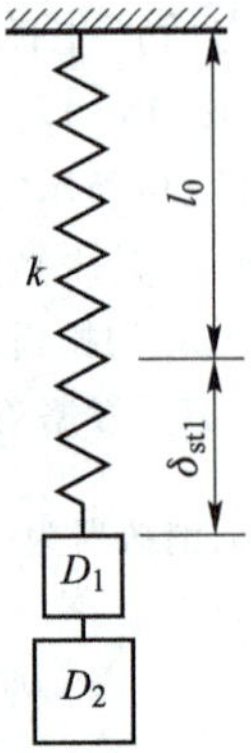

题 16-1 图

16-2　图示一振动物体与活塞共重 800 N,活塞可在装满黏性液体的缓冲器内上下运动,因液体的黏滞而产生的阻尼力与活塞的速度成正比,在 $v=1$ m/s 时,阻尼力 $F_c=400$ N,又弹簧的刚度系数 $k=50$ N/cm。试求:(1) 阻尼系数;(2) 衰减振动的周期;(3) 对数减缩。

文档：习题 16-4 题解

16-3　图示圆柱体重为 G、半径为 r、高为 h。当圆柱在静平衡位置时,其浸在水中的部分为其高度之半。运动开始时,圆柱有 2/3 高度被浸于水中,此后即沿铅垂线作上下振动,其初速度为零。已知弹簧刚度系数为 k,水的阻力 $\boldsymbol{F}_c=-c\boldsymbol{v}$,水的密度为 ρ。试求圆柱的振动规律。

16-4　如图所示,匀质滚子的质量为 m,半径为 r,可在倾角为 θ 的斜面上保持纯滚动,弹簧刚度系数为 k,阻尼器阻力系数为 c。试求:

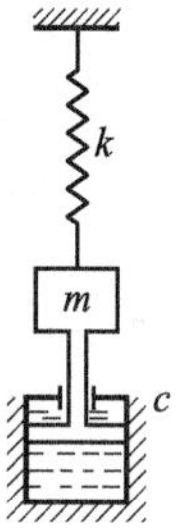

题 16-2 图

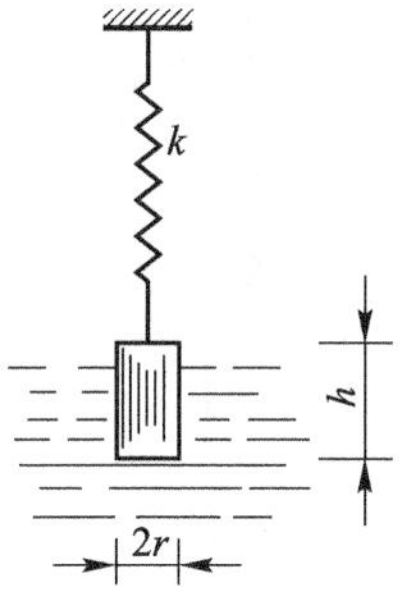

题 16-3 图

(1) 无阻尼自由振动的固有频率；

(2) 阻尼比；

(3) 有阻尼自由振动的频率；

(4) 有阻尼自由振动的周期。

16-5 在不计自重的梁上固结有一质量为 m 的物体(视为质点)，刚度系数为 k 的弹簧和阻力系数为 c 的黏滞性阻尼器位置如图所示。梁长 $3l$，试求此系统的微振动微分方程及周期。

16-6 图示为一扭摆，圆盘对转动轴的转动惯量为 J，扭转刚度系数为 k_t，转动时所受的阻力矩为 $M=-cS\omega$，其中 c 为阻力系数，S 为圆盘上下底面积的和，ω 为圆盘的角速度。试求圆盘在液体中扭振的周期。

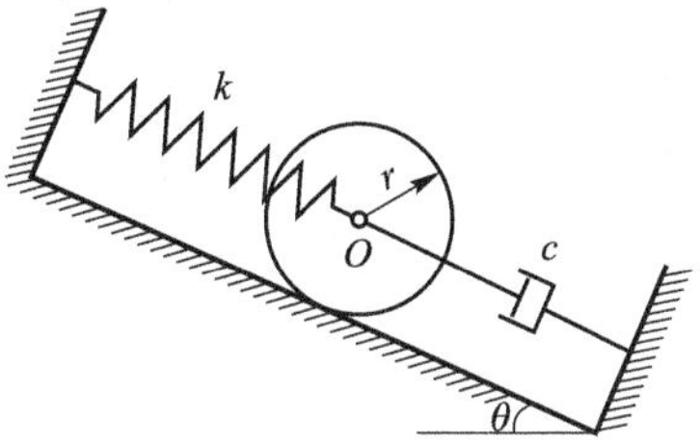

题 16-4 图

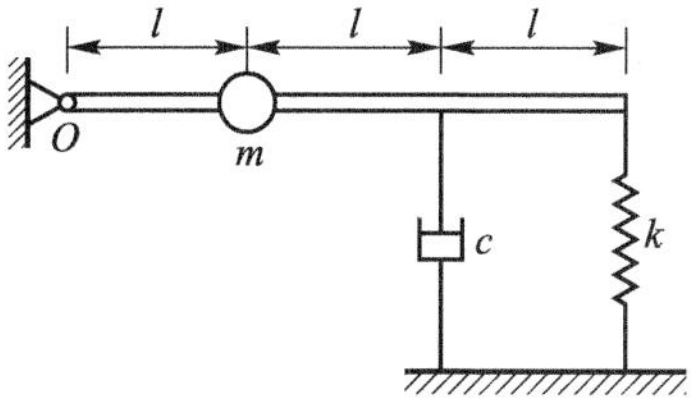

题 16-5 图

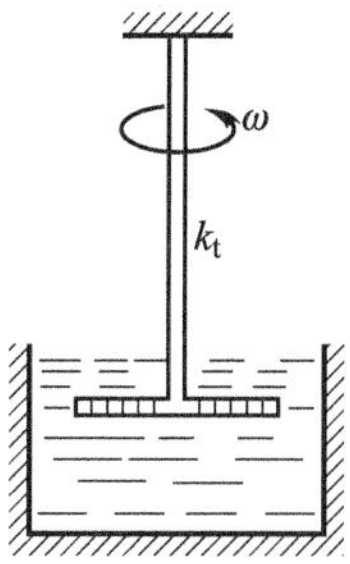

题 16-6 图

16-7 图示振动系统中物体重量为 $G=1$ N，弹簧的刚度系数为：欲使弹簧伸长 1 cm 需 0.2 N 的静力。若取系统平衡位置为坐标原点，铅直向上的轴为坐标正向，试按以下两种情况建立系统的自由振动方程，并写出振动的振幅与周期。(1) 物体在弹簧原长处无初速释放；(2) 在物体下挂一重为 0.5 N 的物体，当系统平衡时将绳剪断。

16-8 三个弹簧与重为 G 的物体连接方式如图 a、b、c 所示，其中两个弹簧的刚度系数为

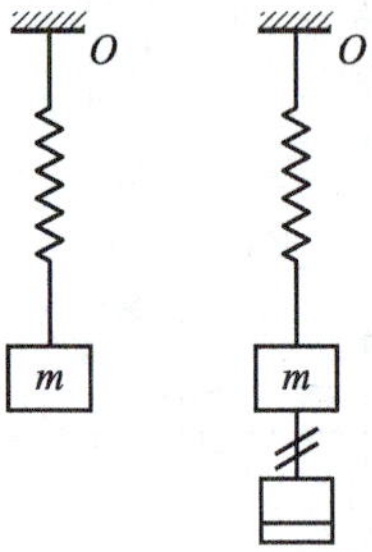

(a)　　(b)

题 16-7 图

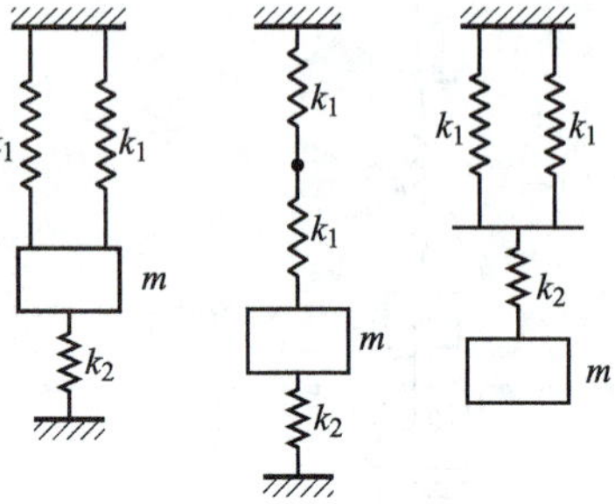

(a)　　(b)　　(c)

题 16-8 图

k_1，另一个为 k_2。试分别求物体自由振动的周期。

文档：习题 16-9 题解

16-9　质量为 m 的物体悬挂如图所示，不计杆 AB 的质量，两个弹簧的刚度系数分别为 k_1、k_2，悬挂点尺寸为 l_0、l。试求物体自由振动的规律。

16-10　图示一不计自重的悬臂梁，在其自由端上挂一弹簧，弹簧上悬挂一重为 G 的物体。若在力 $\boldsymbol{G}$ 的作用下弹簧的静伸长为 δ_{st}，而梁自由端的静挠度为 f_{st}。试求物体的振动周期。

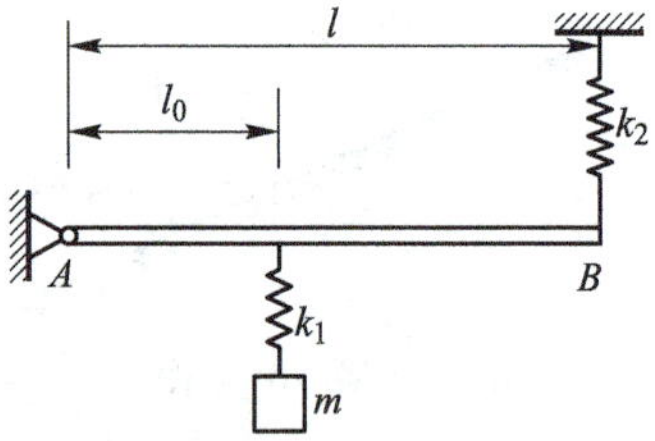

题 16-9 图

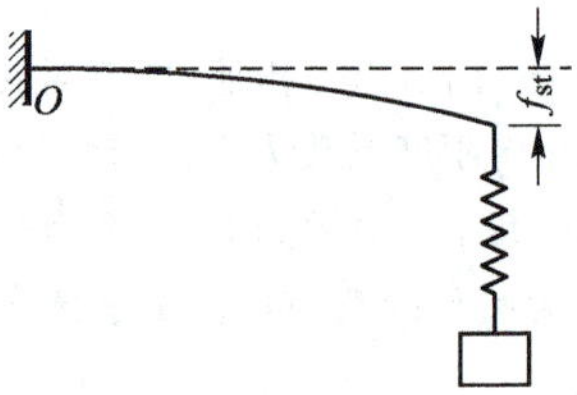

题 16-10 图

16-11　图示一小球重为 G，系在完全弹性的钢丝 O_1O_2 的中部，O_1O_2 的长度为 $2l$。若钢丝张拉得很紧，其张力大小为 F，当球作侧向微幅振动时，$\boldsymbol{F}$ 保持不变。试求小球的振动频率。

16-12　图示一角尺由长度各为 l 与 $2l$ 的两均质杆构成，两杆夹角 90°。试求角尺在其平衡位置附近作微小摆动的周期。

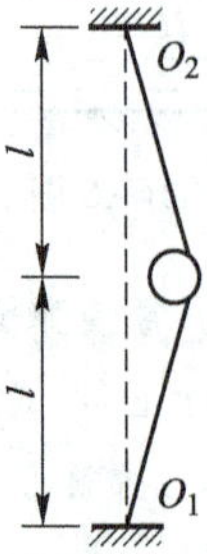

题 16-11 图

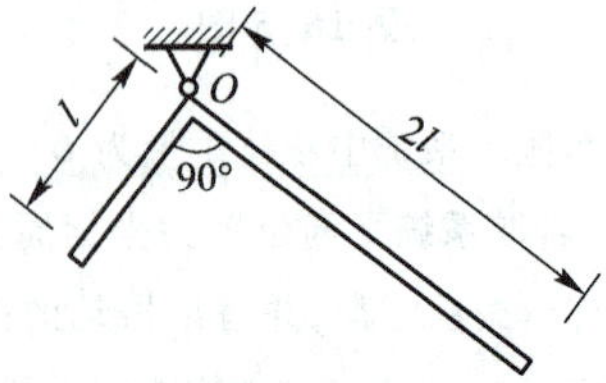

题 16-12 图

16-13 图示双线悬挂的水平均质杆长为 $2l_0$，两根铅直绳长为 l，相距 $2b$。假定杆绕铅直中心轴作微小扭转时保持水平，试求杆作扭振的周期。

16-14 图示重为 G 的物体，悬挂于绳子上，绳子跨过滑轮与固定弹簧相连，弹簧的刚度系数为 k。已知均质滑轮重为 G，半径为 r。试求系统自由振动的频率。

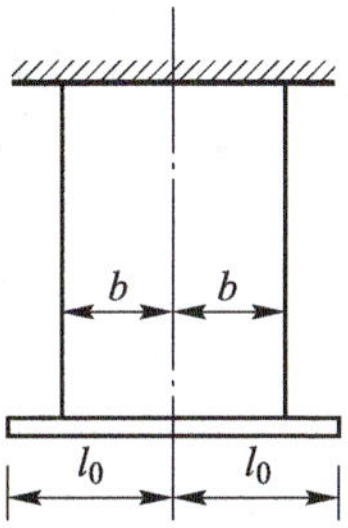

题 16-13 图

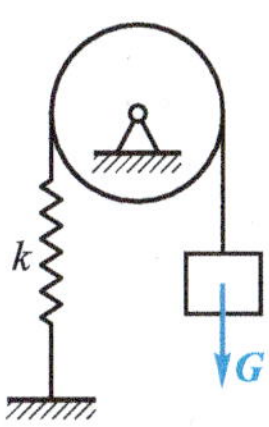

题 16-14 图

16-15 图示一摆由长为 l、不计质量的刚杆和装在刚杆上质量为 m 的小球构成。在杆上 l_0 处有两刚度系数为 k 的弹簧。试求此摆振动的固有频率。

16-16 图示一长为 l、重为 G 的均质直杆的端点作用一铅直常力 $\boldsymbol{F}$，两弹簧的刚度系数为 k。若使直杆微振动的圆频率趋向于零，试求此常力 $\boldsymbol{F}$ 的值。

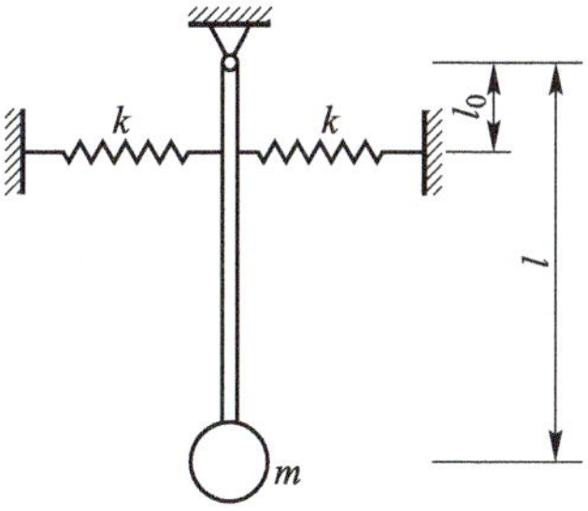

题 16-15 图

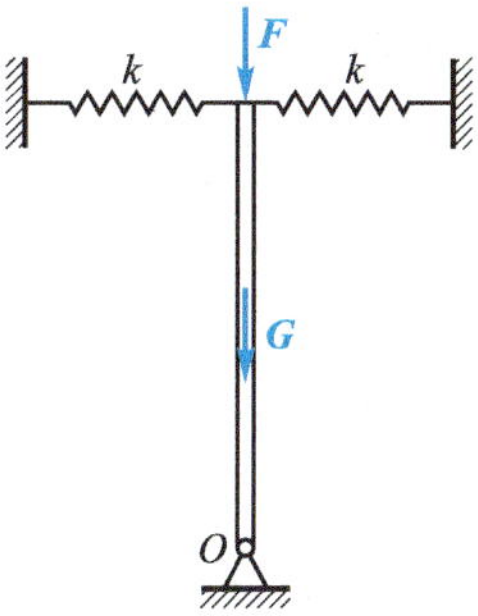

题 16-16 图

16-17 图示均质杆长为 $3l$、质量为 m_1，B 端固结一质量为 m_2 的物体（视为质点），弹簧的刚度系数为 k。试求系统自由振动的频率。

文档：习题16-17题解

16-18 图示一均质小球半径为 r，在铅直圆弧槽内作平面运动，且只滚不滑，圆弧半径为 R。试求小球在圆弧槽上来回微小滚动的周期。

16-19 图示一均质圆柱体的直径为 d，质量为 m，可在水平面上做纯滚动，弹簧的刚度系数 k，尺寸 b。试求圆柱作微振动的周期。

16-20 如图，质量为 m 的均质杆水平地放在两个半径相同的轮子上，两轮的中心在同一水平线上，距离为 $2b$。两轮以大小相同但方向相反的角速度各绕其中心轴转动。杆借助与轮接触点的摩擦力的牵动而运动，此摩擦力与杆对轮的压力成正比，摩擦因数为 f。如将杆的重心 C 推离对称位置 O 点，然后释放，试证明重心 C 的运动为简谐振动，并求其周期。

文档：习题16-20题解

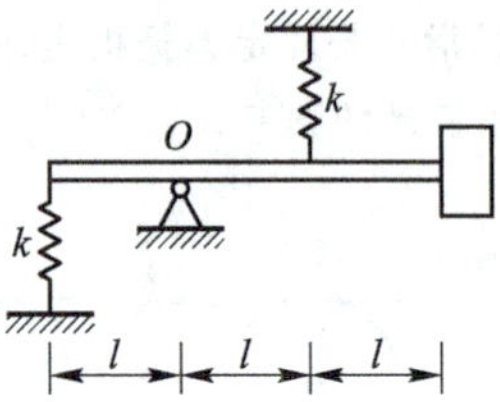

题 16-17 图

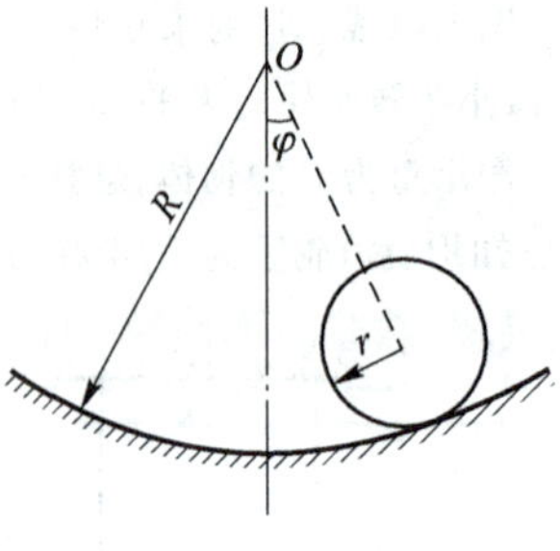

题 16-18 图

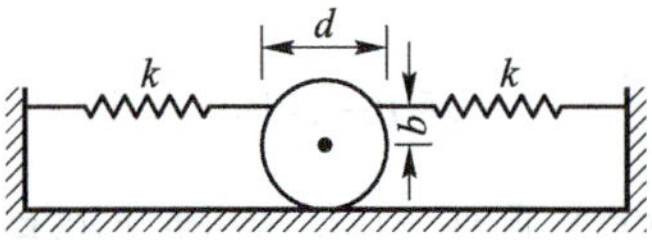

题 16-19 图

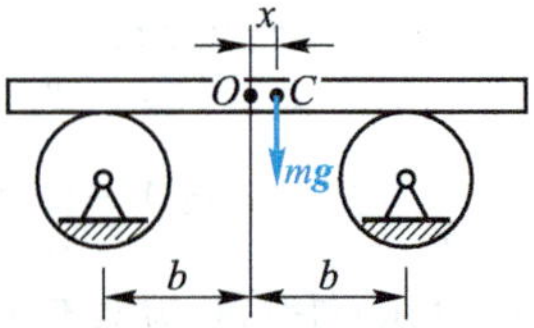

题 16-20 图

16-21　如图,一物体重为 $G=800$ N,悬挂在刚度系数均为 $k=200$ N/cm 的两弹簧上,在物体上作用一周期激励力 $\boldsymbol{F}$,其幅值 $H=20$ N,其频率 $f=3$ Hz,阻尼系数 $c=10$ N · s/cm。试求稳态受迫振动的振幅。

16-22　如图,电动机总质量 $m_0=20$ kg,支承在刚度系数均为 $k=1.4$ kN/cm 的两弹簧上。电动机转子不均衡相当于在离转动轴 $e=1.2$ cm 处有一质量 $m=0.3$ kg 的重物。电动机转速为1 400 rad/min,试求受迫振动的振幅:(1) 假定无阻尼;(2) 阻尼比 $\zeta=\dfrac{\delta}{\omega_n}=0.125$。

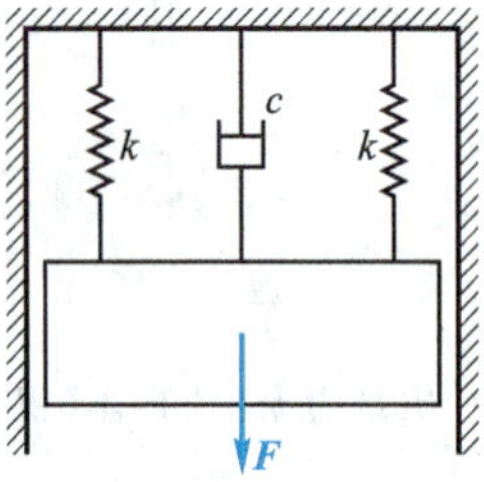

题 16-21 图

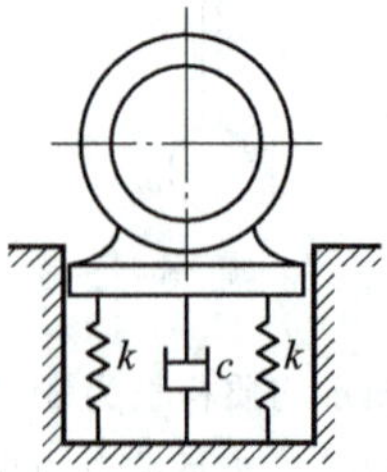

题 16-22 图

16-23　在图示有阻尼受迫振系中,已知物体的质量 $m=18.2$ kg,弹簧的刚度系数 $k=43.8$ N/cm,阻力系数 $c=1.49$ N · s/cm,激励力的力幅 $H=44.5$ N,$\omega=15$ rad/s。试求物体的受迫振动方程。

16-24　在题 16-23 图所示系统中,已知物体的质量 $m=2$ kg,弹簧的刚度系数 $k=2$ N/mm,阻尼系数 $c=25.6$ N · s/mm,激励力的力幅 $H=16$ N,$\omega=60$ rad/s。试求放大因数:(1) 无阻尼;(2) 有阻尼。

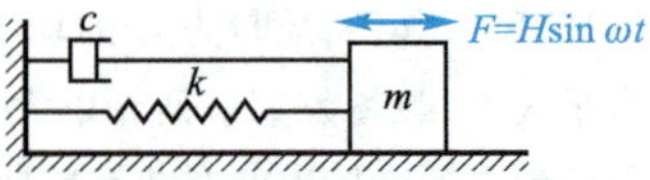

题 16-23 图

16-25　如图,精密仪器在使用时应避免地面振动的干扰。为了隔振,在仪器下安装 8 个相同的弹簧。设地面振动可表示为 $y_1=0.1\sin 10\pi t$(y_1 以 cm 计),仪器重为 $P=8$ kN,容许振幅 $[b]=0.01$ cm。试求每个弹簧的刚度系数。

16-26　图示为蒸汽机的示功计。活塞由弹簧撑住,其活塞杆上连着画针。若蒸汽对活塞的压强依下式变化:$p=400+300\sin\dfrac{2\pi}{T_n}t$,其中 p 以 kN/m^2 计,而 T_n 则以卷筒每转一圈所需的秒数计。设卷筒转速为 3 r/s(或 180 r/min),示功计的活塞面积 $S=400\ mm^2$,示功计活动部分(活塞和杆)质量 $m=1$ kg,弹簧每压缩 10 mm 需力 30 N。试求画针所作受迫振动的振幅。

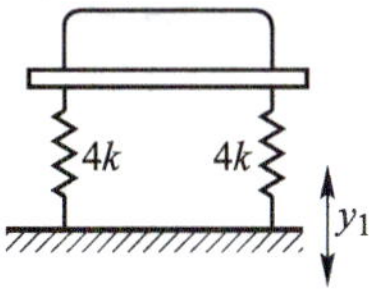

题 16-25 图

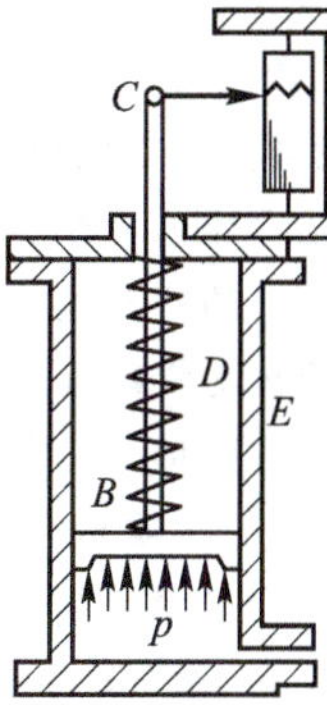

题 16-26 图

16-27　如图,在轮上装置一重为 G 的物块,于某瞬时($t=0$)由水平路面进入一曲线路面并继续以匀速 v 行驶。设曲线路面按 $y_1=d\sin\dfrac{\pi}{l}x_1$ 的规律起伏如图所示。轮进入曲线路面时,物块在铅直向无初速,弹簧的刚度系数为 k。试求(1) 物块的受迫振动方程;(2) 轮的临界速度。

文档:
习题16-27
题解

16-28　如图,单摆悬点 O 沿水平方向作简谐运动,$x=d\sin\omega t$,其中 d 与 ω 均为常数,摆锤的质量为 m,摆长为 l。试求在微幅的受迫振动中偏角 θ 的变化规律。

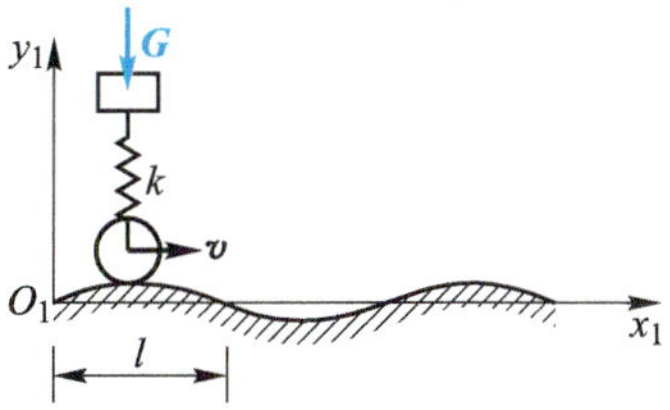

题 16-27 图

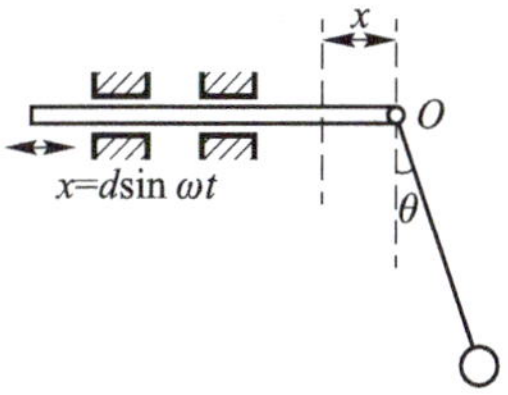

题 16-28 图

16-29　无重刚杆长为 l,两物块质量均为 m,弹簧的刚度系数均为 k。图示位置为系统的平衡位置。试求系统振动的主频率。

文档:
习题16-29
题解

16-30　图示一弹性轴,装有两个均质圆盘,每一盘对轴的转动惯量均为 J,两段轴的扭转刚度系数均为 k_t,试求此系统自由扭转振动的主频率。

文档：习题16-30题解

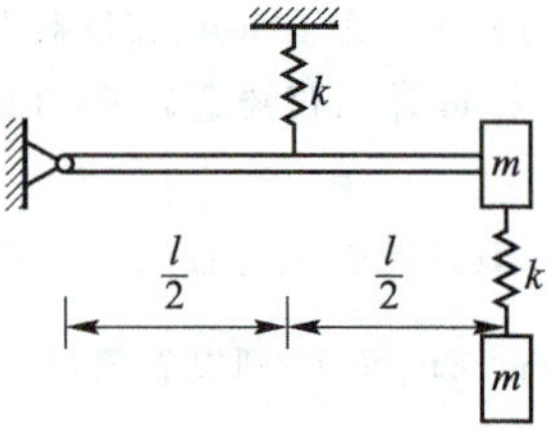

题 16-29 图

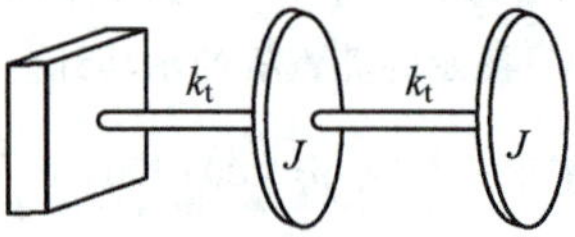

题 16-30 图

文档：习题16-31题解

16-31　如图所示的两自由度系统中，已知物块 A 和摆锤 B 的质量分别为 m_A 和 m_B，两弹簧的刚度系数均为 k，摆杆长 l，图示为系统的平衡位置。如果不计杆重和摩擦，试求系统微幅振动的运动微分方程和固有频率。

16-32　在风洞实验中，把机翼翼段简化为图示平面内的刚体，并由刚度系数为 k 的弹簧和扭转刚度为 k_t 的扭簧所支承。已知翼段的质量为 m，对重心 C 的转动惯量为 J_C，重心与支持点的距离为 e。试求该系统在图示平面内作微振动时的频率方程。

16-33　图示一质量 m_2 的机器，安装在质量为 m_1 的框内。柜子的重心为 C，两弹簧的间距为 l，机器受一简谐力矩 $M=M_0\sin\omega t$ 的作用，其中 M_0 与 ω 均为常数。试问：(1) 欲使柜子不产生摆动，k 应为多少？(2) 欲使柜子不产生垂直振动，机器应安装在什么位置？

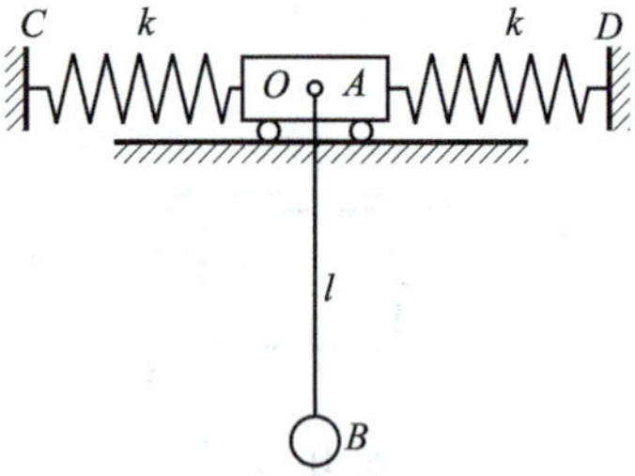

题 16-31 图

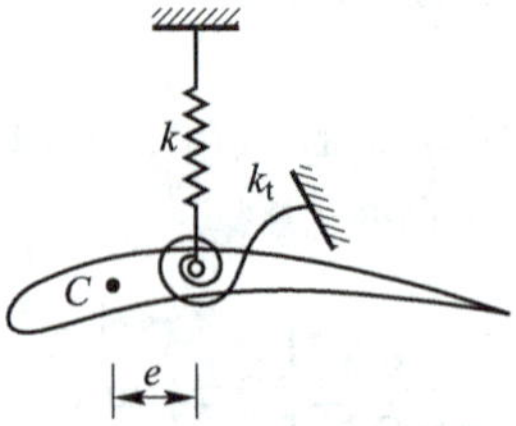

题 16-32 图

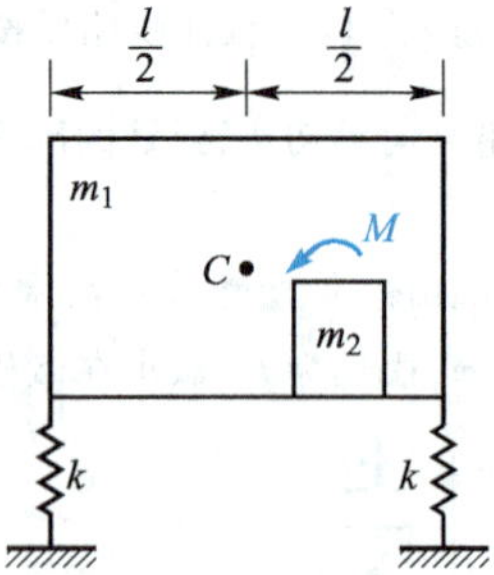

题 16-33 图

第十七章　碰　　撞

碰撞是物体运动的一种特殊形式，也是工程实际中的一种常见而又复杂的动力学问题，因为工程中的碰撞问题几乎都是对有约束物体的碰撞，而不是自由体间的碰撞。同摩擦问题一样，碰撞既有有利的一面，如锻锤、冲床、沉桩等，也有不利的一面，如飞机着陆、航天器对接、车辆的撞击等。

本章将根据碰撞现象的特征，给出基本假设，再定义恢复因数公式，然后运用冲量定理和冲量矩定理对物体的碰撞进行研究。最后介绍撞击中心的概念。

§17-1　碰撞现象及其基本假设

碰撞现象的基本特征是在极短时间内（约为 $10^{-4}\sim10^{-3}$ s）物体的速度发生极大变化。由于其加速度非常大，因此作用于物体的碰撞力具有很大的数值（约为一般力的几百倍，甚至上千倍）。这种在碰撞时出现的巨大的物体相互作用的力，称为碰撞力或瞬时力。物体撞击时力的传递的物理机理非常复杂，要测量它的瞬时值比较困难，所以在力学研究中，不是从微观角度研究碰撞过程，而是从宏观角度讨论碰撞开始和结束这两个时刻物体的速度、角速度等物理量的改变。

碰撞力的变化可以图 17-1 表示。图中表明，碰撞开始和结束时力 F 为零，在碰撞过程中碰撞力的大小可以达到很大的值。图中用 F_{max} 和 F^* 分别表示碰撞力的最大值和平均值。碰撞力的变化相当复杂，且很难测定，而巨大的碰撞力在极短的时间里对物体的冲量却是有限值，称为碰撞冲量。

由于碰撞过程的时间间隔 τ 极小，所以在力学中凡具有与 τ 同阶的量可忽略不计。根据碰撞现象的这一基本特征，在研究碰撞现象时，可作如下假设：

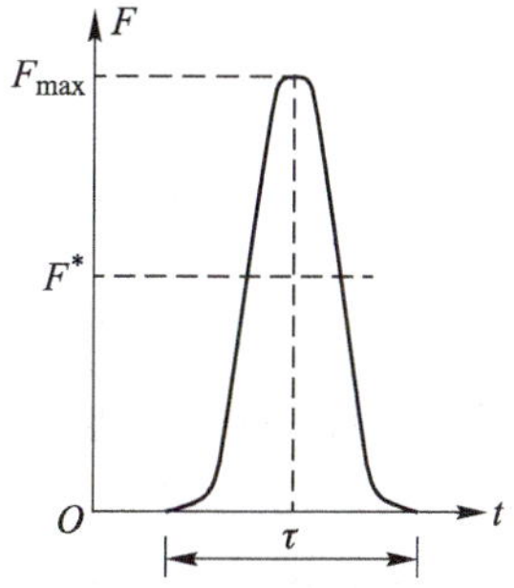

图 17-1　碰撞力的变化

（1）由于碰撞过程非常短促，物体在碰撞发生的瞬间位置基本上没有变化，因此在碰撞过程中物体的位移可以忽略不计。

（2）由于碰撞力非常巨大，以至在碰撞过程中相对于碰撞力而言，其他一切有限力（如重力、弹性力等)都可以忽略不计。

(3) 相互碰撞的物体都视为刚体,也就是说物体在撞击的瞬间局部出现的变形只发生在撞击点附近的微小区域,而物体的各质点在同一瞬时实现相同的速度变化。这样简化的碰撞模型称为局部变形的刚体碰撞。

§17-2 恢复因数

两物体相碰撞时,在接触点处产生的相互作用的碰撞力仍然满足作用力与反作用力定律。如图 17-2 所示,在不考虑摩擦时,碰撞冲量 $\boldsymbol{I}$ 与 $\boldsymbol{I}'$ 应沿着互撞物体表面的公法线方向。

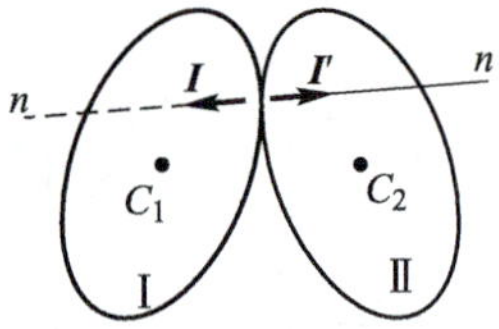

图 17-2 碰撞冲量

碰撞过程可以分为两个阶段。第一阶段为变形阶段,从两物体开始接触、互相挤压、并产生微小变形,直到接触点的相对速度在公法线上的投影减小到零为止;在这一阶段中,碰撞物体主要是发生变形。第二阶段为恢复阶段,此时两物体由于弹性而恢复原来的变形,甚至达到两物体重新分离;在这个阶段中,接触点相对速度的法向分量正负号改变,绝对值增加。当然,实际碰撞过程比这复杂得多,两个阶段很难明确划分,这里所描述的只是理想化的情形。

对于变形阶段碰撞冲量 $\boldsymbol{I}_1$ 和恢复阶段的碰撞冲量 $\boldsymbol{I}_2$,一般情况下有塑性变形的存在,冲量 I_2 通常小于 I_1。在这里,引入从实验中归纳出来的牛顿假设

$$e=\frac{I_2}{I_1} \tag{17-1}$$

常数 e 称为恢复因数。一般情况下,恢复因数与碰撞时的速度及物体的大小形状无关,而仅与材料的性质有关。e 的值在 0 与 1 之间,当 $e=1$ 时,变形完全恢复,动能没有损失,称为弹性碰撞;而 $e=0$ 时,物体的变形完全没有恢复,在碰撞后两物体接触点具有共同的速度,它们之间的相对速度等于零,这种碰撞称为塑性碰撞。对于一般物体,e 值介于 0 与 1 之间,即 $0<e<1$,这种碰撞称为弹塑性碰撞。

在实际碰撞问题中,由于碰撞时间极短,很难能获得 $\boldsymbol{I}_1$ 和 $\boldsymbol{I}_2$。如考虑动量定理 $\boldsymbol{I}=m\boldsymbol{v}'-m\boldsymbol{v}$,只要能测出速度 $\boldsymbol{v}$ 和 $\boldsymbol{v}'$,就可确定碰撞冲量 $\boldsymbol{I}$ 的大小和方向。为此设 v_{1n}、v_{2n} 为碰撞开始时第一个和第二个物体接触处的绝对速度法向分量,v'_{1n}、v'_{2n} 为碰撞结束时相应的绝对速度法向分量,则牛顿假设改变为

$$e=\frac{v'_{2n}-v'_{1n}}{v_{1n}-v_{2n}},\quad 0\leqslant e\leqslant 1 \tag{17-2}$$

必须指出，牛顿假设只是实际碰撞过程的近似结果，它足够好地适用于局部变形的刚体碰撞。如果考虑碰撞时整个物体内部发生变形，则该假设不能应用。

依照牛顿假设，恢复因数也可用下述简单的实验方法来测定。设小球自高度 h_1 自由落下，碰撞固定平面后回弹高度为 h_2（图 17-3），则小球碰撞前后的速度分别为

$$v_1=\sqrt{2gh_1},\quad v'_1=\sqrt{2gh_2}$$

因固定平面的速度 $v_2=v'_2=0$，则有

$$e=\frac{0-v'_1}{-v_1-0}=\frac{v'_1}{v_1}=\sqrt{\frac{h_2}{h_1}}$$

若测得 h_1 和 h_2，即可由上式求出恢复因数 e。

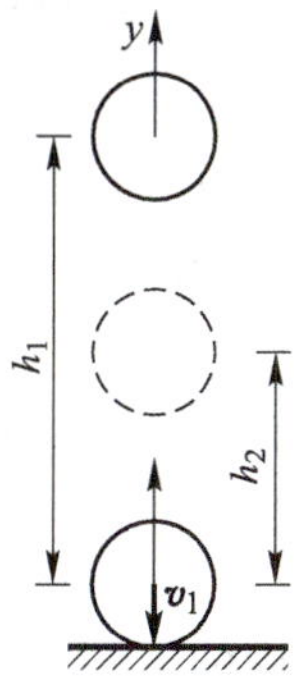

图 17-3　实验测定恢复因数

§ 17-3　研究碰撞的矢量力学方法

1. 碰撞的分类

具有光滑曲面的两物体相撞时，过其接触点可作一公法线 $n-n$。若碰撞时两物体的质心均位于公法线上，称为对心碰撞（图 17-4a），否则称为偏心碰撞（图 17-2）。在对心碰撞情况中，若碰撞时两物体质心的速度都沿公法线，则称为对心正碰撞（图 17-4b）；否则称为对心斜碰撞（图 17-4c）。

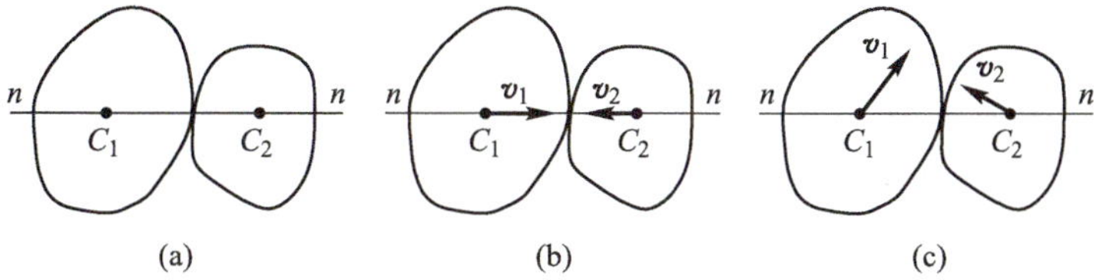

图 17-4　碰撞的分类

当物体发生对心碰撞时，物体作平移，此时可作为质点来研究；当物体发生偏心碰撞时，一般而言，物体将作任意运动。因为对于各种运动，自由度是不同的，所以需要区分各种类型的碰撞。

2. 冲量和冲量矩定理

分析碰撞过程的动量、动量矩定理常写成积分形式，称为冲量定理与冲量矩

定理。由于在碰撞过程中伴随有能量损失现象,故在碰撞过程中,一般不能运用动能定理。

根据式(10-12),有冲量定理

$$m\boldsymbol{v}_C'-m\boldsymbol{v}_C=\sum \boldsymbol{I}_i^{\mathrm{E}} \tag{17-3}$$

式中 $\boldsymbol{v}_C$ 和 $\boldsymbol{v}_C'$ 分别表示碰撞开始和结束时质心的速度。

式(17-3)表示,碰撞时质点系动量的改变等于作用于质点系的外碰撞冲量之矢量和。

根据式(11-13),有对静点 O 的冲量矩定理

$$\boldsymbol{L}_{O2}-\boldsymbol{L}_{O1}=\sum \int_0^{\tau} \boldsymbol{M}_O(\boldsymbol{F}_i^{\mathrm{E}})\,\mathrm{d}t=\sum \int_0^{\tau} \boldsymbol{r}_i\times \mathrm{d}\boldsymbol{I}_i^{\mathrm{E}}$$

式中的 $\boldsymbol{L}_{O1}$、$\boldsymbol{L}_{O2}$ 分别是碰撞前后质点系对静点 O 的动量矩。因为在碰撞过程中,假设物体的位移忽略不计,因此碰撞力作用点的径矢是个常量,故

$$\boldsymbol{L}_{O2}-\boldsymbol{L}_{O1}=\sum \boldsymbol{r}_i\times \int_0^{\tau} \mathrm{d}\boldsymbol{I}_i^{\mathrm{E}} \tag{17-4}$$

即碰撞时质点系对任一静点 O 的动量矩的改变,等于作用于质点系的外碰撞冲量对同一点矩之矢量和。

若取质心 C 为矩心,式(17-4)改写为

$$\boldsymbol{L}_{C2}-\boldsymbol{L}_{C1}=\sum \boldsymbol{r}_{Ci}\times \int_0^{\tau} \mathrm{d}\boldsymbol{I}_i^{\mathrm{E}} \tag{17-4$'$}$$

即碰撞时质点系对质心 C 的动量矩的改变,等于作用于质点系的外碰撞冲量对同一点矩之矢量和。

例 17-1 物块 A 自高度 $h=4.9$ m 处自由落下,与安装在弹簧上的物块 B 相撞(图 17-5)。已知 A 的质量 $m_1=1$ kg,B 的质量 $m_2=0.5$ kg,弹簧刚度系数 $k=10$ N/mm。设碰撞结束后,两物块一起运动。试求碰撞结束时的共同速度和弹簧的最大压缩量。

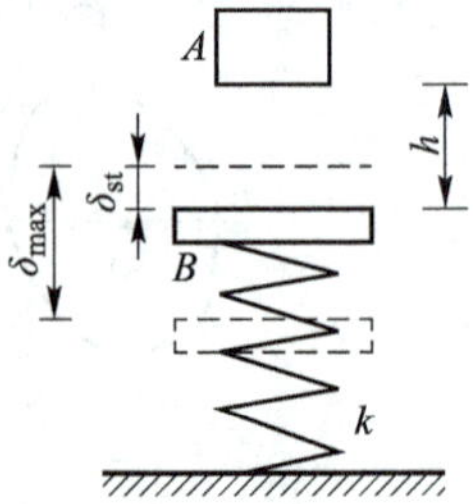

图 17-5 例 17-1 图

解 本问题为对心正碰撞,两物体沿直线平移。物块 A 落下与物块 B 接触的时候,碰撞开始。此后 A 的速度减小,B 的速度增大,当两者速度相等时,碰撞结束。然后 A 和 B 一起压缩弹簧作减速运动,到速度等于零时,弹簧的压缩量达最大值。此后物块将向上运动。并将持续往复振动。

碰撞开始时

$$v_1=\sqrt{2gh}=9.8\ \mathrm{m/s},\quad v_2=0$$

碰撞过程中,根据基本假设忽略重力冲量和弹簧力的冲量,沿竖直方向系统动量守恒。故碰撞后两者一起运动的速度为

$$v_1'=v_2'=\frac{m_1v_1}{m_1+m_2}=\frac{9.8}{1.5}\ \mathrm{m/s}=6.533\ \mathrm{m/s}$$

碰撞结束后弹簧的最大压缩量 δ_{max} 可由动能定理求得

$$0-\frac{1}{2}(m_1+m_2)v_1'^2=(m_1+m_2)g(\delta_{max}-\delta_{st})+\frac{k}{2}(\delta_{st}^2-\delta_{max}^2)$$

整理后得

$$\delta_{max}^2-\frac{2(m_1+m_2)g}{k}\delta_{max}-\left(\frac{m_1+m_2}{k}u^2-2\frac{m_1+m_2}{k}g\delta_{st}+\delta_{st}^2\right)=0$$

注意到 $k\delta_{st}=m_2g$，解得最大压缩量为 $\delta_{max}=81.49$ mm（另一负值解不合题意）。

例 17-2　沉桩过程如图 17-6 所示。落锤打桩机的锤的质量 $m_1=720$ kg，自高度 $h=1$ m 处自由落下，打在桩上，使桩下沉 $\delta=0.1$ m，桩的质量为 $m_2=80$ kg，设碰撞为塑性的。试求：(1) 桩陷入泥土中时的平均阻力；(2) 打桩机的效率。

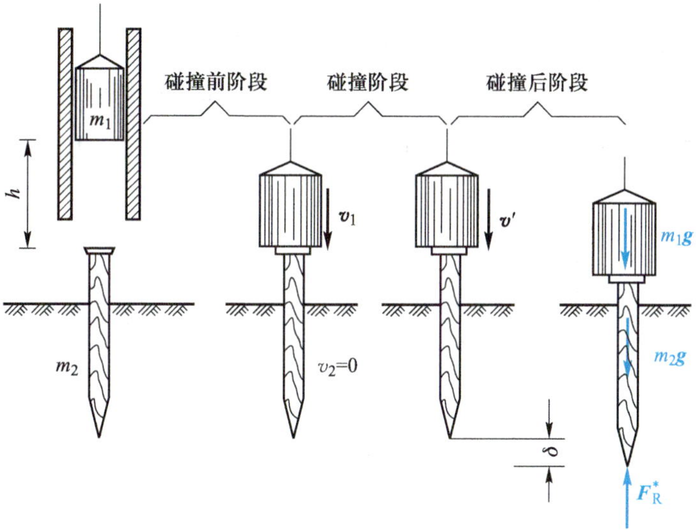

图 17-6　例 17-2 图

解　本问题为对心正碰撞，两物体均沿直线平移。

(1) 当锤落到桩顶处时的瞬时速度为 $v_1=\sqrt{2gh}$。因是塑性碰撞，故碰撞结束时锤和桩具有共同速度 v'；而阻力是常力，忽略其冲量，则由动量守恒定理得

$$(m_1+m_2)v'=m_1v_1$$

故

$$v'=\frac{m_1}{m_1+m_2}\sqrt{2gh}$$

在碰撞结束后阶段，锤与桩一起以共同速度 v' 下沉 δ 后停止，若以 F_R^* 表示泥土对桩的平均阻力，运用动能定理，有

$$0-\frac{1}{2}(m_1+m_2)v'^2=(m_1g+m_2g-F_R^*)\delta$$

$$F_R^* = (m_1g+m_2g)+\frac{m_1^2gh}{\delta(m_1+m_2)} = 71.34\ \text{kN}$$

(2) 在 $e=0$ 的情况下,打桩机的工作是希望锤和桩碰撞后具有较大的动能 $T=T_0-\Delta T$,以克服土体的阻力,从而使桩下沉,定义打桩机的效率为

$$\eta=\frac{T}{T_0}=\frac{T_0-\Delta T}{T_0}=1-\frac{\Delta T}{T_0}$$

因为

$$T_0=\frac{1}{2}m_1v_1^2=\frac{1}{2}m_1(2gh)=m_1gh,\quad T=\frac{1}{2}(m_1+m_2)v'^2=\frac{1}{2}\frac{m_1^2}{m_1+m_2}\times 2gh$$

得

$$\eta=\frac{m_1}{m_1+m_2}=1-\frac{m_2}{m_1+m_2}=0.9=90\%$$

例 17-3　均质正方形板的边长为 l,质量为 m,以速度 $\boldsymbol{v}_C$ 沿水平线移动,点 A 突然与铰链 A 连接(图 17-7a)。已知 $J_A=\frac{2}{3}ml^2$。试求:(1) 平板的角速度;(2) 作用于点 A 处的碰撞冲量。

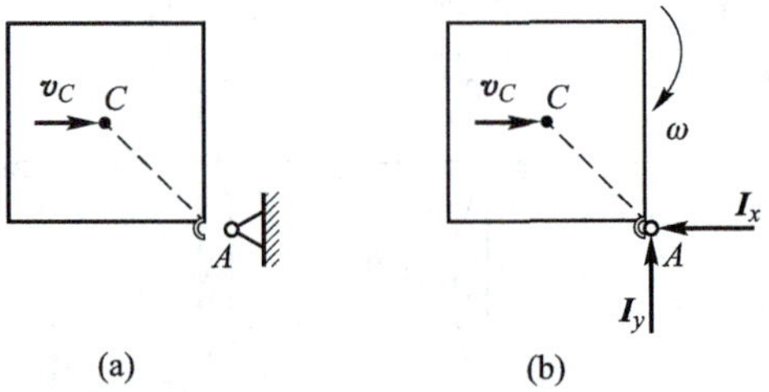

图 17-7　例 17-3 图

解　(1) 根据碰撞问题的假设,在碰撞过程中,一切平常力(如重力、弹性力等)的冲量均可忽略不计。于是仅考虑平板在碰撞点 A 的碰撞冲量 I_x 和 I_y。由于 $\sum M_{Ai}(\boldsymbol{I})=0$,故平板对 A 点的动量矩守恒

$$J_A\omega-mv_C\times\frac{l}{2}=0$$

即

$$\frac{2}{3}ml^2\omega=\frac{1}{2}mvl$$

得

$$\omega=\frac{3v_C}{4l}$$

(2) 运用冲量定理求解作用于 A 点处的碰撞冲量,设碰撞后质心的速度为 v'_C,且 $v'_C=\frac{\sqrt{2}}{2}l\omega$,则

$$mv'_C\cos 45°-mv_C=-I_x,\quad I_x=\frac{5}{8}mv_C$$

$$mv'_C\sin 45°-0=I_y,\quad I_y=\frac{3}{8}mv_C$$

例 17-4 质量 $m_0=500$ kg 的重物从高度 $h=1$ m 处落到刚性梁的 D 点。梁由固定铰支座 A 和刚度系数 $k=20\ 000$ N/cm 的弹簧支座 B 支承(图 17-8a)。重物对梁碰撞的恢复因数 $e=0.5$,梁的质量 $m=6\ 000$ kg,长 $l=4$ m。设梁的水平位置为碰撞前的平衡位置。试求梁在点 D 和支座 A 处承受的碰撞冲量及弹性支座 B 的最大变形(视 B 点的运动沿着铅垂线)。

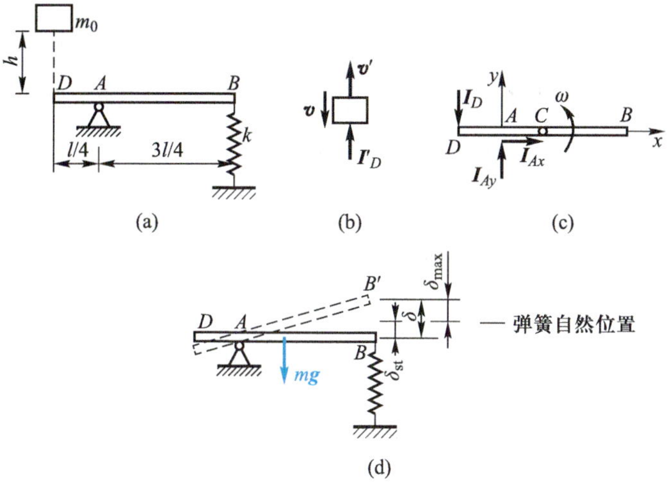

图 17-8 例 17-4 图

解 将整个运动过程分成三个阶段。

(1) 碰撞前阶段:重物作自由落体运动,降落到梁端点 D 的速度为 $v=\sqrt{2gh}=4.427$ m/s。

(2) 碰撞阶段:重物与梁的碰撞为弹塑性碰撞,碰撞开始时重物的速度为$v=\sqrt{2gh}$,梁处于水平静止。设碰撞结束时重物的速度为$\boldsymbol{v}'$,梁绕固定轴 A 转动的角速度为 ω。点 D 的碰撞冲量为 $\boldsymbol{I}_D$,支座 A 处的约束冲量为 $\boldsymbol{I}_{Ax}$ 和 $\boldsymbol{I}_{Ay}$,点 B 处的弹簧力和梁的重力是平常力,在碰撞过程中忽略不计。受力分析如图 17-8b、c 所示。对重物运用冲量定理,有

$$m_0v'-m_0(-v)=I'_D \tag{a}$$

以梁为研究对象,运用冲量矩定理,有

$$J_A\omega-0=I_D\times\frac{l}{4} \tag{b}$$

式中 $J_A=\frac{1}{12}ml^2+m\left(\frac{l}{4}\right)^2=\frac{7}{48}ml^2$。

将冲量定理投影于 x、y 轴,得

$$I_{Ax}=0 \tag{c}$$

$$m\times\frac{l}{4}\omega-0=I_{Ay}-I_D \tag{d}$$

在碰撞处 D 有如下恢复因数关系式

$$e=\frac{v'_{Dy}-v'}{(-v)-0}=\frac{-\frac{l}{4}\omega-v'}{-v}\quad 或 \quad ve=\frac{l}{4}\omega+v' \tag{e}$$

联立式(a)、(b)、(e)，代入已知数值解得

$$\omega=\frac{m_0 v\frac{l}{4}(1+e)}{J_A+m_0\left(\frac{l}{4}\right)^2}=0.229\ \text{rad/s},\quad I_D=\frac{4J_A\omega}{l}=3\ 206\ \text{N}\cdot\text{s}$$

（3）碰撞结束后阶段：梁以角速度 ω 绕点 A 转动，直到弹性支座 B 达到最大变形为止（图 17-8d）。在此阶段，平常力不得忽略。设梁在水平位置时，弹簧有静力压缩为 $\delta_{st}=\frac{mg}{3k}=0.98$ cm。设梁右端 B 到 B' 的线位移为 δ，运用动能定理有

$$0-\frac{1}{2}J_A\omega^2=\frac{1}{2}k[\delta_{st}^2-(\delta-\delta_{st})^2]-mg\frac{1}{3}\delta$$

考虑到梁处于水平位置时有平衡条件

$$k\delta_{st}\frac{3}{4}l-mg\frac{1}{4}l=0$$

得

$$\frac{1}{2}J_A\omega^2=\frac{1}{2}k\delta^2,\quad \delta=\sqrt{\frac{J_A}{k}}\omega=1.916\ \text{cm}$$

所以，弹簧的最大变形为

$$\delta_{max}=\delta-\delta_{st}=0.936\ \text{cm}$$

文档：例 17-5 题解

例 17-5　质量为 m_1 的小物块 A 放在光滑水平面上，并与质量为 m_2、长为 l 的均质杆 AB 相铰接，如图 17-9 所示。系统初始静止，AB 杆垂直，$m_1=2m_2$。今有水平碰撞冲量 $\boldsymbol{I}$ 作用在杆的 B 端，试求碰撞结束瞬时物块 A 的速度。

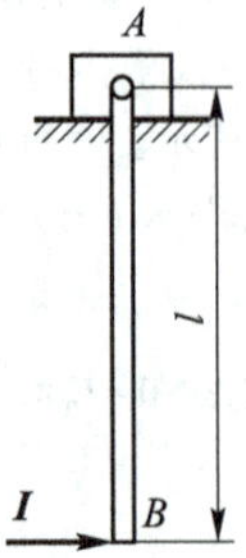

图 17-9　例 17-5 图

例 17-6　两根质量均为 m、长均为 l 的均质杆 OA 和 AB 以铰链连接，并用铰链支座 O 约束后，互成直角地静止在光滑水平支承面上，如图 17-10a 所示。如在 AB 杆的中点作用有一

个与 AB 线成 $\varphi=45°$ 角的水平冲量 $\boldsymbol{I}$,试求两杆的角速度。

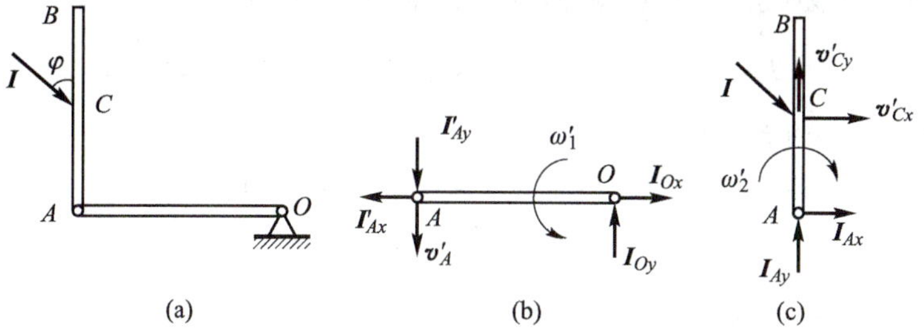

图 17-10 例 17-6 图

解 本习题只研究系统受碰撞冲量 $\boldsymbol{I}$ 作用后的碰撞过程。

先以 OA 杆为研究对象。约束力的碰撞冲量如图 17-10b 所示。设撞击后杆 OA 的角速度为 ω'_1。因为是定轴转动,故杆端 A 点的速度 $v'_A=l\omega'_1$,对点 O 列出冲量矩定理,有

$$J_O\omega'_1-0=I'_{Ay}l \tag{a}$$

式中 $J_O=\dfrac{1}{3}ml^2$。再以杆 AB 为研究对象,杆 AB 上的碰撞冲量如图 17-10c 所示。杆 AB 作平面运动,设碰撞后质心 C 的速度为 v'_{Cx}、v'_{Cy},杆的角速度为 ω'_2。应用碰撞时的冲量定理和相对于质心的冲量矩定理,有

$$mv'_{Cx}-0=I\sin\varphi+I_{Ax} \tag{b}$$

$$mv'_{Cy}-0=-I_{Ay}-I\cos\varphi \tag{c}$$

$$J_C\omega'_2-0=-I_{Ax}\frac{l}{2} \tag{d}$$

其中

$$J_C=\frac{1}{12}ml^2$$

上述四个方程中有六个未知量 v'_{Cx}、v'_{Cy}、ω'_1、ω'_2、I_{Ax}、I_{Ay},故还需列出运动学补充方程。从运动学可知,以 A 为基点分析质心 C 的速度,有

$$v'_{Cx}=\frac{l}{2}\omega'_2 \tag{e}$$

$$v'_{Cy}=-l\omega'_1 \tag{f}$$

联立以上各式,解得

$$\omega'_1=\frac{3\sqrt{2}I}{8\,ml},\quad \omega'_2=\frac{3\sqrt{2}I}{4\,ml}$$

上述解法中,由于出现了不需求的碰撞冲量 $\boldsymbol{I}_{Ax}$ 和 $\boldsymbol{I}_{Ay}$,因而求解较为麻烦。如果熟悉刚体

对任意静点的动量矩计算，则可直接写出不包含点 A 冲量的方程。

先取两杆组成的系统为对象，对静点 O 写出冲量矩定理，有

$$\left(J_O\omega_1'-J_C\omega_2'-mv_{Cx}'\times\frac{l}{2}-mv_{Cy}'l\right)-0=I\cos\varphi\times l-I\sin\varphi\times\frac{l}{2}$$

式中动量矩和冲量矩均以逆时针为正。

再以杆 AB 为对象，对静坐标系上与点 A 重合的一点取矩，有

$$\left(J_C\omega_2'+mv_{Cx}'\times\frac{l}{2}\right)-0=I\sin\varphi\times\frac{l}{2}$$

将这两个方程与补充方程(e)、(f)联立，就可解出 ω_1'、ω_2'。

例 17-7　三根匀质直杆 OA、AB、O_1B 的长度均为 l，质量均为 m，用光滑的铰链依次相连，静止地悬挂在相距为 l 的光滑固定铰链支座 O 和 O_1 上，如图 17-11 所示。若在杆的 A 端作用水平向右的冲量 I，试求杆 OA 和 O_1B 的最大偏角。

文档：
例 17-
题解

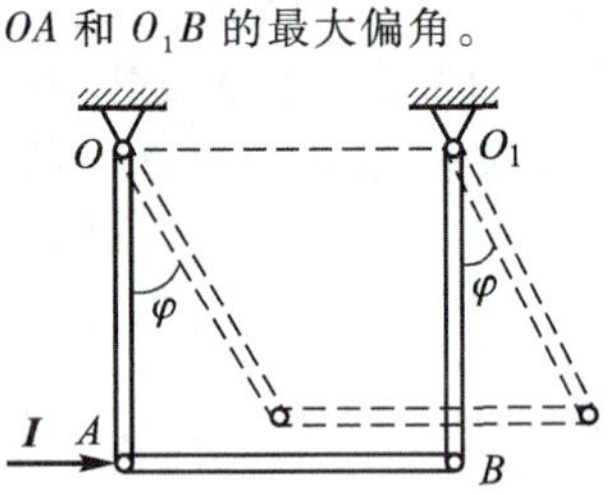

图 17-11　例 17-7 图

§ 17-4　碰撞中心

具有质量对称平面 Oxy 的刚体，其质量为 m，可绕垂直于该平面的固定轴 Oz 转动(图 17-12a)，对轴 Oz 的转动惯量为 J_z，当在刚体的对称平面内作用碰撞冲量 $\boldsymbol{I}$ 时，一般状态下在轴承处必然受到轴承约束力的碰撞冲量的作用。

设质心 C 到转轴 O 的距离为 b，碰撞冲量 $\boldsymbol{I}$ 与水平线的夹角为 φ，而 $OO'=h$。假设碰撞前刚体具有初角速度 ω，求打击后刚体的角速度 ω' 及由于打击而在轴承处引起的瞬时约束力的冲量。

图 17-12b 中的 I_{Ox}、I_{Oy} 分别表示轴承处的碰撞约束力冲量沿 x 和 y 轴的分量。由冲量定理和冲量矩定理得

$$mv_{Cx}'-mv_{Cx}=I\sin\varphi+I_{Ox}\tag{a}$$

$$mv_{Cy}'-mv_{Cy}=I\cos\varphi+I_{Oy}\tag{b}$$

$$J_z\omega'-J_z\omega=Ih\cos\varphi\tag{c}$$

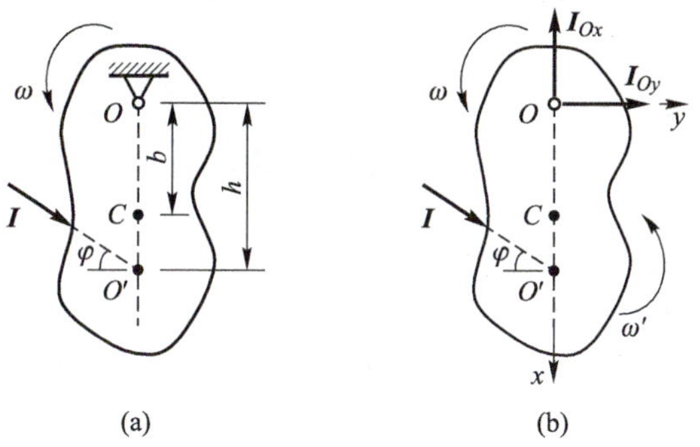

图 17-12

式中 v'_C 为碰撞后瞬时质心的速度，v_C 为碰撞前瞬时质心的速度。分别为

$$v'_{Cx}=0,\ v_{Cx}=0,\ v_{Cy}=\omega b,\ v'_{Cy}=\omega' b \tag{d}$$

由式(c)得

$$\omega'=\omega+\frac{h}{J_z}I\cos\varphi$$

代入式(d)，再代入式(a)、(b)得

$$I_{Ox}=-I\sin\varphi$$

$$I_{Oy}=mb(\omega'-\omega)-I\cos\varphi=I\cos\varphi\left(\frac{mbh}{J_z}-1\right)$$

为使轴承处的碰撞约束力冲量均等于零，必须同时满足以下两个条件：

(1) $\sin\varphi=0$ 即 $\varphi=0$

(2) $$h=\frac{J_z}{mb} \tag{17-5}$$

由(17-5)式决定的一点称为**撞击中心**。这表明，当碰撞冲量垂直于 OC 连线并作用于撞击中心时，可使轴承处的碰撞约束力冲量等于零。

对于一个长为 l 的均质棒来说，当其一端铰接时，其撞击中心与支座端的距离为

$$h=\frac{J_O}{ma}=\frac{\frac{1}{3}ml^2}{\frac{l}{2}m}=\frac{2}{3}l$$

所以，当手执棒的一端击打物体时，最好打在离手 $\frac{2}{3}l$ 处，这样，手将不会被震痛。

在工程实际中，约束力的碰撞冲量往往是有害的，应尽量减小或消除它。

思　考　题

17-1　试叙述恢复因数的物理意义。

17-2　两球 M_1 和 M_2 的质量分别为 m_1 和 m_2，开始时 M_2 不动，M_1 以速度 $\boldsymbol{v}_1$ 撞于 M_2。设恢复因数 $e=1$，问在 $m_1 \ll m_2$、$m_1=m_2$ 和 $m_1 \gg m_2$ 三种情况下，两球在碰撞后将如何运动？

17-3　某物体与固定平面发生碰撞后停止不动，问其恢复因数等于多大？碰撞过程中能量损失多大？

17-4　如何提高锻锤和打桩的效率？为什么？

17-5　绕质心轴转动的刚体，如受外力碰撞冲量作用，其轴承的反力碰撞冲量是否能消除？为什么？

习　　题

17-1　图示棒球质量为 $m=0.14$ kg，以速度 $v_0=50$ m/s 向右沿水平线运动。当它被棒击打后，其速度自原来的方向改变了角 $\theta=135°$ 而向左朝上，其大小降至 $v=40$ m/s。试求球棒作用于球的水平和铅垂方向的碰撞冲量。设球与棒的接触时间为 $\Delta t=0.02$ s，试求击球时碰撞力的平均值。

17-2　图示小球与固定面作斜碰撞，入射角为 θ，反射角(反射速度方向与固定面法线之间的夹角)为 β，设固定面是光滑的，试计算其恢复因数。

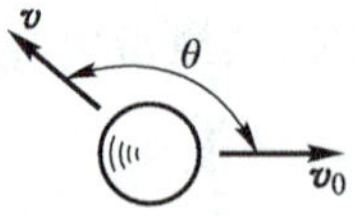

题 17-1 图

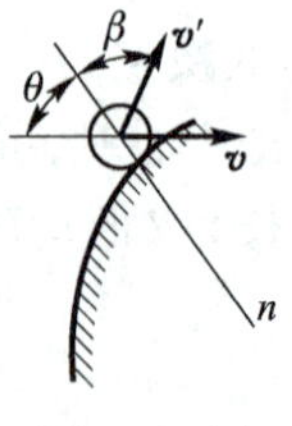

题 17-2 图

17-3　一小球从高处自由落下与固定水平面相碰，经两次碰撞后，球自水平面回弹至 $\frac{h}{2}$ 的高度。试求恢复因数。

17-4　如图，一钢球从高 $b=1.6$ m 处落到倾角为 $\theta=15°$ 的坚硬斜面上，已知恢复因数为 $e=0.6$。试求球回跳的最大高度。

17-5　如图，n 个质量均为 m 的球，用等长的金属线悬挂，并且相互接触。若球 1 从虚线的位置静止释放，并以速度 $\boldsymbol{v}_1$ 撞击球 2，从而引起一连串的碰撞，试写出第 n 个球碰撞后开始运动时的速度 $\boldsymbol{v}_n$。各球碰撞的恢复因数均为 e。

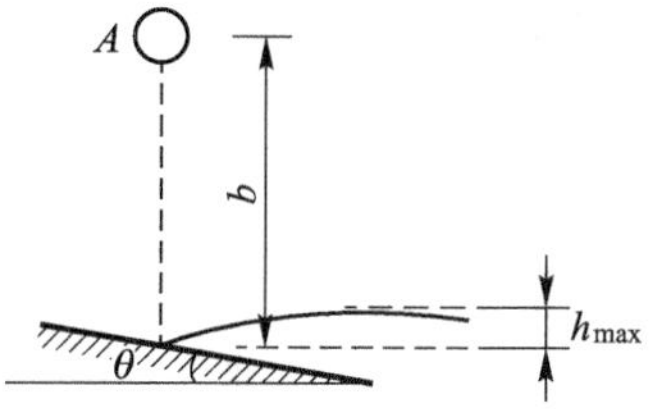

题 17-4 图

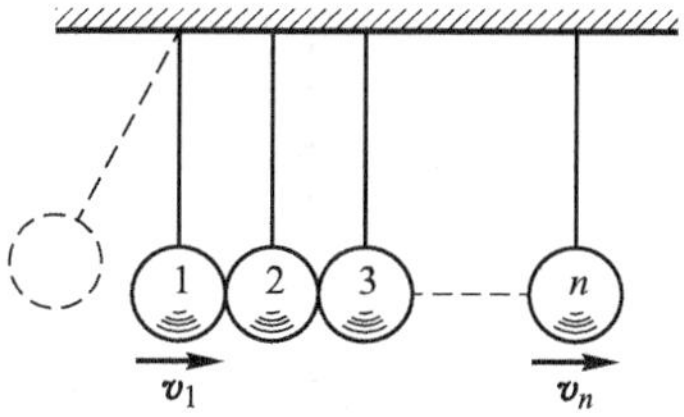

题 17-5 图

17-6　如图，一质量为 $m_1=0.05$ kg 的子弹 A，以 $v_A=450$ m/s 的速度射入一铅垂悬挂的均质木杆 OB 内，且 $\varphi=60°$，木杆质量 $m_2=25$ kg，长为 $l=1.5$ m。O 端为铰链连接。已知射入前木杆静止。试求子弹射入后木杆的角速度。

17-7　如图，一质量 $m_A=30$ kg 的物块 A，自 $h=2$ m 高度自由落下，打在弹簧秤的秤盘 B 上，秤盘的质量 $m_B=10$ kg。设碰撞为塑性的，弹簧的刚度系数 $k=20$ kN/m，试求秤盘的最大位移和弹簧的最大压缩量。

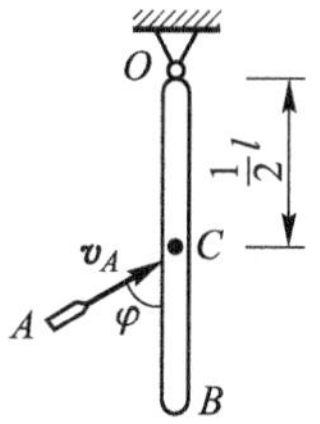

题 17-6 图

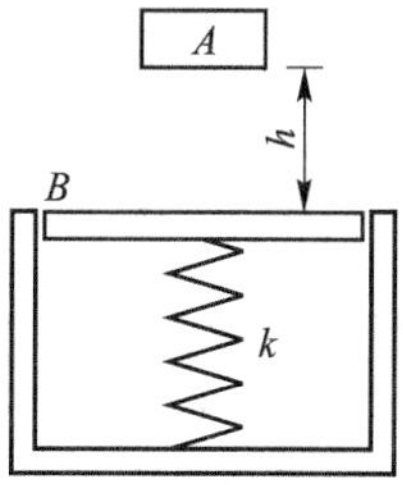

题 17-7 图

17-8　如图，打桩机的锤重 $G_1=4.5$ kN，自高 $h=2$ m 处下落，初速为零；桩重 $G_2=500$ N，恢复因数 $e=0$，经过一次锤击后，桩下沉 $\delta=0.5$ cm。试求土壤对桩的平均阻力及碰撞时动能的损失 ΔT。

17-9　一汽锤重 $G_1=120$ kN，砧座连同锻件共重 $G_2=2\ 500$ kN。碰撞前汽锤的速度为 $v_1=5$ m/s，砧座处于静止状态。设碰撞是完全塑性的，试求使锻件变形的有用功及汽锤的效率。

17-10　如图，球 A、B 的质量均为 $m=1$ kg。球 B 静止悬挂在一根不可伸长的铅直绳下。当 A 与 B 相撞时，A 具有向右的初速度 $v_A=25$ m/s。球的恢复因数为 $e=0.8$。试求碰撞后每个球的速度。

17-11　球 1 速度 $v_1=6$ m/s，方向与静止球 2 相切，如图所示。两球半径相同、质量相等，不计摩擦。碰撞的恢复因数 $e=0.6$。试求碰撞后两球的速度。

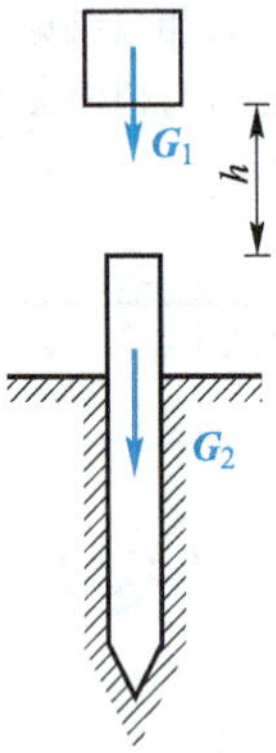

题 17-8 图

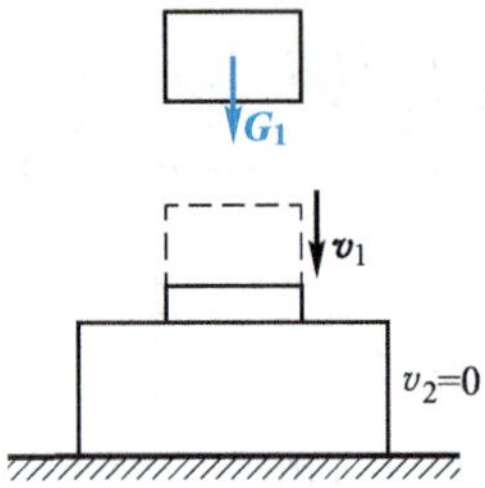

题 17-9 图

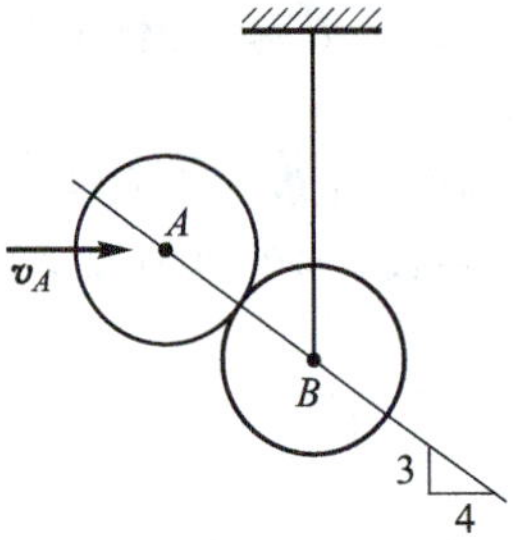

题 17-10 图

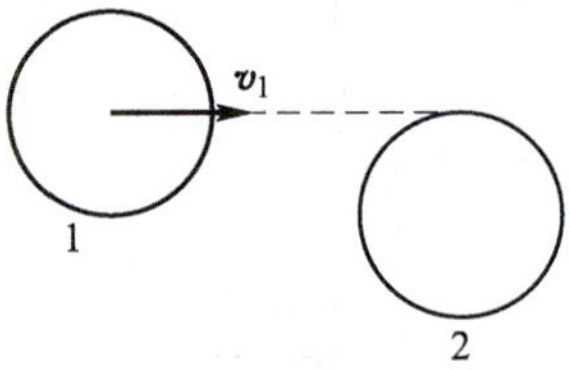

题 17-11 图

文档：习题17-12题解

17-12　如图所示，匀质杆 OA 的质量为 m_1，长为 l，其 O 端固定在圆柱铰链上。杆由水平位置静止释放，在铅直位置撞到质量为 m_2 的小物块 B，使后者沿着粗糙的固定水平面滑动。已知动滑动摩擦因数为 f_d，碰撞是非弹性的，试求小物块 B 移动的距离 s。

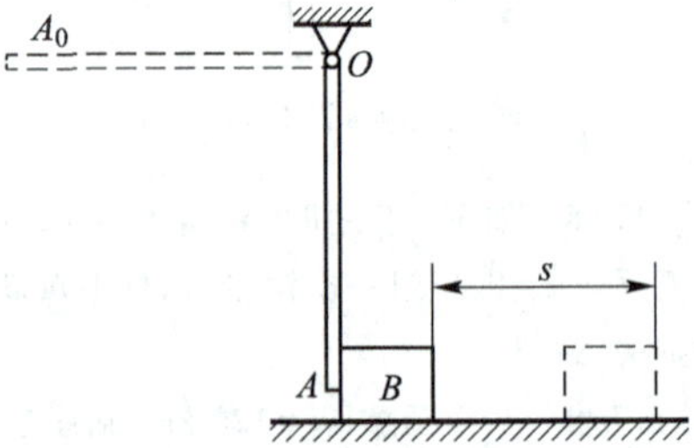

题 17-12 图

文档：习题17-13题解

17-13　如图，长为 l 的均质杆 AB 以速度 $\boldsymbol{v}$ 水平下落，当在 D 点处碰撞后，D 点处即不再分离（杆作绕 D 点的转动）。试求碰撞后杆的角速度及杆的中点 C 的速度。

17-14　一正方形均质薄板在光滑的水平面内运动，其中心 O 具有速度 $\boldsymbol{v}$，同时薄板具有角速度 ω 如图所示。设 $v=l\omega$，l 为板的边长。当板的一边与其中心的速度 $\boldsymbol{v}$ 相平行的某一瞬间，将板的一角 A 点突然固定，此后板将绕 A 点转动，试求转动的角速度。如果将 B 点固定，则结果又如何？

文档：习题17-15题解

17-15　一质量为 $m=10$ kg、半径为 $r=30$ cm 的均质圆柱在地面上以 $v=2$ m/s 的速度向前滚动时，碰到一高 $h=6$ cm 的砖块如图所示。设圆柱与砖块间的恢复因数为零，试求碰撞时砖块对圆柱作用的碰撞冲量。

17-16　如图所示，质量 $m=1\ 000$ kg 的箱子由降落伞运载铅垂地降落到地上。已知箱子长 $l=2$ m，高 $h=1$ m，碰到地面时的 $\theta=15°$，速度 $v=20$ m/s，角速度为零；恢复因数 $e=0.2$，箱子绕质心的回转半径 $r=0.8$ m。设地面是光滑的，试求碰撞后箱子的运动。

文档：习题17-16题解

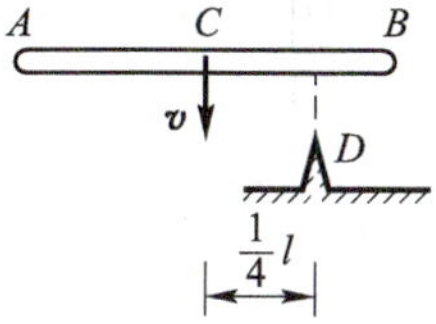

题 17-13 图

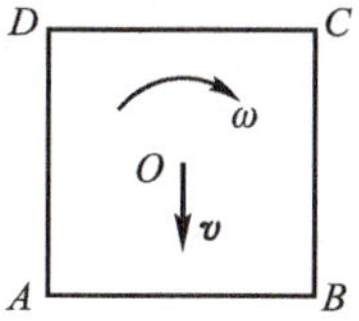

题 17-14 图

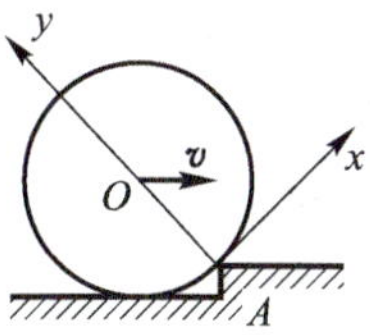

题 17-15 图

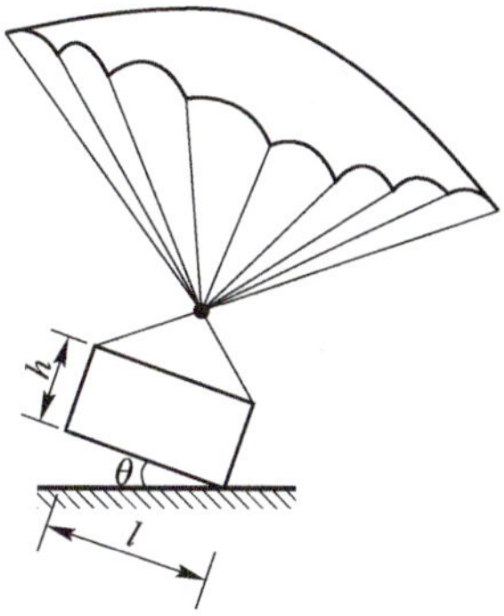

题 17-16 图

17-17　长为 l、重为 G 的两杆 OA、AB 以铰链 A 连接并以铰链 O 固定，位于平衡位置如图所示。今在一端 B 作用一与杆垂直的冲量 $\boldsymbol{I}$，试求两杆的角速度。

文档：习题17-17题解

17-18　质量均为 m、长均为 l 的两均质杆 AB 和 CD，置于光滑水平面上。CD 杆静止于图示位置，AB 平行于 x 轴以速度 $\boldsymbol{v}$ 沿 y 轴向上运动，刚好 B 端与 C 端相碰，撞击平面的法线正好平行于 y 轴。恢复因数为 e，试求碰撞后两杆的角速度和质心的速度。

17-19　如图，一撞击机的摆由钢铸圆盘 A 和圆杆 B 组成。钢铸圆盘的半径 $R=100$ mm，厚 $b=50$ mm。圆杆 B 的半径 $r=20$ mm，长 $l_0=900$ mm。若用该机打砥石，且两者碰撞的方向水平，为使轴不感受碰撞，试问该石的水平面应放在离轴 O 多远的地方（即求距离 l）。

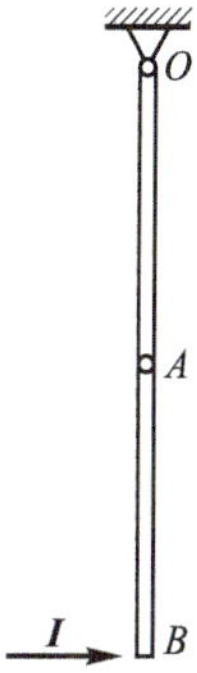

题 17-17 图

17-20　AB、BC 两均质杆刚连如图所示。设 $l_{AB}=l_{BC}=l$，$m_{BC}=2m_{AB}$。试求当以 A 端为支点时，撞击中心 K 的位置。

17-21　如图，一摆由一直杆及一圆盘组成。设杆长 l，圆盘的半径为 r，$l=4r$。当摆的撞击中心正好与圆盘的重心重合时，试求直杆重量 G_1 与圆盘重量 G_2 之比。

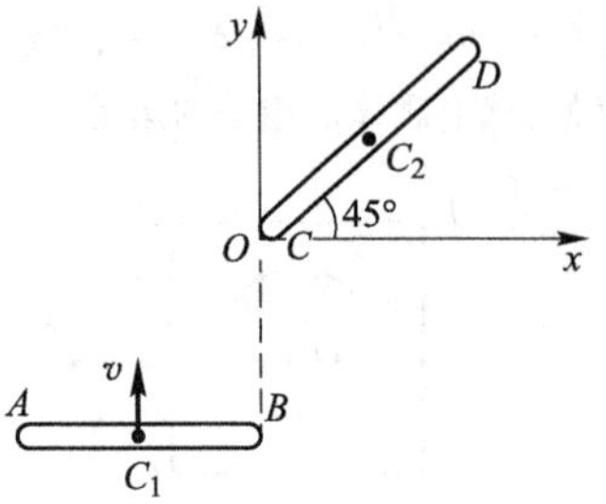

题 17-18 图

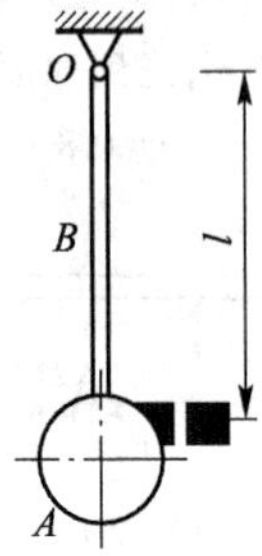

题 17-19 图

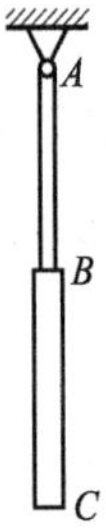

题 17-20 图

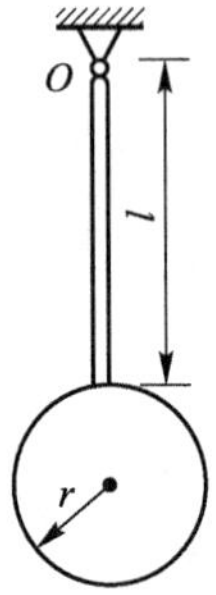

题 17-21 图

附录 A　矢函数的导数

在运动学和动力学中会遇到一些大小与方向都随时间变化的矢量，即所谓的**变矢量**。例如，点作曲线运动时，点的径矢（位置矢）、速度和加速度都是变矢量。这一节将扼要说明变矢量及其导数的概念，并列出矢量导数的一些基本性质。

设有矢量 $\boldsymbol{a}$，它的模与方向都按一定的规律随某一变数 t（标量）而变化，则矢量 $\boldsymbol{a}$ 称为自变数 t 的矢函数，可用矢量方程表示为

$$\boldsymbol{a}=\boldsymbol{a}(t) \tag{A-1}$$

当自变数 t 取 t_1、t_2、t_3、…时，变矢量 $\boldsymbol{a}$ 等于 $\boldsymbol{a}_1$、$\boldsymbol{a}_2$、$\boldsymbol{a}_3$、…。为了表明 $\boldsymbol{a}$ 的变化情况，从某一定点 O 画出这些矢量（图 A-1）。这些矢量的端点 A_1、A_2、A_3、…可连成一条曲线，称为变矢量 $\boldsymbol{a}$ 的矢端线。容易看出，当变矢量 $\boldsymbol{a}$ 的方向保持不变时，它的矢端线为一直线；若变矢量 $\boldsymbol{a}$ 的大小不变，则它的矢端线是一条球面曲线。

设当自变数 t 有增量 Δt 而成为 $t+\Delta t$ 时，变矢量由 $\boldsymbol{a}=\overrightarrow{OA}$ 变为 $\boldsymbol{a}'=\overrightarrow{OA'}$（图 A-2）。由三角形 OAA' 可得 $\boldsymbol{a}$ 的相应的增量为

$$\Delta\boldsymbol{a}=\overrightarrow{AA'}=\boldsymbol{a}'-\boldsymbol{a}$$

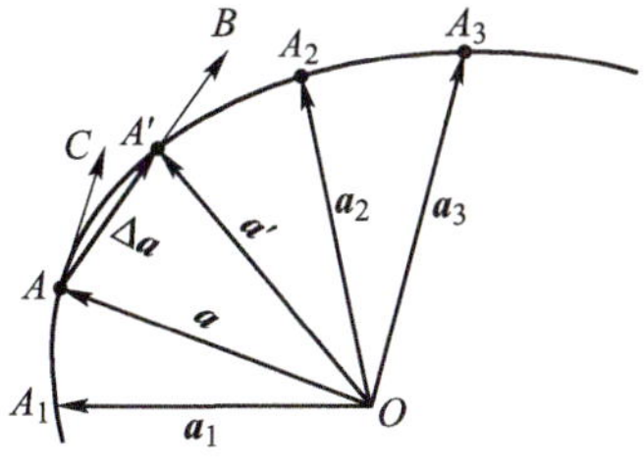

图 A-1

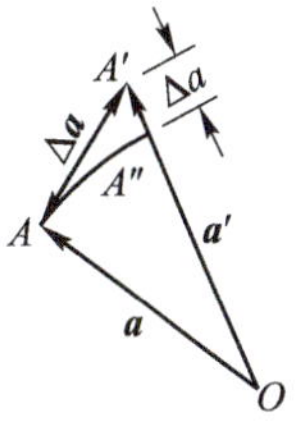

图 A-2

由矢量代数可知，比值$\dfrac{\Delta\boldsymbol{a}}{\Delta t}$是一个矢量，设以$\overrightarrow{AB}$表示，即

$$\overrightarrow{AB}=\frac{\Delta\boldsymbol{a}}{\Delta t}$$

它的方向与矢量 $\Delta\boldsymbol{a}$（即$\overrightarrow{AA'}$）的方向相同，而它的模等于弦长 AA'乘以$\dfrac{1}{\Delta t}$。当 $\Delta t\to 0$时，若比值$\dfrac{\Delta\boldsymbol{a}}{\Delta t}$趋于一极限，则此极限称为矢函数 $\boldsymbol{a}$ 对于自变数 t 的导数，用

$\frac{\mathrm{d}\boldsymbol{a}}{\mathrm{d}t}$代表，于是

$$\frac{\mathrm{d}\boldsymbol{a}}{\mathrm{d}t}=\lim_{\Delta t\to 0}\frac{\Delta\boldsymbol{a}}{\Delta t} \tag{A-2}$$

极限值$\frac{\mathrm{d}\boldsymbol{a}}{\mathrm{d}t}$也是一个矢量，设以$\overrightarrow{AC}$表示。它的方向是 $\Delta t\to 0$ 时 $\Delta\boldsymbol{a}$（即$\overrightarrow{AA'}$）的极限方向，当 $\Delta t\to 0$ 时，A'点无限趋近于 A 点，$\overrightarrow{AA'}$的极限方向，即$\overrightarrow{AC}$的方向，将沿 $\boldsymbol{a}$ 的矢端线在 A 点的切线。由此可见，**矢函数 $\boldsymbol{a}(t)$ 的导数是一个矢量，它的方向沿该矢量矢端线的切线**。

导数$\frac{\mathrm{d}\boldsymbol{a}}{\mathrm{d}t}$的模（大小）用$\left|\frac{\mathrm{d}\boldsymbol{a}}{\mathrm{d}t}\right|$表示。由图 A-2 可见，$\Delta\boldsymbol{a}=\overrightarrow{AA'}$包括了 $\boldsymbol{a}$ 的大小和方向两者的改变量，而 $\Delta a=A'A''=a'-a$ 仅仅是 $\boldsymbol{a}$ 的大小的改变量，因此在一般情况下 $|\Delta\boldsymbol{a}|\neq\Delta a$。相应地

$$\left|\frac{\mathrm{d}\boldsymbol{a}}{\mathrm{d}t}\right|\neq\frac{\mathrm{d}a}{\mathrm{d}t}$$

即矢量导数的大小不等于矢量大小的导数，对此应予以注意。

矢量导数的定义和标量导数的定义是完全相似的。根据矢量导数的定义和矢量运算法则，应用和标量导数中完全相似的方法，可以导出矢量导数的下列性质：

（1）对于大小和方向都保持不变的常矢量 $\boldsymbol{a}$，有$\frac{\mathrm{d}\boldsymbol{a}}{\mathrm{d}t}=\boldsymbol{0}$，即**常矢量的导数等于零**。

（2）设矢量 $\boldsymbol{a}$、$\boldsymbol{b}$ 都是同一自变数 t 的矢函数，则有

$$\frac{\mathrm{d}}{\mathrm{d}t}(\boldsymbol{a}\pm\boldsymbol{b})=\frac{\mathrm{d}\boldsymbol{a}}{\mathrm{d}t}\pm\frac{\mathrm{d}\boldsymbol{b}}{\mathrm{d}t}$$

由此推广，还可得

$$\frac{\mathrm{d}}{\mathrm{d}t}\sum\boldsymbol{a}_i=\sum\frac{\mathrm{d}\boldsymbol{a}_i}{\mathrm{d}t} \tag{A-3}$$

这表示，**矢量和的导数等于各矢量的导数的和**。

（3）设标量 m 和矢量 $\boldsymbol{a}$ 分别为自变量 t 的标量函数和矢函数，则有

$$\frac{\mathrm{d}}{\mathrm{d}t}(m\boldsymbol{a})=\frac{\mathrm{d}m}{\mathrm{d}t}\boldsymbol{a}+m\frac{\mathrm{d}\boldsymbol{a}}{\mathrm{d}t} \tag{A-4}$$

（4）设矢量 $\boldsymbol{a}$、$\boldsymbol{b}$ 都是同一自变量 t 的矢函数，则

$$\frac{\mathrm{d}}{\mathrm{d}t}(\boldsymbol{a}\times\boldsymbol{b})=\frac{\mathrm{d}\boldsymbol{a}}{\mathrm{d}t}\times\boldsymbol{b}+\boldsymbol{a}\times\frac{\mathrm{d}\boldsymbol{b}}{\mathrm{d}t} \tag{A-5}$$

$$\frac{\mathrm{d}}{\mathrm{d}t}(\boldsymbol{a}\cdot\boldsymbol{b})=\frac{\mathrm{d}\boldsymbol{a}}{\mathrm{d}t}\cdot\boldsymbol{b}+\boldsymbol{a}\cdot\frac{\mathrm{d}\boldsymbol{b}}{\mathrm{d}t} \tag{A-6}$$

(5) 将变矢量 $\boldsymbol{a}(t)$ 沿直角坐标轴分解，得

$$\boldsymbol{a}=a_x\boldsymbol{i}+a_y\boldsymbol{j}+a_z\boldsymbol{k}$$

其中 a_x、a_y、a_z 是矢量 $\boldsymbol{a}$ 在坐标轴上的投影，也都是自变量 t 的函数，而 $\boldsymbol{i}$、$\boldsymbol{j}$、$\boldsymbol{k}$ 是沿坐标轴方向的单位矢量，它们的大小和方向是不变的。利用式(A-3)和式(A-4)及矢量导数的性质(1)，可得

$$\frac{\mathrm{d}\boldsymbol{a}}{\mathrm{d}t}=\frac{\mathrm{d}a_x}{\mathrm{d}t}\boldsymbol{i}+\frac{\mathrm{d}a_y}{\mathrm{d}t}\boldsymbol{j}+\frac{\mathrm{d}a_z}{\mathrm{d}t}\boldsymbol{k}$$

可见矢量导数在直角坐标轴上的投影是

$$\left(\frac{\mathrm{d}\boldsymbol{a}}{\mathrm{d}t}\right)_x=\frac{\mathrm{d}a_x}{\mathrm{d}t},\quad \left(\frac{\mathrm{d}\boldsymbol{a}}{\mathrm{d}t}\right)_y=\frac{\mathrm{d}a_y}{\mathrm{d}t},\quad \left(\frac{\mathrm{d}\boldsymbol{a}}{\mathrm{d}t}\right)_z=\frac{\mathrm{d}a_z}{\mathrm{d}t} \tag{A-7}$$

式(A-7)表明，变矢量的导数在坐标轴上的投影等于该矢量在对应轴上投影的导数。

附录 B　转动惯量

1. 转动惯量的一般公式

转动惯量是表征刚体转动特征的一个物理量，是刚体转动时惯性的度量，在研究平移刚体的运动规律时，只需考虑刚体质量的大小；而在研究转动刚体的运动规律时，除了质量的大小以外，还必须考虑刚体质量的分布情况。

如图 B-1 所示，设有一刚体及任一轴 l，则刚体对轴 l 的转动惯量定义为刚体内各质点的质量与其到 l 轴的距离平方的乘积的总和，即

$$J_l = \sum m_i \rho_i^2 \tag{B-1}$$

对连续物体，可写成积分形式，应为

$$J_l = \int \rho^2 \mathrm{d}m \tag{B-2}$$

由上式知，转动惯量是一个恒正的标量。其大小不仅与刚体的质量大小有关，而且与质量的分布情况有关。在质量不变的情况下，质量分布离转动轴越远，其转动惯量就越大。

根据转动惯量的定义，刚体对直角坐标轴 x、y、z 的转动惯量分别为

$$\left.\begin{aligned} J_x &= \sum m_i h_{xi}^2 = \sum m_i (y_i^2 + z_i^2) \\ J_y &= \sum m_i h_{yi}^2 = \sum m_i (z_i^2 + x_i^2) \\ J_z &= \sum m_i h_{zi}^2 = \sum m_i (x_i^2 + y_i^2) \end{aligned}\right\} \tag{B-3}$$

而刚体对于坐标原点 O 的转动惯量为

$$J_O = \sum m_i r_i^2 = \sum m_i (x_i^2 + y_i^2 + z_i^2) = \frac{1}{2}(J_x + J_y + J_z) \tag{B-4}$$

对于不计厚度的平面刚体，若选 z 轴与其垂直（图 B-2），则

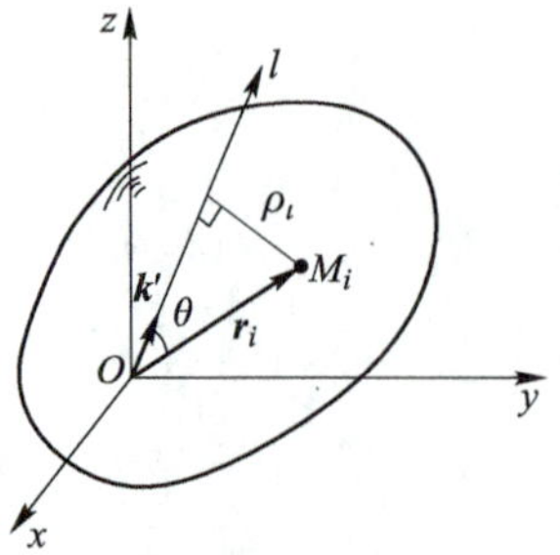

图 B-1　刚体的转动惯量

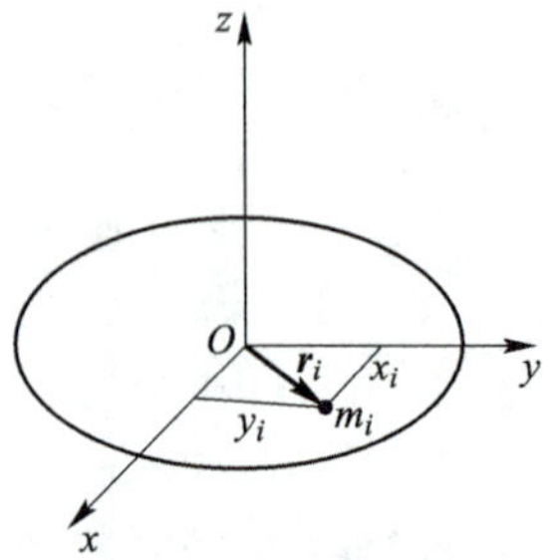

图 B-2　平面刚体的转动惯量

$$J_x=\sum m_i y_i^2, J_y=\sum m_i x_i^2, J_z=\sum m_i(x_i^2+y_i^2)=J_x+J_y \tag{B-5}$$

在工程实践中，常用回转半径的概念来计算转动惯量。若假想地将刚体的质量全部集中于一点，则根据转动惯量的定义，不管什么形状的物体都具有同一个计算公式

$$J_l=m\rho_l^2 \tag{B-6}$$

其中 m 为整个刚体的质量，而有长度量纲的 ρ_l 称为刚体对 l 轴的回转半径（或惯性半径）。在机械工程手册中，列出了一些常见的几何形状或几何形体和零件的回转半径，以供工程技术人员查阅，代入式（B-6），即可计算出转动惯量。

对于简单形状的刚体，可利用式（B-2）进行计算。

例 B-1　均质等截面细杆 AB，长为 l，质量为 m，试求其过端点 A 而与杆垂直的轴 z 的转动惯量。

解　选坐标轴如图 B-3 所示，则有

$$J_z=\int x^2\mathrm{d}m=\int_0^l x^2\frac{m}{l}\mathrm{d}x=\frac{1}{3}ml^2$$

例 B-2　试计算半径为 R 的均质等厚圆板对于中心轴的转动惯量（图 B-4）。

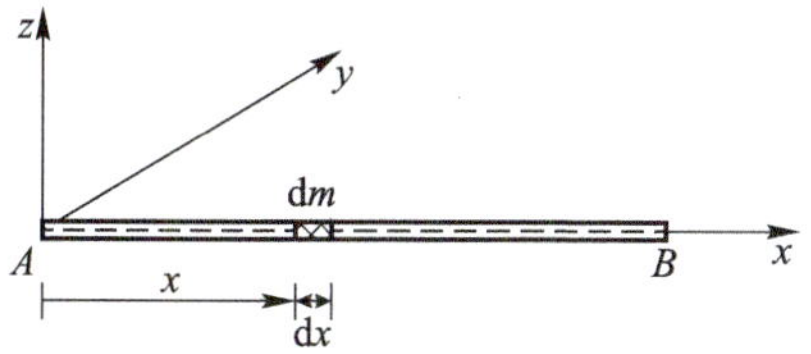

图 B-3　例 B-1 图

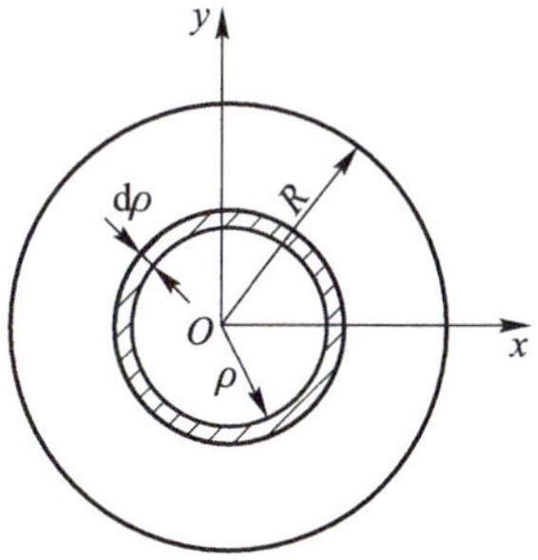

图 B-4　例 B-2 图

解　选坐标，并取微圆环，其半径为 ρ，宽度为 $\mathrm{d}\rho$。令圆板的单位面积密度为 γ，则 $\mathrm{d}m=2\pi\rho\mathrm{d}\rho\gamma$，则

$$J_{Oz}=\int_0^R \rho^2\times 2\pi\rho\gamma\mathrm{d}\rho$$

$$=2\pi\gamma\int_0^R\rho^3\mathrm{d}\rho=\frac{1}{2}\pi R^4\gamma=\frac{1}{2}mR^2$$

于是，根据对称性及式（B-5），有

$$J_x=J_y=\frac{1}{2}J_{Oz}=\frac{1}{4}mR^2$$

2. 转动惯量的平行移轴定理

同一个刚体对于不同的轴具有不同的转动惯量。在转动惯量的计算中，经

常利用刚体对两个平行轴的转动惯量之间关系公式，以简化计算，这便是转动惯量的平行移轴定理。

在图 B-5 所示的坐标系中，质心 C 的坐标为 $(h,0,z_C)$，刚体上任一质量元 m_i 的坐标为 $(x_i、y_i、z_i)$，则该点离 Oz 轴的距离平方为

$$\rho_i^2=x_i^2+y_i^2$$

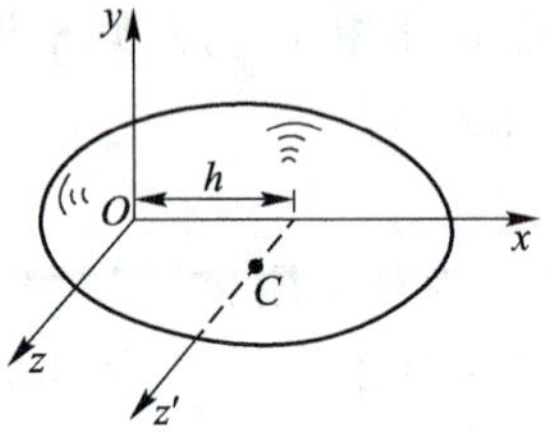

图 B-5　刚体对两平行轴的转动惯量

按定义，有

$$J_{Oz}=\sum m_i(x_i^2+y_i^2)$$

而对于过质心 C 点而又与 z 轴平行的 cz' 轴的转动惯量为

$$J_{Cz'}=\sum m_i[(x_i-h)^2+y_i^2]=\sum m_i(x_i^2+y_i^2)+\sum m_i h^2-2h\sum m_i x_i$$

而

$$\sum m_i x_i=mx_C=mh$$

所以

$$J_{Cz'}=J_{Oz}-mh^2$$

即

$$J_{Oz'}=J_{Cz}+mh^2 \tag{B-7}$$

于是得到**转动惯量的平行移轴定理：刚体对任一轴的转动惯量，等于刚体对于通过质心的平行轴的转动惯量加上刚体的质量与两轴间距离平方的乘积。**可见，刚体对通过其质心的轴的转动惯量具有最小值。

例 B-3　试求均质细杆对于通过其质心 C 并与杆垂直的 z 轴的转动惯量（图 B-6）。已知杆长为 l，质量为 m。

解　已知杆 AB 对过 A 端且与杆垂直的 z' 轴的转动惯量为

$$J_{z'}=\frac{1}{3}ml^2$$

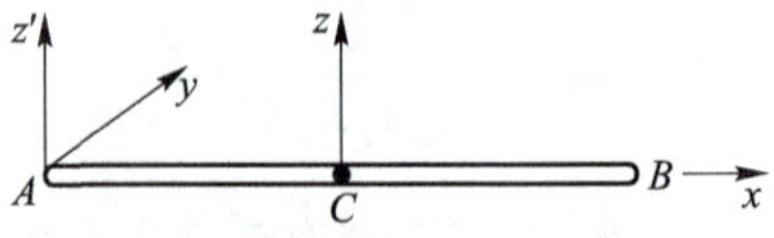

图 B-6　例 B-3 图

由式(B-7)得

$$J_{z'}=J_{Cz}+m\left(\frac{l}{2}\right)^2$$

故

$$J_{Cz}=\frac{1}{3}ml^2-\frac{1}{4}ml^2=\frac{1}{12}ml^2$$

文档：
例 B-4
题解

例 B-4　已知直角杆 OAB 中 OA 的质量为 m_1、长度为 l，AB 的质量为 m_2、长度为 $2l$，如图 B-7 所示。试求直角杆对 O 轴的转动惯量。

3. 刚体对任意轴的转动惯量、惯性积和惯性主轴

在图 B-8 中，考虑刚体中任一质点 M_i，其质量为 m_i，坐标为 (x_i, y_i, z_i)，根据转动惯量的定义，刚体对轴 Oz' 的转动惯量为

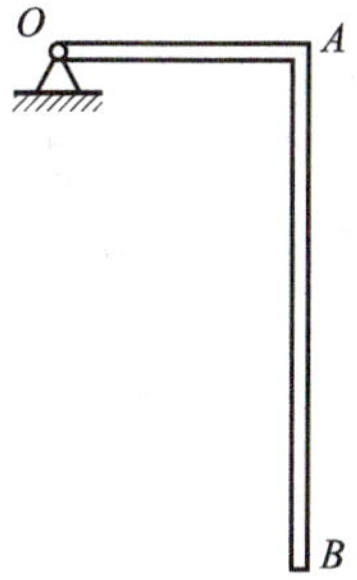

图 B-7　例 B-4 图

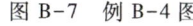

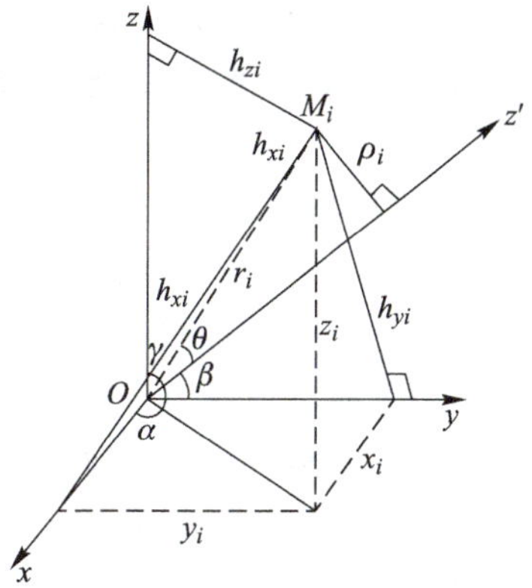

图 B-8　刚体对任意轴 l 的转动惯量

$$J_{z'} = \sum m_i \rho_i^2$$

式中　$\rho_i = r_i \sin\theta = |\boldsymbol{k}' \times \boldsymbol{r}_i|$，写成矢量式

$$\boldsymbol{\rho}_i = \begin{vmatrix} \boldsymbol{i} & \boldsymbol{j} & \boldsymbol{k} \\ \cos\alpha & \cos\beta & \cos\gamma \\ x_i & y_i & z_i \end{vmatrix}$$

$$= (z_i\cos\beta - y_i\cos\gamma)\boldsymbol{i} + (x_i\cos\gamma - z_i\cos\alpha)\boldsymbol{j} + (y_i\cos\alpha - x_i\cos\beta)\boldsymbol{k}$$

ρ_i 为质点到 z' 轴的距离，θ 为 z' 轴与径矢 $\boldsymbol{r}_i$ 的夹角，$\boldsymbol{k}'$ 为 z' 轴方向的单位矢量，α、β、γ 分别为 z' 轴与 x、y、z 轴的夹角。因此

$$\rho_i^2 = (y_i^2 + z_i^2)\cos^2\alpha + (z_i^2 + x_i^2)\cos^2\beta + (x_i^2 + y_i^2)\cos^2\gamma - 2x_i y_i \cos\alpha\cos\beta - 2y_i z_i \cos\beta\cos\gamma - 2z_i x_i \cos\gamma\cos\alpha$$

代入 $J_{z'}$ 的表达式，得

$$J_{z'} = \cos^2\alpha \sum m_i (y_i^2 + z_i^2) + \cos^2\beta \sum m_i (z_i^2 + x_i^2) + \cos^2\gamma \sum m_i (x_i^2 + y_i^2) - 2\cos\alpha\cos\beta \sum m_i x_i y_i - 2\cos\beta\cos\gamma \sum m_i y_i z_i - 2\cos\gamma\cos\alpha \sum m_i z_i x_i$$

上式中 $\sum m_i x_i y_i$、$\sum m_i y_i z_i$、$\sum m_i z_i x_i$ 分别称为刚体对轴 x 和 y、对轴 y 和 z、对轴 z 和 x 的惯性积（也称为离心转动惯量），即

$$J_{xy} = \sum m_i x_i y_i = J_{yx}, \quad J_{yz} = \sum m_i y_i z_i = J_{zy}, \quad J_{zx} = \sum m_i z_i x_i = J_{xz} \tag{B-8}$$

对连续物体，式（B-8）也可写成积分形式，只需将 m_i 改为 $\mathrm{d}m$，如 $J_{xy} = \int xy\mathrm{d}m$。

惯性积的量纲与转动惯量的量纲相同，但转动惯量恒为正值，而惯性积既可

为正值,也可为负值,或者为零。

于是,刚体对任意轴 z' 的转动惯量可表示为

$$J_{z'}=J_x\cos^2\alpha+J_y\cos^2\beta+J_z\cos^2\gamma-2J_{xy}\cos\alpha\cos\beta-2J_{yz}\cos\beta\cos\gamma-2J_{zx}\cos\gamma\cos\alpha \tag{B-9}$$

上式亦称为**转轴公式**,它表示刚体对 z' 轴的转动惯量随 z' 轴的方向而变化的规律。

如果适当选择坐标轴 $Oxyz$ 的方位,使刚体对某一根轴同时有关的两个惯性积都等于零,如 $J_{yz}=\sum m_iy_iz_i=0$,$J_{zx}=\sum m_iz_ix_i=0$,则与这两个惯性积同时有关的轴 Oz 称为刚体对于点 O 的**惯性主轴**(简称**主轴**),而此时的 J_z 是刚体对主轴的转动惯量,称为**主转动惯量**。

应当注意,主轴是对某一点而言的,同一根轴对轴上某一点是惯性主轴,而对另一点却不一定是惯性主轴。对于不同的点,一般来说,主轴的方向也不相同。但不论在哪一点,总能找到三个互相垂直的主轴。

通过刚体质心的惯性主轴称为**中心惯性主轴**。

如果坐标轴 x、y、z 都是对于其原点的惯性主轴,则三个惯性积将都等于零,于是式(B-9)可写成

$$J_{z'}=J_x\cos^2\alpha+J_y\cos^2\beta+J_z\cos^2\gamma \tag{B-10}$$

在机械安装过程中,中心惯性主轴的确定具有重要意义。在一般情况下,中心惯性主轴方位的求法是相当复杂的,但在实际问题中,大多是均质对称刚体,于是可根据对称性来判定惯性主轴方位。

(1) 若匀质刚体有质量对称轴,则该轴是中心惯性主轴之一。

设 z 轴是质量对称轴,则不论原点在轴上哪一点,在此刚体内如有一质量为 m_i,坐标为(x_i,y_i,z_i)的点,就必有另一个质量为 m_i,坐标为$(-x_i,-y_i,z_i)$的点与之对应,于是有 $J_{yz}=\sum m_iy_iz_i=0$,$J_{zx}=\sum m_iz_ix_i=0$。又因为对称轴必通过质心 C,所以,该轴是刚体的一根中心惯性主轴。

(2) 若匀质刚体有质量对称面,则与此平面垂直的轴都是在此轴与对称平面交点的惯性主轴,其中通过质心的一根轴是中心惯性主轴。

设 z 轴与此质量对称平面垂直,并取对称面为 xy 面,则刚体内如有一质量为 m_i、坐标为(x_i,y_i,z_i)的点,则必有另一个质量为 m_i,坐标为$(x_i,y_i,-z_i)$的点与之对应,故惯性积 $J_{yz}=\sum m_iy_iz_i=0$,$J_{zx}=\sum m_iz_ix_i=0$。故 z 轴是刚体在点 O 的一根惯性主轴。若 O 点与刚体质心 C 重合,则轴 z 是一根中心惯性主轴。

例 B-5 质量为 M 的均质圆盘固结在通过其质心 C 的 z 轴上，圆盘的对称轴 z_1 处在铅垂对称平面 xz 内，并与 z 轴成 α 夹角，圆盘的半径等于 r，坐标如图 B-9 所示。试计算圆盘的惯性积 J_{xz}、J_{yz}、J_{xy}。

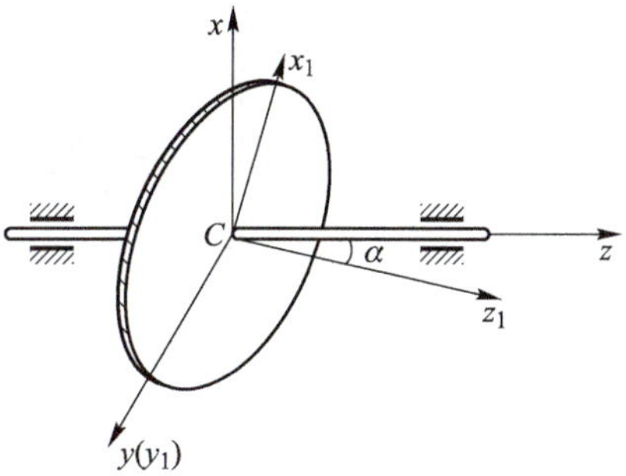

图 B-9 例 B-5 图

解 y 轴是通过质心 C 质量对称轴，所以 y 轴是圆盘对质心 C 的惯性主轴，于是有

$$J_{xy}=J_{yz}=0$$

为计算 J_{xz}，过质心 C 作中心惯性主轴 x_1、y_1、z_1，故有

$$J_{xz}=\frac{J_{z_1}-J_{x_1}}{2}\sin 2\alpha$$

其中

$$J_{z_1}=\frac{1}{2}Mr^2,\quad J_{x_1}=\frac{1}{4}Mr^2$$

于是

$$J_{xz}=\frac{1}{8}Mr^2\sin 2\alpha$$

思 考 题

B-1 如图所示细杆对杆端 z 轴的回转半径为 $\rho_z=\frac{l}{\sqrt{3}}$，则根据定义，$J_z=M\rho_z=\frac{1}{3}Ml^2$，这表示各部分质量看成集中在离 z 轴距离为 ρ_z 的 z' 处，于是，是否可以认为对 z' 轴的转动惯量为 $J_{z'}=0$。

B-2 图示刚体质量为 m，C 为质心，对 z 轴的转动惯量为 J_z，则 $J_{z'}=J_z+m(a+b)^2$，这一算式是否对？如不对，应如何计算？

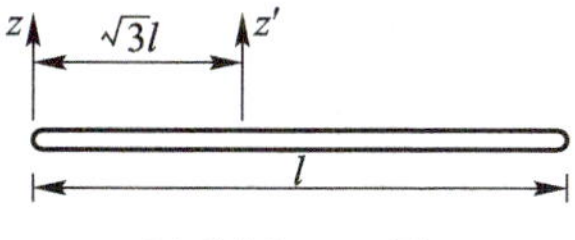

思考题 B-1 图

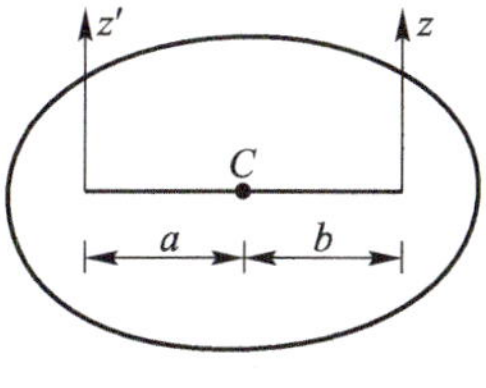

思考题 B-2 图

B-3 图示一细杆由钢与木两段组成，两段质量各为 m_1、m_2，且各为均质的。试判断：$J_{z_1}=J_{z_2}+(m_1+m_2)\left(\frac{l}{2}\right)^2$ 是否成立。

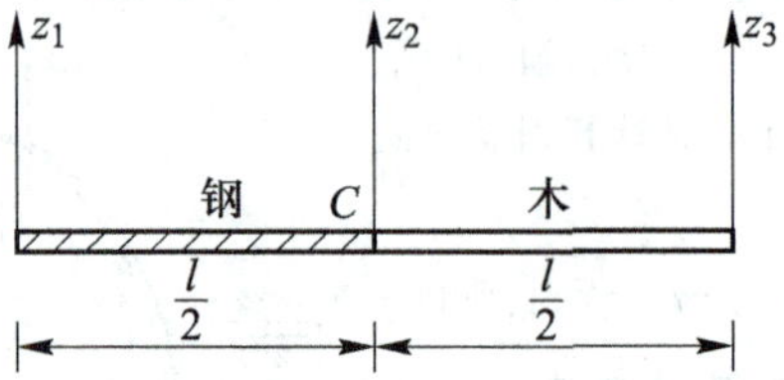

思考题 B-3 图

习　　题

B-1　图示均质细长杆长为 l，质量为 m。已知 $J_z=\frac{1}{3}Ml^2$，试求 J_{z_1} 和 J_{z_2}。

B-2　试求图示质量为 m 的均质三角形板对 x 轴的转动惯量。

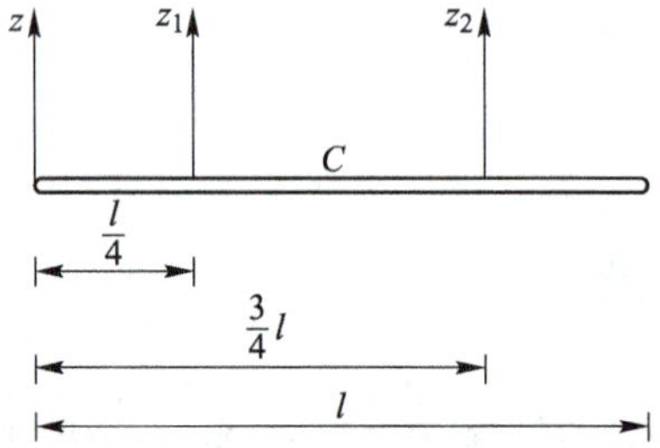

题 B-1 图

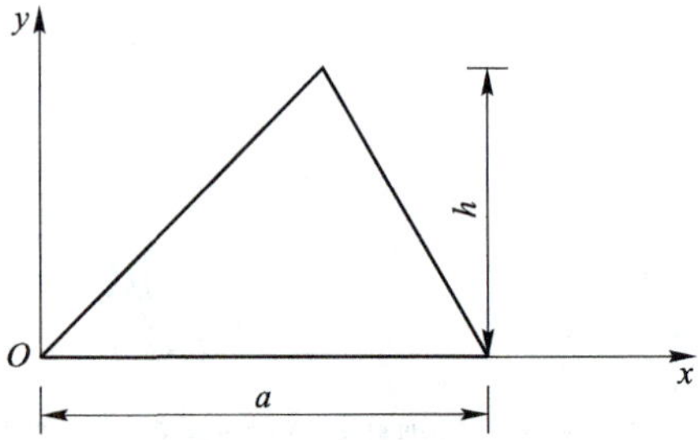

题 B-2 图

B-3　试求图示下列各均质组合板对 x 轴的转动惯量。设面积为 ab 的板质量为 m。

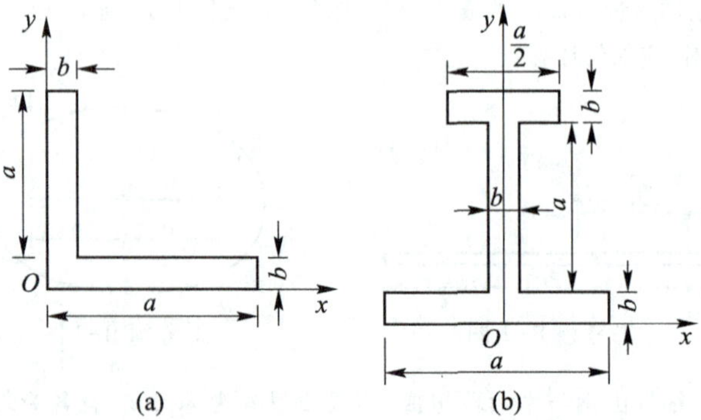

题 B-3 图

B-4 试求证边长为 l 的正方形薄板对于其对角线的转动惯量为$\frac{1}{12}ml^2$。

B-5 试求图示厚度可以忽略不计、质量为 m 的中空圆盘对于 x 轴的转动惯量。

B-6 试求图示质量为 m 的半圆薄板对于 x 轴的转动惯量。

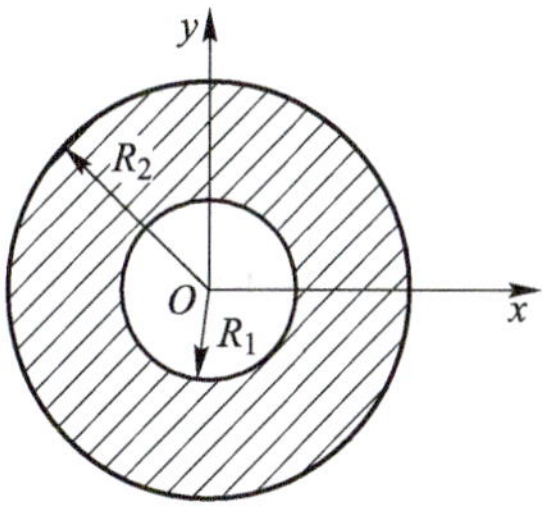

题 B-5 图

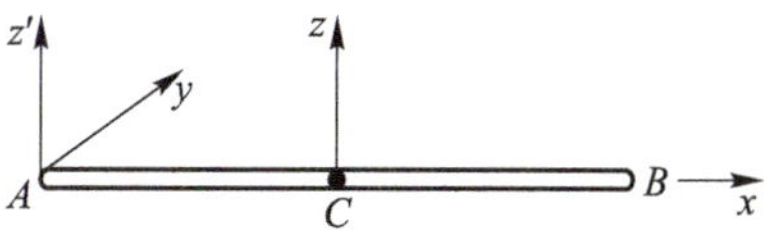

题 B-6 图

B-7 图示摆由质量为 m_1，长为 $4r$ 的均质细杆 AB 和质量为 m_2，半径为 r 的均质圆盘组成。试求其对过 O 点并垂直于摆平面的轴的转动惯量。

文档：习题 B-7 题解

B-8 图示均质 T 形杆由两根长均为 l、质量均为 m 的细杆组成，试求其对过 O 点并垂直于其平面的轴 Oz 的转动惯量。

文档：习题 B-8 题解

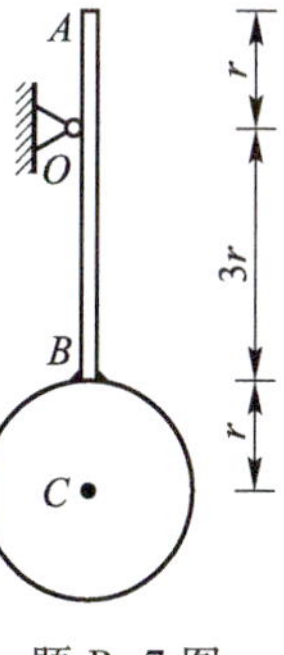

题 B-7 图

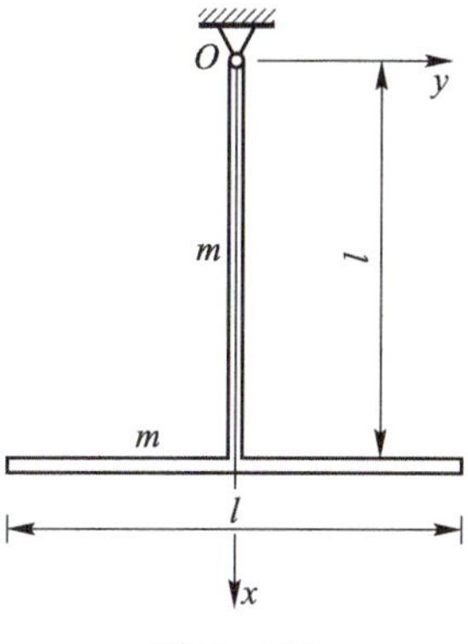

题 B-8 图

B-9 图示一质量为 m、半径为 R 的均质圆板，挖去一半径 $r=\frac{R}{2}$的圆洞，试求该板对 O 轴的转动惯量。

文档：习题 B-9 题解

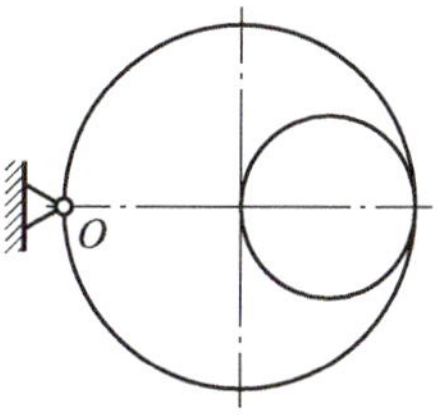

题 B-9 图

B-10 均质薄板，尺寸如图所示，单位为 mm。单位面积的质量为 5×10^{-4} kg/mm^2，试求其对 x、y 轴的转动惯量和惯性积。

B-11 质量为 m 的均质圆盘固结于与其平面垂直的 z 轴。圆盘的半径为 r，偏心距 $OC=a$，其中 C 为圆盘的质心。坐标轴如图所示。试计算转动惯量 J_x、J_y、J_z 和惯性积 J_{xy}、J_{yz}、J_{zy}。

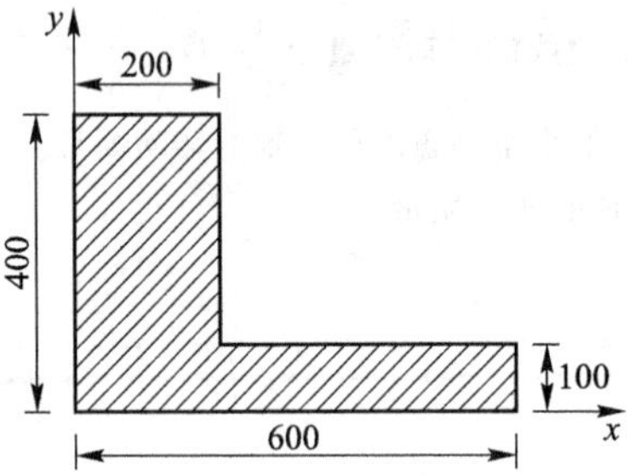

题 B-10 图

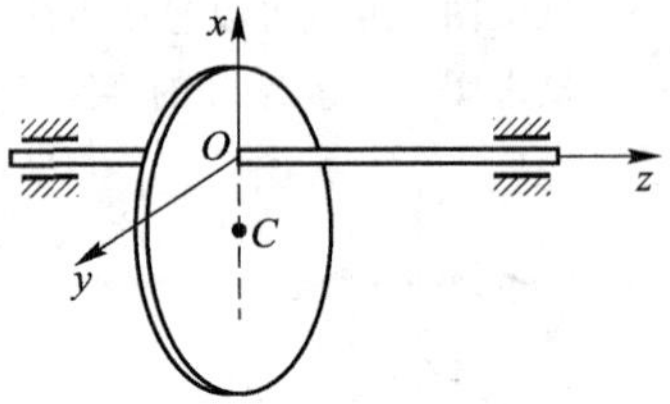

题 B-11 图

参考文献

[1] 武清玺,冯奇.理论力学[M].北京:高等教育出版社,2003

[2] 华东水利学院工程力学教研室理论力学编写组. 理论力学:上册[M].2 版.北京:高等教育出版社,1984

[3] 华东水利学院工程力学教研室理论力学编写组.理论力学:下册[M].2 版.北京:高等教育出版社,1985

[4] 吴永祯,张本悟,陈定圻.理论力学:上册[M].南京:河海大学出版社,1990

[5] 同济大学理论力学教研室.理论力学[M].上海:同济大学出版社,1995

[6] [德]马格努斯 K,缪勒 H H.工程力学基础[M].张维,等,译.北京:北京理工大学出版社,1997

[7] [美]米罗维奇 L.振动分析基础[M].上海交通大学理论力学教研室,译.上海:上海交通大学出版社,1982

[8] 贾书惠,李万琼.理论力学[M].北京:高等教育出版社,2002

[9] 刘延柱,杨海兴,朱本华.理论力学[M].2 版.北京:高等教育出版社,2001

[10] 范钦珊.工程力学教程[M].北京:高等教育出版社,1998

[11] 谢传锋.动力学:Ⅰ,Ⅱ[M].北京:高等教育出版社,1999

[12] 哈尔滨工业大学理论力学教研组.理论力学[M].北京:高等教育出版社,1997

[13] 吴镇.理论力学[M].上海:上海交通大学出版社,1997

[14] 清华大学理论力学教研组.理论力学[M].4 版.官飞,李苹,罗远祥,修订.北京:高等教育出版社,1995

[15] 朱照宣,周起钊,殷金生.理论力学[M].北京:北京大学出版社,1982

[16] 贾书惠.刚体动力学[M].北京:高等教育出版社,1987

[17] Hibbeler R C,Fan S C.Engineering mechanics(Statics)[M].Toronto:Prentice Hall,1997

[18] 蔡泰信,和兴锁.理论力学教与学[M].北京:高等教育出版社,2007.

习题参考答案

第一章

1-1 $|F_x|=8.66\ \text{kN}$, $|F_y|=5\ \text{kN}$, $|F_{x'}|=8.66\ \text{kN}$, $|F_{y'}|=2.59\ \text{kN}$

$F_x=8.66\ \text{kN}, F_y=5\ \text{kN}, F_{x'}=8.66\ \text{kN}, F_{y'}=-2.95\ \text{kN}$

1-2 $F_{1x}=86.6\ \text{N}, F_{1y}=50\ \text{N}; F_{2x}=30\ \text{N}, F_{2y}=-40\ \text{N}; F_{3x}=0, F_{3y}=60\ \text{N}$

$F_{4x}=-56.6\ \text{N}, F_{4y}=56.6\ \text{N}$

1-3 $F_{1x}=-1.2\ \text{kN}, F_{1y}=1.6\ \text{kN}, F_{1z}=0; F_{2x}=0.424\ \text{kN}, F_{2y}=0.566\ \text{kN}$

$F_{2z}=0.707\ \text{kN}; F_{3x}=F_{3y}=0, F_{3z}=3\ \text{kN}$

1-4 $F_{Tx}=6.51\ \text{N}, F_{Ty}=3.91\ \text{N}, F_{Tz}=-6.51\ \text{N}$

1-5 $F_{ON}=83.8\ \text{N}$

1-6 $F_T=7.25\ \text{N}$

1-7 （略）

1-8 $M_A=-15\ \text{N}\cdot\text{m}$

1-9 $M_A=5\ \text{kN}\cdot\text{m}, M_B=-12.3\ \text{kN}\cdot\text{m}$

1-10 （略）

1-11 $\boldsymbol{M}_O=\dfrac{cF}{\sqrt{a^2+b^2+c^2}}(b\boldsymbol{i}-a\boldsymbol{j})$

1-12 $\boldsymbol{M}_O=(-9.43\boldsymbol{i}+9.43\boldsymbol{j}-4.71\boldsymbol{k})\ \text{kN}\cdot\text{m}$

1-13 $\boldsymbol{M}_B=(10\boldsymbol{i}+4\boldsymbol{j}-8\boldsymbol{k})\ \text{N}\cdot\text{m}$

1-14 （略）

第二章

2-1 $F_R=1\ \text{kN}$,铅直向下

2-2 $F_R=107.18\text{N}, \angle(\boldsymbol{F}_R, x)=-5.19°$

2-3 $F_{1x}=2\ \text{kN}, F_{1y}=0, F_{1z}=0; F_{2x}=0.424\ \text{kN}$

$F_{2y}=0.566\ \text{kN}, F_{2z}=0.707\ \text{kN}; F_{3x}=F_{3y}=0, F_{3z}=3\ \text{kN}$

2-4 $F_R=6.93\ \text{N}, \angle(\boldsymbol{F}_R, x)=\angle(\boldsymbol{F}_R, y)=\angle(\boldsymbol{F}_R, z)=54°44'$

2-5 $M=9.88\ \text{N}\cdot\text{m}$

2-6 $M=4.37\ \text{N}\cdot\text{m}$

2-7 $M=1.08\ \text{N}\cdot\text{m}$

2-8 $F_R=190\ \text{kN}, M_x=3.5\ \text{kN}\cdot\text{m}, M_y=1.7\ \text{kN}\cdot\text{m}$

2-9 $M=11.1\ \text{kN}\cdot\text{m}$

2-10 $x=6\ \text{m}, y=4\ \text{m}$

2-11 $F_R=638$ N, $M_A=163$ N · m

2-12 $x_A=119$ mm, $y_A=146$ mm, $M_A=4\ 810$ N · mm

2-13 $F_R=44.72$ kN, $\cos\alpha=0.0$, $\cos\beta=-0.316\ 2$, $\cos\gamma=-0.948\ 8$

$M_O=49.16$ kN · m, $\cos\alpha=-0.575\ 3$, $\cos\beta=0.581\ 2$, $\cos\gamma=-0.575\ 3$

2-14 $OB=a/\cos\alpha$

2-15 $F_R=1.5$ N, $x=-6$ m

2-16 $F_R=280$ kN, $M=-33$ kN · m

2-17 $F_R=609$ kN, $\angle(\boldsymbol{F}_R, x)=96°30'$, $x=-0.488$ m(在 O 点左边)

2-18 $F_R=8\ 030$ kN, $\angle(\boldsymbol{F}_R, x)=92°23'$, $x=-0.762$ m(在 O 点左边)

2-19 $F=40$ N

2-20 $F=10$ N, $BC=2.31$ m

2-21 $F_R=63.43$ kN,合力作用线位置 $x=2.31$ m

2-22 (a) $x_C=110$ mm,(b) $x_C=y_C=77.6$ mm,(c) $x_C=0.7$ m, $y_C=0.88$ m

(d) $y_C=2.21$ m,(e) $y_C=0.919$ m,(f) $x_C=6.93$ m(除有对称轴者外,其余均以取过图形最下边一点的水平线为 x 轴,过最左边一点的铅直线为 y 轴)

2-23 $y_C=40$ mm

2-24 该孔中心和 O 点连线与 x 轴的夹角为 63.2°,与 y 轴的夹角为 26.8°,半径为 $1.33\ r$

2-25 (略)

2-26 (a) $x_C=2.05$ m, $y_C=1.15$ m, $z_C=0.95$ m;

(b) $x_C=0.512$ m, $y_C=1.41$ m, $z_C=0.717$ m

2-27 $F=12.6$ kN,作用线过圆弧对称轴离 O 点 3.6 m 处

2-28 (a) $F_R=60$ N, $x=6.4$ m;(b) $F_R=100$ kN, $x=7.5$ m

第三章 (略)

第四章

4-1 $F_A=0.35F_P$, $F_B=0.79F_P$

4-2 $F_T=114$ kN, $F_A=76.8$ kN

4-3 $F_A=0$, $F_B=14.1$ kN

4-4 $F_D=69.3$ kN, $F_E=20$ kN, $F_G=20$ kN

4-5 $F_{AB}=242$ kN, $F_{AC}=137$ kN

4-6 $F=15$ kN, $F_{min}=12$ kN, $\alpha=37°$

4-7 $\alpha=\arccos\sqrt[3]{\dfrac{a}{l}}$

4-8 $F_A=\frac{\sqrt{5}}{2}F, F_C=F_E=2F$

4-9 $F_{AB}=80$ kN

4-10 $F_{AB}=4.62$ kN, $F_{AC}=3.46$ kN, $F_{AD}=11.6$ kN

4-11 $F_{AC}=F_{AD}=84.16$ kN, $F_B=185.47$ kN

4-12 $F_T=17.3$ kN, $F_{AB}=23.1$ kN, $F_{AC}=F_{AD}=8.16$ kN

4-13 $F_{CA}=-\sqrt{2}P, F_{CB}=P, F_{BE}=P(\cos\theta+\sin\theta), F_{BD}=P(\cos\theta-\sin\theta), F_{AB}=-\sqrt{2}P\cos\theta$

4-14 $F=173$ N

4-15 $M_2=400$ N · m, $F_O=F_{O_1}=1\ 155$ N

4-16 $F=200$ N, $x=0.732$ m

4-17 $F_A=\sqrt{2}M/l$

4-18 $M_B=60$ N · m

4-19 $F_A=8.4$ kN, $F_B=78.3$ kN, $F_C=43.3$ kN

4-20 $F_T=200$ N, $F_{Ax}=86.6$ N, $F_{Ay}=150$ N, $F_{Az}=100$ N, $F_{Bx}=F_{Bz}=0$

4-21 (1) $M=22.5$ kN · mm;(2)、(3) $F_{Az}=50$ N, $F_{Bx}=F_{Ax}=-75$ N, $F_{By}=F_{Ay}=0$

4-22 $F_{Ox}=0.6$ kN, $F_{Oy}=0.8$ kN, $F_{Oz}=8.13$ kN, $M_x=-2.13$ kN · m
$M_y=-8.8$ kN · m, $M_z=0$

4-23 $F_T=4.5$ kN, $F_{Ax}=F_{Ay}=F_{By}=0$, $F_{Az}=2.67$ kN, $F_{Bz}=2.83$ kN

4-24 $F_T=0.144G, F_{NA}=0.25G, F_{Bx}=-0.144\ G, F_{By}=-0.25G, F_{Bz}=G$

4-25 $F_G=F_H=28.3$ kN, $F_{Ax}=0$, $F_{Ay}=20$ kN, $F_{Az}=69$ kN

4-26 $F_1=-F_3=-F_6=F, F_2=-F_4=-F_5=-1.41F$

4-27 $F_{CI}=200$ N(拉), $F_{DE}=0$, $F_{GH}=990$ N(拉), $F_{Ax}=120$ N, $F_{Ay}=-560$ N
$F_{Az}=1\ 500$ N

4-28 $F_{NB}=(P_1+P_2)/2, F_{Ax}=0, F_{Ay}=-(P_1+P_2)/2, F_{Az}=P_1+P_2/2$
$F_{Cx}=0, F_{Cy}=0, F_{Cz}=P_2/2$

4-29 (略)

4-30 $F_{Ax}=-1.41$ kN, $F_{Ay}=-1.08$ kN, $F_B=2.49$ kN

4-31 (a) $F_{Ax}=3$ kN, $F_{Ay}=5$ kN, $F_B=-1$ kN;(b) $F_{Ax}=-3$ kN, $F_{Ay}=-0.25$ kN
$F_B=4.25$ kN

4-32 $F_T=60$ kN, $F_{Ax}=-2\ 600$ kN, $F_{Ay}=-1\ 410$ kN

4-33 $F_T=30.2$ kN

4-34 $F_{Ax}=-11.2$ kN, $F_{Ay}=46$ kN, $F_B=62.4$ kN

4-35 $F_{Ax}=4$ kN, $F_{Ay}=17$ kN, $M_A=43$ kN · m

4-36 (1) $F_A=22.5$ kN, $F_B=27.5$ kN;(2) $x=4.5$ m

4-37 $F_A=55.6$ kN, $F_B=24.4$ kN, $G_{max}=46.7$ kN

4-38 $q_A=33.3$ kN/m, $q_B=167$ kN/m

4-39 $F_{AC}=-153$ kN(压), $F_{BC}=33.3$ kN(拉), $F_{BD}=-193$ kN(压)

4-40 $M=F_{\mathrm{P}}r\sin\alpha\left(1+\dfrac{r\cos\alpha}{\sqrt{l^2-r^2\sin^2\alpha}}\right)$

4-41 $M=\dfrac{FR}{4}$

4-42 $x=\dfrac{G_2a}{G_1}$

4-43 $F_{Ax}=-F_{Bx}=13\ \mathrm{kN}, F_{Ay}=55\ \mathrm{kN}, F_{By}=45\ \mathrm{kN}, F_{Cx}=13\ \mathrm{kN}, F_{Cy}=5\ \mathrm{kN}$

4-44 $F_{Cx}=33.8\ \mathrm{kN}, F_{Cy}=0, F_{AB}=33.8\ \mathrm{kN}$

4-45 $F=343\ \mathrm{N}$

4-46 $M=G\dfrac{rr_1r_3}{\eta r_2r_4}$

4-47 10.3 kN

4-48 $F_A=2.5\ \mathrm{kN}, F_B=1.5\ \mathrm{kN}, M_A=10\ \mathrm{kN\cdot m}$

4-49 $F_{Ax}=0.3\ \mathrm{kN}, F_{Ay}=0.538\ \mathrm{kN}, F_B=3.54\ \mathrm{kN}$

4-50 $F_{AD}=F_{BD}=3.35\ \mathrm{kN}, F_{CD}=-3\ \mathrm{kN}$

4-51 $F_{Ax}=20\ \mathrm{kN}, F_{Ay}=70\ \mathrm{kN}, F_{Bx}=-20\ \mathrm{kN}, F_{By}=50\ \mathrm{kN}, F_{Cx}=20\ \mathrm{kN}, F_{Cy}=10\ \mathrm{kN}$

4-52 $F_{Ax}=0.67\ \mathrm{kN}, F_{Ay}=3.67\ \mathrm{kN}, F_{Bx}=-4.67\ \mathrm{kN}, F_{By}=15.3\ \mathrm{kN}, F_E=5\ \mathrm{kN}$

4-53 $F_1=14.6\ \mathrm{kN}, F_2=-8.75\ \mathrm{kN}, F_3=11.7\ \mathrm{kN}$

4-54 （略）

4-55 $F_{Ax}=-7.2\ \mathrm{kN}, F_{Ay}=11.2\ \mathrm{kN}, F_{Bx}=-2.8\ \mathrm{kN}, F_{By}=-1.16\ \mathrm{kN}, F_C=18\ \mathrm{kN}$

4-56 $F_{Ax}=-60\ \mathrm{kN}, F_{Ay}=30\ \mathrm{kN}, F_{Ex}=60\mathrm{kN}, F_{Ey}=30\ \mathrm{kN}, F_{BD}=100\ \mathrm{kN}, F_{BC}=-50\ \mathrm{kN}$

4-57 $F_{Ax}=0, F_{Ay}=-M/(2a), F_{Bx}=0, F_{By}=M/(2a), F_{Dx}=0, F_{Dy}=M/a$

第五章

5-1 单位:kN

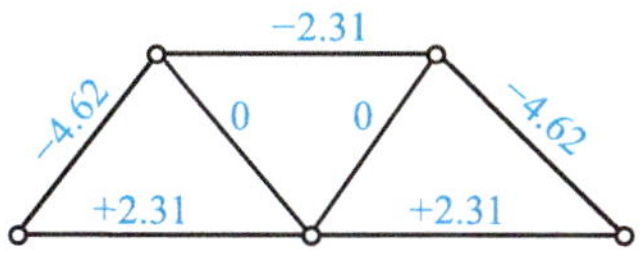

5-2 (a) $F_{\mathrm{T1}}=-16.4\ \mathrm{kN}, F_{\mathrm{T2}}=5.97\ \mathrm{kN}, F_{\mathrm{T3}}=12\ \mathrm{kN}$

(b) $F_{\mathrm{T1}}=-1.5F_{\mathrm{P}}, F_{\mathrm{T2}}=F_{\mathrm{P}}, F_{\mathrm{T3}}=2.24F_{\mathrm{P}}, F_{\mathrm{T4}}=-2.24F_{\mathrm{P}}$

5-3 $F_{\mathrm{T1}}=1.73F_{\mathrm{P}}$

5-4 (a) $F_{\mathrm{T1}}=-37.3\ \mathrm{kN}, F_{\mathrm{T2}}=30\ \mathrm{kN}, F_{\mathrm{T3}}=20\ \mathrm{kN}$

(b) $F_{\mathrm{T1}}=0$

(c) $F_{\mathrm{T1}}=-47.13\ \mathrm{kN}, F_{\mathrm{T2}}=6.67\ \mathrm{kN}, F_{\mathrm{T3}}=0$

(d) $F_{\mathrm{T1}}=23.4\ \mathrm{kN}, F_{\mathrm{T2}}=18.8\ \mathrm{kN}, F_{\mathrm{T3}}=13.3\ \mathrm{kN}$

5-5 (a) $F_{CG}=-\dfrac{\sqrt{3}}{2}F_{\mathrm{P}}$；(b) $F_{\mathrm{T1}}=-\dfrac{4}{9}F_{\mathrm{P}}, F_{\mathrm{T2}}=0$

5-6 （略）

5-7

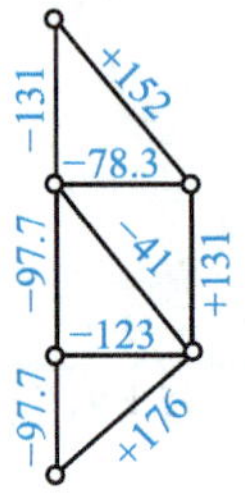

5-8 $F_{T1}=F_{T6}=0, F_{T2}=F_{T3}=F_{P2}, F_{T4}=-1.73\ F_{P2}, F_{T5}=-F_{P1}+F_{P2}$

5-9 $F_{AC}=-50$ kN, $F_{A'C}=F_{AB'}=83.3$ kN

$F_{CC'}=F_{AA'}=-66.7$ kN，其余各杆内力为零

5-10 $F_{AA'}=-F_{P1}, F_{BC}=-F_{P2}, F_{CC'}=-F_{P2}, F_{CB'}=\sqrt{2}F_{P2}$，其余各杆内力为零

5-11 $f=50$ m, $F_T=707$ kN

5-12 $F_H=27.4$ kN, $F_{Tmax}=27.6$ kN

5-13 $F_{TA}=5\ 000$ kN, $F_{TB}=5\ 016$ kN

5-14 $F_{TA}=1.97$ kN, $F_{TB}=2.56$ kN

5-15 （1）$F=2$ N；（2）$F=0.66$ N

5-16 $F_T=210$ kN

5-17 $F=620$ N

5-18 $F_{上}=26.1$ kN, $F_{下}=20.9$ kN

5-19 $F_{水平}=4\ 019$ kN

5-20 $b\leqslant d\left(1-\sqrt{\dfrac{1}{1+f^2}}\right)+a$

5-21 $0.246l\leqslant x\leqslant 0.977l$

5-22 $l_{min}=100$ mm

5-23 $f=0.577, F_{BC}=0.577\dfrac{M}{l}$

5-24 $F_N=60$ kN

5-25 （1）$F_P=\dfrac{\sin\alpha+f\cos\alpha}{\cos\alpha-f\sin\alpha}G$；（2）$F_P=\dfrac{\sin\alpha-f\cos\alpha}{\cos\alpha+f\sin\alpha}G$

5-26 $f_s\geqslant 0.12$

5-27 $F_{Tmin}=222$ N

5-28 $F_P=94.3$ N, $\beta=22°56'$

5-29 $F=57.2$ N

5-30 滚动时，$F=100$ N；滑动时，$F=400$ N

5-31 （略）

第六章

6-1 （1）−9 m；（2）2 s，−14 m；（3）23 m；（4）15 m/s，18 m/s^2；（5）0～2 s，减速；$t>2$ s，

加速

6-2 $x=l\cos\omega t, y=(l-2a)\sin\omega t, \frac{x^2}{l}+\left(\frac{y}{l-2a}\right)^2=1$

6-3 $y_B=\sqrt{64+t^2}-8, v_B=\frac{t}{\sqrt{64+t^2}}$, 15 s

6-4 $x=d\cos\omega t+\sqrt{r^2-d^2\sin^2\omega t}$

6-5 $y_B=10\sqrt{64-t^2}+l$,单位为 mm;$v_B=\frac{10t}{\sqrt{64-t^2}}$,单位为 mm/s

6-6 $v=279$ mm/s, $a=169$ mm/s^2

6-7 $x=l+r\cos(\varphi_0+\omega t), v_B=-r\omega\sin(\varphi_0+\omega t), a_B=-r\omega^2\cos(\varphi_0+\omega t)$

6-8 (1) $y_1=2x_1^2, y_2=2x_2^2$;(2) 1 s;(3) 41.3 mm/s, 8.25 mm/s;(4) 4 mm/s^2, 241 mm/s^2

6-9 $v=u\sqrt{(\omega t)^2+1}, a=u\omega\sqrt{(\omega t)^2+4}$

6-10 $\boldsymbol{v}=(-1.46\boldsymbol{i}+3.33\boldsymbol{j})$ m/s, $\boldsymbol{a}=(5.21\boldsymbol{i}-4.48\boldsymbol{j})$ m/s^2

6-11 $x=10(2n-1)$ m,其中 $n=1,2,\cdots$;$\ddot{y}=0.04\pi^2$ m/s^2

6-12 $x=3t, y=\frac{1}{2}(1-\cos 4\pi t)$;$y=\frac{1}{2}\left(1-\cos\frac{4\pi}{3}x\right)$

6-13 $x=4\cos 2t, y=5+5\sin 2t$;$\left(\frac{x}{4}\right)^2+\left(\frac{y-5}{5}\right)^2=1$

6-14 (略)

6-15 $L=\frac{v^2\sin\alpha\cos\alpha+v\cos\alpha\sqrt{v^2\sin^2\alpha+2gH}}{g}$

6-16 $h=6.80$ m, $s=28.3$ m

6-17 (1) 13 m;(2) 2.83 m/s^2

6-18 $x=R(1+\cos 2\omega t), y=R\sin 2\omega t, s=2R\omega t, v=2R\omega, a=4R\omega^2$

6-19 $v=600t$ mm/s, $a_t=600$ mm/s^2, $a_n=4\,800\,t^2$ mm/s^2

6-20 $y^2-2y-4x=0, v=2.24$ m/s, $a=2$ m/s^2, $a_t=0.894$ m/s^2, $a_n=1.79$ m/s^2, $\rho=2.8$ m

6-21 $a=3.05$ m/s^2

6-22 $\rho=6.94$ m

6-23 $v=16$ m/s, $a=58.3$ m/s^2

6-24 (略)

6-25 $v=\omega R, a=\frac{\omega^2R^2}{\sqrt{R^2-a^2}}$

6-26 $A=2, B=1$;$\boldsymbol{a}=[(2-4t^2)\boldsymbol{e}_r+8t\boldsymbol{e}_\varphi]$ m/s^2

6-27 $x=r\left(\cos\omega t+2\sin\frac{\omega t}{2}\right), y=r\left(\sin\omega t-2\cos\frac{\omega t}{2}\right)$

$v=r\omega\sqrt{2-2\sin\frac{\omega t}{2}}, a=\frac{1}{2}r\omega^2\sqrt{5-4\sin\frac{\omega t}{2}}$

6-28 $v_M=v\sqrt{1+\frac{p}{2x}}, a_M=-\frac{v^2}{4x}\sqrt{\frac{2p}{x}}$

6-29 $v_0=2\ \mathrm{m/s}, a_0=8\ \mathrm{m/s^2}; v_1=-25\ \mathrm{m/s}, a_1=15.4\ \mathrm{m/s^2}; t=0.667\ \mathrm{s}$

6-30 $s=10t-0.0167\,t^3, v=9.8\ \mathrm{m/s}, a_t=0.2\ \mathrm{m/s^2}, a_n=240\ \mathrm{m/s^2}$

6-31 30 000 转

6-32 $\varphi=\frac{1}{30}t, \left(\frac{x}{1.5}\right)^2+\left(\frac{y}{1.5}\right)^2=1$

6-33 $v=707\ \mathrm{mm/s}, a=3\,330\ \mathrm{mm/s^2}$

6-34 $\varphi=\arctan\frac{r\sin\omega_0 t}{a+r\cos\omega_0 t}, \omega=\frac{r^2\omega_0+ar\omega_0\cos\omega_0 t}{r^2+a^2+2ar\cos\omega_0}$

6-35 $\omega=\frac{bv_C}{b^2+v_C^2t^2}, \alpha=-\frac{2bv_C^3t}{(b^2+v_C^2t^2)^2}$

6-36 $t=10\ \mathrm{s}$

6-37 $v=200\ \mathrm{mm/s}, a=50\ \mathrm{mm/s^2}; v_C=200\ \mathrm{mm/s}, a_C=271\ \mathrm{mm/s^2}$

6-38 $v=1\,680\ \mathrm{mm/s}, a_{AB}=a_{CD}=0, a_{AD}=32.9\ \mathrm{m/s^2}, a_{BC}=13.2\ \mathrm{m/s^2}$

6-39 (1) $\alpha_{\mathrm{II}}=\frac{50\pi}{d^2}\ \mathrm{rad/s^2}$；(2) $a=300\pi\sqrt{40\,000\pi^2+1}\ \mathrm{mm/s^2}$

6-40 (1) $\omega=1\ \mathrm{rad/s}, \alpha=1.73\ \mathrm{rad/s^2}$；(2) $a_B=1\,300\ \mathrm{mm/s^2}$

6-41 （略）

6-42 $\boldsymbol{v}=(-1\,150\boldsymbol{i}+600\boldsymbol{j}+468\boldsymbol{k})\ \mathrm{mm/s}, \boldsymbol{a}=(-650\boldsymbol{i}-2\,310\boldsymbol{j}+1\,360\boldsymbol{k})\ \mathrm{mm/s^2}$

6-43 $\boldsymbol{v}=(368\boldsymbol{i}-368\boldsymbol{j})\ \mathrm{mm/s}, \boldsymbol{a}=(3\,450\boldsymbol{i}+3\,090\boldsymbol{j}-4\,620\boldsymbol{k})\ \mathrm{mm/s^2}$

6-44 $v_{BC}=-0.4\ \mathrm{m/s}, a_{BC}=-2.77\ \mathrm{m/s^2}$

6-45 $\omega_2=0, \alpha_2=-\frac{lb\omega^2}{r_2}$

第七章

7-1 $v_{AB}=40\ \mathrm{km/h}$

7-2 (1) 下游 500 m，16 min 40 s；(2) 北偏西 30°，19 min 15 s

7-3 $v=2.65\ \mathrm{m/s}, d=0.22\ \mathrm{m}$

7-4 $v_r=3.98\ \mathrm{m/s}, v_B=1.04\ \mathrm{m/s}$

7-5 $v_B=v\tan\alpha$

7-6 $v=\frac{\sqrt{3}}{3}r\omega$，向左；$v=0$；$v=\frac{\sqrt{3}}{3}r\omega$，向右

7-7 $\omega=5.33\ \mathrm{rad/s}$

7-8 $v=1.155\omega_0 l$

7-9 $v=1\,040\ \mathrm{mm/s}, a=8\,210\ \mathrm{mm/s^2}$

7-10 $v=100\ \mathrm{mm/s}, a=346\ \mathrm{mm/s^2}$

7-11 $v_{CD}=1.26\ \text{m/s}, a_{CD}=27.4\ \text{m/s}^2$

7-12 $v=100\ \text{mm/s}, a=22.4\ \text{mm/s}^2$

7-13 $v=\sqrt{v_1^2+r^2\omega^2}, a=\sqrt{(a_1-r\omega^2)^2+4\omega^2v_1^2}$

7-14 $a_C=2\omega^2 r, a_r=r\sqrt{\omega^4+\varepsilon^2}$

7-15 $v=894\ \text{mm/s}, a=2\ 890\ \text{mm/s}^2$

7-16 (1) 2 m/s;(2) 1 m/s;(3) 8.25 m/s^2

7-17 $v_M=600\ \text{mm/s}; a_M=3\ 630\ \text{mm/s}^2; v_N=825\ \text{mm/s}, a_N=3\ 450\ \text{mm/s}^2$

7-18 $\omega_{CE}=0.866\ \text{rad/s}, \alpha_{CE}=0.134\ \text{rad/s}^2$

7-19 $v_r=100\ \text{mm/s}, a_r=1\ 015\ \text{mm/s}^2$

7-20 $v_x=3+(4+10t-8t^2)\cos 2t+(2-16t-6t^2)\sin 2t$

$v_y=4-10t+(4+10t-8t^2)\sin 2t-(2-16t-6t^2)\cos 2t$

7-21 $\alpha=0.67\ \text{rad/s}^2$

7-22 $v=54\ \text{mm/s}, a=48.8\ \text{mm/s}^2$

7-23 $a=\sqrt{\dfrac{3v^4}{4r^2}+\dfrac{1}{4}\left(\dfrac{v^2}{r}+5\omega^2 r\right)^2+3v^2\omega^2}$

7-24 $v=917\ \text{mm/s}, a=2\ 950\ \text{mm/s}^2$

7-25 $v=722\ \text{mm/s}, a=4\ 800\ \text{mm/s}^2$

第八章

8-1 $x_C=r\cos\omega_0 t, y_C=r\sin\omega_0 t, \varphi=-\omega_0 t$

8-2 $x_A=(R+r)\cos\dfrac{\alpha t^2}{2}, y_A=(R+r)\sin\dfrac{\alpha t^2}{2}, \varphi_A=\dfrac{1}{2r}(R+r)\alpha t^2$

8-3 (略)

8-4 $\omega=4\ \text{rad/s}, v_O=4\ \text{m/s}$

8-5 $v=52.4\ \text{mm/s}$

8-6 $v_C=200\ \text{mm/s}$

8-7 $v_C=178\ \text{mm/s}$

8-8 $v_D=537\ \text{mm/s}$

8-9 $v_D=216\ \text{mm/s}$

8-10 $\omega=2.6\ \text{rad/s}$

8-11 $\omega_{OB}=3.75\ \text{rad/s}, \omega_1=6\ \text{rad/s}$

8-12 $v_C=346\ \text{mm/s}$

8-13 $v_B=902\ \text{mm/s}$

8-14 (1) $\omega=3$ rad/s;(2) $v_G=0.14$ m/s;(3) $v_F=0.38$ m/s

(4) 以瞬心为圆心,半径 $R\leqslant 0.05$ m 的圆

8-15 $\Delta s_B=3l\Delta\theta, \Delta s_C=1.5l\Delta\theta, \Delta\varphi=0.5\Delta\theta$

8-16 $\delta s_H=\delta s_G$

8-17 $\delta s_A=\frac{3}{8}\delta s_D$

8-18 （略）

8-19 瞬时平移

8-20 $v_O=\frac{R}{R-r}u, a_O=\frac{R}{R-r}a$

8-21 $v_C=\omega_0 l, a_C=2.08\omega_0^2 l$

8-22 $v_D=12.6\ \text{m/s}, a_D=103\ \text{m/s}^2$

8-23 $v_C=\frac{3}{2}r\omega_0, a_C=\frac{\sqrt{3}}{12}r\omega_0^2$

8-24 （1）$\omega_{AB}=2\ \text{rad/s}, \omega_{O_1B}=4\ \text{rad/s}$；（2）$\alpha_{AB}=8\ \text{rad/s}^2, \alpha_{O_1B}=16\ \text{rad/s}^2$

8-25 $\omega=0.2\ \text{rad/s}, \alpha=0.046\ \text{rad/s}^2$

8-26 有两个解：$a_C=2.88\ \text{m/s}^2, a_C=4\ \text{m/s}^2, v_C=1\ 058\ \text{mm/s}$

8-27 $\omega_{BC}=8\ \text{rad/s}, \alpha_{BC}=20\ \text{rad/s}^2$

8-28 $\omega=\frac{2\sqrt{3}}{3R}\omega_0 r, \alpha=\frac{2}{9R}\omega_0^2 r$

8-29 （1）$v_F=2\omega_0 l$；（2）$\alpha_{O_1B}=0, a_F=\frac{2\sqrt{3}}{3}\omega_0^2 l$

8-30 $v_C=2.05\ \text{m/s}$

第九章

9-1 $F_x=4\ \text{N}, F_y=0, F_z=24\ \text{N}$

9-2 $x=4.5\cos 2t-4.46\ \text{m}, y=5\sin 2t-9.9t+0.05\ \text{m}$

9-3 $H=3.15\ \text{m}, d=16.5\ \text{m}$

9-4 $a_A=4.11\ \text{m/s}^2$

9-5 $F_T=7.18\ \text{N}, F_N=52.43\ \text{N}, a=5.66\ \text{m/s}^2$

9-6 $t=\frac{1}{\alpha}\sqrt{\frac{gf_s}{r}}$

9-7 （1）$F_T=G\cos\theta$；（2）$F_T=G(3-2\cos\theta)$

9-8 $F=-160.2\ \text{N}$

9-9 $\omega\geqslant\sqrt{\frac{gf_d}{2l}}$

9-10 $F_N=2.27\ \text{N}$（沿 MO 方向），$F=1.13\ \text{N}$（沿水平向右）

9-11 $\varphi=48.2°$

9-12 $v=\frac{1}{2}k$

9-13 $x=\dfrac{\left(3a-\dfrac{a}{b}t\right)t^2}{bm}$, $(t<b)$; $x=\dfrac{ab}{2m}\left(t-\dfrac{b}{3}\right)$, $(t>b)$

9-14 $x=\dfrac{v_0}{k}(1-e^{-kt})$, $y=H-\dfrac{g}{k}t+\dfrac{g}{k^2}(1-e^{-kt})$; $y=H-\dfrac{g}{k^2}\ln\dfrac{v_0}{v_0-k^x}+\dfrac{gx}{kv_0}$

9-15 37.5 m

9-16 78.4 mm

9-17 椭圆$\dfrac{x^2}{x_0^2}+\dfrac{k}{m}\dfrac{y^2}{v_0^2}=1$

9-18 (1) $x=R\cos\sqrt{\dfrac{g}{R}}t$;(2) −7.9 km/s;(3) 1 266 s

9-19 $s=236$ m ,$t=42.5$ s

9-20 $x=\dfrac{gF}{Wk}\left(t-\dfrac{1}{k}\sin kt\right)$,$y=\dfrac{gF}{Wk^2}(1-\cos kt)-\dfrac{1}{2}gt^2+ut$

9-21 $F=4.375$ N,$F_N=2.275$ N

9-22 $v=\sqrt{2ga}$,$F_N=2mg$

9-23 (1) $F_r=4$ N, $F_\theta=0$;(2) $F_r=-21.3$ N,$F_\theta=21.3$ N

9-24 $v_r=\sqrt{2r(a+g)\sin\varphi}$,$F_N=3m(a+g)\sin\varphi$

9-25 (略)

9-26 (略)

9-27 (略)

9-28 $v_r=\sqrt{2gR}$,$F_N=\sqrt{\dfrac{107}{12}}G$

9-29 $F=3.78$ kN

9-30 当 $\omega\leqslant\sqrt{\dfrac{3g}{l}}$时,$\theta=0$;当 $\omega>\sqrt{\dfrac{3g}{l}}$时 $\theta=\arccos\dfrac{3g}{l\omega^2}$

9-31 $x'=\mathrm{arcosh}\omega t$;$F_N=2\ m\omega^2\mathrm{arsinh}\omega t$

9-32 $F_{NA}=23.11$ N; $F_{NM}=12.27$ N

9-33 15.73 cm; 0; 31.5 cm

第十章

10-1 $x=3.43$ m (向左)

10-2 $x=\dfrac{m_2+2m_3}{m_1+m_2+m_3}l\sin\omega t$

10-3 $x=0.266$ mm (向左)

10-4 $F_x=m_1+m_2\omega^2e\cos\omega t$,$F_y=-m_2\omega^2e\cos\omega t$

10-5 $x=\frac{m_2(a-b)}{m_1+m_2}$（向左）

10-6 $(x_A-l\cos\varphi_0)^2+\left(\frac{y_A}{2}\right)^2=l^2$

10-7 $m_B=0.93$ kg

10-8 $F_{Ox}=-\frac{4mR}{3\pi}(\omega^2\cos\varphi+\alpha\sin\varphi)$，$F_{Oy}=mg+\frac{4mR}{3\pi}(\omega^2\sin\varphi-\alpha\cos\varphi)$

10-9 $v=-6.76$ m/s

10-10 $F=19.8$ N

10-11 (a) $p=mv_O$，$\boldsymbol{p}$ 与 $\boldsymbol{v}_O$ 同向；(b) $p=m\omega a$，$\boldsymbol{p}\perp OC$；(c) $\boldsymbol{p}=\frac{2}{3}ma\omega\boldsymbol{i}+\frac{1}{b}ma\omega\boldsymbol{j}$

(d) $\boldsymbol{p}=m(R-r)\dot{\theta}\cos\theta\boldsymbol{i}-m(R-r)\dot{\theta}\sin\theta\boldsymbol{j}$

10-12 (a) $\boldsymbol{p}=\left\{m_2\dot{x}+m_1\left(\dot{x}+\frac{l}{2}\dot{\varphi}\cos\varphi\right)+m_2[\dot{x}+(l+r)\dot{\varphi}\cos\varphi]\right\}\boldsymbol{i}+$

$\left\{m_1\cdot\frac{l}{2}\dot{\varphi}\sin\varphi+m_2(l+r)\dot{\varphi}\sin\varphi\right\}\boldsymbol{j}$

(b) $\boldsymbol{p}=-\frac{m_1+2m_2}{2}l\omega\sin\omega t\boldsymbol{i}+\frac{1}{2}m_1l\omega\cos\omega t\boldsymbol{j}$

(c) $\boldsymbol{p}=-\frac{5m_1+4m_2}{2}l\omega\sin\omega t\boldsymbol{i}+\frac{5m_1+4m_2}{2}l\omega\cos\omega t\boldsymbol{j}$

10-13 (1) $v'=\frac{m_1v_A+m_2v_B}{m_1+m_2}$；(2) $v'_B=\frac{m_1v_A+m_2v_B-m_1u_A}{m_2}$

10-14 $\Delta v=-\frac{6m_2u\cos\theta}{m_1}$

10-15 $\frac{v_1}{v_2}=\frac{m_1}{m_1+m_2}$

10-16 $v=0.687$ m/s

10-17 $F_1=12.6$ kN，$F_2=9.33$ kN

10-18 $F_x=1.33$ N，$F_y=27.69$ N

10-19 $v_0=\sqrt{gh}$

10-20 $I=147.4$ g · cm/s，其方向与初速度 $\boldsymbol{v}_0$ 的夹角为 $\theta=73°40'30''$

10-21 (1) $t=4.725$ s；(2) $s=22.526$ m

10-22 $F_x=138.6$ N

10-23 $F_x=9Q(v_2\cos\theta+v_1)$

10-24 $F_x=27.69$ kN

10-25 $F_y=m_1g+m_2g-\frac{2m_1-m_2}{2}a$

10-26 $F_y=m_1g+m_2g+m_3g+\frac{m_2+2m_3}{2}a\omega^2\cos\omega t$

10-27 $F_N=m_1g+2m_2g+2m_2\omega^2 e\cos\omega t$

10-28 $F_N=\frac{mv^2r}{R^2}$

第十一章

11-1 $L_O=15\ \text{kg}\cdot\text{m}^2/\text{s}$

11-2 $L_z=\left(\frac{3P_1+P_2}{3g}l^2+\frac{P_1}{4g}R^2\right)\omega$

11-3 (a) $ml^2\omega$;(b) $\frac{1}{2}mR^2\omega$;(c) $\left(\frac{1}{2}mR^2+ml^2\right)\omega$;(d) $mR(\frac{1}{2}R-l)\omega$

11-4 $L_C=\frac{1}{12}ml^2\dot{\varphi}$;$L_O=\frac{1}{6}ml^2\dot{\varphi}$

11-5 $\varphi=\frac{\delta_0}{l}\sin\left(\sqrt{\frac{gk}{3(p_1+3p_2)}}t+\frac{\pi}{2}\right)$

11-6 $\alpha=\frac{G_1r_1-G_2r_2}{G_1r_1^2-G_2r_2^2}g$

11-7 $k>\frac{Gl}{2b^2}$

11-8 $a=\frac{(M-Gr)R^2rg}{(J_1r^2+J_2R^2)g+GR^2r^2}$

11-9 $F=269.3$ N

11-10 $\omega=\frac{2aG_2t}{(G_1+2G_2)r}$,$\alpha=\frac{2aG_2}{(G_1+2G_2)r}$

11-11 (1) $\alpha=13.06\ \text{rad/s}^2$;(2) $F_N=424.35$ N

11-12 (1) $\alpha=\frac{9g}{8l}$;(2) $F_{Ox}=0$,$F_{Oy}=\frac{5}{16}mg$

11-13 (1) $\omega=\frac{J_1\omega_0}{J_1+J_2}$;(2) $M_f=\frac{J_1J_2\omega_0}{(J_1+J_2)t}$

11-14 $\omega_2=\frac{8}{17}\omega_1$

11-15 $F_O=101.3$ N

11-16 $F_T=\frac{G}{3}, a_C=\frac{2}{3}g$

11-17 (1) $F_{Ax}=0$, $F_{Ay}=\frac{G}{4}$; (2) $F_{Ax}=0$, $F_{Ay}=\frac{5}{2}G$

11-18 (a) $a_C=4.8\ \text{m/s}^2, \alpha=60\ \text{rad/s}^2$; (b) $a_C=0.96\ \text{m/s}^2, \alpha=34.2\ \text{rad/s}^2$

11-19 $a=\frac{4}{5}g$

11-20 $\alpha=0.18\ \text{rad/s}^2, \Delta a_C=7.5\ \text{m/s}^2$

11-21 $\varphi=\varphi_0\sin\left(\sqrt{\frac{2g}{3(R-r)}}t+\frac{\pi}{2}\right)$

11-22 $F_N=\frac{mg}{3}(7\cos\theta-4\cos\theta_0)$

11-23 $f_s=0.38$, $\alpha=40\ \text{rad/s}^2$

11-24 $a_C=\frac{FR(R\cos\varphi-r)}{G(\rho^2+R^2)}g$

11-25 $a_{Ax}=\frac{37F}{20m}$, $a_{Ay}=\frac{9F}{20m}$

11-26 (1) $\alpha=14.846\ \text{rad/s}^2$; (2) $a_A=11.2\ \text{m/s}^2$; (3) $F_{NA}=2.8\ \text{N}$

11-27 $F_{NB}=36.33\ \text{N}$

11-28 $\alpha_{AB}=\frac{6Fg}{7Gl}$; $\alpha_{BC}=\frac{30Fg}{7Gl}$

11-29 (1) $v_B=5\ 880\ \text{km/h}$; (2) $\Delta v=250\ \text{km/h}$

第十二章

12-1 $W=66\ \text{N}\cdot\text{m}$

12-2 $W_{A\to B}=-\frac{k}{2}(2R-\sqrt{2}R)^2, W_{B\to D}=\frac{k}{2}[(2R-\sqrt{2}R)^2-(\sqrt{2+\sqrt{2}}R-\sqrt{2}R)^2]$

12-3 $W=6.2\ \text{N}\cdot\text{m}$

12-4 5.75 kW

12-5 （略）

12-6 $T=\frac{G_1}{2g}v_A^2+\frac{G_2}{2g}(v_A^2+\frac{1}{3}l^2\omega^2+l\omega v_A\cos\varphi)$

12-7 $T=\frac{1}{2g}\left[G_1+4G_2+4G_3\left(\frac{\rho^2}{R^2}+1\right)\right]v^2$

12-8 $T=\frac{Pl^2 v_A{}^2}{3gh^2}$

12-9 (1) $\delta_{max}=4$ mm;(2) $\delta_{max}=22.1$ mm

12-10 $\delta_A=283$ mm, $\delta_B=142$ mm

12-11 (1) $\theta=53.7°$;(2) $v=4.95$ m/s

12-12 $v=0.7$ m/s

12-13 $v=2.36$ m/s

12-14 $a=\frac{93}{338}g$

12-15 $a=\frac{M+(G_2-G_1)r}{(G_1+G_2+G_3)r}g$

12-16 $v_1=2.638$ m/s, $v_2=0$

12-17 $\omega=3.67$ rad/s

12-18 $\omega=\frac{2}{r}\sqrt{\frac{3g(\pi M-2Fr)}{G_1+3G_2}}$

12-19 $v=\sqrt{\frac{4G_3gx}{3G_1+G_2+2G_3}}$, $a=\frac{2G_3g}{3G_1+G_2+2G_3}$

12-20 $\theta=28°4'$

12-21 $a=\frac{(Mk-GR)Rg}{(J_1k^2+J_2)g+GR^2}$

12-22 (a) $\omega=\frac{2.47}{\sqrt{a}}$rad/s;(b) $\omega=\frac{3.12}{\sqrt{a}}$rad/s

12-23 $v=\sqrt{\frac{2gs(M-P_1r\sin\alpha)}{(P_1+P_2)r}}$

12-24 $\omega=\sqrt{\frac{8m_2eg}{3m_1r^2+2m_2(r-e)^2}}$

12-25 $v_C=\sqrt{3gh}$

12-26 $a_{AB}=\frac{m_1g\tan^2\alpha}{m_1\tan^2\alpha+m_2}$, $a_C=\frac{m_1g\tan\alpha}{m_1\tan^2\alpha+m_2}$

12-27 $\omega=\frac{2}{R+r}\sqrt{\frac{3gM\varphi}{2G_2+9G_1}}$

12-28 $a=\frac{G_1(R+r)^2g}{G_2(\rho^2+R^2)+G_1(R+r)^2}$

12-29 $v_B=2.1\sqrt{\dfrac{m_1gl}{7m_1+9m_2}}$

12-30 $\omega=\sqrt{\dfrac{2gM\varphi}{(3G+4G_1)l^2}}, \alpha=\dfrac{gM}{(3G+4G_1)l^2}$

12-31 $h=\dfrac{3v_0^2(7G_2+10G_1)}{4g[G_1(1-2f_d)+G_2]}$

12-32 $v_B=3.946\ \text{m/s}$

12-33 $V=\dfrac{1}{2}kh^2\sin^2\varphi+\dfrac{1}{2}p_2l_2(1-\cos\varphi)$

12-34 $v_B=2P\sqrt{\dfrac{\pi rg}{2(P+G)^2-P(P+G)}}$

12-35 $\omega=2.09\ \text{rad/s}, v=0.146\ \text{m/s}$

12-36 $v_B=\sqrt{\dfrac{kG_2g}{G_1(G_1+G_2)}}(l-l_0), v_B=\sqrt{\dfrac{kG_1G_2}{P_2(G_1+G_2)}}(l-l_0)$

12-37 (1) $a=a_l=\dfrac{1}{2}g=4.9\ \text{m/s}^2, F_A=72\ \text{N}, F_B=268\ \text{N}$

(2) $a=a_n=(2-\sqrt{3})g=2.63\ \text{m/s}^2; F_A=F_B=248.5\ \text{N}$

12-38 $a_B=\dfrac{m_1g\sin 2\theta}{2(m_2+m_1\sin^2\theta)}$

12-39 $\omega=5.72\ \text{rad/s}, F_{Ax}=0, F_{Ay}=36.75\ \text{N}$

12-40 $F=9.8\ \text{N}$

12-41 $\omega=\sqrt{\dfrac{3g}{2l}}, x_C^2+3ly_C+3l^2=0$

12-42 $\omega=\sqrt{\dfrac{3m_1+6m_2}{m_1+3m_2}\dfrac{g}{l}\sin\theta}, \alpha=\dfrac{3m_1+6m_2}{m_1+3m_2}\dfrac{g}{2l}\cos\theta$

12-43 $F_N=\dfrac{7}{3}mg\cos\theta, F=\dfrac{1}{3}mg\sin\theta$

12-44 $\theta=\arccos\left[\dfrac{h}{l}\left(\dfrac{3}{2}+\cos\beta\right)-\dfrac{3}{2}\right]$，张力增加 $2mg\dfrac{h}{l}\left(\dfrac{3}{2}+\cos\beta\right)$

12-45 (1) $f\geqslant\dfrac{3G_1\sin\alpha-G_2}{(9G_1+2G_1)\cos\alpha}$，(2) $G_1\sin\alpha>\dfrac{G_2}{3}$

第十三章

13-1 $t\geqslant 5.1\ \text{s}$

13-2 $f_s = 0.305$

13-3 $a = 15\ \mathrm{m/s^2}$, $\theta = 33.16°$

13-4 $F_{NE} = \dfrac{G_1 \cos\theta}{G_1 + G_2}(G_1 \sin\theta - G_2)$

13-5 $\theta = \arccos\left(\dfrac{3g}{2l\omega^2}\right)$, $F_{Ax} = \dfrac{ml\omega^2}{2}\sqrt{1 - \dfrac{qg^2}{4l^2\omega^4}}$, $F_{Az} = mg$, $\omega_{\max} = \sqrt{\dfrac{3g}{2l}}$

13-6 $F_D = F_E = 219\ \mathrm{N}$,直径 $d = 3.38r$

13-7 $F_A = 783\ \mathrm{N}(\uparrow)$, $F_B = 279\ \mathrm{N}(\downarrow)$

13-8 $F_{Ax} = F_{Bx} = \dfrac{ml\omega^2}{2}$, $F_{Ay} = \dfrac{ml\omega^2 \sin\varphi(b - l\cos\varphi)}{2b}$, $F_{By} = \dfrac{ml\omega^2 \sin\varphi(b + l\cos\varphi)}{2b}$

13-9 $F_A = F_B = \dfrac{Gl^2\omega^2 \sin\theta\cos\theta}{6bg}$

13-10 $F_{Ix} = -\dfrac{1}{2}m\omega^2 l, F_{Iy} = \dfrac{1}{2}m\omega^2 l, M_{IO} = \dfrac{1}{12}m\omega^2 l^2$

13-11 $a_C = \dfrac{3}{7}g$, $F = \dfrac{4}{7}G$

13-12 $F_A = 5.39\ \mathrm{N}$, $F_B = 45.6\ \mathrm{N}$ 均受压

13-13 (1) $\alpha = 9.8\ \mathrm{rad/s^2}$, (2) $F_N = 424\ \mathrm{N}$, $F = 122.5\ \mathrm{N}$

13-14 $a_B = \dfrac{3}{7}g, a_D = \dfrac{9}{7}g$

13-15 $F_A = \dfrac{G}{2} + \dfrac{mg}{6} = F_B$

13-16 无滑动时 $a_C = \dfrac{\dfrac{F}{m}\left[\cos(\theta - \varphi) + \dfrac{r}{R}\right] - g\sin\theta}{1 + \dfrac{\rho^2}{R^2}}$

有滑动时,$a_C = \dfrac{F}{m}[\cos(\theta - \varphi) - f_s \sin(\theta - \varphi)] - (\sin\theta + f_s \cos\theta)g$

13-17 (1) $\alpha = 1.85\ \mathrm{rad/s^2}$; (2) $F_A = 64\ \mathrm{N}$; (3) $F_B = 321\ \mathrm{N}$

13-18 $F_A = 7.72\ \mathrm{kN}$, $F_B = 8.4\ \mathrm{kN}$

13-19 $F_{Ax} = 0, F_{Ay} = 3\ mg, M_A = 5\ mgr$

13-20 $a = \dfrac{m_2 \sin^2\theta}{3(m_1 + m_2) - 2m_2 \cos^2\theta}$

13-21 $\alpha_1 = \dfrac{4F}{5ml} \downarrow$, $\alpha_2 = \dfrac{21F}{5ml} \uparrow$

13-22 $F_{Ax}=4.38\ \mathrm{kN}(\leftarrow)$, $F_{Ay}=20.4\ \mathrm{kN}(\uparrow)$, $F_B=15.9\ \mathrm{N}(\uparrow)$

13-23 $\omega=\sqrt{\dfrac{3g\sin\varphi}{l}}$, $\alpha=\dfrac{3g\cos\varphi}{2l}$

$F_{Ox}=\dfrac{G}{4}\cos\varphi$, $F_{Oy}=\dfrac{5G}{2}\sin\varphi$（$x$ 轴 $\perp OA$）

13-24 $F_{Ox}=\dfrac{1}{3}G\sin 2\varphi$, $F_{Oy}=G\left(1-\dfrac{2}{3}\sin^2\varphi\right)$

$M_O=Gs\cos\varphi$

13-25 (1) $a_C=\dfrac{2G_1}{2G_1+3G_2}g$;(2) $F=\dfrac{G_1G_2}{2G_1+3G_2}$

13-26 $F_{Ay}=-F_{By}=\dfrac{m\omega^2R^2}{8(l_1+l_2)}\sin 2\theta$

13-27 $F_{Ay}=-F_{By}=\dfrac{mlb\omega^2(l^2-b^2)}{12(l^2+b^2)^{3/2}}$

第十四章

14-1 $G_2=100\ \mathrm{N}$

14-2 $F_1=50\ \mathrm{N}$

14-3 $F=\dfrac{\pi M\cot\varphi}{h}$

14-4 $F=1.865\ \mathrm{kN}$

14-5 $F_1=\dfrac{l}{R\cos^2\varphi}F_2$

14-6 $\varphi_{\min}=\arctan\dfrac{1}{2f_s}$

14-7 $x=\dfrac{Fl^2}{kh^2}+b$

14-8 $\dfrac{\tan\varphi_1}{\tan\varphi_2}=\dfrac{G_1}{G_2}$

14-9 $F_1=\dfrac{3}{2}F_2\cot\theta$

14-10 $F_2=900\ \mathrm{N}$

14-11 $G=0.8kl(2\sin\theta-1)$

14-12 $F_{Cx}=2.25\ \mathrm{kN}$, $F_{Cy}=4.5\ \mathrm{kN}$

14-13 $F_{Dx}=-2\ \mathrm{kN}$

14-14 $F_A=6.67\ \text{kN}$, $F_B=69.2\ \text{kN}$, $F_E=4.17\ \text{kN}$

14-15 $F_A=2.44\ \text{kN}$, $F_B=2.22\ \text{kN}$, $F_C=2.67\ \text{kN}$, $F_E=2.67\ \text{kN}$

14-16 $F_{EO}=0.943\ \text{kN}$(拉), $F_{CG}=1.167\ \text{kN}$(压)

14-17 $F_{Ax}=0$, $F_{Ay}=3\ \text{kN}$, $M_A=4\ \text{kN}\cdot\text{m}$

14-18 $F_{Ax}=-\dfrac{F_1}{2}$, $F_{Ay}=-\dfrac{F_1}{2}$, $F_B=F_1+F_2$

14-19 $F_{Bx}=-\dfrac{1}{2}F, F_{By}=2F$

14-20 $F_{EG}=3.67\ \text{kN}$

14-21 $F_1=\dfrac{h}{b}F$, $F_2=\dfrac{\sqrt{b^2+h^2}}{b}F$

14-22 $F_1=F$

14-23 $F_1=-\dfrac{2\sqrt{3}}{3}F$, $F_2=0$

14-24 $F_{AB}=-F\cot\theta$

14-25 $Q_\theta=\dfrac{(G_1+G_2)b}{\cos^2\theta}-\left(\dfrac{G_1}{2}+G_2\right)l\cos\theta$

14-26 $Q_{\varphi_1}=(F_1+F_2)l\cos\varphi_1-M, Q_{\varphi_2}=F_2 l\cos\varphi_2$

14-27 $\theta_1=\arccos\dfrac{2M}{3mgl}$, $\theta_2=\arccos\dfrac{2M}{mgl}$

14-28 $M=2Fr$, $F_s=F$

14-29 $\lambda=\dfrac{q_m l}{6k_1}$, $\varphi=\dfrac{Fl}{2k_2}$

14-30 $\theta=0$,不稳定平衡
$\theta=\pi$,不稳定平衡
$\theta=68.67°$,稳定平衡

14-31 $k>\dfrac{mgh}{2b^2}$

14-32 $\theta=0$,不稳定平衡
$\theta=62°$,稳定平衡

14-33 $R>\dfrac{3\pi-4}{4}r$

第十五章

15-1 $\ddot{\theta}+\dfrac{3g\sqrt{4R^2-l^2}}{6R^2-l^2}\sin\theta=0$

15-2 $a_{AB}=\dfrac{m_1 g\tan^2\theta}{m_1\tan^2\theta+m_2}$， $a_C=\dfrac{m_1 g\tan\theta}{m_1\tan^2\theta+m_2}$

15-3 $a_A=\dfrac{3}{5}g$（向上），$a_B=\dfrac{1}{5}g$（向上），$a_C=\dfrac{1}{5}g$（向下）

15-4 $(l+r\theta)\ddot{\theta}+r\dot{\theta}^2+g\sin\theta=0$

15-5 $\ddot{\varphi}_1=\dfrac{2m_2 g}{r_1(3m_1+2m_2)}$，$\ddot{\varphi}_2=\dfrac{2m_1 g}{r_2(3m_1+2m_2)}$

15-6 $\dfrac{3}{2}m\ddot{x}+\dfrac{1}{2}mr\ddot{\varphi}+2kx=0$，$\dfrac{1}{2}m\ddot{x}+\dfrac{3}{4}mr\ddot{\varphi}+2kr\varphi=0$

15-7 $\ddot{\theta}+\left(\dfrac{g}{r}-\omega^2\cos\theta\right)\sin\theta=0$，$M=mr^2\omega\dot{\theta}\sin 2\theta$

15-8 $a_A=\dfrac{(1-\sin\theta)\cos\theta}{8-\cos^2\theta}g$， $a_r=\dfrac{4(1-\sin\theta)}{8-\cos^2\theta}g$

15-9 $(m_1 l^2+3m_2 r^2)\ddot{\theta}+6m_2 r\dot{r}\dot{\theta}+\left(\dfrac{1}{2}m_1 l+m_2 r\right)g\sin\theta=0$

$\ddot{r}-r\dot{\theta}^2+\dfrac{k}{m}(r-l_0)-g\cos\theta=0$，其中 r 为 O 至 B 的距离

15-10 $\alpha_A=\dfrac{3m_2 g}{2(m_1+3m_2)R}$，$\alpha_B=\dfrac{m_1 g}{(m_1+3m_2)R}$

15-11 $(m_1+m_2)\ddot{x}+m_2(R-r)\ddot{\theta}=0$，$\ddot{x}+\dfrac{3}{2}(R-r)\ddot{\theta}+g\theta=0$

15-12 $6\ddot{\theta}+\ddot{\varphi}(1+\cos\varphi)-\dot{\varphi}^2\sin\varphi=0$

$4\ddot{\varphi}+3\ddot{\theta}(1+\cos\varphi)+\dfrac{g}{r}\sin\varphi=0$

$6\dot{\theta}+\dot{\varphi}(1+\cos\varphi)=0$

$9\dot{\theta}^2+2\dot{\varphi}^2+3\dot{\theta}\dot{\varphi}(1+\cos\varphi)-\dfrac{g}{r}\cos\varphi=0$

15-13 $m\ddot{x}\left(1+\dfrac{x^2}{4b^2}\right)+\dfrac{m}{4b^2}x\dot{x}^2-m\omega^2 x+\dfrac{mg}{2b}x=0$

15-14 $\theta=\dfrac{-2b}{\sqrt{\dfrac{J_0}{m}+b^2}}\arctan\left(\dfrac{l}{\sqrt{\dfrac{J_0}{m}+b^2}}\right)$

15-15 $(m_1+m_2)\dot{x}+m_2\dot{\theta}b\cos\theta=c_1$，$\dfrac{1}{2}(m_1+m_2)\dot{x}^2+\dfrac{2}{3}m_2 b^2\dot{\theta}^2+m_2 b\cos\theta(\dot{x}\dot{\theta}-g)=c_2$

15-16 $\dot{\varphi}_{\max}=\dfrac{1}{\sqrt{6}-2}\sqrt{\dfrac{g}{r}}$

15-17 $m\ddot{x}+ml\ddot{\theta}\cos\theta-ml\dot{\theta}^2\sin\theta+kx=0, ml^2\ddot{\theta}+ml\ddot{x}\cos\theta+mgl\sin\theta=0$

15-18 $\ddot{\varphi}=\dfrac{2m_2(1+\sin\theta)g}{r(m_1+3m_2)}, \ddot{y}=\dfrac{(3m_2-m_1\sin\theta)g}{m_1+3m_2}$

第十六章

16-1 $x=\dfrac{m_1g}{k}\cos\sqrt{\dfrac{k}{m}}t$

16-2 (1) $\delta=2.45$ rad/s; (2) $T_d=0.845$ s; (3) $\Lambda=2.07$

16-3 当$\dfrac{(k+\pi r^2\rho g)g}{G}-\left(\dfrac{cg}{2G}\right)^2>0$时发生振动

$q=\dfrac{c_1h}{6}\sqrt{\dfrac{1}{\omega_n^2-\delta^2}}e^{-\delta t}\sin(\sqrt{\omega_n^2-\delta^2}t+\theta)$

其中 $c_1=\sqrt{\dfrac{(k+\pi r^2\rho g)g}{P}}, \theta=\arctan\dfrac{\sqrt{\omega_n^2-\delta^2}}{\delta}$

16-4 (1) $\omega_0=\sqrt{\dfrac{2k}{3m}}$

(2) $\zeta=\dfrac{C}{\sqrt{6mk}}$

(3) $\omega_d=\dfrac{1}{3m}\sqrt{6km-c^2}$

(4) $T_d=\dfrac{6\pi m}{\sqrt{6km-c^2}}$

16-5 $\ddot{\varphi}+\dfrac{4c}{m}\dot{\varphi}+\dfrac{9k}{m}\varphi=0$, $T_d=\dfrac{2\pi m}{\sqrt{9mk-4c^2}}$

16-6 $T_d=\dfrac{2\pi}{\sqrt{\dfrac{k_t}{J}-\left(\dfrac{cS}{2J}\right)^2}}$

16-7 (1) $x=5\cos 14t$, $A=5$ cm, $T=\pi/7$ s

(2) $x=-2.5\cos 14t$, $A=2.5$ cm, $T=\pi/7$ s

16-8 (a) $T=2\pi\sqrt{\dfrac{G}{(2k_1+k_2)g}}$; (b) $T=2\pi\sqrt{\dfrac{2G}{(k_1+2k_2)g}}$; (c) $T=2\pi\sqrt{\dfrac{(2k_1+k_2)G}{2k_1k_2g}}$

16-9 $f_n=\dfrac{l}{2\pi}\sqrt{\dfrac{k_1k_2}{(k_1l_0^2+k_2l^2)m}}$

16-10 $T=2\pi\sqrt{\dfrac{\delta_{st}+f_{st}}{g}}$

16-11 $f_n=\frac{l}{2\pi}\sqrt{\frac{2Fg}{Gl}}$

16-12 $T=7.57\sqrt{\frac{l}{g}}$

16-13 $T=\frac{2\pi l_0}{b}\sqrt{\frac{l}{3g}}$

16-14 $f_n=\frac{l}{2\pi}\sqrt{\frac{2kg}{3G}}$

16-15 $f_n=\frac{l}{2\pi}\sqrt{\frac{2kl_0^2}{ml^2}+\frac{g}{l}}$

16-16 $F=2kl-\frac{G}{2}$

16-17 $f_n=\frac{l}{2\pi}\sqrt{\frac{2k}{m_1+4m_2}}$

16-18 $T=2\pi\sqrt{\frac{7(R-r)}{5g}}$

16-19 $T=\frac{\pi d}{d+2b}\sqrt{\frac{3m}{k}}$

16-20 $T=2\pi\sqrt{\frac{b}{fg}}$

16-21 $b=0.096\ 5$ cm

16-22 （1）$b=0.052$ cm；（2）$b=0.044\ 6$ cm

16-23 $x=1.99\sin(15t-1.44)$ cm

16-24 （1）$\beta=0.385$；（2）$\beta=0.001\ 3$

16-25 $k\leqslant 0.091\ 5$ kN/cm

16-26 $b=45.4$ mm

16-27 （1）$y=\frac{h}{\omega_n^2-\omega^2}\sin\omega t$；（2）$v_{cr}=\frac{l}{\pi}\sqrt{\frac{kg}{G}}$

其中 $h=\frac{kdg}{G}$，$\omega_n^2=\frac{kg}{G}$，$\omega=\frac{\pi v}{l}$

16-28 $\theta=\frac{\frac{d}{l}\left(\frac{\omega}{\omega_n}\right)^2}{1-\left(\frac{\omega}{\omega_n}\right)^2}\sin\omega t$，其中 $\omega_n=\sqrt{\frac{g}{l}}$

16-29 $\omega_{n1}=0.342\sqrt{\frac{k}{m}}$，$\omega_{n2}=1.46\sqrt{\frac{k}{m}}$

16-30 $\omega_{n1}=0.618\sqrt{\dfrac{k_t}{J}},\omega_{n2}=1.618\sqrt{\dfrac{k_t}{J}}$

16-31 $\begin{cases}(m_A+m_B)\ddot{x}+m_B l\ddot{\varphi}+2kx=0\\ \ddot{x}+l\ddot{\varphi}+g\varphi=0\end{cases}$

$$\omega_{1,2}^2=\frac{(m_A+m_B)g+2kl}{2m_A l}\mp\sqrt{\left[\frac{(m_A+m_B)g+2kl}{2m_A l}\right]^2-\frac{2kg}{m_A l}}$$

16-32 $\omega_n^4-\left(\dfrac{k}{m}+\dfrac{k_t+ke^2}{J_C}\right)\omega_n^2+\dfrac{kk_t}{mJ_C}=0$

16-33 (1) $k=\dfrac{m_1+m_2}{2}\omega^2$;(2) 机器到右边弹簧的距离为 l

第十七章

17-1 $I_x=-10.96$ N·s ,$I_y=3.96$ N·s ,$F=582.7$ N

17-2 $e=\dfrac{\tan\theta}{\tan\beta}$

17-3 $e=\dfrac{1}{\sqrt[4]{2}}$

17-4 $h_{max}=0.388$ m

17-5 $v_n=\left(\dfrac{1+e}{2}\right)^{n-1}v_1$

17-6 $\omega=0.778$ rad/s

17-7 $\delta=0.255$ m ,$\delta_{max}=0.230$ m

17-8 $F=166.72$ kN ,$\Delta T=900$ J

17-9 $\Delta T=146\ 000$ J,$\eta_T=95.4\%$

17-10 $v_A'=15.13$ m/s ,$v_B'=17.56$ m/s

17-11 $v_1'=3.175$ m/s,$\theta=\arctan\dfrac{v_{1n}}{v_{1t}}$,$v_2'=4.157$ m/s ,沿撞击点法线方向

17-12 $s=\dfrac{3m_1^2}{2f(m_1+3m_2)}l$

17-13 $\omega=\dfrac{12v}{7l},v_C=\dfrac{3}{7}v$

17-14 $\omega_A=\omega,\omega_B=\dfrac{1}{2}\omega$

17-15 $I_x=1.33$ N·s ,$I_y=12.00$ N·s

17-16 $v_{Cx}=0,v_{Cy}=8.53$ m/s,$\omega'=14.99$ rad/s

17-17 $\omega_{OA}=\frac{6I}{7ml},\omega_{AB}=\frac{30I}{7ml}$

17-18 $\omega_1=\frac{12v(1+e)}{13l},\omega_2=\frac{6\sqrt{2}v(1+e)}{13l},v'_{C1}=\frac{(2e-11)v}{13},v'_{C2}=\frac{2v(1+e)}{13}$

17-19 $l=906\ \mathrm{mm}$

17-20 $AK=\frac{10}{7}l$

17-21 $\frac{G_1}{G_2}=\frac{3}{28}$

附录 B

B-1 $J_{z_1}=J_{z_2}=\frac{7}{48}ml^2$

B-2 $J_x=\frac{1}{6}mh^2$

B-3 (a) $J_x=\frac{m}{3}(a^2+3ab+4b^2)$;(b) $J_x=\frac{5}{6}m(a^2+3ab+3b^2)$

B-4 (略)

B-5 $J_x=\frac{m}{4}(R_1^2+R_2^2)$

B-6 $J_x=4\left(\frac{5}{16}-\frac{2}{3\pi}\right)mR^2$

B-7 $J_O=\frac{14m_1+99M_2}{6}r^2$

B-8 $J_{Oz}=\frac{17}{12}ml^2$

B-9 $J_O=\frac{29}{32}mR^2$

B-10 $J_x=2.2\ \mathrm{kg\cdot m^2},J_y=4\ \mathrm{kg\cdot m^2},J_{xy}=1.2\ \mathrm{kg\cdot m^2}$

B-11 $J_x=\frac{mr^2}{4},J_y=m\left(\frac{r^2}{4}+a^2\right),J_z=m\left(\frac{r^2}{2}+a^2\right),J_{xy}=J_{yz}=J_{zx}=0$

索　　引

B

板和壳　(plate and shell)(4)
保守系统　(conservative system)(307)
变形　(deformation)(4)
变形效应　(effect of deformation)(8)
泊松公式　(Poisson formula)(165)
不稳定平衡　(unstable equilibrium)(371)

C

超静定问题或静不定问题　(statically indeterminate problem)(77)
冲量　(impulse)(249)
冲量定理　(theorem of impulse)(251)
冲量矩　(moment of impulse)(273)
冲量矩定理　(theorem of moment of impulse)(451)

D

达朗贝尔-拉格朗日原理　(d'Alembert-Lagrange principle)(381)
达朗贝尔原理　(d'Alembert principle)(326)
单面约束　(unilateral constraint)(353)
等效力系　(equivalent force system)(7)
定常约束　(steady constraint)(352)
定位矢量　(fixed vector)(13)
定轴转动　(fixed-axis rotation)(156)
动量　(momentum)(247)
动量定理　(theorem of the momentum)(250)
动量矩　(moment of momentum)(266)
动量矩定理　(theorem of the moment of momentum)(271)
动摩擦力　(dynamic friction force)(115)
动摩擦因数　(dynamic friction factor)(115)
动能定理　(theorem of the kinetic energy)(300)
动平衡　(dynamic balancing)(341)
动约束力　(dynamical constraint force)(333)
动坐标系　(moving reference system)(176)
独立坐标　(independent coordinate)(353)
对心碰撞　(central impact)(451)
对心斜碰撞　(oblique central impact)(451)
对心正碰撞　(direct central impact)(451)

E

二力平衡原理　(equilibrium principle of two forces)(10)

F

法面　(normal surface)(146)
法向加速度　(normal acceleration)(148)
放大因数　(amplification factor)(423)
非定常约束　(unsteady constraint)(352)

非自由体或受约束体 (constrained body)(54)
分析力学 (analytical mechanics)(351)
副法线 (binormal)(146)

G

杆 (bar)(4)
刚化原理 (principle of rigidization)(11)
刚体 (rigid body)(4)
刚体平面运动微分方程 (differential equations of planar motion of rigidbody)(278)
刚体系统 (system of rigid bodies)(4)
隔振因数 (Coefficient of vibration isolation)(427)
功率 (power)(296)
功率方程 (power equation)(303)
共振 (resonance)(423)
固定铰支座 (fixed hinge support)(55)
固定支座 (fixed support)(59)
惯性定律 (inertial law)(226)
惯性积 (product of inertia)(471)
惯性力 (inertial force)(324)
惯性力主矩 (principal moment of inertial force)(329)
惯性力主矢 (principal vector of inertial force)(329)
惯性主轴 (principal axis of inertia)(341)
惯性坐标系 (inertial coordinate system)(227)
光滑接触面 (smooth surface)(54)
广义动量 (generalized momentum)(393)
广义力 (generalized force)(365)
广义能量积分 (integral of generalized energy)(392)
广义坐标 (generalized coordinate)(137)
轨迹方程 (equation of trajectory)(152)
滚动摩擦力偶 (couple of rolling resistance)(121)
滚动摩擦系数 (rolling friction factor)(123)

H

哈密顿原理 (Hamilton principle)(398)
合成运动 (composite motion)(176)
荷载 (load)(54)
桁架 (truss)(96)
弧坐标 (arc coordinate)(145)
滑动摩擦 (sliding friction)(113)
滑动摩擦力 (sliding friction force)(114)
恢复因数 (coefficient of restitution)(450)
回转半径 (radius of gyration)(469)
汇交力系 (concurrent force system)(23)
活动铰支座或辊轴支座 (roller support)(57)

J

机械能守恒定律 (law of conservation of mechanical energy)(307)
基点 (base point)(201)
极点 (pole)(152)
极限滚动摩擦力偶矩 (limited moment of rolling friction)(122)
极限摩擦力(limited friction force)或最大静摩擦力 (maximum static friction force)(114)
极轴 (polar axis)(152)
集中力 (concentrated force)(8)

几何约束 (geometric constraint)(352)
计算简图 (sketch for calculation)(61)
加减平衡力系原理 (principle of addedor moved equilibrium foece system)(10)
加速度 (acceleration)(138)
加速度合成定理 (theorem for the composition of acceleration)(188)
剪力 (shear force)(98)
角加速度 (angular acceleration)(157)
角速度 (angular velocity)(157)
角位移 (angular displacement)(157)
铰连接 (pinned connection)(56)
结点或节点 (nate,nedal point)(96)
径矢或位置矢 (radius vector or posi－tion vector)(13)
径向轴承 (journal bearing)(58)
静定问题 (statically determinate problem)(77)
静摩擦力 (static friction force)(114)
静摩擦因数 (static friction factor)(114)
静约束力 (static constraint force)(333)
静坐标系 (fixed reference system)(176)
绝对轨迹 (absolute trajectory)(177)
绝对加速度 (absolute acceleration)(177)
绝对速度 (absolute velocity)(177)
绝对位移 (absolute displacement)(177)
绝对运动 (absolute motion)(176)

K

科里奥利惯性力 (Coriolis inertial force)(236)
柯尼希定理 (Koenig theorem)(297)
科氏加速度 (coriolis acceleration)(188)
可能位移 (possible displacement)(354)
空间桁架 (space truss)(96)
空间力系 (force system in space)(7)
空间任意力系 (arbitrary force system in space)(25)
库仑摩擦定律 (Coulomb law of friction)(114)
块体 (block)(5)

L

拉格朗日第二类方程 (Lagrange equation of the second kind)(385)
拉格朗日函数 (Lagrangian function)(388)
力臂 (arm of force)(13)
力的可传性 (transmissibility of force)(9)
力的三要素 (three factors of a force)(8)
力对轴的矩 (moment of force about an axis)(14)
力矩 (moment of force)(13)
力矩中心 (center of moment of force)(13)
力偶 (couple)(17)
力偶臂 (arm of couple)(17)
力偶系 (couple system)(24)
力系 (system of forces)(7)
连杆 (two force member)(57)
量纲 (dimensions)(226)
邻角 (adjacent angle)(146)
临界阻尼 (critical damping)(412)

M

密切面 (osculating plane)(146)

摩擦角 (angle of friction)(115)
摩擦锥 (cone of friction)(116)

N

能量积分 (integral of energy)(393)
牛顿运动定律 (Newton's laws of motion)(226)
扭矩 (torsional moment)(98)

P

碰撞 (collision)(449)
碰撞冲量 (impulse of collision)(449)
偏心碰撞 (eccentric impect)(451)
平衡力系 (force system of equilibrium)(7)
平面桁架 (planar truss)(96)
平面力系 (coplanor force system)(7)
平面任意力系 (arbitrary force system in a plane)(24)
平面图形 (section)(200)
平面运动 (planar motion)(200)
平行四边形法则 (parallelogram rule)(9)
平移 (translation)(155)

Q

牵连点 (convected point)(177)
牵连惯性力 (convected inertial force)(236)
牵连加速度 (convected acceleration)(177)
牵连速度 (convected velocity)(177)
牵连运动 (convected motion)(176)
切向加速度 (tangential acceleration)(147)
球铰 (spherial hinge)(58)
曲率 (curvature)(146)
曲线平移 (curvilinear translation)(155)

R

任意力系 (arbitrary force system)(24)
柔索 (flexible cable)(54)

S

三角形法则 (triangle law)(10)
三铰刚架 (three hinged rigid frame)(60)
实位移 (actual displacement)(354)
示力图或受力图 (free body diagram)(62)
势力场 potential field)(304)
势能 (potential energy)(304)
衰减振动 (Damped free vibration)(413)
双面约束 (bilateral constraint)(353)
瞬变结构 (transient structure)(215)
瞬时平移 (instantaneous translation)(205)
瞬时速度中心 (instantaneous centre of velocity)(203)
速度 (velocity)(138)
速度合成定理 (theorem for the composition of velocity)(179)
速度矢端线 (hodograph of velocities)(138)
速度瞬心法 (method of instantaneous centre of velocity)(203)
速度投影定理 (theorem of projections of the velocities)(203)
速率 (speed)(138)
塑性碰撞 (plastic collision)(450)

T

弹塑性碰撞 (elastic-plastic collision)(450)
弹性碰撞 (elastic collision)(450)

W

弯矩 (bending moment)(98)
完整约束 (holonomic constraint)(352)
位移 (displacement)(137)
位置角 (angle of position)(157)
位置矢 (position vector)(137)
稳定平衡 (stable equilibrium)(371)

X

相对轨迹 (relative trajectory)(177)
相对加速度 (relative acceleration)(177)
相对速度 (relative velocity)(177)
相对位移 (relative displacement)(177)
相对运动 (relative motion)(176)
虚功 (virtual work)(356)
虚功原理 (virtual work principle)(357)
虚位移 (virtual displacement)(354)
虚位移原理 (virtual displacement principle)(357)
旋轮线 (sysloidal curve)(142)
循环积分 (cyclic integral)(393)
循环坐标 (cyclic coordinate)(393)

Y

有势力 (potential force)(304)
约束方程 (constraint equation)(352)
约束力 (constraint force)(54)
运动轨迹 (trajectory of motion)(137)
运动效应 (effect of motion)(8)

Z

直线平移 (rectilinear translation)(155)
止推轴承 (step bearing)(58)
质点 (particle)(4)
质点系 (system of particles)(4)
质点系动量守恒定理 (theorem of conservation of momentum of system of particles)(251)
质心 (center of mass)(40)
质心运动定理 (theorem of the motion of the center of mass)(255)
中面 (nentral plane)(4)
中心惯性主轴 (central principal axis of inertia)(341)
重心 (center of gravity)(39)
轴力 (axial force)(98)
主动力 (active force)(54)
主法线 (normal)(146)
转动惯量 (moment of inertia)(468)
转动惯量的平行移轴定理 (theorem of moment of inertia about parallel axis)(470)
转轴 (rotating axis)(156)
撞击中心 (center of percussion)(459)
自然轴系 (trihedral axes of a space curve)(147)
自锁 (self-lock)(116)
自由度 (degree of freedom)(136)
自由体 (free body)(54)
阻尼系数 (damping coefficient)(411)
作用与反作用定律 (principle of action and reaction)(10)

Synopsis

The book contains the materials tought in the course of Theoretical Mechanics or Engineering Mechanics (Statics and Dynamics) in most universities and institutes of engineering. As a feature of this book, it emphasizes both the understanding of concepts and the application of theories to practical problems in civil engineering. Some extending materials are also introduced in this book, so that the instructors can make selection in their teaching.

The book includes five parts: statics, kinematics, dynamics, fundamentals of analytical mechanics, and applied topics of dynamics. The first part, statics, introduces basic concepts of force and moment, constrains and constraint forces, the theories of reduction and equilibruim of force systems, and applied topics of staties. The second part, kinematics, discusses basic motions of a point and of rigid bodies, composite motion of a point, and planar motion of rigid bodies. The third part, dynamics, deals with dynamics of a particale in intertial and non-inertial reference systems, theorems of momentum, angular momentum and kinetic energy, method of dynamic statics. The forth part indroduces fundamentals of analytical mechanics, including principle of virtual displacement, general equation of dynamics and Lagrange's equations. The fifth part contains two applied topics of dynamics: collisions, and vibrations which involve single and two-degree-of-freedom systems.

The book is intend to serve as a textbook of the course of Theoretical Mechanics for undergraduate students majored in civil engineering. It can also be used as a reference book for students, instructors and technicians in different fields of engineering.

Contents

Part Ⅱ Kinematics

Part Ⅲ Dynamics

Part Ⅳ Fundamentals of Analytical Mechanics

Part Ⅴ Applied Topics of Dynamics

主编简介

武清玺 1951年生，博士。现任河海大学教授，博士生导师；曾任河海大学工程力学系副主任、教学综合改革部主任。2006年获宝钢优秀教师特等奖，2006年评为江苏省教学名师。2008年获国家教学名师奖，2009年评为江苏省优秀教育工作者。

长期从事理论力学、工程力学、振动理论基础、结构可靠度分析、工程随机力学等本科生和研究生课程的教学工作。2003年主编国家级面向21世纪课程教材《静力学基础》和《动力学基础》，主编教育科学"十五"国家规划课题教材《理论力学》。2009年主编普通高等教育"十一五"国家级规划教材《理论力学》（多学时）和《理论力学》（中学时）。2014年专著《结构可靠度：理论、方法及应用》出版。研究领域为土木、水利、交通、岩土等工程的结构计算、可靠度分析、抗震设计等，主持完成国家级科技攻关项目和国家自然科学基金项目5项，主持完成国家大中型科研生产项目10余项。获得省部级以上教学成果奖7项，省部级以上科技进步奖5项。

徐 鉴 1961年12月生。1994年获天津大学一般力学专业工学博士学位。国家杰出青年基金获得者、上海市领军人才、上海市模范教师，同济大学教学名师，同济大学博士生导师，同济大学航空航天与力学学院副院长。兼任2006—2010年教育部高等学校力学教学指导委员会委员、国家自然科学基金委员会数理学部第12届评审会评审专家、中国力学学会一般力学专业委员会和中国振动工程学会非线性专业委员会副主任、华东基础力学与工业应用协会副理事长、上海力学学会动力学与控制专业委员会主任。

网络增值服务使用说明

一、注册/登录

访问 http://abook.hep.com.cn/,点击“注册”,在注册页面输入用户名、密码及常用的邮箱进行注册。已注册的用户直接输入用户名和密码登录即可进入“我的课程”页面。

二、课程绑定

点击“我的课程”页面右上方“绑定课程”,正确输入教材封底防伪标签上的20位密码,点击“确定”完成课程绑定。

三、访问课程

在“正在学习”列表中选择已绑定的课程,点击“进入课程”即可浏览或下载与本书配套的课程资源。刚绑定的课程请在“申请学习”列表中选择相应课程并点击“进入课程”。

如有账号问题,请发邮件至:abook@ hep.com.cn。